作者像

潘家錚金集

丙申三
月八日
美森題

国家出版基金项目
NATIONAL PUBLICATION FOUNDATION

潘家铮全集

第十一卷
工程技术决策与实践

中国电力出版社
CHINA ELECTRIC POWER PRESS

内 容 提 要

《潘家铮全集》是我国著名水工结构和水电建设专家、两院院士潘家铮先生的作品总集，包括科技著作、科技论文、科幻小说、科普文章、散文、讲话、诗歌、书信等各类作品，共计18卷，约1200万字，是潘家铮先生一生的智慧结晶。他的科技著作和科技论文，科学严谨、求实创新、充满智慧，反映了我国水利水电行业不断进步的科技水平，具有重要的科学价值；他的文学著作，感情丰沛、语言生动、风趣幽默。他的科幻故事，构思巧妙、想象奇特、启人遐思；他的杂文和散文，思辨清晰、立意深邃、切中要害，具有重要的思想价值。这些作品对研究我国水利水电行业技术进步历程，弘扬尊重科学、锐意创新、实事求是、勇于担责的精神，都具有十分重要的意义。《潘家铮全集》是国家"十二五"重点图书出版项目，国家出版基金资助项目。

本书为《潘家铮全集 第十一卷 工程技术决策与实践》，收录了潘家铮院士与我国重大水利水电工程相关的讲话、发言、建议和总结，包括治水方略，长江三峡水利枢纽工程、南水北调工程等重大水利工程，黄河、金沙江、澜沧江、雅砻江、红水河等流域规划和重大水电工程，抽水蓄能电站和其他工程的重要论述和探讨，反映了潘院士对水利水电事业的赤诚热爱和无私奉献。全卷文笔流畅，科学、专业、历史与人文俱在，通俗易懂。

本书不仅可以让读者了解潘家铮院士多年的科学成果、科技著述，还可以使后人更加了解我国水利水电事业的历史和发展，具有很强的启发性，可供水利水电工程技术人员、科研和教学人员、运行管理人员、政府决策者及更广泛的各界人士学习、领悟和借鉴。

图书在版编目（CIP）数据

潘家铮全集. 第11卷，工程技术决策与实践 / 潘家铮著. —北京：中国电力出版社，2016.5
ISBN 978-7-5123-9047-8

Ⅰ. ①潘…　Ⅱ. ①潘…　Ⅲ. ①潘家铮（1927～2012）－文集②水利工程－文集　Ⅳ. ①TV-53

中国版本图书馆 CIP 数据核字（2016）第 046174 号

出版发行：中国电力出版社（北京市东城区北京站西街 19 号　100005）
网　　址：http://www.cepp.sgcc.com.cn
经　　售：各地新华书店

印　　刷：北京盛通印刷股份有限公司
规　　格：787 毫米 × 1092 毫米　16 开本　44.25 印张　972 千字　1 插页
版　　次：2016 年 5 月第一版　2016 年 5 月北京第一次印刷
印　　数：0001—2000 册
定　　价：185.00 元

《潘家铮全集》编辑委员会

《潘家铮全集》分卷主编

全集主编：陈厚群

序号	分 卷 名	分卷主编
1	第一卷　重力坝的弹性理论计算	王仁坤
2	第二卷　重力坝的设计和计算	王仁坤
3	第三卷　重力坝设计	周建平　杜效鹄
4	第四卷　水工结构计算	张楚汉
5	第五卷　水工结构应力分析	汪易森
6	第六卷　水工结构分析文集	沈凤生
7	第七卷　水工建筑物设计	邹丽春
8	第八卷　工程数学计算	张楚汉
9	第九卷　建筑物的抗滑稳定和滑坡分析	曹征齐
10	第十卷　科技论文集	王光纶
11	第十一卷　工程技术决策与实践	钱钢粮　杜效鹄
12	第十二卷　科普作品集	郏凤山
13	第十三卷　科幻作品集	星　河
14	第十四卷　春梦秋云录	李永立
15	第十五卷　老生常谈集	李永立
16	第十六卷　思考·感想·杂谈	鲁顺民　王振海
17	第十七卷　序跋·书信	李永立　潘　敏
18	第十八卷　积木山房丛稿	鲁顺民　李永立　潘　敏

《潘家铮全集》编辑出版人员

编 辑 组

杨伟国　　雷定演　　安小丹　　孙建英　　畅　舒　　姜　萍

韩世韬　　宋红梅　　刘汝青　　乐　苑　　娄雪芳　　郑艳蓉

张　洁　　赵鸣志　　孙　芳　　徐　超

审 查 组

张运东　　杨元峰　　姜丽敏　　华　峰　　何　郁　　胡顺增

刁晶华　　李慧芳　　丰兴庆　　曹　荣　　梁　卉　　施月华

校 对 组

黄　蓓　　陈丽梅　　李　楠　　常燕昆　　王开云　　闫秀英

太兴华　　郝军燕　　马　宁　　朱丽芳　　王小鹏　　安同贺

李　娟　　马素芳　　郑书娟

装 帧 组

王建华　　李东梅　　邹树群　　蔺义舟　　王英磊　　赵姗姗

左　铭　　张　娟

总 序 言

　　潘家铮先生是中国科学院院士、中国工程院院士，我国著名的水工结构和水电建设专家、科普及科幻作家，浙江大学杰出校友，是我敬重的学长。他离开我们已经三年多了。如今，由国家电网公司组织、中国电力出版社编辑的 18 卷本《潘家铮全集》即将出版。这部 1200 万字的巨著，凝结了潘先生一生探索实践的智慧和心血，为我们继承和发展他所钟爱的水利水电建设、科学普及等事业提供了十分重要的资料，也为广大读者认识和学习这位"工程巨匠""设计大师"提供了非常难得的机会。

　　潘家铮先生是浙江绍兴人，1950 年 8 月从浙江大学土木工程专业毕业后，在钱塘江水力发电勘测处参加工作，从此献身祖国的水利水电事业，直到自己生命的终点。在长达 60 多年的职业生涯里，他勤于学习、善于实践、勇于创新，逐步承担起水电设计、建设、科研和管理工作，在每个领域都呕心沥血、成就卓著。他从 200 千瓦小水电站的设计施工做起，主持和参与了一系列水利水电建设工程，解决了一个又一个技术难题，创造了一个又一个历史纪录，特别是在举世瞩目的长江三峡工程、南水北调工程中发挥了重要作用，为中国水电工程技术赶超世界先进水平、促进我国能源和电力事业进步、保障国家经济社会可持续发展做出了突出贡献，被誉为新中国水电工程技术的开拓者、创新者和引领者，赢得了党和人民的高度评价。他的光辉业绩，已经载入中国水利水电发展史册。他给我们留下了极其丰富而珍贵的精神财富，值得我们永远缅怀和学习。

　　我们缅怀潘家铮先生奋斗的一生，就是要学习他求是创新的精神。求是创新，是潘先生母校浙江大学的校训，也是他一生秉持的科学精神和务实作风的最好概括。中国历史上的水利工程，从来就是关系江山社稷的民心工程。水利水电工程的成败安危，取决于工程决策、设计、施工和管理的各个环节。

潘家铮先生从生产一线干起，刻苦钻研专业知识，始终坚持理论联系实际，坚守科学严谨、精益求精的工作作风。他敢于向困难挑战，善于创新创造，在确保工程质量安全的同时，不断深化对水利水电工程所蕴含经济效益、社会效益、生态效益和文化效益等综合效益的认识，逐步形成了自己的工程设计思想，丰富和提高了我国水利水电工程建设的理论水平和实践能力。作为三峡工程技术方面的负责人，他尊重科学、敢于担当，既是三峡工程的守护者，又能客观看待各方面的意见。在三峡工程成功实现蓄水和发电之际，他坦诚地说："对三峡工程贡献最大的人是那些反对者。正是他们的追问、疑问甚至是质问，逼着你把每个问题都弄得更清楚，方案做得更理想、更完整，质量一期比一期好。"

我们缅怀潘家铮先生多彩的一生，就是要学习他海纳江河的胸怀。大不自多，海纳江河。潘家铮先生一生"读万卷书，行万里路"，以宽广的视野和博大的胸怀做事做人，在科技、教育、科普和文学创作等诸多领域都卓有建树。他重视发挥科技战略咨询的重要作用，为国家能源开发、水资源利用、南水北调、西电东送等重大工程建设献计献策，促进了决策的科学化、民主化。他关心工程科技人才的教育和培养，积极为年轻人才脱颖而出创造机会和条件。以其名字命名的"潘家铮水电科技基金"，为激励水电水利领域的人才成长发挥了积极作用。他热心科学传播和科学普及事业，一生潜心撰写了100多万字的科普、科幻作品，成为名副其实的科普作家、科幻大师，深受广大青少年喜爱。用他的话说，"应试教育已经把孩子们的想象力扼杀得太多了。这些作品可以普及科学知识，激发孩子们的想象力。"他还通过诗词歌赋等形式，记录自己的奋斗历程，总结自己的心得体会，抒发自己的壮志豪情，展现了崇高的精神境界。

我们缅怀潘家铮先生奉献的一生，就是要学习他矢志报国的信念。潘家铮先生作为新中国成立之后的第一代水电工程师，他心系祖国和人民，殚精竭虑，无私奉献，始终把自己的学习实践、事业追求与国家的需要紧密结合起来，在水利水电建设战线大显身手，也见证了新中国水利水电事业发展壮大的历程。经过几十年的快速发展，我国水力发电的规模从小到大，从弱到强，已迈入世界前列。中国水利水电建设的辉煌成就和宝贵经验，在国际上的影响是深远的。以潘家铮先生为代表的中国科学家、工程师和建设者的辛勤付出，也为探索人类与大自然和谐发展道路做出了积极贡献。在中国这块大地上，不仅可以建设伟大的水利水电工程，也完全能够攀登世界科技的高峰。潘家铮先生曾说过："吃螃蟹也得有人先吃，什么事为什么非得外国先做，然后我们再做？"我们就是要树立雄心壮志，既虚心学习、博采众长，又敢于创新创造、实现跨越发展。潘家铮先生晚年担任国家电网公司的高级顾问，他在病房里感人的一番话，坦露了自己的心声，更是激励着我们为加快建设创新型国家、实现中华民族伟大复兴的中国梦而加倍努力——"我已年逾耄耋，病废住院，唯一挂心的就是国家富强、民族振兴。我衷心期望，也坚决相信，在党的领导和国家支持下，我国电力工业将在特高压输电、智能电网、可再生能源利用等领域取得全面突破，在国际电力舞台上处处有'中国创造''中国引领'。"

最后，我衷心祝贺《潘家铮全集》问世，也衷心感谢所有关心和支持《潘家铮全集》编辑出版工作的同志！

是为序。

徐勇祥

2016 年清明节于北京

一

潘家铮（1927年11月～2012年7月），水工结构和水电建设专家，设计大师，科普及科幻作家，水利电力部、电力工业部、能源部总工程师，国家电力公司顾问、国家电网公司高级顾问，三峡工程论证领导小组副组长及技术总负责人，国务院三峡工程质量检查专家组组长，国务院南水北调办公室专家委员会主任，河海大学、清华大学双聘教授，博士生导师。中国科学院、中国工程院两院资深院士，中国工程院副院长，第九届光华工程科技奖"成就奖"获得者。

1927年11月，他出生于浙江绍兴一个诗礼传家的平民人家，青少年时期受过良好的传统文化熏陶。他的求学之路十分坎坷，饱经战火纷扰，在颠沛流离中艰难求学。1946年，他考入浙江大学。1950年大学毕业，随即分配到当时的燃料工业部钱塘江水力发电勘测处。

从此之后，他与中国水利水电事业结下不解之缘，一生从事水电工程设计、建设、科研和管理工作，历时六十余载。"文化大革命"中，他成为"只专不红"的典型代表，虽饱受折磨和屈辱，但仍然坚持水工技术研究和成果推广。他把毕生的智慧和精力都贡献给了中国水利水电建设事业，他见证了新中国水电发展历程的起起伏伏和所取得的举世瞩目的伟大成就，他本人也是新中国水电工程技术的开拓者、创新者和引领者，他为中国水电工程技术赶超世界先进水平做出了杰出的贡献，在水利水电工程界德高望重。2012年7月，他虽然不幸离开我们，然而他的一生给我们留下了极其丰富和宝贵的精神财富，让我们永远深切地怀念他。

潘家铮同志是新中国成立之后中国自己培养的第一代水电工程师。60多年来，中国的水力发电事业从无到有，从小到大，从弱到强，随着以二滩、龙滩、小湾和三峡工程为标志的一批特大型水电站的建成，中国当之无愧地成为世界水电第一大国。这一举世瞩目的成就，凝结着几代水电工程师和建设者的智慧和心血，也是中国工程师和建设者的百年梦想。这个百年梦想的实现，潘家铮和以潘家铮为代表的一批科学家、工程师居功至伟。

潘家铮一生参与设计、论证、审定、决策的大中型水电站数不胜数。在具体的工程实践中，他善于把理论知识运用到实际中去，也善于总结实际工作中的经验，找出存在的问题，反馈回理论分析中去，进而提出新的理论方法，形成了他自己独特的辩证思维方式和工程设计思想，为新中国坝工科学技术发展和工程应用研究做了奠基性和开创性工作。他以扎实的理论功底，钻研和解决了大量具体技术难题，留下的技术创新案例不胜枚举。

1956年，他负责广东流溪河水电站的水工设计，积极主张采用双曲溢流拱坝新结构，他带领设计组的工程技术人员开展拱坝应力分析和水工模型试验，提出了一系列技术研究成果，组织开展了我国最早的拱坝震动实验和抗震设计工作，顺利完成设计任务。流溪河水电站78米高双曲拱坝成为国内第一座双曲拱坝。

潘家铮先后担任新安江水电站设计副总工程师、设计代表组组长。这是新中国成立之初，我国第一座自己设计、自制设备并自行施工的大型水电站，工程规模和技术难度都远远超过当时中国已建和在建的水电工程。新安江水电站的设计和施工过程中诞生了许多突破性的技术成果。潘家铮创造性地将原设计的实体重力坝改为大宽缝重力坝，采用抽排措施降低坝基扬压力，大大减少了坝体混凝土工程量。新安江工程还首次采用坝内底孔导流、钢筋混凝土封堵闸门、装配式开关站构架、拉板式大流量溢流厂房等先进技术。新安江水电站的建成，大大缩短了中国与国外水电技术的差距。

流溪河水电站双曲拱坝和新安江水电站重力坝的工程设计无疑具有开创性和里程碑意义，对中国以后的拱坝和重力坝的设计与建设产生了重要和深远的影响。

改革开放之后，潘家铮恢复工作，先后担任水电部水利水电规划设计总院副总工程师、总工程师，1985年起担任水利电力部总工程师、电力工业部总工程师，成为水电系统最高技术负责人，他参与规划、论证、设计，以及主持研究、审查和决策的大中型水电工程更不胜枚举。他踏遍祖国的大江大河，几乎每一座大型水电站坝址都留下了他的足迹和传奇。他以精湛的技术、丰富的经验、过人的胆识，解决过无数工程技术难题，做出过许多关键性的技术决策。他的创新精神在水电工程界有口皆碑。

20世纪80年代初的东江水电站，他力主推荐薄拱坝方案，而不主张重力坝方案；龙羊峡工程已经被国外专家判了"死刑"，认为在一堆烂石堆上不可能修建高坝大库，他经过反复认真研究，确认在合适的坝基处理情况下龙羊峡坝址是成立的；他倾力支持葛洲坝大江泄洪闸底板及护坦采取抽排减压措施降低扬压力；在岩滩工程讨论会上，他鼓励设计和施工者大胆采用碾压混凝土技术修筑大坝；福建水口电站工期拖延，他顶住外国专家的强烈反对，决策采用全断面碾压混凝土和氧化镁混凝土技术，抢回了被延误的工期；他热情支持小浪底工程泄洪洞采用多级孔板消能技术，盛赞其为一个"巧妙"的设计；他支持和决策在雅砻江下游峡谷修建 240 米高的二滩双曲拱坝和大型地下厂房，并为小湾工程 295 米高拱坝奔走疾呼。

1986 年，潘家铮被任命为三峡工程论证领导小组副组长兼技术总负责人。在 400 余名专家的集中证论过程中，他尊重客观、尊重科学、尊重专家论证结果，做出了有说服力的论证结论。1991 年，全国人民代表大会审议通过了建设三峡工程的议案，1994 年三峡工程开工建设。三峡工程建设过程中，他担任长江三峡工程开发总公司技术委员会主任，全面主持三峡工程技术设计的审查工作。之后，又担任三峡工程建设委员会质量检查专家组副组长、组长，一直到去世。他主持决策了三峡工程中诸多重大的技术问题，解决了许许多多技术难题，当三峡工程出现公众关注的问题，受到质疑、批评、责难时，潘家铮一次次挺身而出，为三峡工程辩护，为公众答疑解惑，他是三峡工程的守护者，被誉为"三峡之子"。

晚年，潘家铮出任国务院南水北调办公室专家委员会主任，他对这项关乎国计民生的大型水利工程倾注了大量心血，直到去世前两年，他还频繁奔走在工程工地上，大到参与工程若干重大技术的研究和决策，小到解决工程细部构造设计和施工措施，所有这些无不体现着潘家铮作为科学家的严谨态度与作为工程师的技术功底。南水北调中线、东线工程得以顺利建成，潘家铮的作用与贡献有目共睹。

作为两院院士、中国工程院副院长，潘家铮主持、参与过许多重大咨询课题工作，为国家能源开发、水资源利用、南水北调、西电东送、特高压输电等重大战略决策提供科学依据。

潘家铮长期担任水电部、电力部、能源部总工程师，以及国家电网公司高级顾问，他一生的"工作关系"都没有离开过电力系统，是大家尊敬和崇拜的老领导和老专家；担任中国工程院副院长达八年时间，他平易近人，善于总结和吸收其他学科的科学营养，与广大院士学者结下了深厚的友谊。无论是在业内还是在工程院，大家都亲切地称他为"潘总"。这个跟随他半个世纪的称呼，是大家对潘家铮这位优秀科学家和工程师的崇敬，更是对他科学胸怀和人格修养的尊重与肯定。

潘家铮是从具体工程实践中锻炼成长起来的一代水电巨匠，他专长结构力学理论，特别在水工结构分析上造诣很深。他致力于运用力学新理论新方法解决实际问题，力图沟通理论科学与工程设计两个领域。他对许多复杂建筑物结构，诸如地下建筑物、地基梁、框架、土石坝、拱坝、重力坝、调压井、压力钢管以及水工建筑物地基与边坡稳定、滑动涌浪、水轮机的小波稳定、水锤分析等课题，都曾创造性地应用弹性力学、结构力学、板壳力学和流体力学理论及特殊函数提出一系列合理和新颖的解法，得到水电行业的广泛应用。他是水电坝工科学技术理论的奠基者之一。

同时，他还十分注重科学普及工作，亲自动笔为普通读者和青少年撰写科普著作、科幻小说，给读者留下近百万字的作品。

他在17岁外出独自谋生起，就以诗人自期，怀揣文学梦想，有着深厚的文学功底，创作有大量的诗歌、散文作品。晚年，还有大量的政论、随笔性文章见诸报端。

正如刘宁先生所言：潘家铮院士是无愧于这个时代的大师、大家，他一生都在自然与社会的结合处工作，在想象与现实的叠拓中奋斗。他倚重自然，更看重社会；他仰望星空，更脚踏实地。他用自己的思辨、文字和方法努力沟通、系紧人与水、心与物，推动人与自然、人与社会、人与自身的和谐相处。

二

2012年7月13日，大星陨落，江河入海。潘家铮的离世是中国工程界的巨大损失，也是中国电力行业的巨大损失。潘家铮离开我们三年多的时间里，中国科学界、工程界、水利水电行业一直以各种形式怀念着他。

2013年6月，国家电网公司、中国水力发电工程学会等组织了"学习和弘扬潘家铮院士科技创新座谈会"。来自水利部、国务院南水北调办公室、中国工程院、国家电网公司等单位的100多位专家和院士出席座谈会。多位专家在会上发言回顾了与潘家铮为我国水利电力事业共同奋斗的岁月，感怀潘家铮坚持科学、求是创新的精神。

在潘家铮的故乡浙江绍兴，有民间人士专门辟设了"潘家铮纪念馆"。

早在2008年，由中国水力发电工程学会发起，在浙江大学设立了"潘家铮水电科技基金"。该基金的宗旨就是大力弘扬潘家铮先生求是创新的科学精神、忠诚敬业的工作态度、坚韧不拔的顽强毅力、甘为人梯的育人品格、至诚至真的水电情怀、享誉中外的卓著成就，引导和激励广大科技工作者，沿着老一辈的光辉足迹，不断攀登水电科技进步的新高峰，促进我国水利水电事业健康可持续发展。基金设"水力发电科学技术奖"（奖励科技项目）、"潘家铮奖"（奖励科技工作者）和"潘家铮水电奖学金"（奖励在校大学生）等奖项，广泛鼓励了水利水电创新中成绩突出的单位和个人。潘家铮去世后，这项工作每年有序进行，人们以这种方式表达着对潘家铮的崇敬和纪念。

多年以来，在众多报纸杂志上发表的纪念和回忆潘家铮的文章，更加不胜枚举。

以上种种，都是人们发自内心深处对潘家铮的真情怀念。

2012年6月13日，时任国务委员的刘延东在给躺在病榻上的潘家铮颁发光华工程科技奖成就奖时，称赞潘家铮院士"在弘扬科学精神、倡导优良学风、捍卫科学尊严、发挥院士群体在科学界的表率作用上起到了重要作用"。并特意嘱托其身边的工作人员，要对潘总的科技成果做认真的总结。

为了深切缅怀潘家铮院士对我国能源和电力事业做出的巨大贡献，传承潘家铮院士留下的科学技术和文化的宝贵遗产，国家电网公司决定组织编辑出版《潘家铮全集》，由中国电力出版社承担具体工作。

《潘家铮全集》是潘家铮院士一生的科技和文学作品的总结和集成。《全集》的出版也是潘家铮院士本人的遗愿。他生前接受采访时曾经说过："谁也违反不了自然规律……你知道河流在入海的时候，一定会有许多泥沙沉积下来，因为流速慢下来了……我希望把过去的经验教训总结成文字，沉淀的泥沙可以采掘出来，开成良田美地，供后人利用。"所以，《全集》也是潘家铮院士留给世人的无尽宝藏。

潘家铮一生勤奋，笔耕不辍，涉猎极广，在每个领域都堪称大家，留下了超过千万字的各类作品。仅从作品的角度看，潘家铮院士就具有四个身份：科学家、科普作家、科幻小说作家、文学家。

潘家铮院士的科技著作和科技论文具有重要的科学价值，而其科幻、科普和诗歌作品具有重要的文学艺术价值，他的杂文和散文具有重要的思想价值，这些作品对弘扬我国优秀的民族文化都具有十分重大的意义。

《潘家铮全集》的出版，虽然是一种纪念，但意义远不止于此。从更深层次考虑，透过《潘家铮全集》，我们还可以去了解和研究中国水利水电的发展历程，研究中国科学家的成长历程。

三

《潘家铮全集》共 18 卷，包括科技著作、科技论文、科幻小说、科普文章、散文、讲话、诗歌、书信等各类作品，约 1200 万字，是潘家铮先生一生的智慧结晶和作品总集。其中，第一至九卷是科技专著，分别是《重力坝的弹性理论计算》《重力坝的设计和计算》《重力坝设计》《水工结构计算》《水工结构应力分析》《水工结构分析文集》《水工建筑物设计》《工程数学计算》《建筑物的抗滑稳定和滑坡分析》。第十卷为科技论文集。第十二卷为科普作品集。第十三卷为科幻作品集。第十四、十五、十六卷为散文集。第十七卷为序跋和书信总集。第十八卷为文言作品和诗歌总集。在大纲审定会上，专家们特别提出增加了第十一卷《工程技术决策与实践》。潘家铮的科技著作都写作于 20 世纪 90 年代之前，这些著作充分阐述了水利水电科技的新发展，提出创新的理论和计算方法，并广泛应用于工程设计之中。而 90 年代以后，我国水电装机容量从 3000 万千瓦发展到 3 亿千瓦的波澜壮阔的发展过程中，潘家铮的贡献同样巨大，他的思想和贡献主要体现在各类审查意见、技术总结、工程处理意见、讲话和报告之中，第十一卷主要收录了这一时期潘家铮参与咨询和决策的重大工程的审查意见、技术总结等内容。

《全集》的编辑以"求全""存真"为基本要求，如实展现潘家铮从一个技术员成长为科学家的道路和我国水利水电科技不断发展的历史进程，为后世提供具有独特价值的珍贵史料和研究材料。

《全集》所收文献纵亘 1950～2012 年，计 62 年，历经新中国发展的各个重要阶段，不仅所记述的科技发展过程弥足珍贵，其文章的写作样式、编辑出版规范、科技名词术语的变化、译名的演变等等，都反映了不同时代的科技文化的样态和趋势，具有特殊史料价值。为此，我们如实地保持了文稿的原貌，未完全按照现有的出版编辑规范做过多加工处理。尤其是潘家铮早期的科技专著中，大量采用了工程制计量单位。在坝工计算中，工程制单位有其方便之处，所以对某些计算仍沿用过去的算式，而将最后的结果化为法定单位。另外，大量的复杂的公式、公式推导过程，以及表格图线等，都无法改动也不宜改动。因此，在此次编辑全集的时候都保留了原有的计算单位。在相关专著的文末，我们特别列出了书中单位和法定计量单位的对照表以及换算关系，以方便读者研究和使用。对于特殊的地方进行了标注处理。而对于散文集，编者的主要工作是广泛收集遗存文稿，考订其发表的时间和背景，编入合适的卷集，辨读文稿内容，酌情予以必要的点校、考证和注释。

四

《潘家铮全集》编纂工作启动之初，当务之急是搜集潘家铮的遗存著述，途径有四：一是以《中国大坝技术发展水平与工程实例》后附"潘家铮院士著述存目"所列篇目为基础，按图索骥；二是对国家图书馆、国家电网公司档案馆等馆藏资料进行系统查阅和检索，收集已经出版的各种著述；三是通过潘家铮的秘书、家属对其收藏书籍进行整理收集；四是与中国水力发电工程学会联合发函，向潘家铮生前工作过或者有各种联系的单位和个人征集。

最终收集到的各种专著版本数十种，各种文章上千篇。经过登记、剔除、查重、标记、遴选和分卷，形成18卷初稿。为了更加全面、系统、客观、准确地做好此项工作，中国电力出版社在中国水力发电工程学会的支持下，组织召开了《潘家铮全集》大纲审定会、数次规模不等的审稿会和终审会。《全集》出版工作得到了我国水利水电专业领域单位的热烈响应，来自中国工程院、水利部、国务院南水北调办公室、国家电网公司、中国长江三峡集团公司、中国水力发电工程学会、中国水利水电科学研究院、小浪底枢纽管理局、中国水电顾问集团等单位的数十位领导、专家参与了这项工作，他们是《全集》顺利出版的强大保障。

国家电网公司档案馆为我们检索和提供了全部的有关潘家铮的稿件。

中国水力发电工程学会曾经两次专门发函帮助《全集》征集稿件，第十一卷中的大量稿件都是通过征集而获得的。学会常务副理事长李菊根，为了《全集》的出版工作倾其所能、竭尽全力，他的热心支持和真情襄助贯穿了我们工作的全过程。

潘家铮的女儿潘敏女士和秘书李永立先生，为《全集》提供了大量珍贵的资料。

全国人大常委会原副委员长、中国科学院原院长路甬祥欣然为《全集》作序。

著名艺术家韩美林先生为《全集》题写了书名。

国家新闻出版广电总局将《全集》的出版纳入"十二五"国家重点图书出版规划。

国家出版基金管理委员会将《全集》列为资助项目。

《全集》的各个分卷的主编,以及出版社参与编辑出版各环节的全体工作人员为保证《全集》的进度和质量做出了重要的贡献。

上述的种种支持,保证了《全集》得以顺利出版,在此一并表示衷心的感谢。

因为时间跨度大,涉及领域多,在文稿收集方面难免会有遗漏。编辑出版者水平有限,虽然已经尽力而为,但在文稿的甄别整理、辨读点校、考订注释、排版校对环节上,也有一定的讹误和疏漏。盼广大读者给予批评和指正。

《潘家铮全集》编辑委员会

2016 年 5 月 7 日

本卷前言

　　本卷收录了潘家铮院士对我国重大水利水电工程的技术决策和工程质量重大问题处理意见，反映了 20 世纪 80 年代到 2012 年，在我国波澜壮阔的水利水电建设时期，潘家铮院士对我国水利水电和工程界所做的巨大贡献。全书包括治水方略、长江三峡水利枢纽工程、南水北调工程、黄河流域、金沙江流域、澜沧江流域、雅砻江流域、红水河流域、抽水蓄能电站和其他工程等 10 个部分。

　　由于涉及的重大水利水电项目多、区域广、时间跨度大，潘家铮院士撰写的相关讲话、发言、建议、总结等专业性文章非常多，中国电力出版社和中国水力发电工程学会数次发文联系相关单位和个人，收集了大量有关资料，尽管如此，仍不能保证将潘家铮院士的文章全部收齐，这不能不说是个遗憾。在此，首先向为本卷热心提供帮助的国务院南水北调工程建设委员会办公室、国家电网公司档案馆、中国长江三峡集团公司、水电水利规划设计总院、长江勘测规划设计研究院等单位表示深深的谢意。

　　在本卷编辑过程中，首先按照上述重大水利工程、各流域重大水电工程等进行分章分类，各章内的文章按照时间顺序进行编排。所有文章由编者作了认真的校对，力求保持原文的风貌，只对个别文字做了改动。绝大多数文章标注了时间和出处，少数几篇找不到出处的，标注了来源。另外，文中涉及大量的单位名称，因为语言习惯作者使用了简称。编者特别制作了单位简称和全称的对照表附于文后，以方便读者阅读和查询。

　　我们曾参加过潘家铮院士主持的会议或潘家铮院士作为专家参加的会议，聆听过他的讲话。潘家铮院士的讲话、发言，甚至主持会议的开场白，虽然简短，但事先都是经过深思熟虑，工工整整地起草好文字，科学严谨，不浪费宝贵的会议时间，做人做事认真扎实，让人肃然起敬。潘家铮院士尊崇自己的职业，用严肃认真的态度对待工作，勤勤恳恳，兢兢业业，忠于职守，尽职尽责。这种对待事业的态度也是对待人生的态度，是一种精神，一种境界。

潘家铮院士具有深厚的理论基础和实践经验，从新安江水电站的设计到后来指导全国水利水电事业的发展，一生科学严谨，从工程具体实际出发，理论联系实际，实事求是、一丝不苟。大胆扎实研究应用新技术、新理念，主动作为，敢为人先，具有创新思维，将创新贯穿工作始终，体现了在不同时期下驾驭水利水电科技工作的能力和水平。既强调做好基础性工作，用数据说话，把数据用足、用活，又有攻坚克难、敢为人先的勇气，边探索边实践，想干事、干成事，为我国水利水电科技发展做出了重大贡献。

潘家铮院士尊重科学，珍惜团结，在工作中注意听取方方面面的意见，特别是反面或不同意见，尊重并吸收正反各方意见。在长江三峡水利枢纽工程论证中，他不光是尊重反对意见，还充分肯定反对意见的正面作用，曾提出对三峡工程贡献最大的人是那些反对派。以一个科学家严谨求实的态度，充分研究反对派的追问、疑问、逼问，开阔和优化工程的设计和建设思路，把方案做得更理想、更完美，使三峡工程建设质量一期比一期好。

潘家铮院士一生热爱水利水电科研、建设事业，踏踏实实地为国家能源安全、国家水安全奉献着自己的聪明才智，多次为我国水电发展大声疾呼，体现出强烈的爱国主义精神，即使在病榻上还挂念着国家富强、民族振兴，牵挂着水电西电东送。

本卷也是一部重要的水利水电发展史料，反映了长江三峡枢纽工程，南水北调东中线工程，龙羊峡、龙滩、小湾、糯扎渡、溪洛渡、向家坝、锦屏等重大水利水电工程的建设过程，记载了重大水利水电工程方案论证、重大工程技术问题解决的历史。特别是记载了三峡工程从 1985 开始重新进行可行性论证，一直到三峡工程建成，涉及论证、设计、施工建设、质量检查、验收的整个过程。一座座重大水利水电的建设，都倾注了潘家铮院士的心血。

到 2015 年底，我国常规水电站装机容量达到 3 亿 kW，抽水蓄能电站 2400 万 kW，2015 年全国水电发电量约 1 万亿 kW·h，水电在非化石能源消费中的百分比达 65%。为应对全球气候变化、实现节能减排目标，需要继续坚持积极开发水电的方针。水力资源是最具开发价值、最具规模效益、技术最为成熟的可再生能源资源，开发利用水力资源是中国未来能源发展的重点之一。保障能源安全，调整能源结构，促进新能源利用，促进地方经济社会发展，预计到 2030 年底，全国常规水电站装机容量将达到 4.2 亿 kW，抽水蓄能电站装机容量将达到 1.2 亿 kW。我国水利水电建设取得了举世瞩目的成就，但在未来建设还将遇到新的困难和问题。潘家铮院士实事求是、勇于创新、敢于担当的精神，真言、实言、敢言的勇气；勤于研究、精于思考、躬于践行的职业操守永远值得我们学习。

钱钢粮　　杜效鹄

2015 年 12 月 31 日

编辑说明

一、基本原则

《潘家铮全集》（以下称《全集》）的编辑工作以"求全""存真"为基本要求。"求全"即尽全力将潘家铮创作的各类作品收集齐全，如实地展现潘家铮从一个技术人员成长为一个科学家的道路中，留下的各类弥足珍贵的文稿、文献。"存真"即尽量保留文稿、文献的原貌，《全集》所收文献纵亘 1950～2012 年，计 62 年，历经新中国发展的各个重要阶段，不仅所记述的科技发展过程弥足珍贵，其文章的写作样式、编辑出版规范、科技名词术语的变化、译名的演变等都反映了不同时代的科技文化的样态和趋势，具有特殊史料价值。为此，我们尽可能如实地保持了文稿的原貌，未完全按照现有的出版编辑规范做加工处理，而是进行了标注或以列出对照表的形式进行了必要的处理。出于同样的原因，作者文章中表述的学术观点和论据，囿于当时的历史条件和环境，可能有些已经过时，有些难免观点有争议，我们同样予以保留。

二、科技专著

1. 按照"存真"原则，作者生前正式出版过的专著独立成册。保留原著的体系结构，保留原著的体例，《全集》体例各卷统一，而不要求《全集》一致。

2. 科技名词术语，保留原来的样貌，未予更改。

3. 物理量的名称和符号，大部分与现行的标准是一致的，所以只对个别与现行标准不一致的进行了修改。例如："速度（V）"改为了"速度（v）"。

4. 早期作品中，物理量量纲未按现在规范使用英文符号，一般按照规范改为使用英文符号。

5. 20 世纪 80 年代以前，我国未采用国际单位制，在工程上质量单位和力的单位未区分，《全集》早期作品中，大量使用千克（kg）、吨（t）等表示力的单位，本次编辑中出于"存真"的考虑，统一不做修改。

6. 早期的科技专著中，大量采用了工程制计量单位。在坝工计算中，工程制单位有其方便之处，另外，因为书中存在大量的复杂的公式、公式推导过程，以及表格图线等，都无法改动也不宜改动。因此，在此次编辑全集的时候都保留了原有的计算单位，物理量的量纲原则上维持原状，不再按现行的国家标准进行换算。在相关专著的文末，我们特别列出了书中单位和法定计量单位的对照表以及换算关系，以方便读者研究和使用。对于特殊的地方进行了标注处理。

三、文集

1. 篇名：一般采用原标题。原文无标题或从报道中摘录成篇的，由编者另拟标题，并加编者注。信函篇名一律用"致×××——为×××事"，由编者统一提出要点并修改。

2. 发表时间：①已刊文章，一般取正式刊载时间；②如为发言、讲话或会议报告者，取实际讲话时间，并在编者注中说明后来刊载或出版时间；③对未发表稿件，取写作时间；④对同一篇稿件多个版本者，取作者认定修改的最晚版本，并注明。

3. 文稿排序：首先按照分类分部分，各部分文稿按照发表时间先后排序。发表时间一般详至月份，有的详尽到日。月份不详者，置于年末；有年月而日子不详者，置于月末。

4. 作者原注：保留作者原注。

5. 编者注：①篇名题注，说明文稿出处、署名方式、合作者、参校本和发表时间考证等，置于篇名页下；②对原文图、表的注释性文字，置于页下；③对原文有疑义之处做的考证性说明，对原文的注释，一般加随文注置于括号中。

四、其他说明

1. 语言风格：保留作者的语言风格不变。作者早期作品中有很多半文半白的文字表达，例如："吾人已知""水流迅急者""以敷实用之需""×××氏"等。本着"存真"和尊重作者的原则，未予改动。

2. 繁体字：一律改用简体字。

3. 古体字和异体字：改用相应的通行规范用字，但有特殊含义者，则用原字。

4. 标点符号：原文有标点而不够规范的，改用规范用法。原文无标点的，编者加了标点。

5. 数字：按照现行规范用法修改。

6. 外文和译文：原著外文的拼写体例不尽一致，编者未予统一。对外文拼写印刷错误的，直接改正。凡是直接用外文，或者中译名附有外文的，一般不再加注今译名。

7. 错字：①对有充分根据认定的错字，径改不注；②认定原文语意不清，但无法确定应该如何修改的，必要时后注（原文如此）或（？）。

8. 参考文献：不同历史时期参考文献引用规范不同，一般保留原貌，编者仅对参考文献的编列格式按现行标准进行了统一。

目 录

1　治　水　方　略

2 长江三峡水利枢纽工程

3　南水北调工程

4 黄 河 流 域

5 金 沙 江 流 域

6 澜 沧 江 流 域

8 红水河流域

9 抽水蓄能电站

10 其 他 工 程

1 治 水 方 略

认识黄河　开发黄河

　　黄河是中华民族的母亲河，又是一条忧患河。从大禹时起，中华儿女为整治它已奋斗了数千年。新中国成立后，黄河旧貌换新颜，起了翻天覆地的变化，但是离彻底整治和利用黄河还有遥远的距离。"光明日报"和黄河水利委员会决定开辟专栏共议治黄大计，我也愿说几句外行话，聊作野人之献曝。

　　1. 开源节流，缓解缺水问题

　　黄河流域本为半干旱区，随着国民经济的发展和水文条件的变化，全流域缺水现象日益严重，发展到黄河长期断流，后果堪虞。水利部门和专家们研究了跨流域引水（南水北调）的计划，从长远看这也是必需的，但作为当务之急却是充分控制和利用流域内的水资源。要因地制宜修建大量从水库到水窖的蓄水储水建筑，并厉行节水农业、节水工业和节约每一方生活用水，尽量缓解缺水问题。

　　有的同志说，不是不想节水，但缺乏资金。我很难想通，如果中央和各省市有资金能把数千里外的水引来，就没有资金发展节水事业？说到底这是思想问题和政策问题。只要将节水作为基本国策，大力宣传、制定必要的法规，再运用经济杠杆（如提高水价、惩办浪费），问题是可以解决的。我诚恳地希望全面节水工程能在南水北调之前付诸实施，我们实在没有理由再浪费一滴水了。

　　2. 锲而不舍地进行水土保持工作

　　黄河之患的根本因素是水土流失。50 年代修建三门峡枢纽时由于误以为水土保持可以在短期内见效，以致出现失误。教训应该吸取，信心不可丧失。最终解决黄河问题还得依靠水土保持，但这件事需要全面规划，需要上百年甚至几百年的努力。我们已积累了不少可贵经验，问题是要坚持！十年树木，百年治沙，我们有千千万万愿为这一崇高事业而献身的黄河儿女为之奋斗终生。

　　3. 加速完成梯级开发大业

　　半个世纪来，已有数十座水利枢纽建立在黄河及其支流上（或在建设中），但还有许多重要枢纽有待兴建。这些工程效益大、指标好、工程较简易，希望统筹规划，加紧开发，不仅使我们拥有调水、调沙、防洪、发电、灌溉、供水的强大手段，而且可促进全流域的经济大发展，以强大的经济实力作为彻底整治和利用黄河的后盾。

　　4. 加强科技研究，团结协作，重新认识和改造黄河

　　人民治黄 50 年，黄河面貌发生巨变，同时也应注意黄河的性质也发生了巨变。据报载，今年 8 月洪水仅为中常洪水，许多地方洪峰流量仅为设防流量的三分之一，水位却超过历史最高水位，造成巨大损失。河床高了，流速慢了，黄河已大变了，以往的经验、措施都要重新研究。有的同志建议要研究用小流量排大沙，我听了很受启发，

　　本文写于 1996 年 9 月 18 日。

就是一例。同样，对每座枢纽的作用和运行方式也要在新的情况下从全流域考虑作重新研究。人们都说小浪底枢纽工程技术问题复杂，我看了后感到工程问题总可解决，小浪底的运行问题可能更为复杂。总之，务求每一座枢纽都能按最合理的方式运行，发挥最大整体效益。我们不仅要控制和利用每一滴水，而且要使每一滴水都发挥最大的作用。

战斗方酣，任重道远，愿黄河儿女们总结经验，巩固成绩，团结协作，乘胜前进。

中国人民不允许江河自由奔流

　　中国人民在建筑大坝、兴修水利、开发水能的领域里有悠久的历史，新中国成立以来，更取得了国际公认的成就。1997年长江三峡工程和黄河小浪底工程都胜利实现了截流，成为举世瞩目的热点。与此同时，我国水工结构特别是大坝建设的技术水平也得到飞速的提高。根据中国大坝委员会的统计，中国建有8万余座大坝，占全球总数的一半以上。目前正在修建世界上最宏伟的三峡大坝。在规划、设计、研究中的待建高坝大库，其数量之多、气势之宏，更是史无伦比。今后，水利和能源都是国家建设的重点，可以证明中国水利和坝工建设正如日中天，方兴未艾。中国必将成为世界上的水利和坝工大国与强国。国际大坝会议（International Congress on Large Dams，ICOLD）前秘书长柯蒂隆先生在1991年就宣称：中国和亚洲几个国家在建的坝，占全球建坝总数的绝大部分。建坝的总趋势与发展方向主要取决于中国、亚洲。印度著名水利权威凡尔玛先生更热情赞扬我国的建坝成就，他说，21世纪的坝工界将是中国世纪。ICOLD并表决通过，下一届ICOLD全会将于世纪之交的2000年在北京举行，这必将成为国际坝工史上一次具有历史意义的盛会，中国人民有理由为自己的成就而感到骄傲。

　　关于ICOLD，许多科技界同志大概都知道，这是一个国际民间学术组织，以交流、研讨和促进坝工技术为宗旨，是个历史较久、较活跃和有成绩的国际坝工权威组织。但是，大概很少有人知道，在ICOLD之外还有个"国际反坝委员会"（ICALD）呢。此外还有类似的团体如"国际导向组织"（International Probing）等。他们的宗旨只有一条，坚决反对建坝。他们人数不多，能量不小，后台有人。笔者在多次率团出席ICOLD会议中，与这些"反坝分子"有过接触，并饶有兴趣地对他们的言行作了分析。

　　1988年在美国旧金山举行ICOLD的16届大会时，他们自称已成立了一个国际反坝委员会（ICALD），租了场地，立起标牌，要求与ICOLD辩论。还学中国"文化大革命"中的做法，在标语牌的大坝上打以大红叉。对此，ICOLD未予置理。

　　1991年，在奥地利维也纳举行ICOLD的17届大会。他们雇用了一些学生（据说每人每天可得数十美元），在大会场门口摆摊、示威。口号是"让江河自由奔流"（Let Rivers Flow Freely）。我曾经问过他们："你们反对建坝和开发水电，你们也反对我们建火电、核电，那么我们从哪儿去取得发展经济和提高人民生活所必需的能源呢？"回答是："我们相信科学家会找到解决的办法"——把球踢回给你们这些科学家。

　　以后的情况严重起来，一些学者，甚至一些名人也卷了进去，大谈特谈大坝（例如，埃及的阿斯旺水坝）的滔天罪恶。那个"国际导向"组织还宣布三峡大坝是"世界上最大的坟墓"，（顺便提一句，在"反三峡"的闹剧中，有一位戴某使尽了解数，

　　本文写于1998年，首次发表于《世界科技研究与发展》20卷，第3期。

获得"国际上的赞扬",成为"英雄",并被颁予"国际奖"),他们甚至宣称要把中国的总理送上他们的法庭受审。

1997年,他们在 ICOLD 的 19 届全会上(于意大利佛罗伦萨举行)散发了所谓"库里蒂巴(Curitiba)宣言。据说是由 20 个国家中受大坝影响的受害者在巴西库里蒂巴城聚会,通过了这个宣言。并宣称:为了加强全球反坝运动,将建立、加强地区和国际联络网,决定将 3 月 14 日的"反坝斗争巴西日"改称为国际反坝活动日。这次的口号是:"水是为了生命,不是为了死亡。"

宣言中说,他们赞同 1992 年的里约热内卢宣言,和世界银行关于投资大坝的表态。他们反对修建"任何不经过受害者同意的大坝"。他们要求各国政府、各国际融资组织立刻制订建坝的法律,并提出许多要求。例如,要对建坝产生的环境损害采取措施,包括拆除大坝,要求建立国际性的"独立组织",对所有得到国际支持的大坝进行复核,各国的投资和支持建坝的部门要对每座大坝进行独立综合复查,还必须有受害者参与⋯⋯

后来他们又发了个文件,宣称由世界银行与"世界保护联合会"共同赞助的一个 35 人工作小组(由国际组织、私人企业和受害者组成),经两天讨论,已建议成立一个高层次的国际团体来对以往、目前和规划中的建坝经验教训进行复查,提出改进的方法、政策和标准等,还要求各国都得执行(4 月 11 日,日内瓦)。

这些活动并非没有影响。近年来,一些发达国家的坝工建设明显萎缩,除了受资源开发程度和市场需求的制约外,反坝势力的活动,无疑也起了作用。例如,某西方国家拟建一座水坝,仅仅由于未能说清建坝是否会对库区内的一两头鹿的生活环境有影响,整个工程只能无限期停顿。

对于上述闹剧,中国人民既不参与,也不理会。我们的立场十分明确,中国人民决不接受任何束缚我们发展的无理要求。但是,我们要分析一下,这些人为什么拼命地反对建坝。更重要的问题是:他们内心深处到底想达到什么目的?

从表面看,他们反对建坝的理由是,水坝带来了一系列祸害,主要是生态、环境和"人权"上的问题:强迫移民、土地文物和古迹淹没,生物特别是珍稀物种损失,泥沙淤积,河床及海岸冲刷,下游水中养料的损失,水质变坏,影响渔业,诱发地震,失事风险,土壤盐碱化,疾病流行,等等。研究人类建坝历史,在某些工程中确实产生过上面列举的某些副作用,但是是否可以以偏概全、不客观地分析水坝的功过得失,不理睬已经采取的各种措施,对水坝来个一棍子打死、"斩尽杀绝",叫嚷要让河流自由奔流呢?

这使我们想起中国的一句俗谚,"因噎废食"。人活着总是要吃饭的,在亿万人吃饭的过程中,总是会发生点意外的:咯了牙、噎了喉,等等。吃进不洁、有害的东西中毒、发病甚至丢命的例子更不在少数,但从来没有人愚蠢到因此而反对人们吃饭。即使将来发明了人可以直接从太阳光中摄取营养,我想人类也不会丢弃进食的乐趣和餐饮文化的。埃及的阿斯旺大坝曾成为多少人攻击的对象,并作为祸害的铁证。他们津津乐道,建坝后沙丁鱼减产了多少、海岸线退缩了多少、下游河道中肥分减少了多少、土地盐碱化了多少⋯⋯但不愿提一下它使埃及的耕地成倍增加的事实,更不愿说一说在 1972～1973 年及 1979～1981 年两次非洲特大干旱中，阿斯旺水坝救了多少埃及人民生命的事。ICOLD 曾在一次年会中，就在阿斯旺所在的国家埃及，对水坝的功过得失由科学家特别是当事国的人民作了最详尽的分析和评价，包括对本可避免的失误和事后采取的改进措施的分析。中国人民在建坝过程中也同样走过曲折的路，发生过水库淤积、航道受阻、移民生活困难甚至大坝失事等情况，教训丝毫不比外国少。但重要的是，几十年的艰苦水利建设、几万座水坝和水库，为中国以少量耕地养活 12 亿人口、为防止大江大河溃堤出事、为保障城市和工业用水、为提供 6500 万 kW 的清洁再生能源做出了不可磨灭的贡献。而且通过总结经验、教训、不断提高认识水平和科技水平，使在兴利除害过程中尽可能减免副作用，许多领域都达到国际先进水平。否则，国家决不会批准兴建三峡工程的。至于说，"让江河自由奔流"，中国的江河已经自由奔流几千年了，带来的是血泪斑斑的历史：滔滔洪水使三江五湖尽成泽国，千百万人民"或为鱼鳖"；或是江河断流、赤地千里、颗粒无收，百万人的流亡；或是险滩相继、巨浪滚滚、舟毁人亡；或是人民蓬头垢面，长期过着牲畜般的生活，乃至牲畜都饥渴而死（这种情况，在今天的中国还仍或可见）。对于几千年来的这种苦难岁月，难道还能再继续下去，难道能听从那几位反坝人士的叫嚣，停止我们的水利建设吗？我们的回答将是明确和坚定的：中国人民决不允许江河自由奔流！

道理是这样的明显，但为什么有些人总是明察秋毫而不见舆薪呢？为什么对明摆着的事实视而不见、不讲道理呢？究竟是什么人掀起一层又一层的风浪呢？（实际上某些人不仅仅是反对建坝而是反对一切改变现实的发展）这就不得不使我们透过表面现象，深挖一下他们的内心究竟想干什么？

参与这个反坝俱乐部的人，其组成是复杂的。有一些确是受到建坝影响的群众，更多的是偏激的环境保护主义者，但更值得注意的是一些公开露面或躲在幕后的政治家。对于这些人来说，他们是不会受到洪涝干旱灾害的威胁的，决不会拖儿带女去逃荒，更不会没有水喝去喝马尿的。他们住在有空调和花园的幽雅别墅中，享用着牛排、奶酪和咖啡。在酒醉饭饱之余，伸出指头来发号施令："你们不能建坝，你们不能采煤……总之你们不能发展。再发展，地球环境就要被破坏，你们就是罪魁祸首。你们的建设必须停下来，统统地停下来！"

对此，我们不禁要问，使今天的地球环境受到严峻挑战的罪魁祸首究竟是谁？是谁在几百年内通过奴役和掠夺别人，疯狂地糟蹋地球的环境而使自己高速发展的？又是谁目前以高于别人几倍、几十倍的水平耗用着地球资源的？如果说要还债，应该由谁先来偿还？既然水坝的祸害如此之大，为什么不先拆除已祸害了美国人几十年的哥伦比亚河和科罗拉多河、田纳西河上的水坝群，而光要限制发展中国家的建坝呢？

如果听从这些先生们的意见，把一切水利和坝工建设停下来，对发达国家、对这些先生们是没有多少影响的。他们有别墅可住、有轿车可坐、有牛排可食，每人拥有 3kW 的电力（中国是每人 0.16kW），每人每年消费着 3t 石油（中国是每人 0.12t），已经远远超过所需额了。但是发展中国家的人民怎么办呢？是不是为了保护发达国家的既得利益而永远贫困下去呢？这个问题他们从来不回答，也是永远不置答的。还是由我们代他们来回答吧："你们这些低等民族就这样过下去吧，该死去的就多死一点吧，必要时我们也会施舍一点的……"这就是高叫人权和环保先生们的真实心理状态，事情难道不是如此的吗？

沉舟侧畔千帆过，病树前头万木春。无理的叫嚣阻挡不了历史滚滚前进的车轮，中国人民不会放弃利用自然、发展经济的努力。中国人民将修建更多更宏伟的高坝大库，治理江河，兴利除害，要控制每一滴水为人民所用。中国人民有权利过上适度消费、富裕但不浪费的生活。世界上的事情是复杂的，美好的言辞后面往往包藏着不可告人的用心。希望我国的舆论界、生态环保界能够和科技工程界统一认识：要环境，也要发展，环保是硬要求，发展是硬道理。中国人民必能在总结国内外正、反经验的基础上，做到开发和环境保护相协调，走上可持续发展之路。

要准备和洪水作长期较量

一、今年长江及松花江流域发生特大洪水，主要原因是长历时普降大雨。按目前的科学技术水平，人类还不能控制气象，甚至也不能作出精确的中长期预报。所以在今后，也许不要隔多少年，再次发生类似的、甚至更大的洪灾是完全可能的。不要指望只要政府下点决心，采取些措施，投入点资金，就可以在短期内解决洪灾问题。那是不现实的。我们要立足于与洪灾做长期斗争的观点来考虑问题。

二、除了主因，下列因素也加剧了今年的灾情和险情。一是暴雨的过程十分不利，使上、中、下游的洪水不利地叠加。二是由于各种原因，河道的泄洪能力减小，湖泊的调蓄能力萎缩，分洪区不能按规划运用，抬高了干流的水位。后面这个因素主要是人为造成。例如，盲目砍伐森林、破坏生态、水土流失、围湖造田、人为设障、分洪区内无计划地发展等，值得反思和纠正。但现在有些同志和报刊文章认为，生态破坏和水土流失是造成洪灾的主要因素，有失偏颇。当然，保护生态确实是影响子孙后代的大事，对洪水也能起一定的拦蓄滞洪作用，尤其可以减少进入河道的泥沙，应该作为基本国策坚决执行。但这是一项大面积、长期和艰苦的工作，需要几代人的努力，不能立即见效，更不能解决由于特大暴雨产生的大洪灾。在宣传中应避免给人这样一种错觉：只要植树造林，防止水土流失，就可以避免洪灾了。如果是这样，大禹时怎会发生大水灾呢。我的看法，在今后相当长的时期内，抗洪、防洪主要还得依靠工程措施。

三、在工程措施中，主要无非三大类：①提高河道泄洪能力；②兴建调洪水库；③利用分洪区蓄洪。三者相辅相成，但提高河道泄洪能力往往是主力军。必须改造现有堤防，使之在一定的流量下能确保安全。这里指的是在长期浸泡下能确保安全，不必动辄要千军万马上堤抢险。所以加固堤防比加高更为重要。堤身（包括地基）坚固，即使万一堤高有些不够，还可以利用超高或抢筑子堤来抵挡。堤身不固，则是不治之症。今年的大洪水是对全线堤身最全面最严酷的检查和考验，问题已暴露无遗，要据此进行加固改造。由于历史因素，加固工程将是十分浩大、长期、艰巨和复杂的。但无论如何困难，必须改造大堤。这个决心一定要下，有计划地一年年做下去。在行洪区内，一切违章建筑和障碍必须依法彻底清除，确保河道应有的泄洪能力。

四、兴建水库调洪，是解决洪水灾害的重要辅助手段，必须继续抓紧进行。三峡工程要如期建成，长江上游和支流上条件合适的水库及其他大江大河的必要水库都应积极兴建。三峡水库的调度方式，要通过研究今年洪水情况再作考虑，必要时可考虑利用 175m 以上的超蓄库容，以便发挥最大的防洪效益。

五、在遇到特别罕见的大洪水时，只依靠堤防和水库还不能解决问题，设置分洪

本文是作者 1998 年 9 月 1 日在依法防洪座谈会上的发言。

区以避免发生毁灭性灾害也是必要的。现在的问题是，分洪区内人口猛增，工矿企业无计划地大发展，而相应的安全与撤退措施则跟不上或根本没有，使得在紧急关头难以决策分洪，或根本无法分洪，只能坐待自然溃决。建议对各分洪区情况重作调查研究。对必需的分洪区，一定要控制人口，有计划地迁移部分人口外出，不能再搞工矿企业建设，以进行农业生产为主，尤其要做好分洪时的安全使用方式和转移措施，使在必要时确可投入运用。对洲滩民垸，更应实事求是地分析，分别确定保证率，做好安全撤离措施，决不能保车弃帅。

六、大江大河均制订有流域规划。但情况和形势不断变化，这些规划多为20年前所制定，建议加强调研和前期工作，对江河规划进行调整，使之更符合实际情况。应该认识到流域规划是个动态问题，不是一成不变的。

七、现在发生洪灾后，灾区主要依靠国家救济和人民捐助，建议考虑在受洪水威胁地区建立防洪保险基金的可行性。大洪灾一般要十多年、几十年发生一次，动用分洪区或超蓄区的机会更少。如能每年筹集一点防洪保险基金，累计总数相当可观，数十年内可不断增值，用它来救济洪灾或补偿动用分洪区（超蓄区）的损失，就有可靠保证。这也是一种非工程措施。

八、防洪法是一部好法。现在的问题是要落实，要补充一些具体的执行条例，要有一些严格处罚违反防洪法的案例，宣示于众，使这部法律能深入人心，切实得到贯彻。

中国水利建设的成就、问题和展望

一、50 年来中国水利事业的成就

中国的水利建设活动，可以上溯到大禹治水，已有四千多年历史了。这一方面说明中国文化之悠久，另一方面也说明中国的水资源分布有不利之处，先民为了生存和发展，在几千年前就开始搞水利工程抗御灾害了。

由于地理、气象原因，中国降水时空分布极不均匀，从而产生频繁的水旱灾害。降水的不均性，在空间上表现为西部、北部的干旱和东部、南部的湿润，在时间上表现为年总降水量的巨大变化以及年降水量集中在汛期内发生等情况。

由于上述特点，中国的主要自然灾害就是水旱灾害。全国所有流域都难幸免。据统计，黄河流域从 7 世纪到 20 世纪中共发生大水 110 次，大旱 95 次，平均每 6.8 年要发生一次大旱或大水。大旱时"赤地千里""饿殍遍野""人相食"。大水溃堤时，不仅"庐舍为墟"、数十万人民死亡，百千万人遭灾，甚至河流改道、生态被毁。淮河流域素有"大雨大灾、小雨小灾、不雨旱灾"之说，一直是中国的重灾区和贫困区。富庶的长江流域遭大灾时，受灾面积之大，影响人口之多，后果之严重更为惊人。其他流域和地区都有惨痛的灾祸记载。水旱灾祸成为中国人民面临的头号祸害。历代政府虽不断设官置吏，拨帑赈灾，兴修工程，也有无数志士仁人为此贡献毕生精力，但限于政治、经济、科技各项因素制约，难以有效地改变局面。

1949 年中华人民共和国的成立从本质上改变了上述灾难局面。

1. 修堤建库、泄蓄兼筹，有效地抗洪减灾，保障了人民生命财产安全和社会稳定

1949 年以前，全国江河堤防仅 4 万 km，标准低、质量差，遇较大洪水经常溃堤决口。经 50 年的治理，全国修建和加固了江河湖泊防洪堤 26 万 km，海塘 7900km，建成大中小型水库 8.5 万座，全国主要江河初步形成了以堤防、河道整治、水库及分洪区组成的防洪体系，控制了常遇洪水，保护了 5 亿亩耕地，600 多座城市以及重要工矿、交通设施等的安全。

50 年来，黄河花园口发生过超 10000m^3/s 的洪水 12 次，其中 1958 年洪水为有实测水位以来的最大洪水，未曾决口，创造了黄河连续 50 年安澜的历史记录。1954 年长江、淮河，1957 年松花江，1963 年海河均遭遇特大洪水，都被战胜，未造成毁灭性灾害。随着防洪工程建设的不断进展，近 10 年来抗洪减灾的作用愈来愈得到发挥。如 1991 年淮河流域发生大洪水，全流域 51 座大型水库联合拦洪，同时运用下游分洪区，成功地保障了整个流域安全。1998 年长江及松花江发生特大洪水，大堤发挥了巨大作用，1335 座大中水库投入拦洪调峰，渡过难关。应该指出的是，1998 年长江洪水与 1931 年洪水相当，都是全流域型特大洪水，但灾害情况就不可相比了。

本文写于 2001 年春，曾在清华大学、香港大学等几处场合做过报告，并发表于《中国工程科学》2002 年第 2 期，收入本书时作了删节。

2. 发展灌溉，增产粮食，解决 12 亿人口温饱问题

50 年来，中国共兴建万亩以上灌区 5600 多处，打机井 400 万眼，并修建大量水库。全国有效灌溉面积由 1949 年的 2.4 亿亩增加到 8 亿亩，全国农田灌溉总体格局基本形成。目前全国农业用水约达 4100 亿 m^3。

农田水利工程的建设极大地增强了抗旱、抗涝能力，像黄、淮、海平原，现已成为米粮仓，全国粮食产量已达到和超过 5 亿 t，使中国以占世界 7% 的耕地养活了占世界 22% 的人口，回答了"谁来养活中国人"的问题。据研究预测，在新世纪中国人口达 16 亿高峰时，中国也能养活自己。

3. 保障工业、城市用水，提高人民生活水平，促进城市化建设

50 年来，我国修建了大批供水工程，满足工矿企业和城市的供水需求，乡镇及农村的供水事业也得到巨大发展。目前，全国工业和城市用水量约为 1500 亿 m^3 以上，全国农业、工业及城市的总供水量约为 5600 亿 m^3/年，为 1949 年的 5.6 倍，为我国的经济发展和社会稳定创造了条件。

4. 大力开发水电，成为我国能源的重要组成部分

中国水能资源丰富，理论蕴藏量为 6.76 亿 kW，可开发资源为 3.78 亿 kW，年发电量 1.92 万亿 kW·h，均列世界首位。1949 年，全国水电装机仅 36 万 kW，发电量 12 亿 kW·h，经 50 年的努力，全国水电装机达 7935 万 kW，年发电 2431 亿 kW·h，列世界第 2 及第 3 位。在建的大中型水电容量达 4620 万 kW，其中三峡水电站装机 1820 万 kW，是世界上最大的水电站，将于 2003 年开始投产。中国已成为世界水电大国。

中国的水电站中，许多都是百万千瓦以上的著名大水电站。抽水蓄能电站的建设较晚，但速度很快，广州抽水蓄能总容量达 240 万 kW，列世界首位。

水电的大开发不仅提供了重要的能源，而且有力地缓解了燃煤引起的污染问题（每年 2400 亿 kW·h 的水电相当于每年少燃原煤 1.2 亿 t）。大型水电站同时兼有防洪、灌溉、供水、航运、旅游等综合效益。

5. 其他

50 年来，全国累计治理水土流失面积 78 万 km^2，保护了国土资源，减轻了河道水库的淤积。70 年代以来，黄河入河泥沙平均减少 3 亿 t/年。

通过疏浚、炸礁、建闸等措施，发展内河航运。目前通航里程达 10 万 km，长江被誉为"黄金水道"。

改革开放以来，在法治、管理、筹资等方面进行了许多改革。1988 年颁布水法，逐步走上依法治水轨道。水利工程投资集中，过去实行由中央投资、农民投劳的单一模式，现改革发展为中央、地方、集体、个人共同投入，全社会办水利的新格局。水资源有偿使用并调整水价，逐步走向市场经济模式。

随着水利建设的大规模开展，相应的科学技术水平迅速提高，人才不断锻炼成长。目前全国已形成一支有强烈事业心和精湛技术的队伍，拥有先进的勘探技术、强大的设计和科研力量。机电和金属结构的制造能力也很强大。能制造大型、巨型的水轮发电机组，500kV 的高压电气设备以及世界上最大的压力管道、船闸闸门和施工设备。50 年来，中国的水利工作者建成大量著名的大型水利水电工程，包括巨大的水库、水

电站，特长输水隧洞、跨流域调水工程、特大灌溉和供水工程等等，正在兴建世界上最大的三峡枢纽，对水利学科中许多难题，组织研究单位进行攻关，在不少领域（如高边坡分析整治、高坝设计建设、高拱坝抗震、泥沙动力及河流动力学、岩溶地区建坝、高坝大流量泄洪消能等）都达到国际先进水平。以水坝为例，中国已建成高240m的双曲拱坝（二滩）、178m 的面板堆石坝（天生桥），在建和已开工的有三峡重力坝（高 178m）、小湾拱坝（高 292m）、龙滩 RCC 坝（高 192～214m），和水布垭的面板堆石坝（高 232m）均列国际前茅。一些外国专家在考察参观后认为：中国工程师能在任何江河上修建任何他们需要的大坝。

50 年来中国水利建设的成就很难在有限的篇幅中说清。但通过上面扼要的介绍，只要是不存偏见的人，都应该承认，这段时期，中国人民确实在水利建设中取得了史无前例的巨大成就，是有史以来建设规模最大、效益最显著的时期，是结束了灾害频繁、人民流离逃亡局面的时期。

二、存在的缺点和问题

过去 50 年中，中国的水利事业取得举世瞩目的成就，同时，也走过弯路，存在缺点和问题。这里有尚未解决的历史问题，也有在发展过程中由于失误而出现的新矛盾。

1. 防洪

尽管 50 年来主要江河未出现毁灭性的洪灾，但迄今大江大河的防洪标准仍然偏低，未达规划要求，人民并未摆脱洪灾的威胁。如万一发生超标准洪水时，缺乏解决方案，没有形成完整而科学的防洪体系。

防御洪水侵袭需要综合措施。以长江中、下游地区为例，发生特大洪水时，需依靠沿江大堤的保护、三峡等水库的拦蓄和开放必要的分洪区，才能避免发生毁灭性灾害。过去的工作偏重于修堤建库，忽视分洪问题。规划的分洪区内住有数十万人民，是粮棉生产基地，实际上很难下决心分洪。分洪时如何传达讯息，组织数十万人民撤退或避险，分洪后如何补偿，都是十分复杂的问题。这些问题却没有如同工程建设那样受到重视和落实。

现实情况甚至和"有计划的分洪"背道而驰。由于人口激增，各地都在不断围垦湖泊、洼地、滩地，建立民垸，无节制地与洪水争地。其后果是：`全国堤防已发展到 26 万 km，愈来愈长，洪水位不断抬高，造成堤防与洪水位相互抬高的恶性循环。由于堤防不断加高，防汛负担和风险也不断增加。每逢汛期，大量军民上堤防汛，1998年中更有百万军民投入抢险战斗，万一溃决，后果不堪设想。

黄河由于每年有十多亿吨泥沙入河，问题更加复杂，实际上未得妥善解决。50 年来，河床不断淤高。1986～1997 十年中，每年平均淤积 2.5 亿 t，大部淤在主河槽中，造成小洪水、高水位、大漫滩现象。1996 年 8 月，花园口洪峰流量仅 7600m³/s，其水位比 1958 年的 22300m³/s 大洪水还高 0.91m。目前黄河主要枯旱，在 21 世纪中，如水文周期转丰，能否安澜，全赖小浪底水库。由于黄河年输沙量惊人，如何较长地保持小浪底水库，使之发挥拦沙、调洪、减淤作用，是个复杂、困难的问题。

2. 灌溉和供水

在工农业和城市用水上，突出的问题是水资源的严重短缺和过度开发。

13

中国是个缺水国家。全国水资源总量约 2.8 万亿 m³，人均约 2200m³，列世界第 121 位。到 21 世纪中期，更将减至 1700m³。水资源的分布又极不均匀，如北方地区人均仅 700m³，其中海河流域仅 358m³，低于国际公认的缺水界限 1000m³/人及严重缺水界限 500m³/人。50 年来，水资源的开发剧增。黄河水资源利用率已达 67%，淮河已达 59%，而海河竟高达 90%，远远超过合理程度。水资源的过度开发，引发了湖泊干涸、河流断流、地下水超采和河口及干旱地区生态恶化等一系列问题。

而问题的严重性更在于：这种对水资源的过度开发是和对水资源的低效利用乃至浪费并存的。全国农业灌溉水的利用系数为 0.3～0.4，先进国家可达 0.7～0.8。我国工业单位产值用水量是先进国家的 5～10 倍。工业用水的重复利用率为 30%～40%，先进国家为 75%～85%。多数城市自来水管网的漏失率至少为 20%。上述现象在严重缺水地区也同样存在。例如，淮河流域的工业用水重复率仅 30%，乡镇企业甚至低达 15%，西北新疆、内蒙古灌区仍多实行大水漫灌，黄、淮、海地区每立方米水产粮仅 1kg，而以色列可达 2.3kg。缺水最严重的河北各城市，现在生活水平还很低，而城市人均用水达 216m³，超过汉城、马德里和阿姆斯特丹。

3. 污染加剧，水质下降

中国的工业化远未完成，而环境污染和生态恶化已相当严重。水环境的污染是最严重的问题。据不完全统计，全国废污水排放总量为 624 亿 m³，绝大部分未经处理或未达标准就排入江河、湖泊、水库，或直接用于灌溉。在全国约 10 万 km 的评价河段中，Ⅳ类以上的污染河段长占 47%。对全国 118 座城市调查显示，64% 的城市地下水严重污染，33% 轻度污染。

工业结构的不合理和粗放型发展模式，特别如化工、造纸、矿冶企业是重要污染源。乡镇企业兴起后，更增加无数点污染源。使用大量污水和化肥的农田则是广大的面污染源。一些水库、湖泊则成为污染富集库。

除了水环境污染外，西北干旱地区天然绿洲萎缩，内陆河下游断流，终端湖泊消亡，畜牧地区草原退化、森林消失、荒漠化地区扩大、沙尘暴加剧和黄土高原区水土流失都是与水资源有关的生态环境破坏及恶化的表现。

水污染和生态环境恶化的趋势如不得到遏制和改善，将不仅影响中国经济的可持续发展，并将对中国人民的健康和生存造成极大灾难。

4. 其他问题

除了上述三大类问题外，我们还可以指出许多其他缺点，如：

水利工程建设多属于"粗放型"，不讲究配套和管理，工程不断老化、报废。

以国家投入为主，经济效益差，甚至连运行费也无着落，成为政府负担。

工程的安全标准低、工程质量差。

修建水库时，对移民安置工作不够重视，只补偿，不安排好迁移后的安居和发展条件，造成移民的痛苦和社会的不安定。

修建水利工程时轻视对环境的影响，对不利影响的消除和补救方面做得不够。

对内河通航重视不够。如长江的通航量还不及美国密西西比河的一条支流田纳西河。各部门间的协调也不好，有时建坝影响通航，有时建了很大的通航建筑物长期不发挥作用。

从上可见，问题和失误是相当严重的，这显然不是个别工程、个别部门或个别工程师的问题，而牵涉人们的思想意识和国家的行为。当然，领导层、执政党的思想认识起有决定性作用，因为这是形成方针、政策、措施的基础和对社会起了导向的作用。从本质上讲，问题出在人们是否真正用马克思主义的观点去认识世界，而不存在偏见、固执与冲动。这问题当然远超出水利范围，但从水利建设中的矛盾可以清楚地看出错误认识和错误政策的后果。我把它总结为思想认识、工作作风和历史影响三大因素。

（一）首要的问题是思想认识上的问题

新中国成立以来长期强调"改造自然""人定胜天"，而不懂得人类必须适应自然，和大自然协调共处，才能做到可持续发展的道理。这种错误认识在以下几方面有重要反映：

1. 片面强调"人定胜天""改造自然"，违反客观规律

中国人民要生存和发展，当然要开发利用自然，其间必会遇到挫折，号召人民树立"人定胜天"的信心，也无可厚非，但必须以全局和长期利益为准，进行科学规划，按正确方法去做，才能适应大自然环境。片面宣传"斗争哲学"是错误的。

仍以防洪为例，应认识到目前人类还不可能完全消除洪灾，做不到人定胜天。人类必须既适当控制洪水，又要主动适应洪水。不能认为掌握了筑堤建库的技术后，就可以无限制地围垦湖泊滩地，侵占行洪水道，以致走上恶性循环的道路。

2. 只向自然索取，不让自然"休养生息"

自然资源虽然丰富，却是有限的。特别是水，往往被认为是大自然赐予的无偿资源。中国人喜欢说自己"地大物博"，其实按人口平均计，许多资源是贫乏的（包括水）。控制人口增长和厉行节约实为基本国策。20 世纪 50 年代，马寅初先生就提出"新人口论"，点出问题的要害，而被戴上"马尔萨斯主义"帽子，进行错误批判。其后果，一是中国人口一度失控，造成永久性的负担；二是传统的节约风气不被重视。对水、森林、矿产、鱼类等资源进行低效甚至毁灭性的"开发利用"，后果严重。

3. 只强调开发，不讲究保护

水利方面最明显的恶果就是不顾后果，无节制地开发利用水资源，以及水环境的全面污染。有人提出要把水喝干、用光，而且所谓用水只限于工农业和生活用水，把生态环境需水排除在外。许多地方达到"有河皆干，无水不污"程度，水土大量流失，天然森林不断消失，一些渔业萎缩，物种灭绝。这些都是难以恢复的灾害。

在这种"人定胜天""改造自然"思想的影响下，形成了重开发、轻环境，重利用、轻节约，重工程、轻非工程措施的风气，都是"图一时之利，贻长久之患"，或可以称为"吃祖宗饭，断子孙粮"的做法。

（二）在工作作风上则是背离实事求是的传统，走上主观唯心的错路

中国共产党本是信奉唯物论的，实事求是更为共产党的优良传统，不幸在"左"的路线干扰下，背离了这一正确道路，出现以下令人痛心的情况。

1. 强调政治挂帅，贬低甚至反对科学技术，以主观想象替代科学论证和民主决策

新中国成立以后，政治运动不断，强调政治统率一切，错误地批判知识分子甚至

否定科学技术的作用。工程草率决策，轻易开工，结果多数中途停工，有的拖延十余年，有的质量低劣成为病坝险库，有的建成后不能发挥应有效益。浪费大量资金、人力和物力。

2. 追求外表和数字，不讲实效，甚至弄虚作假

在极左思潮干扰下，搞"假、大、空"，只图形式，不讲实效。一方面新工程不断开工，另一方面老工程不断报废。演变到后来，甚至把搞水利建设工程变成表示"政绩""提拔晋升"的手段，弄虚作假。所谓"干部出数字，数字出干部"。

3. 好大喜功，急功近利，缺乏长远观点

各级干部都只重视眼前利益，搞短期行为。为官一任，都要搞些"政绩"工程，乱开发、乱建设，导致资源浪费、布局错误、环境恶化。

上述主观唯心的做法，形成了重形式、轻实效；重数量、轻质量；重主体、轻配套；重空头政治、轻科学技术这些不正常的风气。

（三）传统历史因素和计划经济体制的作祟

1. 地方主义作祟

自从 20 世纪初满清覆亡后，中国实际上未统一过。中华人民共和国建立后才真正实现了全国一统的新局面。但长期以来地方主义的思想并未得到认真批判，特别是水利问题，它往往牵涉相邻省区、流域上下游和各部门之间的利益，形成错综复杂的关系。只顾小圈子利益，以邻为壑的事经常出现，有些矛盾长期得不到解决，所以牵涉几个省区的水利规划建设，往往最难决策和实施，综合效益最大的水利枢纽往往最难修建。

2. 计划经济模式的影响

新中国成立后 30 年都实行严格的计划经济模式，重要水利工程都由国家投入、经营。不计成本、不计工期、不讲效率效益。工程建成后，不仅没有收益，有时反成为政府的负担。无偿或不合理的低水价，助长了浪费用水。

上述影响的后果使得在水利建设中重局部、轻长远；重技术、轻经济；重建设、轻管理。

总之，过去的失误可归纳为"十重十轻"，要吸取教训，就必须从思想上、作风上、政策上、措施上把它颠倒过来。

重发展，轻环境——在保护环境的前提下合理发展

重利用，轻节约——在节约的前提下合理利用资源

重形式，轻实效——反对形式主义讲求实效

重主体，轻配套——主体配套并重，目前先要对配套还债

重数量，轻质量——质量第一，质量一票否决

重建设，轻管理——实行现代化管理，千方百计提高管理水平

重技术，轻经济——水利建设也要纳入社会主义市场经济模式

重局部、眼前，轻全局、长远——反对地方主义、短期行为

重工程措施，轻社会措施——双管齐下，互相补充

重空头政治，轻科学技术——反对空头政治，科学技术是第一生产力

三、21 世纪中国水利事业的展望

对中国来说，21 世纪是重要的时期。在 21 世纪的前半段中，中国将实现第三步战略发展规划，由小康走向中等发达国家行列，人均 GDP 将由目前的 800 美元增长到 5000 美元（可比值）以上，全面实现现代化，完成民族振兴的大业。

在这一伟大的历史时期中，水利事业担负着艰巨的任务，面临严峻的挑战。扼要来讲，新一代的水利工程师们要完成以下任务。

1. 妥善地解决大江大河防洪问题

大江大河及有关大城市的防洪标准，应提高到适当标准（一般应能抗御百年一遇洪水），并在遇到超标准特大洪水时，也有应对措施，不致造成毁灭性灾难。

从工程角度讲，仍依赖于泄、蓄、分兼施，并以泄为主的综合措施。在"泄"的方面要继续加高加固江河湖泊大堤，消除隐患和行洪道内违章障碍物。把行洪空间还给洪水，使在一定洪水位下，大堤安全确有保证。

在江河干流及支流上，继续建设必要的水库，在汛期联合调度，削减洪峰。

江河边滩、民垸仍可供农业利用，但在一定洪水流量下必须按规划放弃。继续建设和完善必要的分洪区，遇特大洪水时按规划启用，并保证区内人民安全撤离和以后的合理补偿。

除上述措施外，要强调非工程措施，如应用现代科技提高预报的精度和效率，确定最优调度方案，组织精悍机动的防汛队伍，建立权威性的防汛调度机构，实施防洪的社会保险制度，改变目前汛期动辄千军万马上堤的情况。

建议争取在 15～20 年，完成上述任务，建设起科学、安全、合理的防洪体系。

2. 治理黄河，把黄河的事情办好

在中国的各大江河中，黄河具有特殊的复杂性，整治黄河仍是 21 世纪水利事业中的重大问题。

小浪底枢纽竣工投入后，约有二三十年时间可以起调洪、拦沙、减淤及冲深河道的作用，为我们赢得时间。但小浪底库容及拦沙期总是有限，要抓紧这千载难得良机，探索最优调度运用方式，追踪监测、研究进一步根治黄河的措施。主要是解决入黄泥沙和下游悬河问题。

从治本上讲，必须坚持进行上中游的水土保持工程，合理地退耕还林（草）、封山绿化。在支流上修建行之有效的拦沙工程。水利部门初步规划，到 2015 年新增治理水土流失面积 14.5 万 km^2，2030 年再增 24.2 万 km^2，使每年平均减少入黄泥沙 4 亿 t 及 6 亿 t。到 2050 年能达到 8 亿 t。对于入黄泥沙，要通过科学调度，尽量使之输送入海，研究采取泄放人工洪水，降低河口高程，产生溯源冲刷等措施，适当降低悬河高程。辅以吸、挖方式，将泥沙引至两岸利用，以求黄河的长治久安。

中国如能在 21 世纪解决好黄河问题，将是震惊世界的成就。

3. 合理调配水资源，实施"南水北调"工程

中国许多地区特别是北方水资源严重短缺，制约着经济发展和人民生活的提高，而且破坏生态环境。在这些地区，首先要立足于节水和本流域水资源的合理开发、配置和利用，全面建成节水型社会。在此前提下，适当进行跨流域调水。

最重大的调水工程是从长江调水到北方地区，即所谓"南水北调"工程。经水利部门数十年研究提出从长江分东、中、西三条线向北方调水的方案，各有其供水地区又能相互补充，布局是合理的，实施后确可缓解北方缺水问题，逐步达到供需基本平衡。

东线工程在江苏扬州附近长江北岸引水，基本利用京杭运河及平行河道为主干线输水。供水范围是黄、淮、海平原东部地区和山东半岛。规划以 2020 年为设计水平年，年调水 154 亿 m^3。远景还可增加。东线工程技术上的问题不大，主要问题是如何防止调水受沿线排放的污废水影响以及协调各地方各部门用水要求，实行统一管理，发挥最优效益。

中线工程供水范围主要为北京、天津、河北、河南及湖北五省市。由汉江丹江口水库取水，平均年调水 130 亿～145 亿 m^3。中线工程能把水库优质水自流引到京、津、华北缺水地区，但投入及移民量较大，并要进一步研究解决好调蓄问题、工程风险问题和对调出区的影响问题。

东、中两线规划在 15～20 年内全部完成，争取 2010 年前就调水过黄河。这两线共可调 300 亿 m^3 水北上，不仅满足华北地区之需，更可改善目前已恶化的生态环境，调整黄河中下游用水量，增加上游用水量和冲沙流量，意义巨大。

西线工程从长江干流通天河及支流雅砻江、大渡河的源头部位建坝截水，用隧洞穿过巴颜喀喇山引入黄河上游。工程拟分期实施，调水量从初期的 40 亿 m^3 逐步增长到 170 亿 m^3。实现后对改变西北部分地区的生态面貌和促进黄河治理有深远意义。

西线工程极为艰巨，投入也极大。目前尚在进行规划研究，拟争取在 2020 年以前启动，在 21 世纪前半期完成。

除"南水北调"工程外，东北、新疆、甘肃、陕西等地均需兴建一些跨流域调水工程，都应在 21 世纪前期实现。

"南水北调"是跨大流域的大规模调水工程，是对国家水资源作合理配置的工程，是支撑我国可持续发展的重大基础性、战略性工程，关系子孙后代的长远利益。因此，数十年来许多水利同志为之奋斗终生。我们反对急于求成的思想，也反对根本否定其必要性的论调。只要我们能遵循正确的方向，遵循"三先三后"的原则，把工作做透，这一伟大工程必能在 21 世纪内启动和发挥效益。

4. 狠抓节水、治污和保护及改善生态环境工作

过去，我们的发展往往以浪费资源和破坏生态环境为代价取得。这种做法，在 21 世纪中很难再继续。水利工作必须把节水、治污、保护和改善生态环境放在首要位置。

中国全年供水规模从 1949 年的约 1000 亿 m^3，增加到 20 世纪末的约 5600 亿 m^3。在 21 世纪中，人口、经济、城市化等仍将持续增加和发展，所以用水规模也还将增加。据专家们分析预测，到 2050 年全国工农业及城市、农村生活用水量要达到 7300 亿 m^3，加上生态环境需水量，可能需 8000 亿 m^3。而全国全部可利用的水量为 8000 亿～9500 亿，已接近极限，形势严峻。唯一出路是厉行节约，建设节水型社会。

在用水中，农业用水始终占最大比例。必须从粗放型农业转变为节水高效的现代灌溉农业和现代旱地农业，使在基本上不增加农业用水的条件下，增产农作物（粮食

要由 5 亿 t 提高到 7 亿 t），满足 16 亿人口的农产品需要。这要采用多种措施，水利方面要提高水的利用效率，使每立方米水的平均粮食产量由 1.1kg 提高到 1.5～1.8kg。要全面发展节水灌溉，以改进地面灌溉为主，井、渠结合，防渗减蒸（发），适当发展喷灌技术。

工业系统要把节水改造作为重要内容。城市用水要减低渗漏，开发节水器具，提高全民节水意识。做到以供定需，以水定发展。在政策上要实行用水定额制。超标者重罚或停供。务必尽早实现水资源的零增长，做到供需平衡，持续发展。

与节水同样重要的是全面治污和保护、恢复生态环境，这要从以下多方面努力：

（1）以预防为主，进行源头控制，推行清洁生产。

（2）对城市废水，要加快废水处理厂建设，实施废水资源化。

（3）启动对面污染的治理，包括农田污水、乡镇企业排污等。要结合建设"生态农业"通过合理使用化肥、农药，回收利用废水废渣，将面污染源减到最小限度。

（4）在加强陆上治污工作的同时，要削减入海污物量，控制海上污染源，以加强海洋环境污染防治。

（5）全力推进水土保持生态建设。在全国各区因地制宜推进退耕还林（草）、封山绿化、拦沙治沙，改造坡地，地下水回灌，减少水土流失量，控制荒漠化扩大趋势，保持江河长流，湖泊常盈，蓝天碧水，人物共休。

过去的年代中，我们已对生态环境欠下了很多债。在 21 世纪里，乘万象更新之势，中国需要进行一场全国全民性的节水、治污、拯救生态环境的大战斗，使情况有明显和迅速的变化，走上良性循环、适应自然、可持续发展的道路。这需要提高全民认识、制定政策、落实措施、加大投入、严格监督并坚持下去，才能收效。任务艰巨、代价很大，有时表面上会影响发展速度，但不这么做，国家、民族是没有前途的。

5. 继续大力开发水能资源，为国家提供清洁能源

前已述及，我国水电资源之多，列世界各国之冠。50 年来，水电发展迅速，全国装机已达 7935 万 kW，居世界第二位，但开发程度仍低。在 21 世纪中，水电将更受重视，尤其是西部水电资源将得到空前的大开发。

1989 年原能源部曾拟订 12 个大水电基地，总容量 2.15 亿 kW，其中 9 个（金沙江、雅砻江、大渡河、乌江、长江上游、红水河、澜沧江、黄河上游及黄河中游）在西部，容量 1.81 亿 kW。充分开发西部水电，通过全国联网，供电东部，即所谓"西电东送"，这和"南水北调"一样是我国重大政策之一，是 21 世纪中国将实现的一项伟大工程。

西部电力大致从北、中、南三大通道东送。北路开发黄河上中游梯级，联到华北电网。骨干水电站有公伯峡、拉西瓦、黑山峡或大柳树等。中路除在建的三峡枢纽外，要兴建水布垭、溪洛渡、向家坝、瀑布沟、锦屏梯级等，送华中、华东电网。南路将在乌江、澜沧江、红水河上兴建洪家渡、构皮滩、小湾、糯扎渡、景洪、龙滩等枢纽，送电广东。目前国家已批准公伯峡、龙滩、小湾、水布垭、洪家渡等骨干工程以及东部一些大型抽水蓄能电厂开发。建议争取在 2010、2020 年及 2030 年全国水电装机容量达到 1.2 亿、1.8 亿 kW 及 2.4 亿 kW，使中国成为世界上头号水电大国和水电强国。

在开发水电时，必须吸取教训，避免失误，尤其要重视以下问题：

（1）做好移民安置工作，务必使移民能迁得出、稳得住、富得起来。

（2）重视水电开发所产生的副作用，尽量予以消除、减轻或补偿。

（3）尽可能发挥水电站的综合利用效益，使工程能提供最优、最全面的效益。

21世纪我国水利建设任务无比繁重，上述几条仅为最主要的几项。实践出真知，可以肯定，和20世纪一样，随着这些宏伟工程的进展，相应的科学技术、管理水平将上升到新的高度，有关学科都会蓬勃发展，为中国和世界人民做出贡献。

只要我们全面肯定成就、深入吸取教训、坚定前进方向，发扬优良传统，实事求是、锲而不舍地战斗下去，我们必能完成历史赋予我们的任务，使水利事业遵循正确道路胜利前进，为伟大祖国的国家富强、民族振兴做出应有的贡献。

考察渭河流域水资源时的发言

尊敬的潘省长、安主席、各位领导、各位专家:

我组 14 位专家,这次随钱正英副主席来渭河考察学习,收获和启发很大,很多资料还有待回去多深入消化,才能提出看法,昨天我们开了个小组会,大家初步交换了意见,今天我把多数同志的初步看法,归纳汇报一下,可能夹有个人成见,不妥之处请其他同志补充、修正。

通过考察,我们深切感受到渭河流域特别是关中地区在全省乃至全国的重要地位,深刻认识到省里和地方上的同志们为开发渭河流域,进行了不懈和艰苦的努力,使新中国成立以来,特别是改革开放以来,全区工农业生产蓬勃发展,人民生活不断提高,高新技术和科教方面的发展更是喜人。水利建设也在继承优良传统的基础上,建成了10 多立方米处水利工程,取得了翻天覆地的变化。这些成就来之不易,我们愿借此机会,向省、地方上的领导和群众表示崇高的敬意。

在看到成绩的同时,我们也看到存在的深层次、复杂和迫切需要解决的问题。就水利方面而言,存在和反映出来的问题,也和北方其他缺水地区有共性,即:多年来的发展,是以不合理地开发和利用资源与牺牲环境为代价取得的。这种做法,今后难以为继,现在就应扭转。我们高兴地看到,省里已充分认识到这一点,进行了渭河流域综合整治的规划研究,已初步提出了各项意见和措施。走出了解决问题的第一步。

渭河流域水资源及其开发利用面临的问题,扼要地说,就是由于流域内水资源相对短缺,特别是 20 世纪 90 年代以来,渭河流量锐减,为了保持发展速度,城市生活、工业、农业相互争水,形成不合理配置和低效利用,使生态环境恶化。包括地下水过度超采,形成大漏斗、河道萎缩、河床淤高、防洪问题激化、水质污染,不少地方已到了难以为继的程度。另外,渭河流域还有个特殊的情况,即受下游三门峡枢纽的影响,渭河下游段河床抬高,形成悬河,防洪负担日益沉重。这些都是心腹之患,必须解除。

所以,通过考察,我们认为渭河及关中地区的建设成就巨大,存在问题也严重、急迫。省里提出要对渭河流域进行综合整治,全国政协把它作为重要提案进行考察研究,中国工程院在西北水资源咨询项目中将渭河流域作为重点研究片之一,都是十分正确的,把本整治工程作为国家项目研究和实施是十分必要的。

渭河的水资源评价和整治方向

据资料,陕西境内渭河流域多年平均水资源总量(包括过境水量)约 110 亿 m³

本文是作者 2001 年 10 月随中国工程院西北水资源可持续利用研究课题组考察渭河流域水资源时的发言。潘省长指时任陕西省副省长潘连生,安主席指时任陕西政协主席安启元。

左右，人均 600m³，亩均约 400m³，按一般标准衡量，是水资源短缺地区。本地区是陕西省社会经济发展的核心地带，今后还将高速发展，包括城市化过程，水资源的需求在一定时期内还难达到零增长。据介绍，现在本地区就缺水，许多城市缺水现象确实存在，预测到 2010 年缺水量更大。专家们讨论认为，水账还需进一步弄清。总的印象：首先，预测的生产用水比生活用水偏高，但未考虑或少考虑生态环境用水。例如，不考虑冲沙用水和水土保持用水，合理基流量也偏小。综合考虑上述因素后，应该认为本地区属于相对的资源型缺水地区。其次，本地区水资源时空分布不均，年际变化极大，来水量与需水过程极不协调。相对而言，调蓄及供水能力不足。现在的一些管理体制不利于节水和合理利用水资源，因此又具有工程型的和管理型的缺水性质。最后，本流域治污力度很低，城市、工业废水直排入河，水质严重污染，更加剧了水资源的供需矛盾，又具有污染型缺水性质。

但也应指出，本地区也有有利一面，即降水量较丰，不是干旱地区。只要妥善高效利用本地水资源，合理调整产业结构，加强节水治污，再适当外调一些水源，解决本地区的水资源问题是完全可能的，这比某些干旱区域或海河流域要好得多。对此，应有信心，重要的是要选择正确的治理方向和措施。

总之，专家们认为，总的讲，本地区是相对缺水地区，资源型、工程型、管理型、污染型缺水的因素都有。但资源型缺水似并非最主要因素。而且能外调来的水量毕竟有限，也非短期内能实现。因此，我们完全同意王副省长（编者注：指王寿森）提出的综合整治渭河的一些原则和指导思想：要立足于本流域内资源的合理配置和高效利用，要以节水为前提，要全面建设节水型社会，农业、工业、城市用水都要大挖潜力。具体讲，农业方面的节水灌溉，陕西虽已走到全国前面，但仍大有潜力，灌区也不宜再过多地发展。工业方面的用水增长过快，必须抓紧产业结构转轨，积极发展耗水少，产值高，有地方特色、地方优势的产业。在城市生活用水方面，指标太高，应降下来，采取有效政策和利用价格杠杆大力节水。要结合治污，大大提高城市、工业用水的重复利用率。总之，必须改变我们的规划思想，以供定需，不能以需定供，还要统一管理，提高管理水平，逐步走向统一、科学、合理调配使用水资源的道路。在这个基础上，加上修建必要的调蓄工程和跨流域调水工程，本地区的水资源问题才能较好解决，希望不要完全把注意力放在工程建设上。

关于节水、治污、生态、农业、城市、工矿方面的问题，将由另两组汇报，我组不多说了。下面再就工程布局方面来谈点看法。

跨 流 域 调 水

上面说过，适当地由外流域调入一些水量是合理和必要的。调水有三方面来源：西部引洮入渭、南部引汉入渭、东部引黄，及其他一些小工程。讨论一致认为，以引洮入渭较为合适、可行。

洮河多年平均径流 48.21 亿 m³，现状用水和预测的发展较少，尚有较多余水入黄。洮河与渭河上游相距较近，因此引洮入渭是有可行性的。具体有两类方案。一类是与甘肃在建的九甸峡枢纽工程结合，利用其水库及取水口和总干渠输水入渭河，优点是可以利用九甸峡水库调节，并可利用部分在建工程，问题是要加高九甸峡大坝及加宽渠道，该工程已在施工，牵涉面多。另一类是在九甸峡上游另找坝址筑坝引水，用独立涵洞输到渭河。例如，在岷县以下筑堤坝引水，经 24km 涵洞输水汇入渭河支流榜沙河。

我们初步看法，从洮河适当调 10 亿 m^3 左右水量入渭，是合理可行的。鉴于九甸峡已在施工，似以上游用独立涵洞输入渭河为宜。可在陕西境内利用新建设现有水库调节。24km 涵洞目前已不是难题。调水后对九甸峡的发电有影响，宜仔细研究运作方式，减少影响，并给以必要的补偿。建议在水利部领导下，深化方案研究，促其早日实现，从源头上增加水量。

在南水北调西线方案实施后，可引黄入洮、引洮入渭，进一步增加入渭水量，作为中远景水源。

引汉济渭工程是在拟建的汉江黄金峡枢纽引水，建抽水站扬程 400m，然后通过 79km 引水线路（其中穿秦岭的洞长 39km），汇入西安黑河上游。黄金峡处年径流量 81 亿 m^3，拟调水 12 亿 m^3。在水量上看是可以容许的。远期还可引嘉（陵江）济汉，增加向渭河的调水。这个工程规模及投入较大，可作为中远期的渭河补水的方案，建议继续做前期工作，并在南水北调中线方案规划中留出济渭的 12 亿 m^3 水量。

引红济石，一是引红河水到石头河，规模不大，但也能缓解水资源短缺，专家们持赞成态度。

引黄问题，在古贤枢纽建成后，由古贤引黄到渭北高原等地区，这需要结合古贤水库的兴建规模来实现。据了解近期内尚不能很快修建。

此外尚有"引嘉济渭"规划，需建引水线路和高扬程提水，工程难度及投入很大，近期内难以实施。

综上所述，跨流域调水以引洮入渭最为现实可行，值得加快研究，包括经济研究，争取早上。

流域内的工程建设

陕西省已规划研究了许多流域内的调蓄、引水和防洪工程，除已开工者外，我们认为较重要的有小水河水库工程及东庄水库工程。

东庄工程位于泾河上，据资料，坝高 160.5m，总库容 15.16 亿 m^3，采取蓄清排浑措施，可长期保留调节库容 7.8 亿 m^3 以上，能对泾河来水进行调节，年提供水量 7 亿 m^3，并有显著防洪作用，是陕西唯一最大的待建水库。

东庄工程已研究数十年，由于建库后泥沙冲淤问题较为复杂，一直未能兴建。经过最近较深入研究试验，认为建坝对下游泥沙的作用是正面的。现已将项目建议书报计委、水利部。

东庄水库的泥沙问题很复杂，建库的效益是灌溉、供水和防洪。我们认为有一个重要前提：东庄水库的运行，必须保证有利于下游泥沙淤积的冲刷，而不是相反，只有在这个前提下，才谈得上发挥灌溉、供水、防洪效益，否则就蹈三门峡覆辙。必须注意：在多沙河流上修建大库，消减了洪峰，是要产生副作用的。据资料介绍，这一问题可通过调水调沙得到解决，我们希望在审批和实施时要特别重视这点，做到有利无弊。

小水河水利枢纽，规划在宝鸡峡上游建低坝，引水到支流小水河，在小水河上修建水库调蓄，可为下游灌区增供 8000 万 m³ 的水，为城市增供 1.6 亿 m³ 的水。在引洮入渭工程完成后，可参与调蓄引洮水量。

专家们认为这一工程是合理和可行的。对兴建时期，有的专家认为可以早建，有的建议可与引洮入渭工程同步。可在下一步审查中确定。

本流域内规划的其他调蓄和防洪工程较多，我们只考察了一小部分，所有这些工程（包括下面提到的下游综合治理工程）宜统一纳入综合治理规划中，已批准的要保质保量完成，待建的要实事求是做好研究设计工作，务要顾全大局，有利无弊，按照基建程序进行。

渭河下游综合治理工程

渭河下游治理工程包括：渭洛河防洪续建工程、南山支流综合治理工程、335m 高程以下返迁移民防洪保安工程，以及河道疏浚和淤堤工程。如上所述，这些工程都应纳入总的治理规划中，实事求是，精心设计，务求有利无弊，按基建程序办理。

但上述都属治表性质。渭河下游情况恶化，是潼关淤积高程在 1994 年后不断增加而且居高不下（现达 328.4m 高程），以及黄河、渭河来水来沙量的巨大变化造成的。要从根本上解决问题，还需深入研究在新形势下，采取什么措施来降低潼关河床高程，例如，研究小浪底建成后的三门峡运行方式或扩建以及冲沙流量问题。

目前小浪底水库已建成，一般年份下，三门峡水库的防洪、防凌、春灌等任务已可松解，有条件更有必要重新研究其运行方式（包括再改建）来降低潼关河床高程。现水利部黄河水利委员会已在开始研究。专家们一致认为，在弄清问题的基础上，如确认潼关河床的淤高与三门峡运行方式有关，而改变运行方式，甚至废弃电站，或再次改建能解决潼关高程的话，是应该决策执行的。建议作为紧急任务深入研究。工程院项目组也乐意对此问题的一些大原则进行研究，提出建议，供国家决策参考。

建议进一步抓紧进行的工作

（1）目前提供的资料比较分散，各地区各部门都有设想和要求，建议将现有的各项规划和建议要求集中、综合、扩大、提高，提出一个"渭河流域综合整治规划"，将水资源情况，工农业、城市化发展，水资源供需平衡、节水、防洪、治污等问题有机地结合起来，形成一个上下各部门统一考虑、科学安排，切实可行的总规划，作为指导今后治理工作的总方针，在做这个总体规划时，必须认识到水资源是有限的、泥沙是长期存在的，治污和保护生态是艰巨和必要的，坚持以供定需、实事求是、可持续发展的原则，尽快使水资源达到零增长，不可走老路延续以往传统的做法。

（2）建议抓紧研究如何降低潼关河床淤积高程的措施与方案。

（3）建议研究搞清 90 年代以来渭河入境水量锐减的原因。

（4）对引洮工程做进一步论证落实，取得甘肃的理解和支持，报水利部审定。

（5）建议调查研究由于管理体制问题对影响节水和不利于水资源合理利用的问题，研究改革对策，供有关领导决策。

不要把水利变成水害

清华大学水利水电系建系 50 周年了。在半个世纪中，清华培养了一代又一代的精英，开拓了许多领域，攀登了不少高峰，为中国水利事业做出了重大贡献。我表示崇高的敬意和衷心的祝贺。在这 50 年中，中国水利建设取得了举世瞩目的成就，但在 21 世纪中仍面临艰巨的任务甚至更严峻的挑战，以及一系列新的情况和问题。水利问题已成为从中央到人民都牵心的大事。我深信，清华大学水利水电系将在新时期中作出更大的贡献。

江泽民总书记在多次讲话中都提到"与时俱进"的问题，我认为"与时俱进"这个思想应贯彻在所有工作中。对水利工作尤为重要。人类与水打交道的历史，大致可分三个阶段。首先是"无能为力"和"力不从心"的阶段，面对滔滔洪水或赤地千里的大灾难，只有逃荒或死亡。随着生产力和科技的发展，人们兴修水利工程，要管住水、利用水，进入到"改造自然"的阶段。人们修堤筑坝建库、修渠道、开运河、建电厂，发挥防洪、灌溉、供水、通航、发电等效益，这阶段还没有结束。但在取得巨大成绩的同时，也有失误，受到大自然的报复，甚至留下不可弥补的遗憾。第三阶段应该是：人们在总结正、反经验的基础上，对水进行更科学、合理的治理和开发利用，做到可持续发展，做到与大自然协调共处。当然，三个阶段没有明确的界线，是逐渐过渡的，但我们必须尽快地走上第三阶段，否则会出人意料，水利会变成水害，工程师会变成罪人。

搞水利工程是为了兴利除弊。对兴利，大家是重视的，每一本"可行性研究报告"中，都把工程效益说得详而又详、细之又细，但在除弊上就底气不足了。我这里所谓"弊"，是指修工程后引起的弊。大自然经过千百万年的磨合，已形成一个平衡的系统。修建水利工程，必然扰动这个平衡，引起一系列变化，经过一定时期，达到新的平衡。在变动过程中，在新的平衡状态下，可能出现弊。一定要重视它、认识它、解决它。所以我建议在水利学科下搞个二级学科"水害学"，或更全面些，"人类活动引起的水害学"，清华大学来开这个课，活教材一定丰富精彩。能正确认识这个问题，才能正确解决问题。

现在学校里有很多课：水文学、水力学、力学、结构学、岩土工程、施工学、管理学、经济学等，多是为第二阶段任务服务的。这无疑是重要的基础，今后还要大发展。但我总觉得还缺点什么，就是对工程利弊的科学分析。要真正评价一个工程：

（1）必须用动态而不是停滞的观点看问题。有的工程能发挥点近期效益，但从远景看，弊端更大。

本文是作者在 2002 年 4 月 27 日清华大学水利水电系建系 50 周年纪念大会上的讲话。在这个讲话中作者首次提出了在水利学科下开设"水害学"的建议，主张研究在水利建设过程中由于人为活动，可能对自然界带来的负作用。

（2）必须从全流域而不是从小范围看问题。有的工程从局部看利莫大焉，从全流域看就不可行。必须注意，搞水利是牵一发而动全身，下游工程影响上游，上游工程影响下游，地面牵涉地下，地下牵涉地面，跨流域工程影响面更广。

（3）必须从总体而不是从局部看问题。建大库调节径流，当然好，但天然洪峰就此消失；大量开发水源可为民造福，但破坏了生态环境，还助长了浪费。

……

总之，要在更高的层次上研究问题，不要争一时一地之利而贻长远之患。对今后的水利规划和建设，必须在认真总结过去正、反经验的基础上，做到中央领导要求的全面规划、统筹兼顾、标本兼治；做到兴利除害结合，开源节流并重，防洪抗旱并举，合理开发、高效使用、优化配置、全面节约、有效保护、综合治理。既遵循自然规律，又遵循价值规律。以求更好地解决我国洪涝灾害、水资源不足、水土流失、水环境污染等问题。中央领导不是水利专家，但这些话足以使我们搞水利的深思猛醒。

今天是清华大学水利水电系建系 50 周年的喜庆日子，我却在这里讲些煞风景的话，可谓不识时务之徒。好像人家在过生日，你却讲什么："你可得当心啦、不能再抽烟喝酒吃肉吃糖啦，否则要得心脏病、糖尿病、甚至胃癌啦"一样令人扫兴。但我这些话出自肺腑，至少比说什么"你这个人啦……真是……哈哈哈……"真诚一些。好在中国在 21 世纪中的水利水电建设任务之重、进展之快是势不可挡的，我讲这些话绝不会有任何影响，我只是希望清华大学不但能在攀登科技高峰、促进水利建设方面作出重要贡献，而且也能在总结经验、防止走弯路方面发挥巨大影响。

如果我说错了，请给予原谅和指正。谢谢大家。

在"上海市水资源与可持续发展工程对策"
院士（专家）咨询会上的发言

这次能到上海参加院士（专家）咨询会，听了领导同志的讲话、各单位的研究报告以及许多院士、专家的发言，使我对上海市的水资源现状、问题以及可持续发展的对策，有了个初步的认识，深受启发，收获很多。特别在听介绍和报告时，钱正英副主席不时和我讨论，提出许多重要见解，受益更大。所有这些内容，还需要深入学习、消化。相信这次会议和院士专家们的报告、资料将有助于上海市今后的工作。我乘上午这个机会，汇报一下参加会议的一些体会和感受，完全是一个外行人的见解，不揣冒昧，提供给会议领导、市科委和市领导做参考。不是总结。不妥之处，望院士、专家们给予指正。

我在上海工作和生活了 20 年，上海可以说是我的第二个故乡。1973 年后去北京工作，也快 30 个年头了。非常怀念和关心上海的发展。使我感到无比欣慰的是，改革开放以来，上海以举世震惊的速度发生了翻天覆地的变化，取得了无法形容的成就。上海的发展不仅在中国跑在最前面，在全世界也是在最快的。上海实际上已达到中等发达程度，而且将有更加光明的远景。从上海我们看到了整个国家的明天。有上海，我们更加坚定了中国必能建成有自己特色的社会主义强国的信心。上海是体现"三个代表"重要思想的模范城市，也是全世界发展中国家、地区的典范和希望。我们应该向市委、市政府和 1400 万上海人民表示由衷的感谢和钦佩。

当然，上海取得这样的成就来之不易，是上海人民战胜了巨大困难、克服了重重障碍、付出了许多代价才取得的，而且仍然面临着严峻的挑战。和世界上最发达的大城市比，和我们最终的目标与要求比，过去取得的成绩还只是"万里长征第一步"。就以这次会议讨论的水资源问题来讲，情况依然严峻。苏州河比过去是变清了，但进入黄浦江还是"泾渭分明"；自来水的口味是变好了，但还不能直接饮用；8.5m 深水航道是形成了，但离 12.5m 还差很多。以今后更加迅速发展的要求来衡量，许多事还是使人难以安眠。肩上的任务不是轻了，而是更重了；不是可以缓一口气了，而是更为紧迫了。战斗正未有穷期，相信伟大的上海人民在市委、市政府的领导下，定能总结经验，乘胜前进，不断创新，攀登新的高峰。也希望全国各界、院士专家在向上海学习的同时，多多给上海市提出建议。这是我总的一个感受，算是第一点意见。

第二，回到上海的水资源问题上。现在全世界都重视水资源问题。我国不少地区的水资源问题已达到十分严重甚至难以为继、需要抢救的程度。上海市也同样有水资源问题，但我认为问题的性质是不同的。上海市并不缺水，除了降雨和上游来水外，全国最大的河流——长江每年有近一万亿立方米的水通过上海进入大海。这是大自然

本文是作者 2002 年 9 月 26 日在"上海市水资源与可持续发展工程对策"院士（专家）咨询会上的发言。

给上海的巨大财富，上海每年用 100 多亿立方米水是没有问题的，而且扣除电厂的冷却用水后，实际耗水仅数十亿立方米。正如许多资料和专家指出的，上海的水资源问题是"水质性"缺水，而造成这一现象的很大一部分原因应归咎于我们自己的失误。只要我们看清问题本质，认真总结经验，吸取教训，进行科学规划，积极采取措施，以上海市的经济实力、科技水平、管理经验，问题是可以解决的。这和西北荒漠地区、华北缺水地区性质完全不同。我们固然要强调问题的严重和紧迫性，以引起人民的普遍注意，也应该说明我们的有利条件，使人民具有解决问题的信心和决心。

第三，我认为解决水资源问题必须综合治理，要防止偏重一点、突出一面而忽视其他。对全国是这样，对上海恐怕也是一样。节水优先、治污为本、保护生态、全面规划、统一管理，这些原则在解决西北、北方缺水地区水资源问题是最高原则，对水量丰富的上海是否也适用？我认为同样适用，同样要坚决贯彻执行。要防止片面强调上工程项目而放松其他那些更重要的措施。

所谓综合治理，包括开源、节流、治污、管理种种方面，包括工程和非工程措施。当然，各类措施有主有次、有先有后、有难有易、有治标有治本，要根据不同的情况，科学地进行规划安排。规划和决策时要实事求是，要适应自然，要趋易避难、趋利避害，不宜等量齐观，齐头并进。

譬如说，水质污染问题，可分为两大类。一类如潮流带来的咸水入侵问题，一类如工农业和生活污染问题。对前者，我们目前还难以彻底控制它，只能因势利导，适当改善，而且要极端慎重，谋定而动。对后者，就应痛下决心，雷厉风行，务求如期收效。

又如上海的需水量很大，而且今后还要增长，但最好不要提一个总量。因为生活用水和工农业用水不同，生活用水中饮用水、洗澡水、冲马桶水的要求更不同。工业用水中，冷却用水和要进入产品中的用水要求也不同。农业用水在上海这样的自然条件下大部分可由降雨解决。把这些账算清楚，就能做到心中有数。即便说总量，也要慎重研究。上海市今后发展最终究竟应耗用多少水是合理的？我至今心中无数。但从大趋势讲，今后需水量的增速应该是迅速下降，在一定时间内成为零增长。作为先进的大城市上海，更有条件率先做到这一点。我们深信，上海今后经济的发展将不是依靠再大量耗用水资源来达到。在这里，水利工程师不要"为民造福"，千方百计多提供生产生活用水，认为这是自己做出的贡献。这样做，可能成为造成"水污染""水浪费"的罪魁祸首。我们要做一个严格的管家："我只给你这点水，已经足够了"！这才是正确的态度。

弄清上海拥有和可利用的水资源量，科学地预测和控制今后所需水量及其不同的要求，将有助于我们了解全局和问题所在，有利于找到正确的解决方法。

第四，关于上海的水源问题。

上海的水源问题是这次会议讨论重点，根据会上介绍的情况，我有以下几点认识：

（1）分别从黄浦江上游和长江取水是个科学、合理的规划。目前，从黄浦江取水量占 80%，今后从长江取水量可能增加，但一定时期内仍将以黄浦江为主要水源。

（2）从黄浦江水源取水量约占黄浦江平均年来水量的 26%，实践证明，没有产生什么影响，是可行的。

（3）黄浦江水源的主要问题是水质污染逐步加剧。现已下决心整治，制定法规，采取措施，并从点到面、从末端到源头进行治理，这是完全正确的，也收到实效，但离开要求尚远，任务非常艰巨。我们不应对治污丧失信心，但治污确实是一项十分复杂、艰巨、考验人们意志的长期战斗。要在市委、市政府统一部署下，加大力度，坚持不懈，务底于成。要采取多项政策和措施，从宣传、教育、法治、经济杠杆……种种方面着手，作为头等大事来抓。这样做要投入、要"影响经济效益"和"发展速度"，但舍此没有出路。要下决心宁可不"开发"、少"开发"，也要还我碧水蓝天。要以发达国家、先进城市的高标准为目标。当然要一步步做，但绝不能迁就事实，遇难而退缩。即使将来上海水源全从长江上游取用，黄浦江流域的水污染问题也必须解决。如果上海都做不到这点，其他省区就无从谈了。当然，这工作还要得到江苏省、太湖流域各地区的理解与支持，才能见效。

（4）长江口水源的主要问题是盐水入侵。解决之道有二：一是进行整治（如整治北支）；二是修建更多水库，灵活调度，拒盐蓄淡。咸水入侵的影响毕竟在时间上和地区上有很大区别，使我们可以做些文章。北支整治问题非常复杂。首先，要采取工程措施改变自然河势，影响很复杂，方案也很多。不是说不能做工程，必须把各种影响研究透才能启动。其次，北支系江苏与上海的界河，必须统一认识，协同进行。因此，此事建议以水利部门为主，会同上海、江苏共同研究决策。建水库群当然也非常复杂，但我总觉得似较容易实现一些。问题就在能否完全解决咸水入侵问题，满足取水要求，以及工程技术上有什么难点。这一问题如能解决，上海的水源就立于不败之地了。

（5）关于三峡和南水北调工程对上海水源的影响，我认为都可以解决。三峡建库后，枯水期的流量有所增加。汛期流量虽略有减少，但所占比例极小。泥沙变化的影响，到河口也已不大。南水北调东线的抽江流量也有限，而且抽取汛期水量，在枯水期长江流量较低时完全可以停止抽水。上海市可以通过研究，与水利部、长江委等商定运行要求。总之，这些问题还应深入研究，但不应成为解决不了的障碍。

（6）综上所述，上海的水源问题是有希望解决的，而且也不必与长江口的全面整治同时解决。后者的问题很复杂，牵涉面很广，所需研究、规划、实施的时间可能较长，我们应尽量把复杂的问题分解，择其较简单、较迫切而又可以独立解决的问题先行解决，这也正是钱副主席的思想。

第五，对重点工程看法。

前面我提到要防止片面强调采取工程措施，并不意味着忽视工程建设。在科学研究合理规划的基础上，分期建设一批关键性的工程，将起到重大作用。

（1）应重点促进的工程。

除了已在进行的深水航道二期工程外，以下两类工程似乎都是必须抓紧做研究、尽快促进的：

1）有关保持河势稳定的工程。如果河势不能稳定，则下游一切规划和设想都将落空，后果严重。因此，有关徐六泾—白茆沙的控制和治理工程，以及南支南北港分流口处的控制工程十分重要。建议加强加快规划、论证、研究、立项工作，争取早日启动，将河势可靠地稳定下来，这是保证航道畅通和修建水库群及其他许多工作的基础。

2）兴建水库工程，包括已建的宝钢、陈行、墅沟等水库和研究中的罗泾、太仓……特别是青草沙等水库群，统一调度，联合运用。要深入研究建设水库群后是否能解决盐水入侵问题，满足供水需求以及更远景的解决方案。

（2）有待深入研究的工程与问题。

1）北支整治问题以及更全面的长江口整治问题。

2）引江济太问题。

以上两类工程问题都很复杂，需要加强前期工作，增加投入，开展更深入的调研和试验。生产和科研要紧密结合，有关单位要通力合作、信息共享，要尽量采用新技术、新手段。要解决长江口整治问题不利用最新技术和手段是不可思议的。我们还希望通过像长江口整治这样复杂问题的研究和解决，大大促进新技术、新学科的创立与发展。

在研究具体和紧迫问题如水源问题方面，如果需要工程院和有关院士、专家开一些小型专题研讨会或提供咨询，相信工程院和院士、专家们会全力支持，可在市院士活动中心安排下进行。

在结束我的发言时，我仍然强调要重视做好水利工程措施以外的、更重要和更高层次的大量工作。诸如：如何在上海建成全民节水型社会，在保持经济高速增长的同时，极大地提高水资源利用效率，早日达到零增长目标；如何全面减污，保护水环境，使上海成为国际上水质最好、空气最新鲜、环境最优美的大城市；如何加强水资源的全面规划、综合利用和统一管理，使上海成为不仅是国内也是国际上把水资源问题解决得最好的城市。我深信，1400万勤劳、勇敢、富有创造精神的上海人民，在中央和市委、市府领导下，既然能够在经济发展上创造出举世瞩目的奇迹，也一定能在解决水资源问题上同样做出举世震惊的贡献。

长江委的新任务和新贡献

2002 年 12 月我参加了水利部科学技术委员会全体会议，听到汪恕诚部长的重要讲话和其他领导的报告。2003 年新春，又能参加这次长江委召开的"贯彻实施新水法暨长江治理开发战略研讨会"，听了索丽生副部长和蔡其华主任的主题发言及专家们的专题报告，得到很大的启发。我在 2002 年的发言中就说过，我深信中国水利建设即将进入新的时期，取得新的成就，登上新的台阶，并感到由衷的欢欣鼓舞。作为一个外行，我不能像其他专家那样做深入的专题发言，仅对 2002 年讲过的话再做些发挥，讲些大道理，以供参考。

一、中国的水利建设进入新的阶段

人类已进入 21 世纪。党的十六大刚刚开过。中国将进入全面建设小康社会的时期。一个拥有十二多亿人口的社会主义大国，实现民族振兴，全面建成小康社会，这将是一件要载入人类社会发展史册的大事。作为中国的水利工程师们，肩负着艰巨光荣的重任，即水利建设要为这一伟大的历史性任务提供支撑和保障。据了解，过去 5 年内，仅中央在水利上的投入已达 1800 亿元，预期今后还会有更大的支持。所以从规模上看，新时期的水利建设将要进入一个新的阶段。

更重要的是建设的性质也不同了。回顾过去五十多年的水利建设，我们确实取得了巨大的、不可磨灭的成就，但也确实有过严重的、毋庸讳言的失误。在新时期里，从深层次上总结过去的得失，提取有益的经验教训以指导今后的工作显得特别重要。和过去的建设相比，新时期的水利建设有什么不同之处呢？我认为归纳成一句话，就是要从过去无序的、短视的、治标的、单纯着眼于经济观点的建设，转变为严格按照科学规划和法律、立足于宏观和长远立场、标本兼治、以治本为主的建设，借以实现社会、经济、生态环境的全面可持续发展。这是总结了五十多年来正反两方面的经验教训后得到的唯一正确的方针。两次会议中几位领导在讲话、发言和报告中都贯穿了这层意思。我希望在 21 世纪中进行水利建设时，大家随时随地都要检查我们的工作是否符合正确的建设方针，警惕不要自觉不自觉地又回到老路上去。这是保证我们的工作能遵循党的方针、满足全面建设小康社会的要求、真正贯彻"三个代表"重要思想的基础！

二、21 世纪水利建设将取得震惊全球的成就

新时期水利建设的任务无比艰巨，也无比光荣。一幅灿烂光明的宏图正展现在我们面前。我相信，这些任务必能在今后二三十年内胜利完成，中国的水利建设将进一步取得举世瞩目甚至是震惊全球的成就。我们要有信心、有决心为这一神圣任务的完成贡献出一切！

本文是作者 2003 年 1 月 8 日在长江委"贯彻实施新水法暨长江治理开发战略研讨会"上的发言摘要。

（1）以修堤、清障、建坝、建设分洪区和全面推动水土保持工作为内容的综合防洪工程体系建设将取得决定性胜利，将从根本上解决大江大河的洪水灾害问题，解除中国人民的心腹大患。

当然，防洪建设也引发了新的矛盾（如三峡工程建成后长江下游河床将会刷深，河势将会变化），绝不能掉以轻心，但机遇远大于挑战，中国水利工程师一定能解决好问题，为子孙万代免除洪灾做出贡献。

（2）以南水北调工程为代表的全国水资源合理配置将付诸实施。南水北调是最大的跨流域调水工程，其他合理、必要、可行的调水工程都将先后启动和收效，以求妥善解决缺水地区的社会、经济发展与生态环境保护问题，为依靠科学技术改变客观现实、做到人与自然和谐共处作出典范。

（3）以淮河流域、渭河流域等严重污染河段治理和全国城镇工矿污水废水治理为代表的水环境治理工作将深入开展和见到实效，扭转我国水环境不断恶化的趋势，恢复神州大地绿水青山、蓝天碧海的秀丽面貌。

（4）黄河将进一步开发与治理。首先做到汪部长提出的"不决口、不断流、不淤高、不污染"的要求，进而通过标本兼治，拦、泄、挖并施，为从根本上改变悬河面貌闯出路子，为人类治水治河做出开创性的贡献。

（5）缺水和环境被破坏的地区，特别是最干旱的西北地区，将通过以水资源合理配置、高效利用为中心的科学开发、治理、保护、调整而大变面貌，再造一个山川秀美的大西北。山川秀美并不意味着把整个西北变成江南，只要沙漠稳定、绿洲环绕、湖泊常盈、河道长流、草深畜肥、人物共休，就是秀美山川。

……

还可以举出许多其他的光明前景。这不是神话，也不是梦境，是通过努力确实能实现的事。当然要达到这一目标需长期、艰苦的努力，需要国家和社会的大量投入，还有赖于全国水资源的科学规划、统一管理和信息化、现代化改造的加速实现。

三、长江委的任务

长江委是最大的流域机构，根据新《水法》，流域机构拥有更多的权力，也负有相应的责任。这也和以前情况有所不同。下面对长江委的工作提些看法。

作为流域机构，要用好国家赋予的权力，并对长江流域的全面保护、治理与开发负起责任。要做到这一点，除了要加深调查研究掌握资料情况外，还必须加强与一切有关部门、地方的沟通和合作，了解他们的思路和要求。要学会尊重别人和虚心听取意见。专业规划要服从流域规划，流域规划要考虑专业要求。长江哺育着半个中国，行行业业都离不开长江。作为流域机构务必要站在高的层次上，从大局、全局出发，团结各界共同工作，这样做，我们的本领才大，眼界才远，才能完成任务。

要把做好长江流域规划作为头等大事。没有科学、全面、深入、可行的规划，保护、治理与开发长江就无从说起。调查研究中要注意问题是动态的、不断变化的，要避免以固定模式和确定论观点看待问题。任何事物都"与时俱进"地变动着，要抓住变化的苗子，注意变化的趋势，研究变化的后果，作相应的调整。长江流域规划的大原则应有一定的稳定性，具体做法则要根据新的情况及时调整。隔一定时间对总规划进行修订，使规划始终符合实际，与时代同步。

长江流域的保护、治理与开发，包括防洪、供水、能源、通航、水产、环保、旅游各个领域，既要有轻重缓急之分，又要全面考虑统筹兼顾。当前第一位任务是巩固20世纪的伟大成就，扩大战果，妥善地解决长江干支流的防洪减灾问题，使遭遇各种频率洪水时都有应对措施。现在确有基础可以在不远的将来实现这个目标了。如果今后每年汛期仍要千百万军民上堤抢险，仍要牵动从中央领导到全国人民的心，就说明我们的工作还没有做好。

长江每年有 1 万亿 m^3 的水量。调一些水到北方干旱地区是长江流域不可推卸的责任。跨流域的巨大调水工程是十分复杂的，国际上成功的例子不多，失败的教训不少。所以我们一定要谨慎行事。因调水而引起的负面作用必须研究深、研究透，并予以避免或补偿，但不能作为反对调水的理由。我们要提问题、解决问题，而不是设障。南水北调工程论证研究了几十年，北方人民引领企盼了几十年，最近中央已批准了总规划，并启动了三个分项工程，我们必须借此东风，促使这一伟大工程快速进展。一定要在新时期内实施这个北方人民梦寐以求的工程。

长江干支流蕴藏着全国乃至全球最富集的水能资源，必须积极地按规划开发，为缓解我国能源紧张和生态环境保护做出重要贡献。绝大多数技术、经济上可行的水电资源都将在新时期内得到开发。水能开发与综合利用间的关系很复杂，作为流域机构负有义不容辞的规划、协调、综合的任务，长江委要为此做出关键性的贡献。

长江是黄金水道，干支流的通航里程和规模占全国水运的绝大部分。过去的水利水电开发一定程度上对航运造成影响，但也有其他复杂的因素。我们要和水运部门紧密合作，研究如何在综合开发治理中共同做出贡献以充分发挥水运优势，使长江干支流真正成为交通动脉和黄金水道。

长江不会变成黄河，但不适当的人类活动，确会在一定范围内造成生态灾害，甚至影响全流域。我们一定要把保护和改善生态环境、做到人与自然和谐共处当作一条原则，在这个原则下进行开发，以求社会和经济发展与生态环境的保护充分协调。要像爱护自己的母亲一样爱护长江。在新时期里我们要通过努力务必使长江流域的生态环境有明显的改善。

水利工程不能只言利不言弊

人类和水打交道的历史，大致可分为三个阶段。首先是"无能为力"和"力不从心"的阶段，面对滔滔洪水或赤地千里的大灾难，只能逃荒或死亡。

随着生产力和科技的发展，人们兴修水利工程，要管住水、利用水，进入到"改造自然"的阶段。人们修堤、筑坝、建库、挖渠道、开运河、建电厂，发挥防洪、灌溉、供水、通航、发电等效益。但在取得巨大成绩的同时，也有失误，受到大自然的报复，甚至留下不可弥补的遗憾。

第三阶段应该是，人们在总结正反经验的基础上，对水进行更科学、合理的保护、治理、开发、利用，做到可持续发展，做到与大自然和谐共处。

以上三个阶段没有明确的界线，是逐渐过渡的。我们国家目前仍处于第二阶段，但我们必须尽快地走上第三阶段，否则会出意外，水利会变成水害，工程师会变成罪人。搞水利工程是负了兴利除弊。对兴利，大家是重视的，每一本"可行性研究报告"中，都把工程效益说得详而又详、细而又细，但在除弊上就底气不足了。我这里所谓"弊"，是指修工程后引起的弊。大自然经过千百年的磨合，已形成一个平衡的系统。修建水利工程，必然扰动这个平衡。在新的平衡状态下，可能出现弊。我们一定要重视它、认识它、解决它。所以我建议在水利学科下搞个二级学科——"水害学"，或更全面些——"人类活动引起的水害学"。能正确认识这个问题，才能正确解决问题。

现在学校里有很多课：水文学、水力学、力学、结构学、岩土工程、施工学、管理学、经济学等，多是为第二阶段任务服务的。这无疑是重要的基础，今后还要大发展。但我总觉得还缺点什么，就是对工程利弊的科学分析。

要真正评价一个工程：①必须用动态而不是停滞的观点看问题。有的工程能发挥点近期效益，但从远景看，弊端更大。②必须从全流域而不是从小范围看问题。有的工程从局部看利莫大焉，从全流域看就不可行。必须注意，水利工程是牵一发而动全身的工程，下游工程影响上游，上游工程影响下游，地面牵涉地下，地下牵涉地面，跨流域工程影响面更广。③必须从总体而不是从局部看问题。建大库调节径流，当然好，但天然洪峰就此消失。大量开发水源可为民造福，但破坏了生态环境，还助长了消费。总之，要在更高的层次上研究问题，不要争一时一己之利而贻长远之患。

对今后的水利规划和建设，我们应当在认真总结过去正反经验的基础上，按照中央的要求，全面规划、统筹兼顾、标本兼治；做到兴利除害结合、开源节流并重、防洪抗旱并举、合理开发、高效使用、优化配置、全面节约、有效保护、综合治理。既遵循自然规律，又遵循价值规律，以求更好地解决我国洪涝灾害、水资源不足、水土流失、水环境污染等问题。

本文 2003 年 2 月 21 日发表于《光明日报》"院士论坛"中，并收入《高端视角》，光明日报出版社，2004年 12 月版。

在新的思想指导下进行西北水利工程建设

近年来，我一直在思考，西北地区水利工程的布局问题，在本文中我不想简单地介绍今后在西北将修建多少座工程，而是想回顾一下五十多年来西北地区搞水利建设的经验教训，看一看今后的工程建设应该以什么思想为指导，走什么样的路，我觉得这比罗列一些工程项目，宣传它们的规模和效益更有意义一些。只有方向对头了，我们才能正确地选择"重大工程"，并进行合理的布局。

一、人和自然和谐共处是必须遵循的发展方针

西北地区十分干旱，自然条件非常严峻，要大力开发西北，核心问题是水的问题；就是要用有限的水资源来满足生产、生活、生态三方面的需求，做到可持续发展。要达到这个目的，必须站在全局和长远的战略高度，对水资源进行合理配置和高效利用，这是唯一的出路。

目前的情况距这一要求相差很远，甚至是背道而驰。因此，今后西北地区水利建设的原则和重点应该和以往的做法有明显的区别。

提到水利建设，人们往往会想到修堤、筑坝、开渠、挖洞、发展灌溉、向城镇工矿供水，乃至实施跨流域远距离大调水等。这是狭义的水利建设，或可称为"水利工程建设"，过去我们重视的就是抓这一类建设，特别是一些大型工程，更是作为"人定胜天""改造自然"的典范和美谈。这类建设当然重要，而且确实取得了不容否定的巨大成就：西北地区已建成许多重要的粮棉生产基地、一定规模的基础工业、若干座大的城市，经济有了巨大增长，为今后的发展奠定了基础。可是沉痛的教训也告诉我们，片面重视工程建设，是要产生意想不到的后果的。因为这将导致水资源的过度开发、低效（甚至是不合理）利用、粗放管理和生态环境的破坏，最后走到难以为继的地步。我说过："一位水利工程师尽管有一颗爱国忧民之心，也掌握科学技术，但如思想认识上有片面性，可能会好心做坏事，甚至成为破坏水资源和生态环境的罪人。"我还建议在大学水利系开设一门"水害学"，研究人们开发水利引起的灾害。话虽偏激，是有一定道理的。

这么讲有事实根据吗？实例不仅有，而且还不少。譬如说，在干旱沙漠地带仅有的一条内陆河上游，建一座大的平原水库，开发附近灌区，可能形成了一块人工绿洲，开垦了一些耕地，收获了一些粮食，但大量的水蒸发消失了，下泄的水量锐减了，给中下游造成毁灭性的灾难，连"三千年不死"的胡杨林都消亡了。"绿了一小块，黄了一大片"，这是功还是罪呢？又有些同志，毕生规划开发灌区，这本是大好事，但建成后，灌区是否配套，用水是否浪费，环境是否污染，工程是否老化，他是不管的——也许没权管，他又在为立项开发新灌区而奔走了。有限的水资源这样低效利用，怎能

本文是作者 2003 年 4 月 11 日在中国工程院"西北地区水资源论坛"上所作的报告，收入本书时进行了删节。

做到可持续发展呢？还有些同志千方百计"开源"，把地表的、地下的水都挖掘出来，供给工矿城镇，经济发展了，生活提高了，但水资源枯竭了，环境污染了，"有水皆污、无河不干"，无以为继啊。当然，把这种后果都归咎于水利部门是不公正的，政治上的"左"倾路线、计划经济的模式和长官意志决定一切是真正的罪魁祸首，但水利部门是否也应反思一下呢？总之，今后我们必须加强对客观现实的认识，消除误区，改变观点，要以保证人和自然和谐共处为原则来进行社会、经济的可持续发展和建设。

这个原则是否已深入人心、成为自觉的行动准则呢？从表面上看是这样的，因为谁都不反对这个提法。但习惯思维和做法不会轻易退出舞台，部门、地方的短期利益更左右着人们的行为。各省区都有规划研究，资料很丰富，不过核心和重点还是推荐上新项目，特别要上那些开发性的工程项目。对于节水、治污、配套、环保等方面也提了，但或语而不详、聊备一格，或只是些原则，缺少落实的安排（如资金和具体的实施计划），实际上是很难实施的。可见，要从思想到行动上改弦易辙并非易事啊。我们必须为此作不懈的呼吁和努力。

二、两类工程、五条原则、七项内容

根据以上的思路，今后要在西北进行建设的"重大工程"就有两种含义。一种是常规理解的重大工程，即该工程规模大、投资集中、建筑物宏伟、工期长、影响大。另一种意义则指对合理配置和高效利用水资源、改善生态环境、纠正过去失误、解除人民疾苦等能起到重要作用的工程。当然两者不能截然划分，但也并不完全等同。例如，对已建灌区进行更新改造配套，并不需要新建多少巨大的建筑物，但其意义和效果比新建一个大灌区还大，就属于重大工程性质。我们要特别重视这类项目，这些往往是过去不被重视、显不出"政绩"、惊动不了舆论的工程。相反，我们对许多建高坝大库、发展灌区等的"开发性工程"都采取慎重态度，道理很简单，西北水资源已经开发过度而且浪费太大了。

在研究工程布局时，我们将西北地区划分为9个单元片进行分析（天山北坡经济带、塔里木河流域、柴达木盆地、河西内陆河流域、黄河干流上中游河段、宁蒙引黄灌区、湟水流域、黄土高原水土流失区和渭河流域），但不论哪一片，水资源的合理配置都要遵循下列五条原则：

（1）以改善生态保护环境为前提。任何对水资源的配置利用，如果会引起生态环境恶化的，都不能采取。

（2）合理用水、节约用水、高效用水。凡是有节水潜力、能提高用水效率而未做到的，就不应增加水的供应量。

（3）立足于合理利用当地水资源。当地水资源尚未合理利用的，就不能考虑从外流域调水。

（4）在严重的资源性缺水地区实施跨流域调水。跨流域调水影响复杂，代价很高，只在必要和可行的情况下实施。

（5）水量与水质并重。过去搞水利建设只注意水量。其实很多地方是污染性缺水，不治污和实施污水回用，供水越多，污染越严重。

水利建设如果能遵循以上思路和原则进行，就不再是单纯的"工程建设"，而可称

为"大水利建设"。对西北地区而言，这种大水利建设可归纳为以下七项内容：

（1）对问题已经严重的流域，进行全面综合整治。这些流域，水资源利用不当，严重短缺，生态环境遭到破坏，经济发展难以为继，或人民极端贫困，必须进行全面综合治理。例如，陕西的渭河流域、新疆的塔里木河流域、甘肃的河西走廊、内陆河流域等。以渭河中下游为例，号称八百里秦川，是陕西的精华地带。由于不重视节水，加上来水量锐减，缺水严重，地下水大量超采，引发环境地质问题，水源、河道严重污染，下游又受三门峡水库顶托，河床淤高，实际上已是悬河，洪灾频繁，已经达到需要"拯救"的程度。综合整治的方向是：调整产业结构，把节水放在首要位置。特别要抓节水灌溉、发展旱地农业，厉行污水防治，实施污水回用，合理利用地下水，各种水源统筹管理利用。还要研究三门峡水电站的运行方式，尽一切可能降低河床高程。在这个基础上再考虑从洮河、汉江调水。其他如塔里木河、河西走廊水系都存在严重问题，需要根据各自情况综合治理。这些流域的治理绝不是兴建一两座大工程就能解决的。

（2）对已建工程特别是大的灌区，抓紧节水、治污、更新、改造和加强管理，例如，内蒙古的河套灌区，这比新建灌区更为重要和有效。这种灌区都是历史悠久的大灌区，灌溉面积达数百万乃至千万亩规模，是重要的粮棉基地，也是最大的用水户。但灌区工程老化、配套不全、灌溉水利用系数低、土地盐碱化、水价过低、管理粗放、无力维修，和水资源严重短缺的形势极不相称。这些灌区都有改造规划，我们希望能抓紧进行，保证投入，务求见效。

（3）调整产业结构和改善生态环境的工程。一些地区由于产业结构不当，生态环境遭到破坏，如草原退化、水土流失、湖泊萎缩、植被消亡等，须进行综合治理，包括相应的水利建设。如内蒙古草原是我国最大的畜牧业生产基地，由于过度垦荒、超载放牧，草原生态不断恶化，急需进行草原综合治理工程。为此须退耕、休牧、轮牧、建设饲草基地，实现水、草、畜平衡，向舍饲化、集约化发展。水利方面要根据当地条件，搞一系列分散的水利基础设施，包括适当利用地下水，但不能超采。又如黄河陕蒙河套地区是黄土高原，水土流失严重，不但人民困苦、环境恶劣，而且大量泥沙进入黄河，尤其粗沙几乎全来自本区。泥沙入黄，淤高河床，还需要大量的水冲沙排沙。对这十多万平方公里的水土流失区，必须强化水土保持工作，封山禁牧、修建数以千计的治沟工程，拦泥淤地，植树种草，增加耕地，涵养水源，减少入黄泥沙。这些不起眼的工程，却是当地人民的希望，是治理黄河的有效措施。

（4）扶贫脱困性水利工程。新中国成立已五十多年，西北一些地区的人民生活仍极端贫困，甚至人畜饮水都困难。例如，宁夏南部山区，国家已作为重点移民扶贫开发项目，扬黄河水，开发耕地，安置移民。在21世纪中，通过水利建设，解除这些人民的疾苦，使他们脱贫致富，是我们义不容辞的任务。

（5）为实现水资源的合理配置做一些必要的和可行的跨流域调水工程。包括兴建一些大坝、水库工程。这个问题在后面还有些说明。

（6）建设为工矿、城市供水的水源工程。西北地区今后工业和城市化要大力发展，需建设相应的水源工程。

（7）对已建水库的处理工程。绝大多数要继续使用，发挥更大作用；有的要除险加固，保证安全；有的要根据客观条件，调整功能；有的可能需废弃或以其他水库替代。

不符合上述精神或尚非急需而矛盾很大的工程，我们都建议先做进一步研究或协调，不急于搞。例如，泾河的东庄水库、黄河黑山峡河段开发（小观音或大柳树枢纽）、黄河北干流上的古贤、碛口枢纽都是这种情况。

三、关于跨流域调水工程

跨流域远距离的调水工程牵涉的因素很多、影响很大、问题复杂、投入集中，只能在必要和可行的条件下实施。另外，西北地区水资源的分布与人口、土地及经济发展区的分布又极不匹配。为合理配置水资源，实施某些调水工程不仅是必要也是急迫的。根据分析研究，以下五大调水工程就需要抓紧规划研究、及时建设或扩建：

1. 额尔齐斯河调水工程

额尔齐斯河水量丰沛，利用程度低，除满足本流域发展需要外，可以适当南调一些水量，以支持天山北坡经济带的发展之需。工程分期实施，现第一期已调水至克拉玛依，还将扩大调至乌鲁木齐地区。实施中应特别注意保证调出区的发展和生态环境保护。

2. 伊犁河调水工程

伊犁河流域堪称新疆的江南，发展前景良好。同时，伊犁河水量丰沛，可以适当外调。一是向北疆调水至艾比湖流域，二是向南疆调水至塔里木河流域。从战略布局上看是完全合适的，但都要穿过天山山系的高山，隧洞长达数十公里，要先做好规划研究，其中向南疆调水尤为艰巨，不是近期能实施的。

额尔齐斯河和伊犁河都是国际河流，我们要和邻邦友好磋商，合理共享。这些调水工程规划细节不宜向外透露。

3. 大通河调水工程

大通河是湟水最大支流，当地需水量有限，有外调余地。除已实施的引大济秦外，一是引大济湟，将水南调至青海最精华的湟水经济带；二是引大济西，将水北调至严重缺水的石羊河水系。后者已初步实施。这些调水工程实施后，受水区务须珍惜使用宝贵的水资源。此外还有引大济（青海）湖和引大济黑（河流域）的规划。水量有限，需深入研究，做到合理配置。

4. 洮河调水工程

洮河是黄河在甘肃境内的一大支流，本流域用水有限，有外调可能。目前拟实施的是引洮济西，即在洮河九甸峡建坝，通过隧洞引水至贫困缺水的定西地区。

洮河离渭河上源很近，因此有条件引洮入渭，给严重缺水的渭河补水，这对"拯救渭河"有重大意义，希望能抓紧规划，尽快立项实施。

5. 南水北调西线工程

在金沙江及雅砻江、大渡河上游筑坝，打长隧洞穿过巴颜喀拉山引入黄河上游。拟分三期实施，第一期调水 40 亿 m^3，需投资 469 亿元；最终规模调水 150 亿～170 亿 m^3。对于西线调水工程我们是支持的。有些专家对西线调水合理性、可行性有怀疑。

西线工程的难度和所需投入确实很大，但从黄河严重缺水以及黄河上游地区必须加快发展增加用水的大局来看，对黄河补水是必要的。东线调水位置太偏东，中线可调水量有限，而且主要直供京广沿线城市，无法满足黄河中下游冲沙、供水并保持母亲河中有足够流量等要求，所以西线调水有其必要性，当然也有局限性。希望抓紧前期工作，争取一期工程能早日启动，使从源头上给黄河补水的伟大设想成为现实。

各位同志，我的报告内容就是这些。在结束发言时，还想讲几句由衷之言。

西北地区今后的水利建设任务十分艰巨。要克服困难达到目的，我们首先要总结教训，学会从大局、全局和长远利益考虑问题，按照科学的规律办事，切莫再从局部利益着想，搞短期行为，追求"政绩"，以致再引起不良后果。

今后要进行的水利建设，不少是中小型的、分散的、填平补齐性的、位于贫困荒凉地区的、表面上没有经济效益的、在任期中看不到政绩的……然而，恰恰就是这些工程符合"三个代表"重要思想，符合党的十六大精神，也是朱镕基总理在任内的最后一次政府工作报告中要求我们做的。希望有关的领导和同志们能深思。

要使西北地区有限的水资源真正做到合理配置、高效利用，我们必须在共同的目标下团结起来，讲大协作。特别当工程牵涉上下游关系或要跨流域调水时，如得不到有关地区、部门、人民的理解、协调、支持、协作，将是一事无成的。我们真诚希望在 21 世纪中，大家能在党的十六大精神的指导下，开诚布公，推心置腹，都以全局利益为重，解决多年来悬而未决的问题，为在西北地区全面建设小康社会做出历史性的贡献。

西北地区的水利建设是系统工程，不是建设一两座个别工程，所以要特别重视统筹规划、科学布局、正确决策。必须做好前期工作，不可仅为迎合领导意图或为本单位利益着想，弄虚作假，搞上马工程，贻害国家。有些工程难度很大，投入很多，要依据现代科技，不可墨守成规。并希望中央和地方政府妥善安排，根据工程性质，采取合适的政策、措施和机制，政府投入和市场机制相结合，解决好筹资融资问题，使之能保证投入、及时见效。

水资源必须按照水法实施统一管理，新、旧工程都必须实行现代化管理，使之能健康地维护和发展。人类已进入 21 世纪，应该向一切粗放、落后的做法告别了。

新中国成立已五十多年，西北地区仍较贫困落后，许多人民的生活还很困苦，我们是欠了债的。现在形势大好，形势逼人，我们需要抓住机遇，加快进行必要和高效的水利建设，为西北地区社会、经济和生态环境的全面持续发展提供支撑和保障，再也不能错过这个机会了。我们深信，在以胡锦涛同志为总书记的党中央和新一届政府领导下，西北人民一定能在 21 世纪中迅速改变面貌，建成一个发达、繁荣、文明、和谐的社会。

长江整治与防洪建设

我不是防洪专家，对于长江的防洪建设，我说不到点子上，下面仅就某些问题谈一下自己的看法，供大家参考指正。

第一，长江治理的中心任务是防洪，特别是中下游的防洪问题。这是非常清楚的，希望能够在21世纪前10~20年内，建立起一个比较完整的、科学的、可靠的综合防洪体系，解决我们的心腹大患。为此，在"十一五"期间要做大量的工作，创造条件，但是要真正解决问题，恐怕要依靠以后更长期的努力。

第二，长江流域幅员辽阔，暴雨和洪水的分布和组成多种多样，与小流域的情况不同。长江防洪有两个特点：一是没有一个措施可以包打天下，任何措施，包括所谓骨干工程、三峡枢纽，它们的作用都是有限的，只有综合治理，把工程措施和非工程措施结合起来，才能够解决。就工程措施来讲，还是那句老话，就是以泄为主，泄、蓄、分并举，三者缺一不可。国家主办的工程，要和大量地方工程结合，这样才能够解决问题。这是第一个特点。第二个特点就是长江的防洪，不可能一蹴而就，而是一项长期的任务，要分步达到目标。但分步目标一定要明确，要能检查，能够看出我们是在步步前进。这样，国家、人民就觉得长江的防洪是有成效的，看得到前景的。不要使人觉得长江防洪是一个无底洞，永远搞不完，永远"防洪形势十分严峻"，甚至好像越搞问题越多，似乎修了三峡枢纽，问题更多了，给国家和人民造成这样的误解是不好的。我们现在要做好解释工作，说明我们如何在一步一步解决问题，肯定每一步所取得的成绩，说明现在正在研究的问题，打算怎么解决，使国家和人民能够看到成绩，看到前景，不是一个无底洞。

由于这是一个长期的任务，要分期实施，所以我们的计划应该是动态的，新的情况、新的问题会不断出现，我们要切实地掌握新情况，发现新问题，研究新措施，科研工作要能够跟上，计划要动态调整，真正做到"与时俱进"。过去一些想法、做法，证明已经不符合新的形势的，就要修改，哪怕是已经定下来的东西，也要通过一定的手续改变，当然这种改变应慎重，但如果确认情况已变化，我认为就应该改变。

第三，20世纪90年代以来，长江的防洪形势已经发生了大的变化，出现了新的形势、新的局面。

（1）三峡大坝2006年全线到顶。汛限水位145m，可以拥有220多亿立方米的调洪能力。

（2）中下游8000多公里的堤防，特别是3600km的干堤，进行了根本性的除险加固。

（3）平垸行洪，退田还湖，移民建镇，恢复了水面，堉加了蓄洪容积。戴定忠同

本文是作者2003年6月29日在"长江整治与防洪建设重大工程座谈会"上的发言摘要。

志对这个成绩有点疑虑，我说成绩肯定有，到底多大，真正的效果多少，可再细查，但是工作肯定已经做了。

（4）除了三峡枢纽以外，又修了不少支流上的水库，并进行了水土保持工作。

（5）泥沙的来量减少，江湖关系有了变化，跟20世纪50年代已经不同。

以上这五条是已经发生的变化，下面几条是今后将要出现的情况。

（6）今后在上游、支流上要修建更多的水库群，形势比我们过去估计的要快得多。比如干流上，金沙江下段的溪洛渡、向家坝已经启动，"十一五"以后，可以陆续建成。白鹤滩、乌东德已经明确由三峡总公司开发，金沙江中游的工程也都名花有主，修建的时间为期不会太远，这种速度过去难以想象。支流方面，在雅砻江、大渡河、清江、嘉陵江、乌江以及中游的各条支流上，都将进行开发，修建很多工程，所以在不久的将来，有大量的水库可以建成。

（7）荆江河段将有所冲深，而且不限于荆江，会一直冲到大通。冲刷—平衡—回淤的规律不会变，但是冲刷的时段恐怕比原来估计的要长，即在很长一段时间内，相当长的河段都将冲刷。

（8）最后一点，随着国家经济的发展和人民生活水平的提高，对防洪的要求也会跟过去有所不同。这一点要解释一下，所谓要求的提高，并不指提高防洪标准。对防洪的标准，我认为干流按防御1954年量级的洪水考虑已经够了，毕竟1954年量级的洪水也是百年一遇性质的稀遇洪水，真能做到就好。我所谓提高防洪的要求是另一性质的问题，那就是不要年年千军万马上堤去抢险，只要维持一支精悍队伍，依照规定有序地运用泄、蓄、分措施就可以了。我们做了那么多工程，还要年年抢险就讲不过去。这方面的要求是应该不断提高的。

上面这八种变化，都是已经实现的，或者即将实现的，它们对长江中下游防洪带来有利的影响，也带来新的问题，但是我觉得，机遇大于挑战，甚至可说机遇远大于挑战，许多过去难以想象的工程，都已经实现了，因此我们有条件抓住机遇，应付挑战，取得新胜利。

我建议长江委根据研究的情况，向国家、人民说明事实，肯定成绩，落实规划，作出承诺。就是说清楚我们将如何一步一步达到防洪标准，减轻防洪负担，使人民能够看到前景。

第四，关于"十一五"或者更长一点时间的工作规划。21世纪的第一个阶段就是"十一五"，或者包括"十二五"。在这个阶段里面，能不能通过三峡工程和其他有关水库的建成、堤防的除险加固、平垸行洪、退田还湖的实现，以及这段时间内进一步要做的工作，使长江中下游全线达到预定的防洪标准。具体讲就是：①荆江这一段能够保证不发生毁灭性灾害；②沿江全线能够防御1954年量级的洪水。

分开来讲，一是荆江河段。由于三峡水库的建成，遭遇特大洪水时荆江河段避免发生毁灭性灾害的目标已经实现。

二是荆江分洪区。荆江分洪区以前动用的机会比较多，三峡水库建成以后，荆江分洪区动用机会降为百年一遇，这要对人民讲清楚，这个目标我们已经达到了。要知道荆江分洪区内现有几十万人，繁荣发达，分洪一次，损失极大。荆江分洪区能不能摘帽？不能摘帽，但使用机会极少。这类分洪区要进行专门的规划和管理，有一些工作还要坚持做好，像进洪退洪工程、安全台、撤退的措施等，这些不能中止，还有可能用到。这些工作做好后，隔几年还要演习一下。因为百年一遇机遇太少，大家容易忘记，要偶尔试试才行。分洪区的人口增长和大型基本建设都要控制，其他的发展似不必限制。真要动用这个分洪区，属于救命性质，容许生产和财产有较大损失。最好实行防洪保险，年年从受益区筹集点基金，累积增值，要分洪了，就进行合理的补偿，这样人家就放心。对荆江地区和荆江分洪区的问题性质，我认为应该讲清楚。

三是城陵矶地区。城陵矶地区必须设置不同标准的分洪区。到底设置哪些分洪区，什么类型的分洪区，特别在洞庭湖范围内怎么搞，要有一个明确的规划：哪些是经常用的，哪些在一般洪水下不用，哪些介乎其间，一定要分清。遇到不同洪水就按规定分序启用，按部就班地进行。对这些问题还没有取得一致的认识，矛盾很大，谁都要保他那块地，工作难点也在这里，但是我认为这个问题无论如何都要解决，不要永远拖下去。

对城陵矶地区另外一个问题就是三峡工程的调洪原则问题。我认为，在新的形势下，三峡水库的运用应考虑按城陵矶调度的可行性。过去基本上不予考虑的原因，是怕遇到1870年量级的洪水时调度库容不够，另外还怕经常拦蓄洪水，三峡水库库容会较快损失。在新的情况下，随着入库泥沙的减少和大量上游及其他水库的兴建，加上预报和调度将更精确和科学，三峡工程似可按城陵矶的调度来考虑，至少溪洛渡投产以后可以考虑了。如果这样，城陵矶地区需要分洪的数量可以削减，需要安排的分洪、蓄洪的工程可以重新安排。

总之，对城陵矶地区，我希望依靠三峡枢纽和其他陆续投产水库的合理调度、洞庭湖地区分洪滞洪区的建设，加上河床的不断刷深（防洪水位可以适当降低），使其防洪标准可以确切抗御1954年量级的洪水，做到湖北、湖南都满意。

四是武汉地区。三峡和上游水库离武汉比较远，所以对武汉的洪水调节作用不像对荆江那样明显，但仍有一定作用。武汉地段的堤防比较可靠，标准较高，如果进一步设置些必要的滞洪区，进一步改善、加固堤防，加上新建水库的作用，再采取一些其他措施，我想武汉地区也能够安全地抗御1954年量级的洪水。

五是"十一五"期间的重点工程。重点工程还是大家议论的那些，但是这里还是希望能够再明确一下：

（1）关于分洪区、蓄洪区的建设，要明确加以归类：

1）罕用的，如荆江分洪区，怎么建设管理，要好好研究安排。

2）常用的，三五年就要用一次的，这类地区的功能以分洪为主，在非汛期利用土地搞农业生产，不能在里面搞建设，不能办企业、建工程，靠它来发家致富。在汛期必须按照指令弃守。

3）在两者之间的，要分门别类定出分洪标准，洪水来时，按照命令顺序放弃，不能各自为战，处处保堤防守，影响大局。

（2）关于堤防的除险加固，沿江支流上还有未做的，在"十一五"期内必须完成。

（3）河道整治，主要是保护好三峡清水下泄后首先要冲深的河段。

（4）建好水库，水库建设方兴未艾，包括干流上游水库和所有的支流水库。有些是为灌溉、供水需要开发的，可以结合取得一定防洪库容。对每个水库要实事求是地确定它的防洪库容和调度原则。作为长江流域中的一座水库，要根据流域总规划的要求为长江防洪做贡献，而流域机构则要实事求是地确定每座水库可以提供的有效、合理的防洪库容。而且我建议，在每个工程的规划建设中要考虑一下，遇到特殊情况时，工程能为大局做出什么特殊贡献，就是在紧急时能进行什么特殊调度。国家防总在特殊情况之下，应有权对上游和支流的水库进行特殊调度，大家应该服从大局。其他水土保持和非工程措施，我不再重复了。

六是建议长江委能够组织力量，对长江的防洪形势做深入的调查分析和研究，既要做一些专题研究，也要对整个长江的防洪形势和它的发展趋势做动态的研究，以便从大局上考虑今后的工作。

专题研究要做，比如说三峡水库的调度方式，按荆州市还是城陵矶调度，以及一些专家提出来的具体调度方案（多汛限调度），都可以研究。再比如说江湖关系变化的规律，还有不清楚、不一致的地方，要进一步研究。荆江河段和城陵矶到汉口河段的冲淤规律和冲淤发展过程，特别是城陵矶到汉口河段，尚未弄清，希望做专题研究，弄得更清楚一些。关于泥沙数量变化的规律，希望也能够加深研究，取得比较一致的看法。对不同类型的分洪区，怎么分类，怎么管理，要专门进行深入的研究。又像大家提的四口建闸，牌洲湾裁弯，这些工程目前不能草率地决定搞，但如果城陵矶到汉口河段确实是刷深了，为什么牌洲湾不能裁弯呢？这肯定对城陵矶有很大的好处。对四口建闸为什么有这么大的分歧？关键是建闸以后，掌握在什么人手里管理。原来没有闸，长江进洞庭湖的水没法控制，建闸能进行控制。如果确实能做到以大局为重进行科学调度，建闸总是有利的。如果以邻为壑，人家当然不干了。只要解决这个问题，建闸还是可以干的。可以交给一个公正的、代表国家的机构按章操作就可以了。

另一方面，希望长江委对整个长江防洪形势，分阶段地进行研究，比如第一阶段三峡枢纽已建成，其他的大库还没有起来，是个什么情况。第二阶段，其他的大库都起来了，荆江河段开始冲刷，水土保持工作开始发挥效益了，这又是什么情况。如果再说远一点，也可考虑调整改变江湖关系，对洞庭湖进行大疏浚，恢复八百里洞庭湖的面貌，也不是不可以考虑的。

我个人总对长江的问题抱一些乐观的态度，也可能是个人的希望。我希望由于上游和支流水库的大量的建成和科学调度，由于堤防的进一步加固，由于水土保持发挥作用、泥沙下泄的量不断地显著减少，由于河道的不断刷深，由于牌洲湾裁弯和四口建闸的实施，由于全面治理江湖关系和洞庭湖大疏浚，由于预报的精确化、长期化，加上一些非工程措施的实施，长江中下游的防洪面貌会发生比较大的变化，最后走上科学化、制度化的道路，让政府、人民和中央放心，不要每年汛期千军万马上堤，只要有一个精悍的维修队伍就行了，某一水位以下大堤绝对安全，到某一水位提高警戒，超过某一水位开启这个分洪区，涨到什么水位开启那个分洪区，分洪过程中秩序井然，分洪后人民得到合理补偿，做到这样就行了，我相信能够实现。

关于水利科技发展战略问题的建议

　　制定"水利科技发展规划"，明确发展方向、重点领域及关键技术是件大事，如能结合任务（尤其是关系国计民生大局的任务）来研究制订，最为妥当。21世纪我国将全面建设小康社会，水利工作任重道远，尤其做好长江、黄河在新形势下的全面规划，实为重中之重，需与时俱进地在高层次上开展研究和规划，建议水利科技发展方向和项目能结合此任务（和其他重大任务）来部署。

　　一、长江

　　主要研究解决新形势下的长江防洪问题。所谓新形势指：①长江中下游堤防已得到全面除险加固；②三峡水库即将建成；③三峡以下将长期下泄清水（有的专家将它称为宝贵资源），持续冲刷河道、改变江湖关系；④平垸行洪、退田还湖等政策已经执行或正在执行；⑤上游和支流正全面开展水保工作；⑥上游和支流已经、正在和即将建设多座水库，形成水库群等。因此，需在新形势下重新考虑长江的防洪布局，不要囿于传统想法（如三峡水库就为了解决1860、1870年量级的洪水）。

　　建议在充分掌握各种新出现和将出现的因素的基础上，深入分析河床演变和江湖关系变化，以及全面研究"泄""蓄""分"三大类措施在各种洪水下的作用和最佳组合方式，确定应进行的工程建设和非工程建设，提出一个较全面、长期的长江防洪系统规划，经国家批准后分期实现。

　　二、黄河

　　黄河的新形势是在上游修建了梯级电站和调节水库，小浪底工程也已投产，南水北调中、东线已部分启动。更重要的是水沙条件大变，长期枯水，形不成洪峰，下游经常断流，不断淤高，出现二级悬河局面，缺水和防洪问题并存，以及水环境的严重污染。

　　在规划中要根据新的形势，提出解决黄河水资源短缺、泥沙淤积、防洪能力下降和环境污染诸问题的一揽子方案。确定黄河究竟能有多少水资源（包括外调水源）以及如何合理配置使用，在恢复、保护生态环境的前提下能在多大程度上满足生产、生活的需要，确定需进行的工程建设。

　　关键是解决泥沙问题，要在总结经验的基础上，运用好"拦、排、调、放、挖"五大措施，加上"源头补水"和"河口治理"两大手段，恢复行洪和溯源冲刷，解决下游河道淤高和防洪问题。

　　三、建议

　　水利部把上述两大课题列入部领导亲自抓的重大课题，集中精锐力量，保证研究经费，开展工作，并结合这两大课题，研究安排有关的水利科技发展规划与项目，同时，也依靠科技突破来解决问题。

　　本文是作者2003年8月10日在"水利科学发展战略高层论坛"上提出的建议。

黄河下游治理问题的策略

　　黄河下游的治理是一个非常困难和复杂的问题，人们对此存在不同见解甚至相反的看法是很正常的。有些问题不是短时期内能澄清的，所以不能期望很快地确定一个简单的、立竿见影的、各方面都赞同的解决办法。

　　但这并不意味着对黄河下游的治理问题可以不做宏观上的研究、探索。如果不在宏观上进行研究，把大问题弄清楚，就可能在工作上误入歧途，造成历史性的失误。

一、来水来沙变化趋势

1. 来水量

　　20世纪80年代以来，黄河下游来水量不断减少，既有自然因素，也有人为因素。自然因素，如遇上水文循环中的枯水段，这不是人力能够改变的，而且难以预测。人为因素，如黄河上中游用水量的增加，水土保持和环境用水量的增加，超采地下水等，这是可以适当预测，并且可以采取措施调控的。若不加控制，预计上中游耗水量会不断增加，对下游将十分不利。建议根据新的情况，在全流域协调的基础上，重新修改分水方案报国家批准，以使今后下游有一个最小的保证来水量。

2. 洪水

　　目前并无根据推翻"水文有丰枯大循环"这个规律，因此不能因为二十多年来黄河下游来水枯就认为不会来特大洪水。例如，2003年黄河流域雨量不是很大，但防洪的形势很紧张，如果雨下得再大些，时间再长一点又会怎么样？防洪必须要按照防特大降雨、特大洪水考虑。当然，具体数值可以考虑已有水库和其他因素做些调整。

　　另外，在更多的年份，由于上中游用水的增加和水库群的调蓄，会出现汛期没有大洪水，甚至形不成洪峰的情况。这对于防洪有好的一面，但对冲沙是不利的，要通过人为操作适当改变这种局面。

3. 泥沙

　　今后泥沙将继续减少，这是不争的事实，而且我们还要努力使来沙量进一步减少。但来沙量减少并不等于泥沙问题得到了解决，因为水量减得更多。由于对减沙的效果和今后来沙量难以精确确定，因此不妨搞两套方案，按较保守的值进行减淤、冲沙规划和设计，把乐观的值作为努力目标。

二、小浪底水库的调控原则

　　小浪底水库是多目标综合利用水库，其关键作用是防洪、减淤，其他的目标和水库调度原则都应该服从这两条关键性要求，以使小浪底水库在尽可能长的时期内发挥这两大作用。为此，小浪底水库原则上不能为了保证下游生产堤在中小洪水时不漫顶而经常调蓄，因为这样做将过早地结束小浪底水库的拦沙期，失去为下游减淤的机会，

　　本文是作者2004年2月20日在"黄河治理策略北京讨论会"上的发言，刊登于《人民黄河》2004年第4期，并收入黄河水利出版社2004年11月出版的《黄河下游治理方略专家论坛》中。本文有删节。

最终还是对下游不利。

凡事要服从大道理、服从长远利益，目前下游河槽淤高，平滩流量很小，即使小洪水也要求小浪底水库拦洪，这样做是不妥的，矛盾要统筹解决。

建议研究制定一个各方面都能接受的小浪底水库对中小洪水的调控运用方案，并使其能够满足下面几个条件：①能为下游防御适当标准的洪水；②为下游减淤而且尽量延长拦沙期；③通过各种措施提高平滩流量，达到合适的标准。具体方案可通过反复研究、磋商定下来，必要的时候由国家协调，通过以后就坚决执行，当然可以根据执行的情况进行调整。

三、生产堤和下游滩区治理方略

黄河下游河滩本来是洪水时的行洪通道，可是由于二十多年来下游的洪水越来越小，因此滩地利用得越来越多，现在已经有 181 万人住在滩地上。生产堤越修越高，完全改变了原来的行洪原则，造成了河槽淤高、平滩流量越来越小等一系列的后果。

现在各方面提出的治理方略可分为两大类：一是"窄河固堤"，把生产堤当作大堤，解放滩地，但是遇到特大洪水怎么办？二是"宽河固堤"，甚至废除生产堤，力求恢复原来的面貌，那么 181 万人怎么安排？

其实，两者也有可以沟通的地方。在主张"窄河固堤"方案中，也有建议把原来的大堤保留，作为二道防线的；在主张"宽河固堤"方案中，也提到过要结合新形势研究改进。我觉得目前不论是采用窄河方案放弃大堤，还是采用宽河方案废除生产堤，都没有十分的把握。大堤是在长期历史中形成，目前是防洪体系中的最后保障线，没有确切把握，不可轻言放弃，至少可作为第二道防线；生产堤也是历史形成的，滩地上有 181 万人，在这些人没有找到出路前，生产堤也不是说废就能废的。但是，也不能让目前这样的局面维持下去，应以现有的生产堤为基础，调整改造，配合其他措施，达到以下目标：

（1）稳定下游的河势。

（2）提高平滩流量到合适的值，使滩地在某一标准洪水下可保安全，但标准不必很高。

（3）改造滩地的生产布局，增加安全、交通、保障等设施，迁移部分农民到堤外，在漫滩以后，有秩序地组织撤退，以保证人民的安全，并且要有补偿的措施。

（4）根据以后的发展（外调水源的增加、城镇化的发展），使问题得到进一步解决。

如何能够提高平滩流量是最难解决的问题，可研究采取以下措施：适当改造加固生产堤、建适当的控导工程、设法增加来水量、人造洪水进行高效的调水调沙、配合机械清淤放淤等，努力使平滩流量达到 $5000 m^3/s$ 左右。这只是暂时的局面，从长远计，不能让 181 万人长期生活在滩地，要全盘规划，结合全面建设小康社会和城镇化发展的目标，把大部分农民转移出去。使其进入新的产业领域，大大减少滩地农民的数量，实现滩地科学化、现代化的利用。当然，这不是水利部门能做到的，还需要国家和地方政府来支持。总之，对滩地的利用既要有一个大方向，又要结合实际来一步步实现。

四、结合南水北调增加下游来水量

要从根本上解决黄河下游治理问题，一是要减少来沙量，二是要增加来水量。减少来沙已经有不少规划和措施，并在逐步推行，增加来水量主要依靠南水北调。

现在，人们表面上都承认生态用水和生产、生活用水是同样重要的，而实际上生态用水往往被忽视，甚至认为生态用水是浪费。南水北调的目的都是供应某个城市、某个产业，并没有考虑用它来改善生态环境，更不要说冲沙。其实，如果通过南水北调能够使黄河下游长治久安，花几千亿元也是值得的。

西线调水的实施，可以从黄河源头补水 40 亿～170 亿 m^3，要抓紧规划，做好前期工作。

东线和中线正在实施中，要千方百计利用东线、中线，增加黄河下游的水量。东线工程实施以后，应核减受水区的黄河供水配额，增加黄河下游的水量，或直接抽水入黄，问题是要确定合理的水价。中线工程实施以后，在某些时段受水区不需要那么多的水，可以改入黄河，问题也在水费上。现在都是市场经济，调水的公司怎么会把水白白地供给黄河呢？所以要研究如何突破这些难关，以拯救我们的母亲河。

也许，在上游增加水量，在河口做一些工作，配合下游河道中的一些工程，才是最后的策略。

黄河水利委员会现在提出了"四个不"的目标：堤防不决口，在加强水文预报基础上，进行水库科学调查，配合适当的工程措施，是可以做到的；河道不断流，实现全社会节水、全流域水资源统调，争取外来水，也是可以做到的；水质不超标，污染完全是人为的因素，不污染不是能不能做到的问题，而是愿不愿去做的问题；只有河床不抬高，才是问题的本质，是最重大、最艰巨的任务，希望大家共同努力，经过长期的探索和奋斗，最终解决这个问题，解除中华民族几千年来的心腹之患。

浙江省水利、电力工作情况通报

五一假期，我陪钱正英副主席应浙江省领导邀请去杭州、宁波一带参观考察，并开了电力、水利两个座谈会，现将主要情况汇报如下，供参考。

一、电力工作座谈会

浙江省电力公司汇报了四个问题：①浙江省电力工业发展的基本情况；②当前浙江省电力供需情况和存在的突出问题；③"十一五"浙江电力发展规划；④加强浙江电力工作的意见和建议。

汇报中强调了浙江电力供应中的严重不足和电力公司经营的困难，建议增加省外电力供应，完善电网间电力交易规则、加强需求侧管理、加快电源项目的审批和建设、加快电网建设、加快电价制度改革和加强电网生产调度管理，确保安全稳定运行等。

在会上我表示：由于浙江目前正在大力加强电力建设，当前的电力供需紧张可望在不久后缓解，但浙江省内一次能源短缺，现在的电力弹性系数已高于 1.5，这样的电力发展速度难以持续，建议省领导做长远考虑，抓紧经济结构调整，加强节电措施，使电力增长速度尽快降低，做到可持续发展。

钱副主席说明中国工程院正接受国家发展改革委委托，对"十一五"的经济建设规划进行咨询，她承担"十一五"重大工程建设项目的课题。她将组织一些专家前来浙江调研，着重研究合理的电力弹性系数，提出重点建设项目的建议，希望浙江省电力公司做好准备，给予配合。省领导表示欢迎，并要求省电力公司尽量配合。

我个人认为，浙江目前电力供需十分紧张，除加强电源建设外，建议能从三峡电量中多分配给浙江一些。浙江省电力公司目前的经营十分困难，而浙江省完全能够承担较高的电价，建议能根据实际情况率先在浙江理顺电价，作为试点。但浙江电力问题的最终解决，还是需要依靠产业结构调整和大力节电等措施。

二、水利工作座谈会

浙江省水利厅汇报了四个问题：①基本情况；②水利发展总体思路和目标；③水资源配置工作情况；④要求和建议。

汇报中强调今后要实施两大水资源配置工程。一是浙东引水工程；二是浙北引水工程。水利厅认为应从新安江水库引水，解决浙北杭州、嘉兴等地区的生活用水。要求调整新安江水库功能，下放管理权限，降低新安江水库汛限水位，远景目标从新安江水库引水 16.8 亿 m^3，要求我们给予支持，向中央呼吁。

会上，我表示支持浙东引水工程，但是要控制从富春江的引水水量，不要影响下游生态环境。对于浙北引水方案，建议进行多方案比较，例如杭州可向富春江取水，嘉兴可向太湖取水等，并指出从新安江水库引水代价可能很贵，经济上可能不可行。

本文写于 2004 年 5 月 13 日。

新安江的管理权限问题要由国家一级协调解决，建议先由浙江省和电力部门协商，提出一个可行的方案报批。我认为，实际上各部门间的矛盾并不大。

钱副主席充分肯定浙江省水利建设的成就，认为钱塘江水资源的统一调配是个重大原则问题。她将建议水利部组织国内有关专家进行一次高层次的咨询，以便决策。关于新安江水电站的管理问题，她建议先由浙江省根据新的情况提出具体要求供国家考虑，不要先提出要求改变管理体制，省领导表示同意。

据我们了解，从新安江水库引水供给浙北地区主要是水利厅的意见，实际上杭州市和嘉兴并不十分赞同，省领导间对此也有不同意见。关于新安江水电站，浙江省确实希望下放，但也拟订了几个方案可供讨论。

黄河下游治理的主攻方向

6 月 25 日

今天的黄河跟 50 年前的黄河已完全不同。五十多年来,治黄确实取得了很大的成就,但也出现了很多新的问题,面临很多新的挑战,需要全面总结经验教训,力求找到一个长治久安的方案,而且要在"十一五"期间做点工作。虽不能在短期内解决问题,至少要明确解决的方向,做好一些准备工作,争取今后二三十年内解决问题。错过这个机会,将留下历史的遗憾。有了主攻方向,也可考虑在科技方面应做点什么工作。

黄河的问题千头万绪、非常复杂。目前的本质性问题,已被许多专家说得很透彻,就是五十多年来,水沙情况发生很大变化,环境不同了,中游、下游水量十分稀少,入河泥沙虽然有所减少,下游河道不但不能刷深,反而不断淤高,后果严重,所以主要问题就是让中下游有足够的水,能泄放足够的流量,刷深下游的河道,能够保证河道有必要的泄洪能力、排沙能力,这就是问题的本质。解决这一问题的关键就是怎么适应来水来沙情况极大的变化。水量大大地削减,沙量虽也有减少,而河道不断淤高,怎么解决这个问题?黄河水利委员会(以下简称黄委)对付泥沙问题,已经有几十年的经验教训,他们总结出五个字,即"拦、排、调、放、挖"五大措施。我认为现在需要根据实践经验和新的条件,加以总结改进,另外还要研究新的措施。新旧结合、科学布局,或可做到长治久安。

现在看看上述五条措施。"拦",我同意绝大多数专家的意见,还是要搞,而且大搞。对产沙区,特别是多沙粗沙区,要加强加快进行全面的整治。我们要研究采取一些简单的、可行的、有效的,能够依靠群众来搞的工程措施,拦沙淤地。具体是什么方案,要通过实践来总结,而且坚持下去。为了拦沙淤地,要用掉一点水资源。这点水一定要用,只要能够找到正确的方案,持之以恒,总会有成效。我们一定要遏制水土流失的趋势,使其向良性方向发展。建议把它列为重大工程项目。这也是水利部、国务院批准的,我想专家们都不反对把"拦"搞下去。

"排"跟"调"都是通过泄放流量,把泥沙排出去。现在的问题是没有那么多的水。排沙的水量估算要 200 亿 m^3 或 170 亿 m^3,没有那么多的水怎么办?我想第一是高效利用能用的水。我弄不清,现在究竟每年能够用于排沙的水量是多少,总之这点水要想尽办法充分利用,高效率地排沙。很多专家都提出要利用高含沙水流来排沙。另外一个措施,增加排沙水量,一些老专家对此感到渺茫,我觉得不是绝对做不到,我们要理直气壮提出来。目前对黄河水量的利用,工业、农业、生活用水都算是必要的,

---

本文是作者 2004 年 6 月 25、26 日在"黄河下游治理的主攻方向座谈会"上的发言摘要。

把生态环境和排沙用水排除在外，这个不行。不但要增加排沙的水量，而且要恢复或部分恢复原有的洪峰，天然情况每年总有几次洪峰，水量流动的模式要恢复到过去的状态，这一点下面还要谈到。

怎么样高效率地利用仅有的排沙水量？要通过科研、试验找办法。利用小浪底水库来调水调沙，这件事我过去一直寄予厚望，因为小浪底建成后，水量可以调蓄，可以放人工洪水，确实对它给予很大的希望。但是 2003 年试验的成果，引人深思。为什么这样说呢？2003 年的调沙用了二十多亿立方米的水，冲走了几千万立方米的泥沙，而且大部分都堆在河口，也没有冲到深海，水库的泥沙也增淤了 3 亿 m³ 这样做似难以为继。我绝不是反对用小浪底调水调沙，问题是今后怎么样利用小浪底的库容和目前能够拿得出的有限水量，起到比较好的冲沙效果。这件事情要仔细研究，看样子要在河道里面做些工程，到底怎么弄，要做过细的研究试验，现在还不明确。

还有两个措施，一个叫"放"，一个叫"挖"，这两个措施都是把已进入河道内的泥沙，用自流的方式或者用机械疏浚的方式，转移到外面去。这两个措施今后只要有条件有效果还是要搞。淤背固堤是一举两得的措施，又清了淤，又固了堤，只要有条件，应继续进行。现在黄委提出来引洪放淤，只要可行，也应该上。

"挖"的措施，我认为也不能够忽视，只要有效，不要挖了后转眼就淤满，这就没意义。这种排、放和挖的措施，在今后的重大工程项目里要列入，只要是可行的、有效的都要做。

上面对过去的五大措施做了些分析。此外，还要认真研究两项新的措施：

第一项就是向黄河补水，特别是西线，从黄河源头补水，增加 40 亿～170 亿 m³ 的水。增加了这点水，情况大不同。建议在"十五"到"十一五"期间，大力加强西线的前期工作和准备工作，争取能够在"十一五"末可以开工。我这里讲的准备工作意义很广，比如要搞西线，要打那么长的洞子，又在那样的恶劣环境之下，常规的施工办法不行，就要列专项研究解决施工工艺和设备问题，集中力量来搞。还有个经济问题，西线工程投资很大，要调 170 亿 m³ 的水恐怕是几千亿元的投入。有人问我，这样天文数字的投入，引水到黄河，到底干什么用？准备发展多少库区，准备给哪一个工矿企业用，卖给哪个城市，怎样还本付息。我认为搞西线工程本质上是国家意志，是政府行为，是一个拯救母亲河的工程，是一个还旧债的工程，过去我们把黄河的水吃光喝干了，现在要还债，不是拿它兴利的。你要求调水工程还本付息，对不起，谁也不会投资这个工程。

我要反问一句，如果你的母亲已经病入膏肓，需要在医院里输液，你会不会问输液要多少钱，母亲好了能赚多少钱，能不能还本付息？西线调水是为了解决黄河的根本问题，希望使黄河长治久安。我想水进黄河后，即使不增加一亩灌溉地，不多发一度电，也不能给城市增供一方水，只要能够解决黄河的根本问题，这 2000 亿元就完全应该投入。国家和政府就该做这事。政府收税就是用来干这种事的。我们要向中央讲清楚，这个钱就得要花。何况西线调水进黄河后，加上中线和东线的调水，肯定可以在西部增加很多工矿企业和城镇的供水量，可以使许多水电站增加发电，以及开发灌区，得到经济效益，但西线调水主要是恢复黄河生态，为她治病的，这一点不能含糊。

根据我们国家的国力（今后国力将更快速增长）和科技水平，西线调水工程只要研究透彻，国家下决心，并不渺茫。西线水调进黄河以后，即使全部用于制造人工洪水，用于冲沙和生态环境，只要能够把下游的河道冲深不淤了，只要能使黄河长治久安，就成功了。中国人就做了一件震惊世界的大好事。一个城市修地铁每公里就投十多亿元，100km 就是一千多亿元，那个能干，这个不能干，讲不过去。

总而言之，我认为西线调水是要解决黄河长治久安的问题，是为了拯救我们的母亲河的问题，黄河是我们的母亲河啊！所以，"十五""十一五"中的重大工程要强调西线，做好准备工作，促使它尽快上马，西线的水调进黄河以后，谁也没有权利抢用，完全按国家调度应用。

第二项措施就是在河口做工程，在河口开挖冲深。林秉南先生和周建军教授曾经反复提出，要利用海水冲刷河口，利用河道自己的力量，通过溯源冲刷，把淤高的河床冲下去。这在理论上是站得住脚的。河口下去了，总有一个临界坡度，在坡度以上那部分泥沙总要冲走，站不住的。副作用可以防治，与企业、地方的关系可以协调解决。

刚才听了赵业安同志的发言，他们也做了研究，有新的方案，也证明在河口开挖能够起作用。我建议，能不能在"十五""十一五"期间，加深科研和可行性论证工作，得出一个合理可行的方案，能够在"十一五"启动。我想如果能做到源头补水，河口开挖，科学调沙，黄河的长治久安问题是有希望解决的。我们要有信心和决心。

此外还有一些问题，像"二级悬河"的问题怎么解决？生产堤要不要废除？小浪底水库如何调度运用等，专家之间还有不同的认识，都要通过进一步的深入研究、讨论、分析，才能得出结论。但是我觉得有些原则不能动摇。比如说，小浪底水库不能为了保生产堤而使它的拦沙库容过早淤掉，这和我们的根本原则背道而驰。我想老滩地的利用主要就是收一季麦子。现在黄河的洪水很小，再增收一季作物也可以。但这就有风险，碰到大水，当流量超过一定的标准，就不能保了。要采取以丰补歉，或采取买保险的方法解决风险问题。总而言之不能靠损失小浪底拦沙库容来保生产堤。一百多万农民不能完全住在滩地里，毫无保障，水一来，跑都来不及。我想滩地一定要重新全面规划，怎么利用，农民住在什么地方，放弃时，人怎么撤出，是全面放弃，还是部分放弃，例如，把一部分滩地作为滞洪区，水位到一定程度，就自动进水，人可利用隔堤撤离，或在高地安排避水台。总而言之，全面规划一下。不要改变小浪底的调度原则。

徐乾清院士归纳了黄河下游河道整治的方案有四类，我建议不要在四类方案中选一，因为有的是短期奏效，有的是长期措施，能不能把可行的措施科学地综合起来。因此，建议在"十一五"的重大工程措施中能够列入下面这些项目，这和很多同志及黄委领导的报告都基本相符：

第一，堤防继续加固、加宽，包括放淤，防洪毕竟还得做最不利的打算。现在好像还不能马上放弃大堤，所以，大堤的加固、加宽工作需要列在重大工程项目里。

第二，拦沙淤地工程，特别是产沙区和粗沙区的拦沙淤地工程，要列在重大工措施内。

第三，生产堤后的滩区应明确是行洪区，它的利用和安全建设应该有个全面考虑。我认为有的老同志提的建议值得研究，要有一个全面的规划，而且要给予投入，把滩区整理好。原则是尽可能利用，但不能影响黄河的防洪大局。

第四，合适的放淤工程。汇报材料很吸引人，小北干流有 100 亿 m^3 容积可放淤，相当于一个小浪底库容。如果确有可行放淤工程，建议把它列进去。

第五，解释、宣传西线调水工程，先加强前期工程和准备工程，争取早日开工。

第六，河口工程，或可叫河口治理工程。在最近几年里要大大地加深研究工作，能够拿出可行性报告，把有关的问题和顾虑解决好，如果真像林秉南先生讲的，只要 26 亿元就能做的，怎么不敢做呢？就怕问题没有研究深、研究透，没有解决好。

第七，渭河的治理工程，渭河虽然不是下游河段，其治理问题在"十五""十一五"期间非做不可。

我是外行，以上这些只是抛砖引玉。

6 月 26 日

钱正英副主席提到三条黄河：过去的黄河、现在的黄河和今后的黄河。重点就在今后的黄河怎么样。我觉得这点非常重要。现在黄河的来水来沙不断地减少，究竟以后怎么样？这个大问题总得有一个说法。钱副主席把这个情况分析了一下，分为三类因素：

第一类因素，就是水文的波动。水文周期有丰水期、枯水期，而且从黄河的记录来看，出现过连续多年的丰水期和连续多年的枯水期。就水文波动而言，不能认为黄河今后就不断枯下去，回不到丰水期了。正因为这一点，我认为黄河今后防洪的问题不能掉以轻心，因为在特大洪水时导致减水减沙的因素不起作用，甚至起反作用。

第二类因素，人类活动。人类生产生活需要用水的增加，这是不可逆转的，今后可能还要再增加。

第三类因素，其他因素。这类因素是钱副主席指出的，而且是我们过去未研究透的。

这样，对黄河的枯水，要分成三类因素研究。就第一类因素而言，我认为黄河流域经过很长的枯水期后，还会转丰。这对我们大有好处，也带来问题，但机遇大于挑战。龙羊峡水库建成以后，从来没有蓄满，而且进库水量不断减少，龙羊峡的上游地广人稀，经济发展用水的增加有限，水量的减少，主要是由于水文情况在变化。这一点，我想是很清楚的，我们就有理由相信今后会转丰。

第二类因素，作为不可逆的那部分，就是人类的用水、耗水，这一耗水量今后还会有增加的要求，也是必然的，但我认为一定要提前进入零增长。因为确实没有水。用水量虽然零增长，经济还可以继续发展，就是依靠节省下来的水维持发展。现在的耗水 80%用于农业，潜力很大，即使用于工业和生活的，也浪费严重，如果真正能够建设节水农业、节水工业、节水社会，把节约下来的水用到发展上面去，同时改革经济结构和发展模式，则即使用水量不增加，社会经济还可以发展。至少在南水北调工程收效以前，不能增加太多的用水量。西北很多同志对这个说法好像意见很大，认为是坐在办公室里面讲的话，不顾实际情况，不让增加用水讲不过去。这个分歧值得研究，我个人的看法，从大局看，用水量要尽可能早地进入零增长，这是大势所趋。

第三类因素，因其他因素减少的水，这个问题我比困惑。有几个问题能不能搞得更清楚一点：到底下游来水量的剧减中，有多少是由于上游的生活生产用水的增加引起的，还有多少是其他因素导致的？两者之间的比例是多少？像渭河进入陕西境内的林家村水文站，20世纪60年代、70年代的来水量都是二十多亿立方米、三十多亿立方米，90年代只有几亿立方米，为什么水量大幅度地减少？在这段时间降水量减少了多少，完全可以查清。把降水减少的因素扣掉，其余减少的水量哪里去了，希望能搞清楚。总之，把三种减少的比例弄清楚。

降水量的减少，在今后水文周期转丰后能补回。上游的生产生活用水的增加则不可逆转，希望节约地用，合理地用，早日进入零增长；对生活生产最终需要多少水，能供多少水要有个数，有个基本考虑。最复杂的就是第三类用水或耗水。例如，水土保持和生态环境用水，肯定要消耗水资源。我昨天也讲了，这点水一定要消耗的，非付出这个代价不可。这样做究竟是利大还是弊大？我认为要从全局考虑，黄河几千年来，一直将上游黄土输到下游，广大下游平原都是它造成的，但到今天，水土流失不能再无限制发展下去，需要做治理工程了。那付出的代价怎么办？在多沙粗沙区做了治理工程后，可能没有水进入黄河了，但这个地区对黄河产沙的贡献，远大于在水量上的贡献，两者不能比。当然我没有做过仔细的分析，我总感到这点水要用掉。

我昨天为西线调水做了很多宣传工作，今天再说几句。实现西线调水，在黄河源头补进 170 亿 m^3 的水，是从根本上解决问题的措施。黄河在今后总是极端缺水。不补水，无论怎么搞，总无法同时满足生产和生态的需要。我再重复讲一句，西线调水不是为了开发某个特定灌区，不是为了给某些城镇、工矿供水，主要的目的是为黄河治病，因而这个工程是贯彻国家意志、是一种政府行为，是拯救母亲河的工程，不是开发赢利的工程。在西线调水后，工农业能有所发展，经济效益能增加，有些城镇能多用点水，可以回收一些费用，这些都可以利税形式缴给国家，但难以依靠利润来建西线工程。有人主张成立开发公司筹资贷款搞西线工程，恐怕行不通也不合理。我昨天打了个比方，你母亲病入膏肓，你要搞一个公司筹钱，再上医院诊治，还算计老娘病好后能赚多少钱，怎么还贷，这个太说不过去，至少不是个孝子，连人道主义精神也没有。

从这个大原则出发，我赞成搞西线调水工程。黄河上游有很多水库湖泊可供调蓄，可以灵活调水，在长江汛期多调，枯水期少调或不调，当然调水工程规模要因而增加。水调进黄河以后，不允许任意使用。例如，调水进入龙羊峡水库，不能随便发电，调进来的水怎么用，要根据国家的意志，根据黄委的决定才能用。现在我们先给西线工程多做些宣传、科普工作，另一方面，抓紧前期和准备工作。钱副主席讲，现在我们在科技方面已有很大的进步，西线工程也没有什么克服不了的困难。我们要有信心。

我觉得黄河水越来越少，这个是客观现实，但是不是将来就没有大洪水了，防洪问题不严重了，这是两回事。水越来越少，有几种原因，其一是由于水文循环变化，既然是循环变化，就会向丰的方向转变，比如 400mm 等雨量线可以往南移，往后也可能向北移，没有理由否定这种可能。所以如果由于近期黄河枯水，就认为今后发大洪水的可能性也少了，似无理论根据。在 20 世纪 20、30 年代，黄河的大水很厉害，几万个流量，一片汪洋，这是实际出现过的情况。现在怎么能不加考虑。当然适当调整一下设计洪峰是可以的，但是不能排除再发生大洪水的可能性。同时，在考虑这种大洪峰时，不一定要有过高的要求，因为毕竟我们现在有了三门峡，有了小浪底，在遇特大洪水时可以充分拦蓄，这些水库拦洪会影响泥沙淤积，库容要损失，但面临稀遇的百年、千年洪峰，就让它拦蓄一下。堤防应按此有相应防御标准，不能过低了。

新世纪　新水利

　　进入 21 世纪已经 4 年了。当前科学技术正在以幂指数增长的速度在发展，尤其是信息、宇航、生命科学等领域的变化日新月异。作为有几千年历史的水利学科又怎么样呢？

　　"与时俱进"是一条真理。宇宙间的一切事物是不会也不可能静止的，而是永远处在运动、变化和发展之中的。静止就意味着死亡或消灭，水利学科也不例外。只是它的变化比较隐蔽和缓慢。水利部门和水利工作者如不能理解这一点，就有被时代淘汰的可能。下文主要谈谈自己对这个问题的初步认识。

一、水利的新定义

　　"水利"这个名词据查在 2100 年前就出现了，这个名词似乎又是中国首创并独有的，至少在英文中找不到相对应的词。到底"水利"的含义是什么？1992 年出版的《中国大百科全书·水利》中关于水利这个总条目是这么说的：

　　"水利一词可以概括为：人类社会为了生存和发展的需要，采取各种措施，对自然界的水和水域进行控制和调配，以防治水旱灾害，开发利用和保护水资源。研究这类活动及其对象的技术理论和方法的知识体系称水利科学。用于控制和调配自然界的地表水和地下水，以达到除害兴利目的而修建的工程称水利工程。"

　　在 1991 年出版的《水利百科全书》中说得更直接些：水利就是"采取各种人工措施对自然界的水进行控制、调节、治导、开发、管理和保护，以减轻和免除水旱灾害，并利用水资源，适应人类生产、满足人类生活需要的活动。"一句话，完全以人为中心。

　　现在《中国大百科全书·水利》在进行修订，还要我这个外行任水利部分的主编。我的办法是在商定条目后，分请有关专家起草，集体讨论定稿。"水利"这一主条就请原撰稿人钱正英同志负责修订。她经审慎考虑，开过几次会，听取了各种意见，数易其稿，现在的提法是：

　　水利的含义可概括为：人类社会为了生存和可持续发展的需要，采取各种措施，适应、保护、调配和改变自然界的水和水域，以求在与自然和谐共处、维护生态环境的前提下，合理开发利用水资源，并防治洪、涝、干旱、污染等各种灾害。研究这类活动及其对象的技术和理论知识体系称为水利科学，为达到这些目的而修建的工程称为水利工程，从事与水利发展有关的各种活动总称为水利事业。

　　当然这一提法还没有最后审定和出版，但比较一下两者的区别是可供我们深思的：

　　原来提的是"人类社会为了生存和发展的需要"，现在在发展前加了个限制词"可持续"。

　　原来提的是"进行控制和调配"，现在提的是"适应、保护、调配和改变"。

　　本文是作者在清华大学（2004 年 10 月 31 日）和上海勘测设计研究院（2004 年 11 月 5 日）所做演讲的演讲稿。收入本书时进行了删节。

原来提的是"以防治水旱灾害，开发利用和保护水资源"，现在提的是"以求在与自然和谐共处、维护生态环境的前提下，合理开发利用水资源，并防治洪、涝、干旱、污染等各种灾害"。

我认为，这里透出的信息是重要的。

二、对"兴利除弊"的新认识

兴修水利的目的是为了兴利除弊，这是传统的提法。兴利除弊当然没有错，新中国成立五十多年来，通过大的水利建设，确实兴了许多利（如发展灌区、向工矿城市农村供水、发电、通航……），除了许多弊（如防洪、抗旱、排涝……），成就俱在，无可否认。问题是：

在兴利除弊的过程中，不注意、不重视甚或掩饰引发出来的新弊端，甚至是更严重的弊端。

水资源过度开发，造成根本性枯竭，河道干涸，地下水水位下降，沙漠扩张，生态破坏；还有水资源的不合理开发，如在干旱地区河道上游建平原水库，导致宝贵的水资源大量蒸发损失，下游土地减产和水源枯竭。

水资源全面污染，供水量大增，污水也成比例增加，不仅有河皆干，而且无水不污，灌区出现盐碱化。

为防洪，堤越修越高，河床也越撤越高，人与水争地越来越严重，防洪压力越来越大，每逢汛期、千军万马上堤"严防死守"。

有些大坝修建后，水库淤积，河道断航，渔业减产，珍稀物种受影响，移民生活困难。

社会上形成不珍惜水的习气，处处要求以需定供，浪费惊人，水资源危机空前严重。

……

这一切说明传统的水利工程还会起"兴弊除利"的副作用，走老路已难以为继。首先要承认水利工程会"兴弊"，但现在哪一个工程的"可行性研究"中把"兴弊"的问题说透彻了呢？过去水利学中总是研究水对人类的灾害，却不研究人对水造成的危害。因此，在清华大学水利水电工程系建系 50 周年庆典上，我说了一番极扫兴的话：要开设一门"水害学"，专门研究修水利工程产生的祸害。在国务院组织的南水北调工程汇报会上，我又危言耸听地说：如果问题没研究透，没解决好，大调水就意味着大浪费、大污染、大破坏。我还说过，全国水问题搞得如此严重，水利工程师是罪魁祸首之一，并因此得罪了所有水利工作者。

但我仍然认为：在 21 世纪搞水利，必须把"利"和"弊"研究清楚，在研究中，要用动态而不是停滞的观点看问题，要从全流域、全国而不是从地区范围看问题，要从总体而不是从局部看问题，必须把水利融入一个更大更全面的领域中来认识。不要只研究水对人造成的水害，还应研究人对水造成的"人害"。总之，不仅要在工程上，更要从思路上、管理上来一个大变化，这也许是最关键的一点吧。

三、从传统水利走向现代水利

人们常把中国现在的水利问题归纳为三句话：水多了（洪灾）、水少了（缺水）和水浑了脏了（淤积和水环境污染）。当然，这三者是交叉相关的：为防洪尽量宣泄洪水，大洪后往往接着大缺水；为供水尽量从河道取水，结果河流干涸、河床淤高，小洪水成大灾；在缺水和水污染间更存在密切的互为因果关系。

为了更科学地解决问题，从钱正英、汪恕诚等领导同志，到广大老、中、青专家及工程师和有关科研人员与学者，都作了深入研究和讨论，或从全局、或针对某专题，提出许多新的思路和策略。数量之多，难以尽读。总体来讲，大的思路似可归纳为以下几条：

（1）工业时代以来，以为"人是万物中心和主宰，人可以利用科学技术控制和征服自然，让一切服务于人"的主流思想是不正确的；应代之以"人类活动要适应自然，和自然和谐发展"。这是一条总原则，水利工作也要以人与自然和谐为目标。否则，人类活动将成为发生灾害的主因，最终将影响人类自身的生存。

（2）水是一种重要的、有限的（虽然是再生的）、短缺的特殊自然资源。水不仅是资源，而且是生态环境的支持体。那种把水当作上天赐予的礼物，认为可以无穷尽、无代价索取和利用的观点是完全错误的。

（3）一个地区的水资源及其承载力是有限的，其开发利用必须限制在合理范围内（例如，对一条河流的取用水量不能超过40%，对地下水的利用必须做到基本平衡），也就是只能"以供定需"，不能"以需定供"，最后要做到零增长、循环经济。

（4）水环境的承载能力也是有限的，必须将可利用的水资源在生产、生活和生态用水之间做合理分配，必须保持最低的生态用水要求（包括数量和质量），使自然界能保持生态恢复能力。必须防治水资源被污染。否则，一定会破坏生态环境，走到难以为继的地步。评论水利工程的可行性和效益，应以生态影响为先，然后才是社会效益、经济效益。

（5）水的问题不可能在封闭的小区域内解决，不能就个别问题孤立地解决，不能仅靠工程措施来解决，不能"就水论水"地解决，而要全局统筹考虑，要与农业、生物、森林、环保、水产……诸多部门配合，工程与非工程措施结合，依靠经济杠杆，加强全面科学管理并在正确有效的政策支持下来解决。

……

总而言之，水利要从传统的、工程型的模式中走出来，从单目标开发的模式中走出来，走向新的模式。这种新的模式，有的同志称之为"资源水利"，也有叫"环境水利""现代水利""绿色水利"……如果这个方向是对的，则大学水利系的课程、设计院、研究院的方向和有关产业也得相应调整一下吧。

这些思路又怎么落实到具体任务中去呢？我们姑且仍按照"三句话"的范畴来看一下：

防洪：现在人类还不能消除洪灾，所以不能无序、无节制地与洪水争地，要学会与洪水和谐相处，给洪水出路。防洪的目标应该是：采取各种合适的工程与非工程手段（后者包括洪水预报、科学调度、防洪保险、统一管理……），使洪灾损失下降到可控制和可承受的程度，从单纯的工程防洪转变到建设全面的防洪减灾体系上来，进而还要将洪水作为资源利用。

水资源短缺：全面调查所有的水资源（包括地表水、地下水、土壤水、大气水、雨水、废水、污水、海水……），落实可开发利用的程度和数量，实行统一管理、科学配置、高效利用，特别要因地制宜地重视对非传统水资源的利用。要以供定需，制定合理的发展规划，进行经济结构调整，切实执行"节水为先"的基本战略，全方位节约农业、工业和生活用水，控制需求，在此基础上确定必要的和可能的从外流域调入的水量，做到供需平衡和可持续发展。工程措施要大中小并举，中小为主，集中与分散结合，哪怕是一座小水窖的作用都要重视。沿海大城市要攻下海水淡化关，不要总是寄希望于调水。

环境：控制对地表水和地下水的开发利用量，保证为保护生态环境所需的最低用水量和水质，制止生态环境的进一步恶化，因地制宜地采取各种有效手段（包括生态移民）治理已被破坏的生态环境，使之逐步得到改善与恢复。

治污：实现从"末端治理"向"源头控制"的战略转移。全面治理城市污水和农村面污染源，切实执行"治污为本"的基本战略。

管理：要从目前法制不健全、市场不完善、管理体制不科学、技术水平低的情况，转变到有法可依、充分利用市场体制和以新技术武装的科学管理的轨道上来。

很显然，要达到上述目标，不是水利部门或某一地区能独立完成的，这是 21 世纪中摆在国家、政府和全国人民面前的一项艰巨的挑战和任务。

四、21 世纪的几项巨大水利建设

1. 治理黄河

黄河可能是世界上问题最多、最复杂的一条河流，问题的关键是泥沙。五十多年来，新中国在治黄上作了巨大努力，兴建了很多工程，包括小浪底这样的骨干工程，远远超越历朝历代，但也有失误，也走过弯路。目前黄河的情况是：虽然五十多年来保证安澜，入河泥沙总量有所减少，但水量减少更快，汛期常形不成洪峰，枯水期河道断流，生态环境恶化，河床淤高，出现"二级悬河"，平滩流量越来越小，遇稍大洪水即上滩，甚至有溃堤改道的危险，支流渭河更到了需抢救的程度。可以说，集断流、溃堤、淤积、污染诸问题于一身。

针对这些情况，水利部汪部长提出近期治黄四条要求：堤防不决口、河道不断流、水质不超标、河床不抬高。这些问题都出现在中下游，但原因需从全流域找，治理当然也要全流域全方位进行，不能孤立地解决。上述四条要求相互关联，如果我们仍把四者分开来看：①堤防不决口，现在已有小浪底水库和上游、支流许多水库，在加强水文气象预报的基础上，科学调度水库，配合适当的工程和管理措施，至少在小浪底水库冲淤平衡前，是可以做到的。②河道不断流。实现全社会节水，实施全流域所有水资源统一调度，争取外流域调水，也是可以做到的。③水质不超标。这不是能不能做到的问题，而是愿不愿、去不去做的问题。④河床不抬高。这是问题的本质，是最重大、最艰巨的问题。21 世纪里，我们要以解决"不淤高"为中心，采取综合措施，同时解决这四大问题，"要把黄河的事情办好"。

具体讲，我们能做些什么呢？

（1）坚持开展上中游水土保持工作，总结经验，巩固成绩，从点到面，尤其重点治理产生粗沙的源头，进一步削减入黄泥沙。

（2）通过全力节水治污和引入外流域调水，千方百计增加黄河水量（最终规模为黄河及北方地区增加 300 亿～400 亿 m³/年的水量），并对全流域全部水资源统一调度管理，这样才有条件办应办的事。如果黄河一直处于半干涸、常断流的状态，什么问题也解决不了。

（3）通过工程和管理措施，在中下游形成一条相对稳定的"中水河槽"，使中小洪水可以通过较窄的河槽下泄而不上滩，消灭"二级悬河"，这样才能解决不决堤的问题，而且用"人造洪峰""调水调沙"，配合清淤放淤，解决黄河泥沙在中下游的冲游平衡问题。

（4）在河口修建适当工程，稳定流路，降低高程，引起溯源冲刷，改善下游河道淤高情况。

关于第（3）条的实施，目前还没有一个公认的最佳方案，而且牵涉大堤内滩地的利用问题。滩地本是洪水时的行洪道，枯水季可利用它搞农业生产。由于二十多年来下游洪水越来越小，滩地的利用程度越来越高，现在有 181 万人住在滩地上，用生产堤保护，完全违背了原来的行洪原则。这是难以为继的，必须结合城市化和工业化改造，把绝大部分人迁出去。滩地只能是科学化、机械化、现代化地利用，由少数人从事季节性的农业生产。否则，河槽越淤越高、平滩流量越来越小、生产堤越修越高，汛期为了保生产堤要求上游水库对小洪水也调蓄，后果只能是走向恶性循环。对治黄，必须有大手笔才能改变局面。有些做法目前看来难以实行，从整个 21 世纪看，是能够做的，必须做的。

2. 长江防洪

长江流域水量较丰，平均每年入海水位近 1 万亿 m³，因此重点问题是采用工程措施和非工程措施解决长江洪灾这一心腹大患。长江流域面积达 180 万 km²，洪水组成复杂多变，不能指望依赖一种措施、一个工程来解决所有问题，而需统筹考虑、综合解决。在工程措施方面，还是依靠堤防（泄）、水库（调）和分洪区（蓄）三大项。在非工程措施方面，要实现较精确预报、科学调度、全流域统一管理和推行洪灾保险制度等。

通过 20 世纪的努力，长江防洪形势有很大变化，而且将进一步得到改善：①沿江大堤得到全面加固加高；②三峡水库即将建成，可发挥骨干作用；③支流及上游已建成不少其他水库，尤其在金沙江、雅砻江、大渡河……上正在兴建许多大水库，将形成巨大的水库群；④中游的退田还湖、平垸行洪、河道清障得到切实执行；⑤上游水土保持工作初见成效，将坚持进行下去；⑥预报、调度、管理等水平不断提高，新的防洪思路逐步深入人心……因此，21 世纪里长江防洪问题必将有新的突破，关键是如何科学地综合各项措施的作用，发挥最大最优效果，将长江洪灾损失降低到最低程度。下面试举几个值得深入讨论的问题。

——长江流域已建并将建大量的水库，但各水库都有其开发目标，不能全为防洪服务。如何才能在遇到特大洪水时充分发挥其作用呢？传统的调度方式可否优化？是否可有个规定，当发生意外情况时，国家有权对各水库进行紧急调度，即在保证安全的前提下，可改变正常的调度原则，以维护全局最大利益。当然，防汛指挥部门必须全面掌握各工程的情况，进行科学调度，由此而引起的经济补偿问题也应妥善解决。

——分洪区是长江防汛的主要手段之一，目前分洪区内居住大量群众，是生产基地，分洪一次，风险和损失巨大，实际上很难下决心启用，形同虚设。必须重新全面规划，按"常用""少用""稀用"分类，分别制定利用方式以及安全、撤退、补偿等机制，认真建设，使分洪区内群众在需要时确能安全撤退，事后得到补偿，分洪区名副其实。

——长江干流和支流（尤其是洞庭四水流域）间洪水的关系极为复杂，要研究在不同洪水下，如何做到江湖互补互利，需采取何种措施，获得最大效益，恢复洞庭湖的青春。

——各种非工程措施的研究和实施。

当然，长江流域治理工程远不止此，如长江口的整治工程也是当务之急，不详述。

3. 全国水资源合理配置

中国水资源在空间分布上很不均衡，与各地区经济发展情况更不适应，因此，在全面实施节水、挖潜措施的同时，仍有必要实施跨流域调水。除了著名的南水北调三条线外，在新疆（引额、引伊）、东北（向松花江中游、辽西、大连调水）、山东（西水东调）、甘肃（引洮）、陕西（济渭）、青海（引大）、河北（济淀）、山西（引黄入晋）、太湖（引江济太）……都有艰巨的调水任务。多数调水工程的距离动辄数百公里甚至更长，引水隧洞全长数十乃至数百公里，工程艰巨浩大，问题复杂困难，但又非做不可。可以说，长距离跨流域调水是21世纪中国水利建设的特色之一。

跨流域调水在国际上有成功的前例，如美国西部的调水工程，也有在规划上失误和在经济上、工程上失败的例子。鉴于我国调水工程规模和影响都很大，必须谋定而动，建一个成一个，发挥一个的作用，而且只调"必需调、可以调"的那部分水量绝不是越多越好。

要使调水工程取得成功，必须对调出区、调入区和调水路线区作详细的调查研究，了解其自然、社会、经济的现状，预测其发展和变化，不能引起污染和生态环境破坏的转移。对调出区要特别注意合理的可调水量、调水的影响和补偿措施。不能超过合理可行的范围调水。对调入区要特别注意当地水资源的应用和节水情况，必须在充分发挥潜力的基础上确定必需的调入水量。对调水线路和工程措施，要多方案比较优选，采用新技术，做到安全、简单、移民少、投资省、见效快、维护方便，有调节能力。

调水工程的成功，并不全取决于方案和工程，更大程度上还取决于经济和管理问题。如外调水和当地水的统一管理和合理配置应用，投资、运行、管理体制的研究，水价的确定和征收，各地区各部门利益的协调等，十分复杂。

在21世纪，中国将实施许多巨大的调水工程，将在实践的基础上解决上述难题，完成全国水资源的合理配置任务。

4. 全方位节水工程

中国这样一个水资源短缺的大国，特别在干旱地区，如果不真正实行"节水为先"的基本战略，是没有出路的。我们确实要把每滴水都当作生命源泉来珍惜，搞全方位的节水工程。农业是最大的用水户，也是中国单位GDP产值耗水量比发达国家高出数倍乃至数十倍的主要原因。今后,不仅农业总耗水量不可能再增加,而且要实施现代化的节水农业,在增产的同时大量节水,移作他用。这包括:改良品种,节水灌溉,旱作农业……工业的单位产值耗水量也必须大减,各行业都要以国际先进指标为准进行节水改造,提高重复利用率,不达标的不仅是处罚,而是关闭。要注意利用非传统水资源。干旱地区不能盲目发展高耗水产业,否则不予供水。还可考虑进口耗水量大的产品(进口虚拟水)。随着城市化的发展和生活水平的提高,生活用水总量必将增加,但必须认识到我国生活用水只能是低标准的,要采取一切手段杜绝浪费、合理消费,使主动节水成为人人自觉的行为。

推进全方位节水工程需要政策、技术和经济手段,而且要大量投入。即使节水投入与开源相当甚或稍高,也应毫不犹豫地先搞节水,这不是单纯的经济比较,而是关系到能否可持续发展的问题。在开展全方位节水工程过程中,还会推动新的技术发展、形成新的生产环节、出现新的产业链。中国这样一个大国,如能做到像以色列那样的节水水平,提早实现耗水零增长,发展先进的节水技术,形成强大的节水产业,树立全社会节水的风气,将是人类发展史上的历史性贡献。

5. 治污和生态环境治理工程

中国的工业化远未完成,而环境污染尤其是水环境的污染已达到难以为继的地步。全国江河湖泊和地下水都受到不同程度的污染。据调查,全国有75%以上的湖泊水域、53%的近岸海域已显著污染。在调查的10万 km 河段中,水质劣于Ⅳ类的占42%。138座大城市的地下水,有97.5%被污染,其中40%为严重污染。2000年全国废水排放量达600亿 t,80%未经处理直接排入水域。城市污水处理率仅13.6%。许多厂矿无废水处理设施或者即使有也形同虚设。

水的污染不仅破坏了水环境,给生活、生产的安全用水构成威胁,同时更加剧了水资源的紧缺,两者互为因果、恶性循环,引起生态环境的破坏:植被死亡、水土流失、湖泊富营养化、鱼虾绝迹、物种消亡、河道干涸、草原退化、沙漠扩展、地下水水位下降、海水入侵……更谈不上自然景观。总之,人类活动的失误,加上自然、历史因素,造成中国今天的水环境和生态的严重恶化。

在21世纪我们必须吸取以往的沉痛教训,研究外国的经验,在全国范围内开展治污和生态恢复工程。

治污要从源头抓起,即实行清洁生产,淘汰落后的产业和工艺,坚持污染预防战略。对废水严格进行治污处理,城市污水和工业废水要100%处理,不仅须达标排放,而且要控制总量,逐年下降,使江河湖泊能稀释自净。在农业生产中要合理施用化肥和农药,控制面污染。治污费用必须有着落,治污法规必须严格。

在节水和治污的基础上,进而恢复由于水利因素而遭破坏的生态环境。首先是保障最少的生态环境用水,用以冲沙刷床、水土保持、植树造林、保护湿地、回灌地下水……尤其要控制水土流失,拦沙淤地,封育保护,恢复植被,退耕还林还草,防治进一步荒漠化。下决心修复生态,不断改善,进而美化生活环境。

在这一巨大的工程中要注意几点。一是要舍得把一定的水量和资金用在保护和恢复生态环境上。二是要实事求是,因地制宜,防止一刀切的简单做法。例如,在恢复植被上，宜林则林，宜灌则灌，宜草则草。三是不要提不合实际的口号，例如，"人进沙退""向沙漠开战"……我国的沙漠大部分是在地质年代形成的，目前不能消灭或改变，主要是停止由于人类活动引起的沙化，并尽量修复。四是纠正错误的人类活动，采取有效的补救措施，让大自然有休养生息的机会，发挥大自然的自我修复能力。因此，人工栽树不如封山育林，人工栽草不如减载轮牧。

我相信，经过坚持不懈的努力，中国必将恢复绿水青山、蓝天白云的秀丽面貌。

6. 水电大开发

中国到底有多少水能资源，并无确切数据。据水力发电工程学会最近的资料，全国可开发的水电装机容量为 5.4 亿 kW，年发电量 2.48 万亿 kW·h。到 2003 年底，水电发电量 2830 亿 kW·h，不到其零头。现在在建的水电项目中，20 万 kW 以上的装机容量为 4640 万 kW，大型抽水蓄能为 720 万 kW。2004 年 9 月全国水电装机容量突破 1 亿 kW，成为世界上水电装机容量最大的国家，但在全国总发电量和装机容量中，水电仅占 18% 和 24% 的比例。

从长期看，中国的能源和电源是个重大问题。预测 2010 年全国电力装机容量将达 9 亿 kW 以上，2050 年可能达 16 亿 kW。一次能源主要依赖煤炭，但面临采掘、运输和环保等条件的制约。加快开发水电，实施西电东送和全国联网，是缓解能源供需紧张的重要措施，也是国家的基本国策，正在实施中。

有的同志认为水电的比例总是有限。20% 并不是一个小的比例，而且不应忽视水电的再生性质。如果 2.48 万亿 kW·h 的水电真能全部利用，相当于每年燃烧 12.4 亿 t 原煤或 6.2 亿 t 原油，利用 100 年就是 1240 亿 t 原煤或 620 亿 t 原油，利用 200 年就是 2480 亿 t 原煤或 1240 亿 t 原油，远远超过我国目前已精确查明的剩余可采矿藏。何况水电还有提高电能质量、保障电网安全和大量综合利用效益。

水电作为能源的特点和优势是：它是可再生的，清洁的，而且是明确的，不断流失的。水电是人类目前唯一可以大规模商业开发利用的可再生清洁能源。

当前我国水电开发面临从未有过的大好形势。世界上最大的三峡水电站已发电，不久将竣工。金沙江、大渡河、雅砻江、乌江、红水河、澜沧江、黄河等十二大基地正在全面开发建设。在水能资源较少的地区，仍有不少中小型、低水头水能可以利用，还需兴建大量高水头大容量的抽水蓄能电站，以解决调峰填谷问题。预计到 2010 年和 2020 年全国水电装机容量将分别达到 1.5 亿 kW 和 2.5 亿 kW。

开发水电也面临许多制约因素。首先是淹没损失和移民问题，其次是对一些生态环境的负面影响。我国主要水电资源集中在西南高山峡谷中，淹没损失及移民数量相对较少，且当地经济落后，人民贫困，正要借水电开发改变面貌，所以地方政府和人民迫切希望开发。生态环境问题也相对较少，只要按上面所讲的原则，认真对待，也是可以解决的。

我国降水时空分布不均，水能利用还存在调节和输电问题。除修建必要的调节水库外，要依靠国家的"西电东送、南北互供、全国联网、水火互济"政策来解决。三峡水电站投产后，全国联网的格局初步形成。今后，电网的规模和技术水平将迅猛发展，足以充分利用水能。中国将建成无数称冠世界的高坝、长隧洞、巨型电厂和制造相应的机电设备,解决泥沙、消能、环保种种问题。中国无疑将成为世界头号水电大国和水电技术强国。届时,中国的水电勘测、设计、施工、运行、管理、制造、更新改造……都将跃居国际领先水平。

7. 建立完善的水资源管理体制

在 21 世纪里,中国将逐步建立一套科学的、完善的、能保证水资源合理利用和保护的体制。

首先要完善有关的法规条例,做到有法可循。在政府依法宏观调控下,将全国水资源纳入统一管理和配置的框架中,根除盲目开发、浪费和污染的陋习。要明确划分水权,建立水市场,按照经济规律,确定合理水价和进行水资源交换,不再是无偿、低价、自由采取了。对各水利工程,要明确产权的归属,依法经营收益。这里有很多"软科学"问题要探索。通过实践,中国会取得重大的成就和突破。中国的社会将形成讲究节约和文明、自觉重视保护自然的优良风气。

在中国工程院东北水资源课题组与黑龙江省领导交换意见时的发言

这次有机会随同钱正英副主席来黑龙江考察、学习，收获和启发很大。不来，就不知道黑龙江之大、黑龙江之美和黑龙江之富。但由于各种原因，黑龙江目前还面临很多困难。需要通盘研究，全面规划，科学决策，认真落实。相信在中央和省委、省政府的正确领导下，黑龙江一定能取得新的伟大成就。

我们是负责"重大工程项目"这个课题的，所以在考察中对各方面提出的工程建设项目特别注意。但是一个项目应不应该建设、按什么规模建设、在什么时候建设，并不完全取决于技术上的可行与经济上的合理性，更重要的是取决于总体上的考虑与规划。在考察中我们听到很多部门的介绍，以及院士、专家们的意见，现在结合具体的项目，谈些个人的浅见，供领导及咨询组参考。不妥之处，请大家批评指正，并以钱副主席的总结为准。

省水利厅、松辽水利委员会和东北院多年来已经做了大量工作，地方上也提出各种要求，我们在认真学习、领会这些资料的基础上，对所有工程项目做了些分析归类。下面分五类工程来谈：

一、三江平原地区的综合开发

以建设商品粮基地为中心的三江地区综合开发，对国家粮食安全及当地的发展意义重大。这个地区的水土资源及其他各种条件都十分优越，也可以说非常难得。全区10万多平方公里，耕地已发展到5000多万亩，但中低产田比例大，水田灌溉率低，增产潜力很大。初步规划拟增加水田1500万亩以上，并提高灌溉率（翻一番），建立起更强大的商品粮基地，为国家粮食安全做出更大贡献。我认为这个项目是完全必要的。为此，要建设和完善防洪治涝体系，并建设一批灌区，同时要加强已有灌区的续建配套，与节水改造工程。总投资约150亿元。

但正如钱副主席指出的，这一规划牵涉面很广，涉及水利、农业、环保、城镇建设等各部门。要使规划能落实和协调，必须有一个由各部门参与制定的总体规划。否则，你要除涝、发展灌区，他认为破坏了湿地，恶化了环境，工作就难以为继。因此，光有水利规划是不够的。鉴于这一项目对国家的极端重要性，最好由国家发展改革委将编制三江地区的综合开发规划作为国家任务下达给省和有关部委，然后由省领导牵头成立规划领导小组，组织水利、农业、环保、城建等有关部门参与，在已有的基础上，做更全面的考虑、安排和协调，编制出一个总体规划，报国家批准执行。这事应如何推动，拟请钱副主席考虑。

鉴于总体规划的编制和审批尚需时日，对一些需在"十一五"期间建设、前期和

本文是作者2005年7月16日在中国工程院东北水资源课题组与黑龙江省领导交换意见时的发言。

审批工作已基本完成的近期项目，如已有灌区的配套改进和某些新灌区的开发，似可由省厅提出报水利批准开展，以免耽误工作。

二、尼尔基水利枢纽配套项目（引嫩扩建骨干一期工程）

引嫩工程是引嫩江水发展松嫩平原中、西部地区农业和向城市供水的工程。现在已初具规模：嫩江干流上的控制工程尼尔基枢纽已建成，"北引"渠道（可引水 5 亿 m^3）和"中引"渠道（可引水 10 亿 m^3）都已初步完成，连同一些反调节水库，开始引水供水，发挥效益。存在的问题是引水供水能力未达要求，工程不配套，以及污染、生态和管理问题。为此提出扩建要求（其实是配套），主要内容包括北引渠道改建为有坝渠首，拓宽渠道，进行衬砌防渗，扩建新建一些水库等。配套后，2015 年总供水量可达 23.5 亿 m^3（在分配指标之内），城市供水，农田灌溉等都能得益。总投资 48 亿元。

本项工程是配套完善性质，我认为是应该支持进行的。需要注意和解决的问题，一是要特别强调科学供水、分水、用水，防止因供水增加而忽视节约和防治污染，起到事与愿违的作用；二是要落实投资的分担和来源，才能及时启动和完成。

三、引呼济嫩和北水南调

在东北地区，辽河流域缺水最严重，其次是松嫩流域。黑龙江流域水资源极为丰富，利用率极低，白白流走。为此，松辽委早年有一个大的北水南调计划，想大量引黑龙江的水，一举解决问题。由于工程过大，未能实现。现辽宁已实施从大伙房水库调水工程，吉林也实施从松花江引水工程，故原北水南调计划要重新考虑。但从全局和长远来看，尽量引黑龙江流域的水南调，从水资源配置角度看，是科学和合理的，也是今后势在必行的。引呼济嫩就是较为现实的一个设想。

呼玛河的径流量达 67 亿 m^3，利用率极低，白白流入黑龙江。开发呼玛河，以满足大兴安岭地区发展需求，并调水至嫩江，是非常合理的。但要具体实施，困难不少，有待进一步调研规划。从初步资料看，呼玛河可分为五级开发（最后五、六两级可以合并为一），在上游塔林西建库打洞，引水自流入嫩和在下游三间房建厂发电，提水入嫩较为可行。

塔林西坝址处径流量 27 亿 m^3，水面高 414m，建一水库，将水位提高到 447m，打一条隧洞穿过呼玛河与嫩江的分水岭，即可自流进入嫩江支流根河，初拟调走 18 亿 m^3 的水。这个方案的主要难点是隧洞长达 120km，预计分水岭的山并不高，要详细规划洞线，如能打两三条或更多支洞或竖井，将隧洞分为三四段，甚至更多的段，每段长 40～30km 或更短，两头掘进，每头打 20～15km 以下，引水流量大致 70 m^3/s，是个中型隧洞，可用 TBM 掘进，就较为现实了。

上游引走 18 亿 m^3 后，三间房坝址处尚有 43.4 亿 m^3 的径流量。这里河水位 202m，建一水库，抬高到 267m。如果再提升 118m，达 385m，则通过支流上建一些辅助水库和打两条隧洞也可将水调入根河。为此，可考虑将 43.4 亿 m^3 的水量分为两部分。其中 17 亿 m^3 被提升后调入嫩江，其余 26.4 亿 m^3 通过三间房的水电站发电，作为提水的动力。规划中有上下两坝址，我认为可各取其长合而为一：下坝址较狭窄，地质条件较好，可在此处建坝，但坝高比原设计抬高一些，使库水位与在上坝址建坝的水位相同。厂房设在上坝地下，尾水直入黑龙江，可增加 40m 水头。提水所需电量和电站能够发的电量都为 5 亿～6 亿 kW·h，可以自行平衡，不向电网购电。

以上全是个人设想，现在资料过少，而且还有矛盾的地方，必须补充规划和勘测工作，更重要的是，调水部门和大兴安岭地区要在省的领导下合作做规划。例如，共同筹组一个开发实体，负责这一工程，分期实施。第一期先搞塔林西自流引水 18 亿 m^3 和三间房水电站建设。电厂发电后先用来发展大兴安岭地区经济。第二期再建泵站、辅助水库和引水隧洞，同时开发呼玛河上其他三个梯级。条件具备后，三间房电厂的电就转而用来提水调水（大兴安岭地区仍应获得一定利润），大兴安岭地区的用电改由呼玛河其他梯级供电或再由大电网补充。总之，做到"调水入嫩"和"地区发展"兼顾。提水的电，必须做到自供、低价才行。这里关系复杂，但东北人民很朴实，也许能够做到双赢。

建议把引呼入嫩作为一个重要的后备水源，加紧规划和前期工作。

四、黑龙江干流水电开发

东北地区水能资源并不丰富。剩余可开发的水电，主要集中在黑龙江干流上。开发干流水电，对东北地区能源供应和促进中俄关系影响巨大。而另一方面，由于是界河，其开发必须得到两国同意和协作，又牵涉通航、渔业和淹没移民问题，难度又比国内的开发要大得多。

但现在的条件比过去已有利得多。首先是中俄关系良好。其次是通过数十年的努力，在 2000 年两国共组的"委员会"已同意通过《规划要点报告》，并各报本国政府批准。虽然双方对梯级布置、各移民的指标、要求……还有不一致的地方，有些问题也有待进一步协商，毕竟已有了一个共同认可的大格局。尤其双方都推荐上游的漠河—连釜和中游的太平沟水电站作为一期工程，这些成果的得来很不容易，值得珍惜。

就两组第一期工程来讲，从我方角度看，太平沟水电站确实更合适：①距负荷中心近；②俄方已在其上游的支流中建了大库，径流得到调节；③低水头开发，技术困难较少，而装机容量仍有 180 万 kW，电量达 71 亿 kW·h，保证出力达 48.3 万 kW；④移民及淹没大部分在中国境内，较易解决；⑤施工条件也较便利；⑥通航问题也有协议，中俄在右、左侧各建一座船闸，可自行解决。

太平沟的主要问题，恐怕还在过鱼。为此，下阶段必须作过细调查，弄清下游鱼的种类和习性，太平沟水电站对其的具体影响以及可采取什么补救措施。要有可信的资料和论证，取得俄方同意、认可，这一工程才能启动。据考察途中听到的情况：大马哈鱼目前已很少洄游到太平沟，而鲟鳇鱼的洄游范围有一定距离，我方的放流一直在进行，似乎解决这一问题还是有希望的。一切要看我们的工作。

漠河—连釜这组电站，是巨大的龙头水库，可对下游梯级起补偿作用。其装机容量可达 300 万 kW，电量达 89 亿 kW·h，淹没移民量不大，航行和过鱼问题也较少，且为俄方推荐的首批工程，阻力较小。主要缺点是离我国负荷中心较远。今后，随着我国特高压电网的发展和东北—华北联网的加强，在适当时期仍有修建的可能，也宜做进一步的前期工作，对一些分歧看法，要和俄方协调，争取取得一致。

黑河水电站因要"淹没俄方煤矿和机场"，俄方不赞成此梯级，另外，如无漠河水库调节，其保证出力将很低。因此，暂无先上马条件。

个人建议，继续进行太平沟及漠河—连釜电站的前期工作，抓住关键问题，深入调研，提出解决措施，通过协商协调，取得俄方同意，以促进其开发。这事还需政府支持和推动。

黑龙江干流如能顺利开发，将进一步改进中俄关系，政治意义是非常巨大的。

五、防洪、江岸保护和其他水利工程

大江大河和大中城市的防洪、江岸和国土流失的防护，都有了相应的规划，应按照程序由水利部审查、安排，分期实施。尤其要注意配套，如黑河城防完成 5km，有 10km 却拖下未建，不能形成封闭，是不合理的。

其他如中小水库的建设、小水电的开发和替代燃薪、中小河流的防洪、中小灌区的配套完善等，都是水利系统应全面统筹，分期分批安排解决完成的，不属于战略性问题，也就不一一详举了。

以上初步看法，如有不妥之处，请批评指正。

再谈东北地区调水

　　东北地区水资源分布很不平衡：黑龙江干流水资源丰富（过境水量 3749 亿 m³），基本未利用，流出国境。支流出境水量也达 1285 亿 m³。中部松花江流域和南部辽河流域是工业和粮食基地，过度开发，生态与环境问题严重，影响经济社会的进一步发展，辽河问题更大。西部地区是牧区及农牧结合区，为资源型缺水区，经济发展落后。在 20 世纪，水利部门有过一个"大北水南调"计划，拟从黑龙江调水到松花江及辽河流域，以满足需要。由于工程规模过大，问题复杂，迟未实施。后辽宁省实施从鸭绿江调水至缺水的中部地区（东水西调工程），设计年调水 18.61 亿 m³，缓解了辽宁中部地区城市缺水问题，以后还可发展调水 8 亿 m³。吉林省则实施"东水中引"（将第二松花江的水东引）和"北水南调"（将嫩江的水南调）工程，以改善吉林省西部供水条件，也在实施中。原北水南调计划要根据新的情况进行修订。应指出，由于辽河流域和松花江流域总的水资源不丰富，必须以科学发展观统率一切，执行节水优先、治污为本的方针，配合实施这些工程，才能缓解矛盾，而且对生态环境方面的要求，也只是低水平上的适应。因此，从原则上说，如果有可能，适当地引一些黑龙江的水资源南下是合理的。引黑龙江支流呼玛河的水入嫩是较现实的工程。呼玛河年径流量达 67.51 亿 m³，基本未利用，流入黑龙江出境，如能开发呼玛河，修建三间房水电站、培林西水利枢纽等。近期先为当地服务，发挥发电、防洪等功能，改变呼玛县、塔河县落后现状，远期可通过提水及隧洞引水，和利用小支流上的水库，调水入邻近的嫩江支流根河，实施引呼济嫩，具备引水 30 亿 m³ 左右的条件。在去年查勘时，大家均认为是个较合适的开发项目，现已列入黑龙江十一五发展规划。但农业部在 2004 年申报建立呼玛河国家级自然保护区，闻已评审通过，与水资源开发矛盾，现黑龙江省大兴安岭地区正在积极地做保护区范围调整工作，我们建议由国家协调，使开发与保护两不误。

　　本文写于 2006 年。

漫谈黄河的长治久安问题

——在潘家铮科技基金首次颁发奖学金典礼上的学术报告

　　我能参加今天的典礼，深感欣慰。会议要我做个报告，我很为难。人贵有自知之明，年龄高了，知识老化，没有资格在讲台上说三道四，但又推辞不掉。想来想去，想到今年我参加了黄河古贤枢纽的一次审查会议，会后我给黄河水利委员会（简称黄委）和水利部同志写了个意见，建议治黄工作要从近期治理走向长治久安，蒙黄委和水利部领导重视，还发表在《人民黄河》上。那个意见写得很短，今天就以治黄为题，再向大家汇报一下我的一些看法，供老师和同学们参考批评。一共说六点意见：

一、实现黄河长治久安是全民族的神圣任务

　　我对治黄是个十足的外行，这里先交代一下为什么关心起治黄、产生要"长治久安"的想法呢。我们都知道黄河是中国的母亲河，黄河流域是中华文明的摇篮。但黄河的水旱灾害又十分频繁严重，黄河又被称为中国的忧患，治黄历史几乎和中国文明发展史一样久远。新中国建立以来，我国的水利部门和水利专家，进行了艰苦卓绝的斗争，已取得无可否认的成就：千里大堤的全面加高培厚；60年来黄河做到了年年安澜；开发黄河水资源，支持了两岸广大地区人民的生产发展和生活提高；小浪底水利枢纽的建成投产，调水调沙初步实施……这些都是前人所不敢想象的成就。但问题并未彻底解决，有的情况似乎比过去更严重了，或者说老问题未解决好新问题又出现了。例如：随着地区经济社会发展，用水量剧增，黄河水资源严重短缺，近于枯竭，经常断流或变成涓涓细流，几乎没有多少水量入海了；每年河道的水情发生了很大变化，在很多年份中，洪水期形成不了大的洪峰，冲沙能力极大减弱；另外，下游河床不断淤高，中水河槽的平滩流量大减，一有洪水就上滩，保滩生产与防洪冲沙矛盾尖锐，形成"二级悬河"，而且还在不断恶性发展，万一再遇历史大洪水后果难料；等等。现在，依靠小浪底在拦淤冲沙。但小浪底库容有限，已进入后期拦沙运行，拦沙库容淤满后下游河道又要全面淤积，所以要赶紧准备修建古贤枢纽，以求继续减淤冲沙。古贤以后只剩下一个碛口水库了。水库拦沙的期限毕竟有限，等水库拦沙库容都淤满了我们又该怎么办呢？在小浪底兴建和验收的一些会议上，我曾经强调要采取优化运行方式，千方百计延长拦沙运行期，给我们赢得较长稳定期，在此期间抓紧研究，制定黄河长治久安的治理方案。但是黄河如何才能做到长治久安呢？这恐怕是每个中国人都关心的大问题。如果不作远景考虑，在"王牌"用完后又打什么呢？岂不是祸延子孙吗？在全国所有的水利工作中，还有比这个更重大的任务吗？如果说：黄河的长治久安是全民族的头号神圣任务，恐怕并不为过吧？

本文是作者 2009 年 12 月 21 日在潘家铮科技基金首次颁发奖学金典礼上的学术报告。

二、黄河问题的本质

黄河的复杂性在泥沙，治黄的关键在于科学地认识和处理泥沙问题。泥沙、特别是粗沙，主要产自中游黄土高原区，后果则发生在下游。从原则上讲，要解决黄河问题，必须做到两条，一是使下游河道中的泥沙进出平衡，河床不致持续淤高，防洪也就有了底牌；二是下游要有一条断面合理、河势稳定的中水河道，以及两侧合适的滩地，能满足冲沙防洪的要求。但要做到这两点是件非常艰巨的任务。黄河发源后流经黄土高原地区，出峡谷区后又是一马平川，黄河从有生之时开始，就不断把上游的黄土带到下游，可以说，现在的黄淮海大平原就是黄河搬运泥沙所形成的。黄河在她所造成的平原上"游荡"，最终进入大海，本来就没有什么固定河道。所谓黄河河道都是人们因势筑堤、制约引导黄水而成，形成悬河也是必然的。人类不合适的活动，更加剧了形势的恶化。我们要在目前已经十分严峻的局面下，治疗修复，进而改变这千万年来的自然规律，真是谈何容易，决不能指望有什么灵丹妙药，能一蹴而就。必须全面深入研究，理清各种因素，采取综合措施，治本治标兼施，远期近期兼顾，开源节流并重，上游下游通盘考虑，局部服从大局，近期服从长远。在这些原则上制订一个统揽全局的长期规划，并在实施中动态调整完善，才能最终达到长治久安的目标。留给我们的时间不多了，有志的水利工作者们应该有责任感、紧迫感、时代感，急起直追！

三、现在是制订长远治黄规划的时候

一般来讲，世界上发达国家的科技水平比我们要高，但在治黄问题上恐怕打不了他们的主意，而要依靠自己。因为，对黄河特性了解最清楚、打交道时间最长、取得经验最多的是中国的水利工程师和科学家，他们是最有发言权的权威。数十年来，他们进行了深入研究试验，积累了丰富的经验（也有沉痛的教训），总结了客观的规律（如处理泥沙的"五字真言"），不断提出治黄设想，科研成果和论文著作汗牛充栋，这一切，外国人是办不到的。

作为治黄的主管机构——水利部黄委，多次提出过治黄规划，但多加以"近期"的冠词，所谓远景，常也只看到2030年，一眨眼就到了。我认为现在到了从近期治理走向考虑长治久安问题的时候了，理由如下：

（1）作为拦沙减淤主力的小浪底水库，已进入后期拦沙运行阶段，现在积极筹建古贤水库，建成若干年后拦沙库容也将淤满，只剩下一座碛口水库，没有更多王牌了。

（2）五十多年来已积累了丰富和宝贵的经验与教训，有条件在此基础上综合归纳，提出一个科学的对策。

（3）科技水平迅速发展提高，使以前认为不可行的某些设想和措施，逐步在技术上可行。

（4）国家经济实力有了极大增长，有责任也有力量来拯救母亲河。

四、几条原则设想

大道理好讲，要做具体规划就困难了。治黄的长远规划当然要由治黄专家来研究，在这里我愿以外行人的身份说几句话，外行人因为不懂，敢于说话，说错了也不要紧。我的设想是四大措施：

1. 坚持不懈地搞水土保持和沟壑治理工程，减少入黄泥沙

以往有个概念，黄土高原每年平均流失进入黄河的泥沙是 16 亿 t。近 15 年来入黄泥沙减少到 6 亿 t，有的同志认为主要是降雨和水量减少所致，对水土保持的效果信心不足。我认为不能失去信心，进行那么多年的水土保持和沟壑治理，对减沙肯定起了作用，哪怕只占 40%，也不是小数（据黄委资料，经多年来的水土保持和沟壑治理，现已减少入黄泥沙 4 亿 t/年）。但治沙工作远未做好，在治黄的各项任务中只有水保工作未能按计划实施。我们必须总结经验，制订一个实事求是的目标，痛下决心，坚持不懈，全面治理（还可以造地），以愚公移山的精神把 40 多万平方公里的水土流失面积进行整治。对会引起水土流失的坡耕田，要下狠心改为梯田或退耕还草还林，对广大的无植被的坡面，要尽一切可能覆盖，对排沙的沟壑，无例外修建沟道坝拦沙，对排粗沙的小支流，更要下决心、下本钱治理。减少入黄泥沙是釜底抽薪之举，从根本上缓解问题。我们能发射宇宙飞船、修建三峡工程、建设青藏铁路，对几十条河沟的泥沙就无计可施？是不能还是不为？我们一定要把最终进入黄河的泥沙量减到最低限度，例如，年平均 4 亿 t 以下甚或更少，且基本上是细沙（黄委认为长期水利水保措施只能减少入黄泥沙 6 亿 t，理由是"远古时代"的黄河来沙量为 6 亿～8 亿 t，那时林草覆盖尚未受人为破坏）。黄委已编报了粗泥沙集中来源区拦沙一期工程项目建议书，希望早批早干，而且持之以恒，全面铺开。

如果水保工程要耗用一点水，应该舍得用。在下游，冲一方泥沙入海需耗用几十方水，我们要科学地算大账、算总账。

以前我看到过一些小流域治理后新面貌的照片，梯田成行，坡上植被郁郁葱葱，看了真叫人心旷神怡。我希望这不是放在橱窗里供展览的"非卖品"，而是可以全面推广的样板。我们应该下决心逐步把所有的水土流失区都做成和样板一样，比"远古时代"更好。

2. 继续修建骨干枢纽，拦沙放淤

水土保持可以最大限度地减少入黄泥沙，但不可能全部拦截。进入黄河的泥沙就要依靠大水库来拦沙放淤，减轻下游的淤积，并为下游冲沙创造条件。三门峡、小浪底、古贤、碛口四大拦沙骨干枢纽，三门峡已建多年，拦沙库容已淤满，小浪底也已运行十多年，剩有 50 多亿立方米拦沙库容，约可拦沙 70 亿 t。古贤有 170 亿 m^3 库容，拦沙库容有 130 亿 m^3。再就剩下一个碛口了。据了解，古贤和碛口共能拦沙 300 亿 t，加上小浪底的 70 亿 t，共 370 亿 t；另外，小北干流和温孟滩区各可放淤 100 亿 t，共 200 亿 t，这就是我们现在手中所有的王牌。我们应按规划兴建这些骨干枢纽，实施拦沙放淤计划。古贤早建更有利，可与小浪底、三门峡联合调度，发挥最大效益。几座水库联合调度运行的效果要优于在一座水库淤满后再建一座（1 加 1 大于 2），所以我希望国家不要再犹豫拖延。通过兴建骨干枢纽拦沙和大量放淤，加上科学调度运行，可尽量延长减淤时间，希望至少能给我们赢来 150 年以上的时间。

3. 科学调水调沙，塑造好下游河道

再大的拦沙库容终要淤满，只留下有限的调节库容，所以建库后必须科学运行，在合理拦沙放淤的同时，要调水冲沙，把进入水库的泥沙有计划地泄入下游，再尽可

能把下游河道的泥沙排到外海，目的是尽量延长水库拦沙期，冲走下游河道中的泥沙，延缓下游河床升高，塑造稳定的河道。

要调水冲沙，一要库容，二要水量，三要科学的调度方案。库容就由骨干枢纽提供，水量在近期内从黄河自身取得。黄河水量有限，上下游、左右岸都要发展，生活、生产、生态都要用水，矛盾怎么解决？那就小道理服从大道理。原则上讲，各地区继续发展所需水量只能从节水中来（特别是农业用水），从污水回用中来，从雨水、洪水中来，从南水北调中、东线实施后黄河水量重分配中来，而不能再去挤占必需的冲沙水量。以后还要从长江上游调一点水，虽然目前讲这个似乎有点不合时宜，但从全局看，科学合理分析，黄河的水量确实不够，是资源性短缺，调点长江水是必要和合理的。调水不是为发展工农业和满足城市用水，主要用于"维持黄河健康生命"（当然，水资源供需平衡是一笔总账，调来的水和黄河水混在一起，分不开谁是用来发展生产，谁是冲沙用的）。现在为救治病人，陌生人都可以捐献器官与骨髓，为了救治黄河，从姐妹的长江上游调百来亿立方米的水就不许考虑了，这合理吗？有人对千里调水来冲沙感到不可思议，说太浪费了。打个比方，一个人每天要喝多少水，只有极少量变成血液或其他体液，绝大部分都排泄掉了，你能说这是浪费？没有这个循环就没有生命！解决黄河尤其下游的长治久安是压倒一切的民族任务。像目前那样两级悬河、主槽不断萎缩，建一座枢纽缓解一下，不久又走上老路，这个局面不改变，实是全民族的心腹大患。希望通过深入论证，确定一个合理的、可行的、各方能接受的调水量，尽早实施，进入黄河。现在先做前期工作，争取在 2030 年左右实现，使黄河每年都有必要的、最低的水量，能满足生产、生活和冲沙需要。

4. 充分利用采沙、挖沙、疏浚手段，解决泥沙平衡问题

在采取各种措施减沙冲沙后，如果黄河下游仍然有一定淤积，怎么办呢？冲不走的泥沙，并不是一块铁板，可以挖走。这在过去也许不可行，今后却能做到。目前长江口依靠几条吸沙船，每年可挖除几千万吨泥沙，维持十多米深水航道，千里黄河就不能每年清除一两亿吨？把一些关键、卡壳部位（如驼峰河段、畸形河段、河口地区）挖深拓宽，就能影响整个冲沙格局。在二级悬河严重河段，挖沙船可以巡回行驶，重点吸挖疏浚。今后研究河道泥沙运动，应该把主动疏浚的因素考虑进去，寻找最优的天然冲刷加人工疏浚的配合模式，不再永远打被动仗。而且泥沙也是资源，可以用来固堤、造地，作为建筑材料，甚至可运回上游沙漠去。新疆有极丰富的煤资源，是我国能源的战略储备。今后要修建铁路大量东运，规模可能达数亿吨/年，何不利用空车运一两亿吨泥沙回去造田？总之，我们一定要最终做到河道中泥沙进出平衡，河床不再淤高。

五、塑造稳定的下游河道

治沙、调水、疏浚……要在较远时期才收到成效。当前有一件事和修建调水调沙水库一样重要，甚至更急迫和复杂，就是塑造一条稳定的下游中水河槽和解决好滩地利用问题。

黄河下游是地上悬河，依靠两岸大堤保护，中间有一条中水河槽，两者之间为广阔的滩地。流量较小时水从河槽中过，大洪水上滩宣泄，洪水过后水流又归入河槽，

形成淤滩刷槽、滩槽交换的格局。历史上黄河的洪水流量很大，河床坡降又平缓，所以两岸大堤相距甚远，有的地方宽达十多公里甚或更多。大洪水不是年年都有，两岸人民就利用滩地耕种生活，现在耕地达数百万亩，人口达 189 万，并修建生产堤保护。但几十年来，随着黄河水沙关系不断失调，中水河槽不断淤高，生产堤随之加高，形成二级悬河，滩地生产与泄洪排沙矛盾严重，情况不断恶化。下游河床究应如何整治，滩地应如何利用，如何与防洪、冲沙要求协调，是最现实的问题。

现在似有"宽河"和"窄河"两派意见。前者主张维持现有河宽，加固两岸大堤，取消生产堤，恢复旧模式，洪水来时就上滩，洪水消落时水沙归槽，恢复淤滩刷槽格局，解决二级悬河问题。后者认为，当前水沙形势与几十年前完全不同，可以加高加固生产堤或另建新堤代替大堤，即所谓窄河，利用小洪水高含沙量高效排沙，解放滩地。以目前条件，放弃滩地是不现实的。

对这样的专业问题外行人无从置喙，我只是想，今后黄河防洪形势如何？黄河历史上的大洪水说不清楚，但 1958 年来过 22300m³/s 的洪水。50 年代以后黄河水量递减，水情变化，甚至汛期也形不成大洪水，这是受水文洪枯循环、人类用水剧增以及上游水库调蓄所致。今后如水文循环转丰，在黄河流域尤其在"三花区间"发生 758 式的特大暴雨的可能性似不能排除，防洪仍应考虑防御数万流量的特大洪水。在防洪问题上不能冒险，因为今日的黄河一旦溃口甚至改道，后果不堪设想，绝不允许出现这种局面。

那么采用窄河方案，在经过长时期运行泥沙充分沉积后，能否防御这样的大洪水而保证安全？如果没有切实充分的科学依据，就难以下决心放弃大堤。所以，稳妥的做法似乎还是以黄河大堤作最后防线，留下足够的处理泥沙的空间，至少留有进可攻退可守的后步。现在黄河下游 2/3 的大堤已建成标准化堤防，何不在此基础上建设成"防洪保障线、抢险交通线和生态景观线"（黄委语）。在大堤内的滩地则科学化的利用，分段整理生产堤，规定拦洪频率，结合上游水库的调水调沙操作，有计划地进洪泄洪，不能每段生产堤都"严防死守"。有规划地迁移部分群众出滩，在滩地建设居住、交通、避洪设施，确保安全。制定泄洪后的补偿政策，减少群众损失。滩区只能做农业利用，不能搞其他建设，而且国家要有计划地最终把大部分农民迁移出去，改变身份，从事二、三产业，使滩区逐步实施现代化机械化生产，不能永远让 180 多万人靠滩地农耕为活。

由于骨干水库的修建给我们带来较长的减淤期，在此时期内，可开展河道整治工程的试验与建设，以稳定河势和提高冲沙效率，包括小洪水高含沙的冲沙试验，明确窄河方案的防洪冲沙能力，如果窄河方案确能解决问题，也不会有人反对吧。总之，是以宽河方案为后盾，先按此治理，并探索窄河方案的可行性，有矛盾妥善解决。这虽有和稀泥之嫌，但比争论不休无所作为要好。

六、建议

上述各种治标治本措施，水利部和黄委都提出过，研究过，试验过，都列在流域规划的计划之中，只是我总觉得人们对兴建枢纽工程的劲头大，对其他措施劲头和决心信心就没那么大。我希望水利部和黄委能够将考虑期延伸到百年以上，并规划出在此期内的治黄大计，在重要结点上都有较明确的目标。希望能够证明：只要全面科学整治，在一两百年后黄河泥沙终于能进出平衡，河床不再无限制淤高，河道能稳定平顺，遭遇各级洪水都有解决措施，这就达到长治久安的要求。有这么一个规划，就能够使中央和全国人民放心，并可使中央决策做一些大事。

最后，我觉得我们可以向上级主管部门提些具体建议：

（1）尽早编制、审定黄河中游的治沙和水土保持规划，增加国家投入，开展全面治沙和水土保持工程。这是关系治黄的根本大计，不是追求经济效益的工程，必须是国家行为，体现国家意志，全力以赴，务底于成。

（2）建设黄河长期水沙调控体系，尽快陆续修建古贤、碛口枢纽，与小浪底、三门峡联合调度。审批小北干流放淤规划，启动小北干流大规模放淤工程，实施最优的拦沙放淤和调水冲沙运行。

（3）开展改造和建设下游滩区工程，实施科学利用，有计划迁移农民，改变农民身份，并实施洪水保险和补偿政策，解除滩区生产和防洪调沙间的尖锐矛盾。与此同时，探索修建稳定下流河道和提高冲沙效率的工程措施，塑造稳定的有合理泄量的中水河槽。

（4）继续进行西线调水工程的前期工作，不要使工作中断、资料散失、人员断档。

（5）全面开展挖沙疏浚措施和设备的研究试制。

至于全流域的经济转轨和节水治污更是当务之急，万事之本，必须落实，纳入所有地还在发展建设规划中的，并贯彻执行。

黄河是世界上最特殊的大河，治黄是全球最具挑战性的水利工程。作为大禹后代的中国人民，作为中国的高等院校和研究机构应该有志气、有决心、有能力接受这个挑战，群策群力，众志成城，在21世纪内，在中华民族全面振兴的时期里，解决好黄河的长治久安问题，创造功垂千秋的奇迹！今天我们在河海大学开会，我再专门对河海师生说几句话。河海大学是中国唯一一座以"河"与"海"为校名的大学，我体会这个"河"字里当然包括黄河而且是个主角。我热诚希望、也满怀信心，相信河海大学师生一定会在今后的治黄大业中做出她的特殊贡献！

水利建设大有可为

从 1910 年兴建第一座石龙坝水电站至今,中国水电建设已走过一百年不平凡的历程。现在中国水电总装机已突破 2 亿 kW,年发电量约 6000 亿 kW·h,成为全球无与伦比的水电第一大国,这是一件值得庆贺的大事。

但目前开发的水电仍只占技术可开发量的较小比例。在今后的二三十年内,我国的经济和社会还将有极大的发展,能源需求也必然大量增长。在这段关键时间中,成熟的、唯一能大规模商业化开发利用的再生能源只能是水电。中国又已完全掌握开发技术,能自制设备,我们希望,到 2020 年,常规水电能达到 3.3 亿~3.5 亿 kW 的规模,使水电在全国电力和电量中占 1/4 和 1/5,使水电成为我国能源的重要组成部分,为中国的减排做出不可替代的贡献。

水电站还有巨大的综合效益。巨大的水库能有效地抗洪减灾,避免溃堤决口,保障了人民生命财产安全和社会稳定,保护了生态环境;发展灌溉,抗旱抗涝,增产粮食,解决 13 亿人口温饱问题;保障工业和城市用水,促进城市化建设;发展航运,水产和旅游事业……只要不存偏见,都应该承认中国水电建设的伟大成就和重要贡献。

在开发水电的过程中,我国已建设起一支强大的水电铁军。他们有坚强的事业心,战斗在最艰苦的一线,历尽千磨百劫而不动摇,献了青春献终生。许多同志为水电献出生命。有无数可歌可泣催人泪下的事迹。他们的足迹遍全球,他们的功勋永留史册。

实践出真知,现在中国的水电工程技术,包括筑坝技术、泄洪消能、地下工程、地基处理、高边坡工程、设备制造……包括从规划、勘探、设计、施工、管理、运行、维护、调度……都达到国际先进甚至领先水平。另外,我们修建了许多大跨度、高边墙的地下厂房,在建的溪洛渡地下厂房是世界上最大的地下水电厂房。我国自制了 70 万 kW 的水轮发电机组,正在制造 80 万 kW 乃至更大的机组。特高压输电技术可以将云贵川乃至西藏的水电送到华中、华南和华东。中国的水电和输电技术冠全球。

现在制约水电开发的主要就是生态环境和移民问题。今后主要待建水电都位于西南山区,移民绝对数不大,库内人民目前还多过着困苦的生活,年轻一代渴望改变局面,有的地区本来需要生态移民。只要统筹考虑,移民问题不仅能做好,而且可为社会发展做贡献。

水电对生态环境有巨大的正面效益(如防洪、减排),应正面宣传。沙泥、水质污染和其他生态环境问题是可以解决的。要通过事实和报道使人信服。

过去最大的失误,是把水电开发的效益送给了下游受益的发达地区,把困难和问题留给了库区和移民。只要纠正做法,一定可以做到:建设一座电站,振兴一方经济,富庶一方人民,美化一方环境。

本文发表于 2010 年 8 月 26 日《人民日报》上。

对太湖流域综合规划的一点意见

——在《太湖流域综合规划》审查会上的发言

《太湖流域综合规划》在今年 5 月已经过水电水利规划设计总院预审。太湖流域管理局根据预审意见对综合规划进行了修订，工作做得全面深入，附件就有 30 册之多，可见工作之深和协调之难。修订后，规划更加完善，质量良好。因和其他会议相重，我未能出席预审会，只能在会后拜读文件，获益匪浅。根据学习所得，曾写过一个书面意见，供领导参考。听了今天上午的汇报和阅读了《送审稿》后，我还是原来的看法。下面的发言与其说是对《送审稿》提意见，不如说是乘这次机会，就太湖流域水质污染和治理问题做一个呼吁。

各流域的综合规划都要全面考虑许多问题，也各有其重点和难点。太湖的重点恐怕是水污染。太湖流域位于长三角，周边是两省一市（计入安徽是三省一市），这是我国经济、社会最发达地区，精华地带，是全国发展、进步和现代化的窗口，人均 GDP 很快要达到 1 万美元，开始进入发达地区行列，一切应以高标准衡量，做全国表率。而目前全流域污染严重，水质达标区仅 23%，实际上主要河流湖泊全部污染，连饮水安全都难保证，原因是工业化速度快和流域特性造成。规划中把这个问题列为所有存在问题之首是正确的。现在有的外国人来长三角要自带瓶装水，这是太湖流域和人民的耻辱。流域规划应以治污为重点。规划所定指标，我看不算高，所提对策和措施也很合适，问题是切实做到，进而完成远期目标，恢复蓝天碧水面貌。

治污任务艰巨困难，要下决心通过长期努力才能收效。但本质上是愿不愿去做的问题，不是能不能做到的问题。真正实施经济转轨，严格控制排放标准，从源头治理，把生活污水、生产污水真正管住，不能做到的企业一概关停并转或迁移，船舶不能向江河排污，生活污水超标追究县长、镇长责任，再采取措施，让流域的水系流动起来（哪怕没有经济效益也要投入促使流动），怎么会治不了污染？工业化国家不都做到了吗？有同志说，这要影响企业效益，影响 GDP 增长，影响职工就业，问题复杂。如果这么想，那就什么事都别做了。我们应该换一个角度想一想：中央以人为本、经济转轨、可持续发展这些关系国家命运的决策不应实行？改弦更辙可以出现新的经济亮点，可以形成新的产业链，可以吸收更多的人员就业，可以引起新科技的大发展……，如果有巨大经济实力和活力的太湖流域都治不了污，全国还有希望吗？我们要乘现在的大好形势，以国务院批准的治理方案为依据，打好这一仗。

太湖周围的三省一市和所有功能区、所有有关行业都要为此做努力，不要斤斤计较减排指标，而要比减排贡献。改进流域水质是为全流域人民造福，水质污染是全流域人民之耻，而且祸延子孙。各省市不要因自己的减排指标较高就认为吃了亏，应引

本文是作者 2010 年 9 月 18 日在《太湖流域综合规划》审查会上的发言。

以为荣。某些功能区因各种原因减排指标较松，应引以为耻，要千方百计改进，自觉严格要求，跻身治污前列。企业、城镇不能认为"达标排放"就万事大吉，要按规划进行总量和断面水质浓度双控。

人总是有惰性的，企业、地方、部门总是先想到自身利益的。要实施治污计划，必须有严格的法律制约和权威的执行机构。建议《规划》经国家批准后就具有严肃的法律效力。谁没有执行和完成治污规划、污染了环境，就要追究责任，罢官、关厂、停航，一票否决。其次，一定要有个权力机构，实实在在进行监督、检查、警告、处罚。否则规划再好，也是虚话，"纸上画画，墙上挂挂，会上拉拉"，规划未完成，污染如旧甚或加重，谁也没有责任。太湖流域的管理十分复杂，如果流域机构和各部门、各地方多头行政，一定一事无成。规划中设想先成立"由国家有关部委、流域各省市政府和用水户代表共同组成'太湖流域管理协调委员会'"，以后成立"太湖流域管理委员会"不失为可行之举，希望在国家主持下早日实现。考虑到国家水行政主管部门比较超脱，考虑的问题较全面，国家环保主管部门对环境治理负有责任，委员会和执行机构中应由他们牵头。委员会先进行协调，以后实施监督、执行、处分的权力，其他部门和地方不应掣肘。我还建议有关省市领导应定期轮换。

以上所述，纯系书生一孔之见，但一吐为快。欠妥之处请大家批评指正。

2　长江三峡水利枢纽工程

前 期 论 证

在国务院三峡工程筹备领导小组
第三次（扩大）会议上的发言

一、三峡的水位已研究争论几十年。在可行性报告审查中审定的150m蓄水位（坝顶175m）方案是一个好的决策：①能满足最低的防洪要求；②能装机1300万kW、发电效益较高；③能适当改善航道；④移民、淹没和总投资较少，收效较快，与国力及国民经济的发展较适应；⑤留有相当大的改进余地。

二、现在有些部门和同志又提出180m蓄水方案，我认为目前论证不足，资料不全，难以作出决定，而且存在一些较严重问题：①发电效益虽增加，但移民数、投资和困难也成倍增长。开发性移民还是新事物，究竟最终要花多少钱才能使一个移民定居，没有确切把握。在这种情况下一下子决定集中动迁百万以上居民是不妥当的，再考虑尾水翘尾巴的问题，更为严重。②对航运问题，抬高水位有其有利一面，也有其复杂一面，特别是回水顶托后对重庆港及嘉陵江的影响，至少要通过长期细致研究才能明确，考虑对策。③抬高蓄水位对防洪方面无所改善，而且没有余地。④投资、工程量太大，收效更迟，与国力不适应。

总之，目前没有条件肯定180m方案，如果再作研究，则又重新陷入无休止的争论循环之中，对三峡工程的建设极为不利。

所以我建议仍以国家审定的可行性报告为考虑问题的基础。

三、对于150m方案，在不作原则性变动的条件下，可以进一步研究做些调整，使得更加合理：

（1）汛限水位为130m，坝顶为175m，有同志认为坝太高。我以为，这个坝顶高程不要降低了，甚至还可再高一点，为防洪多留些余地，以便在紧急情况下，壅高上游水位，减轻下游压力，用上游逃洪来避免下游分洪或决堤。上游的损失，由国家和下游受益区补偿。这种机遇是极少的，有这么一个余地就好得多，当然对下游培堤和筹划分洪区的安全撤离问题仍要紧紧抓住，因为遇到特殊洪水时仍有分洪可能。

（2）通航方面，要研究将死水位适当抬高一些、使回水变动区稍向上游移的可能。

（3）发电方面，在上游将来修建了大量水库、移民问题取得经验以及其他条件变化后，也有可能逐步抬高蓄水位（当然不会超过175m及死水位）。所以在机组选型、水工建筑物设计等方面，要适当留些余地，或考虑这一因素。在库区水位可能抬高的范围内，建设工作适当控制。

本文是作者1985年5月8日在国务院三峡工程筹备领导小组第三次（扩大）会议上的发言。

（4）150m 方案可以满足 21 世纪初期各方面的要求，以后的事很难预测。为了考虑更远一点，也可以在设计中再留些余地，例如船闸布置中留有再增一级的可能、厂房和大坝的间距稍拉开一点，等等，但不能（较多）增加初期投资，也不要把问题搞得很复杂。

四、对 150m 方案的看法：

（1）150m 方案的移民人数、投资比 180m 方案少很多，安排起来较容易。万一 35 亿投资包不住，也不致增加太多。但希望规划早定，投资早拨，建设早点开始，早日树立起样板，解决问题。

（2）回水变动区的碍航问题。

1）蓄水后，总的航行条件是改善的，但个别部位还会出现新的矛盾，只要这种问题是预先估计而且有办法解决的话，不能因一时、一处的问题而将有利之处一概抹杀，要过十个滩总比过一个滩要困难得多。

2）模型试验虽不能精确、定量地解决问题，但确实能预报出有问题的部位、问题的性质，提供解决问题的措施，使做到心中有数。现在的试验已达到国际一流水平。

3）一维数学模型对预测淤积进度，计算总的冲、淤数量，为分段模型提供边界条件是有用的，但不能解决浅滩处碍航情况等问题。建议积极组织力量开发二维数学模型和混合模型。为加快进度，可以考虑和外国专家合作开发。我认为比长江口的数学模型要好办得多。

4）总的看来，将来碍航的部位、问题的性质、解决的措施，目前已大致有数。主要的措施是：合理确定各种水位和水库调度方案，采取合适的工程整治措施，以及必要的疏浚手段。建议蓄水位问题最后确定后，加紧有针对性地进行研究工作。

双线船闸只要工程质量良好和进行科学调度，通过能力是很大的。建议航运部门应积极研究发展适行于川江的特种船型船队，使能满足运量需要，不要专门追求过高的航深要求，忽视了另一方面的研究改进。

对三峡工程的几点看法

——水利电力部总工程师、中科院学部委员
潘家铮答本报记者问

最近，本报记者就三峡工程的讨论走访了潘家铮同志。

问：潘总，有许多同志担心搞三峡会影响其他水电站的建设，有的认为河流开发应先支流后干流，否则会导致失败，因此提出用其他 20 个水电站替代三峡。对此，您有何看法？

答：三峡工程的开发基本上不会影响其他水电站建设。从电力需求来看，即使不增加水电比重，为了达到翻两番的要求，在 20 年内至少需兴建 6000 万 kW 的水电站。三峡装机仅一千数百万千瓦，连同在建、拟建的其他水电站在内也远不足。水电部从未考虑过推迟其他水电站建设来搞三峡。相反，凡是条件优越和成熟的点子，我们都竭尽全力加快开发。事实上，除在建的水电站外，有一批新的大水电站最近已列上计划，还有一批大水电站也积极向国家推荐兴建。

至于说用其他 20 个水电站替代三峡，首先，其中一批重要点子都已开工或列入计划或积极待建，与三峡无矛盾。还有一些点子条件很差，许多问题远未查清，目前尚无条件建设。其次，修建水电站不能用简单的加法来解决，要结合电网规划和综合利用要求来布局，三峡工程主要供电华中、华东，同时满足防洪和航运要求，这不是任意选一些点子可替代的。

关于支流和干流开发顺序问题，新中国成立以来我们已在长江的支流如汉江、沅水、资水、乌江、嘉陵江、大渡河、岷江上修建了大量工程，并即将向更远的雅砻江进军。可以说，条件较好的点子都已考虑了。如果说，要等所有支流的工程都修完才能开发干流，否则就会失败，似无什么根据。

问：对于三峡工程的造价与经济分析有不同看法，您是怎么看的？

答：三峡的造价主要可分为工程本身造价和淹没补偿费两大部分。在工程造价上，由于已进行了长期的勘测设计，工程量是可信的，造价也是包得住的。

淹没补偿费的估算要困难些，以 150m 水位为例，淹没线以下的人数为 33 万人（这个数字是多次精确调查确定的，各方无大异议）。还有一些位于淹没线以上而需"随迁"或"动迁"的人，则各方估计有所出入。根据专门成立的移民专题论证组估计，包括人口增长因素，150m 方案总移民数为 49.6 万人，其中半数以上为城镇居民。过去建水库实际的淹没补偿费用以移民人口大平均计算，都在三四千元/人左右，最高的也未超过 5000 元/人。考虑三峡的特殊情况，估价时补偿费已大大高于这个数字。

本文原载于 1986 年 7 月 26 日中国科学院《科学报》。

有些同志把三峡的造价算到六七百亿元，这里除对淹没补偿费估计得不合理的高外，主要是计算了不属于三峡工程的输电工程、计算了物价上涨因素若干亿元，甚至还要计算"因修建三峡以引致的其他投资"。其中计算是否有误暂置不论，拿这套办法去算任何一座水电站、火电站及煤矿、铁道建设，都会得出不经济的结论。

问：国内外有人认为：三峡水库的泥沙淤积问题不好解决。我国能解决这个问题吗？

答：水库泥沙淤积问题确实是个非常复杂和重要的问题，但是可以认识和解决的。

需要着重指出的是：中国不论在泥沙科学的研究方面或实践方面，都处于世界领先地位。这是因为我国有这么多的泥沙问题和大量的正反两方面的经验而形成的。我国不仅拥有世界上最著名的泥沙权威，还有一大批成绩卓著的优秀中青年专家，可惜过去报道太少了。

对于三峡的泥沙问题，我国在科委组织下，集中了全国精英，进行了长期的理论研究、数值计算、模型试验和实际观测调查，其工作范围之广、精度之高、规模之大，在任何国家没有先例。已获得的成果说明：对三峡建库后的泥沙问题不仅可以作出定性的判断，许多方面可以作出定量的预测，而且已在葛洲坝等工程实践中得到验证。我们认为，泥沙问题已不是三峡工程的拦路虎。具体讲：泥沙带来的所有重大问题已经暴露、情况清楚，对这些问题已找出解决措施，各方案间的差异已经掌握，只要我们选用最优方案、进行科学调度、辅以相应措施，我们就能够控制泥沙，三峡决不会变成一库泥，而将长期保持其调节库容；重庆决不会变成死港，问题是如何能满足更高的航运要求。我仔细研究过我国所有为三峡进行研究试验的泥沙专家在各次会上的发言，尽管他们对具体方案有不同见解，但没有一位认为泥沙是个不能解决的问题。我想他们的共同意见应该是具有权威性的。

问：修建三峡是否对生态环境有所影响？

答：修建一座工程多少会影响生态环境，逐步达到新的平衡。过去搞工程的人不注意环境问题，这是不对的，所幸这个问题目前已得到各界重视。

我认为三峡工程对环境的最大影响就是移民问题，所以移民数量必须控制在环境容量和国力许可的范围内，不能想当然草率从事。

三峡建库还会影响其他生态环境问题。相对地讲，这些影响较为轻微。原因是：三峡的发电调节库容（94 亿 m^3）与长江总径流量（9228 亿 m^3）相比十分有限，它不可能对长江总的流态发生什么显著变化。三峡的水库是个峡谷形库，仍然是一条河道，仅仅是水深了一些。这些情况与埃及的阿斯旺水库是完全不能比的。

当然，影响仍会有，我们需要查清有哪些有利影响、哪些不利因素，对后者又严重到什么程度。

问：三峡工程在地质方面还存在什么问题吗？

答：谁都不能否认三峡地区在整个中国东部及至全国范围都是一个区域稳定性较好、地震活动微弱的地区。至于坝址区的工程地质条件，只能以"得天独厚"来形容。到过坝址的外国地质专家都是用 Excellent 这个词来描述地质条件的。

当然，对于三峡这样的工程，对地质条件应该提出更严格的要求。为此，一些同志提出坝址附近地区是否存在未知的巨大构造断裂、水库诱发地震以及库区滑坡等问题。这些问题在科委和地矿部组织全国地质专家进行的三峡工程地质问题讨论会上已有了明确、正面的回答。尽管如此，有关部门仍然组织力量继续在做细致的工作，以便消除所谓在坝址区存在巨大断裂的疑点，并进一步查清滑坡影响和水库地震问题。

总之，我赞成对这些地质问题作进一步的查证和研究，但不认为它们会成为不能建坝的理由。

问：对于三峡的防洪作用，您是怎么看的？

答：由于长江特大洪水的峰和量过大，单纯依靠一种措施难以奏效，必须把三峡水库、荆江大堤的加固加高、临时分洪区、加强预报调度和各种非工程措施结合起来，才能较好地解决问题。强调一点否定其他是不妥当的。所以我反对夸大三峡的防洪作用，也反对把它的作用说得一无是处甚至说成比不建更坏。事实上，三峡在川江发生特大洪水要威胁下游荆江大堤时，确实能够发挥作用，将流量削减到 8 万以下。保证大堤安全，避免产生不堪设想的后果，减少或避免利用荆江分洪区（分洪一次的损失也是惨重的），这一作用非其他措施所能替代。我感到不足的是三峡的防洪效益还没有进一步发挥，应该再作深入研究，结合预报和优化调度，结合其他措施，使它在中等洪水和对江汉平原下游地区的防洪也能发挥效益。

防洪的效益虽然巨大，但较难计算更难回收，所以要为防洪而专门修建三峡水库是很难设想的。目前的三峡工程是一座综合利用枢纽，它的巨大发电效益使得这一工程有兴建可能。所以从防洪的角度上看似乎不应该指责其没有解决所有问题而予以否定。

问：请说说您对三峡工程的总的态度。

答：早在五十年代，建设三峡的计划就被提出。那时我是反对的，因为不仅这种计划脱离当时国家现实，而且其指导思想也不完全正确。大量技术问题都没有搞清，甚至还没有认识到，如果在那时兴建三峡，恐怕真将成为一场灾难。

时间已过去三十多年，现在的情况有了极大变化。国家已确实需要三峡，国力也容许兴建三峡，三峡建设的方案已趋于现实合理，指导思想已正确，各项技术、社会问题已进行了深入研究，还有了在长江上建坝的宝贵经验和人才。在这种条件下，我认为三峡工程应该提上议事日程。修建三峡工程在技术上不存在难以逾越的障碍，决不会变成"后患无穷""不堪设想""贻害子孙"的祸害。在进一步理清重大问题、提出鉴定意见后，应该进行有魄力的决策了。我反对把三峡工程的论证无限期延长。是否兴建三峡对国家的电力发展、电站布局、防洪决策、通航规划都有巨大影响，拖延不决是十分不利的。

三峡工程有其不利一面，即规模很大，投资和移民集中，收效期也较长。但它的"后劲"很大，每装一台机组就相当于完成一座 50 万～60 万 kW 的大水电站。在工期方面，如能提早进行准备和导流，则从国家集中进行投资、主体工程全面施工直到第一批机组发电的期限约 5～6 年。如果国家经过通盘考虑认为不能修建三峡，我们也无意见，当然这就必须多修建一批火电和相应的煤矿、铁道（或核电站）来代替，水电部也正在进行这种研究论证工作，但我认为这样做是不经济、不合理，从长远利益来讲是十分不利的。

现在国内有很多同志对三峡工程提出种种意见和责难，我认为他们都是站在对国家、人民和后代负责的立场上献计献策。我们完全理解并衷心感谢他们，我们将认真细致地研究各方面的意见，尽一切努力做好我们的工作，希望这些同志能继续指导和帮助我们。外国也有许多朋友提出好的意见或协助我们工作，我们也一并表示深切的感谢。希望我们能团结一致共同努力，为完成这一中国甚至人类历史上的奇迹的工程而贡献出力量。

在三峡工程论证领导小组第五次
（扩大）会议上的发言

三峡工程论证领导小组第五次（扩大）会议从 1987 年 12 月 17 日开始，历史 6 天，现在就要结束了，我受领导小组委托，做一个总结发言。

出席这次会议有领导小组成员、特邀顾问、两个学会的理事长、十四个专家组的顾问、正副组长和工作组长、部分长办联络员和新华社、人民日报、经济日报、国家机械委、国务院三峡办、三峡总公司（筹）、水电部有关司局和长办的代表共 120 余人。领导小组副组长陆佑楣、成员史大桢、特邀顾问马宾、王汉章、孙宗海、孙越崎、蒲海清、中国电机学会理事长毛鹤年和其他几位专家同志因事因病请假。

这次会议的任务是审议地质地震、水文和机电设备三个专家组提交的专题论证报告，这也是领导小组第一次审议专家组的论证报告。会议按预定日程进行，每个专题都先由专家组作详细汇报介绍，代表们阅读研究文件准备意见，再进行大会发言、提问和由专家组答复或补充。在大会讨论的基础上，21 日下午，领导小组、八位特邀顾问或特邀顾问的代表和两位学会理事长集中进行审议。所有出席的同志都发了言、并取得一致意见。实践证明，采取这种方式有利于深入了解情况、交流意见和充分发扬民主，是一种好的有效的方法。

现在把审议意见归纳总结如下，包括对三个论证报告的总的看法和具体审议意见两部分。如有不确切或遗漏的地方，请其他与会同志纠正和补充。

一、对三个论证报告的总看法

（1）审议中一致认为：三个专家组的顾问专家和工作组同志，在一年时间里，研究分析大量已有的资料，补充了重要的工作，抓住了关键问题，进行了实事求是的科学论证，提交了高质量的报告。会议对三个专家组的出色工作和辛勤劳动表示满意和给予很高评价，感谢来自各部门专家的紧密合作和共同努力，并认为三个专家组树立了团结协作的典范，这种作风和精神是值得肯定和推广的。

（2）审议中一致同意原则上通过这三个专题论证报告，并认为研究的深度可以满足可行性报告的要求。对于论证报告中的文字叙述方面，建议各专家组根据大会发言和领导小组审议意见，作一些必要的调整和补充，并由各专家组负责最终定稿。

（3）审议认为这次提交的专题论证报告只是可行性研究阶段的宏观结论，可以作为中央进行宏观决策时在这三个领域上的依据，并不代表今后的工作。如果三峡工程要修建，在下一阶段还要补充做大量的工作，包括许多科技攻关和试验研究工作。

（4）在大会上，代表们对这三个专题报告提出不少意见。审议后认为，其中某些

本文是作者 1987 年 12 月 22 日在三峡工程论证领导小组第五次（扩大）会议上的总结发言。

问题需要在其他专题组中进行论证或组织联合论证。例如关于设置升船机的必要性和经济性、主要机电设备的投资估算、库岸稳定对移民的影响等问题，可分别在通航、投资估算及综合经济评价和移民专题论证中深入讨论，可以不在这三个论证报告中展开。

（5）有几位特邀顾问对论证工作给予很高的评价并建议进行鼓励，领导小组对此表示感谢。一些特邀顾问建议对论证的结论应采取适当方式进行公开介绍，这将有助于外界了解真相、澄清问题，对此，领导小组将进行研究。

如何认识土和洋的关系、对国产设备的分析、我国现有制造水平的评价，作了很好的阐述，对代表们的启发也很大。

二、对三个专题论证报告的具体审议意见

（一）地质地震专题论证报告

三峡工程的地质地震工作，从五十年代开始就由地矿部、中国科学院和水电部系统四十多个生产、科研、教学单位通力协作，进行了大量工作，完成了140多份成果，其资料之丰富、研究程度之深入，在国内外水电建设史上是少有的。在这次论证中，专家组在总结归纳过去资料的基础上，又针对区域构造稳定、水库诱发地震和库岸稳定三个关键问题作了重要补充研究，包括采用先进技术和实地勘探工作，澄清了问题，获得一致和明确的结论。审议同意论证报告的如下结论：三峡地区在地质构造上处于相对稳定地区、为弱震环境；坝区地震基本烈度定为Ⅵ度是合适的；水库建成后产生强烈水库地震的可能性小，不会影响工程安全；库岸的总体稳定性是好的，少数可能失稳的大型崩塌滑坡体对工程的安全无影响；由于崩塌碍航的现象比建库前将有较大改善。

关于库岸局部崩塌滑坡对移民数量和库区移民安置规划的影响问题，是应重视的。建议请地质地震专家组和移民专家组加强联系，交换资料和意见，使移民规划能做得更加落实可靠。

关于对三峡坝址区的地质评价问题，由于坝址区地质条件较为理想和简单，没有重大分歧意见，不是这次论证的重点，在论证报告中也未作为重点阐述。但由于这个问题是各界和枢纽建筑物组所关心的，建议专家组考虑在报告中酌加一点补充说明。

（二）水文专题论证报告

三峡枢纽的水文观测系列长达90余年至一百余年，而且有800余年的历史洪水文献和实物可资考证，资料丰富，调查研究工作的广泛深入也是其他工程无法相比的。水文专家组在此基础上，对长办提供的大量专题分析成果进行充分研究、反复论证，做出了明确结论。审议中一致同意专家组的结论，认为三峡工程设计所需要的水文资料丰富可靠、情况基本清楚，主要的水文计算成果包括各种频率的设计洪水、校核洪水、洪量、年径流量和枯水流量等基本合理，可以满足可行性研究的需要。

三峡工程的泥沙测验也有35年以上的实测资料，七十年代以来，长办更作了努力，改进测量手段，取得许多资料包括推移质的资料，当然泥沙资料不如水文资料那样长期和系统。建议专家组就现有的泥沙测验和分析成果加以适当的评价。

　　关于人类活动是否已使三峡以上来沙量不断增加的问题,引起各界重视。领导小组审议同意专题论证报告的结论,即根据 35 年来干流及主要支流泥沙实测和整编资料分析,还看不出干流水沙关系有明显加大或减少的趋势。审议中也同意专题论证报告的下述论断,即近几十年来长江上游水土流失现象是严重的,仅是由于泥沙较粗,输移不远,所以尚未影响到干流测验河段。因此,审议认为除需继续加强干支流泥沙(特别是推移质)的测验研究外,必须十分重视和抓紧上游水土保持工作,控制泥沙流失,并有计划地兴建上游水库,以求较彻底地解决这个问题。

　　(三)机电设备专题论证报告

　　三峡工程主要机电设备的规模和技术水平,不仅超过我国现有水平,许多方面达到或超过国际水平。因此,对三峡工程主要机电设备的技术可行性进行较深入的研究论证并进行初选,对做好三峡工程可行性研究报告具有重要意义。

　　由设备制造、设计科研和管理部门专家组成的机电设备专家组对三峡工程各项主要机电设备的技术可行性作了深入的调查、考察、研究、试验和论证,得出了明确的结论与建议。审议同意专家组的意见,认为三峡工程所需的水轮发电机组、主变压器、交流 500kV 超高压电器、±500kV 直流设备、升船机和其他主要金属结构,技术上都是可行的。根据我国现在已经达到的水平,在总结以往经验的基础上,并对国内制造厂家进行适当扩建改造和引进少量关键设备或技术后,都可以立足于国内制造,这是完全现实可行的。

　　审议同意,考虑国内制造水平和留有余地,可按转轮直径 9.5m、单机 68 万 kW 编制可行性研究报告。水轮机的最终容量可在下一阶段再深入比选。

　　审议同意在可行性报告中采用钢丝绳卷扬平衡重式垂直升船机。升船机的安全装置问题可在下一阶段进一步研究确定。三峡的升船机在技术上是可行的,但其规模已超过目前国际水平,且我国缺乏经验,审议认为除应继续深入开展设计科研工作外,选择国内适当工程作中间试验是必要的。

　　鉴于三峡工程中的深孔闸门、钢管和船闸的闸阀等结构,不仅数量大,而且不少也已达到或略超世界水平,因此建议在论证报告中对金属结构部分可分列一段,文字上稍加充实。

　　三峡工程机电设备投资占工程总投资的比重很大,需要尽可能合理地估算其投资。建议请国务院重大装备办公室组织有关同志会同投资估算和综合经济评价专家组共同研究,在机电设备专家组已做工作的基础上,予以落实,使投资估算和综合经济评价成果尽可能符合实际。

　　地质地震、水文和机电设备资料都是进行三峡工程可行性研究最重要的基本资料。取得可靠的资料、澄清关键的问题,关系极为巨大。这次经过三个专家组辛勤劳动和艰苦努力,又承各位特邀顾问和代表出席审议会,使三个专题报告能够审议通过,会议取得比较圆满的成果,我谨代表水电部三峡工程论证领导小组向专家组全体顾问、专家、工作组同志,向百忙中出席会议的特邀顾问、学会理事长和所有的代表们表示深切的感谢,还要向所有承担了论证和研究任务的院校、研究所等单位表示深切的感谢。下一步的工作安排,在昨天会上也作了讨论,计划明年 1 月 21 日开第六次领导小组扩大会议,审议枢纽建筑物、施工和生态与环境三个专题论证报告;2月24日开第七次领导小组扩大会议,审议泥沙、移民和枢纽投资估算三个专题论证报告。参加会议的人员和规模大体和这次一样。今后要审议的专题更为复杂,希望同志们能继续大力支持,出席参加。对于专题论证报告的写法,也希望三峡办拟定一些统一的要求和格式,以资一律。

在水利电力部三峡工程论证领导小组
第七次（扩大）会议闭幕时的讲话

同志们：

三峡工程论证领导小组第七次扩大会议今天就要结束了，我受领导小组的委托，做总结发言。

这次会议的任务是审议移民、生态与环境和泥沙三个专题论证报告，会议从 2 月 23 日开始，经过与会的 140 多位同志的共同努力，已经圆满地完成了任务。首先，我们用 6 天的时间听取了移民、生态与环境、泥沙三个专家组组长代表各专家组所作的专题论证报告和许多补充发言，听取了水电部遥感中心的同志关于利用航片和遥感技术调查库区可利用土地资源情况的汇报，观看了各单位所做的泥沙模型试验的录像，并分专题进行了提问、解答、大会讨论发言、交换意见。由于这三个专题都是三峡工程可行性论证中比较复杂、比较关键的问题，其论证结果一直为各方面的同志所关注，因此，大会讨论发言十分热烈。

在大会讨论的基础上，昨天整天领导小组开会集中对三个专题论证报告进行了审议。参加昨天会议的有各位特邀顾问和特邀顾问的代表，中国水利和水力发电工程学会的两位理事长，四川、湖北两省和重庆市的领导同志，以及三个专家组的顾问、专家组组长、副组长、工作组组长和联络员。参加审议的顾问、专家和代表都做了认真准备，提出了系统的意见和建议。经过讨论，对三个专题报告的审议取得了一致的意见。现在我把主要审议意见归纳起来，向大家做一个汇报。并希望三峡办将审议会上的发言整理编印，作为这次会议纪要的附件，以供今后工作中参考。

一、对三个专题论证报告总的审议意见

三峡工程移民、生态与环境和泥沙这三个专题，各有特点，都是三峡工程的关键问题，论证工作难度都很大，论证内容互有交叉。移民专题的特点是淹没数量和移民数量十分巨大、政策性强；移民工作能否做好，关系到库区人民的切身利益和今后库区的经济发展和社会安定，是关系到三峡工程可行性的重大关键问题。生态与环境专题的特点是涉及面非常广泛，有关的专业和学科很多，问题也错综复杂。泥沙专题的特点是技术难度大，是三峡可行性研究中的主要技术关键问题。三个专家组在过去长期研究工作的基础上，近两年来，充分考虑了各方面（包括社会上各界和国外人士）提出的问题和建议，补充了大量的调查、试验研究工作，取得丰富的可靠的资料，以科学态度进行反复、深入和综合的分析研究，充分体现了论证的科学性和民主性，提交的论证报告的质量是高的。在大会讨论中，同志们一致对三个专家组的工作给予高的评价，并认为这三个报告的深度已能满足可行性阶段宏观决策的需要，赞成原则上

本文是作者 1988 年 3 月 1 日在三峡工程论证领导小组第七次（扩大）会议闭幕时的总结讲话。

予以通过。同时也提出许多补充意见,希望各专家组根据大会发言和审议意见,在内容和文字叙述方面适当调整补充,由各专家组最终定稿,以便付印。

为了及时提交论证报告,三个专家组、工作组的同志以及承担论证任务的所有生产、科研、教学单位的同志和有关地方的同志,紧密团结、艰苦奋战,付出了辛勤劳动。许多专家多次深入现场调查研究,许多专家长期加班或带病工作,他们的出色工作不仅为三峡论证提供重要依据,而且为促进有关学科的进步做出重要贡献,我谨代表三峡工程论证领导小组向所有参加工作的专家和同志们表示衷心的感谢。其中我国和国际上著名的泥沙权威、泥沙论证专家组顾问钱宁教授,不幸在论证工作未完时就离开了我们。他在卧床不起的时候,仍然十分关心三峡论证工作,奋斗到最后一息。他对工作的极端负责态度和为我国泥沙科学所做出的巨大贡献,将永远留在我们的心中。

二、对三个专题论证报告的具体审议意见

(一)移民专题论证报告

三峡工程水库移民论证工作是在湖北、四川两省和有关地、市、县大力支持下,由专家组会同各有关部门共同进行的。专家组在论证中,吸取了过去水库移民的经验教训,贯彻中央关于开发性移民的方针,调查掌握了可靠资料,充分听取地方上的意见,经过反复论证提出了论证报告。主要结论是:

(1)各项淹没实物指标基本可靠。按 1985 年底指标,直接淹没人口 72.55 万人,推算到 2008 年规划安置人口 113.18 万人,淹没耕地和柑桔地 43.13 万亩。

(2)根据可利用的土地资源,农村移民大部分可以不出乡安置,少数乡需要在邻乡安置一部分。全库区农村移民的安置规划,农业安置约 60%,二、三产业安置约 40%,比较恰当。

(3)受淹城镇的迁建新址已基本选定,新址的环境条件有较大改善,并留有发展余地。

(4)根据 1986 年的国家政策和物价,与两省和有关地市县反复商定提出了补偿标准(初稿)。按上述标准计算,淹没处理补偿总投资为 110.61 亿元,其中城乡移民安置费占 61%。

(5)为顺利完成移民工作,使移民安居乐业,库区经济振兴发展,论证报告中提出了九条政策措施。

(6)按照分期蓄水连续移民的安排,用 20 年时间完成移民迁移安置。任务最大的县,年移民强度不超过 8000 人,分年移民投资不超过 9 亿元。

总的结论:三峡工程移民任务十分艰巨,但只要加强领导,依靠群众,精心规划,提前开发,科学管理,经过艰苦努力,是可以把移民安置好的。但如果工程迟迟不作决策,则不仅严重影响库区的经济发展,而且,移民投资将急剧增加,安置工作也更加困难。因此,对三峡工程应尽快决策。

会议基本同意上述结论,认为这份专题论证报告可以作为编制可行性报告的依据。在大会讨论和审议中,并提出以下补充意见:

(1)用航测和遥感技术调查得到的库区可利用土地资源,是一项科学的、客观的

重要资料，但还需要进行现场抽样复核鉴定，希望移民专家组抓紧完成这一鉴定工作，并将成果列为移民专题论证报告的附件。

（2）按 1985 年底统计，库区直接受淹人口 72.55 万人，但推算到 2008 年规划动迁安置人口为 113.18 万人，这在移民报告中已有说明。以后凡论述移民问题引用动迁人口时，应将两种数字都加说明以资明确。

（3）审议中有的代表认为实行开发性移民方针，移民费用可以降低。这个问题经移民专题组四位主持人反复研究过，认为在当前三峡可行性论证中，计算投入和作经济论证时，还是以专家组提出的投资数为准比较稳妥。如果三峡工程兴建，在实施过程中，一定会研究资金的统筹管理运用的办法，创造出改革的机制，调动各级领导和群众节约移民投资的积极性，并会出现很多创造性作法。

（4）论证报告中提出的政策措施，都是符合实际情况，有效和可行的。其中有一条是工程受益后每度电提取库区建设基金 3 厘钱。审议中认为，这一措施是为了促进水电建设和库区发展而实现的"库区建设"和"工程效益"挂钩的政策，是比较合理的。水电部准备在其他水电站也研究考虑，所提取的基金系用以建设和发展库区，不属于移民费范畴。但在进行工程的经济论证时，应该计入发电成本。

（5）为了和有关规定一致，坡地开垦利用范围请一律改为 25 度以下。

（6）虽然移民专家组已做了大量深入的工作，得出了可信的结论，但我们仍应充分认识到这样大规模移民工作的艰巨性和难度，在报告中应加重阐述。在今后对移民研究工作还要深入开展，希望移民专家组继续进行规划研究，三峡办继续抓好试点工作，使移民安置规划和投资估算能够更加详细、具体和可靠。

（二）生态与环境专题论证报告

三峡工程对生态与环境的影响及其对策，是国家重大科研项目之一。1985 年国家科委曾组织专家组进行论证，提出了《长江三峡工程对生态与环境影响的初步论证（正常蓄水位 150m 和 180m）》。一年多来，中国科学院和长江水资源保护局又分别组织科研单位、高等院校、沿江省市等 60 多个单位进行有关课题的研究，获得大量成果。在上述工作的基础上，生态与环境专家组集中了 40 多个专业的 60 多位专家，进一步进行了覆盖面很广的综合研究，取得了共识，提出了论证报告，这是非常不容易的，可以作为编制可行性报告的依据。论证报告对三峡工程引起的生态系统结构、功能的变化及由此引起的生态系统的整体效应进行了全面评价。特别对于各项不利影响进行具体分析，提出积极的对策和建议。报告中正确地指出库区移民环境容量问题，是工程决策中比较敏感的制约因素，需要认真对待，慎重处理。这一意见得到移民专家组的极大重视，并进行大量工作，进一步调查复核环境容量，使移民安置有了更可靠的依据，今后在移民安置的规划和实施中，还需要继续得到生态环境专家的指导与协助。审议中并讨论了以下问题：

（1）有的代表认为论证报告中对三峡工程的有利影响阐述不够。审议认为论证报告中对有利因素也已指明，文字上写得较简单，认识上是一致的。

（2）论证报告中有关三峡工程对中游平原渍害影响和对河口的影响两个问题尚未取得一致意见，希望根据泥沙专家组最近完成的研究成果意见，继续讨论，争取能统一看法提出结论。这一工作建议请娄溥礼总工协助中国水利学会理事长严恺教授组织有关专家开座谈会来研究解决。

（3）论证报告中就三峡工程对局地气候的影响、对水库水质的影响、对陆生生物、水生生物的影响、对环境地质的影响、对人群健康的影响以及对自然景观和文物古迹的影响都作了恰如其分的阐述。讨论和审议中没有对此提出重大的不同见解，并认为对于其中的不利影响，只要认真按照专家组提出对策和建议去做，除文物古迹淹没外，是可以减轻的，三峡的自然景观则将有一定改变，个别地段峡感有所减弱而出现新的景观。总之，还没有从根本上影响三峡工程可行性的制约因素。

（三）泥沙专题论证报告

三峡工程的泥沙问题十分复杂和严重，是三峡工程可行性的主要技术关键。从五十年代以来，有关部门已进行了长期和大量的测验、调查、试验、研究工作，取得了可靠的资料和丰富的研究成果。泥沙专家组在过去工作的基础上，集中了全国最优秀的泥沙科研力量，组织了各有关单位，密切合作、共同攻关，针对泥沙专题中的主要问题，进一步开展深入全面的研究试验，做到理论与实践结合，数学计算与模型试验结合，研究程度之深和规模之大，是国内外罕见的。许多成果达到世界先进水平，许多领域处于国际领先地位。会议对泥沙专家组及参加工作的同志们所取得的这些成绩给予高度的评价。

经过专家组的努力，理清了三峡工程的泥沙问题，取得了一致的认识，做出了严肃认真的结论。论证报告明确列出五方面的主要问题和相应的结论。①关于水库长期保留兴利库容的问题，根据三峡水库和长江来水来沙特征，采取"蓄清排浑"的水库运用方式，绝大部分兴利库容可以长期保留运用。②变动回水区航道和港区淤积及其对航运的影响已基本清楚，每年有 5～6 个月时间万吨船队可以直达重庆九龙坡港区，在航道和港口将要出现的一些问题可以通过优化水库调度、结合港口改建，认真研究整治和疏浚措施加以解决。③水库淤积对重庆市的洪水位抬高影响，已经采用多种方案计算，提出定量的数据和可能的变幅。④坝区泥沙淤积的情况和发展过程也基本清楚，可以根据葛洲坝工程的经验分阶段采取一定措施解决。⑤三峡工程建成后，葛洲坝下游河段将发生下切，水位将降低，对河口则无明显影响。总之，专家组认为，三峡工程可行性阶段的泥沙问题经过研究，已基本清楚，是可以解决的。会议经过讨论同意这些结论。并希望泥沙专家组能继续深入研究，在下一阶段抓紧进行下列工作：

（1）在数学模型计算和物理模型试验工作中，希望在水文系列中补充加入特殊洪水年份，和采用其他调度方式，研究其影响。请娄溥礼同志组织泥沙专家组和防洪、水文专家组共同商量，拟定研究的方案和工作进度。

（2）根据试验，当正常蓄水位达 175m 后，在运行后期重庆港区和嘉陵江口淤积较严重，希望娄溥礼同志组织泥沙专家组和航运专家组协同研究具体整治和改造措施，包括变动回水区内局部航道的整治措施，提出补充报告。

（3）进一步研究下游河床下切的深度、范围、发展过程和防治措施。

（4）讨论中一致认为不论三峡上不上，长江上游水土保持工作要加强。对此水保协调小组已向国务院写了报告，并且建议国家制订水土保持法。会议建议四川省可以先行一步，抓紧进行。

（5）许多代表提出，三峡上游水库的兴建，将对减轻三峡工程泥沙问题起到一定作用，请水利水电规划部门积极研究提供近五十年内上游建库规划，提交泥沙专家组参考。葛洲坝下游河床砂石料的开采，显著影响坝下水位，建议湖北省政府考虑，根据"水法"加以管理。

三、其他意见

在会议中代表们除讨论了三个专题报告外，还提出了对三峡工程的总评价问题。许多代表特别是省、地同志从有利于三峡地区的经济开发使库区尽快脱贫致富振兴经济，迫切呼吁在可行性论证的基础上，对三峡工程兴建问题尽快作出决策；也有代表则建议应先开发上游、支流、缓建三峡，更为有利。还有代表认为正常蓄水位可以考虑降低一些，等等。这些意见将在今后对三峡工程的总评价中进行论证。对于各专家组论证报告中交叉部分的结论，由于各专家组研究的重点和出发点不同，结论的重点和叙述方式会有所区别，这是可以理解的。但没有大的矛盾，而且可以在讨论总报告中进行综合评价。

由于会议中发言踊跃，提出的意见很多，不可能在总结中全部包括，有重大遗漏和欠妥之处，请同志们指正。方才说过，审议会上的发言将专门刊印作为会议纪要的附件以供今后工作参考。

在三峡工程论证领导小组
第八次（扩大）会议闭幕时的讲话

同志们：

三峡工程论证领导小组第八次扩大会议，今天就要结束了。我受领导小组的委托，做总结发言。

会议从 4 月 22 日进行至 28 日，先后讨论和审议了防洪、电力系统和航运三个专家组提出的专题论证报告。每个专题报告，都由专家组组长向大会作全面的介绍和汇报，然后都进行了提问、解答和大会发言，各位代表本着对科学、对国家人民负责的精神，从不同的角度，充分发表了看法，并就一些不同意见进行深入的讨论。大会的讨论发言是认真负责和十分热烈的。

在大会讨论的基础上，昨天领导小组的成员，特邀顾问和学会理事长举行会议，集中对三个专题论证报告进行了认真的审议，防洪、电力系统、航运三个专家组的顾问、正副组长、工作组长和联络员列席了会议。各位领导和特邀顾问都作了详细准备，提出全面的看法，发言十分踊跃。现在，我把昨天会议主要的审议意见归纳起来向大会做一个汇报，如果有遗漏和错误，请其他与会同志补充、纠正。

一、对于三份专题论证报告总的审议意见

防洪、电力系统和航运三个专家组，在各位顾问、全体专家和工作组同志的努力下，以及在许多单位、部门和大专院校的帮助下，对有关专题进行了大量的工作，包括调查研究，分析计算和讨论论证，澄清了许多问题，提出了明确的、重要的结论性意见。在大会发言和领导小组审议会上，绝大多数代表都肯定专家组的工作成果。在防洪方面，大家一致认为长江洪灾问题十分严重，必须给以充分重视，妥善解决，万不可掉以轻心。同意论证报告中提出的原则、数据和主要结论，包括长江中下游的防洪形势、目标和控制水位，蓄泄兼筹以泄为主的方针，必须采取综合措施才能较好地解决长江洪水问题的观点，三峡工程在长江防洪中的地位、作用与效益，以及不建三峡时的对策和相应后果，等等。对于发电方面，大家赞同专家组从一次能源平衡出发所作的宏观和全面的形势分析，指出全国长期严重缺电的十分严峻的形势和其后果，赞同所提出的水、火、核电并举、因地制宜、宜先多开发水电的观点，以及对各种方案的计算分析成果。对于航运方面，一致认为长江这条黄金水道在沟通我国东西部交通中具有巨大和不可替代的作用，在货运量的精确预测上虽有困难，但都认为，远景出川运量按 5000 万 t/a 考虑是合适的，同意航运专家组在报告中所做出的分析论证和建议。有的代表指出，在论证开始时，许多专家在各专题上的意见是比较分歧的，但通过共同努力，科学分析研究，意见逐渐趋于一致，结论趋于集中和明确，这是论证

本文是作者 1988 年 4 月 28 日在三峡工程论证领导小组第八次（扩大）会议闭幕时的发言。

工作民主化和科学化的成果，得之不易。总之，代表们普遍认为三份报告的质量是好的，并建议予以通过，领导小组根据绝大多数代表的意见，研究认为，三个专家组已经完成了原定的专题范围内的论证任务，决定接受这三份论证报告，并向三个专家组和全体参加有关论证工作的同志们表示深切的感谢，同志建议各专家组参考大会及审议会上各位代表所提出的意见或建议，进行适当修改补充后提交最终的论证报告。

在讨论和发言中，也有一些代表提出过一些不同的意见或需要进一步深入论证的课题。领导小组认为这些意见都很重要。考虑到这次提交的三个专题报告和已往审议过的九个专题报告的性质有些不同，它们涉及三峡工程的地位、作用和替代方案问题，是三峡工程论证的核心。三个报告的不少论证内容是相互关联的，也涉及已经审议过的几个专题。这次会上一些代表所提出的需要进一步论证的问题，也都是综合性的，不是个别专题组所能解决，而要求在更高层次上组织有关的专家组进行综合论证来解决。因此，领导小组在接受这三份专题报告的同时，决定根据会议上提出的一些问题，组织进一步的综合论证，其内容见第二部分。

二、需要进一步作综合论证的问题

根据大会发言及集中审议的意见，领导小组认为有以下六个问题，需要组织进行进一步的讨论或综合论证。

（1）关于长江上游产沙量是否增加以及对三峡工程论证的影响问题。在这次会议中，方宗岱同志提出了由于长江上游森林砍伐、水土流失等人类活动因素，已经使得长江泥沙有很大增值，认为现在采用的 5.2 亿 t/a 的长江沙量忽视 20 世纪 80 年代中沙量增加的趋势，没有将上游水库拦沙量予以还原是不科学的，误差在 32% 以上。因此要求进行专门审查。方宗岱同志的上述意见，除在会上发表外，已写成书面意见，并报告李鹏总理和宋健、周培源、钱正英同志。

领导小组认为，方宗岱同志的意见也反映了社会上普遍关心的一个问题。关于人类活动因素是否已经影响进入长江干流和三峡库区的泥沙数量问题，已经在水文和泥沙两个专题报告中作了答复，分析了问题的性质，下了明确的结论，并阐述了因果关系。在这次会议上又由长办水文局作了口头和书面答复，有关地质专家也作了发言。但为慎重起见，领导小组仍然建议请中国水利学会理事长严恺教授主持，进一步组织一次小型学术讨论会进行研究，并建议请全国科协副主席、特邀顾问张维教授给予指导。领导小组认为，根据水利科学原则，这个问题可以分解为：①长江上游广大地区产沙的情况；②对上游支流中小水库拦沙作用的评价；③对进入三峡库区的泥沙数量的估计；④进入三峡库区的泥沙对三峡工程和下游河道的影响等课题，可由专家们根据客观数据和事实进行平心静气的分析讨论，以便得出科学的、实事求是的结论，希望领导小组成员、特邀顾问和有关专家尽量参加。

（2）关于长江上中游干支流建库问题。在防洪和电力系统两个专题报告中，都提出了在长江上中游干支流建库的具体设想以替代三峡或提高三峡工程效益，解决存在的问题。但各组的出发点不同，所提的具体设想是不同的。

领导小组认为，在长江上中游的比较重要和考虑过的水库还是比较清楚的。因此决定请综合规划与水位组负责，汇总各方面的意见，提出一个兴建上游水库的统一布局。上游水库可分为三类：第一类是已建的（如乌江渡）和在建的（如二滩、五强溪、隔河岩等），第二类是已决定或计划在近期兴建的一些水库（如高坝洲、王甫洲等），第三类则是确实对三峡工程有替代作用或者要研究其开发顺序的水库（如金沙江上的溪落渡、白鹤滩、雅砻江上的锦屏等）。领导小组认为，对于第一、二类水库，不论三峡是否兴建，都是已经存在或必然存在的水库，不应列入替代方案中去，而应在有无三峡的比较论证中，都计入其作用。主要应重点论证第三类水库。这类水库规模较大，问题较复杂，有关专家组虽然经过调查讨论，还没有向领导小组及特邀顾问具体汇报，因此决定请枢纽建筑物专家组牵扯头，组织地震、水文、防洪、泥沙、施工、投资估算、电力系统等有关组的负责人和有关同志，对这些大项目的前期工作情况、存在的主要问题作进一步的调查了解，并尽可能就其技术上和经济上的可行性和比较现实的施工进度提出评价意见。

在以上两方面工作的基础上，领导小组将召开一次专门扩大会议来听取汇报，确定干支流水库的布局，提出一个比较合理、落实和统一的替代方案。

（3）上游水库与三峡水库的防洪调度问题。

在防洪论证中，三峡上游水库的调度方式有两种，一种是以满足当地综合利用（发电、防洪、通航等）为主进行调度，并计算其对中下游的防洪作用；另一种是以尽量提高中下游防洪效益为主来进行调度。很明显，两种调度方式的效益和作用是完全不一样的，而且只能取其一。防洪专家组研究了两种方式，电力系统专家组只考虑了一种，两者应该统一。领导小组认为根据现实条件，应该明确上游水库的调度只能以满足本流域本地区的综合利用效益为准，脱离现实的调度方案是没有意义的，应按照这一原则确定上游水库对长江中下游防洪的作用。

其次，三峡水库本身的调度方式也有两种，一种是与枝江补偿，一种是与城陵矶补偿，后者的防洪效益显著要大，但要承担些风险，更重要的是可能与泥沙、航运、发电方面有矛盾。在防洪专家组的报告中，是按照与枝江进行补偿调节计算防洪效益，并建议在下一阶段中再作进一步研究。在讨论中，有关同志补充汇报最近的计算成果，认为即使按与城陵矶补偿调节方式运行，遇到特大洪水年，泥沙问题仍然不大，有的同志则认为还要补充做试验计算。领导小组希望防洪组牵头，与泥沙、水文组等进一步研究，补充做一些必要和合理的工作，阐明上述问题，如果证实三峡与城陵矶补偿调度，库区淤积不致显著加重，特大洪水时荆江河段行洪安全有保障，则应尽量和城陵矶进行补偿，使三峡工程的防洪效益进一步提高，如果存在问题，则应如实反映，明确说明三峡工程的防洪调度必须按与枝江补偿方式运行。目前计算三峡工程的防洪效益时，可以先按与枝江补偿的方案为主，以留有余地。

第三个问题是上游干支流水库拦沙作用和最合适的兴建时期问题，每一座水库都有一个开始拦沙，逐渐达到冲淤平衡的过程，在专家组的报告中和代表的发言中，都提到上游水库拦沙对三峡能起到有利作用，这里就牵涉一个合理的、最优的兴建安排。领导小组希望泥沙专家组能根据综合规划水位组所提出的上游水库群的布局，进行估算，对上游水库和三峡水库的兴建顺序，从最大限度地减缓泥沙问题的角度出发，提出一些评论和建议。对支流上的水库如嘉陵江上的合川水库，也要作如上的分析论证。

（4）中下游防洪工程。上面已经说过，代表们对于防洪专题报告中提出的一些主要原则、数据及结论都是赞同的。此外，代表们一致同意 1980 年水利部上报国务院《长江中下游近十年防洪部署报告》中所安排的工程项目，包括分蓄洪区的安全建设，无论三峡工程是否修建，都应抓紧进行，尽早完成，建议国家适当安排。此外领导小组认为防洪专题报告中对于兴建三峡工程对洞庭湖区的作用，阐述得还不够全面。报告中着重阐述了其防洪作用，而对于三峡水库能够显著缓解洞庭湖的淤废的作用阐述得很少。从长远讲，如何尽量延长洞庭湖的寿命是个重大问题，除了制止不合理的围垦外，减少入湖的长江洪水和泥沙将起重要作用，请防洪专家组能提出补充报告。

（5）重庆港区整治和重庆市防洪问题。在防洪专题论证报告中，提出了库尾淤积问题，主要是重庆港区的淤积和整治问题有待进一步研究解决，这是一个重点，也是难点，这个问题在泥沙专题论证报告中也着重提出。在泥沙论证报告中认为，在三峡工程运行后期出现的港区淤积问题，是可以通过水库调度、整治、疏浚以及上游水库的作用得到解决，但只有原则设想，未提出具体整治方案。在审议泥沙专题报告时，领导小组已经请有关专家组作进一步研究提出方案。另外，三峡水库经过百年后遇到百年洪水，重庆朝阳门水位将达 199.09m，超过成渝铁路菜园坝车站控制高程，也必须采取措施。领导小组认为，这两个问题虽然是在几十年或百年后发生的，但是应该有所交代，请娄溥礼总工程师组织防洪、航运、泥沙三个专家组会同研究，提出比较具体的方案。关于重庆的防洪问题，并建议请重庆市先提出个方案，供防洪组研究。

（6）关于统一的综合性替代方案。请综合规划与水位专家组，根据以上问题的论证研究成果和领导小组的审议意见，归纳提出有三峡工程及无三峡工程的上中下游统一布局的方案。对于无三峡工程的替代方案，应该是一个统一的、优化的和切实可行的方案，应该明确不上或缓上三峡工程时，上游干支流修建哪些工程，明确其对中下游防洪发电效益，应该是可以送到华中、华东，能替代三峡的，安排其现实合理工期，估算较落实的投资；有航运方面，明确采取哪些措施，能满足到什么要求，存在什么困难或问题；在防洪方面，明确统一的调度方案，阐明所能达到的防洪要求。对于目前难以精确确定、风险较大或无法完全替代的各项要素，以及大气污染、交通运输、煤的生产等问题，都要如实阐明，以便最后综合分析利弊得失，作出统一的符合客观实际的评价，供中央决策，决定三峡是否应上。对于早上、晚上，也需要有综合比较。推迟三峡，移民费用和困难将急剧增加，应该说清楚。

在综合比较中，也应考虑供水等问题，适当作出分析，可由长办提出基本资料。对于其他在专题报告中没有涉及的问题，都由综合规划与水位组考虑，起一个综合作用。

三、对三个专题报告的一些具体意见和其他方面的意见

在讨论和审议中，除上述需进一步综合论证的问题外，还提出过其他一些具体意见，主要有以下几条：

（1）加强上游干支流水库开发的前期工作。领导小组建议在以上综合分析和统一布局的基础上，由综合规划与水位组提出一个计划，提请规划设计主管部门研究考虑，以便在可能范围内，有针对性地加强最重要和急需工程的前期工作。

（2）关于三峡工程的发电规模。电力系统专家组提出，考虑上游水库群的作用和系统发展预测，三峡工程的发电规模应适当留有余地。领导小组认为这一考虑是合理的，建议下阶段设计工作中，在机组选择和枢纽布置中予以适当考虑。

（3）施工期明渠通航问题。许多代表提出，应研究施工期明渠不通航的可行性。领导小组认为，施工期明渠通航，确实增加了三峡工程施工的难度，限制了三峡工程的提前发电可能性，但对尽快满足施工期的航运要求是有利的，在可行性研究阶段，宜根据从严和偏不利的原则进行论证，所以仍以考虑明渠通航为妥。在下一阶段工作中，可以作为专题来深入比较其利弊得失和各项影响。有的代表建议请航运专家组考虑，可否在明渠通航问题的叙述上写得灵活一点。领导小组认为，作用一个专题报告，专题组可以阐述和表明他们的观点，不必勉强求得一致。

（4）投资分摊问题。许多代表提出，三峡工程的总投资中应由防洪等综合利用部门适当分摊，分摊部分的投资应豁免本息，这样做更为合理。对于这个问题，拟请综合经济评价组考虑各方面的意见，调查世界各国的做法，提出方案，将来再集中审议。

航运专题报告建议，在三峡建成后准备提取的水利水电建设基金中留出一定比例，用于解决航道、港口和库尾回水变动段可能发生的问题。请综合经济评价组研究可否同意。

（5）有的代表再次强调长江上游水土保持问题的严重性和迫切性，呼吁搞好水土保持第一道屏障，以减缓洪水和泥沙危害。领导小组完全同意这些意见，过去已向国务院提出了加强长江上游水土保持工作的专门报告，该报告已得到国务院批准转发，希望新组建的水利部能推动贯彻。另外，有关四川省的防洪问题，水利部正在和省方研究，预备专门谈一次。

代表们对这三个专题还提出过许多其他的具体意见或建议，不能一一总结，这些都已作了记录。并和以前几次会议一样，将整理成发言汇编印发给专家组和有关单位。除了对三个专题报告的意见外，有的代表还对三峡工程的综合规划方面提出见解，例如有的代表认为为了满足防洪要求和考虑移民的人防问题，三峡工程的正常蓄水位可以取为 160m；有的代表认为采用两级开发方案具有许多优点，仍值得研究；有的代表强调论证三峡工程时必须注意地震、滑坡、五级船闸运行和移民问题上的风险性问题，并认为三峡工程在防洪、航运、发电上的作用都可以用其他方案替代，主张先上工期短、收效快的工程。领导小组认为这些意见可以在今后审议综合规划和水位以及综合经济评价专题报告时集中研究。

由于时间关系，许多意见没有能总结进去，也可能有错误的地方，请领导小组、特邀顾问和各位专家代表补充指正。

在三峡工程论证领导小组第九次（扩大）会议闭幕时的总结讲话

同志们：

　　三峡工程论证领导小组第九次（扩大）会议，从 11 月 21 日开始到今天，一共开了十天，现在就要结束了。我受领导小组的委托做一个总结发言。由于时间限制，我的发言稿未及请其他领导小组成员和特邀顾问审阅，如有不妥，应由我负责，并以最后付印的文字为准。

　　出席这次会议的有领导小组成员，特邀顾问，学会理事长，十四个专家组的顾问、正副组长、工作组组长、联络员、部分专家，有关单位的代表和新闻单位的同志共 206 人。领导小组成员除史大桢同志请假外，都出席了。特邀顾问沈鸿、张维同志请假，马宾、王京、王谦、王汉章、毕大川、李强、李伯宁、张根生、胡兆森、钱永昌、徐礼章、蒋兆祖、蒲海清等 13 位同志出席了会议，刘国光、孙宗海、孙鸿烈、孙越琦、迟海宾、赵明生等 6 位同志委派代表出席会议。还有 8 位全国政协委员应邀出席了会议。

　　这次会议审议了综合规划与水位、综合经济评价两个专家组提出的专题报告，这也是 14 个专题论证报告中最后 2 个，由于这 2 个报告是综合性的报告，论证了一些原则性的重大问题，因此，使这次会议成为历次领导小组扩大会议中历时最长、出席人数最多的一次。会议从 21 日开始，大致上用 3 天时间听取了 2 个专家组的汇报，并进行提问。代表们从不同的角度共提出 27 个问题，涉及 10 个专家组，分别由这些专家组的组长或专家作了简要而明确的答复，从 24 日至 26 日进行大会讨论，6 位全国政协委员和几位没有在 2 个专题论证报告上签名的专家都作了重要发言。在大会上发言的同志共有 30 位，十分热烈、踊跃。由于时间的限制，有 11 位要求发言的同志没有能够安排，将用书面发言的形式印发给大家。许多参加会议的同志都认为，这样的大会讨论，充分体现了民主和科学的精神，开创了一个很好的范例，这种实事求是、开诚布公的讨论研究的风气是值得肯定的。

　　在大会发言的基础上，28 日和 29 日领导小组邀请特邀顾问或其委派的代表和学会理事长，开会进行集中审议，综合规划与水位、综合经济评价、泥沙、航运、枢纽建筑物、移民、防洪、电力系统等几个专家组的组长列席了会议，我们还邀请了新闻单位代表参加旁听。在集中审议中，意见比较一致，共有 25 位同志发言，未出席的顾问和成员也委托了代表或留下了书面发言，这些发言都是非常重要，对今后阶段的工作有很大的指导意义，会议将连同大会发言汇编印发。

　　现谨将主要审议意见综合归纳如下，有遗漏或错误之处，请其他出席的同志补充

本文是作者 1988 年 11 月 30 日在三峡工程论证领导小组第九次（扩大）会议闭幕时的总结讲话。

指正。

一、对论证工作的回顾

绝大多数同志肯定了两年多来的论证工作，认为中央、国务院关于重新进行三峡工程论证的决定是正确的，论证工作是严肃、认真和充分的，整个论证过程中是贯彻了民主化和科学化的精神的，许多代表认为三峡工程论证工作量之大，研究范围之广、程度之深，在国内外都是罕见的，有许多地方已超过可行性阶段的要求，通过论证澄清和解决了许多重大问题，获得许多明确的可贵的结论，可作为国家决策的重要依据或参考。

领导小组感谢大家所给予的评价，感谢大家的指导和支持，一定兢兢业业，与大家一起、继续努力，完成论证的最后阶段工作。

二、对两个专题论证报告的总意见

在集中审议中，绝大多数同志同意两个专题论证报告的基本内容和结论。

综合规划与水位专家组从长江流域治理开发规划总布局出发，论证了三峡工程的地位与作用，认为三峡工程由于其特殊的地理位置和巨大的规模，确实在防洪、发电和通航方面具有不可否认的战略意义和重大作用。至于三峡工程与上游及支流工程的关系，则它们各有不同的作用和效益，都是治理开发长江的组成部分，是相互补充，而不能相互替代，更不是相互排斥的，应根据当地当时的社会经济条件、国民经济发展的需要以及工程本身的建设条件，积极及时地予以建设。关于三峡工程的水位方案，综合规划和水位专家组综合了各专家组的意见，推荐坝顶高程185m、最终正常蓄水位175m，初期蓄水位156m的"一级开发、一次建成、分期蓄水、连续移民"的方案。参加审议的绝大多数同志对上述意见和结论未提出原则性的不同意见。

综合经济评价专家组也从防洪、能源、航运等方面，论证了兴建三峡工程的战略意义，接着深入分析了三峡工程的效益，用多种方法进行三峡工程的国民经济评价，研究三峡工程与各种"替代方案"的比较，并进行具体的财务可行性分析，他们的主要结论是：三峡工程是难得的具有巨大综合效益的水利枢纽，经济效益是好的，财务上是可行的，也在国力能承受的范围之内。总之，通过综合经济评价，专家组最后认为，在所研究的各种可能比较方案中，建三峡工程的方案比不建三峡的方案好，早建三峡比晚建三峡有利，建议及早决策。对于这个论证报告，大家认为，这是一项新的探索，过去经验不多，因此提出许多意见和问题，特别是国力能否承担的问题，在过去的项目评价中未曾做过，更提出各种见解，尽管这样，绝大多数同志认为，专家组做了有益的工作，专题论证报告所进行的分析可作为可行性报告的经济与财务评价的基础，并同意其结论。

根据以上大会讨论和集中审议的意见，领导小组认为：作为阶段性的专题论证报告可以原则通过，并向两个专家组的顾问、专家和所有直接间接参加工作、做出贡献的同志表示深切的谢意，还希望两个专家组认真考虑大会及审议会上所提的各种意见，对一些数据认真复核，对一些不够确切的文字作适当修改后自行定稿。审议中大家提出的某些问题将在编写可行性报告中作进一步分析和处理。

三、关于三峡工程建与不建以及早建还是晚建的问题

在大会讨论和集中审议中，代表们对三峡工程是建好还是不建好，如果建是早建好还是晚建好的问题，展开了热烈讨论，大家畅所欲言，各抒己见，从各种角度提出见解，所有这些意见都有助于我们的认识深化，对今后编制可行性研究报告都有很大的启发意义。

综合大家的意见，在建与不建的问题上，除极个别同志外，意见是一致的，都同意从长远来看，三峡工程是应该建的，讨论的分歧意见集中在早建还是晚建上。一些代表认为，三峡工程规模大，投资集中，尤其在最初 12 年中只有投入没有产出，当前国家经济困难，资金短缺，通货膨胀及物价上涨率较高，十三届三中全会决定明后两年的重点是治理经济环境，整顿经济秩序，深化改革。要紧缩基建投资，在这种形势下三峡工程不宜早建，以免影响近期计划甚至加剧通货膨胀和引起不安宁。多数同志则认为三峡工程具有重要战略意义，对 2000 年后的大发展关系重大，国家对长江的防洪、通航和华中、华东地区的能源布局这类重大问题，应该有全盘考虑长期规划，不能只搞短期行为，并认为十三届三中全会的决定是积极的措施，压缩的是楼堂馆所等非生产性建设以及重复引进、缺乏原材料和动力、效率低、质量差、浪费大的项目，从而可以调整投资结构，扭转被动局面，更有利于安排较长期、具有战略意义的短线项目，而且三峡工程逐年所需投资仅占国民总收入和基建总投资的很小比例，只要妥善安排不会影响通货膨胀和物价上涨。工程推迟，移民的困难和投资将迅速增加，所以不赞成晚建，有的同志还对筹资方式及可行的政策提出了积极的设想与建议，有的同志希望深入研究三峡工程提早发电的措施。

领导小组认为，这次重新论证的目的是编制符合实际的可行性研究报告。根据基建程序，可行性报告只是研究项目的技术、经济、财务可行性，以及对生态环境影响的评价，实事求是地比较分析早建晚建的利弊得失，并不决定开工时间，何时列入计划开工建设，需要在国家批准可行性报告后在国民经济计划中统筹考虑安排决定。

于此，领导小组还想说明：综合经济评价中，为了作具体比较，假定"早建"方案的开工期为 1989 年，"晚建"方案为 2001 年，这只是在 1986 年领导小组审议工作纲要时商定的作为计算依据的两个基准的年份，是供比较用的，当时这样做是可以理解的。由于论证工作延长了一年，结合当前的形势，1989 年开工显然已不现实，因此，将在编制可行性报告中再增加一个假定 1992 年开工的"早建"方案加以分析，研究其对经济评价和财务评价的影响。这当然也只是个假定的计算基准时间，但可以进一步分析研究早建与晚建的利弊得失，可为国家决策时增加一个参考资料。

有些代表提出了在评价中采用 1986 年底价格计算的问题。这是根据当时工作条件采取了一般计划中通用的办法，绝大多数同志认为是可以的。鉴于今年以来价格上升幅度较大，我们将对 1988 年的价格尽可能做些分析，并估计其对造价的影响。

讨论中还有代表提出有三笔费用：库区发展基金、库尾航道整治和因泥沙淤积引起的后期移民费用应列入投资。专家组对此作了说明，我们也将在可行性报告中进一步明确交代。代表们对资金筹措和相应政策方面的建议，将作进一步研究。

四、对其他方面的意见和分析说明

在大会期间，代表们还对上述主要论点以外的问题提了不少意见或疑问，多数都由有关专家组组长或专家作了答复。在这里也简单归纳和说明一下，当然，很多具体意见不能全部总结进去。

（1）第一类意见是对三峡工程的基本资料有担心或提出疑问，例如水库诱发地震、库岸滑坡坍方、泥沙淤积和水库寿命以及人防考虑，等等。如果这些最基本的资料有问题，三峡工程就不具备修建条件了。这些问题不属于这次评价的两个专题范围内，有关的专家组在以前已经做过深入研究、反复讨论并下了结论。这次会议上，在有些代表又提出疑问后，地质地震、泥沙、枢纽建筑物等各有关专家组的组长或专家再一次作了明确的答复，提出了科学的依据，澄清了一些误解。有的专家还专门提交了补充文件。我们认为，这些专业性很强的问题似应该尊重、听取有关专业专家的意见和集体所下的结论。主要问题应认为已经清楚和得到解决。当然下一阶段工作中还可以对个别问题作更为深入的分析研究，但已不存在影响工程建设的重大问题了。我们希望对此仍有疑问的同志，能加强和有关专家组的联系交流，以便了解情况取得更为一致的认识。

（2）第二种意见是个别专家对于开发三峡工程的方式和正常蓄水位有不同见解。例如，有的专家一直认为三峡应采取两级开发方式，有的专家从人防或泥沙角度出发，认为正常蓄水位以 160m 为宜。这些意见在长达两年的论证中，一直是讨论研究的课题。有关专家组根据三峡工程开发的总目标、工程的最大综合效益和考虑各项实际情况后，最后推荐了 175m 水位一级开发分期蓄水的方案。如前所述，绝大多数同志都同意专家组的结论，认为所推荐的水位方案可以满足综合利用各部门的最低需求，又在各种制约因素所能允许的上限以内，能为各方所接受，可以作为可行性研究阶段的基本方案，当然不排除在下一阶段进一步的优化。我们欢迎有不同见解的专家继续表达他们的意见，我们将全文刊载他们的发言或书面发言供广大同志在下一阶段工作中考虑。

（3）第三类意见是对三峡工程的具体效益或其不利影响有不同的评价。特别是在防洪和生态环境问题的评价上。例如有的代表认为三峡防洪作用有限、防洪效益估算偏大，有的代表认为三峡引起的对生态环境不利影响是严重的，宜慎重决策。对于这些意见，有关专家组也已作了解释。

总的来讲，大家充分理解和尊重这些专家的意见和担心。在防洪方面，防洪专家组反复说明：像长江这样大的流域，其上、中、下、干、支流的洪灾成因和情况十分复杂，没有一个单一措施可以解决所有的问题，应采取泄、蓄、分洪相结合的措施，因地制宜综合解决。三峡工程是长江防洪系统中的重要组成部分，它并不能解决一切问题，但又有它的十分重要和不可替代的作用。修建三峡，毫不意味着可以忽视放松其他措施和其他工程。事实也说明，在解放后我们一直在大力进行有关的干支流堤防工程、分洪工程和支流水库的建设，并不存在舍上保下、等待三峡、单纯依靠三峡的情况。当然，代表们提出这种意见，我们觉得是有益的，可以提高警惕，抓紧各项防洪建设。

关于生态环境问题，生态环境专家组已作了全面论证。论证中有些问题，专家们的看法不完全一致，最近又由严恺教授召开专题座谈会，深入讨论，使意见比较一致。三峡工程对生态环境有有利的影响，有不利的影响，主要的不利影响是在库区。我们认为修建三峡工程有个前提的，即必须充分重视生态环境问题，对各种不利影响采取一切必要的积极措施，防止各种可能的新的破坏生态平衡的现象，使生态环境发生良性循环。这是我们的认识，也是这么做的，例如在移民安排中，就十分重视和强调有关生态环境问题。决不容许由于安排移民而引起生态环境的恶性循环问题，这一点，万县、涪陵、宜昌的领导同志还作了详细介绍，而长江上游的水土保持问题已经正式展开，今后更将全力以赴，抓紧进行。

（4）第四类意见是对替代方案的看法。有的代表认为三峡工程还应和其他开发西南矿产、水电资源、解放少数民族问题的一些设想去比较，不应就三峡论三峡。对于这个问题，大多数代表认为，国家开发一项工程，特别像三峡这样的战略工程，当然有它的重要目标和任务，如果离开这一基本出发点去和其他设想方案相比较，就无法进行了。大西南的矿产和水力资源是应该研究开发的，少数民族的生活生产水平也亟待提高，但这和解决长江中下游洪灾，提高长江通航能力和解决华中、华东、川东地区的用电需求安全是两件事。应该各自进行可行性研究，提交国家决策，而不是互相排斥的关系。

五、下一步工作的安排和建议

根据大会和审议会上代表们的发言以及以上的分析，领导小组对下一步工作作出如下的安排和建议。

（1）请两个专家组认真研究分析大会和审议会上所提出的问题和建议，对两个报告进行必要的复核和修改，自行定稿，提交最终文件。

（2）按照领导小组原来的部署，责成长办负责，根据各专家组的论证报告编写可行性研究报告，并在可行性报告中分析、处理上面提到过的代表们在综合经济评价方面的意见。由于这需要补充做一定工作，请综合经济评价专家组负责指导协助。对于其他专家组，也希望根据长办的要求随时给予指导协助。

报告提出的时间宜抓紧，初步安排在明年一季度召开与本次会议同样规模的论证领导小组第十次（扩大）会议进行审议。

（3）责成秘书组整理本次会议中全部审议意见和大会的书面发言，及时汇编上报。对于个别代表要求专门向中央国务院反映的发言，尊重他们的意见报送。整理发言稿时防止遗漏或失实。对于重要的不同意见要请原发言同志看过付印。

（4）在可行性报告得到国务院的审批以前，专家组不解散，今后不论三峡工程何时开工，前期工作还要继续进行下去，希望各专家组提出建议，我们将请示国家计委后，在完成可行性报告时作出下一步部署。

（5）集中审议中大家特别强调指出，不论三峡工程何时开工，对库区的建设和移民试点工作应结合三峡工程的前景，作出瞻前顾后的统筹安排，给予必要的支持，以尽量做到及时创造经验，有利于国家的长远建设和库区人民的脱贫致富。希移民专家组会同国务院三峡地区经济开发办公室提出具体建议。

（6）三峡工程的论证需要从长江流域规划和有关地区乃至全国国民经济计划的全局来进行研究，但它不能代替长江流域规划、不能代替各地区的发展规划，更不能代替全国国民经济计划。讨论中涉及的有些问题都很重要，但不属于三峡工程论证范围，需要建议在全国计划中以及水利、能源部的工作中予以积极考虑，不管三峡何时修建，例如：

1）加强长江上游的水土保持工作；

2）完成 1980 年所定的中下游防洪方案；

3）抓紧有关金沙江和一些支流的重点水库、水电站的前期工作，如溪洛渡，向家坝，乌江的构皮滩、彭水，岷江的紫坪铺，嘉陵江的亭子口、合川，大渡河的瀑布沟，雅砻江的锦屏，澧水的江垭、皂市等，都需由有关部门和地方积极部署、逐项提出项目的可行性研究报告。

四川省和华中、华东地区的能源供需前景严峻，建议有关部门、地方早作宏观研究，通盘安排，寻找出路。

各位专家，各位代表，过去两年多来各专家组为三峡工程的论证做了大量工作。这次提交的两个专题论证报告是在以前 12 个专题论证报告的基础上做出来的。现在三峡工程的论证逐渐告一段落，14 个专题论证报告和大量的研究文件凝聚了全体专家们的心血，特别是几位已故的同志，为三峡工程的论证奋斗到最后一息，付出了他们一生中的最后精力，值得我们永远怀念。在论证工作进入最后阶段时，希望各专家组和工作组再接再厉，继续抓紧完成各项已定任务，并共同努力，完成可行性研究报告，为中华民族研究了半个多世纪的三峡工程交出经得起历史检验的答卷。希望各位特邀顾问、政协委员、热心的社会各界人士和新闻界同志继续给予指导、鞭策和协助。我们之间在某些问题上的看法可能不一致，但有一点是绝对一致的，这就是我们的出发点都是为了国家民族的最大利益，我们为祖国到现在还贫困落后感到痛苦，都怀有要振兴中华的强烈迫切的愿望，我们之间没有任何本质上矛盾，这次会议为加深了解、增进合作起了很好作用，我们深信今后一定会更加开诚布公、推心置腹、团结合作得更好，最终将会取得一致的认识，并在国务院作出决策后携手共进。

我的总结有不妥或遗漏之处，请各位参加审议的领导以及所有参加会议的代表们补充和指正。

在三峡工程论证领导小组第十次（扩大）会议上的总结发言

同志们：

三峡工程论证领导小组第十次（扩大）会议，从二月二十七日开始，历时九天，现在就要结束了。领导小组委托我做一个总结发言。由于时间的限制，我的发言稿没有经过领导小组其他成员和特邀顾问们审查，如有遗漏或不妥之处，请其他同志给以补充、纠正，并以最后付印的文字为准。

出席这次会议的有领导小组成员、特邀顾问、三个学会的理事长、十四个专家组的顾问、正副组长、工作组组长和联络员、有关单位和地方的同志和在京的新闻单位的同志共 203 人。领导小组成员除史大桢同志请假以外都出席了。特邀顾问孙鸿烈同志请假以外，马宾、王京、王谦、王汉章、毕大川、刘国光、孙宗海、孙越崎、沈鸿、李强、李伯宁、刘仲藜、张维、张根生、赵明生、胡兆森、徐礼章、蒋兆祖同志出席了会议。石衡同志代表钱永昌同志、丁长河同志代表蒲海清同志出席了会议。出席会议的地方上的领导同志，除特邀顾问中的王汉章、丁长河同志外，还有湖南省政府顾问史杰同志和重庆市计委副主任李义同志。应邀参加会议的十一位全国政协委员除严星华同志请假以外，也都出席了。

这次会议审议了长办根据十四个专题论证报告的成果编写的三峡工程可行性研究报告（审议稿）。由于这是我们整个论证工作最后的综合性成果，因此，受到了代表们的十分重视，是出席大会和在会上讨论发言人数最多的一次会议。

会议从二月二十七日开始，首先用两天时间听取了长办总工程师王家柱同志的汇报和阅读可行性报告审议稿。从三月一日到四日用四天进行了大会讨论。大会讨论共有 54 位同志发言；其中包括 10 位全国政协委员、10 位特邀顾问或特邀顾问的代表和中国水利学会理事长。但是，由于时间的限制，还有很多要求在大会上发言的同志没有能够安排，只能请他们作书面发言。现在提交书面发言的一共有 21 篇。全国政协委员王兴让同志没有参加会议，也送来了书面发言。

大会发言十分热烈，就广泛的问题发表了看法和交换了意见，除对可行性报告审议稿中的基本资料、水位问题和工程效益方面提问或阐述见解并由相应专家作了详尽解释外，主要集中在对两年多来的论证工作和可行性报告的评价；三峡工程在一些技术问题和移民及生态环境上的可行性；三峡工程的投资估算、经济分析、财务分析的可靠性和国力能否承受问题；以及三峡工程与长江干支流工程的关系问题，等等。许多同志还对可行性报告审议稿提出了具体修改或补充意见、还有的代表对下阶段工作

本文是作者在 1989 年 3 月 7 日最后一次领导小组扩大会议上的总结发言（节录）。三峡工程可行性论证工作从 1985 年 6 月进行到 1989 年 3 月 7 日，其间共召开了十次论证领导小组会议。

提出了建议或要求。

为了开好这次会议，代表们都做了大量准备，在会议期间付出了辛勤劳动，夜以继日。许多老专家不顾年迈体弱，扶病与会。这充分说明了代表们对三峡工程的关切和对国家对人民极端负责的态度，使我们深为感动。

在大会发言的基础上，昨天领导小组邀请了特邀顾问或其代表、三个学会的理事长和有关地方的领导同志开了一天小会，集中进行审议，并邀请新闻单位的同志们列席参加。在审议会上发言的有未在大会上发言的七位特邀顾问、湖南省政府顾问、中国水力发电工程学会理事长和领导小组成员、有三位特邀顾问本来准备了书面发言或联合书面发言，也在方才宣读了。因此可以说，所有出席会议的特邀顾问、政协委员、省市地区领导同志、学会理事长和领导小组成员都已作了重要发言，明确表示了态度。

现在将会议的主要审议意见扼要总结如下。

一、对两年多来论证工作的回顾和评价

自从中央和国务院在 1986 年 6 月下达 15 号文件，责成我们负责重新组织三峡工程的论证工作以来，已经两年八个月。我们根据中央和国务院"在广泛征求意见，深入研究论证的基础上，重新提出可行性报告"的要求，成立了十四个专家组负责进行专题论证，聘请了 21 位特邀顾问，以接受各界的指导和监督，最后由长办根据专家组的论证成果重新综合编写了可行性研究报告，提交本次大会审议。论证工作进度比原计划延长了一些，这是因为我们坚持进度必须服从质量的原则，力求提出一个有科学根据的、经得起历史考验的可行性报告来，所以在论证过程中不断根据各方面的意见，增加了许多研究、试验和分析工作。现在，三峡工程的重新论证工作即将告一段落。

在本次大会中，代表们对这一阶段的工作作出了评价。综合代表们的意见，大家认为两年多来的工作是严格执行了中央 15 号文件的指示，贯彻了民主化和科学化精神的。参加论证的四百多位专家，都是我国有关科学技术界的精英，许多专家是国际上享有盛誉的权威。直接间接参加工作的人员更多达数千人。论证工作的基础，除了三十多年来各部门、各单位的大量勘测、设计、试验、研究成果外，还有前一阶段国家计委、科委组织水位论证时取得的重要成果，有国家科委配合论证工作组织进行的大量科技攻关成果，当然还包括了这两年多来在各专家组直接主持或指导下补充进行的所有调查试验，研究分析和勘测设计成果。十四个专题论证报告都是四百多位专家在上述丰富可靠的资料基础上，呕心沥血，深入研究，反复研讨逐渐取得一致认识后才定稿提出的，对各自专业范围内的重大问题都做出了科学的论断。论证工作是严肃、认真和充分的。专家们的辛勤劳动和极端负责精神，理所当然地受到大家的尊敬和给予了高度评价。许多代表认为，这样深入，广泛的科学论证工作，在国内还是少见的。正如陆佑楣同志在开幕词中所说的："我们的论证成果，凝聚了三十年来长办和其他有关部门、单位和地方上成千上万人的辛勤劳动，凝聚了两年多来十四个专家组、工作组五百三十多位专家和数千名参加调研、试验和计算工作的同志们的智慧和心血，是国家的宝贵财富"。论证领导小组感谢领导和同志们所给予的评价，并且愿意指出，在所凝聚的智慧和心血中，包括了一些对三峡工程建设有不同见解的专家们的智慧和心血。各种不同意见，都有助于论证工作的深入。总之，所有参加论证的专家和同志们，

都对整个论证工作做出了重要贡献，我代表论证领导小组谨向全体专家和同志们表示衷心的感谢。在论证过程中，领导小组所做的工作非常有限，缺点很多，我们只是问心无愧地做了自己最大的努力，力求遵循中央指示的精神去做，而且准备接受全国人民的审查和历史的考验。

二、对可行性报告（审议稿）的审议意见

长办这次提交的"长江三峡水利枢纽可行性研究报告（审议稿）"是根据十四个专家组的专题论证报告和三十多年来积累的大量资料重新编写的。在会议讨论中，绝大多数同志认为，这份报告基本上做到了综合概括十四个专题论证报告的成果，从长江流域综合规划出发，论述了三峡工程的地位和作用，以及与各种综合替代方案的比较。报告阐述了推荐的工程方案和对所有主要问题的研究情况与结论。这些主要问题都在可行性研究范围内作出了答复或得到解决。与 1983 年的可行性研究报告相比，在各方面都有较大的提高和深化，结论更为合理、可靠、可信，许多地方的研究深度已超过可行性研究阶段的要求，因此原则同意这个报告，并建议作些修改后可以提交给国家作为宏观决策的依据。同时代表们指出，可行性研究不能深入解决所有的问题，尤其对于三峡这样巨大复杂的工程，还有不少问题需在下阶段做进一步工作落实或解决。有个别同志则认为论证尚不够完善明确，不足以作为决策依据，也不同意报告的结论。

领导小组根据多数同志对可行性报告的基本评价，决定原则通过《审议稿》，要求长办根据会议上代表们所提的各种意见，对报告的文字进行一次全面细致的复核，并作必要的修改和补充，尤其对于代表们指出的不完全符合专家组结论提法和上次领导小组扩大会议决定的地方，要认真进行修改。最后由领导小组审定后上报国务院。各位顾问和专家如还有对报告文字的具体修改意见，希望能提交会议秘书组转交给长办考虑。

对于讨论及审议中的不同意见，我们将如实上报。根据对发言的统计分析，认为三峡工程根本不可行，不能修建的意见极为个别，主要分歧是在早建还是晚建的问题上。多数代表从全国经济建设的发展战略，从防洪、能源、通航和供水的需求以及三峡工程的巨大效益出发，并考虑到过分推迟建设将带来重大损失和困难，实际上否定了这一宝贵资源的开发可能，建议在国家经济条件容许情况下尽早安排建设。而部分代表认为在当前整顿经济秩序、治理经济环境、压缩基建规模的形势下，考虑到三峡工程规模很大、投资集中，在 2000 年前不能发挥效益，不赞成早建。领导小组认为，中央交给我们重新论证三峡工程的任务，是要我们从技术、移民、生态环境和经济财务等各方面阐明修建三峡工程的必要性和可行性，并如实反映建与不建、早建与晚建的利弊得失，为国家决策时提供一个科学依据。这仅仅是第一层次的工作。至于三峡工程究竟建不建，在什么时间建设，要由国务院审查委员会根据全国国民经济发展的战略规划和布局、国家财政经济情况、改革开放和整顿治理成果，统揽全局综合研究后作出抉择，提交政治局讨论，最后还要提交人大讨论通过。三峡工程的可行性研究，毕竟不能代替更大范围的国民经济发展规划研究，更不能代替国家做决策，这是属于更高层次考虑和决策的事。何时审查、如何审查，都将由国务院决定。我们要做的是在上报可行性报告的同时，认真如实地整理不同意见，一并上报，以便中央了解全面情况，作出正确的决策。

三、其他意见和下一步工作

在讨论中许多代表就下一步工作提出了很重要的意见或建议。

代表们鉴于三峡枢纽是一项战略性工程，牵涉和影响面十分广泛深远，特别考虑到库区人民再也不能长期等待下去，因此迫切建议中央能够根据论证成果和各方面的意见及早作出宏观决策。有的代表建议可以分步骤来解决，那就是先从国民经济发展的战略布局考虑、从宏观和长期规划角度出发，先研究三峡过程是否需要修建和审定其规模，然后再根据国家的具体经济形势确定最佳的修建时间。

许多代表关心库区的发展问题，特别是要为三峡工程做出重大贡献的四川、湖北两省、市、地区的领导，都作了重要发言。他们除表示同意可行性研究报告、服从中央的决策、有信心解决好移民和迁建问题外，恳切地希望在近几年中国家能增加向库区的投入，扩大移民试点，加强上游水土保持工作。这样做，投入有限，但可以大大促进库区经济的发展速度，帮助库区脱贫致富，而且也为今后修建三峡工程减少很大的损失和困难。

还有许多代表建议，三峡工程的前期工作和科研攻关工作要继续进行，不能间断。专家组暂时不要解散，要负责整编好所有资料。一些代表还对下阶段需特别抓紧的研究和设计工作，例如对通航建筑物、航道、投资估算和财务分析等的进一步研究和复核提出具体的建议。有的同志建议领导小组在向国务院报送可行性报告时，并能全面总结论证工作的经验，等等。

领导小组感谢代表们所提出的这些重要建议，并决定了以下几点。

（1）在国务院审查可行性报告以前，论证领导小组和各专家组将继续保留待命，并协助长办修改可行性报告和继续组织进行必要的前期工作和科研工作。

（2）在向国务院呈报可行性报告时，领导小组将同时写一个简要报告上报。这个简要报告中将扼要叙述论证工作的过程，主要的结论，以及通过审议后我们的认识和建议。

这里还说明一下，为了引进技术，进行验证，经国务院批准，中加两国政府商定，由加拿大政府提供资助聘请加拿大最著名的咨询集团在世界银行的监督指导下，独立地进行三峡工程可行性研究，现在也已提交了报告。他们的结论有些和我们一致，有些并不相同（如水位方案），为使中央了解全部情况，我们的简要报告中也将简介加方报告的主要内容以及和我们论证成果的比较。

在向中央提交报告时，并将报送以下附件：

1）以往审议通过的十四个专家组的专题论证报告；

2）所有参加论证工作的人员名单，包括特邀顾问、政协委员、省市地区领导，各专家组的顾问、正副组长、专家以及各工作组的人员；

3）审议发言汇编，以及不同意见的汇编；

4）在世界银行指导下完成的加拿大咨询公司编制的三峡工程可行性报告。

这一简要报告将由领导小组成员签名负责，不要求特邀顾问在上面签名。因为特邀顾问是我们从各界聘请来监督和指导我们工作的，特邀顾问的发言和意见都将另外上报，这样特邀顾问可以更不受拘束地在更高层次上发表独立的咨询意见。

上报的文件将分送特邀顾问及各专家组。

（3）领导小组将继续组织有关同志，整理汇编全部论证成果，作为国家的宝贵财富。

（4）领导小组将向计委、科委请求部署今年的前期工作和科研工作。

同志们，经过两年多的共同努力，三峡工程的论证工作就将完成了。在这段时间里，我们领导小组能够和这么多的专家与同志们共同工作，能够得到社会各界这么多的人士的指导和帮助，感到十分高兴。我们不仅完成了论证任务，而且结成了深厚友谊。我们不仅向专家和同志们学习了许多知识，而且学习了他们的科学态度和负责精神。当然，我们之间也存在一些不同见解，甚至发生过一些误会，但正如我在上次扩大会议上所说的，我们之间没有本质上的矛盾，我们的愿望和出发点是完全一致的，所以我们之间的不同见解完全可以通过平心静气的讨论研究来解决。确实不能取得一致的地方，就把不同的意见如实地向中央反映，供中央决策时考虑。我们觉得这是正确的做法，我们正是这么做的，相信大家都会赞成这一做法。

同志们，我们的祖国，至今还很贫穷落后，我们的改革开放事业正处在关键时刻，我们需要一个长期安定的局面，我们需要全国团结一致的气氛，我想这是我国十一亿人民的共同呼声，相信我们每一位同志都会为了这个团结的目标作出努力的。在这里请允许我顺便说一句总结以外的话。有同志问我，最近有些报刊文章和出版的书本，对我有所批评或指责，问我是个什么态度。我想表个态。我并没有全部看到这些文章，但凡是由于我水平低、工作上有缺点，因而影响了论证工作、引起了误解的，我表示诚恳的道歉，愿意作深刻的检查。即使有些指责不符合事实，我也表示感谢，相信误会总会消除的。其实，我此刻的心情，正和昨天审议会上一些搞水电老同志的心情一样，也和全国水电战线上每个同志一样，我是惭愧自己几十年来没有做好工作，不能在我们这一代中为国家多开发一些水力资源，不能为其他能源行业多减轻一些压力，不能为中央多分忧担愁，我是愧对祖国的大好河山，如果我还能再工作几年的话，唯一的心愿是希望能在各位前辈、领导、同志的帮助下，作出加倍的努力，为祖国的水电事业贡献出最后点点心力。昨天我们听了水利、交通、机电、财政、能源部门和其他许多领导同态诚挚的、语重心长的讲话，深深感到各部门同志的心情也是一样的，无非就是对目前存在的严峻紧迫形势感到焦虑，想为国家的"四化"大业多做些贡献，所以，我们有一千个理由团结起来共同努力。同志们，我们肩负的责任是如此之重，我们面临的困难是如此之多，而留给我们的时间是如此之紧迫，是否可以容许我呼吁一下，把一切误会、成见和隔阂统统抛在脑后，让我们在中央的领导下，服从中央的决策，永远紧密地团结在一起，为祖国"四化"和振兴中华的大业贡献出我们全部的心力！

同志们，三峡工程重新论证工作即将圆满完成了，我再重复一句：在这两年多的时间里，我们有机会和数百多位专家和同志们共同工作，有机会得到各界人士、各省、市领导的关怀、指导和帮助，这是我们的光荣。我们高度评价所有参加工作的同志所做出的巨大贡献，我们深深怀念在论证期间不幸离开了我们的专家和领导。请容许我代表论证领导小组，再一次向所有参加过论证工作的同志们表示我们最衷心的感谢，祝同志们身体健康、工作顺利，为祖国的"四化"大业做出更加卓越的贡献。特别对于年事已高的领导、前辈和专家们，敬祝你们像苍松翠柏一样健康长寿，亲眼看到三峡工程的兴建和投产，分享这个宏伟工程给全国人民带来的欢乐和幸福。

我的发言就到这里，不妥之处请领导小组同志、特邀顾问、各位专家和代表补充与指正、谢谢大家。

在水利电力部三峡工程论证领导小组第十次（扩大）会议上的联合书面发言

各位特邀顾问、各位代表、同志们：

我们三人在这次会上作联合发言。

我们三人作为三峡工程论证领导小组的成员，在按照中央、国务院 15 号文件的要求重新论证三峡工程的两年多的时间里，深深地感受到不论是我们邀请的顾问、各地的代表、各专题的专家组、工作组，还是配合论证工作的高等院校、科研单位的广大科技人员，都以高度的责任心和事业心，不知疲倦地以满腔的热情认真负责地参加了论证工作。他们以第一流的学术水平、深渊广博的知识，用科学严谨的态度对待三峡工程每一个是非问题，作了大量的非常有效的工作，取得了重要的成果。这使我们深受教育，同时也学到了很多知识，我们在此深表感谢。

我们同意十四个专家组提出的专题论证报告，也同意长办根据十四个专题论证报告的结论意见，重新编写的三峡工程可行性论证报告，我们建议第十次扩大会议原则通过这个报告，建议在会后参照这次会上各位顾问、专家和代表们在讨论发言中的建议对本报告文字作适当的补充修改后，可以作为我们正式报告提交国务院审查。这次会上的发言都是很好的，有些越出了各专题报告结论意见的内容，可以印成书面材料同时上报国务院，并为今后工作做参考。

我们再简要地从我国能源和电力发展的角度对三峡工程谈点意见。

众所周知，我国能源资源从绝对值来说相当丰富，但从人均占有量来讲是很贫乏的。有效地合理地开发利用能源资源是我国经济发展的重要战略问题。

我国原煤的地质储量为 8400 亿 t，它主要分布于长江以北，较集中于山西、内蒙古、陕西、宁夏，是当前能源的基础。1988 年的原煤产量是 9.6 亿 t，占一次能源年产量的 73%，其中 2.1 亿 t 用作发电，约占煤炭年产量的 23%。

我国的石油资源储量远未被探明，估计地质储量 780 亿 t，主要分布在东南沿海大陆架和新疆内陆油田，当前石油主要用于石油化工和交通动力之用，用油发电不是我们的方向，1988 年的产量为 1.37 亿 t，折合成标准煤约占一次能源的 21%。

我国的天然气，到目前为止储量产量都不大，1988 年的产量为 138 亿 m^3，折合成标准煤只占一次能源的 2%。

我国的核燃料作为动力尚属起步，核电站正在建设。

我国有丰富的水力资源，解放后经过五次普查，理论蕴藏量为 6.76 亿 kW，可开发利用的为 3.78 亿 kW。在 1988 年已开发 3239 万 kW，占可开发容量的 8%。1988

本文是作者 1989 年 3 月 8 日与能源部副部长、论证领导小组成员史大桢和能源部副部长、论证领导小组副组长陆佑楣在水利电力部三峡工程论证领导小组第十次（扩大）会议上作的联合书面发言。

年的电量为 1050 亿 kW·h，相当于 5000 万 t 原煤，虽然在一次能源总产量中只占 4.3%，但是作为电力的动力资源，水力发电占整个电力装机容量的 28.6%，电量的 20%，已成为我国一次和二次动力能源的重要组成部分。水力资源主要分布于我国的西部，尤其西南各省更为集中。

由于我国能源资源的分布不匀，各种能源有不同的特点，有不同的用途，决定了我国北煤南运，西电东送的互补调剂的总格局。

当前我国的能源形势十分严峻，严重的缺煤缺电已制约了国民经济的健康发展。虽然我们的电力 1988 年投产装机达 1000 万 kW，发电量的年增长率为 9.2%。然而同时期我国国民生产总值的增长率为 11.2%，工业的增长率为 20.7%。同时期的煤炭产量增长率仅为 3%。煤炭的增长跟不上电力发展的需要，煤炭和电力发展的速度又跟不上国民经济的发展的需要。这是当前能源的基本形势。而且在可以预计的年代里能源的紧缺不会有根本的改变。为了扭转或缓解能源的供需矛盾，只有依靠对经济的综合治理，中央、国务院决策了整顿经济秩序，治理经济环境，也就是在宏观上要调整产业结构、调整投资结构，以增强能源、交通、农业等基础建设，只有这样才有可能使我国的经济健康地发展。能源是经济发展的基础，要有一个同经济发展相匹配的稳定的增长速度。然而我国是一个经济落后的国家，在经济发展过程中资金短缺也是一个长期的形势，如何用有限的资金合理而有效的开发能源是我们的责任。能源部成立以后就着手制定了近期的对策和 2000 年的规划；根据需要和可能 2000 年的原煤产量已经达到 14 亿 t，即比 1988 年增长 4.4 亿 t，而 2000 年的电力发展根据可能和需求预测为 2.4 亿 kW，即比 1988 年要增加 1.3 亿 kW，年电量要增加 6600 亿 kW·h。然而 1988 年发电用煤 2.1 亿 t，约占原煤总产量的 23%。在 2000 年时即使把发电用煤的比例提高到 25%。最多也只能增加到 3.5 亿 t 原煤用来发电，只能新增火电装机 5800 万 kW。因此，火电的发展受到煤炭生产能力的制约，出路是提高火电的参数，降低煤耗与节能并举。更重要的是尽可能地多发展水电，用水电来弥补部分煤炭资源的不足。核电在我国尚属起步，在建规模为 210 万 kW，2000 年的目标是 600 万 kW，核电设备进口价格昂贵，只有设备国产化，降低设备价格，才可能有长足的发展。

由此，水电在 2000 年时仍应达到较 1980 年水平的翻两番的目标，即 8000 万 kW，也就是在今后 12 年内要增加 5000 万 kW，如何达到这个目标呢？

（1）加快在建项目的建设，九十年代内如期建成发电。在建规模扣除已投产的机组尚有 1407 万 kW。

（2）用地方集资为主的抢建 1000 万 kW 中型（2.5 万～25 万 kW）水电站。

（3）持续保持每年投产 50 万～70 万 kW 的小水电（2.5 万 kW 以下）以达到 840 万 kW 的容量。

以上三项加起来为 3240 万 kW。

尚缺 1800 万 kW，需在九十年代中开工兴建的大型水电站投产解决。2000 年以后，预计煤炭生产运输的形势将更趋紧张，需要更多的水电投产。所以，考虑了 2000 年前的需求，更为 2000 年以后准备，在九十年代开工建设的大型水电规模应达 4800 万～5000 万 kW。其中就包括三峡工程在内。

　　三峡工程装机容量 1768 万 kW，年发电量 840 亿 kW·h，相当于年产 5000 万 t 原煤，又由于得天独厚的地理位置和综合效益，是重要的能源基地。三峡工程不是为解决近期缺能的短期目标，而是为 2000 年以后能源电力需求的战略项目，它的综合效益远高于其他水电、火电和核电项目。三峡工程既不能替代其他能源电力项目，也不可能由其他项目所取代。它是我国国民经济发展战略的一个重要项目。长江三峡是中华民族的宝贵财富，三峡工程是中华民族发展的需要，我们建议在九十年代初正式开工兴建。希望中央、国务院尽快决策，贻误了时机将是历史的错误。为民族的发展，为国家兴旺发达，我们这一代应该有所作为。

关于三峡工程论证情况的汇报（摘录）

我受三峡工程论证领导小组的委托，向国务院作"关于三峡工程论证情况"的汇报。1986 年 6 月《中共中央、国务院关于长江三峡工程论证有关问题的通知》（中发〔1986〕15 号，简称 15 号文）要求原水利电力部"广泛组织各方面的专家"，"在广泛征求意见，深入研究论证的基础上，重新提出三峡工程的可行性报告"。经过两年零八个月的工作，报告已于去年九月上报国务院三峡工程审查委员会。现将有关论证情况及主要结论简要汇报如下。

一、论证工作的组织领导、工作方法与论证程序（略）

二、三峡工程重新论证的主要结论

重新提出的三峡工程可行性报告总的结论是：三峡工程对"四化"建设是必要的，技术上是可行的，经济上是合理的，建比不建好，早建比晚建有利。

（一）重新论证推荐的三峡工程建设方案

在 1984 年批准的方案和 1985 年、1986 年国家计委、科委组织的三峡水位论证成果的基础上，这次对正常蓄水位 150m、160m、170m、180m，以及两级开发和"一级开发、分期建设"等三种类型共六个方案进行了全面的经济和技术论证。最后推荐采用"一级开发，一次建成，分期蓄水，连续移民"的建设方案。大坝坝顶高程为 185m，一次建成，初期运行水位为 156m，最终正常蓄水位为 175m，移民不间断地进行，20 年移完。

大坝坝址位于湖北省宜昌市三斗坪镇，水库控制流域面积 100 万 km^2，多年平均年径流量 4510 亿 m^3。水库总库容 393 亿 m^3，其中防洪库容 221.5 亿 m^3，兴利库容 165 亿 m^3，与防洪共用。水库回水可改善川江航道约 600km；水电站装机总容量 1768 万 kW，年发电量 840 亿 kW·h，以 1986 年末价格水平计算，包括输变电投资在内的静态投资为 361.1 亿元，其中枢纽工程投资 187.7 亿元，水库移民投资 110.6 亿元，输变电投资 62.8 亿元。枢纽工程总工期 18 年，其中准备 3 年，从主体工程开工到第一批机组发电的工期为 9 年。

与国务院于 1984 年 4 月原则批准的 150m 方案比较，这次论证将正常蓄水位由 150m 改为初期运行水位 156m，最终正常蓄水位 175m，使效益增大，同时避免了大洪水超蓄问题。工程先按 156m 水位运用，最终抬高到 175m，不仅有利于移民安置，而且有利于验证泥沙淤积对库尾航道港口的影响。由于提高了水位，淹没区人口由 33 万人增到 72.5 万人（1985 年底调查数，不包括建设期人口增长）；淹没耕地由 14.6 万亩增至 35.7 万亩；单机容量由 50 万 kW 提高至 68 万 kW；船闸增加一级，施工期延长一年，包括物价调整因素，工程静态投资由 1984 年的 208.5 亿元，增至 361.1 亿元

1990 年 7 月 6～14 日，国务院举行了长达 8 天的会议，听取三峡工程论证领导小组作关于三峡工程论证情况的汇报。本文是作者代表论证领导小组在 7 月 6 日所做的汇报发言，收入本书时做了删节。

（1986 年末价格）。经过讨论，多数专家赞成上述推荐方案。

在论证中，有些专家提出几种不同的方案。有的从战时大坝安全、移民及使变动回水区泥沙问题较易处理的角度出发，主张正常蓄水位 160m；有的从减少重庆淤积和移民人数考虑，主张两级开发；有的从有利于航运的角度考虑主张正常蓄水位 180m；有的泥沙专家从减少对重庆淤积影响考虑，主张蓄水位 172m 左右。

（二）兴建三峡工程的必要性

第一，可以控制长江上游洪水，减免长江中下游广大地区洪水灾害，保障经济建设和社会发展。第二，为华中、华东及川东地区提供大量的电力，可有效地缓和这些地区能源供应长期紧张的矛盾。第三，使宜昌至重庆间航道条件获得显著改善，为万吨级船队汉渝直航创造条件。

从防洪方面看：

长江流域洪水灾害以中下游地区最为严重和频繁。据文献记载和调查，从汉代到清末的 2000 年间，长江中下游共发生洪水灾害 200 多次。1788 年宜昌站洪峰流量达到 86000m³/s，荆江大堤溃决 22 处，荆州城被淹，大量人口死亡。1860 年和 1870 年两次特大洪水，宜昌站最大流量分别达到 92500m³/s 和 105000m³/s，荆江河段控制站枝城流量达 110000m³/s，先后冲开了南岸的藕池和松滋两口门，使洞庭湖区受到毁灭性灾害，北岸江汉平原也受淹没。两次洪灾的损失惨重。20 世纪的 1931 年和 1935 年洪水，中下游平原分别淹地 5090 万亩和 2264 万亩，人口死亡分别达到 14.55 万和 14.2 万人，1931 年汉口被淹三个月。1954 年大洪水，分洪和堤防漫溃的洪量达 1000 余亿 m³，4755 万亩农田被淹，受灾人口达到 1888 万人，直接死亡 3.3 万人，京广铁路有 100 天不能正常运行。

新中国成立 30 多年来，党和政府领导人民进行了大规模的防洪工程建设，但中下游干流堤防仍只能防 10～20 年一遇洪水，其中荆江河段只能安全通过 60000m³/s 的洪水流量，约相当于十年一遇洪水。超过上述标准，即需运用分蓄洪措施，分蓄一次，损失极大，而且很难保证人身安全。即使付出以上代价，荆江河段也只能承受枝城来量不超过 80000m³/s，约相当于 40 年一遇的洪水。超过这一流量时，除修建三峡水库以外，尚无切实可行的办法。而据历史洪水调查，自 1153 年以来，宜昌洪峰流量大于 80000m³/s 的有 8 次，其中大于 90000m³/s 的 5 次。1860 年和 1870 年两次特大洪水，枝城流量均在 110000m³/s 左右，必将造成干堤溃决、大面积农田被淹、城市被冲毁和大量人口伤亡的毁灭性灾害。荆江大堤溃决，还直接影响武汉市的安全。荆江南北，是湘鄂两省的精华所在，一旦发生问题，其影响将是全国性的。这是个重大的政治问题，是长江防洪中的心腹大患。必须尽早予以解决。

三峡水库推荐方案的主要防洪作用如下：

（1）对荆江地区，遇百年一遇洪水或类似于 1931 年、1935 年、1954 年洪水，可以不启用荆江分洪区；遇百年以上到千年一遇或类似 1870 年洪水，可控制枝城最大泄量不超过 71700～77000m³/s，配合荆江分洪等措施，可保证荆江两岸安全。

（2）对城陵矶附近地区，包括洞庭湖和洪湖地区，遇一般洪水可以基本不分洪，遇类似于 1931 年、1935 年、1954 年洪水，可以大量减少分蓄洪量和淹没损失。

（3）对武汉地区，由于上游洪水得到有效控制，可以避免荆江大堤溃决对武汉的威胁，提高武汉市防洪和调度运行的可靠性和灵活性。

（4）为松滋口、藕池口等地建闸控制创造条件，减轻干流洪水对洞庭湖地区的威胁，并减少洞庭湖的泥沙，延缓洞庭湖的淤积和消失。

在论证当中，也有些同志提出了各种疑问和不同的意见，我们都做了认真研究。主要有如下一些问题。

1. 关于类似 1870 年洪水对荆江防洪的严重性的认识

有同志提出，1870 年洪水荆江大堤上段并未溃决，现在荆江大堤经过几十年加高加固，比当年坚实得多，如再遇类似的洪水，荆江大堤不致溃决。事实是，当年荆江河段南汊过流量比现在大得多，洞庭湖的范围也比现在大得多，因此主要向南溃决，荆江大堤的上段侥幸未毁，但在监利以下仍遭溃决，江汉平原大部被淹，损失也极严重。现在洞庭湖经过一百几十年的淤积，范围缩小，江湖的通道已经淤高，而且堤垸纵横，阻碍行洪，调蓄洪水的能力大大降低。如果再遇类似 1870 年洪水，两岸俱溃的危险性是完全存在的。

2. 关于三峡水库对中下游防洪的作用

提出疑问的主要理由是：长江洪水有好几个来源，三峡工程只能控制上游来水，长江中下游一次大洪水量有上千亿立方米，而三峡水库只有二百多亿立方米的防洪库容，怀疑到底有多大作用。

长江中下游干流洪水的组成，确实有不同的来源和组合类型。但主要来源都是川江。20 世纪五次不同类型的大洪水，川江七、八两月洪水来量占干流沙市洪水量的 95%以上，占城陵矶洪水量的 61.4%～79.5%，占武汉洪水量的 55.1%～76.2%。三峡水库可以调节控制川江来水，对中下游的防洪作用是显而易见的。再者，水库的防洪作用并不是全部拦蓄一次洪水的全部水量，而只是调蓄超过下游河道安全泄量的部分。例如，1870 年 30 天洪水总量为 1650 亿 m^3，枝城洪峰流量达 110000m^3/s，正确运用三峡的防洪库容，就可以把枝城的泄流量控制在 71700～77000m^3/s。如遇 1954 年洪水，有了三峡水库，荆江分洪区就不必运用，可减少分洪量 96 亿～220 亿 m^3，减少耕地淹没 180 万～330 万亩，作用同样很大。

3. 三峡水库是否会加重四川省的洪水灾害，造成水害搬家

修建大坝要抬高上游水位，水位抬高区的居民均已迁移。水库投入运行后，遇到各种洪水，库水位均在预定的范围内变动，和现在情况相比，只会大大减少或免除受灾人数。在水库长期运用后，由于泥沙淤积末端上延，对重庆市的洪水位会有些影响。按现在推荐的方案，运用 100 年后，重庆市朝天门百年一遇洪水位将由目前的 194.3m 提高到 199m，再加上 3m 的余地，将不超过 202m，重庆主要市区高程都在此水位以上，不会受到影响。事实上，上游干支流正在兴建而且将继续兴建水库，这些水库都必将减轻重庆河段的淤积并降低其洪水位。因此，重庆市认为，三峡正常蓄水位 175m 的方案不会造成水害搬家。

4. 关于三峡水库对武汉的防洪作用

有的同志认为，三峡工程既不降低武汉的堤防的防御水位，又不能减少武汉附近

的分蓄洪量，似乎对武汉防洪不起作用。

解决长江中下游防洪的方针是"蓄泄兼筹，以泄为主"。也就是首先考虑充分利用河道的泄洪能力。然后再安排分蓄洪区和干支流水库，互相配合解决问题。兴建三峡水库后，从荆江到武汉的最高防洪水位不降低，正是为了充分利用其泄洪能力。

三峡水库对武汉的防洪作用是：第一，可以保证特大洪水时荆江河段的行洪安全，也就避免了荆江大堤溃决对武汉的威胁；第二，川江洪水占武汉以上洪水来量约 2/3，经过三峡水库调节，武汉市出现最高防洪水位的机会将显著减少；第三，有了三峡水库，遇较大洪水时，防洪调度的灵活性大大提高，从而提高了武汉防洪的安全度。

5. 关于不建三峡工程的中下游防洪替代方案研究

主要是两大类方案，即修建上游干支流水库方案和进一步扩大中下游河道泄洪能力的方案。

关于修建上游干支流水库的方案。防洪专家组研究分析了有一定防洪作用的 13 座或 16 座水库的方案。16 座水库方案共有有效库容 375 亿 m^3，但即使全部按防洪为主进行调度，对千年（一遇）洪水，最大作用也只能削减荆江河段枝城站洪峰流量 9200m^3/s，不到洪峰流量的 8%，仍然不能使荆江河段安全泄洪，何况各水库不可能全按中下游防洪来进行调度。这是因为，这些水库只能控制约 70 万 km^2 流域面积，水库下游到宜昌区间还有 30 万 km^2 的暴雨区不能控制。但这些水库如果与三峡工程配合运用，则可以补充三峡工程的防洪库容，减少三峡水库的泥沙淤积，更好地解决长江中下游的洪灾。

关于进一步扩大中下游河道泄洪能力方案。防洪专家组研究了进一步加高堤防和开辟分洪道等方案。研究结果，为了防御 1954 年洪水避免分洪，加高堤防工程量达 76 亿 m^3 以上，如要防御 1870 年洪水而不溃决，荆江大堤堤身平均高度将达 16m，最高将达 20m，受堤防基础地质条件和堤身隐患的限制，安全缺乏保证，而且占地和移民的数量巨大，很不现实。开辟分洪道将打乱沿江两岸的排、灌水系和城乡生产布局，而且占地达 320 万亩，移民达 200 万人，土方量达 140 亿 m^3，远远超过三峡工程，显然是不可行的。

经反复研究，如果不建三峡工程，只能进一步加固中游堤防，增建各分蓄洪区的进洪控制工程，增加分蓄洪安全措施，远期与上游干支流水库联合运用。这个方案，估计需要投资约 70 亿元，分蓄洪运用的几率和现状差不多，在遇百年以下洪水时，分蓄洪和河道行洪的安全性比现在有所提高，但分蓄洪带来的巨大损失、临时人口撤退和防汛困难的形势没有明显改变，特别是遭遇大于百年一遇和类似 1788 年、1860 年、1870 年大洪水时，仍不能避免毁灭性灾害，荆江河段的严重危险依然存在。

从能源方面看：

三峡水电站装机容量 1768 万 kW，年发电量 840 亿 kW·h，主要供应华中、华东，部分送川东，每年可替代 4000 万～5000 万 t 煤。相当于十座大亚湾核电站或相当于七个 240 万 kW 的火电厂、一个年产 5000 万 t 的煤矿和相应的运煤铁路。与火电相比，每年可以少排放 1 亿 t 以上的二氧化碳、200 万 t 二氧化硫、1 万 t 一氧化碳、37 万 t

氮氧化合物以及大量废渣废水，有利于减少对环境污染。

华中、华东地区工农业生产发达，但多年来能源不足制约着经济的发展。这两个地区煤炭资源都很少，水能资源华东地区本来就不多，条件较优越的多已开发，华中地区剩余的水能资源 70%集中在三峡河段。据两地区电力发展规划，从 1986 年起到 2015 年，共需增加电量 8600 亿 kW·h，新增装机 1.7 亿 kW，即便兴建三峡工程和当地其他水电站并尽可能建设核电站，仍需增建火电 1.3 亿 kW，要从华北能源基地每年运进 2.85 亿 t 原煤。如果放弃三峡工程，将进一步加剧煤炭生产、运输困难和污染问题，从能源布局来看，是不合理的。

有的同志建议是否可以开发金沙江上的溪洛渡、向家坝和乌江等支流水电站代替三峡工程，向华中、华东地区送电。根据华中、华东和西南地区 1986～2015 年电力发展规划，30 年内，三峡工程和金沙江、雅砻江、大渡河、岷江、嘉陵江、乌江、清江、汉江以及洞庭、鄱阳等地水系的水电站均需陆续开发。其中金沙江的溪洛渡、向家坝需开始建设并部分投产，不存在互相替代问题。从已进行的前期工作、地理位置和地区负荷需要来看，三峡必然排在溪洛渡、向家坝之前。电力系统专家组把金沙江、乌江和华中地区支流电站共组合了四个比较方案进行分析计算，结论是在经济上都以包括三峡工程和先建三峡工程有利。我们认为，西南地区煤炭资源少，当地长江支流水电站应加快开发，以满足当地的用电需要，金沙江的水电可以东送也应当考虑东送，但在近期，解决华中、华东缺电仍以三峡工程最为现实。

从交通运输方面看：

长江干流是一条运输大动脉，预测到 2030 年川江下水年运量将达 5000 万 t，而目前的下水年通过能力仅约 1000 万 t，主要受航道现状的限制。重庆至宜昌 660km 航道条件差，有主要碍航滩险 139 处，单行控制段 46 处，严重妨碍了航运的发展。三峡水库能淹没川江滩险，使航道条件明显改善，万吨级船队有半年时间可直达重庆九龙坡，结合港口建设和船舶现代化，年下水运量可提高到 5000 万 t，运输成本也可降低 35%～37%。航运专家组研究，若不建三峡工程而采取大规模航道整治结合出川铁路分流，虽也可使年出川运量达到 5000 万 t，但不能根本改善川江的水流条件，不能满足万吨级船队汉渝直达的要求。

（三）技术上的可行性

三峡工程基本资料充分、可靠。工程前期工作相当充分，有较扎实的规划、勘测、设计和科学试验研究成果为依据；工程建设中需要解决的技术难题，包括这几年提出的一些有疑虑问题，各有关专家组均已作出明确的结论，技术上没有不可逾越的障碍，兴建三峡工程技术上是可行的。

三峡工程的大坝是一座混凝土重力坝，最大高度 175m，位于完整的花岗岩体上。枢纽布置简单，主要机电设备除少量需引进或合作制造外，绝大部分都可立足国内。建筑物除梯级船闸和升船机超过当前国际运行水平外，主要是工程规模较大，技术上是可以解决的。根据四十年来我国水利水电建设的经验，完全有能力完成设计和施工任务，这些都是没有争议的。各界人士担心的是泥沙淤积、水库诱发地震和库岸稳定等问题。现分别说明如下：

1. 关于泥沙问题

三峡坝址平均年径流量 4510 亿 m³，年输沙量 5.3 亿 t，年输沙量绝对值大，又是一条重要的通航河流，泥沙问题应该慎重对待。

为了论证泥沙问题，我们聘请国内最优秀、最有经验的 36 位泥沙专家组成泥沙专家组，在专家组指导下，承担试验研究工作的单位有清华大学、武汉水电学院、交通部天津水运工程科研所、北京水利水电科学研究院、南京水利科学研究院、长江科学院，可以说是集中了全国泥沙专业的精华。

三峡工程泥沙的主要问题有：水库是否会很快淤满失去作用；在变动回水区内，泥沙淤积是否影响航道和港区；泥沙长期淤积，对重庆市的防洪水位有什么影响等问题。

这次论证中，在过去大量研究成果的基础上，泥沙专家组又安排了大量补充工作，经过反复讨论研究，对上述问题提出了一致的结论。

关于水库寿命问题：由于三峡水库是河道型水库，长江来沙又集中在洪水期，根据理论研究和实践经验，三峡水库采取"蓄清排浑"的运行方式，在汛期将库水位降低，利用洪水流量通过底孔大量排沙。按照这一方式运行，建库后一定时期内，进库的泥沙量大于排出的泥沙量，库内是要被泥沙淤积的，但淤积的部位主要在死库容和一些边滩、库尾地段。经过数十年至一百年运行后，进、出的泥沙量将基本平衡（冲淤平衡），三峡水库仍然能保持 85% 的防洪库容和 92% 的兴利库容，长期发挥作用。

关于泥沙对航道港口的影响问题。水库区可划分为"常年回水区"及"变动回水区"两大部分。常年回水区的滩险常年被淹没，航道可得到显著改善。变动回水区库段的航道也有不同程度的改善，但在枢纽运行数十年后如遇特枯水年或丰沙年，在水库水位消落后期，某些河段的航道港区将出现碍航和影响港区作业情况。对这些问题可以从优化水库调度、结合港口改造和适当的航道整治措施加以解决。根据试验，航道的泥沙冲淤年内基本平衡，整治的工程规模不大。重庆港的边滩将发生累积性淤积，可采取一定规模的整治工程加以解决，具体整治方案可通过下一步的试验研究来优选。

关于库尾泥沙淤积对重庆市水位的影响问题前面已经汇报了。

对于论证中采用的泥沙数据，有同志认为由于人类活动的影响，进入长江的泥沙日益增长。水文专家组做了分析，认为没有出现悬移质泥沙明显增长的趋势。论证领导小组又委托严恺教授主持，于 1988 年约请 48 位有关专家进行了专门讨论，倾向性意见是，人类活动确实加剧了长江上游水土流失，需要加强水土保持工作。但长江干流历年来沙量仍然是在多年平均值的上下摆动，没有明显增加的趋势。原因是上游侵蚀物质较粗，大部分在短距离内淤积，进入支流的只有一小部分，进入干流的更少。因此，三峡设计来沙量可以采用根据三十多年实测资料分析出的数据 5.3 亿 t。为留有一定余地，在进行泥沙淤积对重庆市洪水位抬高的影响计算时，做了来沙量增加 30% 的敏感性分析计算，结论是没有实质性影响。

2. 地质地震问题

地质地震专家组由 24 位专家组成，其中有水电系统 7 人，交通部 1 人，其余都是中科院、地矿部、国家地震局和高等院校的地质专家。

三峡工程的地质地震问题，自 1955 年起，已研究了 30 余年，完成的实物工作量及勘探研究工作之多是工程史上少见的。这次论证中，专家组针对社会上关心的问题，补充安排了勘探、调查工作，进行了反复研究，得出了一致结论。专家组对坝址区地质条件的总评价是：坝址基岩完整，力学强度高，透水性弱，工程地质条件优越，适宜兴建混凝土高坝。

关于水库诱发地震问题，专家组认为，根据库区的地质构造背景，主要断裂的规模和分布以及考察历史发震情况，对建库后可能遭遇的地震以及水库诱发地震的规模作定性定量的判断是完全可能的。三峡工程在地质构造上处于相对稳定的地区，为弱震环境，坝区地震烈度取决于外围地震的影响，经国家地震部门多次鉴定，基本烈度定为 6 度是合适的。建库后虽然不能排除局部地段产生水库诱发地震的可能，但是产生较强水库地震的可能性小。从高估计，水库诱发地震影响到坝区的烈度，不会超过 6 度，小于设计的抗震烈度 7 度，不会影响工程安全。

关于三峡水库库岸稳定问题，在这次重新论证中由几个单位平行进行了调查、研究，结论基本一致。库岸主要由坚硬、中等坚硬岩石形成，总体稳定条件是较好的。据几个部门平行进行调查和计算、试验、监测，干流库岸体积在 100 万 m^3 以上的大中型崩坍、滑体约 140 处，其中变形正在发展的 8 处，稳定性较差的 14 处，但距离坝址都在 26km 以外。按最不利的假定条件进行涌浪计算和试验，即使离坝最近的新滩滑坡和链子崖危岩体全部滑坡入江，引起的涌浪衰减到坝址处，最大浪高约 2.7m，不会影响大坝安全。水库蓄水后，崩坍滑坡造成碍航的风险比天然情况将有所减轻。

（四）水库移民安置问题

库区移民是兴建三峡工程中最关键和最困难的问题。中央和地方都十分重视。移民专题的专家共 28 人，与地方共同论证。

三峡水库各项淹没指标，高程 160m 以下，是逐村逐户普查统计后，经各县（市）复核，精度较高；160～175m 之间，根据以往普查资料推算后，抽样复核，数据基本吻合。全库淹没耕地 35.7 万亩（其中水稻田约 11 万亩），柑桔地 7.4 万亩。1985 年底淹没区人口 72.6 万人，其中农村人口约 33 万人，占淹没迁移人口的 46%。考虑人口自然增长及其他因素，推算到 2008 年，规划迁移安置的总人数为 113.2 万人。

鉴于以往水库移民的遗留问题很大，1984 年原水电部提出了开发性移民方针。对三峡移民提出了两条要求：一是移民搬迁后的生产生活水平，不低于搬迁前的水平；二是搬迁后生产生活的发展不低于非搬迁居民的平均发展水平，经济效益、社会效益和环境保护统一规划，各项标准实事求是，各项安排因地制宜。经过专家组和地方同志共同研究反复商议后，提出了九条改革和政策性建议，请国家批准，做好解决好三峡移民的配套措施。主要有：①树立负责到底的思想，制定好分年计划，经国家批准后按计划分年拨付投资。城镇的基础设施、农村移民安置基地建设和开发提前安排进行，防止在淹没区继续建设，以利开发性移民方针的实施。②实行库区与工程效益挂钩的政策，电站留给地方的税收部分，合理分配给四川和湖北两省，并从第一台机组发电后，提取基金，用于库区建设，且将库区有淹没损失的县列为农村的扶贫县和电气化试点县予以扶持。③实行保障口粮政策，由于农业生产作物调整而引起移民人均粮食占有量低于当地平均水平的,给予补贴,保障口粮,避免不合理的开荒,保护环境,防止水土流失。此外还有库区税收政策、库区外贸创汇单列、改革移民投资管理体制和在移民安置区对群众承包的土地和荒山草坡进行适当调整等政策建议。

三峡水库移民分散在水库两侧的狭长地带内,涉及 19 个县(市)的 331 个乡,淹没耕地占各县耕地的比重为 0.15%~5.88%,淹没区农村人口占各县农业人口比重为 0.5%~4%。规划结果,农村移民有足够可利用土地,在有淹没的 331 个乡中有 301 个乡可以不出乡安置,30 个乡需在邻近乡调剂安置。初步规划安置区共 361 个乡。经航拍照片解译核实,有 123 万亩荒山草坡为可垦荒地,选择其中条件较好的 29.2 万亩荒地,开发成水平梯田,发展柑桔等经济作物,并改造现有低产坡耕地中的 12.56 万亩,建成高产稳产的粮食生产基地,以上两项共安置农村移民的 53%。其余则利用库面和草地资源,发展渔业及畜牧业,并利用天然资源和土特产优势,发展乡镇企业和二、三类产业进行安排。专家组和当地居民一致认为,对农村移民采取这样的安排和比例是切合实际的,农村移民的环境容量是够的。

三峡水库形成前需搬迁或后靠的城市 13 个,集镇 140 个,都按国家规范进行了选点和规划工作,都为发展留有余地,环境条件较现状有很大或根本性改善。对需要搬迁的工厂,本着先建后迁,发展生产与安置移民相结合,因地制宜,区别对待的原则,提出了意向性规划。城镇移民占库区移民的 54%,基本上不需要重新安置就业。

专家组和地方反复研究了各项迁建补偿标准,按 1986 年底物价,共为 110.61 亿元。

三峡水库的移民规划,经外国专家和世界银行移民专家严格验证后,评价是高水平、高质量的。移民论证中认真吸取了以往的经验教训,注意了局部和全局、眼前和长远的结合,强调了生态环境的保护和改善,运用了现代科技手段,并与外国合作,进行了规划典型试点,组织了开发性移民试点工作,取得经验,受到库区领导干部和广大群众的支持。

(五)生态与环境问题

生态与环境专家组由 55 位专家组成,除 12 位水电部门专家外,绝大部分都是中国科学院有关研究所、环保部门、高等院校教授和地矿、林业、农业、土壤、地球物理、医卫部门的专家。

专家组全面分析研究了各单位大量的研究成果,考察了库区,召开了多次专家组会议,反复讨论和磋商,最后提出了论证报告。报告将长江流域作为一个完整的大系统,对修建三峡工程引起的生态系统结构功能的变化以及由此引起的整体效应进行了全面评价,重点阐明了库区移民搬迁带来的生态与环境问题,并提出了对策和建议。

论证报告认为,三峡工程对生态与环境的影响是广泛而深远的。

1. 有利影响

有利影响主要在中游。水库可以有效地减轻长江洪水对中游人口稠密、经济发达的平原湖区生态与环境的严重破坏,以及洪灾对人们心理造成的威胁。对中、下游血吸虫病防治有利。水电与火电相比,可减少对周围环境的污染。此外,还可以改善局部地区的气候,减少洞庭湖淤积,有利于调节长江流量。

2. 不利影响

不利影响主要在库区。可分为以下几类：

（1）不可逆转的影响：水库蓄水后部分文物古迹、三峡自然景观和部分耕地被淹没。

（2）影响严重或较大，但采取措施可以减轻的影响：水库淹没，城镇迁建，移民过程中产生的生态与环境问题；对白鳍豚等珍稀物种资源的影响；对上游库尾洪涝灾害的影响；滑坡、诱发地震等问题。

（3）影响较小，采取有效措施可减少危害的影响：对局部地区的气候和一些水文因素的影响，对人群健康的影响，对陆生动物和植物的影响等。对水污染的影响，现在虽不严重，但如目前各种污水不作处理直接排入长江的情况继续下去，则是潜在危险。

3. 潜在的或目前还难以预测的、难以定量的影响

其中有对上游水生生物的长期影响，对区域的自然生态—社会经济系统的长远影响，对河口和邻近海域生态与环境的影响等问题。

论证报告强调，三峡工程对生态与环境的诸多因素中，库区移民环境容量是工程决策中比较敏感的制约因素，需要认真对待，慎重处理。并对当前工程论证决策和规划设计提出了具体建议。

我们认为，除水库淹没以外，影响生态与环境的基本因素是建坝引起河流水文、水力情势的变化。三峡水库是典型的河道型水库，全长超过 600km，平均宽度 1.1km，比天然河道宽度只增加一倍。库容系数（总库容与坝址年水量的比值）只有 0.09，而埃及的阿斯旺水库和我国的新安江水库为 2，丹江口水库为 0.55，三门峡为 0.39。因此，三峡水库对河流天然径流的调节有限，水库各月平均下泄流量只在枯水季节比天然情况有变化，而且均在天然流量变化幅度的范围之内。三峡工程对生态与环境的影响和对策应当充分重视认真对待，但不致成为三峡工程决策的制约因素。

（六）经济上的合理性

参加综合经济评价组工作的有研究员、教授共 57 人。对综合经济评价专题论证报告有 53 人签字同意，有三位不同意未签字，有一位在论证过程中不幸去世。

三峡工程枢纽部分总工程量为土石方开挖 8789 万 m³，土石方填筑 3124 万 m³，混凝土浇筑 2689 万 m³；安装发电设备 1768 万 kW；移民规划迁移人口 113.2 万人；以及相应的输变电工程。工程的静态投资按 1986 年末价格计算为 361.1 亿元。如包括建设期应付的贷款利息，相应的动态总投资 452.0 亿元。工程投资是否可靠取决于设计基本资料是否可靠和设计工程量是否准确。三峡工程的水文、地质资料是可靠的。工程设计进行多年，总的已达到初步设计深度，不会产生重大漏项；移民数量及安置方案经数次反复核对是落实的；输变电工程数量也是经过核实的；总的工程量是可靠的，并留有将近 10% 的预备费。因此，投资计算的基础是可靠的。

在此基础上，综合经济评价专家组用多种方法分析比较，得出结论是三峡工程经济性是优越的，建比不建好，早建比晚建有利。

用水电站实物工程量比较，三峡工程的指标是比较低的。与近期国内已建在建的

十个大型水电站比较，每万千瓦时所需土石方量，这些电站低的为 6.32m³，高的为 31.67m³，三峡工程为 10.46m³；每万千瓦时的混凝土量，低的为 3.35m³，高的为 13.95m³，三峡工程为 3.2m³；每亿千瓦时耕地淹没，除漫湾、二滩只有 74 亩和 153 亩外，其余低的为 349 亩，高的达 4354 亩，三峡工程为 513 亩，居中间偏少；三峡工程由于有十几座城市要全部或部分迁移，每亿千瓦时要移民 1347 人（按 2008 年规划数）是较多的，但也低于五强溪的 1575 人，东江的 3980 人，紧水滩的 4213 人。

用水电站单位千瓦投资比较，三峡工程也比较低。与十个正在进行前期工作的水电站比较，这些电站平均每千瓦的投资（包括输变电工程）为 2175 元，三峡工程为 2042 元。应当说明的是：①这些电站的防洪、航运效益小，远不能与三峡工程比；②这些电站前期工作的深度也比不上三峡工程，投资是粗估的，一般偏低。

与煤电、核电比，华中、华东新建煤电每千瓦投资，包括相应的煤矿投资和铁路投资（用 60 万千瓦机组算）为 2467 元和 2780 元；与核电比，大亚湾电站的每千瓦投资约 6000 元左右，三峡工程为 2042 元，比核电煤电少，而且有煤、核电所没有的防洪、航运效益。

三峡工程是一个地理位置得天独厚的具有巨大综合效益的工程，它的作用没有其他工程能等效代替。防洪方面找不出等效或接近等效的现实可行的方案。航运方面，设想了一个以整理川江航道为主，辅以铁路分流的方案，不仅投资要多花近 40 亿元，而且不能实现万吨级船队汉渝直达的目标。发电方面做了三个替代方案，比较的结果是这些方案要多花投资 30%～50%。结论是：在所有的比较方案中，三峡工程的投资是最少的，其综合利用效益是不可替代的。

三峡工程的国民经济评价指标是好的。按动态计算，三峡工程的产出高于投入的净现值（按 10%折现率折算到开工年）为 131.2 亿元；经济内部收益率为 14.5%，高于国家计委规定的 10%的基准指标。

经过优化计算，建三峡工程比不建三峡工程的替代方案费用现值小 110.1 亿元，相当于三峡工程费用现值 156.74 亿元的 70.2%。早建比晚建的替代方案费用现值小 72.7 亿元（晚建按推迟 12 年计算），相当于三峡工程费用现值的 46.4%。这说明三峡工程建比不建好，早建比晚建有利。

三峡工程的财务评价指标也是好的，按国家有关规定及电力生产的资金利润率按 10%核算；上网电价为 9.3 分/（kW•h），价格相当低。财务内部收益率为 11%；资金利税率 12.1%，高于全国电力工业的 9%；贷款偿还期及投资回收期都是 20.6 年，即竣工后的次年即可还清贷款，收回投资。这是其他水、火电站做不到的。正常运行期每年利税额为 54.06 亿元，比葛洲坝水利枢纽的总投资还多。

综合经济评价专家组还对资金筹措问题进行了研究。按 1986 年末价格，三峡工程建设期间共需筹集资金 626.6 亿元（包括静态投资及建设期间利息及还贷等，系按工程建成后第二年就还清贷款考虑）。资金筹措原则是立足于国内，只考虑少量外资（约 10 亿美元）用于必要的设备购置及技术引进。国内资金来源主要依靠自有资金即葛洲坝电厂的利润和三峡工程在建设期间自身的发电利润，共计 405.2 亿元，占全部所需资金的 64.7%；需要贷款 221.4 亿元，占 35.5%。贷款的重点在前 12 年。前 12 年需贷款 153.1 亿元，平均每年 12.8 亿元，可利用多种来源贷款，如国家贷款、地方贷款、每千瓦时 2 分钱的电力建设基金以及发行债券和少量外国贷款等。其中仅电力建设基金一项，华中、华东两网在三峡建设期间约可提取 1472 亿元，其中前 12 年约 674 亿元，年均约 56 亿元。因此，总的看来资金筹集不是很困难的。

三峡工程投资大，工期长，建设的前 12 年只有投入而没有产出，它是否因此会影响 2000 年国民经济发展战略目标的实现，需要从国民经济宏观范围作进一步研究。为此，综合经济专家组委托航空航天工业部 710 所和浙江大学软科学研究所用数学模型进行了分析测算。两组数学模型采用的数据和方法虽不相同，所得结果的总的概念是一致的，即建设三峡工程不会影响 2000 年翻两番的国民经济发展战略目标，也不会影响人均国民收入的总的水平，而对 2000 年以后的国民经济发展却十分有利。

（七）兴建三峡工程的时机

综上所述，三峡工程是我国四化建设中一项具有防洪、发电、航运巨大综合效益的战略性基础工程，重新提出的三峡工程可行性报告的结论是：建比不建好、早建比晚建有利，建议早作决策。这是四百多位专家中绝大多数同志的一致看法，我们认为是符合实际的。

有少数专家赞成缓建三峡工程（有个别不同意修建），社会上也有一些人主张不要修建三峡工程，或建议以后再议。其主要理由，一是对建设的必要性有不同看法，并提出先建上游、支流工程，或用其他措施替代三峡；二是认为工程规模大、工期长、积压资金，国力承担不了；三是对工程的一些技术、移民和环境问题是否真能解决表示疑虑。因此认为不能急于求成。对于这些意见，我们的看法是：

第一，三峡工程的兴建，不仅是必要的而且是紧迫的。从防洪角度看，荆江河段防洪标准实在太低，加之洞庭湖的情况还在继续恶化，若不修建三峡工程，不仅要增加启用分洪区的次数，而且遇到特大洪水，必将造成毁灭性灾害，并将影响全国经济发展的计划。从能源和交通角度看，富庶繁荣的华中、华东地区能源奇缺，东西交通不便，今后问题将愈趋严重，三峡的地理位置如此优越，水力资源如此集中，又是贯穿东西的最重要航道，不考虑开发利用，年年让相当于 5000 万 t 原煤的资源白白流入大海，进一步加剧煤的开采和运输压力及环境污染压力，让川江航运一直受自然条件制约不能迅速发展，这将造成无可挽回的损失，也是说不过去的。

第二，关于修建三峡工程国力能否承受的问题，综合经济专家组已作过多方面的深入分析，认为我国经济发展到现阶段，国力可以承担三峡工程的建设。从物力上看，建设三峡工程共需水泥 1082 万 t、钢材 195 万 t、木材 160 万 m^3，年平均用水泥 55 万 t、钢材 10 万 t，木材 18 万 m^3，而 1988 年我国水泥产量已达 20337 万 t、钢 4698 万 t、木材 6214 万 m^3，三峡工程用量只占极小比重。从国民收入和国民生产总值看，用 1986 年价格计算，三峡工程总投资占建设期间（论证中是按 1989～2008 年计算的）国民收入累计值的 0.123%，占国民生产总值累计值的 0.073%，这两个比值与宝钢一期工程的指标相比（分别为 0.254% 和 0.216%），还不到一半，国家经济能力应可承担。

当然，三峡工程总工期为 20 年，是比较长的，但它在第 12 年即可开始发电，比一般百万千瓦级水电站第一台机组发电要八、九年，工期相差不多，与建设火电站和相应的大型矿井及运输路线来比也相差不多。如采取先进的施工技术和进一步优化设计,发电时间还可能提前,任何骨干性大型工程工期总要长些,有一部分资金发挥效益要迟一些,这是避免不了的。但骨干工程一旦投产即可迅速发挥巨大效益,在国家的战略性宏观决策中,安排少量大型骨干工程完全是必要的。三峡工程在第一批机组发电后的六年中,每年可投入相当于一座葛洲坝电站的容量。在全部投产后,每年的利税约可修建一座葛洲坝电站,其后劲是巨大的。

第三,关于建设三峡工程中的技术问题、移民问题和生态环境问题,以上都汇报过。通过三十多年的工作,加上这次为期三年的全面深入论证,资料丰富,工作的深度是少有的。各专家组的结论中明确指出,三峡工程在技术上是可行的,不存在难以克服的障碍。移民是可以安置好的,不仅可以安居乐业,而且可以使目前库区落后的经济面貌和"越穷越垦"的生态环境问题得到改变。总之,建设三峡工程的条件已经具备,相信对这方面有疑虑的同志在了解详细的论证情况后会消除顾虑的。

社会上有些人士担心,兴建三峡工程是否又犯好大喜功、急于求成的毛病。我们认为,新中国成立以来我国在经济建设中确有过大起大落、大上大下、急于求成、欲速不达的教训,是应当深刻记取,引以为训的。这主要是在国民经济整体上和结构上宏观失控的结果,而不是一两项战略性骨干工程造成的问题。在吸取正反两方面经验后,在中央正确领导和控制下,我国经济一定能持续、稳定、协调发展,一定能避免过去的失误。三峡工程的建设资金只要控制在社会固定资产投资总额以内,不会造成国民经济整体失调,只能是有利于调整结构。对这种关系国民经济战略发展和国家社会长治久安的骨干工程,我们应该把眼光放远些,着眼于人民和国家的长远利益及根本利益,进行正确决策。

总之,我们认为不论从国家的长远规划上看,还是从当前防洪、能源、交通的紧迫情况来看,兴建三峡工程都是必要的、急迫的。三峡工程在技术上是可行的,经济上是合理的、移民和生态环境问题是可以解决的,国力是可以承担的。现在已到了认真考虑三峡工程的时候了,不考虑三峡工程,无法解决长江中游日趋严重的洪水威胁,无法安排煤炭、水火电和航运的规划,经过如此长期的从宏观到微观的反复论证,可谓慎重和民主,在这个基础上作出决策,绝不是急于求成,而是符合中央对三峡工程所采取的积极慎重的方针。相反,一拖再拖、失去时机、贻误大计,将造成我国经济和社会发展上的真正失误和重大不幸。至于具体开工时间可由国家根据各种条件决定,我们建议在"八五"后期开始准备工作。

三、关于加拿大编制的可行性研究报告

过去,国务院领导同志曾向美、加等国和世界银行表示,中国政府欢迎他们在三峡工程的技术和资金方面进行合作,并收到了他们各种合作方式的建议。为利用外资作准备,同时也为了引进技术和互相验证,1986 年 5 月经国务院批准,由经贸部代表我国政府与加拿大政府签订协议,由加拿大国际开发署提供赠款,加拿大最有经验的两个政府水电机构和三个私营公司组成咨询集团,负责按国际通行的标准与国内平行地编制可行性研究报告。中、加、世界银行三方组成指导委员会,并由世界银行推荐和协商,在国际范围内(包括我国)聘请 13 位知名专家组成国际咨询专家组,参与指

导和监督。

从 1986 年 7 月开始，加拿大咨询集团对正常蓄水位 150～180m 的各种方案所涉及的技术、经济、社会、环境等问题，对建三峡和不建三峡替代方案问题等进行了全面研究，现已提出可行性研究报告，经过国际咨询专家组和项目指导委员会审查通过，已一并上报。

加拿大的可行性研究报告总的结论是：三峡工程效益巨大，技术、经济和财务方面都是可行的，建议早日兴建。认为三峡工程设计所依据的基本资料，包括水文、泥沙、地质等资料是充分和可靠的，质量符合国际标准，满足了可行性研究的需要；选择三斗坪坝址是恰当的，地区地震活动轻微，库岸稳定不会影响大坝和水库安全；工程在环境影响方面也是可行的，不会使环境遭受大的危害，泥沙问题是可以解决的。这些都与国内的研究结论一致，他们推荐坝顶高程也是 185m，也与国内论证相同。与国内的结论不同之处主要是：加方推荐正常蓄水位为 160m，比国内的 175m 低，理由是，这个水位的经济效益最大，移民的人数较少，涉及的社会问题也较少。

加方的枢纽布置与国内的方案基本相同，但建议采用更大的机组，单机容量 76.1 万 kW（我们暂定 68 万 kW）装机 22 台，总容量 1675 万 kW，并认为不需要设垂直升船机，认为升船机在技术上虽然是可行的，但不能证实在经济上是合理的。工程投资按 1987 年年初价格为 246 亿元（不包括输变电工程），其中枢纽工程投资 161.1 亿元，移民费 80 亿元，环保费用 4.8 亿元。由于移民人数的减少、发电容量的降低以及取消升船机等原因，比国内估算数少 52 亿元。

世界银行为该可行性报告撰写的声明，确认正常水位 160m 方案的可行性，并认为该报告关于移民可行性的研究具有很高的质量，是可以接受的。世行考虑移民的艰巨性和经济的合理性，表示不支持采用比 160m 更高的正常蓄水位。

我们初步认为，单从直接经济效益来看，他们的结论是有道理的。但这个方案在防洪上有超蓄问题，也不能满足航运部门的万吨级船队直达重庆港的要求，库区人民和航运部门难以接受。

关于三峡工程的答问

问：您怎样评价七届人大五次会议通过关于兴建长江三峡工程的决议的意义？

答：意义深远、巨大。这意味着三峡工程的兴建已得到国家最高权力机关的批准，完成了立法手续。从此，研究了数十年的三峡工程结束了论证阶段，转入具体实施阶段。在此以前，在人民内部对兴建三峡工程问题有很多不同见解，我相信今后大家将在人大决议的基础上取得共识，紧密团结，努力奋斗，为贯彻执行人大决议、实现中国人民几代人的梦想，以最好的质量、最快的速度和最低的造价为建成这座跨世纪的工程而做出自己的奉献。

问：您怎样看待七届人大五次会议在表决三峡工程议案的投票结果？

答：人大代表们听取了邹家华副总理关于兴建三峡工程议案的详细说明、阅读了有关文件、参观了展览、展开了热烈讨论、提出了质询意见，并在此基础上，经过认真研究思考，投下了庄严的一票。表决结果如实反映了全国人民的意愿。

在出席的 2600 多位代表中，有 1767 位代表投了赞成票，说明兴建三峡工程得到了压倒多数代表的赞同。有 177 位代表不赞成在目前兴建三峡工程，投了反对票，明确地表达了不同见解。有 664 位代表未能对三峡工程的利弊得失和影响作出决断，投了弃权票。投票结果完全正常，说明每位代表都十分慎重，不受任何干预，行使人民所赋予的神圣义务。这充分说明我国的社会主义民主。我认为，今后人们在进一步了解三峡工程的情况和澄清一些疑问后，将有更多的代表转而赞成兴建三峡工程。

问：您怎样评价长期来对兴建三峡工程持不同意见同志的作用？

答：我想借用国务院领导同志的一些话来答复。国务院领导曾谆谆告诫我们："对三峡工程提出各种意见的同志，都是从国家、民族利益的立场出发，希望决策进行得更为慎重、科学和民主，避免造成失误。他们提出的意见和问题，也都有一定道理。这些意见的提出，大大有助于论证工作的深入和提高。我们应该感谢他们。"我们热烈希望这些同志今后能继续在三峡建设问题上提出宝贵的见解。

问：在论证中，有 9 位专家没有签字，他们的具体意见是什么？

答：有的专家从生态环境角度看，认为影响较大，研究深度不够，是否上马应慎重考虑；有的专家认为对下游的防洪作用还没有说清楚，调洪方案和历史特大洪水情况还值得研究；有的专家认为应采用两级开发方案，降低蓄水位；有的专家对经济评价有不同意见，认为从目前国力、形势来看，不宜早上；有好几位专家认为，三峡工程与其他水电站相比较的工作还做得不够，应先上其他水电站，后上三峡工程。这样，在 412 位专家中有 9 位专家（10 人次）未在论证报告上签字。

本文是作者答复《水利水电技术》编辑部的提问的记录稿，发表于该刊 1992 年第 8 期。1992 年全国人大七届五次会议上，李鹏总理提交了《国务院关于提请审议兴建长江三峡工程的议案》。作者奉命接受人大代表的质询和作出答复。人大通过议案后，作者又接受报刊记者的提问。

问：三峡工程的技术问题是否都已解决，还是尚存在未解决的难题？

答：经过数十年的工作，三峡工程建设中的重大技术问题应该说是已经解决或明朗了。开工后不会出现完全未曾预料和不可解决的问题。

当然，像三峡这么大的工程，面临的问题如此复杂，目前又处于初步设计阶段，我们也不能说什么技术问题都已彻底解决了，总有一些具体问题有待在下阶段工作中进一步搞清。这也是人大决议中指出的："对已发现的问题要继续研究、妥善解决。"您如果有什么具体疑虑，欢迎提出，我将尽力回答。

问：听说有关部门同志从航空遥感图上发现，在三斗坪坝址附近有一、两条长13～47km的线性影像，怀疑它们是巨大的断裂构造，有无其事？

答：在论证中，经过用地面追索、探槽、探洞、钻孔实测等多种可靠手段进行核查，上述"线性影像"主要是地形、地貌、植被和岩性差异的综合反映，不是巨大的断裂构造。

问：三峡建库会不会产生诱发地震？能产生多大的地震？对工程安全究竟有什么影响？

答：修建水库会不会诱发地震，会诱发多大地震，取决于坝址区和水库区的地质背景和具体地质构造条件。大的地震是在巨大的构造断裂带部位发生的。如果库区没有这种潜在的大的发震源，修建水库也就不可能诱发强烈的地震。正像在鸡蛋中不可能孵出一只大鸡来一样。

地质地震专家对距坝址300km范围内的潜在震源进行了详细的调查，认为库区不存在诱发中、强地震的地质背景，所以水库不可能诱发强烈的地震。

当然，广大的库区内总有一些断裂构造，因此也不排除诱发较小地震的可能性。离坝址最近的仙女山断裂和九湾溪断裂是研究重点。专家们从最不利的条件考虑，从高估计，假定可能诱发 6¼～6½级地震（这已超过新丰江的震级，达到世界上曾经发生过的最大水库地震量级，即印度柯依纳坝的级别，这是很保守的估计），那么震中区的烈度为8～9度，影响到坝区是6度。大坝是按7度设防的，实际抗震潜力更远大于此，所以水库诱发地震不可能影响工程安全。

问：有的同志提出水库诱发地震与天然地震叠加，或触发大规模滑坡问题，您认为这种可能性如何？

答：所谓诱发地震与天然地震叠加的说法，逻辑上有些混乱。地震现象是指在地壳深部巨大的断裂带部位，地应力不断积累、增高，达到超过该部位基岩能承受的极限，从而突然沿断裂带产生破坏和错动，瞬时释放出巨大能量的现象。建库蓄水对地壳深部应力的影响至为轻微，所以建库不可能"产生"地震，只能对已经基本具备发震条件的震源起到"触发"作用，诱使积蓄的能量早些释放出来。明乎此，把地震分为水库地震和天然地震两类，又考虑它们的叠加，是不合理的。如果说，要考虑水库地震与库区以外地区的天然地震的叠加可能性，那么，地矿部专家在预审意见中已明确指出：地震是一种在极短瞬间发生的事件，水库地震与天然地震叠加发生的可能性是极小的。即使发生这种叠加，对坝址区的烈度也无影响。

同样理由，地震作用的时间极短，甚至仅几秒钟，而任何滑坡体从原来的平衡状态演化到失稳状态，再发展到高速大规模下滑，有个很长的过程，用不到考虑地震与滑坡的叠加，考虑了也没有什么可怕的后果。

问：听说有位外国权威专家认为三峡水库建库后在某某年内将产生重大地震，这种说法有无根据？

答：我认为目前世界上还没有哪位专家能肯定在多少年后在什么地区会发生多大的地震，我们不要相信这种算命先生式的预言。

总之，水库诱发地震是件复杂的现象，其机理至今尚未完全弄清，对它从严作些估计是必需的，在下阶段我们还将作进一步研究。但是，根据目前的认识水平，根据已掌握的大量资料，根据国内外第一流地震、地质专家的一致结论，水库地震对三峡工程不构成什么威胁。顺便说一句，如果在三峡坝址这样少见的优良地质条件下不能修建一座一百数十米高的重力坝，我认为在国内甚至世界上将很难找到一个可以建高坝的坝址了。

问：很多同志担心三峡建库后会产生库岸巨大的失稳从而堵塞长江、冲垮大坝，究竟是否存在这种威胁？

答：库岸稳定是大家关心的事。长期来，地矿部、水电部、中科院三大部门、十多家单位做了 35 年的独立调查研究，所得结果在数量上、规模上都是吻合的，可以说，问题已调查清楚。体积 100 万 m³ 以上、稳定性较差或在发展中的崩滑体共 22 处，总体积 3.5 亿 m³，散布在距坝 27～400km 漫长的库岸上。在离坝 16～20km 范围内没有较大的失稳体。即使从高估计，上述不稳定体都整体失稳下滑，并有 1/3 进入库内，影响库容 1 亿 m³ 以上，对水库库容、寿命无实质性影响。

说到涌浪，专家组假定距坝最近的链子崖危岩，有 250 万 m³ 体积一次高速下滑，激起的涌浪到达坝前已低于 2m，对施工和永久建筑物安全是无影响的、可防御的。其他崩滑体更远离坝体，不会影响施工和大坝安全。

关于影响航道问题，长江在历史上常因山崩、滑坡造成碍航断航。最近如 1982 年 7 月鸡扒子滑坡，有 230 万 m³ 入江，航运一度受阻。1985 年新滩滑坡，有 260 万 m³ 入江，幸葛洲坝水库已形成，未造成碍航。三峡建库后，水深加大数十至百余米，水面拓宽 200～800m，由于天然滑坡造成碍航的威胁可说基本解除。

总之，近坝库岸的稳定性是需要重视的，今后还要抓紧工作，迁建的城镇和移民点更不能建在滑坡体上，但如上所述，这个问题绝不致成为什么影响工程建设的问题。

问：有人说，中国修建三门峡工程因泥沙问题而导致失败，应该吸取教训，不应再建三峡工程。又说世界上还没有哪国专家能解决泥沙问题，不相信中国人能够解决。对此，您有何评论？

答：三门峡工程是在 50 年代建的，委托苏联设计。由于当时泥沙科学水平还在起步阶段，苏联和中国政府都缺乏这方面的经验，又听不进一些中国专家的意见，并过高估计水土保持的速度和功效，错误地采取高坝大库拦洪蓄水发电的基本方案，以至建成后库区泥沙迅速淤积，甚至影响关中平原。60 年代中，中国的科学家和工程师就进行改建设计并付诸实施。改建后，按"蓄清排浑"的方式运行，三门峡工程很好地发挥了拦洪、径流发电和供水、防凌等综合作用，取得完全的成功。

通过三门峡工程的实践，我们不仅有初期失误的教训，更获得以后的宝贵经验。我国的泥沙科学也有了巨大发展，在国际上居于领先地位。以后的许多工程，如葛洲坝工程等都妥善解决了泥沙问题。所以，不能说由于三门峡工程走了弯路，就不能建三峡工程。正确的说法是：三门峡工程的经验教训，为中国能修建葛洲坝、小浪底、三峡这类伟大工程创造了条件、奠定了基础。

问：三峡水库寿命究竟有多久？"蓄清排浑"在三峡工程中究竟能否见效呢？

答：一座水库是否会很快淤满，取决于很多因素。三峡水库全长 600km 以上，平均宽 1.1km，是典型的"河道型水库"，并非一个湖。长江泥沙集中在汛期下来，三峡水库的运行又是"蓄清排浑"方式，汛期库水位降低 30m，利用坝体的底孔和汛期的巨大流量充分泄洪排沙。凡此因素，决定了三峡水库不仅不会短期淤满，而是可以长期保留。根据大量试验和计算，建库初期，入库沙量大于出库沙量，泥沙将淤积在死库容和边滩、支流上。运行数十年至百年后，进出库的泥沙量就平衡，水库不再淤积，此时尚有 85%的防洪库容和 91.5%的调节库容可以长期使用。从这个意义上讲，三峡水库的寿命是无穷的。

问：有同志说，修建三峡工程是水灾搬家，救了下游害了上游。这是否事实？

答：三峡建库要淹没上游一些城镇，迁移一些人口，他们都将安置在百年洪水线以上，防洪标准比现在高很多，怎么能说水灾搬家呢？

如果说有影响，那是指长期运行后由于库尾淤积，重庆市的洪水位有所抬高。经过计算和研究，三峡水库运行百年后，遇上百年洪水，重庆市朝天门洪水位约为 199m，比天然洪水位高了 4m 多，并不影响主要市区。再说，100 年内怎么会不在上游建大库？水土保持和绿化工作经过百年努力怎么会不发挥巨大作用？所以，说什么三峡建库会影响上游水灾，实无根据。

问：这么说，是否三峡工程的泥沙问题就不存在了？

答：泥沙运动是一门艰深的科学，目前的水平能获得重要的原则性的结论，还不能对一切具体问题作出精确的定量预报。有些具体问题有待今后继续研究和在实践中验证解决，例如建库初期水库的具体落淤部位、淤积形态和速度就有待继续研究。遇到某些罕见情况（如上一年为丰水丰沙，次年又为特枯年），在"变动回水区"内个别部位的航深不足通过万吨船队，要采取措施解决。又如，在长期运行后，重庆港区等地的淤积将影响通航作业，要结合港区改建和优化调度来解决。但这些问题现在都已看到，也找出解决的措施，而且有时间供我们研究、验证和解决。

问：许多同志因为战争风险而反对修建三峡工程，您对这个问题怎么认识？

答：这种担忧是可以理解的。三峡工程的大坝是混凝土重力坝，常规武器不能对它构成致命威胁，要破坏它必需动用大威力的核武器，也就意味着爆发世界核战争。这样的战争当然不是说打就打，必然有个发展过程，换句话说，是"有征候可察"的。

大型水库的人防问题，除积极防御外，主要是周总理生前指示的，能在战时迅速放低水库，减除垮坝后果从而失去挨炸的资格。三峡大坝设有大批底孔，下游河道的安全泄量极大，不到 7 天时间就可以把水库从最高水位放低到最低运行水位 145m，必要时还可放到 135m 或更低，这是国内其他大水库难以做到的。此时如溃坝，经过多次试验分析，灾害只发生在坝址至沙市一带，不会影响荆江大堤，更不会影响武汉这些城市。即使在高水位时垮坝，沙市处的最高水位也低于大堤堤顶 1m。这是由于溃坝洪水瞬时洪峰虽大，但总泄量有限，溃坝洪水先受下游很长的峡谷段控制，出南津关后又为开阔的丘陵平原区，洪水漫流，流量就迅速衰减了。

其实，如果真正爆发核大战，总是首先要消灭对手的核设备，使之丧失第二次打击能力，其次要摧毁对方的指挥中心和通信系统。不出此图，先去炸个水坝，造成局部损失，而甘冒发动核战的天下之大不韪，对于我来说，是难以想象的。

问：三峡工程的水工建筑物方面有什么技术问题？

答：三峡工程的大坝和厂房的规模虽大，但都是常规结构，地质条件又十分良好，技术上的难度并不高于我国已建、在建的许多大型水电工程。三峡工程的复线五级船闸，就每一级闸室来讲，其尺寸（280m×34m×5m）和规模与已建的葛洲坝 2 号船闸及大江船闸完全一样，所以在结构和施工上不存在困难。但其水头和泄流量大于葛洲坝，也许是世界第一。专家们进行了长期研究试验，提出具体技术措施，需在下阶段工作中最终确定。三峡工程升船机的规模和提升高度是世界上最大的，但采用"全平衡重卷扬式"升船机，原理和结构均较简单，专家们研究认为，没有不可克服的技术困难，而且可以立足于国内生产。其中部分材料（如钢丝绳）、设备（如监控部分）可以考虑引进。为了落实升船机的设计制造问题，正在进行 1:10 的模型试验，还将在适当的工程上做中间试验，并考虑与外国进行技术交流和合作。

问：有人说三峡水电站的机组过大，是制造不出来的。这种说法有否根据？

答：这是外行人毫无根据的说法。三峡水电站单机容量是 68 万 kW，而目前国际上已有 50 多台 50 万～70 万 kW 的机组在运行，有成熟的经验。中国已制造了 32 万kW 的机组，质量优良。二滩水电站的机组达 55 万 kW，也将主要在中国厂家制造，并在 90 年代投产。经机电部和有关厂家的长期研究，认为立足于国内制造三峡机组是可能的，而且已做了大量的准备工作。当然，我们欢迎和国际上的著名厂家合作，也可考虑引进或合作生产开头的几台机组。

问：三峡工程的施工难度如何？

答：三峡工程的工程量巨大，施工难度是很高的，如二期深水围堰工程和三期碾压混凝土围堰等更是国际上罕见的。但也有有利的一面，就是施工场地宽广，有利于发挥机械威力。我国又有成功地建设葛洲坝工程的经验，因此，施工上的困难是可以克服的。

三峡工程主要工程量为土石方开挖 8800 万 m³（相当于 1.5 个葛洲坝工程），混凝土浇筑 2690 万 m³（相当于 2.6 个葛洲坝），年最高施工强度将超过目前国际水平，因此必须采购配套、先进和大威力的施工机械，并极大地提高施工效率和管理水平。为此，与外国著名施工企业合作、承包、监理是有益的。通过三峡工程的施工，我国水电施工技术将达到国际先进水平。

问：修建三峡工程需要多少资金？如何筹集？有人担心修建三峡工程会挤掉其他项目，或建议拿这笔钱去办科技、教育事业，对此，你有何评论？

答：按照 1990 年物价水平，三峡工程（包括枢纽、移民和输变电）的静态总投资是 570 亿元。以此为基础，根据实际的开工年份、物价指数、资金来源及利率，可以算出建设期内的总投资额（动态值）。动态值不是个固定值，取决于上述因素，可能在 1200 亿～1500 亿元之间。

在论证中，有关专家研究过各种筹资方式，并提出 9 种资金来源。大体上讲，一类是建设单位的自有资金，包括葛洲坝水电厂的收入和建设期内三峡水电站所发出的 4300 多亿千瓦小时的售电收入，这可满足和缓解筹建期和第一批机组发电后的资金需求，第二类是建设单位通过发行债券、股票及出售用电权等方式向人民和地方筹集资金，第三类是建设单位向银行申请贷款，当然这要纳入国家信贷计划，第四类是利用有利的外资，第五类是国家的专项拨款或通过征收水电建设基金等方式进行集资。可见渠道是多种多样的，以目前我国的经济实力和发展速度，每年筹集二三十亿元资金（指 1991 年水平数）不应是很难的事。

建设三峡工程有其明确的目标。以发电为例，主要是缓解华中、华东、川东地区迫切的用电需求，因此修建三峡工程当然不会影响其他地区和河流的开发，例如黄河上游、红水河、澜沧江、乌江等都在加速开发，就是明证。如果说挤掉什么工程，那就是挤掉不建三峡工程必须多兴建的 1800 万 kW 的火电，和相应的煤矿、运输工程。

我国科技和教育经费不足，国家正在千方百计增加投入。我们希望随着改革开放的深入和经济的发展，能有更多的渠道和投入。但是说把兴建三峡工程的资金转来投于科技教育，则全是误解。这些同志也许认为中国实行的还是旧的体制，三峡工程的资金全是由中央出的。从上所述可知，三峡工程的资金主要是由建设单位筹集并且要负责偿还的，中央并没有这么一笔钱放在口袋里。中央直拨给三峡工程的资金，如果有，也只占小的比例，分担诸如防洪减灾的这一部分投入，削减这种资金去发展教育，显然是不合适的。

问：据说国外有些人对三峡工程产生的生态环境影响非常担忧，并坚决反对修建三峡工程。请您谈谈这方面的问题。

答：过去人们在发展经济中，不注意保护生态环境，以至造成很严重后果。所以在工程建设中必须强调生态环境问题，我国政府就颁布了有关法律，严格执行。

具体到三峡工程，我认为有三个问题要特别提出：

第一，任何事物总有正、反两面的影响。三峡工程对生态环境的有利影响是巨大的：它可以防止特大洪水对长江中游广大精华地区和人民生命财产的毁灭性破坏，配合兴建一些控制工程，它可以延缓、防止洞庭湖的湮废、它可以替代每年燃烧原煤 5000 万 t，每年减少排放到大气和地面上的废气、毒气、废渣，为全球环境做出贡献……不提这样巨大的效益是不公正的。

当然，我们更应研究它的负影响。为此，论证中集中了我国最优秀的有关专家，在中国科学院的参与、领导下做了详细的工作，世界银行聘请的国际专家也参与和进行监督。工作的深入细致，得到世界银行的充分肯定，认为在工程史上是少有的。

专家们不仅调查各种影响，而且提出具体措施。论证报告正确地指出：最大的影响是移民。为此，国家制定了开发性移民方针，进行各种试点，做了妥善安排规划，要求移民安置和城镇重建不能破坏生态环境，而应改善它，形成良性循环。我相信，只要认真努力，三峡工程建成之日，生态环境可以有明显的改善。挑战和机会共存，不迎接挑战就得不到改变面貌的机会！其他的一些影响（如对水生生物、文物古迹、自然景观……的影响），都可以采取措施减免，而且有些影响是被不适当的歪曲、扩大了。

第二，移民和生态环境方面要做的事很多，也需要一定经费。但是，最终目标可以宏伟，实施步骤必须合理，不可能一步到位，不能要求把好事在一个早晨做完。有许多工作属于"开发""发展"性质的，应该在三峡工程投产后进行，不能统统加在三峡工程基建费上，甚至"搭车""拔毛"。大家首先要为三峡工程做贡献，然后再取得最丰硕的成果。

第三，目前世界上环境的恶化，罪魁祸首是两百年来帝国主义的疯狂掠夺和盲目发展。现在，一些国家富了，讲究"生态""环境"……要求发展中国家做牺牲贡献了。一些人不明真相地反对我国修建三峡大坝，称之为世界最大的坟墓，要组织什么"水法庭"审判我们。其实他们也反对我国发展火电，因为要污染大气，也反对中国搞核电，因为不安全……现在我国人均用电量只有先进国家的1/20，所以，按照这些先生的理论，我国就只能永远贫穷落后，做别人的经济奴隶。我希望我们（包括港澳同胞、海外爱国华人）能看清这一点。应当相信，中国政府是负责的政府，绝不会建什么世界上最大的坟墓，绝不会做影响子孙后代的事，而且将竭尽全力为世界生态环境保护做出贡献，为子孙万代造福。

在旧金山三峡工程报告会上的发言

主席先生、女士们、先生们：

我们很高兴有此机会访问旧金山，并就三峡工程作些介绍，衷心感谢所有资助这次活动的组织和所有出席的朋友们。下面我想讲四个问题：

一、中国为什么要修建三峡工程

三峡工程是个多目标水利工程，其效益，王先生（王家柱）还要详细介绍，我只先简单提一下。三峡工程的第一位任务是防止长江的特大洪水灾害。

有史以来，长江流域发生过无数次洪水灾害，损失难以估计。就以 20 世纪 1931 年、1935 年两次洪水，每次都死亡 14 万多人，淹地几千万亩。1954 年发洪水，政府组织百万军民抢险，仅保住了武汉市，但损失之大不忍细说，光死亡人数就达 3 万。这三次洪水与历史上发生过的特大洪水相比还算是小的。现在长江两岸人口更多，工农业发展极快，一旦发生像 1860 年、1870 年那样的洪水，其后果真真不堪想象。所以有人说长江发生特大洪水是中国的最大忧患。任何一个负责的水利工程师都不能不考虑一个对策。我们总得对子孙有个交代！

修建三峡水库配合其他措施就能防止发生这种毁灭性的灾祸。既然有这条路可走，我们为什么不修三峡工程呢？这是影响千百万人民的生命的呀。我想，一切主张人权的人都必然会赞成保护千百万人的生命安全。

当然，这样做需要大量资金，完全靠国家拿钱是困难的。但三峡工程同时又是世界上最大的一座水电站，连同它的组成部分——葛洲坝水电厂，每年发电超过 1000 亿 kW·h，可回收电费数百亿元。这样我们才有把握说，三峡工程的资金是能筹到的，而且能迅速归还，更不要说这些巨大的电能全是清洁的能源，永不污染空气，不但对中国有利，也对全世界的环境保护做出了贡献。我认为，一切反对污染大气的人们，都会赞成利用三峡的水利资源的。

三峡工程还有许多其他巨大效益，因时间有限，就不细讲了。

二、中国能修建三峡工程吗

过去，在长江上建坝确实是个梦想。但 20 年前，即在 70 年代，中国人民胜利地修建了长江第一坝——葛洲坝工程，创造了奇迹。葛洲坝工程取得了全面的成功。三峡工程很大，但混凝土和土石方工程量无非是 1.5 和 2.5 个葛洲坝。时间已流逝了 20 年，中国的科技水平又有了极大的提高，中国能不能建成三峡工程呢？我想答案是肯定的。

有人说，中国太穷，修不起三峡。中国确实是个发展中的国家，还穷，但中国是个大国，综合国力是强大的。11 亿人民只要每人每月借给三峡工程 5 角钱（相当于 6

本文是作者 1993 年 10 月 30 日在旧金山三峡工程报告会上的发言。1993 年 10 月，作者应美国工程界之邀请，赴美介绍三峡工程情况。

美分）就足以建三峡了。三峡每年所需资金和材料，占整个国家国民经济总产值和总产量之比是极小的。例如，中国每年能产钢八九千万吨，而三峡工程每年用钢仅十多万吨，是个多么小的比值！有的外国文章上说，离开外国的技术和资金，中国不可能建三峡工程。我认为这些作者根本不了解中国。中国人有能力、有志气，一定能建成三峡工程。

但我们绝不闭关自守，相反，我们欢迎外国企业界、金融界、科技界来参与三峡工程建设。因为，首先这是对双方都有利的事，而更重要的是，这可以加深国家之间、人民之间的友谊与信任。三峡工程是跨世纪的伟大工程，我认为所有赞成世界人民团结的人士都会愿意做出贡献。我希望三峡工程的大坝将成为一座连接各国人民友谊的桥梁。

三、修建三峡工程会有严重后果吗

有人说三峡工程虽好，但毁灭生态环境，所以不能修建。我认为这样的提法既不公正、又不科学。中国的生态环境学家们对此问题已进行了长期深入研究，问题已有明确的结论。

讲到环境影响，三峡工程首先是利大于弊，但我们现在只讲它的负面作用。最主要的是要迁移100多万人。这件事如不做好，政府都要垮台的。但是，三峡库区是中国最贫困的地区之一。现在库区人民过着很落后的生活，通过三峡工程，国家的投入，集中全国力量的支援，移民的生活不仅能安排得比目前更好，而且将有不断发展的机会。在工程发电后，更要年年投入大量资金发展库区经济，这样他们才能真正翻身，所以库区政府和人民一致坚决要求快修三峡工程。我希望关心移民的朋友们能去库区看一看、问一问。

另外还有种种说法，什么三峡建库后，很快会被泥沙淤满啦，上游航道要永久堵死啦，美丽的景观永远消失啦，珍稀物种要灭绝啦，甚至四川都会被淹，上海都会受浸等，这些说法太离谱了，没有这样的事。三峡工程修建后是会有些不利的影响，但都已研究清楚，通过制定措施，准备资金，是可以解决或改进的。中国环境专家的最后结论是：生态环境问题不是影响三峡工程可行性的问题。朋友们如果希望了解更详细的情况，欢迎你们来中国参观访问，我们可以给予更多的说明。

四、最后想说几句技术经济等问题以外的话

看到有人在文章中说，建三峡工程不是人民的意志，是少数领导好大喜功、为自己树碑立传。这是不确切的。

中国过去最有权威的人无疑是毛泽东主席，但正是毛泽东，从20世纪50年代到他去世，一直不批准搞三峡工程，他要求的是搞清问题、积极准备，到条件成熟时再建。毛泽东以后，最有权威的是邓小平同志。1984年中国政府已基本上决定要建三峡工程了，但当时有很多人对工程提出各种建议和意见后，正是邓小平建议暂停施工，组织重新论证。这样才有412位全国一流专家来重新全面研究，这些专家包括搞泥沙的、通航的、环保的、移民的和财经的，各个领域的都有。经过三年多的反复深入研究，403位专家得出一致意见：三峡应上，而且应早上，只有9位专家有不同意见。这样，中国政府才把它提到人大，并以压倒多数表决通过。所有的不同意见，都在各种会议上发表过，在大量书刊上发表过，有的重复了多少次。请问，这难道是少数领导的好大喜功吗？

女士们、先生们，我是个工程师，不是政治家、演说家。我无意把自己的见解强加给任何人，而只想把自己亲历的事实真相说一说。希望大家理解，中国与美国情况有很大不同，中国现在有百万人民生活在洪水威胁下，随时有倾家荡产和送命的危险。中国的电力非常不足，人均用电量只有美国的1/20。中国人民要不要活下去，要不要活得比现在好一点？如果是要的，那我相信各位对三峡工程的必要性会有个比较客观的了解。

同时，我也希望问各位一个简单的问题：各位作为献身事业的土木工程师，有几位在一生中能遇到像建坝三峡这样的跨世纪工程？为什么不来取得个机会呢？因为你们不可能在美国密西西比河上建这样一个坝，即使你们能找到这样一个工程，也有钱、有技术能建它，我仍怀疑你们能否在生态环境和不同社会组织所提出的无数问题前获得通过。所以，我呼吁美国和其他国家的土木工程师们来与我们合作，表示出你们的兴趣，并助我们一臂之力。

我必须结束我的发言，再一次感谢各位听取我的意见。

在长江三峡工程技术设计审查
工作会议上的讲话

各位领导、各位专家、同志们：

长江三峡工程技术设计审查工作会议现在开始。我谨代表三峡工程开发总公司技术委员会向在百忙中抽身前来与会的领导、专家和现场们表示衷心的感谢。

这次会议将从 2 月 28 日到 3 月 3 日。会议的主要任务是会同长委明确并协调各单项技术设计的内容、重点要求和进度，商定技术设计审查工作计划，审定技术设计审查办法，以促进各单项工程技术设计的编制和审查工作，力争使各单项技术设计都成为优秀的设计，更便于施工、降低难度和风险度、降低造价、缩短工期，全面满足工程建设的要求。

同志们，举世瞩目的跨世纪的三峡工程在经过长达数十年的研究和论证后，终于在 1992 年的七届有大五次会议上得到通过，现在已进入实施阶段，这标志着几代中国人的梦想即将在我们这一代人手中成为现实。大家知道，兴建三峡工程所带来的经济效益和社会效益是巨大的，它不仅将使长江中下游的防洪问题有了一个妥善的解决办法，不仅是每年提供 847 亿 kW·h 清洁、廉价的能源，不仅能大改善川江航道的通航条件，发挥其黄金水道的作用，而且还会加大加快长江上游干支流巨大的水力资源的开发，改变西南地区落后的经济面貌，完成西电东送的战略任务，促进全国电网的联合，对长江流域和全国国民经济的发展，也会发挥巨大的促进作用，可以说三峡工程的建设功在当代，利在千秋，意义十分深远。现在，改造和开发长江上游的战斗号角已经吹响，这是党、人民和时代赋予我们的神圣任务，我们身逢盛世，相信每一位同志都会有光荣感、时代感和紧迫感，都会感到无比的兴奋和自豪。

三峡工程是一座空前宏伟和复杂的工程，尽管在论证和初设阶段中有关部门已进行了长期细致的研究、试验和设计工作，重大的问题已经明确，但是，还有大量具体问题，有的甚至是原则问题，有待在今后的工作中加以解决、落实和优化，所以去年国务院三峡建设委员会在审查通过初步设计时明确规定，要进行八个单项工程的技术设计，并授权三峡工程开发总公司对八个单项工程的技术设计进行审定。

为此，三峡总公司成立了技术委员会来主持审查工作。技委会只有十多位老同志，不仅人数很少，水平经验了远不能胜任，所以我们采取了在论证阶段中行之有效的方法，就各单项技术设计聘请专家，成立专家组，集中国内有经验、有水平的一流专家来完成技术设计的审查工作。专家组对审查是独立负责，不受干预。通过细致、深入的工作，综合提出审查意见给技委会，作为公司领导决策的依据。这样做不但可以保证审查的质量，而且是我们决策科学化、民主化这一优良传统的延续和发扬，完全符

本文是作者 1994 年 2 月 28 日在长江三峡工程技术设计审查工作会议上的讲话。

合党的政策。各位专家和同志们，我们承担的任务是艰巨的，三峡工程无论在规模上、设备上都达到了国际最高水平，我们的经验是不足的，而且这个工作关系到子孙后代，太重要了，必须经得起时代的考验、历史的考验。技术设计审查后将立即付诸施工，也不像论证或初设阶段还有点余地，所以已不允许我们出现任何大的失误或事故了，要确保质量，确保安全，只许成功，不许失败，这是对审查工作的第一位的要求。我们必须永远记住周总理在世时对我们的教导，要以战战兢兢、如临深渊、如履薄冰的心情，尽我们最大的努力做好工作。

其次，三峡工程又是全国投资最集中的项目，工期很长，国家的负担很大，全国人民都为此做出了贡献，几十亿、几百亿元的资金要从我们手中花出去，工程提前一天或推迟一天投产都会带来重大影响。三峡工程又是在 20 世纪 90 年代修建，21 世纪初投产的跨世纪工程，是代表着中国人民的志气、能力和科技水平的工程，所以三峡工程的规划、设计、施工、运行管理都必须是第一流的、高水平的、现代化的，如果设计和施工水平不高，技术落后，不仅会大大增加造价、延误工期，而且会造成极坏的影响，这同样是无法向人民、向子孙后代交代的。从原则上讲，采用高新技术和保证安全、降低风险应该是一致的，但有时表面上似有矛盾，这就需要专家们针对具体问题的性质，综合分析研究，抓住关键，依靠专家们的经验，作出判断，做到和谐与统一，不宜片面强调一方面而忽视另一方面。

在审查的进度和方式上也有许多困难。三峡工程初设审查后，长委会虽全力以赴进行技术设计，但大部分设计成果都要在 1994 年底才能完成，不能满足施工的需要。按照正规程序，应该在技术设计完成并通过审查之后，再进行招标设计和招标施工，但是现在的情况不允许我们这样做。如果按常规进行，目前的大部分施工只能停顿。权衡利弊，总公司领导不得不采取一些非常的措施，在技术设计进行中分阶段先审查一些专题逐步确定一些原则或方案，同时相应分区划出一些项目招标开工，同志们称之为积木式招标，这样做是不得已的，也会有一定风险，可能会出现些返工或损失，但总的主动权仍掌握在自己手中，不会出现大的问题。实际上，任何工作要把问题完全搞清再动手也是做不到的，只是现在更增加了操作中的困难，这些都由总公司负责。希望承担技术设计的专家，能理解这个情况，进行配合，尤其希望能及时提出建议，防止发生技术上或经济上的重大失调或失误。也由于同样原因，技术设计不能脱离初步设计确定的范畴，有些设计不可能追求理论上的最优方案，因为从现实看，从全局看，这样做已不可能，这些都希望专家能注意和理解，从实际出发，从国情出发，从现实条件出发来审定技术设计。如果专家们提出改变初设审定方案的意见，我们将视情况报三建委专案考虑，不作为技术设计审查意见。

另外一个重要问题是，由于设计进度太紧，影响了提交成果的进度和时间。有的专家曾提到过，他们往往直到开会前，甚至开会时才看到文件，而且由于时间紧急，有些意见已不便再提。这确实是个现实问题，正因为如此，我们才开这个会，请总公司哈总介绍工程进展情况，提出要求，以便和长委共同商定审查工作的顺序和具体安排。不仅如此，我们还希望专家们，特别是组长能和长委结成更紧密的联系，更多、更早地介入到设计中去，同时也希望长委尽量开门设计。总之，我们十分重视中间审查或讨论这一环节，希望专家们和总公司的同志能在设计文件出来以前多去长委会共同研究探讨，及时提出好的建议，以便集思广益，提高设计质量，这方面发生的费用均由总公司负责。

各位专家、各位同志，我们肩上的担子是很重的，困难是很大的，但是为了三峡工程，为了党、祖国和人民，也为了我们的后代子孙，我们只能迎难而上、知难而进。让我们紧密地团结起来，为伟大的三峡工程做出自己的奉献吧。

科学论证是重大工程正确决策的基础

——三峡工程论证结论的实践验证

三峡工程是中国，也是世界最大的水利综合利用枢纽。由于工程罕见的巨大规模和技术复杂性，虽经过近 60 年的研究、比较和争论，几代中国工程师曾付出了毕生的精力，工程却始终未能提上建设日程。

1986 年，党中央、国务院作出了对三峡工程进行重新论证的决定。在此后的 3 年内，全国各行各业共 412 位著名专家，分 14 个专题进行了全面、深入、细致的科学论证。全国 300 余单位，3200 余名科技人员，围绕论证有关的 45 个课题组织了科技攻关，取得了 400 余项科研成果。重新论证的主要结论是：三峡工程对四化建设是必要的，技术上是可行的，经济上是合理的，建比不建好，早建比晚建有利。这一结论是绝大多数专家签字同意的，但仍有极少数专家持不同意见。

根据论证成果编制的可行性研究报告，经国务院组织审查，并报请全国人大七届五次会议审议通过后，为几十年的三峡工程前期研究画上了一个圆满的句号，为正式开工建设奠定了基础。

三峡工程建设已进入第 8 年。7 年多来工程建设进展顺利，充分证明了当年科学论证的必要性和正确性。

1 三峡工程建设进展现状

1993 年初，首批施工队伍进入三峡坝区，开始施工准备工程和一期导流工程的施工。1994 年 12 月 14 日，三峡工程正式宣布开工。1997 年 11 月 8 日，大江截流胜利合龙，标志着工程第一阶段的工程建设任务已经胜利完成。目前，第二阶段工程建设正在紧张施工，在三峡工地参加工程建设的人员总数约为 2.5×10^4 人。

三峡工程实行以项目法人责任制为中心的招标承包制、合同管理制和建设监理制的建设管理基本体制。三峡工程开工 7 年多来，建设所需资金到位情况良好，工程施工进展顺利。工程施工进度按批准的总进度计划实施，工程投资控制在审定的初步设计总概算范围内，施工质量良好，满足了设计要求。

1.1 主要工程量和投资完成情况

截止到 1999 年底，主体工程已完成的主要土建工程量为：土石方开挖 $11231 \times 10^4 m^3$，占设计工程总量的 90% 以上：土石方填筑 $2459 \times 10^4 m^3$，占设计总量约 80%；混凝土浇筑 $926.4 \times 10^4 m^3$，占设计总量 32.4%。

工程已累计完成投资总额 465.7×10^8 元，其中按 1993 年不变价格计算的静态投资为 332.8×10^8 元，利息和物价上涨影响为 132.94×10^8 元。历年施工完成的主要工程量

本文原载于 2001 年 3 月《中国工程科学》，与中国长江三峡工程开发总公司王家柱合著。

和投资汇总如表 1。

表 1　　　　　　　　三峡工程历年完成工程量及投资汇总表

项　　目	1984～1992	1993～1997	1998	1999	合计
土石方开挖（$10^6 m^3$）	0	92.68	14.78	4.85	112.31
土石方填筑（$10^6 m^3$）	0	21.61	2.65	0.33	24.59
混凝土浇筑（$10^6 m^3$）	0	4.728	1.919	4.585	9.264
投资（10^6元）	745.6	25552.60	9002.94	11273.45	46573.59

1.2　主要工程的进度

1.2.1　坝区征地及基础设施建设　三峡工程施工区占地总面积 15.28km²，征地和坝区原住居民 $1.2×10^4$ 人的搬迁任务已经全部完成。场内外公路、过江大桥、码头等内外交通体系已形成，供电、供水、通信及施工营地等基础设施建设，已可满足工程施工的需要。

1.2.2　骨料开采加工和混凝土拌合系统　已建成粗、细骨料 2 个综合开采加工系统和 5 个混凝土拌合系统，混凝土生产能力可达 2380m³/h，可满足月浇筑强度 $50×10^4$～$60×10^4 m^3$。夏季可供应 7℃的低温混凝土。

1.2.3　导流工程　一期导流已全部完成。导流明渠于 1997 年 5 月开始通水，10月 6 日开始通航。1997 年 11 月 8 日，大江截流合龙，1998 年 6 月底，二期横向围堰基本建成，9 月底大江基坑已抽干。

1.2.4　临时船闸工程　临时船闸在二期施工期间，与右岸导流明渠共同承担施工通航任务。1998 年 5 月 1 日，船闸工程已开始通航。

1.2.5　升船机工程　升船机的基础开挖已于 1996 年初结束，现正在进行上闸首混凝土浇筑。

1.2.6　永久船闸工程　1998 年 9 月，船闸开始混凝土浇筑。地下输水系统开挖也已结束，并于 1998 年二季度末开始混凝土衬砌。1999 年 9 月永久船闸的基础开挖任务基本结束。

1.2.7　大坝工程　左、右岸非溢流坝段自 1996 年开始浇筑混凝土，现左坝肩段已达坝顶高程。河床泄洪坝段及左岸厂房坝段，1997 年末至 1999 年一季度陆续完成基础开挖并开始浇筑混凝土。至 1999 年末，左岸 1～6 号厂房坝段已达进水口高程，并开始钢管安装；泄洪坝段多数已达导流底孔高程，迎水面坝块最低高程已达 40m 左右。

1.2.8　左岸电站厂房工程　1～6 号机组厂房 1997 年底已完成基础开挖，1998 年初开始浇筑混凝土。至 1999 年底，已进入基础环和座环的安装和混凝土浇筑。7～14号机组段厂房基础开挖任务于 1998 年底完成，1999 年初开始混凝土浇筑，现正在进行尾水管段的混凝土浇筑。

2　若干重要结论的初步验证

2.1　关于工程建设目标

三峡工程的建设目标是防洪、发电和改善长江航运。其中防洪是建设三峡工程的首要任务。1998 年长江发生的特大洪水，再一次证明了建设三峡工程的必要性和紧迫性。

1998 年汛期，长江上游先后出现 8 次洪峰并与中下游洪水遭遇，使长江遭遇了百年以来仅次于 1954 年的特大洪水。1998 年的洪水量级虽略小于 1954 年，但由于溃口和分洪水量比 1954 年少，湖泊调蓄能力较 1954 年降低，以及长江与洞庭湖的水流关系发生变化，中下游洪水位普遍高于 1954 年，有 360km 的河段超过了历史最高水位。长江中下游防洪抢险出现前所未有的严峻局面。

在以江泽民同志为核心的党中央的坚强领导下，广大军民发扬"万众一心，众志成城，不怕困难，顽强拼搏，坚忍不拔，敢于胜利"的伟大抗洪精神，依靠新中国成立以来建设的防洪工程体系和改革开放以来形成的物质基础，保住了长江干堤，保住了重要城市和主要交通干线，保住了人民群众的生命财产安全，最大限度地减轻了洪涝灾害造成的损失，取得了抗洪抢险救灾的全面胜利。但 1998 年的洪水仍造成了很大的灾害。长江干堤出现各类险情 9000 多处，其中溃垸 1075 个，淹没耕地 $19.67 \times 10^4 hm^2$，涉及人口 229×10^4 人，死亡 1562 人。国家动员大量人力、物力，进行了长达近 3 个月的抗洪抢险，全国各地调用的抢险物料总价值 130×10^8 元；高峰期参加长江抗洪抢险的干部群众高峰达 670×10^4 人，解放军、武警部队投入长江和松花江抗洪抢险的总兵力达 36.24×10^4 人。

1998 年的抗洪斗争中，长江流域 763 座大中型水库参与了拦洪削峰，发挥了重要的作用。特别是 8 月 16 日宜昌出现第六次洪峰，在向下游的推进过程中，与清江、洞庭湖以及汉江的洪水遭遇，使荆江河段和武汉的防洪出现了特别紧张的局面。通过丹江口、隔河岩等水库的拦洪削峰，确保了干堤的安全，并避免了荆江分洪区和杜家台分洪区的运用。在抗御第六次洪峰的过程中，连本身没有防洪能力的葛洲坝水库，也采取了特殊的调度措施，发挥了一定的滞洪作用，帮助渡过了难关，这充分说明了水库控制性工程的防洪作用。

1998 年，三峡水库尚未建成，无法发挥防洪作用。三峡水库有防洪库容 $221.5 \times 10^8 m^3$，其调洪能力远大于丹江口、隔河岩等水库。根据有关部门和专家的分析，如果在 1998 年的长江抗洪中有了三峡工程，采用合理的调度方式，可以分别将沙市、城陵矶水位控制在 44.5m 和 34.4m 以下，武汉、九江的水位也可降低，则长江中下游防洪局面将根本改观。三峡水库对长江防洪的控制性作用将是巨大而可靠的，重新论证中确认的三峡工程的防洪作用是确有根据的。三峡工程原设计按控制沙市水位进行防洪调度，且主要考虑百年一遇以上的洪水，根据 1998 年防洪的实践，正在进行优化研究，以提高工程的防洪效益。

2.2 关于工程建设方案、进度和质量问题

三峡工程 7 年多以来的建设实践表明，重新论证阶段审定的工程建设基本资料、枢纽布置、主要建筑物型式尺寸，以及施工方案是正确的。7 年来，通过 7 个重要工程的单项技术设计、大批施工项目的招标设计，以及具体的施工实践，并未发现设计依据的基本资料有重大变化和出入，也无重大方案性的修改。

1998 年 9 月，大江基坑排水完成，几千年深埋于水下的长江江底第一次展现在人

们的眼前。1999 年初，长江江底处的大坝、电厂基础开挖完成。大坝基础工程地质条件优良，岩体坚硬完整，没有大的不良地质构造缺陷。论证阶段预测的工程地质条件得到完全的证实，包括曾有同志担心的地质遥感显示的坝区线性影像是否为大断裂构造问题，解除了大型工程建设基础地质条件这一最为控制性的不确定因素。

7 年来，三峡工程建设进展顺利。第一阶段的控制性工程项目，如一期围堰、导流明渠、纵向围堰、临时船闸等均如期完成。一期工程的阶段目标如明渠分流和通航、大江截流、临时船闸通航等均已如期实现。转入第二阶段施工以来，大江围堰建设、大江基坑抽水、大坝、电厂基础开挖均已顺利完成。1999 年开始的大规模浇筑混凝土取得了突破性的进展，全年浇筑混凝土 $485.5 \times 10^4 \text{m}^3$。1999 年三季度末，永久船闸高边坡开挖基本结束。这一系列里程碑式的控制性施工任务和阶段目标的顺利完成，标志着三峡工程论证确定的施工导流方案，主体建筑物施工方案，以及施工总进度计划，都得到了顺利的实施。

三峡工程是"千年大计，国运所系"。三峡工程的质量问题，党中央、国务院十分重视，全国人民共同关心。中央领导同志多次就质量问题作出过一系列重要的指示。三峡工程的设计，有全国一大批著名专家把关，采用世界最先进的技术和高于一般工程的设计标准，力求工程达到先进、安全、可靠。全体三峡建设者以"如临深渊，如履薄冰"的谨慎态度，认真对待施工质量问题。建立了从原材料采购到各个施工环节的全过程质量控制体系和高于国标的控制标准，聘任了 650 余名工程技术人员承担施工监理，还对重要的设备制造聘任了国外和国内的专家实施驻厂监造。迄今为止，工程的质量情况是好的，满足了设计要求。大江截流前，第一期工程施工通过了国家组织的验收。第二阶段工程开始后，国务院三峡工程建设委员会又派出了由中国工程院院士为主组成的质量检查专家组，每年对三峡工程质量进行全面检查和评价。

2.3 关于工程投资控制和国力能否承担问题

三峡工程投资能否得到有效控制，我国目前的国力有无能力承担三峡这样巨型工程的建设，曾是三峡工程经济方面论证的主要课题。在重新论证阶段，通过一大批经济学家和工程专家的详细分析和计算，对此作出了肯定的结论。但仍有同志表示担心：三峡工程投资可能成为无底洞，还有同志担心因三峡工程建设引起全国范围的通货膨胀。

经国家正式批准的三峡工程初步设计静态总概算为 900.9×10^8 元。其中枢纽工程投资 500.9×10^8 元，水库淹没处理及移民安置费用 400×10^8 元。1993 年，根据当时拟定的工程资金来源、利息水平和物价上涨的预测，估算计入物价上涨及施工期贷款利息的动态总投资，约为 2039×10^8 元。

截至 1999 年底，三峡工程已累计完成投资 465.74×10^8 元，其中静态投资 332.80×10^8 元，价差和利息合计 132.94×10^8 元。与原审定的初设概算和预测的动态费用相比较，不论是静态或动态投资均略有结余。工程的土石方开挖和填筑已分别完成设计总量的 90% 和 80% 以上，混凝土量已完成约 1/3，其相应投资额占总投资的比例，均低于实物量的完成比例，也说明投资控制的情况是好的。工程投资得到有效的控制，一方面得益于近年来国家宏观经济控制的成效，同时，按照社会主义市场经济的原则组织建设，采用"静态控制，动态管理"的方法对投资实施了严格而有效的控制。据最近专家的测算，动态总投资可以控制在 1800×10^8 元以内，三峡工程投资不会成为无底洞。

7 年来，工程分年投资最高额为 112.73×10^8 元（1999 年），仅占当年国家固定资产投资总额的 0.38%。事实已经证明，我国目前的国力完全有能力承担三峡工程建设，不会因三峡工程建设引起物资供应紧张和通货膨胀，反而可以拉动内需，促进整个国民经济的增长。

2.4 关于若干重大技术难题

2.4.1 大江截流和二期深水围堰 大江截流设计截流流量 $14000 \sim 19400 m^3/s$，最大水深 60m，是世界大江大河截流史上规模最大难度极高的截流工程。经过长期研究，采用预平抛垫高河床和单戗堤立堵的方案，经过精心组织，于 1997 年 11 月 8 日胜利完成。

二期上游围堰最大堰高 80m，防渗墙最大深度 74m，堰体大部采用水下抛填法施工，最大施工水深 60m。上下游围堰总填筑量 $1032 \times 10^4 m^3$，混凝土防渗墙 $83450 m^2$，施工任务需在一个枯水季节内完成。围堰施工的主要任务已于 1998 年汛前完成。1999 年汛期，上游围堰承受的最大水头为 73.59m。各项观测资料表明，围堰运行正常，基坑渗水量甚微，上游围堰仅 $0.026 m^3/s$，下游围堰约 $0.06 m^3/s$，均远低于设计预期值。至 1999 年末，大坝迎水面混凝土最低高程已浇筑至 40m 左右，二期围堰挡水的风险难关已经渡过。

2.4.2 永久船闸高边坡稳定 三峡工程永久船闸系从左岸山体内开挖形成，两侧高边坡最大开挖深度达 170m，底部直立墙高 60m。船闸闸室两侧仅设薄混凝土衬砌，需依赖岩体自身保持稳定。如何保持高边坡的整体稳定和限制其变形，是具有极大风险的挑战性的工程，也是三峡工程设计和施工中的世界级难题。设计上采用了山体排水和预应力锚索、高强锚杆、喷混凝土支护等措施，施工上严格控制施工程序和一整套控制爆破措施，并加强了安全监测。永久船闸总量约 $4000 \times 10^4 m^3$ 的开挖，3600 余索预应力锚索和 10×10^4 根高强锚杆的施工已于 1999 年三季度末基本完成。

已埋设的 1500 余只仪器的监测资料显示，高边坡的总体稳定情况令人满意。高边坡两侧地下水位得到有效控制，渗水压力低于设计值；边坡向船闸中心线方向的最大位移量（截至 1999 年底）为 53.63mm，在设计预测的范围内，且已趋于稳定；开挖爆破造成的岩体表层松弛深度不大，预应力锚索和锚杆工作情况正常。上述情况说明，永久船闸高边坡开挖施工安全的难关已经顺利渡过。

2.4.3 特高强度混凝土施工 三峡工程混凝土浇筑总量达 $2800 \times 10^4 m^3$，其中二期工程施工的 6 年内需浇筑混凝土约 $2000 \times 10^4 m^3$，1999～2001 年浇筑年强度必须达到 $400 \times 10^4 m^3$ 以上，2000 年需达到高峰强度约 $540 \times 10^4 m^3$。面对如此远高于世界已有混凝土浇筑纪录的施工任务，曾对混凝土施工方案和主要施工设备的选型进行过长期的研究和论证，最终选定以塔带机为主，配合高架门塔机、胎带机和缆机的综合机械化施工方案。

1999 年全年浇筑混凝土 $458.5 \times 10^4 m^3$，11 月份浇筑混凝土 $55.35 \times 10^4 m^3$，年、月

浇筑强度均创造了新的世界纪录，说明决策选定的混凝土浇筑方案是正确的。三峡坝区夏季气候炎热，大体积混凝土温控防裂任务十分艰巨。1999 年夏季浇筑的大坝混凝土，绝大部分位于基础强约束区内。浇筑月强度达 $40\times10^4\sim45\times10^4\mathrm{m}^3$，混凝土出机口温度不超过 7℃，浇筑温度不超过 14～16℃，混凝土最高温度基本控制在设计要求的 29～31℃的范围内，为防止大坝产生贯穿性裂缝创造了必要的前提。

2.4.4　特大型水轮发电机组　三峡水电站将安装 26 台单机容量为 700MW 的水轮发电机组，是世界最大的机组。因防洪和排沙的需要，机组运行水头变幅特大，达 52m，最大水头与最小水头的比值为 1.59～1.85，远远超过了世界已有特大机组的范围。经过国内外众多研究机构和制造厂家多年研究和国际公开招标，左岸电站 14 台机组的制造任务由两个跨国集团承担。法国 ALSTOM 和瑞士 ABB 公司联合承担 8 台套，加拿大 GE 和德国 VOITH、SIEMENS 组成的 VGS 集团承担 6 台套。国内的水轮发电机组制造厂，将在接受技术转让后，承担分包和部分完整机组的制造任务。目前，机组的设计已基本完成，制造任务正在顺利开展，部分机组埋件已运抵工地开始安装。考虑到三峡机组十分复杂的运行条件，对右岸电站机组的主要参数，正在研究进一步改进和优化。

2.4.5　工程泥沙问题　三峡水库入库泥沙的多年平均量为 $5.26\times10^8\mathrm{t}$，年均含沙量约 $1.2\mathrm{kg/m}^3$。

三峡水库的泥沙问题研究，采用数学模型计算，物理模型试验，结合实际工程调查分析类比的综合方法。自 20 世纪 60 年代至今，研究工作一直持续不断。三峡工程的泥沙研究在葛洲坝工程成功处理泥沙问题的基础上，研究规模更大，仅物理泥沙模型就建有 14 座（坝区 5 座，变动回水区 9 座），有四家国内著名的泥沙研究机构平行进行计算和试验，一大批著名泥沙专家参加了研究工作。

根据长期反复研究和试验论证，三峡水库采用"蓄清排浑"的水库调度方式，大部分泥沙可以在汛期排至下游。工程建成 30 年内，不论是坝区或变动回水区，泥沙淤积均不会对航运和发电造成大的不良影响。水库运行 80～100 年，水库达到冲淤平衡状态时，水库有效库容仍可保持 86%～92%。工程布置上采取的一系列排沙、防淤工程措施，配合恰当的水库调度和辅助清淤，可以确保航道畅通和水电站正常运行。

三峡工程泥沙研究成果的验证只能在水库蓄水运行之后。虽有葛洲坝工程的实际成果可作借鉴，但考虑到三峡工程的泥沙问题的重要性，以及泥沙科学目前的发展水平，泥沙问题的研究仍在继续进行，并将大力加强原型观测工作，力求使三峡工程的泥沙问题得到较好的解决。

2.5　关于水库移民安置

三峡水库将淹没陆地面积 $632\mathrm{km}^2$，水库淹没线以下共有耕地 $2.45\times10^4\mathrm{hm}^2$，淹没区居住的总人口为 84.41×10^4 人。考虑到建设期间内的人口增长和二次搬迁等因素，移民安置的总人口将达 110×10^4 人，安置任务十分艰巨，是工程成败的关键。在工程开工前 8 年水库移民试点工作的基础上，确定了开发性移民方针。

三峡水库的移民安置规划，以开发性移民方针为指导原则，需正确处理移民安置与区域经济发展和环境保护之间的关系。根据"中央统一领导，分省负责，县为基础"

的移民安置管理体制，安置规划以县为单位分别编制。主要内容包括农村移民安置、城镇迁建、集镇迁建、工矿企业淹没处理、专业项目改复建、环境保护等分项规划，以及投资概算。目前，全库区 20 个县的移民安置规划均已完成，并开始实施。

三峡移民安置中最为困难的是约占总数 40% 的农村人口。库区土地资源不足，特别是国务院作出了 25 度以上的坡耕地退耕还林和退耕还草的决定后，农村移民的安置容量更为紧张。初设阶段确定的就地后靠为主的安置规划必需进行调整。根据修改规划，将有约 1/3 的农村移民（约 12.5×10^4 人），迁出库区到其他省、市落户。这一重大的规划调整现已基本落实并开始实施。

国务院为了确保三峡水库移民的顺利实施，批准了相当于工程总投资 45% 的移民经费；并确定三峡工程建成后，在发电利润中提取库区建设基金，继续帮助库区发展经济。国务院还推出了成立重庆直辖市，库区城市享受开放优惠政策，全国各省市对口支援库区，搬迁企业技改低息优惠贷款等一系列政策。三峡水库的移民搬迁，受到全国人民的关心，得到国务院各部委、全国各省市的大力支援，一大批合作项目正在开展，对移民工作起到了巨大的推动和示范作用。

三峡库区移民规模空前，任务十分艰巨。自 1993 年以来，经过库区各级党委、政府和库区人民的多年艰苦努力，移民工作已经取得了初步成效。统计至 1999 年底，累计已支付移民资金 176.99×10^8 元，已完成移民安置 22.88×10^4 人，开发土地 $2.12 \times 10^4 hm^2$，复建各类房屋 $1313.76 \times 10^4 m^2$。库区城镇搬迁基础设施建设也有了很大的进展，其中秭归、巴东两个新县城的建设已基本完成。

在过去 7 年多的移民安置中，由于缺乏经验和管理不严，也出现了一些问题，有的城镇迁移贪大求全，基建摊子铺得过大；有的忽视环境保护和地质条件，致使局部地区的环境恶化；甚至出现有少数干部违法乱纪、挪用和侵吞移民资金的案件。这些问题虽然是局部的，但已经引起了中央和各级政府的重视，正在采取有力的措施加以整顿。

2.6 关于对生态与环境的影响问题

兴建三峡工程对生态与环境的影响引起了世界范围的瞩目。1991 年 12 月，由中国科学院环境评价部和长江水资源保护科研所联合编制了长江三峡水利枢纽环境影响报告书。将长江流域作为一个完整的大系统，对三峡建库引起的库区、长江中下游及河口地区的自然环境、社会环境的影响进行了全面的分析和研究。对包括气候、水质、生物、自然景观和文物，水库淹没和移民安置等十余个子系统的数十环境因子，用数学模型、特征指标等定量、定性方法进行了全面评价，对不利影响提出了减免的措施，并提出了建立生态与环境监测系统规划的意见。

三峡工程环境影响评价的主要结论是：兴建三峡工程对生态与环境的影响有利有弊，主要有利影响在长江中下游地区；主要不利影响在库区，大部分不利影响采取恰当的对策措施后可以得到减免。

三峡水库总库容占坝址年径流量的 8.7%，水库对径流的调节程度并不高，仅为季调节性质。经三峡水库调节后，下泄的年径流量不变，年入海水量也不变。10 月下泄水量略有减少，1~5 月下泄水量略有增加，其他各月径流基本不变；对坝下游至入海口的长江水文情势的变化和影响不大。

　　建设三峡工程的主要环境效益是：提高长江中下游防洪标准，减少洪灾损失，避免因洪灾带来的环境恶化，为江汉平原和洞庭湖区人民提供安全的居住和发展环境。三峡水电站将提供巨额的清洁能源，与发电量相当的燃煤电站相比较，可以减少排放大量有害气体和废水、废渣。可改善库区的局地气候，为水库渔业发展提供有利条件，改善长江中下游及河口枯水期水质。

　　主要不利影响主要与水库淹没有关，应采取措施减缓其不利影响。由于水位抬高，三峡河段的自然景观将受一定的影响，应结合三峡工程雄伟的建筑物群，开发三峡坝区和支流上游的新风景区。部分历史文物遗迹和地下古墓葬将受到淹没，需采取原地保护或易地复制重建等措施加以保护，淹没区地下文物在普查的基础上重点发掘。国家一级保护的珍稀水生生物中华鲟的保护，包括对下游新的产卵区的保护，以及人工繁殖研究和放养应继续加强。三峡水库自身虽不产生污染物，但建库后因流速减缓，沿江城市附近的江段已形成的岸边污染带会加重，需加大污水治理的力度。库区移民安置中的环境保护，是三峡工程环境保护工作的重点。

　　三峡坝区实施工程建设与环境保护同步实施的方针，使工程施工可能造成的水土流失、水质和噪声污染均得到了有效的控制。至 1999 年底，绿化面积已达 116 万 m^2，将三峡坝区建设成为既有雄伟的大坝、又有优美环境的目标正在逐步实现。

十年回首话三峡

——写在三峡工程蓄水时

经过半个世纪的规划、论证和十年的艰苦奋战，举世瞩目的三峡工程迎来了蓄水、通航、发电的收获期。"更立西江石壁，截断巫山云雨，高峡出平湖"的美丽梦想终于在 21 世纪初成为现实。全国人民为之欢欣鼓舞，也成为全世界的热门话题。

三峡水利枢纽是当前世界上最大的一座水利工程，大概也没有其他哪一座工程经历过如此漫长的研究论证过程，经受到国内外如此多人的质疑与反对。在国内，1985 年中央和国务院原则批准兴建三峡工程（150m 方案）后，立刻引起地方政府、专家学者和民主人士的异议，以致中央和国务院在 1986 年决定搁置建设计划，重新开展空前范围和深度的"可行性论证"。412 位专家和几十位顾问参加了论证，直接间接参与的单位、部门、专家更难计数。花了近三年时间，到 1989 年才得出最后结论。有 9 位专家、顾问拒绝签字，而且写出书面意见。此后，又经过三个年头的汇报、考察和国务院审查，于 1992 年由国务院提交议案请全国人大审议。人大表决时，有 177 票反对，664 票弃权，以超过 2/3 的 1767 票赞成通过了兴建三峡工程的议案，画上了论证阶段的句号。一座工程的兴建，经历如此漫长的岁月和众多的波折，不说"绝后"，也是"空前"的了。

在工程蓄水、通航、发电前夕，经常有同志采访我，要我重新评述十年前论证中的分歧和目前的现实情况。我认为，三峡工程尚未完建，还不是做评价的时候，有些问题甚至要经历数十年的验证才能得到较确切的结论。但有的同志说，既然工程的效益和影响是逐步发挥、体现的，对它的评价为什么不能逐步地进行呢？这样，应《群言》之约，乘三峡工程蓄水之机，我回忆一下论证中的主要议题和自己目前对这些问题的初步认识，以答谢有关同志的盛意，也就正于专家们。

在论证中，一些专家和社会各界对三峡工程提出多方面的意见或质疑，难以尽举，但大体上可分为以下几类：一是对工程效益的质疑；二是对国力能否承受的质疑；三是百万移民的安置问题；四是泥沙淤积问题；五是修建工程引起的生态环境问题；六是坝址、库区的地质问题；七是中国科技水平能否解决设计、施工、制造等问题。现顺序加以回顾。

一、对工程效益的质疑

三峡工程的主要效益为防洪、发电和通航，其中对防洪效益的质疑最为集中。一些专家认为三峡防洪库容（与洪水总量比）有限，长江流域的洪灾情况又十分复杂，三峡水库并不能有效解决长江洪灾问题，甚至认为是舍上救下，将加剧四川的洪灾。

长江洪水量大峰高，30 天的洪量可达 1000 亿 m^3 以上，三峡防洪库容 221.5 亿 m^3，

本文写于 2003 年 6 月三峡水库蓄水后，发表于《群言》2003 年第 8 期。

能不能起作用呢？三峡水库需完建后才能充分发挥防洪效益，现尚未经考验，但似可用 1998 年的长江洪水进行参考验算。1998 年长江发生全流域大水，前后出现 8 次洪峰，荆州市最高水位达历史最高值 45.22m，百万军民上堤抢险死守，中央已决策开闸动用荆江分洪区分洪（区内数十万人民已紧急撤离），后由于及时预报、动用上游水库滞洪和温家宝副总理的英明决策，避免了分洪。这场洪水扣紧了全国人民的心弦，也给国家人民造成重大损失。当时所能调用的水库库容十分有限，但对削峰错峰起了很大作用（例如，第六次洪峰到来时，荆州市水位猛涨到 45m，依靠紧急调用隔河岩水库的 4 亿 m^3 库容和葛洲坝水库的 0.5 亿 m^3 库容把荆州市水位压低 0.27m，使最高水位未超过 45.22m，避免动用荆江分洪区）。如果三峡水库已建成，有 221.5 亿 m^3 库容可供调蓄，其能化险为夷，殆无疑义。

其实 1998 年洪水虽历时长、总量大（相当于 30～100 年一遇重现率），但洪峰流量并不高，宜昌最大洪峰仅 6.33 万 m^3/s，只相当于 7 年一遇，称不上世纪洪水。近代发过的百年乃至千年洪水，宜昌流量可达 8 万 m^3/s、10 万 m^3/s 乃至 11 万 m^3/s。遇到这种洪水，动员更多军民上堤也无法避免大堤全面溃决，不但将造成无数人民伤亡，大江南北一片汪洋，数十年建设成果也一扫而光。三峡水库要对付的是这种灾难，是要避免发生这种"毁灭性灾害"，然后才考虑如何调蓄较小洪水。它并不是用来解决中下游和所有支流一切洪灾问题的。

现在三峡水库将要建成，两岸大堤已得到全面加固加高，下游河床将被刷深，平垸退田正在进行，上游及支流大量水库正在和即将兴建，长江防洪形势已进入全新历史阶段。我认为现在已不必讨论三峡水库的防洪效益问题，而是全面研究新形势下各项防洪措施如何科学配合、统一调度，较完善地解除长江洪灾这个心腹之患的时候了。

二、关于国力能否承担的问题

三峡工程需要的投资很大，建设期较长，因此一些同志认为国力难以承受。有的同志甚至认为三峡工程的上马将引起物价飞涨、经济崩溃。有的专家认为三峡工程的总投资将达 5000 亿元，甚至是个"无底洞"。还有些同志担心上了三峡工程将影响全国水电甚至其他经济领域的发展。

十年建设实践证明，上述问题都不存在。三峡工程的兴建，不仅未引起物价飞涨和经济崩溃的恶果，而是有力地拉动了内需，促进了经济的发展，解决了大量就业问题，宜昌和库区更受益匪浅。三峡工程的动态总投入（枢纽和移民）可望控制在 1800 亿元以内，不仅能按计划还本付息，而且有强大的竞争实力和开发后劲。还要指出在这段时间内，全国水电得到从未有过的高速发展。以三峡和葛洲坝电厂为依托，我们已经向开发金沙江上更大的水电宝藏进军！

但这不说明当初那些专家的担心没有根据。论证时，基本建设"过火"和"重复建设"现象严重，物价涨幅较快，国民经济处在困难时期，经济体制改革刚刚起步。如果这种局面不能改观，不仅三峡工程的命运难卜，整个国家也将前途堪虞。在中央的正确政策指导下，国务院采取了一系列有力措施，调控大局、理顺关系、稳定物价，中国的经济建设和国力增强就以超出人们想象的速度发展。尤其是实施社会主义市场经济模式，采用与国际接轨的现代化建设管理体系，拓宽集资渠道后，一切根据计划经济时代经验所作出的判断就完全脱离形势了。

三、百万移民问题

根据论证时的资料，三峡水库淹没区人口 72.6 万，考虑人口的各种增长因素，推算到竣工（2008 年）需动迁 113 万人。百万移民是全球罕见之举，而且以往我国移民遗留问题不少，能否解决好移民问题实为成败关键，理所当然成为论证中研究的焦点。

为做好这项工作，论证中采取了专家和地方政府结合的方式。地方上动员 400 名干部和上千名人员参加。根据"开发性移民"方针，提出各项措施，调查库区资源，制定安置规划，列入充足资金，力求做到"迁得出、稳得住、逐步能致富"的要求。应指出：三峡移民中一半以上是城镇居民，只要城镇企业能妥善迁建，这些移民较易解决，重点是农业人口的安置。后者依靠开发宜垦荒地、改造低产田、发展大农业和多种经营来安置。

目前，在二期工程结束时，135m 水位以下的移民安置任务已全部完成，共动迁 72.2 万人。城镇企业已基本迁建好，农业人口除在区内安置外，外迁了十余万人。

迁建后的城镇功能、条件较迁建前大有改善。迁建的企业都作了结构调整和产品升级换代，或通过技改、联合、兼并等途径进行改造，没有前途的作了破产关闭处理。农村移民人均耕地、园地达到规定标准，安置补偿资金全部兑现，安置区内各种条件满足移民生产生活需要，并较动迁前有明显改善。

从上述情况看，我们相信百万移民是可以安置好的。三峡工程正常运行后，经济效益很大，还可以继续扶植库区经济的发展或解决个别移民的困难，使兴建三峡工程成为库区和移民经济上翻身的重大机遇。

必须指出，取得上述成绩除库区人民和政府做出的贡献外，还有赖于中央和全国的支持：制定开发性移民方针，落实移民资金和各项措施，成立专职机构，组织对口支援、根据实际情况对移民安置规划进行调整（增加外迁人数）等。各发达省区和著名企业也作出重大努力，这是一曲共产主义大协作的凯歌。而我们在早期论证工作中，对某些困难估计不足，农村移民几乎都在库区安置，某些项目的资金安排不够等，都存在缺点。专家和社会各界的意见，无疑起了很好的警示和推动作用。

四、泥沙淤积问题

通过三峡的长江输沙量达 5.3 亿 t/a，不少同志对此深为担忧，认为建库后会很快淤满，失去功能，难以处理。库尾泥沙淤积还会抬高重庆洪水位，影响港口和航道。还有同志悲观地认为，由于人类活动，长江泥沙量在不断增加，将变成另一条"黄河"。

鉴于泥沙问题的复杂性和重要性，论证中将它作为一个独立的专题，其专家组成员几乎囊括了国内所有权威专家，著名的有关科研院所和高等院校都参与了工作，在以往大量工作的基础上，补充了许多试验、计算和分析研究。最后的结论得到全体专家的同意：①由于三峡是河道型水库，采取蓄清排浑的运行方式，经过长期（约 80 年）运行达到冲淤平衡后，绝大部分有效库容（85%～92%）可以长期保留；②在运行后期（如 100 年后），库尾将发生淤积，会抬高重庆的洪水位 1～3m，不会对重庆主要市区的防洪有影响；③库尾淤积后会影响码头作业，在特殊年份会短时影响航道，可以采取优化水库调度、疏浚、采取工程措施和结合港区改造来解决。

论证后又经过了十多年，泥沙的调查、试验、分析工作一直在全面深入进行，弄清和落实了更多的问题。新的情况是：①不存在长江输沙量不断增加、将变成另一条黄河的情况；②长江上游水土保持工作正在有效和持续地进行；③金沙江梯级开发已经启动，上游将兴建更多大库，大大减少三峡水库进库沙量；④工程严格按照一次建成分期蓄水原则进行，有验证、分析和调整余地，一些专家提出了优化调度的建议；⑤投入巨资，进行蓄水前后泥沙情况的全面深入监测与分析。总之，没有出现需要改变主要论证结论的情况，而是向更有利、更明确的方向进展。当然像泥沙运动这样复杂的问题，绝不能掉以轻心，运行后必须抓紧监测、分析和试验计算，根据研究成果指导运行。我深信，通过三峡工程的实践，我国将涌现一大批高水平的泥沙研究成果和年轻专家，在国际上处于领先地位。

五、生态环境影响

三峡建库后，将对生态环境产生广泛而深远的影响，包括正面的作用和负面的影响。国内外有很多人都曾以三峡工程将严重破坏生态环境为由而持反对意见。

生态环境的影响面涉及范围很广，因此论证专家多达55人，在两位顾问和四位正、副组长领导下开展工作。顾问、组长以及绝大多数专家都来自科学院和生态环保部门。三年中，专家组对所有有关问题进行了全面深入的调查研究及讨论，最后除一位顾问外，全部专家签字通过了论证报告。

论证报告详细和实事求是地分析了三峡建库对生态环境产生的正、负面影响，指出负面影响主要发生在库区，并细分为三种类型：①不可逆转的影响，例如淹没部分耕地、古迹、文物，改变一些景观等；②影响较大，但可以采取措施予以减轻的，例如移民过程中产生的问题，对珍稀物种的影响，引发库尾洪涝灾害以及滑坡，触发地震等；③影响较小，可采取措施减少危害的，例如对局地气候和一些水文因素的影响，对陆生动物和植物的影响，水质污染的影响等。此外，还有一些潜在或目前难以预测的影响，如对上游水生生物、对长江口及邻近海域、对区域的自然生态与社会经济系统的长远影响。

报告最后指出，多种影响中，库区移民环境容量是制约因素，并提出了多项建议。

三峡工程在实施中，尊重和遵照专家组的意见，充分重视保护生态和环境，例如迁建古迹，发掘文物，调整移民安置规划，加强水库清库和防治源头污染，保护和人工繁殖珍稀物种，迁移一些古树。施工现场也做到环境优美，文明施工。今后还将进一步做好环保工作，加强各类监测，充分发挥正面效益，包括恢复洞庭湖的青春，使三峡枢纽成为一个"生态环保工程"。

六、坝区和库区的地质问题

论证中也有人对三峡工程坝区和库区的地质情况有怀疑，认为存在着重大缺陷或隐患。

坝区范围不大，问题容易查清。尤其经过十年建设，完全证实多年来的勘测结论：坝基为新鲜完整的花岗岩，工程地质条件优越，地震基本烈度低，是一个优良的坝址，不存在未查明的重大隐患。这个结论没有人提出异议。

争议较多的是库岸稳定和水库触发地震问题。水库两岸多为基岩岸坡，总体稳定条件较好。稳定条件差的库岸仅占库岸总长的 1.2%,这里存在一些崩塌、滑坡体,在建库前,就经常发生失稳情况,甚至堵塞航道,蓄水后会继续发展和失稳。对较大的滑坡体都进行了勘查、计算、监测或加固。蓄水后水深增加,水面增宽,滑坡体体积有限,下滑后不会影响有效库容和航道。这些滑坡体分散在距坝址 26km 以上的库段内,滑坡激起的涌浪也不会影响坝的安全。这些论证结论在十多年后均无变化。主要问题是在移民过程中要防止把城镇、企业和居民迁移到不够稳定的岸坡上去。在实际工作中确实发生过有关部门不重视地质工程师意见的情况,以致重复迁建,给国家造成损失。这一教训应认真吸取,并在蓄水后加强检查监测,确保安全。

关于水库蓄水后是否会触发地震及其可能的震级问题,取决于库区的地震地质背景。库区是区域地质较稳定地区,并无巨大的发震断裂,最可能发生地震的是距坝址约 30km 和 100km 处穿越库段的两条不大的地震带。从高估计,水库触发地震的最高等级为 5.5 级。即使假定在距坝址最近的九湾溪断层发生 6 级触发地震,对坝址的影响烈度也不超过 6 度,远低于设防烈度。上述意见是地质专家的一致认识,至今也没有任何改变。目前库区已建立了触发地震监测系统,布设了遥测地震台网,正式投入运行,可以满足监测、分析和预报所需。

七、对中国科技水平的质疑

三峡工程是目前世界上最大的水利水电工程,在修建过程中,无论是设计、施工、制造、管理各方面,都面临一系列困难和挑战,某些问题的难度甚至超过当前国际水平,如双线五级船闸、大江截流、二期围堰、三期 RCC 围堰、超纪录的混凝土施工强度、巨型金属结构、70 万 kW 的水轮发电机组等。一些外国人认为没有西方的支持,中国不可能建设三峡工程。我们有些同志也怀疑,中国作为一个发展中国家,其技术和管理水平能否解决这些问题,担心上马后工期拖长、质量低劣,陷入被动。

十年建设成果回答了这个问题:中国人民能够依靠自己的力量建设起这座宏伟的工程,做到质量优良、工期提前、投资节约、管理先进、环境优美,取得近乎完美的全面胜利。

八、论证工作的民主性问题

有些人(尤其是境外的某些人)长期以来宣称:三峡工程是中国少数领导好大喜功、要为自己树碑立传、不顾国力民意强行上马的项目,论证工作受人操纵,论证是不民主的、暗箱操作、压制不同意见等,这是歪曲事实、颠倒黑白的谎言。

我参与了论证工作的全过程,"领导"从来没有来干预、过问、指示过什么。如果一定要问有什么"内部指示",那就是反复要求我们虚心听取一切意见,营造宽松气氛,不要囿于过去成果,作出实事求是的结论。

具体论证工作由 14 个专家组在组长和顾问主持下独立进行。"论证领导小组"只起组织、协调、综合和服务作用。专家组结论由全体专家来下,这些专家都是权威的、严肃的一流科学家,对签字认可的结论是要负责到底、经受历史考验的,"领导小组"没有也不可能影响每位专家的独立思考。

论证中,各种意见得到充分的发挥,有些不同的意见不仅在会上反复阐述,还在报刊上(包括境外)自由发表,或印成书册广泛发行。综合性的会议都邀请新闻媒体参加和报道。对结论有不同意见的可以拒签，并另写书面意见，作为论证内容全部保存、发表和上报。

尤其对生态环境、移民、泥沙这些讨论热点，专家组的领导和成员都是有关学科的学术带头人、行家和地方一线间志。以生态环境为例，两位顾问、四位正副组长和绝大多数专家都是研究生态环境问题的科学家，他们就工程对生态环境所有领域的影响，作了透彻的分析，提出了各种问题和建议，但一致的意见是：不存在影响三峡枢纽成立的生态环境问题。即使是拒签的那位顾问，在他的书面意见中，也只是罗列大量项目，认为研究得还不够，需要进一步调研，三峡工程的上马，应慎重考虑。没有提出究竟哪一项影响是致命的。其他泥沙、移民的报告都经全体专家签字确认。像这类关系重大的课题，如果确实存在不可行的因素，专家们是决不会签字的，"领导小组"更是无法左右局面的。

论证工作结束后，1990 年 7 月 6 日至 14 日，国务院召开了长达 9 天的会议，听取论证汇报和开展讨论，出席的有各部委、各民主党派、政协、地方政府、学术团体、各专家组的负责人，76 人表达了他们的意见。最后姚依林同志根据多数意见下结论说：论证工作做到了民主和科学，可行性报告是有说服力的，同意提交国务院三峡工程审查委员会审查。以后国务院又另外组织了一百几十位专家进行了长达一年的审查，通过后才提交人大审议表决。对一个工程的兴建，进行了如此漫长细致的工作，"技术民主"和"慎重决策"两者可以说是做到了家！

回首前尘，"论证"已过去了十多年，三峡大坝已巍立于大地之上。十年建设过程用事实逐步证实当年论证结论符合客观实际。现在工程尚未完建和全部发挥效益，我相信，通过今后的实践，论证结论还会得到进一步和更完美的证实。实践是检验真理的唯一标准，实践也将答复论证工作是否民主的问题。

三峡工程的论证与现实

编者按 经过半个世纪的规划、论证和十年的艰苦奋战，举世瞩目的三峡工程迎来了蓄水、通航、发电的收获期。"更立西江石壁，截断巫山云雨，高峡出平湖"的美丽梦想终于在世纪初成为现实。

然而，这一天得来确属不易。从工程论证到通过全国人大表决，几百位专家和顾问为此展开激烈讨论。世界上大概没有一项工程能像三峡工程这样，遭到如此众多的人的质疑与反对，又经历如此漫长的岁月和曲折。

即便是今天，三峡工程已成功蓄水和发电，人们的疑虑也不能说已消失殆尽。大坝安全、生态环境、百万移民等仍是大家十分关心的问题。为此，本版曾刊登过一组三峡情系列报道。近日，本报记者又专门采访了三峡总公司技术委员会主任、1986年三峡工程论证专家领导小组副组长兼技术方面负责人、两院院士潘家铮，请他谈谈三峡工程论证中专家对有关问题的分歧以及目前的现实情况。作为工程上马过程的亲历者，潘家铮认为，经过十几年的验证，总结一下当年论证的几个中心议题以及自己的一些认识，也许比只谈成就更有意义，反对者的意见其实也是对工程的最大贡献。我们则认为，怎样评说三峡这样一个世界上最大的水利工程的是非得失，专家的回顾与展望，对于我们开拓视野、辩证地看问题一定会很有帮助。

防 洪 与 通 航

记者：三峡建坝的第一目标是防洪，保证长江中下游地区遭遇百年一遇洪水时无虞。十年前有些专家对三峡工程的防洪效益产生质疑，就是今天，关于三峡防洪的实际效能仍争论不休。您怎样看三峡工程的防洪效益？

潘家铮：三峡工程的主要效益为防洪、发电和通航，其中对防洪效益的质疑最为集中。一些专家认为三峡防洪库容（与洪水总量比）有限，长江流域的洪灾情况又十分复杂，三峡水库并不能有效解决长江洪灾问题，甚至认为将加剧四川的洪灾。另外，对航运和发电效益也有质疑。

长江洪水量大峰高，30天的洪量可达一千几百亿立方米，三峡防洪库容221.5亿m^3，能不能起作用呢？我们不妨用1998年的长江洪灾作为校验对象。1998年长江发生全流域大水，前后出现8次洪峰，沙市最高水位达历史最高值45.22m，百万军民上堤抢险死守，中央已决策开闸动用荆江分洪区分洪，后由于及时预报、动用上游水库滞洪和党中央的英明决策，避免了分洪。这场洪水扣紧了全国人民的心弦，也给国家和人民造成重大损失。当时所能调用的水库库容十分有限，但对削峰错峰起了很大作用。水库

本文原载于2003年8月3日《中国电力报》。

调洪，并不是把洪水都吞下来，而是把超过河道能排泄的部分拦下来。如果三峡水库已建成，有 221.5 亿 m³ 库容可供调蓄，能把水位拉下来 1.5～1.6m，其能化险为夷，殆无疑义。

其实 1998 年洪水虽历时长、总量大，但洪峰流量并不高，宜昌最大洪峰仅 6.33 万 m³/s，只相当于 7 年一遇，称不上世纪洪水。近年发过的百年乃至千年一遇洪水，宜昌流量可达 8 万、10 万乃至 11 万 m³/s。遇到这种洪水，动员更多军民上堤均无法避免大堤全面溃决。三峡水库要对付的是这种灾难，是要避免发生这种"毁灭性灾害"，然后才考虑如何调蓄较小洪水。它并不是用来解决、也不能解决中下游和所有支流一切洪灾问题的。对长江流域的防洪，需有一个综合防洪系统，各种措施各负其责，才能解决。

现在三峡水库将要建成，两岸大堤已得到全面加固加高，下游河床将被刷深，退田还湖、平垸行洪正在进行，上游及支流大量水库正在和即将兴建，长江防洪形势已进入全新历史阶段。我认为现在已不必讨论三峡水库的防洪效益问题，而是研究新的问题，例如洞庭湖的治理，以及在新形势下各项防洪措施如何科学配合、统一调度，进一步解除长江洪灾这个心腹之患的时候了。

记者：三峡的另一个效益是航运，可船闸的设计通过时间是 2h40min，这个时间是不是太长了？

潘家铮：可是我们应该看到，通过这个船闸以后，上游深水航道 600km 直达重庆，这方面省下来的时间是 6h 甚至是 8h。另外客轮将从升船机过坝，只需 45min。更重要的是三峡工程将促进航运的现代化大改革，如果仍靠绞滩过船，川江航运永无振兴之期！

投　　资

记者：到目前为止，三峡工程的总投资近 2000 亿元，可即使是最初动议的三百条亿元，也遭到不少专家反对。是因为投资大国力难以承担，还是对三峡工程的投资确实不好估算？

潘家铮：三峡工程需要的投资很大，建设期较长，因此一些同志认为国力难以承受。有的同志甚至认为三峡工程的上马将引起物价飞涨、经济崩溃。有的专家认为三峡工程的总投资将达 5000 亿元甚至是个"无底洞"。还有些同志担心上了三峡工程将影响全国水电甚至其他经济领域的发展。

十年建设实践证明，上述问题都不存在。三峡工程的建设，不仅未引起物价飞涨和经济崩溃的恶果，而且有力地拉动了内需，促进了经济的发展，解决了大量就业问题，宜昌和库区更受益匪浅。三峡工程的动态总投入（枢纽和移民）可望控制在 1800 亿元以内，不仅能按计划还本付息，而且有强大的竞争实力和开发后劲。还要指出的是，在这段时期内，全国水电得到从未有过的高速发展。以三峡和葛洲坝电厂为依托，我们已经向开发金沙江上更大的水电宝藏进军！

但这不说明当初那些专家的担心没有根据。论证时，基本建设"过火"和"重复建设"现象严重，物价涨幅较快，国民经济处在困难时期，经济体制改革刚刚起步。如果这种局面不能改观，不仅三峡工程的命运难卜，整个国家的前途堪虞。正是在党中央的正确政策指导下，国务院采取了一系列有力措施，调控大局，理顺关系，稳定物价，中国的经济建设以超出人们想象的速度发展。尤其是实施社会主义市场经济模式，采用与国际接轨的现代化建设管理体系，拓宽集资渠道后，一切根据计划经济时代经验所作出的判断就完全脱离形势了。

移　　民

记者：移民历来是水库建设中的难点，三峡移民数量大，无疑也会成为当时论证的焦点。如今看来，三峡的移民问题究竟解决得怎样？

潘家铮：根据论证时资料，三峡水库淹没区人口72.6万人，考虑人口的各种增长因素，推算到竣工（2008年）需动迁113万人。百万移民是全球罕见之举，而且以往我国移民遗留问题不少，能否解决好移民问题实为成败关键，理所当然成为论证中研究焦点。

为做好这项工作，论证中采取专家和地方政府结合的方式。地方上动员400名干部和上千名人员参加。根据"开发性移民"方针，提出各项措施，调查库区资源，进行安置规划，列入充足资金，力求做到"迁得出、稳得住、逐步能致富"的要求。应该指出，三峡移民中一半以上是城镇居民，只要城镇企业能妥善迁建，这些移民就较易解决，重点是农业人口的安置。

目前，在二期工程结束时，135m水位以下的移民安置任务已全部完成，共动迁72.2万人（外迁了十余万人），支付347亿元。城镇企业已基本迁建好。迁建后的城镇功能、条件较迁建前大有改善。迁建的企业都作了结构调整和产品升级换代，或通过技改、联合、兼并等途径进行改造，没有前途的作了破产关闭处理。农村移民人均耕地达到规定标准，安置补偿资金全部兑现，安置区内各种条件满足移民生产生活需要，并较动迁前有明显改善。

从上述情况看，我们相信百万移民是可以安置好的。三峡工程正常运行后，经济效益很大，还可以继续扶植库区经济的发展或解决个别移民的困难，使兴建三峡工程对库区和移民来讲成为经济上翻身的重大机遇。

取得上述成绩除库区人民和政府做出的贡献外，全有赖于党中央和全国的支持：制定开发性移民方针、落实移民资金和各项措施、成立专职机构、组织对口支援、根据实际情况对移民安置规划进行调整（增加外迁人数），等等。各发达省区和著名企业也做出重大努力，这是一曲共产主义大协作的凯歌。而我们在论证工作中，对某些困难估计不足，农村移民几乎都在库区安置，某些项目的资金安排不够，都存在缺点。专家和社会各界的意见，无疑起了很好的警示和推动作用。

泥　　沙

记者：三峡泥沙淤积一直是公众关注的一个大问题。我们听说过一种观点，说三峡是个河道性水库，河道很窄，可以"蓄清排浑"。可还有与此完全相反的观点，说每年 5 亿～6 亿 t 的泥沙，不到 100 年，将会淤掉 210 亿 m³ 的防洪库容。

潘家铮：通过三峡的长江输沙量达 5.3 亿 t/a，不少同志对此深为担忧，认为建库后会很快淤满，失去功能，难以处理。库尾泥沙淤积还会抬高重庆洪水水位，影响港口和航道。还有同志悲观地认为由于人类活动，长江泥沙量在不断增加，将变成另一条"黄河"。

鉴于泥沙问题的复杂性和重要性，论证中将它作为一个独立的专题，其专家组成员几乎囊括了国内所有权威专家，著名的有关科研院所和高等院校都参与了工作，在以往大量工作的基础上，补充了许多试验、计算和分析研究。最后的结论得到全体专家的同意：由于三峡是河道型水库，采取蓄清排浑的运行方式，经过长期（约 80 年）运行达到冲淤平衡后，绝大部分有效库容（85%～92%）可以长期保留，而水库真正发挥作用的就是有效库容。

论证后又经过了十多年，泥沙的调查、试验、分析工作一直在全面深入地进行，弄清和落实了更多的问题。新的情况是：①不存在长江输沙量不断增加、将变成另一条黄河的情况；②长江上游水土保持工作正在有效和持续地进行；③金沙江梯级开发已经启动，上游将兴建更多水库，大大减少三峡水库进库沙量；④工程严格按照一次建成分期蓄水原则进行，有验证、分析和调整余地；⑤投入巨资，进行蓄水前后泥沙情况的全面深入监测与分析。总之，没有出现需要改变主要论证结论的情况，而是向更有利、更明确的方向进展。

泥沙淤积引起的问题主要在后期：由于库尾淤积，将引起重庆市洪水水位的抬高和港区淤积，在某些年份库尾区航深也可能短期不足，要采取优化调度、工程措施和港区城区改造解决。

生 态 环 境

记者：三峡工程蓄水后，一些古迹被淹，一些稀有动植物濒临灭绝，让人很痛心。这都是生态环境问题。论证时是怎么考虑这些问题的？

潘家铮：三峡建库后，将对生态环境产生广泛而深远的影响，包括正面的作用和负面的影响。国内外有很多人都曾以三峡工程将严重破坏生态环境为由而持反对意见。

生态环境的影响面涉及范围很广，因此论证专家多达 55 人。在两位顾问和四位正副组长领导下开展工作。顾问、组长以及绝大多数专家都来自科学院和生态环保部门。三年中，专家组对所有有关问题进行了全面深入的调查研究及讨论，最后除一位顾问外，全部专家签字通过了论证报告。

论证报告详细和实事求是地分析了三峡建库对生态环境产生的正、负面影响。指出负面影响主要存在于库区，并细分为三种类型：①不可逆转的影响，例如淹没部分耕地、古迹、文物，改变一些景观等；②影响较大，但可以采取措施予以减轻的，例如移民过程中产生的问题，对珍稀物种的影响，对库尾洪涝灾害以及滑坡、触发地震等；③影响较小，可采取措施减少危害的，例如对局部地区气候和一些水文因素的影响，对陆生动物和植物的影响，水污染的影响等。

报告最后指出，多种影响中，库区移民环境容量是制约因素，并提出了多项建议，但生态环境不致成为三峡工程决策的制约因素。

三峡工程在实施中，尊重和遵照专家组的意见，充分重视保护生态和环境，例如迁建古迹，发掘文物，调整移民安置规划，加强水库清库和防治源头污染，保护和人工繁殖珍稀物种，迁移一些古树等。施工现场也做到环境优美，文明施工。今后还将进一步做好环保工作，加强各类监测，充分发挥正面效益，包括恢复洞庭湖的青春，使三峡枢纽成为一个"生态环保工程"。

地 质 灾 害

记者：三峡工程会不会诱发地质灾害，关系到人民的生命财产安全，可能让人更为担心。

潘家铮：论证中也有人对三峡工程坝区及库区的地质情况有怀疑，认为存在着重大缺陷或隐患。

坝区范围不大，问题容易查清。尤其经过十年建设，完全证实多年来的勘测结论：坝基为新鲜完整的花岗岩，工程地质条件优越，地震基本烈度低，是一个优良的坝址，不存在未查明的重大隐患。这个结论没有人提出异议。

争议较多的是库岸稳定和水库触发地震问题。水库两岸多为基岩岸坡，总体稳定条件较好。稳定条件差的库岸仅占库岸总长的1.2%，这里存在一些崩塌、滑坡体，在建库前，就经常发生失稳情况，甚至堵塞航道，蓄水后会继续发展和失稳。对较大的滑坡体都进行了勘察、计算、监测或加固。蓄水后水深增加，水面增宽，滑坡体方量有限，下滑后不会影响有效库容和航道，也不会影响大坝的安全。这些论证结论在十多年后均无变化，主要问题是要防止把城镇、企业和居民迁移到不够稳定的岸坡上去。在实际工作中确实发生过有关部门不重视地质师意见的情况，以致重复迁建，给国家造成损失。这一教训应认真吸取，并在蓄水后加强检查监测，确保安全。

关于水库蓄水后是否会触发地震及其可能的震级问题，取决于库区的地震地质背景。库区是区域地质较稳定地区，并无巨大的发震断裂，最可能发生地震的是距坝址约30km和100km处穿越库段的两条不大的地震带。从高估计，水库触发地震的最高震级为5.5级。即使假定在距坝址最后的九湾溪断层发生6级触发地震，则对坝址的影响烈度也不超过6级，远低于设防烈度。上述意见是地质专家的一致认识，至今也没有任何改变。目前库区已建立了触发地震监测系统，布设了遥测地震台网，可以满足监测、分析和预报所需。

科技水平能否胜任

记者：三峡工程的许多项目都达到了国际先进水平，是不是说明中国的科技水平完全能承担得起三峡这样的大工程？

潘家铮：在论证时不少同志对中国的科技水平有质疑。三峡工程是目前世界上最大的水利水电工程，在修建过程中，设计、施工、制造、管理等方面，都面临一系列困难和挑战，某些问题的难度甚至超过当前国际水平。如：双线五级船闸、大江截流、二期围堰、三期RCC围堰、超纪录的混凝土施工强度、巨型金属结构、70万kW的水轮发电机组等。一些外国人认为没有西方的支持，中国不可能建设三峡工程。我们有些同志也怀疑，中国作为一个发展中国家，其技术和管理水平能否解决这些问题，担心上马后工期拖长，质量低劣，陷入被动。

十年建设成果回答了这个问题：中国人民能够依靠自己的力量建设起这座宏伟的工程，做到质量优良、工期提前、投资节约、管理先进、环境优美，取得近乎完美的全面胜利。李长春同志在考察三峡工程时曾说：三峡工程是中华民族扬眉吐气的工程。这是对有疑虑同志的一个最简捷的答复。

论 证 是 否 民 主

记者：对于论证工作中的民主性问题，好像也有人提出疑义？

潘家铮：有些人曾宣称：三峡工程是中国少数领导好大喜功、要为自己树碑立传、不顾国力民意强行上马的项目，论证工作受人操纵，论证是不民主的，这是歪曲事实、颠倒黑白的谎言。

我参与了论证工作的全过程，"领导"从来没有来干预、过问、指示过什么。如果一定要问有什么"内部指示"，那就是反复要求我们虚心听取一切意见，营造宽松气氛，不要囿于过去成果，作出实事求是的结论。

具体论证工作由14个专家组在组长和顾问主持下独立进行。"论证领导小组"只起组织、协调、综合和服务作用。专家组结论由全体专家来下，这些专家都是权威的、严肃的一流科学家，对签字认可的结论是要负责到底、经受历史考验的，"领导小组"没有也不可能影响每位专家的独立思考。

论证中，各种意见得到充分的发挥，有些不同的意见不仅在会上反复阐述，还在报刊上自由发表，或印成书册广泛发行。综合性的会议都邀请新闻媒体参与。对结论有不同意见的可以拒签，并另写书面意见。

尤其如生态环境、移民、泥沙这些讨论热点，专家组的领导和成员都是有关学科的学术带头人、行家和地方一线同志。以生态环境为例，两位顾问、四位正副组长和绝大多数专家都是研究生态环境问题的科学家，他们就工程对生态环境所有领域的影响，作了透彻的分析，提出了各种问题和建议。即使是拒签的那位顾问，在他的书面意见中，也只是罗列大量项目，认为研究得还不够，需要进一步调研，三峡工程的上马，应慎重考虑。没有提出究竟哪一项影响是致命的。

论证工作结束后，1990年7月6日至14日，国务院召开了长达9天的会议，听取论证汇报和开展讨论，最后得出结论：论证工作做到了民主和科学，可行性报告是有说服力的，同意提交国务院三峡工程审查委员会审查。以后国务院审查通过后，才提交人大审议表决。

回首前尘,"论证"已过去了十多年,三峡大坝已巍立于大江之上。十年建设过程用事实逐步证实当年论证结论符合客观实际。现在工程尚未建完和全部发挥效益。我相信,通过今后的实践,论证结论还会得到进一步的证实。

背 景 资 料

1985 年,党中央和国务院原则批准兴建三峡工程(150m 方案)后,立刻引起地方政府、专家学者和民主人士的异议,以致中央和国务院在 1986 年决定搁置建设计划,重新开展空前范围和深度的"可行性论证"。412 位专家和几十位顾问参加了论证,直接间接参与的单位、部门、专家更是难以计数。用了近 3 年的时间,到 1989 年才得出最后结论。有 9 位专家、顾问拒绝签字,而且写出书面意见。此后,又经过 3 个年头的汇报、考察与国务院审查,于 1992 年由国务院提交议案请全国人大审议。人大表决时,有 177 票反对,664 票弃权,以超过 2/3 的 1767 票通过了兴建三峡工程的议案,画上了论证阶段的句号。

三峡工程论证决策过程及其实践检验

摘　要　举世瞩目的三峡水利枢纽工程是世界上规模最大的水电站，也是中国有史以来建设的最大型水利水电工程。2010 年 10 月 26 日，三峡水库蓄水首次达到设计水位 175m，这标志着其防洪、发电、航运等各项功能达到设计要求。三峡工程从构想、论证、设计、建设至竣工全面投入运行历时近百年。当初兴建三峡工程的构想是如何提出的？三峡工程究竟起什么作用？存在什么分歧意见？是如何进行论证的？论证的结论怎样？这是许多人关心而又不太了解的，作者愿在本文中做个扼要的介绍，以纪念世纪之梦的实现。

关键词　三峡工程；论证决策过程

1　兴建三峡工程构想回顾

有些人把三峡工程比作是中国工程师或中国人民的一个伟大的梦。最早做这个梦的是我国民主革命先行者孙中山先生。70 年前，他的建国方略中就有开发长江三峡水力资源的设想。20 世纪 40 年代，国民党政府与美国垦务局合作，对三峡工程做过一些勘测、设计和研究工作。当然，那时研究的程度很浅，提出的建设方案在当时的政治、经济、技术条件下也接近于梦想。

中华人民共和国成立后，这个梦逐渐走向现实，但仍然经历了漫长曲折的路。新中国成立伊始，国家为了治理长江水害、开发长江水利，成立了长江水利委员会（后改称长江流域规划办公室，即"长办"），从事长江流域的规划工作。1954 年长江流域发生特大洪水，损失惨重，加速了包括三峡工程在内的治理开发长江的研究步伐。在地质、电力、交通等部门的协作下，开展了三峡工程的勘测设计和科研工作。当时提出三峡工程的首要目标是防洪，曾设想过修建二百多米高的坝，一举解决长江中下游的洪灾，同时装机容量 3000 万 kW 以上。这一构思引起许多人士的怀疑和反对。1958 年 3 月，党中央成都会议决定，对三峡工程需采取既积极又慎重的方针，水库蓄水位不能超过 200m，而且要研究更低的方案。此后，研究的方案都倾向于蓄水位 200m，装机容量 2500 万 kW。由于 60 年代初期的天灾人祸以及随之而来的十年浩劫，这样的方案也无法实现。到 20 世纪 70 年代开始兴建三峡工程的组成部分，即其下游的反调节水库葛洲坝枢纽，并作为"三峡工程的实战准备"。葛洲坝工程也曾引起大量批评和非议，但它毕竟已屹立在长江干流上并发挥着巨大效益，至少证明了中国工程师有能力修坝发电通航！

"四人帮"的覆灭，葛洲坝的建成以及全国经济的发展，建设三峡枢纽的问题自然又提上议事日程——这已是 20 世纪 80 年代了！水电部考虑到蓄水位 200m 方案的移

本文发表在《中国工程科学》2011 年第 13 卷第 7 期。

民量过大，困难太多，指示"长办"研究提出各种较低的方案供国家决策。"长办"于1983年提出了正常蓄水位150m方案的可行性报告。此方案可装机1300万kW，有一定的防洪能力，也能改善数百公里川江航道。这个方案经计委组织350多位专家和领导审查，1984年4月国务院原则批准可行性报告，但将坝顶高程提高了10m，以便遇到特大洪水时可超额拦蓄洪水，以减轻中下游洪灾，并着手筹建。三峡工程不再是一个梦，而是即将实现的现实了。

1984年9月，重庆市人民政府报告国务院，要求将三峡工程正常蓄水位提高到180m，以便万吨级船队可直达重庆港。交通部也持同样看法。因此，国家计委、科委受国务院委托，组织专家进一步论证三峡工程的水位问题。在此期间，出现了许多反对修建三峡工程的意见；在主张修建三峡的人中，对水位和开发方式也有很大的意见分歧。1986年4月，中央和国务院下达了15号文件，责成水电部负责，重新组织对三峡工程的全面论证工作，并重编可行性报告。

2　重新论证工作的组织和进行

水电部领导认为：要完成中央交下的任务，做好重新论证工作，一是要靠各界的监督指导，二是要依靠专家的研究分析。

为了接受各方面的指导监督，论证领导小组商请了全国人大财经委员会、全国政协经济建设组、国务院经济技术社会发展研究中心、中国科学院、中国社会科学院、中国科协、财政部、交通部、机械电子部、四川省、湖北省、国务院三峡地区经济开发办公室等单位推荐人选，聘为特邀顾问，共计21位。

具体的论证工作由专家组承担。为此，首先确定了论证专题，共有地质地震、枢纽建筑物、水文、泥沙、生态环境、施工、机电、投资估算、移民、防洪、发电、航运、综合规划与水位以及综合经济评价等14个，相应成立了14个专家组。我们在1984年国家计委、科委所组织的全体专家的基础上，聘请了各专家组的顾问、组长和专家。聘请专家时既考虑专业需要，又打破部门界限，尽量多聘请水利水电部门以外的专家。中国科协也推荐了25位专家。具体专家组成员主要由顾问和组长们推荐、协商确定。例如，地质地震组的两位顾问聘自中国科学院和地矿部，五位组长来自地矿部、中科院、国家地震局和水电部，并由他们协商聘请来自各部门、各高等院校的地质专家组成专家组及工作组。参与三峡重新论证的14个专家组412位专家组成，来自40个专业，其中学部委员15人，教授、副教授、研究员、副研究员和高级工程师251人。水利水电部门以外的专家213人，占51.7%。

各专家组独立开展工作，从拟定工作纲要，组织调查研究试验计算，举行各种形式会议讨论，直到起草、通过、修改和确定论证报告，全由各专家组独立进行并对报告负责。领导小组扩大会议仅起确定专题、组织专家组传达学习中央文件精神、提出论证要求、审定工作大纲、协调各组工作和审议论证报告的作用。

论证工作分两步进行。由于各方面对三峡工程的要求各异，对蓄水位及开发方式看法不同，因此首先通过综合分析和讨论，初选出一个各方面都可以接受的水位方案，作为三峡工程论证的代表性方案，以便深入论证比较。1987年4月，领导小组第四次扩大会议审议通过了正常蓄水位 175m、一级开发、一次建成、分期蓄水、连续移民的初选方案。第二步是围绕这个方案开展各专题的深入论证，并拟定各种替代（比较）方案，比较不建、早建或晚建三峡工程的利弊得失。在 14 个专家组完成论证报告后，再根据专家组的结论重新编制可行性研究报告。

有的人认为，中央不应将论证工作交由水电部负责，担心"水电部领导的错误思想"会影响专家得出客观的结论。我希望通过上述介绍可以消除一些误解。重要的一点是：专家组是独立进行工作并对他们的结论负责的。这 400 多位专家都是国内甚或国际上享有盛名的科学家，具有强烈的责任心和荣誉感。他们只尊重事实和真理，不受人左右。结论是通过科学论证集体研究后得出的，怎么能设想一个部领导的"错误思想"能影响到他们呢？

3 三峡工程的作用和效益

为什么许多中国水利工程师如此迷恋三峡工程？难道是为了个人或部门树碑立传、好大喜功而不顾国家利益，弄虚作假去贻害子孙吗？这当然绝非事实。这是由于三峡工程确实具有巨大的作用和效益，中国的经济发展和现代化建设迫切地需要它。

三峡工程首先是为解决长江中下游地区防洪问题提出的。数百年来长江流域洪灾不断。1860、1870 年的特大洪水使人们至今谈虎色变。20 世纪中，1931 年、1935 年以及解放后的 1954 年、1998 年洪水，都损失惨重。在没有找出较妥善的防御方案和完成必要的建设以前，中国的水利工程师是无法安枕，也无法向国家人民交代的。三峡工程就是长江防洪体系中重要的一环。现在有些同志对三峡的防洪作用不断责难，甚至提到害大于利的程度。专家组的研究指出：像长江这样大的流域，上、中、下游，干、支流的洪灾成因十分复杂，洪灾影响十分严重，不可能单靠某一类措施或某一项工程来解决所有问题，必须采用泄、蓄、分洪等多项措施综合解决。三峡工程是这些综合措施中的重要环节。由于它的位置和库容，可以有效地控制川江来水，直接保障荆江大堤安全，使遭遇百年洪水时不需动用荆江分洪区，遇千年一遇洪水可防止荆江两岸溃决，免遭毁灭性灾害。这个作用是其他措施替代不了的。同样，三峡水库也替代不了加固加高堤防和建设支流水库的作用。且不说发生一次巨大洪灾将给人民带来巨大灾难，即使动用一次分洪区，其后果也很严重。因为这里已成为商品粮基地，居住了几十万人民！如果有条件，为什么要反对修三峡这个水库呢？

三峡枢纽又是世界最大的一座水电站。装机 18200MW，年发电 847 亿 kW·h，除供电川东外，主要电能将就近东送华中、华东。这些地区是我国经济最发达而能源最短缺的地区，几十年来饱尝缺电缺煤之苦。开发三峡相当于建设一个年产 4200 万 t 标煤或年产 2100 万 t 原油的巨大煤矿、油田，而且是廉价、清洁、永远不必担心枯竭的能源。华中、华东地区目前的电力供应、煤炭运输和污染问题已经达到严峻程度，但今后 10 年暂时还只能继续大量增建火电来救急，瞻望以后，令人焦虑。有什么理由不考虑开发三峡来有力地缓解一些困难呢？反对修建三峡的同志也始终提不出一个更好的"替代方案"。

三峡工程还有明显改善川江航道的巨大作用。三峡枢纽建成后，万吨级船队可以直达重庆,船闸可满足单向年货运量 5000 万 t 的要求,可以大大降低运输成本,使长江这条贯穿中国东西的交通大动脉真正起到黄金水道的作用。

4 三峡工程若干重大技术问题

开展论证以来,社会各界乃至国外人士提出过许多技术上的疑问或不安。最重要的,如:坝址区地壳是否稳定,有无未发现的隐伏大断裂,水库蓄水后是否会引起强烈地震,水库两岸是否会发生大崩坍堵塞江流、危及大坝,水文和泥沙资料是否可靠,水库的寿命有多长,泥沙淤积对航道、港口有什么影响,等等。还有些同志担心水工建筑物是否过于巨大复杂,施工是否十分困难,工期很长,以及机电设备是否要大量进口,等等。有关的专家组除充分分析引用已有的资料外,并补充了大量的勘探、调查、数学分析、模型试验和综合研究,全面地、科学地、明确地对这些问题作出了答复。

在地质条件上,专家组确认三峡坝址工程地质条件良好,区域地质构造稳定,基本地震烈度为 6 度,水库诱发地震引起的烈度最高也不超过 5.5~6 度。库岸主要由坚硬半坚硬的岩石组成,整体稳定条件是好的。少数河段存在崩坍体,但发生大规模失稳的可能性很小,且远离坝址。按最不利假定进行计算和试验,涌浪不会影响工程安全。水库蓄水后河面加宽,水深加大,滑坡体入江而碍航的风险将大大减轻。

专家组鉴定了所有重要的水文成果,认为观测系列长,质量高,成果可信,可以作为可行性研究的依据。人类活动影响,确实加剧了上游的水土流失,但进入长江干流的历年沙量没有明显的增长趋势。这是由于上游侵蚀下来的物质较粗,多就地沉积,带进支流甚至干流的很少。

泥沙淤积问题是大家关心的重点之一。几乎集中了全国所有最优秀专家的泥沙专家组所下的最终结论是:由于三峡水库是河道型水库而且采用蓄清排浑的运行方式,水库绝大部分有效库容可以长期保留。蓄水后,常年回水区的航道条件显著改善,变动回水区的滩险也不同程度地改善,基本上可以满足万吨级船队通航的要求。在特殊情况下,个别河段的航道和港区会出现航深不足或影响港区作业情况,可从优化水库调度、综合港口改造、采取整治和疏浚措施加以解决。专家组还研究了具体的整治措施。

根据有关专家组的研究,三峡工程水工建筑物的规模虽然巨大,施工任务艰巨,主要的机电设备达到世界水平,但技术上并没有不能解决的困难。中国人自己完全有能力承担设计、施工和设备制造任务。包括 3 年准备期在内,第一批机组可在 12 年后发电,18 年完建,20 年完成移民任务。通航建筑物的规模是空前的,需要特别认真细致的工作。少量机电设备和施工机械需进口,但所需外汇很有限,绝大部分设备都可立足国内生产。

5 三峡工程移民和生态环境问题

三峡工程的淹没损失和移民数量确实很大。600km 长的水库,淹没两岸耕地和果园 42 万亩。论证时住在淹没线以下的人口共 72.5 万人(坝前水位 175m),考虑人口的自然和机械增长等因素,按动迁 113 万人规划,淹没补偿及移民投资达 110.6 亿元。

妥善解决好移民问题取决于三个因素：

第一，实物指标是否可靠。这些数据是有关单位会同各级地方政府逐户调查、反复核实确认的，因此是完全可信的。

第二，库区有无足够的环境容量。移民专家组经反复调查分析，认为可以解决。因为：

（1）移民分散在数百公里范围的县、市中，淹没耕地和动迁人数占各县的比例很小；

（2）农业人口不到移民总人数的一半，大部分均可不出县安置；

（3）通过多种调查手段核实，可利用的荒地和低产地（可改造为耕地、柑桔园和高产田）数量很大，基本可安排百万农民，还可以通过外迁和二、三产业安置数十万人；

（4）以地方政府为主，已作了具体周密的规划，所考虑的二、三产业都切实可行。

第三，取决于组织和政策。三峡水库移民根据中央精神采取开发性移民方针，把移民安置与库区建设和生态环境保护结合起来解决。移民专家组还提出了重要的政策建议。所以结论是移民任务艰巨，但有解决的途径和办法。我们深信，按照这个规划进行，不仅移民能安居乐业，生活提高，城镇换上新貌，而且整个库区经济将有巨大发展。这是几十位移民专家和 400 多位有关部门参加工作的同志得出的结论。

关于三峡水库对生态环境的影响。55 位生态环境专家调查分析了各个方面的因素，分析了建库对环境的有利及不利影响。专家组指出：有利影响主要在中游，主要是减轻洪灾对生态环境的破坏，减少燃煤对环境的污染，减缓洞庭湖的淤积等。不利影响主要在库周，除淹没耕地、改变景观和大量移民外，尚对有些珍稀物种、库尾洪涝灾害、滑坡、地震、某些陆生动植物等有影响，并认为尤以移民环境容量是个制约因素。专家组还对如何维护改善生态环境、减轻不利影响提出了具体建议。如果兴建三峡工程，这些建议无疑要认真地执行。

还有同志担心战争对大坝的破坏将造成难以想象的后果。我们通过各种类型的模型试验研究，证明这种担心是不必要的。在最不利情况下，即使大坝瞬时全溃，它所产生的洪水波只相当于一次中等大的洪水。荆江大堤不会溃决，更不会出现"半个中国被淹"、"三江两湖人民尽为鱼鳖"的情况。这和拥有千万人口的中心城市、重要军事、工业基地遭受核弹袭击的影响是不可同日而语的。

6 建比不建好、早建比晚建有利

根据专家组的估算，按 1986 年底价格水平，三峡工程静态总投资为 361.1 亿元，其中枢纽本身 187.67 亿元，移民工程 110.61 亿元，高压输电 62.82 亿元。在这个基础上，考虑价格调整因素和计算施工期利息，可以估算从不同开工时期到完工为止各年度所需筹措的资金。

361.1 亿元这个基数是可靠的。因为三峡工程的前期工作已做非常深入细致，不可能再有大的遗漏，而且估算中还留有一定的余地。

关于建或不建三峡工程的比较。国家为了满足一定时期长江防洪、通航和华中华东地区用电的需求，必须投入资金进行一定规模的基本建设，三峡工程只是这个系统中的一环。为了满足相同的国民经济需求，不建或晚建三峡工程，就要改用其他组合方案。有关专家组在综合研究大量的可能组合方案后，拟定了几个比较合理、现实的比较方案，其中有排除三峡工程的、早建三峡工程的，以及推迟建设三峡工程的。然后详细计算每种组合下，逐年需投入的资金和以后的产出，并将每年的费用都折算到"现值"。计算时期算到工程的综合折旧期止。这样就可比较哪个方案的"费用总现值"最小，也就是最佳选择。专家组采用的这一套计算软件是研究部门开发并通过鉴定、得到世界银行采用的 GESP 数学模型的认可。大量计算给出的结论是：早建三峡工程的"费用总现值"最小，不建三峡工程为最大。专家组据此下了"建比不建好、早建比晚建有利、建议早作决策"的结论。

早建三峡工程的弊就是投资集中、移民多、产出期长，在开工后 12 年内只有投入没有产出，对 2000 年前的国民经济不能见效。其利就是在投产后将对国民经济各部门发展提供了强大后劲，产出巨大效益，将对国家做出很大贡献。在比较方案中，如采用火电替代，初期投资分散，见效快，但愈到后期运行费用愈高，困难愈大（这里还未考虑煤的生产、运输和环境污染中难以解决的问题）。采用其他水电替代，真正能起替代作用的是金沙江上的巨型电站。它的投入期更远，输电线投资更大。所以，从国家稍长一些时期的经济战略目标和最大综合利益来衡量，早建三峡工程就必然成为一个最优选择。

上述仅是经济评价中的部分工作内容，专家组还进行了其他论证，包括具体的财务可行性研究。从财务分析看，三峡工程需国内投入的资金集中在前十多年，其中在第一批机组投产前所需的静态总投资为 169.19 亿元（1986 年底不变价格）。第一批机组投产后产出收入就急剧增长。以较合理的上网电价 9.3 分/（kW·h）计算，工程建成后的第二年就可收回全部投资，还清全部本息。我国还没有一个水利工程具有如此强大的还贷能力。

7 三峡工程论证结论的实践验证

长达数十年的三峡工程论证于 1992 年画上了阶段性的句号，兴建三峡工程的议案由人大会议表决通过，从此迎来了十余年修建三峡工程艰苦卓绝的奋战，并将论证结论逐一印证。

（1）三峡工程的作用和效益。三峡工程以防洪为首要任务，自开建以来，经历了 1998 年，2010 年两次特大洪水的冲击，并经受了 70000m³/s 洪峰的考验，拦蓄洪水 266 亿 m³，有效缓解了长江中下游的防洪压力。截至 2010 年底，三峡电站累计发电突破 4500 亿 kW·h，相当于节约标准煤 1.5 亿 t，减少二氧化碳排放量 3.7 亿 t。改善上游约 600km 主航道，万吨级船队已直达重庆，降低航运成本 1/3 以上。

（2）三峡工程修建的技术问题。十几年的建设实践表明，论证阶段的设计方案、施工方案和投资预算都是正确的，修建过程中各阶段目标都如期完成，大江截流、水库蓄水、机组发电、双线五级船闸运行等各项技术难题完美解决。

（3）三峡工程移民和生态环境。三峡库区移民规模空前，任务十分艰巨，前所未见。2010 年胜利完成了近 130 万人的移民搬迁任务，保证了水库按期蓄水。这是史无前例的奇迹。在生态环境方面，建立三峡工程生态与环境监测系统，中华鲟研究所在三峡坝区基地成功培育出世界上第一尾全人工繁殖中华鲟鱼苗。

（4）"建比不建好，早建比晚建有利"。2010 年 10 月 26 日，三峡水库首次蓄水到达设计水位 175m，比预期提前两年。这标志着三峡工程的全面完工，也标志着三峡工程防洪、发电、航运等各项功能达到设计要求，自此开始全面发挥综合效益。三峡工程作为中国人民的百年梦想如今已经屹立于长江上，工程建设展现出质量优、进度快、造价低等诸多优点，各项监测数据表明枢纽建筑物工作性态正常，蓄水期间库区地震频率逐年减少，地质灾害呈逐年下降趋势，处于可控范围，蓄水期间三峡水库、长江干流水质总体稳定，与蓄水前后无明显变化。

8　结束语

2010 年 12 月，中国工程院发布的《三峡工程阶段性评估报告　综合卷》指出，世界最大的水利枢纽工程三峡工程已基本建成，并作为治理和开发长江的关键性骨干工程，开始发挥防洪、发电、航运等巨大的综合效益。同时认为，三峡工程"建比不建好，早建比晚建好"的总论证结论；推荐水库正常蓄水位 175m，"一级开发、一次建成、分期蓄水、连续移民"的建设方案，经受了实践检验。这一结论将使所有曾参与论证工作的人感到由衷的欣慰。

实践证明，三峡工程电价低廉、收益高、还贷能力强、投资回收快、经济指标优越、对国家贡献大，是一项难得的综合效益巨大的水利水电工程。三峡工程，这个中国的国宝、世界水利建设史上的奇迹和明珠，终由中国人民摘取到手。

设 计 和 建 设

▼

在三峡工程输变电设计工作
会议上的总结发言

同志们:

　　三峡枢纽输变电工程设计工作会议经过四天的紧张工作,今天就要结束了。我受会议领导小组的委托,对会议作一个简要的总结。由于时间关系,总结稿来不及送请领导同志过目,如有不妥之处,请领导和同志们予以指正。

　　这次会议是能源部为了贯彻七届人大五次会议通过的关于兴建三峡工程的决议、为了落实国务院布置的做好三峡工程初步设计中输变电部分的设计、为了努力创造三峡工程尽早开工的条件而召开的。

　　参加这次会议的有:三峡论证领导小组部分成员、国家计委能源司、国务院重大办、水利部长江水利委员会、国家能源投资公司、三峡开发总公司(筹)、中国电力企业联合会等单位的负责同志和专家,有三峡水电站供电范围内的华中、华东电管局,四川省电力局和有关电力、水电设计院及葛洲坝电厂的领导和代表,有华北、西北、东北、山东、福建等网(省)局,华南电力联营公司及有关的电力、水电设计院的领导和代表,还有电力科学研究院、武汉高压所、武汉超高压输变电公司以及能源部有关司局、电力及水电水利规划设计总院和电力报等单位的代表共150人。这是全国电力行业支持三峡工程的一次工作大会,也是一次动员大会。我谨代表能源部向所有拨冗前来指导和参加会议的领导、专家表示衷心的感谢。

　　会议期间,陆延昌总工代表部领导致了开幕词,苏哲文、陈赓仪、魏廷铮、沈根才、吴敬儒、游吉寿等领导同志都在大会或领导小组会上作了重要发言。陆佑楣副部长在刚刚参加党的十四大和即将出国前到会作了重要指示。他的讲话指出了当前的形势,增强了我们要同心协力尽快完成输变电设计的紧迫感,也开拓了怎样做好电网设计工作的思路。史大桢副部长推迟了传达十四大精神的报告专程赶来,等一会还要做重要讲话。这说明各级领导十分关心我们的会议,这是对我们会议的极大支持。

　　全体与会同志认真地重新学习了七届五次人大关于兴建三峡工程的决议和有关文件以及三峡工程可行性研究中有关电网论证的资料,都深受鼓舞。大家一致认为,这次会议开得很及时、很必要,三峡工程是举世瞩目、全国人民关心的跨世纪宏伟工程,对我国的国民经济发展具有重大作用。现在,三峡工程已完成了论证任务,即将进入实施阶段,中国人民数十年来的梦想将变成现实。国务院决定把三峡工程的初步设计

本文是作者1993年12月24日在三峡工程输变电设计工作会议闭幕时的讲话。

172

分为枢纽、移民和输变电三个部分，并责成能源部负责输变电设计。大家认为这是我们责无旁贷的光荣任务，一致表示要全力以赴投入战斗，做好设计，把它纳入三峡工程整体设计的五个阶段之中，同步、协调地完成，不仅要为尽快胜利地建设三峡工程做出贡献，还要以此为契机，促进和推动我国的电源建设和电网建设的腾飞，使我国的电力建设跃登一个新的台阶！这是我们全体代表的共同愿望。

与会代表用了三个半天的时间，认真讨论了部提出的《长江三峡工程输变电工程设计工作纲要》草案及两个附件，代表们积极发言，就设计工作的原则、方法、进度和其他问题，提出了很多好的意见，取得了共识。会后我们将根据大家的意见进行修改，再呈报部领导批准后下发，作为我们工作的依据。现在，我把大家的主要意见和建议，归纳总结如下：

（1）三峡工程已进行了数十年的规划、研究和设计，特别是最近这次论证工作（包括电力系统的论证），投入力量之广，研究程度之深是工程史上少见的。相应的可行性研究报告已经过国务院的预审、审查与批准。这应成为我们工作的基础，没有特殊理由不应轻易改变可行性研究中的主要结论，可行性研究中指出需要继续研究的问题则应根据新的情况进行深入研究确定。

（2）三峡工程电力系统和输变电工程的影响面很广，问题十分复杂。但在工作中要分清层次，抓住重点。各层次工作深度和要求也不相同。

第一个层次是供电区范围内华东、华中、川东地区的电力系统规划和电力电量的平衡问题，这是首要的问题，属于初步设计的范围和深度。我们要配合好整个工程的初步设计，完成这一规划工作，然后再逐步开展输变电工程具体的单项设计。

第二个层次是上述供电区周围的电网与三峡工程的关系，要研究其与三峡供电区联网的可行性和合理性，探讨三峡工程如何能在全国电网发挥更大效益，提出研究成果，这是属于预可行性研究的范畴。

第三个层次是今后的调度、经济运行和体制等问题，目前仅属于初步研究探索性质，并需与各方面协调。

（3）关于今后工作的方式，建议采取分区负责和统一协调相结合的方式。

华东、华中、四川三地区的电管局、电力局和设计院，要尽快成立以网（省）局牵头的三峡输变电工程设计领导小组，全面组织进行本地区各阶段的设计工作。各区要结合近年来本地区电力发展情况和中长期电力规划，做好三峡工程兴建后的电力系统和输电方案的规划设计，确定电力电量的分配方案，在今年年底前后完成并碰头，预备在明年一月份向部汇报。

在开始工作时，可根据可行性研究报告的初步意见，电压按500kV、往华东送电暂按600万～800万kW、送川东100万～150万kW考虑，并在设计过程中作进一步的研究论证。对于送华东的输电方式，除了交直流混合输电方案外，可以补充一个纯直流方案进行比较，并尽快提出意见。

对于其他地区，首先是华北和华南地区，要积极组织力量，结合各自的电力规划，进行与三峡供电区联网的可行性专题研究，于明年一季度提出初步意见。

关于调度运行等问题，将由部调通局与规划院安排作相应的研究。

（4）建议能源部加强对三峡输变电工程及其他有关工作的领导，成立领导协调小组，以便组织和督促有关司局、三峡办和规划院分工负责进行工作，及时召开协调会议，讨论研究和解决有关问题，务求尽早发现问题和矛盾，及时协调解决。第一次协调会议宜在明年一月份举行，听取和研究三个区的工作汇报，经协调后由电力规划院组织中南、华东和西南院提出初步设计报告，力争明年一季度完成，以满足三峡总体进度要求。

（5）会议认为三峡工程的输变电设计是一个十分复杂的系统工程，电力系统和电网又有其特殊规律，参与工作的各单位不仅要全力以赴做好工作，而且务必从大局出发，以服从全局最高利益为考虑问题的准则，加强合作，不宜过分强调局部利益，这样才有利于取得共识，发挥工程的最大效益。在三峡工程设计中还要进行大量科研工作，包括硬科学和软科学研究，使三峡工程的先进性和它的规模相称。会议认为，三峡工程即将处于实施阶段，要强调科研工作为设计生产服务，满足设计生产之急需，希望科研工作能和设计工作紧密结合，使科研成果能够尽快地直接转化为生产力。

最后，会议认为三峡工程的输变电工程设计虽然十分复杂艰巨，但目前形势非常有利，条件基本具备，只要加强领导和协调，紧密团结和协作，在有关部门特别是三峡总公司和长委会的全力配合支持下，一定能够如期、胜利地完成任务，为伟大的、史诗般的三峡工程做出贡献。

三峡水利枢纽初步设计的编制和审查

举世瞩目、跨世纪的三峡工程的初步设计（枢纽部分），已经国务院三峡建设委员会于 1993 年 5 月审查通过。从此，工程进入正式施工准备阶段。鉴于初步设计是工程前期工作中的重要部分，本文拟扼要简介三峡工程初步设计的编制和审查过程、重大争议问题和主要结论，以供海内外关心三峡工程的同志和朋友们了解、参考，也可作为一个历史记录。

一、从可行性研究到初步设计

众所周知，三峡工程的规划、勘设和研究工作经历了漫长时期。1986 年 6 月，中央和国务院下文，责成水电部组织有关专家和各界人士重新论证三峡工程的可行性，并重编可行性研究报告报审。从此，展开了规模空前的三峡工程最后一轮可行性论证。这一论证工作历时近 3 年，1989 年一季度结束，设计单位（长江水利委员会，简称长委会）根据专家论证成果重编了可行性研究报告，于 1989 年二季度提交。国务院于 1990 年 7 月举行了长达 9 天的三峡工程论证汇报会，听取了论证工作的详尽汇报，并开展了深入讨论。最后由姚依林副总理作了总结，肯定了论证工作，确认论证成果及重编的可行性研究报告已可提交国务院审查，并重组了以邹家华同志为首的三峡工程审查委员会。同时决定控制库区的建设和人口增长，并继续抓紧初步设计和相应研究工作。三峡工程的初步设计工作就是在这次会议后展开的。1991 年 8 月，国务院三峡工程审查委员会审查通过了可行性研究报告，1992 年 4 月 3 日七届五次人大通过兴建三峡工程的决议后，设计工作就以更快的速度进行。根据实际情况，并将初步设计分为"枢纽工程"、"输变电工程"及"移民"三个组成部分，分别由有关部门负责编制。1993 年 4 月，初步设计枢纽部分完成送审。输变电部分及移民部分将分别在今年年底以前提交。

人大通过兴建三峡工程的决议后，国务院成立了三峡工程建设委员会和中国长江三峡工程开发总公司为最高决策机构和业主单位。初步设计工作即由"三建委"及其办公室领导进行。初步设计审定后具体设计的审查修改事宜将由业主单位——三峡开发总公司负责。

二、可行性研究中遗留技术问题的明确

在可行性论证阶段，经过专家组、长委会以及大量有关单位和同志的努力，三峡工程的重大原则问题已得到明确、解决或澄清，但仍有一些问题有待继续研究、优化和确定。所以在初设的第一阶段（从 1990 年至 1993 年初），首先研究解决这些遗留问

本文发表于《中国三峡建设》1994 年第一期。三峡工程的初步设计从 1990 年起就开始进行，1992 年 4 月全国人大七届五次会议通过兴建三峡工程的决议后，更抓紧进行。1993 年 4 月，初步设计枢纽部分完成，国务院三峡工程审查委员会通过详细审查后建议国务院予以批准。本文是作者对初步设计的编制和审查情况的扼要叙述。

题。主要有以下几个。

1. 茅坪溪防护问题

茅坪溪是坝址上游右岸一条支流，三峡建库后将要淹没。淹没区共有耕地 5262 亩，柑桔地 758 亩，动迁人数 5858 人，安置人口 6873 人。若在溪口筑坝，并打隧洞将溪水引到下游，也可加以防护，保留这一盆地，但要花较大代价。

纯从经济上评估，防护茅坪溪并不有利。但茅坪溪是最靠坝址和最大最肥沃的一块土地，也是秭归县的一块精华之地。秭归县的淹没移民负担很重，困难较大。保留茅坪溪，不仅可减轻秭归负担，而且可以作为发展基地，可以成为三峡工程农副产品供应基地，预计今后将有很大发展，可建设成经济走廊，因此当地政府、人民和有关部门强烈建议保护。在技术上保护措施也是可行的。所以经过长期研究、设计和比较后，决定对茅坪溪进行防护。

2. 对外交通问题

三峡工程规模极大，建设期间从外面运入的材料达 4025 万 t，其中商品材料 1350 万 t，必须保证交通畅通。三峡坝址除可充分利用长江水运外，目前仅有地方公路通宜昌。最近的铁路车站为小溪塔站，离坝址约 40km。

长委会经多年研究，曾先后提出许多方案，比选后留下两个方案：①宜昌到工地修建专用高等级公路并辅以长江水运；②宜昌到工地修建专用铁路支线辅以准二级公路和长江水运。有关单位和专家对这两方案的优缺点看法不一，长期讨论，未能取得共识。

在初步设计中，特委请铁道部门和交通部门对两个方案做了初步设计，以使对比性更为落实。最后经总公司和三建委办公室确定，采用修建高等级公路辅以水运方案。这除了投资较省、工期较快、运输量能满足要求外，主要考虑三峡这一宏伟工程在建成后与宜昌市之间不能没有一条高级公路，远近结合，就不必多修一条铁路专用线了（竣工后用途不大）。专家们根据以往经验对公路方案指出一些缺点和担心，都将在设计和建设中注意解决。

3. 永久船闸路线和型式

对于永久通航的主要建筑物——船闸，长委会一直推荐双线五级连续船闸，布置在左岸。交通部门一些同志则建议采用设有中间渠道的分散式三级船闸，并将线路更向左移，认为这样做对通航保证率更高，进口口门处泥沙条件也更有利。长委会则认为这个方案的工程量将有巨大增加，水力学上也存在许多问题，不宜采用。

经过召开专家技术讨论会反复研究比较，多数专家都倾向于采用连续五级船闸方案及初步选定的线路。这个意见得到交通部领导及论证领导小组的同意肯定了下来。

4. 施工期通航和施工导流方式问题

三峡工程的施工通航和施工导流问题，长期存在不同意见。主要有两种方案：

（1）明渠通航、三期导流方案。第一期工程围右岸后河，修建明渠以及左岸临时船闸和永久船闸等，通航仍可在大江主航道中进行。第二期工程修建大江二期围堰，江水通过明渠宣泄，利用明渠及临时船闸通航，同时在大江基坑中修建泄流坝和左岸厂房工程，继续修建永久船闸和升船机。第三期拆除大江围堰，再次在明渠内修筑碾压混凝土围堰，江水通过左岸泄流坝中临时底孔宣泄。碾压混凝土围堰升高后封闭临时底孔蓄水发电。通航也转由永久船闸和升船机解决。右岸厂坝工程在碾压混凝土围堰保护下施工。

（2）明渠不通航、两期半导流方案。第一期工程仍围右岸后河，修建明渠以及渠内的坝体及坝体内的导流孔和控制设备。左岸修临时船闸及升船机，通航仍在大江中进行。第二期工程修建大江围堰，江水通过明渠坝段的底孔下泄，明渠不通航，完全依靠临时船闸过船。在二期工程中除修建大江内的泄流坝和左岸厂房、船闸外，右岸坝体也可上升。右岸坝体达一定高度后，封闭其导流底孔蓄水发电，同时修建右岸下游围堰和右岸厂房。通航转由永久船闸过船。

关于施工通航方案，早在 1984 年国家计委就组织水电、交通两部研究讨论，决定采用明渠和临时船闸通航方案，加上升船机提前投运以满足施工期通航要求，并使水库蓄水期中也不断航。但在 1986 年后重新论证时，许多施工专家倾向于采用明渠不通航方案，认为可以减少一期导流，对施工布置和进度均有利。通航专家则认为为了保证施工期航运，必须采用明渠通航方案。通过近三年的研究，论证领导小组决定为保证施工期通航，从严从难考虑，在可行性研究阶段中按明渠通航三期导流方案编制报告。施工专家组认为此问题应在初步设计中重新论证。

在可行性报告以后，长委会将这个问题列为专题重新研究，经过细致分析比较后，提出专题报告，认为可行性报告推荐的方案是合理的。1992 年 1 月，受论证领导小组委托，能源、水利两部总工在北京邀请了 45 位代表进行讨论，多数代表赞成专题报告意见，建议按明渠通航方案进行初设，同时对不通航方案也作进一步优化，列入初步设计。部分代表保留了意见。这一技术讨论会的结论得到领导小组的批准。

鉴于这一问题的重要性，为了广泛发扬民主，取得共识，使初设审查工作能顺利进行，在召开初设审查会前，由核心专家组组长主持，再次邀请长委会和有不同意见的单位代表，各自提出方案、数据和见解，再次进行深入对比。这两个方案的利弊得失还是较明确的，可归纳如下：

（1）从满足施工通航要求方面来说，明渠通航方案有三种措施过船，比较灵活，是交通部门一直赞同和坚持的方案，认为能基本满足施工期的通航要求。采用明渠不通航方案，改用两条临时船闸，升船机投产时间要后延，水库蓄水期要断航，交通部门代表不同意，尚需深入研究、协商以求解决。

（2）在一期工程方面，明渠通航方案有利，因为明渠中没有永久建筑，工程简单，左岸临时船闸工程量也少，有利于抢工期，也适应开工初期各项工作、设备尚难处于完善阶段的情况。只要抓紧，准备工程和一期工程可以在 5 年内完成（即 1997 年实现大江截流）。采用明渠不通航方案，右岸明渠必须扩大开挖，修建永久坝体和大量底孔以及封堵建筑和控制闸门，都是复杂的钢筋混凝土和金属结构。左岸临时船闸的工程量也大增，而且要求在截流后立即投运（因为明渠已不通航），难以在 5 年内完成全部工作，可能要延长一年。

（3）在大江二期深水围堰施工方面，如采用明渠通航方案，因明渠畅泄，可以降低二期围堰高度，减少围堰工程量尤其是混凝土防渗墙工程量，减少截流和围堰工程的难度和风险度。如明渠不通航，势必增加深水围堰的高度和工程量，延长工期，增加难度和在大洪水下围堰工程的风险性。大江深水围堰的施工和安全是关系三峡工程成败的关键之一，应千方百计降低其难度。

（4）大江截流后的二三期工程施工方面，明渠不通航方案显然有利，表现在：右岸工程可以不受限制地及时升高、左岸坝体内不必设置导流底孔简化坝体，有利于抢工、左右岸交通可以沟通，并免除了三期导截流工程和三期碾压混凝土围堰的拆除困难。初期发电后，水位从135m上升到156m的历时只需2年，可以提前多得一些发电、拦洪效益。

应说明，对以上的利弊得失分析，在原则上虽有共识，但在影响的程度和具体数据上仍有很大分歧，无法达成一致。

根据以上情况，核心专家组经一再组织讨论、协调和研究后认为：初步报告中推荐的明渠通航方案工作做得较深入全面，并取得交通部门共识，具备审批条件，通过审查作进一步优化改进后，可以作为三峡工程的建设方案。而根据初设报告，明渠不通航方案在进度、工程量和风险性上均不利，其他单位提出的一些类似方案，研究时间很短，资料欠缺，许多基本数据和结论都与设计单位成果有巨大差别，短期内难以澄清，施工通航上也未得到交通部门同意，不具备审批条件。鉴于三峡工程已进入准备阶段，不能再争议不休，明渠不通航方案在工期上充其量只能与通航方案持平，不会得到原设想的巨大经济效益，因此经三峡建设委员会办公室同意，初设审查会针对长委会推荐的明渠通航方案进行审查。

在审查会后，三峡建设委员会办公室还组织有关单位对两方案的优缺点及具体工程量、水位、工期等问题再次作了试验、研究、分析对比，并将成果在1993年7月26日向三峡建设委员会做了汇报。经三建委讨论后，同意采用明渠通航、三期导流的施工方案。

三、初设审查中的主要结论

经过会议详细讨论和审查，专家组认为初设报告是以批准的可行性研究报告为基础，遵照国务院三峡工程审查委员会的审查意见又做了大量补充分析研究，并按照国家有关规范编制的。初设报告内容完整，资料可靠，规划设计合理可行，满足初步设计要求，建议三峡工程建设委员会予以批准，作为开展下阶段设计和施工工作的依据。下面是一些重要审查意见：

（1）关于基本资料。包括水文、泥沙、工程地质等。审查认为，三峡工程的基本资料的观测和勘探工作历史很久，工作细致，成果精度高，能满足初设要求，并同意年径流量、各级洪水、年输沙量、基本地震烈度等重要数据和有关的主要结论。

（2）关于综合利用规划。审查同意三峡工程开发任务是防洪、发电、航运和其他任务。同意报告中拟定的防洪规划原则和调洪方式，下阶段还可进一步研究对城陵矶河段补偿及与其他水库及分洪区联合运行的调度方案，尽量扩大防洪作用。

同意三峡工程的各特征水位，同意工程装机26台，右岸预留6台地下厂房位置。单机容量调整为70万kW，总容量达1820万kW，主要供电华中、华东，兼顾川东地区。

同意预测的 2030 年下水货运量为 5000 万 t，设双线船闸和垂直升船机通航。

（3）枢纽布置、水工和施工。同意选用三斗坪坝址和设计提出的枢纽总布置方案以及有关设计标准。同意导流标准，但二期上游围堰要考虑 200 年一遇洪水时的保坝措施，而三期围堰（碾压混凝土）的设计标准可改为 20 年一遇洪水。

初设报告推荐的三期导流方案中的度汛措施存在难点和风险，宜调整导流底孔的尺寸和高程，设置闸门进行控制，避免设置低高程的临时度汛缺口。

施工总进度可按 5—6—6❶年安排，首批机组于准备工程开始后第 11 年投产（大江截流后第 6 年投产）。

同意初设报告中的施工总布置格局，沙石料源方案和混凝土生产系统方案。

（4）机电设计。同意报告推荐的水轮发电机组型式的选择意见和参数水平，单机容量由 68 万 kW 增加到 70 万 kW。同意报告推荐的电厂起重设备方案（上层桥机和下层半门式起重机）。

同意报告推荐的发电机变压器联合单元高压侧一倍半连接的主结线方案以及厂用电选取原则。同意报告采用的出线电压等级、高压配电装置选型、出线方式和回路数及电气设备总布置，以及右岸换流站交流部分与高压交流开关站相结合的方案。

鉴于三峡工程输变电初设正在编制中，今后结合其审查可以对枢纽电气设计作必要的调整或局部修改。

在金属结构方面同意报告推荐的垂直升船机型式和各种闸门、启闭机的选型及布置。

（5）泥沙和环境保护。坝区泥沙问题，根据模型试验成果同意采用永久船闸Ⅳ线方案，并建议增加电站排沙孔数量。

库区泥沙问题，同意报告对水库淤积和水库长期使用问题的结论。同意报告对上游建库有利于减轻库尾泥沙淤积和降低重庆市洪水位的分析意见，可供宏观分析问题时参考。

三峡建库后下游河床将被刷深，估计水位下降值可能超过报告中提出的值，需采取措施并控制河势。

报告的环境保护篇内容较完整、资料丰富、覆盖了重点环境因子和重点区域的环境保护问题，提出了建设生态与环境监测系统的规划。所采取的环境保护措施基本可行，估算的经费及其渠道基本合理。

三峡工程已进入施工准备阶段，要及早研究加强三峡工程生态与环境建设的管理，明确职责，制定法规条例，组建监测网，还要重视和抓紧施工区的环保工作。

（6）概算和经济评价。初步设计中提出的工程量与可行性报告相比没有本质变化。枢纽工程概算按 1992 年中期价格水平编制的静态总投资为 378.82 亿元。由于去年下半年以来，材料设备单价上涨幅度较大，最近还出台一些对概算编制有较大影响的规定，因此建议以 1993 年 5 月价格水平为准进行修编和编制资金流计划，以反映开工当年的实际物价水平。另外建议参照国际通用方法，重新编制概算以供上级了解情况。

---

❶ 准备工程和一期工程 5 年，二期工程 6 年，三期工程 6 年。

概算的变化，主要是受物价水平的影响。从本质上讲，物价上涨并不影响工程的综合经济评价。今后，在枢纽工程部分的概算修正、其他部分的初步设计完成后，可再进行一次综合分析。

四、关于下一阶段工作

鉴于三峡工程巨大复杂，初步设计批准后需进行技术设计。但为了抓住重点、简化工作、适应准备工程的急需，审查会确定只进行八个单项技术设计。分别编制送审。这八个单项技术设计分别是：大坝、水电站厂房、永久船闸、升船机、机电工程、二期上游围堰、泥沙（包括库尾段处理）及大坝监测。

国务院三峡建设委员会并决定授权中国长江三峡工程开发总公司负责技术设计的审查。为此，总公司成立技术委员会，聘请专家建立专家组，负责审查工作。目前，技术设计正在紧张和顺利地进行，预计在1994年内可以完成。技术设计将不变动初设审查的结论，在初步设计的基础上通过进一步研究和优化，提交高质量的技术设计、招标设计和施工详图。总公司技委会和各专家组已分别开过会，与长委会密切合作，共同研究商定工作大纲，采取多种形式进行中间了解和讨论，最终将进行全面审查。为了提高设计质量还根据专家们建议，委托有关单位进行一些必要的补充研究试验工作，改变过去审查和设计脱节，"秋后算账"的做法。这种新的办法实施以来，技委会、专家和长委会之间关系很融洽，进展很顺利，已陆续共同审定了许多重大方案和原则，三峡工程的技术设计中将采用一系列的新技术，我们深信，它必将是高质量的优秀设计。有关技术设计进行的详细情况，我们将在今后适当时间再作报道。

努力战斗，夺取跨世纪的胜利

宏伟的、跨世纪的长江三峡工程正式开工的喜讯，终于由国务院李鹏总理庄严宣布了❶。几代中国人的梦想，将在今后 10 多年内成为现实。12 亿中国人民以及我们在全世界的朋友们都将为此欢欣鼓舞！

三峡工程正式开工喜讯的宣布，意味着工程建设已进入了一个新的阶段。当然，由于工程的复杂性，设计和科研工作还将继续深入地做下去，丝毫不能放松，但毫无疑义，今后施工大军将作为主角登上舞台，演出战天斗地、可歌可泣的史剧来。

三峡工程的施工，具有一些特色。首先，是它那史无前例的规模。仅以主体工程（包括导流）工程量来说，土石方开挖和填筑达 1.3 亿 m³，混凝土浇筑 2700 万 m³，钢筋和金属结构 43 万 t，水轮发电机组安装 26 台，1820 万 kW，是名副其实的建设一座现代化长城。其次，这一工程将摒弃过去计划经济下的建设模式，严格按照社会主义市场经济体制和国际通行的招标承包方式兴建。任何合格的施工队伍都可以在公平、公正、公开的原则上进行竞争，取得三峡工程施工的入场券，一显身手。最后，对于这样一座跨世纪的工程，我们要求施工的质量、进度、效率和管理水平也必须与之相应，是世界第一流的。也就是说施工队伍必须具有第一流的技术水平和组织管理水平，必须用现代化的设备进行高速度、高质量的施工。总之，三峡工程的施工必须是科学化的、现代化的，不能达到这一标准的施工队伍不能进入三峡工程的圈子。

那么，有 40 多年光辉业绩的我国水利水电施工队伍有能力完成这一历史任务吗？为了回答这个问题，我们不妨先听听某些外国人的评论。

世界上许多国家和各界人士，很关心中国的三峡工程，并经常发表些评论。在一些评论文章中似乎有个共同的论点，即中国正在寻求外国的支持。没有外国的资金和技术，中国是不可能建成三峡工程的。我们应该怎么对待这些意见呢？

经过冷静的分析和思考，我认为我们必须辩证地看待这一说法。首先，我认为说"离开外国的资金和技术，中国就不能修建三峡工程"的人们，对中国情况是全然无知。他们看不见或者不愿意看见在 40 多年中，中国进行了多少伟大的建设，包括世界上少有的水利水电建设，取得了举世公认的成就。在技术上，中国已经在长江上建成了工程量接近三峡工程一半的葛洲坝水利枢纽，中国在远比三峡坝址条件复杂的河谷中建成或正在建设比三峡大坝更高、更复杂的水坝。在资金上，整个三峡工程的建设资金只占同期国民生产总值和国民收入总值的极小比例，远低于建宝钢或其他大型建设的比例。还是一些到过中国、参观过包括葛洲坝水利枢纽在内的许多水利水电建设的国

本文是作者应《水利水电施工》之约所写，发表于该刊 1994 年第 4 期。

❶ 1994 年 12 月 4 日，李鹏总理在三峡工地宣布三峡工程正式开工，成为全国、全球的重大新闻。

际友人和学者说得好："中国工程师能在任何江河上修建他们需要建设的任何水利水电工程。"实际上，没有哪一个国家拥有如此丰富的水力资源，进行着如此伟大的工程建设。实践出真知，中国不仅能建好三峡工程，而且将在不远的日子里登上世界水利水电建设的巅峰。

在三峡工程建设中，中国乐意和外国合作，包括设备采购、资金筹集和咨询服务，这是为了促进合作和友谊，是互利的。我们固然可以通过引进设备、资金和技术，促进三峡工程的进展，外国也可得到相应的回报和学到中国的经验。中国敞开大门，欢迎朋友，愿意开展互利的合作，但永远不会向外国乞求什么东西。我们希望那些对中国无知或戴着有色眼镜的人们能够认识到这点。

但这只是问题的一个方面。同样重要的是，我们必须头脑清醒地看到我们确实存在的问题、缺点以及和国际先进水平间的差距，主要是施工质量、施工效率和管理水平问题。出现这种问题和差距的原因是多方面的：国家整体科学技术水平的落后；长期以来的"左倾"做法、计划经济模式和闭关锁国；还有则是在市场经济浪潮冲击下泛滥起来的不正之风——甚至出现了诸如偷工减料、弄虚作假，层层转包、中间盘剥以及倚仗权势强包硬揽而根本置工程大局于不顾。尽管这些现象并不代表整体，但已蔓延甚广，严重地败坏了祖国声誉，为社会主义抹黑，我们绝不能等闲视之。

我从识事之初就知道，中国有很多国耻，鸦片战争、八国联军入侵、五三惨案、五卅惨案，还有"九·一八"、"一二·八"……国家民族已经到了亡国灭种的境地。100多年来，多少志士仁人为了救国雪耻，抛头颅洒热血，直到在共产党领导下取得了推翻"三座大山"的胜利。中国人民在付出惨痛代价后终于站了起来，扬眉吐气，洗刷了国耻。但是，现在已有新的耻辱正在无形中降临到中国的头上，那就是，中国货成为劣质品的同义词，中国效率成为低效率的等价词，而提到中国的组织管理，又使人联想到落后和不文明。谓予不信，试问哪个人上街不是胆战心惊生怕上当，而拼命想买"进口原装"的？这是无形的国耻，这是比过去的国耻更可怕的国耻。此祸不除，此耻不雪，不要说三峡工程建不好，整个国家民族都是没有希望的，更不是引进一些外资、技术能够解决的。

在水利水电工程中，鲁布革工程第一次走上国际招标的道路，被誉为"第一声惊雷"。我们为鲁布革工程打开局面创造纪录欢呼，但也不能不引起人们的深思。同样的工人、技术员，用同样的设备，为什么一定要在外国人管理下才能科学、文明地施工，出高效率、创世界纪录呢？难道中国人真有那么不争气吗？鲁布革是第一个摆脱旧框架、按新模式施工的工程，跨出了重要的一步，对它进行报道、颂扬、分析总结是必要的。但在改革开放10多年后如果仍然是这种局面，就不能作为成绩来宣传，只能作为耻辱来报道了。

解铃还需系铃人。要真正做到科学施工、文明施工，达到国际水平甚至攀登世界顶峰，只能依靠中国人自己。我们非常高兴地看到，水利水电施工队伍从整体上讲没有染上那些不正之风，而且在鲁布革工程以后，在施工质量上、效率上和管理上已发生惊人的变化。我热诚盼望这支队伍能更上层楼，能在举世闻名的三峡工程上一显身手，以事实证明中国人不仅能建成三峡，并且将建成一座第一流的跨世纪工程。我们要以自己的实际行动成为全社会千行百业的典范，共同为洗雪耻辱而努力，共同为树立中国的新形象而奋斗。那就是中国质量、中国效率、中国管理水平成为世界第一流的质量、效率和管理水平！

让我们团结起来，努力战斗，夺取跨世纪的胜利！

长江三峡工程重大科技问题研究

提　要　本文对长江三峡工程中有关地质、泥沙、机电设备、船闸及升船机、施工技术、生态与环境影响等重大科技问题的研究，作了高度概括的介绍。

长江三峡工程的重大科技问题研究大体上经历了四个阶段：

第一阶段是 1956 年至 1970 年。研究工作主要是围绕编制三峡工程 190～200m 方案的初步设计要点报告进行的。当时科研工作由国家科委、中国科学院、水利部组成领导小组进行；重点为人防和水库泥沙问题。

第二阶段是 1971 年至 1983 年。在此期间，研究工作的重点是围绕长江葛洲坝工程的修建，积累在长江上筑坝的经验，同时编制三峡工程 150m 方案的可行性报告。

第三阶段是 1984 年至 1990 年。三峡工程 150m 方案的可行性报告审查后，由于存在不同意见和建议，国务院决定重新论证三峡工程的设计水位方案。1986 年，水利电力部邀请了 412 位专家，组成 10 个课题组，14 个专家组，开展了广泛的科研工作。

第四阶段是 1991 年至现在，国务院三峡工程审查委员会通过了工程的可行性研究报告，七届人大五次会议通过了将三峡工程建设列入国家社会经济发展的十年规划，国务院三峡工程建设委员会原则批准了三峡工程的初步设计报告。从 1991 年以来，三峡工程的各项科研工作就是围绕如何使三峡工程的建设在经济上更合理、技术上更落实，使很多工程科技问题的解决达到进一步优化的目的。

下面就三峡工程的重大科技问题的研究作一介绍。

一、地质问题

三峡工程主要的地质问题有区域稳定性、水库诱发地震和库岸稳定性三个方面。

（一）区域稳定性

中科院、水利、地矿、地震等部门经过多年来大规模勘察、试验和计算，并应用地震测深法探查深部地壳完整性，进行了遥感图像解译和详尽的地面调查。研究表明，三峡工程的大地构造背景属于中国大陆较稳定的扬子准地台的中西部，位于地壳相对比较稳定的地区。对坝址所在黄陵结晶地块的周缘有几条较大的断裂，都已采用多种手段和方法做了全面深入的调查，属于弱活动或不活动断裂。

国家有关地球物理和地震部门前后经过 4 次鉴定，都将工程所在地区的地震基本烈度定为Ⅵ度。三峡工程的主要建筑物系按Ⅶ度设防，在抗御地震破坏方面留有充分的余地。为了收集更多的地震资料，工程区周围的 7 个地震台将进行长期的地震监测，对于黄陵地块周缘和几条较大断裂将继续进行变形测量和活动性的研究，列入了"八五"科技攻关课题中。

本文原载于 1994 年第 3 期《中国科学院院刊》，第一作者为中国科学院院士、中国工程院院士、清华大学教授张光斗。

（二）水库诱发地震

由中国科学院、水利、地矿、地震等部门进行研究，对水库诱发地震的可能性、地点、强度及其对工程和环境的影响等得出了基本一致的结论。三峡库区的三个库段，地形地质条件差异很大，因而水库诱发地震的评价也各不相同。坝址—庙河为结晶岩库段，岸坡低缓，河谷较开阔，无区域性或活动性断裂通过，历史至现今地震活动微弱，岩体坚硬完整，透水性弱，不具备发生较强水库诱发地震的条件。但蓄水后，不排除诱发类似我国乌溪江及美国蒙蒂赛洛水库发生过的 3 级左右浅源小震的可能。庙河—白帝城库段，碳酸盐岩广泛分布，河谷深切，基岩裸露，岩溶发育，秭归—渔洋关和黔江—兴山两个小地震带分别于坝址上游 17～30km 和 50～110km 穿越本库段，有发生断层破裂型诱发地震的可能。预计两处，可能诱发地震的最大级不超过 6 级，影响到三斗坪坝址的烈度在Ⅳ度范围内。白帝城以上库段，为低山丘陵地形，出露地层主要为中生代砂岩、粉砂岩、泥岩，岩性较软弱，岩体透水性弱，构造条件简单，地震活动微弱。除支流乌江和嘉陵江回水范围的石灰岩分布区，有产生岩溶型小震的可能性外，一般不具备发生水库诱发地震的条件。水库诱发地震问题，除了已有地震台网监测以外，在"八五"期间仍将继续进行研究。

（三）库岸稳定性

地矿部、中科院及水电部有关单位，湖北、四川两省的地矿部门在三峡库区做了大量的工作。采用了一些最先进的手段和方法，如航空遥感、涌浪模型试验和计算、稳定性灵敏度分析、变形体形变监测等。三峡水库岸坡主要由坚硬、半坚硬岩石组成，断层不多，新构造运动和地震也不强烈，因而总的稳定性较好。调查结果显示，干流库段全长 1300km 的岸坡，稳定条件好和较好的库段占 90%，稳定条件较差的约占 8.2%，而真正稳定条件差的岸坡，加起来总长只有 16km，仅占库岸总长的 1.2%。在总数 140 个体积大于 100 万 m^3 崩塌滑坡体中，现在正在活动的有 8 个，现在稳定性较差、蓄水后在库水影响下可能失稳的有 14 个，就是说蓄水后少数稳定性差的崩塌、滑坡体可能复活，但是并不改变库岸稳定性的基本现状。对崩塌滑坡失稳滑落入江后，会造成什么影响和危害，曾逐项做了分析：

（1）滑坡滑下后，不会形成天然的滑坡坝，堵塞长江。

（2）三峡水库形成后，由于江面拓宽，水深加大，在天然条件下入江的碍航滑坡在新的情况下就不再碍航。

（3）22 个现在活动和蓄水后可能活动的滑坡分布在 1300km 的库岸上，总体积只有 3.8 亿 m^3，只占 145m 水位以下库容的 2.2%，对水库的库容及寿命没有影响。

（4）由于坝前 26km 范围内不存在可能失稳的大型滑坡体，因而任何大型岸坡失稳都不会直接威胁水工建筑物的安全。至于滑坡入江涌浪的间接影响，曾对规模大、距坝最近的新滩滑坡和链子崖危岩体进行涌浪试验和计算，结果表明，假定新滩滑坡有 1600 万 m^3 物质入江，涌浪向下游衰减很快，到坝前最大浪高只有 2.7m，不至于形成对水工建筑物安全威胁。为了减少突然发生滑坡时的损失，"八五"期间将开展对各滑坡体的监测工作和整治的可行性研究。

二、泥沙问题

泥沙问题是备受关注的重点研究课题。30 多年来，由长江水利科学院、水利部水利水电科学院、南京水利科学院、清华大学等进行了大量研究工作，规模之大和深入程度史无先例。曾经研究过的和今后进一步研究的问题包括以下几个方面：

（一）水库长期使用问题

基于三峡水库的特点，采用"蓄清排浑"的水库调度原则，在多沙的汛期一般尽量使库水位保持为很低的防洪限制水位 145m，在汛期过后的 10~11 月再将含沙很少的来流蓄至正常水位 175m，在枯季不使库水位降至枯季消落低水位 155m 以下，至次年汛前又再将库水位降至防洪限制水位 145m。模型试验和数学模型计算表明，这种根据三峡水库径流量大库容相对甚小的特点采用的调度方式，可以充分发挥水库防洪、发电与航运效益，而且使防洪限制水位至正常蓄水位之间的绝大部分有效库容不致淤失，在科学上也是一项突破性的进展。

数学模型曾用长江葛洲坝水库、汉江丹江口水库、荆江人工裁弯后河道冲淤实测系列资料进行验证，然后用于三峡水库泥沙冲淤计算，计算成果和结论是可靠的。

（二）水库变动回水区和航道、港区问题

采用原型观测调查、数学模型计算和泥沙模型试验相结合的研究途径，开展了系统的大规模研究工作；并在重庆等河段开展泥沙运动和河道演变实地观测，并兴建了模拟河段长 300km 的三峡水库大模型。研究表明，三峡工程建成后，由于水深增加，600km 水库区内的险滩淹没水下，航道条件有很大改善。但水库汛后需要蓄水，缩短了重庆河段汛后冲沙的时间，致使第二年水库水位消落时，重庆市的某些港区将出现边滩，影响港口的正常作业。研究也表明，这一问题可以通过优化水库调度，结合港口的改造和疏浚来加以解决。但是，优化调度方式以增加冲沙时间，需要推迟蓄水的进度，从而会损失部分电量，改造港口则需要较大的投资，而利用挖泥船疏浚，则和港口作业有一定干扰，因此，在"八五"攻关的研究计划中，列入了综合研究重庆港区边滩淤积的课题，以期获得进一步优化的解决方法。

（三）坝区泥沙问题

坝区泥沙淤积对三峡枢纽通航建筑和电站的正常运行有重要关系，目前有三个大型泥沙模型在进行研究。初步研究表明，由于三峡工程有较大的库容，在运用初期约 30 年内，坝区的泥沙淤积不至于造成对通航和发电的不利影响。但到运用后期（70~80 年），船闸进口的流速将有较大增加，引航道内也将产生较大的碍航淤积，这些都是不利于航运的因素。因此，目前各研究单位正集中力量研究坝区泥沙淤积的发展过程和船闸引航道的布置问题，以保证在不同运用时期内，万吨船队可以顺利地通过船闸。

（四）枢纽下游的河道冲刷问题

三峡工程建成后拦蓄泥沙 150 亿 m^3 以上，因此将引起宜昌以下河道长时期和长距离的冲刷，冲刷引起的问题包括以下几方面：

（1）冲刷引起葛洲坝工程下游水位下降，将导致三江船闸下闸坎和航道水深不足，影响船队通航。

（2）冲刷使宜昌下游的某些卵石浅滩上下游落差增加，形成急流险滩，需要进行整治。

（3）冲刷可能使荆江河势发生变化，导致堤防防守重点改变，同时使堤防的根石走失，需要增加险工堤防的保护。

（4）冲刷使荆江水位降低，分入洞庭湖的流量减少，这将增大武汉河段的洪水流量，同时也改变了长江中下游防洪规划中分配洪量的基础条件，需要重新修改规划。

由于三峡工程一旦截流，下游河道立即发生冲刷，上述问题亦将随之而产生，急需研究对策。因此，以上课题均已列入"八五"国家重点攻关项目和三峡工程专项技术设计的计划内，目前正在积极进行中。

（五）三峡工程的入库泥沙数量

在可行性研究阶段，三峡工程采用的年入库沙量为 4.62 亿 t（其中推移质不到 100 万 t），系 50 年代以来的多年平均值。实际上，根据长江流域规划和国民经济发展的趋势看，三峡工程建成后的 30～50 年内，长江上游干支流上必将有一批大型水库建成并投入运用，这些水库将拦蓄泥沙，减少进入三峡水库的沙量，改善三峡水库的泥沙淤积状态。因此，在初步设计中，考虑了不同建设进程的三种方案，分析和计算了长江干支流水库对三峡水库淤积的影响。分析表明，即使按照较慢的建设进程，上游水库拦沙对减少三峡水库淤积的影响是十分显著的。由于上述分析方法还有待改善，同时，为了更合理地估计上游水库对三峡水库淤积影响，本课题也列入了"八五"攻关计划。

三、船闸及升船机科学研究

（一）五级船闸

经与其他方案的比较，三峡工程初步设计中选定了连续双线五级船闸的通航建筑物方案。五级船闸全长 1600m，位于左岸，在岩体中开挖，闸室用薄混凝土衬砌，输水廊道采用岩体隧洞。船闸的主要工程技术问题是：船闸两侧岩体高边坡的稳定性、船闸水力学、船闸衬砌结构和船闸的金属结构问题。

（1）船闸两侧开挖边坡最高达 170m，一般在 100m 以下，地应力为 6～7MPa。经过地质力学模型试验，二维和三维有限元计算和块体平衡计算，边坡整体滑动稳定安全系数均大于 1.5，局部不稳定块体的体积较小，采用锚固支护后预计可以保证边坡稳定安全。由于岩体的微小变形会严重影响船闸闸首的正常运用，关于岩体变形对船闸闸首的影响还需要作进一步深入的研究。

（2）船闸水力学的问题是指船闸输水廊道的空蚀问题。五级船闸总水头113m，两级之间最大水头为 45.2m，超过了国内外已建单级船闸水平。经过水力学整体模型和减压模型的试验表明，采用降低廊道高程和优化廊道体型等措施后，阀门段的空化数大于临界空化数，可以避免发生空蚀。充泄水时，也能够满足闸室船队的停泊条件。

（3）闸墙薄衬砌结构，利用岩体作支撑，闸室采用厚 2.0m 的薄混凝土衬砌墙，闸墙以锚杆与岩体紧密连接，光弹、石膏模型试验及有限元计算（并参考美国帮纳维尔船闸等已建结构物经验）表明结构安全经济。锚杆布置，岩体变形对结构物影响正在作深入研究。

（4）船闸的金属结构和机械设备方面的主要研究课题是：大淹没水深人字闸门的启闭型式，优化布置，启闭力试验和抗扭特性以及高水头充泄水阀门的水力特性研究等。初步研究表明，这些问题都能解决，"八五"期间要进一步研究，加以落实和优化。

（二）升船机

为了解决施工期通航和正常运用时客货轮过坝，三峡枢纽中还布置了一座提升力为 12000t 的升船机。升船机用承船厢湿运船只过坝，有效尺寸为 120m×18m×3.5m（长宽深），可通过 3000t 级客货轮一条或 1200 马力顶推轮和 1500t 驳船各一条，提升高度 113m，是世界上规模最大的升船机。三峡升船机为一级钢丝绳卷扬式全平衡垂直升船机，主要设备有钢结构承船厢、主提升机械和平衡重系统，另外还有上、下闸首的金属结构和启闭设备。

"七五"期间开展了系统的攻关科研，共有总布置方案、升船机总体动态、承船厢结构和附属设备，主提升机械、土建结构、电力拖动及自动控制等十个专题共 37 个子题，并已于 1992 年先后完成，通过了国家鉴定和验收；大量成果为初步设计提供了科学依据。为确保三峡升船机建设一次成功，三峡建设委员会与有关部门协调后，决定选择业已开工，并预计 1996 年建成的清江隔河岩水利枢纽的 300t 级垂直升船机作为三峡升船机的中间试验工程，深入研究三峡升船机的主要技术问题并作实战准备。

"八五"期间在机械设备方面的科研工作主要是：进行综合"七五"攻关成果，研究三峡升船机的整体动态数学模型和配合技求设计的要求，进行主提升系统的机械动力学、液压平衡系统动态试验，直流电机同轴拖动出力均衡的技术优化，承船厢动力和稳定分析，设备可靠度评价等课题的研究。

四、机电设备技术研究

长江水利委员会、国内机电设备制造工厂、电力部门、高等院校、科研院所等单位，在三峡工程机电设备技术方面做了大量科研攻关、可行性论证和规划设计工作，积累了丰富的试验研究和规划设计成果。根据三峡工程初步设计的审查意见，三峡电站采用单机容量为 70 万 kW 的混流式水轮发电机组，共 26 台，总装机容量 1820 万 kW，年发电量 842 亿 kW·h，是世界上最大的水电站。水轮机转轮直径 9.8m，重 500t，发电机能力轴承负荷为 5900t，均属世界最高水平。三峡电站电力主要供给华中、华东地区，小部分供给川东。电站输电线路暂定交流 500kV 13 回，直流±500kV 1 回。左、右岸电厂均需建交流 500kV 开关站，右岸电厂还需建一座±500kV，送电 240 万 kW 的直流换流站。电站的监测控制采用先进的微机系统，通信采用卫星、光纤、微波及自动程控交换等现代通信方式。经过多年论证研究，认为迄今选定的方案是可行的，只要对国内工厂进行必要的技术改造，引进部分先进技术，三峡工程机电设备的制造和供应可以主要立足于国内。国家经贸委组织开展的机电重大装备的"八五"攻关项目中，包括了水轮发电机组的参数优选、水轮机模型设计及试验、水轮机结构、材料和加工工艺、电机推力轴承与冷却方式和电站自动化及通信等研究课题。关于三峡工程电力系统规划和运行关键技术研究等 5 个专题，已列入国家科委的"八五"攻关计划中。

五、施工技术研究

三峡工程主要工程量为：土石方开挖约 1 亿 m^3，混凝土浇筑量约 2700 万 m^3，金属结构约 27 万 t，是世界上规模最大的水利水电工程。在三峡工程的施工组织设计中，主要的技术问题有下列几个方面：

（一）施工导流和施工通航方案

为了保证施工期的长江航运和尽可能提前发电，经过大量研究工作，包括水工模型试验、网络图、关键路线、动态经济分析等，决定采用三期导流、明渠通航和用碾压混凝土围堰挡水发电的施工方案。围绕这个方案，还需要研究和落实三期施工时的坝体导流孔和闸门设计、安全度汛等一系列技术问题。

（二）二期深水土石围堰

二期深水土石围堰是施工中的一个关键项目。设计要求在 60m 水深的条件下修建最大高度达 80m 的土石坝，上下两个围堰总填筑量为 1200 万 m^3，围堰内还需要填筑面积达数万平方米的高质量混凝土防渗墙。二期围堰的研究课题包括三个方面：一是材料研究，对围堰基础和填料性质及防渗墙的材料和结构型式进行试验；二是围堰在各种工作条件下的应力和变形状况；三是对混凝土防渗墙施工技术和施工设备的研究。研究成果基本上满足了施工要求。目前正结合三峡工程右岸一期围堰进行现场试验，以取得经验。

（三）土石方开挖及爆破技术

三峡工程土石方开挖量大、施工强度高、要求严格，例如，170m 高边坡开挖，近百万平方米的基础面开挖，大洞室的地下开挖等，都需要利用国内外的先进工程爆破技术。近年来，在国内许多大型水利水电工程的工地上，进行了大规模的现场试验，创造和发展了预裂爆破、光面爆破、毫秒差爆破、基岩保护层一次爆破、建筑物拆除爆破等一整套先进技术，将可以广泛地应用于三峡工程，并需要加以总结提高。

（四）混凝土工程施工技术

三峡主体混凝土浇筑量达 2700 万 m^3，最高年浇筑量达 410 万 m^3，最大月浇筑强度为 46 万 m^3，这三个指标在国际上是最高的。国家"七五"和"八五"攻关课题中，研究了一整套适合三峡工程的混凝土施工方案和配套设备，如大型和特大型混凝土搅拌楼、大型门塔式起重机、混凝土施工专用皮带机、侧卸式混凝土料罐运输车、大型平仓振捣机械、月生产 20 万 t 以上的特大型预冷混凝土生产系统等，都已获得了有价值的成果。还研究了仓面面积 2000m^2 以上的薄层长块通仓浇筑施工工艺，碾压混凝土的设计和施工方案。今后还要结合施工进一步深入研究。

六、生态与环境影响的研究

在三峡工程可行性研究阶段，曾经组织了中科院、水电部和高等院校等 40 多个单位，对生态与环境影响进行了广泛而深入的研究，国家科委把三峡工程对生态与环境影响及其对策列为"七五"国家重大科技攻关课题。对三峡工程生态与环境综合评价的结论是：三峡工程综合效益巨大，对生态与环境有有利的和不利的影响，大多数在采取对策和措施后可以减免，生态与环境问题不影响工程建设的决策。国家环保局批准了三峡工程生态与环境影响评价报告，指出：本着对人民负责、对子孙负责、对历史负责的精神，对不利影响必须予以高度重视，严格执行环保法规，采取得力措施将其降到最低程度。目前已进行了下列研究工作：

（一）水质保护

三峡水库水质的直接污染源主要来自重庆、涪陵、万县等，其中重庆市的污染负荷量占总量的90%以上。经过研究表明，从总体上来说，三峡水库的水质仍可达到国家规定的Ⅱ类标准，可以满足各类用水的要求。但在污染负荷大的城市沿江水域，建库后因流速减小，江水自净能力降低，岸边污染带的污染程度将会加重，影响工业和人民生活用水的质量。初步设计提出：在三峡水库水质保护工作中，要坚决执行"谁污染、谁治理"的原则，排入水库的污水浓度要满足国家规定的污水排放标准，水库建成后由于流速减小影响水质达标而需要治理的部分，则由国家给予补偿，根据以上原则估算保护水质的补偿投资费用为：

（1）初期蓄水位运行时，水质补偿费为1.3亿元，列入三峡工程建设费。

（2）正常蓄水位运行时，水质补偿费为1.1亿元，计入三峡电站发电成本。

对于防止三峡水库水质污染问题还需进一步研究落实。

（二）物种保护

三峡工程的水库淹没、径流调节和移民搬迁对库区和下游的某些陆生植物和水生生物产生影响，需要采取一定的保护措施。

对于陆生植物的保护，拟采取建立自然保护区、珍稀植物保护点和古大珍稀树种保护等三类方法。拟建立的保护区有宜昌天宝山森林公园、兴山龙门河亚热带常绿阔叶林保护区和巫山小三峡景观生态保护区。保护点则有万县荷叶铁线蕨保护点、秭归疏花水柏枝保护点及宜昌莲沱川明参保护点等。古大树种资源拟挑选199株作为重点保护对象。

对珍稀水生生物的保护是通过保护其栖息地和人工繁殖放流等措施实现的。计划建设四个自然保护区，一个半自然保护区和建立三个人工繁殖放流站。前者为保护对象提供较好的自然生存环境，后者则通过人工繁殖一定数量的苗种，向长江放流，以达到恢复、补充种群数量的目的。保护对象包括国家列为一、二级保护的珍稀水生动物共6种，其中有白鲟、中华鲟、长江鲟、胭脂鱼、白鳍豚等。

物种保护的经费部分由国家科研拨款，部分列入工程建设经费。电厂发电后列入发电成本，工程完建后的运行费用亦计入发电成本。

（三）库区的环境容量问题

三峡工程水库淹没涉及湖北、四川两省19个县。城乡居民72.5万人（1984年），到水库建成时将超过100万人。水库移民计划就地安置，因此，当地环境能否承受，是一个重要问题。

按1984年统计，库区平均每平方公里251人，人均耕地1.5亩，其中坡地占60%以上，垦殖程度已经很高，人均收入约为全国水平的一半，是我国贫困地区之一。从移民的环境容量看，突出问题是可耕土地资源严重不足。专家们指出：水库建成后，库区缺粮可能达到4亿～5亿斤，需要由国家负责从库区外调入，其中一半是城市人口用粮，本来要由国家供应。专家们建议：对于库区的经济发展，要调整农业结构，耕地种粮必须不破坏生态环境，不强调粮食自给，积极发展柑桔、油桐、药材等经济林木，积极种树种草，发展畜牧业和渔业。同时根据当地资源条件，发展污染少的加工工业、旅游业等第三产业，吸纳移民。要严格控制人口增长，发展文化教育，改变知识结构。做好开发性库区移民，是能够改善人民生活和改进库区生态环境的。除去施工期提供移民的经费外，电站发电后，在每度电费中提取 3 厘钱补助库区，50年不变。

对有关的科技问题，要进一步抓紧进行研究。

（四）文物古迹保护和三峡景观问题

川江东联吴楚，西接巴蜀，是两大区域文化交往和经济交流的重要通道，保留着不少文物古迹。根据多年调查，受三峡水库中淹没影响的文物有 44 处，其中国家级保护的文物一处，省级五处，县级的十余处，目前对于这些文物都已陆续制定搬迁、保护的计划和具体实施的办法。例如著名的张飞庙，已由清华大学建筑系进行了全面测绘，准备将来可以不失原貌地迁建到新地方去，关于文物古迹的保护问题要进一步调查研究，加以落实。

长江三峡西起奉节白帝城，东迄宜昌南津关，全长 192km，两岸高峰摩天、群山叠翠，以"雄、奇、幽、险"闻名于世。修建三峡工程后，水位抬高几十米至百余米，由于两岸陡峻，水面宽度增加很少，三峡两岸山峰峰顶大多在海拔 1000～1100m。如最享盛名的神女峰顶高 900m，巫峡十二峰都在 1000m 上下，水面抬高几十米，人们在视觉上将只有很小的变化，因此可以说，在三峡工程修建后，"奇峰秀色不减，峭壁雄风犹存"，三峡将不减当年本色。另外，三峡水库建成后，险滩急流将转化成平静的人工湖，回水所及的支沟河岔，将成为新的景点，"高峡出平湖"，三峡将成为更加吸引人们的旅游胜地是可以预期的。

在长江三峡工程技术设计审查会议上的讲话

各位领导、各位专家、同志们：

一个月前，李鹏总理亲自在这里主持典礼，正式宣布三峡工程开工，震撼了全世界，极大地鼓舞了全国人民，尤其是全体参加三峡工程建设的同志们。今天，我们再次在这里聚会，开始三峡枢纽单项技术设计的审查工作。我们的心情无比的兴奋和激动。

根据国务院对三峡工程初步设计的审查意见，在初设以后，需编制八个单项技术设计，并授权三峡总公司负责审查。现在经过长委会（即长江水利委员会，编者注）的艰苦努力以及有关单位和专家的大力支持，大坝、水电站、永久船闸和升船机的技设文件已经编制完成。这四项技术设计，包括了三峡枢纽的全部永久性建筑工程，设计是否正确、优秀，对保证工程质量，对今年和迫在眉睫的施工任务关系重大，必须抓紧审定。总公司经研究后决定，除升船机设计由于特殊原因推迟审查外，其余三项在1月份开始审查。所以我们在数九寒天、春节前夕，把各位专家请到工地开会。乘此机会，请允许我代表技术委员会向各位与会专家同志表示衷心的感谢。

我们这次审查会议的任务很重，难度很大。因为，第一，如果说初步设计主要是确定工程的规模、总体布置和解决一些原则性问题，必要时在以后还有些回旋余地的话，技术设计就要确定具体的方案和施工要求，包括许多细节，已没有回旋余地。设计好坏，审查结论是否正确，都要立刻受到实践考验。第二，三峡工程是当今世界上最大的水利水电工程，牵动着全中国人民的心，也引起全世界人民的关注，我们只能做好，不能做坏。而且，正因为工程规模太大，在三峡工程中不允许做没有把握的事，不允许冒大的风险，同样也不允许保守落后，否则，都将会给工程带来严重后果，给国家、人民带来巨大损失甚至严重的政治影响。第三，由于历史原因，三峡工程初步设计中还遗留一些问题要在技设阶段研究解决，而技术设计与准备工程几乎是同时进行的，时间极为紧促，任务极为艰巨，这就给设计、试验、科研单位带来极大的困难，同样也增加了审查工作的难度。

但我们也有许多有利条件：审查工作是由技术委员会聘请专家组长组成专家组进行的。我们荣幸地能从全国各单位各部门聘请到有丰富经验和精湛技术的第一流专家来承担审查工作。此外，三峡技术审查与其他工程有一点不同，就是审查专家组已成立了一年多，审查工作实际上是和长江水利委员会的设计工作同时进行的。第一流的专家以及专家组和长委会的紧密结合、团结无间是我们能做好审查工作的基本保证。

在将近一年的时间中，审查组已进行过多次活动，包括开展一系列的研究、试验、考察、讨论和中间审查工作，每次活动都有许多进展，并且作了详尽记录。这些活动

本文是作者1995年1月11日在第一次技术设计审查会上的讲话。国务院在批准三峡工程初步设计时，确定编制八个单项技术设计，并授权三峡总公司负责审定。

大大有利于交换看法，沟通思想，解决分歧，明确方向，这是我们做好审查工作的又一重要基础。

当然，长委会的技术水平很高，对三峡工程已经进行数十年的研究，一年多来，全力以赴进行技术设计，及时提交了他们工作的结晶。应该讲长委是尽了他们最大的努力，工作是十分负责的，这更是审查的基础。

尽管我们具有上述基础，但如前所述，在进行最终审定时，仍然会有重重困难。为开好会议，我们年前邀请有关组长开过一次"技术设计审查工作会议"，研究审查工作应如何进行，应抓哪些重要问题，以及研究具体的步骤。我认为这个工作会议非常重要，尤其使我感动的，就是到会的组长及专家们都怀着对工程极端负责的精神，一致要求必须把审查会议开好，一切从实事求是的精神安排，绝不走过场。所以，原来我们打算在1月份审完四个专题，根据讨论情况作了调整。像对大坝的技术设计，大家觉得内容如此丰富、问题如此复杂的大坝设计，要在一星期左右的时间内审完是不现实的，也不具备条件，因此改为分步走，1月份先对最紧迫的工程地质、大坝稳定和基础处理进行审定，其余的推迟一点进行。这些意见很重要、实事求是，所以很快得到总公司领导的同意，目前的审查工作就是按照这一精神分项目安排进行的。

各位专家、各位代表，在上次"工作会议"上，我提出几条对审查工作的看法，得到组长们的同意，我想在这里重复一下，供各位专家、代表参考。

（1）作为专家和技术人员，我们要坚持科学态度和实事求是精神。我们只对国家负责，对人民负责，对历史负责，而不受干扰与影响。我们来自全国各地方、各部门，但我们是三峡工程技术设计的审查专家，一定要站在科学的、客观的、超脱的立场上讲话。希望专家和代表们能在这个基础上畅所欲言，坚持真理，提出宝贵意见，为三峡工程做出历史性的贡献。

（2）对于初步设计批准和确定的内容，持慎重态度。因为这是经过三年论证、两年初设和审查，集中全国专家反复讨论后得到的结论，不宜轻率地改变。当然，如果确实出现新的情况，发现新的问题，该变的还得变，但一定要确实有道理，有必要，而且要通过报批程序。

同样，对于国务院三建委和总公司已经发文明确的原则、批准的结论，除非出现新的情况，也不应轻易改变，我们还要尊重技设开始以来历次专家组与长委会的讨论成果，尤其是意见趋向一致的，要维护历次会议指出的解决方案或一致见解，不要形成无休止的重复讨论。

（3）要结合工程实际。三峡工程已正式开工，热火朝天，已形成很大规模和一定的格局，我们要承认和考虑这个事实。我们审查通过的方案必须是可行的，不仅是技术上可行也是现实上可行的。如果要极大地打乱改变现有部署，恐怕是不可行的。

（4）对重大问题、原则问题必须抓紧不放，一追到底。对于具体细节或可此可彼的问题，可以尊重设计单位意见。我们要充分体谅、理解设计单位的困难，所受到的压力，要给予方便。另外，也希望设计单位尊重多数专家统一的看法，相信他们的判断和经验，只要对工程确有好处，要敢于接受建议，不要怕修改图纸，相互理解和体谅，一切以服从工程的最大利益为准。

（5）远近结合。三峡工程是为子孙后代造福的建设，是功在当代、利垂千秋的，我们不仅要使工程在投产后能安全运行，取得巨大的社会和经济效益，也要考虑远景的情况和要求。只考虑近期要求，不研究较长时期的情况，是不对的，因为这是百年大计、千年大计啊。当然，在考虑后期情况和要求时，应认识到科学技术不断进步的现实，尤其近年来的进展速度更是过去不能想象的，我国经济建设的步伐愈来愈快，数十年后三峡工程和长江的面貌也完全不同于今日了，以我国情况来看，今天少投资一块钱，数十年后相当于数十元、数百元的资金。所以也不宜以今天的水平和标准来衡量一切。希望大家从宏观、远景的角度出发，胸怀全局地考虑问题，作出正确的判断。

各位代表，各位专家，通过这次审查，我们希望对技术设计进行全面的研究和讨论，该确定的确定，该决策的决策，该修改的修改，尽量地明确下来，因为已经没有太多时间留给我们了。但是，由于工程实在太大，问题实在太复杂，如果确有少数问题仍不能确定，需要补做工作的话，也要实事求是提出来。有些问题可以作原则审定，但指出存在的问题和解决方向，责成设计单位在审查后补充做些工作，或采取专题报告方式报批解决，或授权设计单位比较确定，尽快补好课。我们希望这些遗留问题不会很多、很细，更不应影响施工全局。请各位专家、代表和长委同志在审查中认真讨论商定。技术设计审查后，在编制招标设计和施工详图中，当然还可以对局部设计不断优化、改进，使我们的设计真正达到国务院领导要求的那样：第一流的水平。

最后，再次感谢全体与会专家在百忙中不远千里前来参加会议。祝专家们身体健康，预祝会议取得圆满成功。

在三峡工程左岸厂房 1～5 号坝段大坝稳定和厂坝连接专题讨论会上的总结发言

根据专家们的意见，我作一综合性发言，供长委设计院及有关科研单位在下一步工作中参考。

一、关于大坝抗滑稳定的设计原则和安全判据

重力坝的设计理论至今还有待完善，很大程度上仍取决于经验和判断，尤其像复杂的深层抗滑稳定问题，连安全系数 K_c 定义也不够明确。所以，设计原则、计算方法、参数选择与安全判据必须根据以往经验相互配套。即使不尽合理，目前只能这样做，可以保证工程安全。将来经验积累多了，科技进步了，再逐步改进完善。

对我们的深层抗滑问题而言，所谓配套就是采用刚体极限平衡分析原理与方法（等 K 法）、常用的参数以及规范中规定的 K_c 值来判别。按此计算，过关的就认为满足了设计要求，可进行细节设计，及开展更深的研究。

这样说丝毫没有否定用 FEM 作进一步分析的必要性和重要性，这一工作应继续进行下去，用以验证、研究、探索和指导设计，其成果有极重要的价值，但不作为判据。因为如何从 FEM 分析成果中确定 K_c 以及配套的 K_c 应是什么，都不是短时间能解决的，更不是我们短短的会上能确定的。

这情况和重力坝设计中用材料力学方法计算应力，并按规范要求确定坝体断面的意义是一样的。尽管用材料力学法求出的坝基应力分布和实际情况有较大失真，但按此设计，可以保证坝体安全。如用更精确的方法去算应力，反而不好设计断面了，所以现在都是按简单办法设计，而将更精确的分析成果用于复验和研究中。

二、按刚体极限平衡法核算的成果和要求

一月份会议中规定，要对两种极端情况进行核算，一种是从坝踵到厂房上游底端（▽22.2）连一节理面，沿此节理面及厂房底滑动，第二种是从坝踵到厂坝结合缝顶端（▽51±）连一节理面作单斜失稳，现在有五家都做了计算，成果大同小异。简单地说，对第一种情况，若假定节理面 100%连通，K_c 在 2.4～2.7；如连通率到 70%左右，K_c 可达 3 左右。对第二种情况，连通率为 100%时，K_c 仅 1.2～1.4；连通率降到 70%～80%，K_c 可达 2.5 以上。

在下阶段工作中，建议对安全系数的要求作如下明确规定：

（1）如果在核算中已考虑了节理面上的连通率（此连通率由地质同志慎重研究确定），则要求 K_c 满足重力坝设计中的要求（正常情况下 $K_c \geq 3$）。

（2）专家们认为为安全计，仍应再按连通率为 100%作一次复核，此时对 K_c 的要求可以适当降低，我个人意见有 2.3 也够了，多数专家建议 2.5，希望采取各种措施，

本文是作者1995年8月23日在三峡工程左岸厂房1～5号坝段大坝稳定和厂坝连接专题讨论会上的总结发言。

尽量满足 2.5 的要求。

（3）对于第二种情况（单斜滑面），如取连通率为 100%，很难满足 $K_c \geq 2.5$ 的要求，考虑此时节理面角度已小于 15°，从勘探成果来看，倾角小于 15° 的平缓节理出现的概率很小，长大的更极罕见，可以足按 70% 连通率 $K_c \geq 3$ 的要求进行核算。

三、厂坝联合后，厂房如何考虑受力和加固问题

按刚体极限平衡原理和等 K 法分析，$K_c = 3$ 时，作用在厂坝接触面上的作用力很大（约 7000t/m），许多同志担心厂房难以承受如此大的推力，整个结构要大大加固。

其实这是一种假想情况，如果厂坝间的作用力达 7000t/m，坝上游面的水压力将几倍于正常水压力，在实际上这是不可能出现的情况，按此去加固厂房既不必要也不合理。

建议按正常情况下厂坝间实际存在的作用力复核厂房的结构，其值约在 2000t/m，可以用 FEM 算出，计算时，应按大坝、厂房施工和蓄水过程作一仿真分析，因为这个过程是影响厂坝间作用力的。必要时，甚至可采用先留缝，蓄水到一定高度时再封缝来减小这个作用力。

估计 2000t/m 的推力不会对厂房水下结构带来太大问题，许多专家建议适当加厚加固厂房水下部位结构，请设计院根据上述推力、结构抗震要求，研究对厂房水下某些部位进行适当加固。

四、关于用 FEM 进行抗滑稳定分析问题

FEM 是一种分析厂坝应力和变形状态的手段，并不直接给出抗滑安全系数 K_c，这和刚体极限平衡法直接求出 K_c 是不同的。

如何利用 FEM 的成果推求 K_c，有很多途径，其思路不同、成果也各异。大体上可分为两类：

（1）利用 FEM 求出正常（荷载、参数）情况下沿节理面及假相破坏面上的应力分布，合成为总剪力（下滑力）和总抗滑力，再按常规公式计算 K_c。这样做对单滑面无困难，而且其成果也不应和刚体极限平衡法分析成果有大的差异，但对双滑面情况便有困难，现在各家的做法不一致。

1）只计算大坝下斜节理面上的合力，并计算其 K_c 值（西北院）。此时，厂房和大坝的安全度是不相等的，所求出的 K_c 值也不代表最终失稳值，只反映在正常运行条件下有厂房存在时沿大坝下节里面上的 K_c，很难为它规定合适的安全判据。

2）计算两个滑面上的合力，并投影到水平面上综合为一个 K_c 值（清华）。这可避免矢量相加的难题，但也不代表最终的失稳值，也难为它规定合适的安全判据。

3）计算两个滑面上的合力，将它们作代数相加，综合为一个 K_c 值（上海院）。这出现了将矢量作代数相加的矛盾，其余问题也和上述相同。

也可取瞬心用抗滑力矩与下滑力矩之比求 K_c（河海），比上述合理一些。

计算两个滑面上的合力后，仍引入等 K 法的概念，推求出 K_c 值——即所谓杂交法（河海）。

总之，这类方法采用的手段不同，求出的 K_c 各异，也很难规定合理的安全判据。只能说，从原则上讲，采用的分析方法越合理，问题研究得越深入，要求的 K_c 应可以

小一些。

（2）逐步增加荷载（超载法）或降低 $f.c$ 的值（强度储备法），并用 FEM 法作追踪计算，一直到达极限状态为止，取相应的超载倍数或强度降低倍数作为安全度 K_c，这样求出的 K_c 是符合极限稳定概念的，问题是计算的工作量很大，在接近失稳时，计算可能有困难。另一个问题是超载安全度与强度储备安全度可能很不相同，应力、变形状态更迥异，以何者为准呢。许多学者认为，超载法不甚合理，因为大坝承受的主要荷载（水推力）恰恰是较明确而变异不大的，而且按超载法计算，大坝达极限状态时，相应的应力及变形都非常巨大，脱离实际，不好衡量。所以，似以采取强度储备法为合适。

还有个问题：到底大坝进入什么状态算是到达稳定的极限？当然，可以取破坏面上单元完全屈服，已不能求出一组平衡解作为失稳状态。但也有学者认为只要大坝产生不可容许的变位就应该是稳定极限，这些都有待研究。原则上讲，取前者为准，对 K_c 的要求应高于一些；取后者为准，对 K_c 的要求就可以低一些。我们希望参与工作的各院校能够继续研究探索，为发展合理的计算方法和研究相应的安全判据做出贡献。

五、关于浅层滑动

会上很多专家反复强调了浅层滑动的重要性，我们认为十分正确，并建议对这个问题给予足够重视，补做一些工作。首先，可根据现有的地质资料，分析各坝段可能存在的浅层滑动情况，进行计算和研究，做到心中有数。其次，在今后施工中，要抓紧和加强测绘工作，要为测绘留出所需时间和为之创造条件，以便掌握全部浅层滑动的资料，不使漏网，这样才能逐个研究处理措施。在室内工作方面，可用非线性有限元法，研究坝基存在浅层滑动面时的应力变形状态及其影响。

在工程处理方面，如浅层滑动面已切穿边坡，形成不稳定体，体积不大者，应予挖除；如浅层滑动面尚未形成贯穿面或两侧显然能提供很大阻力者，可以保留，而采取加固措施，如开挖抗滑键档、施加预应力锚索、进行固结灌浆和坡面防护等综合措施。凡是对较大的浅层滑动面的加固，都应逐个作出设计、精心施工，以确保安全。在设计和施工中，要认识到这部分基岩实际上是高坝的组成部分，要按坝体一样来对待。

六、下阶段的工作

（1）继续加强地质工作。长委地质勘测部门在较短时间内为查清厂 1～厂 5 坝段的深层抗滑问题做了出色的工作，不仅补充了许多钻孔，而且做到 100%取心，岩心定位，钻孔彩色电视，并由有经验的地质师进行详细鉴定，达到很高的水平，为抗滑稳定分析提供极重要的资料。在勘探范围内长大平缓节理漏网的可能性已不大。专家们对此给予极高的评价，认为是勘探工作上的突破，建议进行报道、表扬和推广，我完全同意专家们的意见。

考虑到这些资料，特别是连通率的确定，对抗滑稳定问题具有极其重要的影响，专家们建议在已取得成果的基础上，再补充一些钻孔，包括厂房基础部位，使进一步查明平缓节理分布情况和更可靠地确定连通率。专家们还提出一些具体建议，请地质方面参考，按此再抓紧做些补充工作，做到精益求精，并请长委和总公司对此工作继续给予重视和支持。

在补充工作的基础上，请地质和设计同志会同商定最终核算的破坏模式和破坏面以及相应的连通率。核算的破坏面可根据地质资料概化而成单斜或双滑面形式，不要过分复杂，并将最后成果通知各研究院校。

关于 $f.c$ 等参数值，目前无新的情况，不作变动。

（2）对最终拟定的破坏模式，用刚体极限平衡法进行较详细的复核。复核前，各种条件应予统一，各家求出的成果应该一致，并按上述之中的规定，保证安全系数达到要求。

（3）继续用 FEM 进行研究。责成采用非线性平面（和空间）FEM 法继续进行研究，为抓住重点，可主要考虑节理面的非线性性质、节理带的厚度、法向和切向刚度以及屈服准则等，宜与地质方面研究后统一规定，在用 FEM 分析时，除进行正常状态下的分析外，建议采用逐步降低 $f.c$ 的值，研究破坏面逐步发展和最终失稳状态，求出储备系数 K_c。在分析中，并可求得厂坝接缝间的抗力，大坝、厂房、地基中的应力分布及变位场，以及水轮机轴线倾斜等情况，供设计采用。

上述计算，除长委设计院外，请其他参与工作的院校在整理完成已有的成果后，也参与最终的核算，希望各家求得的成果能基本上一致，保证计算成果准确可信。

（4）确定采用的工程措施。长委设计院报告中提出的 9 条措施，都是必要和有效的，专家们都予以肯定。对其中固结灌浆和排水措施，有的专家还提了具体补充意见，请设计院研究。

专家们还提出如下补充意见：

（1）将厂 1～厂 5 坝体横缝连成整体（键槽和灌浆）使充分发挥整体作用。由于各坝段下最危险的破裂面各不相同，从水电总院三维分析的初步成果来看，发挥整体作用后，K_c 值有较大提高，虽只作用额外储备之用，但应采取措施，尽量发挥这方面的潜力。在进一步分析中希望在计算模型中引入顺水流向的断层，以使成果更符合实际。

（2）根据分析成果，结合抗震要求，请长委设计院研究加固加厚厂房水下部分结构的尺寸和刚度的必要性以及具体措施。

（3）厂坝间联结段的高度，长委设计院定为 51m 高程，加高联结段高度，对底滑面的 K_c 值和厂坝间的抗力，并无大的影响，但对核算单斜破坏面的安全性有利，是否需要加高，请长委设计院研究确定。

（4）厂 1～厂 5 坝段的下游面开挖坡，实际相当于一座坝的下游坡，必须加以妥善锚固和衬护保护，保证永久性的安全。

（5）目前已确定坝基开挖到 90m 高程，齿槽底高程为 85m，坝体向上游延伸 5m，专家们认为是合适的，不再变动，对于半地下式方案建议暂不考虑。

（6）专家们郑重指出施工工艺和质量是大坝深层稳定的关键因素和最后的保证，如开挖中施工不当，由于震裂、破碎、松动以及卸荷等因素会极大地降低节理面的强度，灌浆、排水、锚固等的施工质量如不好，会使设计中各种考虑都落空。因此要求制定明确和严格的施工要求，在实施中严密检查监理。事关三峡工程安危，希望能引起设计、施工、监理等各部门的注意，共同为保证三峡工程的质量和安全做出贡献。

三峡工程技术设计中的若干问题与决策

摘　要　鉴于三峡工程的规模和复杂性，国务院三峡工程初设审查委员会在批准初设的同时，决定责成设计部门编制 8 个单项技术设计，包括 4 座主要建筑物（大坝、厂房、永久船闸和升船机）、机电、二期围堰、建筑物的监测和泥沙专题。技术设计由长委会负责。在有关方面的支持协作下，技术设计和审查工作按计划顺利进行，满足了招标设计和施工的需要。目前，不少单项技术设计已完成终审，许多较重要的问题或方案已经明确。国务院三峡工程建设委员会对技术设计工作表示满意。

关键词　三峡工程　技术设计　决策　审查

1　概述

三峡水利枢纽是目前世界上已建或在建中的最大水利水电工程，面临着许多复杂的技术问题。工程开工前虽已经过长期的试验研究和论证，解决或明确了一些原则性问题，但限于各个设计阶段要求不同，不可能把具体问题都研究透彻。鉴于三峡工程的规模和复杂性，国务院三峡工程初设审查委员会在批准初设的同时，决定责成设计部门编制 8 个单项技术设计，包括 4 座主要的建筑物（大坝、厂房、永久船闸和升船机）、机电、二期围堰、建筑物的监测和泥沙专题。其后，国务院三峡工程建设委员会（以下简称三建委）又决定授权中国长江三峡工程开发总公司（以下简称总公司）负责审查 8 个单项技术设计。

技术设计仍由长委会负责进行，总公司成立技委会并在全国聘请专家负责审查工作。应当指出，技术设计是在施工准备工作已经开始亟待提出招标设计的情况下突击进行的，有些问题还要补充做试验研究，特别紧急，困难也很多。所幸近 2 年来，总公司、专家组和长委会密切合作，采取多种方式把设计、科研和审查工作有机地结合起来，在有关院校和科研单位的支持协作下，技术设计和审查工作按计划顺利进展，满足了招标设计和施工的需要。目前，不少单项技术设计已完成终审，许多较重要的问题或方案已经明确，当然也还有少数复杂问题在继续深入研究和协调中。

2　若干问题的研究结论和决策

2.1　压力钢管型式

三峡工程压力钢管直径和 PD2 数值之大已趋世界之冠。经过反复比较研究，确定采用钢衬钢筋混凝土联合受力方案，这不仅可以减少极厚钢管制作和施工的困难，而且也可减小在极端情况下压力钢管爆破失事的概率。

本文原载于《水力发电》1996 年第 3 期。

2.2 大坝稳定和基础处理

三峡大坝坝基地质条件总的讲是良好的,但在局部地段如左岸 1～5 号厂房坝段,经采用先进手段查明,坝基下存在不利的缓倾结构面,大坝下游又有较深的开挖形成的临空面,影响稳定性。经深入分析研究,决定适当降低建基面高程,并将坝体与厂房紧密结合,基础采用抽排等措施,以确保大坝的深层抗滑安全系数能满足要求。

2.3 坝体导流及泄洪消能

坝体底部预留的导流底孔是保证后期施工中大坝安全度汛的措施。经详细试验,比较了"短有压管(即明管)"和"长有压管(即压力洞式)"方案的优缺点,综合考虑各种因素后,决策采用长有压管(即压力洞式)方案,以提高安全度。对于坝体泄洪总布置,表、深、底孔的具体体型设计及水力试验,也经多次讨论、审议,不断改进和优化。

2.4 大坝部分采用碾压混凝土问题

大坝部分区域(主要在底部)采用碾压混凝土,有许多优点,但必须采取一切必要措施确保施工质量,并要充分发挥碾压混凝土的特点,争取压缩更多的工期。审查后已决定在一期混凝土围堰上进行全面的现场生产性试验。但审议中不少专家认为,三峡工程是否适宜和必须采用碾压混凝土尚值得商榷;且在一期围堰试验中也出现一些问题。这个问题尚待结合施工设备的招标采购作综合考虑后确定。

2.5 厂房布置和结构

三峡工程的厂房是目前世界上最大的水电站厂房,洪水时尾水位也很高,要妥善解决好从进水口到尾水管的布置、结构和水力学上的问题。在设计和审议中,搜集了世界上许多巨型水电厂房的资料进行分析对比,尤其对厂房结构刚度、下游墙体结构方案和蜗壳外围混凝土结构型式等问题研究更多,以期提高厂房的抗震能力。有些问题还在进一步比较中。

2.6 永久船闸

三峡的永久船闸是当今世界上水级最高、规模最大的双线船闸。设计中要解决好总体布置、水工结构、金属结闸、高边坡稳定和闸阀水力学等一系列重大问题。经过长期的设计、试验和审议讨论,目前船闸的轴线、总体布置、闸室和闸墙结构、输水系统布置和结构等均已确定。由于输水闸阀的水头特大,因而防止空化是个重要课题。经反复研究,决定采用反向弧门,因为在国内外均有成熟经验,葛洲坝工程中已经过长期考验。同时,采用增大初始淹没水深,快速启门和在门后设置顶扩、底扩等措施,以解决消能和防蚀等问题。

船闸的人字门承受极其巨大的水压力,为保证安全,确定超灌水头不得超过 20cm,开启时间控制在 2min 左右,启闭机采用液压直推式,并在闸门设计和安装中留有适当余地以适应两侧闸墙可能发生的变形。

永久船闸闸室系从山体中开挖而成,形成了高边坡。为保证其安全稳定,进行了大量科研和试验工作,按动态原则进行设计、采取多种措施加固,并从施工期起就进行观测反馈。

2.7 升船机

根据技术设计阶段的研究，将升船机位置适当左移，并将其轴线扭转一小的角度，这样可为今后有需要时在升船机右侧修筑实体隔流堤留下余地。升船机的初始运行水位也根据这种情况提高到145m。

根据国务院批示，决定三峡枢纽的升船机缓建。这样有较充裕时间可对其结构和机电部分的设计进行更深入的研究和优化。但大部分土建工作仍需先行完成。与左岸1～5号厂房坝段地基条件相似，升船机上闸室地基内也存在不利结构面和稳定问题。经研究后决定把建基面高程由110m降低20m，闸基长度由90m增长35m，闸墙下游垫层厚度由15m增到30m，并适当嵌入基岩，以确保闸室结构在缓建期和运行期内的安全。

2.8 二期围堰

二期围堰修建在深水中和淤沙地基上，挡水高度和工程量都很大，是影响三峡工程施工成败的关键性施工建筑物，所以专门进行了单项技术设计。现在堰址的地质条件已基本查清，围堰的布置、堰顶高程和基本结构型式都已确定。围堰的第1年度汛标准确定采用20年一遇（72300m³/s），较初设定的百年标准有所降低，现正在报批中。结构型式上，在深槽段决定采用低双塑性混凝土防渗墙接土工膜心墙防渗，塑性墙厚度均为1m，其他部位采用单塑性混凝土防渗墙，墙厚0.8～1m。防渗墙适当嵌入弱风化基岩。

截流合龙时间定在1997年11月下旬至12月上旬，力争提前，并采用该时段内5%频率的日平均流量9010～14000m³/s为截流设计流量。截流戗堤设置在上游围堰的下游侧，采用单戗双向立堵进占、下游围堰尾随的截流方案，并将做比尺为1:80的动床模型试验。龙口段的游沙是清除还是保护涉及一系列问题，将视试验成果而定。

围堰施工中的两大关键是截流和防渗墙施工。设计已提出了围堰施工的程序、进展、方法和现场布置等。龙口抛投的最大水深为60m，要保证在最后阶段截流戗堤堤头的稳定。将根据试验成果决定对策和调整龙口布置。防渗墙将采用"两钻一抓"工艺施工。主孔采用冲击反循环钻机造孔，副孔用液压导板抓斗成孔。防渗墙须嵌入陡岩，有时要钻透覆盖中的块球体，难度很大，对工期尤有影响，拟引进双轮铣槽机来保证防渗墙进展。

2.9 机电

三峡枢纽的水轮发电机组单机容量达70万kW，属于世界上最大水轮机组之列，而且技术条件极为复杂，制作安装进度很急，在技术设计中研究和审议了以下问题：

（1）三峡枢纽将分期蓄水，前后期水头变幅很大，故前4～6台机组将更换转轮，初期转轮按61～94m水头设计。

（2）机组安装进度仍按2003年投产2台，以后每年投产4台考虑。

（3）为提高电站运行的稳定性和运行效率，将尾水管长度增加到50m，深度定为30m。

（4）发电机优先采用空冷方式，推力轴承优先采用布置在水轮机顶盖上的方案。

（5）机组的采购根据技术和融资方面的考虑，三建委确定第一批（12台）机组进行国际招标，由外国厂家负责，国内厂家参与，并逐步增加参与比重；第二批（1 台）机组以国内为主制造。

（6）厂房内的桥机采用 2 台 1200/200t 桥机加 2 台 100/32t 小机的方案。大小桥机分两层布置，大机在下。

（7）左、右岸首端换流站的布置，在技设中从技术和经济上考虑推荐将它们与电站 500kV 开关站结合的接线方式，并布置在三峡枢纽范围内，电力部门从管理和发展角度考虑，建议采取分开布置的方案，需由三建委确定方案。

2.10　坝区泥沙

坝区泥沙问题以通过模型试验，并在三四个地方进行独立试验以资验证校核。技术设计中，统一了试验的条件，集中力量研究采取在不同布置方案和措施下，航道上下口门和航道内外泥沙冲淤及水流条件，对通航建筑物的防淤、清淤、减淤等有关措施进行试验比较，为最终选定方案创造了条件。

2.11　安全监测

目前已确定了三峡工程安全监测系统的总体结构设计，各建筑物及独立子系统的监测项目和测点布置，以突出重点、精简布置为原则。还比选了监测仪表和自动化系统，研究了建立变形、水力学及动力监测网等问题。对二期围堰的监测实施计划也做了研究。另外，对部分已开工的项目，如船闸高边坡等，抓紧审定设计，及时开展监测以取得原始和基本数据。

2.12　概算

在技术设计中审定了三峡工程业主执行概算编制大纲和勘测设计费业主执行概算编制大纲。据此还审定了右岸一期工程、左岸一期开挖工程和勘测设计费业主执行概算编制大纲。据此审定了右岸一期工程、左岸一期开挖工程和勘测设计费的业主执行概算，为实现科学管理、国家结算工程造价、控制静态投资，考核工程造价盈亏提供了依据。开工以来，各项工程概算的控制是令人满意的。

3　主要待定问题

三峡工程的技术设计虽已取得了很大成绩且已接近尾声，但由于工程规模宏伟和问题复杂，有些问题仍然有待今后抓紧解决或决策。主要待定问题如下：

（1）大坝是否部分采用碾压混凝土。这个问题关系到大坝的进度、施工管理水平和质量保证率，最终采取的浇筑手段和上坝能力，以及是否要争取提前发电或保留一些工期上的余地等问题，须由总公司全面衡量各项因素作出决策。

（2）厂房钢蜗壳与外围混凝土是否联合承载或部分联合承载，是否充分打压后浇灌混凝土，进水口采用单孔或双孔方案等问题尚存在不同意见，有待作进一步比较后选定。

（3）永久船闸、升船机等通航建筑物在上游需设置隔流堤。目前提出 3 个方案：①短隔流堤方案；②将升船机置于隔流堤以外的"小包方案"；③将升船机置于隔流堤以内的"大包方案"。船闸进水也有正面进水、侧面进水两种方式。以上方案目前正由清华大学、长江科学院和南京水科院按统一条件进行比较试验。

从已做的泥沙和水力学试验成果看，在三峡工程建成的二三十年内，坝前淤积不多、水深较深；即使在洪水期间，水流也较平顺，船队可安全进出航道口门。到水库运行 50～70 年后，如不考虑上游建库影响，水库内的泥沙逐步淤高，水流流速增加，船队航行将受到一定影响，需采取措施解决。对此，一种意见主张现在就修建"大包方案"的隔流堤，一次建成；另一种意见主张集中力量确保永久船闸安全运行，升船机在洪水期可降低通航标准；还有一种意见是先修建较简单的短隔流提方案，满足近 30 年内的需要，为修建"大包方案"创造条件，在以后视需要修建。这些不同意见有待今后协调。

（4）水轮发电机组。由于三峡水库水位变幅大，机组难以在各种水头下都处于在高效率、好工况下运行。而最大水头与额定水头之比达 1.4，显然太大。在最大水头时水轮机的振动和气蚀较严重，难以稳定运行。因此，在技术设计和审议中已提出多种措施，包括适当提高设计水头、增大发电机容量，考虑降低水轮机转速，以及在初期运行时有一批机组采用初期转轮等。但所有这些措施还有待进一步研究并通过招标落实。

4　国务院领导指示

1995 年 11 月 1 日，李鹏总理主持召开国务院三峡工程建设委员会第 5 次会议。三峡工程总公司在会上汇报了工程建设及上述技术设计进展及审查情况，有关部门领导也汇报了移民、筹资、电网建设和后续工程（向家坝、溪洛渡）情况。会上，李鹏总理和邹家华副总理作了重要指示。

李鹏总理指出：三峡工程 1994 年正式开工，实际工作做了两年，总的进展是好的。初步证明中央对三峡的方案是正确的。实行业主负责、招标投标、施工监理的体制是顺的，产生了良好影响。工程的形象进展和移民进展都取得显著成就，需要总结一下，向国家写个报告。下一阶段的任务就是集中力量为在 1997 年实现大江截流而奋斗。1996 年是关键的一年，除要完成巨大的土石方工程外，外围工程都要完成，实现"四通"和完成砂石料工程。

李鹏总理对技术工作表示满意，他指出，关于升船机问题，国务院已有文明确：即方案保留，施工推迟。其他技术问题可通过专家论证，统一意见，最后的大问题（如隔流堤方案）由三建委决策。有些问题如采用碾压混凝土由总公司决策，在无钢筋的部位可以采用，特别在辅助工程上。对于不影响当前工作的问题可以论证得深一些。变流站的分歧意见较大，可详细考虑。原则是一考虑节约，二考虑便于管理，三考虑安全稳定，四考虑发展。

李鹏总理在谈到向家坝、溪洛渡工程时指出：水电发展不起来很大原因是体制问题，三峡有力量向后续工程投资。要为子孙后代，滚动开发下去，滚到虎跳峡。开发方式采取滚动方式，三峡总公司就是业主，由它来管。前期费要花一些。三峡总公司要把它视为自己的工程，争取"九五"提出可行性研究报告，"十五"开展工作。

李鹏总理对移民工作也做了详细和重要的指示。

邹家华副总理要求三建委按总理讲话精神抓好下一步的工程建设、移民、企业建设和干部作风等工作。他指出，三峡工程的进展是个不断深化的过程。今后还会出现新的形势、规律和要求，要实事求是地解决问题。工程必须是第一流的。

邹副总理对水电发展的"流域、梯级、滚动"开发道路问题作了详尽论述。他要求三峡总公司现在建设三峡，以后不断滚动，今后可能是长江开发公司。其他流域也一样，例如由二滩滚动开发锦屏。他还就现代企业建设问题提出了重要意见。

邹副总理最后提醒我们，有些长远性问题现在要考虑，如尽可能减少泥沙入库，开展上游水保工作，这是个战略任务。设备问题，电网建设问题也越来越近，要抓紧工作了。

树雄心、立壮志，迎接更加艰巨的挑战

一、三峡工程在技术上已取得了巨大的进展

三峡水利枢纽，不仅是当前世界上最大的水利工程和水电站，在技术上的复杂性也是世界上少有的。的确，在一个工程中集中了如此错综复杂的泥沙、泄洪、通航、施工、机电、环保、移民等各个领域的问题，三峡枢纽还是第一个，没有其他国家做过或敢于做这样的事情。中国人民能够建设这样一个史无前例的工程，是我们极大的光荣和骄傲，是历史赋予我们的任务。几年前，不少外国舆论对三峡工程说三道四，而且大言不惭地宣称，离开外国的技术和资金，中国人是不能进行三峡工程的建设的。四年来，三峡工程建设所取得的成绩，是非常巨大和振奋人心的，总公司本身也不断地完善提高，成为现代化的国营企业。这是给这些预言家们最好的回答。现在，我们可以比过去任何时候更有信心地肯定，中国人民完全有能力、主要依靠自己的力量来完成世界上最宏伟的水利枢纽工程的建设，历史将很快地证明这一点。

就以我接触较多的技术工程来讲，长委会在批准的初设基础上，在很短的时间内，完成了八个单项技术设计。应该讲，这些设计的质量是好的，涉及范围之大、研究问题之深，都是世界上少见的，这些技术设计经过总公司聘请的顾问和专家组进行深入、细致、反复的研究审查后，进一步提高了设计质量和工程的安全度。审查的方式、规模和深度也是史无前例的，据不完全统计，有5000人次参加了审查工作。我们可以宣布，这座世界上最巨大、复杂的水利工程的设计工作已经基本完成，主要难关已经克服，基础资料、关键问题、主要布置方案、主要设计原则、结构型式尺寸、设计选型、施工措施，等等，都得到明确和落实，其中采用了大量新技术，满足了招标、投标和施工的要求。取得这一成绩是不容易的，是在国务院三建委和总公司的正确领导下，经过设计单位的日夜奋战，有关科研单位和高等院校的全力支持，近200位第一流专家、顾问的严格审查，以及现场同志的全面配合才取得的。

二、我们面临着更加艰巨的挑战

在回顾所取得的辉煌成果的同时，我们必须保持清醒的头脑，工程毕竟还在初期施工阶段，许多重大的技术方案还有待实践的考验。和我们今后面临的挑战相比，我们没有任何理由自满和掉以轻心，正如许多同志在发言中所指出的，我们必须永远牢记周恩来总理对我们的谆谆教导，要以"战战兢兢、如临深渊、如履薄冰"的态度做好工作。我们必须遵照李鹏总理的要求，在三峡工程上做到三个第一流，在技术问题上，还要在实践考验中作必要的改进；还留下一些难题或是意见不一致的问题有待补充研究，取得共识；有一些问题要在长期运行中才会暴露，我们必须锲而不舍，摸清摸透，尽量解决好，不能把问题留给后人；而且有一些重大问题在今年就要面临严峻

本文是作者1997年1月在中国长江三峡工程开发总公司年度工作会议上的讲话。

考验，特别重要的就是大江截流和二期围堰工程，这确确实实是影响工程成功的关键一战，其水深之巨、工程量之大、施工强度之强、基础面情况之复杂，都是史无前例的。这要经过几层严峻考验，一是准备在 $19000m^3/s$ 的流量下顺利如期截断长江，二是要保证填筑体的质量和密实度，三是要如期保质保量地完成防渗墙工程，四是解决好基础面的结合问题，而这一切都是在与长江大汛竞赛下进行的。围堰完成后要在好多年内挡住上游的水头，只要在任何一个环节出现问题，都将导致灾难性后果。因此，李鹏总理明确指示我们，今年的工作要集中力量以截流为中心。对于这一关键性而且尚无前例的工程，我们务必慎之又慎。在这一环节考虑得多一些，准备得充足一些，多花一些代价，我认为是绝对必要的，因此，尽管二期围堰专题已通过技委会审查，我们仍然要抓住不放，建议全公司的技术同志、所有设计、监理、施工的同志、所有的顾问、专家和研究人员和上级领导再一次思考一下，看看我们选择的方案、考虑的问题、采取的措施、准备的余地对不对、够不够、还有些什么疏忽，必要时怎么处理，集思广益，不要存在漏洞；另外，要认真细致地组织进行接头试验段工作和平抛垫底工作，分段进展。在试验和预进占中密切监视，尽量取得资料，反馈分析，改进设计、保证施工质量。在组织上应该怎么办，也是个可探讨的问题，务求截流必胜、二期围堰固若金汤，奠定夺取全面胜利的基础。

三、再一次强调工程质量

保证优秀的工程质量是建好三峡工程的最根本问题。根据新中国成立以来几十年的实践经验，最常见、最直接影响混凝土坝寿命的因素还是工程质量：坝体开裂、疏松、漏水、溶蚀、气蚀、冲刷、表面风化等。千方百计提高工程质量，加上对混凝土原材料及配合比的严格控制，就能使大坝长期安全运行，不存在什么耐久寿命只有50年的问题，反之，我看，不到50年就要出问题。

目前三峡工程一期施工已进行了几年，工程质量情况究竟如何呢？我们相信质检的统计成果和评价：主体工程合格率100%，优秀率83.5%。应该讲，工程质量总体上是合格的，满足了或基本满足了设计要求。但是，应该看到，工程质量还不稳定，时有问题或缺陷出现，给三峡工程蒙上阴影，有很多教训需认真总结。总之，目前的质量与李鹏总理要求的第一流工程比确有差距。在二期工程中，混凝土施工强度之高，将创世界纪录，如果不把质量问题放到至高无上的地位，不加强管理，不严格要求，不采取切实有效的措施，在质量问题上出事是完全可能的，这不能不引起我们的严重警惕！需要警钟长鸣！

在工程建设过程中，许多同志对加强管理和保证质量问题提了许多好的建议，使我们感到欣慰。相信三峡工程的质量能够精益求精，好上加好，达到第一流水平，要扣住生产过程中每个环节，找出每一个环节发生问题的因素，采取针对性措施，并把责任落实到人，总公司和监理单位承担着不可推卸的责任，要做深入过细的工作。

当然，要搞好质量，位于最前线的、最直接负责的还是施工单位。我也想呼吁一下，作为中国的施工企业，不仅仅是乙方，是承包商，而且是中国的主人，是在为祖国修建着造福子孙后代的三峡工程，所以一定要按最高水平，严格要求自己，一定要争一口气，把三峡建成第一流的工程。我们也呼吁总公司，在施工单位有困难时要给予关心、支持和协调，项目法人应有全面的、清醒的认识和足够的估计，必须理解和关注施工企业，要把全面地调动施工企业的积极性作为我们组织工程建设的立足点。合同管理当然要加强，但这只是手段，目的是要把工程组织上去，把工程建成第一流水平。我想这也是社会主义市场经济和社会主义下甲、乙方关系的特色。

我们深信，在二期工程中，在全体建设者的努力下，三峡工程的质量一定会登上新的台阶，达到第一流的水平，一定要超过二滩水平，不辜负中央和全国人民的嘱托。

四、树雄心，立壮志，立足三峡，放眼未来

在"九五"和21世纪中，我国的经济建设和电力工业将持续腾飞，到2000年，全国装机将达到2.9亿kW，到2010年，将达到5.5亿kW。目前全世界都强调可持续发展，都十分重视生态和环境的保护，火电建设将受到愈来愈大的制约和压力，造价和成本也愈来愈高。而我国西南地区蕴藏着举世无双的水力资源，开发这一宝藏，实现全国联网，"西电东送"，是势在必行的。国家已明确三峡总公司是金沙江向家坝、溪洛渡电站的业主，总公司已承担了前期工程费用，这将大大促进金沙江上水电宝藏开发的速度，我们在立足三峡、奋勇拼搏、夺取截流胜利的同时，也要放眼未来，承担更多的责任。

有的同志觉得这并非当务之急，但时间是过得很快的，三峡工程第一批机组在2003年就要投运，从现在起研究、准备后续工程完全是时候了，三建委已决定加快比选速度，首选的工程加紧做可行性研究（初步设计）。对于另一个工程，也只是排后几年建设，不是落选。我建议对前期工作，尤其是勘测、规划、科研工作不要停顿，因为它们都是巨型工程，都存在复杂的问题要弄清楚（溪洛渡尤甚）。而且中国发展的前景十分光明。譬如说，国家电力公司就可能和三峡总公司携手共同开发金沙江，所以，工作不可停、资料不可丢、人员不可散，我建议总公司中的老同志们目前能多关心、注意这一问题。

当然，开发金沙江的任务最终要落在年轻同志的身上。在这里，我想对年轻同志讲几句话。你们是我国水电事业的希望，你们是时代的幸运儿，有的同志跨出校门就参加了跨世纪的三峡工程建设。而更巨大的金沙江宝藏也要由你们来开发。这些都是几辈中国人的梦想，许多老一辈专家没能等到今天，当然，新陈代谢是正常的自然规律，作为唯物主义者应该欢迎。如果说，老一辈同志有什么遗憾的话，那就是来不及看到成亿千瓦的水电大开发，实现全国联网、西电东送。我们把希望寄托在你们身上，你们的前程似锦，在你们展现身手的时候，中国的水电数量和技术一定是世界上的绝对冠军，你们也一定会成为世界上最权威的水电专家。还有个请求，在你们主持向家坝或溪洛渡的开工、竣工庆典时，可不要忘了把喜讯也告诉已经去世的同志，分享喜悦。在结束本文时，我想起了爱国诗人陆游的一首诗，我改了一下。要声明这首诗里毫无消极成分，而是反映了老一辈水电战士对我们共同事业的无比热爱的心情。这首诗是：

死去原知万事空，但悲西电未输东。
金沙宝藏开工日，公祭毋忘告逝翁。

在三峡水利枢纽建筑规划
方案审查会上的讲话

各位领导、各位专家、同志们：

　　长江三峡水利枢纽建筑规划方案设计报告审查会，今天开幕了，参加这次会议的专家是来自全国最负盛名的建筑界老前辈，和建筑、水工方面富有经验的专家和学者。其中有几位院士是在刚参加院士大会后顾不上休息立刻赶来三峡工地的。谨向所有出席会议的老前辈、专家和学者表示热烈的欢迎和衷心的感谢。

　　三峡工程是举世瞩目的、跨世纪的宏伟工程，是几代中国人民梦寐以求的工程，是为子孙后人千秋万代造福的工程。全国人民在关心和支援我们，全世界人民也在关注着我们，党和国家领导人一再强调，三峡工程必须是第一流的工程。我体会这"第一流"的含义当然包括第一流的建筑设计、第一流的美丽环境。三峡本来就是闻名全球的名胜，有无限迷人的绮丽风光。三峡工程建成后，应该是在天然胜景上加上人工奇迹，使两者融为一体，成为举世少有的美景奇观，成为世界上人人想来参观的圣地。进入三峡参观三峡工程，应该使人惊叹、使人陶醉、使人迷恋忘返，使人觉得仿佛进入了一个梦幻世界，使人理解到中国人民不仅是勤劳、智慧、勇敢的人民，而且是爱美、爱环境、有高度文化素养和有无限想象力和创造力的人民，这就首先要有周密和全局的考虑和规划，其次每一个局部都应有优秀的建筑设计。枢纽建筑物的建筑设计当然又是最重要的环节和中心。做得好，画龙点睛、流芳百世；搞得不好，便是佛头着粪，永久遗憾。所以，这次会议的任务还是很重、很艰巨的。

　　讲到建筑设计，我们不禁回想起过去走过的弯路。新中国成立以来，我们进行了史无前例的工程建设，我国的建筑艺术本来可以得到空前的发展和提高，可是由于受到"左"的思潮的干扰，我们没有能做到这点。严重的时候，甚至把"建筑艺术"和"资产阶级"画起等号来，仿佛讲究"美"就是"资产阶级情调"，工人阶级和劳动人民只能是脏的、丑的。就拿水电建设来讲，坝是建起来了，电是发了，但能使人看到后感到赏心悦目、有美的感受的不多。往往是工程粗糙、质量低劣、破破烂烂，要经过长期的改造、补偿，有的已造成遗憾。在这样的形势下，建筑艺术怎么能走上正轨，能有所发展呢。

　　当然，这些都是白头宫女谈天宝往事了。俱往矣，数风流人物还看今朝。三峡工程既然是全国乃至全世界最宏伟的水利水电工程，是一座跨世纪的工程，一定要有第一流的建筑设计。建筑设计又不同于结构设计，后者有规范可循、有公式可算，还可以进行试验研究，建筑设计却别具一格。怎么办？一是靠设计单位，他们在工作中已经拜访过许多单位和专家，虚心听取过许多意见和建议，研究过许多方案。现在，经

　　本文是作者1998年6月在三峡水利枢纽建筑规划设计报告审查会开幕式上的讲话。

过长期努力，提出了这份设计报告，作为研究讨论的基础。二是靠我们邀请来的建筑大师和设计专家，其中很多位是国内最负盛名、最富经验的院士和权威学者，他们水平高、经验丰富、思路开拓，经过深入研究讨论，集思广益，一定能从指导思想、总体规划和布局到具体建筑物的设计方案为我们指出方向、提出建议，为最终决策做出贡献。

我对建筑设计是外行，本来不应多饶舌，上面只是有感而发，说一点个人见解，不妥之处望予批评。谢谢大家！

在三峡工程质量检查专家组
工作会议上的发言

昨天，五位专家从不同专业角度对三峡工程质量作了阐述，并联系到质量保证体系和今后的工作，做了精辟发言。今天，张老（编者注：指张光斗）和钱正英副主席还将作全面论述。我的发言既不深入，更不系统，仅就看到的一些问题或某些认识向大家汇报一下，以供参考。有些话专家们已讲过，我就简单地复述一句，表示同意，不再展开了。

首先提出两个建议：

一是这次剖析的一些事故缺陷，属于常见病、多发病性质。对常见病、多发病这一提法，我过去是赞同的，现在有些变化。我同意一些同志的意见，这样提有副作用，似乎毛病不重、问题不大，事实上，如常见病不断常见，多发病永远多发，性质会变，小病变大病，炎症变癌症，所以建议改称"顽症"，就是不下大决心，不花大功夫治不好的病，可以起"警示"作用。

二是在分析事故原因时，不把客观条件作为理由。例如混凝土表面开裂，不要说主要原因是寒潮袭击、气温骤降。寒潮年年要来，人人都知，我们的温控防袭措施就是要解决这些问题，怎能作为发生问题的原因呢？同样，船闸北输水洞进口段衬砌的施工缝漏水，不能把地下水丰富作为理由之一。地质情况是客观存在的，挖不挖隧洞，地下水都是丰富的。工程师和技术部门的责任就是认识客观，找出问题，采取措施，保证质量。如果我们在分析事故原因时，着重在主观上找问题，更有利于今后改进。

下面想谈三个问题。

一、对质量保证体系的看法

和昨天专家们的看法一样，现在，从总公司到各施工、监理单位都建立起了质量保证体系，都设置机构，专人负责，制订了很多规程、标准和办法，并初步得到贯彻，有些订得很细、很严。这是很好的，非常必要的。我这次来工地，认为质量情况比过去大有进步。根据之一就是有了这套体系。根据之二就是从上到下人人都讲质量，重视质量。根据之三就是有奖有惩，动了真的。现在我等待第四个根据，即在实践中确实减少乃至杜绝了质量事故，专家们在考察中仍然发现一些问题和不尽如人意的地方。而没有最后这个根据，前面三个就落了空。换句话说，质量保证体系的建立只是创造了条件，要真正落实收效，还要努力。质量保证体系是否已建立、已完善、已贯彻，唯一的检验标准只能是现场还出不出重症、顽症。

现在我们已有了个好的基础。当前和今后要做的，一是落实、二是完善。要达到这一目的，剖析事故至为重要。这是追究质量保证体系为何不收效的最好办法。无非

本文是作者 1999 年 12 月在三峡工程质量检查专家组工作会议上的发言。为加强对三峡工程质量的监督检查，国务院三峡工程建设委员会于 1998 年成立三峡工程质量检查专家组。

几种情况：①是否质量保证体系中没有相应的规定，无法可依。如是，则应补充规定。②是否虽有规定但不明确或不现实、不可行。如是则应修改、明确。③是否已有规定，也是合理的，但就是不执行、违规操作。如是，则要追究为什么不能落实，问题何在，如何整改。对今后出现的事故，如果都能这样对照质量保证体系进行剖析、追究、改进，而不仅仅追究个人责任（罚款、下岗）或仅仅分析对工程安全有无影响，造成多大损失（这些都应该做），似乎更重要些，作用更大些。举些例子，如浇筑中冷却水管和灌浆体系常被堵塞，后果很坏，我们的质量保证系统中对此有无防止措施，现场有无专人负责，今后如何避免，塔带机下有一块浇筑盲区，施工困难，一再发生平仓困难问题，有无技术措施，为什么一而再、再而三地得不到解决，责任何在；阀门井侧壁跑模，可以追查到开仓前的验收工序、项目、制度是否完善，为什么不执行；导流底孔模板变形问题，可以追究施工图纸的设计审核制度，为什么不送监理部门等。

出了事故一定要查明原因，分清责任，特别是哪一层次的责任，不要含糊。基本上三个层次，具体操作人员、技术管理部门和上层领导、决策层。不要单纯将责任推给具体人员，忽略技术管理层次上的责任，也不要由上面将责任统揽下来，这都无助于触动改进。总之，分清责任一定要客观、准确，使人口服心服，就容易改进了。

二、对具体管理工作上的一些建议

（1）不打无准备之仗。解放军在组织一个战役前，总要开会分析敌情，制定战斗方案，配备兵力、火力，还要作不利打算，战后还要开会总结。施工如打仗，一个项目是一大战役，其下还有无数小战役，建议项目经理、施工和监理单位的技术部门，在一个战役开始前能研究分析一下工程特点，如有什么特殊条件（地质、地形、水文……），有什么特殊要求（设计上、施工上、运行上），存在什么难点，和以往施工有什么不同之处，可能出现什么问题，要采取什么措施等。做到心中有数，就不会临阵忙乱。当然也不是每个仓面都要三家汇齐来研究，但对若干关键性的部位研究一下有好处。例如导流底孔在水力学上的要求特高、塔带机盲区的浇筑与其他地区不同、船闸北输水洞进口区地下水特丰，而且在岩面普遍渗出等。如果能事前研究，就可以避免发生事故。

对有特殊情况的单元工程给以特别重视，并不意味对一般地区可以放松。正如司机在弯道险段处固应特别当心，在平坦大道上也不能掉以轻心。像左导1的事故就是在平地上翻车，这些道理要反复强调。

（2）协调好参战各方的关系，在现场上有业主、施工、监理、设计几家，要协调好关系，形成一支融洽的、有战斗力的、高效的队伍，这里主要是业主做好工作，特别是业主和施工、监理之间，既要各司其职，各负其责，按合同办事，又要相互沟通、理解和支持。业主对监理要充分信任和放手，我们感到现场的监理似乎有些话不敢说，如果监理工作不力，水平不够，业主可以批评，可以提出要求，但不要越俎代庖。一是监理要切实负起责来，不能再值班睡大觉了。二是提高水平，能看出问题、提出问题。三是要勇于负责，该停工就停工，该处罚就处罚，不怕得罪施工单位和业主，只要秉公行事，不会错的，要立志通过三峡现场监理成长为出色的监理工程师。顺便提一句，监理人员必须戴有标志的帽、穿有标志的衣服和佩证。监理人员要相对稳定。

关于设计问题，较复杂，下面再谈。

在参战各方的关系中，还要防止另一种不正常关系，即相互包庇。监理放施工一马，多说好话，施工感恩知报，上面来人检查，发现无人旁站，就解释说"刚刚走"，甚至吃喝拉扯。现在社会上确有不正之风，我们希望在三峡这块圣地上，不容许不正之风蔓延。

（3）决策过程要规范、要高效。从这次剖析情况看，某些问题本可以尽快在现场决策，以避免更多损失或造成更大困难，建议进一步明确在现场出现情况时，对哪一类性质的问题，由哪一层次负责决策，不能事事通报张总、郑总、陆总（编者注：指张超然、郑守仁、陆佑楣）去。送请有关部门解决的问题，要有个答复的期限，不能无限期地研究研究。一定要千方百计提高效率。

能否设想：重大问题由张总、郑总商定决策（必要时报总公司），一般问题由总监商施工、设计单位决定（必要时报建设部），具体细节问题由现场监理人员决定（必要时报总监）。

当然有些问题牵涉到施工详图，出现了与设计院的关系。关于这种情况，我想提些原则性建议。一是强调设计要勤下现场勤交底，使大家了解设计意图，根据和要求；二是要结合现实条件做设计，要多为施工着想，否则不是好的设计人员和好的设计；三是要乐意修改设计，解决不愿改设计的思想障碍。无非一怕增加工作量，二怕影响"威信"，甚至发展到听不进意见，明知别人意见有理也不改。我们要认识到，不断了解现场情况、听取别人好的意见，改进设计，是提高水平最有效的途径，要以"改图为荣"。

还有个重要问题，设计要放权。这包含两层意思，一是对某些具体问题设计只要定些原则交施工、监理去做；二是要放权给现场设代局，设代局技术力量很强，而且有郑总在，完全可以对瞬息万变的现场情况作出决定。现在已没有改动初设、布局、改变大结构的问题，多数是根据实际情况作些调整，或在结构、材料上做些小改变，以更有利于施工、安全和节约，都可在现场定。建议设计图上签字到哪一层次的，则在工地同一层次的人，在征得高一级的同意后就有权改（当然要和原设计人通气）。较大的问题才提到郑总、张总处解决。监理要加强对施工图的审查，不要简单地盖章转发。

（4）联营体不应是拼盘，应是有机体，责任方要负起责任。工地上很多施工单位是联营公司，我们感到有的联营体像拼盘，各搞一块，各自作战，甚至人力、材料、设备也不能互调，更不要说综合各家优势协同作战了，这会影响工程质量和进度。联营体各方应把屁股坐到联营公司上来，坐到三峡工程上来，责任方要对联营公司的一切工作承担责任。这虽是各联营体的内部事务，我觉得应该提醒一下。

（5）严格审定工程合格率和优良率。现在仍有放松评定要求的现象，优良工程相当于班级中的优秀生，要求是很严、很高的。一个仓面只要出现一些影响质量的情况，如下料高度大，平仓困难，拆模后表面不够平整（即使事后磨平），有点渗水（即使事后堵住），温控指标超过一些（即使超过不多）……可以合格，但不能评为优良。经过处理后合格的工程，应注明是处理后合格。希望施工、监理和项目经理都能从严评定，评为优良单元工程后发现问题的，要取消优良称号，而且要追究当事人的责任或要吸取教训。

三、对明年工作的看法

明年是混凝土浇筑达最高峰的年份，和今年相比，不少条件改善了。大型设备都已投产，有了经验，许多坝段已脱离约束区等，从战略上看，有理由相信总公司能组织好这一个大战役，质量控制也能登上新的高度。但也有许多情况值得注意：①浇筑强度之大将远超过世界纪录，设备运行一年后容易发生故障，操作人员有了些经验后，容易滋长自满情绪。②今年温控效果如何，要到明春才知道，明年气温可能比今年不利，根据今年温控中还有大量漏洞来看，仍不容乐观。③明年浇筑部位有大量的孔洞、埋件，体形复杂、要求高、干扰大。④明年船闸浇筑将达高潮，这是最复杂、容易出事的地方，而且工期最紧。⑤明年要开始灌缝，会出现很多矛盾。⑥明年金属结构和机组安装量巨大，从这次检查情况来看，令人担忧……总之，望总公司及各参战单位切勿掉以轻心，对明年任务的性质和各种问题、困难作透彻的研究。我只提几条不成熟的建议：

（1）继续全力把好原材料关，一刻也不放松。今年曾查出有一批荆门水泥 MgO 含量超标，虽经压蒸试验后合格，但厂家不承认是他们的产品，这问题始终查不清楚，成为一个谜。说明我们的控制体系中还不够准确，对每一批水泥应能完全掌握其全部流程，出厂日期、运输车辆、到工地后进入哪个仓、何时送拌和楼、浇在何处，等等。

（2）继续改进混凝土设计。在保证施工和质量的条件下，减少砂率、减少坍落度，尽量避免泌水现象，降低过多的超强现象。完全同意昨天专家们的意见，以保证率和 C_v 值来控制。

据了解，今年有些混凝土的含气量未达标，主要是引气剂配制浓度上有问题，希望纠正，不使影响其耐久性。

（3）加强对主要设备的维护、改造，迅速补充必要的辅助设备（小推土机、平仓机、布料机等），不要功亏一篑，为此而影响浇筑质量。

（4）抓紧改进温控工作，堵塞漏洞，从严掌握。建议力争做到出机口温度以 7℃ 为上限，浇筑温度以 14℃ 为上限。

（5）建议对船闸的浇筑进行专题研究。从设计上、构造上、混凝土配比上、温控上、材料上、施工工艺上进行改进，保证质量。

（6）建议有根据地采用新技术，包括实际上不新但是三峡未采用过，或我国少用过的技术，也包括突破点规范。三峡工程本来就是超规范的，例如采用纤维混凝土、波纹伸缩节等。

预祝三峡工程的质量明年再上一个台阶，消灭顽症，真正达到一流水平。

在三峡工程质量检查组与三峡总公司领导
及有关单位座谈会上的发言

　　2000 年是三峡工程施工中关键的一年。回顾一年来的成绩是巨大的。在总公司和参建各方的艰苦努力下，土建方面又创混凝土浇筑强度的世界新纪录，金属结构制作安装工程全面展开。除个别项目外，工程进度按计划进行，工程形象面貌达到预定要求，工程质量和管理水平较去年有显著提高。虽然仍出现一些缺陷、事故（有的甚至是不应出现的），总的讲工程质量是好的。对今年出现或发现的缺陷事故进行认真细致处理后，不会影响工程安全或留下隐患。这些成绩谈上一天也谈不完。但我们开的是质量检查会，不是庆功会，而且钱正英副主席说，今年出现船闸二闸首北一块的事故，主要由于上次会中表扬过分所致，而我是讲成绩最起劲的一个，所以赶快刹车，回到质量问题上来。

　　几天来，我们听了总公司和参建单位的介绍，抽读了大量文件，用四个半天考察了现场，和有关同志交换了意见，对工程情况大致获得一个印象。昨天，几位专家发表了重要与中肯的意见，有的专家还要留下来继续研究专门问题，相信这些都能对总公司及参建各方起到作用。我基本上同意各单位在大会上的介绍，认为反映了总的情况，也同意专家们的意见。因为时间所限，下面只对几个问题表一下自己的态度或说点认识，另外提点补充意见或建议。

一、对工程质量的一些看法

1. 混凝土的浇筑质量

　　2000 年混凝土浇筑中出现了一些缺陷或事故。最典型的是船闸二闸首北一块的事故。详细情况在文件和专家发言中已讲得很清楚，不必重复。就事论事而言，这一事故经细致补强、再考虑其所处部位和受力条件，应认为问题已得解决，不影响运行。要害是我们需从深层次上来认识这个事故。正如大家发言中所指出，这事故是在传达和贯彻三建委九次会议精神的期间发生的，仓号既不具备开仓条件，也不在关键线路上，700 多立方米的混凝土浇了 70 多个小时，平均每小时仅浇了 9.6 立方米。现场有这么多经验丰富的施工人员、监理人员，竟会让它开仓并拖到底，没有一个人提出问题，要求停仓。最多是做些记录。项目部、建设部则完全不知情。我们分析去年发生的泄 10～16 坝段底孔底板的混凝土的不密实事故，也有类似情况，这就值得警惕。所以我建议今后的重点不是分析研究这个仓号在安全上还有什么问题，而对以下两个问题进行深思和改进：①在文件和介绍中，都有关于工程质量管理或监理组织及管理的内容，详述了如何严格制度、采取措施、加强管理，如何落实三建委会议精神，等等。这些内容是重要和必要的，也相信基本反映了工地的实际情况。但上述不应有的事故

　　本文是作者 2000 年 12 月 12 日在三峡工程质量检查组与三峡总公司领导及有关单位座谈会上的发言。

的出现，大大削弱了这些介绍的可信度。不免使人怀疑这些工作真的落实到单位、个人和认识上，还是限于形式上的开会、传达和订了些条文措施？②从这些事故看，一个仓面一经开仓，即使出现问题，似乎也只能运转到底，不能停下来。在五六十年代，还有卧轨挡道的人，为什么今天这么强调质量和监理就没有一个人提出来，甚至也不向上面反映呢？是否目前这套质保体制还有毛病？平心而论，像三峡这么大的工程要求不出任何缺陷或事故是不现实的。如果尽了最大努力仍发生挫折，大家是可以理解的。但上述事故是"不可理解"的事故。如果总公司和参建各方能从深一点的层次上解剖问题、采取措施，必将有利于今后避免出现不可理解的事故。

发生在1999年而在今年发现和处理的主要是泄10～16坝段下块底孔底板混凝土浇筑事故。资料已很多，性质较为严重。但经过认真补强，可认为基本上已恢复健康。但这不排除仍存在一些孤立的空洞未被填实。有缺陷部位的位置和今后坝体受力情况，似可认为不致对重力坝的稳定、应力有影响。建议两点：第一，利用现有检查孔（或稍添打一些孔），进行孔间穿透超声波检查，留下一份较完整的终检资料；第二，对类似情况的坝块（浇筑、灌浆中有不正常记录的）进行补充探查。

混凝土原材料的控制是严格的，砂料含水率大有改进。级配方面我总感到坍落度大了些。我的老印象，混凝土在运输和入仓时最好稍呈干涩状，振捣后砂浆刚浮出表面，这样最理想。现在混凝土在入仓时就较流动，振捣后（而且往往过振）表面就有很稀的一层，看了总不舒服。也许受皮带运输的制约，希望继续研究能否再改进。

2. 混凝土温控与裂缝

三峡工地夏季炎热，又要浇筑大量混凝土，虽然多数部位已脱离强约束区，但如深孔部位、坝体上游面、地下结构衬砌都是最容易开裂和最怕开裂的部位，我一直对之非常担心。一年以来，总的看温控工作是严格和成功的，目前已查出的裂缝不多，大多为Ⅰ、Ⅱ类缝，养护和保护工作也能跟上，使人感到宽慰，也可以说是创造了一个奇迹。但仍然出现少量值得警惕的情况，我只说说泄16坝段上游面的表面裂缝。

这部位在去年5～7月浇筑，年初裂缝普查时未发现，今年10月底出现，从▽47至▽60，宽≤0.3mm，深60～80cm，位于坝块中部，可能尚在扩展。许多同志对此缝的发生原因迷惑不解，因为其温控、保护、浇筑情况并无特别地方，为什么其他坝段不出现呢，所以怀疑是否由其他因素引起。我的初步看法，根据裂缝的情况恐还是由于表层混凝土收缩（不论是由于温降或体缩）而受内部混凝土的制约而裂开的，也许在今年初已有细缝，未被查出。这裂缝目前并不严重，但蓄水运行后，有可能扩展成典型的劈头裂缝，必须严密注意，妥善处理。

如果说泄16的各项条件与其他坝段相似，那么泄16的开裂更需要引起警惕，这说明其他坝段上游面混凝土的抗裂安全度也接近临界状态，蓄水运行后也有可能裂开与扩展。本来大坝混凝土的抗裂安全度是不可能像抗压强度那么高的。美国的德沃夏克、我国的柘溪都是运行后若干年突然出现劈头裂缝并扩展，几次酿成事故。特别是德沃夏克的温控是十分严格的。所以泄16裂缝的出现也是件好事，促使我们重视，我建议对它要"小题大做"。

建议开展针对性的分析研究，将泄16的所有有关资料都集中整理，针对它做比较精确的"仿真"分析，能否通过它弄清开裂的原因，研究它在蓄水后的变化过程，从而一方面研究处理措施，另一方面研究其他坝段是否存在类似情况，研究上游面混凝土的抗裂安全度和今后的变化，做到心中有数。我希望研究结果证明我是在杞人忧天。

在深孔边墙上，也出现了竖向裂缝，幸亏温控做得较严格，缝都较细，需细致处理。

对于地下结构衬砌，由于厚度薄，与围岩紧贴在一起，水泥用量又高，温控不容易，今后的维护检查又很困难，建议除对已查明的裂缝根据情况作必要的处理外，今后还得采取一切措施减免开裂的可能性，包括考虑采用纤维混凝土以提高其抗裂性。

3. 仓号设计

三峡工地从今年7月起推行仓号设计（各单位的叫法不一，内容相似），收到较好效果。建议继续贯彻执行，并予以改进，使其更好地起到作用，而不至流为形式。下面是一些个人建议，是否可行和必要，供总公司参考。

（1）充实仓号设计的内容。现在的仓号设计各承建单位大同小异，建议加以划一，并明确或增加下列项目：

1）预计开仓时间、预计收仓时间、浇筑历时、预计入仓强度。

2）在简图（剖面图）上、在若干条高程线上注明预计浇筑此地的时间（采用台阶法时，则画成台阶线）。

3）在混凝土级配栏中，对每种混凝土注明由那一拌和楼供料，由哪一种设备运输。

（2）对于以下栏目留一对照的空白格，在收仓时由班长和监理填明实际情况，以资对照：预计开仓、收仓时间，预计入仓强度，温控要求，设备配置，仓内人员配置。

（3）在"注意事项"栏中，如有重要情况要详细填写。

（4）仓面设计由承建单位提出、监理批准后，应多复制几份，除班长、监理随身带外，要及时送给有关部门，如拌和楼、试验中心、管理运输机械的部门……，以便这些部门发现问题时可迅速反馈（例如拌和楼发现供料强度超过其能力）。

（5）对于某些特殊的仓号（例如蜗壳下面回填的二期混凝土和某些地下结构），情况复杂时应编制专门的浇筑工艺设计，代替普通的仓号设计。

4. 底孔侧面缺陷修补

对底孔侧面缺陷的修补，总公司和承建单位花了很大代价和努力，现在从表面看，修补得不错，希望经此努力后底孔能完成其使命。通过这一教训，经采取多种措施深孔侧墙质量有很大提高。但仍有些缺陷，需要处理。我真诚希望承建单位能下决心把工程一次建好，改掉搞工程要留个尾巴，随后来处理的陋习。

修补方式都是凿除表面缺陷部位，填贴上环氧砂浆或环氧胶泥。从试验的结果看，环氧砂浆与混凝土间的黏结强度大于混凝土的抗拉强度，但在长期高速水流的作用下是否如此，还少证据。如有必要，建议选择一些部位用高压水枪进行冲刷试验，另外还可再补充钻取些芯样，粘上试件头，进行静动力试验，进一步论证其强度。

另一个问题是贴补材料与混凝土的膨胀性能不同，因此大面积的薄贴补层在表面承受温度变化或自身体积变化时容易整层剥落。建议对这些材料补做些线胀缩系数的试验，并在现场选一些较大面积的贴补块，进行表面加温和冷却，观察其抵抗能力。

5. 灌浆

三峡坝址除个别部位外，基岩条件良好，帷幕灌浆吸浆率不高，在施工中也证实了此点。因此只要按规程精心施工，高质量和按期完成帷幕工程是有把握的。

和任何工程一样，帷幕施工中存在建基面与孔口段承受水力梯度最大而灌浆压力又不可能高的矛盾。建议总公司和承建单位采取各种措施保证做好这一部位的帷幕工作。设计单位不要单凭理论把灌浆压力限得太死。在较深孔段，考虑到基岩裂隙细、透水率低的特点，可能出现浆液难灌进而仍漏水的情况，适当提高点压力是有利的，但要以确保不抬动岩体为原则。

接缝灌浆中出现的问题，是管道堵塞和灌区串通常见病，在温控、龄期等方面的要求控制得较好，希望今后施工中加强注意，不再出现这些顽症，以进一步提高接缝灌浆质量。

6. 金属结构制作安装

对此，我是外行，不能讲出道道，只从有关文件、介绍和工作组的报告中了解一些情况。但我有个总的印象，金属结构方面的报告（与土建相比），似对质量缺陷的影响和处理结果比较乐观，有些急于要求认可、接受的味道。是否有厌倦的情绪？或是进度紧张，希望早划句号。VGS这些厂家有这种想法是自然的，作为业主似应有别。与大体积混凝土相比，金属结构是比较单薄、精密的，万一发生事故，不论是闸门失控、钢管爆裂或机组有隐患，都立刻对泄洪安全、厂房安全、机组和电网安全带来致命后果，有的甚至无法修补。明年金结工程更达高峰，建议予以极端重视。我们也不是无理纠缠，只是希望把问题摸得更透一些。专家们提出补做一些试验研究工作，望予考虑。另外，在金属结构与机组设备尤其涉及进口的部分，有问题要牵涉到很多部门，交叉多、效率低，现在看来要调整机构也不现实，但希望能加强协调、提高效率，最好对重要专项有一位同志全面负责，总的金结和机组工程有一位领导全面负责，贯穿到底。

二、其他意见

除上述对工程质量方面的几点看法外，还想谈几点题外话。

（1）为了提高质量，除了要增强质量意识、严密规章制度、建立质保体系、实行奖惩制度外，还应依靠技术革新与创新。这次我在工地上看到葛洲坝集团采用新型环氧材料，能在常温下操作，又简单又低毒，革新了传统工艺，为修补缺陷、提高质量创造了条件。又如他们采用了一些巧妙而简单的措施，解决了模板下面一块混凝土的保护问题——解决了一个老问题。听蒋为群同志介绍，他们开发了一个"自动生成软件"，可从有关资料中自动将一个仓号中的各种要求、资料集中起来，大大有利于监理工作。另外，如船闸施工中的滑模工艺，从自动提升滑模发展到滑框，能又快又好地连续施工闸墙。这类革新可能很多，我说的仅是挂一漏万。我认为创新、革新不一定要有重大突破才算有成就，一切能解决现场实际困难，有助于提高质量的都是贡献。希望参建各方，特别是施工单位，能针对施工中的困难献计献策、动脑筋、搞革新，有关领导要大力支持、奖励。设计单位如能优化设计、方便施工，更可以为提高工程质量和效率做出巨大贡献。盼望共同努力，在三峡工程建成时，大家可以交出大量技术革新、创新的成果来。

（2）为落实朱总理指示，我以前曾建议总公司聘请几位国际高级专家，对三峡工程的监理工作进行调查研究，包括如何提高监理水平，理顺监理体制、培训监理人员，与国际监理工作接轨……，对上述问题提出建议供总公司决策，也就是监理的监理。现总公司已聘请几位国内外著名专家任专业总监，成立总监办公室，取得一定成效。但如何规定总监的职责，与项目监理单位、人员的分工，希望进一步明确，以免交叉。我始终主张总监要在更高的层次上研究改进和提高监理水平，不取代现场监理工作。总监在现场调查、发现问题（例如验收标准），最好提到高层次来研究解决，这样就不是解决一个问题，而是解决一批问题；不是解决具体问题，而是解决体制和水平上的问题。当然，如总公司认为必要，规定总监在现场发现重大紧急问题时可行使某些紧急权力也是可以的。总之，这方面的问题建议再作研究，以发挥最好的作用。

（3）建议对重大质量事故要曝光。特别是金属结构和采购的设备、机组。现在，一些不合格的产品出厂，到了工地才发现，造成严重影响，而厂家最多是来人处理或接受退货，无其他责任。这样，既不利于工程，也难以触动厂家。我建议总公司办一个文，发给所有国内外承担三峡任务的厂家。意思是，"由于送达工地的设备、产品经常出现质量缺陷，对工程造成严重影响。为了确保工程质量，帮助厂家重视和改进，也供今后国内工程招标、评标时参考，公司决定自即日起，再发现上述情况时，除按章要求厂家处理、退货和索赔外，拟将不合格产品的情况、负责人员等资料印成通报，送有关厂家和在报纸上公布（必要时写成消息在国际报刊上公布）。如厂家能吸取教训认真改进，有成效者也同样如实通报"。这样也许能触动一些不负责任或自高自大的厂家的痛处，而促其改进工作。

顺便提一句，许多单位对质量缺陷或事故的责任人采取罚款、内部下岗或调离三峡的做法。这是各单位为严肃纪律采取的措施，无可非议。但我仍然认为，人需要正反两方面的经验，有时反面经验更为重要。因此，建议尽量采用记入档案，"留职察看"的方式。往往有"切肤之痛"的人能在以后的工作中创造出好成绩来。只有重犯和屡教不改的人才采取下岗、调离的做法。此意见供参考。

（4）建议重视安全和劳保问题。工地如战场，处处有危险，略微不慎便会发生安全事故。最近国内交通、建筑、矿山工程一再发生重大事故，惊动中央，有关领导遭受处分。三峡9·3事故虽主要系设备事故，但也为我们敲了警钟。希望总公司和参建各单位从上到下抓安全教育，这事真要天天讲、处处讲，要像讲质量那样抓紧抓实。有些危险或有碍健康的作业，一定要重视劳保，要说服工人不要图一时之便而留下终身之悔。我希望明年的三峡工程能在质量和安全上创丰收。

（5）最后想讲讲正确对待正确、不正确的批评意见问题。8月份我来工地，与总公司领导有过一次坦率的交谈。陆总（编者注：指陆佑楣）提到，三峡工程目前面临巨大压力，大小环境都很严峻。确实，直到现在有些人仍然反对三峡工程。国内一些传媒、记者作了不实的误导性报道。境外、网上更出现极不负责的污蔑，看了令人气愤。但我认为我们姿态可以高一些，胸怀宽广、心中有数。现在已没有任何力量能阻碍三峡工程走向最终胜利，漫长的征途上已不存在不可克服的困难，曙光已隐约可见。除非我们自己骄傲自满、掉以轻心、忽视质量，以至发生大挫折。因此对不实之词不必太上心，必要时可用适当方式澄清一下，对有道理的意见（如要求分期蓄水），应认真研究分析，提出我们的意见，报国务院确定。实际上，中央、国务院和广大人民是肯定我们成绩的，中央电视台不时播出三峡工程进展的喜讯就是明证。我们为党、为国家、为子孙长期艰苦地奋斗在工地上，进行世界上最宏伟的水利枢纽的建设，这本身就是十分光荣、可引为自豪的事业。希望全体三峡人能以崭新的精神面貌继续团结、奋勇前进。防止自我感觉良好与委屈思想的抬头，为夺取三峡工程的最终胜利做出贡献。"沉舟侧畔千帆过，病树前头万木春"。胜利是属于全体三峡人的。

在三峡总公司 2002 年工作会议上的发言

今年的工作会议具有特殊意义。三峡工程建设和总公司改制正处在攻坚和转轨的关键时期，而这次会议则是在此之前的一次总结会、决策会和总动员会。相信在总公司的领导下，经过全体员工的紧密团结、艰苦奋斗，一定能全面完成各项任务。下面我简单说一下自己的四点感受，供参考。

一、对三峡工程的新认识

我参加水电建设已有 52 个年头，对水电建设的印象，就是苦和脏。进工地的道路总是坑坑洼洼，下雨泥泞不堪，晴天满目灰尘。工地上总是乱和脏，住的是油毛毡棚、干打垒，叫"先生产后生活"。环境总是被破坏。施工靠的是人海战。大家一律吃大锅饭，发了电各奖一只搪瓷杯。和文明两字好像挂不上钩。穷是光荣，脏是本色嘛。三峡工程又是怎么样的呢？进入工地就像进了一座大花园，风景那么优美，环境保护得那么好，这样大的工程现场上看不到多少人，实现了高度的机械化施工。承包商是严格通过招标择优选定，几百亿元的工程没有发现什么腐败行为。业主、承包商、监理、设计虽分工不同、岗位有别，但和睦团结、互相体谅，既实行市场经济机制，仍保持传统的优良作风。整个工地朝气蓬勃、正气发扬，什么封建、迷信、法轮功，在三峡没有市场。精神文明建设成果显著，形成有三峡特色的文化氛围。这是一种先进的文化、健康的文化，其他水电工地可能不能完全照搬，但是否可说这是代表我国水电建设乃至一切工程建设的先进文化的前进方向呢？三峡工程宏伟，许多指标、难点都是国际水平，甚至超国际水平。1999～2001 年，共浇了 1400 万 m^3 的混凝土，连续三年破世界纪录，取得了史诗般的成就，依靠的是采用新设备、新工艺、新材料、新设计和严格的科学管理。是否可以说三峡工程的进展，代表了先进技术的发展要求呢？三峡工程的兴建，有效地带动内需，建成后对避免长江中游发生毁灭性洪灾，起到骨干作用，使洞庭湖长葆青春，它将代替每年 5000 万 t 的燃煤，永恒不息，为中国和世界的环境保护，做出巨大贡献。它将为中国的经济发展和环境保护带来永远的利益。我认为兴建三峡工程完全代表了最广大人民的根本利益。现在大家都在学习"三个代表"的重要思想，如果我们结合三峡工程来学，问题就十分鲜明和现实了。

二、对当前形势的认识

抓紧工程建设，确保完成各项工程计划，仍是今年压倒一切的任务。1999～2001年是放手大干的三年，为夺取胜利立下汗马功劳。当然也出现一些局部缺陷和事故，可以理解、可以补强，不留隐患。而今、明两年进入新的境界，需要特别细致，要特别注意质量、协调和形象面貌，要大抓明渠截流，大抓消缺补漏，大抓安装调试，大抓鉴定验收。每项任务要包干到单位，落实到个人。必须保证质量和进度，决不能再

本文是作者 2002 年 2 月 6 日在中国长江三峡工程开发总公司年度工作会议上的发言。

出大事故。在面上要总揽全局，通盘考虑，全面协调，严格监督。这是一首十分复杂美妙的交响曲，总公司是总指挥，参建各单位都要服从指挥，演奏好自己的乐器，不能有一点走调。现在离蓄水只有 17 个月，离发电 21 个月，时间十分紧迫，汛期即将到来，又到了背水一战的时刻。中央关心着我们，全国人民看着我们，全世界包括那些反对我们的人也看着我们。开工以来已持续不断地战斗了 9 年，克服了重重障碍和难关，有些战役真是可歌可泣。大家现在确实很疲劳，连设备都受不了，出故障了。但是在今天这个关键时刻，只要想一想中国人民的百年梦想即将成真，想一想全国人民为三峡工程所做的贡献，想一想一代又一代的领导、专家为三峡倾注的心血直到赍志而殁，我们就没有理由休息、停顿，只能是义无反顾地拼搏到底。只要大家认清这个道理，做好本职工作，我们一定能取得完美和彻底的胜利。这是我对当前形势的认识。

三、高瞻远瞩迎接新的挑战

三峡总公司现在进入转变期，必须做好准备，迎接新的挑战。

（1）总公司的任务将逐步转入电力生产经营的轨道。三峡电厂的发电运行不是件简单的事，决不能掉以轻心。第一，三峡电厂的单机容量达 70 万 kW，而且运行条件的苛刻世无其匹，虽然机组是国际著名厂家制造，并不意味就能安全运行，特别在运行初期，要有出现意外的准备。70 万 kW 的机组出现意外停机，影响是严重的。除在基建中要精心安装、调试消缺，做到一次安全投产外，必须研究分析其他电厂的经验教训，组建高水平的运行班子，尽快掌握机组性能，与电网紧密合作，准备应急预案。对某些不利工况，采取技术手段予以避免。在围堰发电期，水头、出力较低，要抓紧这段时间掌握机组性能，进行实战锻炼，为今后过渡到正常运行做好准备。第二是电量消纳问题。国务院为三峡电量的分配，做了大量协调工作，但不能就此高枕无忧了。电力体制改革已进入深化阶段，厂、网分开，竞价上网是必然趋势，三峡电力公司拥有的容量初期仅葛洲坝及首批三峡机组，三峡全部投产后也仅 2000 万 kW，而且水电比火电复杂，不能永远指望行政干预。三峡人必须苦练内功，提高发电质量，保证安全稳定生产，大力降低发电成本，培植优质服务意识，才能在电力市场中占有应有席位，这也是新的形势。

（2）总公司要加快进军金沙江的步伐。水电开发经营是总公司的主导行业，要抓紧有利形势，大力开发金沙江的水电宝库。只有尽快拥有更多的发电能力，才能增强总公司的实力和竞争力。

（3）总公司要进行整体改制，要从项目法人走向投资主体，成为真正的全能法人。总公司要集团化，电力公司要上市，这是个大转轨。国务院对总公司的改制寄予厚望。我猜测这就是希望通过三峡电力公司的上市，树立一块好样板。我国目前上市的国企已不少，其实践情况实在令外行看不懂，似乎上市就是为了圈钱，投资股市就是进行赌博，而且是不规范被人操纵的赌博，股票涨落似乎与公司业绩好坏无关，包装上市似乎就是把假的、丑的东西包起来以便骗人。总之，极不规范。三峡电力公司是新建的企业，包袱少，阻力少，可以按照现代化企业要求规范改制。经营的主业是水电，风险较小，可以从小到大稳妥发展，以出色的业绩，树立良好的形象，取得人民乃至国际上的信任，为企业改革树一块好样板。总公司在三峡工程建设中已做出了永垂史册的贡献，我希望在改制上同样做出成就和贡献，这将是对党的事业不可估量的贡献。

四、加快培养新生力量，调动全体员工的积极性，为全面完成 2002 年的各项任务而奋斗

面对新形势，总公司的一条基本措施就是加快培养新生力量，让更多的年轻人脱颖而出，重任加肩，推动他们前进迎战。要让年轻人更快、更早地进入角色，承担起今后的激烈竞争任务。所谓培养新生力量，并不仅仅意味选拔几位年轻人，进入各级领导班子，而是要造成一种气氛，提供一种环境，使年轻人认识到自己的责任、前途和机遇，激励人人自觉地学习上进，锻炼成长，不去搞那些低级庸俗的东西。身在三峡而不学习提高，浪费青春，那是对自己最大的犯罪。我希望三峡能成为一座大学校、一所研究院、一个比武场，涌现出大批的水利水电建设骨干和改革创新的闯将。

培养新生力量是主要任务，但也不能忽视中年老年同志。许多已退、将退的老同志，身体很好，事业心很强，经验非常丰富，是可贵的人力资源。我们要尊重、关心老同志，要发挥他们的作用。总公司任务那么重，问题那么多，我不相信老同志一退下来就无用武之地。对老同志，可以因材使用，承担些顾问、咨询、指导工作，甚至委托负责一些任务，是完全可能的。这是最廉价的专家库。当然老同志不应越位。

还有中年同志，听说中年同志有所谓 49 岁情结、52 岁情结。我想领导岗位总是有限，能当上总工、主任、处长固然可以负更大责任，但也会陷入行政事务漩涡中去。不担任行政职务，倒给自己在技术上的提高、发展提供条件。希望中年同志不要有什么情结，更好地热爱当前工作，攀登高峰。国际上许多知名专家，都以其精湛技术出名，没人关心他当没当过官。

做好了青、中、老年同志的工作，才可以说是调动了全体员工的积极性，总公司就立于不败之地了。

同志们，过去的 2001 年是新世纪的第一年，在这一年中，中国的经济一枝独秀，加入了世贸组织，申奥取得成功，中国的国际威望和综合国力空前强大。总之，中国在新世纪打了个漂亮仗。三峡总公司在去年也取得满堂红的好成绩。当然，中国在高速发展中，还存在很多困难和问题，我们深信中央成竹在胸，会带领我们排除万难，继续前进。同样，三峡总公司在新的一年里也面临重重困难和大量问题，同时面临全新的局面。我们不仅要解决遗留的问题，还要学习许多不熟悉的东西。我们也要相信三峡工程建设委员会和总公司的领导，服从指挥，紧密团结，努力奋战，务必走好蓄水、通航、发电前的最后十里路，以出色完美的成绩，回答中央和全国人民对我们的关心、信任和支持。世界上最宏伟的三峡水利枢纽一定能胜利建成，千秋万代为人民造福。三峡总公司也一定能成为国际著名的现代化大企业集团，屹立于世界大企业集团之林。

就三峡大坝裂缝向国务院领导汇报的提纲

方才王家柱和郑守仁同志就三峡泄洪坝段上游面裂缝情况、成因、发展趋势和处理措施向总理作了全面汇报。这是个重要问题。为此三峡总公司邀请了17位专家于2月1日～3日在工地开了咨询会，进行实地调查研究和讨论，取得了较一致的看法。我是专家组组长，另外又是国务院三峡工程质量检查组成员，有责任向领导作一补充说明。

一、专家咨询会议的看法

专家组的许多看法和王、郑两位的汇报是相同的，或者可以说他们参考了专家组的意见，所以不再全面重复汇报，只提纲挈领地归纳为以下几点：

1. 裂缝的性质和成因

这些裂缝开始时是表面微细裂缝，后来发展为浅层裂缝（39条裂缝的深度一般小于1～2m，最深的不到3m，对一百几十米厚的坝体来说，是浅层裂缝）。裂缝的成因是由混凝土的内外温度差产生，尤其在冬季遇气温骤降时，表面温度梯度可以很陡，而三峡混凝土的抗压强度虽高，抗拉性能却较差，没有余地，如果表面又未严密保护，就会开裂。

任何大坝产生表面裂缝是难免的，但三峡大坝在泄流坝上游面出现规律性的长大裂缝较为特别，影响也大，需慎重研究处理。其原因是因为泄洪坝段中设置了泄洪深孔和导流底孔，结构复杂、条件不利，因此裂缝就集中和有规律地出现了。其他挡水坝段也有开裂的，情况就不那么集中和规律。

2. 发展趋势和处理方案

由于裂缝是温度变化引起的，方向又平行水流向，蓄水后温度变化幅度比现在要小，所以度过今冬明春、水位上升后，裂缝原则上不会扩展，但这有个前提：上游库水不能进入缝内，否则会形成劈缝力，就会进一步撕开裂缝。因此处理的目的主要是防止上游库水在压力下进入裂缝。现在采取的措施就针对这一要求制定。可以说有四道保险：

（1）在低温季节用环氧类化学材料灌缝，把缝严密堵死，恢复完整。

（2）在缝口凿槽，嵌入塑性极大的止水材料，与混凝土粘合。

（3）表面压贴橡胶止水片。

（4）外面再喷特种砂浆保护层。

只要认真施工，很难设想库水还能进入裂缝。除了对裂缝本身这么处理外，在裂缝两侧和上下未裂部位也进行大面积防渗保护。我们认为是安全可靠的。

3. 对大坝安全运行的影响

由于裂缝是浅层缝，方向平行水流，三峡大坝是靠重力维持稳定的大体积重力坝，

本文是作者2002年2月26日就三峡大坝裂缝问题向国务院领导汇报时的发言。

将裂缝封堵处理后，库水不能进入，裂缝不会发展，这些缺陷对大坝的稳定、应力、刚度都不构成隐患，不会影响大坝安全运行，可请领导放心。

4. 应吸取的教训

三峡泄洪坝段结构十分复杂，对温度变化敏感，又是关键部位。我们对必须千方百计减免表面裂缝的问题是注意不够的。例如，在底孔底部浇跨缝板，将相邻坝段连在一起，对温度应力就有不利影响。当时也有同志提出疑问，我总认为底孔很薄，影响不会大，未予深究。如果证实浇跨缝板的确起了很不利作用，作为三峡技委会主任，我是有责任的。又如对上游面保温问题，三峡工地虽已较注意，1998 年开始浇筑，到 2000 年才拆除保温被，当时认为龄期已长、强度已够，而就在这年 11 月发现第一条裂缝，在 12 月又发现 5、6 条，2001 年冬季又发现新的裂缝，老裂缝也在扩展。其实，龄期越长弹模越高，同样的温度变化产生的应力也越大。现在看来，像三峡大坝上游面这种部位，坝面保护应持续到蓄水。如果我们从一开始就严格、严密地保护坝面，在冬季到来前及时保温，并加强通水冷却，上游面开裂情况就可避免或至少会好很多，这些都是应吸取的教训。

二、三峡枢纽工程质量检查专家组的检查情况和意见

1999 年 6 月 14 日，国务院三建委成立了三峡枢纽工程质量检查专家组（以下简称检查组）对三峡工程质量进行检查，原则上一年两次（工作组的活动除外）。

在 2000 年 12 月 5～12 日，检查组去工地时，总公司在汇报中即反映刚刚发现的 16 号坝段上游面裂缝。当时宽度仅 0.1～0.2mm，深仅 0.5～0.8m。检查组检查后着重指出："要注意今后在其他坝段会不会出现类似的裂缝，蓄水运行后会不会扩展成劈头裂缝。总之这条缝目前虽不十分严重，但要重视，进行认真的研究处理，判明开裂原因，研究坝体内温度分布和变化，要控制通水冷却，使靠近坝面的温度梯度不能过大。绝不能掉以轻心，因为这是关系坝体漏水和结构安全的重要部位"。钱正英、张光斗同志在讲话中都特别指出这条裂缝的问题。我在发言中强调"这条裂缝出现的部位非常不利，蓄水运行后有可能扩展成典型的劈头缝"，并说明"其他坝段上游面混凝土的抗裂安全度也接近临界状态，蓄水运行后可能开裂与扩展，建议对此些小题大做，开展分析研究，弄清原因，做较精确的分析，研究蓄水后的变化。一方面研究处理措施，另一方面研究其他坝段是否存在类似情况。"（以上均见有关文件）。

在 2001 年 4 月的检查中，泄洪坝上游面裂缝已发现有 8 条，但缝宽很细（0.01～0.02mm，16 坝段为 0.1～0.2mm），检查组分析了原因，要求进行观测分析，在水库蓄水前进行认真处理（见 2000 年度工程质量检查报告，2001.5.17 印）。

在 2001 年 12 月的检查中，上游坝面裂缝又在增加和扩展。检查组对此问题再次敲起警钟，并提出具体检查和处理建议。在我的发言中是这么说的，"问题是目前裂缝仍在变化，新的裂缝还在出现。预计明渠截流后还可能继续变化。为防止万一，建议对上游面裂缝的处理要特别重视：①全面清洗坝段，找出所有裂缝；②深入研究明渠截流后各坝块所受外界的影响，从偏安全角度，分析裂缝是否有可能扩展；③处理范围宜大一些，工作力求细致；④对防止裂缝向上下两端继续扩展，采取些措施。总之对上游面裂缝，也许问题不那么严重，但我们要小题大做，确保安全"。

对检查组历次提出的意见，总公司和参建各方是重视和执行的：在现场进行详查，设置测缝计追踪，加强保温；设计方面做了分析研究，提出几种处理方案；总公司组织专家咨询会，深入讨论、作出决策，并抓紧处理，预计3月底前可完成。

从上述情况看：①总公司在发现上游面裂缝后立即汇报；②检查组在历次检查中都充分强调问题的重要性，提出要求或建议；③总公司与参建各方对检查组的意见是重视和执行的，处理工作在3月底可完成，不影响工程进度。

在长江三峡枢纽工程质量检查专家组与
三峡参建各方座谈会上的发言

钱正英副主席在去年质量检查会上，有个著名的提法：不留隐患是三峡工程建设的最高原则。现在已到了即将破堰进水的时候，也是截流通航发电的前夕，我今天的发言主要就个人的认识水平，对工程是否有隐患的问题说一点看法，供大家参考。

我认为隐患有以下几类：

（1）存在未被发现的重大质量事故，工程投运后发生严重后果的；

（2）事故虽被发现，但调查研究不深入，对其性质判断不当，以至处理不力的；

（3）对事故的严重性和后果虽有恰当的认识，但采取的处理措施不当，或不可行，并不能从根本上解决问题的；

（4）采取的处理措施虽合理，但施工不好，管理不严，以至未取得效果，在运行后仍然发生严重后果的。

所谓严重后果是指影响工程安全、影响工程正常运行、影响工程发挥应起的作用、造成严重经济损失和政治影响。

像三峡这么大的工程，也很难做到任何地方都完美无缺。譬如说，在几千万立方混凝土中存在一些封闭的空隙；发生一些表面裂缝，蓄水后个别地方渗水量大一些，等等，有些次要的缺陷处理不能在破堰前做完，只要没有重大后果是在预见之中，有处理的时间和手段，就不能定为隐患，这是我判断问题的出发点。妥否请指正。下面我说四个问题。

一、对三峡工程 2001 年度工作的看法

在三峡工程建设史上，2001 年度是承前启后具有重要意义的一年。在这一年中，三峡工程取得了决定性的成绩：混凝土浇筑量在 1999、2000 年两破世界纪录的基础上，又取得了浇筑 403 万 m³ 的成绩，金属结构安装进入高峰，机组及机电安装全面启动，都超额完成了任务。工程形象面貌全面达到计划要求。2001 年的卓越成绩为今年破堰进水、明渠截流和实现明年蓄水、通航、发电的目标奠定了坚实的基础。

一年来，总公司提出"双零管理目标"，对工程质量进行全方位、全过程的监控，对专家们提出的建议认真贯彻，工程质量进一步提高，没有发生严重事故。对过去存在的问题进行全面检查，认真补强。处理工作正在全力、有效、细致、高速地进行。决心之大、投入力量之多、管理之严、进展之快有目共睹。我看了后震动很大，信心倍增，完全有条件如期完成，达到不留隐患的要求。

当然，也应承认在工作中还存在薄弱环节和有待改进之处，土建工程中的一些顽症仍时有发生，浇筑工艺仍有待改进，混凝土温控有所放松，上游坝面在 2001 年冬季

本文是作者 2002 年 4 月在长江三峡枢纽工程质量检查专家组与三峡参建各方座谈会上的发言。

又出现了新的裂缝，原有裂缝有所发展，永久船闸查出较多缺陷，处理工作量大，金属结构和设备安装中也暴露了一些质量问题，都值得引起警惕和整改。但总的来讲成绩是主要的，存在的不足之处已引起总公司和参建各方的高度重视，从思想教育和加强管理上进行改进。我深信，只要能坚持不懈地奋斗下去，三峡工程的进展，必能不留隐患地按计划实现，总公司和参建各方的技术水平和管理水平也必能达到新的高度。这是我对三峡工程 2001 年度工作的总的看法。

二、关于厂坝工程质量

厂坝工程质量一直是几次检查工作中的重点。具体情况昨天谭院士（编者注：指谭靖夷）详细谈过，我不再重复，只简单表一下态。经过 2001 年的努力，我认为已达到以下目的：①对发生、发现的质量事故已经查清其性质、范围、原因、后果；②已确定合理的补强或修复方案；③已进行全面、认真的修补工作，基本上已经完成；④对厂坝混凝土质量还进行了全面检查，不使事故漏网。

以上包括过去作为重点检查的一些事故处理：①导流底孔过流面不平整质量事故；②导流底孔底板下部混凝土不密实质量事故；③右纵围堰坝身段和堰内段 RCC 质量事故；④厂房 24m 高程廊道渗水问题；⑤泄洪坝段及左厂坝段上、下游面裂缝处理。上述各项处理中，①～④项已经完成，可认为合格，能满足要求，不会留下隐患。谭院士建议对右纵坝身段防渗层再做些检查，可请总公司会同各方再认真分析一下，作出决定。估计工作量不会太大，不属于隐患性质。第⑤项已经过全面严格检查，确定了可靠处理措施，正在全面施工，预计在 4 月内可以完成。处理措施是周密可靠的，有科学依据的；施工是严格、高质量的。处理完成后，库水不可能进入裂缝。只要特别注意在今冬明春保护好水面以上部位的混凝土，待水库水位抬升后，就可放心。运行期中横缝间将承受水压力，更增加安全度，不会成为隐患。

帷幕灌浆和接缝灌浆基本完成，由于接受了建议，改进了设计和工艺，灌浆质量总的讲是良好的，可以形成可靠的阻水幕，实现抽排要求和保证坝体的整体性。谭院士指出有些地段的涌水问题值得重视。水显然是通过细微的裂隙（渗水而不吸浆）涌出，不致产生管涌等危害。破堰以后，要密切进行监测分析，如认为必要，可再用特殊材料补灌，属于提高和维修性质，也不是隐患。

升船机上游面斜裂缝的成因，至今未能完全弄清。我个人认为，裂缝发生在折角处，结构形状不利，应力集中，在表面温度变化下，容易开裂。现在裂缝随季节开合，说明温度应力是原因之一。其次，右 1 与中间块虽有横缝分开，但两坝块是贴紧的。右 1 块沉陷较中间块大 1 个多毫米，给中间块施加压力，更促使裂缝发生。总之，不妨认为是综合因素促成。现在可以先化学灌浆封堵补强，继续进行观测分析，以求最终弄清原因。

对裂缝发展的估计：不均匀沉陷主要由于两个坝块重量不同产生。现坝块已浇到顶，估计不均匀沉陷将趋于稳定。水库蓄水后，上游面压应力将减轻，裂缝似不会有大的发展可能，因此，建议暂不必对地基进行加固，待观测一段时间后再议。

关于金属结构和机组方面的质量问题，我没有参与工作，我相信并赞同昨天专家的发言。工程运行后，这方面暴露出来的问题可能比土建更直接，宜特别警惕。

三、永久船闸土建工程

以前几次来工地主要参与厂坝检查工作，对永久船闸了解较少。最近，长江委向水利部报送了专门报告，还有人也向有关方面写了信，引起很多同志注意，所以我也仔细研究了各方面汇报和提供的材料，并去现场观察。总的感觉：永久船闸工程规模大，体型复杂，施工条件困难、强度高，确实发生了一些缺陷和事故。但参建各方都能认真检查，细致补强，已取得显著成效。只要继续重视，严格处理，抓紧进行，可望不影响截流通航，也不至给今后运行带来隐患。现分就几个主要问题评述如下：

1. 混凝土表面平整度

主要是地下输水隧洞（和廊道）高流速区的表面缺陷，会诱发气蚀，恶化水力条件，甚至破坏结构。今后也缺少检修条件，必须高标准、高质量地予以修复。对修复方案和具体措施各方认识都较一致，修补经验也较丰富，工作正在全力进行，绝大部分已高质量地补好，相信能够如期完成，满足设计要求。

对于地面结构迎水面上的表面缺陷，虽不致产生上述后果，但也影响外观和工程声誉，也应尽可能打磨处理，恢复平整光洁的面貌。

2. 混凝土内部缺陷

指局部架空、漏震、渗水等不密实情况。这些有缺陷的混凝土如果位于高应力区，例如人字门或反弧门推力的传力部位，可能产生严重后果，必须认真细致补强，做到不留隐患。如果位于低应力区，虽不一定立刻发生严重后果，但可能成为渗水通道，加速钢筋锈蚀，影响建筑物寿命，也应重视。

首先必须查清这些有缺陷的混凝土位于何处、范围多大、疏松架空性质如何，要有个准确的描述，做到心中有数。据材料上看，重点是下述部位：

（1）六闸首内局部地区有渗水、架空、裂缝等质量问题。一些专家和设计部门对其他闸首也有怀疑。

（2）南四闸室底板 11～13 号块右分支廊道顶板混凝土内有串漏、架空、振捣不密实等缺陷。

（3）北五闸室输水廊道顶板局部存在蜂窝、架空现象。

（4）地下输水隧洞多处出现渗漏点，说明混凝土有不密实情况。另外，设计单位对隧洞顶拱的回填灌浆是否密实提出怀疑。

对于上述情况，当然要引起我们的严重注意。但在仔细查阅了有关材料、看了现场和混凝土芯后，我认为所述混凝土的架空、渗水和不密实情况，都是局部的，没有形成大面积、大范围的架空区，只要针对性地进行灌浆补强，可以把有缺陷的部位灌好，安全地承受荷载，不会成为隐患。

据了解，工地上对于查清混凝土内部缺陷的工作是很认真负责的，动用了各种手段，包括分析施工记录、灌浆情况、用物探检查，辅以取芯验证。我相信工地参建各方对工作的责任心，并认为所提出的检查报告是可信的。此外，输水隧洞位置很低，地下水更是个严格的"检查官"。因此，不会有重大架空情况不被发现。为稳妥计，建议各有关部门对过去全面检查的成果再会同作一分析，明确哪些部位问题已解决，哪些尚需要补充检查，取得共识，抓紧进行，真正做到既不留隐患也不影响后续工序。

3. 混凝土衬砌的结构缝

地面建筑的结构缝包括边墙和底板的缝，经检查有很多结构缝止水效果不好，超过设计标准，尤以底部结构缝为甚。地下输水隧洞则发现有 237 条结构缝渗漏。上述缺陷正在处理。应指出，地面建筑的结构缝在运行后会随季节和运行情况不断变化，宜用弹塑性的材料填补，地下输水洞则较稳定，但承受高速水流作用。

我认为，对地下输水洞结构缝的渗漏问题采取缝内灌高分子材料、缝面封堵是可以收效的，目前正在按此施工。对于地面建筑的结构缝是否需要将检查槽全部填死，值得研究，不如以表面嵌缝方式处理为主，只要认真做，可以大大减少渗水量。除非局部地区确有需要，才将检查槽堵死，其他检查槽宜保留，作为将来检查和必要时再处理的手段。

对于结构缝止水不密实问题，当然应尽量补强，但也做不到滴水不漏。在允许范围内的渗漏是无害的。内水外渗，在水量损失方面是微不足道的，主要担心引起地下水位抬高，改变渗流条件，甚至影响边坡稳定。由于船闸工程做有完整的排水系统，包括排水洞、排水孔以及衬砌和岩壁之间的排水网，估计少量外渗水不会导致地下水位有很大的抬高，甚至危及边坡、中隔墩的稳定。保证排水系统的畅通有效是首要的任务（必要时还可加强排水设施），再加上对结构缝的细致灌浆嵌缝，不会给运行带来隐患。

4. 混凝土衬砌裂缝及施工层间渗水

据资料统计，闸室临水面出现大小裂缝 600 多条，施工层间缝 96 条，地下输水洞衬砌发现裂缝 529 条，层间缝 81 条。裂缝主要是温度缝性质，输水隧洞裂缝主要发生在特殊段和 12m 长洞段，大部分缝面渗水或流白浆。另外，输水隧洞衬砌面上出现大量点渗、面渗（见第 2 点，混凝土内部缺陷）。

出现上述情况可以理解。隧洞衬砌是固结在岩壁上的薄壁结构，混凝土又是泵送的，水泥含量很高。控制不严或设计不妥，就会开裂。船闸结构是在大山中开挖出来的，闸室和输水隧洞位于最低部位。基岩中有裂隙和裂隙水存在，只要混凝土衬砌有裂缝或本身不密实，就必然成为天然排水通道，地下水就要渗出，并或带出混凝土中的钙质（白浆）。这可以说是大自然对整个结构系统作了初步考验，把薄弱点暴露无遗。如不处理，投运后内水还会外渗，影响钢筋和建筑物的寿命。目前工地正在全面进行灌浆处理，是正确和必要的。这些缝很细，又在渗水，处理比较困难。有的文件上说处理效果不理想。其实有关方面已不断在工艺和材料上研究改进，效果也在不断提高。鉴于灌浆时缝面必然是润湿的，采用合适材料尤为重要，根据中南院的最新资料，效果还是好的。

5. 反弧门支铰的传力部位

支铰反力达 1000t，而且有脉动，弧门启闭又频繁，也缺少检修条件，确实是个重点。据长江委给水利部的报告称，该部位一、二期混凝土结合面普遍渗水，部分牛腿上游混凝土墙上出现竖向裂缝、渗水和流白浆（现场观测，个别阀门井内确实如此），怀疑支铰部位混凝土的密实度，认为一、二期混凝土之间以及混凝土与钢衬间的结合强度对承担支铰反力"十分重要"，作为重点问题提出。但在总公司、中南院和承包商的文件中都未提到此问题。

我不了解详情。但从图上看，千吨推力是通过牛腿传到钢筋混凝土闸墙再传递到地基，牛腿和闸墙中配筋量很多。如果设计中没有失误，似乎不应依靠上游混凝土的拉应力和下游二期混凝土的"顶托"来帮忙。

对于该部位混凝土的密实性，由于出现渗水现象，应承认其抗渗性不高，但混凝土是一、二级配，坍落度大，未出现集中漏水，也可判断不会存在大的架空、疏松情况。

根据上述分析，并鉴于该部位的检查和补强十分困难，我建议召开会议，由设计部门详细说明设计计算情况，再根据对施工质量的判断，研究是否还要加固。如设计上无问题，我是偏于不必加固。如认为牛腿的抗剪断安全度不足，要加打些锚筋，也不反对，但要详细研究有效、可行的措施，不要伤害原结构。

对于上游的垂直裂缝和一、二期混凝土结合面渗水问题，我认为不影响结构受力，但对钢筋锈蚀等有影响，因此尽量用化学灌浆封堵，至少使水不会流动，延长寿命。

6. 总的看法

永久船闸是主要的通航设施，关系重大，投运后不允许停航。许多部位缺少检修维护条件，因此，对已出现的缺陷和事故，必须严肃认真一丝不苟地补强，做到不留隐患，这是一切工作的最高原则。

从大量资料分析，可以认为出现的缺陷、事故属于局部性质，只要认真补强不会对运行构成安全问题和留下隐患，对此也要有信心。

对存在的问题应该实事求是地确定其性质，分别轻重缓急予以正确处理。特别要抓住重点，例如：

（1）输水隧洞中高流速部位、易产生气蚀部位的表面平整度以及保证通气道的畅通。

（2）人字门枕座附近传力部位混凝土的强度和密实性。人字门推力达万吨，但方向有利，支承体是大体积混凝土，检查补强方便，可根据现场调查和应力分析成果进行针对性补强，确保在传力区内的混凝土密实性。

（3）反弧门支铰的传力部位。如上所述，这一部位至关重要，应作为重点研究对象，抓紧鉴定。如对个别支铰部位必须补强，要采取有效和可行的措施。

（4）保证整个排水系统畅通有效，同时尽量做好结构缝的堵漏工作。

（5）准备好各种监测手段，进行严密长期的监测，及时分析研究。

我相信，只要参建各方认识一致，共同努力，永久船闸的消缺补强工作是能够保证质量，如期完成不留隐患的。

四、正确对待批评意见

三峡工程一直是在人们关心、监督和批评中走过来的。现在经 10 年苦战，已经到了快要摘取初步果实的关键时期，但工程质量似乎又成为议论热点。先是上游面裂缝问题被人指责为问题严重，隐瞒事实、包庇错误，惊动了国务院领导；现在又有人提出永久船闸质量问题严重。我认为对来自各方面的批评一要欢迎，二要实事求是，三要心中有数、不受干扰、不要有负担，在各自的岗位上尽自己最大努力把工作做到最好。

　　一些领导和有关部门对工程建设中的问题提出批评纯出至诚。就说质量检查组，每次来工地都要对许多问题提出批评甚至严厉批评。其实，我们的心是连在一起的。不叫"生死与共"也是"荣辱与共"。对大家的辛苦、委屈、成绩都心中有数。三峡工程让我们来干可能问题还会出得更多。之所以提出批评，是为了尽我们的责任，是为了帮助分析问题改进工作，是为了贡献一点经验、教训和建议，也为了提个醒、敲敲警钟，相信大家对这种批评够理解和接受。许多单位都表示接受批评，并已认真改进。总公司、施工和监理单位更为努力。只有听得进批评，进步才快。其实，专家讲的也不是 100%正确，大家可以实事求是地分析，对的采纳，不符事实的加以解释。专家组受水平、时间的限制，对一些问题也未能事前指出，在任务完成结束时也要总结和检查的。

　　也有些人或媒体对工程情况并不了解，根据一些道听途说的消息提出批评、警告或向上反映。对这种情况，我们也应采取欢迎态度，相信他们这么做的出发点也是关心三峡嘛。反映情况不实、方式不妥是次要问题，不要计较。当然，我们要实事求是，对自己的工作有个基本认识、基本评价，不是一切都包揽下来。对不实之处要如实解释，澄清误解，取得共识。像这次在国务院召开的会上，我们如实说明上游面裂缝的性质、成因、后果和采取的措施，我相信通过如实汇报后，没有人会认为这些缝是致命问题，更不会有人相信我们在搞什么包庇、隐瞒。要相信领导有水平，公道在人心。

　　还有一些批评极不负责，属于造谣和谩骂性，出现在海外个别网站或报刊上。这是一些反华、反三峡工程的人制造的，或是追求轰动效应而发布的。他们对三峡工程的建设进行歪曲、夸大、危言耸听、幸灾乐祸。对于这些，我们大可不予理会，"任凭风浪起，稳坐钓鱼船"。不要为之动肝火，影响自己健康。前人有诗曰"沉舟侧畔千帆过，病树前头万木春"。我们要遵循党的教导，按照"三个代表"的要求，驾驭好我们的飞船，腾飞前进。把"沉舟""病树"抛在一边，让他们去咒骂和哭泣吧。

在三峡二期工程下游基坑进水前
验收会闭幕时的讲话

长江三峡二期工程下游基坑进水前验收工作胜利完成了。三峡工程建设又越过了一个关口，向着明年实现蓄水、通航、发电的目标稳步前进，我们离摘取胜利果实的距离又接近了一大步。对此，我谨向总公司和所有参建单位与全体同志表示衷心祝贺。

这次验收工作进行得比较顺利，委员们的意见比较一致，没有出现较多的争议和遗留问题。这除了要感谢全体委员的认真负责、深入细致的努力工作；感谢参建各方为验收工作做了大量准备，提供了翔实的资料；感谢水电总院安全鉴定组完成了安全鉴定工作。另外，主要的一点还是由于大家在工程建设中下了大力气，真正把工作做到了家。4月份我们来参加上游破堰前的验收会议时，下游基坑中是什么情况？说真话，我还真担心那么多的工作能否在七一前完成，会不会留下一些尾巴，使得在起草验收文件时左右为难。而这次我们到工地上一看，又是个什么情况？我可以想象，你们为此是做了多少努力啊！可见事在人为。只要我们保持这种认真负责决不含糊的精神与作风，任何困难都阻碍不了我们前进的步伐。

在讨论这次的验收鉴定意见书时，给我一个最深的感受是什么？同志们，你们知道现在中文里最常出现的词汇是什么？一曰"基本上"，二曰"总体说"，三曰"初步的"。这三个词如果满天飞，中国的科技腾飞、民族振兴就没有希望。一切落后、腐败、缺陷……，统统在这三顶大帽子下安然睡大觉。遗憾的是，过去我们的文件上也经常出现这三个词。同志们，如果你们出去乘坐飞机，航空公司告诉你：这架基本上可用，总体说不会出毛病，初步分析掉不下来，你敢跨上去吗？当然，世界上事物不可能完美无缺，那么就把缺失、毛病点清楚嘛。而这次验收中，我们"基本上"取消了"基本上"，下的结论干脆利索："满足设计要求"、"符合规范标准"、"能够安全运行"、"合格率100%"、"工作全部完成"……。我还没有在这样一个痛快的文件上签过字。所以签字速度也特别快，心情特别舒适。我唯一的希望是，以后每一项工作都能这么痛快。相信大家一定能做到。

大家的工作已为全体委员所认可，委员们也都已在验收文件上签了字，这是一件可以庆贺的事。但光靠委员签字包括陆总（编者注：指陆佑楣）和我这两名主、副主任委员签字还不算数，最后还要经过一位至高无上的权威的裁决。我这里不是指汪部长（编者注：指汪恕诚）或是朱总理（编者注：朱镕基），而是指大自然。这位大权威和我们不同，它是最严格、最严厉、不讲情面、铁面无私的，它能找出人们在工作中的任何微小失误，而且惩办起来决不手软的。所以，我们这次的验收鉴定意见书，当

本文是作者2002年6月27日在三峡二期工程下游基坑进水前验收会闭幕时的讲话。

然也包括上次的和今后任何一次的，究竟对不对，还要由大自然在今后作出一步一步的裁决。首先，就是要通过截流、蓄水和汛期导流的考验。对于这位验收大权威，我们的态度一是坦然面对，毫不气馁。因为我们相信自己的能力、水平和工作，我们没有弄虚作假，我们已尽了最大努力。其次，也决不掉以轻心。我们承认任何事物不可能完美无缺，我们的工作和认知水平总会还有缺漏不足，那就准备应付一切可能出现的问题，研究好一切预案。在鉴定意见书中，委员们就自己所想到的问题提了些建议，很不全面，希望大家都来想想、提提。其中重点是导流底孔泄洪度汛后会出现什么可能。我们希望能有一份比较详细的预案，除了规定调洪的原则、来多大流量泄多少水外，要细化到开哪几个孔，细化到一旦某个孔出问题如何处理，细化到在泄洪过程中进行哪些监测，如何反馈，落实到单位、责任人，落实一切所需的设备、材料、工具。我们预祝明年底孔首次泄洪度汛也取得巨大的胜利。

同志们，当前我国形势一片大好，经济上一枝独秀，改革开放进一步深入，水电建设更是全面开花，继三峡梦成为现实后，龙滩梦、小湾梦、溪洛渡梦、向家坝梦都在变成现实。年轻一代的任务真是无比艰巨，前景无限美好，这是我们老一代无法比也是无法想的。但国家深层次的问题和困难确实不少。让我们团结起来，认清形势，听党的话，从行动上真正落实"三个代表"的思想，以我们的艰苦努力认真工作为党和国家排忧解难，首先把三峡工程建好，向党、向人民交一份优秀的答卷，做一个无愧于"21世纪的中国人"称号的人。

需与三峡总公司协商落实的几个问题

一、枢纽工程验收组严格按"枢纽工程验收工作大纲"的要求开展四个阶段（五项）验收工作，每次验收时间预计3～5天（不含途中往返时间）。向验收组的汇报拟简化为三峡总公司的综合汇报和设计单位、安全鉴定单位的汇报。

二、专家组的一般工作方式为：每项验收之前5～7天（或更长，视实际工作量确定）组织相关专业小组的专家先期到达现场，进行现场考察，听取三峡总公司及设计、施工、监理、安全鉴定各方的详细汇报，查阅安全鉴定报告和各方验收汇报材料，必要时请三峡总公司组织有关单位的同志对某些问题进行详细说明。在此基础上，针对关键问题、质量缺陷（或事故）及其处理等进行认真讨论、分析、研究，提出关于验收的书面意见和建议，供枢纽工程验收组参考。必要时，专家组有关专业小组召集人可继续参加验收组的活动。专家组按此方式工作时，需请三峡总公司在给验收组寄送验收资料时，同时寄送20套同样的资料给专家组，以便专家组提前介入工作。

三、根据不同阶段验收中各专业专家小组工作量情况，某些小组可能需要在安全鉴定报告终稿前就介入验收工作，如到现场考察、向有关单位了解情况、收集资料等，此时希望三峡总公司给予配合和协调。

四、请三峡总公司给专家组成员每人提供一套上游围堰、下游围堰和船闸下游引航道破堰验收鉴定书，并提供十套安全鉴定报告，另外再提供五套质量检查专家组的文件资料。

五、国务院验收委员会办公室已明确答应将拨给枢纽工程验收组一笔验收工作经费，故枢纽工程验收组、专家组及有关各方配合工作人员在现场的食宿、交通、会议、接送站等费用由我方支付，我方拟与三峡大酒店签订一份长期合作协议，以明确有关事宜。请三峡总公司在现场考察等工作中给予支持和配合。

本文是作者2002年7月29日就枢纽工程验收组的工作与中国长江三峡工程开发总公司协商落实的建议。

在长江三峡二期工程枢纽验收组
导流明渠截流前验收专家组会议上的讲话

全世界最宏伟的水利枢纽，几代中国人民的梦想——长江三峡水利枢纽，现在又面临一个新的历史阶段！

三峡工程自 1993 年开工以来，历经近十个年头的艰苦奋战，克服了重重困难，质量、进度和投资都得到了有效的控制。现在已是二期工程如期完工并进行明渠截流，转入三期工程的关键时刻。这次截流具有里程碑意义，是真正将长江最终和全面截断。从此，奔流了千百万年的长江洪水将完全在人们控制下泄放调蓄，发挥防洪、发电、通航效益，永远不可逆转。这是伟大的历史事件。为了做好这一工作，不发生任何意外，今年二月，国务院成立了以吴邦国副总理为主任委员的国务院长江三峡二期工程验收委员会，进行验收。验收委员会下设枢纽工程、移民工程和输变电工程三个验收组。其中枢纽工程验收组由水利部牵头组织，汪恕诚部长担任验收组组长。根据枢纽工程的特点，经国务院验收委员会办公室同意并核备，枢纽验收组成立了专家组。专家组的工作，为验收组提供科学和技术依据，是验收工作的重要环节。今天，我们枢纽验收专家组开始正式进行导流明渠截流前的技术预验收，今天的会议也是我们枢纽验收专家组的第一次全体会议。我首先代表枢纽验收组，向全体专家表示热烈的欢迎和衷心的感谢！同时，我也代表专家组向为验收工作创造良好工作条件的三峡总公司领导和所有参建单位的领导以及有关同志表示衷心的感谢！

国务院三峡建委对三峡二期工程的验收工作非常重视，明确指出"开展三峡二期工程验收工作不仅是对二期工程进行全面评价，也是激励全体建设者和地方干部群众在确保质量的前提下，按期全面完成各项任务的强大动力"。同时，也明确指出"在验收工作的全过程中，要坚持实事求是，突出重点，确保质量，统一领导，分工负责，成果共享的原则"。这些指示是做好验收工作的原则，枢纽专家组曾举行过两次工作会议，进行学习，并具体研究了工作计划和专业分工。在这两次会议上，我从枢纽工程的特点出发，曾谈了如何作好技术验收工作的一些意见。借此机会，我重申一下几点基本意见：

第一，要充分认识到这次验收不仅是一项重要的技术工作，更是一项庄严的政治任务。三峡工程是世界上最宏伟的水利工程，是代表中国人民志气和能力的工程，是千秋万代为人民造福的工程，是举世瞩目的工程。全世界友人以热烈、崇敬的心情期待着我们的成功，反华的敌人仇视着我们，要看我们的笑话。"三峡无小事"，何况是明渠截流前的全面验收。因此，这次验收绝不是走过场，每位专家代表身负光荣的政治任务，一定要竭尽全力、实事求是，给三峡二期工程作出全面、科学、正确的评价。

本文是作者 2002 年 10 月 12 日在长江三峡二期工程枢纽验收组导流明渠截流前验收专家组会议上的讲话。

我们的结论一定要能经受得起历史和自然的考验。

第二，验收工作要把质量问题摆在突出的位置。朱镕基总理在去年6月召开的国务院三峡建委第十次会议上再次强调："三峡工程是一项世界瞩目的宏伟水利枢纽工程，质量是三峡工程的生命。"全国政协副主席、三峡质量检查专家组组长钱正英同志也郑重提出："不留质量隐患，既是三峡工程建设的最高原则，也是最低要求"。我体会，对于三峡这样的特大型工程来说，要完全避免质量缺陷或质量事故是很难的。出一点缺陷事故并不可怕，问题是必须完全掌握，彻底查清，认真处理，根除隐患。在验收中，我们对影响工程安全运行的质量问题及其处理效果，一定要高度重视，务求查清，作出结论，提出要求。通过验收，一定做到不留隐患。我在这里再提醒一句：真正的验收者不是专家组、不是验收组，而是截流、蓄水、通航、发电后393亿 m^3 库水的水压力，是今后年年要来的滚滚长江洪水，是地震、是坍方、是通航中心的船舶、是运行中的机组。它们是绝对不讲情面的验收者，它们会抓住设计、施工、制造、安装者的每一个细小失误，进行最无情的报复。下游破堰验收时，我认为工作做得很完备，但一进水，厂房结构缝就马上漏水。好在是个小问题，很快解决了，但足以警惕，我们务必百倍谨慎，不给它们留下任何可乘之机。当然，同样重要的是，对问题必须实事求是、区别对待、科学评价。该下结论的必须勇于下结论，可以打句号的必须及时打句号。这就是专家组的责任。

第三，尽管这次验收成立了专家组，提前进场进行技术预验收，但是毕竟工程规模太大，资料和情况很多，而时间有限。为了解决这个矛盾，建议专家组要充分利用三峡工程施工单位自检、监理旁站检查、总公司质检中心试验抽查的资料、枢纽工程安全鉴定报告，特别要重视国务院三建委派出的质量检查专家组历次检查的意见及其落实情况。过去已作出过正式结论的问题，如无新的情况，要予以尊重。当然，如果有新的情况，要一查到底。同时，要突出重点，区分一般部位和重要部位，一般质量缺陷和严重质量事故，这样才能在有限时间内完成任务。

第四，希望总公司、设计单位、施工单位和监理单位在介绍情况时，也要按照分工负责的原则，少做一般性的介绍，重点说明质量问题及其销缺、处理的情况，以提高验收工作的效率。我们欢迎参建单位的任何同志向专家组提供资料、情况和意见，帮助专家组工作。

我们这个专家组的成员可以说是来自"五湖四海"，但都是有丰富经验的第一流专家。有一部分专家长期以来一直参与三峡的工作，也有更多的专家过去对三峡不太熟悉或是第一次真正接触三峡工程。专家组的这种组成，有利于相辅相成，使我们的技术验收更加客观和全面。我对后一类专家尤其寄予厚望。"不识庐山真面目，只缘身在此山中"。正由于你们过去对三峡工程不太熟悉，就可以站在更高层次，以更超脱的立场看问题，发现问题，提出问题。务请大家本着对党、对国家、对人民负责的态度，真正做到"知无不言，言无不尽"。我相信，在专家组全体同志的努力下，在三峡总公司和各参建单位及全体职工的支持下，我们一定能出色地完成技术预验收的任务。

在长江三峡二期工程明渠截流前
验收会议闭幕时的讲话

长江三峡二期工程明渠截流前验收会议已完成所有任务，即将闭幕。方才张基尧副部长宣读了验收鉴定书，举行了签字仪式，汪恕诚部长作了全面总结和重要讲话。我此刻的心情是无比欣慰、万分激动，除了愿借此机会向全体三峡建设者们表示热烈的祝贺和由衷敬意外，脑中一片空虚，已经想不出再说什么话了。但会议领导一定要我说几句话，我勉强说几点个人感受和体会吧。因为心情过分激动，言不达意，甚至有些语无伦次，望大家原谅。

一、一次具有历史意义的验收

我参加过几次工程验收工作，这次验收非同寻常，它是对世界上最宏伟的水利工程——修建在长江上的三峡枢纽二期工程的验收，是由国务院主持，验收委员会主任是吴邦国副总理。我们的枢纽工程验收组由汪部长亲任组长，成员是国务院有关部、委领导和高级专家，规格之高前所未有。还专门成立专家组，在全国聘请了几十位各专业的一流专家，提前进场，进行技术预验收，为验收组提供讨论依据。我深信，国务院会很快批准"验收鉴定书"，下达明渠截流令。正像当年中央下达渡江令一样，英勇的三峡建设大军即将全面进军，再次截断滚滚长江。从此以后，巫山云雨，尽入仙囊。每年流经三峡 4500 亿 m^3 长江来水，将按照科学的调度，拦蓄和宣泄，千秋万代发挥防洪、通航、发电的效益。从中山先生起几代中国人的梦想将在我们手中化为现实。总之，不论是从验收工作的意义、规格和工作的全面、深入而言，都是工程建设史上少见的，这一切，在我脑中刻下了不可磨灭的印象。所以我说，这是一次具有历史意义的验收。

二、一份经得起历史考验的答卷

这次验收，从专家组到工地算起，已进行了 11 天。其实，早在一年前，总公司和各参建单位就着手准备，动员的人力、物力难以统计，准备的文件资料汗牛充栋。进行了安全鉴定和三峡破堰进水前的阶段验收。专家组成立后，不少领导和专家已多次来工地研究、调查、讨论协调。所有这些，为做好验收工作奠定了坚实的基础。

在这里我对专家组工作说几句话。专家组进场后，全体专家确实做到了全力以赴、夜以继日，有的同志往往工作通宵。他们深入调查，提出质询，研究问题，反复讨论。受验单位全力配合，要啥给啥，毫无保留。正是由于这样紧密无间的协作，使专家组能从无数单元工程项目和问题中，从浩如烟海的数据资料中，理清头绪，抓住重点，深入分析，统一见解，提出各专业组的报告，再形成综合报告。对二期工程受验部位作出了全面、客观、明确的评价和结论，意见完全一致。我在专家组第一次全会上强

本文是作者 2002 年 10 月 18 日在长江三峡二期工程明渠截流验收会议闭幕时的讲话。

调过：我们的工作要经受得起历史的和自然的考验，意思是提请专家要独立思考，谨慎从事。最后，全体专家态度鲜明地签下名，表示他们完全赞同意见书，肯定所作的结论。我可以代表专家组向大家表态，我们对签过字的文件负责，我们相信它经受得起考验。因为我们有充分的科学依据，我们也相信三峡建设者们的能力和责任心。如果说有点遗憾，就是文字不够优美，篇幅也大了点。这没有办法，谁叫三峡工程这么大，项目这么多，必须说的话就这么多，很难再割爱了。

专家组的综合报告经验收组再次深入讨论修改形成的验收鉴定书，更加完善。我认为这是一份对二期工程作出全面客观评价的好文件。不要看轻这一万多字的文件，"字字看来都有血，十年辛苦不寻常"。这里凝聚的是全体三峡建设者十年奋战中付出的心血、汗水、青春，甚至生命，它将作为宝贵的文件永远保留在三峡建设史的长卷之中。

三、验收吹响了最后一战的号角

验收的通过，不仅是对上一阶段工作的总结，更是开展下一阶段战斗的冲锋号。国务院截流令一下，我们马上面临一场惊心动魄的战斗：截断明渠、抢建三期碾压混凝土围堰。这是最后一场硬仗，打赢它，就没有更大的障碍了，但这确实是一场考验人们意志和能力的硬仗。土石围堰的截流落差之高、工程量之大、工期之紧、防渗墙施工之难，大家都能理解，尤其困难的是只准提前，绝不容许拖后，否则将进退两难。至于三期碾压混凝土围堰是个什么概念？我在 50 年代参加号称中国第一座大型水电站——新安江工程的建设，新安江大坝高 105m，长不到 500m，137 万 m³ 混凝土，从 1956 年干到 1960 年，还是号称高速度的。三期碾压混凝土围堰高 115m，长 580m，光二期就有 110 万 m³ 混凝土。换句话讲，我们要在不到半年的时间里，浇完一座新安江大坝，把当前的世界纪录远远抛到后面。好在工地已做好充分准备，专家们的结论是：方案可行、准备就绪。我在这里补充一句，千万不可掉以轻心，要选用风险较小的方案，多做些应付意外的准备，总之是"宁右勿左"。在这种刀口上要舍得投入，宁可事后证明是过虑了。目的只有一个：务求一战而胜，不出意外。

同志们，我再重复一句：这是最后的、无退路的、又一次的世纪之战。我们要为能参加这样伟大的战役而自豪，要通过这一场硬仗再现三峡人的志气和能力。三峡工程大江截流已取得举世瞩目的胜利，预祝在明渠截流中再取得举世震惊、全国欢呼的伟大胜利吧。

四、验收号召向更高的境界攀升

在验收鉴定书中有许多"符合规程规范"，"满足设计要求"的结论，作为验收文件，必须这么写，好像毕业证书中写明学生学习期满、考试合格、准予毕业一样。要指出，这只说明工程已满足必要的条件，并没有给出定量的指标，而我们的目标应该是最高标准——国际第一流水平。

现在我们离一流水平还有差距，验收鉴定书上对一些缺陷、事故的结论是：经过处理后满足设计要求。这是符合实际的，确实不存在隐患，但终究是心头一个疙瘩。譬如说，对上游坝面裂缝已做了十分细致的补强加固——我看有些地方是过点头——确实不会对工程和运行安全有任何影响。但能以此为满足吗？在三期工程中是否还要再出裂缝，再来灌浆、嵌缝，浇一块防渗板呢？我建议把较大的缺陷、事故作为三峡工程的耻辱，我们要"誓雪国耻"！

三期工程的质量一定要更上一层楼。建议通过验收，把缺陷、事故分门别类统计研究。科研、设计、施工、管理同志要结合起来，下功夫，找原因，定措施，消灭它。三期工程中能不能不再出现较大裂缝、气泡，不再发生架空、串通，不再频繁出现"顽症"，灌浆队只准灌地基不准灌混凝土，能不能做到？很难。但如果全体职工都真正的行动起来，共同努力，还是大有希望的。

我提三条措施，一是进一步完善、落实质量保证体系，提高监理水平，加强监理工作；二是依靠科技进步；三是提高一线职工的素质。前两条过去常常讲，当然重要，今后还要强调，但这是上层建筑。如果作为基础的一线工人素质低，譬如说，是些无经验的民工、文盲，能搞得好吗？监理毕竟不能代替施工，好质量毕竟是干出来的，不是监理出来的。验收鉴定书的建议中有"加强一线员工培训"八个字。如果施工梯队素质高，特别是有一些鲁班一样的人物，既有理论水平，又有丰富经验、身怀绝技，能发现问题、解决问题，能团结工人、起核心带头作用的高级技工，就能起到从根本上提高施工质量的作用。遗憾的是，这样的工人似乎愈来愈少，老的退了，年轻人尚不成熟，而且不屑于此。现在建筑市场竞争剧烈，许多企业在招聘专家、打造广告、进行公关活动等方面狠下功夫，能否也花些精力，在"留住鲁班，发现鲁班，培养鲁班"上下些功夫？我们的社会不仅需要科学家、企业家、工程师，也同样需要更大量的高级技工，需要千千万万的现代鲁班，要给他们以应有的地位和报酬。施工企业的领导们，能否思考一下？

总之，二期工程的缺陷一定要消除，三期工程的质量一定要飞跃，在验收鉴定书中和专家报告中提了些建议，请总公司与参建各方认真研究采纳。

五、建成三峡，为振兴中华的大业奋勇搏斗

同志们，三峡工程总工期长达 17 年，现在已度过最艰难的 10 年，虽不能说胜利在握，但确实是曙光在望了。明年蓄水、通航、发电的果实已伸手可及了。一想到这点，相信每位同志都心潮澎湃，激动万分。

我已走过 75 个年头，回首前尘，感受最深的就是中国的苦难太深重了，受人宰割的历史和走过的弯路太长了。所以特别珍惜当前来之不易的大好形势。现在中国已"重要得令人无法轻视，强大得令人不敢欺凌"。可是祖国还未完全统一，国力仍不够强大，国际霸权还在欺压我们。我们一定要在新世纪中彻底翻身。中国人口占全球 1/5，就应该创造 1/5 的世界纪录，1/5 的创造发明应该是中国人完成，诺贝尔奖获奖者应该有 1/5 是中国人，中国的产值应该占全球的 1/5，这不是过高要求吧！我认为当前的头号任务就是全国人民紧密团结在党中央的周围，为实现国家民族的振兴奋力拼搏。只要每个人在各自岗位上竭尽全力，这个神圣目标就能达到。作为三峡人来说，就是干脆、利索、漂亮地打赢三期工程这一仗，取得三峡工程建设的全面胜利，这就是我们对振兴中华的实际贡献。最后，请允许我说几句毛主席当年讲过的话：我们正在做前人没有做过的事，我们的目的一定要达到，我们的目的一定能够达到。同志们，胜利已在向我们招手，历史等待着我们谱写，努力吧！

在三峡工程科研成果鉴定会上的发言

各位专家：

三峡工程是世界上最大的水利枢纽工程，不论工程规模、效益或工程建设涉及的科学技术难题，均居世界前列。实践出真知、实践促科技，自 1993 年开始建设以来，三峡工程建设已经在设计、施工和科研等方面取得了多项有世界水平的科技成果，确保了工程建设的顺利进展。诸如大江截流、二期深水围堰工程、永久船闸高边坡工程、大坝混凝土快速施工技术等重大综合性科技成果的取得，受到了国内外一致的赞誉和充分肯定。昨天方结束的三峡二期明渠截流验收会议，通过了验收，即将于 11 月份进行明渠截流，转入三期工程施工，2003 年将完成工程初期蓄水、发电、通航的建设目标。三峡工程建设重大科技成果，不仅对工程建设本身起到重要的保证作用，也将促进中国乃至世界的水利水电建设科技水平的提高。为促进科技进步，鼓励创造发明，及时对三峡工程建设取得的科技成果进行肯定、奖励和推广是十分必要的。

三峡工程混凝土总量达 2800 万 m^3，其中第二阶段工程为 1860 万 m^3，混凝土工程量巨大，施工强度特高，高峰期持续时间长。三峡工程是国运所系的命脉工程，技术要求高，质量要求严，因而在施工技术上必须有重大突破和创新。经过充分、反复科学论证，选定以塔带机为主、辅以大型门塔机和缆机的综合施工方案。从传统常规的吊罐浇筑系统转变为混凝土连续浇筑系统，就是由各拌和楼通过皮带机系统输送混凝土到塔带机直接入仓浇筑，浇筑速度远远超过了常规方式。1999~2001 年是三峡第二阶段工程混凝土浇筑持续高峰年，年混凝土浇筑强度均在 400 万 m^3 以上，2000 年最高混凝土浇筑强度达 548 万 m^3，月最高混凝土浇筑强度 55.35 万 m^3，日最高混凝土浇筑强度 2.2 万 m^3，连续三年混凝土浇筑总量高达 1409 万 m^3。远超过了由古比雪夫水电站创造的年浇筑 313 万 m^3、月浇筑 38.9 万 m^3 和日浇筑 1.9 万 m^3 的世界最高水平，创造了新的世界纪录。与大坝快速施工相配套的优化的混凝土配合比、高效的制冷温控工艺、仓面的振捣工艺以及计算机信息控制系统，都达到了新的水平。去年由三峡总公司等建设单位完成的"三峡工程大坝混凝土快速施工新技术及实践"项目通过了各位专家参加的成果鉴定，认为综合成果达到国际领先水平，并获得 2002 年度湖北省科技进步一等奖，正进一步申报 2003 年国家科技进步奖。

这一次，我们受湖北省科技厅的委托，邀请各位专家对另外两个项目进行科技成果鉴定，这就是："三峡工程深水高土石围堰的研究与实施"和"三峡水电站厂房充水保压蜗壳结构关键技术研究及应用"。下面请允许我简单说一下这两个项目的情况及其意义。

一、三峡水电站厂房充水保压蜗壳结构关键技术研究及应用
长江三峡水利枢纽水电站单机容量大（700MW）、台数多（26 台），总装机容量

本文是作者 2002 年 10 月 19 日在三峡工程科研成果鉴定会上的发言。

18200MW，在我国电网中是举足轻重的巨型电站，也是在建的世界上规模最大的水电站。鉴于电站的重要性，保证机组运行稳定性，从而保证电站安全运行是首要任务。保证机组运行稳定性，首先当然是机组设计、制造质量，而蜗壳混凝土结构型式的合理选择也是一个重要因素。三峡水电站机组蜗壳尺寸大（平面直径在 x 轴为 34.2m）、HD 值高（1730m^2）、水头变幅大（40m），而且由于厂房布置的限制，蜗壳外围二期混凝土相对较薄，合理选择蜗壳混凝土结构型式的目的是加强蜗壳结构的刚度，有利于机组运行稳定性。最后确定采用保压方式浇外包混凝土，取消垫层，以使蜗壳与混凝土在运行中能适当地联合承载，极大地提高机组运行稳定性和减少震动。这一做法国内外虽有前例，但用到三峡工程 70 万 kW 机组的情况时出现了一系列复杂问题，必须深入研究优化，予以解决。三峡总公司和参建各方为此作了大量的设计、计算和试验研究工作，并在施工中精心谋划，付诸实施。其研究分析的深入程度、考虑情况的细致全面、模型试验的规模和反复加载次数都是少见的，施工中还进一步采用保压保温浇筑方式，取得完全的成功。这一成果的取得是建立在深入论证和科学研究基础上的。从已调查到的资料看，一些同志认为《三峡水电站厂房充水保压蜗壳结构关键技术研究及应用》综合成果总体上是先进的，特别是个别成果已达到很高水平，现提请专家们审议。

二、三峡工程深水高土石围堰的研究与实施

三峡工程深水高土石围堰是一项高难度的工程项目，也是保证二期工程能顺利施工的关键工程。利用一个枯水季节，要在大江 60m 深水中筑起两道横断长江的高土石大坝，所面临的技术难题在国内外同类工程中是没有前例的。二期围堰从研究、建设到运用历时达 18 年。在各方面的努力下，胜利实施，质量优良，几乎没有渗漏。在 1998 年至 2002 年汛期前的四年多的运行期中，二期围堰经历了特大洪水考验，保证了左岸基坑主体工程的顺利施工和坝址下游的安全，达到了设计的要求，圆满地完成了历史任务。

该项目对三峡工程二期深水高土石围堰的关键技术问题，从试验、研究、设计、施工、监理、监测、验收、运用及运用后拆除等各个方面进行了全面系统的研究。项目技术路线先进，技术资料齐全，圆满完成预定的目标。尤其可贵的是多方面有所创新，包括：围堰结构断面设计创新、利用离心模型试验新技术确定了 60m 水深下抛填风化砂的密度和坡角、应力应变有限元分析的应用与发展、柔性墙体材料的研制和施工控制方法的发展、振冲措施在水下风化砂体加密中的应用、新淤砂和风化砂的动力特性研究及其综合处理措施、粗粒料性能的研究、新的施工设备的研制和引进、改造与利用等。围堰施工组织管理和决策，二期围堰拆除过程中工程性状的验证分析等方面也都有所突破。

二期围堰的任务、规模、建设难度、施工质量和运行效果，在国内外围堰史上是史无前例的。在极其严峻的水文、地质、工期条件下，二期围堰的建成标志着中国水利水电建设又登上新的台阶，跻身于国际领先水平，一些同志认为从众多因素综合分析，本项目就总体而言已达到很高水平，提请专家们审议。

当然，上面的介绍是很粗浅的，一些看法也只供参考。究竟两个项目的成就、意义、水平如何，有待于专家们作出客观评价。

我非常感谢省科技厅委托我们鉴定，并要我担任主任。不巧，因为有特别情况，我必须在今天回京，所以从下午起，请副主任水利部高安泽总工主持讨论。这次我们请到的都是有关专业的第一流专家、教授，规格之高很少见到，相信一定能圆满地完成任务。

在三峡枢纽工程质量检查专家组第八次
质量检查结束时的发言

一、2002年三峡工程建设取得的成就和进步

2002年是三峡工程以第二期施工向第三期施工过渡的准备阶段，也是实现2003年水库初期蓄水、通航和首批机组发电三大目标的关键一年。我很高兴看到参建各方在总公司的组织下，团结协作、艰苦奋战，取得了巨大成就。

（1）大坝、厂房、永久船闸、金属结构和机组安装以及其他各项目的工程形象全部达到计划要求，不少项目提前或超额完成任务。

（2）施工质量在原材料控制、施工工艺、监理监督、安装调试等方面较前有全面提高或巩固，没有发生重大事故。对已发生的或存在的缺陷、事故（包括设备缺陷）及专家组的建议，都能认真对待，精心处理，消除隐患。

（3）顺利通过各个阶段验收，实现了"五一"上游基坑进水，"七一"下游基坑进水，9月下游引航道进水，10月18日通过明渠截流前验收。11月6日提前实现明渠截流，为三期围堰的顺利施工，缓解困难，争取到极好的条件。

（4）破堰进水后的监测证明建筑物工作正常，渗流、变形均在设计预计范围以内。

现在恐怕没有人怀疑三峡工程的建设将按照预定的目标进行并将取得最终的完全胜利。取得上述成就的背景是：2002年混凝土浇筑高峰虽已过去，但施工条件更为复杂，金属结构和机组的安装达到高峰，还要面临多次的安全鉴定和阶段验收，可以说矛盾和困难交错在一起。总公司及参建各方能在如此繁复的任务中有条不紊地分工协作，团结取胜，也说明三峡工程的管理水平已达到新的高度。

展望今后，应该说没有更重大的困难能阻挡我们前进的步伐了。但是，"行百里者半九十"，愈是接近目标，愈容易出问题，在庆贺成就的同时，务望参建各方和每位同志一定要彻底清除"自满"、"麻痹"、"松劲"、"厌倦"等思想，永远保持谦虚、谨慎、细致作风，永远以"战战兢兢，如临深渊、如履薄冰"的心情顽强地战斗下去，直到取得全面的胜利。

二、对质量事故、缺陷和验收遗留问题的处理

今年4月以后，工地进行安全鉴定及各阶段验收工作，对工程质量问题作了反复调研和处理工作。因此，本次专家组可充分利用安鉴及验收文件。下面把个人对几个议论较多的问题的看法作一简述。

（1）部分大坝纵缝灌浆后张开问题。初步认为这是由于大坝分缝浇筑，在自重作用下上游块有向前倾倒趋势产生。现大坝已到顶，不应继续发展。蓄水后将压紧，但会影响坝踵压应力。估计不致严重影响大坝安全，但最好在水位抬高前予以灌堵。请

设计方面继续研究。

（2）船闸低高程排水设施。赞同设计提出的增设排水孔方案，现实可行，可以起到补充保护作用。建议尽早实施。

（3）大坝上下游进水后渗流情况。总的看无异常情况，请继续观测、分析。对个别漏水集中或渗压超过设计值者，适当予以处理。

（4）深孔弧门处侧壁钢衬焊缝开裂问题。由于施工时先立钢衬再在内浇二期混凝土，同意主要由于二期混凝土降温和收缩时带动钢衬，引起在最薄弱的"水密焊缝"拉开或发生颈缩。现温度已稳定，在打磨补焊后可满足运行要求。

（5）厂房下游永久缝处漏水。系止水施工缺陷产生。经细致处理后已完全封堵，不致再有问题。

（6）泄洪 1 号坝段高程 7m、17.8m 处渗压异常问题。同意系埋设仪器混凝土局部不密实引起，并不存在大范围的混凝土缺陷。在继续观测一段时间后，可作结论，废除这两支渗压计。

（7）左非 8 号和临时船闸 3 号坝段向闸室临空面有明显位移。个人认为，这些坝段站在斜坡上，坝底有一平台，地基反力集中在平台处，从而使坝段有些侧倾。现坝已到顶，不应再继续发展。

此外，临船 1 号、3 号坝段以及升船机上闸室在斜坡面上混凝土与基岩间有张开现象。这种情况在较陡坡度处是常发生的。要进行细致的接触灌浆回填。

上述问题以及升船机上闸室的斜向裂缝，都需继续加强监测研究。

（8）地下电站引水隧洞混凝土出现顺水流向的裂缝。个人认为，隧洞开挖直径达 15.5～17.5m，衬砌厚 1m，为受强烈约束的薄衬砌结构，开裂主要原因可能仍是由于混凝土浇筑后降温、收缩受约束产生。要避免裂缝，需从原材料、级配、温控、保护等一系列措施下手，对已开裂者只能通过细致的化灌补好。

（9）泄洪坝段上游面水面以上部位到深孔牛腿间敷设保温板问题。泄洪坝段上游面的裂缝，均已采取灌缝、嵌槽、贴氯丁橡胶、粘 SR2 盖板和外浇钢筋混凝土盖板方式处理完成。据设计分析，在今冬明春底孔导流期，水面以上到深孔牛腿间的坝面若遇极端气温骤降情况，坝面拉应力仍较大，因此提出在该部位贴上保温板以减小温度应力，防止再产生裂缝。

谭总（编者注：指谭靖夷）和我曾与设计、科研及总公司的同志对此进行讨论，个人认为：

（1）各泄洪坝段中间 9m 宽范围内已用 SR2 盖板及钢筋混凝土板封闭，即使已灌浆的裂缝再次张开，库水不可能进入裂缝，不会产生不利后果。

（2）9m 范围以外的"两侧区域"，宽度有限（6m），受横缝及裂缝卸荷影响，温度应力不会太大，计算条件过于保守，该处混凝土又为三级配，标号也高，表面又涂了 KT1 涂层，预计产生新裂缝的可能性不大。

（3）上述"两侧区域"中拉应力最大的部位，正位于反勾门槽部位，也无法贴保温板保护。

根据以上原因，且施工有些困难和危险，个人倾向不贴。讨论中谭总和很多同志建议，适当关闭几个导流底孔，将上游水位抬高一些，不使冷空气穿行导流底孔，对减少温度应力倒是很有效的。

三、对三期工程的几点建议

三期工程中不存在可以阻挡我们取得全面胜利的重大技术难题，但必须清除自满、麻痹、松劲的有害思想，这在上面已经说过。另外，更重要的一点是要认真总结二期工程中出现的质量事故与缺陷，提高认识，采取措施，不让这些问题重现，使我们的管理、施工和设计更上一层楼。所以我建议大家把二期工程出现过的问题和顽症重新全面归纳一下，如混凝土（特别是上游坝面）大量开裂、混凝土表面气泡、混凝土表面缺陷、混凝土架空、止水止浆片失效、接缝灌浆堵管或漏浆串浆、人工砂含水不稳定、钢管凑合节偏差……，然后分析原因提出措施，力争做到"无事故"、"少缺陷"、"一次施工合格，不必事后修补"。有些问题要解决也并不容易，需要设计、施工、科研、管理共同努力，甚或需从根本上改起。

在二期工程行之有效的制度、技术、设备（如仓面设计、旁站监理、混凝土养护保温……），一定要坚持、完善。有一些问题尚未能从理论上完全解决或需经历更久时期考验的，必须坚持不懈地进行监测、试验和分析研究，如高边坡的稳定、厂坝渗流和变形、验收中提出的一些未最终解决的问题，都不可掉以轻心，要做长期工作，而且要及时将观测成果进行分析与反馈，直到问题最终解决或明确。

有些单位和专家对三峡工程提出的建议或新技术，建议总公司、设计与施工单位研究，确定是否采纳。例如，华北水院提出右岸钢管采用预应力外包混凝土和钢衬联合受力结构，认为有很多优点，请研究后作个决策。

最后一点意见，是三期碾压混凝土围堰和下游土石围堰施工务必精心进行，保证质量和进度，千万不能因为是临时建筑而有丝毫松懈。

四、关于电源电站问题

三峡枢纽的厂用电及枢纽用电原设计由左右岸厂房各6台机组引出，另由电力系统引接两个独立电源和设置两台柴油发电机组作为保安电源。随着工程进展，情况有些变化，一是三峡电厂更多地参与调峰运行，启闭频繁；二是两路外来电源均来自葛洲坝二江电厂，且有一段线路是双回路共杆架设。为提高厂用电源可靠性，三峡总公司与长江委研究提出在临时船闸旁的山体内建一10万kW的电源电站，做了设计、咨询工作，上报请批，未获正式批准，但已建了进出口建筑物。在明渠截流前验收时对其进口未验收，建议在蓄水验收时解决。

这事原不涉及质量检查专家组，但现在离蓄水时间不多，问题长期延搁总不是办法。我还是表个态。鉴于三峡电厂及枢纽用电非常重要，容量也很大，建这个电源电站集厂用电源、备用电源和保安电源于一体，可以不受机组调峰启闭和检修影响，不受发生意外事故大面积停电的影响，必要时可以手动启动，确能提高厂用电源保证性。此外还可用弃水发电，不必长期搁置柴油发电机（其容量也不够），似属可行。应说明，有些水电站建设时，施工、设计单位以集资方式建个小电站为本单位谋利，甚至挤占大电站发电，是不合适的，但三峡电源电站不是这种性质，也没有对枢纽布置或电气设计有本质性变化。电源电站装机只占三峡总容量的0.5%，建议政府不必卡得太死，是否补办批准手续，早些建好，保证质量与安全，以免被动。

五、关于蓄水后的调度运行

三峡工程是世界上最大的水利枢纽，将发挥防洪、发电、航运等多方面综合效益，并分别由有关部门管理。各部门间既有一致利益，更有许多具体矛盾，需要统一协调。设计单位虽提出一些调度原则，尚缺乏运行实践考验。

鉴于三峡工程特殊重要性和复杂性，建议由国务院三峡建委组织有关部门成立一个临时的运行调度小组（或授权总公司组织），负责在运行初期进行总的领导和协调，探索操作方式和与其他行政部门关系，总结经验，待成熟后，制订完善运行条例，转入正常运行。

在长江三峡枢纽工程质量检查专家组三峡工地调研结束时的发言

昨天专家们都作了重要发言，我今天谈三个问题。

一、2002年度的成绩

这次会议是质量检查组到工地进行调研的第九次会议了。任务是调研2002年度（包括今年一季度）三峡工程进展和工程质量。2002年是三峡工程从二期施工向三期施工过渡的一年，在这关键性的一年里，总公司和参建各方取得了决定性的胜利，全面、超前完成了土建和安装的年度计划：二期工程的大坝全线到顶，上下游基坑及下游引航道提前进水，通过了国务院枢纽工程验收组明渠截流前的验收，永久船闸按计划进行无水、有水调试。接着，提前实现明渠截流，三期土石围堰顺利形成，RCC围堰提前浇筑，目前已基本到顶。左岸厂房土建和机组安装工作也按计划进行，地下电站进水塔和茅坪大坝都达到预定高程。可以说，为实现今年蓄水、通航、发电三大目标需做的工作都基本完成，各种困难都已克服或即可解决，我们比过去任何时候更有把握地相信三大目标能够胜利实现。2002年度成为三峡工程开工以来完成计划最好的一年，实在值得庆贺。这些成绩是由总公司和参建各方每一位同志的心血和努力铸成的。请允许我向大家表示崇高的敬意和热忱的祝贺。

2002年度的施工质量也是好的。无论是混凝土原材料控制、混凝土浇筑、接缝和帷幕灌浆以及金属结构和机组的安装工作，质量较前又大有提高，没有出现质量问题。对于已经检查出来的事故和缺陷，进行一丝不苟的处理，不留隐患。通过各种手段的检查和对监测资料的分析，工程质量总体良好，缺陷事故的处理有效，渗流、扬压力、变形都在正常值内，证实建筑物能够满足设计要求和安全运行。

质量检查组的主要任务是协助总公司和参建各方检查质量、分析问题，消除隐患，保证工程的安全，所以不宜对成绩说得太多，将由钱正英副主席作权威性评定，我只是简单提些看法。我相信对2002年度的工程进展情况作如上的提法是符合实事求是原则的。

二、对若干重要问题的分析和意见

在2002年度中，也存在着不足或有待改进之处，特别是发现了几个较大的问题。但这些问题发生在过去完成的工程中，有一些问题以前已发现，但未取得一致认识。这些问题值得重视，陆总（编者注：指陆佑楣）也希望专家组对此有个说法。特别是蓄水在即，亟需统一认识，抓紧处理。下面我就土建中的几个重要问题说一下看法。许多意见和昨天专家们的看法是相同或相近的，我扼要重复一下，也算是个初步的小结。

本文是作者2003年4月4日在长江三峡枢纽工程质量检查专家组第九次三峡工地调研结束时的发言。

（一）左非 1～18 号、升船机坝段及左厂 1～14 号坝段的裂缝

这些坝段的上、下游面及坝顶经历了去冬今春的低温季节后，出现了许多裂缝，尤以上游坝面的裂缝为多和重要。其中左非 1～8 号和升船机坝段上游面主要出现了竖向缝，左非 9～18 号主要为水平层面缝，左厂 1～14 号坝段上游面、排沙孔内也有裂缝，背管外包混凝土表面也出现环向裂缝。

1. 裂缝发生原因

混凝土建筑物产生裂缝，不外由三种因素引起：①建筑物受荷载后产生拉应力，超过混凝土的抗拉强度而开裂（结构裂缝）；②由于混凝土收缩或因温度变化产生体积变形，又受到外部或内部约束从而开裂（温度、体缩裂缝）；③由于地基的不均匀沉陷、变位产生的裂缝。当然，更多是综合性因素引起。左非坝段的裂缝显然属于第二类裂缝，去冬今春三峡地区较往年为冷，多次发生温度骤降，坝面也未保温，因此开裂是可以理解的。这些裂缝都属于表面浅层裂缝，但尺寸较长。

令人感兴趣的是这些裂缝的方向为什么是这样分布的。从理论上讲，表面裂缝应沿"拉应力"超过"抵抗力"最大的方向开裂。"拉应力"中包括气温骤降时引起的拉应力和原存在的拉应力。"抵抗力"中包括混凝土的抗拉强度和原存在的压应力。对于上游坝面，蓄水前水平面上存在自重压应力，抵抗力比竖向大得多，所以经常发生竖向劈头裂缝。左非 1～左非 8 坝段出现的就是这类劈头缝，是正常的。在坝段下游面，不存在大的自重压应力（甚至可能有拉应力），因此下游面容易出现水平层面裂缝。三峡情况也是如此。

比较难以解释的是，为什么左非 9～14 坝段的上游面以水平层面裂缝为主？我们注意到的是：左非 10～12 坝段原来是个高程 120 的大缺口，是在较短时间内抢浇上来的，其下部在夏季施工，进行强迫通水冷却。另外是水平裂缝基本上都发生在浇筑层面上。可以设想：在抢工的过程中，如施工工艺有些缺陷（过震，表面泌水未处理好等），层面的抗拉强度可以远低于整体混凝土的抗拉强度。在夏季强迫通水冷却时，冷却水管周围出现局部内外温差，可以引发裂缝，由于冷却水管放在层面上，就极易沿层面裂开。到了冬季，温度情况倒过来，坝面低而内部高，上游相当范围都位于受拉区内，原来的小裂缝就可能延伸到坝面。总之，当层面上混凝土抗拉强度的降低以及由于各种其他因素导致的层面缺陷影响叠加后，超过从自重压力中获得的余地时，裂缝就沿水平层面张开。这只是一种解释，供参考。据此，也可解释以下情况：水平裂缝延伸到左非 14 坝段的左半部戛然而止，这是由于从 14 坝段右半部起，坝顶上设有伸出的牛腿，增加了自重应力，就压止了裂缝的发生。再往右的左厂坝段，不但坝顶有牛腿，而且开有门孔，情况比大体积实体混凝土有利，就不再集中出现裂缝。

2. 开裂的后果

如对这些裂缝不作处理，水位升高后水将进入裂缝，发生劈缝力，加上水压力引起的拉应力，可使裂缝继续扩展，集中渗漏，影响大坝耐久性和安全。如果对裂缝予以妥善处理，防止库水进入缝内，由于这些裂缝所在位置较高（130m 以上），经计算和判断，裂缝不再裂开，也不会扩展，对大坝安全和寿命不存在影响。

3. 建议

仿照泄洪坝段上游面裂缝处理原则，对所有发生的裂缝进行细致处理，包括化学灌浆，凿槽嵌 SR2 和表面保护，对个别坝段可考虑在廊道内钻一些预防性的降压孔（由设计确定），运行后加强监测（这些表面裂缝位置较高，多数有条件进行直接观测和必要的补充处理）。

（二）泄洪坝段纵缝灌浆后重新张开问题

泄洪坝段设有两条纵缝，纵缝顶部是并缝的。在坝体降到稳定温度后灌浆封堵。但从埋设的测缝计显示，在灌浆后纵缝继续张开（以下称为增开度），其规律是：底部增开度小，往上增开度大；夏季增开度大，冬季小。观测的增开度有个最大值 2.47mm，但如剔除不合理值，约在 1mm 以内。2003 年增开度有所回缩。增开度的变化与外界气温变化相关。设计院做了仿真分析，也证实这种现象。

1. 成因

纵缝灌浆后脱开，有两种原因。一种是灌浆后继续浇筑上部混凝土，由上游块的自重作用（上游块重心倾向上游）引起拉开。这种原因产生的脱开在坝体到顶后应稳定，不会变化。第二种是坝体上下游表层混凝土温度随季节的变化，产生纵缝开度的变化。设计院认为，后者的影响起主要作用。

2. 影响

由于纵缝（特别是 1 号纵缝）张开，蓄水后虽然能将缝压紧，却将对坝踵和上游面应力产生不利影响。但根据以下判断，这一影响可能并不严重：①纵缝上端是并缝的，下部的增开度很小，也较稳定（0.02～0.23mm）；②中部的增开度也不大，且有减小趋势；③纵缝面上设有水平缝槽；④蓄水后，上游面水下部位温度趋于稳定，增开度的变化会更小；⑤据设计单位初步分析成果，纵缝密合和纵缝有增开度两种情况的坝踵应力差异值不大，都是安全的。

3. 建议

从理论上讲，纵缝脱开，对上游面应力总有不利影响，宜在蓄水前补灌密实，纵缝 1 尤为重要。但鉴于：①根据初步分析和判断，影响不严重；②原灌浆系统已堵塞，只能在廊道中钻孔补灌，效果较差；③初期蓄水后水位在 135m 要维持三年。在低水位下，坝体安全绝无问题。为此建议：①由设计院抓紧进行深入分析研究，较准确地查明纵缝张开对坝体应力的不利影响；②由总公司组织有关单位，进行钻孔补灌的施工方案研究，并选取合适地点进行试验；③据设计分析及施工试验成果，确定是否需要补灌。如确定补灌，则应在库水位为 135m 时完成；④加强有关的观测工作。

（三）永久船闸中隔墩输水隧洞顺流向裂缝问题

中隔墩下的双孔输水隧洞衬砌在船闸进行有水调试后放空检查，发现南北两孔均出现顺水流向裂缝，位置在顶拱中部和底板靠中隔墙部位，断续延长达 2000m 左右。

1. 成因

系温度应力及内水压力共同造成。哪一种因素所起作用更多一些，可留待今后做进一步仿真分析研究。两侧的"单洞"由于尺寸较小，结构形式较有利，所以没有出现类似的延伸很长的裂缝。

2. 影响

这种裂缝的出现，将削弱输水隧洞衬砌结构的完整性。但由于衬砌是钢筋混凝土结构，目前裂缝较细，尚不致如纯混凝土结构一样解体为三个独立的部件。

在运行后，隧洞内水头要达到最大设计值，且频繁变化，检修放空时应力还会反向，预计裂缝宽度也会不断变化而且有所增长。

裂缝的存在在近期内尚不致影响结构的安全。因为承受内水压力时，衬砌向外变形，随着裂缝的张开，衬砌将受到围岩抗力的支承，不会无限制地恶化。放空时，衬砌承受外水压力作用，由于外压不大，且衬砌处于压缩状态，裂缝挤紧，也能维持安全。

主要的不利影响是内水不断外渗，影响中隔墩处的水文地质条件，从而引起不利后果。渗流水不断通过裂缝出入，还将带出混凝土中的钙质和锈蚀钢筋，影响建筑物寿命。

3. 建议

鉴于输水隧洞投入运行后，放空检修机会很少，检修也很困难，故宜抓紧最近两个月对裂缝尽可能进行全面处理，以防渗为主要目的。处理措施包括缝面化学灌浆和表面涂刷能抗流速的保护材料。具体设计由设计院迅速提出，请总公司会同施工单位确定。请总公司抓紧组织施工，在6月份输水隧洞充水前完成。顶拱与围岩如有脱空，抓紧回填密实。

运行中要注意观测该部位地下水位及渗流量的变化情况，作出分析。如认为地下水情况有不利变化，可在闸室底板排水廊道中补打垂直排水孔幕降压，并在输水隧洞放空时检查维修。

建议由设计院继续做深入分析研究，进一步弄清开裂原因和分析发展后果。

（四）左厂房背管外包混凝土裂缝

左厂1～10号背管外包混凝土出现多条环向裂缝，气温较高时闭合，系气温变化引起的表层裂缝。对钢衬—钢筋混凝土管道的受力无明显影响，但如雨水渗入缝中，将加速钢筋锈蚀，影响其耐久性。

鉴于钢管充水运行后，外包混凝土必将发生顺水流向裂缝，故建议对已发现的裂缝先作简单的保护措施，防止雨水入渗。待运行后顺水流向裂缝出现并稳定后，再作较永久的保护措施。

其他关于2002年度所浇混凝土的质量、碾压混凝土围堰质量、对缺陷、事故的处理质量和效果等，都是良好的，昨天谭靖夷院士都有说明，就不再重复了。

三、总结提高、开拓创新，为做好三期工程努力

三峡工程施工已历十个年头。经总公司及参建各方的艰苦努力，已取得决定性胜利。在工程质量方面，建立、健全和坚持了各种质量保证体系，加强监理工作，对已发现的事故和缺陷进行一丝不苟的处理，做到不留隐患。大家的认真、努力和进步是有目共睹的。但经过这样的努力，仍不断出现一些问题，这一现象值得我们重视。今后除应继续坚持各项规章制度，精益求精地提高施工工艺外，似值得从设计到施工、监理、管理各领域全面总结经验教训，在更高层次上分析认识问题，以便把三期工程做得更好。这一点，昨天刘颖同志已提出，钱副主席还要专门谈到，我在这里也说点个人意见。

当前困扰我们的最大问题大概是混凝土建筑物的开裂问题。三峡工程在防裂方面研究之深，投入之多，工作之努力是不容否认的，但裂缝仍层出不穷，应该怎么评论这个事实呢？

混凝土结构特别是大体积结构的裂缝有两类：一类是使结构完整性遭到破坏的贯穿性大断裂。在三峡工程上，至今并未发生过这种事故。因此，可以认为，加强温控防裂工作后，这类断裂是可以防止的，三峡工程做到了这一点。

第二类裂缝是表面浅层裂缝。防止这类裂缝要困难得多，牵涉因素也很广。实事求是地讲，要求不出现任何表面裂缝是不现实的。我们的要求应该是防止出现劈头裂缝。对其他无危害性，不会扩展，细微短小的裂缝，则应采取合理措施，尽量减少，并不都需要处理。但三峡工程出现的表面裂缝往往都很长，这是很特殊和不利的，要研究改进。

要达到这一目标，看来需从多方面进行综合努力，单纯依赖一种措施（例如温控）是不够的。例如，在原材料和级配方面，要尽可能提高混凝土的抗拉强度，特别是极限拉伸值，减少体缩，或使其具微膨胀性；在结构上要限制块体尺寸，减低约束程度，避免有薄弱部位和尖锐折角；表层混凝土的标号设计要综合考虑，要与内部混凝土匹配，不能相差过大；养护和表面保护工作要进一步加强，对于关键部位（如上游面水下部位），需在每年冬季进行严格保温，直至蓄水。也可考虑干脆在坝面专设隔热防渗保护层而简化对混凝土的要求。在有些表面要配置密而细的温度钢筋网。

对于地下结构衬砌，由于混凝土坍落度大、水泥用量多，衬砌受围岩约束，其防裂甚至更困难。除改善混凝土性能、控制温度和改善结构体型外，为防止、减少环向裂缝，必须合理分段，为防止、减少水流向裂缝，必须合理布设施工缝分块浇筑。总之，用预先设置的可靠的施工缝来消灭无法预知、处理困难的自发性裂缝。采用预应力，可以彻底消除顺水流向裂缝。对防渗防裂有高要求的衬砌应该采取这一措施。有些专家建议右岸的压力管道改用"钢板—预应力混凝土"方案，值得考虑。

纵缝重新张开问题也值得反思。以往设计纵缝的原则是：坝体分缝浇筑，在坝体温度降到稳定温度后灌浆联成整体。从三峡的实践可知，这样做并不能保证不重新张开。因为到坝体蓄水前，上下游面受边界温度变化影响而伸缩，可以使纵缝灌浆后仍张开。这是一个启发。在右岸工程中，我们应根据拟定的施工计划对坝块的浇筑、冷却、灌浆过程作详尽分析，直到蓄水，研究缝面是否张开及开度大小。如果缝面张开而且要产生不允许的后果，就应采取措施消除或敷设重复灌浆系统。总之，要把三期工程建成一流工程绝非易事。要认真分析全面总结二期工程中正反经验，好的坚持提高，错的认真改进，要有所作为，有所创新。千万不可认为困难的二期工程也闯过来了，三期工程没有什么新的难题了，从而掉以轻心。总公司又在改制，任务范围更扩大，无论怎么变化，仍要把三峡三期工程作重中之重，从组织上、力量上、投入上、管理上加以保证，始终如一，夺取三峡工程全面胜利。

由于专业关系，我只谈了土建方面的问题。在机电、安装方面，昨天三位专家已作了全面发言。总的讲，2002 年度中安装工作进入紧张高峰，检查后可认为安装的标准是严的、质量是好的，进度是快的，可以满足今年 4 台机投产计划。

三峡机组是世界上最巨大的，安装困难可以想象，何况还受到供货不及时及设备有缺陷的困扰。对这些问题，安装单位尽力补救、消缺，作出极大努力，都值得肯定。专家们同时指出存在的一些问题，提出相应的建议，包括管理方面的意见，这些宝贵和重要的意见、建议，请总公司研究采纳，尤其是在运行后可能会出现不利后果的，必须重视、妥善解决。

我想重复强调的一点是，由于安装工作全面铺开，任务十分繁重、紧张，现场很拥挤，务必特别注意文明施工，清洁施工，要大力提高管理水平，进行严格的科学管理，各单位要团结协作，防止乱中出错，忙中出错。

我的发言就是这些，不妥之处请专家和钱副主席指正，最后，请允许我用梁维燕同志的一句话结束我的发言：成绩很大，进步很快，继续努力，安全运行！

我不希望三峡工程留下遗憾

独家采访三峡枢纽工程验收组副组长、专家组组长潘家铮

2003 年 5 月 21 日，他和同事们在三峡二期工程枢纽工程蓄水及船闸试通航前验收鉴定书上签下了自己的名字。他从 1984 年开始参与三峡工程论证，曾任三峡工程论证领导小组副组长。

6 月 2 日，三峡工程开始蓄水的第二天，《南方周末》对回到北京的潘家铮进行了专访。

南方周末：请问验收工作是怎么开展的？听说三峡总公司提供的验收资料有 3000 万字之多，专家们看得过来吗？

潘家铮：这么大的一项工程，当然不可能在最后几天才去开展验收工作。国务院长江三峡二期工程验收委员会去年组建了枢纽、移民、输变电三个验收组，各验收组分别成立了验收组办公室和验收专家组。我是枢纽验收组的副组长和专家组组长。枢纽组下面，又分为大坝厂房、机电、施工监测和船闸四个专业组。今年 5 月 12 日至 18 日，除了几位专家生病请假以外，有 40 多位专家前往工程现场进行验收，提出了技术预验收意见。5 月 19 日至 21 日，则由验收组进行验收。

在此之前，其实已经做了很多工作。今年三、四月，很多专家都去过工程现场做预调研。而在他们之前，国务院三峡工程建设委员会派出的质量检查专家组进行过 9 次质量检查，每年去两次，每次都有详细的检查记录。所以，验收工作实际上是从二期工程一开始就进行了。

南方周末：专家们最关心的是什么问题？

潘家铮：我们最关心的问题包括四个方面。第一，工程的形象面貌是否满足 135m 的蓄水要求；第二，工程质量是否符合要求，有没有留下隐患；第三，大坝内埋了很多监测仪器，要看监测数据是否正常，这就像给一个人做体格检查；第四，蓄水通航的其他准备工作是否就绪。

南方周末：怎么判断工程质量是否达到要求呢？

潘家铮：工程质量不是短时间内就能看出来的。工程一开工，对每一个单项工程都有详细的施工和监理记录，每次检查也都提出了改进意见。我们在验收时，主要看过去发生的质量事故是否已经采取补救措施，以及有没有新的情况出现。

在二期工程中，出现了一些表面裂缝。在三峡工程已经浇筑的超过 2000 万 m^3 混凝土中，出现了 2000 多条裂缝，这个比例并不高。这些裂缝绝大部分很小，不会对大坝产生什么影响。另外一些裂缝比较大，最长的断断续续有二三十米，最宽的可能有超过 1mm 的。但后来采取了非常细致的补救措施，用化学灌浆、防渗材料等方法进

本文刊载于 2003 年 6 月 5 日《南方周末》。

行了处理，不会影响大坝的安全。我个人一点都不担心裂缝问题。

南方周末：您在验收闭幕会上说。二期工程确实取得了伟大成就，但也确实存在不足。三期工程一定要瞄准第一流水平，至少不应再出现几十米长的裂缝。您还说，有许多问题的是非得失要全面和辩证地分析。比如混凝土的强度保证率并不是越高越好。

潘家铮：一些同志总希望混凝土强度越高越好，安全系数越大越好。其实，混凝土强度有一定波动是正常的，如果过分追求强度保证率，一定超强，水泥用量多，花钱也多，而且，水泥要发热，强度过高恰恰是产生裂缝的原因之一。这就像一个人拼命吃补药，虚火上升，反而容易流鼻血。工程质量不能只看强度呀。

南方周末：您们在验收过程中发现新的质量问题了吗？

潘家铮：没有发现什么大的新问题。只是，我们通过大坝里面埋设的监测仪器发现，一些纵缝重新张开了。这个问题不是施工的质量问题，在其他大坝中也没有发现过。

坝体是分块浇筑的，各分块在温度稳定之后，其间的分缝（纵缝）会张开，要通过灌浆恢复成整体。但我们发现，经过一年或更长的时间以后，有的纵缝重新张开了。纵缝张开的宽度在 1mm 左右，并没有上下贯通。估计出现这种情况的原因是三峡大坝的横断面太大，坝体上下游面在表面温度变化下引起。以前没有发现过这种情况，可能是有些坝的横断面没那么大，也可能是有些坝没有埋设那么多监测仪器。现在，正进一步研究是否需要采取处理措施。

我们认为纵缝重新张开的影响是有限的，不会影响到大坝的安全。网上有人拿这个纵缝大做文章，可能是不了解实际情况。

南方周末：专家组和验收组内部有不同意见吗？

潘家铮：我们是一致通过，没有不同意见。在验收鉴定书上提了 20 条建议，技术预验收意见上提的建议更多。比如说，建议加强监测，对一些重点部位尤其要细致地监测；对纵缝重新张开的问题要进一步研究，把原因和影响弄得更清楚，等等。

三峡总公司也表了态，要百分之百地接受专家们的意见。

南方周末：现在人们对三峡工程可能还是有一些担心，比如会不会拦一库污水？

潘家铮：如果清库工作做得不好，上游排污问题没有解决，蓄水以后确实会使污染问题严重化。但三峡工程在这两个方面都采取了严格措施。库区清理是移民组验收的，我相信他们的验收结论。当然，也不能排除个别地方清库工作没有做好的情况，但这不会影响大局。更重要的是，在治理库区工矿城镇的排污方面，国家下了很大决心，绝不是纸面上的工作。

另外，三峡水库是一个河道型的水库。蓄水之后也还要"蓄清排浑"，每年汛期的时候，大量泄水，汛期结束时再蓄水到正常水位。也就是说，每年三峡的水位都会大起大落，进进出出，它不是一个死库。

因此，我认为，三峡水库蓄水之后，不会像一些人所说的那样成为一个污水塘。

"世界上没有一个工程的验收是戴着口罩进行调研和开会的。"76 岁的潘家铮说。

南方周末：泥沙问题呢？三峡水库会不会出现泥沙淤积？还有，金沙江上的溪洛渡、向家坝水库已经立项，据说仅溪洛渡就可减少三峡水库47%的入库泥沙量，那是不是意味着将泥沙淤积问题部分转嫁给了溪洛渡和向家坝？

潘家铮：泥沙问题是一个很复杂的问题。治本的措施是长江上游的生态保护，这个工作正在全面展开，但需要长时间才能见效。

我刚才提到，蓄水之后要"蓄清排浑"，这样汛期可以排出大量泥沙。即使长江上游不再修坝，从泥沙模型研究的情况来看，三峡水库运行七八十年以后，达到冲淤平衡，水库就不会再淤积了，那时尚可保留百分之八九十的有效库容。

溪洛渡和向家坝水库运行以后，可以分担相当一部分泥沙，将使达到冲淤平衡的时间再往后推数十年，这样也为长江上游生态保护这个治本的措施争取了更多的时间。

南方周末：您说过这样的话，在三峡工程长时间的论证过程中，有的专家提出了一些令人担心的问题，通过十年建设，有些顾虑现在可以打消。请问，您认为哪些顾虑可以打消了？哪些问题还需要进一步研究或需要时间来检验？

潘家铮：对三峡工程的各种意见中，第一种认为三峡工程的作用不会有那么大，解决不了长江的防洪问题，发电可以用支流电站或其他电站来代替，长江航运反而会受到破坏等；第二种认为工程投资太大，投入产出周期太长，国力不能承担，工程上马将导致经济崩溃；第三种认为工程的许多复杂技术问题不能解决；第四种认为移民数量太大，在100万以上，工作很难做；第五种认为泥沙问题很难解决，将来会变成一库泥沙；第六种认为对生态环境会有很大的负面作用，等等。

现在，一些问题已经可以得到回答。

第一，对三峡工程投资太大、国家无力承担的观点，已经证明是对国家经济发展形势的估计太悲观，依我看，三峡工程反而拉动了内需，促进了经济的良性循环。

第二，对三峡工程太大、技术难题解决不了的顾虑也可以打消。二期工程已经回答了，中国人完全有能力依靠自己的力量建设三峡工程，并且创造了许多世界纪录。

第三，对百万移民的问题，也有了明确答案。目前已迁移了70多万人，迁得出、稳得住的结论也可以下。当然，我不是说每一个移民都满意，但绝大多数移民都安置得比较妥当，这在世界上也是一个奇迹。三峡工程投产以后，效益很大，更有条件和力量解决好移民的困难，支持库区的发展。

第四，对泥沙问题，可以通过"蓄清排浑"等措施得到解决，在宏观上不会有什么问题。当然，现在只有模型和数学计算，一些具体问题还需要在今后的实际运行中进行验证。而三峡工程是分期蓄水，2006年蓄到156m，最后才蓄到175m，在这个过程中，我们可以根据实际情况修改参数，作出相应的决策。

当然，还有一些问题，如长江口会受到什么样的影响，生态环境方面会出现什么样的问题，可能需要更长的时间才能下结论。

南方周末：您对三期工程有什么担心和希望吗？

潘家铮：我对三期工程基本上没有大的担心，只是希望能够认真总结二期工程的经验教训，在三期工程中上一个新的台阶。

另外，我希望移民工作能够做得尽善尽美。三峡工程有百万移民，即使只有1%的移民没有安置好，也有1万人呀，1万人可不是一个小数目。但愿每个移民都能满意，都能致富。

还有，三峡水库蓄水以后，上游的一些边坡、岩体可能滑坡。有关方面已经做了很多监测工作，采取了相应的措施，但一些地方对地质专家的忠告不一定听得进去。我希望存在隐患的地方现在赶紧加固和迁移，特别是对那些新的移民点，如果出现崩塌，是绝对不允许的。

三峡水库蓄水以后，清水下泄，下游可能出现一些新的情况，如河道河床的演变等，也希望加强观测。

总之，我希望三期工程中能够及早发现问题并采取措施，不要留下什么遗憾。

这是三峡工程的关键点

三峡库区近日的大范围降雨，使三峡工程 135m 的蓄水目标提前实现。从此三峡工程就可以发挥其发电、通航等效益，国人百年梦想开始逐步成为现实。

135m 只是三峡蓄水第一步，现在已经达到的 135m 蓄水位只是三峡工程围堰发电期水位，按照分期蓄水的设计规划，到 2006 年水库蓄水的水位将达到 156m，在 2009 年，这个数字将最终抬高至 175m。

在今年 8 月和 10 月，将有 4 台机组陆续投产发电，到年底这 4 台机组的发电量将达到 55 亿度。全国 13 亿人，每人平均可以分到 4 度电；如果 3 角钱 1 度电的话，就可以回收 10 多亿元的资金；如果每度电能够产生 5 元钱的产值，就可以创造 270 多亿元的产值。从今年开始一直到 2009 年，三峡工程每年都将有 4 台机组投产，发电量等于每年增加一座葛洲坝电站。当全部 26 台机组投产后，三峡年均发电量将达到 847 亿 kW·h，这些电量足够照亮半个中国。

如果遇到大洪水，要求现在的三峡工程拦一下，我想这也是理所当然的。到 2009 年三峡水库蓄水水位达到 175m 之后，防洪库容将达到 221.5 亿 m^3。在汛期到来之前，三峡水库将排水腾出这个防洪库容。如果在汛期下游河道出现可能险情，三峡水库将拦洪蓄水，等下游洪峰过去，再排水腾出防洪库容。

本文发表于 2003 年 6 月 20 日《光明日报》上。

在长江三峡枢纽工程二期混凝土
质量研讨会上的讲话

　　三峡工程混凝土质量研讨会即将闭幕。各位专家、代表在百忙中，在酷暑期间，应邀前来与会，就总结二期工程混凝土质量的经验教训和改进三期工程混凝土质量问题畅所欲言，提出了许多重要的意见和建议，最主要的内容已总结在方才两位召集人的发言中，我们将根据会议中的主要意见写出纪要，供三峡总公司和参建各方做决策时的参考。对各位专家、代表的辛勤劳动和认真负责态度（有的专家做了详尽准备或提供了书面材料），我想，会议主持方蒲主任（编者注：指蒲海清）还会表示感谢的，我也利用这个机会向大家表示个人的衷心感谢。总公司和设计院为会议做了认真的准备，也表示肯定。

　　三峡枢纽二期工程已经取得了近乎完美的成就，胜利地画上了句号，这是举世公认的。如果说还有什么美中不足，就是混凝土质量曾经出现过一些局部缺陷和事故。虽经认真处理后，完全可以满足设计要求，符合规范标准，能够安全运行，但总是一个遗憾。二期工程质量属于"总体良好"水平。国务院领导对此极为关心，国务院三建委十三次会议要求，由三建办牵头，组织各方面专家认真总结二期工程的经验教训，提出改进质量、做好三期工程的措施。这次会议正是三建办为落实国务院的指示召开的，我深信有这么多一流专家的集思广益，提供宝贵经验和重要意见，三期工程混凝土质量一定能踏上新的台阶，真正达到一流水平，在评价三期工程质量时，可以去掉"总体"两字，获得"三期工程优良"的评语，这也是张光斗老先生对我们的希望与要求，这是我们必须全力以赴一定要达到的目标。

　　但是，要达到这一目标绝非易事，工程质量包罗万象，这次会议限于研讨"混凝土质量问题"。混凝土质量问题的范围也非常广泛，在三期工程中要全面改进提高，但是有些质量问题比较简单——例如，漏震造成的混凝土架空，或由于模板造成的表面缺陷等，其发生原因和应采取的改进措施也比较明确。在二期工程中给我们造成的重大困惑是混凝土出现的裂缝问题，尤其是在浇筑后相当时间后，在大坝上（下）游面出现了几十米长的裂缝问题，这是我们在三期工程中必须解决的重点问题，也是这次会议讨论的主题。并不是说其他早期裂缝和缺陷不重要，而是这个问题特别复杂和困难，影响最坏，我们必须全力以赴力求解决。

　　会议要求我在上午做个发言，我感到很为难，专家们在会上发表了很多重要意见，但各有偏重，有的意见从表面上看还有些矛盾——这是由于问题的复杂性引起的。当然，总的方向还是一致的。我本来想有了召集人的发言不必多说，但考虑良久，决定还是说一说。主要说说我在学习各位专家的意见后，自己的一点认识或体会，完全是

本文是作者 2003 年 7 月 30 日在长江三峡枢纽工程二期混凝土质量研讨会闭幕时的讲话。

个人见解，供会议、三峡总公司和参建各方参考，最后的结论还要由钱副主席（编者注：指钱正英）和蒲主任来说，以及以补发的"会议纪要"为准。

下面讲三个问题：

一、混凝土开裂是由综合因素产生，防止混凝土开裂必须采用综合治理方法

混凝土为什么开裂，说起来也很简单，就是促使混凝土裂开的力量超过混凝土能抵抗裂开的能力，就开裂了。所以防止混凝土开裂，一是要消除或削减开裂的外因，二是要提高混凝土本身抗裂的能力。但是外因和内因都受多种因素影响。外因方面有温度变化、自身体积变化、结构应力、基础沉陷……，影响混凝土抗裂能力的因素就更多了。所以，防止混凝土开裂必须采用综合方法治理，不能寄希望于一副特效药。

之所以须采用综合治理的办法，还由于防裂不同于结构设计，后者可以较精确地计算，有较高的安全裕度。而前者的安全度只能是很低的（一点几），如果考虑到实际混凝土的抗裂性能比试件要低得多，真正的安全系数恐怕就在1左右。就是说，各项工作做得好，就不裂，稍稍不慎，哪怕是一个比较次要的问题没有注意到，就开裂。有的同志往往喜欢分析什么是开裂的主要原因，什么是次要原因，我看也不必太认真。安全度仅稍大于1的问题，任何次要因素的扰动，都会使天平倾向一边。

但是这不是说不必分析各种因素的主要次要性，相反，我们要分清它们的影响程度，对影响大的因素花更多力气治理，相当于服中药，还是需有"君臣相配"、有主有次，但不要光强调一点不及其余，我认为采取这样一种态度较好。因此，我希望人人向裂缝作斗争，大家为防裂作贡献。

二、几条主要的措施

根据专家们的发言，解决混凝土抗裂问题的主要措施可以分为三大类：一是优化混凝土的原材料和配合比，以尽可能提高其本身抗裂能力，减少导致开裂的因素；二是加强浇筑后的保护，减免其承受不利的温度和体积变化；三是千方百计提高施工质量和设计质量，减少产生开裂的机会。

1．优化混凝土的原材料和配合比

目的是使混凝土在满足各项设计要求的前提下，尽可能减少水泥和水的用量、发热量，降低收缩和弹模、改善脆性，提高抗拉强度或极限拉伸值。总之，要使混凝土的综合性能达到最合适状态，不是只考虑单个指标。有的专家称我们过去的做法为"大补大泄"或"拔苗助长"，就是避免为了达到某个目标在一开始就引进大量不利因素，以后再来拼命补救。他们的话值得我们深思。

为此，要对混凝土所有原材料：水泥、水、粗细骨料、粉煤灰、减水剂……的品种、性质以及其配合比进行优选，要对混凝土的设计强度、抗冻性、抗渗性、设计龄期、极限拉伸、抗拉强度、弹模、坍落度……，提出合理要求。

二期工程混凝土在这方面做了大量工作，方向是对的，成绩也是大的。三期工程要在二期工程的基础上进一步提高改进。现在国家水泥标准也要更新，建议结合这一情况，对三期混凝土设计抓紧做必要的试验研究，尽可能使其质量再上一层楼。

专家们指出下列一些改进方向：

（1）水泥：三峡所需水泥量如此之大，完全可以与厂家商定提供特供水泥（满足大坝要求的），现采用的 525 中热水泥的细度过细，应予改变；MgO 含量在规定范围内尽量偏高一点；对矿渣低热水泥也可再做些比较研究。

（2）混凝土的体积变化：要使混凝土的最终体积变化是非收缩性的，或有轻微和稳定的膨胀性。体缩产生应变可能几倍于温度应变，所以这一点非常重要。

（3）外加剂：对 X404 一类的丙烯酸盐类新型外加剂要加紧试验，现在看来费用上不是严重障碍。许多专家认为其有利影响很多。如证明效果良好，坚决采用。引气剂要改进，依靠优化引气剂和调整含气量来满足抗冻要求和解决气泡问题。

（4）坍落度、砂率：应设法降低，这是大家一致的意见。

（5）水胶比、粉煤灰掺量、石粉含量等：多数专家认为这些指标尚合适，但不排除作少量调整，不太赞成外掺 MgO、矿粉。

（6）设计龄期和各项设计指标：多数专家赞成放宽龄期（包括抗冻指标、极限拉伸）和简化标号分区。提高极限拉伸当然是好事，但要实事求是，不能因而大大增加水泥用量和弹模，得不偿失，要尽量通过骨料性能的改进和利用新的外加剂等措施达到。

2．加强保温保湿工作

二期工程的保温保湿工作是有不足之处的。专家们强调在三期工程中要作为"保温保湿工程"予以重视。不仅保温设施要及时敷设、与混凝土面密贴，而且保温材料本身的绝缘性能要达到设计要求。严密的保温保湿可以使混凝土在极严酷的条件下不裂。设计单位和专家们建议了几种保温保湿方案，可以根据各部位的情况与要求选用。保温保湿的期限建议延长。我个人认为上游面就需保护到蓄水。由于提高保温保湿要求引起的费用问题希通过协商合理解决。

3．提高施工和设计质量

三期工程的施工质量必须明显高于二期水平，这是一个硬要求，必须做好仓面设计，切实保证各项资源配备，不具备条件不准开仓。实施平仓浇筑或大台阶宽台阶浇筑。防止漏震、过震、分离等顽症。大力提高施工管理水平和监理水平，必须提高和保证人员素质。绝不允许三期工程施工质量出现倒退现象。第一道考验是今年浇的基础混凝土不能有贯穿性裂缝。如果出现这种裂缝，我们无法向党向人民交代！混凝土质量不是仅表现在机口取样的试验成果上，更反映在浇筑现场上，不仅表现在强度合格率和优良率上，更反映在均匀性上和有没有出现缺陷上。谭院士（编者注：指谭靖夷）代表施工组提出的几项要求，应该毫不含糊地贯彻做到。

赞赏设计方面所做的各项努力。优化配筋和结构体形，大大有利于施工和降低应力集中。在优化混凝土标号和原材料、配合比时，请考虑专家们的建议，不要拘泥于规范，只要有根据、通过一定手续，规范是可以突破的。请注意合理安排初期和中期通水冷却，务必防止混凝土在运输浇筑过程中大幅度温度回升，做"竹篮打水"的傻事。建议设计单位关心和监督仓面设计及其实施情况，协助监理单位把关。据说总公司和设计院在一些坝块上游面拟配温度钢筋网，合理配置温度钢筋网可以提高初裂应力和限制裂缝开展。凡此种探索，我们都支持。

三、关于非工程措施

以上所提都是一些工程或技术措施。真正要保证三期工程质量，在工程和技术措施以外，还有些更重要的措施。

一是在思想上万万不可有轻敌、自满情绪。对提高三期工程的重要意义要从上到下都有个正确认识。要把它作为贯彻"三个代表"重要思想的具体行动来看待，要把它提到对党对国家对人民负责的高度来认识，要把它与保持三峡工程和各单位的荣誉联系起来。

二是必须进一步提高管理水平。质量保证体系不能仅写在书面上，讲在口头上，而必须确确实实落实在行动上，谁不遵守，必须查处。各承包商要认识到三峡工程仍然是压倒一切的重大任务，要保持精悍力量，要大力培训职工，要负起施工单位的责任，不能把重大任务交给一些民工去做，不加管理。责任要落实到人，联营体必须有责任方。监理单位要在已取得成绩的基础上更进一步，切实站好岗，提高监理水平，善始善终地把工作做好。总公司更应统筹兼顾，牢牢掌握全局，在管理上更上一层楼。

三是参建各方都要以全局为重，以大局为重，更紧密地团结协作，相互理解、相互支持。总公司、设计、施工、监理要亲如一家。在合同执行上出现新情况、新问题时，或出现争议时，要迅速沟通合理解决，不能影响工程。在市场经济模式下，各方当然要考虑自身利益，但当问题牵涉到大局、全局时，必须首先考虑大局、全局，建好三峡工程毕竟是我们共同和最高利益所在。对于三峡工程，经常有记者问我，还担心什么？我现在什么都不担心，就是怕质量走上回头路。希望我的担心成为杞人忧天的可笑之举。

同志们，这次会议是一次技术性研讨会，不是咨询会，更不是审查会。我们提的问题只能是原则性、方向性的，是供三建办、总公司及有关方面决策时参考用的。具体和最终的决定只能由总公司作出。有一些措施会议中没有讨论到，例如，在混凝土表面喷涂高渗入性的涂料或内掺纤维等，只要通过试验证实有效可行，都可以采用。现在三期工程已全面开展，留给我们的时间不多，十分紧迫，希望总公司重视，参建各方紧密配合，抓紧研究、试验，该决定就及时决定和实施，要把它作为头号紧急任务来抓，不要再犹豫。

同志们，这次会议开得十分紧凑，时间极短，但来了那么多一流专家，涉及材料、结构、混凝土、设计、施工、科研各领域，并有工地各单位的一线代表参加，讨论很热烈和坦率，做到了知无不言、言无不尽的要求。相信主要的问题和措施都已经触及，相信通过这样的经验交流和总结得到的结论是能符合实际的，更相信在三建办的关心督促下总公司及参建各方一定能发扬传统，保持荣誉，再接再厉，精益求精，一定能把三期工程建成真正的一流工程，不留遗憾的工程，取得三峡工程建设的最后胜利。希望各位专家继续关心三峡工程，随时提供建议。

由于时间限制，有些专家即将启程返回，会议纪要不能在事前写好，将在会后整理出来征得专家们或召集人同意后印发。专家们有些意见不能全部纳入"纪要"，都有记录，可供参考。

我要讲的就是这些，下面还有钱副主席和蒲副主任的讲话，要以他们的讲话为准。

在长江三峡枢纽工程质量检查专家组第十次
质量检查调研会议上的发言

三峡枢纽工程质量检查专家组今年第二次检查工作在全体专家的努力下和总公司及参建各方的全面配合下，已经完成任务，即将结束。由于钱正英组长要出席国务院会议，张光斗副组长年迈体弱，都不能与会，我和谭靖夷院士受委托主持这次会议，张老（编者注：指张光斗）还专门写了一封信，提出意见，将作为会议文件刊印。这次会议我们特别邀请了高安泽和罗承管两位同志参加，希望在今后工作中能继续得到他们和更多专家的支持。在会议期间，永久船闸验收委员会的专家组也正在工地进行调研，我们密切配合，及时沟通，取得很好效果。

昨天和今天上午各位专家及谭靖夷院士从不同专业、不同角度发表了重要意见。现在请允许我做个扼要的归纳。我们的意见回去后将报告给两位组长。如果他们有补充意见，我们会尽快告诉总公司。

正如李总（编者注：指李永安）在会议开始时说的，即将过去的2003年在三峡建设史上是具有里程碑意义的一年。这一年中，三峡工程在经历十年苦战后，达到了初期蓄水、通航、发电三大目标，开始发挥效益，而且取得超过预期的效益。百年幻梦，终于成真。工程的质量、进度、造价都得到控制。"长江电力"顺利上市，不仅为三峡及金沙江的建设筹集资金，而且带动了整个股市。三峡二期工程向三期工程稳妥过渡，右岸全面施工的条件已经具备。总之，成绩是巨大的，胜利来之不易，现在的问题是要巩固成绩，攀登新的高峰。所以这次检查会议也具有承前启后的意义。下面我讲三点：①二期工程遗留问题及最近检查成果；②三期工程质量情况和质量控制；③几点体会。我的发言只是将各位专家发言中的最重要内容归纳了一下，并说说个人在这次检查工作中的一些体会和想法，供总公司及参建各方参考。

一、二期工程遗留问题的处理和检查

二期工程已通过国家验收（其中永久船闸为试通航验收，机组只验收第一批发电的2、5号机组，其余由总公司验收）。验收中有一些遗留问题，要求在蓄水运行后继续进行检查、监测和处理。其中最重要的为以下几项，已在蓄水后做了进一步的检查：

1. 导流底孔

已检查了左侧深槽部位的1号、2号孔（3号孔正在检查）、运行时间最长的4号孔、顶板体型较差的17号孔和建基面较高的20号孔。所有的底孔都未发现空蚀，未发现底板被推移质磨损，仅局部地区环氧胶泥有些冲刷或磨损，2号孔右侧墙（及顶板处）有3条裂缝、渗水。总的讲，对底孔表面缺陷的修补是有效的，底孔性能良好，运行安全。

本文是作者2003年12月在长江三峡枢纽工程质量检查专家组第十次质量检查调研会闭幕时的发言。

首批检查的底孔是条件较差和运行时间较长的孔，这些孔情况良好，有理由相信其余底孔很可能不会有更大问题，但鉴于底孔对施工导流的极端重要性，请总公司在明年汛前继续检查其余的孔，确保无虞。检查中如发现有影响安全的问题应立即处理，迎接明年的安全度汛。对 2 号孔右侧壁的裂缝，应查明其延伸情况，在封堵前予以处理。对深孔亦应进行检查。

在检查时，部分孔闸门不能完全下到底，估计有杂物落入门槽，要在汛前潜水查清反弧门及事故门门轨、门槽和混凝土情况，以便掌握情况，进行清理，保证今后能安全顺利封堵。

在围堰发电期间度汛时，原设计不考虑起调洪作用，依靠深孔和底孔的调节，保证发电及围堰安全。即上游来水量小于泄流能力时，按库水位维持 135m 控制泄流，如来水量大于泄流能力时则敞泄，因此底孔弧门在水位 134.9～135.7m 间动水启闭。专家组考虑到库水位在 135～140m 间有 18 亿 m^3 的库容，可能要求利用它来调洪，所以提出加固弧门，使其能在 140m 水位时满足动水启闭的要求。现据反映，如有上述调洪需要，可由深孔来完成。另外，两边的底孔弧门可在 137m 水位下动水启闭，中部底孔弧门可在 136m 水位下动水启闭，故设计院认为不再加固。请长江委设计院研究如果下游有调洪需求时相应的底孔及深孔的调度操作原则，以利掌握，并分析作为意外情况，底孔弧门最高能在什么水位下启闭。

2. 永久船闸

已对南线船闸进行排干检查，情况基本良好。输水系统中隔墩顺流向裂缝及结构缝、温度缝、施工缝的漏水部位经处理后大部分不再漏水，少部分有点状微渗。地面结构总体良好，发现了一些局部损坏（如止水或止水保护损坏、结构缝填充料剥掉、输水廊道分流口部位混凝土局部破损）。金属结构方面：人字门有部分水封破裂、输水阀门部分止水破损、焊缝有裂纹等。人字门底枢油脂润滑的管路中有积水和淤泥沉淀，原因尚不清。

检查中发现的局部破损已认真补好。人字门底枢已全部注油，并于 12 月 21 日重新充水。

建议安排检查北线船闸，并对人字门底枢进行较彻底检查。对第一分流口分流舌混凝土损坏原因再作分析。

3. 左岸投产机组

左岸已有 6 台机组投入运行。其中 2 号、5 号机组通过国家验收。其余 4 台机组由总公司验收。由于采取一系列有效措施，安装质量更有所提高，有些指标达到很高标准。现 6 台机组都能在 139m 水位下正常稳定运行，预计今年可发电 85 亿 kW·h，为缓解电力紧张局面做出了贡献。安装和试运行中出现的问题已处理或可接受。但以下几项问题需在今后彻底处理：①5 号机过速停机试验时发生强烈震动，现采取延长接力器第三段行程（达 120s）解决。根本原因是右接力器回油管漏钻，应作为遗留问题由厂家彻底解决，以适应今后高水位运行要求。②左岸厂房调速器油泵壳体多有裂开现象，应由厂家全部更换。③VGS 机组接力器端盖渗油，应责成厂家解决。2 号机推力瓦温过高问题，经处理可满足在低水位下运行要求，也应在今后更换相应部件。

4. 其他工程和主要建筑物的安全监测情况

（1）茅坪溪防护大坝沥青混凝土心墙均匀受压，防渗性能良好，大坝沉降、变形、渗流、应力等无异常，可认为大坝工作性态是正常的。

（2）船闸高边坡及直立坡的变形已趋于收敛状态，试通航期间变形稳定，闸墙变形呈周期性变化，无明显的时效变形，高边坡内地下水位稳定，其值满足设计要求。

以上说明船闸结构及边坡是安全的、稳定的。

（3）大坝坝基及坝体变形正常，小于设计值。渗漏量有所减小，并小于设计值。上游排水幕处扬压力折减系数多在 0.15 以下，小于设计值 0.25。实测坝踵应力均为较大的压应力，说明大坝运行安全。

（4）上游面裂缝蓄水后处于闭合状态。

（5）在泄 2、泄 20 坝段，纵缝处钻孔取芯和压水试验，缝内水泥充填较好，水泥结石与周围混凝土脱开的宽度小于 0.15～0.3mm。3 号底孔纵缝两侧涂的环氧胶泥也未裂开。

设计院应用三维有限元法就纵缝脱开对坝踵应力的影响作了分析，认为其影响范围是局部的。

考虑到纵缝顶部、底部都密合，中部局部脱开数值微小，通过分析，证实其对坝踵应力影响范围极小，同意可暂不进行处理，但需继续加强监测工作，并根据三峡工程具体情况进一步开展仿真计算研究，包括动力分析，然后再做最终决定。这对提高重力坝设计理论也有积极意义。

二、三期工程的质量情况与质量控制

1. 三期工程的计划安排和工程进展

三期工程从 2003～2009 年，共 6 年。主要内容包括右岸非溢流坝、右岸厂房坝段和排沙坝段、右岸电厂、临时船闸改建冲沙闸、升船机、电源电站及地下厂房土建工程等。

按初步设计将于 2007 年汛后蓄水至 156m。为提前充分发挥工程防洪发电效益，经三峡建委批准，总公司按照提前一年蓄水至 156m 考虑，并初步安排了总体进度计划，提出关键工期。初步建议 2005 年汛后封堵 6 个底孔，2006 年汛后封堵全部底孔。专家组认为这一方案在技术上是可以实现的，但有许多问题有待落实。请总公司研究落实后提出具体计划报审。

今年是由二期工程转入三期工程的第一年，工作量不大，大部分工程能按计划实施或超额完成，主要工程形象面貌达到要求。仅少数项目未完成计划，尤其是因右岸机组招标定标推迟，埋件不能到货，影响厂房下部混凝土及埋件安装工程，后果较大。

2. 三期围堰运行情况

上游 RCC 围堰及下游土石围堰是保证三期工程施工的关键建筑物。尤其 RCC 围堰高逾百米，库容巨大，汛后蓄水位又自 135m 抬到 139m，更需重视。运行以来，各项监测成果（变位、渗流、应力）总的讲在设计范围以内，但有以下情况值得注意：

（1）10 号堰块水平位移最大，蓄水 135m 时为 11.85mm，水位上升到 139m 后，增长到 20.39mm，其原因尚待查明。

（2）堰内 137.5m 廊道蓄水后直到 12 月 11 日并不漏水，12 月 15 日发现廊道上游壁排水管从 8 号堰段开始往左全部出现不同程度排水，廊道接缝处也有漏水，目前渗流量约 500L/min，估计是该部位（从 107.5m 到 113m 高程）系浇常规混凝土诱导缝间距长，廊道到上游面距离小，留有炸药孔，围堰工期紧，边散热边蓄水，在降温过程中混凝土裂开所致，由设计院按新的扬压力条件作了稳定复核计算。

鉴于 RCC 围堰的安全事关大局，建议总公司和设计院对其安全性和漏水原因及后果再作深入全面研究和仿真分析，并严密监测检查，数据要准确、清晰，及时分析其变化动态，必要时采取措施，确保安全。明年汛前水位消落到 135m 时进行详细观测研究。

堰内段系早期施工，施工中缺陷较多，蓄水 139m 后 B 块下游面渗水印迹增加，也须重视加强监测。

3. 三期工程质量

今年厂坝工程主要完成（或基本完成）了基础开挖、处理和固结灌浆工程。浇筑了建基面找平混凝土，9 月份以后开始浇筑大坝强约束区混凝土和厂房基础混凝土。其中基础开挖、地质缺陷处理、固结灌浆和预应力锚索工程的施工质量良好。

在混凝土浇筑方面，总结和吸取了二期工程的经验教训，采取了多种措施，质量有显著提高。表现在：原材料和混凝土配合比有了更严格的控制或改进，改用了更好的外加剂，机口混凝土的各项性能全面满足相应标准要求。浇筑工艺有了改进：坚持仓面设计，平仓浇筑比例有所提高，混凝土的温控达到新的水平；改进模板设计提高表面平整度；改进止水止浆片施工工艺，提高埋设质量，等等。

发生的主要问题是：厂房 24m 高程廊道有开裂或错缝拉裂情况、部分仓面出现裂缝、尾水墩墙外表面不平整、右非 1 丁块排漂孔墩墙开裂、个别仓位因拌和楼错号或混凝土含气量不足而挖仓等。对发现的缺陷，除个别待以后处理外，都分析了原因，作了相应处理。

有待注意和需改进的问题：混凝土的砂率及坍落度似仍偏大，仓面浮浆层仍较厚，可能仍有过振现象，要继续改进。表面气泡问题也未解决。仓面浇筑能力和拌楼供料能力不配合，这对明年大规模浇筑基础混凝土将产生影响。一些仓面及厂房 24m 廊道仍出现裂缝，说明这个顽症还不容易克服，今后大家都要来为防止开裂而努力。

今年除厂坝工程外，还进行了临时船闸改建冲沙闸工程的排水孔、预应力锚索、固结灌浆和混凝土浇筑工作，地下电站进水口的缺陷处理和电源电站进水口浇筑工作等，未发现质量事故。二期工程中的泄洪表孔溢流面混凝土，每孔均出现水平裂缝（15～44 条），缝宽 0.1～0.3mm。由于溢流面是浇在台阶形老混凝土面上的薄层高标号混凝土，在降温过程中容易发生开裂，有待今后处理。

今年左岸厂房除有 6 台机组投产外，目前正在安装 7、8、10、11、12 号机组。安装质量比过去更有提高。安装中发现、出现的问题已得到处理和解决，或在解决中。只有 9 号机水轮机转轮下环发现 484 条表面裂纹（系国内二重提供铸件、东方厂加工），问题较大，尚未解决，可能影响明年投产或影响机组质量，需专门研究。

4. 三期工程质量控制

转入三期工程施工后，总公司坚决贯彻三峡建委会议精神，落实质量检查专家组的建议，在全工地开展提高质量的教育，要求克服麻痹情绪，确保质量水平，同时采取了一系列有效措施。主要有：①理顺项目管理关系，实行项目部与监理分开，恢复监理独立行使监理职能；聘请五位机电总监，增聘一位混凝土总监，完善和强化质量总监及总监办的职能。②进一步规范施工技术要求，以二期工程已建的体系为基础，除坚持行之有效的制度和规定外，又制定一些解决实际问题的技术规定或要求，修订了一些质量标准，尤其对开仓验收、间歇期、坝块高差、浇筑方式等实行严格控制。③切实加强了混凝土温控措施，除从组织上加强外，从抓机口温度、缩短浇筑时间控制浇筑温度、严格按要求通水冷却和养护、严密实施表面保温等各方面着手，在温控方面确实取得显著成效。④创造良好的施工环境，大力推进文明施工，不论在交通道路上、仓面上、安装现场上和职工办公、餐饮卫生方面都出现新的面貌，也得到施工单位和全体职工的热烈响应。专家组对总公司及承建方为此所做的一切努力和取得的成绩表示充分肯定和高兴。

下一步要做的事，一是有关的规定和要求需切实做到；二是要坚持不懈，执行到底；三是继续完善，填补缺漏。

首先是所有的规定、要求一经制定就具有权威性、法律性，不能可执行可不执行。举个小例子，过去止水止浆片总容易失效，成为发生漏水、串浆的顽症，现在有了一套规定的施工方式，那么任何一条止水止浆片就必须按此要求埋设和浇筑附近的混凝土，谁也不许违反。既然有了仓面设计制度，对许可开仓有严格程序，就必须严格执行。有一样条件不具备，就不准开仓。关于平仓浇筑要求，张老每次必提，这次还写了书面意见，可以说做到了苦口婆心的程度。但目前仍有很多仓面是台阶浇筑。今后在低温季节和大仓面浇筑就必须 100%平浇，对温度高和特殊仓面必须台阶法浇时，一定要说明原因（为什么不能平浇），制定严密的规定（台阶宽度）和措施，经过严格的批准手续才许开仓。既然对浇筑块的间歇期、相邻块的高差有了规定，还有了"预警功能"，就要严格执行，用计算机排仓控制，要使我们的几十个坝段、上百块仓面均匀有序上升，就像用数控机床加工产品一样，不是打乱仗，穷于应付。做到这程度，就可以说达到了一流水平。当然，要做到这一点绝非易事，也不是一家努力可以办到的，而要在项目部的统筹下，拌和楼、施工单位、监理单位、设计单位共同努力，从原材料、拌和、运输、仓面准备和验收、仓面调度各方面来保证才行，还要准备备用方案。建议大家齐心协力向这一高峰攀登。又如监理方面，有了明确职责制度，给了很大权力，就必须尽职尽责，而据说实际上有些同志就是做不到，有时仓里就没人，拌和楼配料有了问题也找不到负责的人，所有这些都说明有了制度但执行不严，建议今后在"严"字上痛下功夫。第二是要坚持。过去外国人常讥讽我们是五分钟热度，一阵风来了，轰轰烈烈，风过去，又老方一帖。我们要做个榜样出来给他们看看，譬如说，文明施工，不要在风头上大家热乎一阵，隔了一段时间又脏乱如昔。好的规定、好的做法就长期坚持，终身执行，养成习惯，形成作风。三是要好上加好，精益求精，不满足于现状，不放过缺漏。例如，我们花了那么高的代价，在上游坝面贴聚苯乙烯板，确可起保温作用，但如果有一块模板因故长期未拆，就留下一个大缺口。要填补所有的漏洞缺口，做到心细如发。同样，花了极大代价降低了机口温度，但传送过程中沿途回升，仓面停顿时间较久，所有投入和心血又化为乌有。安装现场确实比过去好多了，但仍需改进。例如，定子下线棚的进出，就要像登机前检查那么严密，杜绝一切事故。

落实执行制度，坚持不懈，精益求精，能做到这三条，我认为三期工程的施工质量就能够得到确保，达到一流水平。

三、几点体会

三期工程已开了个好头，但今后的考验还多，我们为什么能取得开门红，又怎么才能巩固成绩、保持荣誉？我有以下体会：

1. 清除轻敌思想

在二期工程验收和明渠截流后，由于三期工程无新的难点，施工强度也有所降低，容易产生轻敌思想（我自己就有这种思想）。这是极其有害的思想。车祸往往发生在平坦大道上，赢得世界冠军的体育健将在国内比赛中常常被不知名的选手淘汰。要保持荣誉必须永远保持"战战兢兢，如临深渊，如履薄冰"的心情。无论过去有多大成就，永远从零开始。在三峡工程转入三期施工后，工地上一度热衷于抓进度，在手段不具备的条件下，要在高温季节覆盖基础混凝土、项目部与监理合并、总监职能有所弱化、对批评意见认为不符实际、听不进去，等等，这些实际上就是轻敌思想的反映。国务院领导及时敲起警钟，强调三峡工程仍然是质量第一，钱副主席、张老（编者注：指张光斗）和许多专家提出了重要建议。总公司领导迅速采取措施，再次进行质量教育，调整了进度、理顺了管理关系、完善了总监职能、坚持了质量保证体系和各项制度，设计也作了相应改进，这是使三期工程从一开头就走上正确道路的重要条件。希望总公司和参建各方永远保持这种谦虚谨慎的作风，永不自满、永不轻敌，直至取得全面和最终的胜利。

2. 充分总结二期工程的经验教训

二期工程历时六年，战胜了重重艰难险阻，创造了大量经验，也发生不少事故，有深刻的教训。这些都是千金难买最宝贵最现实的教材。总公司和参建各方能认真总结二期工程的经验教训，直接应用到三期工程上，成效十分显著。

对二期工程中建立起来的质量保证体系和多种行之有效的做法（例如仓面设计制度），都能予以坚持和完善。还创造了许多新的做法（如仓面间歇期预警制度），取得了很好的效果。

对二期工程中出现的质量事故，大家能深入分析其原因，找出薄弱环节，并采取针对性的技术和管理措施，这为根治顽症起到极好作用。例如针对混凝土表面开裂、表面不平整、止水失效……都对症下药地采取有效措施予以改进（采用能严格保温的苯板，采用大面积钢模，研制专门的固定止水的设备……），使许多长期未解决的问题有了改观。我在考察现场后有一个极深的感触："世界上的事怕就怕'认真'二字"，现在工地上确实"认真"了，问题有了解决的希望。我希望总公司和参建各方能乘此东风，把"认真"精神贯彻到底，把二期工程中所有困扰我们的问题都一个一个拿出来认真剖析，认真制定措施，认真执行，扑灭顽症！我相信，只要"认真"到底，二期工程中的"导流底孔下混凝土大面积疏松"、"底孔表面严重缺陷"、"大坝上游面开裂"等事故，决不会在三期重演。

3. 让"保证质量"和"文明施工"成为自觉需求

在计划经济时期，搞工程靠行政指挥和领导意志，根本谈不上科学管理，改革开放以来，引进先进的管理制度，实行合同管理，建立各种规章制度，走上"法治"的轨道，已取得很大的成就，三峡工程就是一个明证。这些来之不易的好经验，必须坚持，并进一步完善，这一点在上面已经强调了。

但我们不能停留在这一层次，停留在依靠管理、依靠奖惩来搞工程。还要再上台阶，要"以人为本"干工程，保质量。

首先，简单讲，在思想意识上，我们要把保证工程质量作为爱三峡、爱国家、爱人民的具体表现，作为贯彻"三个代表"重要思想、为中国人民争气的实际行动，并不是只为了获得奖励或怕被惩罚，那是被动的。我们要化被动为主动。即使把层次再降低一点，也要把保证工程质量和自己的企业、单位与个人的诚信和荣誉挂起钩来，在社会主义市场经济体制中，作为一个企业、一个单位、一个人要讲诚信，保信誉、创名牌、树作风！每位同志都要通过努力为建立企业与个人的信誉做贡献，要使企业成为信得过的企业，个人成为信得过的个人，所做的工程成为可以免检的工程，打造出不会褪色的金字招牌。这样，保证质量、搞好质量就成为企业和个人的自觉要求，最高目标，成为一种作风、一个习惯、一种原则。能有这样的思想认识，再和严密的科学管理结合起来，就能达到完美的境界。中国的企业、产品要在质量上真正翻身，这两者是不可偏废的。我最近竭力宣传这一观点，利用今天这个机会再呼吁一下。

其次，我们不仅要在规章制度上来保证工程质量，还要为保证工程质量创造一个好的环境与条件。这次工地上大搞文明施工活动，我极为赞赏。过去在错误的思想干扰下，中国工地的特点就是一脏二乱，工人阶级的形象就是一穷二脏。如果一个工地又脏又乱又危险，订立再多的规章制度能保证质量和避免伤亡吗？能实施"双零"管理吗？我们要坚决告别脏和乱的时代，实行文明施工，高度的文明施工！文明施工本来就与科学管理密不可分，是它的基础。三峡工程在这方面历来就做得不错，望在三期工程中再上一个台阶，成为全国建设工地的楷模，让全国全世界的建设者们来取经学习。相信总公司和参建各方有这个雄心壮志。

4. 今后的质量检查组的工作

几年来，质量检查专家组在两位组长的主持下，为提高和保证三峡二期工程质量做了些工作，得到领导和同志们的肯定。现国务院领导决定，在三期工程中继续进行质量检查工作，看来要和三峡工程建设相处到竣工了。今后，质量检查专家组将一如既往，以对党、对国家、对历史负责的精神，坚持标准，严格检查，慎重把关，尽我们所能提出建议，帮助总公司和参建各方改进工作，并定期对工程质量提出实事求是、经得起历史考验的评价，报告三建委。

在工作方式上，专家组将继续执行二期工程中行之有效的做法，原则上在每年上、下半年各来一次，下半年的一次是进行全面调研，上半年的一次为上一年度的质量作出评定。但在具体做法上，我建议能进一步增强专家组与工地的联系沟通，不要完全依赖定期的集中检查和评价，不要"秋后算账"，而采取更紧密和灵活的做法。

希望总公司和参建各方，能及时把各种信息通告专家组（可以发给工作组转发），例如，各式简报、工地发生发现的情况与问题、各种协调会、碰头会、研讨会的情况、不同的意见和争论、产品设备到货检验情况、各项监测成果，等等。也欢迎个别同志向专家组反映情况、问题和建议，直至批评。

总公司和参建方可以视必要邀请专家前来工地参与专题的调查、研讨、分析和决策，你们可直接向专家发出邀请（通知一下工作组即可）。如有需要，我们也可以协助组织几位有关专家前来工作。经过专家组组长同意，这些专家可以用专家组名义发表意见。

专家组也可以派几位专家和工作组同志（包括外请专家）前来工地作专题调研或全面调研。当然，我们会事前通知工地征得同意。请工地不必专门接待，不必准备许多正式汇报文件，专家们可能直接到基层、设计组、班组去了解沟通，听取意见，也可能要看一些具体记录、资料，我们今年就已经这样做了，请总公司及各参建方予以配合。

总之，我希望专家组能与大家更紧密的结合、沟通，在这种沟通过程中，专家们提建议也比较不受拘束，并便于开展讨论磋商，取得共识后，再作为专家组的正式意见。这比通过短时间的汇报、考察后马上提出建议、写进文件要好得多。我参加过世界银行的"特咨团"工作，对此深有感触，所以提出这个建议，供大家参考。

各位领导，各位同志，有位记者在采访我时问：专家组将本着什么原则和标准工作，最后要达到什么目标？我认为，三期工程质量检查组要尽我们所能和总公司、参建各方一起工作，为提高三峡工程质量，达到一流标准，在我们的职责范围内作出最大努力，而不是单纯做裁判员和批分数的老师。主要还是希望总公司和各参建方，能珍惜三峡建设这少有的机遇，分析总结经验，认真采取措施，一步一个脚印地前进和攀登，把困难、顽症一个一个地加以歼灭，不仅建设起一流的工程，也建设起一流的队伍，使三峡工程成为免检工程，使我们的队伍成为信得过的队伍，使专家组越来越感到没有事可干，最后向国务院打个报告：三峡工程质量已达一流水平，三峡总公司和参建各方都是信得过单位，对他们的工作都可以免检，请求国务院撤销专家组，终止检查工作。简单说，检查组将为撤销专家组而作出努力，建议总公司和参建各方也应为这一目标而进行奋斗！

最后，对专家组在工地受到的接待、对总公司和参建各方所给予的全面配合，再一次表示深切的谢意。祝三峡工程在即将到来的新的一年中取得更加巨大的成就！

在新一届质量检查专家组会议上的发言

钱正英副主席、蒲海清主任、各位专家、各位同志：

方才钱正英同志对质量检查专家组的地位、作用、工作方式和要求作了重要讲话，为我们今后的工作指明了方向。

几年来，质量检查专家组在两位组长的主持下，为提高和保证三峡二期工程质量做了有效的工作，得到国务院领导和参建各方的肯定。现在国务院领导决定：在三期工程中继续质量检查专家组的工作，我被任命为组长，经再三推辞未蒙获准。三峡建委并对专家组人员作了适当调整。在这里，请允许我代表新的质量检查专家组表个态，我们将在三峡建委的领导和钱、张（编者注：张光斗）两老的指导下，努力做好工作，不辜负领导的信任。我们将以对党、对国家、对历史负责的精神，以对三峡工程质量高度负责的精神，坚持高标准、严要求、独立地检查工程质量，尽我们所能提出建议，帮助总公司和参建各方改进工作。我们将定期对工程质量提出实事求是、经得起历史考验的评价，报告三峡建委。

在工作任务上，我们将严格依照国务院三峡建委在成立专家组时下发的〔1999〕19 号文中的 5 条要求执行。在工作方式上，专家组将继续执行二期工程中行之有效的做法，即钱副主席概括的四条原则，每年赴工地作两次调研和评议。由于国家在去年 4 月对三峡的二期工程组织了验收，形成了一个阶段，所以专家组质量检查的年度以每年 5 月至次年 4 月为准，第一次活动大致在当年 11 月份进行，对本年度施工质量进行初步调研，第二次在次年 3 至 4 月份进行，对上一年度的工程质量作出评定。工作组除随同专家组工作外（一般提前去工地），将根据需要做一些专题调研。

在具体做法上，拟尽量避免"集中算账"的缺点，而采取更紧密、更灵活的做法，增强专家组与工地的联系和沟通。希望总公司和参建各方能及时把各种信息（包括工程中出现的各种情况、问题，有关的专题报告、专业会议纪要、质量规定和要求、到货设备的质量、有关质量的不同意见或争论以及对专家组的要求等）通知专家组，以便及时了解。工地也可邀请专家组成员参加某些专题讨论会，或要求专家组组织几位有关专家去工地工作。当然，专家组也可以派部分专家、包括外请专家和工作组下来作专题调研，对此，不一定需准备正式汇报材料，他们可能直接去基层了解，或查阅一些原始资料，目的是加强沟通，增进了解。希望能得到总公司和参建各方的理解与支持。

我们很欣慰，钱、张二老能继续担任专家组的顾问，我们将把专家组的活动及时报告他们，希望他们在健康及其他条件许可时，尽量参与专家组活动，随时提供宝贵

本文是作者 2004 年 2 月 5 日在新一届三峡枢纽工程质量检查专家组会议上的发言。1999 年 6 月 10 日，国务院三峡工程建设委员会成立三峡枢纽工程质量检查专家组，2004 年进行了调整。

的意见,指导专家组的工作,但专家组的正式报告和建议,应由组长们承担责任。陈赓仪同志为三峡建设和质量检查组做出重要贡献,现因年事及健康原因不再担任工作,我们谨向他表示崇高的敬意,希望他健康长寿,一如既往地继续关心专家组工作。赓仪同志有什么未了的工作或新的建议,我们要认真照办。

三峡总公司已制订了三期工程建设的总目标,即 2006 年底大坝全线达到坝顶高程 185m,汛后蓄水至高程 156m;2007 年右岸电站首批机组投产发电,计划 2007 年和 2008 年各安装投产 6 台机组。

根据上述总目标,右岸大坝计划 2004 年底全线达到高程 108m 左右,2005 年达到 150m 左右,2006 年 8 月达到 165m,年底达到 185m;2006 年 5 月完成全部帷幕灌浆和接缝灌浆;2006 年 10 月初下闸蓄水,16 日蓄水至水位 156m。

2004 年是三期工程施工后的第一年,也是混凝土年浇筑强度最高的一年(年浇筑量 254 万 m³)。要确保大坝混凝土浇筑均衡有序,力争 5 月份以前脱离约束区。今年还要组织船闸通航验收。左岸电站要安装 6 台机组,投产 4 台。此外还有电源电站和右岸地下电站厂房的土建施工,右岸厂房机组和金属结构设备招标工作。因此,2004 年任务是很艰巨的,但深信能和二期工程一样并做得更好,优质、按期、全面完成年度任务,取得开门红。

各位专家、各位同志,能参与举世瞩目的三峡工程建设,作为专家组和工作组的成员是光荣的。但是我们更多的是感到责任重大!为做好工作,我提出两点意见:首先要求专家们发扬上一期专家组的优良作风,认真负责,深入现场,不讲情面,坦率发言,严肃批评,多出主意,多提建议,为最终建成三峡工程做出贡献。其次,专家组地位很高,总公司和参建各方对专家组的报告和建议极为重视,都认真执行,但正因如此,尽管专家们都有丰富经验和高深造诣,毕竟活动的时间和掌握的情况有限,我们对工作要十分慎重,抓重点、抓大事、抓制度、抓根本。正式的建议、评价要综合各专家的意见作出,各专家正式发言时也希望做好准备,对情况不够清楚或问题不能肯定要继续做工作的,可用商量或建议方式提出。工作组是专家组的助手,主要协助专家组搜集资料、了解情况、研究专题、联系沟通、起草文件和承担事务性工作,在参与专家组工作和调研过程中,当然也可以发表个人意见,但重要意见要经讨论纳入到专家建议中。

钱副主席说,上届专家组的最大遗憾,是三峡工程质量尚未达到一流水平,希望在三期工程中得到弥补。怎样才能达到这个目标?我想:专家组的全称是"三峡枢纽工程质量检查专家组",但我们的工作不能仅仅检查具体项目的质量,只做裁判员、评分员,更要努力促进总公司和参建各方发挥其主观能动性,建立、完善质量保证体系,加强各层次的质量自检力度,坚持不懈地进行质量教育,使质量意识深入人心,成为每位职工的自觉要求、职业道德,而不是为了对付检查和取得奖金。这样才能建成高水平的队伍,最终解决问题。三期工程有 6 年工期,我希望不必到 6 年,总公司和参建各方已成为信得过的企业,三峡工程已成为免检工程,让我们共同为此目标而努力。

总之,专家组的目标只有一个,是和总公司与参建各方的目标完全一致的:把三峡工程建成一流质量的工程，取得三峡枢纽建设全面和最终的胜利，这是党、人民和历史赋予我们的神圣责任和义务。

以上我对专家组工作方式的建议是否妥当，请各位专家和同志讨论。工作组由魏永晖专家兼任组长，一切工作由他主持，他们在下午还将开会讨论，我在这里就不多说了。

在三峡枢纽工程质量检查专家组第 11 次
质量检查会议结束时的发言

李永安总经理、各位领导、各位专家、同志们：

这次质量检查专家组的调研即将结束，在此以前，工作组已做了很多调研交流。一周来的工作中，我们得到总公司和参建各方的全力配合，准备了详尽的材料、做了全面汇报、陪同考察现场、进行讨论沟通，对此，我代表专家组表示诚挚的感谢。专家组经过调研和内部讨论，昨天下午有 8 位专家已发表了他们的意见，今天上午罗绍基、谭靖夷院士又做了重要发言。专家们对一年来工程质量情况作了评价和提出许多建议，我不必再作重复。下面简单归纳一下，讲五个问题：

一、关于专家组的工作

三峡枢纽工程质量检查专家组是根据总公司的建议，经国务院三峡建委在 1999 年下文成立的。几年来，专家组在钱正英、张光斗两位组长主持下，为提高和保证三峡二期工程的质量做了一些工作，得到国务院领导和参建各方的肯定；专家组和工地的同志们共历风雨，建立了良好的互信关系。现在国务院领导决定在三期工程中继续进行专家组工作，并对成员作了适当调整。钱、张两位任顾问，任命我为组长、谭靖夷、罗绍基两位为副组长。我们对工作组成员也作了些补充和调整。在这里，请允许我代表新的专家组向大家表个态：我们将在三峡建委和钱、张两位顾问指导下，以对党、对国家、对历史负责的精神，坚持高标准、严要求，独立地检查工程质量，尽我们所能提出建议，帮助总公司和参建各方改进工作，定期对工程质量提出实事求是、经得起历史考验的评价上报。

在工作任务上，严格依照三峡建委〔1999〕19 号文中的 5 条规定执行。在工作方式上，继续执行二期工程中行之有效的做法：每年赴工地做两次调研和评议。第一次大致在当年 11 月进行，作初步调研，第二次在次年 3 至 4 月进行，对上一年度的工程质量进行评定。在具体做法上，我们希望采取更紧密和灵活的方式，加强专家组与工地的联系沟通。希望总公司和参建各方能及时把各种信息通知专家组。专家组可以派部分专家（包括外请专家）和工作组随时下来作调研，或接受工地邀请参加专题研究，避免"集中算账"的缺点。这一点希望能得到总公司和参建各方的理解和支持。我认为，今后专家组的工作，不仅限于检查具体项目的质量和问题，更要关心和支持总公司和参建各方完善质量保证体系、提高管理水平、加强各层次的自检力度，坚持不懈地进行人才培训和质量教育，使质量意识深入人心，成为每位职工的自觉要求和职业道德，而不是为了对付检查或得到奖励。只有这样才能把三期工程建成一流工程，我们的队伍也能成为高素质、高水平的队伍。我认为通过大家努力，这个目标是可以达

本文是作者 2004 年 4 月 9 日在三峡枢纽工程质量检查专家组第 11 次质量检查会议上的发言。

到的,总公司和参建各方能够成为信得过的企业,所建设的工程能成为免检工程。让我们共同为这一目标努力。

二、对一年来工作的回顾和评价

三峡三期工程任务十分艰巨。总公司已制定了总的目标:2006 年汛后蓄水到 156m,大坝全线达到坝顶高程 185m,2007 年和 2008 年各投产 6 台机组,三峡工程基本竣工。据此,右岸大坝 2004 年底全线要达到 108m 左右,2005 年达到 150m 左右,2006 年 6 月达到 165m,10 月达到 185m,下闸蓄水,并开始封底孔。要完成这一任务,从去年 4 月二期工程验收后到今年这一年半的时间是最关键的。去年下半年工程从二期全面转入三期,今年则是三期施工后的第一年,也是混凝土浇筑强度最高的一年(年浇筑量 263 万 m³)。左岸要安装 6 台机组、投产 4 台。此外还有右岸厂房施工、安装、电源电站、右岸地下厂房土建工程和临时船闸改建工程,任务十分艰巨,更重要的是:必须在提高和保证质量的前提下完成任务。现在已过去一年,这一年中的工作做得如何,起有决定性的作用。我们高兴地看到,这一年的工作成绩显著,为胜利完成三期工程开了好头,奠定了基础。

(1)去年实现初期蓄水、通航和发电任务后,工程运行安全正常。根据监测成果,左岸大坝水平位移小于设计值,变化正常;基础渗流量远小于设计值,且总量逐步下降;扬压力系数小于设计值;坝踵保持较大压应力;船闸高边坡变形趋于收敛,地下水位稳定,蓄水后无变化,地下水压力仅为设计值的 1/3;茅坪溪防护大坝沥青混凝土心墙上下游面均受压,变形均匀,防渗性能良好,防护坝工作性态正常。所有监测数据说明工程质量满足设计要求,工程是安全可靠的。

(2)从去年至今年一季度,左岸电站完成 1~6 号机组的安装并先后投入运行,安装质量良好,发现和解决了许多设备上的问题,保证在现水位下安全运行。去年累计发电 86.2 亿 kW·h,今年一季度发电 65 亿 kW·h,为缓解华中、华东地区的缺电做出贡献。其余机组正抓紧安装,10 号机已投入运行,今年可望投入 4~5 台,计划发电 338 亿 kW·h,并将供电广东。

(3)三期工程进展顺利,形象面貌完成得好。一季度主要施工项目(开挖、混凝土浇筑、机电安装、接缝灌浆等)都超额完成计划,其中混凝土浇筑完成 70.8 万 m³,右岸大坝混凝土可以在 5 月底以前脱离基础约束区。预期今年计划能够完成。右岸厂房工程也顺利进展,12 台机组的招标工作已结束,由三家中标,新的转轮指标都比左岸的好。

(4)关于三期工程的质量,专家们一致认为,工地能认真总结二期工程中的经验教训,改进提高工作。无论是土建或机电安装,与二期工程相比都上了一个台阶。

首先是总公司组织各参建单位认真学习三建委 13 次会议和温总理讲话精神,贯彻专家组意见,思想上高度重视,管理上完善加强,措施上深化落实,取得了重大成果。

完善了质量管理保证体系,项目部与监理部分开,改组了质量管理委员会,建立领导出席的例会制度,及时严格进行剖析监督工作,继续实行专业质量总监制度,充分发挥专业总监和总监办的作用,修订、落实三峡工程质量标准,制订各项具体施工技术要求,切实贯彻执行。在总公司的带动下,参建的设计、监理、施工、安装各方都行动起来，形成全工地讲质量、讲文明的风气。去年转入三期施工时，一些领导同志对工地可能出现轻敌、浮躁情绪曾有所担忧，我认为现在可以消除。当然，这是个长期任务，要坚持不懈。这一点我在下面还要讲到。

脚踏实地总结二期工程经验教训，特别是研究采取有针对性的措施，攻克顽症。例如，混凝土表面缺陷、接缝灌浆管道和排水槽堵塞、止水失效、表面保温不及时、温控不力、漏振过振、浇筑块长期间歇……，都是反复发生的顽症，现在都采取了针对性措施，痛下决心治理。专家们在现场看到听到的情况是：表面质量明显提高，三期工程中的廊道表面的光洁非二期工程可比，灌浆区管道畅通，止水已利用定型模板架设、振捣特别仔细，浇筑面及时用保温性能优良的聚苯乙烯板保护，大坝浇筑块未再出现裂缝，浇筑块基本上都按仓面设计执行，基本上实行平浇，并实行仓面间息期预警制度和质量问题快速反应机制，等等，说明工地对重视质量问题已不是停留在口头上、表态上、文件上、领导层上，而是真正提高了认识，落实到行动、落实到基层，效果十分明显。在厂房施工时，根据当时情况，施工方自动增加了冷却水管，都是认真负责的明证。尽管某些问题有待进一步研究解决（如仓面浮浆和泌水问题），某些顽症尚未根除，但问题确实是少了、小了。安装单位也有许多新的做法，安装质量也比去年更好。只要把这套做法坚持下去，永不松懈，前景是十分光明的。领导要求三期工程成为一流工程，许多参建方提出要做成精品工程，我看很有希望实现。

在文明施工方面，也取得进一步成绩。进入三峡工地，确实较少见到乱、脏、湿的情况，环境秀美清洁、道路平整，职工生活、劳动条件良好，到处立着责任牌、安全牌……，文明施工、安全施工也已不限于刷几条标语，而开始成为制度和习惯，走上与世界发达国家施工模式并轨之路，有些地方甚至做得更好。我相信，只要坚持和不断改进，三峡工程的科学管理、文明施工不仅可以作为国内的样板，也可成为世界的楷模。

能做到这一点，重要的一条是倡导以人为本的双零目标管理，特别是把民工视为正式职工一样对待，关心他们、培养他们、严格要求他们，不仅为保证质量创造条件，而且充分体现了中央"以人为本"的精神，我相信民工中会出现大批高手和劳模的。顺便说一句，这次会上和在工地上我们还看到很多新面孔，都是一些年轻骨干，被选拔担任总公司和参建各方的领导或方面负责人。他们不仅朝气蓬勃，而且有强的组织能力，对工程充分理解，汇报介绍时条理清楚，观点明确，反映了水平。我们深为总公司和参建各方后继有人感到由衷高兴，因为今后有更多更大的任务需要年轻一代去完成。

以上是我们对一年来工程成就、进度和质量的总评价。

三、对几个遗留和新出现问题的看法

去年验收时，有少数问题需继续研究或检查，最近又出现 RCC 围堰漏水问题。通过监测、分析和处理，这些问题的性质已较清楚，有的可以作出结论，现分析如下：

1. 左岸大坝上游面裂缝

根据仍在工作的仪器监测，蓄水以来（最高水位达 139m），裂缝开度测值变化在 ±0.03mm 以内，目前的裂缝多为受压，仅少数有极小（0.02mm）拉开，已在测量精度以内。缝内渗压为零，表明处理措施有效，裂缝是闭合的，缝内无渗水，不会继续裂开。今后温度变化更趋平缓，可认为裂缝不会影响大坝安全，但监测工作应继续进行。

2. 导流底孔及永久船闸排水和抽干检查情况

去年汛后到今年 3 月 30 日，对 22 个底孔全部进行排水检查，未发现气蚀破坏和较大裂缝，对表面少数轻微磨损和微细裂缝，不会影响安全运行，已视情况予以打磨贴补，或在回填时再处理。孔内淤泥杂物均清理干净。经过如此全面检查清理，底孔的工作条件令人放心，可以承担今后两年的度汛重任。

对永久船闸的南北二线，也分别排干检查。没有发现存在影响结构和设备安全及运行安全的质量问题。对检查发现的缺陷按规定予以处理，对部分缺陷列为运行中重点监测项目。永久船闸在今后的安全运行也是有保证的。

3. 左岸大坝纵缝拉开问题

经过骑缝钻孔检查和监测资料分析，情况如下：①从钻孔电视及混凝土芯检查，纵缝内水泥结石充填饱满，仅局部有轻微脱开（0.15～0.3mm）；②从测缝计监测数据分析，蓄水后纵缝呈闭合趋势，开度随温度和水位有微小变化，目前开度在 0.05～0.89mm 之间；③坝体水平变位远小于设计值，坝踵有较大压应力；④据设计分析，纵缝增开对结构的影响不大。根据以上情况，且考虑到灌浆效果不会好，为此赞同不进行全面灌浆补强，仍加强监视和探查，积累资料，到水位达设计水位后再作结论。

4. 临时船闸 1、3 号坝段侧向稳定问题

这两个坝段站在陡坡上，中间 2 号坝段为过船缺口，高差很大，故 1、3 坝段顶部产生较大水平变位（指向临空面），最大值达 15～16mm。经监测分析，这些顶部侧向变位在 2003 年 3 月达最大值，以后就随着气温摆动，气温升高时回缩，气温降低后又加大，不再继续增长。考虑到现临时船闸正在改建，缺口已回填（分别填到 108m 及 98m 高程），坝段间的横缝已灌浆连成整体，可以认为不存在侧向稳定问题。

5. 左厂 1～5 号坝段稳定问题

这些坝段建基面较高，地基内缓倾构造较发育，下游因布置厂房开挖有较高的陡坡段，因此对其稳定问题进行过深入的研究分析，并采取了降低建基面、扩大坝体断面、布设抽排系统降低扬压力、进行锚索加固和厂坝联合受力等综合措施，以提高其安全系数。施工和蓄水运行以来，监测资料表明：①坝体基础和顶部水平位移很小，变化正常；②相邻坝段间无不均匀沉陷；③坝后陡坡变形稳定，无层间错动；④坝基及基岩排水洞内渗流量不大；⑤坝基扬压力小于设计值，坝基基本上无渗压，说明坝基是稳定的，防渗排水设施达到预计效果。总之，这些坝段没有发现异常情况，可继续加强监测，分析今后水位抬高后的数据，届时作出最终鉴定。

6. 左岸机组遗留问题

左岸已安装运行的 6 台机组，在安装调试中出现过一些问题，多为设备缺陷问题，其中较重要的为：①VGS 2、3 号机组推力瓦温过高。厂家已对 1 号机组更换了油循环冷却器，油温下降了约 12℃，厂家并承诺在后续机组中均安装符合要求的冷却器，2 号、3 号机组在适当时更换。②ALSTOM 5 号机在过速过程中，导叶拉断销 4 次被拉

断，经加大截面、改进垫圈形式后，通过试验，情况正常。③ALSTOM 5、6 号机在过速试验中，当导叶关至 4%左右时，机组强烈振动，经改变接力器关闭过程线和采取其他措施，问题暂时得到解决，但振动频率仍然存在，原因待查。最近厂家又提出新的接力器关闭方式，需在今后查明原因解决④调速器油泵运行中振动大，泵体开裂，厂家已承诺先对泵体补强，今后全部更换（其余问题从略）。

对于以上 6 项问题，今后如无新的数据、资料，就不再列为专项检查。

7. 三期 RCC 围堰漏水

RCC 围堰为实现施工期蓄水、通航、发电和保证右岸基坑施工的重要挡水结构。建成蓄水后一直正常运行，堰内廊道及排水孔不漏水。2003 年 12 月 12 日开始漏水，并不断增加，到 2004 年 1 月 31 日达 2782L/min，并发现上游面 107.6、111.4m 高程处有连续水平裂缝是漏水原因。经在上游面嵌填 SR 止水料，渗漏量有所降低，但 2 月 20 日 107.5m 廊道及基础廊道又大量漏水，最大达 8352L/min，并发现上游面 78～82m 高程处有连续水平裂缝。经在上游面紧急封堵，4 月 2 日漏水量已减为 308L/min。

设计院对开裂原因、后果和加固方式作了详细分析。我们同意开裂原因有三：①内外温差过大，RCC 围堰断面大、连续上升，实际上无散热条件，堰内混凝土几乎处于绝热温升状态，而且因各种因素其最高温度超过设计估算值，到今年初，库水降到最低温度，内外温差产生较大的温度拉应力；②原设计最高库水位为 135m，后抬高至 139m，又增加了 0.19MPa 拉应力；③水平施工层面中存在强度较低的弱面，如 88m 层面施工时因雨停浇，以后铺净水泥浆上升，107.5m 和 111.4m 为常态混凝土与 RCC 界面，这些都是弱面。由于实际拉应力超过设计值，而弱面上的抗拉强度低于预期值，以至拉裂。

对裂缝发展趋势的判断：①去冬今春初是内外温差最严重时期，今后温度梯度应逐年变缓，上游面拉应力逐年减少；②堰体上游已出现水平裂缝，将起到应力释放作用；③只要排水通畅，缝内不存在高压水，裂缝就不会继续扩展。

关于围堰稳定安全度问题，经设计院计算，如按纯摩公式校核，取 f 值 0.7，对扬压力图形作偏于安全的假定，则库水位为 136m 时安全系数能满足规范要求，库水位为 139m 时，高程 88m 以下断面略有不足，但大于 1.0。

关于围堰加固问题，应急加固已完成，而且效果良好。设计院建议继续进行化学灌浆和在堰顶加浇盖重混凝土作进一步加固。对此，专家组意见也不一致，大体上讲，认为化学灌浆是有效果的，但必须十分谨慎的施工，防止在钻孔和灌浆过程中破坏已封堵的 SR2 填料和上游盖片，也防止堵塞下游的排水孔。宜先进行生产性试验，取得经验并选择最恰当的参数，然后再推广进行。对于在堰顶浇筑混凝土压重，其效果较明确，但对低高程剖面能抵消的上游拉应力和增加的剖面抗滑安全系数有限，而且两三年后又需爆破拆除，是否采用，可由总公司根据长江委的进一步分析资料确定。

有专家担心在 88m 高程以下，还存在施工弱面（如 58m 高程）甚至可能已有裂缝，在今后可能再度开裂扩展，出现严重问题，建议在上游面进行水下探查。由于底部温度分布情况较有利，且今后内外温差将逐年减小，发生这种危险的可能性不大，但鉴于问题的重要性，如水下检查有困难，可否在基础廊道中钻孔检查，另建议请设计院对该部位的温度场、应力场及其变化做进一步研究，以便总公司决策。

在验收中还提到"堰内段"问题，现在看来，可认为不存在安全问题，只要继续注意监测。

四、集中力量、抓住重点，保证右岸大坝表面不开裂

综上所述，为保质保量完成今年计划，任务还很艰巨，要做的事很多，每一件都不能忽视，每个单位、个人都要在各自岗位上做出贡献。其中有个中心任务，也是对今年工作的最大考验，就是保证右岸大坝表面特别是上游面不产生长大的裂缝。

今年右岸大坝浇筑任务很重，在高温季节也不能停止，这就使人想起在二期工程中河床和左厂坝段上游面出现的大量长大劈头和水平裂缝的事，这些缝最长的数十米，深达数米，成为一些人大肆炒作的藉口。虽然经过认真细致的补强保护，这个问题已经可以画上句号，但我认为这是三峡工程的耻辱，问题是今年还会出现吗？

现在工地上下都重视质量，形势与二期工程已不一样。特别在温控方面，准备更为充分，因此很多同志对此抱乐观态度。但表面裂缝的出现，牵涉很多因素，温控只是其中一条。我们需要作更深入的研究，更充分的准备，组织所有方面会同努力，才能战胜"顽敌"。我建议全体三峡人立誓雪耻，这是三期工程成为一流工程的第一个要求。如果在三峡这样的条件下和今天这样的形势下，仍然不能战胜这个顽敌，重蹈覆辙，我们是无法向中央、向人民作出交代的。

现在大家强调要在5月底脱离约束区，这是必要的，但脱离约束区仅仅减轻了发生基础约束裂缝的威胁，此后就进入高温季节，面临防止表面裂缝的战斗，后者看来更不容易防止。只要工作中有一项没有做好，到今冬明春或经历更长时间后就会发作，搞得我们十分被动。所以脱离约束区不是抗裂斗争的结束，而是开始，这一点首先提请大家注意。建议从总公司到设计、施工、监理、监测各部门，从原材料、拌合楼、运输线、浇筑现场到养护保温全过程全面动员，提高警惕，一丝不苟，誓歼顽敌。

从设计方面说，我认为你们总有些重视基础裂缝，轻视表面开裂的心理。总是在出现事故后做"仿真分析"，证明裂的有道理，原因是综合的，老天爷也有一份（气温骤降）。这次能不能做一次事前诸葛亮？建议选择几个有监测仪器的坝段做"虚拟的仿真分析"，按设计要求和规划的施工进度上升，遇到假设的气温变化，看看究竟会不会裂，有多大安全度？原设计规定是否合理？要不要调整？还要做些敏感性分析，例如：间歇期长了，混凝土强度低了，温控达不到要求，表面保护不及时，或遇到意外气温骤降情况，等等。RCC围堰的开裂给我们上了一课。设计院对此问题并不是没有分析，当时认为有裕度，结果三项因素超出预期，发生长几百米的大裂缝。在原材料和级配方面，看看还能不能在配合比、原材料、外加剂各方面再做些优化，提高混凝土的抗裂能力和极限拉伸，至少保证能达到现试验值，特别在坝面部位，我们不需要多余的强度，要的是低热、低弹模、高极限拉伸的混凝土。在温控、运输、浇筑现场上要严格执行要求，机口混凝土温度规定要降到几度就严格做到，运输线长达800～1000m，必须严密保护，入仓振捣后必须在规定时间内覆盖，否则"竹篮子打水"一场空。必须使机口、入仓、浇筑温度都满足要求，尤其是浇筑温度，它不满足要求，以前的一切做得再好都是零。浇筑后的及时覆盖、养护、保温、通水冷却当然更应严格按要求

执行。所有这一切都要有完整记录，哪一环节出问题都要能明确反映和查清。再通过及时监测、分析和与设计对比，就可以掌握情况，做到心中有数了。我深信，只要大家负责，层层把关，右岸大坝一定可以避免出现长大裂缝。这是必须达到的最低要求。高要求就是不出现一条可见裂缝，这并不是高不可及的。不要满足于每万方混凝土裂缝条数少于几条，三峡人应该有自己的要求。三期大坝混凝土能做到不出裂缝，这就创造了世界奇迹，就以事实证明了三峡的混凝土施工质量达到了一流水平，是精品工程，谁能不服气？希望同志们再接再厉，为登上这一台阶而努力。

五、清除松劲、轻敌思想，消除一切隐患，为全面完成今年任务立新功

上面我们对三峡工程去年一年来取得的成绩给予充分肯定，是专家们的一致认识，是实事求是的。但任何工作不可能尽善尽美。在专家们的发言中还指出许多缺陷和问题，许多顽症并未根除，不少问题有待查清解决，管理上更还存在漏洞和薄弱环节。我诚恳地希望总公司和各参建方能听得进逆耳之言，愈在胜利之时，愈保持冷静头脑，不能让任何松劲和轻敌思想抬头。

专家组在内部讨论时都提到一年来出现的许多事故或事故苗头，虽都及时处理，没有发生大事，但仔细一想，会使人不寒而栗。如果 RCC 围堰的水平裂缝发生在更深部位，无法潜水处理，而且扩展很快很深，漏水极大，危及围堰安危，就只能被迫紧急打开底孔泄水，发电、通航只好全停，后果不堪设想。讲得小一点，6 号机导流板撕裂，如果进入转轮将产生什么后果？三峡工程无小事，任何疏忽都会带来重大损失和遗憾。

下面我挂一漏万地点出几条，起一点警示作用：

（1）工地的生产安全、消防安全和保安方面仍有很多漏洞。对发生火灾、坏人破坏等意外事件都缺乏警惕和应对措施。

（2）厂房中运行与施工、安装平行进行，且互不通气，相互有干扰，制度不严密，可能产生问题，值得周密研究防范。

（3）全厂的厂用电安全问题，除抓紧电源电站建设外，在近期内如何采取应急措施，提高保证度？三峡目前已有 7 台机运行，400 万 kW 以上的容量，还将迅速增加，如意外停运，将对电网产生重大后果，也会惊动全国。

（4）安装中发现的设备质量事件不断，今后国产比例增加，右岸 8 台机将全部国产，情况可能会更严重。水力模型成果很好，但从模型到实体有个很长距离，有些设备质量事故根本不是水平问题，而是玩忽职守，有些问题似乎很琐碎，但稍一疏忽，便成大事。如何与厂家沟通合作，如何加强监造力量，如何向上级反映，争取上级的协调监管，要做工作。建议有关方面研究个办法出来，必要时质量检查专家组可以会同总公司向有关部门、上级反映。

（5）土建施工方面，仍有很多薄弱环节，上面讲了高温季节浇混凝土防裂的问题。严格讲来，现在的手段不能适应要求，这就需要我们更加周密规划，千万不要掉以轻心。一些块子压仓，一些块子的高差大，泌水问题，泛浆问题，这些都还要过细研究。

高温季节浇筑时，每层混凝土必须在规定时间内覆盖（2～2.5h），否则质量难以保证。根据目前现实条件，对特大仓面，同意采用宽台阶浇筑，但必须有严格的设计，绝不是在任何情况下乱用。

（6）船闸的消防水管爆裂问题、分流舌气蚀问题、封一闸室问题，等等，都要解决。

同志们：我们必须充分肯定我们已取得的成绩，鼓舞我们的斗志，坚定我们的信心，又必须清醒地看到任务依然艰巨，困难依然很多，差距仍然很大，要清除任何自满轻敌情绪，永远保持谦虚谨慎、兢兢业业的优良传统，遵循党的教导和科学精神，过细地做好每一件工作，我们一定能取得全面、最终的胜利，把三峡枢纽建成一座世界上最宏伟的一流水利工程，让我们共同为这一光辉事业贡献出力量吧。

在长江三峡二期工程船闸通航验收结束时的讲话

各位领导、各位委员、各位代表：

我们的验收会议即将胜利结束，方才已举行了签字仪式，汪恕诚部长作了热情洋溢的讲话，这标志着三峡船闸通过了"船闸通航验收"，由试通航阶段转入正式通航运行，这是长江三峡通航史上又一个里程碑，我表示热忱和衷心的祝贺。我向多少年来为三峡船闸建设作出不懈努力的所有同志表示崇高的敬意，你们的心血和劳动已经结出丰硕的成果，你们的贡献将永远留在史册上和人民的心里。

今天我的心情非常激动，下面讲三点体会。

一、三峡船闸工程的胜利建成创造了世界纪录

三峡双线五级船闸是当前世界上级数最多、总水头和级间输水水头最高的内河船闸，主体部位从高山中深挖出来，是一座难度极大的挑战性工程，任何人若不亲眼目睹，都难以想象世界上有这样一座人造通航工程。两千年前中国人修建了灵渠船闸，两千年后中国人又修建了三峡船闸，一先一后，交相辉映！

船闸工程于 1994 年开工，2003 年 6 月建成并试通航，其完成开挖近 5600 万 m^3，混凝土浇筑 465 万 m^3，钢筋 17.7 万 t，预应力锚索 4376 束，各种锚杆 30.7 万根，灌浆 26 万 m，安装金属结构 4.7 万 t，工程量之大举世无匹。

对于这样一座巨大的船闸工程，无论规划、设计、施工、设备制造安装、调试、组织运行……都面临着数不完的困难和挑战，我们依靠科学、依靠试验研究、依靠严密的监理、组织和协调，经过无数次的检查、鉴定和验收，又通过一年试通航考验，今天可以下结论了。结论是什么呢？是工程已全部完成；所有建筑物，不论是地面建筑、地下输水系统性态正常，运行良好；高边坡整体稳定；如此大量的金属结构与机电设备运行正常；如此复杂的集中监控系统性能稳定，上下游航道和口门区水流条件和泥沙情况都能满足通航要求，航道畅通；监测项目齐全，数据可靠，工作正常，满足安全监测需要；消防系统已通过专项验收；通航能力稳步提高，年货运量已超历史最高水平，达 3000 万 t/a。事实证明，船闸的设计是正确的，施工、制造、安装的质量是优秀的，管理运行是科学高效的，这么复杂的最大的船闸是一次建成、一次投产成功的，没有出现什么大的问题，这实在是一个奇迹，它充分说明了中国人民的智慧、毅力和才能。我们要把这一伟大胜利告诉全国人民，向全世界宣布，让全国人民和全世界的朋友分享我们的喜悦。

二、实践是检验真理的唯一标准

在今天的验收会上，我不禁想起 18 年前艰苦的论证历程。当时有许多人对兴建三

本文是作者 2004 年 7 月 7 日在长江三峡二期工程船闸通航验收结束时的讲话。

峡工程抱有无穷的忧虑和悲观态度，甚至坚决反对上马，其中通航问题就是焦点之一。他们认为如此复杂的船闸不可能顺利修建，建起来也将事故不断，这么多的闸门、阀门控制系统出一点事就会断航，还有水流问题、泥沙问题，因此兴建三峡工程就意味着斩断长江，意味着破坏川江航运，成为历史罪人，甚至断言长江将面临断航。而我们依靠长期的规划、设计、科研、试验的成果，认为只有兴建三峡工程才能大大振兴航运，使川江真正发挥黄金水道作用，充分体现水运优势，极大促进库区和腹地的经济发展，根本不存在长江断航问题。对前景的两个截然相反的观点，是争论最根本的分歧。

实践是检验真理的唯一标准，经过 10 年奋战，船闸已正式通航了。我们无比兴奋地看到，随着深水航道的形成，随着西部大开发战略的实施，带来库区腹地社会经济的腾飞发展。通过三峡的客货运量迅猛地增长，现在已达到远超历史水平的 3000 万 t/a，今后必将继续高速发展。试通航一年来，除因流量超限停航一天外，安全通航了 365 天。由于机电设备故障影响通航仅 3 次，累计影响时间是 2.9h。上游引航道在较长时间内不会明显淤积。下游引航道在汛期会有些淤积，汛后通过维护性疏浚完全能保障航道畅通。上下游流速流态能满足航行要求。这一切和当初的设计、科研、试验结论相符。从这里，我们可以得到一条结论：世界上任何事情就怕"认真"两字，勤劳、智慧、勇敢的中国人民在党的领导下，只要认真、团结，任何困难都能克服，一切畏惧困难无所作为的想法都是错误的，事情难道不是如此吗？

当然，这不是说什么问题都没有。试通航期只有一年，还没有经过大水大沙年的考验。这么大的工程总不免存在这样那样的局部缺陷与问题。我们的调度管理水平也还可以提高。但是通过这次验收检查，我们可以确信，所有这些问题、缺陷都不会影响通航安全，都已经得到处理或可在今后处理，而且随着经验的积累、技术的提高、对设备的熟悉和改进，故障率一定还会下降，管理水平和过闸能力一定还会提高。只要我们永不自满，精益求精，三峡通航前景是十分光明的。

三、与时俱进，高瞻远瞩，迎接更伟大的胜利

我现在愈来愈感到"与时俱进"这四个字太重要了。对任何事，我们必须永远"与时俱进"，千万不要"固步自封"甚至"抱残守缺"。三峡船闸的规划设计是在 20 年前做的，当时无论考虑得如何周详，都无法预测到 20 年后中国的发展形势，没有想到"西部大开发"，没有想到深水航道形成后会如此迅猛地带动库区和腹地的经济发展，没有想到机动船和滚装船会如此大量涌现，没有想到温饱都有问题的人民会大兴旅游之风……正像那时电力部门会想到中国一年要猛增 4000 万 kW 的发电能力还不够用吗？

现在船闸过船压力持续增长，甚至出现压船待闸的情况。有些人可能又要大做文章了，把它作为三峡工程碍航的证据了：你看，船闸刚建成，单向货运量仅 2000 万 t 就通不过了。他们不想一想，如果没有三峡工程，川江还是险滩相接，绞关过滩，会有这么多机动船滚装船吗？客货运能力能这么快增长吗？打个比方，本来两地间没有康庄大道，大家都穿山越岭，走羊肠小道，现在修了大马路，人们和各式各样的交通工具都涌上马路，交通挤了，就能说修马路妨碍了交通吗？能这样颠倒是非吗？

当然,我们对现在的过闸能力是不满足的,还应提高,在验收鉴定书上着重提了。这里有我们自己的事(如需进一步提高组织、协调、管理水平,熟悉设备,缩短待闸和过闸时间等),但真正要使川江航运大翻身,眼光看得远一点,要做的事要广泛得多。

从较远景角度看,我对解决川江航运发展具有信心。

第一,升船机必须建而且要快建、快投运,所有客轮和特殊船只将从升船机快速过坝。

第二,库水位要尽快上升到设计水位,使船闸按五级运行,解除目前进闸的瓶颈。

第三,翻坝运输可以作为必要的、长期的辅助设施,滚装船不应过闸,少量零星货物可以翻坝运输,对长假期、大流量期、船闸冲沙、检修期等情况,翻坝运输都是必需的手段。

第四,更重要的是船型和运输方式将改变,走大型化、定型化、结队运输的集约运输方式。外国有些不大的河流,年货运量都达几千万吨,关键就在集约化运输。按目前国情,也不能禁止小船、散装船过闸,但这不是久长之计。你要发展国际航运,总不能依靠郑和下西洋时的帆船,而要靠大吨位集装船。你建了高速公路,总不能永远让拖拉机甚至人力三轮车、自行车进来行驶。所以我呼吁有关部门:交通部、航运部门、地方计经委和总公司、设计院能协调组织,认真研究一下川江航运的长远规划和发展远景,到底有多少货,什么品种,如何增长,如何逐步统一、改造、加大船型,如何实现编队运输。要有统一规划,逐步实施。工作是复杂困难的,牵涉面也极广,也莫想短期奏效,但不做不行,如果任凭现在这样各自为政,百舸争流,都要挤进船闸,川江航运永远达不到 5000 万 t/a,永远成不了黄金水道。这不是船闸建错了,是我们的工作失职了。

三峡工程三大效益,通航是其中之一,过去,我们常把这一效益反映在水深了、船快了、成本降了、货运量提高了上面,现在看来,三峡工程对航运的效益主要是:为全面发展、改造川江航运,走大船、船队、集约化运输创造了条件,推进了改革,因而从根本上改变川江航运面貌,走上新的历史时代,这才是最大的效益。

三峡工程正在一步接一步地取得胜利,船闸和航运也一定会喜报接着喜报,让我们满怀信心,永不自满,与时俱进,让三峡工程在最短时期内发挥最大最全面的效益,为我们的祖国、为中华民族的复兴做出贡献,真正做到功在当代,利及千秋吧。

我想讲的就是这些,不妥之处请批评指正。最后祝各位领导、委员、代表身体健康、旅途愉快!谢谢。

在三峡枢纽工程质量检查专家组第 12 次质量检查调研会结束时的发言

各位领导、各位专家、各位同志：

经过四天的工作，三峡枢纽工程质量检查专家组的调研任务即将完成。

这次调研是质量检查专家组的例行检查，目的是对今年的施工和安装质量及工程进度作一阶段性调查了解。感谢三峡总公司和参建各方的重视，作了周到的准备，提供了翔实完整的资料，陪同专家进行了现场考察，并在会上做了全面和扼要的汇报。另外，我们事前派了部分专家和工作组同志来到工地，进行较深入的调研交流，这些都给我们的工作创造了很好的条件，使我们能提前完成任务。方才各位专家已在会上谈了主要意见，这些都在专家组内部讨论过，供总公司及参建各方参考，我就不再重复。下面我只简单讲几点个人体会。

一、工程进度和各项工作全面并超额完成计划，为 2006 年蓄水至 156m 和提前一年竣工奠定了坚实的基础

今年 4 月以来到现在，三峡工地的工程进度和各项工作，无论是形象面貌或具体工程量，无论是哪个标段，无论是土建或金结制作、机组安装，无论是设计、招标、运行、发电、通航，无论是质量控制，还是安全生产，都全面乃至超额完成任务，可以说取得了满堂红。这就为三峡工程提前于 2006 年蓄水到 156m 高程，提前于 2008 年竣工，提前全面发挥防洪、发电、通航各项巨大效益奠定了坚实的基础。这是全体同志遵循中央的精神，落实国务院领导同志的指示，在总公司组织下协力奋斗所取得的巨大成就，所做出的重大贡献，专家组为此感到高兴，向你们表示祝贺，并希望大家戒骄戒躁，精益求精，坚韧不拔，直到取得全面胜利，下决心把三峡工程建成一流工程。

二、工程质量登上了新的台阶

专家组的主要任务是检查质量，所以对质量还要多说几句。当然，正式评价要在明年上半年作出。但从初步调查了解到的情况看，专家组认为与二期工程相比，三期工程的质量确实已登上了新的台阶，这是必须肯定的事实。

混凝土浇筑、原材料控制、强度和各项性能的检测、温控防裂、各类灌浆、金属结构制作安装、机组安装以及电源电站工程和临船改建工程的质量都很优良，单元工程 100%合格，优良率很高。特别是大坝混凝土没有出现一条大的裂缝，温控、保温严格，接缝灌浆系统通畅，等等，达到如此理想程度，机组安装质量一台比一台提高，12 号机组运行中几乎感觉不到振动，进入廊道平整干燥，很少渗浆，都创了纪录，令人欣慰。

本文是作者 2004 年 12 月 2 日在三峡枢纽工程质量检查专家组第 12 次质量检查调研会结束时的发言。

当然，也仍有一些缺陷，总公司和参建各方都如实反映，不仅作了处理，不留后患，而且深入分析原因，采取有针对性的改进措施，严厉处分责任人员，态度是认真的。对设备上的缺陷也一丝不苟地予以彻查、处理或替换。

三峡电厂已有 11 台机组运行，发电量远超计划，各项指标均保持较高水平，为国家做出了巨大贡献。主要建筑物安全监测成果均正常，在设计范围内，对导流底孔和船闸检查均未发现重大问题。过坝量已超过 4000 万 t，船闸运行正常。我们认为所有以上情况足以说明三峡工程质量是优良的，运行是安全的，可以请领导和全国人民放心。

取得上述成绩的原因应归功于总公司和参建各方为完善和提高质量保证体系所做的认真努力。完善制度、加强教育，使质量意识深入到每个基层、每个人，使保证质量成为自觉要求。同时，总结经验针对各种缺陷采取有效措施，发动群众开展"消灭顽症，誓创一流"的劳动竞赛运动。这不是停留在口头号召上，而是针对"顽症"动了真格，逐个进行攻克，长期以来困扰我们的顽症（如混凝土开裂、浇筑层表面泌水浮浆、止水漏水等）就确实改善了。在机组安装方面，采取"首稳百日"的新考核措施，取得极好效果。可见只要认真，顽症是可以消除的，质量是可以保证的，中国人的管理水平是可以达到一流的。

三、巩固成绩，保持荣誉，防止"沉渣泛起"

上面我们对三峡工程的成绩作了回顾和肯定，我相信是符合实际情况的。但不论在汇报介绍中，或是专家发言中，同样现实的是仍然反映出一些缺陷和问题。应该指出，这些缺陷和成就相比是第二位的，不属于严重事故性质，经过处理可以做到不留后患。但有些事很难理解：为什么在全工地上下如此重视质量、狠抓质量的情况下仍会发生缺陷，有的甚至是完全可以避免的事？例如在安装中会把塞尺丢在定子里面！还有个别施工单位问题更多，文件中都有，有些工作组专家向我介绍了很多不应发生的问题。我也不点名了。其实道理很简单，只要你在施工，事故就时时刻刻环绕着你，稍一疏忽，事故就会发生。另外一个比方，对防止事故就像逆水行舟，只要稍微放松一下，稍稍有些自满，问题立刻会落到你的头上。没有任何一劳永逸的办法，不存在"终身免疫"的能力，唯一的办法只能是警钟长鸣，永不自满，严防紧守。

我读了 9 月 28 日三峡工程质量例会会议纪要以及曹总（编者注：指曹广晶）的总结发言，我觉得这纪要写得很好，曹总说得更好，他指出："过去已解决的一些问题又沉渣泛起，有所抬头，小毛病不断涌现"。"质量管理不进则退，一定要咬住不放松"，"从暴露出来的问题看，质量控制的形势不容乐观"，"质量控制是一个循环过程"，"质量管理要更加精细化"，并布置进一步发动广大建设者积极推进消灭质量"顽症"工作。他讲得如此全面，我就不必再发挥了。大家经常检查对专家组意见落实情况，我想以后先检查对曹总讲话落实的情况就可以了。总公司和参建方领导层对质量问题如此重视狠抓，我就放了心，相信"沉渣"翻不了身，一定能取得完美胜利。

还有一件事也要警钟长鸣。最近国内安全生产形势严峻，特大伤亡事故不断出现，尤其在采矿、交通、基建方面惨剧一个接一个，国务院领导都疲于奔命。不但职工生命无保障，生产受影响，更影响国家的声誉。三峡工程在这方面打了漂亮仗，没有出现重大伤亡或设备事故。各项安全制度订得严密、贯彻得力、宣传到位，值得充分肯定和庆贺，但也不是未出现事故苗头。和质量问题一样，只要你身处施工环境之中，安全事故就随时随地围绕着你。任何疏忽就会导致终身遗憾。我们要警钟长鸣，严密注视清查一切事故苗头，把它消灭在萌芽状态。认真实行双零目标管理，消防、保安和急救的设备与人员要永远处于待命状态，把我们的安全记录一直保持到完全竣工！

四、关于机组蜗壳保压浇混凝土问题

经过长期研究讨论，左厂机组蜗壳采取保压浇混凝土的方案施工，至今顺利进行，机组运行稳定，是成功的。现在总公司为了争取一个月工期，提出右厂四台机组要改用铺设弹性垫层施工，不再保压浇筑，对此许多专家持反对态度。

70 万 kW 的机组是巨型机组，保持运行中的稳定，减少震动幅度是大事。所以蜗壳外一定要有足够的混凝土包住它，和它紧密结合，尽量吸收震动能量。其实，最有效的办法是既不保压，也不铺垫层，直接在蜗壳外浇混凝土，但这样做蜗壳中的水压力将传到周围混凝土上，这地方体型很复杂，应力算不清，混凝土可能四分五裂。第二个办法是保压浇混凝土，使主要的水压力由蜗壳承担，运行时蜗壳既能与混凝土密合，又不会有过多的力传到混凝土上。第三种方法就是铺垫层，显然两者间的结合会差一些。专家组由于考虑到世界上没有一台 70 万 kW 机组是敷设垫层浇混凝土的，左厂机组的运行情况又十分理想，认为不必为了一个月工期而改变做法，所以主张维持原来做法。当然专家组也不能肯定设了垫层一定出事，这事由总公司慎重考虑决定，如果要做试验取得经验，或者是否可在一、二台机上试一下。

五、关于导流底孔封堵问题

国务院三建委在 9 月 3 日召开专题会议，原则同意三峡工程建设按 2006 年汛后蓄水至 156m 目标进行计划安排。相应的底孔封堵问题有两个方案，一是 2005 年汛前封 5～6 个，其余在 2006 汛后封堵；二是在 2005 年汛后全堵。三建委在"专题会议纪要"中要求总公司提出具体方案，报质量检查专家组批准后实施。总公司经认真研究后已按第二方案进行安排，增加了投入，与承包商签订了协议，最后根据实施情况由国家决策。

专家组一直认为两个方案在技术上都能办到，区别在于各有风险和得失。采取第一方案，2006 年仍由底孔和深孔导流，工程进度相对比较宽松，遇 20 及 100 年洪水不至翻堰，移民清库和地质灾害处理等工作也都是按此安排，不必改动。缺点是万一遇超百年洪水，底孔要在较高水位下运行（约 143～146m），增加了风险，下泄流量较大，不能对下游防汛提供太大的调控作用，但是通过控泄，也可以将下泄流量限在下游能允许的范围。采取第二方案，由于全部底孔都封了，2006 年汛期遇稍大洪水必定翻堰，要由大坝挡水，遇大洪水时水位涨到 160m 甚至 170m，刚浇的大坝就要经受严重考验，工程进度必须再行加快，压力更大，投入要增加，移民、清库、地质灾害处理等工作都要提前完成。优点是底孔已堵，不再泄流，没有风险。大坝挡水后水库起调蓄作用，下泄流量可以减少到 6 万 m³/s 以下，有利于下游防洪。可见，风险也好、防洪效益也好，都是相对的，都出在 2006 年是否遇到超过百年的特大洪水上，是一种极少遇到的机会。

专家组为使工程施工能稍宽松一些，便于保证质量，也不要再增加投入和牵涉移民、清库、地质灾害等问题，并考虑到一年时间中遇到超百年洪水的几率毕竟很小，从试验成果看底孔也不会出大事，下泄流量也可以限在允许范围内，是倾向于第一方案的。现在工地各项进度都十分顺利，总公司已增加了投入，各参建方均已作了相应安排，专家组赞成大家齐心协力，按照第二方案努力把工程形象面貌抢上去，同时进一步弄清两方案的利弊得失。最最重要的是要妥善安排好计划，弄清卡关的地方和存在的问题，做过细的布置，务必确保质量，不容许出现任何重大质量事故。到明年合适时候，条件进一步明朗后，专家组会提出意见，报三建委批准实施。

六、关于左岸机组运行和右岸机组制安问题

左岸 14 台机组是国际招标的，国内厂家分包相当部分，现已有 11 台机组正常投产，另三台在安装中，预期明年底左岸机组可以全部投产。

对这 14 台机组，当然可以指出还存在这样那样的问题，多数都在安装调试中消缺解决了，有的由制造厂家更换或修改，还有些要在今后解决，但从总体上看，质量确实是优良的，70 万 kW 的巨型机组一次投产成功，运行稳定，创造了世界纪录。这里也包括了国内厂家做出的贡献。

左厂机组中真正造成巨大后果的是 VGS 负责的 9 号机组的下环报废问题，这使 9 号机投产整整推迟一到两年（明年年底都可能不能发电），损失电量 40 亿～60 亿 kW·h，总公司直接经济损失 11 亿～15 亿元，这 60 亿 kW·h 的电能如能在今年大电荒时送出，所产生的 GDP 或为人民解决困难的间接影响更无法计算。所有这些损失最后都由国家买单。

问题是这个部件正是中国（东电）分包的，具体由二重铸造的。实际上二重在当时并无生产这样部件的条件和经验，VGS、总公司、东电甚至二重本身都反对这么做，是由"上层领导"用行政手段强行决策，决策后也不给二重解决实际困难。其后二重浇出的铸件出现问题，又不及时通知业主和有关各方，仍送到东方厂去精加工，直到最后查出有 900 条裂缝才被迫报废，丧失了时机。VGS、东方厂、二重都蒙受损失，总公司的损失更高达十多亿，国家损失无法计算。像这样巨大的事实和损失，到现在不见当初决策者和制造厂哪怕是极初步的检查分析。我们认为应该查清过程，明确责任，以利改进工作。

我们充分理解某些人士对"国产化"的热心态度，但应该坚持实事求是的精神。国产化最主要的目的是我国企业能拥有自主的知识产权，能自行设计和组织生产这样的机组，达到高质量标准，并不要求每一个部件都必须自己制造才算国产化，更不能容许明知条件不具备而降低质量要求，冒失败风险去"国产化"。

现在重要的问题是右岸 8 台机组将全由我国企业承担制造。从宏观上看，东方厂和哈厂都参与左厂机组的设计和分包任务，外商进行了技术转让，最后两整套水轮机且全由国企提供，厂家的设备也得到技改更新，厂家制订了质量保证体系，厂家可以在吸取左厂机组的经验上改进提高，凡此种种都使我们毫不怀疑厂家能制造出合格甚至胜过左岸机组的产品，但我们确实对下面三点十分担心：

（1）有关"领导"为"推进国产化"继续进行不合理的行政干预。我认为，对重大部件进行竞争择优分包是总公司和厂家的权力，分包中当然应优先考虑有利于国产化，但一定要实事求是，如果行政上或什么协会再来进行干预，而总公司和厂家如认为这种干预不合理、承接方不具资质、缺乏诚信、质量无保证、有风险、要影响机组投产，就要坚决抵制，不要怕戴政治帽子，必要时官司可以打到总理那里去，质量检查组可以反映意见。否则一切后果就要自负。总之，9号机组的惨重教训不容许在右岸重演。

（2）现在电力发展极快，厂家任务已经超饱和，材料供应会跟不上，许多部件需采购或外协，工期又十分紧迫。在这种情况下，质量保证体系很难执行。因此，厂家与业主、设计院务必紧密合作，相互了解、理解和体谅，实事求是，以大局为重，大家以主人翁态度来研究解决问题。我想三期工程最后能不能做到尽善尽美，发挥最大的效益，这也许是一个关键。建议能予以关注。

（3）厂家究竟能不能坚持质量保证制度？过去发现的许多问题根本不是技术问题，而是责任心问题，是管理和检查问题。现在三峡工地土建方面，浇混凝土表面出一点缺陷就把班长开除、罚款，厂家是不是也能做到这样？能不能杜绝不合格产品出厂家大门？两位厂领导都在这里，建议了解一下总公司的质保体系和执行情况，也许有参考价值。我这话讲得有些不礼貌，有些"干涉内政"，请原谅。但我是衷心希望我国制造业的质量能达到国际水平的，能够彻底消除"中国货就是'劣质货'"的同义词的耻辱！

我的发言有不妥之处敬请批评指正。

在中国长江三峡工程开发总公司 2005 年工作会议上的发言

总公司在春节后就召开工作会议，这是一次重要的会议。同志们针对公司领导所做的报告和提出的任务进行讨论，落实措施，会议取得圆满成绩，我深信这次会议将为总公司全面完成今年的各项任务起到重要的推动作用。李总（编者注：指李永安）要我在闭幕会上讲几句话，我想简单说两点意见，供大家参考。

一、努力学习，促进生产

当前，全国上下都在遵照中央的部署，开展保持共产党员先进性的学习活动。这一活动关系到党和国家的前途、关系到民族振兴大业。总公司一直是先进的大型企业，有良好的形象。我希望也相信大家能通过努力学习，保持和发扬先进，特别是要结合总公司的性质、任务和当前形势来学，学习的成果要反映在具体行动上，要反映在落实战斗措施上，以全面完成今年任务、取得满堂红的好成绩来响应中央的号召。

二、抓住重点，夺取胜利

三峡工程建设已进入第十二个年头，到了最终的会战阶段，今年的任务特别繁重，李总及各位领导已有了详细的报告和全面的部署。我从工程建设角度出发，归纳出有以下一些重点，我们务须奋力拼搏，夺取胜利：

（1）大坝保质保量全面建成，质量要保持优秀、一流，进度要满足并超过形象要求。

（2）右岸厂房土建要按计划建设，左、右厂房机组安装工程顺利进行，安装质量一台胜于一台。

（3）全面、超额、安全完成发电任务，为缓解电力紧张、支援经济社会建设做出重要贡献，创造巨大的经济效益。

（4）加强管理组织，挖掘潜力，创造三峡通航过坝的新成绩，为发展黄金水道作用，促进西南与华中华东的运输做出贡献。

（5）精心设计施工，顺利完成两个导流底孔的试验性封堵工作，总结经验，制定全部导流底孔封堵方案，在汛后全面实施。

（6）做好各种预案，安全度汛，并争取为下游防洪做出贡献。

（7）研究明年汛后蓄水计划和高度、运行方式，报国家审定，迎接三峡工程高水位运行时期的到来。

（8）恢复和加快溪洛渡、地一厂房、电源电厂工程建设，抢回拖延的时间，特别是溪洛渡和向家坝电站，这是第二个三峡，每年能发电 1000 亿 kW·h，这种大水电才是真正的可再生能源。

本文是作者 2005 年 2 月 24 日在中国长江三峡工程开发总公司 2005 年工作会议闭幕会上的发言。

（9）做好监测、安全、美化环境等各项工作，使三峡工程成为安全施工、安全生产的标兵，使三峡工地成为世上花园、人间天堂。开展、支持各项前期和科研工作，以优秀的前期工作和高科技来保证总公司今后的顺利发展。

（10）关心支持移民、地质灾害处理和清库等工作，团结一致，共同奋斗，迎接三峡工程最终胜利的到来。其他有关总公司的深化发展等问题，我就不提了。

在长江三峡枢纽工程专家组第十三次
质量检查结束时的发言

三峡枢纽工程质量检查专家组第十三次检查工作即将结束。这次检查要对上一个年度的工程进度及质量正式作出评价。由于去年 11 月我们已进行了详尽的例行检查，部分专家和工作组同志多次来到工地进行调研交流，总公司和参建各方又做了周到的准备，在现场考察、大会汇报、小组研讨方面积极配合，使我们的工作能顺利完成，我代表专家组表示感谢。有关专家已扼要地发表了意见，谭院士（编者注：指谭靖夷）作了全面发言，下面我做个简单的归纳并说点个人见解。如有欠妥之处，请各位专家补充，并以专家组所发正式文件为准。我谈三个问题：一是对上一年度三峡工程进度和质量的评价；二是对导流底孔封堵、度汛及其他一些问题的意见；三是巩固成绩，更上层楼。

一、对上一年度三峡工程进度和质量的评价

在去年 11 月专家组例行检查中，我们已对 2004 年的施工和安装质量及工程进度作了阶段性的总结，给予高的评估。现在又过去了四个多月，添了新的资料和情况，专家们讨论后一致认为，上次的评价是正确的。

1. 工程进度和形象面貌

一年来，三峡工程的各项进度都按计划完成，不少项目有所提前或超额。工程形象面貌完全达到要求，关键部位有所超前。

2. 工程质量

去年各项工程质量是开工以来最好的。未发生重大事故，出现少量缺陷能及时发现，认真处理，不留隐患。

经专家们在一年内的多次调研考察，认为：各单位在强化管理上真下了功夫，质量意识及自觉性大有提高；质量保证体系趋于完善和稳定；各项标准和措施严格化、细化；实施了许多有效的制度，如各种"预警制"和快速反馈制；加强培训教育和攻顽症创一流的竞赛活动；还开展了有关试验研究工作。

具体成绩反映在：三期混凝土大坝中迄今未发现一条裂缝；厂房等建筑物的裂缝也很少、很细；温控达到少见的高水平；混凝土的内部密实性和表面质量双优；各种灌浆工作正常，质量良好；安装的机组台台达到技术要求和优良指标，安全运行。

结论：去年的工程质量得到了全面、全员、全过程的控制，质量优良，与二期工程相比，上了一个台阶。

3. 严防反弹

取得上述成绩是不容易的，但是要失掉它却非常容易。我曾说过，只要你在施工，

本文是作者 2005 年 4 月 7 日在长江三峡枢纽工程专家组第十三次质量检查结束时的发言。

事故和风险就紧紧包围着你。只要有一个单位、一个部门、甚至一个人稍一疏忽，事故就立刻降临。尤其在取得成绩面前，在荣誉面前，只要一自满、一放松，保证出事。真正是逆水行舟，不进则退。昨天专家们在讨论中都认为：自满是目前最大的危险。我们愿意借这次机会，再次鸣一下警钟，愿大家长持不懈，把荣誉保持到底。

4. 穷追不舍

方才我们说，过去一年中出现的缺陷和问题是较少、较小的，都及时处理了，未留隐患。但专家们的发言也指出非常重要的另一层意思，就是小缺陷会出现大事故，小缺陷后面也许隐藏着严重的问题。对频繁出现的小缺陷尤其不能放过，一定要弄个水落石出，杜绝后患。

举例说，在金属结构和机组方面出现的一些问题就值得我们注意。蜗壳进人孔的32只螺杆竟会断裂25只，如不及时发现，几乎发生非常事故。去年船闸中北五人字门液压启闭机的活塞杆损伤，说是外物刮伤，个案问题，如今中南三又出现了，且更为严重。深孔液压启闭机的锈蚀、剥落屡屡发生，机组纯水系统泵轴承不断烧毁，蜗壳内导流板几次撕裂甚至落下，可能发生毁机事故，等等。对这些问题工地上确实都进行了处理，换的换、买的买、改的改，但是，都属于"对症治疗"性质，没有从设计、制造、安装、运行上弄清真正原因，只有弄清真正原因，才能真正解决问题。好比你的孩子老发烧，你总给他吃感冒药。如果他的发烧是由其他原因引起的呢？所以我们建议，对所有这些问题都立案紧抓不放，首先是加强巡视检查，密切监测是否"老病复发"，或出现"传染现象"，能增加些保安措施和备品更好，更重要的是组织专家攻关，争取弄清问题，彻底解决之。左岸已发生的问题，决不允许在右岸重现。

对于工程进度和质量就谈这些。在昨天专家讨论时，大家还谈了许多具体的问题与意见，由于比较细，可能不列入正式的记录中，昨天总公司和长江设计院的负责同志都听了、记了，可供参考。

二、关于导流底孔封堵、度汛和其他问题

1. 底孔封堵和度汛

（1）封堵施工方案。总公司报请三建委同意后，现正在5、18两个底孔进行生产性试验。专家组在现场考察后，认为试验进行顺利，为汛后大规模施工取得宝贵经验。建议在封堵完成后，总结经验，研究改进，尤其对封堵混凝土的原材料、级配和相应的施工，盼能再作深入研究，争取优化。

根据专家组的建议，在第一封堵段中设置了横缝，这确实给工作带来不便，但在生产性试验中看，并无难以克服的困难。考虑到泄流坝段上游面普遍存在劈头裂缝，长的达数十米，深的达二三米，花了巨大的代价予以修补保护，要尽一切努力避免因封堵混凝土的收缩而影响这些裂缝。从这个大局考虑，专家组认为在第一封堵段设横缝是必要的。至于设置廊道，是为万一封堵后横缝有漏水或出现其他情况，便于检查处理，可在以后视实际情况决定取舍。

（2）今年汛后封堵孔数问题。对此，有两个方案，一是今年封堵5～6孔，二是今年汛后全部封堵，而且一直有不同看法。目前工地上按全部封堵进行安排，但最后要根据各种条件由三建委决策。

专家组一直认为两个方案在技术上都可行，并各有优缺点和风险。方案取舍取决于三个因素：一是对各方案的风险的认识；二是工程进度；三是移民等外部环境问题。

在风险方面，方案一对施工、移民、清库和地质灾害处理工作的压力都相对较小，明年度汛仍由 RCC 围堰挡水，比较稳妥。风险是，万一遇超标准洪水，底孔要在较高水位（143～146m）运行。采用方案二，明年将由坝体挡水，风险是：万一遇超标洪水，坝前水位可达 160m 甚至 172m，如有关工作跟不上，可能给移民造成生命财产损失，另外，刚浇好的大坝立刻要拦挡极高水位，也有风险。对于以上风险孰重孰轻，意见不能一致。专家组一直倾向于第一方案。

在工程进度方面，现右岸大坝已全线升到进水口底板以上，预计今年底全线达 160m 以上是较有保证的，明年汛前全线达 170m 以上也有把握。可以认为，大坝的形象面貌可满足方案二的度汛要求。至于封孔工作量大、进度紧张的问题，可增加一些设备和投入来解决，必要时可以先封堵第一段（已能满足稳定要求），另有部分坝段的进水口在明年不能下永久闸门封闭，可能用合适的起重设备吊放临时闸门封堵。总之，就工程角度看，经过努力，今年汛后封堵全部底孔是有条件的。

在移民等问题方面。今年底可完成第三期移民，其余安排为第四期移民。如今年封堵全部底孔，万一明年遇 20 年洪水，回水可能影响部分四期移民（3.5 万人），必需提前迁移，如遇更大洪水，有部分人要临时逃洪。此外，对清库和地质灾害处理工作也有所扩大和要求提前完成。由于这些工作由移民局和国土资源部负责，有关情况不够清楚，也不属于专家组研究范围，难以深入讨论。

鉴于汛后封堵方案急待决策，对移民等问题的影响又非常巨大，专家组建议长江设计院从速补充计算确定，在今年汛后封堵全部底孔后，明年遇到各种频率（20 年、100 年、200 年）洪水时，库水位及回水淹没范围，以便有关部门了解，并与实施中的移民计划比较，明确是否需提前迁移部分移民，以及是否有临时逃洪需要。同样也研究清库、地质灾害处理工作能否满足要求。专家组建议，长江委在完成上述工作后，会同总公司提出一个综合报告报三建委，以便在今年适当时间（例如 7、8 月）由三建委开一次会，综合各方面条件，作出决策。

2. 右岸机组蜗壳垫层浇筑问题

总公司和长江设计院一直提出：为争取 1～2 个月工期和简化施工节省投资，拟将右岸四台机组改用铺设垫层施工。我在去年会议上就指出，左岸机组的蜗壳采取保压浇混凝土方式施工是成功的，机组运行稳定。考虑到世界上没有一台 70 万 kW 机组是敷设垫层浇混凝土的，左岸机组运行又很理想，似不宜草率改变。现从设计院的分析来看，设置垫层后，蜗壳结构自振频有所降低，结构柔度有所增加，虽在允许范围内，专家组仍认为原方案更可靠些。

但专家组也没有根据说垫层方案一定不可行。这问题仍然请总公司慎重考虑决策。如要做试验，建议在少数机组上进行。长江设计院的研究分析尚未全部完成，或在以后适当时间邀请少数专业专家咨询一次。

3. 船闸改建问题

三峡工程采取分期蓄水方式建设。2006 年汛后库水位达 156m（汛限水位 135m），为初期运行水位。以后抬高至 175m（汛限水位 145m）运行。在初期运行时，航闸暂按四级运行。升高至正常水位后，一、二闸首要改建，尤其二闸首的人字门要抬升 8m，工作困难，工期较长（一年或以上），改建中只能一线通航，通过能力大减，和目前不断发展的货运极为矛盾，此问题要抓紧研究，慎重决策。

库水位升到 156m 实施初期运行后，以什么方式在多长时间内过渡到永久水位运行，还没有明确（需国家决策），我的估计，过渡时期可能较短，建议长江设计院在这个假定的基础上，对船闸改建的时机，技术方案，各项有关措施，需要由三建委协调的问题等作一研究，提出方案。个人的几点看法如下，供参考：

（1）从货运量不断增加的形势看，改建时机愈早愈有利。

（2）改建期内过闸能力大减，务必研究提出各项有效措施：包括货源分流、客船全部转驳，滚装船全不过闸，限制小船过闸，加强过坝驳运……在改建方案批准后一一落实。其他在改建过程中可能遇到的困难和问题也要过细研究，尽量解决。

（3）可能要在短期内改变汛限水位，由此引起的问题要及时研究报告有关部门。

三、巩固成绩，更上层楼

三峡工程施工已进入第 13 个年头，工程质量和质保体系不断提高和完善，取得重大成就，达到今天的水平来之不易。离开竣工还有三四年，我们希望大家能不骄不躁，保持这个荣誉，而且更上一层楼。

"更上一层楼"是个什么意思呢？我曾对我国的质量问题做过一些分析。在旧社会，在建国后相当长的一段时期内，我国并未建立严格完整的质量监督体系和各项标准、规范，和国际也不接轨，那时的情况，可说是处于一种"人治"状态。我脑中有个很深的印象：20 世纪 50 年代新安江工程开工后，我对工程质量问题忧心忡忡，多次向设计院和总局反映。后来有关领导曾委婉地和工程党委书记提出质量问题，他回答说："质量问题以我的党性来保证"，大家就无话可说了。这就是典型的"人治"。

在"人治"下，也不能说就没有好的质量、好的工程、好的产品。这里一是靠人的品德，在我国确实有不少人对工作极端负责，自觉地重视质量，有很多动人事迹。另外，也有些企业家把质量和企业信誉联系起来，并不追求短期荣誉或利益。所以各处都有一批老字号和信得过的产品。但是，仅仅依靠这样的方式是保证不了质量的。尤其在政治浪潮的冲击下，在短期利益的支配下，个别人的努力、个别企业的信誉，就会淹没在全社会轻视质量的汹涌恶涛中。这样的教训在历史上是屡见不鲜的啊。

于是有了第二阶段，这可以称为"法治"期吧，或叫"依法治质量"：建立科学的质量保障体系，制定完备的标准、规范、措施，实施严格的监理、检查、考评，辅以相应的奖惩。还可以依赖两大有效措施，一是完善市场体制，实行三公竞争，质量不好的产品、企业、个人就自然淘汰出局；二是依靠科技的发展，为提高质量提供有效手段。所有这些，构建了保证质量的环境和机制。这正是三峡工程目前正在实施而且取得实效的制度，也是与国际接轨的科学体系。它比"人治"科学、有效、可靠得多，我们已取得很好成绩，还要不断巩固、完善。

"法治"是永远需要的，而且要不断完善和稳固化。但"法治"体制是否已到了最高境界呢？我总觉得还欠缺点儿什么，还存在更高的境界。在"法治"下，质量依靠

"标准""监督""奖惩""淘汰"来保证，总之是被动的。如能在这个基础上再上升到"主动"层次，就更加可靠了。姑且称为"德治"吧。"德治"的意义是：保证和提高质量，已成为人们的自觉需要，成为社会的公认道德了。低质量，不仅要受罚，要被淘汰，而且将受到全社会的唾弃与不齿。

我常常以维护环境作为例子。我们习惯于在旅游地乱扔废弃物，甚至吐痰便溺，管理部门不得不制订各种罚则。而有一些外国客人对自己吃剩的废物非投入废物箱不可，甚至把别人的废弃物也清掉。找不到废物箱，宁可放在背包里带走。他这样做当然并不仅是遵守旅游区的规定，而是保护环境的意识已深入脑子，成为习惯了。如果我们对质量意识也能这样融入灵魂，形成习惯，形成作风，就达到了"德治"的境界。"法治"加上"德治"，质量问题就能解决。譬如说，人们看到新浇的混凝土未及时养护，就像看到自己刚出生的孩子放在露天里一样，这养护工作还会做不好吗？

在许多承建单位的汇报中，对保证质量所采取的措施中，都有培训和教育这一内容，这条很重要。我建议，在培训、教育中除学技术、学规章制度外，也要进行思想方面的教育，把质量与荣誉、诚信、道德、责任联系起来。个人也好，企业也好，能达到这样的境界，就成为一个"信得过"的人，信得过的企业了。我真诚希望，各承建单位和个人，都能通过参与这一伟大工程的实践抓紧最后几年时间，巩固成绩，再上层楼。在用我们的双手建起第一流的三峡工程时，也建设了我们自己，使人们知道你是参与三峡工程建设的人或企业时，都会马上想到：这是个可信的人（或企业），是个讲究质量的人（企业）！

让我们为早日达到"德治"境界而努力吧！

在长江三峡枢纽工程专家组第十四次质量检查结束时的发言

这次三峡质量检查例行活动，完成得很顺利。一方面是由于总公司和参建各方做了详尽的准备，提交了完整、详细的报告文件，更重要的是，这半年多时间里，三峡工程的各项工作，做得非常出色，可以说，取得了满堂红。我们的工作就大大简化了。专家组对三峡工程不断取得成就、不断登上新的台阶深表欣慰，并表示衷心的祝贺。

关于 2005 年度三峡工程质量及其他各项工作的正式评价，将于明年四月作出。但这半年多来的工作还是有条件初步总结一下。方才各位专家都作了详细发言，上个月工作组的调研报告也有明确结论，这些都代表专家组的共同意见，我不再重复。下面只简单归纳一下，提几点个人体会。

一、关于 2005 年三峡工程的进展和成就

2005 年是三峡枢纽三期工程工程量和难度最大的一年，也是关键的一年。方才我说在这一年中工作取得了满堂红是有事实根据的：

（1）今年计划全面超额完成，形象面貌全部达到或超过要求。由于机组埋件到货推迟的影响，也经采取措施，千方百计追回一部分工期。

（2）工程质量更上台阶，土建安装齐头并进，内质外形同时提高，没有出现重大事故。

（3）投资得到有效控制，左岸机组提前一年全部投产，安全运行，增发电量，不仅为总公司做出了贡献，对缓解全国缺电，支援国家建设和发展，减轻燃煤污染更是意义深远。

（4）安全生产，无重大伤亡事故，实现了双零管理目标。

（5）枢纽工程和设备运行正常，生态环境良好，在施工期内就发挥了巨大的发电、通航、环境、旅游效益，初步提供了防洪库容。

（6）培养了一大批脚踏实地的中青年骨干，他们将成为今后水利水电建设的重要力量。

工地环境优美，施工文明，是中国现代化建设的一个窗口。各施工、监理单位都表现出色，葛洲坝、青云、三七八进步更大。由于各种条件制约，电源电站和冲沙闸改建进步相对较慢，希望在总公司的支持下，也能快速赶上。总之，同志们以自己的努力和出色成绩，向国家交了一份优秀答卷，为国家争来了荣誉，也为明年汛后进入156m 水位运行奠定了基础。

二、几点值得重视的经验

取得上述成绩不是偶然的，而是总公司和参建各方下了大工夫，做了艰苦细致的

本文是作者 2005 年 12 月 8 日在长江三峡枢纽专家组第十四次质量检查结束时的发言。

工作得来的，经验极其可贵，值得总结推广，有的成就将来可载入史册，可改变人们的传统观点。

（1）工程质量之所以得到保证，是由于建立、完善和坚持了质保体系。这个体系是全面的、细化的、可行的。这个体系已深入到群众中去，全员的质量意识有了提高，由全员主动参与质量管理。总之，三峡质量保证体系不仅停留在一般号召上，而是细化为一系列具体的制度和规定，不是停留在领导和质检部门里，而是成为了全员的要求。这个体系不是照抄别人文章，而是针对三峡工程的情况和问题，建立和完善了许多实实在在的制度。我认为，我们已可以负责地向三建委报告：三峡工程的质保制度确已建立和不断完善，坚持执行，可以请领导放心。

（2）右岸工程的大坝，至今没有发现一条裂缝，不但上游坝面没有，连浇筑仓面也没有，连厂房也基本上没有裂缝。这是一个奇迹。过去总认为混凝土大坝不开裂是不可能的，"无坝不裂"，每 1 万 m^3 混凝土有几条裂缝，还成为衡量混凝土质量的指标。三期工程 400 万 m^3 混凝土的大坝没有查出一条裂缝，这一实践使我们知道，大坝确实可以做到不裂，温控和防裂的理论是正确的，过去做不到，是因为工作不过细。在三期工程中，精心设计了大坝混凝土的级配，全面控制了原材料的质量，严格实施了温度控制，像保护婴儿一样养护、保护了混凝土，几百万立方米的大坝就可以没有一条裂缝。当然，今天我们还不说这句话，因为较高部位的混凝土还要到明春检查。如果也证明不开裂，建议三峡的同志可以写一篇论文："没有裂缝的混凝土大坝"，在国际上发表，一定可震惊世界。这个活生生的例子，有力地说明了三期工程的质量。

也许有人会说，三峡工程财大气粗，舍得花钱，所以能做到不裂。我不认可这种说法，也许我们的投入多了一些，以后还可以优化，但不妨算一算，为防裂的投入，占了混凝土单价多少比例？而开裂后的补救和对工程安全、进度的影响又要花多少代价？我们过去最大的毛病就是"有钱买棺材，无钱喝牛奶"。三峡的混凝土大坝能做到不裂，国内其他的大型混凝土工程也应做到。

（3）为了提前一年蓄水到 156m，右岸大坝工程的进度十分紧张，在夏季实行 3m 层厚浇筑，这又是一个创举。在精心设计、精心施工、精心监理、精心组织管理下，取得了完全的成功，坝体同样没有开裂，可见事在人为。我很赞成这种创新精神，特别要指出我们不是蛮干，而是有坚实的科学依据的。创新是发展的动力。我阅读了有关专题报告，发现三峡工程在这一年中有不少创新，既有技术上的，更有管理上的创新。例如"无缝化交接""个性化通水""快速反应机制""预警机制"、开仓和打锚杆的"三证制""锚杆的新注浆工艺"、钢管的"整节凑合""焊缝的智能探伤仪"……等等，都非常好。

我国质量不高的两大原因：一是法治意识不强，二是创新意识不强，这两个问题在三峡工地有较好的突破，是值得大力总结和推广的。

（4）地下厂房开挖质量之高，也出人意料。开挖成形堪称优良，平均超挖仅 8.5cm，半孔率近于 100%，30 多米跨度的顶拱沉陷仅 2mm，这确实称得上是一个少见的精品工程，值得大书特书。使我们完全打消了对地下厂房开挖的顾虑。

（5）今年工作中的另一个出色成就，就是安全情况良好。我国最近安全形势严峻，重大事故层出不穷，人民生命和国家财产受到严重损失，而且影响我国国际声誉。而三峡工程能实现双零管理目标，真值得庆贺，我想，这成就和高质量一样，来自严格的制度和全员的参与。我在工地上看到每个仓面都挂了牌，着重说明可能发生的危险和趋避措施，听说班前还有五分钟的会，专门谈安全问题，民工必须培训后持证上岗，心中很感动。什么叫"以人为本"，这样做就体现了"以人为本"啊。

（6）我们还必须提到机电和安装战线上的同志，他们完成了艰巨的任务，同样取得了重大的成就。左岸 14 台机组提前一年全部投产，安装质量一台比一台好，安装时间一台比一台短。他们达到的"三峡标准"是高于外国厂家的企业标准和我国的行业标准、国家标准的。钢管和其他金属结构的制造安装质量都很优良，焊缝的一次合格率都达到或接近 100%。他们将过去发生过的缺陷汇编成案例，作为活的教材，收到极好的效果。看来，这些来之不易的果实，都是同志们用心血和汗水浇灌出来的。

回顾一下开工以来三峡工程的质量管理的变化过程，可以明确地看出，这是一个不断完善和转变的过程：从"处理事故"转变为"源头控制"，从"一般规定"转变为"分项细化"，从"人治为主"转变为"法治为主"，从"老经验"转变为"引入现代管理理论"和"管理创新"。今天的成绩来之不易，希望总公司坚持不懈，精益求精，希望参建单位能把这一优良作风带到全国各地去生根开花。

三、戒骄戒躁，善始善终，为夺取"一流工程"的目标而继续努力

三峡枢纽工程建设只剩下三年时间，绝大部分土建工程将在明年完成。胜利在望，曙光可见。在这个关键时刻，最最重要的是戒骄戒躁，不能松一口气，不能有半点麻痹思想，而要一鼓作气，登上最后的高峰，取得完全的胜利。

上面我们总结了今年取得的巨大成就，这是实事求是的。但我们必须清醒地看到，仍然出现了一些问题，甚至是不应该出现的问题。例如，25 号机组的所谓十字焊缝和所谓钢管错牙问题。不在乎问题本身的大小，而在于它们能逃脱许多层次的检查，说明我们的管理中还有漏洞。对这种情况一定要小题大做，警钟长鸣。

三峡工程今天的成就和荣誉是总公司和所有参建单位无数同志十多年的艰苦奋斗取得的，多么不容易啊。但只要有一个单位、一个班组甚至一个人骄傲了、浮躁了、听不进意见了，就可以立刻摧毁集体的成就和荣誉，非常容易。每一位同志都只有为三峡工程增光添彩的责任，不能做任何有损三峡光辉形象的事。

1. 巩固成绩、精益求精，建好右岸厂坝和其他三期工程

现在已没有太大的难题，但仍须迈过几道坎：首先要做好导流底孔的封堵工作，其次要谨慎可靠地爆除三期围堰。坝体愈升高，场面愈小，愈要注意质量，保证安全。右岸厂房蜗壳混凝土有三种结构形式，要分别设计，保证施工质量。右岸机组安装进度已有推迟，要加强驻厂力量，督促厂家如期交货并保证质量。要在确保质量的前提下尽量抓紧、加快。地下厂房、电源电站、冲沙闸改建等工程都要保质量、保安全、保进度进行，地下厂房现只挖了第一层，要把荣誉保持到最后并非易事。总之，我们要为三期土建工程画上一个圆满的句号。

2. 准备迎接新的运行阶段

明年汛后库水位即将上升到 156m，工程进入"初期运行"阶段。建筑物、机组

设备、调度运行各个方面都要为迎接新的运行阶段做好准备，顺利实施过渡，对左岸机组所存在的隐患和缺陷（如导流板撕裂），必须逐个研究，彻底解决。

3．精心做好船闸完建工程

预期明年汛后库水位上升到 156m 后不会长期停顿。目前过坝运量迅猛发展，船闸完建工作愈早做愈主动。希望长江委尽早提出方案，总公司审定和报批后，招标启动。

4．升船机建设

为缓解船闸压力，使客轮能快速过坝，尽快建成升船机是必需的。明年要抓紧催促德方提交 D 阶段设计成果，完成各项科研任务，复核德方设计，提交中方承担的设计报告，开展有关试验研究，推动工程的实施，力争按计划建成升船机，不使三峡枢纽工程留下缺口。

5．开展有关研究工作

三峡工程本身还有不少难题要攻克，例如上述升船机以及地下厂房进水口部位的淤积和流态问题，2007 年后蓄水位过渡到 175m 问题，等等，都要抓紧研究解决。

三峡枢纽建成后，将对上下游产生深远影响，再考虑到上游干支流水电建设的新形势，有许多情况已与论证及初步设计阶段不同，因此有很多问题需要重新认识和研究，国家将组织有关部门进行，总公司视需要应积极参与研究。

同志们，伟大的三峡枢纽建设工程已进入最后阶段，领导上要求我们将三峡工程建成第一流工程，三期工程很有希望夺取这项桂冠，让我们不骄不躁，紧密团结，为实现这一光荣任务而努力战斗吧。

在长江三峡枢纽工程专家组第十五次
质量检查会上的发言

去年十二月初，我们召开过第十四次质量检查会。根据质量检查专家组的工作规则，现在又开了第十五次会议，结合上次检查意见，我们要对 2005 年度三峡工程的质量及其他各项工作作出评价。刚才各位专家分别从不同领域和角度，给出了相应的评议，提出了建议，我不再一一重复。总得来讲，专家们一致认为：过去的一年中，在总公司的有力领导和组织下，经过各参建单位的艰苦努力，取得了重大进展。上次会议中我们所做的初步评价，现在基本上都可予以肯定。下面我做一个简单的归纳，并说点个人体会。

一、对上一年度工作的评价

1. 工程进度

主要工程项目都超额或提前完成了计划，主要形象面貌达到或超过要求。特别是右岸大坝浇筑基本完成，有把握在 6 月份甚至 5 月底全部到顶。导流底孔按计划封堵 8 孔，拦污栅、闸门等金属结构制安工作顺利进展，由于进度提前，有 9～10 孔进水口可以用永久闸门封闭，甚至可争取全部孔口都用永久闸门封闭，为保证今年大坝挡水、安全度汛和在汛后蓄水至 156m 奠定基础。左岸电站 14 台机组提前一年全部投产，全年发电 491 亿 kW·h，为缓解去年电力紧缺、支援国家建设、减轻燃煤污染做出巨大贡献。右岸厂房工程克服了机组埋件到货延期的困难，竭尽全力把进度追了上来，有希望按原定计划安装投产。渗控、接缝灌浆和其他工程项目也都完成计划。

2. 工程质量

质量保证体系得到进一步的完善、深化和严格执行。管理概念不断创新。既强调制度建设，又坚持以人为本，通过长期不懈的教育培训，质量意识深入人心，创精品争一流成为职工的自觉要求和行动准则。三期工程的施工质量完全处于受控状态。一年来，土建施工和机电安装质量优良，没有出现重大质量事故，单元工程合格率 100%，优良率很高。左岸机组安装和地下厂房开挖质量之好，堪称楷模。经过今春检查，现在更有把握相信：右岸大坝是一座没有裂缝的混凝土重力高坝，创造了世界奇迹。

3. 安全生产

没有发生重大的人身伤亡和设备事故。枢纽工程和各项设备安全运行，各项监测数据正常。电厂已连续安全生产 772 天。船闸实现了安全、平稳、有序、畅通的目标，去年运行 364 天，发挥了长江航运优势。

4. 其他

投资得到控制，按计划实现资金平衡。生态环境良好。工地上充满团结协作的精

本文是作者 2006 年 4 月 7 日在长江三峡枢纽工程专家组第十五次质量检查会上的发言。

神和感人事例。设计院和科研部门完成了许多重要的研究任务。

综上所述，我在去年会议上讲的："一年来三峡工程建设取得了满堂红"的评价，并不过分，是合乎客观事实的。

二、认清形势，坚持不懈，夺取全面的和最后的胜利

三峡工程开工以来，面临的形势和工作重点不断变化，经历过几个里程碑。现在三期工程进展顺利，土建工程已接近尾声，工作重点又有所转变。当前，最迫切和重要的任务是：

（1）今年6月要爆破三期围堰，由大坝全面挡水，拦洪泄洪。这是一个巨大考验，我们要集中力量迎接今年的度汛，而且要准备遭遇特大洪水，科学调度，确保工程和上下游安全，做到万无一失。

（2）今年汛后要封堵所有底孔，将库水位升到156m，建筑物和设备都要在高水位下调度运行，经受考验。

（3）要保质、保量、保进度地完成右岸厂房工程，使三峡的26台机组1820万kW的容量按计划全部投产，成为名副其实的世界上最大的水电站。

（4）要精心做好船闸的改建工程和升船机的建设工程，充分发挥长江这条黄金水道的作用，使川江航运进一步发展。

（5）继续完成冲沙闸改建、电源电站和地下厂房土建等未完工程。

（6）做好各项总结和有关准备工作，接受安检、国家验收和审计。

因此，土建工程高潮虽已过去，机电和安装进入了新的高潮，2006年的任务仍十分繁重和复杂。2006年的工作，还直接决定了右岸机组能否在明年按计划发电和工程能否在后年竣工。有些形势我觉得相当严峻。例如右岸厂房工程进度如此紧凑，要在保证质量的前提下完成计划，真是一场紧张的战斗。在设备方面，我们相信自己厂家的决心和能力，但有那么多分包商和供货商，要如期提交保证质量的设备，还真需要极大的努力，只要一个环节出问题，就会使总的计划破产，从已出现的问题来看，这是很可能的，我们务必高度重视！

实际上，2006年是三峡工程建设中又一个决战年，也是又一个里程碑。简单一句话，在今年，三峡工程将告别围堰挡水发电的历史，真正开始全面发挥设计效益，这难道不是一个里程碑吗？我呼吁总公司和所有参建方，包括设计、施工、监理、运行、监测，认清形势，万勿松懈，妥善安排，团结协作，有条不紊地进行战斗。要更加重视质量和安全，对所有在自检中和专家发言中指出的缺陷与问题，要一个不放地落实解决。预祝大家出色地完成各项工程，迎接新的要求和接受国家与人民的考查。

随着形势的发展，质量检查专家组的工作重点和方式也应有些调整。今后，除继续做好常规定期检查外，专家组应更好地配合国家验收和审计工作、更多地注意右岸厂房工程和机电安装工作、关心船闸的改建工作（回去后将立刻向三建办反映，尽早批复方案）、关心蓄水位抬高和有关的泥沙问题。今后总公司和参建各方如有需要专家组研究、协调或向上级反映的事，请尽量提出，只要在我们的工作范围内，我们一定全力以赴。最近三建办还把升船机设计审查任务下达给专家组，为此专家组又专门组成了一个升船机设计审查组。当然我们的工作和总公司的审查工作性质不同。升船机设计的具体审查工作全由总公司负责，我们只是对总公司呈报的升船机总体设计作技术审查，着重在总的可行性方面把把关。但为了能做到这点，有关专家不能不了解升船机设计工作进展情况，参与有关的会议和活动。希望总公司和长江院能给予配合支持。我们的专家参与这些活动主要为了了解和沟通，其发言也只代表专家个人意见，供讨论参考。我还想说一句，有人讥笑中国人永远建不成这座升船机，我们要共同努力，把升船机建好，用事实回答他们，不使三峡工程留下遗憾。

三、正确认识质量缺陷

尽管在过去一年中，三峡工程的质量又达到新的高度，但在总公司和各单位的报告中，以及专家的发言中都仍然提到工作中出现的一些质量缺陷。虽然影响不大，我们应该有个正确认识。

应该承认，要求一个工程不出现任何质量缺陷是不现实的。各单位在发现缺陷后，都认真对待，细致处理，不会影响工程或设备的安全运行，也没有留下隐患。但是我们仍应十分重视这些缺陷，抓住不放。原因是：这些缺陷往往就是今后事故的苗子，机电设备的缺陷甚至会导致严重后果，另外，这些缺陷是非常难得的教材或镜子，可以照出质量保证体系和我们头脑中存在的问题。以此为契机，就可以不断完善、提高、改进。

要做到这点，首先必须把产生缺陷的原因分析清楚，才能对症下药。分析原因并不为了追究责任，而是为了改进工作。如果主要原因确实属于某一方面或某个部门，我们要乐于虚心接受，这是件好事，这样才能进步。我们过去常把事故或缺陷原因说成是"综合因素造成"。这话也没有错，世界上任何事大都是综合因素造成的，中国又是个讲究面子的国家，这样说，责任共担，甚至老天爷也有一份，不得罪哪一方。但这不利于改进，总要分个主次吧。譬如这次会上谈得很多的上游副厂房楼板裂缝问题，说是由"施工期荷载影响和弹模低"以及"固端约束影响"引起，我看把施工影响列为主要因素有些欠公允。我不是替施工单位开脱，也不反对推迟拆除下层支撑的决定。但事实情况是：这个部位的结构体型复杂不利，尺寸又很大，为了解决埋件到货延迟的困难，又改为预留大基坑方案。所以，要做到既能防止开裂，又能形成整体，是件很困难的任务。必须妥善设计结构型式、分缝（留槽）、配合温控，减少约束、在合适时封堵结合。现在看来，我们的措施并未达到目的，结构型式有些欠妥。例如副厂房75.3m 高程楼板上游端固结于大坝，下游端固结于厂房大体积混凝土，82m 高程楼板是连续的，墙则随大坝分了缝，厂坝分缝又是错开的。采用这种布置也许有其原因，但必然容易导致开裂。又如44m 高程交通廊道，从 18 号机组以右几乎条条都裂，说明在两端固定后，混凝土还在收缩，这么长的廊道当然要找地方裂开。要解决问题，或是再设缝，或是再加强温控和采用微膨胀混凝土，或设置诱导缝就允许它开裂，事后再灌浆，这是问题本质，保温好不好不是关键问题。这些问题对三峡工程来说，已经过去，但提醒我们今后对厂房基础混凝土的分缝、温控和防裂问题还须做更深研究。我的看法不一定对，可以讨论，我的意思只是说，对发生缺陷的主要原因要力求弄清，有关部门要乐于接受，这样才能起到整改作用。

四、行百里者半九十

中国有句古语："行百里者半九十"，这是一句富有哲学意义的格言，值得我们铭记在心。百里旅程走了九十，从里程上看，已走完了90%，胜利在望了。然而在很多情况下，都在这最后的10里中出事。分析一下，从体力上讲，经过90里的跋涉，克服了很多险阻，身体已是极度疲劳，从精神上讲，容易出现松弛、厌倦和浮躁情绪，要走好最后这段路程并不容易。

三峡工程设计总工期17年，现有希望提前一年竣工。目前离开竣工还有两年多时间，约占总工期的15%，对土建工程来讲，剩下的工作可能只有百分之几了。十多年来，我们克服和战胜了多少艰难困苦，现在已走向竣工，很多单位、同志要转移到新的战场去，我们面临着一种新的考验，考验我们能否善始善终，取得全面和最后的胜利。

近几年来，随着工程的进展，我很注意工地上对质量控制的坚持程度。令人欣慰的是，没有出现任何松懈现象，而是抓得更深、更细、更严格和完善，这就保证我们能走好剩下的这段路程。希望每一位同志都能这样坚持到底，哪怕明天就要离开三峡，今天也要站好最后一班岗，把最好的质量和成绩留在工地，不把一丝一毫遗憾留在工地。

同志们，三峡工程牵动着全国人民的心，党中央、国务院的领导同志时刻关注着三峡。专家组的每一次总结报告，都被送到国务院，温家宝总理和几位副总理及有关领导都逐字逐句看了，还写下详细的批语。我还看到温家宝总理在李总（编者注：指李永安）信上批的大字"贵在从严要求，狠抓落实""四个'更加注重'提得好""把质量和安全放在第一位"。中央领导同志对我们寄予多大的信任和厚望啊，我们也绝不能辜负领导和全国人民的期望。让我们用"行百里者半九十"这句格言警惕自己，永不懈怠，善始善终，把好作风坚持到最后一分钟，要把三峡工程的建设做到完美无缺、无疵可求，画上一个圆满的句号，把一座第一流的、世界上最大的水利水电枢纽工程呈献给党、国家和人民。

五、总结经验、发扬推广

三峡工程质量保证体系和工程管理制度是一个不断发展和完善的过程。回顾一下所走过的路是非常有意义的。根据我的粗浅体会，似乎可以归纳出以下几条：

（1）从初建到逐步完善，走向系统化、制度化。

从工程筹建期起，就逐步制定各种规章制度和管理办法，包括各种标准、要求、制度，不断完善，到现在形成比较完整的体系。设计、施工、监理也都建立自己的质控体系，由三峡质量管理委员会综合起来，形成一个全面的三峡工程质量控制和管理的大系统，成为制度，使工程质量可控、能控，为杜绝发生重大事故的可能性奠定基础。

（2）从事后补救向事前防范和全过程管理转变。

开始时，我们是在出现事故后，忙着分析表面原因，研究后果，拟定补救措施，乃至处分人员，后来逐步转变为研究发生事故的深层次因素，实行事前防范，将质量管理的控制点向前移，发展了各种预案研究、预警制度，从源头上消除发生事故的可能，并进行全过程的管理。

（3）从一般性规定和要求向精细化管理转化。

针对各种施工任务或案例，特别是关键和困难部位，进行专门研究，细化施工工艺和技术要求，制定具体措施，事事有精密的规矩可遵循，有的达到"个性化管理"程度。

（4）管理概念上创新，对控制或管理目标提出更高要求。

例如提出"快速反应机制"，又如将"零事故管理"提升为"零缺陷管理"，用消除缺陷来达到杜绝事故。在安全方面也同样从零安全事故提高到零违章操作。为双零管理目标开拓了新的境界。

（5）从凭经验、领导拍板向科学实验、技术民主和利用高技术的方向发展。

三峡工程的许多保证质量的措施，是通过反复的科学实验和发扬技术民主而确定的。像我们参观地下厂房的施工，青云公司开挖爆破所采用的各种参数是通过四次针对性爆破试验拟定的，这就收到了近乎完美的效果。为了研究合适的技术措施，工地召开过无数次技术研讨会，事实证明集思广益后作出决定往往是正确的。许多质保和管理措施引进和利用信息化等新技术，例如青云公司花百万元建立地下厂房工程电视监控系统等等。

（6）从沿用陈规向创新发展。

三峡工程的许多质量保证和管理措施具有创新性，例如"仓面设计制""首稳百日""无缝交接""三卡制""爆破三证制""安装开工令制"，不胜枚举。这些有新意的做法，都在实践中证明是非常有效的。

（7）从人治到法治，再到以人为本。

改革开放以前，工程建设主要依靠行政手段和领导意图办事，造成很大恶果，人们称为"人治"。质量保证体系的建立、完善和强化细化，实现了从人治到"法治"的转变，是一大进步。但三峡工地并不停留在这一步上，在坚持法治的同时，贯彻"以人为本"的精神，对职工进行长期的质量意识教育、技术培训、观摩学习，考评激励，关心疾苦，稳定队伍，开展"消灭顽症誓创一流"等竞赛活动，极大地调动人的主观能动性，树立起以讲质量为荣不讲质量为耻的风气。一个企业、一个队伍、一个职工能达到这一境界，就能取信于众，成为质量信得过的企业和个人。

经过十多个年头的实践，三峡工程已积累了可贵的质量控制与管理的经验。总公司这次提交的质量报告，和各参建单位提交的文件中，都有大量关于质量控制和管理方面的经验，极其可贵。把它们归纳总结，就是一本最好的工程质量管理教材。过去人们总认为中国没有管理可言，其实，实践出真知，改革开放以来，中国在向外学习与国际接轨的过程中，已在探索符合国情的管理科学和实践经验。我建议有心的同志，能深入全面地总结三峡的经验，形成一家之说，那将是一部非常可贵的工程管理学专著，值得发扬推广。首先可应用于溪洛渡、向家坝工程，结合当地条件引用三峡经验，不必一切从头摸起了。我还希望三峡工地成为一座大学，从这个大学出来的人们会将三峡的可贵经验和优良作风带到全国去。

同志们，最后请允许我简单总结一下：我们充分肯定三峡工程在过去一年中取得的巨大成绩，表示庆贺也引为自豪。我们认为2006年又是一个决战年，任务非常复杂困难，形势相当严峻。我们衷心希望和呼吁总公司和参建各方能戒骄戒躁，坚持已经建立的质保体系，以更高目标要求自己，正视一切缺陷和违章情况，作为镜子，进一步提高管理和认识水平。就具体任务来说，今年要顺利爆破围堰，确保战胜洪水，安全度汛，汛后提升蓄水位至 156m，使三峡工程进入正式运行阶段，发挥全面效益；同时要保质、保量、保进度地完成右岸厂房工程、船闸改建工程和所有未完工作，还要很好总结质量保证和管理的经验，推广发扬，夺取全面的和最终的胜利，向党、向国家、向人民缴出一份优秀的答案。

以上发言有欠妥之处，欢迎批评指正，谢谢大家。

在长江三峡三期工程枢纽验收专家组
第一次全体工作会议上的总结讲话

长江三峡三期工程枢纽工程验收组专家组第一次全体会议已进行了两天，出席这次会议的有专家组五个专业分组的各位专家和工作组同志 50 余人，除个别专家因故不能出席外，可以说是全部成员都出席了，意味着专家组的工作的正式启动。

验收组副组长、水利部矫勇副部长受汪恕诚部长委托亲临会议，并在昨天上午大会上作了重要讲话。他在讲话中就：充分认识三期工程验收工作的重要性、特殊性与复杂性，三期工程验收工作的安排，对三期工程验收工作的具体要求和努力做好今年的工作等各方面做了全面、深刻的阐述。矫副部长还为专家们颁发了聘书。

在昨天上午的大会上，三峡总公司曹广晶副总经理就总公司对三期工程验收工作所做的各项准备和服务工作做了详细说明，并扼要介绍了右岸大坝工程进展情况和三期围堰爆破拆除的准备情况。这是今年验收工作中的两大关键。水利部高总（编者注：指高安泽）简单地介绍了枢纽验收组、专家组和办公室的组建过程，以及所进行的各项工作。我们愿乘此机会向水利部领导及办公室同志对专家组工作的支持表示感谢。最后由三峡总公司介绍了三期工程建设和验收准备情况。昨天下午，专家组考察了现场，今天上午各专业组分组进行讨论，专家们各抒己见，畅所欲言。主要的讨论情况和建议刚才已在会上作了介绍。我们将根据大家的意见，对有关文件作相应调整。全体会议的各项议程，都已完成，即将顺利闭幕。各专业组在明天还有一些活动将由专业组长安排进行。下面我根据矫副部长讲话精神和专家们的意见，简单地总结几点。

一、会议的成效

经过紧张的工作，专家组第一次全体工作会议取得了预期的成效，具体表现在以下几个方面：大家听取了有关介绍，认识到三峡三期工程验收工作的性质；初步了解了三峡三期工程建设进展和验收准备工作情况；讨论修改了专家组工作规则；明确了各专业组在各次验收中的职责和分工；并将上游基坑进水前技术预验收工作基本落实到人，为三峡三期工程的第一次验收活动做好了充分准备。我们可以充满信心地说：三峡三期枢纽工程验收专家组的工作已经正式启动，而且开了一个好头。

二、重视二期工程验收工作经验，并充分认识三期枢纽工程验收工作的难度

三期工程验收组专家组的职责、工作依据、工作方法、提交的成果与二期基本相同。因此，我们在二期验收中积累的宝贵经验完全可以用到三期验收当中来，这是一个非常有利的因素。所以，我们专家组仍分五个专业小组，正副组长和成员与二期基本相同，仅做部分调整。尤其是索丽生原副部长能担任副组长，大大加强了专家组力量。同时，我们也必须认识到三期验收比二期验收难度更大，责任更重，主要表现在：

本文是作者 2006 年 4 月 19 日在长江三峡三期工程枢纽验收专家组第一次全体工作会议上的总结讲话。

三期验收期间库水位比二期更高，度汛风险更大；还有上游围堰一次水下爆破拆除、永久船闸一、二闸首完建、分期抬高水库水位等复杂技术问题；因三期工程进度大大提前，验收中会有一些不确定的因素，必须认真对待；同时还要兼顾二期建筑物在库水位升高后可能出现的各种新问题，并使本次验收与竣工验收相互衔接。另外三期验收与二期相比，验收项目更多，延续时间更长，也必然对我们的组织工作提出更高的要求。

三、依据验收大纲做好验收工作

《三期枢纽工程验收工作大纲》是在《二期枢纽工程验收工作大纲》的基础上、根据三期工程的实际、经过反复征求意见、修改和完善后审定的，它是三期枢纽工程验收的法规性和标准性文件。验收办公室已将《三期枢纽工程验收工作大纲》寄送各位专家，请大家一定要深入学习和理解，吃透各次验收的范围、重点和验收条件，依据大纲认真做好验收工作。本次工作会议期间，大家讨论修改了三峡三期枢纽工程各次技术预验收专家组内部分工安排表和专家组活动总体安排表，就是集中学习验收工作大纲的重要成果。

四、认真负责，团结协作，做好验收工作

专家组的 50 多位专家来自全国各地，大家都在水利、水电、航运系统各单位担任过或担任着重要职务，有着丰富的实践经验和高深造诣，是国家级知名专家、享有很高威望。我们一定要充分认识三期验收工作的重大意义，以对党和国家的高度责任感做好验收工作，不辱使命，不走过场；验收中认真负责、一丝不苟，不放过任何疑点，不留任何隐患。我们的工作成果一定要经得起历史的检验，经得起大自然的检验。

希望专家们充分发挥自己的专业特长和聪明才智，充分利用自己在长期实践中积累的宝贵经验，做到知无不言，言无不尽，群策群力搞好技术预验收；各专业小组在每次验收前要对大纲的有关内容进一步细化并明确分工，必要时提前到工地进行考察和调研。验收办公室的同志对各次验收周密安排，认真搞好服务，并与三峡总公司验收办公室密切配合，保证每次验收活动顺利进行。通过各方团结协作，圆满完成三期验收任务。

五、认真研究质量检查组检查报告和安鉴报告，抓住重点和关键问题

为检查和监督三峡工程质量，国务院三峡工程建设委员会成立了三峡枢纽工程质量检查专家组进行定期检查，他们的历次检查报告，是工程质量鉴定的重要依据。另外，中国水电顾问集团公司负责进行的工程蓄水（156m 水位、175m 水位）安全鉴定报告，是工程安全鉴定的重要依据。我们应该认真阅读这些文件，他们的重要结论意见是我们技术预验收的依据。

此外，参加过二期验收的专家都知道，三峡总公司验收办公室给我们提供的文件资料非常丰富，每次都有几十万字、甚至上百万字，浩如烟海，要在短短几天内看完是不可能的。希望如有条件，请总公司将最主要或已完成的报告提前寄交有关专家，同时，我们也必须抓住重点和关键，抓住那些可能对工程安全、工程运行、工程效益产生不良影响或留下隐患的问题，即涉及安全和大局的问题。对这些问题必须一抓到底，绝不放过。切不可抓小放大。这是一个工作方法问题，务请大家注意。

同志们，正如矫勇副部长所说：三峡工程是世界上最大的水利水电工程，它防护着下游千百万人民、几千万亩农田和无数工矿企业、交通命脉免受毁灭性洪水灾害；它是全球最大的发电厂，为缓解全国电力紧缺、支援国家建设、减轻燃煤污染日日夜夜做出贡献；它拥有世界上最大的五级船闸，已经、并将进一步促进长江和川江航运的大发展；总之，它集最大的水坝、电厂、船闸于一体，集最复杂的技术、移民、环境问题于一体。为了建设它，国家投入了巨大的人力物力和资金，搬迁了一百几十万人民。它曾是中国人民的梦想，也是中国人民的骄傲。现在，经过建设者们十多年艰苦卓绝的战斗，这个梦想已接近实现，它已初步发挥了效益，但要完全发挥效益，还要跨出最后一步，三期工程的国家验收是跨出这最后一步必不可少的过程，也是最有力的推动力量。专家组的工作是国家验收的基础，相信专家们都能认识到任务的光荣，而会全力以赴，做好工作。我多次讲过，专家组乃至国家验收组的验收并不是最后的验收，自然和历史才是最严格无情的验收者，他们会毫不留情地找出人们工作中的任何失误，从而作出最后的结论。但我深信三峡建设者们的能力和诚信，深信专家组的水平、经验和责任心，有如此翔实的资料，经过专家们细致的分析鉴定，我们的结论一定会与大自然和历史的结论一致！

预祝三峡三期工程验收工作顺利进行，今年的围堰爆破、安全度汛和汛后蓄水至156m胜利完成，祝专家们身体健康一路平安！

在长江三峡三期工程上游基坑进水前验收会议闭幕会上的发言

尊敬的汪恕诚部长、各位领导、各位代表、同志们：

上午好。

长江三峡三期工程枢纽工程上游基坑进水前验收会议，是三期验收中最先启动的一项工作，经过三天来的紧张努力，委员们对有关问题取得了一致意见，方才由王武龙副组长宣读了验收鉴定书，委员们庄严地签了字，顺利完成了验收手续。三峡工程建设又越过了一个重要的里程碑，即将迎来新的阶段。此时此刻，我的心情十分激动，再一次向十多年来艰苦奋战在工地上的全体设者们表示崇高的敬意和衷心的祝贺。

在闭幕会上，会议安排我讲几句话，推辞不掉，我就简单地说三点个人意见，供领导、三峡总公司和有关同志们参考。

（1）验收鉴定书的结论中指出：各有关项目的形象面貌满足要求，设计、施工、制造、安装质量符合国家和行业的技术标准，这些结论是根据事实作出的，也是验收能顺利通过的根本依据。验收专家组在长达一星期的工作中，通过深入的调研讨论，确实找不出较大的问题，而是一致认为工程质量堪称优良，但验收不等于质量评定，不能写在技术预验收书上，许多专家希望能把大家的意见适当表达一下，我就乘这个机会说一下，并建议总公司研究提出一个质量评价体系，以利以后进行质量评定。这些都说明三峡工程建设中取得的出色成就。但今天不是庆功的时期，正如很多领导指出的，今后任务仍然艰巨，希望总公司和各参建单位务必戒骄戒躁、永不自满、兢兢业业，从零开始，保持和发扬已经形成的优良作风，始终把质量和安全放在第一位，切实做到李永安总经理提出的"四个更加"，认真执行验收中提出的各项建议，切实做好各项后续工作，包括三期围堰的爆破拆除，今年的安全度汛、航闸的最终完建和右岸厂房建设及机组安装投产等等。尤其三峡大坝虽已建成，今年汛期可以发挥相当大的拦洪防洪作用，但工程还在施工期，库水位不能升得过高，专家组虽认为今年的度汛方案是合理可行的，我不知是否已与国家防总沟通过，万一遇到特大洪水时有何预案，既保证工程安全，又使对上、下游影响减到最低？遇到这种意外时由谁紧急统一调度执行？希望能予以注意。总而言之，愈接近完工，我们要愈加谨慎，多从最不利情况设想，避免出现任何意外，我们一定要夺取三峡工程建设最终的和最完美的胜利，向党、国家和人民交出一份满分的答卷。

（2）迄今为止，三峡工程都严格按照国家批准的可行性报告和初步设计文件进行建设。这些文件当然需要遵守，但它们还是在十多年甚至二十年前编制的。三峡工程开工以来，形势发生了巨大变化：国家经济迅猛发展，科学技术水平空前提高，上游

本文是作者 2006 年 5 月 23 日在长江三峡三期工程上游基坑进水前验收会议闭幕会上的发言。

和支流上正在建设许多大型水利水电枢纽工程，全国联网格局已初步形成，超高压、特高压线路正在加速铺设，下游堤防得到全面加高加固，分洪区在重新规划建设，进入长江的泥沙量不断减少，川江的航运飞快发展……这些情况和编制初步设计时已有很大区别，加上三峡建设的进展顺利，我们应该审时度势，通过认真研究，提出建议，报国家批准后修改。例如，蓄水到156m的时间不是大大提前了吗？

我认为，三峡工程现在已不是"孤军作战"了，而是纳入到国家层次上的大系统中了，今后，防洪、航运、能源、环保各方面都会对三峡工程提出更高的要求，而三峡工程也有条件发挥比初步设计中规定的更大的作用。因此建议总公司和长江委能够结合形势的变化，进行深入的研究，对一系列问题提出建议：例如：对水库水位加快上升到175m的问题，对更合理有效的防洪调度方式问题，对新形势下水库淤积和下游冲刷问题，对地下厂房的完建和投入时期问题，对川江航运发展的新规划和如何满足过坝要求问题，对三峡水库形成后如何调整江湖关系、改善洞庭湖的环境问题等等，这些都是重大的问题，当然需要在水利部、交通部和电力部门的支持配合下进行。

（3）三峡工程是一个综合性水利枢纽，要在运行中发挥最佳效益，总公司、电厂和通航管理局当然责任重大，要尽职尽责，但有些问题牵涉到诸多部门和地方政府，不是一家能解决的，例如"过坝转运"看来将成为一项长期措施，是客货过坝设施中的重要组成部分，而其规划、建设、协调、管理问题现在似乎还没有落实。我国由于部门、地方、企业间的协调工作没有做好，影响发展、造成损失的例子比比皆是，令人痛心，也和社会主义体制背道而驰。在三峡枢纽的运用中，有没有这类问题，最好能弄清楚。如果有这类问题，就主动提出，坦诚协商，找出解决办法。希望各部门和地方都能以国家全局利益为准则，全力配合，多做贡献，解决问题，使三峡工程不但在建设和移民工作上成就巨大，在管理运行的协调合作方面也成为最佳典范，来证明社会主义制度的巨大优越性。

我就简单说这三点意见，不妥之处，请领导和同志们批评指正。

祝三峡工程顺利进展，保持荣誉，再攀高峰，为我们不断带来新的喜讯和捷报！

在长江三峡枢纽工程专家组第二十次
质量检查开始会议时的讲话

三峡枢纽工程质量检查专家组第二十次会议现在开始。我先就专家组本身调整的问题，向大家做个说明。

专家组自 1996 年 6 月成立以来，已经过 13 个年头。在三峡建委的领导和总公司及各参建单位的支持和配合下，我们对工地质量保证体系的建立和完善、检查和评定工程质量、研究质量事故性质和督促改进等方面，做了一点工作，得到各方面的肯定，深感欣慰。现在除升船机和地下厂房外，三峡的土建及机电安装工程已将完成，专家组工作本来也可结束，并已编写了工作总结报告。在国务院三峡建委 16 次会议上我们提出了建议结束专家组的请求。

但会议最后决定仍保留专家组，但可调整专家组成员、任务和工作方式。根据三峡建委的决定，我们征求专家们的意见，和三建办领导同志反复研究，最后将调整意见上报三峡建委并得到批准。下面将主要情况向大家做个简单汇报。

一、专家组的任务

除原来的五条外，增加了两条：即"（六）调查研究三峡工程正常运行情况和出现的问题，重点对地震、地质灾害、水库生态环境保护、泥沙冲淤、机组运行、航运、水库优化调度、上游水库修建后出现的新情况新问题等研究提出建议，供三峡建委决策参考"；以及"（七）协助完成三峡建委及其办公室交办或委托的其他任务。"

二、专家组成员的调整

考虑到今后的土建及机电安装工作量较少，需要研究考虑的其他领域问题较多，结合专家的年事和健康情况，经征求本人同意后，谭靖夷、罗绍基、梁维燕、魏永晖、罗承管等专家不再任职，增聘了陈厚群、郑守仁、陈祖煜、张仁、魏复盛、田泳源、王光纶七位专家。并请陈厚群、高安泽、郑守仁同志任副组长。我的年龄和健康情况已不适宜再任组长，为便于衔接，先过渡一段时间，再请陈厚群院士接替。离职的专家们过去做出了卓越的贡献，今后有需要时我们仍将特邀他们参加专家组会议，希望能一如既往地关心三峡，支持专家组的工作。

专家组下仍设工作组，由曹征齐、周宪政同志任组长，其成员由专家组聘请。

这次会议，新旧专家都参加了，也算是个交替，原有专家仍按计划检查质量，新担任的专家可了解情况，研讨今后工作方式。

三、专家组工作方式的调整

对于升船机和地下厂房质量的检查，仍按过去模式进行，但方式可灵活一些，可由工作组视情况与总公司安排，请有关专家或工作组定期、不定期去工地调研，总公

本文是作者 2009 年 4 月 15 日在长江三峡枢纽工程专家组第二十次质量检查开始会议时的讲话。

司和承建各方准备的文件可以简化些,每年仍写出两份报告上报。

对于工程运行中出现需要研究的专题,由分工专家负责,组织有关专家(包括特邀专家)进行调查了解,讨论研究,提出专题调研意见,经组长审定后上报。

四、专家组的分工

——升船机及地下厂房工程质量:郑守仁、刘颖、梁应辰、王光纶。

——地质灾害及地震:陈厚群、陈祖煜。

——泥沙冲淤及有关通航、防洪问题:张仁、梁应辰、郑守仁。

——生态环境:魏复盛、高安泽。

——机电:杨定原、田泳源。

——水库运行及有关问题:郑守仁、高安泽。

上述分工是指每个专题的负责专家,其他专家相应参与。

五、请总公司及参建各方支持专家组的工作

为了使新的专家组能较好地完成任务,为三峡工程的建设和运行做一点有益的事,我们请求总公司和参建各方能大力支持我们,主要是及时提供各种信息及问题,包括大家正在进行的各种调研工作和各种设想建议。专家组是三峡建委下的一个咨询组织,不是决策机构,但可以起研究、建议和协调作用。例如,泥沙问题有专门的泥沙专家组在进行长期的研究,但他们一般不涉及工程建设问题,而泥沙对通航的影响交通部门最为关心,但又不能深入了解泥沙科研工作情况,泥沙对下游河道的下切则又关系下游防洪问题,属水利部管理范畴,我们这里有张仁、梁应辰、郑守仁等专家,就可以在了解各方面的研究成果和要求后,进行协调,提出建议。又如水库优化调度牵涉到防洪、发电、通航、生态等各方面,如果大家各研究各的,提出种种方案,上级就不好决策,专家组中有郑守仁、高安泽、梁应辰、魏复盛多位院士、专家,也便于协同研究,提出建议。因此,我衷心呼吁各方面对我们的工作能一如既往地给予支持。

在长江三峡枢纽工程专家组第二十次
质量检查结束会议时的发言

　　三峡枢纽工程质量检查专家组第二十次质检会议即将结束。今天上午专家组与总公司及参建各方领导进行座谈。这次与会专家较多，方才几位专家做了代表性发言，从各方面对工程质量作出评价和提出建议，罗绍基和谭靖夷院士做了深情发言和综合评价。其余专家都写了书面意见。我们回去后将整理所有专家的意见和建议，形成文件，报三峡建委并送总公司和参建各方参考。

　　下面我讲两个问题：一是2008年度三峡枢纽工程质量和成就；二是关于专家组的调整和今后工作。

一、2008年度三峡枢纽工程质量和成就

　　2008年度三峡工程建设进入全面收尾阶段。右岸电站全部机组提前投产，尾工结束，泄洪坝段表孔、排漂孔、冲沙闸消能防冲建筑完成，现在只余地下厂房和升船机复建工程两项，正在按计划继续进展。全年工程形象面貌和控制目标全部如期达到，而且取得以下重要成就。

　　1. 继续抓紧质量管理，将三峡工程一流质量保持到最后

　　随着主体工程的结尾，剩余工作量少、面散，主要施工力量和管理骨干陆续撤离，这种形势极易产生质管缺位，发生事故。我们高兴地看到，总公司和参建各方能看清形势，坚持并强化各项管理制度，采取多项有效措施，使工程质量严格在控。一年以来，不论土建、金结、机电安装各项工程的质量保持优良，未出现质量事故或难以处理的重大缺陷，也未发生人身伤亡事故。地下厂房工程质量之优，给人印象深刻。出现的一些局部缺陷都经详细检查，处理和整改，不影响工程安全和运行。只有升船机底板宽槽混凝土的裂缝，留待观察和在以后处理。

　　当然仍有些问题有待研究和值得警惕。如28号机G38/39钢管节在下滑中吊耳断裂，钢管沿轨道滑落，冲击已到位的下平段，造成损失，影响进度，未死人是侥幸。经查，原来吊耳只定位点焊，根本没有焊接和检查。说明质量管理体系还有漏洞，也说明要使质量管理体系覆盖所有环节是何等不易。希望这种事故能起到警钟作用。

　　今后还有地下厂房和升船机复建两大工程在施工。地下厂房蜗壳混凝土是最难浇的部位。尤其升船机，浇的是混凝土，要求的是机械加工或机电安装的精度。国内外都没有过这种施工经验。听了介绍，我们知道有关单位做了充分准备，我也相信三峡又会出现一个奇迹。但塔柱基础形位偏差达−47～30mm，是允许值的十多倍。幸亏在最底部，还有条件处理，如发生在今后的施工中，就不好办了。我衷心希望有关单位以此作为深刻教训，任何时刻、任何角落都不松懈。升船机土建工程质量的关键是

　　本文是作者2009年4月17日在长江三峡枢纽工程专家组第二十次质量检查结束会议时的发言。

施工精度，而测量的精确性又是基础。现在已有了一套施工测量方案，请总公司考虑一下，有否必要请国内最权威的测量管理部门或院校复核、审查一次。我记得在论证期，香港某些人断定：中国人根本建不成连外国人都没建过的这么高大的升船机。我们一方面要批判这种看不起自己的奴才哲学；一方面也要清醒地认识到难度确实空前，要把管理水平和协调力度提到前所未有的高度。三峡人一定要把升船机一次建成投产，用事实教育这些人。

2. 右岸电站全部机组提前投产，安全运行，成就巨大

右岸 12 台机组中有 8 台是国产机组。最初到货的一批国产机组也确存在一些质量问题。许多同志对此是忧虑的。可喜的是，2008 年的实践证明，在国务院有关检查组的督促下，经过厂家和工地的精心研究改进，不仅消除了缺陷，而且以后的机组制造、安装质量一台比一台好，经验收完全合格，甚至达到超要求的"优质工程"水平。右岸机组质量总体上优于左岸机组。右岸机组的提前和安全运行不仅为工程创造经济效益，更证实我国巨型机组的制造水平确实达到国际先进，值得庆贺。我们有理由相信，地下厂房 6 台机组也一定能如期投入，安全运行。

当然，机组安全运行是个动态过程，三峡所有机组都还要经历长时期、高水头和各种工况、各种意外的考验。而且机组制造安装过程中还是暴露出不少缺陷，是经过精心"消缺"后才解决的。2008 年左、右岸机组还发生 6 台次的强迫停运。这些都值得警惕。一次失误就可能造成大事故并使安全记录归零。我们希望运行单位不骄不躁，永保清醒，勤于检测，精心维护，严格按制度管理运行。三峡已创造了机组制造安装的世界纪录，希望也能创造安全运行的世界纪录。

3. 胜利实施了 175m 试验性蓄水

经国家批准，2008 年汛末三峡水库进行 175m 试验性蓄水（实际最高蓄到 172.8m）在此期间，进行周密的监测和各项试验研究。所有枢纽建筑物的变形、渗流、应力应变完全正常，有关数值均在设计范围内。所有泄洪、排漂、排沙设施（闸门及启闭机）运行良好，安全度汛，发挥对下游的防洪、供水效益；船闸安全运行，顺利地由四级过闸转换为五级运行；闸室高边坡稳定；所有机组运行正常，多发电 65 亿 kW·h，并完成各项试验；在试验性蓄水期间，近坝库岸稳定，未发生大的水库地震；泥沙冲淤正常，未影响航运；干流水质平稳，也未发生生态环境事故。2008 年试验性蓄水的实施并取得全面成功，为确定今年的蓄水方案、为国家进行正常蓄水验收以及为今后工程转入正常蓄水运行奠定了基础。

4. 过坝航运畅通，极大地促进了航运和地区经济发展

2008 年三峡船闸通过船舶 5.5 万艘次，旅客 85.5 万人次，货物 5370 万 t，连同滚装过坝 1477 万 t，总货运量 6847 万 t，远远超过葛洲坝船闸通航以来的最高纪录 1800 万 t。除主要因恶劣气候短暂停航外，两线基本全年畅通。无伤亡、火灾和责任停航事故。库区航道得到极大改善，许多支流通航，航运成本大降，航运安全性提高，从而促进了航运业的高速增长和地区经济的快速发展，还发挥了节能减排效益。下游航道水深也有所增加。总之，三峡枢纽的建成，对发展航运和地区经济起了巨大的推动作用。

今后货运量还会增加，这要通过船舶的大型化、定型化来进一步提高过闸能力，同时采取科学组织货源、合理分流和发展过坝转运等多种手段来满足长期发展要求。

5. 各项监测、调查、研究工作取得卓越成果

2008 年度中，总公司、设计院和有关单位对三峡枢纽和库区进行全面监测，对很多专题开展深入研究，都取得重要成果。例如：对库区地震和滑坡的监测分析、对上下游泥沙冲淤的监测分析、对水质的分析、对水库蓄水过程的研究、对水库优化调度的研究等等。我希望有些研究成果可以直接用到建设和运行上去。例如，15 号机组的安全平稳运行，证明巨型机组采用直埋式蜗壳的可行性，是否可以用到地下厂房？并可根据 15 号机组的实测资料适当简化钢筋以利施工。又如，建议综合各家对水库蓄水和调度问题的研究成果，提出一个安全、经济、全面兼顾防洪、发电、通航、供水、生态的科学调度运行方案，改变一些初设的规定，报请批准后执行，使三峡枢纽进一步发挥最大效益和功能。有许多事需要我们主动积极去推动。

二、关于专家组的调整和今后工作

专家组自 1999 年 6 月成立以来，已有 10 个年头。在三峡建委的领导和总公司及各参建单位的支持配合下，我们对工程质量保证体系的建立和完善、检查和评定工程质量、研究质量事故性质和督促改进等方面做了一点工作，得到各方面的肯定，深感欣慰。现在，除升船机和地下厂房外，三峡的土建及机电安装工程已经完成，专家组的工作也可结束，我们并已写好了工作总结。在国务院三峡建委 16 次会议上，我们提出了结束专家组工作的建议，最后会议决定仍保留专家组，但可以调整专家组成员、任务和工作方式。为贯彻三峡建委的这个决定，我们征求专家们的意见，并和三建办领导反复研究，由三建办提出调整意见上报三峡建委，得到批准。三峡建委批复的文件已在 14 日下午由三峡建委副主任李永安同志宣读了。下面我做一些简单的补充说明。

（一）专家组的任务

除原来的五条外，增加了两条，即"（六）调查研究三峡工程正常运行情况和出现的问题，重点对地震、地质灾害、水库生态环境保护、泥沙冲淤、机组运行、航运、水库优化调度、上游水库修建后出现的新情况新问题等研究，提出建议供三峡建委决策参考"；以及"（七）协助完成三峡建委及办公室交办的其他任务。"

（二）专家组成员的调整

考虑到今后的土建及机电安装工作量较少，需要研究考虑的其他领域问题较多，结合专家的年事健康情况，经征求本人意见后，谭靖夷、罗绍基、梁维燕、魏永晖、罗承管等专家不再任职，增聘了陈厚群、郑守仁、陈祖煜、张仁、魏复盛、田泳源、王光纶七位专家。并请陈厚群、高安泽、郑守仁同志任副组长（陈厚群院士为常务副组长）。我的年龄和健康情况已不适宜再任组长，为便于衔接，先过渡一段时间，再由陈厚群院士接替。离职的专家们过去做出了卓越的贡献，由国务院三峡建委颁发纪念状以资表扬。我们向他们表示衷心的感谢今后有需要时我们仍将特邀他们参加专家组的调研和会议，希望他们能一如既往地关心三峡，支持专家组的工作。还有专家热心推荐几位同志参加专家组，由于名额限制，我们将视需要也以特邀专家名义邀请他们

参加有关会议。

专家组仍请钱正英、张光斗两老为顾问，指导工作，专家组下仍设工作组，承担组织、协调、调研工作，由曹征齐、周宪政同志任组长，其成员由专家组聘请。

这次会议，新旧专家都参加了，也算是个交替，原有专家仍按计划检查质量，新担任的专家通过会议了解情况，参与检查，以便今后开展工作。

（三）专家组工作方式的调整

对于升船机和地下厂房质量的检查，以及对工程正常运行情况的调研，仍按过去模式进行，但方式可灵活一些，可由工作组视情况与总公司安排，请有关专家及工作组成员定期、不定期去工地调研，总公司和参建各方准备的文件可以简化一些，每年仍在10月左右写一份调研报告，次年4月写一份年度报告上报。

对于出现和需要研究的专题，由分工的专家负责，视情况组织有关专家（包括特邀专家）进行调查了解、讨论研究、提出专题报告，经组长审定上报。

为更好地完成任务，除几位组长全面负责各项工作外，专家也有些分工：

1. 未完工程质量检查及枢纽正常运行情况调研

地下厂房及升船机土建质量：刘颖、王光纶、梁应辰。

地下厂房及升船机机电设备和金属结构：杨定原、田泳源。

枢纽建筑物的运行、监测、度汛：郑守仁、高安泽、梁应辰。

左、右岸厂房机组运行：杨定原、文伯瑜。

2. 专题调研

水库地震及地质灾害：陈厚群、陈祖煜。

泥沙冲淤及对通航、防洪影响：张仁、梁应辰、郑守仁。

水质及其他生态环境问题：魏复盛、高安泽。

水库优化调度及上游水库建设对三峡的影响：高安泽、郑守仁。

上述分工是指每项任务或专题的负责专家，其他专家相应参与。

（四）关于三峡工程2008年试验性蓄水总结和三峡工程正常蓄水（175m水位）的验收

三峡工程已胜利完成了2008年试验性蓄水任务，取得巨大成绩。最近三峡建委下文要求有关单位做好试验性蓄水的总结工作。专家组要密切注意，有需要我们配合的，应尽力配合。

另外，按计划，今年8月下旬，国务院三峡工程验收委员会要对三峡正常蓄水（175m水位）进行验收，验收项目是导流底孔封堵、泄洪表孔完建、历次验收遗留尾工和临船改冲沙闸下游消能防冲工程，还要检查一些项目，这也是最后一次验收。枢纽工程验收组将派专家提前来工地进行调研，做相应准备工作。我们这次会议，许多检查内容和他们的工作是相同的。请工作组在整理专家组报告时，注意结合，并及早提供给验收组参考，以避免重复，也有利于验收组专家的工作。曹征齐同志也是枢纽验收办公室的负责同志，请他掌握。总公司和参建各方提供给我们的资料，许多可以直接（或稍加改动）用于验收，以减轻工作量。

我们工作的目的就是希望通过努力，尽快使三峡工程在保证安全与和谐的前提下，转入正常运行，为国家的社会、经济发展做出最大的贡献，完成建设三峡工程的历史使命，专家组也就可以结束任务。

（五）请总公司及参建各方支持专家组的工作

为了使新的专家组能较好地完成任务，为三峡工程的建设和转入正常运行做一点有益的事，我们请求总公司和参建各方能大力支持我们，主要是及时提供各种信息及问题，包括大家正在进行的各种调研工作和各种设想建议。专家组是三峡建委下的一个咨询组织，不是决策机构，但可以起研究、建议和协调作用。例如，泥沙问题有专门的泥沙专家组在进行长期的研究，但他们一般不涉及工程建设问题。交通部门最关心泥沙对通航的影响，但未能深入了解泥沙科研工作情况；泥沙对下游河道的下切则又关系下游防洪问题，属水利部管理范畴。我们这里有张仁、梁应辰、郑守仁等专家，就能根据各种研究成果和要求，进行协调，提出建议。又如水库优化调度牵涉到防洪、发电、通航、生态等各方面，如果大家各研究各的，各自提出种种方案，上级就不好决策，专家组中有郑守仁、高安泽、梁应辰、魏复盛多位院士、专家，也便于协同研究，提出建议。因此，我衷心呼吁各方面对我们的工作能一如既往地给予支持。

同志们，三峡工程建设已进入最终阶段。谭靖夷院士曾经提出"完美无缺、无疵可求"的目标，传为美谈。他当时是针对工程质量讲的。我想在现阶段，我们要力争三峡工程在所有方面都达到这个水平。就是说，不但是工程质量，而且要努力使工程的运行管理、防洪供水、通航发电、生态环境、移民致富……全面做到科学合理、无疵可求，让三峡工程成为实实在在的符合科学发展观的伟大工程。任务艰巨，但能够做到。让我们团结努力，为达到这一崇高境界奋斗吧！

在长江三峡工程质量检查专家组对 2009 年度
工程质量调研结束时的发言

三峡枢纽工程质量检查专家组 2009 年度的调研检查工作已顺利完成,方才专家们已发表了意见,有的专家虽因事提前离会,但也都留下书面意见,由有关专家宣读了。我因故晚到,未全程参与活动,也没有必要再重复一遍,只归纳专家们的意见,作出一些综合性评价,并选出一些我认为特别重要的问题做个发言,供集团公司及参建各方的领导同志参考。

一、关于 2009 年工程完成情况和 2010 年计划

2009 年工程进展顺利,除升船机塔柱浇筑和部分单项工程较计划有所推迟外,其余均超计划完成。2010 年的工程计划及控制目标均已确定,开局良好,地下电站将由土建转向机组安装,升船机塔柱施工有望加快进行。专家组对此表示肯定。

二、工程质量管理

2009 年度是三峡工程全面向运行过渡的一年,除地下电站和升船机在建外,其余工程均已投入运行,质量管理面临新的形势:大批施工队伍陆续撤离,参建各单位组织机构调整,管理和技术骨干变动频繁,质量管理形势更加复杂,加之升船机施工标准严格、技术难度大,又无经验可借鉴,故质量控制难度反而有所增大。三峡集团公司与参建单位能深刻认识这一形势,继续坚持全面、全员、全过程质量管理理念,继续坚持质量、安全"双零"管理目标,强化各项管理制度,确保质量管理体系的有效运行。同时,不断创新管理思路,积极推进"精品"创建工作。专家组完全肯定大家所作的努力和取得的成就。

尽管如此,如下所述,还是出现局部的缺陷和问题,有些控制指标有所下降,说明质量管理体系的完善改进是无止境的。希望大家不要因为问题、缺陷是局部的、不大的,或已得到处理而忽视,要从小缺陷中看出深层次问题,进一步寻找漏洞,完善制度,务求把三峡工程一流质量保持到最后。

三、地下电站土建工程质量

地下电站土建工程质量继续保持优良水平。混凝土原材料、强度、混凝土全面性能、温度控制、密实性、灌浆质量都能符合三峡工程标准,满足设计要求。出现的问题主要是尾水洞衬砌裂缝和跑模,已经或正在进行处理。希望保持荣誉,消灭缺陷,更上层楼。

四、升船机土建工程和一期埋件安装质量

升船机土建工程在克服了一系列困难后已步入正规施工阶段,已完成的工程质量良好,满足设计要求,没有发生质量事故。存在的问题是塔柱浇筑面间歇期长和温度超标严重。希望有关部门协同研究,找出主因,从设计优化、施工工艺改进几方面着

本文是作者 2010 年 4 月 10 日在长江三峡工程质量检查专家组对 2009 年度工程质量调研结束时的发言。

手，予以改进，解决问题。

一期埋件安装偏差也都满足设计要求，取得这样的成就很不容易。鉴于这些测值在今后还会有变化，因此要尽快实施实时监测，并根据实际情况改进仿真分析，以利相互校验，确定今后不会影响金属结构安装精度和满足运行要求。

五、地下电站设备制作安装质量和左、右岸电站运行情况

地下电站设备质量总体上虽满足设计要求，交货也满足安装要求，但仍发现不少大型锻铸件质量问题，特别如 28 号机下环直到焊成转轮后才发现有 39 处缺陷，必然影响转轮质量。我们认为对这种问题要促请有关单位承担责任，采取措施，防止再现。

又如，左、右岸电站的波纹管伸缩节，投运后不断出现振动大、导流板脱落等问题，检修后又出现漏水（这类伸缩节论理不应有任何渗漏），究竟是否存在隐患，建议深入研究，从根本上解决。

六、金属结构安装质量

地下电站金属结构包括压力钢管和闸门、启闭机等。主要是进水塔顶门机质量问题。这台门机对地下电站安全施工至关重要，其质量问题必须解决，确保安全。

升船机金属结构包括轨道、齿条、螺母柱及二期埋件等，已完成招标，在制造中。承船厢即将发售标书。

三峡升船机是世界上规模最大、技术难度最高的升船机，相应的金属设备对材料、制作、安装上有极高要求，难度极大，并且存在风险，对任一环节万不可掉以轻心。按要求，二期埋件应在塔柱浇到顶且横向固定后再安装，如要改变施工方案必须有可靠论据，证明能确保运行安全。

七、枢纽建筑物安全监测情况

一年来的监测资料证明：三峡枢纽建筑物的各项性能，包括变形、渗流、应力应变等等都符合规律，数值都在设计范围以内，经受了试验性蓄水的考验，三峡枢纽的设计、施工、运行管理都是成功的，工程能在高水位下安全运行。

有少数监测资料的反应有些异常。如 2010 年 2 月船闸基础廊道的渗流量与一年前相比，南线增加，北线减少；地下厂房个别锚索应力超过控制标准等，值得深入分析其原因。

八、2009 年度试验性蓄水期水库地震、地质灾害和泥沙情况

在去年试验性蓄水期内，水库地震震情平稳，活动偏弱，幅度有所下降，库岸整体稳定，未发生重大库岸滑坡和人员伤亡；入库泥沙趋势性减少，有利延长水库寿命。水库泥沙淤积的主要问题是对重庆港口和航道的影响，容易发生船舶搁浅，应以疏浚和整治码头等措施解决，下游将继续刷深。鉴于泥沙问题的不确定性，需要长期跟踪观测，研究分析。

关于何立环同志发言中提到的各项问题，以及泥沙、地质灾害防治等问题，我们将如实反映给三峡办进行研究处理。

上面我简要归纳了专家们意见中的一些重点问题，详细的内容见专家们的发言稿。我们回去后将进行整理，形成综合报告，报送三峡建委和三建办。乘此机会，我谨向集团公司及各承建单位对专家组工作所给予的支持和配合表示衷心的感谢。

下面我想就三峡工程 2010 年度汛蓄水方案问题再多讲几句话。大家知道，从 2008 年三峡工程开始试验性蓄水以来，两年来都未蓄至 175m，尤其去年下游干旱，虽提前在 9 月 15 日起蓄，不仅只蓄到 171.43m 高程，而且下游缺水严重，引起种种议论。这问题要妥善解决，否则，三峡工程迟迟不能转入正常运行，不能发挥最大效益，也影响下游，并引起社会上的误解。我在这里想指出一点：所谓效益，除发电、通航、供水外，现在还有个减排效益。

上个月，水科院举办了一个论坛，我应邀做了个发言，题目是"水电要为减排做更多贡献"。我下面的讲话是呼吁同志们结合三峡工程为减排做出更多贡献。

当前全球都在关注气候变化及减排问题。中国是最大的发展中国家，要减排面临的困难比任何国家都大，但我政府为了大局，还是在哥本哈根会议上作出庄严承诺，赢得全世界人民的赞扬。中国是言出必行的，如何实施承诺将成为影响我国发展的大问题。

电力行业是排放 CO_2 的大头，尤其我国电力结构中煤电占最大比例，减排面临严峻挑战。从现在起到 2020 年是我国经济继续快速发展和转轨翻身的关键时期，电力供需还将剧增，同时又是考验我国是否实施减排承诺的时期，如果处置不当，错过了这段发展时机，或未能实施减排，后果都是灾难性的。在相当长的时期内水电是数量最大、技术最成熟、电网吸纳最现实的可再生清洁能源，我们要急国家之所急，任劳、任怨、"任骂"，尽我们一切努力多发水电，为减排做出贡献，这是时代赋予我们——包括三峡人的神圣责任。

我国在 2020 年 GDP 将达到什么规模，实施承诺每年要减排多少吨 CO_2，人说不一，我也算不清，总之是数十亿吨每年的规模。水电对减排的大账是很清楚的，发 $1kW \cdot h$ 的煤电需原煤 0.5kg，排放 CO_2 1kg，用 $1kW \cdot h$ 水电替代它，就减排 1kg CO_2，这是不会错的。我们如能在 2020 年利用 50% 可开发的水电，即 1.2 万亿 $kW \cdot h$（大致相当于水电装机容量 3.2 亿 kW），可减排 12 亿 t CO_2。我想不出还有什么其他措施能够达到如此的减排效果！单就三峡水电站而言，如能发足设计电量，就可以比目前每年多发 50 亿 $kW \cdot h$，多减排 500 万 t CO_2，远景每年可多发 200 亿 $kW \cdot h$，多减排 2000 万 t CO_2！

下面结合三峡工程和集团公司工作，提三点建议供大家参考：

一、管好用好三峡水电厂，挖掘最大潜力

三峡水电站已建成，但未能满蓄满发。其原因有三：最主要的原因是三峡工程以防洪为首要任务。在汛期内必需放低水位，到汛末才能蓄水，但那时也无多少水可蓄了。这个矛盾不但影响水电的利用，还影响下游的需水、供水和生态环境。如何保证防洪安全、兼顾泥沙冲淤和多蓄水多发电是个重大复杂问题。通过这次研究协调，在国家已批准的《优化调度方案》基础上，已有了个初步的度汛方案，可向国家提出。希望尽早提出蓄水方案报批实施。专家组的一些想法可供编制蓄水方案时考虑。今年要全力争取蓄到 175m，发满设计电量。第二是由于受电网调度上的制约，电力系统无法全部吸纳汛期水电。这要与电网协调，通过优化调度，尽可能吸纳三峡汛期电量。第三是受枢纽建筑物、设备和输电等限制，无法多发、多供水电。我们要精心做好维护检修工作，保证汛期所有设备能安全运行，要尽快完建地下厂房，扩大三峡水电厂的发电能力，做到最大限度地增发、增供、增纳。总之，我们力求多蓄水，多发电，不仅是为了追求发电效益，而是为了利用洪水资源，为了减排，要理直气壮地大声疾呼。

二、抓紧建设好在建水电，及早发挥效益

三峡集团公司承担着艰巨的后续水电建设任务，希望发挥优良传统，迎难而上，艰苦奋斗，争取及早发挥效益。这里我想强调两个问题。

1. 重视面临的挑战

向家坝、溪洛渡这些水电站的规模和难度都是空前的。现在我们的勘测、设计、施工和管理水平已有极大提高，但千万别自满和急躁。应认识到：我们工作中最微小的疏忽，都逃不出大自然的严峻考验和无情惩罚。在建工程如果出现重大事故，不仅毁了工程本身，还会对下游产生灾难性后果，而且影响整个水电声誉，影响国家形象。所以，我们不仅是对工程负责，而是要对水电行业负责，对国家负责，这一点我们要永铭于心。因此，在任何情况下都要保持谦虚谨慎态度，要坚持安全和质量第一。我们要向国家作出庄严承诺：中国水电特别是大坝的安全是有绝对保证的。

2. 把移民和生态环境问题放到重要的位置上

现在开发水电的阻力主要来自移民和生态环境问题。其实，水电开发总是利大于弊，水电和移民及生态环境保护之间并非零和游戏，只要努力，可以做到双赢。我们要听得进各种意见，改进工作，经常站在弱势群众一边，设身处地为他们着想。尽我们之力去做到：建设一座水电，振兴一方经济，富裕一批人民，美化一处环境，使水电开发成为建设和谐社会的巨大动力，用我们的至诚和实际成绩，来回答和消除社会上对水电的误解与质疑。在三峡工程上把这两个问题解决好，更具有极大的说服力。

三、掀起更宏伟的水电建设高潮

我国有巨大的水电资源，许多工程在等待审批，或在规划设计中，更多的尚待开展工作。为了今后吸纳核能、风能、太阳能，还要建无数抽水蓄能电站，我们要排除万难，抓紧战斗，掀起更宏伟的建设高潮，把我国能够合理利用的水电都开发出来。现在，水电陷入"停批期"，我非常担忧，这是很不正常、很不合理的，我已向克强副总理反映了这个问题。

我们要开发尚未开发的江河，要从江河的下游进军中游、上游。还要走向世界，为全球减排做出贡献。集团公司要加紧开发白鹤滩、乌东德的步伐，使又一座三峡工程早日问世。在水电领域，21世纪就应该是中国世纪。集团公司是中国最大的以开发水电等清洁能源为主的国营企业，希望集团公司在这个新世纪中大放光彩。

同志们，当前的能源危机对水电来说是个机遇，我再次呼吁，紧紧抓住有利形势，尽一切努力加快开发水电；呼吁国家加快安排和审批水电建设项目；呼吁国家把开发水电和改变山区落后面貌、农业经济转轨和农民改变身份的国策结合起来，彻底解决移民问题；呼吁大家联合起来，改革创新，依靠科技进步，使中国的水电开发和管理技术再登高峰！

我的发言离开专家组工作似乎远了一点，古语说，天下兴亡匹夫有责，所以还是一吐为快。请大家批评指正。

蓄 水 和 运 行

▼

长江三峡 135m 水位蓄水前的十条建议

（1）根据水库蓄水方案要求，按计划完成蓄水前应完成的尾工项目，并作好质量检查验收工作。

（2）下闸蓄水后，三峡枢纽立即面临 2003 年长江大汛的考验，务必集中全力，做好各种准备，胜利度汛。建议加强泄洪建筑物的水力学观测。对各种设备加强检查调试，各类事故闸门相机进行动水下门试验。深孔泄水时注意观测掺气效果。注意底孔弧形门在淹没出流时的工况和可能存在的激流振动问题。随时调查泄水后孔内情况和下游冲淤情况。加强对漂浮物的清理。在运行中及时优化调度程序。并建议抓紧机组调试，争取尽快投入，分担部分流量。

（3）下闸蓄水后，水位将升到 135～140m，水工枢纽初期蓄水期的监测工作非常重要，建议抓紧完善数据采集系统，增加对关键部位和质量缺陷处理部位（例如上游坝面裂缝处理）的监测频次，及时进行分析整理，保证监测成果的准确性、实时性、连续性，为安全运行提供基础资料。

（4）对纵缝灌浆后重新张开现象和左非 8 号、临船 3 号坝段的顶部位移有加大趋势等问题，虽经初步分析研究，认为不会影响蓄水和运行安全，但问题性质尚未完全澄清，要继续进行观测、反馈、分析和研究，提出分析报告和处理意见。

（5）河床深槽部位的左导墙坝段至泄洪 4 号坝段，施工中曾频繁出现钻孔涌水现象，基坑进水后该段坝基排水孔的出水量又相对比较集中。目前渗流量尚属正常，不影响蓄水安全。但随着水位的抬高，应注意坝基渗透稳定问题，建议在加强渗流观测的同时，增加坝基排水孔的水样分析工作。

（6）茅坪溪沥青混凝土心墙坝是我国大陆第一座这种类型的高坝，缺乏经验，对心墙是否发生水力劈裂尚有不同意见，在蓄水运行后要加强监测，及时分析，密切注意其运行状态。

（7）鉴于排漂孔弧门吊耳布置在上支臂中部，受力计算与原型可能存在差异，建议设置应力监测元件，以便在运行中对门叶结构和上、下支臂受力状态进行检测及验证。排砂孔工作闸门门叶在门槽内留有间隙，在动水压力作用下将引起门叶和活塞杆的振动，建议在运行中加强监测。

（8）鉴于大坝抗震分析的现有成果系采用旧规范（SDJ—10—78）规定的拟静力法，建议按现行规范（SL 203—1997）采用动力法进行抗震复核。在复核中还应考虑

本文写于 2003 年年初。

某些坝段存在有纵缝灌浆后又重新张开和上部高程存在水平层面裂缝的问题，对大坝在遭遇设计地震时的抗震安全性作出评价。

（9）建议全面总结二期工程混凝土的设计和施工经验，对同标号、同龄期的混凝土室内试件与坝体钻取试样进行各种性能的比较试验，特别是抗冻、抗渗、强度和变形性能对比，进一步研究改进措施。根据二期工程的有关统计资料，混凝土超强现象较为普遍，建议研究减少水泥用量及在可能情况下适当放宽混凝土设计龄期指标、改善冷却措施、强化表面保湿养护等综合措施，尽可能减少裂缝产生，提高三期工程的混凝土质量。

（10）建议与水利部门联系，加强库区和下游在 2003 年度汛前后的泥沙淤积冲刷测量，以便进一步研究泥沙运动的规律和检验设计计算成果。

三峡水库蓄水（135m 水位）与永久船闸试通航技术预验收情况汇报

根据《长江三峡二期工程枢纽工程验收工作大纲》的规定和其他有关文件的要求，并按照枢纽工程验收组办公室的总体安排，枢纽工程验收专家组于 2003 年 5 月 12 日～5 月 18 日在三峡坝区召开蓄水（135m 水位）及船闸试通航前的技术预验收会议。

参加技术预验收会议的专家共 47 人，由潘家铮任组长，高安泽、曹右安、曹征齐、刘宁任副组长，下分坝工厂房组、航建组、金属结构组和施工与监测组四个专业组进行工作。专家组于 5 月 12 日到达工地。5 月 13 日阅读资料和现场考察，5 月 14 日听取三峡总公司及参建各方的汇报，5 月 15～17 日进行分组活动，包括分组讨论、查阅资料、与参建单位座谈、编写技术预验收报告初稿、经分组讨论形成专业组报告，再在 5 月 18 日由专家组组长、副组长会同各专业组召集人在技术预验收报告的基础上汇总编写出"蓄水（135m 水位）验收鉴定书（初稿）"和"船闸试通航前验收鉴定书（初稿）"两本初稿，作为向枢纽工程验收组汇报和请验收组审议批准的文件。在此以前，各专业组在四月份还提前到了工地，进行详细的中间研究、调研，写出调研报告，为技术预验收的顺利进行提供了条件。今天下午，由我和曹右安总工代表专家组向验收组作汇报。我汇报"蓄水（135m 水位）验收意见及建议"，曹总汇报"船闸试通航前验收意见及建议"。由于两份代拟的验收鉴定书（初稿）篇幅都较长，限于时间，我只能抽出最重要的内容和结论、建议进行汇报，并配制了一些多媒体片以助说明。具体内容可见验收鉴定书（初稿），更详细的内容则可在专家组的"技术预验收"报告中查到。

下面分为七个问题进行汇报。汇报中有遗漏或不妥之处，请专业组召集人补充、指正。

一、三峡二期工程验收顺序

三峡二期枢纽工程验收分四个阶段进行：明渠截流前验收、蓄水（135m 水位）验收、船闸通航前验收、左岸电站机组启动验收。以上四个阶段的验收由国务院验收委员会枢纽工程验收组主持，其他中间性验收和局部验收，如上、下游基坑进水前验收，船闸下游引航道破堰进水前验收等由国务院验收委员会授权中国长江三峡工程开发总公司负责，会同有关部门，成立相应的验收机构组织验收，其成员由三峡总公司提名，报国务院验收委员会核备。历次验收情况如下：

2002 年 4 月 19 日，通过了长江三峡二期工程上游基坑进水前验收，形成了《上游基坑进水前验收鉴定意见书》。

2003 年 5 月 12～18 日，长江三峡枢纽工程验收专家组召开蓄水（135m 水位）及船闸试通航前的技术预验收会议。5 月 19 日，作者就技术预验收情况进行汇报。

2002 年 6 月 27 日，通过了长江三峡二期工程下游基坑进水前验收，形成了《下游基坑进水前验收鉴定意见书》。

2002 年 10 月 18 日，通过了长江三峡二期工程明渠截流前验收，形成了《明渠截流前验收鉴定书》。

这次验收，系将蓄水（135m 水位）验收和船闸试通航前验收合并进行，由枢纽工程验收组负责。

二、蓄水（135m 水位）验收的依据和范围

1. 验收依据

（1）国务院三峡建设委员会批准的《长江三峡二期工程枢纽工程验收工作大纲》。

（2）国务院三峡建设委员会《关于对"三峡二期枢纽工程蓄水（135m 水位）及船闸试通航前验收的申请报告"的批复》（国三峡验发办字〔2003〕5 号）。

（3）国务院三峡建设委员会《长江三峡二期工程枢纽工程蓄水（135m 水位）及船闸试通航前验收准备工作〈会议纪要〉的意见的函》（国三峡验办函〔2003〕1 号）。

（4）国务院三峡建设委员会《关于报送"三峡二期工程枢纽工程蓄水（135m 水位）及船闸试通航前验收准备工作会议纪要"的函》（国三峡验枢函〔2003〕1 号）。

2. 验收范围

（1）大坝工程（包括左非坝段、升船机坝段、临船坝段、左厂坝段、左导墙坝段及左导墙、泄洪坝段、右纵坝段）。

（2）左岸电站（包括进水口、引水系统、主副厂房、尾水、金属结构、机电设备、机组埋件列入机组启动验收范围）。

（3）右岸地下电站进水口预建工程。

（4）茅坪溪防护工程，含泄水建筑物。

（5）三期碾压混凝土围堰工程。

（6）电源电站进水口。

（7）二期上下游土石围堰拆除工程。

（8）明渠截流前验收及船闸下游引航道破堰进水验收遗留问题。

3. 检查范围

（1）蓄水实施方案和库区城镇码头安全措施及葛洲坝下游供水措施落实情况。

（2）蓄水断航期客货转运措施落实情况。

（3）各建筑物挡水及泄水孔（洞）金属结构和机电设备运行准备工作情况。

（4）三期围堰度汛措施落实情况。

（5）水库调度自动化系统投入运用情况。

（6）近坝区地震台网设置及运行情况。

（7）水库及下游泥沙淤积及冲刷观测计划及其落实情况。

（8）三期下游土石围堰工程。

（9）消防工程。

（10）其他。

三、工程形象面貌

经专家组检查验收，工程建设的形象面貌，完全满足水库蓄水（135m 水位）的要求。

（1）至 2003 年 4 月，左岸非溢流坝段、左岸厂房坝段和河床的泄洪坝段，混凝土已全线浇筑至坝顶 185m 高程；连接河床泄洪坝段和右岸已建非溢流坝段的三期碾压混凝土围堰已浇至堰顶 140m 高程；为保护坝址上游右岸支流茅坪溪河谷而修建的茅坪溪防护工程，已修建至 180.2m 高程。临时船闸坝段在完成任务后，已按计划回填混凝土至设计高程。永久船闸已完成无水和有水调试。预留的右岸地下电站已完成进水塔等预建工程，不影响后续施工。

（2）作为完成上述工程的前提或有关的工程，包括开挖与基础处理、基础内渗流控制与排水、金属结构（各类闸门、阀门、迭梁、启闭机、钢管、拦污栅等）的制作安装、接缝灌浆、边坡加固、监测设备安装等也都已完成。少量的剩余工作，完全可在蓄水后安排进行，对蓄水和安全运行无影响。

（3）与蓄水有关的施工质量事故和质量缺陷，已经全部处理完成并通过复检验收。

因此，目前坝址从左岸至右岸，从基础到坝顶，已经形成完整连续的挡水建筑物，江水已完全通过位于河床泄洪坝段底部的导流底孔安全下泄，蓄水后有关运行、控制设备均已准备就绪，工程形象进度完全满足水库于 6 月 15 日前后蓄水至 135m 水位的要求。

四、工程建设质量

在二期工程的建设过程中，质量控制体系不断完善，施工质量逐年提高。工程建设质量总体上良好，符合设计要求。在建设过程中出现的质量事故和缺陷，相对集中于早期施工的混凝土工程中，已经过多层次的反复检查、认真处理和复查，分项验收，得到消除或补强，可以保证工程的安全运行。

分述如下：

（1）验收范围内各建筑的基础开挖尺寸控制严格，地质缺陷按设计要求处理，固结灌浆质量满足要求，渗流控制工程质量良好，灌浆后基岩透水率低于规范值，排水孔孔斜、孔深都满足设计要求。

（2）混凝土原材料从采购到使用各环节均建立了完善的管理制度和质量保证体系，原材料的质量得到保证，各项品质检验指标均满足规范要求。混凝土拌和物的各项性能（含气量、坍落度、机口温度、抗压强度和其他性能），经施工单位检测，监理单位和试验中心抽检，合格率、保证率及离差系数都满足设计和规范要求。

（3）对已浇混凝土，通过钻检查孔检查其密实性并取芯样试验，对混凝土表面缺陷和尺寸进行了全面检查。检查中发现的事故和缺陷，都作了分析、补强设计，并按设计进行处理。

（4）对其他各类接缝灌浆、金属结构、监测仪表等都有严格的检查制度和进行了认真的缺陷处理。

主要的质量问题有：

（1）一期工程遗留的纵向围堰堰内段和坝身段的混凝土局部不密实和表层开裂、

渗水；

（2）导流底孔底板以下局部混凝土不密实，过流面混凝土出现蜂窝、麻面、气泡、错台、裂缝和漏水点；

（3）河床泄洪坝段的上游坝面 90m 高程以下出现表层裂缝和水平层间缝，部分坝段的纵缝在灌浆后出现张开现象；

（4）左岸厂房部分坝段上游坝面 98m 高程以下出现竖向表层裂缝，尾水管底板出现不规则表层裂缝，部分机组段下游 24m 高程的廊道在接缝处渗水，下游副厂房结构缝局部漏水；

（5）左岸非溢流坝段和升船机坝段在 90m 高程以上出现竖向浅层裂缝和水平层间缝；

（6）永久船闸的地面混凝土工程表面质量缺陷、内部质量缺陷、局部止排水缺陷和接缝渗水，地下输水系统出现过温度裂缝和部分结构缝、层间缝渗水。有水调试后，发现中隔墩两条输水隧洞新增 200 余条顺水流向裂缝，部分裂缝有渗水和钙质析出现象。

上述质量问题出现后，均分析过其产生的成因和危害。较为集中出现的混凝土裂缝问题，监测资料表明已处于稳定状态，均属浅表层裂缝，不属于影响大坝安全的贯穿性裂缝。除最近发现的一些坝段部分纵缝灌浆后又张开的问题外，其余所有质量问题均已得到认真处理，并经严格检查验收。泄洪坝段纵缝的局部张开问题，经分析对坝体应力状态影响不大，不影响 135m 水位蓄水安全，下一阶段拟进一步加强观测并加以妥善处理。

另外，大坝和茅坪溪防护坝的主要监测设备都已安装到位，取得基准值，开始监测。从已取得的变形、渗流、应力、应变成果来看，各项数据都在设计范围以内，大坝工作性态正常。

五、其他有关项目的检查

（1）蓄水实施方案已经审定（6 月 1 日下闸蓄水，6 月 15 日水位达 135m，6 月 16 日船闸试通航），库区码头已迁建，水库调度运用的各项准备工作也已就绪。国务院三峡建委已批准《三峡（围堰发电期）——葛洲坝水利枢纽梯级调度规程》。枢纽的运行管理单位为长江电力股份公司，组织机构、制度建设等项工作已经完成，运行人员已经培训并在陆续上岗。通过验收的金属结构和机电设备，已分项移交运行部门管理。

（2）临时船闸于 2003 年 4 月 10 日停航，断航期为 67 天，将持续到 6 月 15 日前后。目前翻坝转运指挥部的工作高效有序，翻坝运输的码头和道路运用正常，可继续顺利实施翻坝转运直至永久船闸投入试通航。

永久船闸试通航的准备工作，三峡总公司委托长江三峡通航管理局进行，现已组建了船闸管理处，完成了运行人员培训，编制了船闸运行维护规程。交通部长江航务管理局也已编制了《三峡船闸围堰发电期试航大纲》。经检查，各项准备工作已经就绪。

（3）建筑物特别是泄洪坝段的挡水及泄水孔洞金属结构和机电设备均已移交运行单位，各种运行操作规程已编制完成，可以按章运行。

（4）三期围堰度汛措施已落实。三峡总公司成立了三峡施工区度汛领导小组，编制了 2003 年度汛工作安排，并检查落实。

水库水位自 5 月 10 日已逐步开始抬升。6 月 1 日将从 98m 水位蓄至 135m 水位。6 月 1 日至 6 月 15 日的蓄水期，长江尚未进入主汛期。经论证，在此期间万一遭遇洪水，按照先开启导流底孔泄洪，遇大洪水再启用泄水深孔的调度方式，可以保证这半个月蓄水期的度汛安全。

水库蓄水至 135m 水位后，水库运用进入围堰发电期。这个时段要持续到 2006 年。其间采用 100 年一遇的度汛标准，选用对防洪较为不利的 1981 年洪水作为典型年进行了调洪演算，编制了防洪调度方案。2003 年的度汛，为充分留有余地，不考虑机组过流，现已按照验收组的意见，在碾压混凝土围堰堰顶增设了 1.50m 的防浪墙。此后各年汛期，随着参与泄洪的过机流量不断加大，防汛风险逐年减少。因此，从蓄水起到 2006 年都能满足安全度汛要求。

（5）水库调度自动化系统，计划于 2003 年 5 月底投入试运行。

（6）近坝区数字遥测地震台网于 2001 年 10 月通过验收，投入正式运行，可满足蓄水后三峡库区可能发生的诱发地震的判别、预测需要。

（7）水库泥沙淤积和下游冲刷观测工作，已按计划进行，取得了本底资料。

（8）三期下游土石围堰于 2003 年 3 月 20 日完工，变形和渗流量小，运行安全。目前右岸基坑已完全暴露。三期工程的施工准备工作充分，已实施项目招标，可与二期工程紧密衔接。

（9）消防工程按地方主管部门批准的消防设计文件，由消防专业队伍施工，工程进度和质量满足设计及相关规程规范的要求；消防指挥调度中心已经成立，消防专业队伍也已经组建，可满足水库蓄水和船闸试通航的要求。

（10）其他环保、水土保持、工程档案管理工作也取得成效，满足水库蓄水验收要求。

二期工程的环保工程，严格按照有关法律法规和《三峡工程施工区环境保护实施规划》实施，建设了污水处理和除尘设施，对固体废弃物作了减量化和无害化处理，对噪声等其他污染也作了有效的控制和预防。

对因工程施工而造成的水土流失进行了积极的预防治理，护坡、挡渣、排水、绿化等水土保持工程与主体工程建设基本同步。

工程档案管理工作直接受国家档案局指导，建立了三峡工程档案馆，一期工程已完成归档工作，二期工程的归档工作已经全面展开，三期工程的归档工作也已启动，满足阶段性验收要求。

六、安全鉴定意见

2003 年 3 月 12 日至 4 月 15 日，水电水利规划设计总院对蓄水前验收范围内的工程项目进行了安全鉴定，提出的《长江三峡水利枢纽二期工程枢纽工程蓄水（135m 水位）安全鉴定报告》，方才安全鉴定部门已作了汇报。这里只重复念一下结论：

长江三峡二期工程左岸非溢流坝段至纵向围堰坝段工程形象面貌已经达到蓄水（135m 水位）的要求，工程设计、施工（制作、安装）质量符合国家和行业有关技术标准的规定，施工期监测成果表明建筑物和金属结构工作性态正常；茅坪溪防护工程和右岸地下电站预建进水口建设面貌已超过 135m 水位挡水的要求，工程设计和施工质量符合现行技术标准的规定；三期碾压混凝土围堰可在 5 月具备正常挡水条件；枢纽工程蓄水后度汛措施已落实。鉴此，长江三峡二期枢纽工程在 2003 年 6 月蓄水（135m水位）后各有关建筑物将是安全的，并且不会影响三峡工程的继续正常施工。

七、建议和结论

（一）建议

（1）根据水库蓄水方案要求，按计划完成蓄水前应完成的尾工项目，并作好项目验收工作。

（2）下闸蓄水后，三峡枢纽立即面临 2003 年长江大汛的考验，务必集中全力，做好各种准备，安全度汛。建议加强泄洪建筑物的水力学观测。对各种设备加强检查调试，各类事故闸门相机进行动水下门试验。深孔泄水时注意观测掺气效果，泄水后及时进行孔内检查。注意导流底孔弧形门在淹没出流时的工况和可能存在的流激振动问题，并在汛后加强孔内检查。加强对漂浮物的清理。在运行中及时优化调度程序。并建议抓紧机组调试，争取尽快投入，分担部分流量。

（3）下闸蓄水后，水位将升到 135m 以上，水工枢纽初期蓄水期的监测工作非常重要，建议抓紧完善数据采集系统，增加对关键部位和质量缺陷处理部位（例如上游坝面裂缝处理）的监测频次，及时进行分析整理，保证监测成果的准确性、实时性、连续性，为安全运行提供基础资料。

（4）对纵缝灌浆后重新张开现象和左非 8 号、临船 3 号坝段的侧向位移较大等问题，虽经初步分析研究，认为不会影响蓄水和运行安全，但要继续进行观测、反馈、分析和研究，提出分析报告和处理意见。

（5）河床深槽部位的左导墙坝段至泄洪 4 号坝段，施工中曾频繁出现钻孔涌水现象，基坑进水后该段坝基排水孔的出水量又相对比较集中。目前渗流量尚属正常，不影响蓄水安全。但随着水位的抬高，应注意坝基渗透稳定问题，建议在加强渗流观测的同时，增加坝基排水孔的水样分析工作。

（6）茅坪溪沥青混凝土心墙坝坝高达 104m，蓄水后对心墙是否发生水力劈裂尚有不同意见，要加强监测，及时分析，密切注意其运行状态。

（7）排沙孔工作闸门门叶在门槽内留有间隙，在动水压力作用下将引起门叶和活塞杆的振动，建议在运行中加强监测。

（8）鉴于大坝抗震分析的现有成果系采用旧规范（SDJ—10—78）规定的拟静力法，建议按现行规范（SL 203—1997）采用动力法进行抗震复核。在复核中还应考虑某些坝段存在有纵缝灌浆后又重新张开和上部高程存在水平层面裂缝的问题，对大坝在遭遇设计地震时的抗震安全性作出评价。

（9）建议全面总结二期工程混凝土的设计和施工经验，进一步研究改进措施。根据二期工程的有关统计资料，混凝土超强现象较为普遍，建议研究减少水泥用量及在可能情况下适当放宽混凝土设计龄期指标、改善冷却措施、强化表面保湿养护等综合措施，尽可能减少裂缝产生，提高三期工程的混凝土质量。

（10）建议与水利部门联系，加强库区和下游在 2003 年度汛前后的泥沙淤积冲刷测量，以便进一步研究泥沙运动的规律和检验设计计算成果。

（二）结论

（1）本次验收范围内的工程项目的形象面貌和尾工安排计划，满足设计和验收工作大纲及国务院验收委员会有关文件的要求，即已经满足蓄水（135m 水位）的要求。

（2）本次验收项目的基础工程、水工结构、机电设备及安全监测工程的设计、施工和制作、安装质量，符合国家和行业有关技术标准的规定。施工和安装过程中出现的质量缺陷和事故，已作了处理，处理后工程质量可满足设计要求，安全运行。

（3）明渠截流前验收的尾工项目和遗留问题已处理完成，其鉴定书提出的 18 条建议已逐项落实，2003 年 6 月 1 日蓄水（135m 水位）前应完成的剩余项目可以按时完成。

（4）安全鉴定单位已完成蓄水（135m 水位）前的安全鉴定工作。专家组原则同意安全鉴定的结论。

（5）三峡水利枢纽工程运行的各项准备工作就绪，控制和监测系统均已建成并投入运行，三期工程施工期度汛方案落实，整个工程处于受控状态。

为此，专家组认为蓄水（135m 水位）的条件已经具备，建议国务院长江三峡二期工程验收委员会枢纽工程验收组批准长江三峡二期工程蓄水（135m 水位）验收鉴定书，同意自 2003 年 6 月 1 日开始蓄水。

在长江三峡二期工程枢纽工程蓄水（135m 水位）及船闸试通航前验收闭幕会上的讲话

听了汪恕诚部长的讲话，我想每位同志都会感到心情激动，重任在肩。我不能像他那样从全局来谈问题，只就三峡工程谈些体会。

今天，2003 年 5 月 21 日，在三峡工程建设史上是一个不平凡的日子。方才，张部长（编者注：指张基尧）宣读了蓄水（135m 水位）验收鉴定书，翁部长（编者注：指翁孟勇）宣读了船闸试通航前验收鉴定书，验收组组长和成员庄严地签下了名字，完成了验收手续，经国务院批准后，导流底孔的闸门将徐徐关闭，水库水位将缓缓上升，停航 60 多天的长江航道将以全新方式恢复通航。然后，单机容量为 70 万 kW 的机组将陆续投产，从此，通过三峡的江水，不再空流，而将转化为无穷尽的电力，远送华中、华东、广东，促进全国电网的大联网。随着水库的最终形成，长江中游可以解脱毁灭性洪灾的威胁，万吨级船队将直达重庆，三峡还将成为世界旅游胜地和人间天堂。孙中山先生的梦想，萨凡奇博士的志愿，毛泽东主席"更立西江石壁，截断巫山云雨，高峡出平湖"的宏图都将变成现实。半个世纪以来的规划、勘测、设计、研究、论证，11 个年头的艰苦卓绝的奋斗，即将结出丰硕的成果。任何一位三峡建设者、任何一位中国人，在这一时刻能够不激动、不自傲吗？恐怕李白、杜甫的诗才，苏东坡、欧阳修的文采也无法描写此时此刻我们的心情。三峡工程真正是让中华民族扬眉吐气的工程，是给子孙后代造福的工程，是要载入史册永放光芒的工程，让我们来充分分享这一喜悦吧。

这次验收会议的使人难忘，还在于会议是在全国人民万众一心、众志成城地抗击"非典"的大战役中进行的。世界上没有一个工程的验收是戴着口罩进行调研和开会的。这些日子，我国防治"非典"的艰巨工作已取得了阶段性的胜利。我们深信，更大的和最终的胜利即将到来。一切事实都证明，只要全国人民紧紧团结在以胡锦涛同志为总书记的党中央周围，万众一心奋勇向前，就没有克服不了的困难，任何艰难险阻都不可阻挡中国人民前进的步伐！验收工作的圆满完成，就是以实际行动贯彻了中央"一手抓防治非典，一手抓经济发展"的要求。为了安全、可靠地开好这次会，国务院、有关部委、地方各级政府十分关心，作出重要指示，三峡总公司更做了周密的布置，采取特别措施。我们看到多少同志：各级领导、医护人员、保卫人员、服务人员为会议和代表们的安全累得筋疲力尽，使我们十分感动。请允许我能向他们表示一下诚挚的谢意，说一句：同志们，你们辛苦了！

在今天的闭幕式上，会议还规定要我讲几句话。我除了发表方才说的一点感想外，有关对三峡二期工程的评价，都由验收组作出了科学、公正、实事求是的评价，用

本文是作者 2003 年 5 月 21 日在长江三峡二期工程枢纽工程蓄水（135m 水位）及船闸试通航前验收会闭幕时的讲话。

不着重复叙述。我想根据专家们提出的建议，对即将到来的三峡建设的新时期说几点想法。

我认为，从今年到 2009 年的三期施工期，是一个崭新的时期。和已过去的时期相比，有很多不同之点。

首先，新时期是三峡大坝和长江洪水进行真正较量的时期。三峡建设者们和长江洪水已较量了十年，但在一期工程中，长江主河道并未受到干扰，在第二期工程，有一条导流明渠供洪水宣泄。只有在三期工程中，长江洪水才将真正按照我们的意志与调度通过枢纽下泄。长江洪水量大、流速高、破坏力强，我们的泄洪消能设计将承受严峻考验，特别今年一蓄水就面临长江大汛，而且是通过底孔宣泄。对此万不能掉以轻心，我们要以迎战特大洪水为对象，务必集中全力，统一调度，做好各种准备，夺取第一个年头安全度汛的绝对胜利！组织要加强，人员要培训，设备要检查调试，各项监测检查工作要切实抓紧，接受长江洪水对我们工程的验收。

第二，新时期是全面开展监测和调研的时期。在验收文件中对许多项目都写有要加强监测的字样。这不是套话，而是实实在在的要求。三峡枢纽是世界上最宏伟的水利工程，需要监测的项目之多、要求之高也是少见的。从蓄水开始，我们就要全力投入监测工作，这对保证安全运行有重要意义。

需要监测的范围极广。第一当然是对主要建筑物：大坝、船闸、茅坪溪防护坝、厂房等的监测。经验告诉我们，水工枢纽蓄水初期的监测工作至关重要。三峡工程采取一次建成、分期蓄水的方式，给我们以极大的有利条件，务必抓住初期蓄水时机，监测建筑物的工作性态：如变位、应力、渗流、冲刷、水力学状态、金属结构和机电设备运行状态等等，做到心中有数。

有一些部位还要给予特殊的关注：如重要缺陷处理部位、左非 8 和临船 3 等有较大水平位移的坝段、纵缝开合、茅坪溪防护的情况、左厂 1～5 号坝段的情况、船闸部位的水下水动态，以及高边坡的变形等。

有一些监测影响到今后长期安全运行，如地震活动监测，库区及下游河道冲淤情况监测等等，需要长期、持续地进行。

所有监测工作一定要做到三性：正确性、及时性、连续性，要把失真的数据、损坏的仪表剔除出去，防止以伪乱真。监测要及时和连续进行，"及时"更包括及时整理、研究，及时反馈提出建议。过去有的工程把监测资料锁在抽斗里，要进行分析研究得拿 10 元钱一个数据去买，这真是天大的笑话。资料的查询、利用当然应该有个规定，但任何规定都要首先为及时采集、及时分析、及时反馈而服务。

我希望通过监测工作的深入和持久开展，三峡能培养起一支精干的、高水平的和有高度责任感的监测队伍。特别要出现几位骨干。他们对监测技术有高深造诣，他们对三峡工程有深厚感情。他们了解三峡工程的每一个细节，设计情况、施工过程、存在问题、监测成果，有任何微小变异都逃不出他们的火眼金睛。他们是三峡工程的保健医师，希望这样的骨干早日出现。

第三，新时期是总结经验、提高水平的时期。二期工程确实取得了伟大成就，但也确实存在不足。要求能认真总结经验教训，在三期工程中登上新的台阶。这在施工监测专业组的讨论反映最集中。千万不可有自满情绪：二期工程这么大的难关都闯过来了，还怕什么？有这种想法，一定摔大跟斗。三期工程一定要瞄准第一流水平，至少不应再出现几十米长的裂缝了吧？有许多问题的是非得失要全面和辩证地分析。混凝土强度保证率不是越高越好，而应该保持在一个合理的水平上。接近 100%的强度保证率，意味着有很大的超强。我们是用了很多的水泥和钱换取了不必要的强度保证和大量的裂缝！还有许多事不能简单化处理，不能一发烧就打退热针，一说身体差就拼命吃人参，得全面调查，综合治理。

在验收建议中指出有些问题要做进一步研究。设计和科研单位在二期工程中研究解决了不少难题。现在剩下的问题不多，但更加复杂，要深入研究才能弄清。像纵缝重新张开的影响和合适的处理措施，像某些坝段顶部水平变位较大，还在发展，而且每逢冬季还发生突变等等。这是不是说明冬季表面温度下降，引起坝段侧倾，而坝基下的断层要不断发生非线性的变形来调整适应。凡是这种未解之谜都要通过深入研究破解它！

对于运行部门，不论是泄洪调度、电力调度、机组运行、船闸的调度和运行都要尽快总结经验，提高水平，摸索出最优调度方案，最佳管理方式，保证安全运行，并取得最大的经济和社会效益。

所以我说，新时期是总结经验、提高水平的时期。

最后一点，我认为新时期是进一步开展社会主义大协作的时期。三峡工程建设至今，任何成就都是各部门、各地区、各单位在中央和国务院的领导下，在共同的理想和最高利益感召下亲密协作团结奋斗取得的。在新的时期里，无论是水库调度，电力生产，船闸运行，三期施工，科技发展……彼此间的关系更为密切，更需要相互的理解、支持和协作。我相信三期工程进行期间，业已存在的社会主义大协作将进入更高层次。三峡工程不但在物质文明建设上，也会在精神文明建设上做出巨大贡献，成为一块全国样板。

预祝三峡工程在新的时期中取得新的成就和胜利。

三峡工程答疑录

记者：不管有怎样的争论，自从 1992 年三峡工程经过了人大批准的法律程序后，实际上已经不可逆转。现在三峡二期工程结束，水库海拔 135m 蓄水，出现了"高峡出平湖"的景观。但是三峡工程质量一直是公众所关心的问题，前一段时间有三峡工程裂缝质量事故的报道。

您作为三峡工程枢纽工程验收组副组长、枢纽工程验收专家组组长，在今年 5 月大坝二期工程验收会上说，"三峡工程真正是中华民族扬眉吐气的工程，是给子孙后代造福的工程，是要载入史册永放光芒的工程"，同时您也提出了大坝纵缝和临时船闸坝段有"较大水平位移"等问题。根据您的讲话，有报道对三峡大坝的安全表示了深深的忧虑。能否请您从纯技术的角度解释一下，您所说的几个问题，是什么性质的问题，后果是什么？

潘家铮：三峡二期工程的质量是良好的，施工中出现的一些事故或缺陷，都已得到细致的处理补强。整个工程能符合设计要求，满足国家行业标准，不存在隐患，能安全运行，我对工程质量没有任何担心或忧虑。

我在验收会上的发言中，对参建各方提出过一些要求和希望，包括要求对某些还没有从理论上完全解释清楚的现象作进一步研究，并不是认为这些现象影响大坝安全，而是希望我国的坝工科技水平能有进一步的提高。我主要提出两个问题。

一是"纵缝张开"问题。"纵缝"是坝工中的一个术语，指为了适应施工，在坝体中人为设置的接缝。国际上通行的做法，是待坝体混凝土浇筑并在温度下降到"稳定温度"，纵缝张开后，进行接缝灌浆封堵。三峡工程是完全按照这一做法进行的，而且控制得很严格，灌浆质量优良，没有可以指摘的地方。

在三峡大坝中，埋设了很多仪器，通过仪器监测，发现有些纵缝在灌浆后有张开现象，尽管张开量非常小（1mm 左右），而且是局部现象，经初步分析并不影响大坝安全，但我要求有关单位继续进行深入研究，进一步查明原因和影响。现已初步认定这是由于蓄水前上下游坝面受气温变化产生的，并无大的影响。

三峡工程严格按国际通用做法施工，而纵缝重新张开是一个新发现的问题，说明重力坝的设计理念还需发展。显然，其他重力坝也存在同样的问题，只是没有设置仪器，未观测到这现象，或坝高较低，开张度更小而已。三峡工程的建设将对坝工理论的进展做出贡献。

有些人把"纵缝"想当然地理解为"垂直的裂缝"，而认为三峡大坝已发生了大问题，这是由于不理解坝工专业而产生的误解，不必理会。

另一个是临时船闸坝段的水平位移问题。二期工程中，船舶要通过临时船闸航

本采访稿 2003 年 7 月 2 日刊载于《中国青年报》，采记记者为卢跃刚。

行，临时船闸好像是大坝中留着的一个缺口，缺口两边的坝段已浇到顶，与缺口间有很大的高差，这些坝段的地基又是倾斜的，因此坝段在自重作用下，向缺口方向产生一些侧倾，在坝顶产生较大的水平位移是正常的（所谓坝顶最大水平位移，也不过是 1cm 左右，如果坝体高 100m，倾斜度只有万分之一，任何人都看不出来的）。现在，临时船闸已完成历史使命，缺口已经回填，改建为冲沙闸，根本不存在安全问题。

我是在分析"水平变形"的发展过程中，看到它在去年冬季变形增加了一个毫米，尽管这已经在观测误差范围之内，我仍然把它提了出来，建议设计单位作进一步探究，看看这 1mm 的变位是否与地基内的断层有关，可以说是一个科研题目吧（如果最后认定这 1mm 是观测误差，当然就不必做什么研究）。我没有料到这样一件事也会被一些人炒作，甚至提高到影响大坝安全的高度。请允许我澄清一下，这"水平变位"问题根本与大坝安全无涉。只是作为一个科学家、一个工程师，对不影响安全的问题，也希望能了解其机理，我所说的和想做的，就是这么一回事。

记者：10 年前您接受我采访时有两个见解给我留下了深刻的印象，一是三峡工程如果在 1958 年"大跃进"时上马，肯定是一场灾难；二是反对派意见对三峡论证起到了积极促进的作用，实际上您强调了科学论证和民主论证的重要性。您作为三峡论证领导小组副组长和技术总负责人，1990 年受三峡论证领导小组的委托向国务院作了"关于三峡工程论证情况的汇报"，1992 年人大通过的"三峡决议"就是按照论证情况汇报的结论通过的。我们知道，七届人大五次会议通过的三峡工程初步设计总投资是以 1990 年的物价为标准计算的，总投资（静态投资）是 571 亿人民币。1993 年 10 月 29 日，也就是三峡工程人大批准一年后，三峡建设委员会副主任郭树言在梅地亚宾馆召开的新闻发布会上说，"按照 1993 年 5 月的价格水平"，三峡枢纽工程、输变电工程、库区移民安置三项费用加起来，总投资（静态投资）是 954 亿人民币，静态投资一年涨了近一倍。

我的问题是，1992 年 4 月的人大批准的总投资怎么会一年涨了近一倍？今年 6 月 12 日您在接受我采访时说，不包括输变电工程，三峡工程的静态投资是 900 亿人民币，加上动态投资，"1800 亿肯定能打住"，而且在重新论证期间，有金融专家算出三峡工程完工时的总投资将达到 4000 亿至 5000 亿人民币，到底是哪笔账可靠？反对派甚至说"三峡工程是钓鱼工程"。怎么回应这些议论？

潘家铮：对于一个工程的投资数，首先要分清是静态投资（不计物价变化影响，不计需支付的利息）还是动态投资，对于静态投资，还要看是按什么年份的物价计算的，把不同概念、不同基础的事物混在一起比较，是不科学的。

三峡的投资分三峡枢纽、移民、输变电（由总公司负责的是枢纽和移民），我参加讨论时，枢纽和移民的静态投资按 1986 年物价水平是 299 亿元，包括输变电，是 361.1 亿元，按 1990 年的物价是 570 亿元。80 年代后期和 90 年代上半期是物价最不稳定的时期，所以到 1993 年三峡工程开工时，按当时的物价水平，枢纽和移民的静态投资为 900 亿元，这完全是受物价影响，工程量、移民量并没有变化。从 1986 年到 1993 年，价格上涨 3 倍是完全可以理解的事。

900 亿元投资要在 18 年中使用，每一年物价都在变，每一年都得筹集资金和支付利息，因此到竣工时，所花的钱就不是 900 亿，而是另外一个数（动态投资）。计算动态投资必须做些假定，每年物价涨幅，资金来源、每年利率水平，在开工时根据当时情况作出动态投资估算，约需 2000 亿元，工程实施中，资金就按照"静态控制、动态管理"的原则进行控制管理。

现在二期工程结束，工作量约完成 2/3，总共花去投资（枢纽、移民、利息）约 900 亿元，目前估计，到竣工总的动态投资不会超过 1800 亿元。这主要得益于国家宏观调控得力，经济形势有利之故。

记者：在三峡水库水面坡度的计算上，我看到两种不同的计算方法和数据：根据三峡工程论证移民组报告以及重庆市移民局给我提供的《三峡初步设计阶段干流各断面土地征用线和分期移民迁移线水位表》，当三峡水库蓄水在正常蓄水位海拔 175m 时，大坝上游三峡水库各地的水位为：

三斗坪三峡大坝坝址：175m；

秭归老县城：175m；距三峡大坝坝址 37.6km，移民迁移线 177m；

巴东县城：175m；距三峡大坝坝址 72.5km，移民迁移线 177m；

巫山县城：175.1m；距三峡大坝坝址 124.3km，移民迁移线 177m；

奉节县城：175.1m；距三峡大坝坝址 162.2km，移民迁移线 177m；

云阳老县城：175.1m；距三峡大坝坝址 223.7km，移民迁移线 177m；

万州：175.1m；距三峡大坝坝址 281.3km，移民迁移线 177m；

忠县：175.1m；距三峡大坝坝址 370.3km，移民迁移线 177m；

丰都县城：175.1m；距三峡天坝坝址 429km，移民迁移线 177m；

涪陵：175.3m；距三峡大坝坝址 483km，移民迁移线 177m；

涪陵李渡镇：175.4m；距三峡大坝坝址 493.9km，移民迁移线 177m。

按照这个数据，三峡水库的蓄水面基本是个平面，从三斗坪三峡大坝坝址到涪陵李渡镇的 493.9km 的距离内，只有 0.4m 的水位差。移民迁移海拔 177m 调查线，俗称"移民红线"，库区淹没移民数以此为基准。移民红线从距坝址 514.4km 的涪陵石沱开始上调至 177.2m，最末端距坝址 579.6km 的弹子坝为 186m。

但是，三峡建设总公司有关人士向新闻界发布和重庆市移民局给我提供的二期工程 135m 蓄水各地的水位分别是：

三斗坪三峡大坝坝址：135m；

秭归老县城：136.1m，水位上升 1.1m；

巴东县城：137.7m，水位上升 2.7m；

巫山县城：143.2m，水位上升 8.2m；

奉节县城：146.7m，水位上升 11.7m；

云阳老县城：148.4m，水位上升 13.4m；

万州：150.1m，水位上升 15.1m；

忠县：154.8m，水位上升 19.8m；

丰都县城：157.8m，水位上升 22.8m；

涪陵：166.1m，水位上升 31.1m；

末端涪陵李渡镇：169.7m，水位上升 34.7m。

按照这个数据，三峡水库水面整体为曲面：蓄水海拔 135m 时，从三斗坪到涪陵李渡镇的水位差达到了 34.7m。如果按照这样的平均水力坡度和水位落差，当蓄水达到正常蓄水位海拔 175m 时，有人计算，每 100km 水位上升 7m，库尾的水位就要达到 221.2m。177m 移民迁移调查线不是被淹没了吗？如果移民红线被淹没，原来核定的 113 万移民数以及工厂、城市淹没，这样后靠的规划会不会有问题？三峡海拔 175m 蓄水，大坝上游水位到底是多少，是怎么算出来的？如果大坝上游水位大幅度抬升，移民红线是否要做相应调整？

潘家铮：三峡水库蓄水到 175m 时，除 175m 高程以下为淹没区外，库尾还有一条回水曲线，稍稍高于 175m，最后和上游天然水位相接。这条回水曲线根据不同洪水流量还有些变化，移民是按照某一洪水的回水曲线为准迁移的，这条回水曲线以及其下的应迁移民都经过认真计算、复核确定，至今没有什么变化。

现在蓄水仅到 135m，离坝近一点的地方，水位上升得多一些，距离愈远，影响愈小，甚至没有影响。例如末端涪陵李渡镇水位 169.7m，这是李渡镇的天然水位，三峡蓄不蓄水都是这个水位，怎么能称之为"水位上升 34.7m"，仿佛由于三峡大坝蓄水到 135m，就使李渡镇的水位上升了 34.7m，这是完全错误的概念，还按照这样的"平均水力坡度"和"水位落差"，"有人计算出蓄水达至 175m 时，库尾水位要达到 221.2m 的高程"，这种说法，就不值一驳了，这个计算的人一定是不懂水利工程的人。

真正影响库尾水位的因素，还是在冲淤平衡后，由于库尾淤积引起水位上升，这问题在论证时已反复研究过了。

记者：三峡泥沙淤积问题一直是公众关注的一个大问题。由于长江上游环境破坏严重，虽然 1998 年大洪水后，上游各省退耕还林有所改善，但是长江即使在枯水季节也经常是"黄河"。您告诉我："三峡库容 393 亿 m³，每年进入库区的泥沙 5.3 亿 t，卵石 500 万 t，99% 以上是悬移质泥沙。三峡是个河道性水库，河道很窄，可以'蓄清排浑'。开始的时候，肯定泥沙入库多，出库少，80～100 年后将会冲淤平衡，有效库容至少 90%。从这个角度看，三峡水库是长存的。"

与此相反的观点是：每年 5 亿至 6 亿 t 的泥沙，不到 100 年，将会淤掉 210 亿的防洪库容；更有甚者，10 年前，我采访黄万里先生，他以多年的研究断言，三峡淤积的危害不是泥沙，而是砾卵石。他说，长江上游影响河床演变关键的造床质是砾卵石，修坝后，原来年年排出夔门的砾卵石将排不出去，可能 10 年内就堵塞重庆港，并向上游逐年延伸，汛期淹没江津、合川一带。黄万里先生 1953 年任清华大学水利系教授，2001 年 8 月以 90 高龄去世。他在 1957 年说，对于"造床质为泥沙"的黄河万不可在三门峡筑坝，不到两年，所有他预警的灾难——潼关淤积、西安水患、移民灾难等全部兑现。而且贻患至今。

我的问题是，以上两种观点涉及了三峡水库运行后一系列重大问题，而且在社会上影响很大，从纯科学的角度看，反对派关于泥沙不到 100 年会淤满三峡水库的论断有道理吗？黄万里先生的预警是否杞人忧天？

潘家铮：长江每年三峡的泥沙，平均为 5.3 亿 t，绝大多数是悬移质，推移质（砾卵石）仅数百万吨，这是经过几十年的实测资料得到的结论，由此通过大量的分析、试验、验证，得出"三峡水库采取蓄清排浑的调试方式，绝大部分有效库容可以长期保存"的结论，这都是建立在科学基础上的，是泥沙专家组一致同意的结论。

我不知道"三峡淤积的危害不是泥沙而是砾卵石""10 年就堵塞重庆港""汛期淹没江津、合川一带"这些结论有什么观测资料、计算或试验成果为依据，在哪一篇负责的论文中发表过？如果有，希望能拿出来共同研讨。如果没有，只是个别的猜想、顾虑、见解等，我们很难进行有意义的对话。

黄万里先生早年反对三门峡建坝方案，他的正确意见未得到重视，后来还在政治上受到迫害，值得人们尊敬。但这并不意味着他说的就必然是真理。三门峡和三峡的情况完全不同，而且在三门峡工程以后，时间已过去近 40 年，泥沙科学和工程技术有了巨大的进展。黄先生是位水文专家，并不是河流动力学和泥沙运动规律研究方面的专家。在泥沙问题上，我认为我们更应尊重真正的泥沙科学的权威和专家的意见。他们正是在总结了三门峡的教训后，辛勤工作，不断开拓创新，使我们的泥沙科学取得了巨大发展，处于国际领先位置，而且成功地解决了一系列实际工程问题，包括三峡工程建设。对此仍有疑虑的同志最好到有关部门查阅一下"汗牛充栋"的计算、试验、研究成果，再提出问题为好。

记者：三峡建坝第一理由也是第一目标是防洪。保证长江中下游地区遭遇百年一遇洪水时无虞。关于三峡防洪的实际效能至今争论不休，暂且不去管它。据悉，清华大学对三峡工程的防洪库容做过一个调查报告，其结论是三峡防洪库容不到 200 亿 m^3，因此有一位著名的水利专家向上级建议，将防洪限制水位由海拔 145m 降到海拔 135m，而且要封锁防洪库容计算错误的消息。您了解这个情况吗？世人皆知，由您担任技术总负责人的三峡工程论证和人大通过的三峡初步设计，防洪库容都是 210 亿 m^3，您今天是否能继续确认这个防洪库容？依据是什么？

潘家铮：三峡工程的库容是根据实测地图计算而得的。其防洪静库容（即假定水面是平的）为 221.5 亿 m^3。暂照惯例，调洪计算是按静库容计算。这些并无变化。

实际上，调洪时水面不是平面，在库尾区是一条曲线，防洪库容应按曲线计算（即所谓动库容）。理论上讲，应按动库容做调洪计算，但动库容不容易搞准。两者调洪结果可能会有些差别，但至少在水库运用初期的几十年内不会有大的影响。对于三峡工程，做更精确的计算是有益的。

据我所知，清华大学有人对防洪调度方案提出建议，并不是简单地将防洪限制水位从 145m 降到 135m，而是在某些年份，暂时性地将防洪限制水位降低 10m，然后迅速回升。这种做法很有新意，但牵涉到一系列问题（例如通航），所以只是一个供研讨的方案。

长江防洪形势正在发生巨大变化：三峡水库将要建成，下游河道将不断被刷深，洪水位随之下降，两岸堤防已得到加高加固，平垸行洪、退田还湖正在进行，洞庭湖的淤积趋势将得到遏制，逐步恢复青春，特别是金沙江下游的梯级开发已经启动，将有更多的巨大水库出现。对防洪问题，要与时俱进，全面考虑，综合研究，制定出最优方案。在这个过程中，也会面临一些新的问题，但形势肯定愈来愈有利，机遇永远大于挑战，人们不应再纠缠于过去的某些争论，而应该放开眼界，认清形势，团结协作，为完妥地解除长江洪水这个心腹之患做出自己的贡献。

在长江三峡二期工程左岸首批机组启动验收会议闭幕时的发言

继三峡二期工程蓄水（135m 水位）和船闸试通航验收后，今天又通过了左岸电站首批机组启动验收。这样，三峡二期工程全部和提前完成了国家要求的在今年实现蓄水、试通航和首批机组发电三大任务，取得了近乎完美的成果。在全国用电形势紧张之际，强大、廉价、清洁的三峡电流，源源输向各地，起了及时雨的作用。此时此刻，我的心情和全体同志一样，充满了喜悦、激动、幸福和自豪之感。我们要感谢全体三峡人、各参建单位和同志们，是你们用心血和汗水，为三峡二期工程画上了一个完美的句号。

这次验收启动的 2 号、5 号机组，单机容量 70 万 kW，不仅是世界上最大的水轮机组，而且运行条件的复杂苛刻更是少有的。能否安全、稳定运行，牵动着全国人民的心。在安装调试完成后，经过一个月的启动试运行，解决了所有问题，顺利并网发电。验收组机电专业组的两位组长，参与了启动调试全过程，专业组其他专家也提前半个月来到工地进行详细调查了解，为编写《技术预验收意见书》和准备《验收鉴定书》做了细致的工作。所以，最后专家组一致同意通过技术预验收意见书，《验收鉴定书》经全体验收委员审议、修改通过。整个过程是符合科学原则的，是有技术根据的。通过验收，说明所有有关设备的设计、制造、安装质量符合合同规定和设计要求；说明所有有关的分用系统全部合格，满足要求；说明运行准备周全，交接顺利。这是一个了不起的成就，怎么样评价这个成就都不为过。三峡人为实施这座为中华民族扬眉吐气的跨世纪工程做出了永垂史册的贡献。

当然，话也不能说得过满。三峡工程是世界上最大的水利水电枢纽，是个巨大复杂的系统。就发电讲，目前还只是两台机组在 135m 水位下运行了几天，真可以说是万里长征第一步。在启动试运行和验收过程中，还处理了不少问题，有些设备缺陷虽然不影响当前运行，但依然还要在今后改进、更替。土建、安装和运行还在平行交错作业。只要有一个同志掉以轻心，只要放过了一个很小的问题，就会出现想象不到的后果。例如在 2 号机 72h 运行后停机检查，发现发电机制动环板有个别紧固螺钉有松动现象。如果真有一个螺钉脱落，不知会造成什么后果。我们要保持荣誉，做常胜将军，办法只有一个，就是人人永远保持严格细致、认真负责的优良作风，永不自满和松懈。这对安装和运行尤其重要。

据说，在其他工程上，往往出现这种情况，第一台机组的安装质量很好，以后就差了。在三峡工地上，首批机组安装质量是十分优良的，那么后续的机组安装质量又如何呢？我听到有关专家的评议，后续机组安装的质量更加好了，可以说达到令人惊

本文是作者 2003 年 7 月 18 日在长江三峡二期工程左岸首批机组启动验收会议闭幕时的讲话。

叹的程度。我听了后十分喜悦。高兴的不仅是机组安装质量有保证，更重要的是改变了一种"常规"：不是愈做愈马虎，而是愈做愈认真，愈做愈优秀。我相信今后24台机组的安装质量会一台胜似一台，达到让洋人惊叹诚服的水平。

再以运行为例，三峡电厂是最现代化的电厂，定员甚至比一座中型水电厂都少。他们需要依靠精湛的技术、严谨的作风和完善的规章制度把这座现代化的一流大水电厂管好，而且要越来越好。一条秘诀：就是永远提高警惕，把安全、质量放在第一位。要注意并不放过任何一个小的事故苗子，做好应付任何重大事故的准备。在今后运行中，不断消缺、改进。枢纽工程验收组最近增加了国家安全生产监督管理局领导为委员，他们很负责，提前带了专家来工地调查，提了很好的意见，我们也吸收放在验收鉴定书中，作为一条建议。盼望能得到重视。我深信也预祝三峡电厂永远成为一个消灭事故的全国标兵。

随着三峡工程的逐步完建和综合效益的逐步体现，防洪、通航、发电……，各部门间的关系将愈来愈密切。我们要严格按章办事，服从大局，要在各部门、各方之间建立起融洽和谐的关系，成为一个坚强团结的集体，要使自私、扯皮、推诿、拖延这类不良作风在三峡枢纽中无立足之地。我一直希望三峡工程不仅成为物质文明建设的样板，也应成为我国社会主义精神文明建设的样板，成为以具体行动贯彻三个代表重要思想的样板。现在，已有了个好的开始，望不断努力，更上台阶。希望媒体在宣传三峡枢纽工程建设上取得成就的同时，也能报道在精神文明建设上的巨大成就。

最后想讲几句关于正确对待不同意见的问题。由于三峡二期工程取得的成就，现在又出现议论三峡工程的热潮。除了许多正面的报道外，也有一些提建议、持异议、挑毛病的文章或评论。需要认真分析这种"报忧"的意见。有一类是学者们写的，对三峡工程的基本资料、规划原则和调度运行方式作了分析，提出疑问和意见。对这一类意见，我们热诚欢迎，并要认真研究，有的要沟通，有的要做些补充工作。只要建议中有可取之处，有利于工程的长期安全运行，都应虚心考虑。更多的是一些不明情况的人，对三峡工程的安全、效益、造价提出质疑，特别是对泥沙淤积、移民安置、地震滑坡和生态环境影响这些问题有顾虑和担心。对此要利用合适机会与手段进行解释，哪怕他们用词尖锐一些也不计较。其中一些提法也可供我们警惕（例如，担心蓄水后污染加剧）。我相信即使是过去反对兴建三峡工程的人，到了今天，也是希望工程能尽量做好，发挥最大效益，避免出现副作用，在大方向上，与我们并无区别。

当然，也有极少数文章，特别是境外、因特网上有些文章不是"报忧""与人为善"的，而完全是夸大、歪曲甚至造谣污蔑。写这些东西的人有一种阴暗的心理，他们对中国建设三峡工程、取得节节胜利、发挥巨大效益感到特别的不舒服和仇恨。他们恨不得大坝溃决、工程垮台，至少是水库淤积、移民造反、航道断航、机组爆炸，或者能发大地震、大滑坡才称心如意。他们由于对科技、水利、工程可怜的无知，只能靠歪曲和造谣过日子。对于这类极少数的攻击性文章，我们一不要气愤——生气影响健康，二不要理睬，最好的办法就是做好我们的工作。你骂你的街，我蓄我的水，你造你的谣，我通我的航，我发我的电。而且工作越做越好，工程效益越来越大，让他们更加难受、愤怒和仇恨，这不是最好的回答吗。

三峡工程从根本上改变了川江航运面貌

编者按 三峡双线五级船闸经过十年建设和试运行检验，2004 年 7 月 8 日，通过了国务院长江三峡二期工程船闸验收委员会的正式验收，三峡船闸具备在 135～139m 水位下正式通航的条件。在试运行的时间里，通过三峡船闸的货物多达 3000 多万吨，超过了葛洲坝工程建成以来年通过葛洲坝船闸 1800 万 t 的最高水平，显示了三峡船闸的吞吐能力和船闸设计、施工水平。

由于三峡水库蓄水后，航运条件得到改善，运输量特别是货运量大增，川江航道成为长江最繁忙的水运线，首次进入国内最发达的水运航运线行列。三峡船闸的运行压力很大。许多人关心船闸的设计规模是否合理，船闸能否适应川江航运未来发展，如何确保船闸安全，对此，本刊编辑部请三峡二期工程船闸验收委员会副主任、验收专家组组长、两院院士潘家铮对上述问题进行了解答。

三峡船闸的设计、施工都达到了世界领先水平

三峡双线五级船闸是当前世界上级数最多、总水头和级间输水水头最高的内河船闸。运行总水头高达 113m，设计年单向通航能力 5000 万 t。主体部位从高山中深挖出来，是一座难度极大的挑战性工程，任何人若不亲眼目睹，都难以想象世界上有这样一座人造通航工程。两千年前中国人修建了灵渠船闸，两千年后中国人又修建了三峡船闸，一先一后，交相辉映！

对于这样一座巨大的船闸工程，无论规划、设计、施工、设备制造安装、调试、组织运行……都面临着数不完的困难和挑战，我们依靠科学、依靠试验研究、依靠严密的监理、组织和协调，经过无数次的检查、鉴定和验收，又通过一年试通航考验，今天可以下结论了。结论是什么呢？是工程已全部完成；所有建筑物，不论是地面建筑，还是地下输水系统性态正常，运行良好；高边坡整体稳定；如此大量的金属结构与机电设备运行正常；如此复杂的集中监控系统性能稳定，上下游航道和口门区水流条件和泥沙情况都能满足通航要求，航道畅通；监测项目齐全，数据可靠，工作正常，满足安全监测需要；消防系统已通过专项验收；通航能力稳步提高，年货运量已超历史最高水平达 3000 万 t/a。事实证明，船闸的设计是正确的，施工、制造、安装的质量是优秀的，管理运行是科学高效的。这么复杂的最大的船闸是一次建成、一次投产成功的，没有出现什么大的问题，这实在是一个奇迹，它充分说明了中国人民的智慧、毅力和才能。

实践是检验真理的唯一标准。经过 10 年奋战。船闸已正式通航了。我们无比兴奋

地看到，随着深水航道的形成，随着西部大开发战略的实施，带来库区腹地社会经济的腾飞发展。通过三峡的客货运量迅猛增长，现在已远远超过历史水平，达到 3000 万 t/a，今后必将继续高速发展。试通航一年来，除因流量超限停航一天外，安全通航了 365 天。由于机电设备故障影响通航仅 3 次，累计影响时间是 2.9h。上游引航道在较长时间内不会明显淤积。下游引航道在汛期会有些淤积，汛后通过维护性疏浚完全能保障航道畅通。上下游流速流态能满足航行要求。这一切和当初的设计、科研、试验结论相符。

通过一年来的运行，我们可以看出，甚至可以下个结论：船闸的设计、施工都达到了世界领先水平。船闸的设计是正确的，船闸的施工、设备的制造安装、船闸的运行都是世界上最高的水平。三峡船闸是一次建成、一次投产，从试运行到现在，没有发生什么大的故障。可以说，这是一个奇迹。我应该给予三峡船闸的设计、施工以最高的评价。

三峡船闸在高边坡开挖、金属结构制造安装、监控系统开发设计等方面取得了突破性进展

前面已说过，三峡船闸是世界上最大的内河船闸。建设这个船闸，有很多特殊的情况。船闸的主体段是从高山里面开挖出来的，最大的高边坡达到 170m，船闸的金属设备如人字门是世界上最大的闸门，反弧形阀门的水头是世界上最高的，船闸需要采用自动化集中控制，而船闸运行工况又极为复杂，我们修建船闸遇到了各方面的困难和挑战。一年来的试运行证明，我们在每一方面都取得了胜利，战胜了困难，达到了要求。

比如高边坡稳定问题。船闸的主体段是从高山里面开挖出来的，最大的高边坡达到 170m，而且有许多断层、不稳定的岩块。论证过程中，很多人认为高边坡非常危险，将来会严重影响船闸的运行。我们通过详细的设计，反复的试验，采用了锚索、锚杆锚固措施，边坡完全稳定了，很好地解决了船闸的高边坡问题。很多人曾担心，船闸在山里面开挖那么深，山体中的地下水位会把船闸的结构挤垮。我们设计了一套完整的排水系统，施工也做得非常好，现在水库已蓄水一年了，山坡里面的地下水位很低，很稳定，船闸衬砌墙承受的水压力非常小，远远低于设计允许值。我们的船闸结构是稳定安全的。

我们的船闸有 48 扇人字闸门、48 扇反弧阀门，这些闸阀门每天要开启几十次。有人认为，这么多的闸门，这么多的阀门，只要中间一个门出问题，船闸就要停航。经过一年的试运行，已经证明，这个问题我们已很好地解决了。试运行一共运行了 366 天，只因流量超限停航了一天，这不是我们的问题。那么多的门，那么大的门，那么复杂的监控系统，运行了 365 天，全部顺利通航，这怎么不是一个奇迹？

船闸那么多的门，那么多的阀，不可能用人工去操作，那样效率太低，全部要通过监控系统实现自动化的控制。监控系统经过长时期的运行，没有什么问题，我们的

监控系统是稳定的，高质量的，可以说是一流的，这也是一个了不起的成就。我们验收组了解到，船闸机电设备运行状况非常好。机电设备运行了一年，只出了3次故障，而且3次故障的时间加起来还不到3h。船闸设备故障率相当的低，可以说基本上没有影响通航。而且，随着我们经验的积累，我相信这些设备的故障率今后还可以再降低。这些都是非常了不起的贡献。

总之，船闸在高边坡开挖及浇筑、金属结构制造安装、监控系统开发设计等每一个部分、每一个领域都取得了完全的胜利，都取得了突破性的进展。

三峡工程带动和促进了川江航运的发展，解决三峡船闸过船压力持续增长应采取多项措施。我对川江航运发展前景充满信心

三峡工程三大效益，通航是其中之一，过去，我们常把这一效益反映在水深了、船快了、成本降了、货运量提高了上面，现在看来三峡工程对航运的效益主要是：为全面发展、改造川江航运，走大船、船队、集约化运输创造了条件，推进了改革，因而从根本上改变川江航运面貌，走上新的历史时代，这才是最大的效益。

现在船闸的过闸压力的确很大，很多人可能误解，甚至于大做文章，说，三峡船闸刚修建起来只运行一年，怎么就满足不了船舶过闸的需要了呢？原来的设计，是单向年通航能力5000万t，现在远远没有达到这个数字，为什么就有船过不了了呢？可能很多人会有这样的疑问。

我们需要说明的是，船闸的通航能力，设计时候当然有规划有考虑，但船闸究竟能通过多大货运量，并不完全取决于船闸。更主要的是取决于过闸的船是什么样的船，是大船还是小船，船的载荷量有多少，是单船过闸还是船队过闸。这是决定船闸能通过能力一个极大的因素。船舶过闸需要多少时间，这是船闸的问题，但这个因素还是次要的。我们的船闸设计是在20年前，那时尚是改革开放的初期。那时候，无论考虑得多么周到，也难以准确地预计到20多年之后的中国是个什么情况。

我现在愈来愈感到"与时俱进"这四个字太重要了。对任何事，我们必须永远"与时俱进"，千万不要"故步自封"，甚至"抱残守缺"。三峡船闸的规划设计是在20年前做的，当时无论考虑得如何周详，都无法预测到20年后中国的发展形势，没有想到"西部大开发"，没有想到深水航道形成后会如此迅猛地带动库区和腹地的经济发展，没有想到机动船和滚装船会如此大量涌现，没有想到温饱都有问题的人民会大兴旅游之风……正像那时电力部门会想到中国一年要猛增4000万kW的发电能力还不够用吗？

规划设计时是怎么考虑的呢？当时在川江上航行的船舶多是国营公司控制的船舶，长航公司那时所拥有的船队、所通过的货运量就占到80%以上，地方上的船只占到20%，民营私有的船那时几乎没有。规划设计时据此认为，将来川江航运大发展的时候也仍将是以国营船队为主，大宗的货物也仍将是很大的船队来运输，是3000t级的船成队下来，我们称为万吨级船队。按照这样的情况，我们确认，船闸每年是可以通过5000万t的货运量的。

现在的情况是怎样的呢？长航所负担的货运量只有 5%了，绝大部分的船都是地方上的船，民营私人的船，都是一些比较小的机动船；另外，现在还出现了一种新型的船——滚装船。滚装船上装的是汽车，汽车装的是货。汽车不从公路上面跑，它要坐船。这种情况，当时没人能估计得到。

还有一个情况也是我们当时想象不到的。现在每年有 3 个长假，长假时很多人要坐船出去旅游。过去我们连饭都吃不饱，现在居然有了旅游的高潮。这些情况谁能估计得到？由于有了这些情况，确实出现了船舶过闸比较紧张的情况。

尽管如此，我们去年一年的试通航，已经通过了 3000 万 t 的货物，已远远超过葛洲坝建成以来川江上最大的货运量。今后，我想，川江上的货运、客运还会迅速地增长。三峡大坝的修建使川江形成了深水航道，西部大开发战略实施后，我们库区腹地的社会经济高速发展，因此，川江航运还会持续增长。在这样的情况下，船闸能不能满足需求呢？高瞻远瞩地看，我仍然是乐观的，三峡工程能够满足今后航运发展的要求。

这是什么道理呢？因为我们还要做很多工作，现在的水平还有很大的程度可以提高。比如说：

一、我们通航建筑物除了船闸外，还有个升船机。升船机是一定要建的。我认为升船机要抓紧建。在 2009 年三峡工程竣工时就应该投产。建成以后，所有的客轮完全可以通过升船机快速过坝。另外，一些特殊的船舶，如装危险品的船也不再过船闸了，也从升船机上走。因此，船闸的压力就会大大地减轻。

二、船闸现在是 135m 水位运行，是低水位运行。本来是五级船闸，现在却按四级运行。我认为，三峡工程的水位应尽快上升到设计水位，首先升到 156m，以后升到 175m，使船闸按照设计的五级运行。到那时，现在使船舶通过第一闸首、第二闸首较困难和缓慢的瓶颈（预留的提高人字门底坎高程的混凝土墩）就不存在了，下行的船就可以较快进闸。

三、将来除了船闸、升船机外，翻坝转运还要保留而且应该发展。有人说，已经有了船闸，已经有了升船机，为什么还要翻坝？我认为，翻坝是必须有的。首先，滚装船不应该过闸，汽车本可以自己跑的，它只是为了经济坐上了船，从原则上讲，它不应过闸，你知道船上装的什么东西？现在时常有恐怖事件。滚装船就应该翻坝转运。另外，船闸冲沙、检修或因其他原因需要单线运行的时候、流量超过航运流量标准的时候、夏季旅客特别拥挤的时候，都应该开展翻坝转运，作为船闸和升船机的必要补充措施，以缓解船闸压力。

四、这是更为重要的一点。川江上的船的船型需要改进，川江的船，特别是货船必须走大型化、定型化、结队运输的集约运输方式。现在下来的船有的只装几百吨，你也要让它过闸，这效率多低呀！所以，需要大型化、定型化，大量的货运必须是用船队来运输，这样，货运量就会成倍成倍地增长，船闸就可以满足更大的货运量的需求。

当然，这件事做起来是很困难的，需要很长的时间，不能指望三年五年就能完成。这是一件很细致、很复杂的工作，但是，这是一个方向。我们必须向这个方向走。这就像我们现在电很紧张，有人就用小柴油机来发电，你无法去限制他，但这个方向是不对的。浪费能源、污染环境、效率又低。建设大的水电厂才是方向。我们川江的航运要有真正的大发展，由原来的 2000 万 t 增加到 5000 万 t 甚至更多，那么，船就需要改造，不论你花多长的时间，有多大的困难，都必须要走这条路。我相信，最后一定会走上这条路的。我们可以注意到，外国有很多不大的河流，其货运量也能达到几千万吨，我们的长江多大呀！这是什么道理呀？没有别的，就是因为他的船都是大船，都是定型，都是满载，是整个船队过闸。

我打个比方，本来，两个地方之间，没有大路可以走，人们从此到彼只能够穿山越岭，走羊肠小道。从这里走到那里很辛苦。现在开条很宽的路，开条康庄大道，甚至于开条高速公路。路开好了，什么人都来走了，什么车都上来了，拖拉机也来了，三轮车也来了，大车小车都来了，一下又使这条路很拥挤了，走不动了。你能够怪这条路不好吗？我们不能这样来指责吧。三峡工程的修建，船闸的完工，水库深水航道的形成，大大带动和促进了川江航运事业的发展。船多了，货运量上来了，这是三峡工程最大的效益之一。我们怎么能够因为船舶过闸需要等待一下就指责三峡，好像你设计得不对，妨碍了通航呢？我认为这是不公平的。当然，我们本身也有许多地方需要提高，要提高组织、协调、管理水平等，要积累经验，不断熟练。

所以我呼吁有关部门：交通部、航运部门、地方计经委和总公司、设计院能协调组织，认真研究一下川江航运的长远规划和发展远景，到底有多少货，什么品种，如何增长，如何逐步统一、改造、加大船型，如何实现编队运输。要有统一规划，逐步实施。工作是复杂困难的，牵涉面也极广，也莫想短期奏效，但不做不行，如果任凭现在这样各自为政，百舸争流，都要挤进船闸，川江航运永远达不到 5000 万 t/a，永远成不了黄金水道。这不是船闸建错了，是我们的工作失职了。

船闸通航以后，要更加重视安全问题

这个问题非常重要，切中要害。这次验收委员会在船闸鉴定意见书里面提了四条建议，其第四条建议就完全集中在安全方面。船闸通航以后，要更加重视安全问题。

安全问题是各方面的问题。比如，人字门是船闸重要的设备，吨位和动能很大的船开进闸室以后，如果控制不住，撞了人字门，问题就大了。现在虽有防撞警戒装置，有报警的措施，但还要进一步研究，使之更加安全可靠。

还有一安全问题，是消防。当然，三峡船闸消防系统已经通过专项验收，已同意投入生产使用。但我们觉得，还应做些过细的工作。比如说，船开进闸室了，如果这个时候，哪一条船突然起火，虽有消防的设施，可以喷水呀，喷雾，能够把火灭掉，但船里面的人，需要逃生。现在船闸里面只有个爬梯，要考虑有更多的救生的设备、救生的措施。船闸通航，安全是第一位的。这是验收委员和验收专家的一致意见，验收委员会主任汪恕诚部长认为验收的四条建议中最最重要就是这条，确保万无一失。当然，我讲的这些情况是非常难得碰到，发生的概率极低极低，但我们在考虑问题时一定要把极端情况都想到。我相信。通过大家的努力，这方面的工作一定会做得越来越好。

试通航期只有一年，还没有经过大水大沙年的考验。这么大的工程总不免存在这样那样的局部缺陷与问题。我们的调度管理水平也还可以提高。但是通过这次验收检查，我们可以确信，所有这些问题、缺陷都不会影响通航安全，都已经得到处理或可在今后处理，而且随着经验的积累、技术的提高、对设备的熟悉和改进，故障率一定还会下降，管理水平和过闸能力一定还会提高。只要我们永不自满，精益求精，三峡通航前景是十分光明的。

在长江三峡大坝全线到顶庆功会上的发言

今天，三峡工程迎来了一个有历史意义的喜庆日子。随着最后一仓混凝土的浇筑，三峡工程的大坝全线到顶。在通过国家验收后，我们将爆破三期围堰，由大坝全线挡水，这意味着三峡工程建设又达到一个新的里程碑：今后三峡工程将转入正式运行阶段，她将进一步全面发挥效益，造福人民。

三年前，在二期工程完工，转入三期施工时，三峡工程就开始发挥通航和发电效益，为国家、人民做出了巨大贡献。但那时右岸大坝尚未兴建，河床和左岸大坝尚未到顶，是依靠三期围堰挡水，临时发挥效益。所以水位较低，电厂出力受阻，航道改善有限，特别是还不具备防洪库容，难以调蓄洪水。经过三年的奋战，现在整座大坝已经巍然耸立在长江之上，毛主席"更立西江石壁，截断巫山云雨，高峡出平湖"的伟大预言最终得到了实现。从此，三峡工程拥有了一个 393 亿 m^3 容量的大水库，今年虽然尚在施工期内，汛期就可以开始发挥拦洪调洪作用。汛后水位将上升到 156m，进入正式的初期运行阶段。而且我深信，用不了多久，三峡的蓄水位即将上升到最终蓄水位 175m，深水航道和万吨级船队将直达重庆，26 台巨型机组将满负荷运行，特别是，长江中下游发生毁灭性洪灾的威胁将被永远解除，所有的设计效益都将得到实现。不仅如此，随着上游金沙江和支流上许多巨大水利水电枢纽的兴建，以及下游大堤和分洪区的建设，三峡工程的效益还将不断地提高和扩展，我们的前景一片光明。

作为三峡工程枢纽工程质量检查专家组的组长，我还要高兴地告诉大家，三峡大坝不仅是世界上最宏伟的一座混凝土重力坝，也是一座质量优良、安全可靠的大坝。有的同志也许会想到，三峡二期工程中大坝上不是出现过一些裂缝吗？是的，三峡工程的大坝是一座高 181m、体积达一千几百万立方米的混凝土重力坝，对这样的大体积混凝土结构要完全避免开裂几乎是不现实的要求，外国的坝工界就有一句名言"无坝不裂"嘛。二期工程大坝中就出现了一些表面和浅层裂缝。工地对这些裂缝给予高度重视，进行详细调查分析，对每条裂缝做了认真的补强和保护。修补工作的细致、周密和严格，在国际坝工中是少见的。经过如此严格的修补，对今后安全运行不会带来任何影响，更不会留下什么隐患。

进入三期工程施工后，国务院三峡建委任命我继任三峡枢纽工程质量检查专家组组长。我感到二期工程中大坝出现了裂缝，虽说经过修补并不影响安全运行，但终究是工程质量上的缺陷和人们心理上的遗憾，因此我对工地提出了一个似乎是不近情理的要求或问题："你们能不能争口气，三期工程右岸大坝能不能做到不出现一条裂缝？能做到这一点，三期大坝就是一座名副其实的一流工程。"这一次，三峡总公司和参建各方，包括设计、施工、监理、科研、管理，对不出现裂缝更加叫真，他们采取一切有

本文是作者 2006 年 5 月 20 日在长江三峡大坝全线到顶庆功会上的发言。

效措施，从原材料的生产、采购，配合比的设计、优化，混凝土的拌和、运输，温度的控制、冷却，仓面的平仓、振捣，施工后的保湿、养护，直到长期的保护，对整个过程进行全面控制管理，一个环节、一个环节地落实到人，建立了前所未见的严格的质量保证体系，创造了许多先进的施工工艺和管理技术。质量意识深入人心，人们把刚浇好的混凝土当作自己刚诞生的孩子一样保护，把对混凝土的温度控制像查自己的体温一样重视。现在右岸大坝已经到顶，经过几次检查，四百几十万立方米的混凝土中硬是没有发现一条裂缝。不仅上游面没有，下游面、几千个浇筑仓面也没有；不仅结构性断裂没有，表面、浅层裂缝也没有；不仅宽的裂缝没有，细的、发丝般的裂缝也没有。今天，我们可以宣布，三峡三期工程中所施工的右岸大坝是一座没有裂缝的大坝，三峡建设者们谱写了坝工史上的记录，创造了建筑史上的奇迹。

其实，不仅是大坝质量，三峡工程各个领域的质量都是优良的。史无前例的双线五级船闸正式通航以来，除了有 4 天因流量超标按规定停航外，天天保证了安全通航。左岸 14 台机组，其安装速度之快和质量之好，世所少见，70 万 kW 的巨型机组运行时稳如泰山，把一枚硬币竖放在发电机层楼板上可以稳立不到。到今天止，电厂创造了连续安全运行 912 天的纪录。几十万个监测数据表明，三峡工程的所有建筑物、设备、地基和边坡都正常安全，一切都在控制之中。这几天，三期枢纽工程验收组专家组经过深入详尽的调查，认定各项工程质量满足设计要求，符合验收条件。当然，我们永远不能自满，而要戒骄戒躁、兢兢业业、从零开始、继续努力，直到取得三峡工程建设最终的和完美的胜利，但在今天，我们已经可以请中央领导和全国人民放心，请相信三峡工程是一座优质工程，安全工程，争气工程，她达到了"千年大计国运所系"的要求，她将千秋万代为人民造福！

同志们，今天我们在这里庆祝三峡大坝全面到顶的巨大成就，放眼看去，全国各个领域、各条战线上都在迅猛发展，捷报频传。有一位外国领导人说，中国的国花是起重机，因为在中国境内，从繁华城市到穷山荒谷，漫山遍野开遍了这种花。中国的和平崛起，中华民族的伟大复兴，已经是新世纪中一股不可抗拒的历史潮流。让我们紧紧团结在以胡锦涛同志为总书记的党中央周围，坚持科学发展观，坚决走可持续发展的道路，为把祖国建设成一个繁荣富强、文明美丽、团结和谐的社会主义社会而努力奋斗吧。

在长江三峡三期工程枢纽工程
蓄水（156m 水位）验收闭幕式上的发言

四个月以前，我们在这里举行长江三峡三期工程枢纽工程验收中的第一项验收工作，即上游基坑进水前的验收，拉开了三期验收的序幕。四个月来，工程进展顺利，6月上旬，碾压混凝土围堰成功爆破拆除，大坝全面挡水，后续工程有条不紊、保质保量、如期完成。现在我们又在这里举行三期枢纽工程验收中的第二次验收，也是意义重大的蓄水（156m 水位）验收。几天来，验收组成员在安全鉴定和技术预验收的基础上，经过现场考察、听取汇报、讨论鉴定，取得一致意见，通过了验收鉴定书，庄严而顺利地完成了验收手续。

应当说明，5月份进行的"上游基坑进水前验收"，为本次验收创造了很有利的条件，本次验收的内容也比较简单。但工程是一个整体，本次验收后库水位将上升 21m，所有建筑物和设备都将经受高水位的考验，本次验收实际上具有给工程整体下个全面鉴定的意义。所以，在验收文件中，根据以前各次验收结论，结合本次验收成果，研究遗留问题的处理情况以及长期来的运行监测资料，给三峡工程做了较全面的结论。这是三峡工程建设史上一份重要文献。我们高兴地看到，这次结论再次证实历次验收成果，全面肯定三峡工程迄今所取得的成就，认为从所有方面衡量，三峡枢纽工程都已具备蓄水到 156m 的条件。在报国务院核准后，三峡水库即将抬高水位至 156m，告别三年来的围堰挡水发电通航期，进入正式的初期运行阶段，三峡工程将进一步全面发挥防洪、发电、通航效益，特别是明年汛期三峡水库的巨大防洪效益将开始体现，这是三峡工程建设史上又一个重要的里程碑。三峡工程正以不可阻挡的步伐和速度，向取得最终胜利的目标前进。让我们再一次向三峡工程的全体建设者表示崇高的敬意和衷心的祝贺。

在今天的闭幕会上，我讲两点意见：

一、认识任务艰巨，做好后续工作

三峡工程工期长达 17 年。开工以来，三峡建设者们攻克了重重难关，解决了无数难题。时至今日，好像万米长跑到了最后冲刺阶段，这次验收，更像对全体建设者下达了进行冲刺的命令。

我衷心希望大家能清醒地意识到，最后阶段的任务依然十分艰巨和复杂。在汇报和验收中，可以看到今后需要做的工作千头万绪，牵涉面很广。每一项工作都重要，都要保证质量，如期完成。任何一个疏忽都会造成损失和遗憾。在大量工作中，我想指出四项请总公司和参建各方给予特别注意。当然，不免挂一漏万，只供参考。

本文是作者 2006 年 9 月 5 日在长江三峡三期工程枢纽工程蓄水（156m 水位）验收闭幕式上的发言。

（一）加强、抓紧全面监测工作

今年汛后库水位要上升 21m，在此期间，做好全面监测工作极为重要。所谓"全面"，指的是不仅要监测所有建筑物、金属结构及机电设备的运行情况，还要监测泥沙运动、地震台网、库岸稳定等等，"一个也不能少"。

汇报中提到：蓄水至 148m 时停息两天，集中监测，这当然需要。但监测工作实际上是连续进行的，有的项目本身就是在线连续自动监测，一些间歇性观测的项目要加密观测频次，以取得完整的和所有必需的资料。

监测项目繁多，尤其要注意一些重点项目和重要部位，如建筑物的变位、渗流、左厂 1 号～5 号坝段、右厂 17 号坝段、右厂 22 号～26 号坝段、纵缝张开情况、升船机上闸首，等等。

监测中要特别注意有无"突变"和"异常"情况出现，要利用信息化手段，及时将数据集中、整理、分析、反馈。总之，在蓄水期间和蓄水后要加强监测以取得必要的数据，是当务之急。

（二）稳妥实施船闸完建工程

船闸完建工程量不大，但工期很紧，施工难度大，有相当风险。必须按照选定的方案，落实每项措施，确保安全和质量，如期完建。完建期内还需抓紧检查闸室和输水系统运行情况，修补缺陷。

（三）迎接机组高水头运行发电

左岸机组虽已安全运行三年，但存在不少缺陷和隐患，不断在"消缺"和"完善"。最近还发生了 3 号机定子短路事故，值得警惕。在水头提高后，不少问题（如推力瓦温升、导流板撕裂、油泵故障、定子汇流环短路等等）可能更严重。电厂已对此做了详尽研究，制定了技术准备方案和各项事故应急预案。务求逐一落实，保证安全运行。

（四）加强协调、完善运行管理体制

抬高水位后，三峡枢纽将进一步全面发挥综合效益，许多方面面临新的问题和要求，需加强与有关部门协调，完善运行管理体制，有的还需抓紧报批，以做到按照规章制度办事，安全运行、生产。

尤其主要的有：三峡水库明年将发挥防洪效益，明年的度汛防洪原则和措施的确定、水库调度规程的报批和执行，蓄水实施方案和向下游供水措施，完建期内及完建后船闸运行管理，以及与翻坝转运的协调与管理，水工建筑物和金属结构的收尾与移交，等等，都需一一落实并得到切实执行。

二、对几个问题的结论

技术预验收和验收鉴定书中对有关问题都有明确意见。我对下列五个问题再作简单说明。

（一）三期碾压混凝土围堰爆破拆除

上游三期碾压混凝土围堰爆破拆除的设计和施工是成功的。严密的监测成果表明，爆破产生的震动和涌浪没有给水工结构、金属结构、地基和渗控工程、机组设备以及边坡稳定带来任何不利影响，爆破后形成的水下地形能满足右岸机组发电进水的需要。这一工程取得完全成功，画上句号。

（二）22 个导流底孔封堵

在 2005 年汛后已成功封堵 8 孔。封堵混凝土温控严格，目前温度已趋稳定，自生体积变形为微膨胀，顶部、侧面和老混凝土的结合缝开度微小，经缝面灌浆（包括封堵体的纵缝灌浆）后，开度不再有明显变化。封堵后，原上游面的裂缝没有受影响。说明设计正确，施工质量优良。尚余 14 个导流底孔将在今年汛后封堵，虽工期较紧，但已有妥善安排，施工方案都是已采用过的，不存在大的问题。

（三）右岸纵向围堰坝段

纵向围堰坝段高程 90m 以下部位系在一期工程中施工，存在局部缺陷。二期施工的部位，长间歇面、上游面和侧面出现过裂缝。上述缺陷都已得到处理，并分别经过 2002 年 4 月和 2003 年 5 月两次验收通过。以后施工的高程 160m 以上部位，质量良好。三期围堰破堰后，坝段已挡水运行，情况正常。可以认为右岸纵向围堰坝段满足设计要求，能够安全运行。

（四）大坝纵缝在灌浆后出现重新张开现象

大坝纵缝在灌浆后出现重新张开现象是存在的，河床及左岸坝段有，右岸大坝也有。监测资料和初步分析表明，其增开度与外界气温年变化有关，夏季大，冬季小。蓄水后变幅减小，冬季已闭合。纵缝张开对坝体应力和变位有一定影响，最重要的影响是减少坝踵压应力和产生拉应力。由于增开度微小，经静动应力分析，所产生的坝踵拉应力范围很小，不影响坝体安全运行，可不处理，继续进行监测分析。左右岸大坝一些未灌浆的细缝也是如此

三峡大坝施工中温度控制严格，纵缝灌浆质量良好，出现纵缝张开现象不是设计或施工质量问题，这和国内以往一些重力坝（如新安江、龚嘴等）的纵缝缺陷问题有本质上的区别（它们是由于纵缝灌浆时坝体未降到设计温度以及灌浆中管道堵塞等施工缺陷产生），而是设置纵缝施工的重力坝的一种客观现象，值得今后继续探索。

（五）升船机上闸首 U 形混凝土结构

升船机上闸首为 U 形混凝土结构，设置两条纵缝（C1、C2）和三条横缝（C3、C4、C5）将结构分成 4 段 12 块施工。这些缝面都有张开现象。C1、C2 设在航槽底板中，其开度在接缝灌浆和预应力锚索施工后已稳定，表明 U 型闸室已起整体作用。C3、C4、C5 将上闸首结构顺水流向分成 4 段，有实测开度变化记录，其值在 0～2.14mm 间。按偏安全假定分析，在最不利工况下，坝踵最大正拉应力 5.6MPa，顺流向受拉范围 4.5m，在帷幕线之前，可认为不影响安全运行，但拉应力及受拉区较大，应严密监测。

同志们：三峡工程受到从党中央到全国人民的关心和支持。全国人民为三峡工程的每一项成就和所发挥的效益欢欣鼓舞。但是总有极少数的人对三峡工程似乎怀有说不出的反感或无穷的忧虑，不遗余力地诋毁三峡工程。前些日子说江西的地震是三峡水库引起的，最近又说三峡大坝造成了四川、重庆的大旱。对于这些人，我们除了佩服他们的无知程度和臆想本领外，还能说什么呢？不知道以后是否还要把禽流感、台风登陆、印尼大海啸……都记在三峡工程的账上。今年长江流域特旱，如果 9 月份仍

然很枯，三峡蓄水要妥善进行。我们要以全局利益为重，根据水情科学调配，宁可牺牲自己利益，也要最大程度地满足下游需求。但总还会有不明事理的人骂三峡工程的。我们相信人民和媒体的辨别力，对这些噪音可以不予置理，我们要依靠自己坚持不懈的努力，进行最后的冲刺，誓把三峡工程建好、管好、用好，使三峡工程千秋万代为民造福，使三峡工程成为一座刻满胜利记录的丰碑！

在长江三峡三期工程枢纽工程
北线船闸一、二闸首完建单项工程
验收闭幕式上的讲话

长江三峡北线船闸一、二闸首完建单项工程已经顺利通过枢纽工程验收组的验收，宣告了这座世界上最宏伟、最复杂、最现代化的大船闸已完全建成，可以满足在156～175m 水位的安全运行要求，意味着她将为促进西部发展、沟通东西交流、构建和谐社会作出更大的贡献。船闸的完建消除了我对三峡土建工程的最后一块心病。此时此刻，我的心情无比欣慰和激动，我祝贺三峡总公司和所有参建单位及同志在伟大的三峡工程建设史上又写下光辉的一章。

会议要我在闭幕式上讲几句话。我在不久前的技术预验收会上已讲了一大堆空话，实在无话可说，一定要我讲，我就说一句话的感想"三峡工地是个出奇迹的地方"。船闸的完建无疑是一个奇迹，姑且不讲这一十分复杂、风险极大的工程，原来计划要一年才能建成，竟能在7个半月内以想象不到的高速度一口气完建，取得高速、优质、安全的满堂红成绩，而且在单线通航期内，经采取各种有力措施后，竟使过坝运量达到乃至超过双线通航时的水平，这不但使记者难以理解，对我来说也是难以置信，要知道，在研究船闸完建工程时，我抱着十分担忧的心情，除了担心在浇筑中底槛出现大裂缝，担心人字门在提升悬挂中出现事故，担心人字门回装后支枕垫块间隙大、调整不好……种种技术风险外，困扰我的另一大问题就是单线通航期的运量大减——当时我估计要减低一半还多，成为客货过坝的一大瓶颈，从而影响物资交流和经济发展，引起民怨沸腾，谣言四起，如果工期因故延长，问题就更严重，现实的客观事实说明我这是"杞人忧天"，因为我忘记了"三峡是奇迹之乡"这一事实。

按照初步设计，船闸的设计水平年是 2030 年，届时单向（下行）货运量将达5000 万 t/年，我现在提一个努力目标，能不能在有各方的协作和努力下，通过管理水平的进一步提高，船舶的改造和定型化，以及组织和挖掘更多货源，在不远的将来使过坝年运量达到和超过 1 亿 t。当然这包括上下行货运，包括翻坝转运和升船机。我认为这个目标是有希望实现的，让三峡枢纽的过坝运输成为内河过坝通航的世界冠军。

在欢庆成就，瞻望前景的同时，我们还必须保持清醒的头脑，验收鉴定书和专家发言中在肯定成绩的同时，也提出重要的建议，特别要设想在今后长期运行中可能

本文是作者 2007 年 5 月 15 日在长江三峡三期工程枢纽工程北线船闸一、二闸首完建单项工程验收闭幕式上的讲话。

遭遇的洪水和意外事故，我们必须设想一切可能，研究万全之计，采取一切措施，防患于未然，决不使三峡船闸出现任何意外，把荣誉保持到永久！

再一次祝贺三峡总公司和参建各方取得的成绩，我们期待着从三峡船闸不断传来新的捷报和佳音！

在长江三峡三期工程枢纽工程右岸电站
首批机组启动技术预验收会议
开幕式上的讲话

根据《长江三峡三期工程枢纽工程验收工作大纲》规定和 2007 年 3 月、9 月枢纽验收组办公室与三峡总公司验收办公室两次协商会议纪要精神，这次我们专家组要进行三峡右岸电站首批机组启动技术预验收，本月底再由枢纽验收组进行验收。按照枢纽工程验收组办公室的安排，参加本次技术预验收的专家是：机电、金属结构、坝工厂房三个专业组的全体专家和航建、施工两个专业组的正副组长和两位特邀专家，因部分专家请假，实际到会专家共 33 人。

三峡右岸电站共安装 12 台机组，编号为 15 号~26 号，分别由法国 ALSTOM、我国哈尔滨电机厂有限责任公司（以下简称哈电）、东方电机股份有限公司（DFEM）（以下简称东电）制造，每家 4 台。首批启动验收机组共三台，按投产顺序依次为 22号、26 号、18 号机组，也分别由这三家公司制造。这三台机组已全部完成充水调试和启动试运行，完成 72h 试运行的时间分别为：22 号机 6 月 8 日，26 号机 7 月 8 日，18号机 10 月 17 日。

为了掌握首批各台机组启动试运行的第一手资料，为验收奠定基础，枢纽验收专家组先后组织机电专家分别于 2007 年 5 月 21 日至 27 日，7 月 2 日至 6 日、10 月 8日至 12 日对 22 号、26 号、18 号机组启动试运行情况进行了现场调研；为了解 ALSTOM机组转轮叶片修型处理的效果，8 月 15 日至 17 日又增加了对 21 号机组（非本次验收机组）的调研。上述四次调研分别提出了调研报告，已印发各位专家。我们对上述专家们的辛勤努力表示感谢。

水利部陈雷部长已接替汪恕诚同志担任长江三峡三期工程枢纽工程验收组组长，他接任后一直十分关心三峡右岸电站首批机组启动验收工作，对专家调研工作也非常重视，仔细审阅了各次调研报告，并指示枢纽验收组办公室把调研中发现的问题系统地整理出来，以枢纽验收组的名义行文至三峡总公司，要求进行认真分析和整改，确保验收工作顺利进行。三峡总公司对此非常重视，专门召开会议，进行了认真研究和落实。

上面讲的是关于这次技术预验收的一些简单情况，下面我再讲一讲对本次技术预验收的几点要求：

（1）本次验收与历次验收一样，任务重，资料多，时间紧，我们既要以高度的责任心、一丝不苟、严格把关、实事求是地做好验收工作，又要讲究工作方法，抓住关

本文是作者 2007 年 11 月 4 日在长江三峡三期工程枢纽工程右岸电站首批机组启动技术预验收会议开幕式上的讲话。

键，突出重点。对可能影响机组安全运行的问题绝不放过，绝不给工程留下任何隐患。我们的验收工作一定要经得起实践的检验，经得起历史的检验。最后要提出一份负责任的、明确的预验收报告。

（2）要认识到本次技术预验收不仅是一项技术性很强的工作，而且具有深远的政治意义。我们知道三峡右岸电站首批启动验收的机组共3台，分别由3个厂家制造，这意义就非同寻常了。世界上资格最老、堪称一流的厂家ALSTOM与我国的两个相对年轻的厂家（哈电、东电），同时生产当今世界上最大的70万kW水轮发电机组，同时安装在当今世界上最大水利枢纽工程的发电厂——三峡电厂，同时通过机组启动验收，这表示什么意义啊？它以事实说明我们的工厂通过引进、消化、吸收和创新，已经具有了世界一流的技术水平和生产能力，已经能和世界上一流的生产厂家平起平坐，我们的机组中有些是国际上最先进的做法，具有自己知识产权的成果，这充分展示了我国水轮发电机组国产化的重大成就，充分展示了中国人民的志气和能力，也充分体现了三峡工程在促进国家科技进步上起了重大作用，这个基本事实和战绩必须充分肯定。

当然，三峡机组是世界上最大、运行条件最复杂的机组，即使国际一流厂家的产品也存在这样那样的缺陷，要通过安装、调试、消缺、改进才能安全稳定运行，何况我们首次自制，出现问题是可以理解的。问题是我们必须重视，必须清醒地看到自己的不足，看到我们与国际最高水平还有差距。三台机组同时验收，给我们提供了最现实的比较条件，有比较就有鉴别，有比较就能找出差距。我们一定要充分利用好这个契机，我们不能满足于合格，而要以第一流标准衡量，好中找差距，明确哪些超过左岸水平，哪些只达到左岸水平，实事求是下结论，请各位专家为国产机组诊脉，找出毛病所在，哪些是设计上的问题，哪些是工艺或材料上的问题，哪些是外购设备的问题，哪些是责任心问题、管理体系的问题，每个问题的影响和解决之道。对已安装投运的机组，凡是已通过安装调试改进解决的，画上句号。对尚未完全解决或原因未清的，挂上号，在以后解决，而且要在运行中特别重视、加强监测，或作出明确规定。更重要的是总结经验、吸取教训，在以后生产的机组中，绝不容许再次出现，使我们的国产机组尽快赶上和超过外国机组，使国产化结出更丰硕的成果。

（3）在本次验收前，由三峡总公司主持，于2007年1月23日完成了长江三峡三期工程枢纽工程下游基坑进水前验收，为本次验收做好了前期准备工作。在下游基坑进水前验收时尚有少量主、副厂房土建、金属结构工程项目未全部完成，安排于验收后逐步完成。根据陈雷部长批准的"长江三峡三期工程枢纽工程首批机组启动验收有关问题协商纪要"（2007年9月）："与首批机组启动验收关系较密切的、在下游基坑进水前验收时尚未完成的少量工程项目，可以在本次验收中一并作出结论。"国务院长江三峡三期工程验收委员会也对此进行了批复。因此在本次技术预验收中，我们还要对下游基坑进水前验收时尚未完成的少量工程项目进行检查，并作出结论。请各位专家在工作中多辛苦一点，给下游基坑进水前验收做一下扫尾的工作，使之有一个圆满的结果。

预祝本次技术预验收取得圆满成功！

在长江三峡水库优化调度问题
专题会议上的发言

三峡工程的论证和设计工作是在二十年前做的。现在大坝已建成，而 20 年来科技发展、条件变化、观念更新，情况有了很大改变。根据"与时俱进"和"创新求实"的精神，对有关问题，包括水库调度问题，做进一步研究和合理调整，是正确的、必要的、符合科学发展观的。今天的会议体现了这一点，专家们的汇报和讨论对我启发很大。

初步设计中拟定的水库特征水位调度运行方式，是符合当时情况的，时至今日，确实需要研究和调整，这里有以下因素：

（1）当时以满足防洪、通航和发电要求进行考虑，对生态环境方面的要求未予重视。

（2）二十年来，许多条件发生了变化，例如入库泥沙量锐减、上游水库群的建设，等等。

（3）当时按传统做法和规范规定，确定了一个固定的汛限水位，不够灵活，不能满足各方要求，也未能使工程发挥最大效益。

三峡工程兴建以来，林秉南先生等专家就从泥沙、通航角度出发，对调度方式提出过建议，如"双汛限调度方案"和"多汛限调度方案"。有关单位和专家做了长期研究探索，这次以周建军教授的发言为代表，提出优化调度方案，更为灵活有利，可更好地满足多方面要求。

汛期：汛期汛限水位动态控制，一般时期提高到 150m，根据预报灵活泄降至 145m 或更低，特殊情况降到 135m，使下游出现更多更大的人工洪水，库区也有更多的水位波动。

非汛期：加大日调峰力度，营造出"水库潮汐"。

汛后适当提前蓄水。

这样做，原则上讲，有利于生态环境，能大大增加发电量，是科学合理的，应促其实施。

但汛期抬高水位，问题复杂，牵涉和影响面很大，必须弄清各种不利影响，特别是对防洪和淤积的影响。我认为，以下各问题需进一步落实：

（1）是否影响防洪标准。我个人是相信研究成果的，不会影响，因为预报水平和手段有很大提高，枢纽有强大的泄洪能力，下游河道有相应的通过洪水能力，但要进一步落实，包括对城陵矶以下河段的影响。

（2）对泥沙淤积的影响。库水位抬高，库尾、库内总要多淤一点，但这是在汛期

本文是作者 2007 年 11 月 12 日在长江三峡水库优化调度问题专题会议上的发言。

内发生的，通过灵活调度，可以冲走，我对此也相信研究结论，但同样要进一步落实。由于实际入库泥沙量减少很多和上游水库群的兴建，我认为近期应无问题，主要研究后期有无影响。

（3）对地质灾害的影响，要进一步具体分析。水库下泄的幅度和速度可以控制一下。另外，只要不影响居民和通航安全，少量崩坍不应成为控制因素。

（4）优化调度对通航有很大好处，但也有些影响，要具体分析认定。对于水位下降到 135m 以下至断航问题，第一，这种机会极少，可以研究尽量避免；第二，断航时间很短，可以容许，也可考虑遇此情况给受影响船舶以适当补偿。

（5）对发电十分有利，能大量增加汛期发电量。非汛期如能增加调峰能力当然也有利，但这要和电网及航运部门研究，并不是可以任意提高的。

（6）优化调度对解决支流口水质污染问题也有帮助，但究竟有多大作用，有待验证。我认为，解决水质污染问题主要还是要源头控制和治理污水，水库调度只能起辅助作用。

（7）根据近年来入库水沙数量的变化趋势和上游水电站的兴建速度，三峡水库在汛后提前一些时间蓄水是必需的，合理的，也是可行的。在汛前降低到汛限水位的时间可否稍后延，也值得研究，都应根据当年实际水情和预报研究确定。

（8）需进一步研究优化调度对下游渔业的影响，并尽量适应渔业的要求。

建议继续开展更多更深的研究试验工作，而且建议在三建办关心下，由三峡总公司组织有关设计、科研单位有计划地分工进行，进一步弄清、落实所有问题，取得各有关部门的认可和支持。费用建议由三峡总公司承担。在此基础上，以长江设计院为主，综合研究成果，提出一份初步的建议性的优化调度方案，在通过各有关部门专家评审后，由三建办正式报请国务院三峡建委批准试行。这一优化牵涉到改变初步设计某些规定，因此必须由国家批准，履行法律程序。如果不能在近期内完成这一工作，则对于一些较明确的做法（如汛后提早蓄水），以及一些急需进行试验的工作（如在汛期适当提高三四米汛限水位，进行试运行，这绝出不了大问题），建议三建办和各方能予以支持，在明年试行，不要为已有规定缚死手脚。总之，我们对这个问题，既要慎重，又要积极。国家已花了这么大的代价，克服了难以形容的重重困难，建成了三峡大坝和水库，只要再精心研究，改进一些运行方式，就可以在保证安全的前提下，使工程发挥更大的效益，何乐而不为呢？

在长江三峡三期工程枢纽工程具备蓄水至 175m 水位条件检查工作会议上的发言

今天下午的会议，讨论由枢纽验收组的专家组负责检查三峡工程今年汛后是否具备蓄水 175m 水位条件的有关问题，这是一次重要的会议。方才矫勇副部长已作了重要发言。我因健康关系，至今还在住院，半年多来对三峡工程都没有接触了，今天请假出来，也不能自始至终参加讨论，主要是向各位领导和专家表示歉意和谢意。

昨天刘宁总工程师来医院看我，通知我有关信息，给了我有关文件。我详细阅读后对专家分组（包括增加泥沙组）、专家分工、检查内容、初步安排的日程等等都认为很妥当，提不出重大修改意见，请各位专家深入讨论确定。我只想说，三峡枢纽是世界上最大的水利枢纽，经过数十年的论证和艰苦卓绝的建设，现已建成。去年已蓄水至 156m 水位，发挥了巨大的防洪、发电、通航和环境效益，今年可以竣工，工程质量、运行情况和监理成果都令人满意。在这样的基础上，研究今年汛后是否可进一步提高蓄水位，使工程能更早更多地发挥效益，为国家为人民做更多贡献，是必要的。当然，这是一项重大举措，而且较初步设计有所提前，必须严格把关，详细检查，提出经得起历史考验的结论，才能供国家决策时作为重要的依据。

其次，我想强调的是，这次专家组的任务是对三峡工程今年汛后是否具备蓄水 175m 水位的条件进行检查和提出结论。这一点矫勇副部长讲得很清楚。如果条件不具备，汛后当然不能蓄到 175m 水位。条件具备，今年汛后也不一定就蓄到，或就能蓄到 175m 水位，而取决于各种因素，要由有关部门来决策，这不是专家组的任务，我们只是为国家决策提供可靠的技术资料。

就检查内容看，我觉得可分为几方面的要求：

第一类是检查有关的建筑物和设备，是否满足蓄水 175m 水位的条件，例如：大坝、泄洪排沙工程、船闸、厂房、底孔封堵、各项机电设备和金属结构，重大事故的处理结论等等。要从工程质量、运行情况、监测资料、安鉴结论等各个方面进行检查，作出结论。

第二类是移民是否迁移、地质灾害是否已治理、库区是否已清理、生态环境是否存在问题等等（有些属于移民专家组检查范围）。

第三类是相应的准备工作是否完成，如：蓄水方案，各种测量、检查、监测（包括地震监测台网）及传递手段是否建立和完善，各种生产、运行、安全和操作规程的准备，等等。

以上各类要求如不满足，就叫不具备蓄水到 175m 水位的条件。

还有一项内容，是水库和下游泥沙冲淤情况。这个问题超出枢纽工程范围，而且

本文是作者 2008 年 7 月 3 日在长江三峡三期工程枢纽工程具备蓄水至 175m 水位条件检查工作会议上的发言。

并不是今年汛后是否可提高水位的因素。这问题的实质是三峡水库应如何用最优方式抬高库水位并进行优化调度，以使水库能长期保持最多的调蓄库容，发挥最大效益。这不是专家组，也不是短期内能解决的问题，建议这次只要尽可能准确地弄清蓄水以来实际入库泥沙数量和级配、实际库内淤积数量和形态、实际下游冲刷发展情况、问题和解决方向，以及归纳一下专家们对泥沙问题的各种看法及建议就可以了。

以上是个人的一些初步想法，供会议参考。

预祝检查工作顺利完成。

关于三峡工程 2009 年蓄水 175m 水位的两点建议

（1）17 日上午，专家组与参建各方领导座谈，为时仅 3h 余，会上只能有少数专家发言。为使每位专家的意见都能表达，建议各位提交一份简明发言稿，以便汇编成专家组文件，发送参建各方参考执行。

（2）根据国家验收计划，国务院三峡枢纽工程验收组将在今年 8 月进行三峡工程正常蓄水 175m 的验收，并将派专家提前来工地调研，以做准备。调研检查范围为：

1）大坝导流底孔封堵工程。

2）大坝泄洪表孔完建项目。

3）临船改冲沙闸、下游消能防冲工程。

4）初期蓄水验收〔包括三期上游基坑进水，蓄水（156m 水位），船闸一、二闸首完建等验收〕，右岸电站首批机组启动验收及具备蓄水 175m 水位条件检查遗留尾工项目。

5）大坝泄洪表孔、深孔、排漂孔、排沙孔的运行情况。

6）左、右岸电站进水口闸门及启闭机械设备运行情况。

7）船闸运行情况。

8）各建筑物初期蓄水（含试验性蓄水）运行情况及分析评价。

9）正常蓄水（175m 水位）实施方案和葛洲坝枢纽下游供水措施落实情况。

10）近坝区地震台网运行情况。

建议我组专家在分组座谈时，如能结合各自专业对上述某些内容进行交流研究，并将意见写在发言中，经工作组汇集后交给验收组，可以减少重复工作，有利于验收进行。

以上供参考。

本文是作者 2009 年 4 月 14 日提出的关于三峡工程 2009 年蓄水 175m 水位的两点建议。

对《三峡水库优化调度方案研究》
（送审稿）的几点意见
——在《三峡水库优化调度方案研究》审查会上的发言

在研究三峡水库优化调度方案时，要注意以下三点：

（1）三峡工程的初步设计是国务院组织审查和批准的文件，初设中拟定的水库运行方式应作为优化方案的基础。

（2）另一方面，初设是在 20 年前编制的。20 年来，国民经济和社会有了巨大发展，许多情况和基本资料发生明显变化，各方面对三峡水库提出新的要求，因此，根据现实情况对初设规定的运行方式进行优化，使三峡工程充分发挥效益，尽量满足各方面的要求，也是完全必要和急迫的。

（3）三峡工程采取分期蓄水方式建设运行，但如何过渡，初设中未明确规定。现在除地下厂房和升船机外，三峡工程已竣工，移民已全部搬迁，具备蓄水 175m 的条件。抓紧明确如何从初期运行水位（156m）向正常蓄水位（175m）过渡，也是亟待解决、不可回避的问题。

综合以上三条，国务院批准三峡水库在 2008 年进行试验性蓄水 175m，并责成水利部组织研究提出三峡水库优化调度方案是十分正确、及时的。只有通过试验性蓄水，并试行优化调度，才能弄清问题，分析研究，总结经验，不断完善，最后形成一个科学合理的调度方案。我们希望各方面能通力合作，做好这几年的试验性蓄水工作，使三峡工程尽快过渡到正常运行状态。

所以在试验性蓄水中，既要以初步设计的运行方式为基础，又要容许作适当的调整和变动，既要保证防洪安全，又要协调各方面的要求（有些要求是矛盾的）。应该先分析客观情况的变化和各方面的要求，通过理论分析以及初期运行和去年试验性蓄水的实践，提出一个初步优化方案，经审批后试行，再通过实践完善定型。水利部、长江委和三峡总公司正是这样做的。这次长江委提出的（送审稿）基本上是满足上述要求的。

具体讲，我对以下几点表个态：

（1）赞成将三峡防洪库容划为三部分在不影响对荆江防洪补偿效益和不增加水库淹没的条件下，兼顾城陵矶的补偿调度，建议继续研究适当扩大第一部分库容的可行性，使三峡水库对一般洪水也能发挥奖励的防洪作用。当然，这样做在运行中要特别加强预报预测，分析洪水组合，精心操作，但能够避免出现三峡防洪库容在较长时期内不发挥现象，因此，是非常合适的。

本文是作者 2009 年 4 月 23 日在《三峡水库优化调度方案研究》审查会上的发言。

（2）赞成在汛末提前蓄水。原则上可在每年 9 月 15 日左右起蓄，并分期控制（9月底不超过 156m）。实际操作时，则根据上下游控制站的流量（水位）和气象预报确定起蓄时间。通过这一优化，可以利用汛末洪水，合理调度水资源，尽可能满足下流供水、通航等要求，而且增加发电效益。根据研究，这样做可保证防洪安全对水库淤积的影响微小，可以接受。是否还有其他影响，可通过试验性蓄水予以明确。

（3）赞成给汛限水位以一定浮动余地，以增加发电量和调峰能力，通过预报预泄实践，最后确定。

（4）汛前水位降低方式：为控制水位和泄量的均匀变化，以满足发电和地质灾害治理方面的要求，建议继续研究在 20 日内（从 6 月 1 日到 6 月 20 日）降到 145m 的方案。

（5）建议继续研究支流水质变差、出现水华的机理和原因，进行针对性治理，并试验变动下泄量对控制水华的作用。

（6）对枯水期的调度方式，没有意见。

建议长江委根据会议讨论审查意见，尽快提出三峡水库优化调度方案，报水利部，并正式征求发改委、环保部、交通运输部、国家防办、国家气象局、国家电网、有关省市意见后上报三峡建委批准实施。

在长江三峡三期工程枢纽工程正常蓄水（175m 水位）验收会议闭幕时的讲话

　　经过三天的紧张工作，本次验收会议已经顺利完成任务，即将闭幕。方才枢纽工程验收组的各位委员在验收鉴定书上庄严地签下了自己的名字，这意味着长江三峡三期枢纽工程最后一次验收——即正常蓄水位（175m 水位）验收已经通过，意味着三峡枢纽工程已经按照批准的初步设计全部建成，为枢纽工程画上一个圆满的句号。这是对新中国建立 60 周年献上的一份最好的礼物。这也标志着三峡工程可以全面发挥综合效益，进入一个新的历史阶段。今天离 1992 年 4 月 3 日全国人大七届五次会议审议通过关于兴建三峡工程的决议案已有 17 年 4 个月 25 天了，中国人民在党的领导下终于依靠自己的力量建设起这座世界上最宏伟的水利水电枢纽，千秋万载为人民造福，也为世界环境保护做出贡献。我们要向 17 年来艰苦战斗在三峡的总公司及所有参建单位的同志表示热烈的祝贺，向历届指导、支持、帮助我们的领导及国际朋友们致以崇高的敬意，我们也可告慰毛主席、周总理等老一辈革命领袖以及数十年来为三峡工程呕心沥血贡献一生的先烈于泉下：你们的梦想和愿望已经完美地实现了！

　　上面我说了一句"这次验收为三峡枢纽工程建设画上了一个圆满的句号"，现在，我还要补充说一句：我们的工作和任务永远没有句号。在任何一篇文章中，每句话的句号后面就是下一句话的开始，而一篇文章的结束往往意味着另一篇新"文章"的诞生。对三峡工程来说，也是如此。验收以后，不仅还有批准缓建的升船机工程和新增的地下电站工程需要继续建设，已建成的枢纽工程需要全面监测、精心维护、安全运行，长葆青春，使三峡工程能通过大自然和历史的考验；而且在各综合利用部门之间还需要进一步协调沟通，有些问题需要完善（这在验收鉴定书中都有明确要求）。对初步设计规定的运行方式还要根据新的形势和条件进行优化。今后三峡工程和上游已建、在建、待建的水电站将组成全球最大的水库群，要实施联合调度。而三峡工程又是处于下游的最大水库，起到主心骨的作用。所有这些意味着还有大量复杂的问题有待研究解决，也意味着三峡工程可以发挥比初步设计规定更大的效益和影响。另一方面三峡建库引起的一些深远影响也将不断呈现，有待研究处理。这些都要求我们更深入地学习科学发展观，来发现问题、分析问题、解决问题。因此，今天的句号，正是明天一篇新文章的开始。我相信，能够战胜千难万险建成三峡枢纽的中国人民，一定写好更出色的下一篇"文章"。

　　有些西方人士从来没有放弃妖魔化中国、妖魔化三峡工程的努力，我们今天的验

　　本文是作者 2009 年 8 月 28 日在长江三峡三期工程枢纽工程正常蓄水（175m 水位）验收会议闭幕时的讲话。

收，用事实给了他们一个答复。我相信，今后我们会用更多更大的成就来告诉他们：应该怎么看待中国，看待三峡工程。

再一次向三峡工程的建设者表示热烈的祝贺和崇高的敬意。

在长江三峡工程试验性蓄水评估专家组
会议上的发言

北京医院同意我今天上午离院，参与这次会议，使我有了一个极好的学习机会。我听了陈厚郡院士、各位专业组长和曹总（编者注：指曹广晶）的全面介绍，我知道专家组在三峡办的委托下，承担了三峡工程 2008～2010 年试验性蓄水的综合评价工作。专家组全力以赴，组成了五个由院士和著名专家组成的专业组，多次深入现场，精心调研分析，再根据十四个单位提供的专题报告，对试验性蓄水以来的各种情况做了综合评价，提出意见，形成专业组评价报告和综合评价报告。我觉得报告质量优良，符合客观实际，结论基本一致，个别问题上的一些不同看法定能通过会议研讨取得一致。我病废在医院，未能参与工作，没有承担起应负的责任感到内疚，乘此机会向所有专家表示敬意和歉意。我基本上同意各专题评价报告和综合评价报告的结论，仅对水库是否调蓄中小洪水的问题，建议报告是否可以提得稍微积极一点？初步设计三峡水库只拦蓄大洪水，在枝城流量不超过 $56700m^3/s$ 时是不拦洪的，这在理论上也说得过去。但实际上当 $56700m^3/s$ 的流量下泄时，下游千里江防都将进入千军万马上阵抢险的极其紧张局面，三峡工程对此视而不见，无所作为是很难为人民理解接受的；而若能稍予调蓄，效益是极大的。至于其后果，对防洪风险方面可以采取加强预报预泄、分期分段控制来解决，必要时可留条在下游动用蓄洪区的后路。在泥沙淤积方面，由于实际泥沙来量仅为初计预计的 40%，上游大型水库接续投入后更将进一步减少，数十年内水库淤积不应有问题，库尾少量淤积可通过疏浚解决；汛期最大下泄流量由 $56400m^3/s$ 减到 $40000m^3/s$ 左右就会使下游洪水河槽萎缩退化，也无根据，这一问题建议会议加以研讨。汛期还是应按照国家防办指令，对中小洪水进行调蓄。

下面想离开会议主题，对今后工作提两点意见，供三峡办及有关部门、单位领导参考。

一、建议编制三峡水库调度规程，使三峡工程早日进入正常运行

三峡工程自 2003 年围堰挡水以来，已蓄水运行八个年头。在水库蓄至 156m 水位后，进行试验性蓄水 175m 也已三年，今年将进入第四年。在漫长的蓄水运行过程中，通过全面监测和调研，尤其在三年试验性蓄水期中对高水位蓄水运行更做了各种试验、监测和调研，取得了可贵的第一手资料，总结出大量经验和规律，又进行了这次综合评价，根据国务院安全、科学、稳妥、渐进的原则，我认为工程已可进入正常运行阶段。建议由三峡集团公司牵头，会同长江委编制三峡工程进入正常运行期的水库调度运行规程，在征求各方面意见后，报国家批准执行，以尽早发挥三峡工程的最大综合效益。我注意到综合评价报告在最后的意见中已提出这一建议，我完全同意。

本文是作者 2011 年 7 月 6 日在长江三峡工程试验性蓄水评估专家组会议上的发言。

在编制运行规程中，建议注意以下三点：

1. 尊重初步设计，更尊重客观现实

初步设计是无数专家长期研究后编制、经国家批准的具有法律效力的文件，必须尊重。但它编制在二十年前。初步设计批准后科学技术飞速发展，社会经济有了巨大变化，三峡上游水库群正在加紧建设，新的情况和要求不断出现，完全有理由进行必要调整，按正规手续报批后执行。

2. 挖掘三峡工程的各种潜力，尽快发挥工程的最大综合效益

以现实情况和初设规定相比，三峡工程需承担更多的任务，也具有更有利条件。除原定的防洪、发电、通航三大功能外，现在要兼顾抗旱、供水、生态……各种要求，而且新任务的重要性在不断提高。我在上面提到，即使在防洪方面也要考虑调节中小洪水问题。总之，要根据新的情况，利用水库群的联调，使水资源的调配应用上满足各方面要求，取得全局最大效益。在编制运行规程中，本次《综合评价报告》可以起非常重要的作用。

3. 分别主次，应用新科技解决矛盾

在水利工程的综合利用上，有很多要求是可以兼容互补的，但也不可避免存在矛盾。对于后者，必须分别主次，妥善处理。总的讲要在保证安全的前提下发挥最大效益，局部利益服从更重要的利益。

一个主要的矛盾是三峡水库的起蓄时间、汛限水位与防洪风险及泥沙淤积的关系。如果我们能充分利用科技新发展和水库群的联调，就有希望较好地解决这个问题。

因此，三峡水库的调度运行规程，将是动态的、不断修正的，例如说，每次编制的规程可以管十年左右。

二、三峡后续工作需精心规划、科学实施，有利无弊

最近国务院批准实施三峡后续工作，引起国内外的注意，有些人借机恶意诽谤。我认为三峡后续工作并非指三峡工程的建设产生了什么意外的灾害被迫采取的补救措施，而是指在三峡工程完成后，为了使三峡库区、移民、生态、环境、人文……进一步发展所需做的工作，当然也包括三峡工程完建后出现新情况、新要求需做的工作。

在三峡后续工作中，促进移民安稳致富，确保库区和谐发展是中心内容。这项工作做好了，就能使库区健康发展，移民安居致富，环境优美，生态健全；但如做得不好，会出现事与愿违的后果：几千亿资金投下去了，表面的 GDP 上去了，但地质灾害加剧，环境极端污染，生态严重破坏，最终无以为继，三峡工程的一切成就都将被否定。我们必须认真认识这一点。

许多专家、包括工程院对三峡工程的"中间评估报告"以及本次综合评价中，都指出三峡库区的特殊情况和发展方向。总的讲，库区环境脆弱，容量有限，不能照搬其他地区的发展模式，必须科学规划，切忌急功近利，为争投资搞大城镇建设，建高楼大厦、沿江大道，盲目开矿建厂，盲目设立工业园区，"筑巢引凤"，吸引大量人口，引进高污染、低产值的产业……如果这么做，除了会出现一批犯法贪官外，必然是不可持续，贻害子孙的。

总之，库区发展必须遵循国家意图，产业结构要调整，以无污染、少污染、高产

值产业为主，以开发生态农业、生态工业、人文景观、旅游休闲、商贸服务、土特产加工为主。库区的工业不能仅要求做到"达标排放"，而应"零排放"。要控制全库区的排放量，现有的低层次高污染的企业必须关停取缔。库区人口要严格控制，尽量鼓励外迁，做到根在库区，发展在外。库区不应该出现一簇簇的"混凝土森林"，吐黑烟的烟囱以及满目疮痍的工矿，应该像瑞士、北欧乡村那样的文明、优美和清洁，甚至建成比他们更美的人间天堂。建议有关同志能改变对"发展"的老概念，去外国考察取经。

因此，我建议有关库区建设的规划，必须由资质部门精心规划，并由国家有关部门严格把关审查！

我卧病已半年，对外界情况知之甚少，几乎变成桃花源中人，上面所述，可能完全错误，但心以为危，仍愿作一芹之献，供有关领导和同志们参考、批评、指正，一切结论以会议讨论和钱副主席（编者注：指钱正英）指示为准。

3　南水北调工程

南水北调论证时的主要经验教训

一、总述

在水利工程建设中，最大的失误是决策失误。近50年来我们在水利建设中的许多重大决策是正确的、成功的，但也有过像在黄河三门峡水利枢纽建设中出现的重大决策失误。

像南水北调这样关系全局、影响深远、牵涉面广、问题复杂的巨大水利工程，兼以新中国成立后初期缺乏经验和历经了多次政治运动及体制改革的影响，其论证决策过程漫长，意见较难一致，走过弯路，原是难免和可以理解的。但在50年后值得重新回顾认识，以便认真总结经验找出认识上和工作中的误区，以改进工作，防止重犯，则是完全必要的。

根据我们目前的认识水平，要正确地搞好南水北调的规划、论证和决策，似应遵循以下顺序和原则进行：

（1）分区调查分析当地各种水资源的蕴藏、转化和开发利用条件，弄清家底和问题。

（2）结合地区的发展规划，分析对水资源的需求，包括生产、生活和生态用水。地区发展规划必需根据当地客观条件，在可持续发展与保护生态环境的基础上制订。

（3）进行水资源的平衡和合理配置，在充分、合理利用当地水资源的前提下分析供需缺口，从而确定必需的外调水量，作为规划调水的基本依据。

应着重指出，上述分析研究都应该是动态的，各种因素是不断变化和相互制约的，要根据事物发展情况不断修正，甚至规划原则也应不断调整。不能僵固不化，更不能认为分析的结果是唯一正确不可变动的。

（4）研究各种可满足需求的调水方案，深入地做勘测、设计、科研等前期工作，进行优选，安排合理可行的分期实施规划。通过法定程序，分阶段进行讨论、审查立项和实施。南水北调工程性质决定了这一规划必然是多方案综合、分阶段实施的，不可能是"毕其功于一役"性质的建设。

二、对各阶段工作的评述

1. 探索阶段（1952~1971年，共20年）

在规划过程中，必然要有这个过程。党和国家领导人从宏观上提出调水设想，业务部门根据北方、南方水系的总体规划探索调水可能性。通过这一阶段的探索，南水北调工程进入中央视野，逐渐形成从东、中、西三线调水的概念方案，并启动和完成了丹江口一期工程、江苏"江水北调工程"，收到实效。

2. 以"东线"为主的规划阶段（1973~1986年，共14年）

在本阶段内，受海河、华北大旱的推动，根据江苏已实施的"江水北调工程"实

本文写于1999年。

践经验，业务部门提出利用大运河增调江水北上，较切合实际。水利部成立南水北调办公室，管理亦趋有序。在规划东线的同时，也研究中线、西线问题。工作较宽松、民主，气氛正常。当时生态环境问题尚未引起充分重视，而在工作中已经开始对盐碱化、水生生物和长江口影响的研究。

本阶段初期，正值文革后期和文革后的恢复期，国家经济困难，故相应提出了"先通后畅，分期延伸"的规划是合理的，基本上能为各方接受，已纳入国家计划。原不难按此实施，使东线提前发挥效益。当时污染尚不严重，运河成为输水通道后，还可促进对水污染问题的重视与防治。东线的进行，又可促进中线的深入论证和实施。

遗憾的是，首先各省间的矛盾，使规划迟迟未能实施，1986年后随着人事变动，计委中个别人中意中线，利用手中权力，干预正常的规划论证工作，执意要停止东线工作，强力扶持不成熟的中线方案上马。其后，水利部原领导及一些人也紧跟其意图，引起所谓中、东线之争，影响了整个工程的实施。其实，两线并不存在排斥性，是可以相辅相成，交错进行的。

3. 中线论争阶段（1988～1998年，共11年）

这一阶段在计委和水利部一些领导的操纵下，勉强通过了对中线方案的论证。工作是违背科学、民主和法治原则的。尤其不可取的做法有：

（1）用行政手段代替科学论证。例如，由计委一位副司长直接指挥"长办"做工作，绕开当时有不同意见的水利部领导，并直接宣布"可行性报告已结束，以后就做初设"。

（2）将有不同意见的人撤职，排除和惩办，并在审查会上宣布，以"杀鸡儆猴"。

（3）对中线方案大量下达前期经费，授意下级压低造价，不提存在的问题。对东线方案则压缩经费，对应该做的工作（例如将已打通的穿黄洞扩大加固）强行制止。

（4）对中线方案不广泛听取意见，不进行深入的专题审查，用形式上的大组考察、大会审查来通过论证报告并在人上施加压力，制造气氛，强迫表态等等。

许多同志对此进行抵制，拒不参会，或明确表态不同意，更多的人采取原则同意另提保留意见的方法。一些老专家向中央写信反映。

由于背离科学、民主、法治原则，所通过的中线方案基本数据不够精确，建设目标不明，除存在调节、安全、造价等重大问题外，对节水、治污、生态环境等未予重视。可调水与可利用水的关系、外调水与当地水的关系、水价和市场问题均未深入研究解决。虽然勉强"通过论证"，仍难以实施，如果实施，也会给国家造成被动和损失。

三、主要经验教训

（1）像南水北调这样的国家重大建设项目必须在中央的统一领导协调下，各级业务部门和地方政府各负其责、分工协作，按照党的政策方针，以全局、长远利益为准，科学民主地开展工作，才能得到正确的结论，作出正确的决策。其论证决策过程必然是逐步认识、深化、调整，不断取得经验，根据国情和社会发展分期实施的，不能有急于求成，毕其功于一役的情绪。

（2）要协调好综合部门、业务主管部门和各具体单位间的关系。综合部门主要是掌握全国经济发展形势，做好全面协调，导引规划论证工作遵循党的方针、政策和国情、形势进行。具体业务应尊重主管业务部门和科学家的意见，不能掺杂主观意图进行干预，甚至直接插手。

（3）论证、决策必须做到真正而不是形式上的民主化，不能以行政手段确定方案。在各层次的咨询、论证、审查中应广泛认真听取各种不同意见，重视专题深入研究（如节水、治污、生态环境、市场、投入产出以及各种工程技术专题），在扎实的基础止，逐步取得较一致的看法，然后进行审查决策。不能在条件不具备时，召开以行政领导和指定专家为主的大团组的审查会议，并制造气氛，强迫表态，以简单多数同意的方式进行审查和决策。

（4）有关的省、市，要认真理解南水北调工程的性质和意义，科学合理地制定发展规划，提出需水要求，并随时调整，要以全局利益和长期利益为准，不能漫天要水，提出过高要求，以致合理的规划迟迟难定案，对作出的承诺，必须负责做到。

（5）承担前期工作的单位，必须按科学精神客观公正在地进行研究和设计。不能迎合上级意图或为本单位利益说违心话，数据不实，反映问题不全面、不客观，甚至弄虚作假，搞上马预算。对重大工程项目要实施招标设计、平行设计或设计监理制，要采取措施把方案选择与设计单位的利益分开。

（6）要实行监督和追究责任制度。有关部门、地方、单位及其领导对重要工程有终身责任。在参与、管理和决策过程中出现重大失误的要受到质询，要引咎辞职，直到追究行政、法律责任。

（7）对国家重大建设项目，在中央未决策前，任何部门、媒体不得擅自炒作，引起误导和不良影响。

（8）对国家重大建设项目，社会上常有人提出许多"民间建议"，要求采纳或研究。这说明广大人民对国家大事的关心，应予欢迎和重视。但提意见的人多非内行，不了解详情，也不拥有资料和研究条件，所提设想常脱离现实。我们认为"民间建议"应向业务主管部门提出，由其认真处理，转有关单位研究，并与提意见人沟通，或采纳，或解释，或作为学术见解开展讨论。不能以为所提意见未被采纳就是"不民主"也不能因有民间建议而影响正常工作秩序。尤其不赞成动辄上书中央，要求批转办理，那样做是不科学的（不包括有关的政治组织、科研单位或负责领导、科学家经过调查研究提出的正式建议）。

对南水北调工程的九点看法

　　南水北调问题已研究了几十年，至今还没有正式全面实施，我想，这里面的原因，一方面固然由于工程规模宏大，投资集中，而且正负影响面都极大，国家不易决策；另一方面也由于问题太复杂，变化因素太多，过去工作中对一些情况和问题还未能摸清说透，在思想方法和工作方法上也存在一些缺点，以至于意见分歧，难以一致，也难以取信于领导、社会和群众，所以迟迟不能定案实施。

　　现在到了世纪之交，水资源问题更显突出。水利部领导决定重新做总体规划，全面研究论证，广泛听取意见，并成立调水局统一主持这一工作，我认为是十分必要的。根据安排，从制定大纲、原则着手，分阶段组织有关单位进行工作，预计在 2000 年底基本完成第二阶段工作，提出轮廓性意见，2001 年完成第三阶段工作。我想这是一次极重要的机会，我们只要在过去已取得成果的基础上，总结经验，吸取教训，集中力量，遵循正确的原则，改进工作方法，必能得到符合实际的结论，提出切实可行的方案，促使这一伟大工程早日启动，造福人民，造福子孙后代。

　　由于这一工作的无比重要性，我认为一切工作必须质量第一，必须实事求是，不要赶任务、走形式，当然要力求按计划完成，尤其先完成第二阶段工作，但如果实在来不及，也可以把一部分不影响结论的工作适当调整到 2001 年，但一定要做好。

　　这次会议是对第一阶段的进展和取得的成果进行介绍和交流，包括规划原则、思路，一些基础性资料和情况，以及对一些具体方案的补充论证、研究。我感到，在短短 5 个多月中，能完成这许多工作，得出不少成果，而且能邀请国家综合管理部门、农业部门、建设部门、环保及科研部门共同进行，优势互补，这是十分正确和有效的做法，加上及时开会交流、讨论、协调，一定可以对胜利完成任务起重要作用。当然，也存在一些有待深化或协调的问题。在我参加的小组中，许多专家对此提出中肯的建议，我基本上都赞成。我也同意会议纪要的提法。下面讲点具体看法。

　　一、关于规划原则和工作思路

　　张基尧副部长的报告和调水局的文件中，都明确提到规划的原则和解决问题、完成任务的思路，这些都很正确。重要的是在思想上、工作中切实得到贯彻。我希望参与工作的单位、同志，都要时时考虑这些原则，不要受过去已做工作的影响，不要总是跳不出老框框、旧方案、原思路，总是认为自己过去做的方案最优、最正确。这样，就不能得出科学和符合实际的结论。

　　二、关于开源与节流的关系

　　开源与节流并重，节流为主，这是十分正确的。我补充一句，在开源中包括开发

　　本文是作者 2000 年 1 月 20 日在水利部召开的"关于北方地区水资源总体规划的专题研究会"上的发言，其摘要刊登于 2003 年 3 月 29 日的《光明日报》上。

新的水资源（包括调水）和挖潜两部分，也要二者并举，而且把挖潜放在第一位（也可把挖潜放在节流中，意义都一样）。北方地区就是缺水地区，不要说南水北调实施尚需时日，即使实施了，调水量毕竟有限，只能以建设节水型社会为主要出路。在做地区经济发展规划时，必须与水资源条件相协调。例如说，不能大量发展耗水工业，甚至是大耗水工业，必须搞节水农业，城市生活用水只能是低标准的，要在不增加、少增加供水的基础上发展经济，提高产值（利用科技创新发展高附加值产业）。总之，不能完全"以需定供"。在这样的基础上，提出和确定南水北调计划就能减少难度，使人信服。

三、关于全面统筹与局部分析的关系

南水北调既要在全流域大系统内统筹考虑，在国家全局利益上协调，做到资源、开发、环境的协调发展，坚决反对不顾大局的本位主义、地方主义，又要分清局部地区不同的条件，区别对待。有的地方水资源相对多些，有的地区特别紧缺，有的地区地下水尚有潜力，有的地区已严重超采，有的地区可利用雨水，有的地区可利用海水，有的地区容易做到地表水地下水联调，有的地方无法用调水来解决问题等。凡此都要尽量摸清，分别选出最好的配置与解决方案。在这个基础上得到全局性结论，凡是对局部问题摸得愈深愈透的，最后的综合性数据和结论就愈能使人信服，如果只是用平均指标近似地加以估算，便不能使人相信。

四、关于基础数据和基本情况问题

对这些基础数据和基本情况，一定要调查清楚，数字要确切，预测要合理，所述情况要真正符合实际，有疑问要查清，实在一时弄不清的也要说明，大的水账一定要对得上口径，没有矛盾和疑点。现在的成果中，有的数据前后不符，彼此不协调，对某些情况的说明也不够深入。例如不同地区地下水超采的数量和特点、各地区水质污染的情况和性质、各地区生态环境用水的需求等，对现有调水工程的调查资料十分可贵，还可再深入说明。这项工作是十分困难复杂的，而且是动态的，但必须去做，做得愈深入，我们的结论、方案愈可靠，不要在老的资料、报告上简单校对，补充一下就交卷，而需有针对性地做补充研究。可以针对各界提出的疑问、针对主要的分歧意见、针对不断出现的新情况、针对历次会议（包括本次会议）上专家提出的建议来开展补充调研工作。

五、关于各种水资源的合理配置问题

地表径流、地下水、雨水、污水、外调水……都是可贵的水资源，要统一考虑，结合不同地区情况，分别就工农业和城市生活用水进行合理配置，找出最优方案。有时目前的用水方案并不合适，甚至极不合理，必须坦率提出，要求纠正。原则上应该是在充分、合理利用当地水资源的基础上考虑外调，否则，调水愈多，浪费愈甚，污染愈剧，会出现我们想象不到的后果。

在中国工程院讨论华北地区水资源调配问题时，一些老专家认为：沿太行山麓的城市（保定、石家庄、邯郸等）应该用山区水库的水，而以合理开采地下水和处理后的污

水用于农业，比现在的做法合理。而津浦沿线城市的深层地下水超采，已达到破坏环境、难以弥补的程度，急需还债。这次会上也有专家指出，如果扩大北京市的水厂规模，建设管网，密云水库的利用率可以大大提高。有些城市实行地下水、地表水联调后，情况大有改观，实际上是"结构性缺水"，不是"资源性缺水"等。诸如此类的原则性、资源合理配置性的问题，盼望能引起大家的注意，不要完全相信过去的老数据、老论调做工作，把希望完全寄托在调水上。我担心，南水北调第一期工程调来的水恐怕只能还还旧账。要指望这点水实现经济大发展是会落空的。总之，水资源总是多种资源供应，而且有个先后顺序，供给的对象也有不同的保证率，特殊情况特殊解决。

六、关于生态环境问题

生态环境问题必须在我们的工作中充分予以重视。

第一，生态环境用水，一定要给予满足，在耗水量计算中，植被、造林、绿化等需水量必须计入，超采的地下水必须补回，对地下水的开采利用必须做到在长系列中维持平衡，丰水年回灌，枯水年临时超采。各河道要在一定季节维持一定流量，不使河道长期断流、萎缩和河口地区情况恶化，这些水量是必须满足的。

第二，必须解决污水处理问题。特别在水资源短缺且目前已污染严重的地区，不治污是没有出路的。治污，不仅保护生态环境、维护人民身体健康，也在很大程度上增加了水资源的重复利用率，相当于增加了水资源。治污当然要投入，为了大局、全局利益，为了子孙后代，我们在规划中必须立场鲜明，考虑污水治理并提出合理建议。当然要探索符合国情、实事求是、廉价可行的措施，不能一步高标准到位，为此要分析各种污染源的性质和影响，污水利用的范围和后果，进行合理的治理。

七、关于政策研究问题

在我们的研究中，一定要改变过去计划经济时期的那套做法，要充分考虑并按照社会主义市场经济规律办事，这是毫无问题的。但同样重要的是要充分发挥政府职能，要着重研究政策、体制和管理方面的问题，没有合理的、可行的、严格的政策（有的要立法），想建立节水型社会，想做到水资源的合理配置布局，要解决生态环境保护和治污问题……统统是空话。现在工业、农业和城市用水存在大量浪费现象，各地各行业都可以自由抽用地下水，没有制约手段，这样下去，调再多的水进来，也解决不了问题，只会使问题更复杂化。我认为，所有的水资源都是国家资源，特别是短缺地区，要由国家统一掌握、调配、使用。对工业、农业和生活用水都要根据当地条件规定一个上限，低于此限的可以免费或低价用水，高于此标准的要花高价或给予重罚。地表水、地下水、外调水都应一视同仁、同水同价。

八、关于方案问题

现在可供选择和组合的方案很多，要择优推荐。推荐的方案希望能灵活一些，可以组合（积木式），可以分步分期实施，较有希望的方案，例如，东线一、二期，引黄或调水入淀，中线一期等，工作要做得稍深一些，要认真核算，千万要实事求是，宁可多估一些。除了主体工程外，要使所调的水能真正发挥作用，还要有大量的配套和辅助工程，这都要有明确说法。对各方案存在的主要问题要鲜明点出，不要回避，没有十全十美的事。

九、关于新技术利用问题

南水北调工程从启动到实施，跨越时间较长，而现在的科技发展极快，建议在做各种预测时，适当考虑这一因素，采取较先进的指标、措施和技术。我相信中国不可能在今后数十年中停滞不前，包括思想和习惯都会有大的改变。

我希望最后提出的方案是科学的、符合实际的、可行的，而且是调水量最少的、代价最低又能满足要求的方案。希望这一方案不仅能满足北方地区水资源的需求，而且能促进整个社会向节水、文明、清洁、可持续发展的方向进步。我希望在这次论证以后，南水北调能进入具体设计和实施阶段，让我们共同努力来做好这一规划、论证工作吧！

有关"南水北调"的补充汇报提纲

　　钱副主席（编者注：指钱正英）已经把项目组对"南水北调"这个专题总的意见说得很清楚了。由于"南水北调"问题为领导和社会各界所重视，钱副主席要我做个简单的补充汇报。这个补充汇报非常难做。水利部门和有关省市对"南水北调"已研究、论证、审查、协商了几十年，最近又做了大量补充和协调工作，而我们的研究是比较肤浅的。但既然给我这个机会，还是如实汇报我们的一些想法和建议。希望能得到有关领导的谅解。

　　北方地区——尤其是黄、淮、海平原区，水资源严重短缺，成为制约发展和破坏生态环境的头号因素，靠牺牲环境谋求发展的老路是难以为继了，这是公认的事实。从水量丰沛的长江流域调一部分水"北上"，是理所当然、势在必行的事。以目前的科技水平和国家实力也是能做到的事。我们相信，"南水北调"将是新世纪中我国必将实施的伟大工程项目。但"南水北调"议论规划了几十年，北方人民盼望了几十年，盼水妹变成了盼水婆，意见总是分歧，而且持不同见解的人常常是一些很著名、很负责和很有造诣的水利专家，这不能不引起我们深思。我们这个课题组经过一年多的探索、分析，认为大家的目标其实是一致的，都想替人民做好事，都想把工作做得更好些、更科学些，不要给国家带来不利后果，只是由于看问题的角度、深度不同，所处岗位不同，看法难免有分歧。下面我就说说我们课题组比较一致的意见，供领导同志决策参考。

一、不能以需定供，节水不能落空

　　北方到底缺多少水？要调多少水？以前总是由各地区各部门根据其"发展规划"计算"需水量"的增长，从而算出供需缺口和调水量，也就是"以需定供"。这样做，没有不高估需水量的。天上掉下馅饼，谁人不想多要一些，生怕自己吃了亏。但是北方地区人均水资源量很低，实施调水工程也改变不了这一基本形势。我们只能在这样的"老底"上来考虑如何做到可持续发展：优化产业结构，建设节水型社会（搞节水农业、节水工业，限制城市生活用水，污水回用）。要在这个基础上确定调水数量，原则上是"以供定需"。眼睛过分盯在"南水北调"上，就不会认真考虑节水和挖潜。反之，则可大大缓解水荒问题，减少需调水量（如北京市）。我们课题组在研究供需缺口时，比较重视这一点。对各行各业的用水定额（如亩均灌溉定额、单位产值需水定额、城市生活用水定额、工业用水的复用系数、灌溉水的利用系数等）都反复研究，选择略较先进但绝对可以办到的值，算出的缺口一般要低一些。这不仅仅是为了减小调水规模和投入，使之较易实施，而是感到这个问题决定社会发展的方向和前途。我们的报告中有句话可能要伤一些人，那就是：各省市、各部门如果不真正抓节水、抓污水

　　2000年7月11日，中国工程院向国务院领导汇报有关"中国水资源战略研究"咨询结论，本文是作者关于"南水北调"问题的汇报内容。最后，本汇报的主要内容发表在《中国工程科学》2000年第10期上。

治理、不提高水的重复利用率，"南水北调"到了门口也不让用。否则大调水意味着大浪费、大污染，甚至大破坏。我们只能调一些真正必需的水。当然，搞节水也需投入，但专家们分析认为远比调水投入低，何况节水还关系到可持续发展的大局。国家如果要拿 1000 亿元搞"南水北调"，希望先拿出 1/3 搞节水。坦率讲，如果仅从工农业和城市用水考虑，南水北调的数量可以再压缩一点。我们现在建议的规模仍比较大，这是考虑为环境用水留些余地。我们希望今后工农业及城市用水能比我们考虑得更低，留出更多的水用于改善生态环境，造福子孙。

二、优化配置，尚可挖潜

黄、淮、海平原虽然水少，但也不是沙漠，是半湿润地区，有的年份还闹大水。现在水资源的开发程度虽已较高（有的地区已超过合理范围），但并非无潜可挖。关键是要在较大范围内、在较高层次上，对所有水资源（包括地表水、地下水、雨水、废水污水、微咸水乃至海水）进行统筹考虑，视水为宝，优化配置，则仍有潜力可挖。例如，对京广沿线城市，现主要用地下水，他们西边都有水库，若将水库的净水先供给城市，对排出的废水进行治理，用于农业，就合理得多。广大黄河两岸农田的灌溉用水可实行地下水、地表水井渠结合，统一调配。沿海工业以用海水为主。"南水北调"实施后还可适当利用微咸水，千方百计拦蓄或窖藏水等等，都大有可为。为此要采用各种工程、非工程的措施，拦、蓄、堵、净化、冲淡等等，就可扩大增供能力。因此，在我们的研究中，对北方地区供水能力适当加大了一些。当然，这需要投入，但和节水一样，这是必需的和上算的。其中部分污水并未治理现在也在用了，所以污水治理后的回用量并不能全部作为增供水量，但哪怕贵一点，哪怕表面上未增加多少供水量，为了保护生态环境，为了子孙后代幸福，这事也非做不可，我们觉得比调水更急、更重要。

我们觉得要实现合理配置的最大障碍，还是如何打破小圈子观念。因为要合理配置，必然要改变传统做法，甚至影响局部、暂时的利益。譬如，现在大家可以自由、无偿地抽用地下水，要合理配置就不让这么用了，要改用付费的自来水。现在靠近黄河的农田都从黄河引水灌溉，又方便又廉价。合理配置也许要把黄河水引去灌远处的田，让你用井水灌溉。这都是不容易办的事，也不是水利部门能左右的。现在的一些政策也不利于水资源的优化配置。如果大家都确认水资源应该合理配置，那么必须由国家来抓这件事，制定合理规划和相应政策，把一切水资源统管起来。规划和政策应立法，有权威性，不能哪个地方顶住就行不通。现在我们很喜欢用"协调"这个词，事先协调是重要的，但作出全国规划、成为国家法律后就必须执行。这就不仅是技术、经济上的事，而要通过深化改革、加强学习，从建立法治体制和改变思想认识做起。

三、"东""中"相辅莫相煎

经过数十年的规划研究，水利部门已拟定了东、中、西三条线路，实施南水北调。我们认为这个大格局是正确的。三条线路各有主要供水地区和对象，又能相互调剂、辅助（局部地区可相互替代），任何一线或某一期工程的实施，都有助于北方地区缺水形势的缓解，能获得重新配置水量的余地，就像一母所生的三个同胞，虽然三条线的建设条件、投入、难度各有不同，需要分期进行，但不存在"有我无他，有他无我"

的排斥情况，也不是要在一条线全部完成后才能启动另一条线，而可交错进行。我们觉得一个人对三条线的优缺点和适应性有不同看法是正常的。我们希望的是，赞同先上哪条线的同志就应对它特别严格以求，不要护短，不要"情有独钟"；对其他线路也应同样关心，帮助出主意，乐观其成，不做拆台的事。所谓"本是同根生，相煎莫太急"也。

对方案的不同见解完全可以通过分析、讨论、补做些工作而取得共识。不宜为了急于求成用行政手段来统一口径。兼听则明，听到的不同意见愈多，愈能促使方案的深化和优化，减少实施后出现问题和困难的风险，是有百利而无一害的。

对于三条线，我们课题组的意见很一致：①都是需要的；②东、中线先行，西线后继；③东、中线相辅相成，条件成熟就先后启动；④东、中线都有难度和问题，需进一步妥善解决；⑤相对来说，东线工程简单灵活，投入少，可先通后畅，条件较成熟，抓紧做工作，是可以尽快把长江水引进山东、过黄、沿津浦线最缺水地区送到天津。所以，建议先动工东线。但其毫不影响中线的各项准备工作。

对东线我们还想补充说几句话。现在很多同志对它不热情：有的怕影响中线的建设，江苏怕给已建成的江水北调工程添麻烦，山东希望能更多地用黄河水，河北感到津浦沿线地区不如京广沿线一带重要。其实，衡水、沧州这一带的水环境情况已到了急需抢救的地步。这里浅层地下水是咸水，深层地下水被大量采用。后者不仅容量有限，很难回补，而且是高氟水，严重影响人民生命健康。我们看到水利部海河水利委员会做的一份研究，深层地下水再有9~10多年就要"超采疏干"（枯竭）了，真是触目惊心。相对讲，太行山前平原区的潜力、余地还多一些。现在东线计划束之高阁，已打好的穿黄洞再不加固也将坍塌。衷心希望大家能一视同仁，早日把江水调到运河东部和天津来。

四、实事求是，说明问题和困难

俗语说，人无完人，金无足赤。任何方案总有不足或缺陷。如果真想促使一个方案能够实施，重要的一点是尽量找毛病，实事求是地加以解决或如实加以说明。这方面工作做得愈深，愈能取得人们的信任。万万不可护短、隐蔽或淡化。如果把一个方案说成尽善尽美，多半是个有问题的设计。

坦率说，"南水北调"三条线都有重大难点。例如东线的水质污染问题。怎么能设想把不合标准的水调到北方？所以，国家如决策搞东线工程，必须同时下决心治理淮河污染问题。后者靠水利部门是无力完成的。我们认为东线工程可行，不是回避或轻视治污，而是认为不论搞不搞南水北调，这治污工程是非做不可的。中线工程最大的难点还是多年调蓄和年内的调蓄问题。北方各流域的水文丰枯变化极大。以海河流域为例，从1927年至1997年70年中，有16年是丰水或特丰年，不需外调水；有18年是平水或平偏丰，需要的调水量是有限的。有25年是枯水年乃至特枯年，汉江则是丰水、平水，至少是平水稍枯，中线调水可以发挥很好的作用；还有11年，北方枯水但汉江同枯，甚至特枯，无法按设计要求调出这么多的水。丹江口水库库容有限，是解决不了这种多年调蓄问题的。看来能起很大作用或一定作用的年份，不过是一半多。最近看到气象界同志分析了526年历史资料，结论也是相似。即使在一年之中，根据北方雨情、灌溉需水季节性和其他各种变化，逐月逐日的调水量都有变化，而中线一千几百公里长的渠道上没有一个大水库与之相连，可起直接调蓄作用。这种情况应该认真解决，应该向中央和有关省市部门讲清楚，谋求妥善解决。设计部门现在提出与太行山麓一些水库进行补偿调节，我们认为太理想了，实际上难以操作。这类问题不弄清楚，怎么能草率启动呢？我们对此也提了些缓解矛盾的建议（中线过黄河后分高低两线向北方供水，高线专供城市工业用水，数量较少，但较稳定。低线可解决海河流域紧急的生态环境和灌溉缺水问题，其调水量可较灵活），但看来很多同志根本听不进去，总觉得他的方案是不可变更的。

这种问题再请原设计单位去研究，怕是跳不出老框框。一个办法就是请另一家来做个平行设计或独立核算。例如，请原来设计东线的单位来设计中线（还可以请有不同见解的专家当顾问），请原来设计中线的单位来设计东线。像南水北调这样重大的工程，做个平行设计似乎是必要的。这样做的目的，绝不是要否定一个方案，而是要真正把问题弄清楚和解决。

五、"上马概算"，万万不可

在计划经济时期，工程界有个痼疾，即为了争取工程上马，有意压缩概算，取悦上级，等开工后再补加，美其名曰先上马后加鞭。反正工程已全面展开，国家不可能停工——停工损失更大。这种概算称之"上马概算"。改革后虽有变化，但未必见得毛病已经根除。对"南水北调"这种以国家投入为主的大型工程尤宜警惕。

"南水北调"工程绵延一千几百公里，姑且不提配套工程，其水源和主干渠工程就极为复杂庞大。设计单位及各级领导务必对国家负责，实事求是编制概算。工作要过细，防止漏项，主观上尤忌有意降低标准、压低定额，不考虑附属工程，来凑事前规定的数字，甚至弄虚作假。这就变成欺骗国家的犯罪行为，后患无穷。回忆三峡工程论证时，原概算较低，经过详细论证补充，并根据物价上涨情况折算到1990年水平后，算出的静态投资较原提数字有成倍增加。不少同志深有顾虑，认为工程尚未开工，一经论证，造价就大量增加，"影响不好"。钱正英同志坚决反对这种论调，强调要留余地，如实报送。工程实施后，对概算进行静态控制、动态管理，完全在预测范围内，且略有节余。当时如搞些马虎眼，现在就要苦果自尝了。我认为这是面很好的镜子。

要避免"上马概算"的出现，措施也很简单，就是上面说的请另一家设计单位做个平行设计或校核设计。另外，按基建法规规定，如可行性报告的概算与规划相比、招标设计与可行性报告相比超过一定比例，就应停下来，重新论证，并追究从具体人员到各级审定单位（包括当初拍胸承担方）的责任，轻则记过，重则降级、降职，坚决刹住"上马概算"之风。

六、"同床异梦梦难圆"

积数十年之经验，水利工程的复杂性还不在技术上，更复杂的是涉及地方、部门利益之难以协调——属于社会科学和政治思想问题。别看开会发言时个个正气凛然，其实多数同志心中都有小九九，生怕确定的方案便宜了别人、亏了自己，即所谓"丧权辱国"（他那个小王国）。

例如，东线方案要在江苏省已实施的江水北调工程基础上进行，中线工程要取湖北之水以济华北京津，调水实施后要在黄河中下游逐步以调水取代引黄水，以增加上游地区配水量……凡此种种，有时对某些省区并无效益，甚至是增加问题和麻烦。在规划时固应尽量事前协调，但如各方都斤斤计较本身局部、暂时效益，"寸土必争，分毫不让"，"南水北调"和水资源优化配置也只能是一句空话。最近，教育台在播放革命戏剧，我觉得《龙江颂》"江水英精神"值得我们再看一看、想一想。在这种问题上最容易检验一个干部是否眼观全局胸怀大志。党和国家的人事部门在考察干部时，除了年轻化、专业化外，何不研究考察他们在这种问题上的革命化程度呢？

七、政策、措施是关键

"南水北调"这样的牵涉全局和国家可持续发展大局的工程，显然必须由国家来主持实施，把它当做普通工程或地方工程去做是行不通的。主体工程也要以国家投入为主，但不能完全无偿投入，调来的水必须有偿使用，不能让国家永远背上沉重的包袱——当然，工业、城市、农业、生态用水的水价是不同的，有的应是国家补贴或无偿的。调水水价肯定远高于目前无偿或低价引用的地表水和地下水。从多年系列来看，有许多年，北方不需调水，或只需一部分水量，相应的问题必须事先研究和安排好。显然，没有合理可行和严格的政策与措施，水资源的合理配置不可能实现，南水调到门口也不见得有人去买。必须把接受调水地区一切水资源（地表的、地下的、当地的、外调的）都视作国家资源统一管起来，科学调配，有偿使用，超标重罚。对丰水、平水、枯水年的水量调度作详细、合理安排，制定制度，才行得通。总之，如何制定政策、采取措施是比做设计、搞施工更重要和复杂的事，建议早抓早做。

八、西南调水，此事宜缓

上面所说的西线调水，是从长江干支流的源头区筑坝截水引到黄河源头。这一工程已很艰巨。但有些"志士仁人"以及"民间水利家"不以此为足，要从西南澜沧江、怒江、金沙江甚至从雅鲁藏布江几千公里外调 2000 亿 m³ 水到北方，认为可以再造一个中国。其中炒作得最热的是所谓郭开的"朔天运河"，还捅到最高领导层，成立"研究所"，办起"筹备处"，甚至宣称在美国的蒋家后人都要出资赎罪了……国务院办公厅已为此下发了通知，澄清事实，煞了歪风。我们完全拥护。

不负责任地炒作"朔天运河"十分有害。它引起人们思想紊乱，干扰领导决策，打乱科学的规划和南水北调工程的顺利实施。因为，既然只要花 500 多亿元和 5 年时间就可以调水 2000 亿 m³ 到北方，再造一个中国，还研究东线、中线、西线干什么？有些省区领导已经在等这个天上掉下来的大馅饼了，还为一些坏人行骗提供条件。为此，我们利用目前能收集到的资料，请清华大学水利水电系、中国水利水电科学研究院和国土资源部地理信息中心的专家对这条"朔天运河"稍作研究。真要实施，需修建 15 座从几百米至 1000 余米的高坝，跨越 187 条河流，修建许多座水头从数百到一千几百米高的"倒虹吸"，开凿三条直径 28m、总长几百公里的长洞，在陡坡上修 870km 的一条大河，淹没西藏最富饶的地区，工程量和技术难度难以想象，即使能做到，投入也是万亿元量级，工期数十年。倡导这种工程和为之盲目鼓吹的人，对党和国家极不负责。

有人说，即使目前做不到，作为战略后备，研究研究也无妨。其实，到 21 世纪中叶，实现东、中、西三线调水，可以为北方增加 300 亿～400 亿 m³ 的水量，相当于 0.5～0.7 条黄河的水量。从西藏调水，现在不科学、不现实，50 年后也未必有此需要。至于说，要做些早期的工作，如果指加强些水文、气象、地理、地质工作，我们也不反对，但要真正开展规划设计工作，没有极大的人力、财力投入是不行的，也是不必要的。现在国家还很穷啊。我们做了一个多媒体软件，详细解释"朔天运河"的荒谬之处。我们要警惕，现在不仅伪劣商品泛滥成灾，包着科技外衣骗人上当的东西也很多，只要领导表个态，批句话，传媒界发个"轰动性"消息，一些人就"大有可为"了。

最后，我把以上意见串成几句话总结一下：

> 望穿秋水数十年，以需定供难实现。
> 合理配置可挖潜，东中相辅莫相煎。
> 上马概算害非浅，实事求是摆困难。
> 同床异梦梦难圆，政策措施是关键。
> 西南调水宜暂缓，团结协作创新天。

论影响"南水北调"实施的一些因素（摘录）

北方缺水是明摆着的事。从水量较丰富的长江流域调一点水到北方，用目前的科技水平和国家经济实力衡量，也不是办不到的事。实施"南水北调"似乎是"理所当然"和"势在必行"的事。但研究议论了几十年，意见总是分歧。这里牵涉到一些复杂的因素，和人们对这一工程的不同认识。我的报告主要是探讨其间的辩证关系。错误之处，请予指正。

一、节水、挖潜与调水的关系

这个问题在台面上是容易取得一致的，那就是"在节水和挖潜的基础上调必要的水"。其实，由于所处岗位和思考问题的角度不同，人们对之有不同的理解和侧重。有的同志强调调水的"不可避免性""不可替代性"，认为节水是有限度的，挖潜的余地已很少，节水与调水并不矛盾，应当尽快启动调水工程。总之，强调调水，少谈节水。另一些同志则强调节水挖潜的重要性，认为必须立足于此，才谈得上调水，否则将是不可持续的。有的人甚至说，不抓节水挖潜，大调水必会引起大浪费、大污染、大破坏。我觉得两者都有道理，但有些偏向于后一观点。为什么呢？

（1）调水毕竟有限，改变不了北方地区人均水资源短缺的根本格局。所以只能在缺水的本底上安排发展规划，调整产业结构，适度提高人民生活，总之不能以需定供，而过去正是这么做，而造成失误的。

（2）到目前止，在缺水严重的地区，仍然存在严重浪费水的现象。水资源的不合理配置，工、农、城市用水的低效浪费，都是明白无误的，但人们并不重视，也没有采取什么有力措施。

（3）节水挖潜当然也要投入，但一般都比调水便宜。目前人们较关心如何弄钱把水调来，较少关心如何弄钱投到节水上去。

（4）节水不仅是个经济问题，而是建设什么样的社会问题、能不能持续发展的问题。应该把它提到足够高度来认识。

节水、挖潜、治污容易流于口头表态，而无实际行动。我们的老毛病就是喜欢搞新工程，看得见的工程，而不愿做无名英雄和清扫垃圾的事。如果不从思想上、政策上狠下决心改正，确实会发生调水愈多愈不重视节水和治污，形成恶性循环。但我也不认为要把节水治污工作做得差不多了才搞调水，从而把调水工程无限期推迟，甚至原则上否定它。我赞成节水与调水工程平行推进，但我提议，对农业、工业、城市用水按不同情况制定合理的定额。如果用水超过定额，水调到门口也无权用，确保两者能并重和相互促进。

本文是作者 2000 年 8 月 31 日在工程论坛"中国水资源课题"专题报告会上的发言。

二、调水线路

水利部门经过数十年规划研究，拟具了东、中、西三条线路，大格局是合理的。那么，三条线路间的关系又如何？从宏观上看，三条线路既各有其供水地区及对象，又能相互调剂。我形容为一母所生三同胞，都是需要的。问题是不可能同时开工，有个先后问题。西线工程尤为困难复杂，看来要后行一步，当然，前期工作不可放松。西线将水直接调入黄河，从宏观和远景看，这倒可能是解决黄河本身缺水问题的有效措施。问题的焦点是东线、中线之争。不同地区、部门的人士，对此各有情钟，争论已久。我的看法，它们不但是同胞，还是孪生子。它们都是解决黄淮海和京津地区缺水问题的工程，不存在"比选"问题，也不是排序问题，条件具备就上，分期穿插进行。不要搞排他性竞争，结果谁也上不了。两条线现在都存在些问题，赶紧把它们解决好，先后启动，分期平行推动。东线也许可稍先启动，这不影响中线。我希望能做到"孔融让梨"而不要"萁豆相煎"，南水北调工程就容易启动了。

三、政策措施和工程的建设与运行

"南水北调"这样的工程，没有政策支持是很难兴建的，建起来也难以顺利运行，甚至会变成国家的沉重负担。以前我们主要研究技术问题、生态环境问题和需要多少投入的问题。这些问题逐步明朗后，就要进而研究这笔巨大投资由谁承担，调来的水卖给谁，什么水价，如何收取，如何还本付息，如何管理运行维护。要解答这些问题，可能比技术问题还复杂。但非弄清不可。否则工程也上不了。

最简单的办法是计划经济时期的做法，一切由国家投入，水是无偿或低价供应，分配由行政说了算，管理、运行、维修也由政府包下来。这种做法今天显然行不通了。工程必须按现代化体制和机制来建设和管理，水不可能无偿供应。但这只是问题的一面，问题还有另一面。"南水北调"还起有巨大的社会效益和环境效益，影响国家的可持续发展，因此也不能完全根据市场机制来行事。主体工程只能以中央投入为主，配套工程可分层次由地方和受益集团及个人分担。水是有偿供应的，但须分别定价。必要的生态环境用水应是无偿的，灌溉用水应是低价的，城市和工业用水应是保本微利价，而且要分行业、城市分别定价。在计价收费中，还应有数量上的差别，即在耗水定额以下为基本价，超额愈多，水价愈高，直至征收惩罚性水价。不同季节、不同保证率的供水水价，都应有别。此外，不仅是对调水收价，对一切地表水、地下水都应收费，只有雨水才不要钱。水价政策还不仅限于供水，对废水排放和治理都要有所规范和导向。水价确定是有力的杠杆，研究、制订合理的水价，无比重要。由此也可知要由调水管理部门直接向各用水户收费，是行不通的。只能通过分析，定出一个综合水价，包给地方政府趸售出去，由地方政府掌握、调整。

"南水北调"不会是个盈利工程，要做到还本付息、自我完善与发展是困难的。所以，国家在融资、还贷、贴息、移民各方面要有倾斜和优惠政策，地方政府要做贡献，而不是"雁过拔毛"。牵涉到的各省、市、部门、基层乃至群众，都要从大局、全局和长远利益着想，多作贡献，少设障碍，少想点局部利益，要有点"龙江精神"。在中国，许多合理的水利规划未能实施，一不是技术困难，二不是资金问题，而是各地区各部门利益难调。有的领导同志开会时，慷慨激昂，生怕丧权辱国（他那个小王国），甚至发展到水利纠纷，发生械斗。这种教训值得吸取。对于水利规划，确应慎重研究、考虑历史因素，兼顾各方利益，协商确定，协调时要充分发挥民主。但总有个最佳方案，一个方案总是有得有失。规划一经制订、审定，就必须执行，不能再存在什么协调问题。关键是要有江水英式的领导干部。人事部门在考核提拔干部时，查年龄、查文化、查政绩、搞民意测验，我说还应考核他有没有大公无私的全局观点。有人说，这怎么考核？我认为，一位领导在涉及全局和自身利益有矛盾的问题上的表现，就是最好不过的亮相，足以鉴定他是不是一个可担当大任而不是鼠目寸光之辈。我建议人事部门来个微服私访，参加几次水利纠纷会议，这对考核干部本质是大有好处的。

四、关于从西南调水问题

上述"南水北调"是从长江上、中、下游引水北调，如东、中、西三线都按最终规划实现，每年约有近五百亿立方米水北调，接近一条黄河水量。对长江流域有多少影响，尚需深入研究。中国西部幅员占全国之半，大部分是干旱、半干旱地区，甚至是沙漠、荒漠。有的同志认为，水是关键，有了水就可以大发展，搞得和东部一样，"再造一个中国"。于是主张从更西南的澜沧江、怒江、雅鲁藏布江、也包括长江上游干支流、大量调水北上，调它一千几百亿甚至两千亿立方米水。这样的文章已发表了不少，各有其设想和理由。有的出了书，有的在媒体上炒作，有的报送中央，有的流传海外。我认为这种做法没有好处。我不怀疑提出这种设想的人，多数是忧国忧民的志士仁人，但"先生之志则大矣，先生之行则不可"。不仅这种方案的艰巨性过大，投入达天文数字，许多困难现在还难以想象，而且有无这种必要性就是个问题。我们以往总是强调"人定胜天"，强调要"征服自然、改造自然"，这种提法不全面，使我们吃了很多亏，欠下不少债。现在应该学会适应自然，与自然和谐相处，在可持续发展的前提下，合理开发和建设。我国人口高峰可达 16 亿，是否要分 8 亿到西部去？我们现有耕地约 20 亿亩，是否要在西部再开发 20 亿亩？西北的面貌就是干旱沙漠，这是千万年的历史发展和自然条件形成的，有无可能和必要将其改造成和江南一样，处处绿树成荫、稻浪滚滚，才算是山川秀美，还是医治一些创伤，保留它"风吹草低见牛羊"的面貌更好一些？这些都值得深思。对西部，对大西北的自然条件、资源条件、开发规划做些研究是必要的。但不能凭一些想象，就认真地做起大西线调水可行性研究，甚至成立筹备处，那是荒唐的。要防止一些好大喜功的领导人，头脑发热，醉心于这天上掉下来的大馅饼，把该办的事都耽搁了。在这里，媒体误导的关系极大。社会主义的传媒应该有原则性，不应光追求轰动效应，要对人民负责，对历史负责，多做些调查研究，少一些哗众取宠。总之，从雅鲁藏布江调水到新疆、天津之事，目前还是先作为科幻小说的题材来写较好。别把它当一件正经事来对待。我对它的评价是一副对联，上联是"画饼充饥"，下联是"痴人说梦"。要加个横批就是"信口开河"。你读了所谓的"大西线调水可行性研究报告"后，就可体会古人留下这句"信口开河"的成语是何等传神了。

展翅腾飞的南水北调工程

最近，中央和国务院原则通过了南水北调工程的总体规划，并批准三项单项工程开工或列项。我完全拥护中央的英明决策，并深感振奋。

北方水资源严重短缺，成为制约经济发展、人民生活提高的瓶颈和破坏生态环境的主因，这是个不争的事实。长江每年有近万亿立方米的水进入大海，适当调水北上，从宏观、全局、远景观点看，都是势在必行的。由于调水量不可能太多，实施了南水北调工程，北方地区依然缺水，需要全面建设节水型社会、补充新水源和废水回用。

几年前，我曾反对南水北调工程草率上马，理由有三。一是一些地方、部门乃至社会风气不重视节水治污和高效合理用水，眼睛只盯住调水，竟想要水争水，非常有害。所以我说过大调水会引起大浪费、大污染、大破坏。二是过去个别领导把东、中线对立起来看，急于求成，以至论证不深入、问题未查清、数据不可靠、审查不严谨，如果这样搞南水北调工程，恐怕将造成严重后果。三是对投入、产出、筹资、还贷、运行、管理、生态环境影响、各种政策措施等研究不够，问题很多。因此，我认为对这样宏伟的工程不可急于求成，必须谨慎从事。

经中央、国务院领导重视，多次听取各方意见，作出明确指示，拨正了工作方向。水利部根据中央指示，重新作了全面深入的规划论证，广泛听取意见。投入之多、研究之深、历时之久，都是少见的。提出的总体规划比较符合实际、切实可行。目前我国经济实力强大，科技水平提高，已有条件实施。关于水市场，由于城市要发展、经济要增长、环境欠账需偿还，只要总水价在合理范围内，一定的市场是有保证的。当然，工程得分期分批实施，调水规模宜从小而大，就可立于不败之地。中线调水应以供城市用水为主，因此我仍建议中线过黄后可分高低两路，高线只供城市，保证率高，水量有限，还可研究采用管道的合理性。

我呼吁长江流域有关省市、人民要从大局出发支持调水工程。这样的跨流域调水不可能对调出区没有副作用。例如从汉江调水总会对中下游有影响，东线工程也会给江苏和上海带来些问题，西线调水当然减少长江流域水电站的效益等，这些不可回避。但从宏观和大局看，调水是必需的，调水量与长江径流量比是个小数，问题应当能解决。因此我们要热情支持调水工程，问题要查清，并采取措施尽量解决或补偿，但要实事求是，不可夸大，永远要发扬"龙江精神"。

在筹资和管理上，我认为南水北调将调整全国水资源布局，不是盈利工程。干线工程就应是公益性工程，政府行为。应增加政府投入，对贷款贴息，筹集的"基金"是受益区人民所作的贡献，人民可以参与监督，但不必计较"占有产权"，正像人民集资修防洪大堤一样。项目法人只负责建设，建成后作为运行管理单位，按合同收取水

本文于 2002 年 11 月 30 日在《中国水利报》上发表。

费还贷和组织后续工作，不要搞成企业。干线以下的配套工程实行市场机制。

关于西线工程，其投入更巨，以调水去发展工农业甚至供给城市都"不上算"。实际情况是，黄河严重缺水，上游段是主要产流区，目前大部分水量下泄给中下游利用和维持生态。随着西部开发，上游地区用水量势必大增，如不从西线补水，一是黄河水量供需无法平衡，二是生态更无法保护。所以西线工程更应是政府行为，并应由全流域分担投入。还应指出，西线调水只能进入深切的黄河河谷，解决不了地势远比黄河为高的西北内陆河流域的缺水问题。

最后，南水北调工程的研究、规划、设计工作已做了几十年，现在的东、中、西三线布局、分期实施、逐步发展的规划是合理的。由于全国人民关注调水工程，不断有人提出设想或建议，应当欢迎人民的积极性，认真研究，将合理的意见吸收到设计中来。但这些建议毕竟缺少资料和过细的研究设计，想象的成分更多一些，不能因此而打乱已定的部署和步伐，否则"朝令暮改"、"筑室道谋"，是无法顺利实施这一宏伟工程的。

在长江委设计院南水北调中线
汇报会上的发言

材料很多，要回去仔细消化。今天会议主要听取对两个问题的介绍，其一为丹江口加高，其二为穿黄工程。本来不宜发言，今天算是信口开河，姑妄言之。

丹江口大坝加高是在老坝上加高，大家都很关心。从战略上认识，大坝加高是可以做好的，理由是：

（1）仅加高 13m，加高的幅度不高；

（2）加高范围的基础在建坝的同时就已搞好，不用现在考虑基础问题；

（3）现在科技进步了，手段先进。

因此我相信一定可以搞好的。但也要指出，大坝加高问题毕竟很复杂，大坝年龄已三十多年了，再绑上一块混凝土，因此战术上一定要重视。长江委过去做了许多研究工作，若有可能，请给我提供一些资料，好回去研究。

一、丹江口大坝加高

（1）新老混凝土结合，老坝是要吃亏的。因为新增的水压力荷载，老坝承受多，而新坝承受小，我只是分析，未见到你们的计算结果。大家对新混凝土要求不要太高，否则会导致水泥用量过高，反而不利。对新混凝土的级配、水泥用量、标号应尽量放低，使其对老混凝土的不利作用小些。

（2）新老混凝土接触面有垂直面和斜面两种，据说斜面结合较好，垂直面难免张开。新混凝土浇筑后，要经很多年才能稳定，在其变化过程对老混凝土是有不利影响的，应该采取什么措施？还有外贴混凝土总有下滑趋势，这对老混凝土是很不利的，要想办法减小这种不利影响。就新混凝土而言，体积变形是越小越好，若能做到微膨胀更好，要尽量减小水化热温升，降低入仓温度。

（3）所提出的浇筑方案，有直接浇筑的，还有预留宽槽的。我认为直接浇筑总是不太好，以预留宽槽为好。在如何预留宽槽问题上，是否还可以考虑一些措施。如在斜面上放置一些预制模板，使之与老混凝土之间留出宽槽来，让新混凝土与预制模板接触，这样在新混凝土收缩时，不会对老混凝土造成不利影响。总之要使新混凝土发生体积变形时，对老混凝土的影响降低到最小。介绍中称可保证在接触面上有 2kg/cm^2（$1\text{kg/cm}^2=9.8\times10^4\text{Pa}$）的压应力，我不太相信。以上发言算是给大家提供点思路，相信你们能把这个问题解决好，对此我还是乐观的。

二、穿黄问题

去年水利部水规总院开了两次会议，会上专家们都发表了很好的意见，我完全赞

本文是作者 2003 年 1 月 9 日在长江委设计院南水北调中线汇报会上的发言，由长江委符志远根据笔记整理，未经本人审阅。

成。穿黄工程经过多年的研究，在线路上搜索到了李村线和孤柏嘴线，在过河结构型式上集中到了渡槽和隧洞两种方案，相互组合无非是四种方案。如果采用孤柏嘴线隧洞方案，过河隧洞宜采用 3.5km；从科研角度，认为 3.0km 就可以了是可以理解的，但设计是要留有余地的，采用 3.5km 方案，将隧洞出口放在新蟒河以北，不影响黄河行洪就比较好。

在孤柏嘴线上所研究的隧洞方案中，你们推荐了一竖一斜方案，我赞成，选择很合适。

采用盾构法施工没有问题，这也是明确的。

隧洞采用双层衬砌很合适。双层衬砌是联合受力好还是单独受力好？从理论上，联合受力会省一点，但有些问题难以弄清，而单独受力方案，受力明确，但内衬需要施加预应力，有办法解决就很好，如果技术上没有什么问题，投资也在接受范围内的话，我也是赞成的。对于联合受力方案我不好说死，还可研究一下。

隧洞穿黄有很多优点，也有缺点。例如渡槽为地面结构，一览无遗，发现问题，检修方便，这是它的优点。不过今天听了你们的介绍很有启发，像检修、不均匀沉降等问题你们做了很多工作，问题解决得不错。但也要多存一个心眼，有些问题是难以精确弄清的，要留有余地。

总之听了介绍后，我很相信你们会把穿黄的设计工作搞好。

在南水北调中线一期穿黄工程专家
座谈会上的讲话

经过两天半的紧张工作，南水北调中线一期穿黄工程专家座谈会就要结束了，我想专家们的意见已经扼要的总结在会议纪要中，就没有必要再重复了。在这里，我只想说几点：

（1）这次我们邀请到 21 位有经验的专家，还有近 70 位代表，我们特别邀请到来自上海、中铁、中隧、总参等单位的专家，他们对盾构掘进有很多丰富的经验，他们在会上发表了意见，传授了经验，我相信这些意见能够给建设、设计、施工单位的领导和同志们起一点参考、启发、促进优化设计的作用。

（2）纪要只能够把专家们最重要的意思表达出来。实际上专家的发言范围很广，大家的意见不可能都写在纪要里面，很多的专家把主要的意见写成提纲交给了我们，使我们大家有一个比较完整的参考，建议会议把专家写的提纲印出来供大家参考。

（3）专家们的意见、建议很多是一致的，特别是在重要问题上是一致的，但是在一些具体建议上有一些不一致，这是正常的。讨论中必须要不受拘束，才能听到各方面的意见，尤其这次会议是座谈会，不是执行会，更不是审查会！允许求同存异。张基尧部长在开幕式中很客气的讲，对专家们提出的问题和建议要认真研究、落实。我愿意代表专家们诚恳的表示，我们讲的意见供大家参考。大家能够认真研究我们的意见，选择对的采纳不对的参考，我们感到十分的高兴，不存在落实的问题，这不是我们的谦虚，是实际情况。下面想说一点我对穿黄工程的认识和想法：

我能够出席这次座谈会，真的是一个难得的学习机会，深深感到中线穿黄工程确实是一个世界级的难题，对工程界来讲确实具有挑战性，有一些困难和挑战。有关单位的介绍中也讲得很详细了，但是经过现场考察和仔细的学习，听了专家们的发言，我感到我们还是有很大的优势，有利条件大于挑战，下面我想简单说一说，也起一个鼓劲的作用。

从自然条件讲经过这么长期的详细的勘探，地质条件是清楚的，不会出现大的变化。施工中会遇到一些困难，但不会出大事。虽说，我们在掘进中可能会遇到孤石，但是不可能频繁地遇到。我们可能会在施工期遭遇特大的洪水，但在施工中都做了考虑。依靠可靠的预报，做好一切必要的准备，暴雨、洪水不会给我们的施工造成太大的困难。

从工程条件方面讲，穿黄隧洞长 3.45km，洞径是 7m，外水压力 38m，这些数据都难不倒我们，应该坚信我们的能力和经验一定能够克服它。更重要的是人的问题，我觉得穿黄工程的力量，不论是设计、施工、监理和组织管理部门，都是最优秀的，

本文是作者 2006 年 4 月 27 日在南水北调中线一期穿黄工程专家座谈会上的讲话。

有这方面的经验和能力；我们采用的设备和机器，都是一流的；我们所做的准备工作，包括科研工作是非常细致、周到和高质量的；我们对困难是有所预计的，而且是从最坏的地方着想的。我认为只要认识它、重视它、研究它、认真地对付它就不难了，正是由于上面一系列的天时地利人和的条件。我敢相信在这一场战争中我们一定会取得胜利，这也是全体专家们的共同心声！

当然上面可以说从战略方面讲的，从战术方面讲就要求针对每一个细节问题做一丝不苟的准备，不抱侥幸的心理。这些问题专家们都讲得非常的深刻，我这里对少数几个问题来强调一下。

（1）专家们一致对盾构始发段给予极大的重视，我们一定要采用最适合的措施加固始发段，必须尽快地做试验，保证旋喷的质量。必须增加一些辅助的加固措施，专家们提了很多，有的是水平旋喷，有的是灌浆加固，施工单位也有一些想法。建议设计部门能够尽快地研究决策。而且不单是加固，还必须在井外加强降水的措施，把水位降下去，一定要确保脱壁以后不发生涌水、涌砂的情况。我们一定要采用最合适的固壁，一定要紧密的封堵，保证正常的施工，这个问题是我们开始必须解决的大事。

（2）做好盾构掘进中遇到孤石、树根等准备工作。加强超前勘探很有必要，小的孤石可以由盾构机自己破碎，太大的就准备进人入仓处理。虽然这方面的几率很低，但是我们要做好这方面的准备，真正要是遇到特别的困难，也可考虑快速的开挖竖井。总而言之做好各种准备和预案，我们就可以立于不败之地。有一些专家建议再加密勘探，特别是进一步摸清河床的情况，这样可以减少风险性，这个意见请建设单位和设计院考虑。

（3）隧洞内外衬的止水设计做得很周详，只要认真的施工，保证质量就能够做到滴水不漏。在材料中介绍的日本方面的经验令人信服，日本人能够做到，我们也能够做到，可以比他做得更好。所以一定以最高的标准，要求自己，这样才能有信心。建议对止水的施工做专门的研究，专人负责、专人检查，每一条止水要精工细做，严格检查验收，责任到人。有的专家建议再加一套止水，这些可以考虑，我认为最重要的是落实的问题。

管片止水质量好不好在安装以后就可以立刻发现，要确实做到外水不内渗，堵截外水内渗的可能。内衬的止水的效果只能够依靠严格的检查，要做 1:1 的模拟试验，看看内衬的设计是否好？只要能够做好止水就不会出现内水外渗、外水内渗的问题。

（4）设计考虑隧洞的衬砌，在两层衬砌中设土工膜和土工布，这个设计的想法我认为很好，但是我总觉得不很理想。实际上，要保证这个双层结构内外衬砌都工作的顺利，恐怕不容易，有一些基础的数据有很大的任意性，这么薄的土工布，一施工是什么情况大家不清楚，所以也可能一切很好符合设计的思想，也要准备不是那么的情况，内衬可能会开裂，结果跟外衬还是共同起作用。而且可能隧洞的土工布可能排不出水，这些情况建议设计单位考虑。究竟是什么情况要到运行的时候才能做最后的结论。

（5）关于纵向变形我个人不认为是十分严重的问题，主要是地质上没有什么软硬大改变的情况。河床的冲淤变化对深埋在下面的结构的影响也是有限的。隧洞在纵向适当的分缝做成锁链的样子这是最好的措施，它能够适应纵向的变形。至于分缝的长度多少合适，可以请设计和建设单位研究确定，既要适应变化，又要减少止水，我个人不赞成加长。

最后我再讲两点：

第一，工程的成败取决于质量。为此我们一定要制定严格的标准，比如管片的制造尺寸的控制要以厘米来控制，制定特别严格的质量标准。

要加强监理、加强质量保证体系，严格执行而且一定要以人为本。质量和安全永远要放在第一位，特别是开始的阶段，特别是当质量、安全和进度有矛盾的时候，更要把质量和安全放在第一位，毫不动摇。

第二，我们永远做最不利的打算，准备好一切预案，包括人力、物力和一切的管理措施。只要我们永远做最不利的打算，我们永远能够胜利的完成任务，做好穿黄工程，不断的创造纪录，向国家和人民交出一份最满意的答案。

在南水北调中线干线京石段工程建设质量
检查评估会闭幕时的发言

经过五天来的紧张工作，南水北调中线干线京石段工程建设质量检查评估会议即将顺利结束。这次会议开得很紧凑、有效和顺利。我本人因身体健康情况欠佳，又同时参加着其他一些会议，未能全力以赴参加会议，去工地也只在四环线一带看了一下，感到十分歉疚。尽管如此，我还是从同志们的汇报、工地的考察和专家们的讨论中获得很多收益，使我对中线工程京石段的设计、建设和管理情况有所了解，对工程质量和建好工程的信心大增。我愿借此机会向各位专家和参建各方表示衷心的感谢和祝贺。

关于专家组对中干线京石段工程建设质量的评估意见和建议，刚才三位组长已做了综合发言，我没有必要再重复，只想简单地归纳以下几点体会，不是总结，供大家参考。

一、这次会议开得很成功，取得了预期效果

会议是在 11 日开幕的，上午听取了领导的讲话和有关单位的全面综合介绍，然后分成北京段、漕河渡槽段和河北段三个小组，分赴各工地进行现场察看，阅读资料，座谈，各小组专家进行讨论，形成小组意见，今天上午由全体专家集中讨论通过，下午专家组与中线局和所有参建单位交流沟通，方才有关同志也表了态，取得一致看法。最后将整理形成正式文件，以供上级参考。

会议之所以能取得较好成效，首先应归功于各位专家和代表的全力以赴，认真努力，甚至日夜辛劳。同时还要感谢调水办和中线局的高效组织，参建各方的周到准备，提供了详尽的资料，工地上同志们热情陪同，仔细介绍，有问必答。可以说，会议结论是大家共同努力作出的。当然最重要的还是参建各方包括设计、施工、监理、科研和各级管理单位的出色工作。如果工地上问题成堆，事故不断，怎能较快取得一致意见呢？

二、京石段建设已取得可喜成就

根据三个分组的详细调查分析，可以认为，迄今为止，京石段建设已取得重要和可喜的成就。

在进度方面，各标段都能克服困难，创造条件，及早进驻，开展工作，总体进度能满足规划要求，只要不松懈，有望如期在 2007 年底建成，为 2008 年 4 月奥运会前通水输京创造条件，完成应急工程任务。

在质量方面，所有分部工程和单元工程的合格率都为 100%，没有发生重大质量事故，工程质量在控可控，总体情况良好。

本文是作者 2006 年 12 月 15 日在南水北调中线干线京石段工程建设质量检查评估会闭幕时的发言。

在安全、环保、社会方面，能做到文明施工、和谐施工，没有发生重大的安全和环境污染问题，没有出现社会不和谐情况。

这些成绩说明：工程的设计基本上是正确、稳妥、符合客观情况的而且随着工程进展作了合理优化。质控方面已建立了各级质量监控体系，基本上得到执行，使从原材料的试验选购到具体施工、监测、检查、验收各个环节得到控制。不少监理单位能做到认真负责、尽职尽责。尤其建设单位能高水平地进行组织、协调和管理，能取得基层政府和当地人民的理解与大力支持。

这些成绩还说明：京石段工程的建设是以科学研究为基础的，是有所创新有所前进的，我们在许多工地上都看到新材料的试验采用，看到引进或自行研制的高效施工设备，都有力地证明这点。

专家组为京白段施工所取得的成绩感到高兴，并向中线局和所有参建承建单位表示祝贺。

三、在成绩前正视差距，不骄不躁，保持荣誉，继续努力

尽管如上所述，京石段的建设已在各方面取得好的成绩，但也不是已达到理想水平，仍然存在某些不足、缺点，以及有待改进的地方和有待解决的问题。我只点几个问题：有些事故，如西四环暗涵二标放线偏差，纠正后也许并未造成严重后果，但其性质却是低级的，不能容许的，从这些问题上可以看出职工的责任心还不强，管理环节中还存在漏洞。有些问题影响较大，尚未得到最后确证或最终解决，如某些部位的碱骨料问题尚未下结论，漕河段渡槽大量裂缝的影响、处理和今后避免问题，西四环暗涵一二衬之间可能存在空隙的影响及消除问题，等等，都需继续检测、试验、研究和解决。有些制度虽已建立，并未得到严格执行，如对质量的评定较松，有的监理单位没有做并行抽检，质量缺陷的记录不全，设计变更未履行批准手续，等等，今后都要坚决纠正。各组专家对此都有详细论述，提出建议，希望能引起业主和参建各方的注意，认真改进，择善采纳。

也许有同志认为，中线工程没有高坝大库，出不了什么大事。我们万万不可以有这种思想。我认为，对于南水北调工程，我们要以最高的标准来衡量自己的工作，不能只满足于及格。这不仅由于南水北调是全球瞩目的伟大水利建设，关系着国家的信誉和人民的幸福，就从实际情况来看，一千几百公里长的线路，无数座大小工程，如果不能做到质量一流，一个地方出事就全线停水，甚至引发灾祸。即使不出大事，如果建成后这里坍陷，那里滑坡，这里渗漏，那里开裂，众多部位都要维修，你让运行部门怎么办？所以对一个单元工程来讲，似乎规模不大，对全局来讲却关系非小。我们要使自己设计修建的每座工程都是不留尾巴安全可信的工程，在一定时期内是可以不必维修、放心使用的工程。建议同志们都能以这么一个标准来要求和衡量自己的工作。

四、团结协作，为建好南水北调中线工程做出贡献

南水北调工程是我国科学配置全国水资源、缓解北方地区缺水困境的战略性伟大工程，是史无前例的巨型跨流域调水工程。和三峡工程一样，她是几代中国人民的梦想，是人类水利建设史上的奇迹，她的建成不仅将造福国家和人民，而且将和长城运河一样永垂不朽。而中线工程又是南水北调三条线中先开工和意义与作用最大的一条线路，其中京石段又是中线最后送水进京的一段，是保证奥运用水的应急工程，其意义之巨大已不必重复说了。我相信所有承建的单位和同志们都为能亲身参与这一伟大建设而感到无比自傲，同时也承受着巨大压力。

如此巨大的长距离跨流域调水工程世上罕见。调水工程成功的实例不多，失败的教训不少，对南水北调工程提出质疑和担忧的人很多，中东线开工后出现的情况与问题不少。如何建好南水北调工程，使她有利无弊，发挥效益，为民造福，这是摆在我们面前的巨大挑战也是神圣任务。当然，南水北调工程牵涉面极广，不是少数单位少数人能解决的，但只要所有参建的单位和同志都能把自己分内工作做好，再复杂困难的问题也能解决。所以我们在关心调水工程的全局的同时，首先关心自己的任务。我们的任务就是要保质、保量、保进度、控制造价、建好中线的干线工程。上面说过，不要看中线的干线工程没有高坝大库长洞，线路如此之长，建筑物和标段如此之多，沿线条件如此复杂，参建的部门和单位如此之多，只要有一个地方一个部门出问题，就会影响全线发挥效益。要全面控制质量、进度和造价绝非易事。

同志们：我们已经开了一个好开头，现在的问题就是保持荣誉，继续努力，改进提高，始终把将南水北调工程建成一流全优工程作为共同的最高目标，设计、施工、监理、管理各部门都有艰巨工作要做，希望大家在调水办和中线局的领导协调下，团结协作，同心同德，努力奋战，一定能取得最终胜利，一定能把中线工程建成为一座幸福工程、放心工程、绿色工程、和谐工程，让大家的名字永留在中国水利建设史的光荣册上。

南水北调工程的几个问题

举世瞩目的南水北调工程正在紧张施工中，全国人民都十分关心，而且有不少同志提出过一些疑问或建议。前些日子腾讯网科技栏目主持人郭桐兴同志采访了我，采访过程已在网上发布。鉴于采访时间较短，有些问题未能涉及，另外速记也有困难，因此我将答话的记录作了些整理和补充，在《群言》上发表，以供有兴趣的同志参考、讨论和批评。

南水北调工程的意义和重要性

南水北调工程是继三峡工程之后我国正在实施的一项宏伟水利建设。它是一项跨流域、远距离的调水工程，即：将南方长江流域的水适量调到北方水资源最短缺的黄河、海河、淮河流域。本质上，它是一项国家层面上的、战略性的、跨流域的水资源调配工程。南水北调工程实施后，黄淮海地区在厉行节约用水、高效用水、科学用水的前提下，补充了北调水，可以满足国民经济可持续增长及人民生活水平合理提高的用水需求，可以缓解和修复已经很严重的生态环境破坏问题。所以它是为子孙后代造福的工程，是符合科学发展观的工程。它将为我国南北地区的均衡发展和构建和谐社会做出重大贡献。它的规模、重要性、复杂性和深远影响比三峡工程有过之而无不及。所以它由国务院决策，主要依靠国家的力量进行修建。

南水北调工程实施现况

根据批准的规划，南水北调工程分东、中、西三条线路分期实施。东线在长江下游江苏扬州附近提取长江水，大体上沿着（和利用）大运河水系北调，经过苏北、到达苏鲁交界的南四湖，过鲁南，入黄河南岸的东平湖，分一支输往胶东，其余在位山穿过黄河，沿运河和津浦线进入河北东部到达天津。中线在长江支流汉江上的丹江口水库取水，修建封闭式渠道和隧洞，沿东北方向进入河南南阳，转向北在郑州附近穿过黄河，沿京广线方向进入河北，经邯郸、石家庄、保定等城市到达北京和天津。西线在四川省长江干支流大渡河、雅砻江、通天河上游筑坝引水，穿过巴颜喀喇山进入青海，调进黄河上游。东线工程将分两期实施，中线工程分三期实施，目前正在实施东、中线的一期工程，西线尚在做前期工作。

东、中线一期工程是 2002 年 12 月批准开工的。东线一期工程调水 39 亿 m³（如包括江苏已有的抽江水量共为 89 亿 m³，最终规模达 145 亿 m³），中线一期工程调水 95 亿 m³（最终规模达 130 亿 m³）。这两条线都长达一千几百公里，所以都分段、分单

本文发表在《群言》2007 年第 6 期上。

项工程进行建设和管理。像中线工程分为水源工程（丹江口大坝的加高）、穿黄工程、输水干渠的黄河以南段、黄河以北至石家庄段以及石家庄至北京段和至天津的干渠，还有为汉江补水的引江济汉工程，等等。东线工程有许多提水泵站，输水通道多利用和改造现有水系，包括苏北的江都至骆马湖、南四湖段、南四湖至东平湖段，等等。许多干渠和单项工程都在抓紧施工，少量项目已完成。总的说来，工程进展比原规划进度有所拖后，但只要努力，东线黄河以南段可争取在今年底或明年基本通水，中线的北京至石家庄段明年基本上能建成通水，全线在 2010 年通水。开工至今约已完成200 多亿元投资，包括大量征地、移民、治污截污、生态补偿等工程。困难虽多，南水北调一期工程的建成投入运行是将要实现的事了。

关于社会上对南水北调工程的质疑

对于一项巨大的工程建设总会有些不同意见，这是正常的。社会上对南水北调工程也有种种议论，主要有以下几类：一是认为南水北调工程应该像三峡工程那样提交人大审议表决通过后再开工。二是认为由于厉行节水，近年来北方许多省区、城市的实际用水量已经零增长甚至负增长了，还需要搞南水北调或还需要这么大规模的调水吗？三是怀疑调水的成本和水价很高，运行管理困难，受水区能否接纳，工程可能变成"晒太阳工程"。四是怀疑工程的投资会不会变成无底洞，等等。这说明人民关心国家大事，对此，应采取欢迎和认真研究的态度。

我对这些意见的看法是这样的：

1. 是否应提交人大审议问题

三峡工程提交人大审议表决有其特殊原因。当时国家经济实力还较弱，三峡工程的规模和投入空前，有人担心兴建三峡工程将引起物价飞涨和经济崩溃，此其一。第二，三峡工程从论证起就有一些人强烈反对，其中不少是很有影响的高层人士。第三，有些别有用心的人以反三峡作为反党的工具，到处宣传三峡工程是共产党不顾国情民意强行上马的秦始皇式的暴政。他们不仅宣扬三峡工程会带来灾难性后果，更污蔑共产党如何残酷地压制不同意见，说所有赞成修建三峡工程的知识分子都是失去大脑和良心的泥娃娃，只有反对派才是民族的脊梁…他们极尽造谣煽惑之能事，很具欺骗性。对此，国务院除进行公开、民主的论证外，组织了无数次人大代表、政协委员和各界团体进行实地考察，最后还决定将兴建三峡的议案提交人大审议和无记名表决，是有深意的。

当前国家经济实力与那时已有天地之别，南水北调的规模虽也很大，但其投入占国家基建的比例已很小，在前期工作中各界人士都认为这个工程是必需的，并没有全面否定的意见，更没有人把它牵涉到政治上去，因此并无必要提交人大去讨论。我国当前的建设规模史无前例，投入达数百亿、上千亿的工程很多，如果都要送最高立法机构去审议是不可行的。

2. 受水区实际用水量零增长问题

根据统计资料，近年来，我国、特别是北方缺水地区的实际用水量有零增长甚至负增长的现象，这是件大好事，但必须对之作深入和实事求是的分析，不能只看表面数字。

首先要分清，一个城市或地区的"合理需水量"和"实际用水量"是不同的概念。所谓合理需水量，是指这个城市或地区在保证持续发展和人民生活水平合理提高、保证生态环境健康清洁的前提下所需要的水量。一般讲，在发展初期，尤其在工业化过程中，需水量总是不断增长的，但随着经济结构的调整优化，科技水平的发展，用水效率的提高，需水量的增长率会不断减低，最后达到零增长或负增长。这正是我们追求的目标。显然，要达到这一步，需要经济发展到一定规模、经济结构优化（改以高新技术、高产值企业和第三产业为主）、城镇化已基本完成、生态环境已得到确切保护、社会上节约风气已经树立才行。我国恐怕尚未达到这一境界，需要千方百计加紧努力，以跨越式的速度早日达到这一目标。

合理的需水量是一回事，但如供水资源不足，政府和有关部门就只能采取行政、经济和其他手段限制用水，这个用水量就是实际用水量。显然，如果以制约发展和限制人民生活提高以及破坏生态环境为代价，使实际用水量零增长，乃是没有办法之举，也是难以持续的。

以北京为例，1997 年用水 40.26 亿 m^3，2005 年用水 34.5 亿 m^3，用水量有所减少，这里面确实有大力节水、高效用水、发展高新技术产业和第三产业以及加强管理、杜绝浪费等等科学因素，这些都应肯定，应该向做出贡献的单位和人们表示敬意。但是也要看到，这些年来大量耕地被占用或废弃、减少了农业用水，将首钢等耗水大户迁走，减少了工业用水（迁到唐山仍然是缺水地区），几十万外来民工住在破陋危房或地下室中，根本谈不上合理用水，更重要的是年年超采地下水近 10 亿 m^3，原来地下水位离地面不远，现在已下降几十米，马上要枯竭了，这些现象难道能继续下去吗？其他地区也类似，甚至比北京更严重。总之，根据北方受水区水资源的极度匮乏，而且今后会愈来愈少，经济结构在短时期内难望优化到理想程度，要全面改造设备和工艺提高用水效率还需时日，人口还将不断增长，城市化还将发展，更多的农民还将进城，尤其是生态环境恶化已达到"有河皆干无水不污"的不可容忍程度，急需修补恢复等等情况来看，我认为北方受水区的缺水是毫无疑问的，南水北调，至少一期工程是必须进行的。如果光看表面统计数字，对已经进行的工程又举棋不定，停顿论证，可能不是明智之举。

当然，任何规划和预测都不可能绝对正确，这也是南水北调采取中、东线先上并分期建设的理由之一。所以这些专家提出的意见应该重视，应对受水区的有关问题进行更深入的追踪、调查、分析和研究，如果确有可靠依据，认为已批准的南水北调规划需要调整，可以通过法定手续修改，调整二三期工程和西线规划。同样理由，我也反对另一些专家提出的将中线工程不分期一次建成的意见。

3. 关于水价、受水区的接纳和水资源调配问题

南水北调千里调水，投入很高，包括治污、水保、移民、征地、物价上升、贷款利息等等影响，东、中线一期工程的动态投资可能达二千三四百亿元，平均每立方米调水的代价将达十七八元，如果全按市场操作，供水成本和水价将远远高出当前水价，

那么，受水区怎么接纳这种天价水，这么复杂的工程又怎么管理、运行呢？

这确实是个大问题。我的简单看法，南水北调工程不是营利工程，管理机构不是谋利的企业，这是一项从全局利益考虑，为子孙造福，体现国家意志的公益工程。其投入的绝大部分应该是国家投入（包括中央财政和地方财政的拨款，为南水北调设立的各项基金以及发行特别国债等），银行贷款和售水收入只能占较少部分。国家每年征收那么多的税，除了开支行政费用养公务员外，就要做些"无利可图"的事，像国防建设、教育科技、社会保障、扶贫……连银行的坏账都由国家埋单，为什么不能拨一点钱建设南水北调工程呢？

但这么说，绝不是意味着无偿或低价供水给受水区，如果这样做，不但将使调水工程成为财政的永久负担，而且会影响受水区的节约用水和高效用水，甚至出现调水愈多、浪费愈大、污染愈严重的恶果。总的来说，调水的平均水价应该大致与受水区目前的平均水价相当或稍高一些，要在受水区用户可以接受的范围之内（而且是分类定价），能满足工程运行、维护、更新和部分还贷要求。水价的确定，既要满足受水区的科学发展、人民生活的合理提高、生态环境的恢复改善之所需，又要在受水区能接受的范围内，并能有利于促进节约用水、高效用水，也不能变成国家长期负担。这与其说是一个经济问题，毋宁说是一个政治和社会学的问题，而且要取一系列的政策和措施，才能达到这个综合目的。

受水区既有当地水资源，又有外调水，应该怎样合理配置利用呢？现在的提法是先尽量利用当地水资源，不足时再用外调水。我很怀疑这种提法，这样做会产生种种不利后果。我们要注意在目前的条件下，缺水地区的用水原则是：先保障城市和人民生活用水，然后是工矿企业用水，最后是农业用水，至于生态环境用水根本不在考虑之内，以至"有河皆干，无水不污"。这样做不仅难以为继，而且祸延子孙，这种情况再也不能继续下去了。实施南水北调，就是要改变这一局面。既然国家已投入如此巨大的资金、物力和人力，完成了这一伟大的调水工程，只要调水区不遭遇特别干旱年，就应该按规划充分调水，补给北方的城市、工矿、农业和环境用水，要把被城市生活用水挤占了的工业用水还给工业，把被生活和工矿用水挤占了的农业用水还给农业，把被生活生产用水挤占了的生态环境用水（包括大量超采的地下水）还给生态环境，遇丰水年，尽量多回灌给地下和引入黄河冲沙，如还有余水，则尽量储存在调水区和受水区的水库、湖泊、湿地中。

4. 工程投资控制问题

现阶段南水北调一期工程测算的投资比规划时确有较大增加（约增加了 90%）。分析投资增加的构成，有一部分是工程方案和工程量的调整，这是要由设计部门负责的，但所占比例不大，主要是征地指标和建设内容的变化，增加了水污染防治和水土保持工程投资，更多的是由于征地移民费用的政策调整及价格因素。另外，规划阶段提出的是静态投资，实施中必须考虑建设期物价上涨和贷款利息，即需要筹集的是动态资金。现在这些大问题都明确了，应该讲，投资不会变成无底洞的。

但是南水北调是国家兴建的工程，最容易发生投资失控现象，所以所有建设项目都必须严加管理，严格审查，执行法人责任制、招标投标制、建设监理制、合同管理制，加强各级监督力度，全面控制工程的质量、进度和造价。

南水北调工程存在哪些困难和问题，如何解决？

正在实施的南水北调的中、东线一期工程，存在一些工程上的难题，如丹江口老坝的加固加高、穿黄工程、干渠通过膨胀土地段问题等等，但我认为根据我国的科技水平，依靠自己的努力是可以克服的，真正的难题是下面这些问题。

（1）首先还是许多同志担心的南水北调工程能否真正发挥效益的问题。要知道，无论国内外，远距离调水工程成功的实例不多，失败的教训不少。

影响南水北调发挥效益的大问题有二。一是目前国家负责在建的是主干线工程，大量配套工程由地方负责。如果配套工程落后或不建，那调水还是一句虚话。希望国务院南水北调工程建设委员会在抓主干线工程的同时，抓紧检查督促配套工程的建设，也希望地方政府切实负责，务求同期建成。二是工程建成后的体制机制问题，也就是上面讲的水价问题、运行问题、各种水资源的统一管理和调配原则问题、各种规章制度的制定问题、各方面的责任和关系问题。这些问题不解决落实，水到了门口也用不了。那就真正成了晒太阳工程，这将是对国家和人民的犯罪。我希望国务院南水北调建设委员会能抓紧组织研究落实，也希望各地方、各部门都能以大局为重，放弃私利和成见，通过协调，取得共识，制定制度并信守诺言，坚决执行。我想，南水北调是国家层面的水资源配置工程，是以国家之力建设、体现国家意志的行为，其管理权也应由国家掌握和行使，有关地方、部门和管理机构都应在秉承国家意志的前提下分工负责。如果不这么做，各自为政、各行其是、各谋其利，或企图完全依靠市场机制办事，恐怕是不行的。

（2）中线工程缺少足够的调节能力问题。中线工程缺少大型调节水库，使得在合理调水用水上存在很多困难，我希望尽可能再为中线工程找一些调节水库，并建议把丹江口水库、所有与主干线相连的现有水库以及有关的湖泊洼地由国家授权的调水机构统一管理调度，以发挥最大最优效益。

（3）东线工程水质污染问题。东线工程主要利用现有河道湖泊调水，因此存在水质污染问题，如不解决，污水北调，后果严重。污染最严重的是通过淮河的部位，这里大量工矿企业把河道当作天然下水道，直接或不达标排污，对排污总量也未控制。有些人据此反对实施和扩大东线调水。其实在南水北调规划中，对治污截污有严格要求和明确措施，并正在实施，有关政府都列为专项，制定规划，作出承诺。要知道，不论是否实施东线工程，治污是必须做的事，也是能够做到的事，难道能让当地人民永远生活在污水堆里？目前治污效果未如人意，是有些企业和基层千方百计明拖、暗抗、偷排，而上层也未真正严查所致。在共产党领导下的中国，真要下决心做件事，哪一件事办不成？治污未收效是不为也，非不能也。我看到过一份报道，江苏省政府已确立"十一五"治淮目标，干流和主要支流水质要全部达标，我相信江苏省政府，相信淮河流域的人民，这目标一定能实现，一定能把清水调到山东、河北与天津。

最后我要着重说明：我不是水利专家，对南水北调工程所知不多，目前担任南水北调办公室专家委员会主任之职，也只在个别工程建设上起点咨询作用，上面所述，只是一孔之见，定有欠妥之处，供大家参考批评。

在南水北调中线干线京石段应急供水工程
临时通水技术性初步验收工作会上的发言

这次南水北调中线京石段应急供水工程临时通水第二批项目技术性初步验收范围很广，工程数量很多，涉及问题很复杂，验收任务很艰巨困难，历时也很长，但在调水办、专家组的精心组织和各建设单位及承建单位的大力配合下，通过专家们的辛勤努力，圆满地完成了任务，通过了审查报告（包括第一批项目）。方才汪总（编者注：指汪易森）已作了扼要介绍，我因为生病，不能随同专家考察调研，失去了极好的学习机会，还给会议添加麻烦，深感惭愧，只能详细研读各组的报告，作为补偿，下面讲几点个人的学习体会。

首先，对这次验收中调水办专家组的精心组织工作，留下极深印象，近60位专家（有的已很高龄）井井有序地分组活动、综合分析、集体讨论、作出结论。各专家不辞辛劳，深入现场，认真负责。这种精神使我深感钦佩。建设部门和承建单位全力支持，实事求是提供情况，回答质疑，带领查看，更是完成任务的必要条件。这次验收是一次成功的、严格的、和谐的验收，我向全体专家和代表们表示深深的敬意。

其次，根据各设计单位工程的验收成果，专家们一致的结论是：各工程项目已按设计或合同建成（或基本建成），工程形象面貌满足临时通过水要求，施工质量满足设计和规范要求，已评定的分部工程合格率为100%，验收资料完整翔实，在完成一些尾工的缺陷处理后，具备临时通水条件，这就为工程的正式验收和运行提供了技术基础，这是建设单位和承建单位多年奋斗的成果，我谨表示衷心的祝贺！

俗语说，金无足赤，人无完人，如此长距离和复杂的调水工程，在建设中不出现一点缺陷或问题是不现实的，专家组的工作报告中，对存在问题、处理意见和未完工作都有详细说明和建议。对此，我在第一批项目验收时，提过些看法，现在愿意再重复一遍，供大家参考。

（1）对工程中出现的少数缺陷，一是要重视，认真处理，一个也不放过，二是要区别情况，分清轻重。有些缺陷（如表面缺陷、体形少量走样、局部不密实等等），经过处理后已不影响运行安全，可以作为记录缺陷，画上句号。

有一些缺陷，如开挖段渠道衬砌或暗涵结构或隧洞内钢筋混凝土衬砌的裂缝、伸缩缝漏水，PCCP后内衬裂缝或掉块、厂房墙的开裂，等等，经严格处理后，也不致影响结构安全。但在长期运行后如又张开漏水，会影响工程寿命。对这些缺陷，除需严格处理外，还应在运行中加强监测，掌握其变化，必要时作维护性补强。

有些缺陷可能直接影响结构物安全的，如渡槽结构上较大的裂缝，会危及结构安

本文是作者2008年4月29日在南水北调中线干线京石段应急供水工程临时通水技术性初步验收工作会上的发言。

全，填方段渠道衬砌或防水层如开裂、漏水外渗，可能影响土堤安全。除要保证施工质量、细致修补已出现的裂缝并在运行中加强监测外，还宜按最坏情况，做些核算，确保安全。

有些问题需在长期运行后才会暴露，例如碱骨料问题，对极少数不能下肯定结构的部位，要予以指明，长期监视，或补充做些试验研究。

（2）对于未完工程，不仅应急通水前需要完成的部分，必须及时完成，经确认后才能通水，就是对不影响应急通水的部分，也必须有明确的计划，有严格的监督，及时如期完成。特别是未完量较大、问题较多的 PCCP 管段，尤为重点。还要注意，这些尾工无论如何琐碎细小，都不能掉以轻心，哪怕是一道防护栏，一个回填坑，连接几根电线……都要认真做好，有监督有检查，有认可，没有经过完整调试的设备，一定要补做这一工序后才能投运。

（3）对少量设备、结构或试验未完全达到设计要求的，建议由设计院予以论证，或给予认可，或提出要求。

（4）有些工程有调度运行，牵涉到地方或其他部门，有些还要做临时性规定，必须尽早编制审定调度运行规程，使各有关部门都能明了，共同配合、协作，一切因应急供水采取的临时措施，都在今后改为正式永久措施。

鉴于以上情况，建议在正式通水前，请各建设单位按专家组报告中提出的问题、尾工和建议，再做一次全线检查和清理，将成果报告调水办，每座工程每项设备的调度运行责任都要明确落实到人，最好能做几次预操演。汛期很快要到，需设想各条河流今年来大汛，事前考虑好各种意外和应急预案、沿线沿堤的交通，通信必须确保畅通，必要的抢险物资、人力、电源、设备要有所准备。有关消防等问题不可放松。总之，把确保安全运行作为头号任务。

在南水北调专家委员会质量检查专家组
汇报质检情况时的发言

首先，要衷心感谢各小组的专家们，在大热天亲临各工地，对工程建设情况进行深入调研，尤其针对施工质量问题做了细致调查了解，弄清情况、找出问题、分析原因、提出建议，并形成各小组的评估报告。这是非常可贵的第一手资料，需要存档的。请各小组结合今天会议中大家的发言，作适当修改后，把最后的小组评估报告提交给秘书长。

自从南水北调中线涞水渠道段发生溃堤跑水事故后，国务院领导高度重视，做了重要指示。社会上对南水北调的工程质量也有所议论。对于战线长达数千公里，项目多达数百的工程系统，如何管理和控制质量，我也是十分担心的。这次专家们下去调查，也就发现不少问题和情况，如不及时总结经验，加强管理，严格控制，将来建成后出娄子是完全可能的。我们专家委员会要通过这次调查，提出一份实事求是的报告，一方面澄清事实，接受教训，提出建议，促进整改。使南水北调工程的质量管理能上一个台阶，使整个工程能在保证质量的前提下顺利建成；另一方面也使国务院领导和全国人民了解真相，放心、安心。

下一步的工作是要在四个小组评估报告的基础上，集中形成一个综合评估报告，建议请汪易森秘书长主持，将各小组报告的主要内容浓缩精简，后面要有综合性的评价和具体的改进措施。各小组的报告作为综合报告的附件。这份综合报告最后是要送达国务院领导阅看和批示的，要下发到所有基层严格执行的，事关重大，请慎重起草，在专家委员会讨论通过后，还要报请办公室各级领导审阅把关。

真诚希望通过专家委的努力，能够为南水北调工程的胜利建设提供一些帮助。谢谢大家。

本文是作者 2009 年 8 月 22 日在南水北调专家委员会质量检查专家组汇报质检情况时的发言。

在南水北调中线穿黄隧洞工程抗震安全技术研究报告评审会上的总结讲话

在大家共同努力下，这次评审会很好地完成了任务，向大家表示衷心地感谢。下面我总结四点意见：

一是，南水北调中线穿黄工程的抗震安全是一个重要而复杂的问题，国务院南水北调办公室和监管中心对此极为重视，委托水科院进行研究，水科院的专家们接受任务以后做了长期、深入的研究工作，包括材料的动静力特性试验、设计地震度的确定以及地基和隧洞结构的动力分析，不仅工作量很大，研究分析深入，而且采用了一些新的数模和非线性分析的方法，达到了当前国内外有关研究的前沿水平，得出了一批重要的成果，提出了相应的结论和建议，可供技术单位和设计单位决策时作为重要的参证资料，我们对水科院的努力和贡献表示肯定和敬意。

二是，穿黄隧洞深埋于地基砂土之中，地震中衬砌与土体共同震动，土体的均匀位移，不会对结构产生不利的影响，主要在地基性能有变化的部位和衬砌结构体型和刚度有重大改变的部位，可能发生较大的内力，以及接缝的错动、张开、漏水等等后果，是这次分析研究中的重点。在研究中，水科院计算了在设计地震作用下地基内的最大动应力、孔隙压力、残余变形、最大的震陷，隧洞的最大竖向变位、残余沉降差、水平的纵横向残余变形以及管片接缝的张开量，混凝土内的最大应力，等等。总的讲，问题不大，隧洞和地基之间也没有脱开位移，穿黄工程的抗震基本上是安全的，只是在隧洞和竖井接头的地方情况比较复杂，管片的错动张开可能较大。

三是，埋在岩土中的地下结构的抗震分析，比地面结构有更大的不确定性，包括地震动的输入、岩土材料的本构定律以及动力分析中的复杂情况，因此，尽管水科院已经做了大量的工作，说明穿黄段结构的抗震安全是有保障的，我们仍然不能掉以轻心，要多从不利的方面去想，多留一点余地，多考虑些意外时的应急措施，特别是研究在隧洞跟竖井接头段的错动、脱开、止水、破坏甚至散架的可能性。建议，设计和监管单位根据科研的成果和会上专家们的讨论，以及最后的评审意见，做进一步的综合研究，看看现有的设计及施工是否有必要和可能再增加一些可行有效补偿的措施，以及研究加强监测和地震如何能够迅速地检查补偿的问题。科研单位是否也可以继续地做一些探索对比工作，如考虑进行动力模型试验，使我们的成果更加可信。这个工作也不是说在这一次评审会里面可以确定的，我们只是提一个建议，设计和监管单位研究有没有可能，要不要在主要的地方增加一些工作，科研单位研究一下有没有可能再做些试验及进一步的计算工作，要做这些工作，甚至可以安排在"十一五"的科研项目里面。但是具体要不要做，具体做点什么，这不是本次评审会能够定的，我们只

本文是作者 2009 年 11 月 5 日在南水北调中线穿黄隧洞工程抗震安全技术研究报告评审会上的总结讲话。

是提出这么一个意见，请有关单位进行考虑。

四是，水科院的这本研究报告非常重要，建议在现有的基础上根据会上专家们的提问和建议，进一步加以改进和完善。有些专家提出了非常具体的问题和修改的建议，可能有些是专家们的误解和不清楚的，但是很多意见、建议水科院加以考虑、进行修改，我有一个笼统的感想，这一本工作报告的内容很广，是由很多同志分别承担研究的，是集合了各个部门提供的原稿集合起来形成的。所以，这本报告应再做一次全面的综合和统稿。地基的土动力特性部分差不多占到整个报告的一半的篇幅，但是这些篇幅里面只是提供了许多试验的原始数据、图表，最后说这些成果可供参考，是不是可以对穿黄段的土体，它的动态的性能做一些评价。做了那么多的试验工作，这个土体到底是怎么回事，什么样的看法，能不能做一些评价。对试验的成果，它的可信性能不能做一些自我评议。那么多数据可不可靠，能不能用，做一些自己的评论。这么多试验成果，哪一些在后面的研究中已经用上了，哪一些是通过转化才能够用上去的，哪一些没有用，希望也交代一下。总而言之，这么多东西最后只是一些数表，没有分析讨论，这是很大的遗憾。这个报告有些材料看来是直接从有关的论文里面拿下来的，譬如说我们这个研究完全是针对地基和地下隧洞做的，但是它的介绍却是针对土体本构模型，其中静力模型的时候讲："考虑到面板坝堆石料抗震强度的非线性"是如何计算的，这就对不起头来，希望进行进一步的分析。各章中有的坐标轴也不一致，如有的地方是作为垂直方向的，有的地方是成了隧洞纵轴的，同一份报告里面这样的写法很不好。因此，我希望这本报告能够进行全面的统稿，使它成为一本高质量的，跟采用先进计算方法相称的报告。这个工作不是个别同志能够做的，希望能够高层次的领导同志来做。

我的意见仅供水科院参考，希望这个报告能够做到尽善尽美。

在国务院南水北调专家委员会
混凝土结构抗震设计研讨会上的讲话

汶川地震以后，全国各界都非常重视建筑物的抗震安全问题。南水北调是国家的重大基础建设，陈院士（编者注：指陈厚群）称之为"生命线"。明年南水北调工程要全面加速进行，专家委员会在此时召开南水北调工程混凝土结构抗震设计研讨会，汇报、沟通、交流各单项工程的抗震设计情况，探讨存在问题，共商改进措施，保证建筑物安全是非常必要和及时的。会上陈院士还为大家做了两个重要报告，使我们了解抗震研究前沿和抗震规范修订的情况，提高认识水平，澄清许多概念。他还对南水北调工程抗震问题的特点提出重要看法和建议，大家受益匪浅，谨向他表示衷心的感谢。我希望他能把讲稿整理印发，或正式发表，供大家深入学习。总之，我认为我们这次会议对抗震规范的修订也是有好处的，作用是相互的。

我挂名为专家委员会的主任，由于健康和水平所限，对南水北调工程的全局和具体工程的情况都很少深入了解，无所作为，深感惭愧。在这次会议中我也不能发表什么意见。下面只就听了各设计单位的介绍、陈院士的报告以及大家的发言后讲几点自己的体会，很多是陈院士和专家代表们提到的，供会议参考和批评指正。下面我主要讲三个问题：

一、要做好建筑物的抗震设计，必须解决好以下四个问题

（1）确定合理的设防标准。应由有资质的部门鉴定建设区域的基本烈度、场地烈度和有关参数，再根据工程规模、现场地质条件等因素确定建筑物的设防标准和设计地震动，作为抗震设计的依据。设防标准过低、过高都会产生不利后果。

（2）根据设防烈度以及建筑物的规模、类型、重要性、失事后果和地基条件，分析抗震在设计中的位置。是重大关键还是次要性质？属于前者，要做专题深入研究和设计；对于后者，可做一般性的复核处理。在分析中，要研究地震时建筑物的哪些部位最薄弱，最易出事，是抗震设计的重点。遇到强震，在这些重点部位会发生什么样的损坏，引起什么后果，应采取何种合适的结构形式、布置，应采取何种有利于抗震、减震的措施，等等。也就是要对抗震有个总的认识。很显然，对于不同的建筑物，如大坝、渡槽、隧洞、箱涵、倒虹吸、泵站、渠道……以及不同的地质条件，会有不同的答案。我觉得对重要的建筑物在设计之初和设计过程中做这样一种全面性的考虑、研究很有必要，这个工作做得好，可以事半功倍，反之就事倍功半。对于地震这种稀遇的天灾，最好不是硬拼而是设法适应它，就是说合适的抗震措施更为重要。听了昨天的介绍和今天的讨论，我觉得大家对这方面还是做了工作的，也是有共识的。

（3）根据具体条件，对建筑物做简繁不同，有针对性地分析计算，确定建筑物及

本文是作者 2009 年 12 月 17 日在国务院南水北调专家委员会混凝土结构抗震设计研讨会上的讲话。

地基、边坡在抗震中的位移、变形、应力和其他要素。对中小型建筑、地震烈度不高的，可以只做简单核算，甚或不算；对位于强震区的重要建筑物，就要做详尽、深入地分析（三维的、非线性的……），有的工程还要做模型试验，或开展专题研究。

对动力分析成果，要有个辩证、客观的认识。一方面，应认识到随着科技的进步，分析手段和方法的日新月异，我们已愈来愈能进行精细、仿真的计算，为设计提供极为重要的成果；另一方面也要认识到地震反应分析毕竟是个十分复杂的问题，还有不少模糊的、未知的或未能解决的因素和问题，不能过分迷信。尤其要能分清哪些计算成果可信性高，哪些成果只能作定性参考。

（4）应用分析试验成果，按照规范标准，复核各项指标（位移、应力）是否在允许范围内。计算安全系数或破坏概率（新规范未出来，先用老规范），要求满足规范规定。如不能满足，应修改调整设计，或补充采取相应措施。重要的建筑物还应设置监测网络，在运行中进行监测和反馈。

我觉得，当前的抗震设计中，一般比较重视第 3 项工作，而较忽视或简单化 1、2、4 项工作，也就是陈院士讲的两头小中间大的问题。原因是第 1、第 4 两项工作离开真正科学合理的解决还有距离。设计人员对地震荷载难以有发言权，对建筑物的抗震安全只能按规范衡量。相信今后在科研部门的主持下，设计和建设部门的积极配合下，两头小的问题能逐步改进。

二、为保证建筑物的抗震安全需要重视的一些问题

（1）为保证建筑物的抗震安全，除要分析研究建筑物本身外，要特别重视地基问题。任何建筑物不可能是空中楼阁，最后总要依托在地基或围岩上。地震中大量建筑物的损坏和失事，不是结构本身破坏而是地基失事（例如地基液化、坝肩崩坍……），特别对地质条件较差的工程，我们要特别重视这一问题。但不幸的是，对地基在地震动中的反应分析恰恰又是最难、最不明确的。我看到有些同志在抗震分析计算中，把结构物的计算做得十分详细，而对地基只做了极简单粗糙的假定，本末倒置。也许他也是无能为力。至少我们对有所担心的地基要采取最有利于抗震的设计或做加固措施（例如，位于软基上的结构，桩基胜于筏基）。包括边坡。

（2）要注意次生灾害引起的严重后果。例如，闸门、启闭机和其他机电设备最易在强震中损坏，而引起无法泄水、泵水、发电等后果，从而引发建筑物主体甚至整个系统产生严重事故。又如，建筑物未破坏，而山坡失稳可以把整座建筑都埋掉，闸、坝、渠道、渡槽等破坏后，泄出的水会引起严重洪涝灾害。有时，强震中结构主体未破坏，但某些次要部位损坏（如止水、防渗系统），最终招致全局破坏。凡此种种，都值得我们警惕。我们不但要考虑结构本身还要考虑其他次要部位，虽然它不是混凝土结构，但应注意其引起的后果。

（3）注意一些特殊部位在强震中的影响。在数学分析中有所谓"奇点"，在那里函数值会变成无穷或不可理喻。在建筑物中，结构上的尖锐折角、体型上的突然变化、地形上的剧烈起伏、地基中的断层和材料性质的突然变化……这些都是隐患、祸根，在强震中首先就在这些部位出事，然等。

再举个例子，埋在土中的混凝土箱涵，如果切一断面，对它设定各种荷载，进行各种计算，做到安全，我觉得都容易办到，但很长的结构中，如果在结构、地基、荷载上有什么突变，就不是上述计算所能解决的了，我们要重视这些问题。

三、对下一步工作的建议

（1）请沈总（编者注：指沈凤生）和设计管理中心考虑是否可把南水北调各单项工程的抗震设计情况汇集起来，包括设防标准、分析方法、抗震措施……，进行对比检查，能统一的统一，需调整的合理调整，需补做一些工作的予以补做。这个工作如果需要专家委员会协助的，请和汪总（编者注：指汪易森）、高总（编者注：指高安泽）协商。专家委现在人很少很忙，但如果需要在这方面尽点力我想我们是愿意做这件事情的。

（2）各建筑物的设防标准，相信都是按规定选定，并经过审批的。但正如陈院士所讲，这些建筑物不是孤立的，而是大系统中一个组成部分，其失事可能对全系统产生影响。因此，对于重要建筑物、地震烈度较高而失事后影响较大的，建议设计院加以考虑，在设计中多留些余地，或留有些应急措施。

（3）位于较强地震区的重要建筑物，失事后可能影响较大的，建议设计院对一些强震中容易破坏的附属建筑物及设备（如闸门、启闭机、边坡、交通道路……）进行复核，需加固的予以加固，或留有些应急措施。

（4）今天上午各位专家和代表又有许多发言和讨论，建议办公室能把大家意见归纳整理，连同昨天的汇报材料和陈院士及专家的意见，印发给各设计院，以便设计人员能对照自己的设计，吸收有用的经验和建议，改进设计。

（5）这次会议是针对混凝土结构而言的，建议各设计院对位于较强地震区的高填方渠道的抗震安全性，也做些检查，保证渠道边坡及防渗体系在设防烈度下的稳定和安全。

南水北调工程并不位于西南高地震烈度区，建筑物也没有特别巨大复杂的，只要我们谨慎细致，抗震安全是可以有保证的。但如掉以轻心，仍会出现问题。这是我的总的看法。

上述意见是一孔之见，也未与其他专家沟通过，只起个抛砖引玉作用，最后请以高总和汪总的讲话为准。另外，这次会议是研讨会性质，会议中所提意见属于咨询、参考性质，如有可取之处，还是请沈总及办公室同意后送达各设计院。

在南水北调专家委员会 2010 年
工作会议上的讲话

今天，我们在这里召开专家委员会 2010 年工作会议，总结去年工作，讨论布置全年任务，听取领导指示，俗语说，一年之计在于春，这是一次重要的会议。

去年，南水北调工程建设全面铺开，无论在工程、移民和环保治污方面都取得重要成绩，当然，也存在或发生了一些局部问题。去年 12 月 1 日，国务院南水北调工程建设委员会召开第四次全体会议，会议充分肯定了南水北调工作取得的成绩，也分析存在的主要问题，指示我们要加强领导，确保质量，做好移民和环保工作，优质高效地推进南水北调工程建设，及时完成调水任务。国务院领导同志的指示和接下来张主任（编者注：指张基尧）的讲话，是专家委员会开展全年工作的依据。

方才，汪易森秘书长已就专家委员会去年的工作，作了全面总结和汇报，一年来，专家们努力工作，在办公室和各建设及参建单位支持下为南水北调工程做了一定工作。主要包括：一是对南水北调工程建设中的重大技术决策进行咨询评议和研讨，所提出的意见或建议，多得到重视与采纳；二是对京石段临时应急通水工程进行调研，提出建议；三是对一些重要专题进行专题研究咨询或调查，协助解决或确定问题；四是对一部分工程建设项目、生态建设（污染治理）和移民工作质量进行检查、评价、分析；最后还开展了国内外专家的合作。这些成绩凝结着专家们的心血和智慧，主要的咨询意见都已汇编成册。汪秘书长在住院动手术中扶病做了总结，都使人十分感动。在此，我还要愧疚地指出，由于我在 2008 年进行了较大手术，去年许多活动未能参加，尤其未能下工地，趁这个机会，也向大家表示深切的歉意。对汪秘书长的总结，以及今年的工作，并请大家敞开议论，提供宝贵意见。

谈到今年任务，张主任下面要给我们作重要讲话，我在这里只简单说几句自己的几点感受，一是我觉得今年南水北调的任务特重，要求特高，进度特急，真正到了关键性的决战年头。现在，北方水资源短缺越来越严重，国家决定，东线要在 2013 年通水，中线要在 2014 年汛后通水，这是不能动摇的政治任务，今年投资规模达 400 亿元以上，比过去七年总和还多，对任务的繁重和紧迫，我们要有足够认识。第二方面，在完成这一任务时，又必须保证质量，保证安全，保证移民能顺利迁出，稳定致富，保证环境保护和污染治理能按要求实施，这是难上加难。第三，我们还必须看到，配套工程可以落后，预算可能还会突破，资金缺口还会增加，管理协调上还会出现新问题。只要有一个环节出问题，就要影响全局，只要有一个单项目出问题就会使全线通水的目的达不到！

当然，专家组力量有限，许多问题也不在我们职权内，无能为力，相信国务院南

本文是作者 2010 年 2 月 1 日在南水北调专家委员会 2010 年工作会议上的讲话。

水北调建委和办公室会有全面安排，统筹协调。我只是想提请大家重视今年的特殊情况，认识到今年工作的特别重要性和紧迫性。凡是属于我们工作范围之内的事，凡是我们能够起点作用的事，我们都要全力以赴，我们要急国家之所急，急工程之所急，尽一切努力做好工作，举个最简单的例子，现在南水北调工程的投入量不断增加，似乎没有尽头，我一想到这件事就很不安，如果是政策性因素，我们当然难以负责，如果是设计、监理、施工上的因素，我们怎么向国家交代？向人民交代？工程的质量、移民的生活、环境的保护就是前提，但不能拿此做挡箭牌就可以无限制地向国家伸手呀！专家委员会能起点什么作用，要负点什么责任，这是值得我们深思的。究竟今年专家委员会应该做点什么，抓点什么，怎么抓强，预期能得到点什么成绩，存在些什么难度，有什么要求或建议，有什么经验教训可以吸取，都请大家在下午畅所欲言，并可写成书面建议，提交给秘书处集中。

我就简单说这么点感想，下面，我们就请张主任给我们做重要讲话。

在丹江口大坝加高工程溢流坝堰面延期加高重大设计变更报告评审会上的发言

由于明天上午还要去医院，所以抓紧时间发个言，因为情况了解不多，如果讲错了请原谅、指正。

（1）原设计丹江口大坝溢流坝段溢流堰顶的加高是和闸墩加高同步进行的，由于移民工作和陶岔渠首工程工期滞后，如仍同步加高，必须大大降低汛限水位，以保安全，从而产生一系列后果。因此，国务院南水北调办公室作出决策，将溢流堰顶的加高推迟到 2011~2012 年以及 2012~2013 年两个枯水期内完成。这是必要的，可以理解。

（2）对于溢流堰顶加高的实施方案，赞同采用第二方案，即在第一个枯水期内完成 8 孔，在第二个枯水期内再完成 12 孔。

（3）溢流堰顶加高推迟后，在短期内闸墩成为 3.5m×48.6m×35m 的薄壁结构。为保证安全，设计提出加固措施。主要内容为：①在每个闸墩中施加 5 束 2000kN 级的预应力锚索；②在两个闸墩间 162m 高程处临时设置 7 根钢筋混凝土支撑梁，以后拆除；③边墩处理。

施加预应力锚索的原因是：初期施工的闸墩中有水平层间缝。闸墩加高后部分层间缝位于闸墩底部，非常不利。如果属实，层间缝情况又较严重，施加预应力锚索进行加固，是必要的，但要实事求是，精心设计和施工，避免产生不利的副作用。

增设临时支撑梁的问题，似可再做些分析，个人认为可加可不加，理由如下：

1）溢流堰面加高前，闸墩高与厚之比为 $\frac{48.6}{3.5} \approx 13.88$。对（钢筋）混凝土结构来讲，比值不算太大，不至于发生"弹性失稳"，而且闸墩顶部有联结，并非纯悬臂结构，不必为了防止弹性失稳而增设侧向支撑。

2）闸墩主要荷载为自重及顺河向的通过闸门施加的水推力，侧向支撑对此不起作用。

3）闸墩所受的侧向水平力，主要是一侧泄流一侧关门时的不平衡水压力。在闸墩加高后溢流堰顶未加高时，如堰顶溢流，闸墩的工作情况就是原来的初期工程情况，相差之处是闸墩加高了 14.6m，增加了自重应力，是有利的。闸墩在加高过程中（2012年汛期），也没有大的变化。

4）溢流堰顶加高在两个枯水期中就完成，不必考虑地震等特殊情况，过流引发的震动也很微弱。

因此，临时支撑梁可加可不加。

本文是作者 2010 年 9 月 26 日在丹江口大坝加高工程溢流坝堰面延期加高重大设计变更报告评审会上的发言。

（4）溢流堰顶加高期内，度汛标准按千年一遇洪水设计，万年一遇洪水校核，万年一遇洪水加20%保坝，按此进行调洪计算，是偏安全的，留有足够余地。

（5）溢流堰顶加高工程很复杂细致，但工程量毕竟有限，只要精心安排，精心施工，加强监理，重视质量，应该认为可以如期、高质量地完成。

（6）关于具体施工组织设计、温控措施和投资估算等，来不及细看，尊重专家们意见。

在南水北调工程会议上的讲话

（1）南水北调中线工程干线全长 1400 余公里，其中涉及膨胀土的地段达 300km 以上，如处理欠妥，将在施工中和运行期内出现渠坡失稳，不仅将造成巨大经济损失，而且使供水中断，影响受水区经济和社会发展，成为政治问题，后果极其严重。这个问题又是世界级难题，缺乏成熟的处理经验，处理所需的费用又很大，需在保证安全的前提下尽可能优化，节约资金和土地。因此，这个问题可以说是中线渠道工程中的最大问题，个人认为：由于缺乏处理经验，分析计算和处理成效评价没有成熟的方法，对问题较严重的地段，宁可多留些余地，多采取些措施，虽可能要增加点投入，比发生重大事故要好。

（2）国务院南水北调办公室和科技部为此设立科研专题，开展全面研究，以两个现场试验段试验为主，结合室内试验理论分析，前后跨四个年头（包括新乡段）。研究内容包括：膨胀土的特性研究，破坏机理的分析研究，各种处理措施的现场验证对比，相应施工工艺研究试验，对各种方案的综合评价，提出结论性意见和建议，试验研究工作做得比较全面和深入、工作量巨大，得出的资料、总结的规律和提出的建议十分可贵，为设计提供了重要的技术依据。对此，谨向组织和担任试验研究的勘测设计、院校、施工、监理及管理单位表达敬意。

（3）渠道边坡破坏有几种类型。一种是边坡一定范围整体性失稳。大的失稳体范围可达数百米，整体滑下（当然可能性较小）。小的可能仅十多米或称为线层失稳。发生这类失稳的后果很严重，特别是大规模失稳，必须事先查清，采取措施（包括抗滑桩墩），确保安全。产生整体失稳的原因是，在膨胀土内本来就存在不利的缓倾弱面和垂直裂隙，渠道的开挖使边坡松弛，引发更多的裂隙，雨水下渗，裂面上强度极大降低，在重力推动下失稳。可用常规方法核算。土体水量变化引起的胀缩，在这种失稳中可能不起主要作用（不是完全没有影响）。

另一种方式就是在安阳试验段中出现的，并非整体性滑移，而是衬砌板连同其后的置换体发生变形：下错，向外拱起，开裂……这是由于降雨入渗使地下水位升高，膨胀土和置换体的渗透系数虽差不多，但膨胀土中有大量空隙、裂面，雨水容易渗入，置换体中没有这种缺陷，两者的接触面成为一个弱面，水分进入后，形成水压力，加上膨胀土体膨胀时受到制约产生膨胀力，从而推动衬砌和置换发生变形破坏。如果还存在缓倾角弱面或存在透镜状不利岩体，也可以发生滑动。如果坡脚土体泡软，可以发生下错。计算这种形式的破坏，必须考虑地下水的压力即场压力（作为一种面力施加）、膨胀土体的膨胀力（膨胀力在衬砌和置换体变形后就松弛）。

（4）关于处理问题。

本文是作者 2010 年 9 月 28 日在南水北调工程会议上的讲话。

1）查清地质地形情况，包括土体分类、土体结构（有没有透晶体）、土体内的裂隙分布情况、土体强度，以及地貌、地表环境（有无积水低地、地面起伏等）。

地质工作虽然已做得很多，但不可能把如此长的渠段都事先一一查清，所以要随着施工进行补充工作。长科院提出的快速现场鉴别膨胀土分类的方法，似有根据，建议地质人员根据现场情况参照快速鉴定成果对渠坡土体给予分类。同时，进行常规自由膨胀率试验。

还要根据地貌及裂隙发育的总规律，辅以必要补充勘样，确定裂隙分布情况和有关参数以及各种强度指标，以供设计人员对渠坡稳有个定性估计，选择相应的处理方案。

2）渠坡稳定的重点是在挖方段，填方段毕竟是人工填筑的，较易掌握和处理。因此把重点放在膨胀土的挖方段，重中之重是在中、强膨胀土的深挖方段，以及第一马道以下部分的衬砌稳定上。

3）在渠道开挖中，要采取在试验中总结出来的所有有效措施，减少开挖对膨胀土体的不利影响，尤其要注意截流排水，防止在施工期中发生失稳。

4）在各种置换和加固措施中，用水泥土置换比置换非膨胀土要好。不仅从试验结果看，其效果较好，主要为了保护耕地、环境和简化施工，拌制水泥土最好用固定式拌和机（如有条件）。置换厚度因碾压需不能太薄。

各种加固、防护、支撑设施，如单独依靠它们恐不能令人安心，但如能和置换方案结合起来用，就相得益彰。

5）膨胀土之所以出问题，主要是由于其含水量变化引起。因此减少防止其含水量变化，或解除由此产生的不利影响是从源头上解决问题的措施。

一定要做好坡顶保护防止雨水下渗的工作，从一开始施工就抓。

一定要做好及时排除坡顶、坡面的雨水工作。

对已经下渗到土体内的水，要防止对置换体产生水压力和膨胀压力。为此，在界面上设置排水缓冲层是必要的，排水层应畅通，及时把渗水通过逆止阀排走或集中在窨井中抽排出去，而不仅仅在衬砌与置换体之间设土工膜和排水体，我感到衬砌和置换体可作为一个整体看待。

6）对于已明确有发生大范围整体失稳可能的地方，要做专门设计，包括卸载、截流排水、抗滑桩、放缓边坡或安全改变设计，务必保证安全。

7）建议设计院根据不同典型情况，做好几个标准设计。施工中，地质、设计、监理、施工、科研、管理人员要密切配合，灵活采用或调整设计，并将监测成果反馈给科研、设计部门，以利改进。

以上都是根据现有设计和试验成果提出的，如果有更彻底的解决方案，欢迎提出来讨论，但必须尽快决策，以免耽误工程进展。

南水北调中线一期工程的几点看法

一、几点总的看法

南水北调中线一期工程总干渠有很长部位位于膨胀土地区。为此，已做过大量勘测、设计、试验工作，初步设计已完成并批准。工程进度已十分紧迫，国家规定的通水时间不容拖迟。在这样的情况下，我们还在讨论比较处理方案，个人心中感到十分忧虑。

干渠从湖北经河南达河北，各渠段地质条件不尽相同，勘测设计单位不一。可以不必硬性规定同一处理模式，只要遵循几条基本原则，由设计单位根据具体条件以及他们的经验和试验研究成果，独立负责提出优化设计，经管理单位审查批准执行。专家意见只是咨询性的。

基本准则包括：

（1）保证施工及运行期的安全。

（2）水面线不宜变动，因牵涉面过大，会影响整个工程进度。

（3）初步设计方案已经批准，除非确有必要，不宜作重大更改。力争在原方案基础上调整、改进、优化解决，且尽量使增加的费用，在可容许范围内。

（4）如果必须大变，从而使经费成倍、数倍增加者，应有专门报告，阐明非改不可理由，作出设计，重编概算，报上级审查批准。有关单位、人员还应承担相应责任。

根据以上原因，建议绝大部分渠段宜维持梯形渠道、以柔性支护为主的方案。

二、柔性支护设计中的重点和措施

1. 试验段渠道边坡及衬砌失稳的主要原因是清楚的

衬砌板、土布膜和换填土都是透水性极微或不透水材料，其后的膨胀土中则有大量裂隙和软弱面，大雨时雨水集中下渗，地下水位升高，产生向外的渗透压力，渠道内又无内水平衡，从而失稳，边坡和衬砌鼓出，滑落。

另一原因是渠脚长期泡水，充分软化从而强度大降，衬砌等发生下坠、裂开等情况。

其他原因是次要或难以改变的。只要消除上述两大原因，柔性支护方案应能成立。

2. 切实防止（或减少）雨水下渗

坡顶必须进行防渗处理和保护，使雨水能迅速集中排除。坡顶的洼地、水塘，应进行处理，防止积水下渗。这似乎不是工程，但却是釜底抽薪之举。

3. 设置有效的排水系统

最有效的措施是在膨胀土和换填土间设置砂垫层，不使两者直接接触，再集中排至渠内或抽走。看不出这样做会在膨胀土和换填土间形成软弱面。膨胀土和换填土渗

本文为作者 2010 年 10 月 25 日撰写，对南水北调中线一期工程提出几点看法及维持梯形渠道、以柔性支护为主的方案建议。

透特性完全不同，直接接触，水排不走，则必定形成软弱面。如果一定要把砂层放在衬砌和换填土之间，那只好在换填土内做排水垫层（夹心饼），而且应将各排水垫层适当串联成网，以利有效排水。

设置排水井理论效果极好，至少可以起辅助作用，在必要渠段可加考虑，排水井或可只在必要时启用。

4. 提高渠脚部位强度，增加边坡抗滑潜力

严禁渠脚泡水，适当增加渠脚部位换填土厚度，在衬砌板的底部设置齿墙，最好能与对岸支撑起来，在渠底形成框格形的支架，衬砌板就不至于下落。

在有重大软弱面或特别重要渠段，设置抗滑桩。

三、分别情况对待

对各渠段和渠段的各部位，详细分析膨胀土的特性（弱、中、强），地下水位可能的变幅、所考虑的部位是位于马道上下、地下水位上下、膨胀土内是否存在重大软弱面或大裂隙，分别进行设计，改进止回阀质量，改进施工工艺，我相信绝大部分渠段可以采用柔性保护方案。

在南水北调专家委员会
2011 年全体会议上的讲话

南水北调工程和长江三峡水利枢纽一样，是全世界最宏伟的水利工程、是几代中国人民的梦想，2011 年正面临工程建设的关键期和高峰期！

自 2002 年开工以来，南水北调工程已历经了八个年头的艰苦奋战，取得了阶段性成果，现在已到了工程攻坚的关键时刻。今年的攻坚工作具有特别重要意义，今年的任务完成得好坏，将决定南水北调东线工程能否在 2013 年、中线工程能否在 2014 年按期通水。为了做好这一工作，不发生任何意外，李克强副总理去年在河南南阳主持召开了建设工作座谈会，提出了要优质高效推进工程建设的号召，要求"必须加快科技攻关，加强质量监管，做到警钟长鸣，确保万无一失，努力把南水北调工程建设成为一流工程，精品工程，成为人民放心的工程，经得起历史检验的工程。"鄂竟平主任到任以来，对工程建设的质量、进度、投资、移民和环境保护等方面做了大量梳理工作，采取了一系列的加强管理措施，明确提出：要确保工程在国务院建设委员会确定的通水日期前全面建成，并且质量优良，投资合理，水质达标，移民稳定；要通过破解难题来全面推进工程建设，努力把南水北调工程建成世界一流工程。国务院南水北调办公室在鄂主任的有力指导下，针对多年来生产建设过程中的质量问题，正在制定详细的监管规定，通过典型事件的处理提高质量管理水平。今天的会议上，我首先代表专家委员会，向出席会议的全体专家表示热烈的欢迎！同时，也向国务院南水北调办公室领导、同志和所有参建单位的领导、同志对专家委员会工作的支持表示衷心的感谢！

在今天的会议上，鄂主任还要做重要讲话，我现在就专家委员会的工作谈几点想法，供大家参考、讨论。

刚才汪易森秘书长已经代表南水北调专家委员会将 2010 年的工作做了较详细的汇报，过去的一年专家委员会工作大致分为三种类型，一是对工程建设中发生的关键性技术问题的决策咨询，这类问题大都是由南水北调工程中线建管局、江苏水源公司、各有关省的建设管理局提出的，都是生产中急需解决的问题，如南水北调天津段穿越京沪高速管幕法施工中的问题、引江济汉和兴隆枢纽建设中的技术问题、焦作段地裂缝问题等，这类问题不妥善解决，既影响工程进度和质量也影响工程费用；二是专题研究项目，这是对于南水北调工程中一些较大问题的专题研究，这类专题很难列入国家重大项目支撑计划，但又和生产实际密切相关，大都由专家委员会提出，利用专家委员会有限的资金，采取短平快的方式委托有经验单位进行研究，由南水北调专家委员会的专家进行方向性指导，从历年情况看，这类项目起了较好的作用，如山东平原

本文是作者 2011 年 2 月在南水北调专家委员会 2011 年全体会议上的讲话。

水库防渗土工膜下气场研究，解决了膜下排气设计问题，禹州采空区研究，补充了设计方面的不足；三是专项检查工作，主要是质量检查工作，2010年的检查工作在以往的基础上又作了改进，充分发挥专家经验，重在现场查看，最大限度地减少对现场设计、施工和监理的工作干扰，这种方式受到现场建设人员的欢迎，今后可在这一基础上继续改进提高。必须指出，在专家委员会的工作中，国务院南水北调办监管中心为专家委员会承担了大量日常管理工作，积极与有关单位沟通协调，组织好每一次活动，加强专家委员会秘书处的自身能力建设，想方设法为专家提供更好的服务，专家委员会对此表示由衷的感谢。总之，在过去的一年内，专家委员会的工作取得了积极的进展，不论是调研咨询活动和质量管理活动方面都有所提高，参谋指导作用不断增加，但是和目前工程进入高峰期和关键期的要求相比还有很大距离，工作中还存在许多不足，有待改进。在2011年刚开始的时候，我愿借今天的会议就专家委员会工作谈三点意见，供会议参考。

第一，抓决策咨询。方案不妥，体制不适，技术难题不突破，全局皆输。在专家委员会的职责中，决策咨询是专家委员会的首要任务，所以我们要继续紧紧围绕南水北调工程建设的关键技术难点，做好咨询项目的选题，有的放矢地解决生产建设中急需解决的问题。虽然前期工作已告一段落，但随着南水北调工程施工工程的推进，还会有大量设计、施工技术问题出现，专家委员会要加强和国务院南水北调办公室各司、局的联系，要密切和各项目法人的沟通，及时帮助国务院南水北调办公室各司局和项目法人解决影响工程质量、进度和投资的各种技术问题，做好参谋工作。我们这个专家委员会的成员来自"五湖四海"，都是有丰富经验的第一流专家，集中大家的智慧和经验，我们可以为解决工程技术问题做出贡献。群策群力，尽职尽责，务请大家本着对党、对国家、对人民负责的态度，真正做到"知无不言，言无不尽"，为南水北调工程这个特大建设做出贡献。抓质量检查，在进度、质量、投资、环保诸大问题中，保证质量最复杂、最重要，也是专家组的最主要责任。

第二，专家委员会的工作计划中要把质量检查、评估和指导摆在突出的位置。李克强副总理在去年南阳会议上曾指出："在质量问题上容不得一丝疏忽、来不得半点马虎。"我体会，对于南水北调这样的特大型工程来说，战线长达一千几百公里，工程项目以几百，上千计，要完全避免质量缺陷或质量事故是很难的。出一点缺陷事故并不可怕，问题是必须在我们的控制之中，就是做到全面掌握，彻底查清，认真处理，根除隐患总结经验，提高水平，避免再犯。尤其对影响工程安全运行的质量问题及其处理效果，一定要高度重视，一抓到底，务求查清，作出结论，提出要求，一定做到不留隐患。加强管理，查明具体问题，并调研管理上的问题，提出建议。我愿意在这里重复我在三峡工程验收中常提到一句话：对工程的真正验收者是大自然，它们会抓住设计、施工、制造、安装、管理中的每一个细小失误，进行最无情的报复。我们务必百倍谨慎，不留下任何隐患，把南水北调建成第一流的精品工程。

第三，建议对专家委员会进行换届、调整成员。根据专家委员会章程规定，专家聘任实行任期制，每届任期三年，我们这个专家委员会成立至今已有七年了，因种种原因尚未换届。七年来，专家委员会的专家委员和特聘专家为南水北调工程不辞辛劳，群策群力，提出了很多好的建设性意见，取得了一定的成绩，但随着时间的流逝，有个别委员已经离开我们，一部分委员由于健康原因，不能参与活动，我就是其中一个。为了更好地做好南水北调工程的参谋工作，建议根据专家的实际情况，对专家委员会进行换届，对现任专家委员会组成进行适当的调整，以利于专家委员会更好地发挥作用。我认为大部分专家都能继续胜任，希望他们能继续留任发挥作用，同时从工作实际需要出发，建议聘请几位年轻一点的新委员参加到专家委员会中来，对年迈离任专家，要充分肯定他们的巨大贡献，希望他们在条件许可下继续关心南水北调工程。建议请秘书处征求专家意见拟一个方案报国务院南水北调办公室研究。

在南水北调工程中线穿黄隧洞衬砌
设计变更报告审查会上的发言

前两天仔细阅读了有关文件和"设计变更报告"，今天又听了详细介绍。但我对穿黄隧洞衬砌设计方案的选择，仍然非常矛盾，现在就向大家汇报一下我的困惑。

先说说我对穿黄衬砌设计试验变化过程的认识。穿黄隧洞采用双层衬砌，内外衬砌的受力方式有两个方案，即内外衬砌间设置垫层的分别受力方案和内外衬砌作为一体的联合受力方案。两者的结构尺寸一样，区别只在两层衬砌间是否用排水垫层分开而已。两者技术上都可行，各有优缺点。分别受力方案具有受力明确、防渗及适应变形和抗震性能较强的优点，因此为初设采用并得到批准。初设提出的垫层是"二布一膜"，以后通过室内试验改为三布一膜一格栅。

然后进行了 1:1 仿真试验，发现垫层的布设不利于内衬施工，建设管理单位根据有关方面建议，在 1:1 仿真试验中同时进行联合受力方案的试验，由设计院提供施工图和技术要求，以进行对比，对比后，施工单位提出报告，建议取消垫层、采用联合受力方案，监理批转给建设单位，请慎重考虑施工意见，为此建管局又召开专家会议，对 1:1 仿真试验成果进行评审，评审中多数专家也建议采用无垫层方案，由设计院提出修改设计报告，建管局同意改用联合受力方案，工地上已按此做准备，但改变设计报告为水利水电规划设计总院否定。这样才有这次会议的召开。我感到，无论是设计单位、施工、监理单位和建设管理单位，对这个问题都十分认真负责，设计、计算、研究、试验、咨询讨论工作也做得十分深入，现在出现一些分歧意见，是因为这一穿黄工程的情况太复杂，不仅国内未见，在世界上也无前例，而不是过去工作做得不够、不深，相反，过去大量深入细致的工作，才为今天的开会讨论提供了基础。

以上是对问题的回顾，不知是否恰当？下面说我的一点想法，坦率讲，我内心希望不要改变设计，希望维持原方案（但垫层不能用初设的二布一膜方案，要放格栅）。我这样想，不仅因为原方案有一定优点，也由于长期以来都是按该方案做设计、研究、试验的，问题搞得较透，联合受力方案当然也可行，但研究深度毕竟稍差，可能有考虑、计算不同的地方，而且有些问题也是算不准的，这是我的主要观点。但在研读了施工、监理单位和建设单位的意见后，我认为他们提出修改设计方案也有道理，因为通过 1:1 仿真试验，原方案存在三大实际问题：

（1）进度影响。原方案的施工确实较复杂困难，进度较慢，如影响国家确定的通水时期，是不能容许的。

（2）质量影响。在施工上半圈垫层时，如出现鼓包等问题，影响波纹管施工和预应力张拉，将产生严重的质量问题。

本文是作者 2011 年 7 月 27 日在南水北调工程中线穿黄隧洞衬砌设计变更报告审查会上的发言。

（3）安全影响。千万不能在施工中产生火灾等安全事故，否则后果不堪设想。

因此，我的意见是，必须可靠地解决这三大问题，使原方案落实可行。解决问题的关键是进一步优化边顶拱垫层构造，只要起到分开衬砌、安全、排水功能，尽量简化，有利施工，同时过细做好施工组织设计，研制专门的设备、器材，以保证质量和进度。还要采取切实措施，防止发生安全事故，希望通过下午的讨论，专家们能集思广益，共同为解决问题提出宝贵的建议。也要考虑另一种情况：如果经深入讨论仍不能妥善解决这三大问题，多数专家建议采用联合受力方案，则建议设计单位抓紧时间再做过细工作，优化设计；解决存在的一些问题，联合受力方案有灌浆和排水两个方案，我偏向于除增加插筋外，采用灌浆处理，既然是联合受力，就干脆将接缝严密灌注密实，我卧病半年，已经是"桃花源中人"了，不知外界形势，以上所说，定有欠妥之处，请大家批评指正。

读《湍河渡槽咨询意见》的体会

湍河渡槽是特大型双预应力过水结构，至关重要。有关方面做了精心周到工作，包括 1:1 仿真试验，为保证工程质量奠定基础，我表示赞佩，并同意咨询意见，仅个别问题尚需在今后施工中解决，以下三点意见供参考：

（1）槽体止水。在施工和监理中要由专人负责，保证每道工序质量，同时抓紧落实增加表面密封防渗处理。

（2）造槽机内外模变形在施工中不同步，从结构和受力情况看是必然的，如采取措施后仍不能完全避免，请研究后果及处理措施。

（3）把环向预应力波纹管的定位作为重大问题来抓。在施工质量未稳定前，不考虑优化问题。考虑工程为百年大计，今后加固困难及长期运行后预应力松弛量的不确定性，如优化效益有限，不如把这点潜力留作延长结构寿命的余地。

本文写于 2011 年 12 月 14 日。

对"南水北调中线工程输水能力与冰害防治技术研究"科研项目鉴定的一些参考意见

南水北调中线工程是我国最大、世界罕见的长距离跨流域调水工程。穿越长江、黄河、淮河、海河四大流域，直达京津，计划年调水 130 亿～140 亿 m^3。这一工程对我国优化水资源配置和经济社会及生态环境协调发展具有划时代的意义。本科研项目是十一五国家科技支撑计划项目"南水北调工程关键技术研究与应用"的组成部分，2007 年底启动，通过三年的研究，于 2010 年底完成。这次课题组为鉴定提供的技术资料齐全、规范，符合科技成果鉴定的有关要求。

本项目的研究内容主要为两大块，一是研究干线工程的输水能力，二是冬季输水冰害防治技术，并划分为七个专题进行研究，课题的划分和安排是合适的，采取的技术路线是正确的，研究成果为中线工程的安全有效运行提供了有力的技术支撑。

本项研究做得很全面和深入，在许多课题中有创新性发展，尤其在以下几方面取得了可喜的成果：

在输水能力研究方面，主要成果有：

（1）开发仿真模拟平台。

中线干线工程全长 1432km，沿线有各种建筑物 1796 座，对如此复杂的输水系统，课题组开发了一个能兼容渠道沿线各种建筑物的仿真模拟平台，经实践考验，这个仿真平台能深入分析全系统输水中的水力特性、控制方式和冰害问题。不仅是研究工作的主要手段，且可作为运行、管理人员的培训平台。

平台的设计构思是利用面向对象建模和模块化建模思路，来实现自适应建模的数值模拟和仿真平台，并便于兼容、维护与扩充。

在具体实施上，课题组研究了国内外技术发展现况，集成多项新技术（地理信息系统、遥感、数据库、虚拟现实、网络、系统集成等），开发了多个平台（三维 GIS 仿真平台、二维 GIS 模拟平台和 WebGIS 信息发布平台），取得理想成果。

（2）闸前水位控制模式和算法。

中线干渠距离长，沿线控制节点多，输水系统极其复杂，沿线缺少蓄调水库，输水要求高，控制难度大。采取任何一种现成控制模式和算法都有缺点。课题组首次提出了以闸前常水位控制为主体的集散控制模式和相应算法，包括"改进前馈环节、水位-流量串级反馈环节和解耦环节"三个部分和前馈控制算法，提高了系统的响应速度，减小了渠道内的水位变幅，起到下游解耦的作用，缩短了运行控制时间，提高了控制系统的稳定性。

（3）输水系统控制参数整定技术研究。

本文写于 2012 年 3 月 28 日。

426

首先，提出了基于 ID 模型的控制参数整定算法，提高了控制系统的鲁棒性。其次，研究了控制系统控制参数的在线整定方法，在不影响输水系统安全的前提下，可快速整定控制器的控制参数。通过理论分析，建立了控制参数与渠池敏感性指标之间的关系，为不同运行工况下，控制参数的确定奠定了理论基础。

在冰害防治方面，中线干渠要从低纬度输向高纬度，冬季运行时黄河以北渠段必将出现冰情，严重影响输水能力和安全。课题组对此专题作了全面研究：

（1）渠道冰期输水预测预报的研究。利用神经网络技术，结合中国的节气，提出了冰情预报专家系统，提高了渠道冰期的预报精度。

（2）开发了总干渠冰期输水数学模拟平台，能模拟冰盖的形成和发展，并经实例验证。

（3）研究了南水北调中线工程冰期输水能力、运行控制模式和算法。首次提出了冰期输水期间渠道运行控制的控制指标，给出了中线工程各渠池的冰期输水能力。根据冰期输水特性，提出了冰期的运行方式和控制算法，保证了冰期输水的安全运行。

（4）南水北调中线工程冰害防治措施研究。提出从运行方式、水位控制（控制节制闸和倒虹吸前的水位）和流量控制（冰期输水流量）到拦冰结构一整套的防治冰害措施，研制了双缆网式拦冰索，为冰盖下输水创造良好的条件。

课题的许多研究成果已在南水北调中线工程的设计及运行调度中应用，建议今后建管局能将研究成果进一步用于实际，并将它作为运行人员的培训学习材料，以使科研成果在提高中线工程的运行调度管理水平、保障工程安全运行、提高工程的输水效率和可靠性方面，起到了进一步的科技支撑作用。

本项成果并可供类似调水工程在科研、设计、运行、管理及升级改造借鉴和参考。我认为研究成果既具有重要的学术意义，也具有重要的社会和经济价值。

在国内外调水工程的类似研究中，本项目的研究范围和深度是名列前茅的。从查新可知，与本研究有关的成果，基本上都是课题组成员发表。综上所述，我认为该项研究成果已达国际领先水平。（至少可定为总体上达国际先进水平，不少成果达国际领先水平。）

本研究密切结合中线工程进行，对各项成果也尽量做了验证考核，但鉴于中线工程尚未正式全线投入运行，研究中还存在一些不确定因素，因此还要通过长期运行实践校验，不断修正，直至更好地符合实际情况。建议科研单位和运行单位继续加强合作，共同提高。

4　黄　河　流　域

关于龙西滑坡问题的书面意见

（1）龙羊峡水库近坝库岸在蓄水后某些边坡将失稳下滑，是预计到的。在设计和施工中已采取相应措施，包括勘测、分析、试验、监测限制蓄水高程等。因此，现在出现的情况是预料中的变化。

（2）蓄水后，由于边坡组成紧密，地下水上升缓慢，故边坡一直处于安全状态。今年以来，龙西滑坡区地下水位已升到一定高程，从隧洞及山顶上已观测到裂缝出现，预计这一滑坡体在今后一两年内将失稳，这也是符合常理的。

（3）从最不利条件考虑（整体高速下滑、库水位较高），龙西滑坡激起的涌浪不会翻坝，因此对主体工程的安全不会构成影响。但涌浪达到对岸时，沿斜坡可能爬得很高，该部位现为工程局生活区，这可能引起灾难性后果，因此宜及时尽早迁移，以策安全。

（4）建议：

1）加强监测、分析和预报工作；

2）在工程上做好有关预防措施；

3）及时迁移生活区。

（5）对今后工作的领导关系方面：

1）龙羊峡已投产，不可能由设计或建设单位长期负责下去；

2）根据放权和分工，也不可能由部委及有关司局来长期负责下去；

3）因此应明确这一任务由青海电力局总负责。在现场则由电厂牵头、设计院、工程局共同负责，组成一个滑坡监测预报领导小组，电力局指定一位领导牵头，厂长任副组长，院、局领导参加，具体分工负责。

监测和报警工作要抓紧，此工作最好由电厂承担。如有困难，可委托设计院进行，订立合同执行。

对监测资料的分析，应由设计院进行，电厂参加，逐步掌握和熟悉之。今年水库运行调度方式也请设计院研究提出。

在工程上应采取什么措施，请设计院提出报电力局研究确定。

工程局负责生活区的迁移。龙羊峡工程施工已近尾声，本来就应逐步拆迁。已迁走的返迁更是不对的。如有困难，可提出商讨解决。

为了加强监测和分析预报，可能需增加一些经费，请设计院实事求是地提出，报电力局研究确定。

一定要确保工程安全和人身安全。

龙西以外的高边坡在今后也将陆续失稳，宜同样注意监测。

本文写于 1993 年 7 月 10 日。

在小浪底工程技术委员会上的发言

　　小浪底工程即将下闸蓄水，这一座中央和全国人民关心的治黄骨干工程的建设就要进入新的阶段，开始发挥作用。这是全体小浪底建设者们经过几个春秋的奋战、克服了无数艰难险阻所取得的重大胜利。几代治黄人的梦想将开始成为现实。我谨向全体建设者表示衷心的祝贺。

　　我同意提供给我们的各份资料的结论，以及各位委员的发言，特别是小浪底水利枢纽蓄水安全鉴定委员会从 5 月中到 9 月初对工程所有主要部分都作了详尽的检查和鉴定，提出了明确可信的结论和重要的建议。总报告厚达 210 多页，水利工程在蓄水前进行如此详尽的鉴定是不多见的，为开好这次会打下了坚实的基础。我认为小浪底工程的下闸蓄水条件已经具备，不会冒风险。至于具体下闸的时间和方式，只要所有必要的检查、补强、处理工作能及时完成，四个方案都是可行的，各有其优缺点。至于说截流后遇到特大洪水的问题，我认为不严重。因为现在已是 9 月中，当前的情况是枯旱，到截流还有半个月至一个月时间，如果这段时间内仍然偏旱，在剩下的这点汛尾再发生大洪水的情况历史上未见过，其概率微乎其微。如果这段时间中来了暴雨和大洪水，自然就不会下闸。所以我觉得这个问题不大。究竟采取哪个方案，我建议会议可以提个倾向性意见，但不是硬性确定一个，还是请建管局根据具体情况——如水文气象情况、补强检查工作进行情况以及与其他水库协调情况等做出决策，而准备工作可按早下闸考虑。

　　下面想讲几句煞风景的话。

　　（1）尽管小浪底工程建设已取得决定性胜利，尽管鉴定委员会对工程的设计、施工、质量、安全工作做出了积极的评价，但由于这一工程的复杂性和重要性，所取得的成果与评价是阶段性的和预测性的。我们必须遵循周恩来总理在世时对我们的教导，继续保持高度警惕，兢兢业业，以"如临深渊、如履薄冰"的心情对待一切，做好下一步工作。在蓄水运行后，建筑物的各部位都将经受大自然的严格考验，这是一个最无情、最严格的考试官，任何微小失误或隐患都逃不出它的考验，特别是蓄水后开始的一段时间最为关键，所以务必做好所有监控工作，认真深入分析一切信息，掌握建筑物及地基的一切动态，万万不可掉以轻心。

　　（2）对小浪底工程来讲，虽然设计、施工总的质量是好的，但仍留有一些问题或隐患，这在鉴定报告中也有所提到。许多委员在发言中都谈了，我很有同感。如在左岸不大的山头内开挖了如此密集的洞室群，经理论分析，洞身周围岩石均进入塑性状态，甚至两洞之间的塑性区已连成一片，这在一般工程中是不允许的。除了必须使围岩与衬砌紧密结合，提供一个制约变形的边界条件外，围岩究竟处在什么工作状态，

　　本文是作者 1999 年 6 月在小浪底工程蓄水前召开的技术委员会会议上的发言。

理论计算及其假定、参数、本构律是否合理，都值得进一步研究。又如有些专家强调的碱骨料反映问题，应该承认工地的骨料是有碱活性的，初期采用的水泥是高碱的，也没有加粉煤灰，这是个隐患。初期可能不出问题，若干年后可能会发生问题。姑且不说混凝土崩解，只要结构有点变形，闸门就无法运行。现在也没有其他办法，除继续进行长期室内试验外，建议整理施工记录，将每一部位混凝土的级配、水泥、外加剂等情况查清记下，做到档案可靠，心中有数。据知 70 年代修建的大黑汀水库大坝已全面剥蚀开裂，主要是碱骨料作用，值得警惕。再如我也注意到鉴定报告中提到压力钢管焊接中多次开裂，最长达 3.6m，有的部位反复处理四次。如果钢管开裂，高压水外冒，单薄的衬砌是阻挡不住的。高压水进入围岩后，后果严重。建议设立专门的档案，记载清楚，不断进行监控和试验，运行一段时间后如发现有出现问题迹象，还是应该更换。另外如孔板洞的运行、高边坡的稳定、消力池的维护、进水口的淤积、大坝和地基的防渗……没有一个是小问题。所以下闸蓄水后，担子不是轻了而是更重了，监控、分析、研究、处理将是长期的工作。我希望我所说的都是杞人忧天，实际上没有问题，但在目前阶段，还是把问题想得多一点、重一点，较为有利。

（3）小浪底是一个以防洪、减淤、防凌为主，兼顾供水、灌溉、发电的综合利用枢纽，如何科学合理地运行，使其发挥最大最优效益，是个大问题。虽然在规划设计中有过研究和规定，但还要通过实践来检验和修正。效益有主要、次要之分，长期、短期之别。次要必须服从主要，短期必须服从长期。我们要千方百计延长水库寿命，使小浪底为黄河的根治发挥最大作用，在这个前提下争取取得其他的经济和社会效益。小浪底水库不是个单独的工程，它要和上游的三门峡、刘家峡、龙羊峡等系列水库联合调节，以后还有其他水库投入，甚至还要"南水北调"。小浪底的建成为我们争取到数十年的时间，可以研究根治黄河之策，务必不要错过这千载难逢的时机，要开展对治黄的大研究、大行动。总之，建好小浪底、管好小浪底、用好小浪底是一项长期、严肃的任务，需要几代人的努力才能达到最优境界和最终目的。相信有党的正确领导，依靠科技发展和团结协作，我们一定能做到这点，做到"把黄河的事办好"。

黄河小浪底工程渗漏问题及
安全评价会上的发言

这次会议推选我为专家组组长，做法有些不太规范和民主，"鼓掌通过"的方式更不可取。为了"顾全大局"，我就不提抗议了。（大笑）

昨天是中国的冬至，"冬至大过年"，明天是外国的圣诞，"圣诞高于天"，我们在这里见面开会，也算有缘。"百年修得同船渡"，能在这个时候共同开会恐怕得修五百年。（大笑）

小浪底工程的安全问题引起人们极大关注。这确实由蓄水后下游出现大量渗水引起。但渗漏量并不是确定工程安全与否的唯一指标，甚至不是最重要的指标。例如说，小浪底的总渗漏量达到 10 万 m^3/日，但都是均匀缓慢的渗水，就并不可怕。相反，如果渗漏量只有 1 万 m^3/日，但集中在一两个地方汹涌而出，那就有垮坝的危险了。

我认为如能满足以下六个条件，渗水就不必担心：

（1）渗漏机理清楚：水从何来，沿着什么通道下渗，通过什么地质单元，在什么地方出逸、沿途的渗压、比降、流速……全都清楚，或相对清楚。否则就是黑箱作业，"鬼子进村两眼漆黑"，就很难对工程的安全性作出评价，也不可能对今后的发展作出预测、评估。小浪底可划为右岸、左岸和河床三大渗水单元，这些单元的渗漏机理是基本明朗的。

（2）水量的损失不影响工程的效益。目前和预测的今后最大渗水量，只占黄河枯水期平均水量的 0.1%，不会影响工程的效益，这一结论应是明确的。不比有些水库有三分之一的水量通过溶洞流到相邻流域去了，或者没有水源的抽水蓄能上库，水量流失是个大问题。

（3）水的长期渗漏不会产生机械管涌。在右岸和左岸，水通过砂岩的裂隙渗流，不存在发生机械管涌的条件。坝基下通过砂砾石覆盖层的渗流，由于渗流比降远小于临界值，出口处又有可靠的反滤层保护，也是安全的。

（4）水的长期渗漏不会产生化学管涌。设计院和建管局认为不会，但说服力不强，还有些可疑之处，这个问题我不能下结论，需继续监测和研究。不过化学管涌需经过很长时间才严重化，我们还有足够时间研究处理。

（5）水的渗漏不影响安全运行。例如，如果地下厂房顶拱不断滴水，两侧边墙上不断渗水，那怎能保证安全运行。在小浪底左岸经过三次的加固处理，问题已解决，厂房周围还有两层排水洞保护，应该讲，安全运行是有保障的。

（6）有完整的监测设备，人们能及时掌握情况，作出分析判断和科学预测，有维修制度和手段，可及时进行维护。这些条件在小浪底是具备的。

本文是作者 2007 年 12 月 24 日在小浪底工程安全评价会上的发言。

综上所述，我们是否可以认为，小浪底工程经过 6 年运行、不断探索、四次补强、有完整的仪器进行监测，做过大量的分析计算，渗水问题基本明朗，建筑物是安全的。

建筑物"安全"并不等于"最优"，只是达到了及格标准，在这个基础上要不要再做工作，进一步削减渗流量是另一个问题。从成本、代价和效果来看，再花几千万元、几亿元进行处理，效果很有限，我认为除了常规的维修外，不必再做集中处理了。建议水利部可以安排竣工验收。

最后必须指出：小浪底工程在高水位下的运行时间毕竟不长，最高的水位只达到265m，离设计水位还有 10m，而且还存在一些目前不能解释的现象。考虑到小浪底工程在治黄中的地位，万一出事将产生不可想象的后果，建管局和设计院千万不能掉以轻心，要加强监测研究，精心维护，专家组将对此提出一些要求。千万不可认为只要通过竣工验收，万事大吉，没有我的责任了。如果这么想、这么做，我们就将成为千古罪人。必须明确：工程师对工程是终身负责制，不是"保修一年"。竣工验收只是一个形式，并无实质性意义。

如果大家同意我的看法，是否按此准备咨询意见，并讨论下阶段要继续做的工作。

小浪底：让母亲河焕发新的生机

现代水利周刊：有人说，小浪底水利枢纽工程是母亲河上一颗年轻的跳动的心，您怎么看？

潘家铮：这是个很好的比喻。小浪底工程确实像一颗跳动的心，给黄河下游带来青春的活力。

黄河是世界上最复杂的河流，黄河的问题最后主要出现在下游河段：千里长的地上悬河，越淤越高，洪水期溃堤泛滥，一片汪洋，甚至河流改道；枯水年，旱灾严重，赤地千里，颗粒无收；近来又出现了水资源严重匮乏和污染问题，成为中国最大忧患。

为了治理黄河，千百年来，许多人投入了毕生精力，做出了许多贡献。但是，限于当时的政治经济条件和科技水平，无法妥善解决问题。20 世纪 60 年代，国家决定建设三门峡水利枢纽。这是我国首次在黄河中下游干流上修建工程，旨在彻底改善下游问题。但限于当时的认识水平，三门峡水库修建后，很快淤积，不得不进行改建，才初步发挥作用，没有完全实现预期目标。

小浪底水利枢纽工程，是我国第二座（也是最后一座）在黄河下游干流上修建的高坝大库，是黄河水沙调控体系中的重要组成部分，是治理开发黄河的控制性工程。工程以其巨大的建设规模，复杂的地质构造，特殊的水沙条件，严格的运用要求，又在国家经济体制大规模转轨的过程中建设，被中外水利专家称为世界上最具挑战性的工程之一。

经过广大建设者 11 年的艰苦建设，小浪底主体工程于 2001 年 12 月全面完工，并投入拦沙初期的运行实践。实践证明，小浪底水利枢纽已基本实现了防洪、防凌、减淤、供水、灌溉、发电等全面的综合效益，保证了下游河道年年安澜，刷深了河道主槽，进行了调水调沙试验，并且为地区经济社会发展提供了宝贵的水资源和清洁的能源，还取得了显著的生态环境效益，这是治黄工程中的重大成就。这一史诗般的成就来之不易，将载入史册。

现代水利周刊：有人说，小浪底是中国改革开放的一个骄子。

潘家铮：是的。小浪底工程是在国家经济体制大规模转轨的过程中建设的一项工程，是国家"八五"期间开工建设的重点工程。

小浪底工程建设部分利用世界银行的贷款，引进和利用国外先进的管理和技术，并进行大胆创新，采用许多新结构、新材料、新工艺，解决了大量技术难题，创造了具有中国特色的国际工程管理模式，提高了我国水利水电建设管理水平和技术水平。可以说小浪底工程是我国水利行业与国际接轨进行改革开放的窗口。

小浪底工程取得了工期提前，质量优良，投资有效控制，20 万移民得到妥善安置

本文发表于 2008 年 12 月 25 日《中国水利报》上。

的成绩，说明规划设计是正确的、先进的，施工是高质量的，管理和运行水平是一流的。我为此感到非常高兴和欣慰。

现代水利周刊：有人说，小浪底水利枢纽是一项民生工程，您怎么看？

潘家铮：小浪底水利枢纽，是一项综合利用工程，发挥了多方面效益。但也有主次之分，在相当长的一个时期内，小浪底的主要目标是保证下游的安全，拦沙、减淤，冲刷下游河道，通过调水调沙手段，缓解泥沙问题，这方面的作用应放在第一位，把灌溉、供水、发电效益排在后面，电调无条件地服从水调，我是同意的。但这并不是说，灌溉、供水、发电就无足轻重，灌溉、供水、发电效益同样重要。为此，要深入贯彻落实科学发展观，优化调度，在满足防洪、防凌、减淤的前提下，尽可能地发挥其他效益，使小浪底的综合效益得到充分的发挥。

小浪底水利枢纽工程现在已初步发挥了全面效益，已经有效地促进了区域经济社会发展，有利于改善民生，有利于维护生态。从这个意义上讲，将小浪底视作一项民生工程，是一点也不过分的。

现代水利周刊：小浪底工程现在验收，时机成熟吗？

潘家铮：像小浪底这样复杂的工程，并不是一切问题都在事前可以完全查清和预测到的。工程建成后，确实出现了一些问题。不怕有问题，就怕看不到问题，就怕对问题采取回避态度。水利部和建管局对此高度重视，投入资金，组织力量，开展了深入调查研究，一步一个脚印地查清问题，进行了有效的处理，取得了良好的预期效果，保证了建筑物的安全运行。为此，我已记不清他们做过多少次勘探试验分析工作，开过多少次咨询审查验收会议，相应的文件真是汗牛充栋，其认真负责的态度真是少见的。

国家和水利部对小浪底竣工验收采取十分慎重的态度，一直有组织地进行着准备工作和初步验收工作。经过长期不懈地努力，有关问题已经得到解决，由资质单位提出了鉴定和评估报告。去年7月，又进行了竣工验收的技术鉴定工作，对枢纽工程和机电工程做了全面的评价，提出了验收技术鉴定报告。其他有关的专项验收工作，也已先后全部完成。小浪底工程的竣工验收条件已经完全具备。

现代水利周刊：通过验收意味着新阶段工作的开始。对于今后的运行，您有什么意见？

潘家铮：一般水利水电枢纽工程，通过竣工验收以后，主要是做好运行和维护工作，按照规定安全运行。而小浪底枢纽情况有些不同。前些日子，我们刚在北京召开过"黄河水沙调控体系建设规划"的讨论会和"小浪底拦沙后期运行调度方案"的审查会。从中可知，小浪底的建成，仅是治黄工程的一个阶段。依靠现有工程和措施，还不足以解决黄河问题。我们对黄河的认识还远未深化，新的情况和形势不断出现。我这里挂一漏万地举几条。一是黄河来水来沙变化。二是经济社会发展将会给小浪底工程提出新的要求。三是小浪底的拦沙库容将渐渐淤满，需要在上游修建新的工程，届时将需要小浪底与新工程结合起来，进行统一调度。四是南水北调中线、东线都已开工，不久就要实现了，黄河水量分配也因此而发生变化，而这在小浪底设计中没有考虑，也需要根据新形势，进行调整。五是黄河滩区要进行整治，黄河滩区有180万亩耕地，一定要科学文明地利用，要集约化地应用，这样黄河才能真正实现安澜。再讲远一点，南水北调西线调水如果实施，也需要改变小浪底的运行管理模式。

对小浪底工程而言，竣工验收既是为前一阶段的工作作出结论，画上句号，也标志着下一阶段工作的开始。我呼吁建管局在今后运行中，不但要把水库的安全和防汛的安全放在首位，统筹兼顾综合效益的发挥，精心搞好运行管理和维护，优化水库的调度管理，为这一伟大工程能够充分发挥效益，造福子孙后代做出更大的贡献；还要胸怀大局，对今后工作有更长期宏观的规划，积极准备应对新的形势和新的要求，积极参与上游后续工程的建设。也呼吁上级领导和各位专家今后一如既往地继续关心小浪底工程和治黄事业，在大家共同努力下，把治黄大业进行到底，中国人民一定能把黄河的事情办好。

现代水利周刊：建设小浪底工程，您是做出贡献的。今天，小浪底已进行了技术预验收。此时此刻，您有何感想？

潘家铮：我的心情非常激动。实事求是讲，我做的工作非常有限。小浪底工程的胜利建设并初步运行，凝聚着无数同志的心血、青春甚至生命，我们要分外珍惜。今天在小浪底工程技术预验收之际，我们不但要向建管局和参建各方表示祝贺，感谢他们所付出的艰苦努力和巨大奉献，更不应该忘记为小浪底工程奋斗了一辈子的千千万万的同志们，包括为建设小浪底背井离乡的移民的贡献。

在小浪底工程竣工验收会议上的发言

经过十多个年头的艰苦建设、九年的初期运行以及多次的专家咨询、技术评估、工程补强、安全鉴定、初步验收、专项验收和预验收工作，小浪底工程在今天通过了竣工验收，为工程建设画上一个圆满的句号。我谨向长期来为小浪底工程呕心沥血做出贡献的同志和为工程背井离乡的移民群众表示崇高的敬意。

竣工验收后，小浪底工程将转入正常运用，长期发挥效益。鉴于黄河水沙情况特殊，小浪底工程地理位置特殊，我们对黄河的认识和对黄河治理的认识还需不断深化，验收后的任务依然艰巨，我愿乘这个机会提几点想法，供大家参考。

一、小浪底建设取得了重大成就

小浪底工程是我国在黄河下游干流上修建的第二座、也是最后一座高坝大库，是黄河水沙调控体系中的重要组成部分，是治理开发黄河的控制性工程。它的建成对于保证黄河下游安全，拦沙、减淤、调水调沙，缓解黄河泥沙问题，改善生态环境，维护黄河健康生命，促进区域经济社会发展，保障改善民生，具有重大意义。

小浪底工程建设者满怀爱国热情，顽强拼搏，艰苦奋斗，闯过道道难关，圆满完成了各项建设任务，取得了工期提前、质量合格、投资节约的好成绩。不仅标志着我国大型水利枢纽的设计和施工技术已经达到甚至超过世界先进水平，也标志着小浪底人通过学习、消化和吸收国际先进管理理念创造了具有中国特色的工程管理模式。小浪底工程史诗般的成就，集水利水电建设新技术、新管理的大成，将永远载入史册。

小浪底工程投入运用 9 年来，始终将公益效益放在优先位置，不断优化调度运行方式，延长淤沙库容使用年限，在防洪、防凌、减淤、供水、灌溉、发电等方面发挥了显著的社会效益、生态效益和经济效益，为治黄目标的实现和促进地方经济发展作出了重大贡献。让我们热烈祝贺这座工程取得的巨大成就！

二、小浪底工程要准备迎接大自然的验收

小浪底工程已通过国家竣工验收，但还要经过大自然的验收，每个工程都是这样的。我认为大自然的验收有三个特点：第一，大公无私。大自然的验收意见不是写在书面上的，也不来和我们沟通。第二，大自然的验收严格无遗，设计、施工和运行管理中的任何微小缺陷都逃不出它的考察，而且立竿见影给予惩罚。第三，这个验收不是阶段性的，而是终身制。人为的验收不论是单元工程验收、单位工程验收、安全鉴定、专项验收、技术预验收、竣工验收都有个验收时间，验收会议都有个会期，而大自然的验收是连续的，是年年、月月、天天，甚至分分秒秒在进行，我称它为终身制。因此，要将安全工作作为枢纽运行管理的头等大事来抓。我相信，通过竣工验收的小浪底工程，一定也能通过大自然的验收。

本文是作者 2009 年 4 月 7 日在小浪底工程竣工验收会议上的发言。

三、辩证和动态地看待工程安全和验收工作

在以前几次会议中，有些同志感到小浪底工程还存在些遗憾，譬如说，绕坝渗漏量似乎大一点。还有些技术问题需要长期监测，发现问题要及时处理。我认为对这些问题要有个辩证和动态的看法。

就渗漏来说，建了这么高的坝，把上游水位抬那么高，自然要产生向下游的渗漏，要做到滴水不漏是不可能的，或者说是不经济的、不合理的。要求工程滴水不漏，不仅要付出工程量和投资的巨大代价，而且还要付出山体、地基和坝体长期承受全水头渗透压力作用的代价，并不是最优的选择。较为合理的做法是在保证工程安全和不影响其功能的前提下，允许有一点渗漏，让工程和渗漏水和谐相处，只要这个"度"选择得合适，不必为之担忧。就是人体中的癌细胞也是不可能杀光的，现在医学上也在研究与癌细胞和谐共处的问题呢。

更重要的问题是：任何工程不可能做到一劳永逸。小浪底工程是通过竣工验收了，但今后库水还将长期渗漏，渗流通道可能会扩大。另一方面，水库又会淤积，渗漏量会变化，水质会变差，经过长期泄洪排沙运行，衬砌、孔板洞、消力塘会被磨蚀、破坏，金属结构会腐蚀……更不要说水库的淤积和机组的更新，所有这些都不可避免，都需要精心监测维护才能保证安全。因此，验收会议确认小浪底工程质量合格，安全运行，是基于该工程能得到正常和精心的维护管理这一事实的。所以，上面我说要将安全工作作为枢纽运行管理的头等大事来抓，这是个贯穿工程全寿命的长期任务。其次，就小浪底枢纽来说，不仅要保证工程安全还要探索最优调度运行方式，在坚持以公益效益优先的原则下，使工程发挥最大综合效益，并最大限度地延长减淤使用期，任务就更为艰巨。所以我说，与其说验收是一个阶段工作的结束，不如说是新阶段工作的开始。这次竣工验收后，运行管理单位不但不能高枕无忧，而且连停下来休息一下的时间也没有，希望能一如既往毫不懈怠地奋斗下去。

四、高瞻远瞩，抓紧努力，把黄河的事办好

这话我也说过。小浪底枢纽虽然顺利建成，发挥了预计效益，但治黄的任务还十分艰巨，形势还在不断变化。我们要充分利用小浪底建设中积累的经验和培养的人才优势，从各方面抓紧努力，包括继续修建上游古贤水库等后续工程，争取在21世纪初期到中期使黄河的问题有个较好的解决。我呼吁小浪底建管局要胸怀大局，更多地关心和参与治黄大业，也呼吁上级和各位专家继续关心黄河问题，解决黄河问题。

我总觉得治黄需要来点儿大手笔。昨天有记者采访我，我就提了这个观点。有些事，现在可能不现实，随着社会、经济、科技的发展，以后就能行。例如黄河河滩上有180万人依靠耕种一百几十万亩滩地为活，洪水一来就要保滩，现在看来不好处理。但是，难道这180万人的子子孙孙都永远靠啃这些滩地过活吗？应该让他们展翅腾飞，使滩地只由几万人科学地、文明地利用。我希望国家和当地政府研究这种战略性的问题，不要使"保滩"永远成为治黄中不可解决的矛盾。再说，我们一直把黄河泥沙当作祸害，千方百计要排它入海。如果你不能送它到太平洋去，堆在河口，终究会使河道坡降愈来愈平，难以为继。而且泥沙是宝贵资源，可以挖吸出来利用啊。听说新疆煤的储量巨大，2030年后每年将生产10亿t，有5.5亿t原煤外运。我不知火车运什

么东西回去？何不就运 5 亿 t 泥沙回去，铺在戈壁上呢？有人说：你这是躺着说话不腰痛，问题还能那么简单？我承认问题是复杂的，但就不能想象吗？科学发展观的第一要义是发展，要科学发展就要创新，要创新就要想象啊。再说北方这么大的地域，黄河这点儿水量实在是不够用的，如果我们一时做不到"南水北调"，为什么不能在西部调点儿水进黄河呢？反正现在一提西线调水就是一片反对声，连领导都不好办。工作停顿，资料流失，人员星散，以后要做也困难。这不是科学态度。

人老了，容易得老年性痴呆症，或者得老年性妄想症。占用了大家很多宝贵时间，听我的胡言乱语，很对不起了，就当我在说一段科幻相声吧。

最后，感谢国家发展改革委和水利部邀请我参加这次会议，祝各位领导和专家工作顺利，身体健康，祝中国的治黄大业顺利进展。

对黄河小浪底工程关键技术研究与实践
科技成果的评价意见

　　小浪底工程是黄河水沙调控体系中的重要组成部分，是治理开发黄河的关键性控制工程。工程以其巨大的建设规模、复杂的地质构造、特殊的水沙条件、严格的运用要求，被中外水利专家称为世界上最具挑战性的水利工程之一。

　　在小浪底水利枢纽工程的规划设计、建设及运行管理中，广大水利工作者迎难而上，积极探索，勇于创新，进行了大量的科研试验，各有关单位开展联合攻关，既解放思想、打破常规，又依靠科学、严谨求实，攻克了道道难关，取得了丰硕的技术成就。不仅为在极复杂不利的地质地形条件下修建巨型地下洞室群提供了十分可贵的经验，尤其在多泥沙河流上建造和运行高坝大库的经验更是世界少有。因此，小浪底工程对中国乃至世界水利水电建设做出了重大贡献。

　　小浪底工程建设部分利用世界银行的贷款，引进和利用国外先进的管理技术，创造了具有中国特色的国际工程管理模式；在技术上进行大胆创新，采用许多新结构、新材料、新工艺，解决了大量世界级技术难题，极大地提高了我国水利建设管理水平和技术水平。可以说小浪底工程是当时水利行业与国际合作的最前线，是我国水利行业与国际接轨进行改革的窗口。

　　小浪底水利枢纽建成投运后的实践证明，小浪底的规划设计是正确的、先进的，施工是高质量的，管理和运行水平是一流的。小浪底水利枢纽已基本实现了防洪、防凌、减淤、供水、灌溉、发电等全面的综合效益，保证了下游河道年年安澜，刷深了河道的主槽，并成功进行了多次调水调沙，为地区经济、社会的发展提供了宝贵的水资源和清洁能源，也取得了显著的生态环境效益，这是治黄事业中的重大成就。

　　现在，建设管理单位和设计单位、相关高校、科研及施工单位的同志们把工程规划设计、建设和运行管理中取得的科技成果进行系统总结，集中提炼，形成"黄河小浪底工程关键技术研究与实践"这一科技成果，意义深远。这既是对小浪底工程科技成果的全面总结，有利于推广，也将推动我国水利科技和水利事业的发展。我认为此成果申报国家科技进步奖是当之无愧的，并表示完全的支持。

　　本文写于 2012 年 2 月 20 日。

5　金沙江流域

在向家坝水电站选坝会议上的讲话

这次向家坝水电站选坝会是一次很重要的会议，标志着向家坝这一巨型水电站的前期工作将进入新的阶段。感谢各位专家、代表不远千里前来与会，也感谢两省、两地区、两县领导的关怀和支持。中南院在长办、成勘院和武警水指长期工作的基础上，又做了四五年勘测设计研究工作，而且在工作过程中不断向有关部门请教，向水利水电规划设计总院汇报，开过多次技术会议，已经为这次选坝会议提供了重要的基础条件，加上我们请到这么多经验丰富的专家，有的已多次到向家坝指导，情况熟悉，我深信这次会议一定能开好，能取得较为一致的意见。由于与其他会议重叠，我迟到早退，但同样学习到很多东西，特别是听取了两天的讨论和方才大家的发言，启发很大，这次会议是水利水电规划设计总院主持，结论也将由水利水电规划设计总院根据到会专家的意见作出。我因为要先离开一步，所以在这里简单说说我的意见和建议，供会议参考，如果与会议最后结论不一致，以会议纪要为准。

一、关于坝址选择问题

向家坝工程的前期工作已进行多年，至今尚未能提出项目建议书，当然有多方面因素，但坝址条件复杂，未能选出在各方面都理想的坝址，也是因素之一，经过长期努力，最后逐渐归纳为Ⅲ、Ⅶ两坝址的比较，这是非常正确的。这两个坝址都能成立，各有优缺点，在中南院的报告和各位专家的发言中已经分析得非常清楚和全面，我认为大家的分析是符合实际情况的。

Ⅲ坝址有很多吸引人的地方，特别是岩体较完整，风化卸荷浅，岩石强度高，枢纽工程量较少，对水富县的干扰也较少，所以一直是研究的重点。但是它存在几个较大问题，特别是右岸深厚崩积层数量过大，和河床覆盖层较深，施工难度高，也影响了工期，它的缺点正是Ⅶ坝址的优点：河床覆盖层是全峡谷中最浅的，没有崩积层，河谷较宽，在布置上有利，施工比较方便，工期也可缩短。但是工程量较大，岩体完整性较差，对水富县的干扰较大。

在讨论中，多数专家对坝址选择问题的看法较为一致，但也不是完全一致。有一点很重点，就是没有不认为哪一个坝址不能成立，而是在综合比较上的侧重点有些不同。这样就有条件根据多数专家意见，综合考虑利弊得失，提出一个倾向性意见来。

衡量了全部得失因素和现实情况，我们认为Ⅲ坝址的主要问题是施工上的难度确实较大，不容易克服，工期要长。这一点，我在北京还专门讨教过李鄂鼎副部长，他是施工经验极为丰富的专家和领导，而且对向家坝十分关心，研究了数十年，也感到问题复杂，不好下决心，说真话，要是困难不那么大的话，坝址选择就不会拖这么长的时间，而对于Ⅶ坝址，鉴于：

本文是作者 1990 年 12 月 10 日在向家坝水电站选坝会议上的讲话。

（1）马步坎稳定问题较明朗，几乎所有专家一致认为不存在整体失稳的危险性，不影响Ⅶ坝址的成立；

（2）Ⅶ坝址两岸T_3^3岩层虽然较差，但经处理后在其上建一百余米的重力坝是可能的；

（3）对水富县及云天化的干扰虽较大，但有地方上的大力支持，原则上是可以解决的；

（4）工期较Ⅲ坝址有明显提前，对经济效益和促进向家坝的建设意义较大；

（5）河谷较宽，不存在高边坡问题，对今后通航和发电建筑的扩建可以留下余地。

从这五个方面衡量，我赞同多数专家的意见，也就是赞同中南院的意见，倾向于选用Ⅶ坝址。

但是，鉴于向家坝是一个巨型工程，选用Ⅶ坝址还有一些问题和疑点没有完全澄清，在许多专家的发言中都有所指出。而且相对讲，Ⅶ坝址的工作开展得较晚、较少，所以我建议也不要说得太死，提法是否倾向于Ⅶ坝址，据此安排进一步工作，保留Ⅲ坝址为备用，以防万一在深入工作发现新的情况后，有一个余地。当然我们不希望出现那样情况，那将大大影响向家坝的建设，但是在现阶段，还是稳妥一点好，坝址问题可以在审查可行性研究报告时作最后的行政上的审定。

二、关于下一步工作

上面说过，在向家坝（包括Ⅶ坝址），我们已做了很多工作，重大的问题应该说明朗了，但是由于工程规模巨大，每一步都不容许有任何大的失误，对向家坝的要求和一般大中型工程有所区别，所以我们仍应兢兢业业，继续深入做好工作。对坝址问题有个倾向后，有利于设计院集中力量把工作做深入，今后主要工作是针对Ⅶ坝址存在的缺点、问题和疑点，补充勘探研究，一一予以澄清、落实、优化，务求立于不败之地，具体要求专家们有详细建议，我在这里挂一漏万地说几条意见：

在地质工作上，以前几次会议中，专家们对Ⅶ坝址提出的许多问题是非常重要的，在目前阶段，要欢迎大家"攻"Ⅶ坝址，欢迎"吹毛求疵"，这样才能有针对性地澄清和解决：

（1）Ⅶ坝址的构造问题要进一步弄清，要再采取些手段查一下。

河床和两岸工程地质条件，如果无大构造，看来河床条件比较好，两岸坝肩、特别是左岸 T_3^3 层（甚至 T_3^{2-6} 层）的情况较差，将来要在其上建一百余米高坝，虽然总的讲是可以的，但不能掉以轻心，局部小构造，包括软弱夹层、层间剪切、小断层、破碎带、囊状、团块状的风化带以及煤层分布等，也要查清。要增加必要的勘探工作量，使得设计工作建立在可靠的基础上。

（2）河床覆盖层的分布，虽有不少钻孔控制，和大量物探资料佐证，基本上是可信的，中南院立了一个大功，他们也很自信。但控制点线间距毕竟还粗一些，如果有漏网之鱼，会造成很被动的局面，在铜街子、安康等工程上都有过教训，希望适当加密勘测网，务求确有把握。

（3）马步坎位于库中，虽然总的讲不存在整体失稳可能，但对局部崩塌的机理，规模和影响，对底部的所谓软弱层，甚至石膏层的情况，对蓄水后的变化以及观测研究工作，都要继续深入进行。

（4）对料场要进一步勘查、规划和试验。

在工程设计上，要继续布置几种方案进行比较研究，尽可能找出最较有利的一两种布置，在进一步工作中，可能要对坝线再作些调整。比较时，希望注意以下因素：

（1）较好地解决泄洪消能问题，不但要可靠，节约，运行抢修方便，而且要研究对下游特别是对云天化影响，把影响减到最小程度，除调查、计算、研究外，恐怕要做些试验。

（2）在枢纽设计和施工设计中，尽可能减少对水富县及云天化的干扰，少征地，少影响。使电站在施工期中干扰不大，运行后保证安全，当然，干扰总会有一点，要与具体部门接触，相信地方上也是会支持谅解的。

（3）尽可能简化布置，使得有利于高速度施工，有利于采用新技术。

（4）尽可能研究合适的施工总布置，施工方法、设备、进度、重大问题要安排落实，导流是第一关，要注意解决好上下游围堰和纵向导墙的问题，力争工期尽量缩短和提前发挥效益。

（5）规划、机电、水库等专业要配合跟上；通航、漂木、排沙等问题还要深入。

（6）Ⅲ坝址还要做些补充工作，作为一个备用方案。

三、共同努力，抓紧工作，做好向家坝水电站的可行性研究，以供国家决策

今后的工作任务很重，主要落在中南院的身上，中南院是一支有丰富经验的队伍，深信定能打好这一仗。我不是怕你们水平不够，而是怕你们急于求成，向家坝这样的工程，工作做不到家是通不过的，各方面对你们的要求将是很高的，甚至是苛刻的。水到渠成、瓜熟蒂落，希望既要抓紧工作，又要细致深入，保证提出高质量的设计，工作中希望多向专家讨教、多向水利水电规划设计总院通气、汇报，更要紧密地和地方政府、部门合作，取得他们的全力支持，纳入国土规划之中。没有后者，工作是空的，特别对于Ⅶ坝址来讲更是如此。

在这次会上，我非常高兴地看到两省、两地区、两县的领导和人民对向家坝工程都热烈拥护、观点一致，风格很高，我认为向家坝工程的优越性，不但是水力资源丰富、地壳稳定、淹没较少，交通方便，而且还有一条，就是两省的同心协力，一致支持，这后一条件十分重要，我们看到许多条件优越效益巨大的工程，由于在界河上，或跨省开发，有关省、区、部门间的意见不一致，无法协调，最后只能搁浅，双方均受其害。向家坝位在两省界河上，而且紧靠云天化，如果没有两省的协调一致和共同支持，要开发它是不可思议的，坦率讲，选在Ⅶ坝址，我们对干扰问题的担忧超过地质问题，但我有幸听到两省、两地区、两县领导的讲话，使我深深感动，他们的讲话对开好这次会议起了极大作用。我衷心希望，也坚决相信，川、滇两省在向家坝工程上一定能长期配合，协调下去，一定会共同支持我们的事业，互谅互让互利，使向家坝修建成一个不但是技术上先进的巨大水电站，而且是一座川、滇友谊水电站，共产主义大协作的水电站。

溪洛渡工程与三峡工程的关系

金沙江是全国乃至全世界水力资源最为富集的河流，尽早开发这一无穷无尽的宝藏，从而实现"西电东送"的伟大目标，是中国水电建设者的历史使命。溪洛渡是一座逾千万千瓦量级的巨型水电站，在金沙江水电站群中，它是建设条件和效益最好的电站之一，我们有责任采取一切措施，加快它的开发步骤，为振兴中华做出贡献。下面主要就溪洛渡工程的效益和影响，特别是和三峡工程的关系谈一点意见。

在论证三峡工程中，有同志建议修建向家坝和溪洛渡来替代三峡工程。其实，不存在替代的问题，仅仅是个先后排序问题。最后，由于三峡工程有解决下游防洪的巨大任务、输电距离近和前期工作做得较充足等原因，国家决定先建设三峡工程。目前，三峡工程正在紧张地进行施工准备，实际上已经开工。论证中的 6-6-6 施工方案（即准备和第一期工程 6 年；第二期工程 6 年，在二期工程末，首批机组投产；第三期工程 6 年）已压缩为 5-6-6 方案，而且是从 1993 年算起。尽管开始时有很多困难和延误，现在看来，预定的方案是可行的。1993 年大江截流，2003 年首批机组投产和 2009 年完工三大里程碑是可以实现的。

三峡工程先行建设，溪洛渡的开发就显得更加必要，更加迫切，更加现实，真正被提上了议事日程。溪洛渡工程的效益是巨大的。电站装机容量 1200 万～1500 万 kW，年发电量 544 亿～655 亿 kW·h，对下游向家坝、三峡、葛洲坝进行补偿还可增加保证出力 90 万 kW，年发电量 16 亿 kW·h，将这些效益加在一起其规模已经相当于 0.8 个三峡工程了。但它的效益和作用远不止于此，对三峡工程的影响尤其巨大。

首先，三峡坝址年输沙量 5.3 亿 t，半数经过溪洛渡坝址下泄。溪洛渡工程建成后。推移质基本不下泄，悬移质在达到冲淤平衡的七八十年前，下泄量大大减少，这对三峡工程影响很大。

如果没有溪洛渡水库，三峡工程投产约 30 年后，重庆河段及港区将因有较大累积性淤积，影响航道和港区作业，洪水水位也将抬高，为此需采取优化水库调度和工程措施并结合港区改造解决，但具体措施尚未落实。这些问题受到了人们的关注。有了溪洛渡，三峡水库总淤积量明显减少，30 年内重庆河段基本无淤积，因洪水水位抬高值大大减少和泥沙问题大大缓解、推迟，大量的资金就不必现在投入。如果没有溪洛渡水库，三峡投产 30 年后，坝区的泥沙淤积也将开始影响航道、船闸和水轮机，需设置导流堤、冲沙设施，工程艰巨、投入多；有了溪洛渡，这些影响也将推迟数十年。因此，航道冲沙设施很可能不必修建，导流堤也只需堆筑基础部分。

由于三峡的淤积问题的解决没有完全落实，蓄水只能分期抬高，先蓄到 156m，

本文是作者 1994 年 4 月 25 日在溪洛渡水电站选坝会议上的讲话（节选）。

然后在一定的时间内再视情况抬到 175m。如果溪洛渡上马，可以大大提早蓄到最终水位的时间，使三峡工程提前充分发挥效益。

其次，三峡工程装机容量 1820 万 kW，预留 420 万 kW，如溪洛渡决定建设，这 420 万 kW 可以提早建成投产。溪洛渡有一定的库容，对三峡每年的汛后蓄水方式提供了很大灵活性，且通过溪洛渡的调节，枯期下泄流量有进一步提高，两库联合调度对防洪、航运也就更灵活有利。另外，还有其他好处，现不再详述。当然，也会带来些新的问题，例如对下游河床下切的时期和深度将延长和加大，对此需要作详尽研究。

第三，对于电力系统来说，三峡以后，溪洛渡、向家坝的投入，将是实现"西电东送"的重要一步，必须及早研究明确许多重大问题，如近 2000km 的特高压输电、500kV 以上的电压等级、各大区之间的联系方式、如何在各大区的水火电站群之间进行优化调度以取得全局最大效益等等。这些都是国家级的重大课题。溪洛渡的兴建必将促进金沙江流域的全面开发，在这个地区开发出 1 亿 kW 的水电是现实的。

所以，我认为开发溪洛渡，不是一个省、一个地区、一条江的问题，而是牵涉全国能源规划、电网规划的大问题。这个问题已经提到日程上，有远见的政治家、经济学家和工程技术人员都应该认真考虑，着手研究。

溪洛渡工程选定坝址只是万里长征第一步，下阶段工作将更为艰巨和重要，我建议：

（1）加快加深溪洛渡的前期工作，做好预可行性设计，尽早审定提出项目建议书。鉴于溪洛渡工程规模特别大，预可行性研究的深度可以深一些，将某些原可行性研究中应明确的问题都确定下来，接着可抓紧进行可行性研究（原来的初步设计）。方案比较可实事求是地进行，主要力量放在大家一致认可的推选方案上，集中人力和财力，务必将这个方案的问题摸透做深。对溪洛渡这样的巨型工程，没有高质量的设计，不澄清有关问题和疑点，国家是难以下决心的。

（2）大力开展科研工作。既有"硬件"，也有"软件"；既有溪洛渡本身的问题，也有更高层次的问题；既有水电建设中的问题，也有需电力部门和其他部门解决的问题。有同志建议将溪洛渡工程列入"九五"国家攻关项目，我想很对，应争取，但不能再以高坝和地下厂房为对象，这在"七五""八五"中都攻过关或正在攻关中，小湾也是 300m 量级的拱坝，所以最好在更高的层次上提问题，申请将其列入国家攻关项目中，而把一部分"硬件"的研究任务融入其中。另外，也可同时申请列入"九五"部控的科研项目中。

（3）加强宣传和联系工作。要对将来供电区的领导和各阶层做工作，使他们了解金沙江拥有无穷尽的宝藏，同时又使他们理解这不是遥远的事，从而调动各方面的积极性来推进工作。

（4）关于经费问题。现在前期经费严重不足，要多方集资。电力部和水电总院要积极争取有更多的国家投入，但这一定是不够的，需要地方和业主的支持。在成立三峡总公司时，国务院领导同志说得很清楚，三峡总公司目前搞三峡，今后要继续开发金沙江。我认为三峡总公司有责任支持金沙江的前期工作，这方面三峡总公司领导的态度也是明确的。现在的问题是要制定一个合理的、积极的、节约的前期工作（包括科研工作）的计划，经过共同研究确定后一步步地付诸实施。三峡工程在 1997 年截流，2003 年发电，这期间资金较紧张，但支持一些前期工作的经费总是可能的。2003 年发电后，收入迅速增长，除支付三峡建设费用外，还可以还贷，后期有大量盈余。如果国家采取倾斜政策，将三峡还贷的部分转为对金沙江开发的投资，溪洛渡工程按 2000 年开工、2010 年发电是可能的，甚至可以提前。

溪洛渡电站拱坝设计优化之我见

昨天（2004年3月8日，编者注）听了成勘院的详细介绍，学习了有关文件，特别听了专家们的重要发言，启发很大。我愿意利用今天的机会，也说点个人意见，算是表个态，供两位组长和专家们总结时参考。我讲五点意见：

（1）成勘院为优化溪洛渡拱坝设计做了很多深入的工作，准备是充分的。虽然一部分工作尚在进行中，但主要情况还是清楚了。考虑到工程施工正在紧张开展、招标设计亟待编制，建议这次专家会议能对拱坝优化问题确定些原则，指明点方向，以利工作之进行。成勘院对工作的认真负责、不断前进的精神是应该充分肯定的。

（2）所进行的优化工作包括建基面的优化和拱坝体型优化。建基面的优化（即建基面外移）是最主要的。建议专家会议对此要有个态度。建基面在可研阶段是放在微新岩体上，基础出露的主要是Ⅱ级岩，其次有部分Ⅲ1级岩。优化后，主要利用弱风化下层岩体，基坑出露的主要是Ⅲ1级岩，其次有Ⅲ2级岩，甚至Ⅳ1级岩。显然，作为建基面的岩石等级降低了。相应的各种指标、参数（主要是变模和强度）也降低了，对于一座高达278m的拱坝，这样做行不行？是个重大问题，确需慎重讨论研究。开这次会是很必要的，专家们对此提出很多看法或疑问，是非常有益的，建议设计院予以重视，对每个问题都要认真研究，予以澄清或解决。

（3）我个人对这个问题总的看法是：根据溪洛渡工程的具体条件和成勘院的研究成果，确实有条件在可研报告的基础上把建基面适当提高（外移）。凡事一分为二，总是有得有失，我们在决策时，主要应实事求是地弄清"得"和"失"的性质和数量。建基面外移，"得"是很清楚的，也能够算出来：节约石方开挖109万 m³，节约混凝土浇筑127万 m³，节省投资6亿元，提前工期3个月，降低施工强度……。"失"则是岩石参数降低，基础处理工程量增加，影响坝和地基的应力、变形和安全度。作出决策的重点就是查清这样做究竟对大坝的安全有没有影响？影响到什么程度？

对安全的影响一是应力，二是稳定。在应力方面，变模降低，拱坝和地基的变位要增加，应力要恶化，但建基面外移后，跨度变小，荷载也小了，又起了好的作用。通过计算可以证明，这一正一负大致相抵消，优化后拱坝应力及变位没有恶化，甚至有所改善。这种分析是3个单位独立进行的，成果规律相符，数值可比，应该是比较可信的，所以，只要基岩变模的变化量确在文件所说的范围内，或至少不低于"下浮值"范围，应明确建基面外移对拱坝应力、变位没有不利的影响。

在稳定方面也一样。建基面外移后，侧破裂面上的Ⅱ级岩体减少，Ⅲ类增加，参数和抗力都降低了，但另一方面，推力也小了，也是一正一负。但负的影响大一些，抵消后，稳定安全系数还是减小了一点。不过减小有限，除了一个情况稍差外，都能

本文是作者2004年3月9日在溪洛渡水电站拱坝设计优化咨询会上的发言节选，并作为特稿发表在《中国三峡建设》2004年第2期上。

451

满足规范要求，有的还有较大余地。所以，如果建基面外移，对侧面的影响确如文件中所介绍的那样，则可认为优化对抗滑稳定也无本质上的影响。

我个人对溪洛渡的抗滑比较乐观，因为我觉得考察一个拱坝的稳定不仅应看计算成果，更要考虑实际情况，溪洛渡的情况就是没有特定的侧裂面，不但没有这一方向的断层，连较大的裂隙也没有。计算中的侧裂面是根据一些短小、不连续的节理面人为拟定的。这种情况和有特定的软弱面有本质上的不同。总之，考虑到正负抵消作用、考虑到计算的成果、考虑到侧裂面的实际情况，我认为建基面外移不会对拱坝稳定产生严重影响。

另外，在研究这类问题时，工程对比十分重要。成勘院对比了二滩，这是很有说服力的，还可以对比小湾、锦屏等，也不难作出上述判断。

综合对比"得"和"失"、衡量一下"失"的性质和数量，建议专家组能同意建基面外移的大方向。

（4）在确定大原则后，还要解决或澄清一些具体问题。

1）是否违反了规范？现行规范不适用于溪洛渡这样的特高坝，而要专门论证。这专门论证是否意味着要提高安全系数？确实，坝高了，似乎安全系数也应该更高一些，但这种想当然的想法和实际是相违背的。实际上，坝越高，越难要求它保持与低坝相同的安全度。以稳定来讲，抗力随着坝高作正比增长，而推力是随坝高作平方增长。坝越高，越难保证安全系数达到 3.5 的要求。我认为，对特高坝的专门论证是要求对有关问题作进一步研究查清。有些问题，对于低坝可以不必深究，反正有足够的安全系数，包含在里面就算了。对于特高坝，正由于安全系数不可能再提高，所以就要求专门查清，只要把问题查清，安全系数不但不必高，还可以低。你把一切情况都掌握了，有把握了，安全系数只要 1 就行。总之，只要有道理、有根据，规范可以突破，拱坝的建基面可以不放在微新岩体上。实际上二滩就是这么做的，已经突破了。所以不要把违反规范当作包袱，必要时水电水利规划总院还可以审查批准的。

2）个别情况抗滑安全系数达不到 3.5 怎么办？如右岸沿 C3 的整体滑动，计算的安全系数只有 3.4 左右，对这个问题建议先查一查计算的边界条件是否符合实际情况，如果 C3 在下游无自由出露面，那就考虑要沿另一反向坡滑出，必然会提增相应的抗力。其次，查一下采用的指标是否合适，如果确实偏低，大可理直气壮地调整，我认为，通过进一步工作，是不难达到 3.5 的要求的。

3）底滑面和侧滑面性质不同的问题。我们采用常规的刚体极限平衡计算时，因为有一个很大的安全系数，所以一般将各滑面上的抗力简单地叠加起来，不作过深的研究，对于溪洛渡这个高坝，值得做一些深入的研究，研究一下不同滑裂面和滑裂面上不同部位的应力、变形、点安全系数的分布情况，逐步失稳时它们又是怎么变化的，这是上面所说的特高坝需要专门论证的课题。要做这种分析必须有底滑面和侧裂面的本构关系。这种研究恐怕要由设计院和科研单位合作来搞。

4）建基面外移后的基础处理设计。建基面外移后，除整体上的模量和强度降低了，影响拱坝应力、变位和稳定外，直接出露的较软弱的基岩面还要进行处理，使它能安全地承受坝体荷载，而且传递到地基的内部去，例如出露的Ⅳ1级岩体应予清除。

对集中出露的Ⅲ2级岩体（主要在左岸中部），无非三种解决方式。一是调整建基面外移数值，消除或减少这级岩体。二是进行大面积置换。三是有针对性地对Ⅲ2级岩体中的缺陷进行处理。处理手段无非是置换、灌浆、锚固等。对左岸这块Ⅲ2级岩体中出露区究竟怎么处理，有待地质和设计方面进一步落实情况后再决定。但设计方面应考虑一些方案，估算一下工程量和施工安排。这里重复强调一下，我们对拱坝抗滑稳定持乐观态度的基础是溪洛渡不存在明确的侧裂面。因此，建基面外移后对侧裂面到底有多大影响，这些影响是不是都已考虑在内了，要请地质与设计方面再次论证明确。

5）要尽量避免出现"突变"，不论是几何形状的突变，或材料、材料力学性质的突变，对高拱坝都是十分不利的。在设计中要尽量避免突变，改为缓变。

6）坝体的应力分布总的看是良好的。但上游面陡坡处仍有较大的拉应力区，希望通过进一步优化能有所改善。

（5）体型优化。

这是个次要问题。设计院研究了五种体型，实际上是二次曲线、三心拱和对数螺线三种，抛物线和椭圆拱可包括在二次曲线中。

三心拱和对数螺线拱嵌入岩体稍浅一些（440m高程以上），所以坝体总方量稍少一点，有关指标也略差一些，成勘院未予采用。

抛物线拱和椭圆拱也是二次曲线拱，理论上讲，保留二次曲线中的设计参数，进行全面优化，可以选出一条最合适的拱形曲线来。但实际上优化中要考虑应力、变位、稳定、工程量……，是多目标优化，很难确定真正的最优曲线。设计院通过对五种体型的综合比较，选择抛物线拱，我没有意见，今后工作中还可微调。

结论：建议专家组原则上同意优化方案，并指出尚待澄清和解决的问题，提出对今后要做的工作的建议。

通过溪洛渡工程提高我们的科研
和技术水平

溪洛渡工程是仅次于三峡的宏伟水电工程。20 世纪中，说起溪洛渡工程，总感到离我们很遥远。几年前，在三峡总公司一次年度工作会议上，我呼吁三峡总公司着手推动开发金沙江的工作，还悲观地认为我这辈子恐怕看不到金沙江大开发了，只希望身后能从后人的公祭中听到这个好消息。现在，形势逼人，金沙江上最大的工程和其他许多大中型工程全面开花，中国水电迎来了从未有过的大好时机，也许我能喝上溪洛渡电站投产的庆功酒，心中的激动实在难以形容。

这次讨论的问题，已在三月份开过一次专家会议，并有了原则性的说法。这次设计院又补充提供了极其丰富的研究成果，邀请到了十多位一流专家，他们不但是有关领域的一流专家，而且熟悉溪洛渡工程，发言具有权威性。所以这次会议能够较快取得一致意见，对讨论的问题作出了明确的答复。我相信这次会议的审查意见是符合客观实际的，有助于三峡总公司决策，希望它也有助于工程的进展。下面只谈几点个人感受和建议，供参考。

（1）这次成勘院提交的报告，内容十分丰富，对许多问题不仅做了常规分析，而且进行了较深入的探究，针对溪洛渡这样的工程，这是完全必要的。只是材料前后有些重复，有些矛盾或不一致的地方需要修改协调一下。建议全面详细校核整理一次，适当压缩一下，作为一本正式文件存档。

（2）溪洛渡工程进展十分顺利，优化设计牵涉到建基面调整等根本性问题，两次专家咨询会都肯定了建基面外移的合理性和可行性，这次又原则赞同采用 04 方案（不排除施工中作局部调整）。建议三峡总公司能通过一定手续予以批准，有利于设计院据此编制招标设计和做进一步的工作，以免影响工程进展。

（3）采用 04 优化方案，可显著节约工程量，加快工程进度，效益巨大，经反复分析讨论，对工程没有重大的不利影响。只要认真设计、精心施工，工程安全是有保证的，我也认同这一论断。但越是如此，越要严格考察，不放过任何一处疑点。会上专家们提出过许多问题，设计院或有关同志作了解释。建议在会后仍保持高度警惕，从严以待，认真再理一遍，如认为有必要，继续做试验分析。希望把问题搞得更清楚、更有把握一些。

（4）无论什么事情都要避免突然的变化。人的健康也是如此，工程的安全更是如此。尖锐的转折是数学上的奇点，物理上的应力集中点，许多工程出事都首先在这里打开缺口，所以坝基开挖面要平顺，避免大起大落。地基缺陷处理在开挖后一定要用

本文是作者 2004 年 10 月 15 日在溪洛渡水电站混凝土拱坝优化设计审查会上的讲话节选，并发表在《中国三峡建设》2004 年第 5 期上。

混凝土浇平，待混凝土稳定后再往上浇。溪洛渡坝址地质条件良好，开挖面可以做得很漂亮，建议招标文件中对此提出较高要求（如半孔率等）。关于坝踵坝址处的贴角，要用贴角做成平台，也要与坝体断面隔开，有时用粉煤灰等回填上游那个尖角也许更好些（可起防渗自愈作用）。文件中对贴角只谈到有利之处，对应力集中则以"局部性质"一笔带过，建议再研究一下。

（5）建基面外移后，地基处理工作量有较多增加。这种工程是隐蔽工程、良心工程，做得不好不起作用，甚至起副作用，建议设计、施工、监理要特别重视，精心设计，精心施工，严格检查，务求达到设计要求。实在讲，溪洛渡工程的地质条件是有利的，几乎没有一条大的断层穿过，要对付的无非是几条不厚的层间错动带和Ⅳ1及Ⅲ2级基岩，比其他工程要好办。但对这些缺陷如不妥善处理，就会产生严重后果。会上专家们对现在提出的设计思路提出了不少疑问，希望设计院认真研究，精心设计，既要确保安全，也要现实可行。在会后，建议列为一个专题深入研究，也许要补充做些更仔细的分析或试验，确定大原则后绘制详图，以便考虑施工问题。施工要把保质量放在首位，对固结灌浆还要进行补充工艺研究和试验，建议将基础处理列为一个设计专题，以便深入。

（6）溪洛渡的地震加速度不算太高，除了按照规范要求进行传统方法的计算以外，还补充对一些复杂问题作了较深入的探讨，如地基阻尼影响、沿坝基幅度不同的影响、横缝张合影响等进行了随机分析。补充研究成果证明，计入这些因素后，拱坝的张裂反应比按传统方法计算的更有利，这是令人欣慰的。但考虑到溪洛渡拱坝太高，地震活动又无法预测，为稳妥计，建议仍在拱坝施工中要采取一些工程抗震措施，以削减其反应，坝体设计要有利于抗震，以进一步降低风险。

（7）在设计三峡、二滩这些工程时，当时都感到施工强度大，工期十分紧张，结果都超计划完成。公伯峡、紫坪铺等工程，在主体工程开工后都是20多个月首台机组就投产，说明我们的本领和装备确实强大了。溪洛渡工程的施工进度是很紧张的，如果掉以轻心，还会延迟，所以我并不是说要再缩短工期，但建议在各项工作中都留点余地（如骨料供应、浇筑手段等），今后如情况顺利，就有条件促进；如情况较预计不利，也能保证按计划完成。

（8）最后一点是针对科研工作讲的，应该感谢科研同志，跑在设计前面，辛勤工作，深入探索，开创了许多新的计算理念、方法和试验方法，使我们有条件对一系列更复杂的问题进行研究分析，心中更为踏实。这不仅在50年前难以想象，就是在10年、20年前也是做不到的。我们希望有关院校专家，继续关注与支持溪洛渡工程，进一步探索真理，而且能够结合实际工程，逐步改进传统设计手法和规定，使我们的科研和技术水平通过溪洛渡这样的大工程提高一大步。也希望三峡总公司一如既往地继续给予支持和资助。

在向家坝水电站（枢纽工程）可行性
研究报告审查会议上的发言

　　向家坝可行性研究（枢纽工程）审查会议即将闭幕，这次会议在向家坝建设史上是一个里程碑。会议将有力促进向家坝工程的建设进度。我相信，这座宏伟的工程不久即将正式开工，及早投产，为国家的经济建设、环境保护和地方的发展做出重大贡献。这次会议有很多领导参与，邀请到很多一流专家，发表了许多宝贵意见。我对向家坝工程已有很长时间没有接触，这次听了设计院的详细介绍，阅读了部分资料，参与了分组讨论，是一个极好的学习机会。在会议即将结束时，我愿意讲些个人的感受。主要讲两个问题：一是对向家坝工程的一些认识；二是对水电开发和环境保护的理解，供参考。

一、对向家坝工程的一些认识

　　（1）向家坝是金沙江下游段最后一个梯级，装机容量 600 万 kW，是一座宏伟的工程。它和溪洛渡作为一组工程同步开发，相当于又一座三峡工程，其意义和作用之大就不必多讲了。中南院对向家坝已做了长期、深入的研究，在上级和水电总院的领导下，在三峡总公司的支持下，在许多院校研究所的协作下，完成的工程量是惊人的，而且从规划、选坝、预可、比选、中咨公司咨询、立项论证咨询……直到今天的可研审查，一步一个脚印走过来的。经过如此长期深入的研究和多次审查、咨询提出的可行性报告是高质量的、可信的，不可能还有重大的问题未查明、未解决，这次审查会的纪要也是基本上肯定可行性报告的。当然，这样大和复杂的工程，不可能在设计阶段把一切工作都做细、做透，会上很多专家提出了一些意见和建议，对下一步工作很有好处，但我认为这都属于进一步优化和落实的性质，没有对可行性报告提出原则性的质疑，建议上级能尽快批准。

　　（2）向家坝工程很宏伟，自然条件也有些不利之处，因此勘测、设计特别是组织施工上，会遇到不少困难，有的问题难度还相当大。在实施中我们务必不能掉以轻心，务必精心设计、精心施工、精心管理、质量第一。但另外一方面，必须看到所有遇到的问题，其难度都没有超过三峡工程曾经面临的困难。既然我们有能力实施三峡工程，而且做得非常出色，就没有理由做不好向家坝工程，而只能做得更好一些。如果我们在向家坝工程上没有做好，并不能说明问题的难度过大，超出了以往的经验和我们的水平，而只能说明是由于我们的失职。我希望所有参加向家坝建设的单位和同志，都应树立决心，一定要把向家坝建成精品工程，必须在三峡工程已达到的水平上再攀高一步。

　　（3）向家坝工程有几个较难的问题一直留在我的脑子中，通过这次会议我对许多

　　本文是作者 2004 年 11 月在向家坝水电站（枢纽工程）可行性研究报告审查会议上的发言。

问题有了了解，感到放心。在分组会上已经说过，再简单重复一下，算是表个态。

1）Ⅶ坝址和现在推荐的坝线是经过长期反复研究、比较最后优选出来的方案，当然也存在不足之处，但在整个峡谷中，相对讲确实是个最优的选择。

2）上游马步坎陡坡不存在整体失稳的地质背景条件。局部崩落不影响水库和工程安全。

3）现在推荐的枢纽布置较好地照顾到泄洪、冲沙、发电各建筑物的要求。右岸厂房放在地下可以独立施工，对首批机组的提前投入运行十分有利，是一个好的布置。今后还可能会有些微调，不宜大变。

4）根据向家坝的各种条件，混凝土重力坝是自然的选择。大坝建基面的地质条件总的讲是好的，所存在的一些缺陷可以通过常规处理解决。关于深层抗滑稳定问题，从宏观上看，层面倾向下游，越往下游插入越深。下游也没有发育的反倾向断层、节理和破碎带，应该对解决抗滑稳定问题具有信心。可以参考三峡工程的经验，进一步分析研究，采取合适的综合措施解决。

5）向家坝的通航问题不像三峡工程那么严重。赞成施工期不设临时船闸代以驳运的方案，也赞成采用垂直升船机作为永久通航设施，希望进一步优化，使其能在更大的流量下通航。还希望精心设计、施工和运行，使这座升船机成为成功的典范，为解决西南地区高坝通航难题做出贡献。

6）用表孔、中孔联合泄洪是合适的，既能在较低水位时大量泄洪排沙，又在坝顶留有较大的超泄能力。设跌坎的底流消能设施，在我国是新事物，在国际上也没有这么大流量的，需要重视。但这确实是符合向家坝条件的好方案，初步试验成果良好，希望设计、科研紧密结合，进一步优化，使之实施，创造一个奇迹，即：使4万多流量的洪水能通过跌坎底流消能安全下泄。希望设计中尽量为今后的检修提供方便。

7）大坝底部是否采用 RCC，建议作为一个专题进行研究，早日明确。如果确有很大好处，不应怀疑我们做不好 RCC，因为更高的龙滩工程已采用了。

8）尾水系统中不设尾水调压井，采用变顶高尾水洞，也是一种新生事物。有些同志对此有点担心。我觉得可以大胆一些，看不出有什么严重后果。

9）赞成向家坝装机容量 600 万 kW，采用 8 台 75 万 kW 机组。这种机组（水轮机转轮直径达 9.3m）对我国制造厂家来说是个考验，但也不比三峡机组更难多少，应该有信心挑起这个担子。我们要从严监造，一次投产成功。非常赞成在选择水轮机参数时，把稳定性要求放在重要位置。

10）概算编制中恐宜考虑今后物价上涨因素，或留出一定备用费。向家坝和溪洛渡在汛期所发的大量水电，应在电网中得到充分消纳。建议国家综合部门进行协调，采取适当政策，以符合国家最大的全局利益。

总之，我对可行性报告的质量表示赞赏，对中南院和协作单位长期来所做的艰苦工作表示敬意，对上级和三峡总公司、地方政府的指导支持表示感谢。

二、对水电开发和生态环境保护的理解

在这次会议的开幕式上，几位领导同志特别是徐局长（编者注：指徐锭明）和李院长（编者注：指李菊根）就水电开发形势和问题作了十分重要的讲话，我相信每位同志都深为感动。的确，现在中国的水电开发既面临从未有过的大好形势，也面临从未有过的压力和指责。一些人士强烈反对建坝和开发水电，一些媒体则大肆炒作，以反水电为时髦，严重误导人民。我们不能同意这种极端的错误论调。我认为，这种论调犯有以下谬误：

（1）没有抓住中国今后发展中面临的最主要矛盾。正如领导同志指出的，今后二三十年是我国和平崛起的关键时期。我们能否在这段可贵的时期中健康、高速、可持续发展，决定着国家的前途、民族的命运。由于历史失误，现在我国人口达 13 亿，要持续发展，面临十分严峻的局面。能源短缺和以煤为主产生的采掘、运输特别是污染环境问题，成为制约我国能否发展的主要矛盾之一。任何对国家民族前途负责的人都不能不正视这一问题。任何能缓解这一主要危机的努力都应得到全国人民的支持。中国有举世无双的水电资源。水电又是目前唯一能够大规模开发利用的可再生清洁能源。开发水电减少燃煤数量正是从根本上保护生态环境的重大措施。反对开发水电的人，从来不肯面对这一主要矛盾。试问他们能够提得出另外一条现实可行、能大量替代燃煤的措施来吗？没有，也不可能有。

（2）没有抓住矛盾的主要方面。凡事一分为二，开发水电在取得包括环境保护在内的巨大效益的同时，也会产生一些负面影响。有些人抓住这一点做文章，以偏概全，无限上纲。似乎一开发水电，就必然要产生恶果，无法化解，为害千秋。他们不懂得在这一矛盾中，人的活动是主导方面。通过全面规划、优化设计、文明施工、采取各种有效措施，负面影响是可以减免、化解和补偿的，甚至可以转化为正面影响的。

（3）不懂得变化和发展是宇宙正道。有些人士强调要保留原始生态和古老文化。事实上，变化和发展是一切事物的根本规律。宇宙间没有绝对静止的东西。静止、停滞就意味着死亡和消失。当然，在变化和发展中我们一定要注意使它沿着正确方向前进，一定要保护生态环境和古老文化，但保护不等于保留不变和停滞，使经济和人民永远处于极端落后与贫困的局面下。

总之，开发水电与保护生态环境不是不能兼顾的。有些文章总是给水电戴上一顶破坏生态环境的大帽子，罗列些以往的失误从而全面否定，这种做法是不科学、不客观、对国家有害的。我们要努力奋斗，一方面要深入细致地做好宣传解释工作，把事实真相告诉人民；一方面要以自己的工作证明我们的观点。向家坝移民数量较多，还牵涉调整自然保护区，任务艰巨。希望我们共同认真努力，做好工作，使电站建成之日，也就是地方经济开始大发展、移民走向脱贫致富之时，并且把对生态环境的负面影响真正减小到最低程度，用事实来回答某些人对水电的责难和疑虑。

在溪洛渡工程技术经济专题评估
会议上的书面发言

金沙江溪洛渡水电站工程技术经济专题评估会即将结束，请允许我代表专家组作个书面发言。这次到会专家共 16 位，包括地质、地震、规划、防洪、水工、施工、抗震、泥沙、机电、财务、投资各个领域。

在开幕式上，中咨公司领导指出，鉴于溪洛渡水电工程的规模和投资十分巨大，影响深远，要求专家们从宏观、高层次的角度进行评估，并对工程的风险和可能的优化方向提出意见。

专家们根据中咨公司领导讲话精神，结合自己的经验，对溪洛渡水电站在技术经济方面的可行性进行深入讨论，畅抒己见，取得一致看法，形成评估意见。专家组一致认为：溪洛渡工程是开发金沙江水电宝库的骨干工程，是中路西电东送的重要电源点，开发溪洛渡水电站，在优化电源结构、推进全国联网、减轻环境污染、发挥综合效益、促进地方经济发展各方面起到显著作用，是扎扎实实推进西部大开发的具体举措，符合国家政策和全局利益。工程的地理位置和地形、地质条件十分优越，前期工作充分、扎实，尽管工程规模、特别是大坝和泄洪消能进入世界最前列，但不存在重大的工程技术风险。这座电站的电力市场落实，电价有竞争力，业主单位有强大的经济实力和管理水平，资金筹措落实，所以，投资风险也是小的。总之，工程在技术和经济上是可行的。电站建设是按法定程序进行的，可行性报告已经过审查，项目已列入国家"十五"计划，已具备正式开工兴建的条件。上述专家组的评估意见，可供国家决策时作为重要参考依据。

下面，我对修建溪洛渡工程的风险性和优化问题说一点看法。

一、溪洛渡工程的风险性分析

修建溪洛渡这样规模宏大的水电工程，不可能绝对避免风险，重要的是，对可能发生的风险有科学的分析和认识。并采取有效措施避免或能修复、补偿。

从技术角度看，设计采取的各项标准、参数，都满足规范要求，多数偏于安全。人们关注的主要风险存在于以下几个方面：

1. 拱坝的应力和变形

拱坝高达 278m，承受 1500 万 t 水推力，其应力和变形是人们关注的焦点。设计院采用多种方法进行分析、试验，由于河道狭窄，基岩完整坚硬，最大应力和变形仅与二滩相当，超载系数极大。目前，拱坝的分析方法比较成熟，总体成果可信度高，只要精心设计，精心施工，确保质量，拱坝因应力、变形过大而发生破坏的风险性是

本文是作者 2005 年 5 月 20 日在溪洛渡工程技术经济专题评估会议上的书面发言，并在《中国三峡工程报》发表。

极小的。

2. 拱坝坝肩稳定

拱坝两岸基岩内分布有层间、层内的错动带，构成明确的底滑裂面，但这些错动带不夹泥，起伏不平，尤其无明显的侧滑裂面。峡谷两岸山势又非常雄伟完整，即使采取了保守的假定，各高程坝肩抗滑稳定安全度均超过 3.5。如设想最极端情况，令各滑移面上不存在凝聚力，单算摩擦力，安全系数也在 1.3 以上。泄洪消能产生的雾化，也不可能大量冲刷完整的岩石岸坡。因此，发生坝肩岩体失稳的风险性几乎不存在。

3. 拱坝遭遇强震破坏

坝址基本地震烈度为 8 度，设计基岩水平峰值加速度为 0.321g。经采用各种方法进行常规动力分析和试验，压应力均满足要求，且有较大安全裕度。高拉应力出现在坝体中上部，拉应力大于控制标准的面积占总面积的比在 0.4%～5% 以下。如遇设计地震或超标准地震，拱坝顶部可能有局部损坏，横缝可能漏水，但不影响拱坝整体安全，可以修复。

在常规分析基础上，进一步研究地基辐射阻力影响、横缝张开影响、材料非线性作用等，地震动力影响将显著降低。另外，李坪院士认为坝址基本烈度应低于 8 度。

考虑以上各种因素，可认为溪洛渡拱坝遭遇强震时最多只会产生局部、可修复的损坏，其风险性可以接受。

4. 泄洪消能

最大泄洪消能功率相当于 1 亿 kW，通过坝身泄洪流量达 30000m³/s，泄洪深孔孔口 40m²，水头 105m，均超过国际纪录。泄洪洞流量达 4000m³/s，最大流速达 50m/s，弧门静水总压力达 9070t。也居世界最前列。

坝址洪水量大、峰高，调洪库容有限，几乎年年要泄洪。设计时进行了多方案比较，合理分配泄量、分散泄洪、分区消能、设置反拱形消力塘，以求较好地解决泄洪消能问题。

尽管如此，由于不确定的因素较多。参照实践经验，在宣泄设计、校核洪水（甚至普通洪水）时，泄洪消能建筑物发生局部破坏的可能性完全存在，尤其是泄洪洞的反弧段和水垫塘最易破坏。但预计不致危及枢纽工程的整体安全性。有修复条件。

其他在地下工程施工、金属结构制造、机组安装运行中，不排除有发生事故的风险性。但不影响大局。

5. 施工

本工程的施工总量、施工进度、施工难度都较大、较高，但没有超过国内已达到过的水平。只要提高管理和监理水平，保证质量，施工任务是可以完成的。

施工期初期导流标准较高（50 年一遇洪水），超过 1964 年内最大实测洪水漫顶的概率很低。如遇到超标准洪水，还有条件临时抢高围堰，争取不过水。

万一遇到远超标准的洪水而垮堰，由于围堰拦蓄容量不大。下游七、八十公里内也无集中城镇，不致造成严重灾害，但将影响工期。

从经济风险角度看：设计院编制了概算，进行了经济和财务评价，做了敏感性分析。可以注意的有：

随着设计深度加深，总工程量没有增加而是逐步降低，重大漏项或重大技术变化似不太可能；

项目划分及费用标准按经贸委2002年版标准执行，定额标准按电力部1997、2002年文件执行和调整，设备安装工程执行经贸委2003年文件，这些都是合理的。

价格水平按2003年1季度价格编制。近年来物价有所上涨，将影响具体数值，但从原则上讲，物价上涨，电价也应相应调整，不会从根本上改变原有评价。

关于水库淹没补偿和环境保护工程费用，据了解，最近专家咨询结果又有较多增加。所幸移民总量较少。相对其他工程来讲，最近协调的数字相当巨大，应不致再次大幅度增加。

综上所述。设计院对经济和财务评价应基本可信。不存在巨大的投资风险。但有关数据作了调整后，效益不一定有计算的那么理想。当然，也有些问题值得进一步探究。

设计院所进行的敏感性分析，较为全面。似乎还应考虑一种情况，即由于出现重大质量事故，或遭遇超标洪水溃堰，导致工期延长的情况，估计影响较大。因此，业主及参建单位要尽一切努力防止出现这种风险。

二、进一步优化的方向

溪洛渡水电站规模仅次于三峡工程，静态投资达600亿元以上。因此，在保证安全的前提下，充分优化设计具有重大意义。据我所知，三峡总公司和成勘院在完成可行性研究报告后。一直在研究开展设计优化工作，开过多次专家会议咨询和落实。只是没有对可行性报告进行修订，也没有在会上作详细介绍，对他们的努力，专家们是肯定和支持的。

重要的优化方向为：

1. 建基面外移

溪洛渡这样重要的高拱坝，建基面原则上应放在微新基岩上，这也是重力坝设计规范所要求的。但根据二滩、小湾等已建、在建工程的实践经验。有可能利用经妥善处理后的弱风化下部岩体，以较大地减少工程量和加快进度。设计院对此作了大量工作，取得很好的成果，招标设计将按优化后的建基面进行。专家组完全赞同和支持。

2. 泄洪标准和泄洪设施

鉴于溪洛渡工程的重要性。在可行性报告中泄洪标准按万年一遇洪水校核，较重力坝设计规范的要求有所提高，也未考虑上游将修建的水库能起到的有利影响。

校核洪水标准是在设计审查中确定的，如要修改，需要通过相应手续。上游白鹤滩、乌东德两座工程已明确由三峡总公司负责开发，正在进行可行性或预可行性设计，预计白鹤滩的建设只比溪洛渡晚五六年。所以，考虑白鹤滩调节对溪洛渡的影响是合理的。

考虑上述有利影响，将改变溪洛渡拱坝的洪水标准，优化结果，或可取消"非常泄洪洞"，或可减轻常规泄洪洞的负担，其取舍可由三峡总公司权衡利弊后决策。

3. 地震烈度

根据国家地震局的批复，坝址区地震基本烈度为 8 度，在评估会上，李坪院士明确地认为上述烈度过高，建议降为 7 度，我认为李院士的意见可能是有根据的，但溪洛渡地震烈度已经过许多专家长期研究确定，而且烈度的鉴定是国家地震局的权力，专家组无权变动，建议由中咨公司将这一意见转达国家地震局，请他们研究。

鉴于大坝是按正常荷载设计。然后复核地震情况。所以，如果地震基本烈度能降低，预计大坝设计不会有明显改动，但将增加大坝在地震情况下的安全度。大大减少拉应力超过控制标准的面积，减免强震中发生局部开裂的风险性，使工程更为可靠。

4. 溪洛渡水电站的优化调度

溪洛渡水电站位于三峡工程上游，拥有较大库容，可以与三峡工程联合调度，取得在发电、拦沙、通航等方面的最优效益。这一工作在今后还可以由业主、电网、设计院和水利部继续开展工作。有一些工作超出业主管理范围，需有关部门联合协作进行，而且可随着实践经验的积累和其他工程的兴建而动态修正。

例如，在防洪方面，溪洛渡与三峡联调以后，可以改变三峡水库原定的调度方式，可以研究按城陵矶作补偿调节，可以削减在发生特大洪水时中游的分洪量，可以降低在一般洪水下的水位，减少洪灾损失。建议业主、设计院和水利部门今后能予以关心。

在乌东德水电站正常蓄水位专题研究报告
评审会议上的讲话

我们的评审会即将顺利结束。许多专家和代表不辞辛劳,考察了坝址、调查了库区,回到北京后参与会议,积极发言,深入讨论,最后统一认识,形成专家组意见,圆满地完成了任务。专家和代表来自各部门、各地区、各行业,都能站在国家利益的立场,以科学发展观统领一切,知无不言,言无不尽,这是一次科学和团结的会议,相信能对乌东德水电站的建设起到良好的促进作用。

乌东德水电站是金沙江下游段四大枢纽之一。这四大枢纽总装机容量近 4000 万 kW,是中国乃至世界上少有的水电基地,现在溪洛渡、向家坝已经启动,白鹤滩前期工作正在顺利进行,乌东德水电站的正常蓄水位,以前受到不淹成昆线的制约,定得较低,不尽合理,存在优化可能,这次会议从"必要性""可行性"和"经济性"进行全面深入分析,认可了在不影响综合规划的基础上适当优化的合理性,指出可能的水位范围,提出下一步工作的重点。我深信,这次会议后,乌东德水电站的开发步骤将大大加快。我们有理由相信,金沙江水电宝库在不久的将来可以得到合理、充分开发,无穷无尽的廉价清洁的水电,将通过特高压输电源源东送,成为西电东送的骨干部分,为东、西部地区的经济社会发展、为缓解燃煤环境污染问题、为伟大的民族振兴事业做出应有的贡献。

现在我国水电建设正形成高潮,但也出现一些争论和问题。中央指示:要在保护生态环境的前提下有序开发水电,为今后工作指明了总的方向,做好移民和生态环境保护工作是两大突出重点。我希望乌东德工程在今后工作中也能特别抓紧这两大重点,尽一切可能做好,率先创造成功的典范。

一是移民问题。乌东德有 900 万 kW 的装机容量,规划需搬迁人口 1.5 万人左右,有条件安置好,使移民和库区人民真正在电站建设中"受益"而非"受害"。我不赞成过分提高一次性补偿标准,而应把更多的钱花在让移民安居致富的方面去。为此,要详细调查库区经济资源和移民情况,根据乌东德的具体条件,大部分移民可继续安排农业生产,但要为之准备条件,搞大农业、搞新农业、搞特色农业。对老弱病残和其他难以从事生产的人实行社会保险,让他们安度余年。对于农业安置有困难,而比较年轻、有点文化可以培养的人,要进行培训,安排出路,转移到二、三产业去。为此,要详细调查库区和地区的各种资源、特色农业、特色产业、旅游资源,开拓绿色产业、环保产业和其他新的产业链,将移民转到大农业和新的经济增长点上去。实际上,农民能从事大农业生产,或一家人有一个成员有了稳定和较高的收入后,一家的经济状况就完全改观了。金沙江梯级发电效益巨大,不难集中一些资金对移民和库区经济作

本文是作者 2006 年 2 月 23 日在乌东德水电站正常蓄水位专题研究报告评审会议上的讲话。

长期支援，但不要变成救济款，而要作为发展动力。建议地方政府和发电集团从这一方向下手，大力投资开发能使库区、地方发展致富的产业和新的经济增长点。最近有人写文章，以黄河上游水电开发为例，得出水电越开发群众越贫困的结论。这好比说越改革开放人民越贫困一样荒谬，应该加以坚决驳斥。但我们也必须重视在开发过程中由于工作未做好确有使少数移民生活发生困难的情况，以及上下游利益分配不公的情况，千方百计予以预防和解决。

二是生态环境问题。乌东德水电站蓄水位的优化不致产生重大生态环境问题。总的讲来，金沙江梯级开发对生态环境的影响应该是利大于弊，对此我也深信不疑。但对于所产生的一些负面作用，我们绝不能放过，必须逐项深入分析研究，尽最大努力予以消除、缓解和补偿。我希望乌东德工程的建设不仅不产生重大的生态环境问题，甚至在总体上要比过去更好：更美的景观、更好的水质、更文明的社会、更和谐的人与自然关系……只要努力，这一目标不是不能达到。最近三峡建委办公室和重庆市政府共同搞了个科研课题，是关于三峡水库消落区的生态环境问题和对策的，我看了很受启发，要是我们意见一致，团结协作，坚持不懈，把库区建成旅游胜地、人间天堂，并非梦想。

以上这些是我参与评审会议的一点感想，提出来供大家参考。

在白鹤滩项目院士顾问组聘请仪式上的发言

感谢华东院领导和同志们对我们的信任，聘请我们担任白鹤滩项目的特别顾问，这是给予我们的荣誉。所聘的院士中，有的在学术上有高深造诣，有的在实践中有丰富经验。对我来说则有些惭愧，我虽有些虚名，年事已高，知识老化，加上健康情况较差，恐怕不能对工程做出什么贡献。既承华东院不弃，自当随同其他院士之后，努力以赴，发挥余热，不辜负院领导和同志们的殷切期望。

华东院是负有盛名的大院，有五十多年的光荣历史，不仅为东部地区的水电建设和经济社会发展做出过不可磨灭的贡献，而且成功地进军西部，承担大量开发建设西部水电宝藏的任务，包括像锦屏和白鹤滩这样的世界级宏伟的工程。华东院不仅以水电为主业而且延伸到其他行业，取得了巨大成就。华东院在各类坝型、地下工程、抽水蓄能、潮汐发电……各个领域都有建树，甚至独步风骚。华东儿女不仅遍布祖国各地，而且走向海外。近年来，在以张院长为首的领导下，更显出一派兴旺发达景象，长江后浪推前浪，尘世新人换旧人。我们在为华东院贡献余热的同时，也是我们向华东院的同志们、特别是充满朝气奋发有为的年轻一代学习的好机会，我们将虚心学习，共同提高。

华东院有优良的传统。首先是热爱祖国、热爱事业的献身精神。华东院的发展走过曲折的历程，特别在十年浩劫中，成为被迫害的重点，直到解体性的撤销分散。然而有一股神奇的力量，使星散各地四分五裂的华东儿女仍然紧密团结在一起，最后凤凰涅槃似的浴火重生，而且开创新的天地，攀登新的高峰。这股神奇力量就是对祖国的热爱，这种伟大的爱是任何力量摧毁不了的，是永久长存的。其次就是科学求实，自主创新的精神。华东院建院之初，就重视科学研究，重视发展创新，五十多年来，她为水电、水利和其他领域的发展与创新做出过重大贡献。她有许多拳头产品包括新材料、新结构、新技术、新理论。她是一些重要设计规范的编制单位，她也是中国水电大坝监察任务实际上的创始者和承担者。只要坚持发扬科学求实和自主创新的传统，华东院就会永远年轻，立于不败之地。第三，就是团结友爱，同舟共济，和谐发展的传统。无论体制如何变化，人事如何变动，全院老中青、领导和群众、党内和党外，都团结如一家，不是亲人胜似亲人。我衷心希望华东院在今后发展道路上，永远不要丢弃而要发扬这些可贵的优良传统。

谈到白鹤滩工程，这是金沙江上的骨干大水电站之一，是西电东送的主力之一。这些，同志们比我了解更多，不需我饶舌，我只想说一下水电前辈对这座工程的评价和感情。我要提到的就是已经离开我们多年的李锐鼎老部长、老前辈。20 世纪 80 年

本文是作者 2006 年 5 月 11 日在白鹤滩项目院士顾问组聘请仪式上的发言。

代，他率队考察白鹤滩，那时的交通条件十分困难，他们从山顶下到江边查勘几乎花了大半天时间，再往上爬时天色已暮，直到黑夜才回到上面，几乎发生事故，令人万分担心。当时，鹗鼎同志已经筋疲力尽，但他毫不在乎，而是对白鹤滩的丰富水力资源着了迷，赞不绝口。他说，这里简直可以开发八九百万千瓦的水电（这已是当时最大的梦想了）。尤其使我难忘的是，后来他在为开发二滩而呕心沥血时，突然发病倒下，当我赶到病床前看他时，他认为自己已难复原，执着我的手谆谆嘱咐，要我为开发二滩全力以赴，最后还喃喃自语："……还有白鹤滩，多好的点子，九百万千瓦……"。在暴发重症时，他没有一句提到自己的事，而想到的是尚未开发的……白鹤滩……，这就是我们老一代领导和专家的胸襟和精神面貌。鹗鼎同志已参与、领导和看到了二滩的建成与发电，但等不及看到他梦绕魂牵的白鹤滩的开发就离开了我们。如果他泉下有知，这座宏伟的工程已由华东院承担设计任务，开发规模已经达到 1300 万 kW 以上，一切工作正在顺利发展，一定会含笑九泉了。同志们啊，我们一定要努力工作，做好白鹤滩的前期工作，把白鹤滩建成世界上第一流的宏伟水电站，来报答李部长以及所有为中国水电事业奋斗一生并献身的前辈、先烈们。

亲爱的同志们，祖国的形势一片大好。前些日子，有一位外国友人对我说，世界上有一半以上的起重机在中国。也许，这里面有相当大的一部分在水电、水利战线上。我看到报纸上还登过一段趣事，有位外国领导人问：你们知道中国的国花是什么？人们都猜不到。他说是起重机、吊车，因为中国漫山遍野，从城市到乡村都是开着这种花。中国的崛起和中华民族的振兴是谁也阻挡不了的历史潮流。那些叫嚷中国威胁的人，那些坚持要参拜战犯祖宗亡灵的人，那些决心背叛祖国的人，在这历史潮流面前都只是一些可怜的小丑，最后将以挫败和毁灭而落得可耻下场。世界上没有任何力量能阻挡中国的崛起，命运完全掌握在中国人自己手里，就看我们能不能团结在以胡锦涛同志为总书记的党中央周围，就看我们能不能坚持落实科学发展观，就看我们能不能走可持续发展的道路，就看我们能不能建设一个和谐的社会。我相信，中国的前景是十分光明灿烂的，中华民族复兴大业一定会在在座的年轻一代中完成。

同志们，我年已八十，所谓是日薄西山。昔人诗曰：夕阳无限好，只是近黄昏，这多少有些悲观意味。我认为，夕阳之所以无限好，因为她照见了一个盛世，她照耀着一个生气勃勃迅猛发展的中国大地，她照见着亿万奋发有为的年轻一代在为民族振兴大业英勇战斗，这里面包括着华东院的同志们。让我们继续努力，为更快更好地开发祖国水电宝藏，为把白鹤滩建成世界上最美好的第一流大水电站之一，为华东院的进一步兴旺发达和谐团结，共同战斗吧！

在白鹤滩水电站预可行性研究报告
审查会闭幕式上的讲话

金沙江白鹤滩水电站预可行性研究报告审查会的全部议程都已完成，即将闭幕。这次会议对白鹤滩工程建设来讲，是一次重要的、具有里程碑意义的会议。一部分专家从 24 日起，就亲赴现场，详细查勘。28 日回到北京，也没顾得休息，连续开了四天的会议，听取汇报，阅读材料，分组深入讨论，提出重要看法和建议，再通过交流沟通，形成专家组审查意见。经审查领导小组修改审定，刚才已由王伯乐同志宣读通过。审查意见在肯定华东院所做的大量工作和主要结论基础上，提出了许多重要的意见与建议。这是全体专家和代表共同努力的成果，希望华东院能很好研究采纳，也相信这次会议将对白鹤滩工程建设起到重要的推动工作。这样，中国第三座装机容量超过 1000 万 kW 的巨型水电站有望在"十一五"中启动，不仅将成为中路西电东送的又一座主力电站，还将在其他许多领域中发挥重大作用。我相信在座同志们的心情都和我一样的激动。我们感谢所有与会专家和代表的辛勤劳动，感谢国家发展改革委、两省和水电总院对这一巨型项目长期以来的关心支持。要知道，在相当长的时期内这个项目似乎遥不可及，要支持她是需要领导的高瞻远瞩和果断决策的！我们也对华东院在艰苦条件下、甚至前期费用极少的情况下坚持进行工作的精神表示敬佩和祝贺，一切为白鹤滩工程做出贡献的同志都会名留中国水电史册。

在今天的闭幕会上，会议领导小组安排我讲几句话做个总结。不瞒各位，我现在最怕的事就是在会议上讲话。有道是：会议好开讲话难啊。本来在开幕式上就安排我讲话的，被我苦苦推辞了，不想又要在闭幕式上讲。这比在开幕式上更不好讲，看来我是失算了，只好"搜索枯肠"想出几句话来讲。"总结"是谈不上的，就算是我参与了四天会议的一点感想和对今后工作的一点期望吧。讲错了，大家批评指正。

白鹤滩水电站的前期工作和建设工作，是在二滩、小湾、溪洛渡、拉西瓦……各大工程之后，这是非常有利的。因为，这些工程走在前面，有许多成功的经验可以应用，如果说它们走过一些弯路，对白鹤滩而言更可以引以为鉴。这就是"后行者"的有利条件。但是，既然如此，人们也有理由对白鹤滩提出更高的要求：既然你是站在别人的肩膀上，你就应该比别人看得更远、做得更好、有更多的创新内容，而不应该亦步亦趋，照抄照搬吧。不论是设计理论、计算方法、枢纽布置、水工结构、施工工艺、管理模式、运行体制和最后发挥的效益，应该比别人更向前跨出一步吧？特别是其效益问题，现在主要还是就白鹤滩本身考虑，有领导指出，应该放在全流域、全国来考虑，应该看到她的特殊条件，要放在最适当的位置，极有可能其效益和影响还要深远得多。三峡总公司和华东院站得高一点吧！总之，尽管今后中国水电开发的任务

本文是作者 2006 年 6 月 1 日在白鹤滩水电站预可行性研究报告审查会闭幕式上的讲话。

还很重，1200 万 kW 的电站和近 300m 级的拱坝，特别像白鹤滩这样的条件，毕竟不会太多。所以我说，承担白鹤滩工程建设任务的同志们，既有前人的经验可资应用和借鉴，也承担着更多的提高中国水电建设水平的无可推诿的责任。

在这次审查会的开幕式上，张国宝副主任和其他领导同志做了语重心长的讲话。我认为他们的讲话，不仅指导了审查会议的进行，对白鹤滩工程的后续工作，也有重要指导意义。在今天的闭幕式上，我就根据他们的讲话精神，结合专家和领导们的意见和建议，说三点个人体会，供在后续工作中参考。

1. 关于枢纽工程设计

像白鹤滩这样的超过千万千瓦的巨型水电工程，保证质量和安全，当然应该始终放在第一位。必须针对白鹤滩的具体条件，抓住关键性的问题（如中坝址柱状节理特别发育、地形条件不对称、强烈的地震烈度、巨大的泄洪流量和能量等），进行过细的研究，找出最优的解决方案，保证工程安全。鉴于白鹤滩各种条件，综合起来说应属于中等或中等稍偏上的范畴，加上华东院的丰富经验和技术能力，以及三峡总公司的管理水平和强大力量，我对他们能做到这一点并不太担心。但是，我希望通过白鹤滩的建设，能在解决这些难题的程度上有所发展和创新：过去含糊不清的问题要搞得更清楚，解决问题的措施要更有效、更优化，工程要比别人做得更好、更快、更省、更完善……总之，白鹤滩应该是一个有自己特色的一流工程，使人们来参观时，或是来借鉴时，有一种耳目全新的感觉。20 世纪我参观过外国一些工程，留给我一个较深的印象是：每座大工程都有些特色，体现出一个咨询公司乃至一位设计总工程师的特色。再譬如说北京正在进行的一些有特点的工程，如巨蛋（国家歌剧院）、鸟巢、水立方等的创意，无不出自外国人之手。当然，这些设计也不一定都好，也受到很多中国专家的批评，但有一点是肯定的，他们的创新意识强于我们。我这么说绝不是要华东院去设计一个巨蛋般的坝或鸟巢式的厂房，方才讲过，安全始终是第一位。我只是希望不要一切照搬照抄，而有所发展、有所深化、有所创新、有所特色，发挥中国人的聪明才智，结合这座宏伟工程的建设，把我们的水电技术推前一步！

过去的经验和规范标准应当尊重，但必须实事求是。例如，你们为了查清深层柱状节理的性态和参数，打了探洞，做了试验。我承认这一切都符合规定，但是，我们要了解的是深埋的、未受扰动的柱状节理的性能，你这样乒乒乓乓打洞进去，在炸松了的洞壁上做试验，甚至还要凿一个临空的试件出来做试验，还有代表意义吗？会不会反而起误导作用呢？审查意见中就指出这点，希望设计院抓住问题实质，用一些新的措施来达到目的，不宥于什么试验规程，甚至可以用计算机做仿真分析来探究。总之，要有创新意识。

创新的方式多种多样，有原创性创新，有集成性创新，有引进消化提高性创新，只要解决问题，都是好样的。龙滩工程是世界上最高的 RCC 重力坝，它的经验证明 RCC 的质量可以确保，进度大大提前；三峡工程在混凝土温控方面达到近乎完美程度，还提出"个性化冷却"的思想和做法；还有许多拱坝是用 RCC 浇的；我们能不能按施工专家的建议，把这些经验集成起来，用 RCC 来施工白鹤滩的中、底部坝体呢？现在，大坝工期要比发电系统迟两年，这无论如何不能使人满意。如果白鹤滩能早两年发电，效益是何等惊人啊！另外，为了更好地满足环境要求，有些水工结构也可以搞全新的设计。总之，我希望华东院用解放思想、突破樊篱的精神来理解审查意见中的某些建议。

2. 关于移民工程

许多领导都讲了，移民现在已经是制约水电发展的重大因素了。移民工作不做好，不但给移民带来痛苦，而且造成社会不稳定，影响水电声誉。白鹤滩工程移民数达十万，相对指标虽优，绝对值很大，而且在少数民族地区，这工作只能做好，不能做坏。白鹤滩的移民工作要达到什么目标呢？三峡总公司李永安总经理说过，我们要通过开发一座水电站，带动一方经济，富裕一方人民（大意），讲得太好了，这就是我们要达到的目标。

现在，各阶段的设计文件中，都有淹没损失和移民安置这一重要内容。传统的做法，一是调查实物指标：淹了多少耕地、需迁移多少人，迁建多少城镇，重建多少专项设施……二是做一个移民安置和城镇迁建规划，特别是移民安置规划：多少人就地安置、多少人要外村外乡安置，多少人要远迁，多少人仍搞农业，多少人要另外安排，环境容量是否够……三是计算投资，包括补偿费、重建费、管理费……最后来一个地方包干使用。我想，只依靠这些做法很难做到带动一方经济，富裕迁移的人民的。我不是说那些调查规划工作不必要做，当然要做，而且应该做得十分详细非常精确，但是有关部门的主要精力要集中放在如何拉动一方经济、富裕一方人民上面，需要的不是纸面文章和数据，而是实实在在的政策、计划、措施和行动。这个工作不仅非常复杂困难，而且绝不是设计院或开发企业力所能及的。这必须由地方政府、地方干部牵头，移民代表参与，统一认识，共同努力，艰苦细致，才能见效，才能长治久安。

我们必须十分详细地调查当地所有的资源(包括旅游资源)，具备发展前景的土产、特产，具有前景的新经济增长点或经济亮点，结合移民群众的人数、年龄、素质、思想，拟定出如何逐步改变结构，发展经济，政府和开发企业如何投入、采取什么优惠政策、如何吸引外地外省特别是东部地区的企业和人民来投资的规划和措施。对于移民，不能只有一个总数，或简单地分一分有多少农民、多少城镇居民，而要逐户调查分析安排：哪些是老弱病残，或失去土地后无法自立的，就要包下来，哪些可以继续搞农业生产（包括大农业），就真正创造条件使他们能在农业上发家致富。审查意见中指出，相当一部分移民安置区需进行大规模的水利设施配套建设，外迁移民耕地调剂难度大等问题，就必须认真解决，像建大坝一样地重视。移民中还有一些是年轻人，有培养前途，就结合新的经济增长点进行培训教育，改变身份，让他们在更广阔的天地发展。往往一户人家有一个人"得发"了，事情就好办了，比你再多的补助更能解决问题。我希望在移民问题上，大家的心能往一处想，力往一处使，钱往一处花。我们千万不要反其道而行之。开发水电的企业只想出一笔钱，赶紧了断，永绝瓜葛。事实上，如果移民不稳，你反正也稳不了，不发展经济，你再加大初期投入也没用，人家吃完花完还是找你，应该研究如何利用优势，因势利导，妥善安排，长期扶持，促使库区改变面貌。地方政府干部千万不要只想到如何多要点钱，盖几座像样的大楼，修几条宽广的大道。我想，城镇改建的规划不妨考虑些远景，但只能一步步实施。只有当地方经济发展了，人民真正富裕了，城镇才会有真正的发展，一切都会有的、一切都会好的。如果老百姓穷得赤贫，怨声载道，你在这座空洞的高楼大厦中能住得下去吗？至于有些干部煽动老百姓来闹事，认为小闹小解决，大闹大解决，更是错到极点，一害国家、二害水电开发、三害自己。当别人感到在你这里已经无理可喻，无利可图，不来开发了，你就永远只能在穷窝子里打一辈子滚。即使继续开发，人家也识破你的面貌，是个不顾大局之徒，还会相信你吗？瀑布沟移民闹事，工程整整拖了一年。所损失的电量和钱，不知可以办多少事，解决多少问题！这是真正的悲剧！我上面强调工程创新，希望白鹤滩的移民工作也能创新，成为好的典型，不是两败，而是双赢。但这要通过各方面的真诚合作，都从大局和长远出发，并经过艰苦细致的工作才能做到。

3. 生态环境问题

最后就讲到生态环境问题。这也和移民问题一样，我们的目标就是要通过水电开发，保护一方生态，改善一方环境。

现在大家都重视生态环境问题，设计文件中，生态环境保护也是最重要的内容之一，而且要通过专业评估，否则就不能开工，或者要被叫停。我觉得在这个问题上，我们好像总是处于被告地位。就是说，我们总是努力为自己辩护：我没有影响生态环境啊（无罪辩护），或者是我的影响很轻微啊，不可避免啊，主要原因也不是我啊（减轻罪责辩护），再就是提出一些减免影响或补偿的措施（认罪赔偿）。由于水电开发而产生了某些负面效应，当然要说透，要补偿，负责到底，但是不是非站在被告席上不可呢？开发水电对我国生态环境大局有重要的正面效益，为什么不理直气壮地阐述？在这次审查意见中就明确指出"白鹤滩水电站环境效益显著""未见有制约工程建设的重大环境问题"，这是符合实际的。

其他水电站的情况也可以说说。葛洲坝枢纽修建时，有人断言中华鲟要灭绝了。实际上，二十年来，通过科研，已向下游投放了成千上万尾中华鲟幼苗，而原来状况则是，洄游到上游的中华鲟所产的卵，几乎被窥伺在旁的铜鱼吞个一干二净，没有几条能活着回到大海。葛洲坝的修建对保护中华鲟的不灭绝我看是立了大功，遗憾的是没有取得具体的洄游资料罢了。就说小环境，许多水电站建成运行后，都变成了风光十分优美的胜地，这是开发水电以前能想象的吗？现在这些都不提，好像水电站永远是破坏生态、污染环境的罪人，这不公平。

回到白鹤滩工程，我们在生态环境问题上，能否也从思想上有个改变。譬如说，对水库的防污，以及施工污染问题，我们能否研究、规划得细致一点，多投入一点，和地方政府共同努力，不但使一库水成为一库矿泉水，还要使库区城镇人民摆脱几千年来又脏又乱的落后面貌，养成文明科学的生活习惯？对施工场地，我们不仅要对现场清理、恢复植被，而是要改造出大批良田果园，要造成一个人间胜景。现在三峡坝区的风光就断不是当年勘测规划时所能梦想的。白鹤滩水库还处于长江流域水土流失重点治理区，我们能不能结合工程建设，为治理水土流失，保护河谷植被多做些贡献？

不要认为这不是我的事，少找麻烦。李永安同志提出的是：通过开发水电要改善一方环境啊！我们把目前的库区、坝址情况都拍摄下来，各种资料都统计登录下来，竣工后再对比对比。我们要通过白鹤滩工程的建设，用事实证明到底搞水电是破坏了环境还是保护美化了环境？如能做到这一点，意义是何等重大！这也算是白鹤滩的一个创新，好吗？

我就拉杂地说这些意见，供大家参考。祝白鹤滩工程顺利进展，在工程、移民、环境三大领域中都取得令人刮目相看的新成就！

在乌东德水电站可行性研究坝址比选
报告咨询会议上的发言

我说一说参与这次咨询会议的感触和启发，供同志们参考。

（1）两家设计院对乌东德选坝工作真的下了功夫，作出了水平，在三年时间内，克服重重困难，做了大量工作，弄清或解决了一些重要问题（如金坪子、覆盖层、深部卸荷），开发、采用了新设备、新技术，尤其使人高兴，反映了我国水电建设水平的提高。前期工作量大、质优，速度快，取得这样的成果令人钦佩。在此基础上，两院分别在上下河段优选了坝址、坝型和枢纽布置，得出最合适的代表方案，形成两个对比方案，编制了报告，质量是好的，深度达到或超过选坝阶段要求。

（2）两个代表方案都是可行性都不存在不可克服的困难，也各存在一些有待进一步弄清的问题或风险，可在下阶段工作中继续研究解决。在工作过程中，经过多次咨询，工作很踏实，一步步开展，选坝条件已趋成熟。

（3）两个坝址自然条件有相当差异，所以坝型和枢纽布置也不同。但经过两院全力以赴，精心研究、设计，使最终的两个代表方案不仅都可行，而且总体上差距不大，不存在"绝对好"与"明显差"的情况，而是一个"择优"问题。选哪个都不会犯错误。

1）在淹没、移民、生态环境、机电各方面，没有大的区别。

2）在工程量、造价、工期、经济分析方面也基本相当，差别在选坝阶段的误差范围内（比选报告结论中认为，乌东德坝址造价省、工期短、经济性好，并无很强说服力，有些专家还有不同意见），总之，这不成为主要因素。

3）在装机容量与发电量上，河门口坝址稍低，但差值也不算很大，但这是一个差别，不是设计院的问题。

4）主要差别在地形、地质条件和枢纽布置差异所引起的对风险性的估计（包括施工期和运行期）。文件中，往往重视证明问题能解决，对风险的证明和评估不足，是缺陷。

（4）乌东德坝址是难得的优良拱坝坝址，265m 高的拱坝体积不到 200 万 m^3，作为混凝土拱坝，具有其相应的优势，但要挖除深厚覆盖层，消能问题也较大，溶蚀和其他问题有待深查。河门口坝址地质条件较差，布置了土心墙堆石坝和两岸溢洪道。突出的优点是不必挖除覆盖层，坝高可低 90m，当然也带来一些问题，尤其是地下厂房区的地质条件较差。

讨论中，多数专家在综合分析利弊得失后，倾向于乌东德坝址，少数专家认为河门口坝址有其优点，我个人赞同多数专家意见，并认为咨询意见主要是客观地说清和

本文是作者 2007 年 2 月 7 日在乌东德水电站可行性研究坝址比选报告咨询会议上的发言。

评述两方案的条件、优缺点和风险、性质，并提出下阶段工作建议，供决策参考。

（5）建议根据会议中专家们提出的意见，请两院对"比选报告"稍做修改，力求做到论述客观公正，尤其对拟推荐的方案，要留有余地，不可说满，以免被动。修改后，报送业主单位研究决策。

（6）两院是在不同河段上开展工作的，不是在同一坝址进行方案竞选。对后一情况，方案竞选结果可能在一定程度上体现设计水平的话，在不同河段上，选上与否不代表设计水平，代表其水平的是你是否在该河段上做到最好程度，我认为两院是做了。特别是西北院，在条件相对较差的上河段，能提出一个有强大竞争力的方案，代表了其高水平。

两院在选坝阶段中都做了很好的工作，协作得也较好，两院在选坝阶段中是比选对手，在今后仍然是开发水电的战友，希望在今后工作中，继续发扬社会主义大协作精神，把乌东德工程的设计做得更好。

关于金沙江中游河段的开发问题

一、金沙江中游的开发规划

金沙江是长江上游干流从通天河以下至四川宜宾间的名称，宜宾以下则称为川江或长江。金沙江全长 2316km，可分为三段。上游从青海四川边境处的玉树起，南下至云南虎跳峡以上是上游段，从虎跳峡往下至雅砻江口（攀枝花）为中游段，往下至宜宾为下游段。

金沙江是水力资源最富集的河流（上、中、下三段共蕴藏约 5500 多万千瓦），也是我国规划建设的最大水电能源基地，其开发以发电为主，并有供水（滇中）、防洪、通航，旅游等综合效益。国家有关部门对金沙江开发已做了长期规划研究工作。现在，金沙江下游段的开发规划已经明确，全河段分（自下而上）向家坝、溪洛渡、白鹤滩、乌东德四个梯级开发，四个梯级总容量相当于两个三峡工程，并明确由长江三峡总公司负责开发，设计单位也已落实，最下游的向家坝、溪洛渡两梯级已经开工。

金沙江上游河段距离负荷中心较远，条件相对较差，其开发规划尚在研究进行中。目前急需明确的是中游河段的问题。

金沙江中游的开发规划，主要由国家发展改革委委托水电水利规划设计总院负责组织进行，经过长期的勘测、规划、研究，提交了《金沙江中游河段水电规划报告》（简称《水电规划》），经组织专家审查后，于 2003 年 1 月得到国家发展改革委批准。该规划可简称为一库八级方案，即在虎跳峡上峡口龙盘坝址建一高坝大库和龙盘电站，正常蓄水位 2010m，水库具多年调节性能（调节库容 222 亿 m^3），作为所有以下梯级电站的龙头水库，并可向滇中引水，其下依次为两家人（利用虎跳峡峡谷落差的引水式电站）、梨园、阿海、金安桥、龙开口、鲁地拉和观音岩等七座电站（均无太高的坝和库）。鉴于多家企业对金沙江水能开发均有积极性，为协调有序开发，在国家发展改革委的主持下，组成了"金沙江中游水电开发有限公司"，由中国华电集团公司控股，华睿（民营）、华能、大唐及云南省投资公司参股，负责开发。并商定金安桥以下四级分别由参股的华睿、华能、华电及大唐负责建设（现在这些梯级已先后启动），"中游公司"则负责建设虎跳峡、两家人两座主力电站和其下的梨园、阿海两级。由于虎跳峡工程受阻，目前先兴建梨园、阿海两级，正在三通一平。

另外一方面，作为长江综合规划的编制单位，水利部长江水利委员会也一直在研究该河段的规划，在 1990 年编制完成《长江流域综合利用规划简要报告》（简称《长流规》），其中即有所规划。2006 年，长江委在《长流规》和《水电规划》的基础上，做了分析比较，编制了《金沙江干流综合规划报告（初稿）》，推荐了虎跳峡高坝混合式开发方案和下游阿海高坝方案，可简称为"一库六级"方案，即在虎跳峡进口建高

本文写于 2008 年 1 月。

坝大库并引水至峡谷出口作混合式开发，下游梨园、阿海两级合并为一级开发。阿海以下的四个梯级布置则与《水电规划》相同。

比较两套规划，可见长江委的规划主要将虎跳峡与两家人合并，梨园与阿海合并，所以减少两个梯级，但都有一个龙头大库作为总的调蓄水库，这是一致的。另外，长江委选择的虎跳峡高坝坝址不在龙盘，其正常蓄水位为 1950m（兴利库容 147 亿 m^3），与水电规划有异。

二、新出现的情况

自金沙江中游水电开发启动以来，许多人士及社会各界对建设虎跳峡高坝提出质疑。主要理由，一是质疑高坝建设可能将影响作为世界遗产的三江并流、影响两岸雪山、影响长江第一湾和虎跳峡著名景观以及其他生态环境问题。二是高坝将淹没大量耕地及历史名镇石鼓，动迁十万移民，而且多系少数民族，安置难度大。这些意见反映到国务院，引起领导高度重视，并作出批示。在 2007 年 6 月 7 日国务院第 179 次常务会议审议可再生能源中长期发展规划中指出："水电开发要合理规划，先易后难，对移民量较大、影响生态环境、存在国际争议的项目可适当延后"。据此，国家发展改革委于 2007 年 11 月又发通知，责成水电总院全面复核龙盘水电站的开发任务和综合利用要求，复核并进一步研究论证石鼓以上建坝的可能性和可行性，并要求认真做好生态环境保护和高度重视水库淹没及移民安置工作。目前水电总院正组织中南院和昆明院进行工作。据了解，其主要工作在论证和复核高坝方案的得失和可行性，并研究在高坝上游的"其宗"坝址另建高坝，以替代虎跳峡高坝的可能性和合理性。其成果拟在 2008 年上半年提交。

另一方面，长江委也根据上述精神，对该河段的开发规划作了优化研究，他们初步认为虎跳峡高坝方案近期难以实施，建议将虎跳峡河段作为保留开发河段，重点开发其上下游河段，主要是在虎跳峡上游选择合适坝址（塔城）建一高坝，具有一定库容，可部分替代虎跳峡高坝作用。另外，仍主张将下游梨园阿海梯级合并为阿海高坝一级开发。目前他们也已做了不少工作，得出初步成果。

三、建议

目前有两个部门都在独立进行金沙江中游开发规划的研究，将各自提出成果、不同的比选方案和推荐建议，各报自己的上级审批，互不沟通。这不但增加了规划研究的投入，更不利于今后国家的决策。根据目前已进展的情况，也不可能将两家工作合并进行，或叫停一个。因此，建议采取适当措施进行协调。

我认为今后金沙江中游河段的开发、特别是虎跳峡工程存废问题，存在以下三种可能：

（1）经研究论证，认为虎跳峡高坝不致对生态环境和景观造成严重影响，所产生的一些负面影响可以采取措施解决或补偿，移民安置也能解决，因此仍选择修建虎跳峡高坝，使从金沙江直到下游的葛洲坝的水能资源能得到充分和最优的利用，滇中引水能及时启动。

（2）经研究论证，认为虎跳峡高坝将导致生态环境的严重恶化，难以解决，移民困难太多，难以安置，决定放弃虎跳峡高坝，在其上游根据具体条件另建一坝以替代或部分替代之，滇中引水也按此考虑。

（3）经研究论证，认为目前尚不能对虎跳峡高坝问题作出最后结论，需暂时搁置，在时机成熟后再行确定，滇中引水工程只能另外考虑。

我建议在两家的研究中，首先争取在方案拟订和主要资料数据上都能一致或基本一致，其次，在提出最后建议时，都落实到这三种可能，提出结论，以利国家决策。在研究中，建议注意以下各点：

（1）在论证虎跳峡高坝能否成立时，需就高坝对生态环境的具体影响逐项作细致研究，工作宜邀请有关专业机构和有经验的专家参与，对敏感和重要问题的评价、相应的对策措施和结论要得到他们的认可，最好由他们作出。减免或补偿措施，包括对景观的保护要明确、有效。对移民安置的难度要有充分认识，移民数量要调查清楚，留有余地，移民的安置可能性需有地方政府及移民研究单位的明确意见，要听取一些移民的声音，要有可行的安置办法。在经济比较中必须安排充足的移民资金。

（2）在虎跳峡上游另选高坝坝址时，需有相当的勘测设计资料，要充分认识在深达百米的覆盖层上建特高坝的挑战性，坝高及库容要在可行范围内，需要的投入和工期要实事求是。对滇中引水工程带来的影响要实事求是分析清楚。必须指出，选定本方案后，就杜绝了今后在虎跳峡建高坝的可能（并不能"保留"），造成永久的损失。因此，这一替代方案和虎跳峡高坝比，究竟能替代到什么程度，对下游所有梯级（直到葛洲坝）的永久受损影响都要分析论证清楚，选定方案后大家都要认可这一永久损失，承担责任，不致在以后造成追悔。

（3）第三种可能性即搁置起来，继续研究，以后再议。这一选择的优点是保留了虎跳峡高坝在今后的修建可能，也避免不同意见的激烈争辩。但这样做在较长时段内（直到高坝能修建和建成），金沙江所有下游梯级电站直至葛洲坝将缺少龙头水库的调节，也不能对供水、防洪、通航发挥效益，相应产生的损失应详细算清说明。特别是滇中引水问题应如何解决，需和云南商定。

（4）我以为，综合规划应该更宏观些、更长远些，提出流域开发保护之目标、功能要求和限制性条件，具体开发方案可以在专业规划上进行深入研究和细化，以落实综合规划的要求，辩证地处理好综合规划和专业规划之关系，才能使两者相互促进，不断完善。

现水电总院和长江委正各自在对金沙江中游段开发规划进行优化研究，两家研究考虑和工作的偏重点可以不同，但希望都要注意归纳到这三种选择上来，并希望注意上面提出的对论证工作的建议，总之，希望统一基本资料，客观论述，对国家负责，切忌为推荐自己的方案作辩护，不够客观，或隐瞒困难，或压投入和工期，起误导作用，以致国家作出错误决策。

以上意见供参考。

在向家坝水电工程质量检查会上的发言

我去年几乎生了一年的病，对向家坝工程的进展一无所知，这次跟随大家来工地，主要是来学习，补补课。短短几天，收获很多，不仅深受教益，而且十分感动。我认识到向家坝工程情况之复杂，难点之多之大，都是过去未想到的。这给建设部和各承建单位形成严峻的挑战。令人欣慰的是，面临这样的挑战，大家能通过艰苦努力攻克重重难关，做出卓越贡献，取得巨大成就，尤其是去年底，顺利实施了截流，使工程站住了脚跟，为夺取今年的胜利奠定了基础。向家坝有许多纪录，都是国内第一甚至世界第一的。中国水电大军的志气和能力真是无与伦比的。我谨向大家表示衷心的敬佩和祝贺。

方才很多专家从不同角度发表了许多好的意见。张、谭院士（编者注：分别指张超然、谭靖夷）作了综合发言。会议安排我也发个言，我恐怕不能像其他专家那样说出有价值的具体建议，只能就体会所及，说点看法供大家参考。

一、对去年工作的评价

对去年的工作，我总的印象是：工地质量管理体系已经建立并不断完善；工程质量总体良好，没有发生重大事故；工程形象面貌达到要求，某些项目的进度有所提前；对质量检查专家组的意见能认真落实；成绩是巨大的。

对几个重大项目更可作出如下结论：

（1）左岸高边坡及马延坡滑坡体的整治效果明显，山体已趋稳定。

（2）左岸大坝基坑的开挖、基础处理、混凝土浇筑、金结机电安装等工程质量良好，大坝抗滑稳定要求能得到满足。

（3）地下厂房开挖、支护和岩锚梁的施工质量良好，围岩稳定。

（4）二期围堰填筑质量合格，防渗墙已全面施工，进度在控。

（5）砂石料、混凝土系统已建立，正常运行，原材料及混凝土拌和物质量在控。

（6）过坝转运工程已投产。我认为，这样的提法是符合实际的。

下面提出几点希望：

（1）希望向家坝工程以高标准要求自己，不满足于现状，从管理体制到具体项目，继续找差距，不断完善改进。上面讲向家坝工程的质量是良好的，但如以一流工程的要求来衡量还有些差距。例如对某些衡量指标的合格率，三峡工程已达到百分之九十多甚至接近100%，我们这里就较差。例如坍落度（合格率最低40%）、含气量（最低14%）、碾压混凝土 VC 值（最低30%）、超逊径（最低73%）、温控机口温度（最低74%）等等，混凝土强度虽合格，但均匀性差，有待改进，级配还可优化。

本文是作者2009年2月28日在向家坝水电工程质量检查会上的发言。

（2）建议将去年工作中存在或出现的少数有代表性的缺点和问题作为案例和教材，反复学习深入人心，这样就可避免再犯。

（3）在去年的安鉴验收中，都提出过一些建议，这次专家们在以往的检查、安鉴、验收的基础上又提出许多意见和建议，希望参建各方能一如既往，重视这些意见，认真研究。只要是合理可行的，都能虚心接受和采纳。

二、关于今年的工作

我认为，今年是决定向家坝工程命运的关键年，如果今年二期围堰能如期闭气建成，安全度汛；左岸基坑能顺利抽水、开挖，完成基础处理和开始大规模浇筑混凝土，明年汛前能达一定高程；也就是说，今年的控制性进度一一实现，不发生质量事故，向家坝工程就立于不败之地了。工作千头万绪，其中关键性的是下面四大项目：

（1）二期围堰要如期闭气、加固加高，质量可靠，安全度汛。三峡工程二期围堰就做到这点，而且质量优良，滴水不漏，为三峡工程取得胜利立下大功。希望向家坝也能如此。目前看来，进度方面似问题不大。由于地质条件不同，基坑的渗漏量可能会大一点，要有所准备。重点是保证堰基和堰体的抗渗稳定性。希望有关方面全力以赴，保质保量如期建成。另外，要考虑万一遇超标准洪水的后果，做个预案，力争不漫顶，万一基坑受淹也不溃堰。度汛除要保证工程安全外，还牵涉移民及调度问题，望重视。

（2）基坑开挖和地质处理，这是关键中的关键。建议紧急行动起来，一是抓紧做补充勘探，尽可能摸清地质情况；二是做好开挖及基础处理设计，尽早审定并做相应准备工作；三是精心施工，确保质量。泄洪坝段的稳定决定了向家坝工程的成败，赞同设计院提出的综合处理措施。鉴于抗滑稳定分析中的不确定性，要多留些余地，并不是计算的安全系数满足了规范要求就万事大吉。有利于稳定和有效的措施都可采用，不吝啬。上游齿槽和断层处理槽该挖多深就挖多深，埋在硬岩下部的挤压破碎带则以尽量少挖、少扰动、多加固为原则，因为受到包围的挤压破碎带没有太大的危险。基础排水洞能有效减压，如果能做到像三峡工程一样就理想了。相反，如排水洞内大量渗漏就很被动。所以，对排水洞的设计、渗透坡和降渗漏总量的控制要深入分析，做到稳妥设计和高质量施工。

（3）做好大规模浇混凝土的准备工作。包括混凝土的生产、运输、浇筑、温控、养护。回填混凝土以及坝体底部混凝土是否可明确采用碾压混凝土，并按此落实，做好一切准备，条件具备时一声令下就能迅速启动，快速上升。

（4）关于帷幕和固结灌浆，任何工程的帷幕和固结灌浆质量都非常重要，而对向家坝工程的具体情况来说，就显得更为重要，不仅工程量巨大，工期紧，更由于坝体要依靠全面抽排来保证稳定，要依靠有效的固结来加强地基内的破碎岩体。总之，灌浆工作的质量直接影响工程的安全与寿命。灌浆工程又要根据千变万化的地质条件调整掌握，不像混凝土有一定之规可循。它又是隐蔽工程，这就要求我们给予特殊的重视，要组织最好的队伍来施工，有严格的记录、监控、检查手段，从原材料、工艺到最后的检查鉴定进行全过程控制。要科学、合理安排进度，给灌浆工程以必需的时间和条件。设计上要留有以后监测、加固、处理的条件，灌浆材料、工艺、装备在不断发展进步，希望向家坝工程能引入现代化的设备和监控、记录手段。不但是灌浆工程，对所有项目、特别是混凝土工程，向家坝都应采用现代化、信息化手段来施工和监控，与时俱进，达到国内、国际的先进水平。

对于其他项目，如地下厂房，我是比较放心的，就不多说了。希望在已取得的成绩的基础上精益求精，创造更多的纪录。

以上是我的一些初步体会，供建设部和参建各方参考。

在溪洛渡水电工程质量检查会上的发言

我是第一次到溪洛渡工地，没有多少发言权。我完全同意方才专家们的发言，会议安排我说几句，我就把几天来在听汇报、看工地和阅读材料过程中形成的几点看法向大家汇报一下，供参考。

首先说说到工地后的第一个印象。一进入工地，眼前一亮，再看过现场，觉得这是一个文明、绿色、和谐的工地，处处透出现代化的气息。我想，即使在先进发达国家，也不过如此，也许还不及我们。中国水电工地"脏、乱、落后"的日子已经成为历史。用今天的溪洛渡工地和20世纪我工作过、跑过的工地相比，或者和开工前的溪洛渡相比，就能使人深刻理解为什么要"改革开放"，为什么"发展是硬道理"，什么是"与时俱进"。将来竣工后，这里一定会成为旅游亮点。这是我的第一个印象。

下面简单说说我对工程的几点看法。

一、溪洛渡工程已取得巨大进展

溪洛渡这座仅次于三峡的伟大工程，从2003年底正式开工后，经过艰苦努力，已打开局面，奠定基础。现在业主和各承建单位都已到位，内外交通畅通，砂石料和混凝土系统已建立投产，混凝土运输、浇筑、温控手段已经形成、投入运行，导流工程完成，顺利截流，形成大基坑。坝基开挖和地下工程开挖基本结束，去年完成 930 万 m^3 的开挖，其中洞挖达 374 万 m^3，这是少见的。各工程形象面貌达到要求。成绩令人鼓舞。今后只要不骄不躁，不断总结经验，提高水平，修正错误，取得溪洛渡工程的全面胜利是有把握的。

二、质量管理体系已经建立，不断完善

我认为建设部和各承建单位对质量问题的态度是严肃的，高度重视的，成立了各级质控机构，制定了大量规章制度，采用了多项保证质量的措施，除了采用三峡工程和其他工程行之有效的做法外，还有许多创新的制度与措施。在 2008 年完成的工程中，质量良好、没有发生重大事故，单元工程合格率 100%，优良率高，出现的一些缺陷和问题及时处理或返工，形势喜人。

但也要认识到，在质量问题上不存在"免疫力"，而是"不进则退"，质量管理水平的提高是无止境的。溪洛渡工程迄今只完成了四分之一的工作，今年正处于从开挖为主向浇筑混凝土为主的大转变过程中，而且存在不少不利因素，面临严峻考验。所以，务望同志们不要掉以轻心，正视挑战，抓住差距，从零开始，全力以赴，要在质量问题上始终掌握主动，夺取全面胜利。

我注意到各单位在汇报中都介绍了质量体系的建立和控制情况，而且都对今后工作中进一步提高质量提出明确的目标与措施。我理解这不是为了会议准备的书面材料，

本文是作者 2009 年 3 月 3 日在溪洛渡水电工程质量检查会上的发言。

而是实际的行动，是对国家作出的庄严承诺。希望各单位能说出做到，今后就按在会上提出的目标和要求去做，去对照和检查。只要这样，溪洛渡工程的质量就将登上新的台阶。

三、大坝建基面开挖和处理

溪洛渡大坝是 300m 量级的高拱坝，坝基应置于 Ⅱ～Ⅲ$_1$ 级岩体上。由于地质情况较预计为差，400m 高程以下的建基面上存在范围较大的 Ⅲ$_2$ 甚至 Ⅳ$_1$ 级岩体，以及错动带及风化夹层。为此，对开挖线作了两次较大改动，实施中还不断调整。最后，对两岸进行较多扩挖，挖除了 Ⅲ$_2$ 和 Ⅳ$_1$ 级岩体，用混凝土置换。河床开挖高程下降到 324.5m，并向下游扩挖。我认为这一修改是必要的。扩挖后，岩面上还有小范围的破碎岩体和地质缺陷露头，需局部清理与刻槽处理。324.5m 高程以下还存在 Ⅲ$_2$ 级岩体，不可能全部清除，需通过灌浆加固。经过扩挖、置换混凝土和细致有效的固结灌浆，地基应可满足建坝要求，不致对大坝的变位和应力带来大的影响。

需要指出几点：

（1）两岸扩挖后回填的混凝土属于置换性质，是地基的一部分，不是坝体的一部分，要在回填混凝土稳定后再浇大坝，两者要分清。河床段开挖加深和扩大后，如作为坝体的延伸，则意味着大坝体型的改变，这些原则必须明确。

（2）必须保持拱坝最后的体型连续平顺，防止出现突变和应力集中。

（3）虽经扩挖，地基内部仍存在破碎岩体。影响工程安全，主要是离坝基二三十米范围内的缺陷影响最大（越靠近坝基影响越大），必须通过有效的灌浆，加固破碎岩体，匀化地基性能。因此，要特别重视这一处理工程。许多专家根据他们的经验，提出建议，请予重视。另外，建议考虑在特殊地段采用复合灌浆的必要性。

（4）设计院在复核新情况下大坝安全性时，不应只注意坝体少数点上的最大变位和应力，而应注意地基内的应力分布、应力集中、材料屈服的情况（例如坝基内的破碎带，如处理不好，就会屈服），建议把各断面的应力分布图放大，和地质图对照分析。首先要确保地基的安全，才谈得上大坝的安全。应该承认，新的情况和原设计比，大坝和地基的安全问题应该更不利一些，而不是相反。

建基面开挖和处理设计是个大问题，不是这次质检会的主题，建设部将召开专题会议研究决策，上面所说仅是个人初步想法，供专题会议参考（以下四、五两个问题也如此）。

四、混凝土原材料和混凝土性能

混凝土性能的好坏，直接影响工程的安全性和寿命，为此，有关部门已做了长期试验研究。但成果有些分歧和变化。一些指标合格率并不理想。目前看，有两个较大问题：

（1）耐久性——溪洛渡大坝是千年大计，对混凝土的耐久性有很高要求（D300）。以往试验都认为可满足，最近的置换混凝土试验结果则远未达到要求（40%试件不满足且差距大）。建议根据查明的原因，采取有力措施改进，如采用优质、稳定的引气剂，提高含气量，减少其损失，并加强骨料冲洗，以保证混凝土的耐久性。这虽然在近期内不会有影响，但如大坝混凝土的抗冻性普遍达不到要求，我们就无法交代，也无法处理。

（2）抗裂能力——混凝土的极限拉伸值较低，徐变小，且有少量自身体积收缩，这对抗裂非常不利。看来要全面改观也不可能。希望通过各种措施（关键是控制水泥质量和优化配合比）能做到以下的最低要求：

1）最大自生体积变形（改缩）不超过 20 个微应变。

2）混凝土极限拉伸不低于 0.8×10^{-4}（28 天）～0.9×10^{-4}（90 天）并先按此做温控防裂设计。上面这两条要求通过努力是可以做到的，如能有更好成绩，可以提高抗裂的安全度。

五、今年的大坝浇筑

为了今年浇筑大坝，工地已做了全面准备，包括：水泥和外加剂的采购运输，配合比的试验选择，粗细骨料生产系统，混凝土拌制系统，混凝土运输系统，浇筑设备配置及仓面准备，混凝土温控系统等等，并进行了左岸置换混凝土浇筑试验，工作做得很充分，应该没有大的问题被疏忽。

虽然已做了这么多准备，毕竟尚未经历过高强度、长历时浇筑的考验，出现一些意外仍是可能的，设想一些可能出现的情况，做一些预案，留一些应急措施，是完全必要的。

在可能出现的问题中，我觉得最应注意的还是温控防裂。一是如上所述，溪洛渡混凝土性能在防裂上有不利之处，二是我们已失去 12 月～2 月最可贵的一段时间。甚至，有些基础块在浇筑后将进入高温季节。对此，我只能提一些原则性建议：

（1）根据较不利的条件做好细致的温控设计，审定后执行。

（2）科学地安排浇筑进度，条件不利、防裂无保证时不浇混凝土。

（3）三峡和其他工程有很多成熟经验（包括管理制度和技术措施），凡适用于溪洛渡者都应采用。

（4）管理上主要是将温控要求分解到每一环节，从水泥厂的驻厂代表到养护工人，落实到每个单位和人，人人负责，层层把关。只要一个环节、一个人疏忽，就会前功尽弃。

（5）技术上，温控必须做到精细化、个性化。要在全过程中控制"温度梯度"。这包括两层意义，一是控制温度对时间的变化梯度；二是控制温度在空间的变化梯度（如表面温差，新老混凝土间的温差，灌浆时相邻坝块温差，一个坝块中各部分间的温差）。过去只注意控制入仓温度、最高温度、内外温差和接缝灌浆时的坝块平均温度已经不够了。

（6）特别重视浇筑后的养护和保护工作。

（7）设计院提出在基础强约束区混凝土中采用外加纤维的措施，值得考虑。

六、地下工程

溪洛渡的地下工程包括导流洞、泄洪洞和左右岸地下厂房及相应的引水、尾水系统，规模巨大，尤其装机容量 1260 万 kW 的地下厂房是世界之冠。地下工程的开挖接近完成，6 条导流洞已投入运行，迄今为止，工程的质量、进度和安全都满足要求。特别是两座地下厂房开挖质量之好，堪称精品。支护、混凝土、帷幕灌浆、金属结构安装质量也良好，围岩稳定。两座厂房平行施工，好像在竞赛，只是我无法判定哪一座更好些，只能说他们都是中国水电工程的骄傲吧。今后地下厂房将转入以混凝土浇筑和机电安装为主的新阶段，看来已没有克服不了的困难。我只想提醒一句：平地上往往更容易翻车。希望葛洲坝集团公司、水电十四局和其他施工单位能保持荣誉，除继续高质量完成开挖工作，加强监测外，要特别注意抓好混凝土浇筑、机电安装和帷幕灌浆的质量，取得"满堂红"的成绩。

在会议中反映的其他一些问题，如基坑内渗水、导流洞衬砌磨损等，我都同意专家们和文件中所提处理意见，相信工地有力量解决好，保证施工安全和工程质量。

同志们，当前水电建设形势一片大好，而质疑和反对水电的人也在加紧制造舆论。2月20日科学时报花了一整版篇幅刊登了一位"学者"的长文，极力渲染西南地质条件之差，不能开发水电。向家坝和溪洛渡是两座世界级的巨型水电工程，是西电东送的骨干电源。几年来的艰苦奋斗，已取得巨大成绩，奠定了夺取全胜的坚实基础，现在是大决战的前夕。只要我们把工作做好（包括枢纽工程、移民工程和生态环境保护），真正做到"四个一"，不仅圆了西电东送之梦，而且以事实回答了那些不实谰言。相反，如果由于我们的疏忽，出现一些事故（例如拱坝严重开裂），又会给别有用心的人和媒体以大炒作的活材料。希望大家认识到自己肩上任务之重，意义之大，坚持科学发展观，坚持质量第一，保持荣誉，艰苦奋战，为夺取两座电站建设的全面胜利献出力量，在中国水电史上写下光辉的一章，为中华振兴做出永垂史册的贡献。我年老矣，只能说点鼓励的话。我将满怀信心等待听到工地传来的源源不断的喜讯和捷报。

对溪洛渡大坝的几点建议

（1）溪洛渡大坝工程低高程部位的基岩条件比预计为差，因此调整了开挖设计，加深和扩大了开挖范围，尽量挖除 III-2 和 IV 类岩体，以满足作为建基面的要求，这种调整是必要的。

（2）开挖线调整以后，坝体体形相应改变，使拱坝和地基的工作性态有所变化，例如变位、应力以及稳定度等的数值和分布。对这种影响进行研究分析以保证安全，也是必要的。

（3）对上述影响可以分开从宏观和微观两方面来分析。从宏观上看，开挖加深和扩大的数量与拱坝整体尺寸相比，属于较小的值。按照常规的拱梁法或 FEM 法分析，不会使坝的变位、应力和稳定度的分布规律发生根本性变化，也不致在数值上有大的变动。由于底部断面扩大，某些数值也许会更有利些。设计院和河海大学进行的计算，也证实这点。我们应相信分析成果。

（4）宏观上要注意的问题是：修改了开挖线后，不能全部挖除较差的岩体，至少在建基面以下数十米范围内还存在相当多的较差岩体。因此，地基的稳定安全是关键性的。我完全同意陆佑楣同志的意见，对地基加固工程要充分重视，精心分析设计，精心施工和检查，务求满足安全要求。

（5）其次，要特别注意微观上的影响。主要是：如果因为扩挖，使坝体断面有尖锐的突变，从而引起不利的应力集中，在局部首先产生拉裂或屈服，不断扩展，最终恶化坝体和地基的安全。这个影响在拱梁法计算中是反映不出来的，即使采用 FEM 法，由于单元尺寸很大，计算给出的应力往往是外推或插补而得的匀化了的值，也反映不出，而问题确实是存在的，必须重视。

局部影响是否严重，取决于对扩挖部位的处理。总的原则是要平顺变化，不发生突变（包括几何形状和其他因素，如温度梯度），尤其要避免尖锐的转折。

（6）就几何体形讲，具体说，从上下游展开面来看，左右岸都有一个"深置换区"，该区应作为回填的地基处理，否则在转折处相邻坝段高差极大，非常不利。从河床段悬臂梁断面看，坝体底部突然扩大，如果由于施工进度要求，希望将它作为坝体延伸部分，与上部坝体连续浇筑施工，也不是不可以，但建议不要把原坝体和扩大部位直接相接，形成断面的突变，而把原坝体外形平顺扩大到新的建基面。

这样，上游贴角应与坝的上游面脱开，避免产生拉应力集中。下游贴角也与坝下游面脱开，避免压应力集中，贴角作为回填。坝体较低部位可考虑采用纤维混凝土，必要部位配置钢筋，提高其抗裂性和进行加固。

本文写于 2009 年 4 月 20 日。

在乌东德水电站预可行性研究
审查会闭幕时的发言

能参加乌东德预可行性研究审查会，心情很激动。遗憾的是自己健康情况不好，未能参加工地考察，但总算能参加北京的会议。看到逼真的三维图像，听到领导尤其是张国宝局长的讲话和设计单位的汇报，阅读了部分文件，听到专家发言，对工程有个初步概念。谢谢会议给我这次学习的机会。

乌东德枢纽是金沙江下游河段四大梯级的最上一级。我同意预可行性研究报告的主要结论和审查意见，认为开发乌东德是必要的和迫切的，枢纽综合效益巨大，工程的各项条件和指标相对优越，不存在难以解决的问题，技术难度在已建、在建水电工程之内，是个好点子。建议在通过预可行性报告审查后，抓紧开展后续工作，争取在"十二五"开工，为2020年实现国家电源结构优化、促进流域经济发展和移民脱贫致富以及实施减排指标做出实质性贡献。在讨论中一些部门、地区还有些不同意见或更高要求，我想这次仅是预可行性研究审查，尽早通过审查，使国家能下决心列入"十二五"开发规划，是我们共同的最大利益和目标，希望这一点能得到大家的共识。

下面我想谈两点意见供大家参考：

一、促进移民脱贫致富

移民问题已成为制约水电开发的最大因素。方才吴贵辉总工程师专门讲了这个问题，我听了很兴奋。对预可行性研究报告中提出的"移民安置规划"，我也不敢说三道四。但我觉得这最多能使移民定居下来，想要致富是谈不上的。而促进移民脱贫致富是被列为乌东德开发任务之一的。乌东德移民人数相对不算太多，而工程综合效益很大，使移民致富不是做不到，问题在于我们是否真正把它列为一项任务，能否摆脱点老框框。我注意到设计院在预可行性研究报告外还做了个专题研究，我很感兴趣，其中有些建议和我的一些想法不谋而合。我认为，对乡镇迁建和移民住房重建的标准不必高，更别搞什么示范，只要经济适用就好。你就是给移民盖了别墅，他没有致富之道，别墅也只能用来养牛喂猪。要集中力量和投入解决他们的实际困难和创造致富之道。具体讲，对老弱病残，不论有无子女，一律提供社会保障，包括医疗保险。除地方政府按政策提供低保外，由企业补充一部分，保证他们安度余年，解脱后顾之忧。对后靠或迁地务农的农民，不仅提供土地，解决水利交通等问题，而且在一定期限内，按年补贴，帮助他们解决垦荒、改土、种子、施肥、改变作物和加工销售等后续发展之需。对所补土地不足的，更应长期提供补偿。对于年轻一代，主要及早调查培训，因地制宜建立二、三产业，提倡对口支援，产业可以建在库外，鼓励他们外迁转业创业，发放创业贷款，改变身份。在工程建设中，也应优先吸纳他们就业。只要动脑筋，

本文是作者2010年5月16日在乌东德水电站预可行性研究审查会闭幕时的发言。

路子是很多的。设想一户农民六口人，两老、两中、两青，如果老人有保险，中年人能搞大农业，年轻人有一到两人外出转业创业，这一家不就富了吗？

总之，我们需要做更全面的规划和准备以及更充足的投入。所需经费，除部分纳入基建概算外，可以支取上缴的水资源费，开发水电没有耗用一方水，用上缴的水资源费来富裕农民、改善环境天经地义。另可在运行期中列支一项"扶植库区发展和移民致富基金"，纳入发电成本，还可以从下游受益电站的反馈中提取部分，渠道是很多的，只要大家心里想着农民就好。

这种改革性的做法，我们不提出、不去做，谁也不会关心。我们提出了，也会有人反对，或出现些风险。但只要地方政府、移民群众、开发企业和设计单位意见一致，态度坚决，措施可行，相信国家能源局、发展改革委和国家政策是支持这么做的，至少让我们搞个试点。我真诚希望乌东德能在解决移民致富上闯出条新路，树立块样板。另外，也要把促进移民逐步致富和流域、地区的长远全面开发分开，不能提脱离实际的过高过急要求，致使规划落空，一事无成。

二、关于水库群联合调度和流域综合开发问题

建议有关高层迅速组织各方成立一个专门研究班子，深入研究三峡上游已建、在建、拟建水库群的联合调度和金沙江的流域综合开发课题。在水库群联合调度方面，包括防洪调度、蓄水供水调度、电力调度、航运调度和生态调度，要长远规划，分期实施。不仅要提出科学的调度方案，以求满足各方所需，取得最大的综合效益，还要提出现实可行的体制机制，供国家决策。这是迫在眉睫的事了，再不解决，各自为政，要天下大乱了。

在流域综合发展方面，随着金沙江全流域水电开发的实施，将出现世界上最大的能源基地，我们总不能把主要利益都送到下游，也应该惠及沿江人民啊。诸凡沿江的产业发展规划、交通规划、城镇建设和生态移民规划、向外流域调水规划等等，都应综合考虑，这不是一个部门、一个行业、一个省市，更不是一座枢纽一家企业能解决的事，应该由国家纳入议程，组织研究，实现民族团结，和谐发展。

在向家坝水电站二期工程坝基处理和大坝部分采用碾压混凝土专题咨询会上的发言

我的几点意见。

（1）向家坝坝基地质条件十分复杂，在前期工作中未能完全查清，可以理解。设计院在二期基坑形成后，在业主和施工单位支持配合下，抓紧做了大量补充勘探、试验、分析工作，十分正确和及时。应该认为，现在地质条件已基本清楚，可以作为设计和施工的根据。

（2）二期基坑内地质条件之复杂和不利是少见的：

1）左岸挤压带向右延伸，插入地下；

2）"挠曲核部破碎带"从西北角进入，延伸到东南角，宽度越变越大（80～150m），倾角变缓，岩石破碎；

3）顺层软弱夹层发育，构成连续的底滑面。二期基坑内不仅建基面上出露巨大的破碎带，而且在较硬的基岩下面，隐伏着破碎的Ⅳ～Ⅴ类岩体。对坝体的变位、应力分布，特别是深层抗滑稳定构成巨大威胁，是必须妥善解决的关键问题。但也有一条有利条件：底滑面倾向下游，反倾向的构造不存在或很少，主要失稳模式都是双滑面破坏，下游存在较厚的抗力体，可提供较大的抗力。

（3）对这种特殊的地质条件，必须以合适的综合措施来解决问题。非常赞成中南院提出的一些设计原则：

1）鉴于破碎岩体隐伏在较坚硬岩体以下深部，故河床段建基面开挖以浅挖为主，尽量少影响好的岩体；

2）对出露的破碎岩体，挖槽回填，挖槽的深度、宽度，视各坝段的具体情况拟定；

3）以上游齿槽、下游抗力体、固结灌浆、帷幕灌浆和抽排减压四者结合，作为坝体抗滑力量的主干措施，同时采用各种可行的能增加稳定、减少滑动的有效措施，综合解决问题，确保安全。

（4）具体挖槽的深度，通过分析计算来定。共有三家大学做了分析，都进行了详细的非线性平面有限元分析。都模拟了主要地质构造。都用"强度储备系数法"研究了大坝的抗滑稳定安全度，以及大坝在各种处理工况下的工作性态，都用"屈服面贯通""关键点位移突变"和"计算不收敛"作为判别失稳的依据。武汉大学计算了泄⑥、泄⑫、泄⑩三个坝段，河海大学计算了厂⑧、泄⑧、厂②、升船机四个坝段，清华大学计算了泄②、泄⑥、泄⑫、右非①四个坝段。虽然各家采用数模、程序不同，屈服准则有异，计算坝段不完全一样，结果有些出入，但大的趋势，总的结论

本文是作者 2009 年 5 月 20 日在向家坝水电站二期工程坝基处理和大坝部分采用碾压混凝土专题咨询会上的发言。

一致，可供设计作为依据：

1）各种处理方式的分析成果，影响并不太大；

2）武汉大学和河海大学得到的最终抗滑安全度在 2.5～2.7，清华大学得到的最终抗滑安全度在 3.3～3.5，这一量组是可信的；

3）都给出了各种工程下坝体的变位、应力及屈服状态。

从分析成果看，个人认为深挖方案不可取。虽然表面上看能把Ⅳ～Ⅴ类岩体尽量挖除，对某些指标稍有好处，但存在很多实际的不利后果。深藏数十米以下的破碎岩体并不可怕，而工程量过大，开挖过深，工期过紧，不宜采用，以选取两个浅挖方案为好。采取后者，坝体宽度已等于甚至大于坝高，齿槽深度已达 40m，结合其他各项有效措施，各项指标能达到要求，大坝是能保证安全运行的。在方案一和方案二相比，我更偏向于方案一。

关于消力池的挖深和回填深度，我也偏向于浅 10m 的方案。

（5）对向家坝重力坝的抗滑稳定问题，必须注意一点：最终失稳的安全度虽然达到 3 左右，能满足规范要求，但由于特殊的地质情况，其抗滑力主要由抗力体提供（达 70%～80%），而主滑面上只能提供 20%～30%。一般大坝，在承受正常蓄水压力（强度未折减时），大坝及地质应在弹性范围内工作，但向家坝大坝在蓄水后，甚至在完建时，地基内一些主滑面上已经出现屈服区，已经出现拉应力，坝体已经有较大的变位。因此，我们应采取一切有效措施，不仅是提高其最终的抗滑安全度，更应改善在完建后和蓄水后正常运行中的变位、应力和屈服情况，这点务请注意。

（6）从这个角度出发，我对设计院提出的"其他工程安全措施"很感兴趣。尤其如"增加坝底宽度""齿槽底部设置承力桩""在一定高程下进行横缝灌浆，联结成整体""适当加厚消力池底板""大坝上游设黏土铺盖""复合灌浆"等等。建议进一步细化研究，凡有效和可行者建议尽量采取。另外，事前留有能在蓄水运行期方便地进行检查和必要时进行处理的手段十分重要，建议进行专门研究布置。

（7）赞成深槽及部分大坝底部混凝土采用碾压混凝土施工，建议决策后抓紧按此布置，落实设计、温控方式和做好施工准备。

（8）深槽的回填混凝土应作为回填的基础处理，不要和坝体结成一体。在坝体断面有急剧变化时，要铺设足够的防裂限裂钢筋，防止开裂和裂缝扩展。

（9）水电四局反映消力池的进度有问题，请通过讨论解决。

在溪洛渡水电站大坝仿真与温控 2011 年
第一次专题会上的发言

溪洛渡工程去年取得了巨大成绩，这不仅反映在浇了多少方混凝土、灌了多少米浆，更表现在已建立起一套科学、现代化的管理体系，特别是质量保证体系。这套体系使科研、设计、施工、监理在业主的统筹下分工负责，共同为保证工程质量作出努力。这套体系充分利用科技发展成果，采用新型量测仪器和设备，进行现代化、信息化的数据采集和处理，建立仿真模型，使整个工程的进展和质量完全在控。可以说，我国高拱坝的施工管理水平又上了一个台阶。对此，我深感欣慰。

这次会议的主要内容是研究今年的拱坝施工，尤其是温控防裂问题。由于设计单位能够采用近年来的有关科研成果，吸取其他工程（尤其是小湾工程）的经验，对溪洛渡大坝的温控防裂做了深入研究，采取"个性化、精细化"的温控要求，去年浇的拱坝（基础约束区）混凝土没有出现裂缝，成就巨大。今年浇筑任务更重（250 万 m³），我想只要坚持这种科学态度，始终把质量放在首位，又有这么好的管理体系，一定可以做到高质、安全、快速，不开裂的要求。

上午的介绍，虽然做报告的同志已做了很大的压缩，但对我来讲仍是"倾盆大雨"，需要时间来消化、学习。下面只是对几个具体问题，就我的肤浅认识表个态，供大家讨论时参考。

（1）希望今年溪洛渡工程的施工能均衡、有序地进展。所谓均衡，不仅指各坝段要均衡上升，不要有高的高差，不要有长的间歇期，更指混凝土浇筑和接缝灌浆要有序衔接。现在已出现一些不协调的情况，望在安排中尽量纠正，不要为了保形象、保方量而把某些坝段浇得过高，有害无益。

（2）尤其溪洛渡是个"狭谷"，几乎所有坝段都站在岸坡上。河床坝段基本上是个平面问题，在陡坡上的坝段必然是个三维问题，其应力、变位、稳定……各种问题都很复杂，不容易算清。要尽快把它们联成整体，避免有过高的悬臂。而现在，最大悬臂高达81m。据研究，尚属可行，而我是非常担心的。这只能作为不得已时的最后限制。在实践中要尽量缩短，还要研究高悬臂带来的问题，尽量不使它向河床倾斜。

（3）由于目前灌浆工序滞后，因此提出要改变和加快冷却程序。我认为冷却程序的变动会影响坝体的温度、温度应力的变动，应该慎重。据研究：在基础约束部位如加快冷却工序，有不利后果，希望引起注意。只有确认加快冷却速度不会有严重影响的部位才能采用。能否在保证抗裂要求的前提下，再研究有无其他加快冷却的措施。

本文是作者 2011 年 1 月 20 日在溪洛渡水电站大坝仿真与温控 2011 年第一次专题会上的发言。

只要缝张开，温度差一两度问题可能不大。

（4）在孔口 404～422 区的灌浆，如果采用两区同灌，经研究有利无弊，我表示赞成，要做好一切相应准备工作。

（5）今年各坝段尚未挡水，主要只受自重作用。但许多实践经验表明，空库时气温变化对坝体应力有较显著影响。因此在核算今年坝体应力、特别是陡坡上的坝体应力时一定要把气温变化考虑在内。

（6）原则上赞成在拱坝上游面粘贴、喷涂聚脲防渗层。至少使用在必要的部位上。

总之，只要不影响溪洛渡首批机组投产时间，今年多浇或少浇几方混凝土不应该是大问题，而力求施工能均衡有序地进行是非常重要的。

关于向家坝泄洪消能的建议

据悉向家坝工程进展顺利，可望于明年投产，深感欣慰，并表敬意。但我对该工程的泄洪消能问题有些担心，原因如下：

（1）向家坝的泄洪消能难度空前，或可列全球坝工之冠。而且每年汛期都要大流量泄洪，与一些设计泄量虽大但泄洪概率很低的工程性质完全不同。

（2）个别水力学专家对采用方案持强烈反对态度，认为不安全，且多次投诉国家领导。主要科研单位亦认为采用方案虽可成立但非最优，有些问题未搞清，有些结构布置不合适，运行后可能发生一些破坏。

（3）建设和设计单位在落实审查意见中，未能对某些比较方案做到同等深度的研究比较。在各次咨询会上气氛不正常，未能心平气和沟通讨论，取得一致意见，有些意气用事，都听不进不同意见。对一些专家的意见或质疑（如延伸到底的分隔导墙）未及时研究，造成施工现实，现已不可能变动。

鉴于以上情况，且向家坝泄洪消能安全问题影响重大，经反复思考，谨提出以下建议，供三峡集团公司领导参考。

（1）建议三峡集团公司和建设、运行单位将向家坝泄洪消能问题列为重大问题，予以高度重视。在建设期内狠抓质量，务求消除所有缺陷，达到一流标准。在竣工验收中，务求清除所有石渣杂物，并采取措施，防止它们从上下游进入消能区。在投入运行后，汛期中需严密监视，有异常情况及时改变运行方式，汛后详细检查，全面维修，总结经验，不断改进。

（2）建议三峡集团公司（或建设单位）聘请若干位一流专家，成立一个权威性的、较固定的向家坝泄洪消能专家组，以长期参与咨询工作的专家为主，包括有不同意见的专家，也可增聘几位未参与向家坝工程的专家。专家组对向家坝的泄洪消能问题进行全面指导、研究、咨询，提出重要建议，至泄洪消能情况明朗，问题解决，工程安全有保证止。

（3）建议建设、运行单位和设计、科研单位紧密合作，各派专人联合组成向家坝泄洪消能领导小组，由建设、运行单位一位领导任组长，主汛期在现场办公，全面负责工程的泄洪消能运行，例如：

1）组织编制泄洪消能运行规程；

2）编制每年度汛计划，汛前检查所有设备、电源情况，做好度汛准备工作；

3）确定泄洪时监测项目，组织监测，及时反馈；

本文写于 2011 年 5 月 25 日。

4）研究泄洪时可能出现的问题，设置应急预案，落实抢险人员、材料和设备；

5）汛后组织全面检查和维修，并总结经验，提出改进措施；

6）讨论拟定进一步分析研究试验工作，配合泄洪实践，开展后续研究和完善工作；

7）落实所需经费、材料、设备、人员……及其他有关任务。

建议这个领导小组工作至泄洪消能情况明朗、问题解决，可转入正常运行时止。为了配合工作，并建议在科研单位中保留几个主要的模型（按竣工情况制作），以便进行各种试验研究。

6 澜沧江流域

谈小湾水电站前期工作有关技术问题

经过昆明院勘测设计人员多年的艰苦努力，找到了一个相当理想的坝址，昆明院为小湾电站做出了重要贡献。西电东送有三条线：一是指黄河上游电源向华北送，但潜力不大；二是指金沙江、长江电源送往华中、华东；三是指澜沧江、红水河的电源送往广东。现在看起来，南面的这一条是最现实的，已开始起步。

小湾电站是一个好点子，有利条件很多。虽然该地区地震烈度较高，但电站却处于相对稳定的安全岛上；工程地质条件好，基岩坚硬完整，不要说大断裂就是小断裂也很少，这样的坝址很难找，完全可以建300m高坝和大库。小湾坝址，不论是从区域稳定性还是坝区工程地质条件，都是一个难得的好坝址，几年前我还认为小湾电站建设比较遥远，但由于云南省领导的开明和广东省领导的高瞻远瞩，走合资办电的路子，使小湾电站建设就非常现实了。这一点比技术问题更重要。能源部、国家能源投资公司和国家计委都很重视，并已将小湾电站列入"九五"开工项目，我们应该齐心协力，努力工作，力争尽快立项。

当然，小湾工程是首屈一指的工程，如果建混凝土拱坝，其高度是世界第一的；如修堆石坝高度虽然不是第一，但从库容、装机、坝体方量和泄洪量综合来看，也是世界第一位的。要拿世界冠军是不容易的，有大量工作要做，我完全相信，昆明院能以自己的力量为主，把小湾电站设计出来。

下面谈几个具体问题：

1. 关于坝段、坝址和坝线问题

昆明院经过长期工作，推荐小湾坝段中坝址，选坝审查会议同意小湾坝段，倾向中坝址，这一决策是正确的，我完全同意。最后的坝线可以有些调整，均在Ⅱ～Ⅳ勘探线范围内。下坝址Ⅵ线，虽有两个优点：离F_7远些；右岸地形较平缓，利于布置泄洪道，但工程量增加较多，地质条件较中坝址差得多。除非中坝址布置上有很大困难或出现难以克服的问题，下坝址可以不再作为重点进行工作。

2. 关于区域稳定问题

F_7不算很大的断裂。从各种资料分析，其活动是很久远以前的事。我认为F_7活动不应新于F_1，很难理解F_1不活动而F_7会活动。其次，F_7断裂规模小，这就决定了今后即使再活动，错距也不会大，就像小鸡下不出大蛋一样。昆明院考虑按错动15cm进行设计，是比较安全的。总之，F_7算不算活断层今后还可以继续讨论，但从坝工建设角度看，不会发生实质性影响。修堆石坝，仅在上游围堰处接触到，15cm错动土石坝完全可以吸收。建拱坝，F_7已避开，仅泄洪洞要穿过，可以采取结构措施，以适应错动，所以说F_7不会有实质性影响。目前布置上考虑尽量避开F_7，我也不反对，但调

1991年9月24日～10月1日，作者到小湾坝址进行了实地考察。10月2日回到昆明后向昆明院部分干部就小湾水电站前期工作有关问题发表了讲话。本文根据讲话整理并经作者审阅。

整后如产生其他不利影响，就不一定要离 F_7 越远越好，要根据具体情况综合确定。拱坝离 F_7 150m 和离 100m，差别不大，不要太怕它。

关于地震基本烈度，有些不同认识，我认为定为 7 度是合适的。国家地震局定 8 度，偏高一些，也是可以的。今后经过工作，如国家地震局认为可以调低，那时可再调整。设防中基本烈度 8 度是否还要加 1 度，规范只说可以加 1 度，加多少要由我们自己决定，譬如说也可以加半度，按 8.5 度设计。动参数，现在按 0.308g 设计，也相当 8.5 度。总之，如果不是硬性加 1 度，只加半度，我想基本烈度定为 8 度，影响也不大。地震动参数按 0.308g 是可以的，不必再高了。另外，小湾工程规模大，又是国际河流，周围又是地震带，设计计算时，也可用 0.4g、0.5g 做些计算研究，做些敏感性研究，做到心中有数，但可以不在报告中出现。

总之，对 F_7 不要怕，地震动参数定为 0.308g 可以了，设防标准不必要再增高。

3. 关于枢纽布置问题

目前昆明院提出的拱坝、堆石坝的布置方案，是常规布置，是可以接受的，混凝土拱坝，相对简单些，其布置与二滩类似，我们称为"二滩模式"，布置很紧凑、明了。常年洪水用拱坝中孔+泄洪洞宣泄；非常洪水，用表孔＋中孔及泄洪洞泄洪，多数同志赞成这条路子，这样考虑是合适的，主要是三者比例要很好分析，进行优化。但可以肯定，这三条路子是可以解决泄洪问题的。

堆石坝枢纽布置，关键是泄洪布置问题。从目前看到的图件，主要集中布置在坝区，布置较紧凑，但把澜沧江搬上山有高边坡问题。因此，八字耳朵地区是很吸引人的。可以考虑二条洞或五条洞全改在八字耳朵，作为备用方案。

可行性研究阶段不一定要求什么问题都要解决，只要方案都考虑了，是可行的，投资包得住就行了。

4. 关于坝型问题

按小湾的地形、地质条件只有堆石坝和混凝土双曲拱坝两种坝型可以考虑。这两种坝型，说要早些定也不难，因为两种坝型都可以做。选择哪一种不会犯致命错误，但说难定，也真难定，这是因为两种坝型都没有致命问题，各有优缺点，且工程规模大，选得不合适，对施工进度，投资影响大。在可行性研究阶段，只能按同等深度做到底，昆明院根据深入比较，可推荐一个倾向性坝型，争取在可行性审查时定下来。如果实在定不下来，也不要焦急，定不下来，也可拖一个小尾巴，在初设时再定。如留小尾巴，初设阶段可以分两步走：第一步，经过进一步工作和分析对比，把坝型定下来。第二步，对选定坝型进行优化。但有一条希望，一旦部、水利水电规划设计总院定了坝型，就要服从，以便工程能尽快上马，这是最大利益所在，否则工程就可能拖下去。

这样做，设计工作量可能大些，但也难以避免。小湾工程有个好处，坝址都在中坝址，地下厂房位置差不多，勘探工作量不一定会成倍增加。两个方案都做细些，对提高昆明院技术水平是大有好处的。

坝型选定，主要取决于：①泄洪方案，哪个方案更有把握；②施工工艺、进度哪个方案比较落实，因此施工组织设计要做细；③天然建筑材料及水泥生产的厂家、运输距离等；④造价问题。

抗震问题，两个坝型均可解决，不是主要因素。在设计中，对坝型比较选择，要客观，要实事求是，要做到真正有可比性，不要带主观性。施工进度安排，可以有一个幅度，以便决策时参考。要把问题研究透，要考虑各种可能出现的问题，进度安排要考虑实际可能。

5. 关于设计中应注意的几个问题

小湾工程规模大，一定要认真设计。首先要有信心，在小湾峡谷建 290m 拱坝，强度、稳定、抗震、泄洪等问题都是可以解决的，要有信心，但不要掉以轻心。要吸取国内外各方面的经验，把工作做好。小湾拱坝，与奥地利的柯尔布雷恩坝很相似，要很好吸取柯尔布雷恩坝建设中发生事故的教训。

堆石坝主要要考虑高边坡，泄洪布置、建材供应及施工组织设计。对上坝强度一定要很好考虑，要很落实。堆石坝应力计算，目前还难以算得很准确，主要靠经验，要多吸取国内外高地震区设计的经验。

6. 关于科研与咨询工作

对初设阶段应做哪些科研工作，费用多少，要尽早提出来，以便与有关方面研究安排，动员全国力量结合小湾这个大工程来研究。

关于咨询工作。要以自己的力量为主，但也不排除请少数外国专家来咨询，请专家对象要找好。堆石坝，可找苏联、加拿大；拱坝可找美国、法国。请你们先提出来，以便提请国际合作司研究安排。

咨询费用，可争取赠款，也可以向国家申请。总之，要尽早提出来。

对小湾拱坝技术咨询的建议

经双方努力，法国政府同意提供赠款，由 EDF 及 C&B 公司为小湾拱坝的设计提供技术咨询。

中方已对小湾拱坝完成初步设计，坝高达 290m，为世界上最高的双曲拱坝，且库容和装机容量都很大，自然条件也较复杂，在技术上存在不少难题。但最主要的是高拱坝在静、动荷载下的开裂和裂缝稳定问题，避免出现类似柯恩布莱因坝的事故。故建议以此为主要咨询内容。具体内容如下：

（1）对中方的设计成果进行复核和优化。中方提供必要的地形、地质、荷载、混凝土及岩石力学参数等基本设计条件及参数，以及初设中进行的分析及设计成果，包括设计建议的开挖深度、形式、坝体体形、尺寸和基础处理设计等成果。请法方按国际通用的标准、方法进行全面复核与评议（包括进行静、动力分析），并对坝基开挖、处理、坝的结构形式、体型等提出优化建议。尤其对①地震下的应力问题和②是否设置周边缝的问题提出意见。

（2）研究拱坝底部包括地基部位的应力及变形分布情况，分析可能开裂的部位、裂缝扩展的走向和最终深度，分析对坝体安全的影响（可仿效对卡齐坝的分析进行，但要采取符合小湾情况的模型），提出结论和处理意见，特别是是否需采取人工缝及如何设置的意见。

在咨询工作中双方要密切合作，法方主要根据其在国际工程上的经验，作原则上的研究、考虑和分析指导，部分具体分析工作可由中方在法方指导下进行。咨询成果可与中方已取得的研究成果相印证。

本文是作者 1995 年 7 月 17 日为法国 EDF 及 C&B 公司对小湾拱坝设计开展技术咨询提出的建议。

在小湾水电站可行性研究报告
审查会闭幕式上的讲话

各位领导、各位专家、同志们:

经过现场查勘和紧张讨论,小湾水电站可行性研究(初设)报告审查会已完成任务,即将胜利闭幕。与会专家和代表,查勘了现场,听取了设计院的介绍,分组展开深入详尽和热烈的讨论,并就许多重要问题取得一致意见,形成会议纪要,方才已宣读并得到通过。这份纪要反映了专家、代表们的意见,是集体经验和智慧的结晶,是一份重要的文件。由于时间局促,文字上可能还需要作些修饰,我们回去后即将上报省政府和电力部审批下发,请有关部门特别是设计院贯彻执行。纪要中只能记述较重要的意见,专家和代表们在会上还发表了许多宝贵意见,不能全列入,设计院已作了录音,可供下阶段工作中参考。

小湾水电站规模宏伟,情况复杂,难题较多,审查工作能在较短时间中完成,这主要由于设计院及有关合作单位工作踏实,提供了详细高质量的文件、资料,也由于与会专家和代表的认真负责,全力以赴,深入讨论,反复研究,及时综合。我谨代表会议向所有与会专家、代表致以衷心的感谢。设计院为开好会议,作了精心安排,许多同志日夜忙碌,我们也向他们表达深深的谢意。

小湾工程的预可行性研究(原可行性研究)是在 1992 年 4 月审查通过的,能源部和省政府要求设计院在 1995 年内提出"高水平,高质量的初设",当时我确实没有很大信心,因为初设的要求比可研要求高得多,小湾工程非常复杂,难度很高,能否在短短三年内进行许多高水平的科研工作,完成任务,我心中是没有底的。现在,三年过去了,昆明院交出了答卷,答卷是否合格,是否优秀?这次会议作了客观科学的评价,意见是一致的。都认为昆明院谦虚谨慎,艰苦努力,善于学习,在有关协作单位的支持配合下,做了大量的工作,包括勘测、设计、科研各个领域,情况查清,资料齐全,论证充分,结论准确,方案合理可行,是一份和工程规模相应的优秀设计文件,达到了"高水平的初设"的目标,出色地完成了任务。我们听了一些报告和介绍,感到昆明院的工作确实达到国际水平,有的甚至到了国际领先水平,小湾的初步设计报告达到了我国大水电站的设计水平,估计也决不逊于其他国家的类似水平,这份文件是小湾建设史上的重要资料。如果说,在此以前建设小湾还只是个设想规划,现在已是具体可行的方案了。它的重要性、急迫性、可行性已经十分清楚,所以专家们一致同意通过这份报告。只要国家条件允许,小湾工程随时可以作为准备项目列项。取得这一成绩确实不容易,面对着几十多公斤重的文件报告,任何人看了都会不胜感慨,这是多少同志长年累月心血和汗水的结晶,正是由于大家的艰苦努力,小湾电站的建

1995 年 12 月 19~23 日,电力工业部和云南省政府在昆明共同组织召开了小湾水电站可行性研究报告(等同原初步设计报告)审查会。本文是作者在 23 日闭幕式上的讲话。

设将大大加快，历史不会忘记你们的努力，这是我要说的第一个意见。

在会议中，专家们还根据他们的经验，对下阶段的工作提出许多重要建议，肯定初设的成绩和提出补充工作的要求并不矛盾，设计工作是分阶段进行的，初设只能回答和解决相应于初设阶段的问题，任何工程在初设后到技施完成都要做补充工作，何况是小湾这样巨大的工程。这些补充工作是为了使工程更安全、经济、高效，不是对初步设计的否定，而是初步设计重要和必要的深化与补充，是绝不可少的一步工作，所以我们呼吁各方、各部门重视和支持下一阶段的工作，在编制招标设计以前进行若干专题研究，提出若干专题报告，其深度相当于过去的技术设计。我建议：第一，请有关与会同志在会后向部门领导汇报这次会议情况时，讲一讲开展下一阶段工作的重要性与必要性，千万不要在初设审查后因尚未开工，工作停摆、人员星散、资料流失，那样后果是严重的。第二，请设计院研究安排提出下阶段工作计划，包括所需费用，当然要分轻重缓急，实事求是安排，报总院研究落实。第三，我们以会议的名义，吁请有关领导部门，特别是两省、国家开发银行、电力部、水电总院要支持这件事。下一步工作有的可列入国家"九五"攻关及行业攻关，请部科技司全力支持。有的属于勘测设计深化性质的，请部计划司和总院协调，请云南电力局和广东省投入一些经费落实，我们也请鹗鼎同志在适当场合下向部领导提一下，使更多的领导和部门知道小湾工程的重要性，工作进展到什么程度，还存在什么问题，让大家来支持下一阶段工作，这是第二个意见。

第三，我们还要通过各种渠道，扩大小湾工程的宣传力度，特别向国务院领导、向国家开发银行、向两省领导做工作，争取将小湾列入"九五"建设计划中，至少列入准备项目。小湾在什么时候建设，一方面取决于我们的工作，另一方面也是由国家能源和电力建设的总形势所决定，不会太远。这里，请允许我稍说几句题外话，去年，我国人均耗能折合 1100kg 标准煤，是美国的 1/10，但去年已开采消耗 12 亿 t 原煤和 1.5 亿 t 原油，再过几十年，我国人口要增加到 15 亿～16 亿，要从小康走向富裕，如果要求那时的人均能耗达到今天美国的水平，那么就意味着要消耗 150 亿 t 原煤和 20 亿 t 原油，这当然是不可能的。就算能开出 150 亿 t 原煤，怎么运输?怎么燃烧? 天上地下一片黑?所以我说，中国能源形势是严峻的，出路只有两条，一条是中国的富裕发达只能建立在节能节电的基础上，必须以最高效率最低能耗来发展，人民的消费只能适度，任何浪费都是犯罪，中国永远不能也不应向发达国家某些做法去攀比。我们从现在开始就要大力导向，大力呼吁，大力控制，富裕发达不等于奢侈浪费。第二条就是要合理开发利用自己的资源，辅以少量进口，特别要调整一次能源结构，大力增加二次能源中电的比重，当务之急是集中力量先开发水能，中国可开发利用的水能年电量估计达 2 万亿 kW·h，装机容量可在 5 亿 kW，目前开发远不到 1/10。我认为，从现在起到 21 世纪初期的二三十年中，国家必须采取一切扶植政策和有效措施把这份宝藏中的大部分开发出来，使装机容量能达到 3 亿 kW 左右，与煤电、核电鼎足天下。不幸的是，今天实行的政策是不折不扣扼杀水电的政策，这种目光短浅只顾一时的做法，只会使我国能源开发陷入困境，丧失时机，永远走不上良性循环的道路，我们呼吁一切有心的同志要研究问题，提出建议，不断呼吁，呼吁 100 次、1000 次，感动上帝。

我的发言就是这些，不妥之处请批评指正。

关于小湾水电站工程技术问题的意见

小湾是座宏伟的工程，它的建设，不仅意味着我国水电建设又跨上新的台阶，在国际水电界也具有重要意义。我过去对小湾工程略有接触，这次听了介绍，阅读了材料，特别听了上午专家们的重要发言，又有很大收获和启发。下面说点观感，供专家们参考。

小湾工程是世界规模的工程。尤其拱坝，一是 292m 高，为世界冠军，二是建在澜沧江这条大江上，有大库大电站；三是位于强烈地震区，它的难度在国际上也是少见的。

面对这个挑战，同志们既没有被困难吓倒，也没有急躁冒进，认真负责，脚踏实地做工作，长达十几年。而且汇集了全国最优秀的单位、力量，通力合作，结合国家科技攻关，许多工作我认为真正达到国际领先水平。因此，总的讲，我认为提交的设计达到优秀水平，是可信的，可以作为决策依据的。虽然地下工程也很巨大，但关键是拱坝，为节省时间，我只简单说说对拱坝设计的看法。

（1）拱坝的问题确实要十二万分注意。100m 与 200m 不同，300m 更不同。坝低，一些问题可以含糊过去，高了，从量变到质变，就会出大事。何况是世界第一高拱坝，因此，上午专家们提出的问题、建议，希望设计院认真研究、考虑，不要因为过去考虑过就放松，我们现在最需要挑毛病的严师、良友。当然，也要有信心。因为我们做了大量工作，已建成了二滩这样的高坝，小湾坝址地质条件总的讲还属中上，但决不能因此而自满、麻痹。我相信同志们不会这样。

（2）关于拱坝体型。已经过多次优化，优化不是追求工程量最少，而是在工程量与安全度的平衡。现在的型式比较合理，厚高比、柔度系数、侧悬度等，都在合理范围内，坦率说，就我个人而言，感觉是厚了一些，不够苗条，有些像个胖墩墩的乡下姑娘，或说像红楼梦中的薛宝钗。也许再减少几十万立方米，同样可以满足安全要求。但多次讨论审查中，专家们都认为坝体厚一些较安全。小湾这样的工程，也不在乎多几十万立方米混凝土。特别是考虑了工程的一些特殊条件，所以我也赞成，不要求减肥了。拱圈的抛物线，稍扁一些，对小湾来讲，是合适的，因为它的山头单薄，应把拱推力尽量向山头深处扩散，不要偏向下游。总之，我认为这是个可以接受、能满足各项要求的合理设计。

（3）拱坝在静力下的安全性，我认为是有保证的。做了大量的分析试验，应力在许可范围内，对混凝土强度而言，有足够的安全度。在坝踵应力问题上，用 FEM 或拱冠梁法算出来的坝踵拉应力实际上是一个指标，并不代表真正要产生这么大的拉应力。道理，专家们讲得很清楚，材料处在复杂的应力状态下，其本身性能及强度理论

1999 年 11 月 14 日，国家电力公司和云南省人民政府联合在北京组织召开了加快云南小湾水电站建设研讨会，潘家铮为专家组组长。本文为作者在此次研讨会上的讲话。

不清楚，特别是基岩，更无法用数学模拟来确切表达。当然，指标应力大，要引起注意。这次采用二滩来对比，二滩高 240m，有实测资料，大体上与小湾有可比性，是个 1:0.8 的大模型。将它们化成同一基础上进行对比，确定小湾即使开裂，范围也有限。这个结论有一定的可信度，当然，尽管如此，建议进一步研究一些后备措施，就是防止开裂后水进入裂缝，混凝土愈密实，劈缝力愈大。可以研究在底部混凝土外表面加上防水层，地基加固似乎困难，是否可考虑铺防渗盖板黏土层。为保险，多做一些工作是划算的，我本来建议留人工缝，予以控制，看来赞成的人不多，也不提了。帷幕是否退后，或向前，我说不准。如加强了防渗措施，帷幕是可以前移，或在前面另留个廊道，可供观测和必要时灌浆用。

（4）还有一个大问题是坝头稳定。据介绍，用常规的刚体极限平衡法，计算后 K 可以满足要求。另作了更详细的分析、试验复核，应认为其安全性是可以过关的。

我过去也很重视这种刚体平衡计算，很重视 $K=3$ 还是 4。现在有些变化，我觉得这 $K=3$、4 甚至 2.5，实际意义不大，小湾承受水推力 1600 万 t，$K=4$，哪里来 6400 万 t 来推动它，$K=3$ 也要 4800 万 t。所以，K 大点小点实际是心里意义更大些。真正的问题是要保证拱座基础部分岩体的强度和刚度，使它能传递推力，不要发生较大变形。即使 $K=4$，在拱座部分发生较大变形，拱坝的受力状态马上改变，将开裂、出事。这在地层力学模型可以看出，因此，建议把更多的注意力放到这方面来。

坝基面当然要放到坚硬完整的岩石上，但也要实事求是，可以处理而达到要求的基岩，尽量保留。填进去的混凝土不比基岩强，特别是跨度上愈挖愈大，应力条件愈差，基本上按但不完全按地质线挖。因为有些地方，有点卸荷，节理面有些黄斑，地质就划到另一类去了，实际上处理一下，是很好的基础，希望慎重研究。

对于传力范围内的薄弱部位，薄弱面一定要仔细补强。但以打针吃补药为主，开挖动刀为辅。当然必要的刀应开的还是开，那也要尽量减少施工中的影响，现在的灌浆水平、效果都大提高。补强的目的主要是提高 E、不是提高强度，对不需要补的地方不必做。我们有详尽的应力分析结果，看得出推力的扩散、应力分布情况，那些不怎么受力的地方不必做补强。

在分析中，有些参数不确定性大，如连通率。赞成张总（编者注：指张光斗）讲的再做些研究。只想提一点，就规范要求的 K 和计算方法、参数选取是匹配的，问题研究得愈透，K 可以愈小，不必害怕真理。

地下水位对稳定分析影响大，我想说明两点：其一，两岸地下水位高，从一方面说也是好事，最怕本来地下水位低，一蓄水猛升，什么条件都改变了，危险性很大。其二，地下水无出流时，可以产生极大力量，但流量有限，只要有水出流，压力马上掉下来，所以要重视，但不要怕，认真按专家建议，一是做好保护减少入流，二是做好排水及时泄放。

从上分析，我觉得设计可信，但这些都是纸上的，重要是保证施工质量，保证不要在施工中破坏了设计基础，这就不多讲了，我也赞同王总（编者注：指王柏乐）提的，蓄水要有计划，在严密监视下进行。

（5）关于抗震。抗震的分析试验成果不能像静力分析那样确定，至少一条，地震荷载就不明确，现在我们按规定步骤，定烈度、定峰值加速度，定场地反应谱，定几条地震动过程线，再做动力分析、试验，这些都是人为规定的，所以对抗震安全，要考虑更不确定的东西。

1）小湾的抗震设计，我仍认为可以通过评估。虽然上述做法是人为规定的，但毕竟是一条科学合理的道路，对抗震能力有个大体了解，没有更好的方法去做，外国人也没有什么招。

2）小湾设计中，对确定的设防烈度、峰值加速度（$0.308g$），场地反应谱等，都由专家进行。比较慎重，工作很好，也许偏安全，根据这些参数，再按规定步骤分析、试验、计算是合理的。关于活动断层，小湾坝址附近有活断层，令人十分担忧，我想大地震总是由区域性的断裂活动产生的，正如分析中所确定的三大断裂带和相应的地震多发区，有些断层也活动过，但本身规模小，可能是大断裂带活动时产生的次发活动，不大可能是主干断裂，如 F_7 距坝很近，但仅 5～6km 长，像不会引发大地震的断层，好比鹌鹑生不出鸵鸟蛋，再做些工作，泄洪洞通过它怕是不能免。F_1 长一些，达30km，但无活动迹象，我看也可不列为发震断裂。专家们决定将之作为发震断裂处理，偏安全些，是好的。

3）混凝土坝的分析试验计算，要比土石坝可靠，八九不离十可以的，即拱坝真的通过我们拟订的地震动，那算出的反映是有代表性的，特别是我们的动力反应分析，已克服许多难题，确实达到国际领先水平，通过这样的分析，得到的成果认为拱坝可以安全，我们应该置信。

4）尽管如此，由于抗震的不确定性，我是赞成再做一些极端的分析（内部进行）看看，如果地震动再厉害一些，情况怎么样？例如在主干断裂上找个离坝近的去作为震中点，假定发生可能的最大震级，来确定地震参数，加速度、场地反应谱，算算情况怎么样？或者倒过来，发生多大的地震能摧垮拱坝，匡算就行。不过也不可能太准确，比如说，通过地质模型试验，小湾在静载下可超载 $7P_0$ 在短历时反复振动中，估计可超到 $7P_0$～$10P_0$，那么反算一下多强的地震振动下，瞬时动载可达到 $7P_0$～$10P_0$？这不必列入设计中，作出来自己看。

5）措施。地震动是偶发的极稀遇事件，完全赞同按静力设计，地震只作为校核条件，并采取些工程措施即可。我也同意坝顶部放些钢筋有效果，钢筋多放了也没多大意义。我很怀疑有无必要将 2 万 t 钢筋加到 4 万 t。陈院士（*编者注：指陈厚群*）的一份研究报告，认为下游面不必放，上游面钢筋不必连通，可用高强钢材，钢筋量可大大减少。另外，他们研究的在横缝设阻尼器，可以代替钢筋，我是好事之徒，建议认真研究。

在小湾水电站高拱坝工作性态研究等专题
报告审查会闭幕式的讲话

在今年 9 月云南省和国家电力公司共同召开的促进小湾水电站建设座谈会的推动下，这次水电水利规划设计总院受筹备处的委托，召开了小湾拱坝设计专题研究报告的审查会议，邀请了有关专家、单位领导参与，经过三天半的深入而详细的汇报、讨论、交流，得出了一致的认识，形成了审查意见，肯定了专题报告的主要结论，提出了许多重要建议，这将有助于小湾工程的进展，我表示由衷的高兴和祝贺。

小湾工程的大坝是 300m 量级的双曲拱坝，是国内待建的最高大坝，也是世界双曲拱坝冠军。坝址为强震地震区，保证其安全有特别重要的意义。在 1995 年可行性研究报告通过审查后，云南省、昆明院马不停蹄，有针对性地对关键问题进行了专题研究。这次审查的是其中三个专题。研究工作结合国家"九五"科技攻关进行，与国内最高水平的单位：中国水利水电科学研究院、浙江大学、清华大学、河海大学、武汉水利电力大学等合作，还邀请了法国 EDF 及 C&B 公司和俄罗斯专家咨询，进行了卓有成效的工作，提出了大量成果。其中不少成果，不夸大地讲，不仅反映了国内的最高水平，也达到了国际一流水平。例如，拱坝体型的优选、拱坝工作性态分析，特别是抗震分析研究，还有抗滑稳定分析、区域稳定性研究等。其研究之深、范围之广确实达到国际先进水平。对小湾这样重要的坝来讲，做这样深入的研究、试验是完全必要的。说明了领导和业主单位的高瞻远瞩。请允许我向所有为此付出辛勤劳动的科研、设计的同志和单位表示敬意和感谢。

人们最担心的是 300m 高坝的安全。小湾拱坝是否能安全运行？中国人有没有能力设计这么一座安全、经济、优美的特高拱坝？这是摆在我们面前需要我们回答的严肃问题，必须提出负责的、明确的答案。专家们经过反复深入讨论，一致认为结论是肯定的。我也持同样看法。小湾高拱坝的设计研究工作标志着我国拱坝设计水平又上了一个新台阶。回想 30 年前研究东江拱坝（坝高 157m）时，许多领导极不放心，最后我们胜利建成了。20 多年前，研究二滩规划时，有高、中、低三个方案，我们力主高坝方案，一次开发。然而也有很多同志万分担心，中国人能不能干这么高的坝？有的专家甚至上书中央要求将坝高砍低一半。但二滩需要高坝，二滩可修高坝，我们顶了下来，使坝高从 150m 上升到 240m 级。这里要感谢成勘院和有关单位，他们耗尽

1999 年 12 月 22～25 日，中国水利水电及新能源发电工程顾问有限公司在北京组织召开了《云南小湾水电站高拱坝工作性态研究专题报告》《云南澜沧江小湾水电站区域构造稳定性及水库诱发地震研究专题报告》《云南澜沧江小湾水电站坝肩稳定分析及基础处理研究专题报告》审查会。本文是作者在 25 日本次审查会闭幕式上的讲话。

心力，认真负责，胜利完成了二滩大坝的设计和建设任务，使其经受了考验。成勘院程志华副院长所作的介绍，尽管观测成果尚少、时间尚短，已可使我们相信二滩大坝的设计是成功的、安全的、优秀的。小湾与二滩有很多可比性，坝高是 1.2:1、弧高比相近，河道泄量、基岩条件也大致可比（二滩基岩更好一些），所以二滩大坝的建成，相当于为小湾做了个 1:0.8 的模型。而且小湾在二滩取得经验的基础上，又做了大量更深入的工作，体型优化再优化，考虑问题更全面，分析更细致。虽说现在的分析还不能精确反映实际，各种分析法的成果也有差异，但有个较好的办法，用同样的方法对两个大坝进行分析对比。这就有可比性了。通过这样的对比，把小湾的各种指标控制得与二滩相当，甚至更低一些，从柔度系数和坝的相对厚度来看，小湾比二滩还安全些。有了这许多绝对、相对的资料，专家们认为小湾大坝是安全的。我认为这结论有根据，我支持。

但这样说并不是万事大吉，相反，万万不可掉以轻心。小湾坝高比二滩还高 52m，水推力差不多大一倍，坝体混凝土量达 750 万 m^3。安全余地并不大；抗震问题比二滩更严峻，从百多米、二百米到二百四十米到三百米的量级间，拱坝的安全问题会不断起质的变化。所以在大原则上肯定后，还需要继续做更深入的工作，一定要做到万无一失。我赞成以静力荷载情况作为研究主体，这是最常见、永恒存在的情况。现在的体型比原方案大有改进，可以接受，但还可以再优化，使其更安全些。当然，指望安全度有极大提高也是不现实的。应力变形的分析可以做得更"仿真"一些，基础处理要选用合理、有效、切实可行、有利无弊的方案。在这里我要提醒一句，一定要把地基作为大坝的一部分对待，甚至要赋予更多的重视。因为混凝土的质量可以由人工控制，地基要困难复杂得多，也更算不准确，务必留心。许多大坝失事都是从地基失效开始的，你们有些图上只画坝体应力，不把地基应力和地质条件画上，就是"只见坝不见地"。地震的几率虽小，但必须详尽校核，研究采用各种有效措施，以求即使发生 9 度烈度地震甚至更大灾害，大坝仍然能安全。总之，希望大家根据会上专家们的意见，继续努力把大坝的分析、试验、研究设计工作尽我们的努力做好、做透，在方方面面都做到无懈可击，真正达到一流水平。还要抓紧送审其他专题，开展其他重要的工作，如混凝土设计。这要花些人力、时间和费用，为了千方万计保证和提高小湾拱坝的安全度，这是必需付出或投入的代价。在研究设计中要发扬创新精神，不能认为要安全就只能用老办法、老技术、老工艺，设计修建 292m 高的拱坝本身就是一个创新。创新与安全是矛盾的统一体，在安全的条件下创新，以创新来提高安全性，相信大家能处理好这一辩证关系。

同志们，审查会议即将闭幕，祝贺三个专题报告能通过审查。这次会上专家们非常负责，深抠细挖，能通过并不容易。现在社会上不正之风盛行，有些工程审查纯粹是走形式，甚至可以通通路子、说说情，或由领导打个招呼来过关。我们感到自豪的是水电系统中还没有这种风气，是块净土。如前所述，像这次会议，我们的专家是十分认真负责的。但是专家也不能全知全能，明察秋毫。特别是像我这样知识老化、耳聋眼花的老头，你们要哄骗我还不容易？但是要知道，还有更严格的考官在后面呢，那就是大自然，那就是千年万年作用在坝上的二百几十米水头，它们是无孔不入的。

还有强烈的地震，这个考官绝不含糊，它会找出设计、施工、运行者留下的每一点疏忽和漏洞，发动猛攻，不达破坏目的誓不罢休。对大自然，你无法通路子，走后门、送礼不行，领导批条也不起作用。所以，我们一定要奋起努力，精心设计，向大自然提交一份毫无漏洞的答卷，经受得起历史的考验。造一座攻不垮的长城，流芳百世，造福千秋。

立足于高 取法乎上

——在小湾水电站专家委员会成立
大会上的发言

小湾水电站专家委员会今天成立，我表示衷心的祝贺。方才听了肖鹏董事长的热情讲话，心情更是十分激动。

云南澜沧江水电开发有限公司决定成立小湾水电站专家委员会是非常必要的，但聘我为主任则可能是个失策。因为无论从常识上、经验上、精力上我都难以胜任。好在有张老把关，大树底下好乘凉；有谭院士（编者注：指谭靖夷）任副组长，主要责任他负；更有 20 位各行业的全国一流专家参与，这样，我的滥竽充数问题就不大了。我相信全体专家一定能尽心尽力、齐心协力，为澜沧江公司当好参谋，为小湾工程的胜利建成尽我们最大努力，做出一些贡献。

公司领导要我在会上讲几句话，我愿提出八个字与参建各方共勉，就是"立足于高，取法乎上"。

小湾拱坝高 292m，是当今世界上第一高拱坝。小湾工程规模宏伟，影响深远，是澜沧江中下河段梯级开发的龙头水库和骨干工程，对澜沧江水能开发、云电外送、促进西南地区经济发展、各族人民脱贫致富、改善电力结构和环境保护，乃至国家科技发展都起有巨大作用。我们只有把它建设成为第一流工程的责任，没有其他的选择。要做到这一点，必须从跨出第一步起，就以高起点、高标准要求自己，而且坚持到底，一天也不松懈。

中国已是水电大国，拥有八千数百万千瓦的水电装机，建成了许多座大型水电站，在建的三峡工程是世界上最大的水利枢纽，还有许多与小湾一样宏伟的工程正在开工建设或即将开工。我们已取得卓越的成就和丰富的经验，当然也有许多教训。小湾是在 21 世纪开工建设的工程，我们在各方面都应毫无疑问地不落人后，而且应在已有的基础上有所发展、有所创新、有所提高。对于过去走过的弯路、犯过的错误坚决不能重犯。所以我呼吁全体参建同志努力学习过去的经验教训，认真总结，用到小湾工程上来。

具体讲，小湾工程的质量和技术水平应该是第一流的，施工中的"顽症"要坚决消灭；小湾工程的进度应该严格按科学的计划实施；小湾工程的造价应该有效地控制和降低；小湾工程的环境应该是秀美的、施工应该是文明的、管理应该是高效的、参建各方以及和地方之间的关系应该是和谐团结的。总之，要全方位地达到国际一流标准，而且充分体现出中国的特色。这要通过参建各方的全力以赴紧密协作，要在以往

2002 年云南澜沧江水电开发有限公司成立了小湾水电站专家委员会，聘请本文作者为专家委员会主任，并于 2002 年 6 月 8 日在北京召开了成立大会。本文是作者在专家委员会成立大会上的发言。

基础和水平上大大提高，要"德""法"兼治、常抓不懈才能达到这个目标。当然，达到这个目标有难度，但是事在人为，只要每一个参建单位、每一位参建同志都以建好一流的小湾电站为己任，胸怀大志、放眼长远、服从大局、谦虚谨慎、勇于奉献、敢于创新，就没有做不到的事。重要的是要有信心、决心和齐心。我再一次呼吁、让我们从第一步开始，从今天开始，从自己开始就按高水平高起点来要求，为小湾电站建设献出我们的一切！

　　立足于高，取法乎上，并从跨出第一步起就坚持，这就是我们的取胜之道，谨把这八个字奉献给大家。

在小湾水电站坝肩加固处理及渗控设计咨询会上小组讨论时的发言（1）

　　小湾工程规模巨大，是国家西电东送重要项目，工程非常重要。稳定和变形问题值得特别重视，一定要确保安全，这是非常必要的。这一点大家是明确的，但我们也应心中有数。这么高的坝，与低坝要不要对比一下，对比一下有好处。但高坝低坝不一定要求同样的指标。小湾拱坝地形单薄，有不利的地质构造，开始起裂的荷载不高，在荷载作用下变形变位顺河向和横河向都较大，最后破坏的安全度不高。要求采取措施，要提高到8倍、10倍，我认为不可能。6倍要认账，但在1～2倍时要绝对可靠，集中力量考虑这个。

　　起裂荷载较低，首先从坝踵起裂，也是因为坝太高。能不能调整体型，把此提高一点？调整体型是可以适当改善，但工作较复杂。而且把过去的资料都丢开，也不太现实。

　　针对初裂荷载低可采取的措施，一是可以把灌浆帷幕的位置适当地后移。后移到什么地方合适，设计报告中已经有了，大家可以讨论。二是从结构上来解决。我始终认为，在坝的建基面靠上游面，留一点人工防护。再采取些措施，防止开缝后水渗到下游。

　　刚体极限平衡法参数，不可知因素太多。我看小湾的问题，就是地形比较单薄，东西向的断层，纵向的蚀变带，其变形模量低，受力后要压缩，拱底变形。拱坝的应力情况大大恶化，这是致命伤。因此要针对性地处理这些软岩，提高变形模量，与周围岩石协调。

　　如果总水压力一倍至两倍的时候，它能安全地承受，那我们就比较放心了。

　　在处理时，我们应注意几条原则：一是处理范围不必太广。因为拱坝受力扩散很快，影响范围有限，可参照计算成果，集中处理最关键部位。处理到什么位置，大家可参考设计报告。如高程1070m、1050m等最严重的地方，F_{11}、F_{10}、F_5等。要集中力量，把钱花到刀刃上。二是处理方式上，尽量减少对原来围岩的扰动。吃补药，不要开刀。大开刀，把五脏六腑都弄出来了。我比较赞成固结灌浆。当然在必要的部位，适当开点刀也可以，把两者结合起来。近几年来，我们的灌浆技术大大提高，很有效。具体怎么布置，怎么施工，大家可以讨论。三是对这些工程，能不能单独作为一个标。专业队伍施工，至少不要变为大坝标的一个尾巴，请业主考虑。

　　2002年11月14～17日，中国水利水电建设咨询公司在小湾工地主持召开了《云南澜沧江小湾水电站坝肩加固处理设计专题报告》和《云南澜沧江小湾水电站枢纽区渗控系统设计专题报告》咨询会。本文是作者在15日小组讨论会上的发言。

在小湾水电站坝肩加固处理及渗控设计咨询会上小组讨论时的发言（2）

（1）关于右岸的安全加固。右岸横向主要有 F_{11}、F_{10}、F_5，不同的高程有 f_{10}、f_{11}、f_{14}、f_8、f_9、f_{30} 等。很清楚，我们重点处理的对象是靠近坝址的 F_{11}，F_{10} 还有一定的变形和剪切，也需要适当地灌浆固结一下，F_5 影响不大，不在处理范围之内。处理重点是 F_{11} 及 f_{11}、f_{12}、f_{10}、f_9 等，直到 F_{10} 为止。

处理方式：F_{11} 作一定置换，再往深、往下，以及其他 f，则用高压固结灌浆处理。

顺河向有蚀变带 E_4、E_5、E_1、E_9、f_{15}，主要处理 E_4、E_5、E_1、E_9，也是在出露的地方适当作些置换，往下、往深用高压固结灌浆。处理的部位、高程可适当调整一下，置换深度适当减少一些。基本同意设计方案 C，希望做一个详细的处理设计，比如置换部分，到底置换多深？如何施工？参考二滩等工程经验，作详细的设计。高压固结灌浆，更应作详细的进一步的研究。包括其布孔、材料、压力、工艺、设备等，应进一步试验研究、确定，并在施工过程中不断调整。

总体看法，高压固结灌浆是非常有效的，对小湾很有效，我们要有信心。但高压固结灌浆与浇混凝土的工作性质完全不同，施工技术要求高。建议要用专门队伍施工，单价可以放宽一些，监理工作一定要到位，灌浆控制的手段很多，一定要控制好。

（2）关于左岸的安全加固。横向主要是 F_{11}。F_{11} 离坝址有一定距离，此范围还有 f_{31}、f_{17}、f_{19}、f_{12}，顺河向的主要是 E_8 及穿插其中的 F_{20}、f_{30}。另外还有 f_{34}，很多专家都提到了，设计方面应引起重视。F_{11} 与右岸一样处理，灌浆范围可扩大一点。

E_8、f_{30}、F_{20} 也应很好地处理，原来的方案适当调整一下是可以的。特别要谈 f_{34}，距坝不远，又是顺河向，应作一专题处理，其范围不大，下决心把它处理好。具体怎么搞，请设计提出好的方案。传力洞估计困难很大，而且不会有多大作用。下决心处理好 f_{34}，会更现实一些。

4 号山梁要不要处理？前提需不需要处理，建议看看计算结果与卸荷带的关系怎样，有没有必要进行处理。若确定不处理也行，那就不用自找麻烦；若需处理，可把大裂隙填死，再做好排水系统。建议下一步再做一些工作，提出补充报告。

高压固结灌浆怎样施工，希望设计仔细考虑一下，看来主要依靠洞子。隧洞、廊道，均要有一套认真的设计。

2002 年 11 月 14～17 日，中国水利水电建设咨询公司在小湾工地主持召开了《云南澜沧江小湾水电站坝肩加固处理设计专题报告》和《云南澜沧江小湾水电站枢纽区渗控系统设计专题报告》咨询会。本文是作者在 16 日小组讨论会上的发言。

（3）关于预应力锚索。两岸的抗力体做一些预应力锚索，我是赞成的，小湾是强烈地震区，做些锚索有很大好处。只是需进一步比较、优化。坝趾的锚索，我与谭总（编者注：指谭靖夷）一样，表示怀疑。不是锚地基，下面是很好的岩石；锚混凝土，那是得不偿失。需进一步研究。

在小湾水电站拱坝坝肩加固处理及枢纽区渗控设计专题咨询会闭幕时的讲话

咨询会议顺利结束了，有关技术方面的问题在咨询意见中写得很清楚，供澜沧江公司及昆明院参考，择善而从，我不再重复，就讲几句到工地后的一些感受，与大家谈谈心。

小湾水电站装机容量 420 万 kW，坝高 292m，不仅是云南在建的最大水电站，开发澜沧江丰富水力资源的骨干工程，在全国乃至世界范围看，也是一座宏伟的工程。尤其那座 292m 高的双曲拱坝，是全世界最高的双曲拱坝，是人类现代文明的体现和高科技的结晶。这个世界冠军产生在云南，由同志们来摘取，是件值得庆贺的大事。

人老了容易回想过去，小湾的前期工作已开展了 20 多个年头，同志们为此呕心沥血，做了大量工作，领导也换了几届。对这样优越的水电富矿，我们虽然不断地积极地做了推荐促进工作，由于受当时条件的限制，工程规模和难度太大，又偏于西南一隅，始终未能如愿。小湾一直是我的一个遗憾，一个梦。只有通过 13 年来改革开放的深化，综合国力和科技水平的迅速提高，尤其是中央关于西部大开发的伟大战略部署和西电东送的战略决策，小湾工程终于水到渠成，胜利开工，从梦想逐步转化为现实。今天这样的局面真正来之不易啊。从小湾的历史，也可看出这十余年来中央的政策、路线是何等英明正确。现在国内外总有那么些人不断攻击、污蔑我们，妖魔化中国。要知道最有发言权、感受最深的是中国人民自己。我们一定要珍惜当前的大好形势，下决心，团结努力，发誓要把小湾工程建好，不辜负新世纪、好形势。这次我到工地，第一个也是最深的感觉就是小湾已经大变样了。工程建设的进展，超出想象。有这么好的政策、路线，有这么好的形势，有几十年积累的经验，我们有绝对的信心能把小湾建成世界一流工程、精品工程、样板工程，用实际行动和成绩回答党和人民对我们的信任与期望，我们一定会拿下这个世界冠军，相信在座全体同志都和我有一样的决心和信心。

但是，前进的道路不是平坦的，要拿世界冠军得付出难以想象的努力。像小湾这样宏伟复杂的工程，在建设中必然要遇到一系列重大困难，甚至是过去未遇到和未想到的问题，需要通过艰苦奋斗来克服。对此，我们要在思想上，技术上，组织上，设备上……各个方面有所准备，下面是我提几点看法：

一、必须把保证质量和安全放在压倒一切的高度上。300m 量级的双曲拱坝，地形地质条件又有些不利之处，这是一项世界创举，所以保证工程质量和安全是压倒一切的要求。任何其他因素如果与它有矛盾，就要无条件地服从。高坝不是低坝的简单

2002 年 11 月 14~17 日，中国水利水电建设咨询公司在小湾工地主持召开了《云南澜沧江小湾水电站坝肩加固处理设计专题报告》和《云南澜沧江小湾水电站枢纽区渗控系统设计专题报告》咨询会。本文是作者在 17 日会议闭幕时的讲话。

放大，它们间有从量变到质变的差别。对于100m来高的拱坝，不论是混凝土或基岩，其所受应力及发生的变形都有限，都有巨大的潜力。设计、施工中有一些考虑不周或缺陷，都可以消化在很大的安全裕度中，反映不出来。到了200m级，问题就严重化。专家们的发言中，谈到了很多令人警惕的现象和事故。而300m量级更达到新的台阶。混凝土也好，基岩也好，它的安全度，它的重调整能力，它的潜力已远远没有较低的坝那么多了。我们要承认和面对这一事实，承认建高坝所冒的风险就是大的，必须时时处处想到我们面对的是一座高与山齐的薄拱坝，面对的是天文数字的水压力和可能的强烈地震。对任何工作，特别是影响重大的问题，也包括一切貌似较小的问题都不放过，都不掉以轻心。"战战兢兢，如临深渊，如履薄冰"，一定要保持这个心态。不是怕，在战略上我们完全有把握，而是慎重细致，真正做到精心设计、精心施工。这里并不提倡保守，表面上的保守，盲目扩大工程量，有时反而有弊无利。我说的是，在设计中尽可能考虑深入，想到各种可能，广泛听取意见，进行深入分析试验研究，大力采用有效的新技术，提出优化的设计。施工和监理上更要认真负责，一丝不苟，不留下一个隐患。能这样，工程的质量和安全就能得到保证。我还建议同志们广泛搜集国内外有关拱坝设计、施工、运行中的大量文献，特别是有关质量大事故的材料，并把它提炼出来，供大家阅读、研究、参考。

二、要胜利建成小湾工程，必须实行高水平的科学管理，文明施工。要采用新的技术和工艺，高效的设备，在严密严格组织下施工，真像弹钢琴一样。可能出现的意外，必须在计划中有预案，有措施，及时调整。绝对不能靠人海战，拼人力，拼设备，图眼前，"放大炮""一浇为快""放卫星""打烂仗"，搞粗放式的管理和施工。凡是在小湾的领导和工作同志，凡是进小湾的队伍和设备，都要有这个素质，具备这个条件。即使要用少量民工，也必须严格管理监督。否则，就保证不了质量和进度。

现在工程刚开始，我也没深入接触，总的感觉：开的头不错，令人振奋。这与澜沧江公司领导层的高素质是分不开的。他们都来自一线，有丰富的经验，是行家里手，是专家权威，所以能高瞻远瞩，出手不凡。我痛切感到，过去许多工程搞得不尽人意：质量低、事故多、新技术用不上……往往不是办不到，而是管理水平太低，关系太复杂，效率太低下。很高兴澜沧江公司情况不是这样。但在说了你们许多好话后，也要提些希望。我对澜沧江公司寄予很大期望。如果说现在已开了个好头，就要把它坚持下去。保证质量也好，提高管理水平也好，一是要从一开头就抓起，就以最高标准最高水平要求和衡量；二是要坚持，无论发生什么情况，根本原则不能变。我们要大大提高管理水平，从中要质量、要进度、要效益。我们要认真向国内外其他工程学习，不仅要学好的技术，更要学好的管理经验，还要注意总结过去的缺点教训。衷心希望通过实践，澜沧江公司和所有参建单位的管理水平能登上新台阶，为中国的管理科学大突破做出贡献。

三、希望参建各方，能团结一致，形成一个坚强的、有效的战斗集体，尤其是业主单位要起到主导作用，做好沟通、协调、支持的工作。我们实行的是社会主义市场经济体制，执行项目法人负责、招标承包、施工监理制度，实行合同管理。这是行之有效的，当然要严格执行。但光有法治还不行，还得辅以德治。参建各方是兄弟单位，要交流、要沟通、要体谅、要支持。业主要深入了解各单位（包括承担科研和其他任务的外单位）的工作情况，和存在的问题，遇到的困难，尽力做好协调和支持工作。使大家心悦诚服，在共同的最高利益下团结成一个战斗的集团。这和外国市场中每个单位都 100% 为自己利益着想是不同的。这是我们取胜的法宝之一，也是我们不同于资本主义市场经济的地方。

同志们，我们这次咨询会刚巧在党的十六大期间召开。十六大的胜利举行，给我们带来巨大的鼓舞和动力。十六大选出了新的中央领导集体，将"三个代表"重要思想列入党章，现在全国人民开展了学习十六大文件的高潮。我建议，我们要结合小湾建设来学习，可以更深入、更亲切、更结合实际。因为，我们努力建好小湾工程，就是我们贯彻十六大精神和"三个代表"重要思想的具体行动。

为什么这么说？其一，云南资源丰富，几十个民族聪明勤劳，但经济发展落后于东部，更落后于西方发达国家。云南当务之急，就是要用先进的生产力大力发展经济。小湾是一座现代化的巨型水电建设，在建设中，将采用和引进大量新技术，新装备，建成后将给云南和南中国提供大量廉价清洁再生能源，促进全国联网，推动经济腾飞和人民生活的改善。小湾的建设完全代表了先进生产力的发展要求。其二，云南目前不仅物质生产比较落后，在文化、教育等精神领域上也急需大提高。我在工地上看到高山深处有一些散户人家，这种与世隔绝的生活能有先进文化吗？小湾的开发，将有力推进云南的科技、教育、旅游、文化的进步，有利于弘扬科学精神，消除封建迷信和落后，改善生态和保护环境。这难道不是代表先进文化的前进方向吗？我们不但要做建设水电的工程师，也是传播先进文化的播种者。其三，小湾的建设，不仅立竿见影地带动了交通、旅游的发展，更全面促进各种产业的发展，大大拉动内需，解决大量人民的就业问题，繁荣地方经济，增加人民收入。发电以后，强大的能源不仅促进了云南各行各业的腾飞和人民生活的提高，还使广大受电区受益。这岂不是代表了广大人民的根本利益吗？我们要认识到，我们的工作不仅是在建一座工程，而是正在以实际行动贯彻十六大精神和"三个代表"重要思想，我们的工作，正在为全面建设小康社会，实现民族振兴大业做出具体贡献。同志们的艰苦奋斗，顽强拼搏，所付出的代价，所取得的成就，将载入史册。历史不会忘记你们，云南和全国人民不会忘记你们！

云南澜沧江小湾水电站工程设计顾问组
第一次会议咨询意见

应昆明勘测设计研究院的邀请，云南澜沧江小湾水电站设计顾问组于 2003 年 11 月 19～21 日在小湾水电站工地主持了第一次技术咨询会议，八位顾问出席了会议，朱伯芳顾问提交了书面意见。参加会议的有中国华能集团公司、云南华能澜沧江水电有限公司、清华大学、河海大学、西北监理、华咨监理、四三联营体、八七联营体、一四一联营体和昆明院等单位代表共约 50 余人。

小湾水电站于 2002 年 1 月 20 日正式开工后，克服了种种困难，工程进展态势良好。目前两岸高边坡工程进展顺利，右岸继完成坝顶高程 1245m 以上明挖后，坝肩开挖已下降至高程 1210m；左岸预计至今年年底也可完成高程 1245m 以上的开挖；两条导流隧洞开挖已基本完成并已开始进行混凝土衬砌；地下厂房尾闸运输洞开挖距主厂房仅约 9m。

随着小湾工程的进展，招标设计阶段的勘测设计工作基本满足了工程的需要。在大专院校和科研院所的支持下，昆明院对小湾工程高拱坝相关技术问题开展的研究分析工作也取得进一步的成果。为了深化拱坝的设计，改进和优化设计方案，提高拱坝的安全度，昆明院于 2003 年 11 月就坝基防渗布置方案研究、拱坝坝基地质缺陷处理设计、拱坝坝基保护设计、拱坝结构诱导缝设置方案提出了供咨询用的汇报材料及有关研究报告。设计顾问组查勘了工程现场，听取了昆明院的汇报，在与各参建单位进行深入讨论的基础上，对小湾拱坝以上问题提出咨询意见如下：

一、坝址工程地质概况

昆明院对小湾坝址已做了长期的地质工作，主要情况均已查清，顾问组同意以下结论：

（1）坝址处河流总体流向由北向南，枯水期河水面高程约 990m，河谷基本呈"V"型，两岸冲沟发育，左、右岸坝肩抗力体所处的 4 号与 3 号山梁较为单薄。

（2）坝基岩性主要为黑云母花岗片麻岩和角闪斜长片麻岩，均夹有薄层透镜状片岩，地层以 75°～90° 倾角倾向上游。坝址区经受多期构造活动，结构面比较发育，无 III 级以上的顺河（近 SN 向）断层，II 级近 EW 向 F_7，断层在拱冠上游 50m 处横河而过。对坝基坝肩抗滑、变形稳定影响较大的断层有近 EW 向的 F_{11}、F_{10}、F_5、f_{12}；近 SN 向的有 F_{20}、f_{34}（左岸）。IV、V 级结构面为陡倾角的 SN 向裂隙和 EW 向层面裂隙，还有分布于两岸的倾向河谷的中缓倾角结构面。EW 向结构面有不同程度绿泥石化、高岭土化，错动面光滑而抗剪强度低，两陡一缓结构面控制坝肩岩体的抗滑稳定，EW

中国水电顾问集团昆明勘测设计研究院于 2003 年 11 月成立了小湾水电站工程设计顾问组，聘请潘家铮院士担任顾问组组长。设计顾问组第一次咨询会议于 2003 年 11 月 19～21 日在小湾工地召开。顾问组组长潘家铮主持了本次顾问组会议。本文为第一次顾问组会议纪要。

向断层带控制坝基坝肩岩体变形。

（3）两岸 SN 向分布的蚀变岩带主要发生在黑云花岗片麻岩中，以高岭石化蚀变为主，伴随黄铁矿化。蚀变岩带结构疏松多孔，左岸顺河分布的 E_8 变形模量仅 0.62GPa，右岸顺河分布的 E_1、E_4、E_5 变形模量一般 2～4GPa。蚀变带形态不规则，呈透镜状、树枝状或鸡窝状，其空间分布难以确切查明；蚀变程度不均匀，有强烈蚀变、中等蚀变、轻微蚀变。

（4）坝址区的残余构造应力为近南北向压应力场，空间应力场受残余构造应力和自重应力的双重控制。河床及坝基左岸低高程部位存在应力集中现象，空间地应力场测试表明，浅部 σ_1 为 NE 向，一般为 8.2～11.2MPa；埋深 120m 以下，σ_1 为 16.3～17.3MPa；埋深大于 200m，σ_1 为 16.4～26.7MPa。拱坝建基面完整新鲜的岩体在开挖卸荷后可能发生局部"葱皮"式剥离，软弱岩体及裂隙带将有一定程度的松弛。

（5）整个拱坝建基面以 Ⅰ、Ⅱ 类岩体为主，仅在坝趾局部地段分布有Ⅲa、Ⅲb 及Ⅳa 类岩体。F_{11} 断层在右岸高程 1245～1200m 斜穿坝基，由 5 条破裂面组成，总体上为Ⅳb＋Ⅳc 类岩体。E_1 与 E_4、E_5 蚀变岩带均在右岸通过坝基，E_1 宽 1～7m，E_4、E_5 宽 3.5～20m 不等，均为Ⅳc 类岩体。

（6）坝基主要基岩裂隙潜水，局部分布脉状裂隙承压水。近 EW 向陡倾角压性结构面，透水性相对较弱；近 SN 向陡倾角张性结构面，在一定深度范围内其透水性为近 EW 向结构面的 3～10 倍；完整新鲜岩体裂隙密闭，透水性相对较弱，卸荷岩体则透水性相对较强。两岸地下水向河床排泄，地下水水力坡度右岸平均约 30°，左岸平均约 30°～32°。高程 1130m 以上地下水位变幅较大，因此，应以枯水期最低的地下水位作为稳定的地下水位线。

二、防渗帷幕工程

1. 防渗帷幕布置

（1）设计提出两个帷幕布置方案（方案一和方案二），两方案右岸布置相同，其差别在左坝肩部位。方案一的帷幕线在对应于坝基高程约 1140m 处开始转至正东西向，形成倾向上游的曲面，因此钻孔倾角变幅较大；方案二则在左坝头处才转至正东西向，帷幕体基本上铅直。

（2）河海大学对这两种布置进行了空间渗流分析。两者渗流场基本一致，仅在一定范围内方案一帷幕后地下水位比方案二低 10～15m，降低了渗透压力，由于受天然地下水位影响，效果不显著。

（3）方案一的优点是在一定范围内渗透压力有所降低，且由于帷幕体向上游倾斜，渗透压力的合力方向对左岸坝肩山头稳定有利；缺点是施工难度较大，较难于保证帷幕质量。方案二的优缺点则与方案一相反。

（4）建议昆明院对左岸坝肩稳定情况进行复核，并对方案一降低渗透压力的数值和作用位置进行估算和分析。为简化帷幕布置并有利于保证帷幕质量，在满足左岸坝肩稳定安全要求的前提下，专家组倾向在方案二的基础上进行适当优化。

（5）防渗帷幕布置优化

1）设计方案二左坝肩帷幕线路沿拱坝上游侧至坝头折转至正东西向，建议再向上游适当折转，可更有利于幕后山体稳定。

2）帷幕体宜铅直，山体内上下层帷幕宜以铅直面搭接。但幕体内灌浆孔应尽可能多穿过南北向兼顾东西向陡倾角节理裂隙，双排或三排孔时，至少应有一排为顺帷幕线方向倾向山里的斜孔。如为单排孔，可将Ⅲ序孔改为斜孔，并适当加密孔距。

2. 有关帷幕灌浆的若干问题

（1）防渗标准：幕体透水率 $q \leqslant 1Lu$ 是合适也是必要的。坝肩及两岸防渗帷幕质量对拱坝安全稳定十分重要，幕体结构及其防渗效果更应受到重视。

（2）幕体结构：帷幕深度、排数、排距、孔距基本是合适的。两岸山体防渗帷幕线的延伸若采用延伸至水库设计水位与水库蓄水前两岸地下水位线相交的原则时，应为枯水期最低地下水位线交点以里。

（3）灌浆材料：根据灌浆试验，可以 525 号普通硅酸盐水泥为主（80μm 方格筛筛余量宜小于 3%），干磨或湿磨细水泥为辅。

（4）灌浆方法：赞同采用"孔口封闭灌浆法"。

（5）灌浆压力：可按不同高程控制。高程 1100m 以下，最大设计灌浆压力可采用 6MPa（中值），高程 1100m 以上可降低至 4MPa，最上层帷幕不宜低于 3MPa。

软弱岩带及Ⅳ类岩体的灌浆压力以不破坏岩体稳定为度。

（6）施工前应进行帷幕灌浆试验，建议及时进行。通过试验确定钻孔参数、灌浆压力、浆材和施工工艺。

三、关于坝基地质缺陷处理设计

（1）在拱坝右坝肩建基面上有 F_{11}、蚀变带 E_1、E_4、E_5 以及Ⅳ级结构面等地质缺陷出露。设计根据这些软弱带的产状、宽度、性状及出露部位，提出开挖深槽并用混凝土回填置换，以改善建基面应力分布；所采用的是常规处理的原则和方法，并进行了较详细的分析计算。据此拟定的 F_{11}、E_1、E_4、E_5 处理方案是偏安全的。

（2）设计提出的处理范围是根据现有地质资料而定，由于这些软弱带的变化较大，推测的出露位置和范围与实际情况可能有出入，深挖后变化可能更大，因此目前的处理范围只是大体上定位，要根据实际出露情况进行调整。

（3）上述处理措施仅为地面部分，主要是解决建基面的应力和变形问题。由于 F_{11} 和蚀变带已延伸至地下深处，对右坝肩及抗力体的压缩变形、抗滑稳定和防渗等有更重大的影响，需作深入的研究，提出全面的处理设计。最终的地面处理设计应与地下处理结合成为一个整体，并应在保证工程安全并有利于施工的前提下，确定相应的施工程序。

（4）目前坝基开挖工作进展较快，而混凝土的生产、温控和浇筑手段都不具备。如在坝基开挖下降过程中同时挖出置换槽，势必长期暴露，而且也影响坝基开挖进度。故建议在目前坝基开挖中暂不开挖置换槽，待这些软弱带情况完全揭露、设计方案最终确定后，再安排置换槽施工。但需事先妥善做好施工设计，留出施工通道并做好安全防护设施，保证今后能安全顺利施工。

（5）置换混凝土应与坝体分开浇筑，并做好温控、分块设计，可考虑采用膨胀性混凝土。待置换混凝土变形稳定后，才可浇筑坝体混凝土。应据此确定坝基与山体内地质缺陷的合理工期安排，并宜留有余地。

四、关于拱坝坝基保护设计

（1）鉴于小湾拱坝坝基开挖与坝体混凝土浇筑工期较长；坝址处地应力大，开挖后岩体将出现松弛卸荷现象；坝基还存在局部地质缺陷，因此，设计对拱坝坝基在开挖后的保护设计进行预先研究是必要的。

（2）小湾拱坝建基面以 I、II 类岩体为主，根据岩体的特性并参考国内类似工程的经验，对拱坝建基面表面一般可不进行喷混凝土保护；对建基面大范围采取预应力锚杆和砂浆锚杆进行系统支护似无其必要性。建议根据建基面声波等测试情况，再决定是否需采取小范围的锚杆加固措施。对由若干结构面组成的局部潜在不稳定岩体可进行锚杆支护。

（3）固结灌浆是加固岩体松弛的主要措施，因此对建基面固结灌浆的布置和工艺应进行深入研究。参考类似工程经验，建议研究在坝趾部位采取较高的固结灌浆压力。

（4）设计提出对建基面进行声波测试和设置多点位移计等监测仪器进行跟踪反馈支护设计的考虑是必要的。

（5）建议针对建基面岩体变形模量的可能变化范围，补充进行坝体结构计算，以分析建基面岩体质量指标对拱坝的影响程度。

五、关于小湾拱坝设置诱导缝问题

小湾拱坝最大坝高达 292m，河谷也较宽，经多次计算分析均表明，在高水位工况下，在河床坝段的坝踵附近有一定范围的拉应力存在，其确切数值取决于多种因素，较难确定。两次地质力学模型试验成果亦表明，坝踵起裂的超载安全度较低（$K_1 = 1.25 \sim 1.5$）。为松弛坝踵拉应力集中，提高拱坝抗裂安全度，国外不少拱坝采用周边缝或沿上游坝面设置诱导缝的措施。昆明院亦考虑了这一可能性，与清华大学开展了分析研究工作，研究结果表明，在拱坝下部（高程 960m 或 975m）设置不同深度、不同型式的诱导缝后，坝踵部位的应力分布得到了改善，最大主拉应力有所下降，起裂时的超载系数有所上升，但对拱坝最终破坏时的超载系数略有降低。权衡得失，为降低或避免坝踵附近开裂的可能性，在底部设置合适的诱导缝是一个可供考虑的方案。

鉴于这一问题的重要性和复杂性，目前的研究深度尚嫌不足，顾问组建议昆明院根据已有的科研成果和专家的意见，提出一个在拱坝底部设置局部诱导缝的具体布置方案，进行深入的分析研究，主要是加密计算网格，搞清关键部位的应力在设缝前后的变化情况，提出更详细的对比资料；同时落实止水、排水、缝面处理和施工方案的设计。同时对不设缝方案，可考虑在上游坝面一定范围内设置防渗层并提高混凝土的抗裂能力和改善其变形性能，作为对比方案，以便进一步全面分析比较两种方案的利弊得失，为最终决策提供可靠依据。

小湾水电站双曲拱坝高达 292m，承受总水推力达 1800 万 t，其规模属世界已建与在建拱坝之首；小湾坝址两岸边坡高达 700m，坝址地质条件又较为复杂，地震烈度高，因此，建设小湾高拱坝对设计、施工和管理各方均是一个巨大的挑战。对于小湾拱坝建设中的任何技术问题，都必须认真对待，决不可掉以轻心。几年来，小湾工程的建设已经迈出了重要和关键的一步，进入主体工程的施工阶段，实现 2004 年截流的目标已清晰在望。我们相信，参建各方一定能团结一致、共同奋斗，为小湾工程建设做出更大的贡献。

云南澜沧江小湾水电站工程设计顾问组
第二次会议咨询意见
——关于小湾拱坝上游面结构诱导缝研究专题

2004 年 3 月 22~23 日，小湾水电站工程设计顾问组在北京就小湾拱坝上游面诱导缝研究专题进行了咨询，参加会议的还有中国华能集团公司、云南华能澜沧江水电有限公司、昆明勘测设计研究院、清华大学、武汉大学的有关人员。会议由顾问组组长潘家铮院士主持。会议在听取了昆明院对小湾拱坝诱导缝所作的专题报告，以及相关协作科研单位的介绍后，对小湾拱坝结构诱导缝专题进行了咨询，形成以下纪要：

（1）昆明院根据顾问组在小湾施工现场进行的第一次会议纪要，对小湾拱坝诱导缝的设置方案，以及设置诱导缝的相关问题联合有关科研院校进行了深入细致的研究分析。分析中考虑了不同的地基条件和不同的缝深，同时考虑了施工过程对坝体应力的影响。但目前缝面的计算模型需要进一步改进。

（2）研究成果表明，小湾拱坝在高水位运行情况下，坝踵附近存在一定的拉应力区，有开裂的可能。在坝体上游面 960m 高程设缝对坝踵拉应力的分布具有一定改善作用，总体上降低了坝踵部位的拉应力水平，同时对坝趾压应力区的应力和坝体上部高程的应力影响很小。研究成果同时表明，设缝对坝踵拉应力的改善是有限的，设置诱导缝削弱了拱坝的整体刚度，使拱坝的变位略有增加，超载能力略有下降，但幅度轻微，不影响大坝的安全性。

（3）考虑施工加载过程后，坝踵拉应力水平有明显下降，且受拉范围减小，说明坝体自重对坝踵拉应力的改善贡献显著，分析中考虑坝体浇筑、封拱和蓄水过程是必要的。

（4）研究成果表明，诱导缝的不同设置深度对坝踵拉应力的改善效果有影响，但是超过一定缝深后改善效果已不明显，故缝不宜设置过深，缝端不宜设置尺寸较大的廊道。设缝高程宜适当降低，希望进一步研究设缝高程、坝体内部应力分布。

（5）诱导缝缝面应为硬性接触面，缝面不打毛。上游止水不宜全部设置在坝体内，可在坝面设置一道止水，缝内设置排水措施。横缝和诱导缝止水的交叉连接须作重点研究。诱导缝的设置对施工进度影响不大。

（6）上游坝面的抗裂防渗十分重要，可从以下几个方面进行研究：

1）改善上游坝面拉应力区混凝土的性能，提高混凝土的抗拉强度和极限拉伸值；如部分采用钢纤维混凝土、聚丙烯纤维混凝土等；

2）研究上游坝面坝踵附近设置防渗层；

小湾水电站工程设计顾问组第二次咨询会议于 2004 年 3 月 22~23 日在北京召开，顾问组组长潘家铮主持了本次顾问组会议。本文为第二次顾问组会议纪要。

3）研究在坝前填筑辅助防渗材料，如粉细砂、粉煤灰、黏土等。

小湾水电站拱坝设计坝高 292m，承受最大水头达 287m，需要解决的技术问题多而复杂。拱坝坝踵存在拉应力区，有开裂的可能。但解决的方案不要仅限于设置结构诱导缝，需要研究改善混凝土本身的抗裂性能和在上游坝面采用防渗措施。希望进一步研究比较，选取适宜的方案供小湾工程采用。

云南澜沧江小湾水电站工程设计顾问组
第三次会议咨询意见

2004 年 4 月 19～24 日，小湾水电站工程设计顾问组对小湾水电站坝基坝肩加固处理专题研究报告进行了咨询。参加会议的除顾问组成员及特邀专家外，还有中国华能集团公司、云南华能澜沧江水电有限公司、清华大学、武汉大学、中国水利水电科学研究院和昆明勘测设计研究院等单位代表共 60 余人。经过查勘现场和听取昆明院、清华大学等对小湾水电站坝基坝肩加固处理专题研究报告和有关研究工作成果的介绍后，会议进行了认真和热烈的讨论，并形成以下咨询意见：

一、关于坝基坝肩加固处理的必要性

小湾拱坝坝基岩性主要为黑云花岗片麻岩和角闪斜长片麻岩，夹有薄层片岩。建基面主要为 I、II 类岩体，强度高，完整性好。经采用刚体极限平衡法、有限元法等多种静动力方法计算，坝肩抗滑稳定安全系数满足规范要求。但坝基及坝肩抗力体内存在部分断层、蚀变岩体和卸荷、风化岩体等地质缺陷，将引起两岸坝肩岩体变形不对称、坝肩岩体压缩变形量增大以及坝肩局部岩体承载力低、点安全度偏小和拱坝超载能力降低等不利影响，对高达 292m、承受总水推力达 1700 万 t 的小湾拱坝是个重大安全隐患，因此，对上述地质缺陷进行加固处理是十分必要的。

二、坝基坝肩处理的对象

加固处理的对象为：

（1）建基面出现的Ⅲ、Ⅳ级断层及结构面、蚀变岩体和左右岸下游侧局部出露的Ⅲ$_b$类及以下的岩体。

（2）在坝趾下游、坝肩及其附近抗力体中分布的横河向的 F_{11}、F_{10} 等断层，左岸顺河向的 F_{20}、f_{30}、f_{31} 和蚀变带 E_8，右岸顺河向的蚀变带 E_1、E_1+E_5 以及一些Ⅳ级结构面。

（3）左岸 4 号山梁深卸荷岩体和坝肩稳定性较差的边坡。

三、坝基坝肩处理设计的原则

经过多次技术讨论，对以下坝基坝肩处理设计原则达成共识，即：

（1）通过加固工程，应能优化拱坝推力和推力角分布，使两岸尽量对称；提高坝肩岩体的刚度和强度，使拱坝的推力能更平顺有效地扩散和传到深部岩体，减少变位，避免出现不利的应力分布，提高坝肩的抗滑稳定安全度。

（2）基础处理范围宜主要集中在拱端受力区域（约 2 倍底座宽度），处理方式应以尽量减少对岩体的扰动为原则。

小湾水电站工程设计顾问组第三次咨询会议于 2004 年 4 月 19～24 日在小湾工地召开，顾问组组长潘家铮主持了本次顾问组会议。本文为第三次顾问组会议纪要。

（3）鉴于地质条件不可能完全查清，基岩参数的选取有一定的不确定性，对加固工程应做一些敏感性分析，对拟定的加固措施宜留有余地，以便随着新的情况调整。

（4）加固处理宜根据具体条件灵活采用推力墩、混凝土洞井置换、混凝土传力洞塞、固结灌浆、预应力锚索、排水等综合措施，且合理配置，使各项措施能发挥最有效的作用。

（5）加固措施应尽量简单，方便施工，减小对完整基岩的破坏和其他负面影响。

四、坝基坝肩处理措施

自上次顾问组咨询会议以来，昆明院在有关院校的配合下，进行了众多基础处理方案的研究分析和试验工作，取得很大进展，所提交的专题研究报告和各附件质量很高。顾问组基本赞同昆明院推荐的基础处理方案，并建议下一步以该方案为基础，进一步调整和优化，落实和提出切实有效和可行的方案。具体优化意见如下：

（1）对建基面上出现的断层、蚀变带和III_b类以下岩体采用槽挖和开挖置换的方式，是常规的做法，所拟尺寸是合适的，可以接受。

建议在右坝肩高程 1190m 以上结合对 F_{11} 的处理，适当扩大混凝土置换范围和深度，与地下处理构成整体，以利拱推力的传递。在左岸，设计已设置推力墩，顾问组赞同将其高程降低至 1210m 或稍低；并建议研究从拱端布设水平辐射孔进行高压固结灌浆加固基岩的可行性。

（2）同意对右岸 F_{11} 在较高部位采用开挖网格形洞井，置换混凝土处理，较低部位以高压固结灌浆加固。对右岸蚀变带除顶部可从地面灌浆外，可利用探洞、排水洞开挖纵横置换洞，洞间进行高压固结灌浆。鉴于蚀变带变化很大，置换洞要追踪开挖，蚀变带的处理范围可通过计算分析调整，不必过广。

右岸 F_{11}～F_{10} 之间有较多的 EW 向和 SN 向构造面，对抗力体变形有影响，宜以固结灌浆提高其变模为主处理。灌浆工作可以在处理 F_{11}、F_{10} 的水平置换洞中进行，部分可在拱坝建基面进行。

（3）对左岸的 E_8，顶部从地面灌浆，以下用纵横置换洞置换并对置换洞间进行固结灌浆。对左岸的 F_{11}，顶部从地面灌浆，以下结合 E_8 处理设置置换洞置换和进行固结灌浆；左岸的 f_{31} 所受应力已不大，但它可以成为侧向滑动面的组成部分，故同意采取开挖灌浆洞进行灌浆处理；左岸高程 1190m 以上推力座部分下游端仍位于卸荷底界以外，如按上述第 1 条建议进行深孔固结灌浆有困难，也可考虑在拱座外侧设置短传力洞塞，辅以固结灌浆。

（4）左岸 4 号山梁地形单薄，有发育很深的卸荷带，基岩破碎，地下水丰富。设计已调整拱坝轴线，使该区基本位于传力区以外。顾问组认为：4 号山梁本身的稳定问题可以与拱坝传力问题分开。对于前者可结合消力塘边坡保护，通过排水、锚固等措施，专门设计处理，保证稳定；对于后者，建议适当调整采用的参数，进行敏感性分析，研究其对坝端传力的影响，确定是否需要加固处理和进行何种措施处理（合适的传力洞塞等）。

（5）左右岸抗力体内均应设置完善的排水系统，赞同对下游坝肩边坡进行适当锚固，以保证和提高边坡的稳定性。建议进一步论证在坝趾区全面设置预应力锚索的必要性、部位、数量、吨位和方向。

（6）在整个建基面分区进行固结灌浆，属于常规处理，各区的灌浆深度、孔距、工艺要根据基岩条件、设计需要和通过试验合理确定，避免做无效的工作而影响工期。

建议昆明院根据咨询会议的建议，做进一步的工作，优化、调整和提出具体设计，以便进行施工组织设计。

加固工程需仔细进行，如设计、施工不妥，不仅不能起到作用，反会造成负面影响，故设计确定后，必须制订明确的施工技术要求，严格执行，加强监理和监测，以确保加固工程质量，切实收到效果。

对《小湾水电站工程坝基坝肩
加固处理方案研讨会纪要》的意见

（1）我完全同意 8 月 24、26 日谭靖夷院士、王柏乐总工、澜沧江公司、小湾建设公司和昆明院有关领导同志商定的小湾右岸建基面缺陷处理和两岸坝肩抗力体加固处理的 I 期开挖方案的处理原则与具体做法。

（2）小湾为特高拱坝，地形条件较不利，地质上有缺陷，上述处理工程是保证拱坝稳定和安全运行的最基本条件。若处理不妥，不仅不能有效加固抗力体，甚至会产生副作用。故请业主、设计、施工、监理各方能极端重视，精心设计、精心施工，严格监理，确保质量，至为重要。建议列为专门标段，优选最好的队伍从事这一工程。

（3）建基面缺陷处理的施工已迫在眉睫，请根据所作出的决定，尽快提交图纸，安排施工。对坝肩抗力体的深层处理，其与建基面有关的部分，也不能再改变。其余部位，尚有在今后视情况作调整的余地。

（4）赞成对左右两岸抗力体处理的基本思路。处理目的是保证两岸拱坝推力传递区内有坚强的抗力岩体，能够承受和扩散巨大的拱坝推力，使应力和变位均在允许范围之内，确保安全。右岸抗力体部位基本上位于卸荷带以内，主要处理对象是断层和蚀变带，尤以 F_{11} 为重点。在 1150~1090m 范围间，抗力体已部分超出卸荷带界线，对在卸荷线以外区位要加强处理。左岸卸荷深度较深，对抗力体处理要特别慎重，要采取多种措施以有效传递和扩散拱坝推力。

（5）右岸主要处理手段是对 F_{11} 和蚀变带进行混凝土置换，并利用置换洞井和特设的廊道对围岩进行全面高压固灌。洞井视需要设置，尽量形成空间框架，在施工中可灵活调整。开挖要仔细进行，使其对围岩的损伤降到最低程度。对置换体之间和周围岩体进行高压固结灌浆极为重要，它和置换体共同组成完整的抗力体。要创造良好的灌浆施工环境和加强监控检查。靠近岸坡侧宜设一排灌浆廊道，进行封闭，保证抗力区范围内的高压固结灌浆顺利进行，不至外窜。

（6）左岸抗力体的处理更为复杂困难，赞同在 1180、1200m 高程处各设混凝土置换洞，但仅赖于个别传力洞塞不可能解决问题，仍要补充以全面固结灌浆。要准备付出代价，要做好灌浆区的封堵。对耗浆量大的缝隙，可先灌水泥砂浆，以后再补充高压固结。希望在尽量查明地质情况的基础上，做好灌浆的设计和施工。对左岸抗力体内存在的断层和蚀变等软弱带，当然也要视情况置换处理。总之，左岸抗力体处理设计尚需在今后进一步深化、调整、试验和落实。

（7）灌浆和排水是矛盾的统一体。赞同《小湾水电站工程坝基坝肩加固处理方案

2004 年 8 月 24、26 日，由云南华能澜沧江水电有限公司组织、谭靖夷院士主持，在小湾工地召开了小湾水电站工程坝基坝肩加固处理方案研讨会，并形成了纪要。该纪要送本文作者后，作者对纪要提了该书面意见。

研讨会纪要》中的看法，既要保证抗力区内的灌浆效果，并在最后应保持合理、通畅的地下水排泄系统。

（8）鉴于上述处理原则和做法已得到澜沧江公司、小湾建设公司和昆明院的同意，且施工紧急，我认为可以不再召开顾问组会议讨论，由我和谭靖夷院士负责。如有需要，今后可对抗力体具体设计方案开会研究。

云南澜沧江小湾水电站工程设计顾问组
第四次会议咨询意见

2004 年 9 月 21～22 日，小湾水电站工程设计顾问组第四次会议在北京举行，会议就《拱坝上游面抗裂防渗措施研究专题报告》和《拱坝混凝土设计龄期及提高抗压安全度专题分析报告》进行了咨询。参加会议的除顾问组成员及特邀专家外，还有中国华能集团公司、云南华能澜沧江水电有限公司、云南华能澜沧江水电有限公司小湾建设公司、武汉大学、中国水利水电科学研究院、清华大学和昆明勘测设计研究院等单位代表共 30 余人。会议听取了昆明院对上述两个报告的介绍，与会专家进行了充分讨论，形成纪要如下：

（1）自第二次设计顾问组会议以来，昆明院联合武汉大学对小湾拱坝上游坝踵设置诱导缝进行了更深入的研究。根据前期研究成果和第二次设计顾问组咨询意见，本次研究将诱导缝设置高程由原 960m 降低至 956m 高程，两岸延伸至 990m 高程。计算分析采用整体模型和子模型，运用线弹性和弹塑性有限元两种方法，并考虑了大坝分期施工、蓄水过程，计算方案和方法比较全面。

（2）整体模型和子模型的线弹性、弹塑性有限元分析成果都表明设置结构诱导缝对削减坝踵处的拉应力集中和缩小高拉应力区的范围有显著效果。计算分析成果同时表明，结构诱导缝的设置对拱坝整体刚度影响轻微，顺河向最大位移增量在坝顶高程处仅增加 3mm 左右，横河向位移基本没有变化。对下游坝趾高压应力区的分布规律和水平也没有大的影响，对坝底和缝面高程的剪应力分布规律没有改变，在坝踵、坝趾剪应力较大部位也无显著变化，仅在缝端局部范围内剪应力的水平略有增加。总之，设缝没有给拱坝的刚度和应力分布造成明显的不利影响。

（3）考虑到小湾拱坝高达 292m，河道比较开阔，梁向作用较大，采取各种可行措施以降低在坝踵部位（包括坝体、建基面和基础）开裂的风险，极为重要，衡量利弊，顾问组赞同在小湾拱坝上游坝踵 956m 高程上下设置结构诱导缝，缝深约 10m，两岸延伸至 990m 高程或更高一些。下一步应对结构诱导缝进行精心设计、精心施工，确保结构诱导缝不影响拱坝压应力的传递，不恶化坝底和设缝高程的断面抗剪能力。缝面构造要简单，尽量不影响施工进度。缝面应做好止水和排水设施，具备检修条件，并应布置完善的监测系统。

（4）设置结构诱导缝并不能完全消除坝踵的拉应力和防止坝踵附近的开裂风险，考虑到坝踵应力条件的复杂性，以及小湾库容大、工程极为重要和蓄水后上游坝面没有检修条件等重要因素，顾问组认为在拱坝上游再增加一些防渗措施是十分必要的，

小湾水电站工程设计顾问组第四次咨询会议于 2004 年 9 月 21～22 日在北京召开，顾问组组长潘家铮主持了本次顾问组会议。本文为第四次顾问组会议纪要。

包括在坝踵前回填自愈性堵缝材料和在坝面设置柔性防渗体系，并兼顾表面保温作用，具体防渗措施方案应通过深入研究确定。

（5）鉴于小湾拱坝为世界级高坝，应具有较高的强度安全储备，赞同昆明院提出的在拱坝上、下游高应力区（或包括靠近建基面区域）适当提高混凝土强度等级的方案。提高混凝土强度的方法应基于现有试验成果作改进和调整，主要是优先选择高效减水剂和调整水灰比。

对《小湾水电站工程右岸拱端中下部高程可利用基岩研究专题报告》的意见

昆明勘测设计研究院工作做得非常深入细致。从报告提供的材料分析，我认为以下几条结论有说服力：①从 1110m 至 1020m 在坝趾部位进行置换对减少位移的效果极为有限；②置换后可提高该部位一点承载能力，同时也就增加一点主压应力，不能起"改善坝趾压应力"的作用；③拱端超载产生的破坏过程，主要是拱端至 F_{11} 间岩体的破裂，与坝趾处的Ⅲb 岩体关系不大。

从上述情况看我认为报告建议的加固处理措施原则上合适，下游边坡的预应力锚索的具体设计可在以后定。

鉴于这个问题比较重大，建议：①请征询在工地（研究山梁稳定问题的）专家们的意见；②征询谭总（编者注：指谭靖夷）意见，如他们均在原则上赞同，可先按此布置施工，待下月上旬我们去工地后正式商云南华能澜沧江水电有限公司和昆明勘测设计研究院确定。

2004 年 11 月，昆明院编制了《小湾水电站工程右岸拱端中下部高程可利用岩体研究专题报告》，报告送本文作者审阅，11 月 22 日本文作者提出了该书面意见。

云南澜沧江小湾水电站工程设计顾问组
第五次会议咨询意见

2005 年 4 月 23～28 日，小湾水电站工程设计顾问组第五次会议在小湾工地举行，会议就《拱坝坝基Ⅳ级结构面及开挖卸荷松弛岩体工程处理措施专题报告》和《坝体混凝土温控设计专题报告》进行了咨询。参加会议的除顾问组成员和特邀专家外，还有中国华能集团公司、云南华能澜沧江水电有限公司、小湾建管局、中国水利水电科学研究院、武汉大学、西北勘测设计研究院和昆明勘测设计研究院等单位代表共 60 余人。经过查勘现场和听取了昆明院的汇报后，与会专家进行了充分讨论。根据大会讨论意见，形成纪要如下。

第一部分 拱坝坝基Ⅳ级结构面及开挖卸荷松弛岩体处理问题

顾问组认为，昆明院对小湾拱坝建基面在高地应力地区的开挖可能产生的卸荷松弛问题事前已有周密的考虑，在左、右岸坝基面布置了超前观测仪器，有多点位移计、滑动测微计及大量的长期声波检测孔，对坝基开挖进行了全过程监测，取得了大量的实测数据，为坝基开挖卸荷松弛变形研究提供了强有力的依据。在坝基开挖过程中，及时开展了坝基面地质资料的收集和整理，对目前已开挖的 1000m 高程以上坝基面的Ⅳ级结构面作了详细的测绘和分析。专题报告依据有关地质及观测资料，对坝基的变形稳定和抗滑稳定作了计算和分析，并针对坝基Ⅳ级结构面不同性状及开挖卸荷松弛程度，提出了相应的处理原则和工程措施，工作认真细致，资料翔实，结论可信，顾问组基本同意本报告，具体意见和建议如下：

一、地质资料

根据昆明院长期和最近的勘测试验工作，坝址区和建基面的地质情况是清楚的。

拱坝坝基中下部建基面岩体主要为微风化～新鲜状态的黑云母花岗片麻岩和角闪斜长片麻岩，普遍分布有Ⅳ级结构面，在高程 1000～1245m 间，共揭露 88 条，其中近 EW 向陡倾结构面 82 条，近 SN 向陡倾结构面 4 条，中缓倾角结构面 2 条。物质组成主要为碎裂岩、碎块岩、片状岩、糜棱岩，少数为不连续的断层泥、绿泥石膜，规模都较小。左岸近 SN 向 f_{64-1} 破碎带宽 3～5cm，局部宽 20～30cm，可见长约 65m，下游已延伸出坝基，局部夹泥或泥夹岩屑，具有明显的高岭土化蚀变。

坝址区位于中高地应力区，河床及左岸低高程部位存在应力集中，坝基开挖后岩体卸荷回弹，原有的陡、中、缓结构面张裂松弛；较完整块状岩体表层普遍发生"葱

小湾水电站工程设计顾问组第五次咨询会议于 2005 年 4 月 23～28 日在小湾工地召开，顾问组组长潘家铮主持了本次顾问组会议。本文为第五次顾问组会议纪要。

皮"或薄片卸荷张裂,这些都属于正常现象。卸荷影响范围,据对 f_{64-1} 进行声波测试,表层 6～8m 深度内为低速带,外侧中缓结构面呈层状张裂。卸荷随时间而变化,据声波监测资料,左岸 120 天后卸荷影响深度为 3.6～5.5m,以后趋于稳定;右岸 180～270 天卸荷影响深度为 4.2～7.5m,以后趋于稳定。

Ⅳ级结构面及卸荷松弛岩体的变形模量将有所降低,对坝基稳定变形和应力产生不利影响。必须处理上述地质缺陷,尽可能恢复岩体的完整性和均匀性,减免不利影响。

二、坝基Ⅳ级结构面及开挖卸荷松弛岩体对拱坝的影响

1. 对坝肩稳定性的影响

左岸由Ⅳ级结构面 f_{64-1} 断层和 SN 向顺坡发育的中缓倾角结构面以及上游陡倾拉裂面可能组成不利滑移块。

右岸由Ⅳ级结构面 f_{7-1} 断层、近 SN 向的中缓倾角结构面和上游 NWW 陡倾角结构面,可能构成不利滑移块。

昆明院已用三维刚体极限平衡法分析了上述两种滑移模式的稳定安全系数,均满足规范要求。

顾问组建议进一步落实上述稳定计算中的边界条件,特别是左岸 f_{64-1} 在下游临空面的出露条件,作为底滑面的中缓倾角结构面情况,检查是否存在其他的不利滑移模式,使结论更为可靠。

2. 对变形稳定的影响

开挖卸荷导致的建基面松弛和条数众多的Ⅳ级结构面的存在,降低了基岩弹模,影响其完整性和均匀性,将对基础变形稳定产生不利影响。设计院对此作了较详细的分析,并认为:"总的来看Ⅳ级结构面对局部的承压和变形的影响不是很大",顾问组基本同意这一看法。

但上述结论主要是定性分析的结果。顾问组建议:

(1)结合以前已做过的工作,用降低建基面一定范围内的基础变形模量的方法,对拱坝受力状态补充敏感性分析,研究基础刚度弱化产生的各种后果,明确所能接受的极限。

(2)对现有资料进行分析研究,参考类似工程经验,确定声波波速与岩体变形模量之间的大致对应关系。必要时,适当补充进行建基面卸荷松弛带变形模量试验。

(3)通过上述工作,制定对地基处理应达到的声波波速定量要求和检查标准。

3. 对应力分布的影响

基础变形特性的变化,必然会引起坝体应力分布和基础应力分布情况的改变。这些改变,应以不导致坝体受力条件有显著恶化为判断准则,包括:最大主应力不超过原定限制,拉应力区域及屈服区域不明显扩大,坝肩抗滑稳定安全度符合规范要求等。

建议设计院根据上述分析研究成果,提出或调整修改具体的处理措施,以及施工验收中的判定标准。

三、具体处理措施的意见和建议

1. 处理原则

赞同以必要和适当的表层处理结合细致高效的固结灌浆作为处理原则。

2. 表层松动岩体的处理

对于表层松动岩体，以机械开挖清理为主，必要时可辅以有控制的弱爆破（相当于预裂或光面浅孔弱爆破），配以人工撬挖，处理深度一般不大于1.0m。

3. Ⅳ级结构面处理

赞同以灌浆处理为主，对大部分Ⅳ级结构面不必作专门的槽挖处理，但在清理建基面时，必须将暴露的破碎松动岩块清除，敷设钢筋网。对较宽的结构面，应用机械开挖方法清除表部软弱颗粒，两侧出露较完整岩体，达预定深度，再用混凝土回填。

4. 左岸 f_{64-1} 结构面处理

左岸 f_{64-1} 结构面，赞同用弱爆破法开挖处理，深度以达到较完整岩体为准，平面范围可适当扩大。此外，为使左岸1000m高程以下坝基一次开挖到位，可依据现有资料，对岸坡地形及卸荷情况做充分的估计，务使建基面置于卸荷底界以里。右岸也需适当挖除蚀变岩至较完整岩体。

四、关于固结灌浆

1. 坝基固结灌浆分区

赞同对坝基固结灌浆分区进行。重点是坝趾及下游贴角高应力区，坝基中心线下游区及帷幕线区。

（1）坝趾及下游贴角高应力区。应在坝内廊道或坝外进行，采用深孔高压固结灌浆。最小入岩孔深不小于15m，在不影响岩体结构的条件下，灌浆压力建议暂控制在3～4MPa范围内（包括浆柱压力，下同）。

（2）坝基中心线下游区。原则上应全面灌浆，孔深不小于10m，灌浆压力3MPa。

（3）坝中心线上游区。除帷幕两侧辅助帷幕孔外，不必全面布孔灌浆。可通过原有声波检测成果结合实际地质条件分坝段提出施工图设计，经Ⅰ序孔灌浆后，根据单位耗灰量、压水试验与灌后声波检测确定是否继续进行Ⅱ、Ⅲ序孔施工及钻孔深度。

（4）对近东西向陡倾结构面尤其是左坝肩区，除一般布孔外，建议针对这些结构面调整布孔格局（包括孔排距及孔的方位角），必要时可另行专门布孔。

2. 固结灌浆施工

除坝趾区及其下游以及帷幕线两侧深孔外，其余灌浆孔建议全部按上、下段施工，即首先进行建基面5m以下各孔段的施工。灌浆时灌浆塞置于孔口以下约5m较完整的孔壁处，可在无盖重下进行（包括灌后检查）。为防止漏浆，对可能冒浆的结构面用砂浆封闭。灌浆压力2MPa及3MPa。

其上部5m灌浆段宜在增设的廊道内施工，或引管灌浆，灌浆压力同下段。

为便于施工和今后的维修，赞同增设跨横缝廊道并与下游纵向廊道相结合。

对于灌浆材料，建议以42.5级硅酸盐水泥为主，辅以干磨细水泥（或湿磨水泥）。全部灌浆均采用稳定浆，根据小湾条件，建议采用0.6:1单一水灰比。

3. 指导灌浆建议

（1）进行孔内弹模测试，找出声波波速与弹模的相关关系。此前可暂以4500m/s作为声波检查最低标准。

（2）进行分段压水试验，找出临界压力值，据以最终确定设计允许最大灌浆压力。

五、结论

小湾拱坝高达 292m，总体安全裕度不大，Ⅳ级结构面及开挖后表层岩体卸荷削弱了基岩完整性及均匀性，对坝体变位、应力和深层抗滑有一定影响。虽然总的讲，影响不是很严重，但不能掉以轻心。务必精心设计、精心施工，确保工程质量，做到有利无弊。顾问组所提建议，可供设计院、施工单位和业主参考，并希望通过实践不断调整和完善。

第二部分　拱坝混凝土材料及温控设计

小湾拱坝混凝土材料及温控设计，历经了可行性研究、初步设计、专题研究及招标设计等四个阶段。在业主的积极支持下，昆明院和中国水利水电科学研究院对坝体混凝土材料和配合比，以及大坝混凝土温控措施进行了全面深入的研究，取得了大量的科研试验和设计成果。在此过程中，先后进行过 9 次咨询和审查，逐步明确了温控设计的各项原则和技术标准。最近又联合中国水利水电科学研究院和武汉大学对拱坝混凝土温度控制的有关问题进行了进一步的分析论证。顾问组专家一致认为：昆明院的工作细致，报告内容翔实，结论可信，提出的温控措施是合适可行的。具体意见和建议如下：

一、混凝土原材料和配合比

（1）大量试验证实，混凝土各项指标较理想，符合小湾拱坝混凝土应具有的"高强度、高极大值、中弹模、低热、不收缩和较大徐变度"原则，但应注意干缩和自生体积变形问题。据目前资料，混凝土各项原材料的质量可靠，数量有保证。拱坝混凝土强度分区是合适的。

（2）建议与水泥生产厂家联系，从生产工艺着手，进一步研究提高 MgO 含量的可行性，以改善混凝土自生体积变形。

（3）采用 I 级粉煤灰，可大量减少水泥用量，对拱坝混凝土温控防裂有利，是一项重要措施。但应注意粉煤灰质量的稳定性，建议施工期派驻厂代表进行监控。

（4）工程选用骨料为黑云花岗片麻岩和角闪斜长片麻岩混合的非活性骨料，为保证混凝土质量，施工中应加强现场混合骨料的施工技术与管理，尽量控制角闪斜长片麻岩的比例不超过 50%。

（5）同意结合小湾工程所用原材料加快开展聚羧酸盐类外加剂的试验研究工作，经充分试验论证后争取在小湾工程中采用。

（6）小湾工程的骨料为非活性料，但为确保安全，建议对混凝土总碱量进行严格控制。

二、拱坝混凝土温度控制

（1）昆明院提出的混凝土抗裂安全系数、基础温差、上下层温差、内外温差、容许最高温度、允许拉应力等指标基本上是合适的。建议在施工初期及强约束区宜从严控制，待取得一定经验和脱离约束区后，可视情况对个别指标作适当调整。

（2）同意采用温控综合措施，重点是控制出机口温度和浇筑温度，优选浇筑层厚度和间歇时间，合理通水冷却，加强保护、养护。

（3）对河床坝段，在强约束区，控制出机口温度 7℃，浇筑温度 11～12℃，采用 1.5m 层厚，间歇 5～7 天均匀上升是合适和可以做到的，并应利用当地有利条件，尽量在晚间浇筑。对岸坡坝段要求应更严格，浇筑层厚度和施工方法需要作进一步研究。在脱离约束区和取得经验后，可对以上做法作适当调整。

（4）根据小湾工程条件，有必要采取三期冷却（一期、中期、二期）。一期冷却目的是削减混凝土早期最高温度，通水时间不必过长（≤21 天），可研究动态跟踪削峰冷却。中期和二期冷却目的是保证在横缝灌浆时坝块降到所需温度。建议今后制订明细的通水冷却技术要求，以便遵行。

（5）小湾拱坝的封拱十分重要，同意封拱时灌浆区坝块平均温度 T_{m0} 降到稍低于稳定温度（底部坝块约 12℃）。其上 1～2 个灌区原则上也应降低温度，但可考虑沿高程方向有适当的梯度。

（6）对于控制 T_{d0} 的问题，在理论上确有好处，也不难做到，但由于无经验，建议可在上、中部实行，不大于 3℃。对于拱坝底部，根据部分已建水库实测资料，水库库底水温略高于计算值，有的专家对控制 T_{d0} 有顾虑，建议参考有关工程实测资料，调整库温曲线，对稳定温度场等作相应的分析，进一步研究 T_{d0} 的影响，决定是否采用。水库库温提高后，对温控防裂可能产生一些有利因素，鉴于小湾拱坝的重要性，可作为安全储备，施工中仍按本报告控制标准执行。

（7）小湾拱坝水位是逐步上升的，坝顶部横缝可能张不开，要通过超冷和其他措施灌浆，但超冷幅度不宜过大，需作进一步研究，并结合上部高程抗震措施综合考虑。

（8）表面保护是防止混凝土产生表面裂缝的重要措施。同意昆明院提出的坝体上下游面及孔洞部位全年粘贴 30～50mm 厚聚苯乙烯泡沫塑料板保温措施，这一点在施工过程中应切实做到。

小湾拱坝的混凝土温控和材料研究十分重要，为保证大坝安全，务必精心设计、精心施工，并严格管理，确保各项温控措施落到实处。顾问组所提意见和建议，可供昆明院、业主、监理和施工单位参考，并通过工程实践调整和完善。

云南澜沧江小湾水电站工程设计顾问组
第六次会议咨询意见

2005 年 6 月 13～14 日，小湾水电站工程设计顾问组第六次会议在北京举行，会议就《小湾水电站拱坝工程抗震措施设计专题报告》进行了咨询。参加会议的除顾问组成员及特邀专家外，还有中国华能集团公司、云南华能澜沧江水电有限公司、中国水利水电科学研究院、清华大学、大连理工大学和昆明勘测设计研究院等单位代表共 20 余人。会议听取了昆明院对上述报告的介绍，与会专家进行了充分讨论。会议认为昆明院在近十年中结合国家"九五"科技攻关和原国家电力公司重点科技攻关，联合国内著名高等院校和科研机构，针对小湾拱坝抗震措施进行了全面深入的研究，本次会议提交的报告对这些研究成果作了系统的分析总结，内容翔实，论证充分，成果基本可信，设计的小湾拱坝能满足抗震安全的基本要求。但鉴于小湾拱坝高达 292m，坝址河谷较宽阔，水库库容巨大，坝址区地震地质条件较复杂，拱坝抗震设防烈度高，拱坝的抗震设计不仅关系到小湾工程本身的安全，而且还关系到下游各梯级电站和人民生命财产的安全，因此，为确保小湾拱坝的抗震安全，需采取一定的增强措施，具体意见和建议如下：

（1）对小湾拱坝坝址地震烈度，根据我国最新的地震区划图和最新研究成果进行了复核，据此确定了设计地震动参数。建议小湾拱坝工程抗震设计的基本原则为：在抗震设计烈度情况下拱坝不发生破坏；在超抗震设计标准情况下允许拱坝发生局部可修复的破坏；在最大可信地震情况下拱坝不致发生整体破坏。

（2）小湾拱坝抗震设计中的关键问题：

1）保证拱坝两岸坝肩的动力稳定性，特别应重视坝肩岩体可能产生的残余变形。

2）保证拱坝坝体的整体性，尽量减小坝体的动拉应力，防止坝体产生过大的裂缝，特别是要防止贯穿性裂缝的产生。

3）在设计地震烈度下要限制坝体横缝的张开度，避免因拱坝横缝过大张开而破坏止水结构，从而引起横缝漏水。

4）除满足拱坝的整体抗震安全外，还要避免或减少拱坝局部结构破坏。

（3）关于抗震措施：

1）赞成设置梁向抗震钢筋，以限制裂缝的扩展。

2）不利的温度应力会使拱坝在强震中开裂或使裂缝扩展，所以在拱坝设计与施工中要切实做好温控防裂与表面保护工作。

3）设置阻尼器和跨缝拱向钢筋对减少拱坝横缝开度均有一定效果。鉴于小湾拱

小湾水电工程设计顾问组第六次咨询会议于 2005 年 6 月 13～14 日在北京召开，顾问组组长潘家铮主持了本次顾问组会议。本文为第六次顾问组会议纪要。

坝抗震安全的重要性，多数专家认为可在 1190m 高程以上布设拱向钢筋，并在坝上部布设适当数量的阻尼器，以有效限制横缝的张开度，保证拱坝的整体性，具体布置可由设计院研究确定。

4）拱坝横缝采用可靠的止水设施极为重要，止水结构型式除了适应横缝张开变形外，还要能适应一定的切向变形。

5）对拱坝横缝键槽型式要进行优化设计，要使键槽具有较强的抗剪切能力。

6）赞同设计院提出的调整混凝土强度等级、增设锚索等其他抗震措施。

（4）小湾拱坝抗震数值分析和模型试验研究都达到了比较高的水平，其成果基本合理可信，可以作为设计的参考依据。但鉴于高拱坝地震的极端复杂性，考虑到抗震设计分析中地震动输入、分析模型和一些参数的不确定性，以及受到分析方法和计算及试验手段的限制，抗震措施在一定程度上仍依赖于工程实践经验，因此，设计要留有余地，多从不利方面考虑，并对以下问题继续作深入研究：

1）补充进行拱坝上游坝踵设结构诱导缝后对拱坝的抗震影响研究。

2）对横缝键槽计算模型和在抗震中的作用，以及键槽是否配筋继续进行研究。

3）要继续深入进行拱坝两岸拱座的抗震稳定分析，适当多作些敏感性分析，研究在强震中可能出现的局部失稳情况和是否需采取加固措施。

4）进一步研究拱坝两岸坝头与坝肩基岩接触部位的抗震问题。

5）对拱坝配置梁向抗震钢筋的作用机理、效果、布筋位置、范围和数量要进一步研究落实。

6）对于抗震阻尼器，还需要进一步研究落实其类型、性能、安装连接方式、设置部位和设置数量，并进行混凝土局部应力分析。

7）建议对各种抗震措施进行综合研究，选定总体优化方案，并对最终选定方案进行复核分析。

与会的顾问组专家还对昆明院提交的《右岸高程 1190m 以上 F_{11} 断层处理设计优化专题报告》进行了咨询。顾问组赞同目前在高程 1190、1210m 高程建基面可以暂不进行 F_{11} 断层置换洞的开挖。下一步需继续核实 F_{11} 断层的实际性态、灌浆处理效果以及作更深入的计算分析，若有必要，今后可以利用 E_4、E_5 置换洞等从下游或其他部位实施 F_{11} 断层的置换洞。

云南澜沧江小湾水电站工程设计顾问组
第七次会议咨询意见

2005 年 9 月 26～27 日，中国水电顾问集团昆明勘测设计研究院（简称昆明院）在小湾工地举行了第七次顾问组会议。会议就《拱坝建基面 975m 高程以下开挖卸荷松弛岩体处理方案专题报告》（简称《专题报告》）进行咨询，参加会议的有云南华能澜沧江水电有限公司、小湾水电工程建设管理局和昆明院等单位代表共 40 余人。在查勘了现场，听取了昆明院的汇报后，与会专家进行了充分讨论。

顾问组认为，昆明院针对小湾拱坝建基面 975m 高程以下开挖后出现的岩体卸荷松弛现象，在 21～27 号坝段布置了许多的物探测试工作，取得了丰富的测试成果，并及时开展了坝基面地质资料的收集、整理和分析，基本掌握了 21～27 号坝段缓倾角节理裂隙分布范围，发育深度，对目前已开挖的 975m 高程以下坝基面作了详细的测绘和分析，为该部位卸荷松弛岩体处理提供了有力的依据。《专题报告》依据有关地质及物探检测资料，针对坝基卸荷松弛程度，提出了相应的处理原则和工程措施，工作认真细致，资料翔实，方案基本可行，顾问组基本同意《专题报告》中的结论，具体意见和建议如下：

一、地质条件

975m 高程以下建基面附近岩体天然状态下以微透水岩体为主，地应力属高地应力，最大主应力 σ_1' 可达 35MPa，建基面 953m 高程为 20～30MPa。存在的缓倾、近水平节理裂隙大部分为河谷下切过程中应力调整产生的裂纹及裂隙，基坑开挖卸荷松弛（回弹）后浅表部有明显的张开现象，主要表现在缓倾角～近水平节理普遍张开，局部有错动、抬动现象，沿近 SN 向和近 EW 向陡倾角节理裂隙也有张开现象，岩体强度明显降低。岩体开挖卸荷松弛的程度和深度主要受该地段地应力状态、节理裂隙发育程度、开挖临空面方向等控制，深部一般仍较紧密，张开裂隙无充填、面新鲜，具有较好的可灌性。

根据全孔壁数字成像、声波测试成果及施工揭露分析，浅部缓倾裂隙较深部发育且松弛张开，其连通程度相对较高，但即使在连通程度相对较高的浅表部位，也没有形成完全贯通的平面，其连通是以台坎状或扭曲面相连。大部分相对集中分布在目前开挖面以下 2m 左右深度范围，是处理的主要对象。

二、开挖卸荷松弛岩体对拱坝的影响

建基面浅表部位岩体开挖卸荷松弛后，在一定范围内降低了基岩变形模量，影响其完整性和均质性，从而会改变拱坝的应力、变形分布，带来不利后果。因此，必须

小湾水电站工程设计顾问组第七次咨询会议于 2005 年 9 月 26～27 日在小湾工地召开，顾问组组长潘家铮主持了本次顾问组会议。本文为第七次顾问组会议纪要。

进行处理，以尽可能恢复岩体的完整性和均匀性，减免不利影响。

建基面及其以下一定深度范围内，存在的这些缓倾角张开节理裂隙，其抗剪强度较低，连通率较高，对拱坝的浅层滑动不利，会导致拱坝的整体安全度有所降低，需进行处理，以提高抗剪强度。

三、处理原则和措施

1. 处理原则

尽量清除表层已松动的岩体，随后分别针对各坝段情况进行必要的清挖，并尽快浇筑混凝土，然后进行高质量的固结灌浆。

2. 具体清挖处理

（1）21号坝段：主要针对拱坝中线上游部位存在的片岩夹层较宽和坡脚裂隙张开较宽部位进行清挖。具体清挖范围为：上游较宽片岩夹层以上游从拱坝上游坝基轮廓线起，沿裂隙产状进行顺势清挖，清挖范围包括片岩夹层；拱坝中心线至上游较宽片岩夹层要求按已开挖部位的裂隙产状进行顺势清挖，清挖前沿为目前已清挖的前沿底部裂隙面，后沿斜向上游的一条片岩夹层为界，进行顺势清挖。

（2）22和23号坝段从坝踵轮廓线向下游15m范围内仅作清撬，清撬后高程控制在952.0m左右；该范围以外至坝趾之间进行清挖，清挖最低高程控制在950.5～951m附近，向上游侧及左右岸顺势放坡，下游侧采用直坎开挖。

以上清挖处理可根据实际揭示的地质情况作适当调整。

3. 其他处理措施

赞同昆明院《专题报告》中提出的综合处理措施，即：

（1）在953m高程以下布置超前系统砂浆锚杆，孔深10m，锚杆埋入清挖面以下；

（2）在975m高程以下建基面采用有盖重固结灌浆，部分区域视施工情况在基岩一定深度以下可进行无盖重固结灌浆；

（3）加强目前已有各种钻孔及裂隙的冲洗；

（4）在固结灌浆孔中设置锚筋桩；

（5）对下游坝址贴角区域以外一定范围进行固结灌浆；

（6）对拱坝上游结构诱导缝进行配筋。

四、下一步工作

（1）开展三维整体有限元分析，对浅表层岩体变形模量的降低进行分析，研究浅层基岩的屈服状态，确定处理后应达到设计要求的变形模量，并建立变形模量与声波的相关关系。

（2）开展化学灌浆试验，研究采用化学灌浆以提高坝基岩体抗剪强度的可行性。

（3）鉴于固结灌浆对提高目前已开挖卸荷松弛岩体的变形模量和改善坝基岩体的完整性和均质性十分重要，顾问组特别强调必须进行详细的固结灌浆设计，进行周密细致和高质量的固结灌浆。

对《小湾水电站坝基底部高程开挖卸荷松弛岩体的影响及拱坝体型研究专题报告》的一些意见

（1）双曲拱坝的体型及坝高对拱坝应力分布和抗滑安全影响很敏感，所以在 8、9 月顾问专家对坝基底部卸荷松弛岩体的处理都提出"顺势开挖""必要清挖"的原则，目的就是想避免改变原设计体型，引起其他影响，并不是为了想节省些方量。

（2）现已将河床 21～23 坝段整体开挖到 950.5m 高程，并沿该高程两侧伸入 21 及 24 坝段 10m 后，顺势向上放坡，接 975m 高程。原设计体型、尺寸、荷载都有一定变动。昆明勘测设计研究院与武汉大学为此进行多方案详尽分析，提出本报告初稿。但只对五个方案的计算结果作了描述，没有确定方案。

（3）如果将原设计体型顺势下伸 2.5m，不作其他处理，底部水荷载有较大增加，最大拉、压应力超标尚在其次，治坝基的浅层抗滑稳定特别是"斜切"安全度太低，坝底上游一大部分都拉剪破坏，包括帷幕区，似不够安全。看来较好的办法是把新增的 2.5m 混凝土甚至包括 958m 高程以下的原坝体作为基础混凝土处理，使坝高、荷载不增加，甚至减少，则各种情况都改善。

（4）但要使该部位混凝土起基础作用，要满足一定条件：

1）基础混凝土的尺寸应明显大于坝体宽度；

2）基础混凝土应严格温控，并与围岩紧密结合，在基础混凝土稳定后再上浇坝体；

3）基础混凝土及其附近基岩在水压力作用下不致开裂延伸，使上游水压力只能按渗透方式作用。

如不能满足这些要求，就难以起基础的作用。

（5）为此，提出如下建议：

1）将上下游岩壁清理后，用混凝土从上游到下游回填密实，使尽量与岩壁紧密结合；

2）采用微膨胀混凝土，严格温控，并设置适当防裂钢筋，待稳定后再浇坝体混凝土；

3）利用基础混凝土作压重，对其下和侧面基岩进行高质量固结灌浆；

4）结合上游面诱导缝的设置，尽量释放基础混凝土部位拉应力；

5）在坝踵部位敷设合适的防渗层，防止库水集中下渗；

6）与武汉大学合作，继续对有关问题做进一步分析研究。

由于未和其他专家联系，也未见到详尽、正式资料，以上仅是个人初步想法，只供设计院及业主参考。

2005 年 11 月，昆明院编制了《小湾水电站坝基底部高程开挖卸荷松弛岩体的影响及拱坝体型研究报告》，报告送作者后，作者针对该报告提出了此书面意见。

云南澜沧江小湾水电站工程设计顾问组
第八次会议咨询意见

2006 年 4 月 11～15 日，小湾水电站工程设计顾问组第八次会议在小湾工地举行。会议就《拱坝坝基开挖卸荷松弛影响及工程措施专题报告》《坝肩抗力岩体处理实施方案优化设计专题报告》《拱坝坝基固结灌浆专题分析报告》和《拱坝浇筑初期裂缝分析及防裂措施专题报告》进行了咨询。参加会议的有潘家铮院士等设计顾问组成员，还有业主单位中国华能集团公司、云南华能澜沧江水电有限公司和小湾水电工程建设管理局、有关高等院校和科研单位武汉大学、清华大学和中国水利水电科学研究院以及中国水电顾问集团昆明勘测设计研究院等专家、代表共 70 余人。

经过查勘现场，听取了昆明院的汇报后，与会专家进行了充分讨论。会议认为昆明院对坝基开挖后出现的卸荷回弹松弛问题极为重视，态度认真负责，及时联合国内著名高等院校和科研单位，针对拱坝的应力、变位及浅层抗滑稳定等问题开展了深入细致的研究，并提出了多种工程处理设想；针对坝肩抗力岩体的洞井塞置换处理方案，进行密切的跟踪设计优化。顾问组对上述工作给予充分肯定。提交的报告（含附件）内容丰富。具体意见和建议如下：

一、坝基卸荷松弛岩体特征和力学参数

1. 坝基卸荷松弛岩体特征

小湾拱坝开挖至建基面后，浅表层岩体发生明显的卸荷松弛现象，以低高程部位为甚。昆明院对此现象十分重视，进行全面详细调查，已基本掌握其特征。即缓倾—水平裂隙张开，其开度及长度随暴露时间扩展，然后趋于稳定。河床建基面缓倾角—近水平裂隙面较平—起伏、粗糙，其延展受陡倾片岩及结构面的限制，形成错台，未形成连续贯通的平面，并具有较好的可灌性，但河床坝基受雨水浸泡和造孔的影响，以岩粉为主的污染物渗入了部分裂隙，影响固结灌浆质量。

据声波测试和数字孔壁成像资料，浅表部松弛带距建基面深度在高程 975m 以上，一般为 3～5m，以下为 2～3m；过渡带底界距建基面在高程 975m 以上为 6～10m，以下为 4～6m。高程 975m 以下，卸荷松弛裂隙延展程度随深度而减小。

地质提出的卸荷松弛裂隙线连通率在 0～2m 范围内为 90%，2～6m 为 60%，6～20m 为 30%。顾问组认为，用面连通率确定岩体抗剪强度应更为合理。面连通率应低于线连通率。

2. 对松弛岩体力学参数的评价和建议

顾问组认为，昆明院提出的变形模量和抗剪强度中值基本上是合适的。根据坝基

小湾水电工程设计顾问组第八次咨询会议于 2006 年 1 月 11～15 日在小湾工地召开，顾问组组长潘家铮主持了本次顾问组会议。本文为第八次顾问组会议纪要。

声波测试、孔壁成像、松弛裂隙起伏、连通情况，以及固结灌浆资料，结合结构面试验值，顾问组建议对处理后的部分岩体抗剪参数进行如下调整。

高程975m以下，0～2m深度范围，f'由0.77调为0.8，c'由0.27MPa调为0.30MPa；f由0.62调为0.8。2～6m深度范围，f'、c'不变，f由0.78调为0.85。

考虑到松弛裂隙经过固结灌浆后，裂隙面上仍可能附着岩粉，建议对0～2m深度范围f值分别用0.78、0.75进行敏感性分析。

二、坝基固结灌浆

1. 坝基固结灌浆分区

据拱坝应力和防渗要求以及基岩条件，设计对坝基固结灌浆分区提出不同孔深和要求，施工中可根据实际地质条件、结构要求和灌浆情况调整。固结灌浆重点是坝趾及下游贴角高应力区、坝基中心线下游区和帷幕线区。各孔的重点是建基面以下10m范围尤其是第一段，除坝趾区外孔深不必过大。

2. 对21～25号坝段固结灌浆成果评价

至2006年4月已完成21～25号坝段的固结灌浆，并对21、23、25号坝段进行了灌浆质量检查，施工情况如下：

固结灌浆在有盖重情况下进行，混凝土厚6m左右。

采用硅粉水泥浆，硅粉掺量8%。

灌浆按排分序、排内加密方式进行，先灌排分两序施工，称为Ⅰ、Ⅱ序孔；后灌排大体上也分两序施工，为Ⅲ序孔。

总体看，灌浆注入量小，5个坝段平均单位注入量最小1.9kg/m，最大20.3kg/m（见表1），且先灌的单数坝段单位注入量大于后灌坝段。

表1　　　　　　　　　21～25号坝段各次序孔单位注入量统计表　　　　　　　　　kg/m

21号				22号				23号				24号				25号			
Ⅰ	Ⅱ	Ⅲ	平均	Ⅰ	Ⅱ	Ⅲ	平均	Ⅰ	Ⅱ	Ⅲ	平均	Ⅰ	Ⅱ	Ⅲ	平均	Ⅰ	Ⅱ	Ⅲ	平均
29.4	2.7	0.5	9.3	6.7	1.3	2.9	3.5	51.8	4.0	2.1	15.7	3.5	1.9	1.1	1.9	60.7	6.6	3.2	20.3

5个坝段共注入水泥200.3t，其中单位注入量大于500kg/m的有24段，占总段数的6.5%，共注入水泥115t，占总量的57.4%。这24段均位于Ⅰ序孔的第一段，大值为9549kg/m，6147kg/m，5168kg/m。

从平均单位注入量分析，Ⅱ序孔较Ⅰ序孔明显降低，如25号坝段由60.7kg/m减为6.6kg/m。从各坝段第一段的单位注入量分析，Ⅱ序孔也较Ⅰ序孔明显降低。

灌浆后基岩波速增加较明显。各坝段检查孔波速平均值均在5000m/s以上，基本消除4500m/s以下的低波速段。

据21、23、25号坝段压水试验检查，近20%检查孔段透水率偏大，绝大部分位于灌浆孔的第一段，数字成像也说明一部分张开裂隙水泥结石仅局部充填。

3. 对坝基固结灌浆的参考意见

（1）固结灌浆应在有盖重条件下进行，混凝土厚度不低于6m，力争更高。

（2）灌浆浆液：采用纯水泥浆。

（3）灌浆顺序：排间分两序，每排也分两序。先灌排为Ⅰ、Ⅱ序孔，后灌排为Ⅲ、Ⅳ序孔。

（4）灌浆方法与浆液配比：先灌排Ⅰ、Ⅱ序孔采用自上而下孔内阻塞灌浆方法，灌浆材料为 42.5 级普通硅酸盐水泥，浆液配比 1∶1（或 0.8∶1）和 0.6∶1 两级，原则上以后者为主。后灌排Ⅲ、Ⅳ序孔，先灌第一段，而后采用自下而上的灌浆方法灌注第 2、3 段。灌浆材料根据实际施灌情况，采用干磨细水泥或 42.5 级普通硅酸盐水泥。采用干磨细水泥时必须使用高速搅拌机，浆液应加入高效减水剂。

浆液黏度采用马氏漏斗测试，仍宜控制在 30s 左右，并应小于 40s。

（5）孔深与灌浆孔段划分。

A、B 区孔深 10m。段长从孔口起分别为 2m、3m 和 5m。

（6）灌浆压力，见表 2。

表 2　　　　　　　　　　灌 浆 压 力 表

灌浆段序	1	2	3
灌浆段长（m）	2	3	5
先灌排Ⅰ、Ⅱ序孔（MPa）	0.8	1.2	1.6
后灌排Ⅲ、Ⅳ序孔（MPa）	1.0	1.5	2.0

（7）混凝土面抬动值宜按 100μm 控制，灌浆应在无抬动工况下进行。

4．大注入量孔段的灌浆工艺

应从严控制注入率和灌浆压力，采用低压、稳定浆、限流灌注。如开灌时不起压，宜自流灌注，不应盲目升压。待注入率减小后，再分多级升压。如注入率过大，宜停灌待凝（不少于 24h）。

三、坝基开挖卸荷岩体的影响和工程措施

小湾拱坝开挖到建基面后，出现岩体卸荷松弛现象，影响拱坝的变形、应力分布特别是浅层抗滑稳定性。昆明院对此极为重视，进行深入研究，并联合武汉大学、清华大学和水科院开展较精确的有限元分析，得出许多重要成果，拟订工程措施设想。顾问组认为昆明院和有关院校的工作是认真细致的。经讨论对这一问题提出以下意见和建议。

1．对计算成果的评价

由于各家采用的计算模型、单元形态、某些准则和一些条件不尽相同，计算工作亦尚未结束，因此得出的成果有一定分歧，其中以武汉大学所做的工作更为详细。经综合研究各种计算成果后，似可归纳出以下几点：

（1）浅层卸荷裂隙对拱坝的变形和应力分布有一定影响，但程度相对较轻，其主要不利影响是降低了沿裂隙面的抗剪（断）安全度。

（2）计算控制面上点抗剪安全度的分布有一定规律，在坝段中部较高，上下游两侧较低，尤其从上游面到帷幕线的范围内更低。

（3）计算控制面上的面安全系数也较低，各家成果有些出入。顾问组初步估计，如果不采取工程措施，采用常规强度参数计算，在正常工况下，面抗剪安全系数约稍

大于 1，面抗剪断安全系数在 1.5 左右。有待进一步分析确定。

为了对沿浅层裂隙的抗滑稳定安全度有个较可信和明确的认定，建议昆明院与澜沧江公司共同组织三家院校继续进行下一阶段计算，并先对已往工作进行沟通交流，将一些可以统一的数据、条件、判据等统一起来，并选择少数有代表性的工况进行独立分析，使各家成果能较一致或有可比性。在这个基础上开展各种有关方案的分析比较，提出成果和建议，以利昆明院和业主分析与决策。

2. 关于浅层抗滑稳定安全的判据

拱坝底部浅层抗滑稳定核算是个复杂的问题，国内经验很少，对国外的情况也掌握不多。设计规范中也无明确规定，只能根据工程实际情况研究确定，经讨论后有以下几点认识：

（1）对抗滑安全度的判断，宜以面安全系数为主，点安全系数的分布可供参考，尤其帷幕附近区点安全度的数值有重要意义。

（2）抗滑稳定的核算公式有抗剪及抗剪断两类，都可应用，欧洲各国似多应用抗剪公式。鉴于浅层裂隙面的大小性状很难查清，按抗剪公式计算似更方便可行。按抗剪断公式计算时，对裂隙连通率和 c' 值宜审慎合理选用。

（3）对于安全性评价的判据，昆明院参考水利拱坝设计规范条文说明中所附表 20 的标准，即面安全系数分别要求达到 1.5（抗剪）和 2.5（抗剪断），基本可行。但鉴于拱坝是个空间结构，个别坝段的面安全度较低并不一定意味有严重问题。因此最后的判断应根据采用各种措施后进一步计算的成果、分析各种安全裕度和不安全的因素、参照国内外类似工程来作出，不一定严格受上述判据的约束。不少专家认为这两个判据可适当降低，也有专家建议对国内已运行的高拱坝作类比分析和比较小湾拱坝有无浅层卸荷裂隙的具体差别，做到心中有数。

鉴于高拱坝浅层滑动稳定问题是个未解决的难题，除请各院校做进一步研究外（如水科院除核算单个坝段外，也核算某一高程以下的整体安全度），建议有关单位向国家申请，将本课题列为专题攻关，这对进一步弄清小湾拱坝的安全性和对今后水电发展都有重要意义。

3. 关于帷幕区的点安全度

计算结果表明，在帷幕区的点安全度很低，而且，根据判断，即使采取一些工程措施，从上游到帷幕区的点安全度不可能有显著提高，这意味在运行后，帷幕可能位于屈服区内，从最不利角度出发，要考虑沿裂隙发生错动的可能。建议对该部位第一段帷幕予以特别加强，并可考虑增设一排浅孔化学灌浆，以提高防渗性，并具有适应少量错动的能力，请昆明院研究。运行期，要加强对帷幕体上部工作情况的监测。

4. 关于工程措施

鉴于小湾拱坝高达 294.5m，沿浅层裂隙面抗滑安全系数又较低，必须予以重视，除进一步分析研究外，应采取各种有效和可行的工程措施，力求提高各坝段的面安全系数，达到必要的值。对各种工程措施的意见如下：

（1）尽一切努力做好坝基岩体的固结灌浆工作，尤其要确保第一段的高质量，这是最直接有效的措施之一。对于已完成固结灌浆的河床坝段，由于浅表层灌浆压力太低，且水泥结石填充欠饱满，建议根据灌浆及质量检查情况，待大坝下部横缝灌浆后，在廊道内（或先行钻孔引管）用高压灌浆重点加强。

（2）化学灌浆存在环保和投入大的问题，其效果也难以量化，故不宜大面积采用，仅可作为在重点和必要部位的补充加固措施。赞同进行必要的试验工作。

（3）加强坝基防渗帷幕和下游封闭帷幕，提高其防渗效果，并完善坝基及下游水垫塘设置的排水系统，充分发挥抽排效果，使裂隙面上的扬压力降到最低，是有效可行的措施，请妥善设计和实施。

（4）上游面做好妥善的防渗措施，包括坝面防渗和坝前防渗，可防止高压水进入可能出现的坝体或岩体裂缝，形成水力劈裂，这一工作必须做好。根据有关部门研究，这一防渗体系是可以做好的，但必须精心设计和精心施工，否则极易失效，目前的设计方案尚有待优化改进。这一措施是否能提高浅层裂隙面的抗滑安全度，可根据各部位的渗透系数作一渗流分析加以研究，并可根据计算成果改进设计。

（5）预应力锚固。预应力锚固可以提高岩体的抗剪能力，但代价较高，以预应力锚固作为提高抗滑安全度的主要手段似不适宜，但赞成设计院进行研究，在需要重点加固的部位，布置合适的预应力锚索，作为一种辅助措施。

（6）河床部位的浅层滑动，必须越过下游的贴角混凝土，再斜向切穿下游岩体或水垫塘混凝土，应做好设计，充分利用这些部位的抗力。

（7）目前提出的压重混凝土设想不宜考虑。

如果采用了各种可行措施和合适的强度参数，通过进一步计算，面安全系数仍偏低，不能被接受时，可研究比较在坝后采取各种加强措施。

5. 关于诱导缝

顾问组对诱导缝的设置和施工并无新的意见，赞成按现设计继续实施完成。要采取措施防止运行期诱导缝张开后拉裂相邻的坝段，宜在该部位上游坝面做表面防渗层。

四、坝体混凝土裂缝及防裂问题

1. 坝体混凝土开裂情况

小湾拱坝混凝土于 2005 年 12 月 12 日开始浇筑，至 2006 年 3 月 31 日共浇筑 17～28 号坝段约 20 万 m^3。自 2006 年 1 月 19 日～3 月 29 日先后在 18、19、20、21、23、24 号 6 个坝段中发现 16 条裂缝。裂缝长度一般为 5～10m，最长为 20.35m，大部分沿坝轴线方向展布；裂缝宽度一般为 0.1～0.3mm，其中 18、19 号坝段裂缝宽达 1～2mm；裂缝深度一般为 1m 左右，最深可能达 4.5m。

2. 产生裂缝原因的分析

顾问组讨论研究后认为，不同坝段裂缝成因也许有些不同，但主要成因是有共性和可以取得一致认识的。客观条件上，这些混凝土都是浇在基岩上的狭长薄层混凝土，体形不利，受到很强的约束。虽然实施了严格的温控，但仍会产生一定的温度应力。在这个条件下，再加上固结灌浆沿连通性较好裂隙面可能产生的大面积上抬力和地基回弹变形而导致开裂。包括 18、19、20 号坝段的横向裂缝，21、23 号和 24 号坝段的主要裂缝都是这种性质。23 号坝段中有尺寸较大的集水井，更易在井的两侧弱面处开裂。

个别裂缝还可能与混凝土施工质量有关。顾问组认为，施工质量虽不是产生裂缝的主要因素，但对小湾高拱坝的基础部位混凝土来说不容许出现任何质量事故。建议施工、监理单位和业主对已浇混凝土的质量进行复查，并建立严格的质量保证体系，以确保工程质量。

3. 对已出现裂缝的处理

设计提出的浅层裂缝采用表面凿槽，回填预缩砂浆；在裂缝端头打应力释放孔及止缝孔；在仓面沿裂缝设置半圆并缝钢管；在裂缝的区域范围设置限裂钢筋网等措施都是合理的。

顾问组认为，对宽 0.1～0.2mm 的细微裂缝在采取上述措施后没有必要再作灌浆；对于 0.5～2mm 的裂缝宜采用干磨细水泥灌浆，其灌浆时间必须待该部位混凝土温度达到坝体的稳定温度，并在横缝灌浆后进行。

顾问组认为，采取上述措施后，这些裂缝不会影响拱坝的安全。

4. 对小湾拱坝混凝土温控设计及实施的评价

小湾拱坝混凝土温度控制标准是合理的。主要标准是：基础强约束区控制混凝土最高温度为 27℃，弱约束区为 30℃，强约束区基础允许温差为 14℃，浇筑温度 11℃。从目前温控实施情况看，出机口温度、浇筑温度和混凝土最高温度都得到全面控制，其中混凝土最高温度还有 2～3℃ 余度。但是随着高温季节到来，在基础强约束区混凝土最高温度的控制仍有一定难度，必须提前做出应对方案。

从目前施工情况分析，及时、有效做到混凝土表面保温还是一个薄弱环节，要制定严格的施工工艺，切实改进。

上下游坝面和仓面覆盖保温被是可行的，但是在横缝部位由于采用半球形键槽，保温被难以贴紧，宜采用流水养护。坝内一期通水要根据具体情况采用动态跟踪冷却，提高一期冷却削峰效果。

5. 对今后防裂措施的意见

原则同意设计提出的十条防裂措施。建议除进一步改进灌浆工艺外，要尽量增加混凝土盖重，可由目前 6m 增厚至 7.5～9m。岸坡坝段宜在靠河侧浇筑层高度达到 9m 后，利用浇筑间歇期由外侧向内侧按行分序分批灌浆，间歇期宜控制在 10d 左右，使固结灌浆和混凝土防裂两者兼顾。

顾问组认为，在坚持和加强温度控制措施，并改进固结灌浆工作后，可防止各坝段基础块混凝土再出现类似裂缝。

五、坝肩抗力岩体处理的实施和优化

坝肩抗力体是拱坝安全的关键，昆明院在地下洞井塞置换处理跟踪开挖过程中，做了大量认真细致的工作，根据实际情况，对设计方案及时进行优化调整，使处理更具针对性和有效性。同时，施工质量控制得很好，做到了精雕细刻。目前左、右岸坝肩置换洞塞的总体实施方案较为合理，不宜作大的调整。

据已开挖洞塞的监测成果分析，洞挖会引起一定的围岩松弛，最大松动圈在 2m 范围内，总体来看，对围岩扰动小，尽管如此，还是需要对已松弛岩体进行高质量的固结灌浆。

1. 关于两岸洞井塞的布置优化

昆明院根据跟踪揭示的地质缺陷实际产状、性状及分布等客观依据对已完成置换洞或传力洞的洞线、断面及洞长等进行的优化调整总体合适，顾问组赞同和肯定这些工作成果。

基于已揭示的断层、蚀变带的宽度及性状，专题报告中的数值分析复核结果显示，在优化调整后的洞井塞布置条件下，拱端应力能够向下游和山体内侧有效传递，变位方向与拱坝中心线夹角大、偏向纵深方向，安全度偏低区域主要集中在中低高程坝趾和左岸 E_8 蚀变带等部位，但范围较小，总体不存在大的安全度不足区域。

鉴于当前揭示 F_{11} 断层破碎带内的糜棱岩、断层泥宽度普遍较窄，1090m 高程以上拱端受力逐渐减小，同时为减免开挖爆破对岩体的损伤和影响，对剩余的 1090m 高程以上井塞拟进行取消的优化措施符合现状条件；根据当前的资料分析预测，对 LE_8C、REE、RE_1E、$Rf_{10}E$、$RF_{11}G$、$RF_{11}I$ 洞塞拟采取减小断面或位置调整的考虑是合适的。

此外，针对右岸中上部高程近拱端三角区域及 F_{11} 断层旁侧挤压面的处理应给予充分重视。关于置换洞灌浆廊道的回填时机可视相关工作的完成情况具体拟定。

2. 关于加强两岸坝肩抗力岩体的固结灌浆

地质缺陷置换洞塞构成处理的骨架，但其处理范围有限，更大区域尚需依靠固结灌浆予以解决，包括开挖松弛围岩。相比较而言，注浆系统更为重要、困难和复杂，应给予更多的重视。

（1）抗力岩体固结灌浆的主要目的在于提高其均匀性、密实性和整体性，消除低波速区，其处理标准宜区分主次和轻重，与拱端距离的远近相匹性，如在近拱端可按 $v_p \geq 4500m/s$ 控制，灌浆孔的布置参数应根据各部位重要程度分区对待，对于重要部位应下决心加密布孔，环距可考虑由 3m 加密至 1.5m，且环间灌浆孔应错距布置；对于次要部位则不一定加密，具体布置参数还应根据检查成果进行优化调整。

建议对注浆效果结合布孔参数开展敏感性分析工作，分析各部位受力特征对注浆效果的要求和敏感程度；坝肩岩体固结灌浆以均化和提高岩体变形模量为目的，检查标准应以波速为主，对其强度可不作高的要求，建议对灌浆材料从经济性方面适当考虑。

（2）左岸 4 号山梁卸荷岩体，必须保证核心受力区的固结灌浆效果，在此基础上还应加强排水措施。

采用封闭灌浆帷幕分隔高、低压灌区的布置方案基本合理。封闭帷幕的灌浆参数及工艺可通过灌浆试验确定。低压灌浆区范围建议作进一步优化。

加强对裂隙次生泥的冲洗，封闭后的高压区要分级分序升压，使卸荷裂隙充填密实，提高岩体变形模量。

为加强排水，可在坡面打设孔径较大的深排水孔，也可利用部分固结灌浆孔扫孔加深后作为永久排水孔。为防止夹泥堵塞，应在排水孔内设反滤。此外，还可对在传力洞灌浆区外侧卸荷岩体内布置小断面排水洞的必要性尽快进行分析，如设排水洞，应先期施工，以免影响固结灌浆。

在澜沧江流域质量专家组对小湾水电站工程进行第一次工程质量检查会闭幕时的发言

这次小湾工程质量检查会议开得十分及时和成功，对我来说，则是一次极好的学习机会。一星期来，专家们通过考察、听介绍、阅读文件、讨论交流，加深了对小湾工程的认识，对一些问题提出了建议或看法，这些已由各位专家详细谈过了，我完全同意专家们的意见，也没有需要补充的内容。下面只把自己的一些体会和在会上讲过的一些话重复一下，供大家参考。

一、小湾工程建设已走上康庄大道，成绩巨大，前景光明，任务艰巨

任何工程开头难，像小湾这样的巨型工程，开工以来遇到的挑战和困难就更非局外人所能想象了。澜沧江公司、小湾水电工程建设管理局和参建各方共同努力，艰苦奋战，克服了重重困难，稳步前进。我来小湾的机会不多，但每次来都感到面貌一新，现在可以说已走上康庄大道。

在短短几年中，完成了大量准备工作，实施了大江截流，解决了高边坡稳定问题，完成了坝基和地下系统开挖，处理了基岩回弹问题，开始了大坝浇筑，至今已浇了近60万 m^3 混凝土，各项工程质量总体优良，没有发生重大的质量和安全事故。

特别在质量控制方面，基本建立起比较健全的管理体系，形成以建管局为首，综合设计、施工、监理和质量监督站构成的质量管理体系，设置明确的各层次质监机构，落实各级负责人员，建立各种具体办法、标准和细则，开展了各种有利于提高质量的活动。我想，这就是小湾工程能取得质量安全双丰收的主要原因。所以我说小湾建设已走上康庄大道，成绩巨大，只要坚持这个正确的方向走下去，前景是越来越光明，请允许我向建管局和所有参建单位表示由衷的钦佩与祝贺。

当然，任何制度不可能尽善尽美，初步建立的小湾质控体系也不例外，需要与时俱进，不断完善提高。建议通过实践，听取这次会上专家们的意见和吸收兄弟工程经验，继续改进：①完备化、系统化，把还欠缺的内容补上。②完善化、精细化，使各项规定更趋于科学、合理和明确。③统一化、协调化，全工地实行同一方法，同一标准，同一规定，同一整编模式。数据反馈要迅速、全面。④信息化、预警化，采用新技术，尽量从事后补强转化为事前预警和防范。

首先，在不断完善规章、制度的同时，要狠抓严格执行这一关，不执行的一定要批评处理。其次，要加强来自实践的反馈，有的需及时采取措施（如施工过程中出现情况），有的需反馈到设计或更上的层次（如监测中发现的一些情况），以便修改设计或作出决策。我感到工地上这方面还有待加强。

顺便提一句，这次给专家组提供的资料很多，大家还是十分负责的，但也存在着

本文是作者 2006 年 7 月 28 日在小湾水电站第一次工程质量检查会上的发言。

数据不一，提法矛盾，说好不说坏和重表面数据轻工程实效等问题，望今后有所改进。

我们期待着小湾的质量控制体系和执行情况更上一层楼。

二、对工程中几个问题的看法

1. 拱坝裂缝及混凝土温控

小湾是 300m 级的高拱坝，防止坝体发生危害性裂缝是件大事。截至 3 月底，共查出 15 条仓面裂缝，分布在 19～24 号坝段。长 1.8～20.5m，宽 0.1～3.21mm，深 ≤3.6m。高程为 954～970m，多在该坝段固结灌浆后发现。在今年 4 月以后，没有再发现仓面裂缝。已发生的裂缝都已用常规方法进行处理或待以后处理。

发生裂缝的原因，4 月设计顾问组会议中认为，地基卸荷回弹及不恰当的固结灌浆为主要因素，结合其他一些因素（温控、结构形状等）产生开裂。这些坝块继续上升后不再出现类似裂缝，似可证实上一推断。同样，也可为其他坝段的基础块防裂和固结灌浆工艺提供借鉴。

建管局和参建各方对混凝土温控是重视的。设计院做了温控设计，提出各项控制要求，监理中心编发了《大坝混凝土温控手册》，按照各负其责、分段控制、节节把关、从严要求的原则进行全面控制。从已有资料看，机口温度、浇筑温度、最高温度，通水冷却、养护保温……都能有效控制。考虑到小湾的气温条件和混凝土的极限拉伸值较高，只要严把温控关，改进一些尚存在的缺陷，保证小湾拱坝不再出现裂缝是完全可能的。

2. 地基回弹和固结灌浆

小湾坝基开挖到建基面时，出现明显的地基卸荷回弹现象，原来的隐蔽裂隙张开，尤以河床坝段为甚。虽加深了开挖和清理，问题并未彻底解决。在浇筑了混凝土后，才将张开的节理压回去，停止发展。因此，依靠固结灌浆来增强坝基下的浅层部位基岩，极为重要。

从已进行的 19～26 号坝段固结灌浆情况来看，一是必须在盖重下灌浆，二是必须采取合适的工艺以保证质量和防止上覆混凝土开裂与抬动。为此已对灌浆工艺做了调整，取得较好成果，耗浆量依序递减，灌后压水透水率大部分合格，灌浆后弹模有所提高，说明灌浆起了一定效果。从耗浆记录看，第一段吸浆量特别巨大，也可证实此点。

但还存在一些缺陷：21～23 坝段压水试验不合格，物探检查不合格的坝段、钻孔更多（物探波速的验收标准还有待研究）。从物探检查成果看，低波速段集中在钻孔进入基岩的接触段。从灌浆资料中还可知：接触段常出现透水不吸浆现象，说明回弹的节理被压回，但可灌性不好，灌浆对提高其强度的作用恐有限。

固结灌浆不在乎灌得多灌得深，在于抓住要害部位灌好。要害部位首先就是接触段，其次是第二段。判断固结灌浆是否合格，也以这一段为主，不搞大平均，不妨开个会共同鉴定是否合格，是否还需补做工作。

建议：①对不合格和关键性的部位继续补强和检查，并要采用合理的浆液和工艺；②对岸坡坝段的清基、浇筑、灌浆工作，吸取河床坝段经验教训进行优化和妥善安排，务必做到基础段浇筑和固结灌浆双赢；③对各坝段固结灌浆的有关资料，建议统一整编，集中研究，使能正确反映灌浆实效和存在的问题；④请设计院继续研究坝基下浅层岩体中存在强度较低的节理面对拱坝应力、变形、安全的影响。

3. 混凝土原材料、级配及强度

小湾工地已建立起对原材料质量检查控制和对混凝土强度的研究试验体系，使各项指标在可控之中。但创建伊始，还有不少需完善、改进、抓紧和协调的地方。有关专家对此提了许多好的建议，望建管局及参建各方采纳。

小湾拱坝是世界上最高的拱坝。与低拱坝和重力坝不同，小湾拱坝每个部位都承受极大的应力，最高应力出现在坝体中部甚至上部，设计安全裕度相对较低，实际混凝土的超强也不富裕，这一点务必引起我们警惕。就是说，在小湾拱坝任何部位的混凝土都必须保证高强度，不容许出现意外。为了保证安全并使小湾成为精品工程，对每一个环节都必须抓紧，都必须以最高标准为目标。既然我们以小湾拱坝是世界上最高拱坝自夸，那么，我们理所当然也要以最高标准自律。以此衡量，小湾工地有不少地方还需改进。

例如，原材料中的 42.5 水泥的比表面积合格率为 78%，中热水泥 28 天抗压强度合格率为 73%，超细水泥的细度合格率为 66.7%。在粗细骨料方面，据小湾实验室资料，左岸系统砂子细度模数合格率 81%，石粉含量偏高，合格率 87%，含水率不稳定（据四八联营体的试验检测月报，高的达 16% 以上，合格率低到 49.2%～23%），粗骨料超径合格率最低为 75%，逊径 87.5%。右岸系统更差些。混凝土含气量合格率 86%，坍落度合格率 70%。我的数据从文件中随机取出，不一定准确，以甄永严专家所说为准，但大体上就是这样。原材料质量波动大，就很难指望混凝土达到高度匀质性，而后者正是小湾工程最重要的一项要求，也是衡量施工管理水平的重要指标。因此建议各有关单位行动起来，采取措施，以最高标准要求自己，将各项指标都提高到新的水平。有些不一定写在规章中，但可以作为自己内部控制的目标。同时，加强驻水泥厂代表的责任，进一步调整优化混凝土级配，使小湾的混凝土真正达到一流水平。

4. 混凝土施工强度

小湾拱坝自去年 12 月开浇，迄今已浇混凝土约 60 万 m³，有五台缆机投入运行。曾创造过月浇 15 万 m³（6 月）、缆机每小时吊送 9 罐的记录。但在大多数时间内，五台缆机不能全部投运，经常有一或二台停运检修，每台缆机每小时常只能吊运 6～7 罐，浇筑能力不强，许多仓面都已备好无法开仓，不仅影响进度，也影响质量。

明年小湾拱坝进入浇筑高峰期，年浇筑量达 250 万 m³，目前情况明显不能满足要求。（据了解）除正在增加一台缆机外，建议：①尽快解决设备存在的问题，使所有缆机都能正常运行；②培训提高操作人员的水平，提高拌和楼、运料车、缆机与仓面的配合能力，使每台缆机能发挥最高效益。希望抓紧做好工作，在今年汛后就出现新的面貌，迎接明年的浇筑高潮。

5. 抗力体加固工程

小湾拱坝推力达 1600 万 t，两岸地形较单薄，基岩节理、卸荷发育，又有断层、蚀变带等缺陷。对抗力体进行加固，关系工程安全，昆明勘测设计研究院（简称昆明院）为此做了详细的加固设计。

但加固施工是一把双刃剑。因为要开挖洞、井，必然破坏本已不好的岩体。破烂的岩石其实有限，而要挖掉一大部分好的岩体。搞得不好，弊大于利。为此，一要优化设计，二要文明施工。业主将加固工程作为一个独立的标处理，十分正确，中国水利水电第十四工程局（简称水电十四局）施工，也令人放心。实践中，缺陷情况比预计为好，昆明院及时调整设计，都做得很好。

现在开挖基本完成，混凝土工程在进展中。我的体会，开挖对围岩的破坏是存在的，范围约在 1.5m 左右，甚至可达 5～6m。另外，混凝土衬砌和回填混凝土与围岩间也一定有间隙。所有这些，都严重影响处理效果，也都寄希望于用灌浆来弥补。

对抗力体进行有效的固结灌浆意义重大。首先，置换洞塞体积有限，大量缺陷和软弱岩体还是要依靠灌浆加固。其次，施工中产生的围岩松弛和混凝土与围岩间的缝隙有赖灌浆补强。希望各方，尤其水电十四局和监理，集中精力和力量抓好这一工序，制定科学的施工方案，有效的施工工艺，优选各种参数，严格执行、严格检查……，务求把抗力体加固好，还要留有可供检查维修的手段。

我们必须认识到，抗力体的固结灌浆是一项复杂的工程，切忌简单化地按同一模式进行。要像医生治病一样，掌握病情，辩证治疗，才能事半功倍，收到最好效果。建议对每一区进行灌浆前，能召开会议，使大家充分认识地质条件、关键部位、灌浆后要求达到的目标，然后确定合适的工艺和各种参数，还要在施工中及时调整。希望有关同志认真负责，精益求精，为有效加固推力体，使拱坝推力平顺均匀传播扩散，保证工程安全运行做出重大贡献。

同志们，我们正在进行前人梦想不到的伟大建设，正在浇一座 300m 高的拱坝。我们有无比的荣誉感，也有沉重的责任感。水坝与其他建筑不同，大桥也好，高楼也好，几十年后实在不能用了，无非就是拆掉重建。可是小湾能这么干吗？相信同志们一定不能辜负这个时代，不会辜负党和国家的信任与委托，一定能建成一座世界上最高也是最好的拱坝！

云南澜沧江小湾水电站工程设计顾问组
第九次会议咨询意见

　　2006 年 12 月 16～18 日，小湾水电站工程设计顾问组第九次会议在北京举行。会议就昆明院提交的《拱坝坝基浅层抗剪安全性及工程措施专题报告》和《17～28 号坝段坝基固结灌浆效果分析及处理措施专题报告》（11 个附件）进行了咨询。参加会议的单位有中国华能集团公司、云南华能澜沧江水电有限公司及小湾水电工程建设管理局、清华大学、武汉大学、四川大学和中国水电顾问集团昆明勘测设计研究院等专家、代表共 50 余人。

　　在听取了昆明院和相关科研院校的汇报后，与会专家进行了充分讨论。顾问组认为昆明院对坝基开挖后出现的卸荷回弹松弛问题高度重视，态度认真负责，在第八次顾问组会议以后的半年多时间内，开展了大量的工作。针对坝基固结灌浆，优化设计并跟踪进行监测和检测，通过对已完成的 17～28 号坝段的固结灌浆资料和检查成果进行详细的统计分析，结合实际地质条件对固结灌浆效果进行分析和评价，提出验收标准的调整和补充处理措施；针对坝基浅层抗剪安全性问题，继续联合清华大学、武汉大学及四川大学开展了深入细致的分析研究。顾问组对上述工作给予充分肯定，具体意见如下：

一、坝基卸荷松弛岩体特征和力学参数

　　小湾工程区处于高地应力区，坝基开挖后浅表部岩体存在明显的松弛现象，岩体呈现似层状结构特征，以中厚层～厚层状为主，局部为薄层状结构，中缓倾角～近水平裂隙发育，且随暴露时间延长，裂隙张开宽度增大，并有逐渐贯通的趋势。为此，昆明院开展了大量的地质分析及研究工作。

　　（1）采用现场地质编录、声波测试、全孔壁数字成像等手段，并根据钻孔漏水及其长期监测资料，将开挖卸荷松弛岩体划分为松弛带、过渡带和正常带，其分带、特征和深度确定合理。

　　（2）以可行性研究阶段审定的地质参数为基本依据，结合现场连通率调查统计和前期连通率研究成果，综合分析各带物探成果资料和监测资料，确定了各带的缓倾角结构面连通率和地质参数折减系数，其参数基本合适。提出了进行坝基浅层抗剪安全度敏感性分析的高、中、低三套地质参数，并以中值为基础对坝基浅层抗剪安全度进行评价是合适的。但水垫塘斜切面的抗剪强度参数可调整为 $f'=1.2$、$c'=1.0MPa$。

　　建基面浅表部明显松动、张开、错位及受施工污染较严重的松弛岩体，已基本清除。通过固结灌浆，岩体的均匀性得到明显改善，下一步根据固结灌浆效果及相应研

　　小湾水电站工程设计顾问组第九次咨询会议于 2006 年 12 月 16～18 日在北京召开，顾问组组长潘家铮主持了本次顾问组会议。本文为第九次顾问组会议纪要。

究对参数进行适当调整是必要的。

（3）建立的 M-v_p 动静对比关系在中、低波速范围适应性相对较好，v_p 为 4500m/s 和 4750m/s 相应变形模量分别为 8GPa 和 11GPa 左右，此变形模量可信，但用此关系式确定浅表层岩体 $v_p \geqslant$ 5000m/s 的变形模量时，尚应结合裂隙发育情况等综合选择。

二、17～28 号坝段坝基固结灌浆效果评价

第八次设计顾问组会议之后，昆明院调整了部分固结灌浆施工工艺参数，在小湾建管局的严格管理下，施工单位认真执行了设计提出的施工工艺。通过统计分析，固结灌浆单位注入率、透水率随灌浆次序的增加和孔深增加而递减，浅表层岩体中大部分缓倾角裂隙已被充填，低波速带的波速得到提高，标准差和离差系数减小。尽管还存在一些缺陷，从总体上讲，固结灌浆已取得了明显效果。

三、坝基浅层抗剪安全性及工程措施

鉴于拱坝受力特点及滑动边界条件，昆明院及有关高等院校着重研究了坝基浅层稳定问题，计算了截面和复合包络面的抗剪安全度，并重点关注帷幕线附近点安全度，其思路与分析方法是合适的。

1. 对拱坝整体稳定和计算成果的总体评价

拱坝是整体性很强的空间超静定结构，坝基开挖后出现的卸荷松弛现象，仅影响局部坝段抗剪安全度。

（1）多拱梁法计算成果表明，坝基浅表部卸荷松弛岩体的变模降低，对拱坝应力变位的影响不大，拱坝变形及应力仍较对称。坝体应力沿高程的分布有所均化。上游面拉应力有所减小，但下游面主压应力最大值为 10.27MPa，略超出应力控制标准（10MPa）；对拱坝的变位数值影响程度也不大，顺河向最大变位约为 18cm。基于多拱梁法得出的河床坝段浅层局部抗剪安全系数为 1.33，中上部高程的安全度逐渐提高。计算分析成果合理。

（2）三个有限元模型分析的边界条件及参数基本一致，均划分了复杂和仿真的网格，其单元及节点总数高达 35 万和 37 万个，得出的成果总体规律基本一致，可信度较高。

按照线弹性分析，拱冠梁顺河向变位在 15～20cm，与多拱梁成果较为接近，坝体变位、应力分布总体对称；河床坝段抗剪安全度最低，坝基浅层面的抗剪安全系数为 1.43～1.48，帷幕附近点抗剪安全度小于 1。按照弹塑性分析，抗剪安全度稍有降低，河床坝段坝基浅层面的抗剪安全系数为 1.01～1.35，帷幕附近点抗剪安全度很低，已接近屈服。

（3）小湾拱坝坝高，河谷较宽，河床段的坝体抗剪安全度相对较低，出现了浅层卸荷裂隙后，更有所影响，通过纵、横向对比分析，小湾实施体型的坝基浅层面抗剪安全储备与二滩拱坝和小湾招标体型（未考虑开挖卸荷松弛）及规范参考标准相比，都偏低。

2. 关于坝基浅层抗剪安全性的判据

昆明院参考水利部拱坝设计规范条文说明中所附表 20 的标准，提出以面抗剪纯摩安全系数为（弹性分析）1.5 作为控制标准，基本可行。

关于帷幕区的点抗剪安全度，以 M-C 准则作为评价的依据较为合理，鉴于拱坝帷幕处于压应力较小的区域，按常规方式计算，其点安全度（M-C）很难达到 1.0 以上，需要进一步研究合理的分析方法，并采取各种措施进行加强，对点安全度可以考虑不作强制性要求。

3. 关于工程措施

鉴于小湾工程坝高、库大，坝基浅层面抗剪安全度偏低，特别是帷幕附近点的抗剪安全度，必须予以重视，应采取各种有效和可行的工程措施，力求提高相应部位的安全性，并提高防渗帷幕对剪切变形的适应能力。建议在昆明院推荐的工程处理措施方案 B 的基础上，进一步开展以下工作：

（1）细化坝趾预应力锚索的布置方式及施加预应力时机。

（2）尽快开展现场化学灌浆试验，深入分析论证化学灌浆的可行性及有效性，对化灌材料要做针对性研究。

（3）建议分析在廊道内布置预应力锚索的可行性，如有必要，锚索宜采用低吨位、密间距的布置方式。

（4）开展锚索及化学灌浆的耐久性研究工作。

（5）结合有关科研专题的深入，加强分析各种加固措施的作用机理，优化加固措施。

四、关于坝基固结灌浆的验收及处理

1. 固结灌浆声波波速验收标准

坝基开挖卸荷松弛后，由于围压解除，岩体本身波速降低，要想通过固结灌浆使其声波波速完全恢复到天然状态是极其困难的。通过拱坝应力变位对坝基变形模量的敏感性分析研究和声波与变模的动静相关性研究，在基本满足拱坝应力和变形要求的前提下，赞同昆明院对浅表层固结灌浆声波验收标准作如下调整：声波分别按 0~2m、2~5m 及 5m 以下统计，0~2m 声波波速标准为 4750m/s，2~5m 及 5m 以下声波波速标准为 5000m/s。

2. 坝基固结灌浆补灌

坝基固结灌浆补灌的重点区域是上游帷幕部位和下游高应力区域。赞同按昆明院推荐的处理方式二进行补灌。

3. 关于固结灌浆补灌安排

同意昆明院提出的固结灌浆补灌工作安排程序，即：首先补灌已埋设有灌浆管路的 21、22、23 号坝段，同时对其余不合格的坝段进行复检，通过 21、22、23 号坝段补灌效果和其余坝段复检结果，进一步确定其他坝段补灌的技术参数。

4. 固结灌浆补灌材料

固结灌浆补灌材料一律采用磨细水泥，可以湿磨，也可以干磨。

5. 建议

建议在 21、22、23 号坝段进行浅层化学固结灌浆试验，并取芯检查其效果，为论证作为提高抗剪安全度的措施提供依据。

五、关于坝基化学灌浆试验

（1）昆明院在《坝基卸荷岩体帷幕及固结化学灌浆试验大纲》中，针对不同目的，提出了不同的化学灌浆材料，即：固结化学灌浆采用改性环氧树脂，帷幕灌浆采用丙烯酸盐或水溶性高强度(HW)聚氨酯。赞同固结化学灌浆采用改性环氧树脂，但对于帷幕化学灌浆材料宜采用强度较高又具有适应变形能力的 HW 聚氨酯。

（2）坝基固结化学灌浆和帷幕化学灌浆都应先进行水泥灌浆，后进行化学灌浆。

六、赞同开展拱坝基础处理与拱坝安全性评价科技攻关研究工作

通过工程类比，结合小湾工程的实际情况，进一步研究适合小湾拱坝的抗剪安全度控制标准，评价小湾拱坝安全性，优化工程加固措施。

在澜沧江流域质量专家组对小湾水电站工程 进行第二次工程质量检查会闭幕时的讲话

　　小湾水电工程第二次质量检查会议已进行到第六天，昨天下午各位专家就不同的专业角度发了言，提出了具体的意见和建议，特别是谭总（编者注：指谭靖夷）做了综合性的重要发言，今天上午马总（编者注：指马洪琪）还要代表专家组作全面总结，我确实没有新的意见可谈了。大家要注意到马总的用词极有讲究，专家们是"发言"，他是做"总结"，而给我的任务是"作指示"。按我国国情，所谓"作指示"就是一个外行人讲点空洞话的礼貌用语。所以我请大家能分清这三者的区别，对专家"发言"要研究、采纳，对马总"总结"要坚决贯彻，对我的"指示"可以左耳进右耳出，不必当一回事。

　　既然马总下了命令，我也只好勉为其难地讲四点个人感受和希望，作为"指示"吧。

一、小湾工程取得了巨大的成就

　　离开上次质检会议仅八九个月，小湾工程建设取得了重大进展，各分项工程都顺利、均衡地推进，到工地来有"换了人间"的感觉。大坝混凝土已浇了二百多万立方米（占总数的 1/4），第一高拱坝的雄姿已开始呈现在澜沧江上。水填塘和二道坝工程进展顺利，抗力体加固工程的开挖和衬砌已基本完成，将开展高压固结灌浆的攻坚工作。发电引水系统从进水口到尾工洞的施工进展得比想象的更快更好。主厂房内已开始蜗壳安装。泄洪隧洞的开挖也已顺利通过 F_7。一年来，工程能取得这样令人欣慰的成就，确实来之不易。

　　更重要的，所有工程项目中，没有出现重大质量和安全事故，成绩不仅来之不易，而且来之并非偶然。这说明工地上已建立起一套现代化的管理体系，包括质量保证体系，有了较完善的规章制度，工地上这么多的参建单位和职工，能在业主的统一协调下紧张、有序、和谐、文明地施工，形象面貌、工程质量、施工安全都得到有效的控制。这些在前面发言中有全面的叙述，我不必重复了。总之，我看了工地的情况，觉得小湾工程提前一年发电的可能性完全存在。对这样巨大的成绩不能不提。请允许我向业主和所有参建单位表示由衷的祝贺。如果要我给小湾工程一年来的工作打个分的话，我会毫不犹豫地打出一个高分。

二、小湾工程面临更艰巨的挑战

　　一座水电站的建设历程总要经历"筹备启动期""施工高潮期"和"收尾竣工期"等阶段，每个阶段各有其特点和难度。但最紧张和困难的总是在施工高潮期。在经过艰苦卓绝的多年奋战后，小湾工程已跨进了高潮期，面临更多的困难和挑战。

　　2007 年 4 月 15～20 日，云南华能澜沧江水电有限公司组织澜沧江流域水电工程质量专家组对小湾水电工程进行了第二次质量检查。本文是作者 20 日在第二次检查会闭幕时的讲话。

大坝必须高速上升，今明两年混凝土浇筑量至少要达到两百几十万到三百万立方米，抗力体加固进入最复杂的全面高压固结工作，直接影响今后拱坝的安全性，引水发电系统进入土建、金属结构、安装交叉施工阶段，原规划的料场又发现料源不足……这都增加了工作量和艰巨性。

总之，小湾工程跨进了"高潮期""攻坚期""关键期"，同志们面临着艰巨的任务和严峻的挑战。这里还要解释一下，我相信业主和参建各方都有足够的水平能承担这些任务，我为什么说"艰巨的任务"和"严峻的挑战"呢，这是以我们必须把小湾建成一座第一流工程的要求来衡量的。对小湾，我们不能只考 60 分，一定要向国家交出一份最高分的答卷，这就绝对不是易事了。

但事物往往有另外一面。根据过去的经验，恰恰就是任务愈艰巨、挑战愈严峻就愈能激发起人们的战斗意志，发挥出无穷的潜力。在困难面前还会使人变得更谨慎、更聪明、更坚强。云集在小湾工地上的都是来自全国最优秀的队伍，因此，我们完全有理由相信，业主和各参建单位在今后一定会更加坚强、谨慎、团结，战胜前进道路上的所有障碍，让我们满怀信心地期待着从小湾传来的新的胜利捷报吧。

三、把抓质量为核心的努力坚持到底

在艰巨复杂的任务面前，有大量的工作要抓，但首先抓什么呢？请原谅我说句老生常谈：还是把抓质量列为重中之重。对任何工程，质量都应放在首位，而对小湾来讲，质量更应处在压倒一切的位置上。质量有了保证，就不会出现缺陷、事故，不会停顿、不会返工、不需补强、不要处理、不留隐患……有了质量，就有了速度，有了节约，有了一切。谭总讲得好，把质量的重要性提到任何高度都不为过。

现在工地上已有了一套质保体系，得到切实执行，每个参建单位还有他们自己的体系和经验，在提交会议的文件中都有详细说明。我在这里只想指出以下几点：

（1）保证质量是一项长期的、需要不断完善的任务，而且是"逆水行舟，不进则退"，任何自满、松弛、麻痹、轻敌的思想都必须清除，要"警钟长鸣"。

（2）保证质量是一项综合性的系统工程，不可能依靠单项措施打天下，必须多管齐下。另外，每一项有效的措施都须重视，都须坚持：

1）我依旧把坚持不懈地教育和培训职工的质量意识放在第一位，毕竟工程是人干出来的，人的因素是第一位的。为此，我们在看到成绩的同时，必须看到自己的不足。我看那位外籍专家就说得比我们坦率，他直言不讳地指出施工和监理的不称职，要培训。希望我们要听得进这些逆耳之言，进行深思，看到不足，努力提高。

2）要不断完善规章制度，而且要把规章制度上升到法律高度，不是写在纸上，印在书上，而是要切切实实落实在行动上，坚决贯彻执行。

3）要依靠技术改革和创新，攻克顽症，解决难题。我们在工地上看到不少新的设备、工艺，哪怕是小的改革，都对保证质量起了大作用，非常高兴，要鼓励大家动脑筋，搞创新。用马总的话说，尽量利用技术革新来代替和减少人的干预。

4）加强奖惩制度，尤其要正面奖励。工地上也搞了不少奖励活动，似乎还可以加大力度。除物质奖励外，精神上的奖励也很重要。今后在竞争中，不论企业、班组、个人的诚信记录、质量记录都十分重要。

5）要明确分工，强调协调，提高效率。外籍专家提到"现在一个问题要经过 3 或 4 个人后才决定"，相信不是无的放矢，值得深思。要明确职责，提高效率。特别要加强监理的责任、压力和权力，要完善"快速反应""预警预报"等制度。

衷心期望小湾的质量管理体系和效率能够再上一个台阶。

四、对小湾工程的几点期望

总的一句话，希望小湾工程的质量能和它的坝高相称，达到第一流水平。用谭总的话来说，就是"完美无缺、无疵可求"。让我们这个质量检查组早点失业下岗。

1. 期望小湾拱坝是一座第一流的特高拱坝，百载千年安全运行

混凝土坝最怕裂缝。小湾拱坝个别坝段在底部有过裂缝，经研究是基岩回弹和固结灌浆不当引起，可以列入"另类"。检查廊道内的一些浅层细缝，不致有大的影响，今后可以避免。除此以外，期望今后一直浇到坝顶不再在仓面和坝面上发生裂缝。做到这一点绝非易事。首先今年要浇筑底孔坝段，这可是裂缝的老窝。建议从原材料、外加剂、配合比、温控措施、配筋方式、施工工艺……全面研究，妥善解决。希望小湾是继三峡右岸大坝以后又一座无裂缝的大坝。当然，除防裂外混凝土的各项性能都要合格、没有蜂窝狗洞、表面光洁、体型秀美，如果办"大坝选美赛"，名列第一。

浇混凝土看来是粗活，其实学问真深。从龙头到龙尾，一个环节放松就出现事故。谭总建议对"一条龙"再全面复查一次，看薄弱环节在什么地方？我就很怕缆机出事，不断遭受暴雨、砂石骨料跟不上等，但愿我是杞人忧天。

各施工单位的质量都不错，我承认。现在要更进一步，使高质量不波动，能稳定，这比短时间内干出好成绩难得多。希望大家多在这方面下功夫。

2. 期望最大限度做好固结灌浆，发挥预期作用

坝基，尤其是抗力体的固结灌浆，是保证拱坝安全度的关键工程，但又是最隐蔽和难做的工程。马总说，这是个"良心工程"，我还要补充一句，固结灌浆好像是医生治病。同样一个钻孔，孔向、孔深、浆液、压力、其他施工工艺不同，效果就会有天地之别，甚至帮倒忙。正像医生必须弄清病因和病人身体情况进针下药，才能治好病。所以我认为启动一个区域的灌浆工作前，地质、设计、施工、监理……同志应该坐下来会诊一下，在施工中也应经常碰头协商。规范和工法当然需要，应该遵守，但要给现场人员根据实际情况调整的权，务求打中要害，取得实效。对灌浆工程的验收，除了规定一些指标外，最好有个综合小组，分析地质条件、灌前情况、施工过程、钻孔压水成果、孔内成像情况、v_p 变化情况，灌浆区位的重要性等各项条件综合评定，似乎更合适。

3. 期望引水发电系统和金属结构、机电工程能创造更多的新纪录

引水发电系统进展得很顺利，最令人担心的阶段已经过去了，只要继续加强监测，抓紧施工质量，谨慎小心施工，协调好交叉作业，实施文明施工，胜利完成任务应该没有问题。

现在全国在建的水电厂包括地下厂房很多，许多记录不断刷新。目前信息技术发达，容易了解别人的成绩和纪录。我就期望小湾工程在这一领域中能以全国最先进的水平为目标进行对比，创造或刷新更多的纪录，如地下厂房地下工程的开挖质量和速

度、锚固新技术、厂房混凝土浇筑质量、机组安装精度和速度等，形成一个你追我赶的高潮。

4.　期望监测系统能发挥更大的作用

小湾工程设置有大量监测设备，形成完整的信息系统，我期望这些设备能有极高的完好率，能及时、正常、准确的施测，及时反馈、及时分析、及时研究，作出相应结论，为指导设计、施工、运行，预测预警有关情况，做出不可替代的贡献。

黄河水利委员会为了研究和整治黄河，建立了一条"数字黄河"，我建议昆明勘测设计研究院也能开发建立一座"数字小湾"，把目前已明朗的数据信息全部输入，并及时更新，使它拥有极强的仿真能力，把一些最重要的监测项目反映在"数字小湾"上。先以监测成果检验和提高数字模型的仿真性，然后以数学模型的计算分析成果评定设计和施工的合理性，进而为蓄水和长期运行提供预测预报信息。建议昆明勘测设计研究院查一下，我们最担心的部位和需监测的对象，是否还有遗漏？如果有，从速补充埋设，并放进数学模型中。如果能做成，这将是世界上最大的一个巨型拱坝数学模型，它将长期为小湾服务。

最后，小湾工地的安全工作做得很好，希望把这一荣誉保持到竣工，不发生人身伤亡事故，不发生重大设备事故，为构建和谐社会做出贡献，树立样板。

云南澜沧江小湾水电站工程设计顾问组
第十次会议咨询意见

2009 年 5 月 12～14 日，小湾水电站工程设计顾问组第十次会议在北京举行。会议就《拱坝安全性研究专题报告——静力工况》进行了咨询。参加会议的除顾问组专家外，还有水电水利规划设计总院、中国华能集团公司、华能澜沧江水电有限公司、武汉大学、清华大学、中国水利水电科学研究院、河海大学以及中国水电顾问集团昆明勘测设计研究院等单位的专家、代表共 70 余人。

会议听取了昆明院及有关科研单位的汇报，并进行了充分讨论。会议认为昆明院自小湾拱坝出现裂缝后，对大坝的安全问题高度重视，本着实事求是，认真负责的态度，及时联合国内著名高等院校和科研单位，开展了全面深入细致的研究工作，经过一年多的艰苦努力，查明了裂缝的空间分布，分析研究了裂缝成因以及裂缝对大坝安全性的影响。提供的报告内容丰富、资料翔实，顾问组对这些工作给予充分肯定。具体意见和建议如下：

一、裂缝的空间分布

裂缝检查工作自 2007 年 11 月开始，随工程建设的进展和裂缝化灌处理施工的推进，分三个阶段深入开展。在历时 16 个月内，结合现场施工条件，经过参建各方的艰苦努力，采用各种手段（累计检查钻孔深超过 45000m），已查明裂缝的空间展布情况。出现裂缝的坝段为 13～32 号，共 20 个坝段，其中 31 和 32 号坝段仅发现零星裂缝点，裂缝共 38 条。绝大部分裂缝位于 1100m 高程以下，主要分布在 B 区（$C_{180}35$）混凝土范围，裂缝延伸的高度多在 20～50m 内；出现裂缝的最低高程为 970m（22 号坝段），底缘尚未到基础，也未与坝踵诱导缝连通；裂缝延伸的最大高度为 24 号坝段 24LF-1，达 125m。目前裂缝均在各坝段铺设限裂钢筋网高程以下终止。

二、裂缝成因

混凝土一期冷却结束后温度回升较大、二期冷却同冷层的混凝土高度范围太小、未能在高程方向上形成相对均匀的温度梯度、二期分区冷却且上下游冷却开始时间不同步等，导致在二冷期间或结束时，在二冷区中上部产生了较大的拉应力，超过了混凝土的实际抗拉强度。因此，产生了延伸较长、范围较大、规律性较强的裂缝。施工中在有针对性地调整了温控技术要求并严格实施后，1080m 高程以上坝体温度应力得到有效控制，二冷结束后至今尚未发现新的裂缝。

通过小湾拱坝裂缝成因分析，揭示了我国特高拱坝温控技术中应改进和细化的一些问题，如温度控制程序、范围、温差及施工期应力控制等，建议有关方面加强研究，

小湾水电站工程设计顾问组第十次咨询会议于 2009 年 5 月 12～14 日在北京召开，顾问组组长潘家铮主持了本次顾问组会议。本文为第十次顾问组会议纪要。

为提高我国的高拱坝建设水平做出贡献。

三、裂缝化学灌浆

化学灌浆是裂缝处理最重要的措施，选择的化学浆材是合适的。经过现场试验及分批分区灌浆，调整施工工艺，灌浆效果逐步提高；第一批化学灌浆共有 65 个有效检查孔，发现裂缝 70 处，其中充填 69 处占 99%、黏结良好 30 处占 43%，裂缝段压水合格率 100%，但取芯效果不理想，芯样可进行抗拉强度试验的仅有 10 个。2009 年 2 月 25 日后施工的化学灌浆孔，尚无检查成果，但从材料及工艺上由于充分贯彻了"低压低速慢灌、排气排水排浆、延长屏浆时间"的原则，灌浆效果预计比前期化学灌浆将有明显改善。综合分析已检查的第一批成果和已灌的第二批施工情况，坝体裂缝化学灌浆总体应能达到化灌处理的预期目标。建议改进化灌检查孔取芯工艺，对 1061m 高程以下裂缝灌浆效果进行必要的复查。

结合混凝土芯样性能试验及化学灌浆模拟试验成果，考虑当前化学灌浆检查填充及黏结效果，将缝面抗剪强度参数取为 $f'=1.05\sim1.12$、$c'=0.70\sim0.90MPa$（对应 80%~85%充填及其中 30%~40%黏结良好情况），是基本合适的，可作为大坝安全复核计算依据。

四、裂缝对大坝的影响

（1）计算成果表明，蓄水至发电低水位 1160m，大部分裂缝已基本闭合。坝体无缝、有缝和裂缝化学灌浆处理后的拱坝变位差别很小，坝体应力水平较低，裂缝对坝体整体应力的影响较小。裂缝面上的压应力普遍小于 2.0MPa，剪应力普遍小于 1.6MPa，基本无压剪屈服。

（2）蓄水至正常蓄水位 1240m，有裂缝情况下大坝的最大顺河向变位增幅为 1.5%~5%，裂缝经化学灌浆处理后，其变幅量减少了 88%~90%，即基本恢复到无缝状态。裂缝的存在对坝体的应力有一定影响，坝踵、坝趾的最大应力变化幅度约 4%，裂缝经化学灌浆处理后，变幅降至约 2%。说明即使在设计高水位工况下，裂缝对坝体的影响也只局限于裂缝周边区域，并未改变大坝整体受力特性。若缝面不处理，尚有部分裂缝面不闭合，且部分闭合的裂缝面发生剪切屈服，缝面屈服面积比例约 3%~6%，经过化灌处理后，主要裂缝均处于受压闭合状态，裂缝面上的压应力普遍小于 3.6MPa，剪应力普遍小于 3.0MPa，仅下游侧裂缝局部仍出现压剪屈服。

（3）裂缝面的强度参数、缝宽及可能的扩展范围敏感性分析成果表明，对坝体整体的变位和应力的影响很小。即使取低参数值，裂缝面仍很少发生屈服，裂缝范围扩大后，也只对裂缝所在部位的局部应力有影响，对大坝整体受力影响不明显。

（4）超载情况下，无缝时非线性变形超载系数 $K_2=3.5P_0$、有缝未处理时 $K_2=2.9P_0\sim3.0P_0$、有缝处理后 $K_2=3.2P_0\sim3.3P_0$，裂缝的存在使得大坝安全裕度有所降低、降幅近 16%，对裂缝进行化学灌浆处理后 K_2 可提高 10%，大坝安全裕度得到一定程度的恢复。

（5）蓄水后各主要裂缝尖端以受压为主，剪应力较小，施工期的残余拉应力已被抵消。裂缝不处理时，局部坝段裂缝端部存在拉应力区，但数值都很小。裂缝经化学灌浆处理后，缝端的拉应力区消失，裂缝全部处于受压状态，裂缝扩展的可能性很小。

综上所述，在各种蓄水位工况下，计算成果表明，裂缝对大坝整体安全性影响有限，经全面高质量的化学灌浆后，裂缝进一步扩展的可能性很小。尤其初期蓄水至 1160~1181m 阶段，水荷载仅占总量的 45%~57%，坝体应力水平较低且分布均匀，处于整体受压状态，拱坝可以安全运行。

赞同在接缝灌浆达到必要的高程、裂缝灌浆完成且其他条件也具备后，2009 年蓄水至 1160m 水位。

五、关于其他加固措施

针对靠近下游坝面和走向不利的裂缝进行加固是必要的。建议进一步研究加固方式、范围和施工方法，提出专题报告。

六、对进一步工作的建议

（1）初步建立起的"数值小湾"，通过计算值与监测值的反馈分析，反复调整校正数值模型，其计算成果和监测成果所反映出在施工过程中及目前坝体的实际温度、应力和位移变化规律及趋势基本一致，数据吻合较好。建议在此基础上，继续密切跟踪施工和蓄水过程，加强监测，通过对监测数据的反馈分析，进一步校正数值模型，为分析评价拱坝的安全性提供可靠依据。

（2）新近发现的坝趾 1010~1030m 高程间 3 条裂缝，以及数值计算和监测成果揭示坝趾部位当前存在大于 1MPa 拉应力的情况，应引起高度重视。为降低这些部位的开裂风险，建议复核今后施工中的下游面拉应力，尽快提高接缝灌浆封拱高程，创造条件尽快抬高蓄水位。

（3）研究年气温变化对拱坝的影响和对下游坝面进行永久性保温的方案。

（4）小湾拱坝最大坝高 294.5m，总水推力约 1810 万 t，属国际最高水平。因此在运行中应特别重视监测工作，及时分析，为小湾拱坝安全运行提供依据。

在小湾水电站工程第二阶段蓄水（1125m 水位）验收委员会专家组会议上的发言

经过业主及参建各方的艰苦努力，通过多次的专家咨询、专题审查和安全鉴定，小湾工程已具备 2009 年 7 月水库蓄水到 1125m 的条件。下面提几条个人意见。

（1）今年导流底孔将提前在汛期内封堵，设计已按百年洪水标准（二百年洪水校核）做了度汛设计，满足规范要求。但建议补充做一遭遇超标准洪水（500 年、千年、万年）的核算，看看将发生什么后果。

（2）库水位蓄高后，如上游坝面出问题，很难处理。如果上游坝面至今未开裂，蓄水后情况将有所改善，一般不会再裂。反之，如已开裂而未发现或未处理，则蓄水后高压水进入形成劈缝力，就可能产生不利后果（在这个问题上，拱坝优于重力坝）。

小湾拱坝对上游面防裂已采取了一些措施。对 1130m 以下做了检查和处理。建议根据蓄水进度，继续做好对上游坝面的详细检查和必要处理，不使有漏网之鱼，并做好记录。

（3）诱导缝高程很低，有些坝段诱导缝止水后的渗压计值与库水位相关，建议分析原因，研究蓄水后可能出现的情况和相应的措施。

（4）影响小湾蓄水的最大问题是拱坝安全问题，重中之重是坝体中温度裂缝的处理效果，化学灌浆又是主要的处理措施。化学灌浆耗浆 370t，令人吃惊。也许漏走，也许裂缝情况较预计严重。

化学灌浆的质量和效果是不断提高的。初期的化学灌浆效果（1060m 以下）不理想，建议安排补充灌浆和检查，消除可能存在的隐患。

其后的化学灌浆质量和效果有所提高，但检查鉴定工作尚未完成，必须严格检查，有问题认真补灌，务必达到要求。

（5）20 坝段 2 号裂缝穿过导流底孔闸墩预应力锚索的锚固段，除必须在低水位时下闸和采取所有保证安全的措施外，建议对 20 坝段专门做一个有限元仿真分析，追踪研究施工全过程中的应力变化，直到全部封堵。

其他各孔口所在坝段，如存在大的温度裂缝，即使距锚固端有一定距离，也建议做一有限元仿真分析，确定弧门关闭时锚固力对裂缝的影响，以解除顾虑，也留作档案。

（6）下闸蓄水后，对坝体内主要温度裂缝要有一些监测手段，并妥善保护，及时监测，以便掌握情况，作出判断和采取措施。三峡上游浅层裂缝中本设有监测仪器，不慎毁坏，是极大遗憾。

2009 年 6 月 27～28 日，水电水利规划设计总院在北京组织召开了小湾水电站工程第二阶段蓄水（1125m 水位）验收委员会专家组会议。本文是作者在 28 日专家会闭幕时的讲话。

（7）下闸蓄水后的各项监测中，建议列入对库水水质的监测项目。

（8）小湾蓄水事关重大，建议由业主牵头，成立一个由参建各方（以及有关科研等部门）参与的专门委员会，及时集中所有预报、监测资料，开展分析、研究工作，作出处理应急决策以及所有协调工作。使蓄水后坝体的一切变化和反应都处于掌握和控制之中。

上面说过，小湾工程已具备 2009 年 7 月水库蓄水至 1125m 的条件，不会发生重大问题。以上意见只是建议业主和参建各方补充和继续完成一些我认为必要的工作，使蓄水进行得更为顺利可靠，不影响对蓄水的决策。我同意上午三个单位的汇报意见和结论，赞成按设计方案提前下闸。早点蓄水，有利无弊。

在小湾水电站坝内温度裂缝对拱坝整体安全性
影响分析专题审查会上的讲话

这次会议研讨小湾拱坝裂缝问题，事关重大。五一前我就知道开裂的事，昆明勘测设计研究院还送来许多资料给我，因病未能参加有关会议，五一后我住院没有再接触了。这次参加会议，听了各单位的介绍，利用中午和晚上看了部分资料，有了个概念，作了些思考，下面简单说几点自己的初步认识，起个抛砖引玉作用。由于水平和健康问题，一定有许多不妥之处，务请专家们指正和批评，这不是客套，是发自内心的话。

一、总的看法

小湾是一座 300m 量级的双曲拱坝，这次出现的裂缝数量多，延伸广，连通性好，一定程度上破坏了大坝的整体性，削弱了拱坝的刚度，使坝体应力分布发生变化，不论怎么说，对大坝产生了不利影响，是一件令人遗憾的事。

所幸出现裂缝以后，澜沧江公司、昆明院和各有关单位对此高度重视，迅速组织力量，进行深入细致的调查研究，尽可能查清裂缝情况，做了大量分析计算，探讨产生裂缝的原因，采取改进的措施，避免出现新的裂缝，对已出现的裂缝将细致补强，并已进行了化灌试验，这次又召开专题会议，态度是严肃认真的，工作是深入细致的，这些值得充分肯定。工程不怕出问题，只怕不知道发生了问题，或对问题不认识、不研究、不处理。业主、参建各方和各院校能在短时间内投入如此大的力量，完成如此多的工作，使我深信问题必可得到妥善解决。

会议提供的文件很多，许多工作是几家单位平行做的，又各有侧重或特色，一时不能充分吸收消化，初步归纳整理，求同存异，我有以下几点原则性认识，提出来供大家讨论。

二、产生裂缝的原因

小湾拱坝出现的裂缝主要是沿拱固方向的垂直裂缝，位于坝块中心或上下游三分点附近，高程约从 1000～1100m。小湾拱坝尚未蓄水，也没有遇到地震，自重不可能产生能撕裂混凝土的水平拉应力，因此，产生裂缝的原因只能是施工中，主要是冷却降温过程中，由于措施欠妥，在坝内产生过大的温度梯度，从而引起过大的温度应力所致。这是一致的看法。

小湾的温度控制和冷却设计是做得较细致的，符合常规的，但仍出现了问题，通过多家分析可知，这是在冷却过程（主要是横缝灌浆前的二期冷却）中产生过大的温度梯度所产生，这说明一个重要事实：对于特高的拱坝，冷却设计要做得十分细致，要"精细化""个性化"，简单地按过去经验规定实施"一期冷却""二期冷却"已经不

2009 年 7 月 22～26 日，水电水利规划设计总院在北京举行了《云南澜沧江小湾水电站坝内温度裂缝对拱坝整体安全性影响分析专题报告》审查会。本文是作者 26 日在审查会闭幕时的讲话。

够了。冷却是手段,不是目的,目的是为了防止混凝土开裂和进行接缝灌浆,这就不仅要求坝体平均温度在规定的时间达到规定的要求,而且还要保证在冷却期(和间歇期)的全过程中,坝体内和坝体边界上"处处""时时"不产生过大的温度梯度,要按这个原则做冷却设计,不能满足这要求的冷却方式必须改变。朱院士(编者注:指朱伯芳)昨天提出:"小温差、早冷却、慢冷却",至少在原则上我极为欣赏。总之要使坝体混凝土温度不论是在空间上还是沿时间上都"均匀""缓慢"地变化。既然埋了冷却小管、建立了制冷厂,就应充分发挥其作用,实施全过程控制,做到尽善尽美。昆明院在出现裂缝后,将冷却方案从 A 版改成 C 版,就取得了好的效果。我希望再研究一下,是否还有可改进之处。

三、关于裂缝的影响

坝块中出现了沿拱圈方向的垂直贯穿裂缝,好比出现了一条意外的"纵缝",将坝块分为两到三块,但这条纵缝不是设计设置的,既无键槽,又无灌浆系统,难以完全恢复,破坏了整体性,肯定要产生不利影响。但具体影响到什么程度,视坝型和"纵缝"规模、情况而不同。如果重力坝上出现这种"纵缝",其影响较为严重,拱坝由于水荷载主要通过拱传递,且有强大的受力重分配能力影响相对小一些。其次如果"纵缝"是从底贯穿到顶,情况就坏,反之,如果"纵缝"只是局部的,影响就小得多。

小湾拱坝上出现的裂缝分布情况很复杂,武汉水利电力大学和昆明院将它概括为位于拱厚三分点处的上下游两条贯通全坝的缝,并设缝宽为 0、1、2mm,分析其影响。我想这一假定与实际有较大区别,是相当安全的,因为实际上裂缝并未完全贯穿和连续,更不可能全部缝面上都存在固定的宽度。现在,就以这个偏安全的模型分析成果和结合其他各家的分析,似可归纳为以下几点:

(1)随着水压力的增加,裂缝逐渐闭合(如果原来是脱开的),产生传力作用,(当然与整体结构有区别)。当蓄水至正常水位时,裂缝基本上全部闭合。

(2)对坝体变位稍有影响(顺河向和横河向变位加大),但增幅很有限,不起控制作用。

(3)坝体应力分布整体格局未变,坝面(坝踵、坝趾)应力稍有影响,坝趾压应力减少,这是可以理想的,而坝踵拉应力也减少或压应力增加,就不好理解,是否底缝的影响?有待澄清。

(4)坝体内部应力有较大变化,裂缝两侧有些应力分量不连续,裂缝两端有应力集中。

(5)在超载过程中,裂缝有不利影响(安全度降低)。

(6)在动力分析中,裂缝起不利影响(动应力加大)。

简单说来,如果裂缝不再扩展,即使不进行处理,在正常荷载下,影响并不太大,尚在许可范围内,考虑计算模型有较大的安全性,应可放心。但在超载和地震情况中,有较不利的影响,我认为这样的提法是可信的。

四、裂缝扩展问题

这是一个重大问题,如果裂缝的发展限于 1084m 或 1100m 高程,那么它终究是个局部问题，如上所述，不致影响拱坝应力分析的全局。反之，如果裂缝不稳定，继续扩展，甚至延伸到顶部，将拱坝真的分裂成三个独立的薄拱坝，性质就不一样了，对这个问题，武汉水利电力大学、中国水利水电科学研究院、河海大学都做了分析研究，但似乎还没有说清问题，或者有一些保留。我希望能把问题进一步澄清。

主要的研究途径有二：一是通过仿真分析（现在已算到拱坝到顶，水位蓄到1240m），研究裂缝所在部位，尤其是裂缝顶部以上部位的混凝土温度是否趋于稳定，还有什么变化，会出现多大应力（即是否会产生使裂缝拓展的"扩缝力"）；二是用断裂力学等手段做些裂缝稳定性的研究。从初步分析成果以及2008年9月以来的实践情况，考虑到蓄水后水压力的有利影响，我对此有一定程度的乐观，但仍建议做进一步的研究和监测，希望能听到专家们的看法。

在这里不禁想到三峡工程，三峡是重力坝，设置两条纵缝，进行冷却和灌浆，但出现了纵缝重新张开情况。经分析是外界气温年变化引起，经反复分析监测，最后认为纵缝顶部是并缝的，缝面上设有键槽，纵缝增开变化幅度很小，在键槽处仍是贴紧可以传力，通过分析对坝踵的不利影响在可接受范围内，质量检查专家组打算对这个问题画上句号。因此，对小湾裂缝的研究，还应延伸到长期运行期中，外界气温变化的影响。

五、处理措施

（1）小湾拱坝还在浇筑中，坝体还要上升百米，务须采取措施，确保在新浇混凝土中不再出现类似裂缝。应利用今冬明春低温季节，尽量多浇混凝土，而且采取更有利、更精细的温控和冷却措施，建议业主、施工、监理、设计共同努力，实施全过程控制，保证做到这点。

（2）不能让已存在的裂缝向上扩展。要进行进一步研究分析，对裂缝扩展问题予以澄清，分析可能促使裂缝扩展的不利因素，加以防止避免，必要时可研究对重点坝段采取些预防措施（如在1100廊道设置预应力锚索），在裂缝顶部形成一道"锁口圈"。

（3）对已存在的裂缝要千方百计做好化灌工作，尽量将裂缝充填胶结密实。只要有相当比例的缝面能充填胶结好，不利影响就可以大大消除。建议邀请专业专家，再在化灌材料和工艺上下功夫改进。目前灌浆试验效果不理想，应继续做研究试验，并研究确定合适的施工时期和顺序，提出具体方案报业主审定执行。

（4）小湾拱坝应分期逐步抬高水位。在逐步蓄水过程中，务必加强监测（包括增设一些临时监测设施），并与事前的仿真计算成果对照验证。用仿真分析指导蓄水，用蓄水实践验证仿真计算。如有明显区别，及时分析解决。

我迫切希望，也相信，通过这次会议的研究讨论，能对小湾拱坝裂缝问题得出一个符合实际的意见和有效可行的建议，在业主和参建各方的共同努力下，妥善处理好裂缝问题，保证工程安全，不影响工程进度，使小湾工程尽早发挥效益。

我明天要接受治疗，不能将会议参与到底，我充分相信专家们和三位组长，在这里表个态，只要是会议最终通过的文件，不论和我的提法是否一致，我都拥护，愿意签字。

在小湾水电站工程技术咨询会上的发言

这次会议的中心议题是小湾水电站的今年度汛蓄水问题。任何高坝大库工程都要经历从初期蓄水到正常运行的过渡阶段。这件事关系工程安全、经济效益、社会效益，非常重要。对小湾工程来讲，由于坝高达 300m 级，坝体出现较严重的温度裂缝，尤其去年导流中孔还发生开裂、渗水现象，采取了提前关闭封堵门的应急措施，今年度汛问题就显得特别重要和复杂。

处理这个问题的最高原则应该是确保工程安全。所谓工程安全包括两方面内容：一是使所有泄水设施都在允许的工况下运行，保证结构和水力学上的安全；二是对汛期洪水进行科学调度，控制库水位不使过高，使大坝承受的水压力逐步增加，以便通过监测、分析、反馈、研究，掌握建筑物及库岸边坡的工作性态，安全地过渡到正常运行状态。

小湾水电站蓄水以来，库水位控制在最低发电水位 1160～1166m，留有巨大的调蓄空间。枢纽工程具有导流中孔、放空底孔、泄水深孔、泄洪隧洞、表孔及发电机组等泄水设施，按原来规划，今年汛期即使遇到 200 年一遇设计洪水或 300 年一遇校核洪水，库水位也可控制在 1182.2～1185.6m，比 1166m 只升高 16～20m，安全裕度很大，本来不成问题。但由于导流中孔出现渗水，被迫无奈放下封堵门，就打乱了原来部署。不仅导流中孔的运行水位被限制在 1166m 以下，连导流中孔能否参加度汛都成问题。

现在设计推荐的方案，将三个导流中孔在汛前封堵，不再参加度汛，这就解除了重新提起封堵门和导流中孔"带病运行"可能出现的险情，但水库水位将比原设计有较大的升高（遇 200、300、500 年洪水，分别达 1216.23、1222.05、1223.12m，多升高 30 余米）。我们必须在导流中孔泄洪风险和库水位有较大升高风险中作出选择，没有双赢的可能，这是个十分艰难的选择。

方案决策时，似可考虑以下几点：

（1）导流中孔的开裂情况和渗水原因已经查清，和坝内的温度裂缝无关。

（2）在 1160～1166m 库水位下，枢纽建筑物的所有工作状态（变位、应力、渗漏……）都正常。裂缝基本压紧，没有明显扩展。监测值和分析值规律一致，数值可比。

（3）有四家科研单位独立地对拱坝工作性态做了分析研究。他们用不同模型做了不同程度的仿真分析，验证蓄水到 1166m 的情况，推算了水位继续上升的变化，还做了带缝拱坝的地质力学模型试验。主要的结论是相似或基本相似的，只是对裂缝的稳定性有些分歧。

坝内裂缝的稳定问题十分复杂，不确定因素很多，难以得到一致和确定的结论。总的讲，裂缝是横河向的垂直缝，水位上升，缝面基本处于压剪状态，扩展的可能性不大。多数研究和试验成果也得到这个结论。但是，中国水利水电科学研究院研究成

2010 年 3 月 17～19 日，华能澜沧江水电有限公司在昆明组织召开了小湾水电站工程技术咨询会。会议主要讨论小湾水电站 2010 年防洪度汛及蓄水方案。本文是作者在 17 日咨询会上的发言。

果认为某些裂缝在高水位时将扩展。对这个结论，既不能否定，也难以肯定，可在今后对这些部位予以特别关注；继续研究，需要并有可能的话还可以予以加固。

下面我们分析一下导流中孔是否参与度汛问题。保留导流中孔参加度汛的风险，在报告中分析得很清楚，首先，重新提起封堵闸门的风险，尤其对 2 号中孔，风险确实很大。其次，导流中孔的裂缝虽经处理，能否经受长时间高速水流冲刷，裂缝不会张开，高压水不会进入缝中，谁也难下肯定结论。封堵导流中孔的后果是库水位有较大升高，但其后果较可计算，而且：①发生这一情况的概率是低的（两三百年一遇。如遇三五十年一遇大洪水，库水位也可控制在 1182m 左右）；②升高后的库水位离正常蓄水位 1240m 还有 18～24m 差距，水推力和最终水推力比也有相当差别，相应的安全度比正常蓄水位下的安全度要高 1.2～1.3 倍）；③在高水位停留的时间有限，洪水过后仍可回落。此外，库水位终究是要升到 1240m 的。如果怀疑水位升高会有问题，不如通过蓄水予以发现和解决，不可能永远停在最低水位。

总之，让导流中孔参与度汛，是由单薄的封堵门、临时的启闭机和开裂的中孔来承担风险。封堵中孔，则由整座拱坝来承担风险，这个风险就是万一遇上两三百年一遇的大洪水，库水位将比预计的提前升到 1220m 左右。两相比较，个人倾向于封堵导流中孔的方案。

但这仍是个不得已的选择，而且这个方案的裕度不多。万一泄洪中孔或放空底孔有一两个孔口发生故障不能开启，万一电网发生意外全厂甩了负荷机组停机，万一度汛在高水位时拱坝出现一些异常情况，万一遭遇更大洪水……似乎没有其他手段可用。所以是否有必要研究保持一两个导流中孔暂不封堵作为预案的可行性，目的是万一某些泄水设备发生故障，可以补救，多少降低一点最高库水位，在出现异常信息时，可加速退水过程，也可减轻封堵中孔的工程压力。我不是推荐这个方案，只是提出我的疑虑，供专家及代表们讨论参考。

如果我们最终建议采取封堵导流中孔方案，个人建议重视以下几点，以求尽量增加安全度，尽量减低最高库水位：

（1）主汛期间自 1160m 起调，进入次汛期，可研究根据情况提高起调水位并蓄水。

（2）对所有泄洪设备和发电机组进行精心检查、维护、试验，保证能安全运行。

（3）加快泄洪隧洞的施工进度，争取提早具备安全过流条件。

（4）与电网公司联系，争取在汛期有更多机组发电（度汛中考虑 2 台）。

（5）在工地成立防汛指挥部，对和度汛有关的所有工作统一领导和协调。

（6）加强与气象预报部门、水文部门、地震部门、水库库区政府等有关方面的联系，做到信息畅通。

（7）对导流底孔封堵后的遗留处理工作、对导流中孔的封堵施工、拱坝接缝灌浆工程等都需精心安排落实，保质、保量、保进度完成。

（8）汛期中要加强安全监测分析工作，及时追踪研究，尤其对有疑虑的部位或意见分歧问题应是监测分析的重点。

在小湾水电站工程技术咨询会闭幕时的讲话

经过三天来全体专家和代表们的共同努力，这次技术咨询会已圆满完成任务，通过了专家组意见。我相信，这将促进小湾今年的度汛蓄水方案早日确定和实施，专家们提的意见和建议只能是原则性的，还需要业主和各承建单位予以细化和落实，预祝小湾工程再次取得度汛蓄水的胜利，为国家做出新的贡献。

回顾小湾的建设过程，真使人感慨万分。姑且不谈历尽曲折的前期工作，开工以来，挑战几乎一个接着一个。此中甘苦，局外人是很难想象的。我们高兴地看到，在华能澜沧江水电有限公司和小湾水电工程建设管理局的坚强正确领导下，经过所有参建单位的艰苦努力。去年终于实现了下闸、初期蓄水和发电的目标，今年三八节大坝全线到顶。不久，第四台机组的投产将使我国水电装机容量突破 3 亿 kW 大关。小湾为中国的水电建设献上一份厚礼，为国家的减排做出了实实在在的贡献。我们应该向全体小湾人以及所有为小湾做出贡献的同志表示衷心的祝贺和感谢。

我们不要低估小湾所取得成就的巨大意义和深远影响。也许有人说，小湾建设中也出了不少问题啊。这就涉及如何正确对待和评价工程缺陷的问题。世界上没有一座完美无缺不发生任何问题的工程。小湾是建设在澜沧江上、300m 级高坝、坝址地形地质条件十分复杂的世界级大水电站，面临的都是世界级的挑战，不出现一些问题是不可能的。需要指出的是，第一，所有问题和成就相比都是次要的。第二，所有问题都得到认真分析处理、妥善解决。第三，这些问题主要并不是由于我们的失误造成的，不属于责任事故，而是我们过去的经验面对新的超级工程，还不能事前掌握一切。发现问题，研究问题，解决问题正是我们成长、成熟的过程。我们绝不否认或隐瞒问题，我们高度重视、深入研究，极端负责地解决问题。我们对小湾工程的成就和质量有绝对的信心。我深信，用不了太长的时间，小湾工程即将全部竣工，满蓄满发，安全运行，向党、向国家、向人民交出一份优秀答卷，画上圆满句号。我们一定要有这个信心和决心。过去我在内部对几位领导就小湾大坝的裂缝说过一些重话，是为了提高警惕。趁今天的机会也做一解释并表示歉意。

小湾工程已进入收尾阶段，百里行程已走完了90%甚或更多。俗语说，行百里者半九十。我觉得现在令人担心的还不是工程上存在的问题，而是我们自己的心态和认识，是继续谦虚谨慎还是自满急躁。于此，我建议重温前辈留给我们的两句话。一句是：战略上藐视敌人，战术上重视敌人。从战略上看，十一年来艰苦卓绝的战斗，多少难以想象的困难都被一一克服，剩下的这些问题还能难得倒小湾人？但在战术上，确实要重视每一个细小问题，不放过每一个角落，认识到任何一个单位甚至一个人的微小失误都会招致灾难性后果，我们永远要保持"战战兢兢、如临深渊、如履薄冰"

2010 年 3 月 17～19 日，华能澜沧江水电有限公司在昆明组织召开了小湾水电站工程技术咨询会。会议主要讨论小湾水电站 2010 年防洪度汛及蓄水方案。本文是作者在 19 日咨询会闭幕时的讲话。

的心情，永远把质量和安全放到第一位上去。

第二句话是：提防最坏的可能，争取最好的成果。世界上许多事物不可预知，或不是我们能控制的。例如说，今年澜沧江来多大的洪水？因此凡是牵涉到安全等重大原则问题时，我们尽量做最坏的打算，就准备"祸不单行"，准备各种预案，留有充足裕度，立于不败之地。但我们并不是只打被动仗，而要随时随地分析情况的变化，调整我们的对策，力求取得全局的最好的成果，实现"福能双至"。所以会后业主和各承建单位包括科研院校确实有大量工作要做。也希望水电水利规划设计总院、省里及中国华能集团公司能继续加强领导，给予支持。

7　雅砻江流域

中国水电建设史上的新篇章

——写在二滩水电站开工之时

二滩水电站的正式兴建，无疑标志着中国的水电开发已进入一个新的时期。

最吸引人的当然首先是它的宏伟规模：二滩水电站装机容量 330 万 kW，年发电量 170 亿 kW·h，为目前四川电网电力的一半，是中国在建、已建水电站中最大的一座，在国际著名大水电站中也有它的位置。二滩水电站的建筑物和设备的规模也与此相称：主体建筑物是一座高 240m 的双曲拱坝，重要的是，它并不是修建在小溪、小河上，而是修建在云水浩渺的西南巨流——雅砻江上，总体积达 409 万 m^3，最大泄洪流量达 23900m^3/s，若把这些因素综合在一起，这座大坝的特色就显示出来了。二滩水电站的地下工程也引人注目，在巨大的导流隧洞的断面中，可以放进北京的天坛；330 万 kW 的电厂全部建在地下，将安装单机容量为 55 万 kW 的水轮发电机组。二滩水电站架设的超高压输电线路将跨越大凉山，奔向美丽富饶的四川盆地。这一切有力地证明，我国的水电开发已达到国际先进水平。二滩水电站的投产将为长期以来深受缺电之苦的天府之国注入多么巨大的活力，又将为振兴四川和西南做出多么巨大的贡献！

二滩水电站是改革和开放的产物，是国际合作的成果。世界银行通过详细的调查研究和评估，提供了必要的贷款；国内，中央和地方都为二滩工程的集资尽了最大的努力。世界银行官员在解释他们支持二滩项目时说，这是因为二滩项目有利于中国西部地区工农业的发展，有利于生态环境和防治污染，有利于使中国的建设更快地走上改革道路，有利于中外企业的合作和国际交往的开展。他们的选择和决策是正确的，我也愿意借此机会向长期以来为二滩项目进行努力的国际友人表示深切的感谢。中国人民主要依靠自己的力量建设国家，但从不拒绝一切来自国际社会的有益援助，更不会忘记那些真心诚意帮助我们的朋友。

在世界银行的资助和协作下，二滩水电站的设计不仅由我国最大的水电设计院之一——成都勘测设计研究院全力完成，而且接受了国内外第一流专家的咨询。二滩水电站的建设，完全按照新的模式进行，施工完全按国际通行方式实行招标，由世界上极富经验的中外合营承包商集团承包，并将按照预定计划在严格的科学管理和监督下完成。队伍将是精悍的，设备将是高效、配套的，施工工艺将是先进的。其施工强度不但将远超过国内过去已达到的水平，而且要达到、甚至超越国际最高水平。施工监理将由以中国监理人员为主、配合国际上著名的咨询公司联合组成监理单位负责。施工队伍进入工地时，迎接它们的将是平坦、宽敞的公路和大桥，简单齐备的生活设施（包括游泳池），井井有条的临时设施和材料供应。过去那种人海战术和施工紊乱现

本文是作者为二滩水电站开工所写的文章，刊于《水电站设计》1991 年第 7 期。

象，在狭窄的二滩峡谷中是不存在也不可能存在的。这意味着中国的大型水电站施工将步入更科学、更文明的境界。

二滩水电站的兴建吹响了开发大西南水电资源的号角。中国西南的巍巍高山和茫茫大川，蕴藏着独步全球的水力资源，但千百年来沉睡不醒。新中国成立后虽然作了巨大努力，可是开发的实在是太少了，一直是捧着金饭碗要饭，严重制约了国民经济的发展和人民生活的提高。现在，330 万 kW 的二滩水电站开工了，开发雅砻江的战鼓擂响了，继之而来的将是雅砻江上的其他梯级，将是大渡河、乌江、金沙江、澜沧江的大开发。在今后一段时间内，五个巨大的水电基地将逐步形成，它们不但将满足西南地区的需要，而且将实现人们梦寐以求的"西电东送"，供电华中、华南、华东。同时，还将促进全国电网联网，发挥其最大的效益，为祖国的电气化做出不可磨灭的贡献。希望我国，特别是西南地区的有志青年儿女踊跃地投身到这场改天换地的战斗中来。

如果有人问我，在二滩水电站正式兴建之际，我在想点什么，我的回答是：

第一，我想到尽管目前我们已取得了巨大成就，为二滩水电站的顺利建设奠定了坚实基础，但这毕竟只是万里长征第一步，在我们面前的征途正长、困难正多，有更多的我们不熟悉的事物要去掌握，有更多的艰难险阻有待战胜、克服。因此，全体同志务必发扬我们团结协作、艰苦奋斗、实事求是和勇于闯关的优良传统，而且还要善于学习，要如饥似渴地学习，向一切外国企业、专家、朋友学习，学习他们的技术和管理，学习一切对我们有用的东西，务求通过二滩工程的建设，极大地丰富我们的经验，提高我们的水平，并向全国推广，使我们能毫无愧色地跻身于世界水电建设之林。

第二，在万众欢庆二滩开工的日子里，我不禁回想起二滩工程开发中所走过的曲折而艰苦的历程。我想起了 20 世纪 60 年代为开发雅砻江披荆斩棘、献出青春的前驱者，我忘不了十年浩劫中坚持战斗在二滩工地的领导和战士，忘不了从水电部、水电水利规划设计总院、有关院校到设计院那些已退休或逝去的领导、专家的贡献。二滩工程从查勘、到规划、到设计、到决定建高坝一级开发、到选定坝型并一再提高建基面的优化方案、到批准设计、成立机构、筹措资金……这是多么漫长的征程！每跨出一步，都耗尽了多少同志的心血和汗水。让我们珍惜这来之不易的成绩，沿着前人开辟的道路，担负起振兴中华的巨任，放开脚步、努力奋进吧！

在锦屏二级水电站可研审查会
开幕时的讲话

参加锦屏二级水电站的可行性报告审查会，我思潮万千，心情万分激动。方才听了陈总（编者注：指陈云华）的讲话，更是深为鼓舞。

由于各种原因，我没能参加现场查勘。又由于 20 日还有其他会议，审查会也不能参与到底。所以我确实没有多少发言权。参加这次会议的有各方面的一流专家和领导，会议一定能给"可行性报告"作出正确的评价。我尊重、服从会议的决定，在今天只讲个人感受。

我参加水电建设 55 年，有过很多梦想。其中最长的两个梦就是"锦屏梦"和"三峡梦"了。今天，许多梦想包括"三峡梦"都圆了，"锦屏梦"就成为我终身遗憾。这里当然有许多原因，锦屏工程的难度也确实是少有的。

一谈到锦屏，我总要回想到四十多年前的事。1964～1965 年，上海勘测设计研究院（简称上海院）的同志响应党的号召，离开锦绣江南，来到荒无人烟的雅砻江，揭开开发锦屏水电的序幕。当时我有两点感受：只有到了锦屏，才知道祖国有如此丰富的水力宝藏，也只有到了锦屏，才知道祖国还有如此贫穷落后的地区！

当时的艰苦环境就不必说了，更有多少同志为了开发出锦屏的水力资源而献出了生命。请大家允许我在这里提几个人。金树培，是测量骨干，在磨房沟施测时，为了招呼新工人注意安全，自己失足从悬崖坠下。肉体和岩石摩擦，遗体上不但衣服、皮肤全无，连内脏都空了，惨不忍睹。他安眠在里庄烈士陵园。还有水文战线的同志，他们在坝址设了个简易水文站，在艰苦条件下生活着、战斗着。几天前我们查勘坝址时还在那里歇脚畅谈，多好的年轻人啊。几天后，就在洪水中施测流量时不幸遇难，长眠在锦屏山麓。更令人难忘的是一位真正的共产党员，在洼里担任指导员的伍本波烈士。那是个星期天，他考虑到汛期将到，想早些把对岸的器材运过来，就招呼四个小民工划船到对岸去，不幸，几个人都不会划船，被波平如镜的假象骗了，船到江心，把握不住方向，漂向下流，而下面就是有名的矮子沟急滩。在生死关头，伍本波同志把救生衣都给了小民工，自己坦然面对死亡。他的遗体已化成齑粉，无法找寻，人们只能修个衣冠冢纪念他。他新婚不久的爱人、家属从浙江赶来，只能看到一座空冢。他们吞下了无法忍受的痛苦，没有向组织提出任何要求。亲人是为开发锦屏水电资源而死的，死得光荣！

我想，烈士们的英灵有知，在泉下一定在等待着建设锦屏的佳音。遗憾的是，他们等来的是一年后的文革浩劫，亲密的同志变成两大派进行你死我活的战斗，多少人被活活打死，物资器材损毁，人员资料星散，断送了工程的命。他们只能继续等待，

熬过了十年浩劫，迎来了拨乱反正，20 世纪 80 年代末，重建的水利水电规划设计总院再次组织华东院、成勘院进军锦屏，在上级支持下，还打了 5km 长的探洞，但在进入 4km 处发生突水，未能进行到底，真的是好事多磨。

但是，中国的水电战士从来不向任何困难低头，他们不动摇、不停顿，展开更深入更全面的规划、设计、勘探、研究工作，向开发锦屏水电宝库发动一轮又一轮的攻关。在深化改革的形势下，有了投资方和业主前所未有的资助，有了地方政府和众多院校的全面支持，在国家大力开发水电的国策指引下，向锦屏进军的力度和气势就完全不同了。锦屏一、二级水电站捆起来开发，有了一级大水库的调节，效益更显巨大。这组电站总容量达 840 万 kW，年发电量达 410 亿 kW·h，淹没及移民较少，生态环境影响比较轻微，真是不可多得的水电富矿，将成为西电东送的骨干电源之一，还将促进特高压输电的发展，为缓解电力紧张、优化能源结构、减轻环境污染，为国家发展、地方富裕、民族振兴做出巨大贡献。现在一级电站的可行性报告已审批通过，正式开工，这次会议要审议的就是新的二级电站的可行性报告，这份报告并不是在两三年内完成的，实际上要从 20 世纪 90 年代算起，这是花了 15 年时间，投入无比巨大力量得到的，是无数同志、大量单位的心血结晶和协作的成果。仅文件的重量就达 26.4kg，如果先烈的英灵有知，一定含笑于泉下。

当然，锦屏二级工程的复杂性和难度仍然存在，开发锦屏，我们面临着严峻挑战，这是一场硬仗，这就要请专家们详细审查，提出宝贵的意见，进一步提高设计质量，使之更符合客观规律，更符合科学发展观的要求，我深信，这次审查会一定能大大推动锦屏二级的开发步伐，预祝审查会议取得圆满成功。

在雅砻江锦屏二级水电站项目申请报告
评估会闭幕时的发言

  锦屏二级水电站项目申请报告评估会，经过全体同志的努力，已圆满完成任务，方才已宣读了专家组评估意见。经过中咨公司领导审核后，将转报国家发展改革委。这座宏伟水电工程的实施又通过了一个重要环节，跨进了一大步。我对中咨公司卓有成效的组织会议、各位专家代表的辛勤劳动、各级政府和有关部门的大力支持配合，以及二滩公司和华东院为会议提供的良好条件、翔实丰富的资料文件都留下极深的印象。我相信，这些都将记录在锦屏二级水电站的开发史中。

  开发锦屏水电富矿一直是我的一个梦，是我毕生追求的一个目标。这个梦，我已做了四十年，通过这次会议，我似乎感到梦境正在一步步化成现实，几乎伸手可及。我相信，至少在我有生之年可以看到它的开工，取得一个又一个胜利……在工程正式开工之日，我要点燃一炷清香，把喜讯告诉所有为她献身的烈士们，让他们含笑九泉。

  锦屏二级水电站的难度是空前的，但我们所做的准备工作，也是空前的。通过这次评估会使我坚信，我们有足够的能力和把握，战胜所有困难，取得建设锦屏二级水电站的伟大胜利。具体的情况在评估意见中有详细论述，我不再重复，只想就一个问题再强调一下。

  锦屏工程的难度确实大，规划、勘测、设计、施工、管理……都难，而最后则集中反映在施工中。就施工而言，从进水口、首部到尾水洞出口都难，而最难的则又集中在长引水隧洞的施工。在打引水隧洞中，我们将会遇到大断层、岩爆、地下水、通风、高温、有害气体……种种问题，但最大的问题是突水。如何解决突水问题，是关键中的关键，难点中的难点。

  现在，勘测和地质方面已查清了大量问题，设计方面已做了精心考虑和安排，尤其是长探洞和两条辅助隧洞的先行，更给我们提供了无比可贵的资料和经验。这些是我们能夺取最后胜利的可靠基础。对付突水，文件中提出的思路是"综合预报，先探后掘"和"以堵为主，堵排结合"的方针。历次审查和这次评估会也认可这一基本思路。我对这几个字的理解是这样的：我们要充分利用地质勘测资料、充分利用辅助洞先行获得的资料和经验，充分利用各种长、中、近距离的涌水预测资料，基本掌握掘进前端可能出现较大突水的部位，然后因地制宜，对情况明朗的进行超前处理，予以封堵，如能找准渗漏通道，在静水条件下封堵还是较容易的，这样可以尽量避免在掘进中发生意外的突水情况。对于情况复杂，难以准确预报的，在掘进过程中仍可能出现较大突水，则要设法把渗水引开，不影响隧洞的正常掘进。我认为，每条隧洞都应具有排1~2个流量而不影响掘进的准备。引开后的渗水，在适当时间以适当方式进行

本文是作者 2006 年 3 月 17 日在雅砻江锦屏二级水电站项目申请报告评估会闭幕时的发言。

封堵或部分封堵。从地质条件来看,引水隧洞掘进中不会遇到大溶洞、暗河和特别巨大漏水量,主要是局部富集的地下水通过溶蚀裂隙集中涌出,这虽不是致命问题,但如心中无数,没有准备,确实会对工程进度和效益带来严重影响。总之,能不能战胜突水问题,是锦屏二级水电站能否顺利如期建成的关键,我们必须做好一切准备与它较量。长探洞和辅助洞开挖中出现的突水,是最可贵的教材,建议有关部门要充分利用这一代价高昂的教材,抓住不放,深入钻研,研究突水的机理与规律,研究如何避免再出现这种情况,研究万一再出现这种情况后如何进行恰当处理,不让它影响正常掘进。这样我们就能立于不败之地。

引水隧洞的另一个施工难点是长达 16.7km,且没有条件设置中间支洞。这个问题要充分利用先期完成的辅助洞来解决。尽一切可能在筹建期内形成长洞能短打的条件。锦屏一级、二级是同一组兄弟工程,都是二滩公司建设的,希望二滩公司能妥善安排,兼顾两个工程的需要,在满足一级工程基本要求的前提下,尽可能为二级施工提供有利条件。

同志们,中国已成为世界上的水电大国,在水电建设技术上,已达到先进水平。在顺利完成锦屏一、二级水电站和其他大批巨型电站的建设后,我们有理由宣称:中国已是世界上的水电强国,在水电建设技术上已居国际领先水平。我们每一位同志都要为完成这一共同的伟大目标做出贡献。胜利将属于我们!

8 红水河流域

在龙滩导流设计优化讨论会闭幕式上的讲话

参加过几次龙滩的会议，都是研讨规划设计问题，还是纸上谈兵阶段。这一次却是研究导流施工问题，有本质上的变化。我同大家一样，为龙滩工程的开工感到由衷的高兴和激动。龙滩这座大工程，研究设计了几十年，几起几落，黑头发都变成白头发了，始终不能正式开工，最多捞到一个"细水长流不断线"，其中技术问题还是次要的，主要是工程规模大，投入集中，又牵涉到几个省区部门的要求与利益，意见难于一致，以至拖延了很长时间。在三峡梦以后，就要算龙滩梦了。有些同志甚至失去信心了。现在继三峡大坝已巍立于大江之上后，龙滩梦也要变成现实，一座拥有世界上最高的 RCC 坝、最大的地下厂房的龙滩工程、一座具有强大的发电能力和巨大调蓄能力的水利枢纽与大水库，将在年轻一代的手中实现，它将在全国联网、西电东送中发挥重要作用，是关键性的一环，实在使人心情激动。龙滩的同志要我为开工题词，我写了十六个字相赠："好事多磨、大器晚成、春风浩荡、一鸣惊人"，就是龙滩历史的写照。现在千磨百折已经历尽，大器终于要成，希望在新世纪里，乘西部大开发、西电东送的春风，一鸣惊人，让龙滩工程成为新世纪水电大开发的成功典型，让全世界从龙滩工程的胜利建设中，认识到中国水电大军的志气和毅力，看到中国水电建设的光明前景。

话又说回来，过去我们总是埋怨国家迟迟不批准龙滩正式开工，现在国家批了，我们顿时感到压力加肩，感到自己的工作还是做得不够深透，自己的水平还得提高。因为龙滩工程太大了，是世界级的工程，技术难度、工程进度，都是世界级的。世界冠军不是那么好当的。所以今后我们面临的压力会愈来愈大，难关一重又一重，唯一的办法是谦虚谨慎，团结协作，必须牢记周恩来同志对水利战士的教导，以战战兢兢、如临深渊、如履薄冰的心情来搞龙滩工作。不论业主、设计、施工、监理，都一样。国家信任我们，把重任交给我们，我们不能给国家丢脸，给国家造成损失。一定要安全第一，质量第一。但又不能保守，不能浪费，要向国家交一份经得起历史考验的答卷。为了这点，只要有助于工程，不怕返工。这次会议给设计添加许多工作，希望能取得理解。

导流问题确是龙滩工程的第一重考验，一定要打好这一仗。我们已做了长期准备工作，导流洞尺寸虽大，也没超过已有水平，洞的长度不大，地质条件不算太差，设计施工经验也已丰富。从这些方面看，没有理由搞不好。另一方面，在细节上确应重视、摸清每一个障碍和难点，妥善找出解决办法，一个也不放过，把问题看得重一点，做最坏打算是必要的。战略上藐视敌人、战术上重视敌人，这句名言仍然是指导我们取胜的正确思想。

本文是作者 2001 年 6 月 5 日在龙滩导流设计优化讨论会闭幕式上的讲话。

（一）导流标准

导流标准是个风险问题，不存在绝对的是非问题。降低标准，可以简化导流工程，减少施工困难，保证如期交工，但相应的带来截流后基坑过水机会多的风险。反过来也一样。如何决策，取决于人们对各种风险发生的概率和后果的认识与综合评价，而且不能以成败论英雄。我选择一个低标准，施工期凑巧几年不来大洪水，捞到大便宜，并不代表决策者的英明，反之亦然。这个决策要根据工程和河流的实际情况，以工程整体和最终的风险性最小为衡量标准。根据龙滩工程和红水河的具体条件，专家们认为，现在选用的标准即约十年一遇洪水（14700m^3/s）是合适的。当然，有的专家还认为小了点，有的专家认为过次水也不可怕，但总的意见认为这标准合适，建议业主就认这个账，以后无论出现什么情况，不后悔、不遗憾，大家负责吧。

龙滩上游有已建的天生桥一级水库，论情论理，都应为龙滩建设出点力，即使削减一两千流量也效益显著呀。但由于各种因素，今天难以把它作为肯定因素计算在内，所以专家们建议留作余地。会后要积极努力弄清，天生桥一级应如何调节，能起多大作用，要什么代价。如合理，就及时上报，提出要求，目前先留作余地。所谓留作余地，有三种可能：一是用来提高导流保证率；二是用来降低（或不提高）围堰高度；也有第三种可能，如问题定得早，削减流量较大，也可缩小孔洞。事前与承包商说清有这种可能。承包商施工导流洞，有相当风险，如真有利于导流洞施工，减少风险，并在合同上采取合理的处理方式，承包商是乐意配合的。这些都要由业主决策。

（二）关于隧洞型式及堰高问题

我理解，在目前阶段，设计院实在不希望再改动设计，但我们仍建议设计院研究适当的提高堰高和改用城门洞型的问题，以求尽可能减小洞跨，方便施工，为导流工程的如期完成，再做点努力。我对设计院还提出更高要求，不但建议修改洞型，还要求优化设计，减薄衬砌厚度，简化结构型式。具体怎么做，我没有肯定意见，只是出这个题目，请设计院做。你们有经验，有很强实力，有专家，还有大学和研究院做后盾，需要的是解放思想，从自己画的圈子里走出来。听说设计院与学校订了协议，做应力分析。我认为不能只做应力分析，要共同搞设计，要求采用便于施工的形式，简化结构，连钢筋也要少放。关键是要把衬砌和围岩视为一体，不是孤立的一片墙。研究一下采取什么措施来达到这一点，这才是高水平的、与龙滩相适应的设计。

关于围岩，还想说几句话。我始终认为，对围岩一是要充分认识它的特性；二是要在设计施工中充分适应它的特性；三是要充分利用它的特性，发挥它的作用。围岩可以成为负荷，也可以成为资源。这固然取决于围岩本身，但在许多情况下更大程度取决于设计和施工。对龙滩的围岩要有个基本认识。从岩性和各种试验成果以及岩石分类上看，导流洞通过的岩体属于较好的范畴，不要把它看得太坏。中国的岩体分类五级制，与国际不太接轨。实际上我们的Ⅲ类岩在国际标准上属于相当好的岩石，Ⅳ类也介于良好与较差之间。人家在较差之后还有很差、极差、特别差几类。两条洞内Ⅱ、Ⅲ类岩石都占绝大部分，认真处理后，完全可以成为朋友。主要对10%～20%的Ⅳ类以下围岩加强处理衬护。当然在Ⅱ、Ⅲ类围岩中不排除出现局部缺陷，那就局部处理。要将围岩从负担化为资源，对地质情况的预测、缺陷的预处理以及严格控制爆破及时支护，极为重要。一定要抓好这些工作，特别是严格执行经过试验确定的爆破工艺和及时支护。承包商只能做到这条才有资格施工，否则请退场。龙滩工期紧，最容易走野蛮爆破之路，欲速则不达，最后断送一切。反之，严格按要求科学文明施工，就会既安全又保证进度，最后是双赢。一定要想通这一点。建议龙滩水电开发有限公司（简称龙滩公司）、设计院和监理单位，具体研究如何控制施工的问题。

（三）左右导流洞的高程问题

左导流洞虽然较短，但受进口处以上高边坡开挖的影响，什么时候能够进洞，尚无把握，从而成为卡关口。现设计左岸洞高程较低，是依靠它截流，这就有风险。所以最好把右洞高程降低 5m。这一点请设计院在一两个月内搞清，报告业主。如果没有太大问题的话，建议业主决策将右洞降低，以便承包商开挖支洞。同时修改设计，目的是增加储备手段。万一左洞进度受阻，要推迟几个月，右洞能如期完成，就利用右洞截流。对不确定的事，多从坏处想，宁可麻烦些，多留点余地是必要的。

（四）解放思想，攀登高峰

经过数十年的论证、研究、设计，当年主持龙滩工程的同志都已垂垂老矣，退下岗位。龙滩的建设重任，历史性地转移到年轻一代身上。今天会上就看到年轻的总经理、总工、设总，风华正茂，令人高兴。

年轻一代既要谦虚谨慎，努力充实提高自己，向老一辈学习，向其他工程学习，向外国学习，注意做到质量第一、安全第一，又必须有进取心，勇于创新、用新，大力引用新结构、新材料、新设备、新工艺，如果我们的工作仍墨守成规，老牛破车，要用 6 年半时间让龙滩发电，是无从谈起的。我觉得有些年轻人还有个缺点，他们对细节问题可以抠得很深，钻得很透，但缺乏从高层次上总揽全局、判定大方向、作出战略性的认识和决策的能力。为了今后承担更重大的任务，我们既要掌握具体的技术，又要提高综合判断的能力，才能适应今后水电大发展的要求，也才能和国际上著名的咨询公司和专家逐鹿世界市场，一比高下。在这方面谭靖夷院士是个很好的学习榜样。我希望随着龙滩建设的进展，能涌现和成长出一批年轻的全面性的专家。

我的意见就是这些，最后预祝龙滩工程的建设胜利进行，首先打好导流工程这一仗。

在龙滩工程大坝施工专家咨询会上的发言

我能参加龙滩工程大坝施工专家咨询会，是一个极好的学习机会。昨天去工地走马看花看了一下，感触很深。第一个印象是：龙滩工程已经上了轨道，取得了令人欣慰的成绩，"龙滩梦"即将成为现实了。第二个印象是：中国水电队伍的力量真的是强大了，今非昔比了，已经在世界上名列前茅了。第三个印象是：想不到龙滩施工能做到如此文明，环境如此秀美，管理如此先进，两年来没有发生伤亡事故，已经和过去水电工地的脏和乱告别了。第四个印象是：龙滩工程已进入大决战的前夕，面临严峻的考验。要夺取最终胜利还需要进行艰苦卓绝的奋斗。

这次咨询会是对大坝施工中几个重要问题的研讨。请来的专家都是有丰富经验或高深理论修养而且是长期关心、研究龙滩工程的。他们的意见具有权威性。我对会议纪要提不出补充意见，公司领导要我在闭幕式上讲几句话，我只能说点个人体会，和几句鼓劲的话或老生常谈，供大家参考。欠妥之处，还请批评。

一、重温建设龙滩的重大意义

龙滩工程是开发红水河水电富矿最大的骨干工程，不仅本身效益巨大，而且对下游和全流域开发起到重大作用。不仅有发电效益，还有巨大的环境、防洪等综合效益，由于工程规模大，淹没和移民多，这个工程一直几起几落，难以实现，许多同志真是望眼欲穿了。我安慰他们说，这个工程是：好事多磨，大器晚成，不鸣则已，一鸣惊人，不飞则已，一飞冲天的工程。现在，终于等来了好时机。昨天看到在一万多平方米的仓面上全面浇 RCC 的场面，真让人振奋。龙滩工程真的一鸣惊人了。

参与龙滩建设是件光荣的事。这座宏伟的水电站，将提供大量水电电能，支援国家经济建设，实现西电东送，永远为民造福，而且对环保、防洪等方面的效益太大了，尽管这反映不到经济效益上。现在国家环境污染严重，煤是最大的污染源之一。人大正在审议可再生能源法，大力促进风电、太阳能的发展。但在近期能提供大量清洁能源的还只能是大水电。同志们的工作正是为改善我国生态环境做脚踏实地的贡献。我们应该感到自豪。

龙滩 RCC 大坝是世界第一,而且要在很短时间内建成,技术问题复杂和要求之高,国际上是少见的。同志们做的工作正是在夺取这个世界冠军，改写我国乃至国际水电技术记录，多么光荣啊。

过去，要上一个大水电工程是何等困难，现在同志们年龄轻轻就担负起如此重大的任务，实在值得祝贺。希望大家珍视这一荣誉，抓住这一机遇，下定决心，一定要把龙滩建成精品工程、一流工程、争气工程，就是实现"建龙滩精品，创国际丰碑"的诺言。通过龙滩建设，把中国水电各领域的水平提升到国际领先。大家来为这一目

本文是作者 2005 年 3 月 2 日在龙滩工程大坝施工专家咨询会上的发言。

标而努力！

二、要把保证质量列为一切工作之首

龙滩工程能否取得全面的、最终的胜利，关键在于保证质量，尤其是大坝质量。216.5m 的 RCC 大坝，并且要在短期内建成，高峰月强度要达到三四十万立方米，酷暑中也不能停工，是个国际创举。在这过程中，如果出现重大质量事故，一切计划和荣誉就都落空。如果我们掉以轻心，只要有一个环节缺失，甚至一个人的失误，就可能造成严重后果。

现在大坝工程正从开挖转向大规模浇混凝土，在这一关键时刻，建议龙滩水电开发有限公司（简称龙滩公司）采取措施，狠抓质量保证体系的建立和完善，狠抓各项规章制度的制定和落实，狠抓对职工的质量教育和奖惩，务使一开头就奠定质量第一的思想，一开头就做到一流质量和精品工程，不走弯路。

三、要以风险论替代确定论来观察处理问题

龙滩的施工设计考虑得很全面，并做了很多研究工作。所提出的方案和措施是合理的。但在阅读了文件和听了专家们的意见后，总感到在不少环节上是满打满算。例如，砂石料的生产供应、混凝土的供料线，浇筑手段、能力，温控措施、要求等，都很紧张，回旋余地很少，有些环节现在看来就满足不了要求，有些问题研究得还不够深。对龙滩这么个坝，似不够稳妥。即使表面计算过关了，也要考虑有些因素无法控制，出些意外也不可避免，要用风险论的观点来观察和处理问题。

为此提出三点建议：①千方百计提高设备的效率和完好率，把这一任务包给设备的使用者和保养者，而且似可加大奖惩力度。②在必要和可能的条件下，增加一些余地，例如，多配置一些手段、备品，设计方面偏安全一点考虑。③做一些出现意外情况的考虑和研究，万一发生这种情况时，有一个应对预案。

四、抓重点、克顽症，留后手

要保证大坝质量，牵涉方面面，都要抓，但尤其要防止出现三类重大质量事故：①混凝土不密实，骨料分离，大骨料架空；②碾压层面结合不良，强度低；③混凝土开裂，尤其是上游面出现劈头裂缝或水平裂缝。特别要防止后两者，出了这种事故，难以处理。坝已经浇高了，忽然查明底部一个碾压层由于初凝或雨天施工而层面强度低。不满足要求，怎么办？把上面的混凝土都炸掉？已经蓄水，发现因温控不好，上游面开裂，而且裂缝扩展，怎么办？把水库放空？进行深水潜水修补？唯一办法是严格防止出事故和加强检查，不留下隐患。

施工中有一些极易发生，很难根绝的"顽症"，如骨料架空、层面初凝、温控未达标、保温保湿不及时、管道堵塞、止水漏水等，而且容易导致大事故。三峡工地开展了一个"克服顽症创一流"的运动，很有成效。现在，他们混凝土的机口温度、入仓温度合格率达到 100%，管道畅通、止水不漏、坝面保护严密，整个三期大坝没出一条裂缝。三峡能做到，龙滩也应做到。建议把 RCC 施工中的顽症总结出来，发动大家来防止和攻克它。

另外，就是在可能情况下留个后手。例如，如果能搞斜层碾压，就有可能至少在抗滑上满足纯剪的安全度要求。又如，上游面的开裂，只要裂缝中不进水，形不成劈

缝力，就不可能持续扩展，不致危及安全。所以，上游坝面和围堰间的空间，一定要回填黏土，靠近坝面处最好回填能使裂缝自愈合的材料。在填料以上到死水位间，上游面一定要贴上延展性好、寿命长的高分子材料。这就为我们提供了一道可靠防线，花点钱是完全上算的。有这么一道保险，再加上坝内完善的止水、排水、廊道和监测体系，就可以放心了。

五、关于温控防裂问题

温控防裂是这次会议重点讨论的问题。这个问题很复杂，龙滩大坝的情况尤其特殊，值得重视。我的一些想法是：①建坝容易防裂难。②不同部位要区别对待。对温控投入越多，开裂的风险越小。究竟怎么做才是适当？这里有个对裂缝危害性的认识问题。龙滩是座巨大的重力坝，在某些部位出现些短小裂缝，不会扩展，也没有什么后果，就不一定非绝对避免不可，而把标准提得过高。反之，在一些关键部位，开裂后会扩展、会渗水、会危及结构安全，花再大的投入也是应该的。③龙滩是座 RCC 大坝，还有孔口坝段、通航坝段，应弄清哪些是防裂重点部位，例如，上游面、夏季施工的基础强约束区、大孔口周围、通航坝段等要特别注意防裂，专家们对此提了很多建议，望龙滩公司早日决策。④常规温控设计的原则是对的，计算手段也越来越强大，但有许多因素我们无法预知或控制，不确定性很多。类似的情况，这个裂了，那个不裂，往往只取决于一点偶然的小因素。好比处于平衡状态的天平，一点小小影响，就会使天平向这边倒或向那边倾。所以，对于重要部位，宁可多采取些措施，只要是有效，无不利影响，投入也不太多的，就不妨多采用一些，偏安全一些。例如，对浇筑温度的控制，对通水冷却的运用，掺一点 MgO，对保温保湿提出些更高的要求等。不必拘于形式上的计算："安全度够了，没有必要增加效果不明显的措施了。"当然，这是指在关键部位，采用的措施必须能起到实效。例如，花了很大代价，降低了入仓温度，却不进行及时保护，使热量倒流，就没有意义了。

六、关于提前下闸

龙滩工程在最初研究时，工期长达 11 年，以后不断压缩，开工后进展更顺利。现在实际情况，2001 年 7 月 1 日正式开工，仅 6 年首台机组就发电（2007 年 7 月），2009 年就全部竣工，只要能确保质量，按此完成，就达到了国际水平，就取得了伟大成就。

现在因施工顺利，龙滩公司提出研究进一步提前下闸、提前发电的可能性，我认为，如果经研究确有可能提前半个月下闸，使发电期能提前几个月，而不引起不利后果，当然可以考虑。但要实事求是。如果条件不具备而强求过多地提前，引起一系列后果，增加很多风险性，是不可取的。

七、争取早日明确 400m 方案

目前按 400m 方案设计，375m 方案施工，无论在土建还是机电上都带来很多难题，鉴于按 400m 一次建成的方案效益极大，增加的 5 万移民，如采取保护罗甸县的方案，移民数几乎可减少一半。有关同志已多次呼吁。但目前要由企业出面去和两省、自治区政府联系协调，困难很大。建议组织有关同志，再次向国家呼吁，早日确定方案，争取一次建成。

关于龙滩正常蓄水位的书面意见

龙滩水电站的正常蓄水位问题，是一个牵涉到许多方面因素的重大问题。决策是否正确，影响是巨大而深远的。我也曾经给国务院领导同志写过建议。现在，龙滩工程进展迅速，今年即将下闸蓄水，蓄水位问题不宜再拖延不决。为此，国家发展改革委提出"关于龙滩水电站建设和移民情况及建议"的汇报，并委托中咨公司在以往工作基础上，对 375m 和 400m 方案进行全面分析论证，提出明确的建设方案和建议以供决策参考，是非常及时的。感谢中咨公司邀请我参与提意见，我对许多问题说不深透，只能从原则上讲点看法，供会议参考，并希望有关专家能对某些问题讲得更透彻。

一、确定龙滩蓄水位的原则

龙滩正常蓄水位的确定，原则上应以满足、符合国家的全局和长远利益国为判断标准。所谓国家的全局和长远利益，应包括能源问题、防洪问题、通航问题、生态环境影响和移民及社会稳定问题。

从能源、防洪、通航角度考虑，而且红水河泥沙量少、植被良好，龙滩的正常蓄水位都以 400m 为优。因此，主要的制约因素是移民。如果因正常蓄水位由 375m 升到 400m，增加的移民问题能妥善解决，两省区和地方政府、移民能同意，建议龙滩水电站按 400m 蓄水位一次建成。

二、发电效益（能源问题）的分析

400m 方案比 375m 方案能多取得以下发电效益：龙滩本身增加装机容量 120 万 kW，增加保证出力 44.6 万 kW，增加年电量 30.4 亿 kW·h。对下游 6 个梯级增加保证出力 24.2 万 kW，年电量 24.2 亿 kW·h，并使下游梯级有扩机需要。合计：增加容量 120～200 万 kW，保证出力 68.8 万 kW，年电量 54.6 亿 kW·h（我认为不考虑对下游梯级的作用是不合理的）。数字相当巨大，以上数值我认为较可信。

更重要的是电能质量的提高：增加的电量主要在枯水期，增加的容量可充分发挥调峰效益，这些对于南方来讲是十分可贵的。

实际上，龙滩水库是南方甚至国家少见的有年调节能力的大库。400m 方案增加了近百亿立方米（93.8 亿 m^3）调蓄库容，不仅可实现红水河梯级的理想调度，还可以与华中网联调，实现跨流域跨区域的优化调度，为国家取得最大效益。从电力和能源角度看，放弃 400m 方案确实将是永远的切肤之痛。

三、防洪问题

珠江流域特别是下游三角洲，是我国经济最发达地区之一，而暴雨、洪灾频繁，防洪任务艰巨。20 世纪 90 年代以来就遇到 1994、1998、2005 年大洪水，损失至巨。

本文写于 2006 年 2 月 20 日。

水利部门经长期研究规划，提出《珠江流域防洪规划》（简称"《规划》"），明确重点防洪区，制定相应标准，按照"堤库结合、以泄为主、泄蓄兼施"的方针，拟订总布局，逐步实施。西江是洪水最主要来源，龙滩是最大一个调洪水库，《规划》中龙滩承担 70 亿 m^3（近期 50 亿 m^3）防洪库容，起有举足轻重的作用，如果放弃 400m 方案，则龙滩长期内只能提供 50 亿 m^3 防洪库容。恐难满足下游远景的防洪规划要求。对流域防洪标准、防洪部署带来困难。天生桥水库远在上游，对防洪调度是极不方便、效益很差的。

四、通航问题

龙滩工程按 400m 水位建成后，上游淹没滩险，与平班梯级衔接，下游的枯水期流量由 757m^3/s，提高到 1530m^3/s，为红水河、北盘江全面通航创造条件，可从罗甸县直航至珠江口，贵州有了出海通道。如按 375m 建设，中间有 30km 不衔接，上游也延伸不到罗甸，也将成为很大遗憾。

五、移民问题

按 375m 方案建设，淹田 8.4 万亩（其中贵州 4.83 万亩），移民 8.05 万人（贵州 4.71 万人）。按 400m 方案建设，还要增加淹田 3.12 万亩（贵州 1.75 万亩），移民 5.33 万人（贵州 4.44 万人）。尤其是要淹没罗甸县城，迁移安置难度很大。我充分理解移民问题的困难和重要。也知道了为移民问题，领导上遇到很大麻烦，希望尽可能减轻移民问题。也理解贵州的实际困难。

经有关部门研究，提出了防护罗甸县的方案，可以减少罗甸移民 2.8 万人，少淹地 2400 亩。这个防护方案是巧妙、合理、可行的，已得到专家组评估认可，当地政府有关领导和同志在汇报会上也口头同意。据有关资料，采取防护方案后，贵州库区仅增加了 1.3 万人需要进行生产安置。如果这些资料属实，我认为通过与贵州省、有关地方政府和移民的具体协商，能在保证移民权益的基础上解决移民问题，使龙滩工程能长期为国家发挥巨大效益，是一个最理想的方案。

六、几个现实问题

由于国务院原批准龙滩工程按 400m 蓄水位设计，一期按 375m 水位建设，开工以来，已造成一些现实情况，有些是不可避免的（如大坝基础部分按 400m 规模设计施工、地下厂房按最终规模开挖、移民安置在 400m 以上），有些也已成为现实（如一期 7 台机组的招标制造和安装）。所以，现在如定为按 375m 建设，不再升高，确实会产生一些困难。包括：①使水轮机长期处于低效、不稳定区运行，或需重新订货，推迟发电；②使龙滩防洪库容无法提高到 70 亿 m^3，或需全面修改设计，耽误工期不说，还使龙滩发电效益大降，成为一座不经济、不合理的工程；③移民安置规划要重新安排，已迁移民会迅速回迁，库区专项公路复建等需重新规划设计，凡此均引起工期延误和巨大的直接、间接经济损失。

综上所述，我希望有关部门抓紧与贵州省及广西区联系协调，妥善解决好移民问题，特别是落实罗甸县防护规划、13000 人的生产安置计划和所有移民的补偿安置问题、工程效益的合理分配问题，取得地方上的理解、同意和支持。如果这个问题能解决，建议国家能批准龙滩水电站按 400m 水位一次建成。

建议龙滩工程按正常蓄水位 400m 一次建设的意见

红水河龙滩水电站已于今年 9 月 30 日成功下闸蓄水，工程质量优良，进度提前，具备明年 5 月首台机组发电条件，投资控制在概算范围内，水库移民安置进展顺利，库区社会稳定，取得了全面胜利，我们感到十分欣慰。

我国水电资源丰富，全国已开发的水电容量早超过 1 亿 kW，在建规模几千万千瓦，成为世界上头号水电大国，但具有较大调蓄能力的水电站并不多。龙滩工程位于珠江上游红水河干流上，具有一座能对大河流进行调节的水库，非常难得。龙滩工程的建设，不仅本身的发电和防洪效益巨大，对下游梯级电站的补偿乃至跨流域调节的效益更为可观。经过多次专题论证和专家评审，不论从防洪、发电、通航、环境等效益衡量，或是从施工、安全运行、投资等方面考虑，龙滩水库的正常蓄水位拟定为 400m 对国家、地方和企业都最有利。但由于淹没及移民问题难度较大，决定龙滩工程采用"按正常蓄水位 400m 设计，375m 建设"的分期建设方案。目前大坝建基面开挖、大坝常水位以下混凝土浇筑、地下厂房和通航建筑物等全按 400m 方案实施，机组按兼顾 400m 水位选定特性参数，移民安置和专项设施建设均安排在 400m 水位线以上。当初这样决策，既促进了工程建设，又留有扩建的余地，无疑是正确的。但时至今日，情况有了很大变化，如果仍这么执行，势将影响移民搬迁安置的稳定和引发一系列的技术经济问题，造成社会经济效益的巨大损失。因此，我们经反复研究后，建议国家批准龙滩水电站按正常蓄水位 400m 一次建成。理由如下：

一、400m 方案的社会经济效益巨大

发电方面：龙滩水电站采用 400m 方案可增加有效库容 100 亿 m^3，通过本身发电及对下游梯级补偿可增加装机容量 210 万 kW，提高保证出力 70 万 kW、水库调节电能 90 亿 kW·h，而且增加的电量和容量是枯水期电量和调峰容量，十分可贵，还可跨流域进行补偿，为我国南方地区电力供应做出较大贡献。

防洪方面：西江及珠江口防洪问题十分重要。400m 方案可预留防洪库容 70 亿 m^3，下游及珠江三角洲的防洪规划得以实现，防洪标准由现有的 40 年一遇洪水提高到 100 年一遇，年平均防洪效益达 15 亿元，防洪作用无可替代。

通航方面：采取 400m 方案，可实现红水河全河通航，贵州有了一条通海航道，物资可水运直达珠江口；而 375m 方案，龙滩至上下游枢纽之间不能衔接，不能实现红水河全河通航要求。

水环境效益：采取 400m 方案，下游河道的枯水期平均流量可由 375m 方案的 $757 m^3/s$ 提高为 $1530 m^3/s$，加上下游支流水量，能保证梧州站枯水期的最小流量

本文写于 2006 年 10 月 1 日。

1800m³/s，可从根本上解决澳门、珠海、珠江三角洲的供水安全和压咸需求。

二、400m 水位新增淹没指标不大，可以得到妥善解决

龙滩蓄水位从 375m 提高至 400m，将增加淹没人口 5.33 万人，耕地 3.12 万亩，无环境影响问题。淹没及移民的重点在贵州。贵州境内新增淹没人口 4.4 万人、耕地 1.75 万亩，并需迁移罗甸县城，这是最大的难题。现经研究，为减少淹没损失，结合罗甸县城的自然条件，可在流经罗甸县城的坝王河（红水河二级支流）上、下游筑坝，用隧洞将坝王河水引入龙滩水库，即可以防护罗甸县城郊 2.5 万人、保护优质耕地 6200 亩，罗甸县城不需搬迁。实施防护后，贵州只新增淹没人口 1.9 万人，耕地 1.13 万亩，大大缓解了贵州移民的安置压力，问题较易解决。

三、国家发展改革委征求两省（自治区）和有关方面意见达成共识

国家发展改革委一直在关心和协调龙滩工程蓄水位问题，最近以发改办能源〔2006〕266 号"关于征求对龙滩水电站建设方案意见的函"，征求广西、贵州、水利部、中国大唐集团公司、中国国际工程咨询公司和水电水利规划设计总院等六方面对龙滩建设方案的意见，除贵州可能因利益分配问题未明确，还没有表明意见外，水利部等五方均要求龙滩水电站按照 400m 方案建设。

四、妥善解决电站的利益分配，促成龙滩 400m 水位一次建成

龙滩水电站建在广西境内，而水库淹没大部分在贵州，贵州理应合理取得电站建成后的利益。目前贵州和广西两省（自治区）对税利分配问题未达成一致意见，影响 400m 方案的实施。我们认为：可参照三峡水利枢纽工程和乌江彭水水电站等类似的界河水电项目的税利分配原则，确定龙滩的税利分配比例。我们建议总理指示国家有关部门出面协调解决。相信两省（自治区）会服从国家的裁定。

综上所述，我们认为龙滩水电站按 400m 蓄水位一次建设的各项条件均已具备，有关问题已有了解决措施，各方意见趋于一致，现在工程进展顺利，红水河已截流，大坝溢流段已浇至两个方案的结合部位。如对水位问题再不明确，无疑将产生一系列问题和损失，造成极不利影响。为此，谨建议国家尽速批准龙滩工程按 400m 水位一次建设，是否妥当，敬请批示。

在"红水河流域综合开发对生态环境影响的调查研究"咨询课题启动会上的发言

今天，我们在这里举行"红水河流域综合开发对生态环境影响的调查研究"咨询课题的启动会议。会议有两项任务，一是正式成立课题专家组和工作组，二是讨论修改通过工作大纲，开展工作。

出席今天会议的有咨询专家组的各位院士、院外专家以及工作组的专家。他们在百忙中抽出时间参与会议，是对我们工作的极大支持，谨向他们表示衷心的感谢。

我首先简单回顾一下这一咨询项目提出和立项的过程。能源问题是制约我国经济发展、社会进步的关键因素，其影响之重大和深远已为众所共知，我不必再多说。水能作为我国一项重要的一次能源，蕴藏丰富，世界第一。据最新统计和公布的资料，全国拥有水能总量近 7 亿 kW（按 8760h 运行计），年电量 6 万亿 kW·h。技术可开发容量 5.41 亿 kW，年电量 2.47 万亿 kW·h。在中国开发水电是势在必行、符合国家全局利益的。现在中国的水电容量早已超过 1 亿 kW，正在兴建的有几千万千瓦，是世界第一的水电大国，开发后劲还方兴未艾。但是，现在也有许多同志质疑水电开发，认为将产生一系列严重后果，呼吁要重新考虑，引起尖锐的分歧意见。

水力发电本身并不产生污染，但在开发过程中，总需要筑坝建库、提高水位、调蓄流量，引水发电，还要淹没一些土地，迁移一些居民，这就在一定程度上改变河流的原来状态，对生态、环境、社会产生诸多影响，需经过若干时间，才能达到新的平衡状态。在这个变动过程中，可能会出现一些负面影响，如果事前未进行详尽的调查研究，弄清问题，按照正确的观点指导设计，并采取相应的减缓、补偿措施，就会带来不利后果。我国的水电开发，在取得巨大成就和做出重要贡献的同时，也造成一些损失，招来一些批评，以至有人坚决反对水电开发，主要问题恐怕就在于此。

这种情况并不是中国独有，发达国家走在我们前面，也经历过的类似的过程。现在，国际上出现一种反对改变自然的呼声与势力，尤其反对开发水电和筑坝建库，这一情况已引起国内有关各界的重视，并得到一定的响应。

各国国情不同，发达国家的现状是：他们的水利水电资源已基本开发，现在经济已得到长足发展，非常富裕，甚至称霸世界，今后不大可能也没有需要再搞大规模水电开发。他们可以对水电开发在生态、环境、移民、"人权"……提出极高的要求，这和发展中的国家、特别是中国这样一个资源短缺的大国是完全不同的。所以我一直认为发达国家在发展过程中的经验教训值得我们重视，国际上许多正确的呼声值得我们听取，但必须结合国情，不能一切照抄照搬，要走自己的路。

本文是作者 2006 年 10 月 23 日在"红水河流域综合开发对生态环境影响的调查研究"咨询课题启动会上的发言。

在水电开发的问题上，如前所述，中国的现实情况是：能源已成为制约我国经济发展和社会进步的重大瓶颈，如果继续完全依靠煤炭、无限制地增加燃煤，无论在资源、环境、运输……各个方面都难以为继。其他再生能源应该尽量开发，但受到当前各种条件的限制，一时难以在数量上形成气候。而中国又拥有世界第一的水电蕴藏量，水电是永不枯竭的再生资源，水电本身是不产生污染的清洁能源，水电是不需要燃料的廉价能源，水电是目前唯一可以大规模商业化开发的再生能源，开发水电还具有巨大的综合效益特别是防洪效益,中国主要的水电资源集中在西部特别是西南贫困地区，水电是他们的主要资源之一、赖以致富的希望。由于这种种因素，党和政府明确要优先开发水电，各地水电开发浪潮汹涌澎湃，没有什么力量能够压制得住。

那么，如何解决水电开发与生态环境保护间的矛盾呢？国家的能源政策中在水电开发方面有一句话"在保护生态环境的前提下有序开发"，为我们指明了方向。说得更具体些，从大局全局出发，水电必须加快开发，但另一方面必须在遵循科学发展观、以人为本、自主创新的大原则进行有序开发，做到开发与保护双赢。我还提出要以开发来促进保护、加快保护。

中央制定的方针和政策，为我们在大原则上取得一致意见创造了条件，即：水电必须在保护的前提下开发，对开发中带来的负面影响必须研究清楚，尽可能避免，一些不可避免的影响则要采取措施尽可能减轻或补偿。现在的问题是：某些同志对开发中带来的问题轻描淡写，认为没有什么大影响，可以解决，不是开发的障碍；另一些同志则把它提到空前高度，认为是生态灾难。而且大家多谈大道理，多用形容词，举的例子常常以偏概全，缺少切实的实例、资料和数据，这就难以说服别人。

我和殷瑞钰同志非常关心这方面的争论情况，就萌生出一个想法：能否组织各方专家，对水电开发带来的效益和负面影响做一次超脱的、客观的调查，我们并不议论水电是否应该开发，而是把开发的实际后果放在桌面上供剖析，这样也许有助于统一看法。原来我们的设想规模较大，想对全国主要水电工程都做些调查，后来发现这样做是不现实的，就转而以一条河流为主，进行调研。我们注意到红水河是西江干流，是一条大河，水能资源富集，水电开发较早，现在除下游大藤峡枢纽外，主要的梯级都已开发或即将建成，有的工程已投产多年，许多问题已经明朗或基本清楚，所以就选择红水河为调查重点。这个设想形成后，与工程院有关学部（管理、土水建、能源、环境）沟通后，都得到赞成，向工程院领导反映后，也蒙原则同意，又向中国水电顾问集团公司（主要设计集团）、中国大唐集团公司（红水河开发主体）、二滩公司、中国水力发电工程学会、清华大学等商谈后，都得到支持，两个集团公司并给予在经费上和其他方面提供资助，这才使本项目能正式成立，对此，我们谨向工程院、两集团公司和所有支持单位表深刻的谢意。

但是课题组的组建仍很不易。我们在3月提出初步的立项申请书，报工程院咨询委员会，其中专家组人选尚未落实，4月1日工程院咨询委员会正式批准，并列为跨学部重点项目,批给50万元启动经费，我们才开始具体落实专家组成员包括院外专家。另外，由于提出申请书时对许多问题尚未摸清，需在立项后落实。经过调研联系，我们对申请书中不详的地方予以落实或调整，在7月13日提出了一个补充说明，送工程院咨询委员会备案后，与原申请书共同指导今后的工作。

我们所邀请的专家包括水电专家和生态环保移民专家两部分，并可视需要特邀专家参与。考虑到专家们都有本职工作，难以全时间投入，尤其许多具体操作工作需人担任，因此设立工作组，在专家组指导下做具体工作。经协商，工作组依托在中国水电工程顾问集团公司内，这解决了许多困难。我们分析了需要调查的内容，还分设了三个专业组，即工程效益组、生态环境组和移民社会组，各组既可综合也可独立进行工作，以便深入查明实际情况，有成绩说成绩，有问题摆问题，并争取在第一手调查资料基础上，归纳出一些经验、教训和建议。

接着我们初拟了一个工作大纲，筹备召开启动会议。由于专家们的时间凑不到一起，开会时间一再改变推迟，直到今天才得以举行，而且仍然有几位专家不能与会，我们感到十分遗憾，但进度已比原设想推迟很久，不能再拖了，只能在会后将这次会议成果通知他们。

以上就是本课题从设想到启动的情况，我借此机会向大家做个简单汇报，不妥之处，请大家批评补充。

对大藤峡水利枢纽建设的意见

（1）大藤峡水利枢纽是红水河流域梯级开发最下游一级，也是珠江综合规划中的重要组成部分，具有很大的防洪、发电、航运、灌溉和压咸冲淡等综合效益，但由于库区淹没和移民数量较大，解决困难，使工程难以立项，也是红水河开发中迄今未能建设的一座枢纽，成为最大的矛盾和遗憾。

（2）为解决矛盾，促进工程建设，水利部珠江水利委员会组织有关设计单位，调整设计思路，跳出常规规划做法，重新研究本枢纽的作用，优化防洪和发电调度方案，减少淹没损头和移民数量，这个方向是完全正确的，不仅能促进本枢纽的建设而且具有普遍意义。

（3）过去对一座水利枢纽的规划，往往以本枢纽为中心，力求获取最大效益，对淹没及移民方面，只进行简单安排，考虑一点补偿和做经济分析，而未深入研究实际困难，从而使规划成为纸上空谈。新的思路则将本枢纽置于整个梯级中，合理规定其防洪任务，利用已建成的上游梯级和预报预泄手段，科学地设置防洪库容和进行联合调度，从而显著降低水库洪水位和淹没、移民数量。在此原则上，尽可能扩大发电效益。在这个新的思路指导下，对规划和设计做了大的优化，取得很大成绩，也为有关主管部门和专家咨询会议所肯定，我完全同意水利部、自治区的决策和水利部水规总院、咨询会议的意见。

（4）由于这是一种新的做法，大藤峡的任务又较艰巨，牵涉面广，关系和问题复杂，因此在进一步工作中还需弄清一些问题，解决一些困难，尤其要取得地方及有关部门的理解与配合。建议对以下问题再作研究协调：

1）优化设计后淹没和移民数量减少近半，但仍有一定数量，建议进一步比选正常蓄水位，优化联合防洪调度方案，落实防护措施，保证且尽可能进一步减少淹没损失，落实移民安排和使其稳定致富的措施。

2）龙滩、大藤峡、飞来峡联合调度防洪，而且利用预报预泄手段指导大藤峡调度，是一项新的和复杂的任务，虽有一些前例，建议加深研究，利用信息化等新技术，制定详尽的操作规程，予以落实，并留有余地，包括出现误差时的应对预案。在实际运行中，如出现意外情况，流域机构应有权对各枢纽（包括原无防洪要求的中小库）在保证枢纽安全的前提下下达紧急调度命令，舍小利保大局。

3）研究在新的工作方式下，水电站的位置和运行方式，能提供的电力容量与电量以及可承担的系统任务。南方电网巨大，希望与电网协调，请电网支持，使本水电站能在最合理位置上运行，以取得最大的全局效益和水电站效益。

4）在新的工作方式下，对航运、生态环保等的影响，也需做进一步研究协调。

本文写于 2009 年。

9 抽水蓄能电站

在广蓄电站建设科技成果鉴定会
闭幕式上的总结

广蓄电站建设科技成果鉴定会就要胜利结束了。会议通过听取介绍、现场考察、提问答疑、分析讨论，最后取得一致的意见，对广蓄电站建设中所取得的科技成果作了客观和实事求是的鉴定。几天来，各位专家特别是老领导、老专家不辞辛苦、认真负责，积极发表意见，使鉴定会能在很短时间内完成任务。我谨向专家们表示衷心的感谢，也向组织会议和提供资料的科技司、联营公司和各有关单位及同志表示深切的谢意。

这些天，中央正在召开全国科技大会，对加速我国的科技发展作出了重要决定。党和国家领导人都发表了重要讲话，被称为中国科技发展的第三个里程碑。我体会，第一个里程碑是为科技及知识分子恢复名誉、肯定地位，即科学技术是生产力，知识分子是工人阶级的组成部分。第二个里程碑是指出和确定了科技工作必须走改革开放的道路。那么第三个里程碑应该是确立科教兴国的基本国策，并深入总结十多年来的经验和问题，制定更合理的政策，采取更有力的措施，解决深层次的问题，使我国的科技事业有新的解放和大的发展，以更快的步伐迎接新世纪的到来。我们的鉴定会议正好在这个时候召开，大家心情分外欣慰和激动，我盼望这次会议能符合全国科技大会的精神，为加速我国水电科技的发展做出一点有益的贡献。

根据我个人的体会，我们这次会议是具有重要意义的：

首先，当然是对广蓄电站的重大成就和宝贵经验作出科学的鉴定。广蓄电站是我国水电建设史上的又一颗明珠。在规划选点、勘测设计、施工安装、运行监测，尤其是在建设体制和科学管理方面都创造出好的经验，使工程真正做到技术先进、质量优秀、工期短、投资省、运行好、环境美、无遗留问题等的全优目标。在我国抽水蓄能电站建设中，不仅实现了零的突破，而且一突破就建立起高的起点，达到国际先进水平。对于这样的成就，我们理所当然要予以充分的肯定、崇高的评价。这也是对所有为广蓄工程做出过贡献的勘测、设计、施工、安装、科研、运行、特别是业主单位的肯定和评价，是对所有奋战在第一线上的同志们的肯定和鼓励。我愿乘此机会向联营公司及所有为广蓄电站做出贡献的单位和同志表示崇高的敬意和衷心的祝贺。

其次，从广蓄电站的胜利建设和所取得的巨大成绩中，可以充分显示我们的能力和水平，可以坚定我们的信心和决心。改革开放以来，我们在引进外国技术、资金方面取得很大成就，这是举世公认的。但我们不能不看到在改革开放过程中出现的一些副作用。其中之一就是一些人滋长了崇洋媚外的思想，看不起自己了。什么都是外国强、外国好。中国永远低人一头，仿佛提到中国，就是落后的代名词，低效率、低质

本文为作者 1995 年 5 月 26 日在广蓄电站建设科技成果鉴定会闭幕式上的总结讲话。

量，甚至窝里斗的代名词。我一想到这点，心情总是十分沉重。这种风气思想不改变，"四化"大业是无从提起的，到头来只能成为别人的经济殖民地和外国货的推销场。对我国的科学技术水平应该有个全面和辨证的看法。一方面，我们承认在总的水平上，确实落后于人，落后了几年、十年甚至更多。但另一方面，要看到我们也有不低于外国的地方，更重要的是，中国人是勤劳、智慧、勇敢的人民，对目前暂时落后的领域，我们就有本领赶超上去。在讨论这次科技大会的文件时，我就坚决建议把自力更生、立足于国内的精神反复强调拔高。因为我觉得这个问题太重要了。开放、引进、合资等都是手段，目的是要我们尽快地翻身、前进。广蓄电站的建设就是个极好的例子。在广蓄建设中，我们大量引进了外国的设备、技术、资金、管理体制，请了外国咨询，甚至第一任厂长也是外国人。确实外国有许多地方比我们强，我们也感谢那些真诚帮助我们的外国友人和企业。但事情也就到此为止了，没有什么高不可攀的地方。对这些新东西，我们迅速地掌握了、熟悉了、会运用了，而且有了自己的创新和改进，不少地方已做到比外国还好。我们去掉了自卑感，神秘感，树立了信心和决心。有人断言，中国人只能在洋人管理下才会出效率，洋人一走就要走老路……这些预言在广蓄电站上破了产。广蓄的经验有力地向世界宣告，中国人是有志气有能力的伟大人民，一定能够甩掉历史加在我们肩上的落后包袱，赶超上前，自立于世界民族之林，而且还敢于攀登世界顶峰。我希望在总结和推广广蓄经验时，不要光就事论事，要强调这点精神，来激发全国水电队伍，乃至更广泛人民的斗志和信心，在目前我国水电建设和许多部门面临一些困难的时候，这点尤其重要。

第三，这次会议有利于广蓄经验的推广。广蓄现在是一块很好的样板和成功的模式，有成套的好经验。当然有些经验有其特殊性，不一定可以无条件地套用，例如地质条件不利的工程，就不能勉强做岩壁吊车梁。但更多的经验具有普遍意义，特别在体制、管理和敢于采用新技术方面，在各部门间的紧密团结方面，推广这些经验极为重要。部里接下去就要开广蓄工程建设经验交流会议，就是这个意思。

谈到推广先进技术问题，我也有很多感慨。李鹏总理在科技大会的讲话（讨论稿）中，有一段专门讲我国的科技成果转化为生产力方面存在的严重问题。辛辛苦苦的科技成果，或束之高阁，或无力进行工业性试验，或各自为政重复开发，难以转化为生产力。这个问题如能解决得好，将会大大促进我国的建设和科技发展的速度。解决之道还是两句老话，科技要面向生产，生产要依靠科技。这个问题在广蓄解决得较好，有关科研工作都面向生产建设进行，也确实解决了实践中的问题。业主和设计、施工单位也真心诚意地依靠科技、支持科技来取得胜利。有些事（如为高压岔管专门打试验洞）在其他工地就难做到，尽管这一工作仍不尽如人意，我还是要向罗总（编者注：罗绍基）表示感谢和钦佩。

要解决科技成果的转化和推广问题，我认为除了强调"面向"和"依靠"外，政府有不可推卸的责任。政府要制定政策，采取措施，做好导向、协调、宣传、教育，用政府行为来解决一些深层次问题。这次科技司组织鉴定会，部领导接着要开经验交流会，都很重要、及时，是对全国科技大会的具体响应，做实事。但今后一定还会有更多的问题出现，希望不要放松政府职能，要协调和解决。本级政府解决不了的要逐层向上反映和提出建议，务求收到实效。

广蓄一期工程虽然取得了很大成就，但也不是一切都好，仍存在问题。在罗总的介绍中，也讲了不少问题。有些问题要在今后继续监测、分析，要进行动态研究，指导运行，千万不能以通过鉴定和得奖为满足，掉以轻心。如出现异常情况，就要迅速分析。在运行中更要谨慎细致（尤其是放水检查时）。还有些问题，在中国国情下，一时也难解决。例如，在准备条件不足时开工，交通和职工生活上都发生过大的困难，这在外国是难以想象的。我想对这种问题也要一分为二地认识。作为建设者们，我们要强调奉献精神，顽强拼搏精神，为了整体利益、长远利益，不怕苦不怕累。作为上级和业主，则要尽快解决好问题，尽快按照现代化、科学化的要求安排施工，创造较好的条件。不能认为反正是中国人施工，有艰苦奋斗精神，就可以不讲究科学施工、文明施工和高效率施工了。

目前，一期工程已胜利建成，二期工程正在顺利开展。我们祝愿、也深信在已有的基础上二期工程建设一定能够登上更高的台阶，真正全面地达到现代化建设的要求，取得更加辉煌的成就。

关于抽水蓄能电站选点规划问题的建议

李总并公司领导:

上个月我去杭州出差,华东勘测设计研究院向我反映了他们所进行的华东地区抽水蓄能选点规划工作情况和困难,希望能得到电网公司的支持。大致情况如下:华东院根据周总(大兵)在 2001 年国家电力公司前期工作会议上的建议,以 2020 年为设计水平年,用自有资金开展了华东地区抽水蓄能站址的普查、勘探和规划工作。两年多来,查勘了近 30 个站址,包括浙江、江苏和安徽各省,优选出一批站址。但由于并非正式委托任务,无法结合华东网的整体规划开展进一步的工作,希望国家电网公司和华东电网公司能予支持。

对此我有几点认识,提出来供您考虑:

(1)抽水蓄能电站宜由电网来规划、布局、建设和运行,这样最能保证电网安全运行和满足用户需要。

(2)各大网中,华东、华北这些网水电较少,峰谷差距大,调峰填谷问题会日趋严重。电网宜有个统筹规划,合理开发和建设抽水蓄能、燃气机和利用火电、核电调峰能力来解决,不宜临时采取措施应急,甚至拉闸。

(3)对抽水蓄能站址的普查、勘探、设计、优选,需花较长时间工作和一定投入,才能掌握全面情况,做出最优选择。

考虑到华东院已做了大量和有成效的工作,现难以为继,谨建议国家电网公司或华东网公司能予以支持,将"华东电网抽水蓄能电站选点规划"列为电网公司或华东网公司的前期工作项目,予以指导、支持,并商电力和水电顾问集团公司进行讨论、审查,使这项工作能有始有终,提出正式的"华东电网抽水蓄能选点规划报告"以供今后决策参考。

本文是作者 2003 年 4 月 15 日就抽水蓄能电站选点规划问题写给国家电网公司副总经理李彦梦及有关领导的信。

小江抽水蓄能电站电力可行性
研讨会讨论纪要

国务院三峡建委办公室原领导郭树言、李世忠等同志提出：在三峡水库小江地区设置抽水泵站，利用三峡工程汛期电能和弃水水量，提升 382m，并通过河道、隧洞和渡槽等建筑物穿越大巴山与秦岭，调水入渭河，以解决渭河及黄河冲沙用水，改善生态环境，并可增加关中地区城市生活和工业用水。这个建议得到中央、国务院领导批示，钱正英同志并带队考察了线路。最近又对这一设想进行优化，拟将泵站改成抽水蓄能电站，以提高设备利用率，提供电网调峰能力，并取得经济效益，以补偿调水工程一部分运行费用。对此，长江技术经济学会于 2005 年 2 月提出了《三峡水库小江调水结合抽水蓄能初步分析》报告。

鉴于这个方案牵涉面很广，经钱正英同志建议，由三峡办邀请有关专家，在三峡总公司的支持下，于 2005 年 2 月 23 日在三峡工地召开了专家研讨会，先就该方案中的抽水蓄能电厂在电力系统中的可行性进行座谈讨论。参加讨论的有三峡办、三峡工程质量检查专家组、三峡总公司、国家电网公司、华中电网公司、重庆电力公司、广蓄公司以及长江技术经济学会、长江委等单位的专家共 19 人，会议由罗绍基院士和潘家铮院士共同主持。专家们听取了长江委的汇报，进行了坦率讨论，现将主要意见纪要如下，供有关部门和领导参考。

一、关于提出小江抽水蓄能电站的合理性

小江抽水蓄能电站是三峡水库引江济渭济黄工程的一个重要组成部分——渠首。三峡引江济渭济黄工程是解决渭河、黄河中下游河道冲沙用水，逐步改善渭河、黄河中下游环境，并提供关中地区城市生活用水和工业用水的一项战略性研究。考虑到长江水量丰沛，而在汛期 6～9 月引水，水量是有保证的；在上述时期引水对三峡电站电量减少的影响不大（3.73 亿～5.59 亿 kW·h）；本项工程为公益性项目，但每年运行费超过 10 亿元，利用泵站位置安装可逆式机组，在调水之余蓄能发电，为电力系统服务，用发电收益来弥补提水工程运行费用的不足，是解决"三峡引江济渭济黄工程"工程运行费出路的一种合理的思路。专家组认为本项研究是有益的。

二、小江抽水蓄能电站的可行性

但上述方案是否可行还取决于电力系统的具体情况。设想的小江抽水蓄能电站调峰作用服务于重庆电网和华中电网，上述两电网与会代表的意见分述如下：

1. 重庆电网的意见

（1）重庆电网于 2002 年底正式划入华中电网，电网规划（包括抽水蓄能电站）纳

本文为作者 2005 年 2 月 23 日小江抽水蓄能电站电力可行性研讨会讨论纪要。

2005 年 2 月 23 日在三峡工地召开了小江抽水蓄能电站电力可行性研讨会，会议由罗绍基院士和潘家铮院士共同主持，本文为该研讨会会议纪要。

入华中电网规划，统一布局。拟议中的蟠龙抽水蓄能项目虽然已列前期项目，但因华中电网总体规划不缺调峰容量而未启动。

（2）小江抽水蓄能电站地理位置距重庆市负荷中心较远（250km），因重庆市东北部电网用电容量小，当地无消化能力，要送入重庆和华中负荷中心运行费用高，作为事故备用意义不大。

（3）小江抽水蓄能运行主要在丰水期，按电网发展规划，2000年丰水期经500kV南充（四川）—万州（重庆）—三峡潮流达200万kW，该双回线路已满载，重庆500kV长寿—万州潮流也是向万州方向，因此小江抽水蓄能电站送出容量方向将因逆向而无法送出。要增加线路走廊，矛盾较大。

（4）由于重庆电网的负荷特性，小江抽水蓄能电站抽水济渭济黄与发电的矛盾，影响抽水蓄能电站的运行工况和效益。

2. 华中电网的意见

（1）2005～2010年期间，华中电网随着水布垭、三板溪两座调峰性能优越的大型常规水电，以及河南宝泉、湖北白莲河两座大型抽水蓄能电站的建成投产，加上三峡电站正常水位运行后也具有较强的调峰能力，全网调峰容量充足，且有一定盈余。

2010～2020年规划的新机组大部分单机容量为60万kW，调峰能力均可达到50%以上，火电机组的平均调峰率呈上升趋势。各水平年调峰容量盈余较大，且呈上升趋势，华中电网2010～2020年均不存在调峰不足问题。

从技术上看，未来华中电网调峰能力能够满足系统调峰需求。华中电网是否还需要建设抽水蓄能电站，以及抽水蓄能电站的建设规模，主要是经济性的问题。

（2）经过大量平衡分析认为，在水电比重较大系统中，抽水蓄能电站如果只能够减少弃水、不能替代火电装机容量，其建设是不经济的；同时，由于抽水蓄能电站不能增加系统发电量，其造价低于火电装机是抽水蓄能电站具有经济性的前提。

因此，华中电网建设抽水蓄能电站，必须满足两个基本条件：一是抽水蓄能电站的建设能够替代火电装机，且替代率较高；二是抽水蓄能电站的工程造价要远低于火电机组。

（3）小江抽水蓄能电站的建设可行性不仅要研究市场需求，还要重点研究电站建成后的电价政策和经营管理模式。目前，我国抽水蓄能电站的经营管理模式主要有：电网统一经营、租赁经营、独立经营和委托经营等。各种模式有不同的特点、优势、劣势，有各自的适应性。小江抽水蓄能电站采用哪一种经济管理模式，需要认真研究。

3. 国家电网公司的意见

（1）华中电网调峰能力基本能够满足需要。从全年范围看，枯水期调峰容量较为充足，丰水期电网调峰相对困难。

（2）抽水蓄能电站的建设要符合国家电网、区域电网和省市电网关于电源结构和电源布局的整体规划。

（3）是否需要建设抽水蓄能电站主要是经济性问题。

（4）抽水蓄能电站的经营管理模式、价格形成及回收机制需要深入研究。

（5）建议对电网规划水平年最大负荷及负荷特性、接受外区来电的规模及时段、火电的最大调峰能力进一步核实，并做相应敏感性分析。

三、长江技术经济学会关于蓄能电站方案与抽水泵站的经济比较

1. 规模

蓄能电站按单机容量 300MW，安装 7 台机组。抽水泵站满足抽水 31.5 亿 m^3，按每天平谷段 18h 抽水，需安装 300MW 水泵 6 台。

2. 工程投资

蓄能电站按单机造价取 3200 元/kW 计，静态投资 67.2 亿元。抽水泵站按单位造价降 20%估算，单位造价取 2500 元/kW 计，则泵站约总投资为 45 亿元。

暂按新建 2 回 500kV 交流线路送重庆考虑，以 250km，800 万元/km 计，线路投资 20 亿元。

3. 泵站运行费成本

蓄能电站年运行费 20.44 亿元。抽水泵站年运行费 12.4 亿元。

4. 蓄能电站方案与抽水泵站方案的经济比较

蓄能电站投资比抽水泵站多 22.2 亿元，加上线路投资 20 亿元后，蓄能电站方案比抽水泵站方案的工程投资多 42.2 亿元。

因设蓄能电站后可基本解决泵站抽水的运行成本问题，本次计算假定效益按泵站运行费的 80%计，那每年可节约运行费 9.94 亿元。

如此粗略计算，蓄能电站增加的投资与效益相比，经济内部收益率约为 23.5%。说明从国民经济角度，建蓄能电站比建泵站经济。

四、三峡总公司的意见

（1）在南水北调的格局下，总公司支持国家"引江济渭"解决渭河生态用水的方案研究。

（2）在"引江济渭"方案研究成立的前提下，赞成增加对小江抽水蓄能电站的可行性的研究。

（3）原则上同意 6～9 月从小江调水的方案，但由于三峡水库其间将增加供水功能，为充分利用水量，希望将水库汛限水位动态化，在不影响防汛前提下，提高汛期三峡水库的运行上限。同时应考虑由于三峡水库抬高水位减少抽水扬程的效益计算分析。

（4）抽水蓄能方案试图用发电获得的财务收入来弥补工程的运行费用，该抽水蓄能项目是否符合电力规划的需要，应做更深一步的研究。

（5）目前方案工程、地质及水工方面的资料相对较少，3200 元/kW 的造价相当于华东江苏与浙江两省中最好的抽蓄项目计算平均值，估计是偏低的，需复核调整。

（6）如果抽水蓄能项目在电力规划上可行，还需考虑抽水电能的来源，尤其是枯水期的抽水所需电量的来源及价格应进一步深入研究。

（7）据长江来水及三峡水库运行情况，"引江济渭"工程在非汛期也需要从小江取一定流量更为合适，同时，为减少运行成本，尽可能利用高山水库水量，建议 380m 的抽水高程分成梯级上扬水库，即在小江流域建一级水库（高程在 240m 左右，视选址情况定），库容适当大一些，即可在一定高程拦蓄小江流域水量，减少抽水扬程，又

可作为抽水蓄能的下池解决汛后抽水，且不影响三峡水库运行，需作进一步论证。

五、结论和建议

（1）小江抽水蓄能电站的电力和经济可行性的影响因素在于上网电量、抽水电价、上网电价和工程投资。目前计算的年上网电量 31.5kW·h，利用小时数达 1500h，似偏高。目前按抽水电价 0.15 元/（kW·h），上网电价 0.457 元/（kW·h）和工程投资 67.2 亿元计算，每年略有盈利，如抽水电价上涨至 0.2 元/（kW·h）就出现亏损。因此，对上述因素还要作更多工作，并补充敏感性分析，才能作出判断。

（2）电力系统分析，小江抽水蓄能站址及条件并不优越，经济上并不具有竞争性，电网在相当长时期内也不缺乏调峰容量，要兴建这一电站，依靠其收益解决运行费用，恐难以做到，长江技术经济学会的分析过于乐观。但若经过全面论证，认为三峡水库引江济渭济黄工程是改善渭河黄河生态环境的重大公益性工程，需要建设，则建议国家对小江抽水蓄能电站给予专门的政策性支持。

（3）如上级有关部门认为引江济渭济黄工程包括小江抽水蓄能电站值得继续研究，建议给予立项，拨经费做适当的前期工作，以利进一步查清问题，便于决策。

和谐社会与抽水蓄能

党的十六大六中全会研究了在我国构建社会主义和谐社会的问题,并作出了决定。这在人类社会发展史上具有重大的意义和深远的影响。现在全国上下都在认真学习和贯彻之中。前几天电监会、各大电力企业和中电联在京举办和谐电力论坛,许多领导和专家发了重要意见,签署了《共建和谐电力倡议书》,表达了全国电力行业职工的决心。我今天想简单说说我对抽水蓄能在构建和谐社会中的作用的认识,供同志们参考。

我认为:及时兴建必要的、充足的抽水蓄能电站对构建和谐社会能发挥重要作用。

一、满足社会合理用电需求

提到抽水蓄能电站,大家总首先想到它的调峰填谷作用。是的,电力行业的突出特点就是发、送、供、用同步完成。面对瞬息万变的电力负荷,电网必须实现实时平衡,否则就出大事。今后经济愈发展,电网愈扩大,峰谷差也愈来愈大,要依靠各类调蓄手段和实行 DSM 来解决。在各种调蓄措施中,抽水蓄能以其多种有利条件,特别是其"填谷"和"灵活"的特性,使它在许多情况下成为首选措施。只有这样,各种发电设备才能在各自最优的位置上稳定运行,从而为全系统带来最佳、最经济的效果。这已经为大量理论研究和实践经验所证实。至于 DSM,在加强调研的基础上和在用户的理解配合下,实施有效管理,确可做到错峰、避峰、压峰,这是非常科学合理的做法,须要坚持和深化;但在实施中,我们还依靠拉开峰谷差价,用经济杠杆来解决问题。必须注意的是,依靠经济杠杆,社会和用户是要付出某种代价的,例如,峰谷电价差距如太大,就会迫使职工不得不昼夜颠倒地工作,经济困难的人不得不在酷暑、高峰时关闭空调等大耗电设备……难道人们就没有苦痛和怨言?单纯依靠经济杠杆来解决问题,虽然简单和有效,并不完全符合"和谐精神"。严格地讲,是电力行业没能最大限度地满足人民正常合理的用电需求,难道不应改进吗?大量建设经济高效的抽水蓄能电站,增强电网调蓄能力,不使峰谷电价过分悬殊,保持负荷因素在合理范围内,就能弥补这一缺陷,使社会更加和谐。

二、保证电网安全优质供电,是电网和国家利益的忠实捍卫者

在当今社会里,保证电网安全和提高电能质量是头等重大的事,是构建和谐社会的基本前提之一。美国、俄国和欧洲都发生过大电网解体事故,造成重大损失和影响。我国电网单薄,结构不合理,技术落后,但频率保持在高标准,一直没有发生大事故,这主要依靠电网职工的精心调度和维护,功不可没,而抽水蓄能的调频和在紧急情况下所起作用尤其是重要保障。而且我们应清醒看到,目前在许多事故情况下还是依靠切负荷、解列等手段来避免全网解体,舍车保帅,相应的损失和影响其实还是很大,还需改进。应该充分认识抽水蓄能在调频、备用、应急、黑启动……种种方面的重大

本文为作者 2006 年 11 月 30 日在积极推进抽水蓄能发展高层论坛暨 2006 年抽水蓄能专委会年会上的发言。

作用，应该兴建更多的这类电站，进一步保证电网的安全性和提高电能质量。电网遭遇意外事故是难免的，我们要逐步使电网具有更强大的应急能力，改变在出现紧急情况时被迫作出较大牺牲的局面。

三、集腋成裘，化废为宝

能源是制约我国全面建设小康社会的主要制约因素之一，为此，中央和国务院制定各种方针、政策、办法，加快开发核电和各种可再生能源。但像风能、太阳能、小水电、弃水水电、潮汐能……的开发利用，不仅受到技术和经济上的制约，而且不稳定和难预计的电能在吸纳上难度极大。要解决它，只有做大电网而且使电网具有足够的调蓄能力才行。统筹规划、因地制宜，建设以抽水蓄能为主角的大量调蓄性工程（不仅是日调节，还要有周调节、月调节、季调节功能），就能把各种难以吸收的能量转化为优质电能，这将对构建和谐的、循环的、可持续发展的社会起到多大作用！

四、不需资源搞开发、为落后地区脱贫做贡献

我国经济、社会发展不平衡，即使在东部地区，也有落后的"第三世界"。特别对缺乏土地、矿产、水等资源和特色产品的地区，要开发谈何容易。建设抽水蓄能工程几乎不需要什么资源，只要地理位置合适，有地形条件和一点点少量的水，就可建起大型甚至巨型电厂，也没有大量淹地移民，简直是"空手套白狼"，不仅可为国家做出大贡献，还可以通过建设，发展地区经济，搞成风景区，脱贫致富，走向共同富裕，何乐不为！

过去，对抽水蓄能的规划，大体上只考虑了调峰的要求，定了个极低的比例，这是不合理的。而且在很多同志的心目中，抽水蓄能属于锦上添花、可有可无的性质，远没有兴建常规电站那么重要。我认为，在新形势下，必须重新全面认识抽水蓄能的作用和意义，中国人民不能永远低头吞声，凑合着过日子，应该加快步伐走向文明与和谐社会。对抽水蓄能应该合理规划，提高比例，更要深入研究，提出措施，扫除阻碍抽水蓄能建设的拦路虎——这些全是人为的——包括如何吸收投资，如何获得合理回报，采取什么建设和运行机制与模式，使各方面的利益能够协调，在为全电网全社会做出贡献的同时，能做到多赢。我期待这次会议能取得丰硕的成果。

10 其他工程

在重力坝深层抗滑稳定
非线性程序考核讨论会上的总结发言

我们的会就要结束了，参加这次会议的同志来自全国，进行了交流和讨论，时间虽短，却取得了丰硕的成果。现在我把会议的主要成果和建议归纳一下。这次会议是学术性的，所以总结不是结论。不对的地方请同志们指正，如果认为可以，则供今后开展工作时参考。

一、为什么要搞一个重力坝深层抗滑稳定的非线性分析程序

这是由于生产需要确定的。第一是大量工程存在这个问题，即问题有其普遍性。第二是这个问题往往在很大程度上决定也坝址坝型的选择，工程的经济合理性以及工程的难度和工期。总之，问题有其严重性。许多设计院、许多工程就不得不对深层抗滑稳定问题进行较深入的研究。这就说明生产上的迫切需要。

有没有必要搞一个专用程序？由于水工方面有它的特点，如：荷载方面有地应力问题、渗流问题、地震问题；材料特性方面有夹层、成层材料和其他特性材料；计算要求方面，要求给出各种反映安全度的指标。一般通用程序往往不包括这些，故搞个专用程序是有必要的。

二、目前的概况和存在的问题

目前国内已有不少非线性有限元分析程序，有关方面对此做了大量的研究和开发工作。这次考核就有九个程序，水电部门曾用过的程序基本都包括了。这次大检阅很有意义，可以看出我们的水平，也可看出存在的问题。

这些程序都是解决平面问题的，关于空间非线性分析，理论上可能没有太多的难点，但问题是规模太大，机器容量和机时往往承担不了，搞得太粗，成果也不一定有实用意义。问题总是一步步解决的，现在重力坝的深层抗滑问题，往往是按平面问题处理，而空间影响往往可提供潜力。这和坝肩分析有些不同，所以在近期内，我们的目标是攻下平面问题。事实上，平面问题并没有很好地解决，至于空间问题，有些单位正在研究和开发。我们希望，不久也能取得成绩。

从参加考核的几个程序的成果来看，有共性的一面，也有差异的一面。共性方面，如最危险的滑动通道，可能破裂的部位，护坦上的压应力集中，混凝土塞中的剪应力集中，坝体、地基中的应力分布总貌，相对的变位，都可以说是大致相同，或在定性上是一致的。能得到这种资料，已非过去所能想象。

但是相异之处，特别是定量上，问题还是很多。例如，绝对位移不一致，对工程安全度评价相差很大，对某些结论也不一致。这使生产部门很为难，也是许多人不相信有限元分析的原因。如我们不能解决这个问题，或至少改进它，就很难希望非线性

本文为作者 1983 年在重力坝深层抗滑稳定非线性程序考核讨论会上的总结发言，并以水利电力部水利水电规划设计院文件 [（83）规综字第 43 号] 转发。

有限元能推广，能取信于人，更谈不上改变设计手段、修订设计规范等等。所以，如何缩小这些差别，实在是非常重要的工作。

为什么会产生差异，可能是由于以下几种原因：

（1）各家用的基本资料或做法不一致，例如，对基础垂直边界的处理，就有三四种方式，对地应力的处理，对 F_3 的摩擦系数用的不同，有的程序中未计渗流力等等。

（2）单元形态不同。有的是三角形，有的是四边形。虽然结点一样，分析精度总有区别。

（3）对弹塑性体的处理方式不同。有的用简单的应力转移法，有的用更为合理的弹塑性理论，也会影响成果。

（4）计算精度不同。有的迭代次数多，有的迭代次数少，可能影响成果。

（5）还可能存在其他的致误因素。

我们建议把工作再做下去。条件能统一的再统一一下，计算公式能一致的一致起来，然后再计算一次。有些程序由于参加考核较迟，未及详细计算，也可再详细地复算一下。当然，有些是不能统一的，如2、3两条，不强求一律，从道理上讲，这种差别只应引起误差，不应对成果有大的变化。

三、对定型程序（推荐程序）的要求

我们希望最后能有一个或两个比较合理、比较全面、应用方便的定型程序。具体想法如下：

（1）单元库：常应变三角形单元，四结点夹层单元，四结点等参单元、保留常应变三角单元，是为了和许多重力坝分析程序能够联系起来。

（2）材料：各向同性体、横观各向同性体，夹层材料。

（3）破坏准则：摩尔—库伦准则和低抗拉（或无拉力）准则。

（4）收敛判断：位移误差、失衡力误差达预定精度，破坏状态稳定。

（5）计算方法：变刚法及常刚法兼有，以增量法进行计算（全量法可包括在增量法之内）。

（6）荷载：面力、自重、集中力、拟静地震惯性力、渗流力、地应力，要能反映分期施工、开挖卸载等等情况。

（7）安全指标：希望仿照常规刚体失稳方法，给出一个安全指标（可以用最简单的代数和，也可以用投影量）；又希望能给出建筑物、地基逐步失稳的过程，给出一个理论上更为精确的临界值。与此同时，当然要求给出破裂部位。

（8）前后处理：希望输入信息尽量少些，具有一定的自动剖分能力和自动校核能力。希望能输出设计上希望要的数据，尽量减少整理工作量。

除了一、两种标准程序外，还可以有一些库存程序，其要求可以再降低些，如：

（1）单元只有常应变三角形元和夹层元。

（2）在迭代计算时，可以采用简单的应力转移。

（3）计算方法可以用全量法，不反映增量、卸载。

这种比较简单的、可以在中小型国产机上计算的程序同样有实用意义，至少在一段时期内是有用的。

四、对各程序的评议和下一步工作的建议

（1）水科院黏弹塑性程序及北大程序。

水科院黏弹塑性程序的主要目的不在分析黏性影响，而是想通过这个手段，解决弹塑性分析中存在的一些困难和问题。这是一个很有启发的探索，初步成果也较满意。程序的功能较全，处理较合理，值得进一步研究开发。

有几点建议：为了减少计算工时，最好使用混合法，即开始时用弹塑性法，到接近失稳时再引入黏性因素。

关于弹塑性分析部分，功能是较完整的，但建议根据这次会上讨论情况和方才提的要求，再作补充或调整，并建议对安康考题详细地算一下。

北大的程序，单元类型较多，包括有无限元，对地基问题很适用。材料种类齐全，解法用拟牛顿法。破坏准则中包括有米赛斯准则，总之是个较全面的通用程序。在专用于重力坝稳定分析时，希望增加三角形单元，补充无拉准则，荷载方面增加地震力、渗透应力，以及计算安全度和失稳判断的功能，并建议将安康考题再仔细算一下。

对以上两种程序的改进工作，如有需要，我们可以考虑协助做些工作。

（2）中南院科研所、中南院水工处、武汉水院、成勘院四个程序，有些共同点。

它们都是用 BCY 或 ALGOL 语言编制的。单元体主要为常应变三角形单元和夹层单元（武水为四边形单元）。材料种类和破坏准则均相近或相同，除成勘院外，其余三家都用全量法解题。其中武汉水院和成勘院用初应力法，中南院用变刚法。

我们认为这些程序都需要进一步修改和完善，最好能成为一种较简单的，便于在 TQ-16 机上应用的程序。现在这四家程序算出来的成果相差较大，建议参考会上讨论的意见进一步研究或修改。目前看来，中南院科研所的位移偏大，原因待研究，中南院水工处的偏小，又未计入渗透力，不好比较。武汉水院与成勘院成果较接近，但也有差异，边界条件不同可能是原因之一。武汉水院成果个别点的位移异常，有待查明。

（3）华北水院、天津大学、YESJ-83 三家程序，它们也有一些共性，都用 FORTRAN 语言编写。单元主要是常应变三角形和夹层单元（天津大学的多一些，YESJ-83 用三角元反映夹层）。材料种类也相似（华北水院无横观各向同性），破坏准则都是摩尔—库伦及无拉力准则。破坏后的荷载转移，华北水院及天津大学用简易转移，YESJ-83 按本构关系处理，三家成果较接近。

我们希望对这些程序都进行些修改完善，最好能成为一种 FORTRAN 语言写的比较简单的非线性分析程序，不要求增加很多内容（华北水院程序是该校与河北省院合编的）。

这样，通过下一步工作，我们能有一两个较全面、功能较多的程序，也有一些较简单的，运用于 TQ-16 型机或其他中小机上的程序，而且分析成果不仅在定性上一致，在数量上也接近，这就大大进了一步，达到我们第一期目标。

我们将根据各单位程序修改情况，拟在 1984 年上半年再统一组织一次考核，因此希望各单位把下步工作情况，及时与我院计算机室取得联系，以便统一考虑考题及经费安排等问题。

五、对会议成果的评价

这次会议开得很成功，是有收获的，这表现在：

（1）交流了各方面的经验，对非线性有线元分析中许多问题，开展了学术讨论。许多同志作了精湛的发言，十分有益，启发性很大。例如，朱伯芳、陈重华同志利用黏性作用来解决弹塑性分析中的一些做法，马力、张良骞同志对深层抗滑安全度问题方面的探索，殷有泉同志不仅作了较全面的发言，而且特别对于增量分析和全量分析的关系作了很好的阐述，葛修润同志在会上发表了很多重要的见解（其他不一一列举）。很多问题通过讨论明确和一致了。许多问题基本一致，但还有些同志未想通，可以继续讨论，相信很快会弄清，这种学术讨论会是大大有利于交流和提高的。

（2）我们对比了所有的非线性程序，不仅对比了各程序的功能、基本原理、数学横式和解算方法，而且用同一考题的成果进行了分析研究，这些分析和成果不仅对安康工程设计有很大帮助，而且考察了各程序的长处、短处，存在的问题，发现了对分析成果有重大影响的一些因素，一方面肯定了我们的成绩，我们在理论分析方面的水平绝不比外国人差，但另一方面也应看到，要用非线性分析解算实际工程问题还存在一段距离，有很长的路要走，坚定了我们的信心。

（3）通过讨论，明确了下一步的方面，有利于今后工作的开展。我们的目标很明确，第一步解决平面问题，用常规的参数（E、v、c、f），通过非线性分析，找出最危险的通道，确定合理的安全度，算出应力变位分布，以供设计应用。我们既希望有一两个较全面的程序，也希望有一些适用于国产机的，较简单的程序。我们将已有的程序作了归纳，评论，提出了明确的要求和对下一步工作的建议，我们并不要求一个程序能解决所有问题，明确了这些，相信对下一步工作会有好处。

（4）所以能取得这些成绩，主要是同志们的努力，在会上我们了解到许多感人的事迹，大多数同志为了祖国四化，确实作出了极大的努力（例如天津大学、华北水院、武汉水院、成勘、中南院的同志），不为名，不为利，图的是为四化贡献力量，这种事迹不仅使与会同志深受感动，也是年青同志最好的榜样。有这样的精神，任何困难都能克服。

对非线性二维有限单元法计算
理论方面的几点意见

会议上交流的几个非线性有限单元程序中，从计算原理到具体公式上，都有些差异，现根据会议的交流资料及讨论意见，做了如下汇总并提供各单位在修订程序中参考，争取尽可能一致和合理。

一、九种非线性程序在计算理论方面总的情况请参考下图

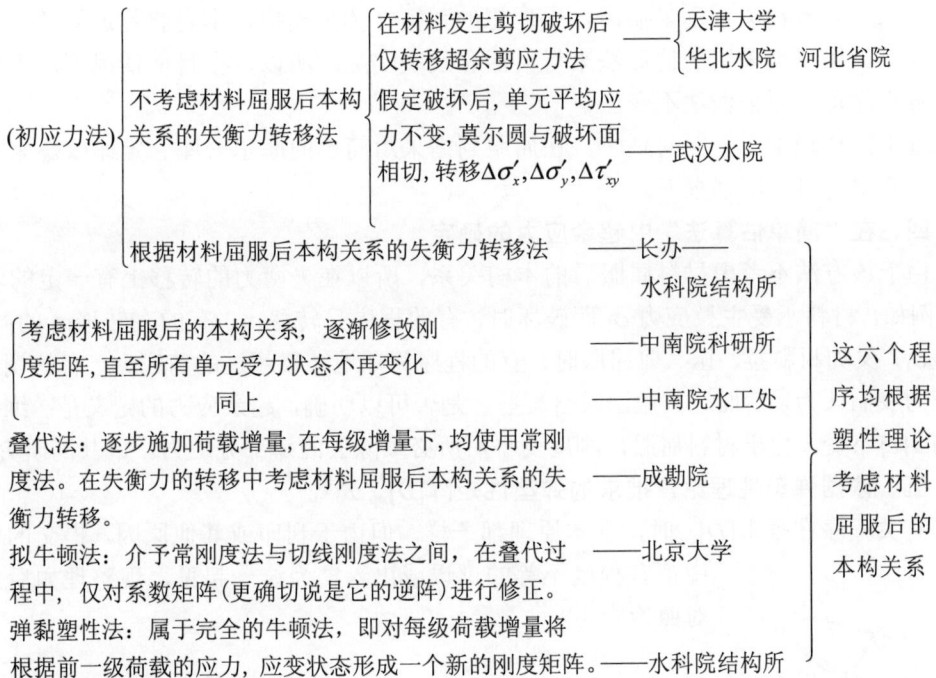

(初应力法)
- 不考虑材料屈服后本构关系的失衡力转移法
  - 在材料发生剪切破坏后仅转移超余剪应力法 —— 天津大学 / 华北水院 河北省院
  - 假定破坏后，单元平均应力不变，莫尔圆与破坏面相切，转移 $\Delta\sigma'_x, \Delta\sigma'_y, \Delta\tau'_{xy}$ —— 武汉水院
- 根据材料屈服后本构关系的失衡力转移法 —— 长办—— 水科院结构所

- 考虑材料屈服后的本构关系，逐渐修改刚度矩阵,直至所有单元受力状态不再变化 —— 中南院科研所
- 同上 —— 中南院水工处
- 叠代法：逐步施加荷载增量,在每级增量下,均使用常刚度法。在失衡力的转移中考虑材料屈服后本构关系的失衡力转移。—— 成勘院
- 拟牛顿法：介予常刚度法与切线刚度法之间,在叠代过程中,仅对系数矩阵(更确切说是它的逆阵)进行修正。—— 北京大学
- 弹黏塑性法：属于完全的牛顿法,即对每级荷载增量将根据前一级荷载的应力,应变状态形成一个新的刚度矩阵。—— 水科院结构所

这六个程序均根据塑性理论考虑材料屈服后的本构关系

二、增量法和全量法

非线性分析中以采用增量法为合理，但若增量级很小，则计算时间及代价过大，也不现实，全量分析（或增量级较大）仍有意义。

采用全量分析（或增量级较大，需迭代修正）时，变刚迭代法和常刚迭代法都是可行的，不同的课题，各有其适用方法，程序中如能兼备两者则更便于选用。

采用变刚度迭代法进行全量分析时，应采用割线刚度，一般情况下，割线刚度是变位（或应力）的函数如果将增量关系 $d\{\sigma\}=[D]_{ep}d\{\varepsilon\}$ 写成全量形式 $\{\sigma\}=[D]_{ep}\{\varepsilon\}$，并直接用到全量分析中，则除不能考虑卸载情况外，而且只适用于下列特殊的问题中。

（1）材料强度中无 C 值，各单元都处在比例加载的情况下（即 τ 及 σ 按同样比例递

本文为作者 1983 年所写对非线性二维有限单元法计算理论方面的几点意见,并以水利电力部水利水电规划设计院文件 [（83）规综字第 43 号] 转发。

增，换言之，各单元的工作状态是不变更的，破坏的单元从开始加载时起就已破坏）。

（2）材料屈服。刚度降低后，屈服前已承受的荷载也要重新转移（例如，拉杆在屈服后断裂，屈服前已承受的拉力也要重新转移）。

如果不属于以上情况，则在全量分析中，直接把屈服单元的弹性矩阵以$[D]_{ep}$代替，将夸大刚度的削弱程序，使算出的变位过大。

三、转移超余应力失衡力时，是否考虑本构关系的问题

有三种程序采用简单的假定，计算超余应力并予以转移（以下称为简单估算法），六种程序则将材料视为弹塑性体，按照材料的本构关系，建立弹塑性矩阵，由此计算应转移的应力，或重复计算（下称弹塑性理论法）。

从理论上讲，弹塑性理论法比较合理和明确。但由于地基（以及混凝土）的性态十分复杂，其本构关系远未搞清，用理想的弹塑性体来模拟，本身就是近似的，以至有时反不如用早期采用的估算法来得灵活和反映实际。所以，在目前情况下，不作结论，各程序可按原来做法不变。

基于同样理由，平面问题中，在屈服判据采用简单的摩尔—库仑定律或德来克—普拉奇判据均可。不强求一。

四、在"简单估算法"中超余应力的确定

由于该方法不考虑材料屈服后的本构关系，所以在失衡力的转移上有一定的随意性。例如，材料承受主拉应力σ_1而破坏时，有的程序只转移σ_1，有的在转移σ_1的同时，调整σ_1，又如材料拉、压、剪屈服时，有的程序简单地转移超过的剪应力，有的调整摩尔应力我们认为，后面这类做法较合理些。是否可以明确，超余应力的定义是：维持单元的$\Delta\{\varepsilon\}$不变，由于材料屈服，刚度变小后所必须除去的那部分应力。请共同研究。

五、依据弹塑性理论，推求的弹塑性矩阵$[D]_{ep}$公式

有关程序在推求$[D]_{ep}$时，基本原理都一样。但由于刊印或其他原因，提交的资料中都有程度不等的讹误或出入。为统一起见，现整理如后，供对照检查。

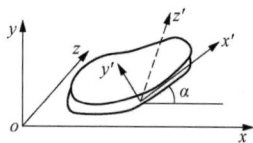

1. 块体单元

A. 横观各向同性材料（只沿局部坐标轴检查）

（1）坐标转换矩阵：

当局部坐标系的层面走向与x轴夹角为α时，局部坐标系的应力—应变关系转换到整体坐标系，需经转换矩阵$[T]$。

即$[\sigma'] = [D'][\varepsilon']$

转换到整体坐标系时$[\sigma] = [T][D'][T]^T[\varepsilon]$

$$
\text{式中}[T] = \begin{bmatrix} \cos^2\alpha & \sin^2\alpha & -\sin 2\alpha \\ \sin^2\alpha & \cos^2\alpha & \sin 2\alpha \\ \dfrac{1}{2}\sin 2\alpha & -\dfrac{1}{2}\sin 2\alpha & \cos 2\alpha \end{bmatrix}
$$

（2）弹性状态：

应力判别式：当 $\sigma'_y < R_t$ 且 $|\tau x'y'| + f\sigma y' - c < 0$

（式中 R_t 为材料的抗拉极限强度）

$$\{\sigma'\} = [D]'_e \{\varepsilon\}'$$

$$[D]'_e = \frac{E_a}{(1+\mu_1)\bar{\mu}_2} \begin{bmatrix} n(1-n\bar{\mu}_2^2) & n\mu_2(1+\mu_1) & 0 \\ n\mu_2(1+\mu_1) & 1-\mu_1^2 & 0 \\ 0 & 0 & m(1+\mu_1)\mu_2 \end{bmatrix}$$

式中　$n = \dfrac{E_1}{E_2}$, $m = \dfrac{G_2}{E_2}$, $\bar{\mu}_2 = 1 - \mu_1 - 2n\mu_2^2$。$E_1$、$\mu_1$ 为层面内之弹模及泊松比，E_2、μ_2、G_2 为垂直层面之弹模、泊松比及剪切模量。

（3）压剪屈服后的弹塑性矩阵 $[D]'_{ep}$：

应力判别式：$\sigma'_y < 0$ 且 $|\tau_{x'y'}| + f\sigma_{y'} - c \geq 0$

材料屈服后 $c = 0$，此时残余强度准则为 $|\tau_{x'y'}| + f\sigma_{y'} = 0$

$$[D]'_{ep} = [D]'_e([I] - [Q_2])$$

式中

$$[Q_2] = qp \begin{bmatrix} 0 & 0 & 0 \\ \dfrac{n\mu_2 f^2}{1-\mu_1} & f^2 & \dfrac{m\bar{\mu}_2 f(\operatorname{sgn}\gamma_{x'y'})}{1-\mu_1} \\ \dfrac{n\mu_2}{1-\mu_1} & f(\operatorname{sgn}\gamma_{x'y'})f(\operatorname{sgn}\gamma_{x'y'}) & \dfrac{m\mu_2}{1-\mu_1} \end{bmatrix}$$

式中

$$qp = \frac{1}{f^2 + \dfrac{m(1-\mu_1-2n\mu_2^2)}{1-\mu_1}} \qquad \mu_2 = 1 - \mu_1 - 2n\mu_2^2$$

$$[D]'_{ep} = E_p \begin{bmatrix} n_1 + n_2 & \dfrac{n\mu_2}{1-\mu_1} & -\dfrac{n\mu_2}{1-\mu_1}f(\operatorname{sgn}\gamma_{x'y'}) \\ \dfrac{n\mu_2}{1-\mu_1} & 1 & -f(\operatorname{sgn}\gamma_{x'y'}) \\ -\dfrac{n\mu_2}{1-\mu_1}f(\operatorname{sgn}\gamma_{x'y'}) & -f(\operatorname{sgn}\gamma_{x'y'}) & f^2 \end{bmatrix}$$

式中

$$E_p = \frac{mE_2}{f^2 + \dfrac{m(1-\mu_1-2n\mu_2^2)}{1-\mu_1}} \qquad n_1 = \frac{nf^2}{m(1-\mu_1^2)} \qquad n_2 = \frac{n(1-n\mu_2^2)}{1-\mu_1^2}$$

（4）拉剪屈服后的弹塑性 $[D]'_{ep}$ 阵：

应力判别式：$\sigma'_y \geq 0$，$|\tau_{x'y'}| + f\sigma'_y - c \geq 0$

此时

$$Q_3 = \begin{bmatrix} 0 & 0 & 0 \\ \dfrac{n\mu_2}{1-\mu_1} & 1 & 0 \\ 0 & 0 & 1 \end{bmatrix}$$

$$[D]'_{\text{ep}} = \frac{E_1}{1-\mu_1^2} \begin{bmatrix} 1 & 0 & 0 \\ 0 & 0 & 0 \\ 0 & 0 & 0 \end{bmatrix}$$

由于上式不考虑剪裂缝面的抗剪能力，有时可能导致数值解奇异。为防止这一现象，也可采取我国刘怀恒、王守仁同志建议的本构关系

$$[D]'_{\text{ep}} = \begin{bmatrix} E' & 0 & 0 \\ 0 & 0 & 0 \\ 0 & 0 & \alpha G_2 \end{bmatrix}$$

式中

$$E' = \frac{E_2[n(1-\mu_1)(1-n\mu_2^2) - n^2\mu_2^2(1+\mu_1)]}{(1-\mu_1^2)(1-\mu_1-2n\mu_2^2)}$$

α可取为 0.5。

B. 各向同性材料

以 $n=1$，$m=1/2(1+\mu)$ 代入上述公式即得各向同性材料的公式，然后再转到整体坐标系来（以下公式中之 θ 角为第一主应力 σ_1 与整体坐标轴 X 轴夹角）。

（1）弹性状态：

应力判别式：$\sigma_x \sin\varphi + \sigma_y \sin\varphi + \dfrac{2\tau_{xy}}{\sin 2\theta} - 2c\cos\varphi < 0$

$$[D]_{\text{e}} = \frac{E(1-\mu)}{(1+\mu)(1-2\mu)} \begin{bmatrix} 1 & \dfrac{\mu}{1-\mu} & 0 \\ \dfrac{\mu}{1-\mu} & 1 & 0 \\ 0 & 0 & \dfrac{1-2\mu}{2(1-\mu)} \end{bmatrix}$$

（2）压剪屈服状态的本构关系（此时 $c=0$）：

应力判别式：$\sigma_x \sin\varphi + \sigma_y \sin\varphi + \dfrac{2\tau_{xy}}{\sin 2\theta} \geq 0$

$$[D]_{\text{ep}} = \frac{E}{2(1-\mu)(1-2\mu+H^2)} \begin{bmatrix} A & B & C \\ B & D & S \\ C & S & F \end{bmatrix}$$

式中：$A = (\sin\varphi - \cos 2\theta)^2 + 2(1-\mu)\sin^2 2\theta$

$\qquad B = 2\mu\sin^2 2\theta - \sin^2\varphi + \cos^2 2\theta$

$\qquad C = (2\mu-1)\cos 2\theta \sin 2\theta - \sin\varphi \sin 2\theta$

$\qquad D = (\sin\varphi + \cos 2\theta)^2 + 2(1-\mu)\sin^2 2\theta$

$\qquad S = (1-2\mu)\cos 2\theta \cdot \sin 2\theta - \sin\varphi \sin 2\theta$

$\qquad F = \sin^2\varphi + (1-2\mu)\cos^2 2\theta$

（3）拉裂屈服状态的本构关系：

应力判别式：$\sigma_1 \geq R_t$（材料允许抗拉强度）

$$[D]_{ep} = \frac{E}{4(1-\mu_2)} \begin{bmatrix} (1-B)^2 & C^2 & C(B-1) \\ C^2 & (1+B)^2 & -C(1+B) \\ C(B-1) & -C(1+B) & C^2 \end{bmatrix}$$

式中： $B = \cos 2\theta$，$C = \sin 2\theta$。

如考虑材料拉裂后，拉裂面的一定抗剪能力，可参照中南院科研所式（24）。

2. Goodman 夹层单元

当夹层很薄时，我们认为以四结点的 Goodman 单元作为夹层单元较为合适，因为这种单元对于保证夹层与周围块体变形的一致性较好。

（1）弹性状态：

应力判别式：$|\tau_S| + f\sigma_n' - c < 0$

$$\begin{Bmatrix} \tau_S \\ \sigma_n \end{Bmatrix} = [D']_e \begin{Bmatrix} \alpha_S \\ \varepsilon_n \end{Bmatrix}$$

$$[D']_e = \frac{E(1-\mu)}{(1+\mu)(1-2\mu)} \begin{bmatrix} \dfrac{1-2\mu}{2(1-\mu)} & 0 \\ 0 & 1 \end{bmatrix}$$

（2）压剪屈服状态下的本构关系：

应力判别式：$\sigma_n < 0$ 且 $|\tau_S| + f\sigma_n - c \geqslant 0$

沿层面剪裂，材料强度降低 $c = 0$，屈服面方程为 $|\tau_S| + f\sigma_n = 0$

$$[D']_{ep} = E_1 \begin{bmatrix} f^2 & -f(\operatorname{sgn} \gamma_{x'y'}) \\ -f(\operatorname{sgn} \gamma_{x'y'}) & 1 \end{bmatrix}$$

其中

$$E_1 = \frac{(1-\mu)E}{(1+\mu)(1-2\mu) + 2(1-\mu^2)f^2}$$

（3）拉剪屈服状态的本构关系：

应力判别条件：$\sigma_n \geqslant R_t$（材料允许抗拉强度）

或 $\sigma_n \geqslant 0$ 且 $|\tau_S| + f\sigma_n - c \geqslant 0$

此时材料发生张裂和剪裂，材料强度降低到 $R_t = 0$ 和 $c = 0$，可得

$$[D']_{ep} = \begin{bmatrix} 0 & 0 \\ 0 & 0 \end{bmatrix}$$

如考虑材料剪裂缝面上的一定抗剪能力，也可令

$$[D']_{ep} = \begin{bmatrix} \alpha_G & 0 \\ 0 & 0 \end{bmatrix}$$

α 可酌取小值。

六、关于夹层的模拟

1. 关于忽略夹层切向正应力 σ_S 的问题

当夹层很薄，且夹层中弹模远较其周围介质弹模小得多时，可以忽略夹层的 S 向正应力对夹层中剪切应力分布的影响。

其判别条件，我们尚未找到充分的依据，但分析夹层与周围介质总的应力应变关系时，我们是否可暂时用①$l/e>10$；②E 周$/E$ 夹>10 作为判别条件。

在不满足上述条件时，我们建议在夹层的本构关系中不要忽略 σ_S 项。

如夹层较厚，可采用四边形或三角形单元直接模拟，对以上夹层模拟条件的研究，希望各单位共同进行。

2. 关于以 goodman 单元为基本模型中 K_n、K_S 的选用问题

目前由于勘测手段及水平的限制，夹层间的 K_n、K_S 值有时难以直接量测出，为此有些单位直接选用

$$K_n = \frac{E}{e(1-\mu^2)} \quad \left(或 K_n = \frac{E}{e}\right)$$

$$K_S = \frac{G}{e} = \frac{E}{2(1+\mu)e} \quad （e \text{ 为夹层厚度}）$$

我们认为这是可以的，但考虑到有时夹层的厚度极小，弹模很低，夹层两侧结点的变位，相对于夹层的厚度已成为大变形问题。如果有发生大变形（或嵌入）情况可能者，夹层的法向刚度系数 K_n，不宜作为常数，应予处理。例如，乘以一个系数 β 修正。

此时

$$K_n = \beta \cdot \frac{E}{(1-\mu)^2 e}$$

$$\beta = \frac{e}{e_0 - \sigma}$$

式中　e_0——可以令 $e_0 = e$，也可以是一个夹层压缩量的限制值；

　　　σ——夹层局部坐标系中的法向变位。

七、几个需要进一步探讨的问题

由于非线性问题十分复杂，有些不同的计算方法，虽然在理论上也许是等价的，但用来解决水利工程实际问题时，效果很不一致，仅从数学上探讨难以得出结论。最好针对实际工程，对一些不同的计算方法进行针对性的比较，以期达到能正确指导工程实践的目的。为此，建议对以下几个方面的问题再进行探讨。

1. 全量法与增量法的比较

由于全量法和增量法都各有不同的计算方法，所以我们建议这一大类中分为几个小项。

（1）北京大学的拟牛顿法（增量法）与中南院的变刚度法（全量法）进行比较。

（2）水科院结构所的弹黏塑性法（增量法）与长办——水科院结构所的常刚度法（全量法）进行比较。

（3）成勘院的常刚度法（增量法）与天津大学、武汉水院、华北水院——河北设计院的常刚度法（全量法）进行比较。

2. 全量法之间的比较

（1）长办——水科院结构所的常刚度法与中南院科研所及水工处的变刚度法（两者都考虑了材料的本构律）进行比较。

（2）武汉水院的常刚度法与天津大学、华北水院——河北省院的常刚度法进行比较。（它们都没有考虑材料的本构律）。

（3）长办——水科院结构所的常刚度法与武汉水院的常刚度法进行比较（前者考虑了材料的本构律，后者没有考虑）。

3. 增量法之间的比较

请水科院结构所的弹黏塑性解法与北京大学的拟牛顿法进行各项计算指标及结果的比较。

此外关于安全系数的计算，我们将根据各种不同的计算方法提出计算方案。

关于葛洲坝二期混凝土掺用粉煤灰
问题的意见

遵照钱部长（编者注：指钱正英）指示，我们对葛洲坝二期混凝土掺用粉煤灰问题进行了调查，现汇报于下：

对葛洲坝二期工程混凝土掺用粉煤灰，以往长办有些同志曾有顾虑：

（1）我国的粉煤灰系电厂弃灰，不是商品，性状、成分可能不稳定；

（2）掺粉煤灰混凝土抗炭化能力差，钢筋容易锈蚀；

（3）掺粉煤灰要有完善的设施、严格的工艺要求，才能确保质量。认为对于 250 号混凝土，掺粉煤灰的经济效益不显著，据了解，这些同志的顾虑目前已有一定程度的改变。

经我们最近的调查和分析，提出如下意见：

（1）郑州火电厂的粉煤灰质量较好，且成分比较稳定，符合国家和我部的有关规定。葛洲坝二期混凝土采用的是荆门水泥厂 525 号大坝水泥和 425 号矿渣大坝水泥，若掺用郑州火电厂粉煤灰，据有关试验研究看来是可行的，但是：

1）300 号及以上标号混凝土抗冲耐磨要求高，不宜掺用粉煤灰。250 号以下标号混凝土，采用 425 号矿渣大坝水泥时，掺量宜控制在 20% 以内；若采用 525 号大坝水泥时，则掺量控制在 30% 以内。

2）掺用粉煤灰混凝土的水灰比应不高于该标号混凝土原设计（不掺粉煤灰时）水灰比。

3）位于水位变动区的混凝土，为维持其耐久性，要从严控制掺量，并在掺加粉煤灰的同时，考虑其他改进耐久性的措施（如掺加气剂、减水剂等），具体由试验确定。

（2）据有关试验研究和实际工程调查资料，粉煤灰混凝土存在着炭化问题。但只要控制粉煤灰掺量，严格施工工艺，保证混凝土的密实性，可以延缓炭化速度，对于水下钢筋混凝土，其通气性较差，炭化慢而浅，一般不致锈蚀钢筋；暴露在大气中的钢筋混凝土，保护层在 10cm 左右者，在实际使用年限（100 年或更长些）内，也不会引起钢筋锈蚀。如保护层薄，要具体研究。

（3）掺用粉煤灰是一项细致的工作，一定要首先做好技术准备工作，有完备的设备系统和工艺规程，加强混凝土养护，切忌临时应付，从材料到工艺，一定要保证质量。

总之，我们认为，在大体积混凝土中掺加粉煤灰是国内外行之有效的成熟经验，

本文写于 1984 年 2 月 29 日。

可以节约水泥，改善混凝土性能，我们主张在葛洲坝二期工程 250 号以下标号混凝土中掺加粉煤灰，只要认真对待，一丝不苟，是可以保证质量的。

据向葛洲坝工程局同志了解，截至今年 1 月底，葛洲坝二期工程尚余混凝土约 250 万 m^3，其中 250 号及以下标号约 150 万 m^3。若决定掺用粉煤灰，工地及郑州电厂需增建采、运、掺等设施，筹建期约半年，投资约 50 万元，要在四季度才能投产。届时估计只剩下可掺粉煤灰的混凝土 75 万 m^3。为此，我们认为，要立即行动，否则来不及了。

石塘水电站工程投资问题的剖析报告

一、石塘和亭下两工程条件的对比

石塘水电站位于瓯江支流大溪上，上距紧水滩电站 25km，电站装机容量 7.8 万 kW，年电量 1.89 亿 kW·h，建成后将与紧水滩联合运行，担负部分调峰任务。电站枢纽由挡水坝段、溢流坝段、河床式厂房及过船、过木设施组成，坝型为混凝土重力坝，坝顶长 288m，最大坝高 38.9m。按初步设计报告，主体工程混凝土 32 万 m^3，石方开挖 48 万 m^3。工程总投资：设计任务书上报 2.0 亿元，初步设计 1.78 亿元，1983 年 11 月初步设计审查批复为 1.684 亿元，单位千瓦投资 2159 元。

亭下水库位于浙江奉化县[❶]奉化江上游剡江上，以灌溉、防洪为主，并装机容量 4000kW。坝型为混凝土重力坝，坝长 319m，最大坝高 76.5m，大坝由溢流坝段及挡水坝段组成。主体工程混凝土量 55 万 m^3，石方开挖 16 万 m^3，初设批准工程投资 4433 万元。该工程于 1978 年开工（施工准备），1983 年底坝体浇筑完毕，尚余少量尾工，估计实际总开支约 4700 万元。

经初步分析比较，石塘与亭下工程有下列主要不同之处：

（1）主体工程：石塘以发电为主。亭下是一座灌溉、防洪水库。因此，石塘厂房、升压站的机电设备比亭下水库多 2200 万元，亭下水库没有过船及过木设施要求和永久交通费用，投资差 1082 万元。亭下电厂及水库人员编制少，相应永久房屋建筑投资少 191 万元。

坝体混凝土数量石塘较亭下少 22 万 m^3，但石塘因洪水泄量大，溢流前沿长，采用底流消能（亭下为挑流消能），加之混凝土标号高，钢筋多，单价高，拦河坝投资仍高出亭下水库。

（2）临时工程：石塘的各项临时工程费用均高出亭下，二者差 4000 万元，其中导流工程方面，亭下枯水期导流流量很小，导流工程简易，仅需数十万元；石塘设计洪水流量大，导流工程复杂，初设中导流投资达 856 万元；交通工程方面，石塘除临时交通公路外，尚有临时改线及航运临时过坝费用，较亭下多 470 万元；临时建筑方面，亭下每平方米造价仅 38.7 元，石塘需 60 元，按 8 万 m^2 计，石塘多花 170 万元。

（3）水库费：亭下水库淹地 3268 亩，迁移人口 6150 人，均较石塘（2236 亩，4930 人）多，但水库费仅 333 万元（平均每户赔偿 1050 元），远低于石塘的水库费 2000 万元，由于亭下水库区属奉化县为受益县，补偿费用低，而且山林全不赔偿，与石塘工程无法相比。浙江省认为亭下补偿标准偏低，今后是做不到的。

（4）有关单价：亭下民工均来自受益县，民工工资仅 0.95 元/工日，采用浙江省 1965 年概算定额，定额水平高，管理费率和预备费率低；砂石料运距短、弃料少；水泥运距短、金属加工费用低，与石塘工程的情况也存在不可比因素。

---

❶ 本文写于 1984 年 4 月 10 日。奉化县于 1988 年撤县设市。

综上所述，两个工程中存在一些不可比的因素。但如将这些因素除去（约 6000 万元），石塘工程的投资仍高出亭下水库很多，说明我们工作还做得不够。尤其在施工费用方面，如亭下水库后期工地劳动力仅 1300 人，石塘为 3500 人（高峰 4500 人），亭下水库的施工设备购置费仅 250 万元，大坝采用三台自制门机浇筑。石塘施工设备购置费列 800 万元。亭下水库施工辅助、生产准备和其他费用仅 278 万元，石塘达 1673 万元。

二、降低石塘工程投资的途径和措施

经共同剖析，采取各种措施降低投资，初步估算总投资可控制在 1.40 亿元左右，与初步设计概算相比，降低投资 21%。主要的改变有以下几个方面：

1. 工程设计

（1）根据水工模型试验成果，可取消上游厂坝间导墙，缩短消力池长度 20～30m，适当抬高消力池底板高程，减薄消力池底板及池后护坦混凝土厚度，减小开挖约 1.7 万 m^3，钢筋 480t（具体尺寸通过模型试验最后确定）。

（2）坝体抗滑稳定安全系数偏大，并可改用抗剪断公式设计，适当提高摩擦系数，结合坝基岩石条件适当抬高大坝建基高程。约可节省混凝土 1.35 万 m^3，石方开挖 0.63 万 m^3。

（3）原坝顶公路宽 3.5m 被过船、过木设施切断，实际很难通车，可改为人行桥。根据厂家建议水轮机采用法国机型其转轮直径可由 4.5m 降至 4.1m，厂房尺寸可相应调整。约可减少混凝土 1.3 万 m^3，土石方开挖 3 万 m^3，钢筋 400t。

（4）根据水工模型试验，可适当降低下游导墙高程，减小厚度，取消上游过船、过木机间导墙。节省混凝土约为 0.43 万 m^3，土石方开挖 5 万 m^3。

（5）石塘电厂规模小，离紧水滩很近，可作为分厂。电厂人员编制可由 296 人压缩到 158 人，并减少相应的永久房屋建筑。减少投资约 96 万元。

2. 工程施工

（1）利用紧水滩 1986 年上半年下闸蓄水的有利时机，在 1986 年四季度下基坑，一期导流流量可由 1703m^3/s 降至 705m^3/s，另外延长 2 号、3 号溢流坝中墩作为一、二期围堰纵向围堰，代替原初设两条钢筋混凝土框格纵向围堰，这样可简化导流、缩短工期，降低导流费用约 366 万元。

（2）砂石料混凝土系统，仍采用原初设推荐的集中布置方案，并加以改善，可减少施工征地 4 万 m^2，减少投资 230 万元，省去砂石料短途转运费 62 万元。

（3）充分利用紧水滩工程现有施工设备，由水总调拨部分施工机械（约 300 万元），本工程施工机械购置费可减为 300 万元。

（4）施工平均人数（考虑出勤率后）减为 3200 人，高峰劳动力按 4200 人计，相应临时房屋可压缩至 5.2 万 m^2。

（5）施工辅属企业尽量利用紧水滩设施（如木工厂、修配厂、汽车大修厂、金属结构加工厂），可相应减少生产用房及设备。生产及生活用房共可核减 356 万元。

（6）劳保支出按概算定额规定，可核减 514 万元。

（7）预备费由 8% 降至 6%，约可核减 820 万元。

3. 设备制造

经与富春江水工厂商谈，降低主机出厂价格 10% 左右，约 150 万元。

以上共计可核减投资约 3713 万元，混凝土 5.3 万 m³，基础开挖 10 万 m³。核减后工程总投资约为 1.4 亿元，单位千瓦投资 1800 元。

上述核减数系初步匡算，最终数值应以设计院提出的修正总概算为准。

三、几点建议

（1）经相关审查，修建条件成熟，利用紧水滩蓄水时下基坑尤其有利。工程总投资经过努力如能降到 1.4 亿元左右，单位千瓦投资 1800 元，指标也是合理的。建议1984 年给点钱，进行施工准备，1985 年列入计划，确保 1986 年下基坑，1989 年上半年发电，同年竣工，总工期五年，不宜再推迟。

（2）上述降低造价的措施，是初步讨论后确定的。需要设计及施工部门继续努力，一项一项落实，已要求华东院于次年 6 月提出修改后的工程设计及修正概算报部。同时，还应继续努力，争取能节约更多的投资，和进一步缩短工期。

（3）石塘工程完成后，对紧水滩电站可起反调节作用。华东院研究，可扩大紧水滩装机容量 10 万 kW，建议同意他们进行研究，提出专门报告。

（4）石塘水库费用暂列 2000 万元，地方上认为不够，我们认为有潜力，希望省里支持，大力压缩。石塘目前每年过坝量不大，而有关部门要求修建一条过木道和一条过船道。我们认为，目前只要修一条合用，以后航运过木量增加后再建第二条，也可减少投资积压。

（5）修建水电站虽对华东电网和浙江省电力供应有好处，但浙江省由大电网供电，石塘电站修建与否，从表面上看，对浙江特别是地县受益不大。建议改革某些现行制度，采取一些有利于促进水电发展的政策和措施。

（6）通过对比，说明我们的工作离党所要求的还有很大差距。不论是设计、施工和运行单位，都要放下架子，认真学习。一是向国外先进水平学习，二是向地方、向小工地、向小单位学习，找出差距、采取措施、实行改革。

（7）经过挖掘潜力、压缩投资，并扣除两个工程的不可比因素外，石塘的投资仍高于亭下水库。除了物价上涨等因素外（我们估计亭下水库如现在施工，也要增加较多投资），主要原因是受到我们工程局现有体制的限制，如果不改变体制，很难解决问题。为此，建议部及总局着手研究全面改革问题，工程局必须是精悍、高效、有竞争性的专业队伍。现在的臃肿机构必须精简，冗员必须妥善安置处理（病修、退休人员经费应专门解决，辅助人员比例应大大降低，社会服务项目应由地方解决或办集体事业解决，工作努力但能力、水平较低的同志要培养训练，表现不好的人应除名），施工设备的购置、维修、收费、报废办法要重新制定；进入现场的人员要精悍、人数要最少，临时建筑必需大减；任务不足时，找米下锅，各项单价、定额、管理费标准和支付方式都要重新编制。总之，要以高标准、严要求重新考虑现存的一切做法和定额。这个问题就不是石塘一个工程或一个工程局所能解决的。

埃及阿斯旺高坝工程考察报告

阿斯旺高坝工程是埃及最大的水利工程,也是世界著名的七大水坝之一。建成以来,各国人士对其利弊得失议论不一,看法有很大分歧。我国也有同志(包括外国一些人士)将它视为失败的教训,并作为我国不宜修建像三峡这样大型水利工程的依据之一。我们于1986年11月对阿斯旺工程进行了考察。现将了解的情况简介如下,供参考。

一、阿斯旺高坝工程的简况和效益

阿斯旺高坝工程位于埃及境内尼罗河上阿斯旺城附近,是一个以控制尼罗河水量、充分取得灌溉、发电、防洪等各项效益的大型水利工程。阿斯旺高坝为黏土心墙堆石坝,高111m,坝体体积4300万m^3,所形成的水库总库容达1620亿m^3(其中死库容310亿m^3,有效库容1310亿m^3),水库总长500km(在埃及境内300km称纳赛尔湖,在苏丹境内200km称努比亚湖),平均宽11.8km,最高水位时水面面积达6540km^2。电站装机容量210万kW,设计年发电100亿kW·h。这座工程不仅是埃及最大的水利工程,也是世界上最大的人工湖和水库之一。

尼罗河全长6700km,为世界第一长河。流域面积290km^2,流经非洲9国,从埃及注入地中海。埃及全国土地96%为沙漠,仅尼罗河两岸谷地及河口三角洲为可耕地,人口全部集中于此,因此,尼罗河是埃及的生命线。尼罗河上游年雨量丰富,但中游地带为大面沼泽地,蒸发量极大,至下游为沙漠地带,雨量极少,年径流量也锐减。因此,尼罗河流域上下游的流量极不平衡,此外多年之间的变幅也极大(据阿斯旺站观测,通过该站年径流量变化在413亿~1340亿m^3间,统计资料多年平均为900亿m^3,建库后实际仅720亿m^3),出海口水量仅330亿m^3,年输沙最0.6亿~1.8亿t,平均1.34亿t(主要来自青尼罗河)。对于完全依靠尼罗河水灌溉的埃及农业和埃及人民,如何充分控制与合理利用尼罗河水,确实是头等重大问题。

1952年前,埃及在尼罗河上仅有几座低坝工程(包括阿斯旺老坝)。不能起控制作用。农田靠尼罗河洪泛灌溉,每年一熟,产量低,遇旱涝年份即成灾。1952年革命后,埃及政府全面研究尼罗河开发问题,拟定阿斯旺高坝方案,规划中设想高坝建成后,形成多年调节水库,完全控制尼罗河水量,根除旱涝灾害(每年可均匀获水840亿m^3,扣除蒸发损失100亿m^3,净得740亿m^3,埃及可分获555亿m^3)。彻底改变农业面貌(扩大耕地和改为常年灌溉,每年两熟至三熟),并获得大量廉价水能,全国形成统一电网。

该工程设计工作原由埃及委托西方国家承担,并希望西方国家和世界银行投资建设。由于西方国家提出政治条件,被纳赛尔总统拒绝。嗣后埃及收回苏伊士运河,拟

1986年10月,史大桢、潘家铮、魏廷铮陪同李鹏副总理考察埃及阿斯旺高坝工程,本文为考察报告的摘录。

以运河收入进行建设，因发生苏伊士战争，埃及转与苏联合作。1960 年埃苏签订协议，由苏联援建，苏方对原设计作了非实质性修改，于 1960 年动工，1963 年开始填筑大坝，1964 年 5 月大坝开始部分拦洪，1966 年开始安装机组，1967 年两台机组投产，1968 年大坝建成，拦蓄全部尼罗河水，1970 年 12 台机组装完。工程总费用包括输电及施工利息共计 4.02 亿埃镑（10 亿美元），其中苏联贷款 1.38 亿镑，年利率 2.5%，12 年偿还。埃方自筹 2.64 亿镑，年利率 4.5%，12 年偿还。主持该工程的部门为新成立的灌溉部，发电方面为电力能源部，灌溉部分摊投资 2.31 亿镑，电力分摊 1.71 亿镑。

就工程建设本身来说是很成功的，施工顺利，蓄水运行正常，1975 年蓄水达 157m 高程，最高蓄水位达 177.2m（正常蓄水水位为 180m），基本蓄满，大坝运行安全。特别是该坝修建在深达 225m 的覆盖层上，基础防渗是个大难题。该工程采用悬挂式帷幕灌浆阻水（该部分工程由法国索来唐日公司分包承建），运行后帷幕削减水头 96%，超过设计要求，也不需要修补。水轮发电机组运行正常，磨损、空蚀轻微，但转轮的高应力区出现裂缝，补焊无效。法国电力公司曾建议在高应力区加焊一块支撑板加固。但为了彻底解决问题，并提高水轮机效率，埃方最后采用美国阿立斯查默斯公司设计制作的新转子替换。已更换两台，正拟换两台，以后每年换两台，六年内全部更新。美国的转子设计得更为合理、先进，不但解决开裂问题，而且效率可提高 3%左右（试验中可提高 5%），每年可多得 5 亿 kW·h。更换转子事，埃方称是得到苏联同意的。因此，工程建筑物本身是非常成功的。至于工程修建后的利弊得失问题，则各方、各时间内有不同看法，其中并杂有许多非技术的因素。本节先叙述其效益，下一节讨论其副作用。

不论是埃及官方的表态，抑或是我国多次考察结果，以及从这次宏观考察情况来看，可以认为阿斯旺工程对于埃及的经济建设和国家发展带来了十分巨大的效益。这一结论也是许多公正的外国人士所公认，具体效益如下：

（一）免除了旱涝灾害

高坝建成后，发挥多年调节作用，免除旱涝灾害。如 1964 年及 1975 年为特大洪水年（1964 年洪峰流量达历史最高纪录，1975 年径流量达 1000 亿 m³ 以上），在建中和建成后的高坝发挥了作用，避免成灾。以前每年防洪费用也全部节约。1972 年为特大干旱年，1979 年后非洲连续 7 年大旱，埃及邻国（埃塞俄比亚、苏丹）均灾情严重，埃及依赖高坝而获免。这方面的效益，不仅埃及官方予以十分肯定的评价，许多西方观察家都认为"高坝拯救了埃及"。美国一位专家在其研究中认为仅在 1972 年大旱中，高坝工程的效益即达 6 亿美元。

（二）农业的发展和改造

埃及全国全年降雨量极少，农田集中在尼罗河两岸及三角洲。主要依赖河水在八、九、十月洪泛期灌溉，每年一熟，靠天吃饭，绝大部分河水都白流入海无法利用。建坝后，由于河水得到完全控制，埃及每年可以稳定得到 550 亿 m³ 水量，故大量耕地改为常年灌溉，一年两熟或三熟，每费丹（合 6.3 亩）的单产增产（大米达 4t、玉米达 20~22t，甘蔗达 40t），并且大量开垦新耕地。从 1952 年到 1975 年，共新垦 91.2 万费丹（575 万亩），1975~1985 年计划再垦 60 万费丹（执行情况不详）。而 1961 年全国耕地仅 597 万费丹。由于高坝建设产生的纵（复种指数和产量提高）横（耕地扩大）两方效益，实际上相当于耕地翻了一番。埃及人口在 1907 年为 1120 万，1975 年为 3700 万（近闻达 4000 万~5000 万），而且每年因建设等需要减少耕地 4 万~6 万费丹，对于一个耕地和雨量如此稀少、人口增长如此迅速的国家，如果不依靠阿斯旺高坝来发展农业，其后果是难以想象的。

高坝工程对农业的影响还反映在农业生产发生了本质的变化，即从靠天吃饭、个体落后经营的情况改为了采用新的技术和现代化的生产方式，对农业社会、经济、结构甚至政治都产生巨大影响。

但是有两个问题值得指出：第一，改变耕作、灌溉、施肥制度后，农业生产的成本有所增加，只是由于灌溉用水不收费，单产提高，收获总数增加，农民总的收入是增加的，农民生活是改善的；第二，开垦新耕地，尤其是化沙漠为耕地，所化投资是大的，光从产值来衡量是不合算的，所以开垦计划到后期放慢了，也受到批评，至于灌溉产生的副作用将在以后阐述。

（三）发电效益巨大

1960 年埃及全国发电量仅 20 亿 kW·h，基本上为火电。高坝电站投产后，全国电力工业发展很快（见表 1）。高坝电站的发电量在 70 年代一直占全国电量之半，如果再计及对下游阿斯旺低坝电厂及扩建的第二电厂的影响，其作用就更大了。1982 年高坝电厂发电量 86.3 亿 kW·h，水电节省重油 360 万 t，达最高值。以后由于干旱影响和扩建火电，水电电量及比重有所下降，但高坝电站电量仍占全国发电量的五分之一左右。值得注意的是，80 年代后水量利用即达 100%，即每一滴水都发了电。

表 1

年份	高坝发电量 （亿 kW·h）	全国发电量 （亿 kW·h）	高坝比重 （%）
1971	33.96	73.23	46.4
1973	37.89	74.35	51.0
1975	50.11	97.99	51.1
1977	71.52	135.16	52.9
1979	79.69	163.60	48.7
1982	86.32	233.53	37.0
1983	79.37	258.79	30.7
1985	65.81	314.58	20.9

水电的大量开发，不仅节约了燃油，促进了工业发展、改善了人民生活，而且在 1967 年埃以战争后埃及失去西奈油田以及在石油危机中，高坝解决了埃及能源的极大困难。高坝建成后，以 500kV 与 700km（直线距离）外的开罗相连，使埃及全国连成统一电网，水火相济，开创了埃及电力工业的新局面。

（四）渔业

高坝形成的纳赛尔湖，水面辽阔，适宜开发渔业，从 1966 年起就着手发展。产鱼 750t，到 1981 年增加出 3 万余吨。按照规划，最终将成为年产 7 万 t 的渔业基地。

见表 2。

表 2

年份	水库鱼产量（t）	年份	水库鱼产量（t）
1966	749.4	1976	15971
1968	2662.5	1978	22588
1970	2617.8	1980	30315
1972	8345.8	1982	28667
1974	12257	1984	34531

（五）旅游和航运

举世闻名的高坝工程以及水库上游和坝址附近的近五千年历史的古神庙和其他文明古迹，成为世界著名旅游点，吸引了大量游客。阿卜欣堡市仅 1500 人口，据告每日旅客达千人，航机三班。阿斯旺城的人口从 3 万发展到近 20 万，建有现代化的宾馆和游憩中心，每年接待外国旅客数十万，旅游收入为埃及四大外汇收入之一，年达十余亿美元。阿斯旺工程及沿线古文化遗迹是吸引游客的主要因素之一。

高坝还改善了尼罗河通航条件，下游航道船只吃水深度由 1.2～1.5m 增到 1.8m，而且流量均匀，常年通航。高坝上游形成深水航道，为埃—苏通道，据说年货运量达 200 万 t，阿斯旺城为两国贸易中心。

二、阿斯旺高坝工程的副作用、其原因、影响和对策

阿斯旺高坝工程虽然给埃及带来上述巨大的效益，由于建成后完全改变了尼罗河的自然情况，确实产生了许多预计到的和未预计到的、直接的和间接的副作用，现分述如下：

（一）土地盐碱化

埃及农田改为常年引水灌溉后，相当多的土地出现盐碱化和地下水上升现象，总数近百万费丹（一说更多），成为国内外指责的一个重要问题。这是由于不正确地进行灌溉，不搞排水、不执行有效的轮灌制度所造成的。

埃及政府从 70 年代起重视了这个问题，采取了合理灌溉、充分排水（特别是推广暗管排水）、科学种田等措施后，情况显著好转。据告，埃及政府制定了全国农田改造计划，目前已有 300 万费丹耕地有了排水措施（包括用泵站抽排），其余 200 万费丹将在 1995 年完成改造。农业部还对低洼地区进行土壤改良，效果很好，完全解除盐碱化和涝渍问题，产量增加 15%～30%。总之，埃方认为由于改变灌溉制度后，其他措施未能跟上，因"放松警惕"而形成了盐碱化问题，不能归咎于高坝。我们认为这个说法是符合事实的。

（二）水和土壤肥力下降问题

以往，尼罗河洪泛时，部分淤泥沉积在耕地上，成为天然肥料。实际上，目前埃及的耕地就是千万年来尼罗河泛滥的产物。高坝蓄水后，引用下泄清水灌溉，失去这部分污泥及所含有机质和矿物质，因此产生土壤、水流肥力下降的问题，需用化肥增产。但据灌溉部的资料，尼罗河每年洪水中所带泥沙大部分入海，沉积在耕地中的不到 12%，淤积厚度不超过 1mm，建坝后水流变清，但仍含有 3% 的极细颗粒，将全部淤在耕地中，实际损失量为 9%。对淤泥作化学分析，含氮量仅 0.13%，其中真正能促进植物生长的又只占 1/3，所以总的肥效损失仅相当于 1.3 万 t 氮肥，数量微不足道。对此计算，有些人持不同看法。

我们认为，尼罗河两岸耕地固然是洪泛的恩赐物，但总不能永远靠天吃饭而不思改进。埃及政府决定改革灌溉制度，用化肥改造农业的方向应该说是正确的，只是灌溉方式、用水量、化肥用量、排水措施恐未尽合理，大有改进和节约的余地。

另外带来一个副作用是：埃及农民传统利用尼罗河洪泛带来的污泥制砖，为主要建筑材料，建坝后失去这一原料，有些农民就挖农田的黏土制砖，使耕地丧失。对此，埃及政府一方面立法禁止，一方面大力推广水泥砖、沙土砖、预制件及石块等代替，但据告由于制砖收入大于农田耕种收入，有些农民仍在挖土制砖。看来，要彻底解决这个问题，还应在价格政策上作些调整。

（三）河床下切和海岸线退缩问题

建坝后清水下泄，势将刷深原河床，又由于排入地中海的水量和沙量大减，破坏原来河口平衡关系，海岸线会受侵蚀退缩，盐水入侵。这些问题在建坝前就有人提出，如亚历山大大学 ALI FATHI 教授认为此问题极端严重，河床可能平均下切 22m（在下泄流量 7000m³/s 时），最大下切置可达 54m，这样不仅尼罗河上已建闸、桥完全破坏，而且会引起严重后果。埃及政府在编制规划时，曾请过国际专家多次研究，但难以得到定量答案。

高坝运行 20 年来，目前实测资料，从坝址到河口分为四段，各段平均下切量见表 3。

表3

分段	坝址	长（km）	平均下切（cm）
第一段	艾斯纳	85	42
第二段	那佳·哈马迪	103	66
第三段	艾斯由塔	90	65
第四段	三角洲	340	49

局部的最深下切可达 2m，有些地方则反有回淤。这些数值远小于许多学者的计算或估算值，下切主要发生在 1954～1970 年，以后越来越慢，趋于稳定，未发现任何建筑物破坏事故。河床下切后，两岸有塌陷，宽 1～30m 不等，多位于荒漠地带，并未引起危害。

但有些学者指出，这些年流量不大，而下切与流量有关，因此仍有担心。

关于海岸线退缩问题，建库前就已存在。建库后，出海泥沙量从每年几千万吨下降到二三百万吨，退缩现象加剧，一般每年后退 150m 左右。十年来，已后退 1km 余。尤以罗塞塔地区为甚，海岸退缩 3km，一些原来度假中心关闭，海滩冲走。埃及政府目前制定了一个制止侵蚀的计划，开始执行。先处理最严重的部位，在海岸修建长 20km 的块石护堤，投资 4500 万埃镑。其他地区的保护也在考虑中。

与此相应的是沿海沙丁鱼产量下降（原每年可捕一万数千吨）。但是，根据埃及渔业部介绍，高坝对渔业的影响主要还是某些内陆湖区的鱼类，因水中盐分增加而减产。

不过这个影响已为水库渔业的大发展而补偿了，至于沙丁鱼虽一度减少，但在改进捕捞技术后（由于咸淡水比例改变，沙丁鱼潜入较深水域），近年已恢复到原水平。这一点与我们原来了解的情况有很大不同。埃及在 1983 年专门设立渔业部统管全国渔业生产，现拥有各类渔场 1300 万费丹，但每年仍进口 1/3 鱼类。

（四）生态环境问题

有的资料说，水库形成后血吸虫病率大大增高。实际上，根据 1976～1977 年密歇根大学与亚历山大大学合作进行的全面调查说明，总发病率从 1937 年的 83%降到 1976 年的 42%，在移民新区发病率仅 7.2%。这说明：血吸虫病在埃及早已存在，即使在高坝建设后，由于某些条件有利于钉螺生长，发病率可能一度增加，但经埃及政府大力采取措施防治，发病率已远降到建坝前之下，得不出"建坝后血吸虫病扩大传播，发病率增加 10 倍"的结论。目前埃及政府在国际卫生组织的支持下，大力进行卫生教育，加强水源管理，采用化疗，除草杀螺，已收到很大效果，全国发病率已降到 7%左右。

水库蓄水后，在库湾沿岸出现水草滋长区，但尚无明显不利影响，在下游灌区，由于水源充足，渠道内水草茂盛，直接影响输水能力、增加蒸发损失，而且容易生长钉螺，成为草灾。1975 年起，埃及对此进行全面处理，用人工、化学、机械除草，还引进草鱼除草。据告，目前水草问题已得控制，但仍以人工除草为主，埃方规划要逐渐加强机械和生物除草措施。

关于建库后的水质变化，埃及政府进行过详细观测对比，1976 年后按国际规定观测。总的来说，建库 20 余年来水质良好，没有污染，水质变化不严重，主要是含盐度有增加，具体指标见表 4。目前河水是一级或二级灌溉用水，适于饮用。

在水库蒸发方面，原估计每年将损失 100 亿 m^3 的水，有的人认为远远不止，预言水库在 200 年内也蓄不满，建库后发现，蒸发损失比原估值可能大些，但渗漏损失比预计为小。水库在 1975 年满蓄，并未出现过大的水量损失。

表 4

项目	建 坝 前			建坝后	建坝前后的比较
	洪水期	枯水期	平均值		
pH	8	8.1		8.2	无甚变化
溶解盐（%）	0.0182 0.3（9 月）	0.0154～ 0.0259		0.0225～0.0238	明显增加
悬移质（%）	0.18（10 月） 0.03（11 月）	0.0022～ 0.0088		0.0035	1979 比 1964 年 下降 94%
二氧化硅（%）			0.0012	0.0017	增加 42%
残留氯（%）			0.000036～0.000039	0.00004	稍增
溶氧量（%）	0.00085	0.0006		0.0005	稍减
含碱量（%）	0.0119	0.0142		0.0131	建坝前不断增加， 建坝后逐渐减少

续表

项目	建 坝 前			建坝后	建坝前后的比较
	洪水期	枯水期	平均值		
硬度（%）［注］	0.0105	0.0111	0.0108～0.114	0.0115～0.0106	明显的季节性变化减弱
含盐量（%）					
Ca（HCO₃）₂	45.8	40.4		34.9	减少
Mg（HCO₃）₂	25.4	23		24.9	稍增
（Na＋K）CO₃	10.9	16.6		9.9	减少
（Na＋K）CL	9.6	14.2		17.7	增加
（Na＋K）SO₄	8.3	5.2		12.6	增加

注 硬度按下式计算：总硬度＝$Ca^{2+} \times 2.497 + Mg^{2+} \times 4.116 = CaCO_3$ 当量。

在水库形成后，空气湿度、风速有所增加，雨天也略多，库面及小岛上出现大量野禽动物，这些属于有利的影响。

（五）淤积、移民和文物古迹

水库淤积问题一直是埃方研究和观测的重要项目。原估计每年有 1.3 亿 t 泥沙基本上将全淤在库内，建库后实测平均每年 7000 多万吨。按死库容 330 亿 m^3 计算，可以淤积 500 年。实测的淤积情况与预测的大致相同，大部分淤在苏丹境内 150km 范围内和埃及境内 50km 库段内（一说尚未到达埃及），埃及对沉积的速度、推进方向都在定期研究。由于目前的淤积并未造成不利影响，所以埃及未采取任何措施。

水库区移民共约 10 万人，均为少数民族（努比亚人），苏丹、埃及两国各半。两国均采取集中远迁办法。埃及境内 5 万余人迁到阿斯旺城以北 45km 的柯孟村，全为新开灌区，种植甘蔗，仍维持原有村庄建制。据告显示，移民一般均能安居乐业，但又闻在水库消落期有一些人回原处耕作。

水库区内有不少古埃及建筑物。最著名的是五千年前修建的阿卜辛堡神庙、老坝库区内的费拉神庙等，确为人类文明发展史上的瑰宝。埃及政府对此极为重视，通过联合国教科文组织及其他国家的赞助，进行古迹的迁移或保护工作。迁建工作做得十分细致和科学，几乎达到天衣无缝、看不出拆建痕迹的程度，移民及古迹迁建投资达 1.5 亿埃镑，（仅阿卜欣堡神庙的迁建费即达 4100 美元），超过水电站的投资。

（六）水库诱发地震

水库蓄水后，库区测到一些微震。1981 年 11 月，在离高坝 60km 的卡拉勃沙断层处发生 5.5 级地震、坝址烈度为 6 度。1982 年 2 月 3 日，又在阿斯旺附近发生 4 次小震，许多人引起严重顾虑，认为这是由于水库诱发的地震，一旦修建在覆盖层上的大坝破坏，后果将不堪设想。

埃及官方表示，他们对地震问题很重视，请美国咨询小组进行研究，并组织包括美国、日本、苏联、埃及的国际专家组审核。他们已进行全面深入调查，在九个领域中进行研究，工作进行 24 个月，设立了 15 个监测站。举行过四次大会，他们目前的看法是 1981 年的较大地震与水库无关，而是该断层区地震活动周期性的重复。坝址最大可能烈度为 7 度，加速度 0.2g，阿斯旺高坝在现在和将来都能承受可能发生的最大地震，是安全可靠的。1985 年 11 月，国际专家组对此结论表示满意。

三、对阿斯旺高坝工程功过的总看法

（1）根据以上调查了解的情况，我们可以比较客观地评论高坝工程的功过。应该说，即使不赞成某些人士所讲的"高坝拯救了埃及""副作用微不足道"的提法，也应该承认高坝的效益是主要方面，副作用是第二位的。高坝工程根治了尼罗河的旱涝灾害，充分利用了水利资源，保证和促进了埃及农业、工业发展和人民生活，使得耕地、雨量如此稀少而人口猛增的国家能够生存和稳定下来，这一点是不能否认的。

（2）像任何事物总有两个方面一样，高坝的副作用也确实存在的，但是，如果作一客观分析，可以确认有些不能归咎于高坝（如下游耕地的盐碱化），有一些程度轻微、影响有限（如河床的下切、水质的变化），有一些损失从另一面得到补偿（如土壤肥效、渔业生产），有一些经采取措施已经或正在得到解决（如古迹迁移，水草灾害，血吸虫病，海岸退缩，制砖工业）。我们认为，对副作用应该重视，应该进行详尽研究，设法解决，轻视、否认副作用是不对的，但也不宜脱离实际地加以夸大，甚至以讹传讹，认为高坝是完全失败的工程。

（3）在埃及国内，对高坝功过的争论已经沉寂，他们正在集中力量研究提高高坝工程的效益和进一步消除其副作用。现在我们如果再去问埃及人高坝是得是失，他们可能表示惊讶与不理解。"高坝工程是完全成功的、稳妥的、利大于弊的"，这一结论代表了埃方正式见解。一些外国的组织或专家（主要是搞技术的）所得的结论也是相似的，例如：

美国密执安大学与埃及科学院联合进行长达八年的研究，在 1982 年发表的报告结论是："阿斯旺高坝虽然有许多副作用，但仍是埃及经济史上的一项最佳的投资"。

瑞典一家 VBB 咨询公司总工程师 Lennartberg 经过长期研究得出的结论是："阿斯旺高坝的经济效益与费用损失相比，利益大得多"。

美国 Foreign Service Institute 的专题研究报告认为："从任何意义上讲，高坝是一项伟大工程，有巨大经济效益，基本上达到目的，对其副作用应该重视和治理"。

其他如原来拟承建高坝工程的西德霍赫托公司驻埃及代表、美国专家 John waterbury 等都对高坝工程予以肯定，美国驻埃及农业办事处认为："没有高坝，埃及的农业经济要比现在差得多，其副作用是次要的。"

因此，许多客观的外国组织和专家所得出的结论也是一致的。

四、对三峡工程的借鉴

尼罗河和长江虽然都是世界上最大的河流，阿斯旺高坝工程和三峡工程也有相似之处，但在很多方面两者条件又迥异。所以，在分析研究时，不能套用其经验或教训，而要作科学的分析对比。现暂列出两个工程主要特性的对比表（见表 5），然后分题论述如下：

表 5 　　　　　　　　长江三峡工程与尼罗河阿斯旺工程对照表

长江：全长 6300km；流域面积 180 万 km² 占中国国土的 1/5；河流主要自西向东；全流域有比较丰沛的年雨量，一般 800~1200mm；自江源至海口均不断有支流入汇；年总水量 9000~11000 亿 m³	尼罗河：全长 6700km；流域面积 290km²，其下游 100 万 km² 为埃及全部国土，尼罗河主要自南向北；上游年雨量丰沛（大于 1200mm）；中游已渐干旱；苏丹北部已低至 100~25mm，下游埃及 96% 为干旱沙漠，全境别无支流入汇；年雨量低于 10mm，年总水量 413 亿~1340 亿 m³
三峡坝址：年径流量 4500 亿 m³；平均含沙量 1.2kg/m³；坝址以下出三峡后主要为冲积平原与湖泊；坝址距长江三角洲 1800km，自坝址至上海之间尚有百余支流及两大湖入汇；入汇总水量近 5000 亿 m³；天然情况入海年水量近 10000 亿 m³（为宜昌年水量一倍强）	阿斯旺坝址：年径流量 720 亿 m³；平均含沙量 1.6kg/m³；坝址以下主要为沙漠，只沿河岸有灌溉与农业，呈狭长带、余无人烟。坝址距尼罗河三角洲开罗 900km，自坝址至地中海不但沿程蒸发渗漏而且再无任何支流入汇，建库前入海年水量 330 亿 m³（少于中游年水量）
三峡水库：正常蓄水位 150~180m 方案库容 200 亿~320 亿 m³ 为坝址年径流量的 4%~7%，是一个河道型狭长条水库，面积 626~1100km²，位于潮湿多雾地区，库面蒸发量相对很小，建库后库区用水及蒸发基本不影响出库水量，出库水量仍为 4500 亿 m³；进入长江三峡洲及汇入东海的年水量仍近 10000 亿 m³；建库最初十年每年约有 1/3 泥沙下泄，以后泥沙份额逐年增多，80 年后每年约 90% 泥沙出库	阿斯旺水库：库容 1620 亿 m³，为坝址年径流量的 2 倍多；为湖泊型大肚子水库，水库面积 6540km²，位于沙漠烈日之下；年蒸发损失量超过 110 亿 m³；建库后库区发展灌溉用水及大量蒸发，显著影响出库水量，出库水量由 720 亿 m³ 减为 550 亿 m³，进入尼罗河三角洲的年水量（因沿途灌溉与蒸发渗漏）由 612 亿 m³ 减为 365 亿 m³；由于工农业城市供水、干旱蒸发及渗漏，地表水几乎已全部在三角洲耗尽，再无大量地表水汇入地中海；100 年以内泥沙基本淤在水库内
三峡工程效益：防御 100 年一遇中下游洪水灾害，发电装机容量 1300 万~1872 万 kW，年发电量 680 亿~891 亿 kW·h，改善川江航运及洪枯水季的航道，达到 3m 以上航深，还以使重庆，宜昌间每马力拖载能力由 0.7~0.9t 增至 8~10t	阿斯旺工程效益：尼罗河洪水得到完全控制；发电装机容量 210 万 kW，设计年发电量 100 亿 kW·h；使阿斯旺以下能终年有 1.5~1.8m 航深；主要为扩大苏丹（库区）及埃及（库下）的稳定灌溉面积
长江口：建库前大通站年输沙总量为 4.4 亿 t 建库后入海水量不改变，岸线退缩及渔场养分不致成为问题。枯季入海流量增大。可以抑制近岸地下水的碱化	尼罗河口：建库前入海年输沙量约 1 亿 t，由于建库以后入海水量锐减，海口海岸线有退缩现象（岸线遭海刷侵蚀），入海的营养物减少也影响沙丁鱼的产量。近岸地下水碱化需要处理

（一）水库淤积和对通航影响

阿斯旺坝址平均含沙量（1.6kg/m³）略大于三峡（1.2kg/m³），但三峡的径流量远远大于阿斯旺，所以每年通过三峡的泥沙总量（5.2 亿 t）远较阿斯旺（1.3 亿 t）为大，三峡的死库容又远小于阿斯旺，更重要的是，长江是我国主要航道，而尼罗河的航运事业很不发达。所以，三峡工程的泥沙淤积及其对通航的影响较阿斯旺为重要。对于这个问题给予高度重视和做过细的研究是完全必要的。

另一方面，两个水库的特性又完全不同。三峡总库容 200 亿~320 亿 m³ 仅为坝址年径流量的 4%~7%，阿斯旺水库库容 1620 亿 m³，为径流量的 2 倍多。三峡水库是个狭长的河道型水库，平均宽仅 1~2km，水面 626~1100km²。阿斯旺水库为湖泊型水库，平均宽近 12km，水面达 6540km²。三峡水库的运行方式是汛前将坝前水位降到死水位附近，汛期以极大的流量畅泄水、泄沙，与天然河道情况相同，汛后才蓄清水。阿库则为多年调蓄，基本上均匀泄放清水，尼罗河全部泥沙基本淤在库内，这些条件都是极不相同的。

对比分析，我们认为三峡水库由于采取汛期低水位畅泄方式，是可以保持一个长期有效库容的。达到冲淤平衡（死库容淤满）的时间，据我国许多研究和设计单位的估计认为约 100 年。这一基本结论是可以接受的。水库采用蓄清排浑的运行方式可以保持长期库容的事实，不仅我国三门峡水库等已有实例，埃及阿斯旺低坝也可作验证，低坝水库也是汛期敞泄，汛末蓄水，运行八十多年、库区冲淤已基本达到平衡状态，因此三峡水库似不可能在若干年后"淤成一库泥"。三峡泥沙淤积问题的重点是要搞清其对港区及回水变动区航道的影响（阿斯旺无此问题），我们赞成对此应仔细研究，以选定最佳蓄水位和最佳运行方式，同时辅以适当工程措施和必要疏浚来保证航道的稳定和航深。

（二）河床下切与海岸线退缩问题

在这个问题上，两个工程的情况也截然不同。尼罗河经阿斯旺水库调节后，几乎全为清水下泄，而且经过下游引水灌溉，入海的流量和沙量削减到极小比例，所以产生河床下切和海岸线退缩问题。其中，河床下切量不大，且趋稳定，海岸线问题较严重，埃及正在采取措施保护。

三峡库容相对于径流量来说很小，建库后，枯水期（1～4 月）流量稍增，汛期无甚变化。汛后（10、11 月）稍低，其变化幅度都不过百分之几（最大不超过 10%）。关于含沙量方面，在建坝初期，下泄水流的含沙量将减少到 30%。由于长江流量巨大，挟沙能力也大，三峡下游至河口全长 1800km，有众多支流汇入，泥沙不断补充，到河水口水沙关系不会有显著变化。水库运行一定时间后，冲淤达到平衡，下泄水流的含沙量又恢复到原来状态。由此可以推断，三峡建库不会对河口产生海岸线退缩和盐水入侵问题。但建库初期，下游一段河床有可能产生下切，参照阿斯旺情况，下切量不会很大，以后逐渐恢复平衡状态。

（三）水库淹没、移民和古迹迁建问题

阿斯旺库区移民 10 万余人，均为努比亚族（少数民族），苏丹、埃及两国各半。水库内有四五千年前的文化古迹十余处。对于一个当时只有 2000 多万人口耕地稀少的落后国家来说，移民和迁建工作是很艰巨的。但由于埃及政府对这一问题十分重视，支出必要费用，工作做得十分成功，移民安居乐业，生活改善，古迹原样迁建高处，毫不改变面貌。

三峡水库 150m 回水线以下要移民 33 万人，单位千瓦移民数为阿斯旺之半，但移民总数为阿斯旺水库的 3 倍（实际动迁人数要更多些）。淹没耕地 14 万亩，也系位于地少人多贫穷地区，移民的任务比阿斯旺更大。但其有利之点是：移民分居沿江 500km 长的十多个县中，并不过分集中，且其中 2/3 为城镇人口。移民人数占各县总人口的比例不大，可以而就地解决而不必远迁。我国的经济力量，社会制度更非当年埃及可比。所以，从宏观上看，移民问题应该可以解决。但是必须要有完善的规划、妥当的安排、实际的试点，要列入合理的经费、并且和国家对移民区的开发经费结合起来，水库建成后要从巨大的效益中提取一定经费进行补助，务使移民能真正安居、发展，不留后遗症。

三峡水库中也有一些古迹或与历史传说有关的遗址，其中需要迁移的也应妥善迁移，我们认为其迁移难度和投资与阿斯旺的情况是不能比的。三峡水库形成后，也会像阿斯旺一样，开发成著名旅游中心。

634

（四）生态环境问题

阿斯旺库区辽阔，有很多浅滩或低流速区，下游灌渠中水草成灾，有利于钉螺的生长，所以控制血吸虫病是一个大问题。埃及对这个问题还是解决得好的。全国发病率已降到很低水平（与历史上比）。三峡是个河道型水库。而且每年水位变幅很大。预计这方面问题较为简单，我国是完全有条件防治、消灭血吸虫病的。

阿斯旺水库下游广大地区出现盐碱化和地下水位升高问题，是由于不合理的过量灌溉，不注意排水所致，并非高坝漏水产生。三峡大坝修建在完整基岩上，设有可靠防渗系统，库区无渗漏通道，所以完全不存在坝、库向下游漏水问题。目前，下游地区在枯水期是自流排水入江，洪水期是用泵站排水入江。如前所述，建库后下泄流量和天然情况相比变化极微，枯水期间江水位稍稍高一些，但完全不影响自流排水，洪水期就更无影响。所以，不会出现下游地区盐碱化、地下水位上升甚至"成为沼泽"的情况，水质方面也不会有显著变化。

但是，上述仅为宏观的推断，三峡建库后究竟对生态环境产生哪些有利影响，哪些不利影响，后者哪怕是轻微的，对其影响面、程度、对策都值得做深入的研究，趋利避害、防患于未然，力求获得更有利的环境效益，做到造福于人民。

（五）水库诱发地震问题

在不同坝址由于地质条件相异很难援引相比。但阿斯旺水库库容达 1620 亿 m^2。库区有卡拉勃沙大断层，1981 年发生了地震，引起很多人关切，埃方邀请国际专家调查结果认为，建库前后地质条件没有发生变化，这次地震属于周期性的活动。高坝是建在深 225m 覆盖层上的土石坝，依靠帷幕防渗，而埃方认为大坝及其地基完全能承受 7 级地震，安全无虞。

目前的科学水平，对水库诱发地震尚难作精确预报，但有一点是绝大多数地震学家同意的，即水库不能产生地震，只能对原来要发生构造地震的地区促使其提前释放能量发震，故称为诱发地震，它的级别一般不会高于构造地震的震级。三峡坝区处于相对稳的地块，较长的历史调查资料，坝址是坚硬完整的花岗岩，坝体为混凝土坝，似乎不应该为了担心水库会诱发地震而否定建坝可能。事实上，地震烈度很高的国家如日本等还没有因为考虑构造地震（更不要说由于水库诱发地震）而停止建坝。我们认为对这个问题的正确态度应该是：做过细的调查工作，采用国际上通用和先进的方法，从偏于安全的角度估计水库诱发地震的震级、震中、烈度和有关参数，稳妥地进行大坝的抗震设计，做到确保安全、万无一失。

五、结语

根据上述各种情况，我们认为，阿斯旺高坝基本上是一座成功的工程，它的修建不仅为埃及人民带来巨大利益，而且说明人类是能够利用自然，为自己服务的。

但是由于缺乏经验，埃及在修建阿斯旺高坝时，也走了些弯路，付出一些代价，产生一些副作用，我们在学习其成功经验的同时，尤其应注意吸取其教训，作为借鉴。很明显，埃及如能在一开始修建高坝工程时就采取更为慎重和妥善的方式，高坝工程将可以发挥更大益的，而且可以避免或减轻很多副作用。

在清江水布垭高土石坝关键技术研究
中间成果评审会上的讲话

很高兴能参加清江水布垭高土石坝关键技术研究中间成果评审会。对我来讲，这是一个极好的学习机会。

清江是我国水资源及其他资源综合开发的良好典型。对河流开发，中央一直倡导搞流域、梯级、滚动、综合开发，充分发挥地方、科研、设计、施工、外资等各方面的积极性。

中央的指示很明确，但贯彻中具体困难还很多，而在清江流域，隔河岩即将竣工，高坝洲正在兴建，水布垭正在紧张地做前期工作——待建，因而，清江的综合滚动开发是可以搞成功的。清江是贯彻中央方针最成功的一个范例。在清江开发中，水布垭又是最重要的骨干工程，规模巨大，复杂的技术问题多，经过长期努力，在公司和总院的部署下，一步一个脚印地前进，选定坝址、确定规模、明确比较的坝型。回顾过去，走过的路是正确的，而且贯彻了"科技是第一生产力"的思想，现在已到了选定坝型的阶段，是选择混凝土面板堆石坝，还是选心墙堆石坝。我衷心希望，在大家的努力下，写好这最后的一章。

从技术角度来看，我认为两种坝型都适合于水布垭的条件，且各有长短。心墙堆石坝的建造，国内外成功的经验很多，做成功的高坝也不少，如苏联的努列克，坝高达 325m。这种坝型风险小，适应变形的能力强，是水布垭工程的一张底牌。就是说，如其他坝型不能成立，至少可以建此种坝。当然心墙堆石坝工程量较大，工期稍长；且在水布垭地区心墙防渗料质不太好，量也不太够，但采取措施后，这些问题都可解决。所以，水布垭的坝型选择不是差中选好，而是好中选优。

若在水布垭建混凝土面板堆石坝，则是世界之冠。要拿世界冠军是不容易的。这么大的库，这么高的水头，就靠一层面板永久承挡，很多同志对此都担心，这是可以理解的。但此种坝型优点多，发展快，从几十米高迅速发展到 100 多米、200 多米。中国的天生桥为 178m 高，马来西亚也在搞一个 200m 出头的面板坝。在今年的国际大坝会议上，一些参与巴昆大坝工作的外国专家都认为 200 多米高的面板坝可以搞成功。中国人也曾成功地作过高面板坝（215m 的龙滩）的试验和设计。因此，从战略上看修 230m 混凝土面板堆石坝，我们有信心，也有能力。

但我们决不能掉以轻心，特别水布垭是高坝大库。小河小坝出事以后容易找到补救措施，高坝大库出事就不得了。运行过程中，面板坝堆石体一定有沉陷与变形，高坝的变形一定远大于低坝。面板的开裂、止水的破坏这种危险性都存在，因此，不但

本文为作者 1997 年 8 月 25 日在清江水布垭高土石坝关键技术研究中间成果评审会上的讲话，刊登在《湖北水力发电》1997 年第 3 期上。

要通过科研，精心设计，而且留有补救、处理措施，把各种可能性都想到了，才能圆满地解决或回答问题，才能使人信服。总之，面板坝能否被批准，取决于科研试验成果和设计成果。这次会议就是为此做准备的。

对5个专题的评审，我同意专家们的意见。另外，我个人对以下几点还想重复或强调一下，以供参考。

（1）希望在水布垭工程的设计与施工中，用各种方法尽量减小坝体的沉降与变形。虽然沉降与变形是不可避免的，但我们应千方百计，尽量减少它们，从而解决它们带来的负面影响。

（2）保持面板的整体性与耐久性，是保证大坝安全的基础，要特别注意。要从原材料、级配、外加剂、施工工艺与管理等各方面着手，用高标准来要求，好材料、好钢要用在刀刃上。比如面板混凝土要掺入粉煤灰，就必须用Ⅰ级优质粉煤灰。混凝土标号、耐久性、水灰比、抗渗、抗冻性能不要放低要求，还要设法降低变形模量，增大极限拉伸，研究采用膨胀混凝土的可能性，面板中的配筋率可稍大一些、密一些。在面板上还可考虑敷上一、二层高分子涂料，设多重保险。

（3）接缝特别是周边缝的张开、沉陷、错动是必然的，因此，230m高的水布垭用三道止水是必要的（当然，止水材料与型式可进一步研究）。好的材料、新材料只要有根据就大胆的使用，比如SR似乎就比外国的IGAS好，止水铜片的抗错动问题还要进一步研究。

（4）万一发生漏水，要有补救措施，比如，利用表层无黏性材料使止水系统自愈等。我个人认为，以上这些问题，都是关系面板坝能否成功的关键，但不是不可逾越的障碍。只要我们认真对待，过细研究，精心设计施工，水布垭高面板坝是可以建成和安全运行的。

另外，我要强调的是，赞成在水布垭选用面板坝的同志，一定要能虚心听取各种不同的意见，特别是反对意见。别人对面板坝有疑虑、有不同的意见是好事，说明别人关心水布垭。许多不同意见或反对意见都是我们起初未想到的，我们可以有针对性地做工作，在采取各种措施回答和解决了问题以后，水布垭面板坝就能更顺利、更科学地兴建了。曾有记者问我，三峡工程能顺利上马兴建的功臣是哪些人，我说：首先是那些对三峡工程提出过不同意见和反对意见的人，他们是站在对国家、对人民、对历史负责的角度，从各个方面、各个专业提出意见与疑问，我们有针对性地做了工作，才能使三峡顺利上马兴建。

我们要发展面板坝，就要做扎实的工作，尽量让各方面都放心。我们爱护面板坝要从心底去爱护，通过实际工作，让面板坝这种新坝型能快速健康成长。

珍视成绩，乘胜前进

——祝贺紧水滩水电站全部机组投产

经过 5 年奋战，紧水滩水电站 6 台机组今年将全部投产发电，华东电网中又增添了一颗水电明珠。这是第十二工程局和华东勘测设计院的同志们在浙江省和水电部领导下多年奋斗的成果，值得庆贺！

紧水滩水电站拥有 30 万 kW 的装机容量、14 亿 m³ 的水库和一座高 102m 的双曲拱坝。紧水滩电站在我国宏伟的水电建设开发中虽属中等规模，技术难度也不算大，但也有很多特色和经验值得我们重视。

紧水滩电站位于我国最大电网之一的华东电网的腹地。华东地区是我国经济效益最高、工农业最发达的地区，多年来由于饱受缺电、特别是峰荷不足之苦，使这一地区的经济发展受到了严重制约。可以说，这里的每 1kW·h 电都可以创造出很大的财富和产值。因此，紧水滩电站的投产（连同其下游即将竣工的石塘水电站），将对缓和华东的调峰问题做出自己的贡献。尽管它的经济指标比不上水能资源丰富地区的一些大电站，但以国家全局利益衡量，修建紧水滩电站仍然是十分必要和非常有利的。这说明评估一个工程，不能单纯只看表面指标，还要根据各地区具体条件全面衡量。从目前来看，华东、东北、闽广甚至华中地区待开发的水能资源已不多了，但这些地区又都是我国的发达地区，随着火电、核电的发展，继续因地制宜地开发中小型水电和抽水蓄能电站仍然是十分必要的，必须抓紧工作。

紧水滩电站的规模虽然不大，地形地质条件也不算复杂，但在兴建中仍然出现许多技术问题。由于设计院的同志们对此没有掉以轻心，而是和科研部门、大专院校紧密配合，做了大量过细的工作，还为许多新技术提供了试验场所，这就为工程的顺利建成一次投产提供了根本保证。设计院、工程局和有关单位曾为紧水滩工程进行了数十项研究试验，提交了大量成果；这些成果研究之深、水平之高，放入国际水电科技成果之林也是毫不逊色的。

水电工程是一项复杂的系统工程，需要勘测、设计、施工、运行、地方及各有关部门的团结协作。紧水滩的综合利用牵涉到发电、过木、通航、环保等各部门，还有移民达两万余人。所有这一切，若没有地方的支持和各部门的协作，要取得胜利是不可想象的。在这方面，华东院和十二局的配合协作可说是一个楷模。例如，在已经全面开工后，经研究电站装机宜扩大到 30 万 kW，如按常规手续进行，扩机工程只能在今后另建。然而，由于设计院领导的及时决策，全体设计和施工同志的日夜加班奋战，互谅互助，以及上级打破常规迅速审批，使扩机工程问题得以顺利解决。在这场紧张的会战中，人们没有去考虑奖金多少，也没有相互推卸责任，而是为了一个共同的目

本文是作者 1994 年为祝贺紧水滩水电站全部机组投产所写。

标——争取国家的最大利益而忘我奋战，这种精神是难能可贵的，也正是我们今天水电战线应当大力提倡和宣扬的。

在庆贺工程竣工之时，我们不能不想到长期以来抛家别子、脚踏实地奋战在工地上的同志们，尤其不应忘记为水电事业贡献出宝贵生命的同志们。一提到紧水滩，我总会想到负责紧水滩工程的华东院副总工程师巫必灵同志，他是一位好党员、优秀的工程师，他是那样的善良、正直、诚恳和努力。几十年来我们共同奋战在新安江、瓯江和雅砻江上，他从没有为自己的困难或利益提出过一个要求，而是默默地把自己的一生献给他迷恋的水电事业，直到耗尽最后一点精力，倒在紧水滩工地上。多么可敬可爱的中国中年知识分子啊，这样的战友的突然逝去，是多么令人悲痛和惋惜啊！希望有关部门对这些长年战斗在第一线的同志们能从生活到工作给予更多的关怀。

最后，在紧水滩水电站机组的轰鸣声中，愿华东水电战线的战友们能更紧密地团结起来，眼光再放远一点，胸襟更开阔一些，为开创我国水电建设的新局面，为向更宏伟的工程建设进军贡献出全部心力，以告慰逝去的同志，做一个无愧于时代的中国人。

在桃林口水库科研成果鉴定会上的讲话

有机会参加这次鉴定会，非常荣幸。遗憾的是我对碾压混凝土所知甚少，主要是来学习的。现在会议即将结束，想说一点个人感受，供大家参考。

原来认为这次是对桃林口水库工程的鉴定会，来了后才知道是对一个科技项目的鉴定。课题组的详细介绍和专家们的提问、质疑及评审对我启发很大。我感到这比参加工程本身的鉴定意义更大。下面我说五点体会。

第一，这个课题的选题立项非常正确，面对建设需要，结合工程实践。现在大家都重视创新和高科技应用，我认为在传统学科中，只要是采用新的思路、工艺、结构、材料、设备等，促进了科技发展，解决了实际问题的，都是高新科技，都是国家迫切所需，因为它反映出科学技术在国家经济发展中和提高生产力方面起了切实的作用。现在看看这个课题，本课题在以往工作的基础上，通过大量深入系统的研究取得两项重大成果。一是阐明了碾压混凝土不是低质量混凝土，通过对原材料、配合比和施工工艺的控制与优化，可以做出高强度、高抗渗性、高耐久性和低收缩率的优质混凝土。特别在耐久性方面，得到 1550 次的国内外最高纪录。二是用特种浆液渗入碾压混凝土表面，能形成一道高性能的表层，可以代替"金包银"或在上游坝体另设保护层的做法（顺便说一句，文件中将它称为"镀金"或"浇浆碾压混凝土"，似不甚妥帖，是否可称为表层渗浆碾压混凝土，可再商榷）。这些成果提高了碾压混凝土的性能、扩大了碾压混凝土的适用范围，特别可用于寒冷地区，使碾压混凝土筑坝技术更加简单、经济和安全，具有重要的现实意义和社会效益。之所以能取得这样的成果，是由于所采取的技术路线是正确的，方法是科学的，态度是严谨的，研究中能抓住关键，又紧密结合实践进行。这是一次成功的尝试。

第二，这一技术应该有广阔的推广前景，而且将对我国的坝工建设起到促进作用。我建议可先在中小型工程中推广。小型工程完全可采用坝体为二级配贫碾压混凝土，在上游面搞一层渗浆层就行，充分简化坝体结构。对于中型工程，也可采用上游两级配碾压混凝土，配以渗浆混凝土面层，坝体用三级配碾压混凝土，下游面用三级配富碾压混凝土的模式（三明治模式）。许多小型工程可以做到当年竣工、见效，中型工程也可在两三年内完成，而且建成的是一座质量优良的坝。科技发展当然要以国家级的科研院所、大专院校和大型企业、大型工程为主力军，但不能轻视中小工程和地方力量。就创新而言，他们往往具有更强的创新意识和需求。我希望两头都能动起来，相互促进。

第三，会上专家们对本成果评价很高，认为总体上达到国际先进水平。最近有很多同志对国内科技成果的鉴定提出批评意见，认为不够严肃，标准过宽，动不动就是

本文是作者 1998 年 10 月 28 日在桃林口水库科研成果鉴定会上的发言。

国际水平。他们说，如果我国真有那么多的国际先进水平的成果，为什么我国总的科技水平还那么落后呢？他们的意见是对的，过去有些鉴定确实不够严肃，应该纠正。但对这一次会议，我是心甘情愿地投上赞成票，因为这是实事求是的评价，也是全体与会专家的一致意见。只要鉴定是严肃认真的，我们不要怕给科研成果以高的评价。高水平的科研成果是越多越好。

第四，这项科研成果主要由河北水利工程局承担，并得到上级、设计、科研以及企业单位的支持而实现，这又给我们很大启发。我很钦佩工程局领导的高瞻远瞩，敢于、乐于在科技上投入，为水利水电科技发展做出贡献。科教兴国，谁来兴科教？当然国家要增加投入，大力支持。但光依靠国家投入还不够，需要企业、业主等各方面的重视、支持和投入，这样力量才大。全社会都重视科技，都给予支持和投入，发展速度就快了，规模就大了，科研和生产的结合就更密切了。科技兴衰，人人有责。希望这种做法能引起各行业的重视和响应，大家努力，使我国的科技园内开放更多的鲜花，结出更多的硕果。

第五，本项研究虽取得不少重要成果，但还有很多工作要做。专家们对此提出很多建议，主要是两大条。一是碾压混凝土可以做到具有特高的耐久性这一事实，希望能进一步从机理上予以探讨，在规律上予以掌握，使遵循一定的原则和工艺，必然可以实现，而不是偶然现象。二是表层渗浆碾压混凝土的性能很好，但其含浆量高，与下游的普通碾压混凝土有很大差异。大家担心会产生裂缝。所以课题组又研究了有补偿性能的表层渗浆碾压混凝土，但后者的补偿性能还有待进一步证实。希望河北省水利厅能将工作继续做下去，并建议开展些宣传、报道工作，也报告水利部，并和国家自然科学基金委等沟通一下，使刚诞生的婴儿能茁壮成长，使有希望的科技成果能形成生产力，遍地开花。

当今这个世界，说到底，还是谁有力量谁称霸。中国要屹立于世界，中华民族要振兴，就只能在科技和人才竞争中取胜，否则只能沦为别人的附庸，受欺受压、挨打挨骂，而要夺取胜利，必须靠全国人民和全社会各界共同努力。"天下兴亡、匹夫有责"，现在国家、民族迫切需要创新意识，创新不仅仅意味发明、发现、创造，而且包括把新东西用到生产上去，形成新的体系，发挥巨大力量。我重复一句，在传统学科上，我们的潜力还很大，而且基层和地方上的创新意识可能更强，突破的机会更多。谨以此寄希望于全国广大的水利水电界，并祝愿大家能为国家做出新的、更大的贡献！

在白溪水库工地上的讲话

有机会到白溪工程参观学习，非常高兴。白溪水库有很大的供水、防洪、环境效益，采用新型的面板坝，规模是国内第四位。开工三年来，进展巨大、胜利在望，明年就可开始发挥效益，今后百年、千年永远为宁波人民服务。同志们不愧是大禹传人。

领导要我讲几句话，我是上午才到工地，任意发言是不慎重的。对工程我确实不敢说三道四，只能说，在参观中深感满意，希望它成为第一流的工程。要做到第一流很不容易，但白溪工程有条件成为一个样板和典范。为此，我提出五点希望。

（1）希望白溪工程在质量上达到一流水平，一次投产，安全运行，没有隐患，不留尾巴。现在建筑市场不规范，出了许多问题，豆腐渣工程就出在水利口上。中国的产品质量实在差，低档货，甚至假冒伪劣。我们能否争口气，把白溪工程建成质量一流的工程？

（2）希望通过白溪工程建设，促进水利建设科技水平的提高。希望在白溪工程上尽量多采用新技术，123m 高的面板坝本身就是新坝型、新事物。要最终赶上西方国家，只能依靠科技发展，搞科技发展不能只靠大的研究院所、只搞尖端科学，在传统学科、地方工程上也要搞创新，也要做贡献。总之，希望在白溪工程做总结时能拿出很多的创新技术。

（3）希望通过白溪工程建设，提高我们的管理水平。中国不仅是科技落后，管理更落后。这有历史因素，我们要改变这个面貌。过去要发展生产，总是建新厂、开新矿、要资金、要设备、要人力。实际上，光有这些不解决问题，还有个管理问题。我在工地上看，认为白溪的管理是科学的、文明的，希望能进一步提高和总结，把好经验推广到其他工程上去。

（4）希望白溪水库能建成一个环境优美的工程，就是葛其荣同志讲的"花园工程"。从白溪的条件看，完全可能。我们要保护水源、美化环境，真正建成一座大花园，真正达到最好的水质，使全水库的水都是优质水、纯净水，让全世界的人看到中国人是爱护环境的，是高标准要求的。

（5）希望白溪水库能成为团结协作的好样板。在白溪工地上，我们高兴地看到业主、设计、施工、监理团结协作、亲密无间。业主开明，主动关心参建各方，了解他们的困难和问题，参建各方也全心全力为业主考虑。这是十分宝贵的经验。中国是社会主义国家，本来就应比资本主义国家更讲究团结协作，现在的情况不能令人满意，

本文是作者 1999 年 4 月 15 日在考察浙江宁波白溪水库工地时发表的讲话。

我很痛心。听了白溪的介绍，精神为之一爽。现在国内有好些大工程已经注意到这点，地方工程也做到了，大有希望，白溪工程就是一块好样板。

能做到这五点，白溪工程就是无可争议的第一流工程了。这五点总的讲就是要为中国人争气。人家总是笑我们质量低、技术差、管理劣、又脏又乱、擅长搞窝里斗，我们就是咽不下这口气，要做个样子给人看看。对我们抱成见的人，请到白溪水库来看看吧。

在吉林台水电站可行性研究优化设计
审查会上的讲话

吉林台水电站是迄今为止，新疆的最大水利水电工程，它的兴建对发展自治区的经济，优化能源结构，拉动内需，提高人民生活水平，乃至开发西部、巩固边疆、促进民族团结，都有重要意义。

这工程有一定难度，经过设计院长期努力，已编制了可行性报告，并在 1994 年通过审查。此后，自治区和设计院继续投入资金和力量，在可行性研究报告的基础上，进行优化，获得良好成果，节省了工程量和投资，缩短了工期，这是很不容易的。据我了解，优化设计没有改变可行性报告中提出的工程格局和总体布置，是在原布置上作了改进，属于精益求精、好上加好性质，但是否可行，需经审查通过。水电总院及时召开这次会议，是对吉林台工程的重视和支持，说明大家都关心和支持新疆的建设，对此，我深感欣慰。建设吉林台水电站确实具有些特殊意义，下面我谈几点看法，作为开场白。

（1）吉林台水电站是全疆最大的水电工程，全疆人民渴望已久。这工程已进行了长期的规划设计工作，由于种种原因，至今仍未实施。自治区人民可谓已望眼欲穿，现在已到了水到渠成、瓜熟蒂落的阶段，可行性报告已审查通过，自治区和国家电力公司全力支持，计委基本同意立项，开发银行已承诺投资，这次优化设计节约了投资、缩短了工期，使条件更为有利。特别目前正是兴建水电的有利时期，万事俱备，只欠东风，机不可失，时不再来。我希望会议能及时审定设计，上报立项，和请国际工程咨询公司评估，还有很多事要办。只有大家齐心协力，共同促进，才能使吉林台工程早日开工，早日造福于新疆人民。

（2）吉林台工程的兴建是新疆经济腾飞的标志之一。新疆有辽阔的土地，丰富的资源，勤劳的各族人民，是我国重点建设的宝地。听说新疆的绿洲和耕地面积就等于整个浙江省，可是由于历史原因，发展较慢。改革开放以来，新疆建设取得重大进展，但与东部地区的差距，仍在扩大。我们必须重视并下决心解决好这个问题。中央已作出西部大开发的战略决策，我们要以实际行动响应中央的号召和决策。有人建议，从西藏雅鲁藏布江引水到新疆，进行大开发。设想虽然诱人，毕竟离开现实太远。其实新疆并非不毛之地，并非无水之地，只要认真用好、管好当地的水资源，足够几十年甚至可持续发展之需。吉林台工程就是一个骨干工程。我不仅希望吉林台工程能早开工，也希望更多的水利水电工程能陆续兴建，使新疆成为繁荣、富庶、发达、美丽的工农业基地和世界大花园。这个愿望一定会实现，兴建吉林台工程就是这一腾飞的起点和里程碑。

本文为作者 1999 年 10 月 26 日在吉林台水电站可行性研究优化设计审查会上的讲话。

（3）吉林台水电站的兴建有助于巩固边疆，促进民族团结。新疆是祖国不可分割的部分，新疆各族人民是祖国大家庭中的同胞骨肉，但总有些外国人和少数叛国败类，妄想把新疆分裂出去，不断进行破坏和离间活动。怎么对付这些敌人？最好的办法是我们加紧建设，让经济腾飞，迅速提高人民的生活水平，共同富裕起来，敌人就无可乘之机。老百姓是最现实的，最能从实际变化和切身体会中理解什么是对的，什么是错的，体会到中央和全国人民对新疆的关心和温暖，觉察到敌人的罪恶用心。所以全国人民来支持新疆，开发新疆，加快前进的步伐，不但是个经济建设问题，更是个政治问题，是影响国家统一、民族团结、巩固国防的大问题，是影响子孙万代幸福、团结、安全的问题。我们要为这一神圣光荣的事业贡献力量。

这一优化设计虽然是经过设计院精心研究提出来的，也请一些专家咨询过，但仍可能存在不足和需进一步研究的课题。尤其本工程的坝高，地震烈度高，结构新颖，地质上也有些缺陷，更值得注意。这次会议请到许多有丰富经验和高深造诣的专家，我深信他们必能深入研讨审查，知无不言，言无不尽，实事求是，提出宝贵的意见与建议。

在水布垭工程泄洪消能设计中间
审查会上的发言

我对水布垭工程接触不多，参加过几次会，主要是研究坝型问题，对泄洪消能问题没有发言权。这次会上，阅读了报告，听了专家们的发言，启发很大。我同意专家们的意见和会议纪要。这个纪要是实事求是的，是专家们的一致意见，可以作为今后工作的指导。下面说几点个人体会，也是对纪要的理解，供大家参考。

一、对水布垭工程泄洪消能问题的看法

（1）泄洪消能是水布垭的关键问题，只要解决好大坝及泄洪消能两大关键，水布垭工程就胜利在握。泄洪消能问题的难度在于泄量大、落差高、水垫浅和消能区地质条件不利。这个设计是国际水平的，必须保证质量，减少风险。如果经优化研究，需对设计做些改进，增加点投入，那是必要的，是把钱和力量花在刀刃上，希望业主能理解和支持。老专家不断给我们敲警钟，确应充分重视，万勿掉以轻心。可研审查中要求对此提出专门报告，非常正确，盼做好这个设计。

（2）泄洪消能设计由长江委负责，长科院、水科院和清华大学进行试验研究，并请了许多专家咨询。现推荐方案是几年来研究试验的成果，具有相当的深度，通过正式审定，应认为是可行的。应在这个基础上优化改进，不宜另起炉灶。对面板坝而言，岸边泄洪道是最常用、最可靠的泄洪措施，即使还要采用其他分流措施，它总是主要角色，所以要集中力量完善它，这一点是无疑义的。

（3）水布垭泄洪消能既有不利的一面，也有可放心的一面，即泄洪消能区离坝趾较远，不致直接影响大坝安全。而且大家对此问题很重视，考虑各种后果，采取多种措施。不怕问题大，只怕事先未预见到、无准备。加上水布垭工程是在21世纪建的，国内外在这几十年中，积累了很多经验，科技水平和施工水平都有很大提高，应该相信我们有本领接受这个挑战，能顺利完成任务，并为今后的高坝设计做出贡献。

二、对推荐方案的担心和解决方向

尽管如此，推荐方案确实存在一些令人担心的问题，主要是：①泄量大、落差和流速高，担心泄洪道结构被冲毁；②集中在下游消能区消能，功率达3000万kW，担心冲刷坑会很深，引起岸坡、防淘墙失稳，甚至影响工程安全；③水流状态尚不理想，有回流淤积，影响发电；④泄流时雾化严重，担心引起许多后果。

会议指出，这些担心是对的，并提出针对性措施。

（1）对于泄洪道，要采取通气减蚀保护措施，这是较成熟的措施，要进一步精心设计，确定能保护的长度，改进通气槽设计，确保施工质量，特别是平整度，局部地区可采用些特种材料，提高其抗磨性，应认为可以解决问题。万一运行中出些小问题，

本文为作者2000年2月29日在水布垭工程泄洪消能设计中间审查会上的发言。

也有检修条件。

（2）对冲坑问题，要千方百计扩散挑流水舌，减少单位面积上的落水量，尽可能减轻冲刷力。敞开式泄洪道有较灵活的变化余地，通过调整窄缝收缩比、鼻坎型式、跳角、扭转方向等各种因素，必要时还可整修边坡来改变水流扩散的方式、范围及效果。希望通过精心试验，选出优化布置，使冲坑较浅，流态较好，淤积形式最有利。大家担心的冲深问题，确实不能精确预测，但也不是完全不可知。除通过计算试验估计外，希望详细搜集分析所有的实际资料，尤其是那些水力和地质条件与水布垭相近的工程，研究其冲深情况。综合各种成果，来预测可能的冲深，设计防淘墙时，再适当留点余地。防淘墙的施工确很困难，但它是保证安全的主要手段，其他工程也有前例，就下决心坚决把它做好。

（3）关于淤积问题，主要是影响发电。解决办法主要是通过优化消能设施，破回流，减轻尾水洞口处淤积。对尾水洞方案，弯出口有水流平顺、施工方便和对调保有利的各种优点，但存在淤积问题，盼通过优化尽可能解决问题后采用它，必要时考虑修导流墙，墙两侧的水压力基本平衡，故断面不应很大、很高。实在不能解决时，再考虑直尾水方案。对淤积问题也应一分为二地看。淤积主要影响点出力，如对出力影响不大，下游淤积高一点也有有利的一面，即增加水深。我们要设法减少其不利影响，利用其有利因素，化不利为有利。

（4）雾化问题。雾化是与消能结合在一起的，消能充分，雾化也必然较严重。但消能是第一位的。雾化问题既难计算，也难模拟，望充分调查分析其他工程情况，研究估计在水布垭可能出现的后果，然后采取针对性措施来解决。主要是：①在泄洪时交通、通信不能受影响，要确保畅通；②防止泄洪时开关站电气设备出故障；③防止泄洪造成的大暴雨冲刷岸坡，做好保护和排水工作。

三、对其他方案的看法

（1）设计中研究过的其他方案，如底流消能、两级消能等，在水布垭枢纽确不适用。

（2）阶梯式消能是合理的，化一次集中消能为沿程连续消能，效果最好。在每个台阶处水流当然紊乱，也不免有些负压冲刷，但每级落差不大，不会产生大的破坏，应有发展前景，我是很欣赏的。但水布垭工程流量落差太大，现在还不敢推荐。如大家同意，可做一个孔试验。

（3）导流洞改建，由于高程太低，只能洞内消能，复杂而无把握。龙抬头改建工程量大，而且最后出水仍在原消能区，似不合理。放空洞改为泄洪洞也存在水头高和分流有限等问题。个人看法是，如经过优化后，大家还觉得不可靠，那就干脆在右岸另外设计明流泄洪洞，来较多地减少泄洪道泄量和分散消能区。当然这牵涉到增加数亿元投资，需在优化后认真评论，由业主决策。

（4）做护底方案，设计单位认为这方案优点很多，可以不冲不淤，也不影响岸坡稳定。但全部工程都在围堰外，究竟要做多少工程才能保证不冲，又怎么做，目前说不清楚。设计单位既认为可行，请提出一个较详细落实的方案，包括每年的施工计划和工程量，纳入专题报告中，才有比较评审的条件。

四、下一步工作

由于时间已很紧张，赞同一些专家的意见，将待定的问题分为两类。一类是已有条件决策的，如泄洪道引水渠宽度，取消深孔，鼻坎的大致位置等，可由水电总院和业主单位共同商定。另一类问题需进一步试验研究确定，如鼻坎和溢流堰的具体布置型式、结构，尾水洞出口，导流墙等，则通过试验择优选定。其中尚可视轻重缓急来定。如纪要所言。泄洪道结构可能随设计试验的深入而有些调整，所以在招标设计中要说清这一点，避免因少量改变而引起索赔问题。

纪要中建议力争6月份完成试验工作，则大约7月份可提出专题报告。这是一个要力争完成的目标，但要以保证质量为准，要实事求是。如实践发现新的情况，为保证设计质量，适当调整一下进度也是可以的，只要不影响整个工程的总进度。

有人主张把阶梯式泄洪道、雾化研究和隧洞内部消能等作为攻关项目。此事建议水电总院科研处加以研究，向国家电力公司科研部提出。

最后，预祝设计单位、科研单位在水电总院和业主的统一协调下，团结合作，努力以赴，为水布垭工程和水利科技发展做出新贡献。

在岩滩水电站升船机成果评审会议上的发言

有机会参加这次鉴定会感到非常高兴和荣幸，岩滩垂直升船机是一项难度很大，技术复杂的工程。在原水电部和自治区政府的领导与支持下，设计、科研、制造部门紧密合作，岩建公司进行高水平的组织与管理，现已胜利建成投产，攻克了很多难关，取得了巨大成就。对这些成就及其水平，鉴定委员会的专家们通过实地考察和深入讨论，给予了很高的、实事求是的评价，都表达在鉴定意见中，我就不再重复，只想利用这个机会，谈点个人感受。

第一，我认为岩滩垂直升船机胜利建成具有多方面的重大意义。首先，它可以为解决闸坝通航的难题指出方向，作为范例，这必将为促进内河航运业的发展做出贡献。

我国要持续、高速发展经济，交通运输是重要的基础建设，西部大开发中，解决交通问题更为当务之急。所以国家正在大力修建铁路、公路和机场，但水运也是重要的交通措施。近年来，水运事业似在走下坡路，我们不应失去信心。各种交通手段各有其特点与优势，如航空对远距离客运有优势，铁路在中距离运输上有优势，公路在短距离运输上有优势，而水运，我认为从长距离货运到短距离客运都有强大的优势和潜力。

水运的优势，一在它的基础建设费用较低，运量较大；二在相应的运输成本低；三在可与旅游结合，这是任何其他交通手段做不到的；四在可与水利建设结合进行，所以前景是光明的。现在的情况是不正常的。有人认为，今后科技发展，到处是高速公路，高速铁路和航空，水运似乎落后了。不能这么看，美国科技发达，资金雄厚，然而它的水运非常发达。我国还是发展中国家，国家和人民都还不富裕，燃料问题很大，我们有什么理由轻视、放弃水运呢？

制约水运发展的因素很多。通过大坝特别是几十米以上的高坝的困难，是因素之一。垂直升船机一直是大家渴望的有效措施，可是长期来总难有突破性进展。现在岩滩率先在高坝和水位变化复杂的红水河上取得突破，意义就巨大了。我深信，岩滩和其他正在修建中升船机的陆续投产，一定能为较好地解决高坝通航难题走出一条新路子来。我衷心希望岩滩的宝贵经验与成就能促进升船机技术的更快发展，能在更多的江河中得到应用。岩滩的经验也为三峡工程提供借鉴，当然两个工程的情况不同。三峡升船机的方案还需深入论证，但岩滩的许多资料、经验和突破无疑是三峡决策中重要的第一手参证资料。

第二，岩滩升船机的成就说明，创新确实是国家发展的灵魂，而且中国人民是完全有决心有能力搞创新的，中国人民也是有志气有能力设计和制造出第一流的设备来的。从今天的介绍和讨论中我们知道，为了建设岩滩垂直升船机，大家

2000 年 11 月 15～17 日，在广西召开了岩滩水电站升船机成果评审会议。本文是作者在 16 日会议上的发言，根据记录稿整理。

进行了大量的科研攻关，关键性的成果有 15 项，达到国际先进水平，有的技术是国际上首次采用的。如果我们因循守旧，怕这怕那，不敢攻关，不想创新，今天就根本没有岩滩升船机的出现。而一旦我们下了决心，严格组织管理、实行强强联合，优势互补，团结合作，几年工夫就攻克了所有难关，高质量地建成了当初认为非常困难的垂直升船机，圆满地完成任务，满足甚至超过设计要求。可见中国人并不笨，并不缺乏创造力，长期以来所以落后，主要还是思想不解放，崇洋媚外，有自卑感，另外就是组织管理水平上的问题。我祝贺同志们所取得的成就，这对鼓舞我们的斗志，相信自己的力量，将起很大作用，不仅仅是解决水运上的一个问题而已。

岩滩垂直升船机的技术难度很大，对制造的要求更高。有些人总不相信自己的力量，认为高质量的设备只能买外国的或请外国人来造。情况是这样的吗？岩滩升船机工程对此作出了明确的答复。制造责任单位夹江水工厂并不是中国最大的水工厂，然而他们出色地完成了任务，缴出了一份高分数的答卷。恐怕外国著名工厂也不见得能做到这个水平。他们创造了一个奇迹，为"中国制造"争了一口气。

应该承认，现在许多中国货确实质量不高，中国货成为劣质货、低档货的代名词，我认为这是"国耻"。有人说我国科技水平低，材料、工艺都过不了关，所以产品质量高不了。情况并不完全如此，科技水平低，我们可以组织攻关，某些材料、设备一时难以过关，我们可以实事求是地在国际上采购，而工艺问题，很大程度是责任心和管理问题。在岩滩垂直升船机制造中，设计是优秀的，部分设备、材料是国际采购的，管理水平是一流的，这样，我们就在很短的时间内建设起世界一流的垂直升船机。这一经验也是十分可贵的。我认为，并不是非得每个零件都自己制造才算国产，才算有水平。我们要取各国所长为我所用才能实现跨越式的发展。我衷心希望岩滩升船机在这方面的成功经验能有助于我国的制造业打开眼界、树立信心，建立新的生产模式，以更快的速度实现跨越式的发展。

第三，对今后的工作，提出几点建议：

（1）精心维护、精心运行、积累资料、总结经验，不断改进，长期保持荣誉。

（2）对设计、计算作进一步的探究。有些问题现在主要依靠模型解决，然后在实践中得到证实，希望能提高到理论高度。例如承船厢的稳定问题，不妨将岩滩的实际资料送请一些大学（如大连理工大学）合作研究，提高一步。

（3）建议自治区政府和交通厅能对红水河的航运发展再作研究，通盘规划，分期实施，续建成大化升船机，再采取些政策，吸引货源、客源，促进水运事业的发展，使升船机工程发挥实质作用，取得经济效益。

（4）建议重视岩滩升船机建设中的成功经验，该报奖请功的要报奖请功。更重要的是要大力宣传，要让全国知道有这么一座成功的垂直升船机，要让更多的工程考虑采用。只有广泛采用，才能再上高峰。建议自治区、电力部门以及水力发电学会等进行宣传、总结和推广工作。

今天我们还参观了岩滩水电厂，也提两点建议供参考。

（1）岩滩水电厂是水电建设中的五朵金花之一，效益大、投资低，为广西的经济发展做出巨大贡献，被评为一流，应该庆贺。目前美中不足的是机组还不理想，存在振动区，噪声也特别响，希望今后结合更新，换上更优良的转轮，消除这一缺点。

（2）岩滩工程投产已十年，现在的环境还有些零乱，好像还在施工后期，更谈不上美化。希望大力美化环境，把岩滩水电厂建成一座美丽的大花园，成为旅游胜地，使红水河成为一条黄金旅游线。在 21 世纪，中国人民对生活和环境将有更高的要求。希望岩滩水电站能走在前面。

对《滇中调水工程规划报告》的几点意见

　　在阅读、学习了长江水利委员会（简称长江委）编制的《滇中调水工程规划报告》（简称《报告》）后，有几点初步认识，阐述如下，供云南省领导及长江委参考：

　　（1）长江委所做的工作非常认真细致，资料翔实，论证可信，《报告》是一份可供领导决策时作为重要依据的基础性资料。

　　（2）滇中地区是云南的政治经济中心和最发达地区，目前和今后都是云南省的核心地区，而本地区水资源极其短缺，基本上是资源性缺水区，与发展要求不相适应。现在已是城镇工业用水挤农业用水，农业用水挤生态用水，不仅工农业发展和生活用水受到严重制约，而且生态环境也已严重破坏和污染。从稍长远的角度来看，这种局面难以为继。确应考虑从外流域调引适当水量以保证可持续发展之需。

　　（3）在长江委研究过的几种可能调水方案中，确以从金沙江虎跳峡水库引水方案相对优越：水源丰富有保证，调走 20 亿～30 亿 m^3 水不致对调出区有显著影响，而可解决滇中地区的最大困难。这个方案的前提是在虎跳峡要有一座高坝大库。为调水而建大库是不现实的，但从开发能源角度讲又是必要的。结合水电开发实施滇中调水是最理想的方案。只是现在有些人士对虎跳峡建坝持不同见解，争论未决。我衷心希望在国家的统筹协调和省领导的全力促进下，使虎跳峡开发方案能早日确定启动，从而为实施滇中调水创造条件、奠定基础。

　　（4）虎跳峡建库现有三个蓄水位方案：1950、2010、2030m。对调水和发电来讲，水位愈高愈有利。但蓄水位的选定受很多条件制约，尤其是移民、环保和景观要求。建议调水工程设计的原则是：争取能实施 2010m 水位，也作更低的 1950m 水位的准备，甚至更要着重研究后者的问题和解决措施。

　　（5）当虎跳峡水位较低时，调水工程需高扬程提水，增加供水成本，甚至影响方案成立。对此，我有个设想：金沙江流经云南，云南有一定的用水权，例如，云南有权在虎跳峡上游引走若干亿立方米水量去解决本省问题。现在云南并不动用这一权利，让全部流量通过虎跳峡发电（包括对下游所有梯级的贡献），这样，云南应该在电站中拥有一定权益（或者说，虎跳峡的发电流量中有一部分是云南的水量），以后用这权益来提水引水是讲得过去的。总之，提水的电并不是向电网购买的，而是"自发自用"性质，只需承担很低的运行成本费，再考虑到所调的水主要供工业和城镇生活用水，有一定的承受较高水价能力，这就能使调水工程在经济和财务上成为可行。（农业用水应低价，生态环境用水基本上应免费。）

　　（6）具体做法建议：

　　1）云南省先成立一个负责实施调水工程的实体单位（筹备处），负责有关前期、

本文写于 2005 年 7 月 23 日。

协调和研究工作。

2）通过立法手续，在受益区水价中增收一点调水基金（指工业、生活用水），集中积累保值增值，作为今后调水工程的资本金与对水电站工程的投资。

3）与水利部协商，明确金沙江水量中云南可用的配额（用水权）。

4）虎跳峡建库方案确定和启动后，将筹备处改为正式单位，向虎跳峡工程投入，包括资金投入和水权投入，从而获得一定的发电容量与电量的产权。此需与虎跳峡开发实体协商明确。

5）请求国家支持，正式批准调水工程，落实投资来源（国家投入、地方投入，民间投入和贷款），建设一期调水工程（隧洞、渠道等）。如虎跳峡水电站先投产，云南拥有的那部分容量、电量由虎跳峡水电站代发代售，取得的收益划转调水工程应用。

6）一期工程开始通水后，云南拥有的容量、电量转为提水之用。（机组仍交虎跳峡水电站统一管理、运行和调度）管理和经济上的细节问题需两家协商解决。

7）随着调水工程的逐步受益和滇中地区经济的发展，分期扩大调水工程，直至达到最终目标。

（7）调水工程中最艰巨的部分是穿越香炉山的 56.42km 的长隧洞，需加强加深前期工作，仔细规划洞线，利用支洞和竖井，尽量缩短分段长度。赞成采用 TBM 掘进方案，要针对当地地质条件，提出对 TBM 的要求，开工时招标择优采购。（南水北调专家组和水利学会为促进西线调水工程将在九月份开个 TBM 国际工程会议，建议云南有人参加。）

（8）鉴于整个调水工程规模宏大，投资集中，赞成有计划地分期实施。第一期先供给最急需和高效地区（昆明、玉溪…），调水量控制在 20 亿 m^3 或稍多一些，以后逐步扩大。

（9）鉴于调水工程的实施尚难在短期内完成和见效，所以建议滇中地区目前仍需全力以赴狠抓节水和治污工作，无论工业、农业和生活用水都要深度节水改造，要千方百计利用各种可利用的水资源，狠抓废水污水的治理回用，不要认为潜力有限，无能为力；与此同时积极推进调水工程，两手抓，两手都要硬，避免只强调一面而导致失误。

以上仅为个人几点粗浅认识，供参考。不妥之处，请批评。

在水口水电站升船机技术成果
评审会议上的发言

水口升船机技术成果鉴定会即将顺利结束，十分感谢远道而来的各位专家的辛勤劳动。

水口升船机是 2×500t 级湿运全平衡钢丝绳卷扬提升式垂直升船机，是我国投产运行的最大升船机，在国际上也名列前茅。水口升船机的建造是一项技术复杂、难度很大的工程，牵涉到很多专业和部门。有许多同志对我们能否设计、制造、建成这样的升船机并安全运行，深表怀疑，甚至反对。设计、科研、制造、安装、施工、运行部门知难而上，紧密合作，在上级的正确领导和水口公司的高水平组织管理下，经过十多年的艰苦努力，攻克重重难关，胜利建成，通过验收，安全运行至今。创新之多、质量之优、各项测试指标之好出乎意外，取得了巨大成就。以事实回答了持否定态度的同志，以事实说明了中国工程界有创新、集成、协作的能力，中国制造的质量是一流的、可靠的，这一意义远远超出升船机本身，我愿借此机会，向十多年来为水口升船机呕心沥血、艰苦努力的所有同志表示崇高的敬意。

鉴定委员会听取了完成单位的详细汇报，考察了现场，进行提问和质询，展开深入讨论，最后提出鉴定意见，对此项技术成果作出科学的评价，高度肯定了其意义，这些都写在鉴定意见中，不再重述，下面只讲点个人体会：

五年前，我和在场的一些专家参加过岩滩水电站升船机的成果鉴定会，这也是一座高质量的工程，也取得出色成就，我在那次会上曾说过几点意见。今天看来，有些仍有现实意义。

1. 水运不应成为"灰姑娘"

这些年来我国交通事业有了大发展，高速公路、铁路、航空比翼齐飞，但水运没有相应发展，有的地方甚至萎缩。有人说，时代进步了，社会发展了，现在人们都愿意走高速公路，坐飞机了。我认为话不能这么说，水运的基础建设费用低，运量大，运价、成本也低；水运还可结合旅游、观光、休假。另外，水运建设还可以和其他水利建设结合。水运应该在货运、客运上都占有一席之地。美国的经济比我们发达，但她的水运更发达，一条田纳西河的运量超过长江。我们还很穷，广大人民还很穷，坐不起飞机，燃料问题也很严重，有什么理由轻视水运。这话我五年前说过，不幸现在似无变化。

2. 发展水运要解决过坝问题

全国水利水电工程建设高潮迭起，建坝一方面拦截河流、影响过船，一方面又改善航道、为水运大发展创造了条件，因此，发展水运的关键在于解决过坝问题，尤其是高坝通航问题。人们谈到过坝，往往先想到船闸，但升船机是另一重要措施，特别

本文为作者 2005 年 11 月 23 日在水口水电站升船机技术成果评审会议上的发言。

是它能快速过坝，最适用于客轮，另外，它不耗水，成本低，经济效益好。特别在高坝通航中，升船机优点尤其突出，几乎是唯一可行之道。所以对于升船机的研究、建设和发展，至少应和船闸一样重视，这句话也已说了五年，不幸目前仍未太受重视。

3. 我国升船机技术取得重大进展

尽管水运和升船机不受重视，但我们的升船机建设仍在曲折的道路上艰难前进，而且取得很大进展。岩滩、隔河岩、高坝洲和水口升船机先后建成，还有郑大迪同志发明的自动平衡的浮筒式平衡重升船机，更具有独创精神。我曾为它呼吁多年，最近听说也得到落实，将在一些工程中付诸实施。三峡工程升船机的建成，更是一个里程碑。有这么多实践经验，更有利于总结、比较、发展，这一切得感谢在这条战线上辛勤战斗的同志们，也说明升船机技术不是那么高不可攀，风险不是那么大，这将极大地鼓舞我们的斗志，推动升船机事业的发展。

这里，水口升船机的成就更值得珍视，因为它是当前中国建成投产的最大的一座升船机，在世界上也列第二位；它是真正发挥了通航作用的升船机；它采用的是典型的全平衡卷扬提升式升船机，最便于推广。对这种升船机很多同志总有无穷担心，担心不安全。安全当然是第一位的，但不能绝对化了。譬如核电站，为了安全，加了许多设施，又怕这些设施也出问题，再加保险，结果越弄越复杂，越弄越昂贵，自己否定自己。现在好像有些改弦更辙了，在提高安全度的同时简化了设计。水口的升船机，不是照抄别人经验，而是在设计上创新，制作安装上确保质量，因此就很好地解决了"简单"和"安全"这对矛盾。

总之，我认为通过水口升船机的实践，可以消除一些同志对于钢丝绳卷扬提升的升船机的担心。水口升船机的成就，说明这种类型的升船机是可以做到安全的，说明"中国制造"的质量是世界一流的，说明中国人的"集成能力"是强的，它既体现了中国的科技水平，也体现了中国的组织管理水平。

4. 巩固成绩，总结经验，精益求精，再上层楼

专家们在鉴定意见中已写了对水口升船机今后工作中的一些建议，我想再补充一句，就是希望加强维护检修，努力寻找和消除一切隐患和不安全因素，精益求精，更上层楼。因为毕竟运行时间不长，这么复杂的系统工程，要将这么多的硬件、软件集成在一起，总会存在或出现些失误。在安装、调试、测定中，已经发现和解决了很多问题，今后还得一丝不苟、极端负责地搞好运行、维护、检修、调查和升级工作，使升船机的技术水平更有提高，把安全记录长期保持下去。总结好"水口"的经验，还可为今后其他工程借鉴应用。

另外一点，水口升船机虽然已初步发挥了通航作用，但其潜力还很大，希望能得到充分利用。这不是升船机本身的问题，而是牵涉到更多领域的问题。我们希望省领导、省综合部门和交通部门能做些研究，组织货源、畅通航道、规范船型并制定一些相应的政策。希望今后能看到升船机上下游船舶如织，穿梭过坝！

在长江口深水航道治理工程成套技术科技成果
鉴定会闭幕会上的讲话

长江口深水航道治理工程成套技术科技成果鉴定会进行了一天半，会议即将顺利结束，根据议程安排，要我讲几句话，我就根据大家的评议意见，结合自己的体会，简单讲三点意见。有些话不合适写在鉴定意见上，也可以口头说一下。

一、专家们一致高度评价长江口深水航道治理工程的巨大意义、深远影响和惊人成就，高度评价了这一工程科技成果所达到的水平

长江口径流、潮流巨大，河势动荡，基土松软，沙洲变化不定，分汊众多，情况非常复杂。治理前，通航条件远远难以满足上海市、长三角和国家发展的需要。但是，尽管治理长江口、使她形成稳定的深水航道是国家急需，是无可回避的事，也是几代中国人的夙愿，然而面临茫茫大海和复杂困难的客观现实，夙愿一直只能是梦想。经过 20 世纪 50 年代开始进行的研究探索，依靠国家"八五"科技攻关，乘小平同志南巡讲话和党的十四大的东风，这一梦想终于成为现实。现在，长江口已经有了一条 10m 深的稳定而畅通的航道，使上海港迅猛发展，吞吐量一跃而居世界之冠，集装箱量居世界第三。这一工程是史无前例的，取得的成就是令人振奋的。本工程的影响不是材料中列举的一些经济效益和社会效益所能表达的，她对我国，特别是上海市、长三角和长江沿岸经济社会的飞跃发展、对我国外贸的迅猛上升、对我国国力的增强和国际声誉的提高影响深远，难以用数字表述。真正是功在当代，利及千秋，工程在长江口，影响遍全中国。许多专家对此作了深刻的阐述，而且一致认为这项工程是世界上巨型河口成功整治前所未有的范例，一致认为其科技成果水平总体上达到国际领先水平。这不是门面活，而是专家们深入评议后取得的一致意见。

二、依靠科技研究，发扬创新精神，是取得胜利的基础

长江口深水航道治理工程之所以能取得如此巨大的成就，应该归功于全体建设者能紧紧遵循中央指出的方向，落实科学发展观，充分依靠科学技术，充分发扬自主创新精神。在已完成的一、二期工程中，涌现出来的科技创新成果不胜枚举，形成了成套技术。这种创新精神洋溢在和体现在规划、设计、施工和管理各个领域中。由于所有的工作都有扎实的科学研究和创新为基础，这就保证了治理的思路、航槽的定位和总布置方案是正确的，整治建筑物的结构是新型的、符合当地条件的，施工的机具、设备和工艺的是独创的，管理是动态的、高水平的。整个工程的实施都处于预测和可控之中，即使遇到特殊困难和意外（例如特软地基在波浪作用下"软化"失稳），也能迅速查清原因找出解决方案。工程实现了质量、安全、环境"三零事故"，十分难得。

本文是作者 2006 年 5 月 10 日在长江口深水航道治理工程成套技术科技成果鉴定会闭幕会上的讲话，本文有删节。

这项工程的经验有力地说明只要依靠科学技术，发扬求实和创新精神，就能战胜一切困难，开拓新的境界，登上新的高峰。我想，这也是专家们对本工程给予这么高的评价的主要理由之一吧。

三、不骄不躁，继续努力，夺取新的胜利

专家们指出，长江口深水航道治理工程虽然已取得伟大的成就，但尚未达到最终目标，运行考验为期尚短，长江口的条件又非常复杂，必须用动态眼光看问题，要认识到还有大量工作待做，有更险的高峰待攀。为此，专家们对今后工作提出了许多意见和建议。我认为可归纳为以下几条：

（1）加强对已建一、二期工程的监测、分析、研究、维护和管理工作，掌握一切重要的变化趋势，包括上游开发引起的影响，及时研究，必要时采取措施，保证工程的安全正常运行。

（2）继续研究、实施三期工程，使航深进一步达到 12.5m，充分发挥长江黄金水道和上海港的作用，更上层楼。

（3）抓紧研究长江下游河段河势的控制问题，实施控制工程，真正做到长治久安。

（4）抓紧研究每年数千万立方米疏浚土的综合利用，吹淤造陆，化害为宝，为上海市的扩大发展提供新的土地资源。

为此，需要开展相应的研究工作，更要开展与地方及有关部门的大协作工作。

各位专家，各位代表，当我们今天为长江口深水航道治理工程取得的成就欢欣鼓舞时，我们尤其悼念刚逝世的严恺院士，以及所有为长江口、为中国水利水运事业奋斗和献身的专家学者们，是他们几十年来的艰苦探索研究，为今天的胜利奠定了基础。我们尤其要感谢中央、国务院、交通部、上海市、江苏省的历届领导，是他们的果断决策和全力支持，使人民的夙愿从梦想变成现实。当然，我们尤其要向战斗在第一线的长江口航道管理局和所有设计、施工、监理、科研单位致敬，感谢他们齐心协力艰苦战斗为中国的水运事业建造起一座伟大的里程碑。

在曹娥江大闸枢纽工程建设专家组
第一次会议上的发言

　　蒙绍兴市政府和曹娥江大闸管理委员会聘请我为大闸工程建设专家组的顾问，使我有机会参与专家组第一次会议，深感荣幸。我对平原地区软基建闸的知识和经验两缺，这次通过现场考察、听取了详细介绍、阅读有关文件，并学习了会上专家们的发言，深受启发。对我来讲这是一次难得的学习机会。会议安排我做一个总结，是不敢当的。我很同意各位专家的意见，并愿意借此机会说一点个人的体会与想法，供会议和管委会参考。欠妥之处，请批评指正。

　　一、宏伟的工程、人民的愿望

　　绍兴是生我育我的故乡，地处长三角南翼。自古以来就以文化昌盛、经济繁荣、人杰地灵著称。改革开放以来，经济展翅腾飞，长期保持稳定、持续、高速增长势头。人均 GDP 已率先达到小康水平，而且城市文明建设、环境整治、节水节能都取得卓越成就，正在向更高标准迈进。绍兴将为国家的发展和民族的振兴做出越来越大的贡献。

　　绍兴平原北濒大海、南枕群山。挡潮、抗洪、抗旱和排涝一直是困扰人民的问题。长期以来，人们一直想解决这个难题。我十多岁时在大人带领下去过三江闸。那是 500 年前汤太守修建的著名水利工程。当然，现在已由新的三江闸取代了。但古人为治水所做出的努力永远值得我们怀念和尊敬。

　　而曹娥江大闸的规模就完全不同了。她修建于目前的曹娥江干流河口，挡潮闸长达 700m，堵坝长近 800m，是国家级的大水利项目、是中国目前规模最大的河口水闸工程，在亚洲和国际上也名列前茅。建成后，通过调蓄能对两岸防洪、排涝、供水、航运、改善水环境等方面带来全面、巨大效益，她是浙东引水工程的枢纽工程，将促进跨地区水资源配置的实施。她是推动绍兴大城市建设的基础性设施。她将千秋万代为绍兴人民造福。这是我们的祖先无法想象的，是绍兴人民长期以来的梦想，也只有在当前这个盛世中，在钱塘江口整体治理河势稳定之后才能实现！我为此感到欢欣鼓舞，谨对浙江省、绍兴市领导的坚强决心、果断决策，以及水利部领导的全力支持表示由衷的敬意。

　　二、实事求是、依靠科技、谋定而动、夺取胜利

　　要在曹娥江口修建大闸，并不是一件容易的事，必然会遇到技术上和管理上的重重难题。我对曹娥江大闸工程的第二个感受是：工程的前期规划、设计、科研工作做得深入，管理有序，都达到高水平。这不是"政绩工程"，而是长期规划，深入研究，反复论证，履行所有手续后才启动的工程，一切工作都建立在实事求是和依靠科技与现代管理的基础上。

本文是作者 2006 年 6 月 13 日在曹娥江大闸工程专家组第一次会议上的发言。

工程从酝酿提出到勘测规划、方案拟订、闸址选择、具体设计和开工，经历了漫长的岁月，得到省、市领导、人代会和政协的高度重视，开过多次专家咨询会，列出六大科研专题，进行了大量研究试验，通过各项专题审察和多层次综合审查才一步步列项、批准和开工。开工前后还在现场进行围堰试抛和地基承载力、变形、防渗、防冲、抗液化的各种试验，才确定方案、全面启动。在管理上，既有高层次的协调领导小组，更有按现代管理理论组建的管理机构和项目法人，实行委托设计、招标施工、独立监理的成功模式。有这样可靠的基础和现代化的管理体制，我们没有理由不放心，而是深信曹娥江大闸能够建成为一座第一流的工程。

三、对高性能混凝土及防裂等问题的看法

大闸工程采用南科院研究推荐的高性能水工混凝土，具有很多优点，特别是耐久性好，非常切合工程实际。但对这种混凝土的原材料、配合比和施工控制要特别严格，如果施工质量不良，或出现有危害性的裂缝，就前功尽弃。这次会议中，管委会把高性能混凝土防裂作为主要咨询问题是很及时的。对此，专家们发表了很多好的意见。我也没有新的补充，只说说个人的认识：

（1）防裂问题说简单也很简单，因为混凝土开裂的原因、理论、分析计算、各种措施都是清楚的，现在又拥有强大的分析软件，不存在未知难题。但说困难又很困难，因为在混凝土施工的诸多环节中，只要有一点疏忽，就立刻开裂。

（2）导致本工程混凝土开裂的主要原因是温度变化和自身体积收缩。

（3）本工程有有利的一面：地基是软基，约束性弱；结构属板、梁性质，体积不大，散热快；构件中有钢筋，开裂并不立刻影响强度安全……但也有不利的一面：混凝土绝热温升达 $56\sim60℃$，工地不具备强大的温控设施，又要在高温季节施工，处理不妥很可能开裂，从而影响工程寿命。

（4）危险期有二：①浇筑后不久，内部中心温度达最高，"内热表面冷"，表面开裂。主要控制之道是降低最高温升，包括人工冷却。②进入冬季、寒潮，"混凝土热、大气冷"，主要解决措施是表面保护。

由于本工程混凝土量不大，想通过预冷骨料和低温水冷却来严格控制混凝土温度恐难做到，只能根据现实条件，因势利导，综合解决：

1）控制入仓温度：料场要堆满，地弄出料、搭棚、喷雾，必要时加冰拌和，避开最热时段浇筑……；

2）优化混凝土级配，尽量减少发热量；

3）采用地下水实行人工冷却；

4）加强养护、保护。

希望认定一下，采取以上措施后在什么条件下仍不能满足要求？这就应考虑调整施工计划，乃至改变结构尺寸。

对于现在的温控防裂设计，我感到要求不严、偏低，而且含糊。如果管委会认为要严格控制开裂，建议组织设计和科研单位，对温控设计作一全面审查，提出细化的要求，甚至"个性化设计""信息化控制"。对于一些最易出事的部位、情况，要有"预警制度"，以便提高警惕。

其次，对金属结构的保护涂层也说点个人认识。本工程金属结构面积达 4 万 m^2，又在腐蚀环境中运行，确实应采用最有效的涂层，尽量延长使用期。否则，一年到头要无休止地处理是不能设想的。

我觉得本工程对这个问题的调查研究试验工作，做得十分认真、细致和长期。在这样的基础上得出的结论和推荐的方案是有说服力的。

（1）研究成果对各种涂层的相对优缺点的比较令人信服。据此推荐的方案，即底深层喷涂金属，中间和面涂层视情况采用合适化学材料，就科研角度而言是佳的，最后由设计权衡各种因素选定。专家组的补充建议可供参考研究。

（2）研究成果对预估寿命的提法（采用最优组合，寿命约达 50 年），是一种理想情况。实际情况可能达不到，更不意味着 50 年内不必维修，但比早年的做法肯定要长寿得多。

（3）涂层选得再合适，如喷涂质量有问题，运输中有损伤，寿命就大大缩短，因此要制订严格的标准和验收检查。事在人为。

（4）常规检查维护工程仍十分必要。与优选涂层及严格控制质量相结合，就可大大延长金属结构寿命。

这两大问题都严重影响建筑物寿命。我真诚希望通过管委会和参建各方努力，使大闸做到百年大计。

四、把质量和安全放到第一位

要把曹娥江大闸建成一流工程、精品工程，关键的一条是管委会和参建各方都要把质量和安全放到一票否决、至高无上的地位。实际上，高质量也是保证了进度快和造价低。这是无数工程的经验教训所证明了的。

现在大闸工程施工正在全面开展，希望管委会和参建各方建立起完善和严格的质量（安全）保障体系，实施双零（零质量事故、零安全事故）目标管理，从一起步就以高标准要求自己，这样就立于不败之地。第一个考验目标，就是上述混凝土防裂和金属结构涂层的质量。

除了要有严格的保障制度外，还要加强职工的质量教育和技术培训。把高质量与职工及企业的诚信和职业道德结合起来，树立以高质量为荣、低质量为耻的观念，使追求高质量成为自觉的要求，成为工作中的最高目标。制度虽好，要人去执行，一切还得以人为本。

还要针对工程中常发的毛病，针对有风险的项目、部位、工种进行过细研究和案例分析，采取相应的、先进的设计、工艺、设备、手段，依靠科技进步来有效地提高质量，防止事故。

实施双零目标管理，要提高管理水平，严格把关，而且要把"关口"前移。三峡三期工程中提出"以零质量缺陷保零质量事故""以零违章操作保零安全事故"，非常成功。工地上经常会出现一些质量"缺陷"，也许不影响安全，还不能称之为"事故"，但若掉以轻心，就会使人麻痹、自满，最后出大事故。同样，一些违章操作也许未引起后果，但如熟视无睹，就会引发灾难性后果。坚决消灭"违章"，也就保证了零安全事故。总之，把事故消除在萌芽状态是最有效的。这点经验，供管委会参考。管委会提出："质量是工程的生命，管理是质量的保证"，以及"细节决定成效"，都非常好，希望能真正做到。

五、发挥最大效益、消除负面影响，把大闸工程建成绿色工程、和谐工程

曹娥江大闸是一座综合性水利枢纽，在建设和运行中，牵涉到众多部门和有关地区。我国过去有不少工程由于各方面意见不一，影响其效益的发挥。我们高兴地知道，在大闸工程中，水利和水运能做到双赢互利，希望今后能在运行中合作得更好。我们衷心希望在领导小组的协调下，有关各方能统一认识，以全局和长远的利益为衡量标准，制定科学的运行规则，使在防洪、除涝、供水、通航、环境各领域都发挥作用，使工程能取得最佳的综合关键效益。

曹娥江大闸已通过环保评价，是环境友好型工程。但也可能会有一些临时或次要的负面影响。对此，我们要深入调研，制定措施，尽量消除，力争达到完美境界，真正成为一座绿色工程。

例如，在施工过程中，不免带来一些临时性的污染或破坏，我们要尽量减免，而且要在完建后，将大闸附近地区的环境充分美化，建成旅游胜地。大闸能发挥多种效益，要把对生态环境的效益（如改进水质、改善水环境、过鱼等）提高到突出位置。我非常赞赏管委会要加强多目标运行与管理研究的决定，特别要结合市政府曹娥江流域环境综合治理方案的实施，把曹娥江建成一江清水，一座人间天堂。

今年的混凝土将在高温下施工，而且施工很困难。我们要关心工人的操作条件，采取有效措施，保障他们的安全和健康，体现出大闸是一座以人为本的和谐工程。

在大岗山水电站坝型及枢纽布置选择
专题咨询会上的发言

大岗山坝高达 200m 以上，坝址位于几条著名大断裂交汇处附近，地震构造复杂，设防烈度达 9 度，100 年基准期超越概率 0.02 的峰值加速度达 0.5575g，在国内外均不多见，能否在大岗山坝址建 200m 量级的坝和采取何种坝型，是需要慎重研究和决策的大事。上午各位专家都发表了意见，我基本上同意，没有太多的补充。下面简单说说自己的看法，算是表个态。

一、能否建坝的问题

我想从以下四条思路来探讨这一问题。

（1）能否避开在强烈地震区建坝？

在强烈地震区建坝总有一定风险，是否能避开呢？

从区域地质图上可见，自康定至石棉，这一段大渡河始终与康定一磨两大断裂和大渡河断裂紧密相伴。从历史强震中分布图上可见，这一河段被包围在众多强震震中群之中。这一河段也没有其他高坝坝址。所以，除非放弃开发这一河段的水能，或完全改变规划，放弃建高坝，改为一系列昂贵、低效的低水头开发，无法避开高坝抗震问题。

（2）建高坝的风险性多大？

这取决于许多因素，我们可以从资料、汇报和专家发言中注意到以下诸点：

1）坝址区工程地质条件良好，构造不发育，没有顺河或横河大断裂通过，F_1 也不会在强震中产生巨大变形。总之，坝址的地震问题主要是受邻近强震波及的影响，不存在地面变形和错断等不可抗拒的问题，否则，什么坝也承受不了。

2）所有研究单位的结论，都对在设计强震下的大坝安全持肯定态度。

清华大学：在采取了……抗震加固措施后，大岗山拱坝的动力安全性可以得到有效保证。

大连理工大学：综合分析大岗山的抗震特性，以及与国内外大坝抗震性能的比较，认为大岗山拱坝在设计地震作用下对局部薄弱部位经过适当加强后，可以保障大坝的抗震安全性。采取一定的工程措施，大岗山水电站采用混凝土面板堆石坝是可行的。

水科院：大岗山工程的拱坝方案是基本可行的。

南科院：采取一定的工程措施，大岗山水电站拦河坝采用混凝土面板堆石坝是可行的。

中咨公司：经过精心设计，采取有效的工程措施，在大岗山坝址区建设高坝，从

本文为作者 2006 年 6 月 17 日在大岗山水电站坝型及枢纽布置选择专题咨询会上的发言。

技术上说是可行的。

上午专家们的发言也是这个基调。

总之，各单位、各专家，从不同角度，用不同方法研究了大岗山大坝的抗震安全性后，得不出存在"颠覆性"问题的结论。

（3）万一溃坝是否会造成巨大灾害？

对这个问题尚缺乏深入研究，但我们可注意以下诸点：

1）水库是狭窄的河道型，坝虽高，总库容仅 7.4 亿 m^3。

2）流程较快，若干年后死库容将逐渐淤积（有效库容仅 1 亿 m^3 多）。

3）下游为狭窄曲折的峡谷，无集中的大城市，并有一个库容巨大的瀑布沟水库。

4）堆石坝不会瞬间全溃，拱坝的失事一般是先开一个缺口，逐步扩大，都有一个发展过程。

为此，似可相信即使坝体溃决也不致对下游造成巨大灾难，当然这有待于进一步证实。

（4）万一坝体破坏是否能修复？

面板坝设有放空洞，拱坝留有深孔。大岗山库容较小，能迅速放低水库，也有修复条件。综上四条，我认为在大岗山建 200m 量级的大坝，不致冒很大风险。

二、坝型比较

专家们分析得很透彻。两种坝型各有特点，也不是绝对的你优我劣问题，而是相对择优问题。

拱坝的优点就是：计算模型较可靠，计算参数较稳定，有关问题研究得较深，有一些百米以上高拱坝承受强震的实践。因此，计算分析成果可信度相对较高。这些也就是面板坝的弱点，尤其要精确计算面板在强震下的反应很困难。

面板坝的优点是坝体能较好地吸收地震能量，地震反应较弱，坝体甚至地基有些变形能自动调整适应，不会顷刻间发生全面溃决，另外，还能节省造价 3.5 亿元。

绝大多数专家论述了上述因素，并考虑到大岗山坝址的地形地质条件十分适宜修建拱坝，推荐拱坝坝型，我也不反对将拱坝作为首选方案。但希望在设计文件中能客观、全面地评说两者的优缺点。另外，建议是否可将面板列为备用方案。

三、关于下一步工作

虽然科研单位对在大岗山建高坝都持肯定态度，但都有前提条件，而且研究成果中也有些相互矛盾和分歧的地方。考虑到坝址距大断裂 4.5～5km，还是要十分谨慎，下阶段还需进行许多研究工作。

（1）明确抗震设计要达到地要求。

建议分两级控制：

1）在设计地震动下，坝体（包括地基）不破坏，发生一些局部损伤（漏水、开裂），容易修复。

2）在遭遇超设计标准的地震下（其参数需研究确定），坝体不垮，发生的破坏有修复条件。

另外加上一条：万一溃坝，不会产生毁灭性灾害。

（2）明确大岗山抗震设计中的关键技术问题。

强震会对坝体、地震带来诸多问题，但要抓住最关键问题，首先予以明确、解决，兼顾其他问题。

以拱坝为例，我认为确定和控制坝体中的最大拉应力的数值、分布范围和深度，可能的扩展情况，避免发生贯穿性大开裂，使拱坝失去整体性，是个关键问题。在各种裂缝中，梁的裂断尤为重要。

其他问题也很重要但在大岗山，还不是控制性的，可以进行另外的独立研究。如：

1）坝肩稳定。坝址两岸无明确的连续破裂面，静力情况下游抗滑稳定安全系数很高，最低值也大于 4。因此不致在强震中发生整体失稳，主要是研究震动中和震动后的变形与残余变形及其影响。

2）横缝张开。各家计算成果张开度很小，止水能适应，如有破坏也是渗漏问题，有修复条件，也有控制措施。

3）最大压应力。在容许范围内，如有超过，也容易提高混凝土强度，予以满足。

（3）对已有研究成果进行全面分析整理，找出矛盾或分歧的地方，进行研究。

现有各家研究成果，既有相同或相似的地方，值得归纳总结，也有矛盾分歧的地方，更需要找出来，研究弄清。例如坝面最大拉应力，有的认为在坝的中间部位，有的认为在坝踵。真相不清，也难以指导设计。

（4）选取典型情况，统一数据和计算原则，再做一次分析比较。

这工作可由各家平行进行，目的是使多家成果能在规律上一致，数值上大体协调，弄清最大拉应力问题的真实情况，从而指导以后的工作。

1）坝体体型、材料参数、地基模量、自重施加方式，做统一规定。

2）运行水位，建议统一按正常蓄水位计算。

3）地震动波型，选择一种，包括两个水平分量和一个垂直分量，并规定地震动的输入方式。

4）横缝数量，按实际设计情况设定。

5）计算方法，线性及非线性 FEM。

6）计算方案：

——整体（作为比较基准）；

——考虑分缝，对键槽的作用做统一规定；

——考虑分缝及辐射阻尼影响。

一定要弄清在典型情况中拉应力的数值、分布，使各家成果在规律上一致。

（5）深入研究高拉应力的后果及各种措施的作用。

在上述问题清楚后，可以进一步研究高拉应力产生的后果及各种处理措施的有效性。

鉴于要以整个坝和地基作为计算域，工作量太大，是否可假定坝体局部开裂不致影响其总的变位情况，从而可以切取一条悬臂梁或某一区域出来，加密网格，以便做深入探究（把从整坝计算中得到的变位值作为其边界条件）。希望能了解这条梁的应力变化过程，拉应力的分布深度，开裂后可能的扩展情况，了解其危害性。

关于处理措施，最后当然要采取综合措施，是否可以研究以下几种措施的影响（包括值得研究的问题）：

1）进一步优化拱坝体型（动力优化），了解是否尚有潜力。

2）提高混凝土搞裂性能（在哪些部位，如何提高其效果）。

3）采用纤维混凝土（可能对施工缝不起作用）。

4）考虑横缝张开、键槽作用以及辐射阻尼影响（后者影响最显著，要研究可采用多少）。

5）梁向配筋（要深入分析梁向钢筋的作用，确定用量和布置方式）。

6）其他措施（拱向钢筋、阻尼器等）的影响。

7）加强温控，尽量使在静力条件下坝面拉应力减至最小，最好能保留压应力。

8）在坝面敷设防渗层（万一坝面开裂，高压水不会渗入恶化裂缝的扩展）。

9）大体积混凝土在动静应力叠加和在复杂应力状态下的强度与破坏规律。

……

（6）进行在超设计概率地震动下（极限可信地震）的拱坝动力分析，或做拱坝超载破坏试验。

（7）核算放低、放空水库的速度，进行溃坝分析。

希望上述工作中，有一部分能在可行性研究阶段完成，使提出的可行性研究报告更具有说服力。

最后，我认为大岗山工程的施工进度尚有潜力，值得研究，但不一定要放在可行性研究报告中。

在丰满水电站大坝全面治理方案论证会上的发言

丰满病坝的治理是个老大难问题，已经困扰我们几十年了。进入新世纪后，国家电网公司决定要全面治理，报请国家发展改革委同意，按基建程序，开展了全面加固的前期工作。有许多家设计、科研、运行单位参加了研究，提出多种治理方案。经过反复的研究、比选，最后筛选出"灌浆加固"和"下游重建"两个方案，提交本次会议论证。会议专家组听取了介绍，进行了深入讨论，根据全体专家意见，形成了专家组论证结论，同意选择重建方案，提供国家电网公司和国家发展改革委决策。我衷心希望这次会议能促进丰满水电枢纽的全面治理工作，使带病运行了 70 年的丰满水电厂能摘掉帽子，焕发青春，展开新的一页。方才周总（编者著：指周建平）代表专家组宣读了专家组的论证意见，我想借此机会对某些问题做点解释，当然，不免掺杂有自己的认识，不妥之处请大家批评指正。

长期以来，我们致力于研究如何加固老坝，大家提出了很多方案，至少是五个吧。经过深入论证后，陆续排除了问题较多、不够现实的方案，华东院推荐的"灌浆和综合加固方案"可说是老坝加固方案中最合理、最可行的一个。华东院为研究落实这一方案做的工作是很深入、大量的，我们应给予充分肯定。我敢说，如果不存在下游可建新坝的条件，我们无疑将选用这个方案，它基本满足"十六字要求"，而且较快较省。我还相信，实施这个方案，丰满大坝可以再工作一段时间，不会发生溃坝或其他严重事故。丰满大坝是病坝，但不是垂死的绝症，通过精心治疗和护理，还可以活相当长时间的。

但是，丰满存在着下游建新坝的条件，东北院研究提出了"重建方案"，满足"十六字要求"，这就出现了比选问题。在比选中，重点是比较两个方案在满足"十六字要求"中存在的区别。我的看法是，对于"技术可行"，两方案都可行；对于"经济合理"，灌浆方案明显有利，可节省 30 亿元之多（顺便说一句，对经济合理性的论证，我不赞成引用新建水电站那套做法，算什么内部收益率、经济净现值和贷款偿还期、投资回收期。本工程是对病险工程的加固、改造，和新建工程是两码事）。问题在于"彻底解决、不留隐患"上，两方案有区别；在工程的"现代化改造"上，两方案更有区别。重建方案在这方面确可称得上"完全满足"，而"灌浆方案"则有点差距，有些问题有点说不清。所以，方案的取舍实质上是：值不值得多花 30 亿元换取工程安全保证度的增加和现代化的改进。专家组的意见是肯定的。

方才我说灌浆方案在工程安全和电站现代化上要差一些，这不是华东院工作做得不好或不够，而是两方案不在同一起跑线点上。几十年来，科技进步惊人，思想不断更新，要求不断提高。新建方案当然会采用最新的理论、技术、工艺、设备、管理……

本文是作者 2009 年 7 月 31 日在丰满水电站大坝全面治理方案论证会上的发言。

使质量达到一流，例如，说大坝是一个整体，混凝土密实高强，抗渗抗冻指标达到所需要求，各项设计要求、安全系数处处满足，还可留有较大的安全裕度（如抗震），金属结构、钢筋钢管、机电设备、运行管理手段都可以达到最现代化水平，维护工作远较简单，还可以考虑远景发展需要。在工程使用期方面，新建大坝的寿命应该远远超过百年。

灌浆加固方案就无法达到这样的要求，甚至有些说不清的情况。加固以后，也许过几年渗流量又大了，维修工作必然是较多的。70 年前留在坝中的缺陷：如强度极低的混凝土、大面积的冷缝、无缝槽未灌浆的纵缝、到处存在的裂缝和渗漏通道，无法彻底查清、完全处理。我相信加固后大坝不至滑动失稳，但不敢保证每一截面的抗滑安全度都满足规范要求（例如发生大面积初凝的截面。要知道，安全系数只要大于 1，就不会滑动，但不满足要求）。我也相信加固后大坝不至于发生混凝土被压碎，或坝踵拉应力过大而出现大断裂的事故，因为大坝已带病运行了 70 年也没有出现这样的情况，何况又经过全面加固呢。但我也说不清大坝内有哪些地方混凝土强度特别低劣（甚至是一堆沙子），点安全度已达临界状态或早已屈服，靠应力转移维持着稳定，说不清经过若干年寒暑交变后外包混凝土会不会脱离或开裂，因为外包混凝土和内部低质混凝土的标号和性能相差太大，说不清哪些部位纵缝、横缝和水平冷缝纵横切割已严重破坏了坝的整体性，只能笼统说，即使存在这种情况，也不会影响坝的整体稳定，只是达不到理想要求，增加了运行维修难度。

正是考虑以上区别，根据丰满大坝的规模和特殊重要性，上级对"彻底解决"的提法、时代的进步以及业主、电厂、地方政府和下游人民对新丰满的热切期望，专家组作出了同意推荐重建方案的结论。这一选择不意味灌浆方案不可行，不意味丰满大坝已奄奄一息、危在旦夕，更不是否定华东院的工作，相反，我们认为华东院的工作确实是出色和卓越的。

还应指出，在紧靠现有大坝的下游修建新坝，也存在一些复杂问题，不能掉以轻心。如果最终决策重建，希望做好进一步的规划、勘测、设计工作，优化再优化，在施工中更要加强监控，保证一流质量，达到最高水平，使我们的投入确实换来一座全新的第一流的现代化的丰满水电工程。华东院已对丰满工程做了大量长期的工作，希望他们继续关注这一意义重大的工程，继续协助，做出贡献。

最后提一句，专家组意见是咨询性质的，只供国家电网公司和国家发展改革委作出最终决策时参考，作为依据之一。

在曹娥江大闸枢纽工程建设专家组
第三次会议上的发言

我能参加这次会议，不但是一次学习的机会，也是一次受教育的机会，感到十分高兴和激动。

在国家、水利部、省、市领导的关心和支持下，曹娥江大闸枢纽工程的建设进展得十分顺利，去年 12 月 18 日下闸蓄水，投入试运行，初步发挥综合效益。今年 6 月底如期完成国家批复的初步设计工程建设内容，即将迎接竣工验收和正式运行。这座工程做到了质量优良、进度提前、投资节约、环境优美和科技创新的好成绩，可以说是取得了满堂红的好成绩。我希望能借此机会向大闸建设管理委员会及所有参建单位表示热诚的祝贺和衷心的敬意！

（1）在大江大河入海处修建节制闸是非常复杂的事，成功的例子不多，失败的教训不少。曹娥江大闸的建设者在过细的调查、勘测、分析、研究基础上，充分利用曹娥江独特的条件和钱塘江的有利河势，在短短三年半的时间内，胜利地建成这座大闸，顺利地试运行，初步情况证明设计是正确的，工程质量是优良的，可以安全运行，这是了不起的成就。当然，目前仅在试运行阶段，希望运行管理单位和有关部门今后能长期全面监测河势和泥沙冲淤情况，加强相应的科学研究，精心维护建筑物和设备，使大闸能经得起历史和大自然的考验，千秋万载为浙东人民造福。

（2）大闸有多项综合效益，编制科学的调度规程十分重要。设计院做了很多工作，提出了初期运行调度规程和今年的试运行控制规划，我感到基本合理。这次会上专家们提了些意见，可供参考。我只谈三点粗浅看法：①大闸目前刚开始试运行，经验还很少。今后其任务和调度方式将不断变化，所以，调度运行规程应分阶段制定。在浙东引水工程实施前可称为"初期运行"期（并分为排咸期和蓄水期），实施后称为"正常运行"期。目前，先试行制订"初期运用规程"。设计院虽做了很好的工作，但不能要求一开始就把调度规程制订得尽善尽美。希望建管委和运行单位通过实践不断累积经验，探索规律，完善规程，满足初期运用要求，并与时俱进，过渡到正式运用规程。②为了使调度运行取得最大效益，要大力加强改进水情、潮情预报工作，做到信息化、自动化、现代化，这一点非常重要。③在曹娥江大闸调度运用中，必要时要由上游水库、平原水库甚至浙东引水闸配合，所以，要加强联系，把有关水利工程置于高层次的统一调度系统中，以保证曹娥江大闸能安全有效运用，发挥最大效益。

（3）由于大闸有多方面的综合效益，故建成后各方面都将提出要求，有时会有矛盾（尤其在浙东引水工程实施后），需要我们按照科学发展观进行分析，统筹考虑，协调解决。

本文是作者 2009 年 10 月 26 日在曹娥江大闸枢纽工程建设专家组第三次会议上的发言。

在初期运用中,大闸主要任务是冲淤、挡潮泄洪和排涝(在排咸期还有排咸任务)。通过优化调度,这些要求可以满足,矛盾不大(尽量利用泄洪、排涝的弃水进行冲淤)。对冲淤不能可惜用水,如果闸下淤高、固结,大闸就丧失了生命力,谈不到其他,冲淤还是第一位的。现在初步看来,情况很有利,但不能掉以轻心。要向最好方向争取,也要做不利打算。

在正常运用期,增加了通航、水环境保护、水资源利用等要求,矛盾较大。我认为对各类要求应分个层次,上面说过,冲淤是第一位的,挡潮泄洪应列为第二层次,排涝列为第三,其他能结合最好,有矛盾设法解决,不能影响冲淤、挡潮、泄洪和排涝。这看法是否正确,供大家批评。

(4)水利水电工程在兴利的同时,也会产生一些负面作用,尤其对生态环境的影响,常常为此受到批评。我们高兴地看到,曹娥江大闸工程在这方面做得非常出色。将水保和绿化作为工程的重要组成部分,在施工中也特别注意保护环境。大闸设计得十分美观,看上去赏心悦目,结合自然景观,成为极佳的旅游景点,尤其现代化工程上处处洋溢着浓厚的历史、人文文化气息,实在是太好了。希望大力发展旅游观光产业,使曹娥江大闸成为旅游者必到之处。还可以结合历史上的旧工程,起到科普、历史、爱国教育等功能,形成一条综合现代工程、历史和文化的黄金旅游线,这方面的发展潜力很大,希望能加以关注。

(5)建议加紧完成所有零星尾工和阶段验收中的要求,准备好有关文件资料,及时进行正式的工程竣工验收,为工程画上圆满句号。

(6)曹娥江大闸在建设中针对面临的困难,做了很多科研,有不少创新之处,获得过许多奖励,是难能可贵的。希望加以系统总结,我完全赞成和支持申报浙江省科技奖和水利部大禹奖,以后再申报优秀设计奖、工程质量奖和鲁班奖。

同志们,几百年前,明朝的汤太守修建了三江闸,为人民做了好事,经过沧海桑田的变化,现在已成为历史。今天,一座世界上少见的、前人难以梦想的宏伟大闸已屹立在我们面前。这从一个方面说明了中华民族正在实现伟大的复兴,伟大的中华民族必将全面复兴!新世纪是属于中国的!

汶川大地震和水坝安全

汶川大地震发生后，经常有人问我地震与水坝的关系，也有人认为在西南地震区建坝非常危险。故著此短文，再次阐述一下我的观点。

一、汶川大地震与水电建设无关

2008 年 5 月 12 日，我国发生举世震惊的汶川大地震，地震专家都认为这是由于地壳板块的不断活动，最终导致龙门山断裂带的突然错动，从而造成千百年来罕见的自然灾害。以目前的科学技术水平，尚难精确预测预报这种突发天灾。今后除继续开展地震预报的科学研究外，主要应该对可能发生强震地区的建设和发展规划做合理安排，避免盲目搞不恰当的建设，同时要建立一套科学的应付突发灾难的体制，采取一些有效的措施，使灾难造成的损失降低到最低程度。

有些人把汶川地震的发生归咎于紫坪铺等水库的修建甚至牵涉远在千里之外的三峡工程，这是不正确的。姑且不说三峡工程所在的黄陵背斜地区，与龙门山构造带分属于不同的大地构造单元，它们之间没有任何构造上、水力上的联系，把三峡水库与汶川地震扯上关系简直是匪夷所思；就是灾区的紫坪铺水库，那一点坝体和水库重量对震源产生的附加应力和地质板块的推力相比真是微乎其微，位于紫坪铺上游的岷江，奔流了千万年，一直在通过断裂下渗，没有诱发过什么地震。大量研究证明，水库诱发地震以浅表微震和极微震为主，全世界有记录以来的最大水库地震也仅达 6 级。所以把汶川地震归咎于紫坪铺水库也是属于莫须有的罪名。

二、水坝具有极大的抗震潜力

汶川大地震中，千万幢房屋倒塌，桥隧毁坏，边坡崩落，交通中断，堰塞湖成群，人民死亡失踪超过十万，受伤和经济损失更难统计。而受地震影响的几百座、上千座大小水坝无一坍塌，未淹死一个人。一些水电站迅速恢复供电，为抗震救灾做出不可磨灭的贡献。尤其位在极震区的两座高坝大库——紫坪铺面板堆石坝和沙牌碾压混凝土拱坝巍然无恙。究其原因，水坝本身就是抗拒巨大水压力的建筑，设计中又留有很大的安全度，即使在强烈地震下，水坝所承受的附加力量比之千百万吨水压力仍是小数。对土石坝而言，它的边坡很平缓，库水不是"推"在坝上而是"压"在坝上的，地震时产生的一点附加压力最多使坝体个别部位短时内进入屈服区和产生一些附加变形和沉陷而已，只要能保证坝面不坍，水不漫顶，排水可靠，坝体完全能够保持稳定。汶川大地震以确切的事实告诉我们，水坝具有超出预计的抗震潜力。

三、对水坝和水电开发的片面批判有欠公正

现在社会上有些媒体和人士为赶时髦、炒热点，以环保和维护自然生态为名，竭力反对水坝和水利水电建设。一位"外国科学家"宣称水电厂排出的二氧化碳是燃煤

本文节选自《汶川大地震工程震害调查分析与研究》，为作者 2009 年所写。

电厂的二十倍，这样的"新闻"也照登不误，恶意误导群众和领导。保护生态环境和传统文化当然是重要的，但不作分析，断章取义，把话说过头，真理也变成谬误。判断正确和谬误的标准就是是否符合"科学发展观"。科学发展观的核心是发展，不是停滞。在汶川大地震中，水坝和水电站经受了严酷的考验，做出重大的贡献，说明水坝抗震潜力之大，说明水利水电建设的设计、施工和管理水平之高，但某些人完全无视于此，片面夸大损失，宣传存在隐患，指责不应该修建这么多水电站和大坝，令人难以理解。希望大家都能在事实面前深入反思一下。

四、停止建坝不能解决地震灾害

有些人上书中央，以汶川大地震为由，建议"在重新评估西南地质不稳定地区大型水坝设计安全性以前"，暂停批建大型水坝。我们很理解这些人忧国忧民之心，但是不得不指出，他们的观点是错误和有害的。

上面我们说过，汶川大地震中，所有水坝包括极震区的两座高坝无一垮坝，未淹死一人，有些损伤也易修复。真正导致死人多和危害性大的是倒房、垮桥、断路和堰塞湖溃决。西南地区其他在建、待建的高坝其抗震设计比上述两座坝做得更为严格、深入和安全，具有极大的抗震潜力，完全能抗御特大的地震。堰塞湖是天然滑坡造成的坝，在汶川大地震中发生 5 万多处滑坡，涌入河道，形成较大的堰塞湖 35 座，小型的更多。其中造成唐家山堰塞湖的堵坝体积达 2000 多万立方米，顺河长 800m，宽 610m，最大坝高 124m，库容 3.16 亿 m^3，这种"未经设计"的天然坝溃决后将威胁下游百万人民安全。政府不得不紧急组织疏散几十万人民，派出大量力量，用直升机运送机械、物资抢险。西南地区大江大河都穿行在高山深谷之中，情况一点不比岷江上游为好。1967 年雅砻江中游发生的唐古栋大滑坡（当时并无地震），完全堵塞了大江，下游断流，形成罕见的天然坝和大水库。这座天然坝溃决时，洪水以巨大的水头和极高的流速横扫下游数百千米。可以设想，如果在这些地区发生汶川式大地震、甚或更大地震时，将形成多少座十倍、几十倍于唐家山的堰塞湖，在交通阻塞、信息不通、生产落后的地区，政府怎么去警告和组织居民撤退？怎么输送救援人员和设备进去？停建水坝不能解决任何问题。

五、解决西南地震灾害的出路是大力开发水电

出路只有一条，抓紧搞流域开发，建成一批震不垮、能调节水资源和洪水的高坝大库，例如目前雅砻江上正在修建三百多米高的锦屏大坝就是。这些工程建成后，从直接的抗震作用来讲，就可以根据情况泄流腾库，拦蓄溃坝洪水，大坝形成的宽深水道，是一条震不垮的生命运输线，水电站的强大电能是抗震救灾的动力保证。更重要的是：通过流域水电开发，打通交通道路，开通信息渠道，设置地震台网，发展库区经济，实施产业结构转轨、进行生态移民，移风易俗，彻底改变落后面貌，为抗震救灾奠定坚实基础。停滞和回避不是出路是死路。

六、认真做好水坝抗震设计

上面这么讲，当然不是意味着在水坝建设中可以忽视抗震问题，恰恰相反，我国设计的水坝，尤其是位于较强地震区的高坝，无不将抗震列为最重要的课题之一，进行深入的勘测设计研究，做了大量分析试验，发展了许多新的分析法，对重要的水坝进行过反复的三维有限元非线性分析，单元数高达一百几十万个，设计中采取许多有效的抗震措施，布设了大量监测台网，使我国在本领域中的成就名列世界前茅。我认为，今后我们不仅将继续抓紧抗震设计，而且会做得更加深入。首先优选坝址，尽量避开有潜在发震可能的大断裂，使水坝位于相对稳定的"安全岛"上。其次，详细调查区域地质构造，深入研究水库诱发地震问题，谨慎确定设防烈度，一般都在国家地震局颁布的地震烈度区划图的基础上再提高一至二度。我还建议重要的水坝按"最大可信地震"复核，就是说，即使遭遇一切能够想象到的极限大地震也不会垮。再次，根据实际震灾经验，对薄弱部位特别加固，例如加固两岸坝肩，加固拱坝坝顶并配置钢筋和阻尼器，堆石坝着重保护坝面稳定、排水有效和增加超高以防涌浪溢顶。水电站中最易损毁的闸门启闭机和机电构架等结构予以特别加强，使在强烈地震中仍能稳定供电。最后，应设置足够的泄洪能力，在必要时可迅速放低水库，拦蓄上游堰塞湖溃决时的下泄洪水。对进厂道路要特别注意保护边坡，多用隧洞，保持对外交通畅通。以目前我国的科学技术水平，我们完全有能力建起一座座震不垮的"铁铸大坝"。

七、把安置移民和保护生态环境摆到首要位置上去

现在最大的制约条件是移民的安置致富和生态环境保护问题。建议今后把这两大问题放到压倒性的位置上，认真处理好。一定要做到移民、库区也和下游、受电区一样成为水电开发的受益方，电力生产和生态环境保护取得双赢。今后大水电的单位移民数量并不多，移民大都处于贫困落后状态，水电一经开发，可以永久提供低成本的能源，只要我们能跳出"后靠务农为主"的框框，妥善安排，并通过水电开发来改变库区的产业结构和移民的就业方向，采取多种有效措施（如土地入股、培训转业、社会保险），把水电开发和生态移民、经济转轨结合起来，移民和生态环境问题是可以解决的。水电电价至少应等于平均电价，把部分效益用到移民、库区和生态环境上去。

在雅鲁藏布江下游水力资源考察与基础
地质研究成果研讨会上的发言

我听了晏院长（编者注：指晏志勇）等所做的两个介绍和方才专家们的讨论，深受启发，并有以下几点初步体会。

（1）西藏水力资源的蕴藏量十分惊人，是我国两大能源后备基地之一（另一个是新疆的煤炭资源），是不可多得的天赋宝藏。当前要全面开发西藏水电的条件似乎尚不具备，但从我国能源可持续供应的战略上看，这宝藏是必须开发的。从西藏的发展上来看，西藏无煤无油，地处边远，经济发展受到很大制约，但有极丰富的水能和太阳能。西藏经济的跨越式发展，也主要须依托在能源开发和外送上。

水电总院、成勘院和有关单位的两次考察，克服了难以想象的困难，初步摸清了雅鲁藏布江下游段（水能最富集的大河湾段）的资源情况，拟具了开发设想，了解了基本地质条件，意义重大，成果丰富，贡献卓越，谨对他们表示敬佩之情。

（2）西藏水电开发可分两步走。

1）开发三江（金沙江、澜沧江及怒江）上游河段水电和雅鲁藏布江中游的下段部位水电，满足自治区发展需要，并实现初步外送，打开藏电外送通道。在此期间，积极做好开发下游大河湾河段水能的前期与准备工作。

2）开发大河湾段水电，实现藏电大规模外送。目前，中国华能集团公司和有关单位已进军西藏，开始启动第一步工作了，预祝他们的工作进展顺利，并可为探索妥善解决移民动迁和宗教、民族等问题取得宝贵经验。

（3）要开发大河湾段的水电，牵涉面之广和难度之大，可以说是超越当前世界水平。此中包括生态环境问题、移民和民族宗教问题、国际关系问题以及地质条件复杂、地震烈度高、交通困难、人烟稀少和大量技术难度问题。对此我们当然应有足够认识，但不存在不可克服的关卡。解决问题之道是采取最适当的开发方式，不要求对水能做百分之百的开发，而应尽量避开地质不利河段和自然保护区，保留足够的生态流量，尽量减少淹没和移民数量，最大限度地适应各方面要求，从而降低开发的难度。至于国际关系问题上，我们在这个地区已经做到仁至义尽，退到不能再退的地步，我们是有理的，完全站得住脚。在这个基础上，我们越硬对方就越软，我们越软对方就越硬，何况开发上游水电对下游是有利的，绝不能因为顾忌所谓国际关系而缚住手脚，不敢去开发自己的资源。

（4）报告中初拟了治江开发和截弯取直两个方案，并初步推荐截弯取直方案。从已有资料看，这确实较为合适，因为：

1）避开了地质条件最不利的河段。

本文是作者2010年5月17日在雅鲁藏布江下游水力资源考察与基础地质研究成果研讨会上的发言。

2）避开了国家自然保护区的核心区。

3）大河湾中部有流量很大的帕隆藏布江汇入，截弯取直开发仍容易满足大河湾中保持足够的生态流量的要求。

4）有深切的当雄河支流存在，截弯取直可分段实施，引水洞最长为27km，在可行范围内。

5）本方案枢纽建筑物以隧洞及地下工程为主，较能适应强烈地震作用。

当然，这仍将遇到巨大的技术挑战：无前例的大流量输水长隧洞群，工程位在区域构造最复杂的部位……我们必须做深入研究，采用最新最合适的结构形式，但相信这些困难会能克服，我们要有信心、决心敢于在大断裂成群的地区修建世界上最伟大的水电站。

由于雅鲁藏布江年内流量变幅很大，不论采用什么方案都需要一个较大的水库，牵涉到一定的淹没和移民问题，是下阶段需深入研究解决的问题之一。建议研究在上游建一些较小的库来分担一些调节任务的可能性。

（5）完全赞同报告中所提出的建议，并希望得到国家和自治区的支持，抓紧开展下一步工作。

开发西藏大水电，进入全国电力平衡，只靠水电部门或企业集团的力量是难以胜任的，我热诚希望国家从长远战略观点出发，支持这一工作。

文中涉及的单位名称对照表

简称	全　　称
经贸委	国家经济贸易委员会
国家防总	中央防汛抗旱总指挥部（1971—1985）、中央防汛总指挥部（1985—1988）、国家防汛总指挥部（1988—1992）、国家防汛抗旱总指挥部（1992 年至今）
三建委	国务院三峡工程建设委员会
三峡建委	
三建办	国务院三峡工程建设委员会办公室
三峡办	
三峡建委办公室	
调水办	国务院南水北调工程建设委员会办公室
工程院	中国工程院
中咨公司	中国国际工程咨询公司
国家电网	国家电网公司
南方电网	中国南方电网有限责任公司
大唐	中国大唐集团公司
华电	中国华电集团公司
华能	中国华能集团公司
中国三峡总公司	中国长江三峡工程开发总公司（1993—2009）、中国长江三峡集团公司（2009 年至今）
三峡总公司	
总公司	
三峡集团公司	
三峡工程开发总公司	
武警水指	武警水电指挥部
长办	长江流域规划办公室（1956—1988）
长江委	长江水利委员会（1988 年至今）
长委	
长委会	
黄委	黄河水利委员会
黄委会	
水利部水规总院	水利部水利水电规划设计总院
水电总院	水电水利规划设计总院
水科院	中国水利水电科学研究院
长江设计院	长江勘测规划设计研究院
长江院	